神经生物学

（第二版）

于龙川　主编

参编人员（按照章节排序）

于常海	高　凯	蔡青云	詹江山	邢国刚
左明雪	张　钊	张　威	陈乃宏	熊　伟
库宝善	张　晨	张建亮	雷慧萌	魏梦萍
于龙川	于　诚	杨伯宁	黄绍明	华承鸣
崔希云	史　远	祝建平	何　峰	李立新
孙颖郁	张　瑛	王　韵	付立波	覃筱燕
罗　非	王学斌	李　宁	徐世莲	谢益宽
张永鹤	王子君	程　勇	蒲小平	孙　懿
赵　欣	王燕婷	梁建辉	章　文	王贵彬
时　杰	陆　林	张建军		

图书在版编目(CIP)数据

神经生物学/于龙川主编. —2版. —北京:北京大学出版社,2022.9
ISBN 978-7-301-33220-7

Ⅰ. ①神… Ⅱ. ①于… Ⅲ. ①神经生物学－高等学校－教材 Ⅳ. ①Q189

中国版本图书馆 CIP 数据核字(2022)第 142869 号

书　　　名	神经生物学(第二版)
	SHENJING SHENGWUXUE(DI-ER BAN)
著作责任者	于龙川　主编
责任编辑	黄　炜
标准书号	ISBN 978-7-301-33220-7
出版发行	北京大学出版社
地　　　址	北京市海淀区成府路 205 号　100871
网　　　址	http://www.pup.cn　新浪微博:@北京大学出版社
电子信箱	zpup@pup.cn
电　　　话	邮购部 010-62752015　发行部 010-62750672　编辑部 010-62764976
印 刷 者	河北博文科技印务有限公司
经 销 者	新华书店
	889 毫米×1194 毫米　16 开本　37 印张　1172 千字
	2012 年 10 月第 1 版
	2022 年 9 月第 2 版　2025 年 4 月第 2 次印刷
定　　　价	110.00 元

未经许可,不得以任何方式复制或抄袭本书之部分或全部内容。
版权所有,侵权必究
举报电话:010-62752024　电子信箱:fd@pup.pku.edu.cn
图书如有印装质量问题,请与出版部联系,电话:010-62756370

内 容 简 介

　　本书专为本科生和低年级研究生编写,针对没有系统学习过神经解剖学与神经生理学的本科生和研究生的知识结构特点精心设计教材内容。其主要内容为:第一篇详细介绍了神经系统的细胞与分子神经生物学的基础知识和理论,如神经细胞与胶质细胞的基本特点与功能,神经细胞间的信息传递与跨膜信息转导,神经递质、神经肽及其受体的结构特性和功能等。第二篇简要介绍神经系统的结构与发育,包括周围神经系统和中枢神经系统的结构,中枢神经系统的血液循环与血脑屏障,以及神经系统的发生与发育等。第三篇详细介绍神经系统的生理功能,包括神经系统的感觉功能,神经系统对躯体运动的调节,脑的高级功能,神经系统对内脏活动的调节和神经内分泌。第四篇简要介绍神经系统常见疾病的基础知识和研究进展,包括痛觉信息的传递与调节,睡眠功能异常,神经系统疾病的遗传学和表观遗传学,还介绍了阿尔茨海默病、帕金森病、抑郁症、精神分裂症等疾病的发病机制、临床表现与诊断,脑内奖赏通路与药物成瘾,药物成瘾记忆与 DNA 表现遗传修饰等。

　　全书通俗易懂,图文并茂,既详细介绍了神经生物学的基础知识和理论,又论述了相关热点研究领域的最新进展,为读者提供了当前神经生物学全面系统的理论和知识。

　　另外,在每一章后均附练习题和参考文献,以便综合大学相关专业的本科生和低年级研究生在学习和复习中使用,亦可为相关领域教学人员和科技人员的学习和参考之用。

本书编委会成员

（按照姓氏笔画排序）

于龙川	教授	北京大学
于常海	教授	北京大学医学部
王　韵	教授	北京大学医学部
王学斌	教授	临沂大学
左明雪	教授	北京师范大学
付立波	教授	长春师范学院
邢国刚	教授	北京大学医学部
孙颖郁	教授	北京师范大学
李　宁	教授	潍坊医学院
李立新	教授	九江学院
杨伯宁	教授	广西医科大学
时　杰	教授	北京大学医学部
库宝善	教授	北京大学医学部
张　晨	教授	首都医科大学
张永鹤	教授	北京大学医学部
张建军	副研究员	中国科学院心理研究所
陆　林	教授	北京大学医学部
陈乃宏	教授	北京协和医科大学
罗　非	教授	中国科学院心理研究所
徐世莲	教授	昆明医科大学
黄绍明	教授	广西医科大学
崔希云	教授	山东师范大学
梁建辉	教授	北京大学医学部
覃筱燕	教授	中央民族大学
程　勇	教授	中央民族大学
谢益宽	教授	中国医学科学院基础医学研究所
蒲小平	教授	北京大学医学部
熊　伟	教授	中国科学技术大学

第二版前言

我们的《神经生物学》教材出版已经近十年了,这期间神经科学的发展非常迅速,各种新的概念不断出现,各种理论假说日新月异。为了追踪神经科学的前沿和热点,反映国内外相关研究领域的最新进展,我们更新了教材各章节的内容,增加了新的知识和理论,为读者提供当前神经生物学全面系统的理论和知识。

本教材的编写人员全部是长年工作在科研和教学第一线的教学、科研人员,他们都是神经科学各领域的著名学者。因此,本教材内容较全面,理论观点较新,与教学、科研结合紧密,非常适合医学院校和综合性大学的本科生和研究生使用。教材中有关神经系统解剖学的内容,获得很多学校老师和学生们的赞赏,因为在学习中使用起来非常方便。所以教材出版后,有许多综合性大学和医学院选择使用本教材,并指定为相关专业研究生入学考试的参考书。

本教材第二版的编写得到了编委会成员和参加编写的各位同事的大力支持,他们花费很多精力和时间,付出了辛勤的劳动,确保了教材各章稿件的高质量,以回应读者特别是综合性大学和医学院校师生对本教材的厚爱。在第二版即将出版之际,特向编委会全体成员和参加编写的各位同事表示诚挚的谢意,向大力支持和帮助我们的北京大学出版社表示衷心的感谢。

于龙川

2022 年 5 月

前　　言

近二十年来，越来越多的大学为本科生和研究生开设了神经生物学课程。由于神经生物学的内容多散在于生理学、细胞生物学、分子生物学等诸多学科中，而且许多学校没有开设相应的解剖学或神经解剖学课程，所以相关知识的缺少或不连贯，使得无论是教师在教学过程中还是学生在学习过程中都感到困难重重。本教材编者多年来从事教学工作，特别是近十几年在综合性大学教授神经生物学课程，对存在的这些问题感触颇深，也深刻体会到编写一本涵盖从神经系统的细胞生物学基础知识到神经系统的解剖、从神经系统的主要生理功能到神经系统常见重大疾病的研究进展且内容较全面的教材的必要性。

本教材就是针对本科生和低年级研究生编写的，尤其适用于没有系统学习过神经解剖学与神经生理学的本科生和研究生。全书分为四篇。第一篇详细介绍神经系统的细胞与分子生物学知识，如神经细胞与胶质细胞的基本特点与功能，神经细胞间的信息传递与跨膜信号转导，神经递质、神经肽及其受体的结构特性和功能等。第二篇简要介绍神经系统的结构与发育，包括周围神经系统和中枢神经系统的结构，神经系统的血液循环与血脑屏障，以及神经系统的发生与发育。第三篇详细介绍神经系统的生理功能，包括神经系统的感觉功能，神经系统对运动的调节，脑的高级功能，自主神经系统的功能和神经内分泌等。第四篇简要介绍神经系统七大类常见疾病的基础知识和研究进展，包括疼痛与痛觉的调节，睡眠功能异常，老年性痴呆与帕金森病，抑郁症与精神分裂症，脑内奖赏通路与药物成瘾。为了配合教学，每一章后均附练习题和参考文献，供教师和学生参考。

本书的编写得到了编委会成员和参加编写的各位同事的大力支持。他们花费很多精力和时间，付出了辛勤的劳动，确保了教材各章稿件的高质量，使本书得以顺利完成并出版。在此，谨向编委会成员和参加编写的各位同事表示诚挚的谢意。在本书的编写过程中，于诚参与了多方面的工作，为教材精心绘制了几十幅图表，并对各章的图表进行整合，对参考文献进行了编排，还负责专业词汇的编排和核对工作。华承鸣为第八章绘制了多幅图。在此对他们的付出表示特别的感谢！本教材的编写得到了北京大学的资助和北京大学出版社的大力帮助，在此一并表示深深的感谢！

于龙川
2012 年 7 月

目　　录

第一篇　神经系统的细胞与分子生物学

第一章　神经细胞与胶质细胞 (3)
　第一节　神经元 (3)
　第二节　神经胶质细胞 (12)
　练习题 (25)
　参考文献 (25)

第二章　神经细胞的基本功能 (27)
　第一节　神经细胞膜的分子结构与物质转运 (27)
　第二节　神经细胞膜的离子通道 (34)
　第三节　神经细胞的兴奋性 (42)
　练习题 (50)
　参考文献 (51)

第三章　神经细胞间的信息传递 (52)
　第一节　电突触与化学突触 (52)
　第二节　递质的释放和调节 (57)
　第三节　突触后电位及信号的整合 (69)
　第四节　突触可塑性及其调节 (77)
　练习题 (87)
　参考文献 (87)

第四章　第二信使及跨膜信息转导 (88)
　第一节　跨膜信息转导 (88)
　第二节　G蛋白 (92)
　第三节　第二信使 (95)
　第四节　跨膜信息转导的药理学作用 (98)
　练习题 (99)
　参考文献 (99)

第五章　神经递质 (100)
　第一节　神经递质概述 (100)
　第二节　乙酰胆碱 (103)
　第三节　单胺类神经递质 (107)
　第四节　气体类神经递质 (120)
　练习题 (123)
　参考文献 (123)

第六章 氨基酸类神经递质 (124)
- 第一节 氨基酸类神经递质简介 (124)
- 第二节 谷氨酸及其受体 (124)
- 第三节 γ-氨基丁酸及其受体 (132)
- 第四节 甘氨酸及其受体 (136)
- 练习题 (140)
- 参考文献 (140)

第七章 神经肽 (142)
- 第一节 神经肽概论 (142)
- 第二节 阿片肽 (151)
- 第三节 降钙素基因相关肽 (157)
- 第四节 甘丙肽 (163)
- 练习题 (171)
- 参考文献 (171)

第八章 细胞的受体 (173)
- 第一节 细胞的受体 (173)
- 第二节 受体的特性 (173)
- 第三节 受体的分类 (175)
- 第四节 细胞膜受体 (177)
- 第五节 受体功能的调节 (182)
- 第六节 现代受体理论的研究进展 (183)
- 练习题 (189)
- 参考文献 (189)

第二篇 神经系统的结构与发育

第九章 周围神经系统的结构 (193)
- 第一节 脊神经 (194)
- 第二节 脑神经 (199)
- 第三节 内脏神经 (202)
- 练习题 (207)
- 参考文献 (207)

第十章 中枢神经系统的结构 (208)
- 第一节 脊髓 (208)
- 第二节 脑干 (226)
- 第三节 小脑 (245)
- 第四节 间脑 (249)
- 第五节 端脑 (253)
- 第六节 边缘系统 (262)
- 练习题 (265)
- 参考文献 (266)

第十一章　中枢神经系统的血液循环与血脑屏障 (267)
- 第一节　中枢神经系统的血液循环 (267)
- 第二节　脑室与脑脊液 (278)
- 第三节　脑膜与血脑屏障 (280)
- 练习题 (283)
- 参考文献 (283)

第十二章　神经系统的发生与发育 (284)
- 第一节　中枢神经系统的发生 (284)
- 第二节　胚胎期的神经发生 (293)
- 第三节　神经元的迁移和轴突导向 (296)
- 练习题 (301)
- 参考文献 (301)

第三篇　神经系统的生理功能

第十三章　神经系统的感觉功能 (305)
- 第一节　感觉系统概述 (305)
- 第二节　触压觉、温度觉及痛觉 (308)
- 第三节　视觉 (319)
- 第四节　听觉 (332)
- 第五节　嗅味觉 (339)
- 第六节　平衡感觉 (345)
- 第七节　内脏感觉 (347)
- 练习题 (349)
- 参考文献 (349)

第十四章　神经系统对躯体运动的调节 (351)
- 第一节　运动系统总论 (351)
- 第二节　脊髓对躯体运动的调节 (359)
- 第三节　脑干对肌紧张和姿势反射的调节 (362)
- 第四节　大脑皮质的运动调节功能 (365)
- 第五节　小脑对运动的调节 (373)
- 第六节　基底神经节对运动的调节 (382)
- 练习题 (390)
- 参考文献 (391)

第十五章　脑的高级功能 (392)
- 第一节　脑电、睡眠与觉醒 (392)
- 第二节　学习与记忆 (398)
- 第三节　语言 (411)
- 第四节　情绪 (415)
- 练习题 (422)
- 参考文献 (422)

第十六章　神经系统对内脏活动的调节 (425)
第一节　中枢自主神经系统的结构与功能 (425)
第二节　周围自主神经系统的结构与功能 (427)
第三节　自主神经系统的神经递质与受体 (436)
练习题 (439)
参考文献 (439)

第十七章　神经内分泌 (441)
第一节　概述 (441)
第二节　下丘脑与神经内分泌 (442)
第三节　垂体的内分泌功能 (444)
第四节　松果体与神经内分泌 (447)
第五节　生长与衰老的神经内分泌基础 (448)
第六节　调控饮水与摄食的神经内分泌基础 (452)
练习题 (456)
参考文献 (456)

第四篇　神经系统常见疾病的生物学基础

第十八章　痛觉信息的传递与调节 (459)
第一节　痛觉的感觉特性 (459)
第二节　病理性疼痛 (467)
练习题 (471)
参考文献 (472)

第十九章　睡眠功能异常 (473)
第一节　睡眠障碍 (473)
第二节　失眠 (473)
第三节　睡眠相关运动障碍 (479)
第四节　睡眠呼吸暂停综合征 (481)
第五节　发作性睡病 (483)
第六节　异睡症 (485)
练习题 (486)
参考文献 (486)

第二十章　神经系统疾病的遗传学和表观遗传学 (488)
第一节　遗传因素在阿尔茨海默病中的作用 (488)
第二节　遗传学因素在帕金森病中的作用 (493)
第三节　多发性硬化疾病的遗传和表观遗传因素 (496)
第四节　遗传因素在抑郁症中的作用 (499)
第五节　遗传因素在精神分裂症中的作用 (500)
第六节　遗传因素在自闭症中的作用 (503)
练习题 (507)
参考文献 (508)

第二十一章 认知障碍与阿尔茨海默病 ………………………………………………………… (511)
第一节 阿尔茨海默病的病理学特征 ………………………………………………… (511)
第二节 阿尔茨海默病的发病机制 …………………………………………………… (512)
第三节 阿尔茨海默病的临床表现、诊断和治疗 …………………………………… (517)
练习题 …………………………………………………………………………………… (520)
参考文献 ………………………………………………………………………………… (520)

第二十二章 运动障碍与帕金森病 ……………………………………………………………… (522)
第一节 帕金森病的发病机制 ………………………………………………………… (522)
第二节 帕金森病的临床表现与诊断 ………………………………………………… (527)
第三节 帕金森病的治疗 ……………………………………………………………… (528)
练习题 …………………………………………………………………………………… (532)
参考文献 ………………………………………………………………………………… (532)

第二十三章 抑郁症与精神分裂症 ……………………………………………………………… (534)
第一节 抑郁症 ………………………………………………………………………… (534)
第二节 精神分裂症 …………………………………………………………………… (542)
练习题 …………………………………………………………………………………… (550)
参考文献 ………………………………………………………………………………… (550)

第二十四章 脑内奖赏通路与药物成瘾 ………………………………………………………… (551)
第一节 脑内奖赏通路 ………………………………………………………………… (551)
第二节 药物成瘾 ……………………………………………………………………… (555)
练习题 …………………………………………………………………………………… (561)
参考文献 ………………………………………………………………………………… (561)

第二十五章 药物成瘾记忆与 DNA 表观遗传修饰 …………………………………………… (563)
第一节 DNA 的表观遗传修饰 ………………………………………………………… (563)
第二节 药物成瘾记忆的 DNA 表观遗传修饰 ………………………………………… (564)
练习题 …………………………………………………………………………………… (566)
参考文献 ………………………………………………………………………………… (566)

专业词汇 ………………………………………………………………………………………… (568)

第一篇

神经系统的细胞与分子生物学

第一章 神经细胞与胶质细胞

神经系统(nervous system)是生物体中感知外界、形成与保存记忆、进行决策判断和指导行为的生理系统,是意识和智慧的物质基础。由于神经系统高度的精密性和复杂性,在生命科学和医学高度发达的今天,它依然是人体中最为神秘的和充满未知的系统。

为了学好神经生物学,我们首先必须对神经系统的组成细胞有一个全面和深入的了解。神经系统主要包括两大类细胞:神经元(neuron)和神经胶质细胞(neuroglial cell,glial cell,neuroglia 或 glia)。在人脑中大约有 1000 亿个神经元,神经胶质细胞的数量可以达到神经元的 10~50 倍之多。这两类细胞的结构和功能各异,只有两者相互协调,配合运作,神经系统才能正常发挥其各项功能。

第一节 神 经 元

神经元,又称为神经细胞(nerve cell),是神经系统的重要结构组分和功能的基本单元。动物通过神经系统对感受到的信息进行处理分析,形成判断,发出控制信息,并将信息传递到其他系统,产生反应和行为。所以,神经系统是生物体的信息处理中心。神经系统是通过神经元进行信息的形成、接收、加工和传递的,而每个神经元都是一个小的信息处理单元。

一、神经元的发现

神经元的发现得益于两种技术的发明,一种是显微术,另一种是细胞染色法。19 世纪后期,德国神经病理学家 Franz Nissl(图 1-1)发明了一种细胞染色法,可以将神经元的细胞核及核周的一些斑块染成深色,后人将这种神经元的染色方法称为尼氏染色法(Nissl stain)(图 1-2)。然而,尼氏染色法仅是将细胞核和核周部分染色。1873 年,意大利组织学家 Camillo Golgi(图 1-3)发明了高尔基染色法(Golgi stain)。高尔基染色法可以将整个神经元染成黑色,至此人们才真正看到了神经元的完整形态(图 1-4)。西班牙病理学家及神经学家 Santiago Ramón y Cajal(图 1-5)运用高尔基染色法观察并绘制了许多脑区的神经环路(图 1-6)。

图 1-1 **Franz Nissl**
(The Clendening History of Medicine Library, University of Kansas Medical Center)

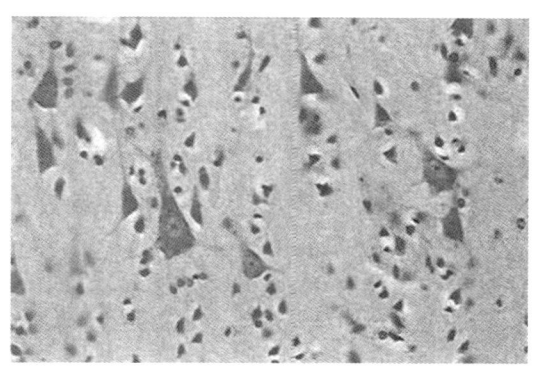

图 1-2 **Nissl** 染色的神经元(Hammersen,1980)

图 1-3　Camillo Golgi
(The Clendening History of Medicine Library, University of Kansas Medical Center)

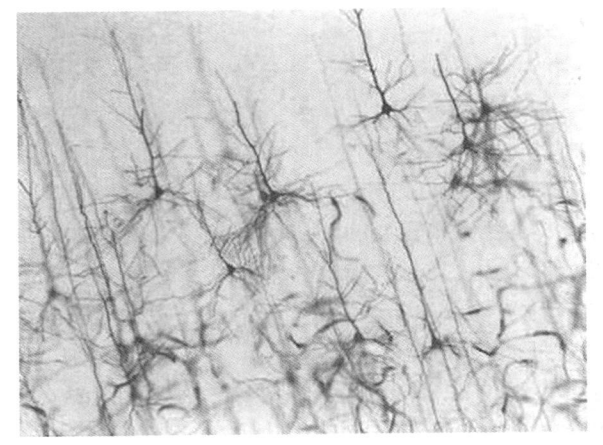

图 1-4　Golgi 染色的神经元（Hubel，1988）

图 1-5　Santiago Ramón y Cajal
(The Clendening History of Medicine Library, University of Kansas Medical Center)

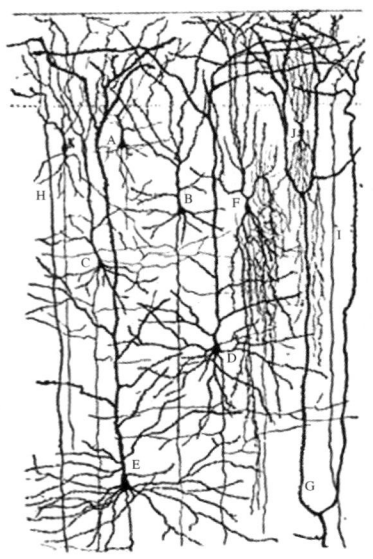

图 1-6　Santiago Ramón y Cajal 所绘的大脑皮质内神经环路图
(DeFelipe et al.，1988)
图中字母标记的是不同的神经元：A、B、C、D 和 E 是锥体细胞，而 F 和 K 为非锥体细胞。

　　Golgi 和 Ramón y Cajal 于 1906 年分享了诺贝尔奖。然而，两人对于神经元之间的联系方式却有着截然不同的观点：Golgi 支持弥散神经网络学说（diffuse neural network doctrine），认为神经元之间通过突起彼此相连，融合成为一个类似血管网络的彼此相通的整体；而 Ramón y Cajal 则支持神经元学说（neuron doctrine），认为神经元是神经系统最基本的结构和功能单位，神经元之间并不是连通的，而是通过细胞表面一些部位的接触彼此相互作用。随着电镜技术的发明，人们通过高分辨率的电镜观察到神经元之间的关系，证实了神经元学说。直到现在，神经元学说依然是现代神经科学的基础之一。然而，神经元学说也存在局限性。它着眼于个体神经元，不能解释神经回路的运作模式、行为和心理状态的产生过程及其功能障碍的致病机制。近年来，科学家们在上述两种学说的基础上提出了新的学说——神经网络学说（neural networks），该学说认为由许多神经元组成一个神经元群，群里的每个神经元相当于机器的组件，个体神经元可能功能不同，但共同执行某一复杂的生理活动。

二、神经元的一般结构

神经元与其他细胞一样,由细胞核、细胞质和细胞膜组成。细胞核是由双层核膜包裹的球体,位于胞体(cell body)中心,核内有保存遗传信息的染色体。细胞质是细胞膜内除去细胞核以外的其他成分,主要包括富含钾离子的细胞内液、纤维状的细胞骨架和各种细胞器。细胞膜由厚度为 5 nm 的脂双层膜构成,其中镶嵌有膜蛋白。细胞膜包裹了整个神经元,将其与外界分开。

如图 1-7 所示,神经元的结构分为胞体和神经元所特有的神经突起(neurite),神经突起又分为树突(dendrite)和轴突(axon)。胞体是神经元代谢的中心,主要负责蛋白质的合成和能量代谢,以维持细胞的生存;树突是神经元接受外界信号的主要部位;轴突则主要负责神经信号的传导。

(一) 胞体

胞体一般只占神经元总体积的一小部分,通常小于 1/10。不同种类神经元的胞体相差很大,其直径在 5~150 μm 之间。神经元的胞体形状多种多样,有的呈圆形,有的呈锥形或多角形。与其他细胞一样,神经元的胞体中包含细胞核、内质网、核糖体、高尔基体、线粒体和细胞骨架等。胞体中还含有大量粗面内质网,这些大量平行排列的粗面内质网及其间的游离核糖体在尼氏染色时会被着色,因此被称为尼氏体(Nissl body)。神经元的尼氏体是合成蛋白质的主要部位。

胞体是神经元代谢活动的主要部位。在这里,神经元完成 RNA 和大部分蛋白质的合成、修饰以及能量代谢。神经元合成蛋白质的过程与其他细胞相似:编码蛋白质的信息保存在细胞核染色体的 DNA 中,细胞将 DNA 上的蛋白编码信息转录到 mRNA 上。然后,mRNA 离开细胞核,进入细胞质中,并与核糖体结合,核糖体按照 mRNA 中的信息,将各种氨基酸组装成蛋白质,该过程称为翻译。核糖体有两种存在形式:一种是存在于胞浆中的游离核糖体;一种是定位于内质网上的核糖体。结合了核糖体的内质网称为粗面内质网。细胞液中的可溶蛋白由游离的核糖体合成,而膜蛋白和分泌蛋白则由粗面内质网上的核糖体合成。新合成的膜蛋白和分泌蛋白相继被转运到滑面内质网和高尔基体以完成蛋白质的加工和分选,并最终被转运到神经元的各个部位。除蛋白质合成功能外,大部分神经元的胞体也可以直接接受外界信号传入。

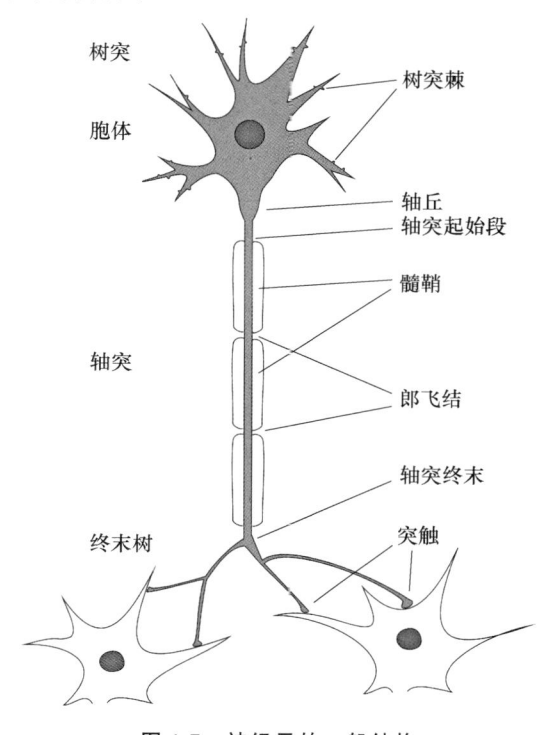

图 1-7 神经元的一般结构

(二) 树突

树突是神经元胞体向外的发散和延伸,因神经元的种类不同,其大小和形状也不尽相同。树突与胞体的界限有时很难界定,在树突的近端可见粗面内质网、游离的核糖体和高尔基体等细胞器,大多数细胞器可以从胞体进入树突。一个神经元可以有多根树突,树突在向外延伸的过程中可以再生出新的分支。一个神经元的树突统称为树突树(dendritic tree)。

树突的形态是由树突表面的黏附分子和细胞内部的细胞骨架来维持的。树突可以与其他神经元的轴突末梢形成突触,接受信号传入,是神经元接受信号传入的主要部位。

树突表面可以长出一些称为树突棘(dendritic spine)的小突起,数目不等,如大脑皮质中最大的锥体细胞(pyramidal cell)的树突棘数目可以高达 30 000~40 000 个,而小脑(cerebellum)皮质的浦肯野细胞

(Purkinje cell)的树突棘可以达到 100 000 个以上,但并不是所有神经元的树突都会长出树突棘。树突棘上分布有多种受体和离子通道,是树突形成突触的重要位点。树突棘分成简单的和复杂的两种类型。简单树突棘是中枢神经系统(central nervous system)中常见的形式,由一个泡状的头通过一根细茎与树突相连,呈棒槌状;复杂树突棘呈多叶的瘤状,常可以参与形成多个突触。树突棘的形状、大小和数量与神经元的发育和功能相关。当神经元处于活动状态时,树突棘的数量和形状会发生可塑性改变。研究树突棘在神经元可塑性(neuronal plasticity)方面的作用是目前神经科学的一个热点。在大脑发育时期,树突棘数量的不断增加被认为与智力发育密切相关。

(三) 轴突

每个神经元都有细长、粗细均匀、分支少、表面光滑的轴突。不同类别的神经元的轴突长短不一,有的神经元的轴突可达 1 m,有的却不足 1 mm。有的轴突在延伸过程中会产生分支,称为轴突侧支(axon collateral)。轴突侧支往往在远离胞体的轴突上自轴突垂直发出,粗细与主干基本相同。轴突不存在核糖体、粗面内质网和高尔基体等用于蛋白质合成的细胞器(即轴突内没有尼氏体,此特征可以作为区分树突和轴突的依据),却含有大量平行排列的微管和神经丝等细胞骨架,这些细胞骨架在轴突的形成和维持以及轴突物质运输方面具有重要作用。

轴突从神经元胞体的一侧发出,发出部位呈锥状隆起,称为轴丘(axon hillock),轴丘逐渐变细形成轴突的起始段(initial segment)。这部分结构有钠通道和细胞膜上一些分子的特异性分布,使得该处膜的兴奋阈值很低,是神经元冲动发起的部位。神经元产生的冲动被称为动作电位(action potential),可沿着轴突传导。轴突起始段的这种特殊结构和分子分布的特异性也导致了轴突与胞体中所含分子的差异。

神经元的轴突通常被髓鞘(myelin)所包裹。一般情况下,轴突较短的局部神经元,如抑制性中间神经元的轴突没有髓鞘包裹,而连接神经系统不同区域的神经元轴突较长,均有髓鞘包裹。有髓鞘包裹的轴突称为有髓纤维(myelinated nerve fiber),大部分神经传导纤维属于此类,如 Aδ 纤维,其传导速度为 5~30 m/s;没有髓鞘包裹的轴突,称为无髓纤维(unmyelinated nerve fiber),如背根神经节(dorsal root ganglion,DRG)小神经元形成的 C 类纤维,其传导速度只有 0.5~1 m/s。中枢神经元的轴突被少突胶质细胞(oligodendrocyte,或 oligodendroglia)细胞膜形成的髓鞘所包绕,而外周神经元的轴突则被施万细胞(Schwann cell)细胞膜形成的髓鞘所包绕。髓鞘并非完全将轴突包裹起来,而是分段包裹,髓鞘之间轴突裸露的地方称为郎飞结(node of Ranvier)(图1-7)。在郎飞结的细胞膜上含有丰富的电压门控钠通道,膜下有丰富的膜内颗粒(intra-membranous particle,IMP)。郎飞结易于被激活,动作电位在此处再生。由于髓鞘包裹的地方是不导电的,带有神经信号的动作电位只能越过有髓纤维,在郎飞结上呈跳跃性传递。因此,有髓纤维的传递速度较无髓纤维快。

轴突的末端膨大,称为轴突终末(axon terminal)。轴突终末端常会发出许多细小的分支,这些分支没有髓鞘覆盖,称为神经末梢(nerve terminal)。这些轴突终末与接受信号的神经元或效应细胞(如肌肉细胞和腺体细胞)形成突触连接,进行细胞间的通信。轴突与树突的区别参见表 1-1。

表 1-1 轴突与树突的区别

不同点	轴突	树突
数量	一般只有一个	一般很多
形状	光滑管状	树状
分支	一般较少,远离胞体,垂直于主干发出	一般较多,呈树状发散,有的有树突棘
细胞器	不含有核糖体	含有核糖体
蛋白质合成	不能进行蛋白质合成	可以进行蛋白质合成
髓鞘包裹	可以有髓鞘包裹	没有髓鞘包裹
功能	传递神经信号	接受神经信号

(四) 突触

轴突终末与其他神经元或效应细胞之间进行信息交流的位点称为突触(synapse)。如图1-8所示,突触由突触前神经元的轴突终末[也称为突触前成分(presynaptic element)]、神经元之间的突触间隙(synaptic cleft)和突触后神经元或效应细胞的突触后成分(postsynaptic element)三部分组成。根据结构和电生理特性的不同,突触可以分为两大类:化学突触(chemical synapse)与电突触(electrical synapse)。化学突触与电突触的主要区别见表1-2。

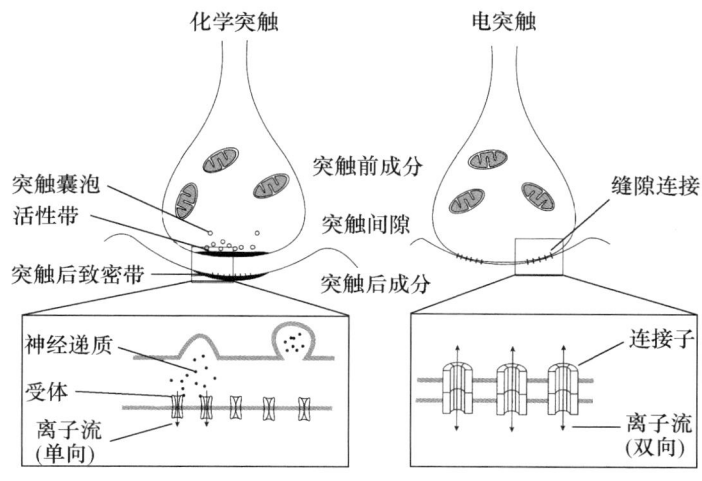

图1-8 化学突触与电突触

化学突触是一类通过突触前成分中的突触囊泡(synaptic vesicle, SV)释放的神经递质(neurotransmitter)(简称为"递质")作为信息传递媒介的突触,是哺乳动物突触的主要类型。根据突触前、后两部分解剖学关系的紧密程度,又可将化学突触分为定向突触(directed synapse)和非定向突触(non-directed synapse)。定向突触末梢释放的递质仅作用于突触后范围极为局限的部分膜结构,具有经典的突触结构。定向突触多由参与突触形成的一个神经元的轴突末梢与另一个神经元或效应细胞相接触形成,突触间隙宽度为20~50 nm。根据接触部位分类,最主要接触形式有轴突-树突型突触、轴突-胞体型突触及轴突-轴突型突触三种。非定向突触则不具有经典突触的结构,其突触前末梢释放的递质可扩散至距离较远、范围较广的突触后成分。

电突触常见于低等动物(如无脊椎动物、鱼类和两栖类)的神经系统中。近年的研究表明,在高等哺乳动物的中枢神经系统中电突触也广泛存在。电突触的本质是缝隙连接(gap junction)。两个神经元通过六个连接蛋白(connexin, Cx)组装成的连接子(connexon)前后连接形成连接通道,构成一个缝隙连接,从而形成电突触。突触前膜(presynaptic membrane)和突触后膜(postsynaptic membrane)之间的距离很近,约为3 nm。连接子的中间管道允许带电离子自由通过,使得信息可以快速地从一个神经元传递到另一个神经元,具有双向性、快速性等特点。

表1-2 化学突触与电突触的主要区别

不同点	化学突触	电突触
距离	20~50 nm	3 nm
细胞质连通	不连通	连通
传递介质	递质	离子流
突触延时	一般为1~5 ms	几乎为零
方向性	单向	双向

三、神经元的分类

如前所述，人脑中约有 1000 亿个神经元。这些细胞的形态和功能多种多样。应用不同的分类方法，可以将神经元进行以下分类。

（一）根据细胞位置进行分类

根据神经元所处的位置可以将神经元分为中枢神经元和外周神经元两大类。中枢神经元又可以按照所处的脑区不同而分为大脑皮质神经元、海马神经元和小脑神经元等。

（二）根据细胞形态进行分类

如图 1-9 所示，神经元根据细胞形态不同可以将其分为单极神经元（unipolar neuron）、双极神经元（bipolar neuron）、假单极神经元（pseudo-unipolar neuron）和多极神经元（multipolar neuron）。

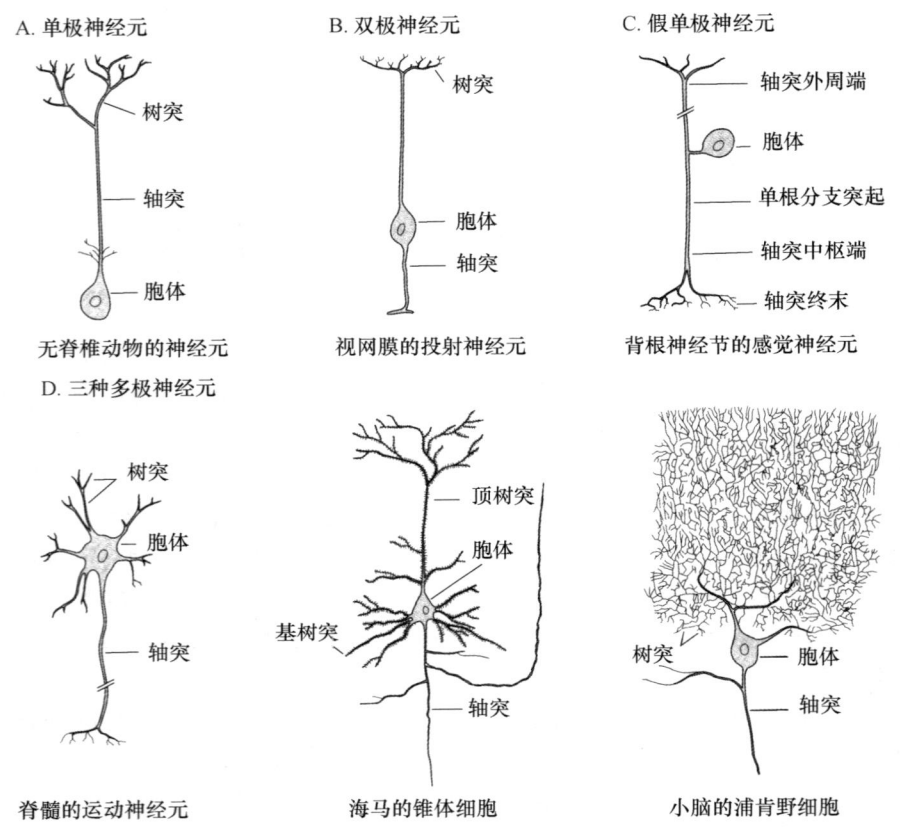

图 1-9　神经元根据细胞形态进行分类（Ramón y Cajal，1933）

1. 单极神经元

单极神经元是最简单的神经元，因为它只从胞体延伸出一个突起。这个突起可以产生不同的分支，有的分支充当轴突，有的分支则具有树突的功能。在非脊椎动物的神经系统中，单极神经元占主要地位；而在脊椎动物中，单极神经元只存在于自主神经系统（autonomic nervous system）中。

2. 双极神经元

双极神经元含有两个突起：一个是树突，作为信号接收部位；另外一个是轴突，作为信号发出部位。视网膜的投射神经元是典型的双极神经元。

3. 假单极神经元

假单极神经元从胞体只伸出一个突起，但与单极神经元不同，这个突起在离胞体很近的地方一分为二。后文将提到的背根神经节的感觉神经元（sensory neuron）就是一类典型的假单极神经元，其外周端分布到体表等各组织,接收外界信息,其中枢端投射到脊髓后角。

4. 多极神经元

多极神经元是哺乳动物神经系统最主要的神经元类型。它具有一个轴突和多个树突。如脊髓的运动神经元、海马的锥体细胞和小脑的浦肯野细胞都是典型的多极神经元。

(三) 根据细胞功能进行分类

不同部位的神经元有着不同的功能,根据功能可以将神经元分为感觉神经元、运动神经元(motor neuron)和中间神经元(interneuron)三大类。

1. 感觉神经元

感觉神经元的胞体位于背根神经节中,其神经突起延伸到身体各种感觉器官。感觉神经元从外界获取各种感觉信息,然后将这些信息传递到中枢神经组织内。此类神经元是传入神经系统信息的起点,所以又称为初级感觉神经元(primary sensory neuron)。感觉神经元属于假单极神经元。

2. 运动神经元

运动神经元的轴突与骨骼肌纤维形成突触,将中枢神经系统的信息传递给肌肉组织。运动神经元的胞体位于脊髓的前角,具有多根树突,属于多极神经元。

3. 中间神经元

神经系统中大部分神经元只与其他神经元建立连接,这样的神经元称为中间神经元。此类神经元的体积较小,主要功能是进行反馈调控。

(四) 根据有无树突棘进行分类

神经元如果具有树突棘称为有棘神经元(spiny neuron),没有的则称为无棘神经元(aspinous neuron)。如锥体神经元属于有棘神经元,而大多数中间神经元属于无棘神经元。

(五) 根据轴突长度进行分类

1. 高尔基Ⅰ型神经元(Golgi type Ⅰ neuron)

高尔基Ⅰ型神经元又称为投射神经元,有着很长的轴突,可以从一个脑区投射到另外一个脑区。大脑皮质的锥体细胞有着很长的轴突,可以从大脑皮质延伸到大脑白质,因此属于高尔基Ⅰ型神经元。

2. 高尔基Ⅱ型神经元(Golgi type Ⅱ neuron)

高尔基Ⅱ型神经元又称为局部环路神经元,轴突较短,只延伸到胞体周围,可以相互作用形成局部神经环路。大脑皮质有一种称为星形细胞(stellate cell)的神经元,其轴突很短,不会从皮质中投射出去,所以属于高尔基Ⅱ型神经元。

(六) 根据递质进行分类

早期研究认为每一个神经元只分泌一种递质,所以根据递质的不同将神经元分为:γ-氨基丁酸能神经元(GABAergic neuron)、谷氨酸能神经元(glutamatergic neuron)、胆碱能神经元(cholinergic neuron)、肾上腺素能神经元(adrenergic neuron)、多巴胺能神经元(dopaminergic neuron)和肽能神经元(peptidergic neuron)等。后来发现在一个神经元中可以有多种递质共存,如各种神经肽(neuropetide)通常与其他递质共存于同一突触内,但由于这种分类方法应用广泛,故得以保留。

四、细胞骨架维持神经元形态

细胞骨架是细胞内部复杂的纤维状网络结构体系,是细胞结构和功能的重要组织者。在神经元中,细胞骨架纤维和其相关的蛋白组成细胞骨架系统,其蛋白量占到神经元蛋白总量的25%。细胞骨架系统是细胞形态和细胞器在细胞质中分布的主要决定因素。神经元是一类高度分化的细胞,其胞体、树突和轴突等形态各异。细胞骨架在神经元形态的形成和维持过程中起着非常重要的作用。在神经元中包含三种不同的细胞骨架系统:微管(microtubule)、微丝(microfilament)和神经丝(neurofilament)(图

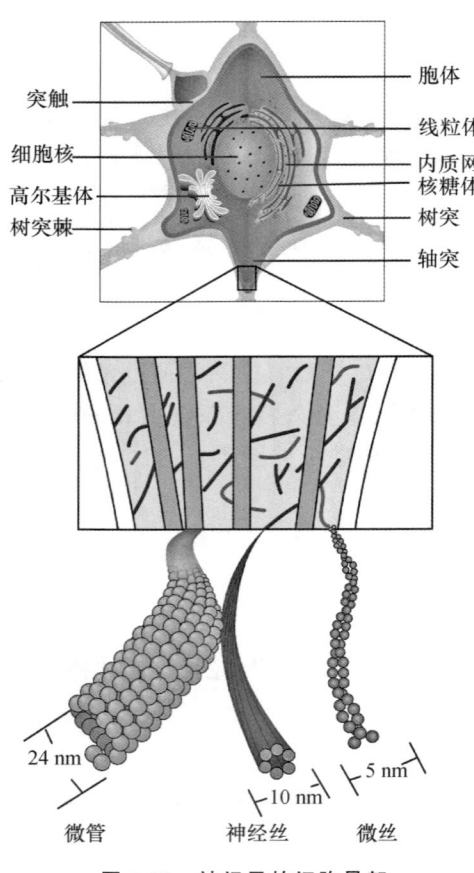

图 1-10　神经元的细胞骨架

1-10),它们分别由不同的蛋白亚基组装而成。这三种细胞骨架蛋白处于动态变化中,参与神经元形态的维持与改变、细胞膜形状的改变与分泌活动,以及细胞器和蛋白质的转运与区域化,在维持神经元的结构和功能方面具有重要作用。

微管是外径约为 24 nm、内径约为 12 nm 的极性空心管状纤维。微管在细胞中往往呈长纤维状,贯穿于整个神经元的内部,不仅有机械支撑作用,而且有运输、定位和组织作用。有一类微管结合蛋白属于分子马达(molecular motor),它们可以沿着微管运输各种物质。目前,已经发现了两类与微管有关的分子马达:一类为驱动蛋白(kinesin),从微管的负极向正极移动;另一类为动力蛋白(dynein),从微管的正极向负极移动。微管在神经元形态的形成和维持、神经突起的形成和延伸以及轴浆运输等方面都具有重要作用。

微丝的直径为 4~6 nm。在神经元中,微丝在细胞膜内侧形成一张致密的网,维持和改变细胞膜的形状,参与突触前膜和突触后膜特化结构的形成与维持,介导神经突起的形成与延伸,并参与囊泡分泌等重要生理过程。

神经丝是神经元中的中间丝(intermediate filament),直径约为 10 nm。神经丝在三类细胞骨架中是最为坚韧和稳定的。在轴突中,神经丝的含量是微管的 3~10 倍,是轴突中细胞骨架最多的成分,对维持轴突的形态、调节轴突的物质运输和电信号传递有着重要的作用。

五、轴浆运输

在许多长轴突神经元中,轴突占细胞总体积的大部分,但是轴突中没有合成蛋白质的细胞器,不能合成蛋白质,所以神经元必须将在胞体中合成的蛋白质运送到轴突。一些轴突终末所需要的细胞器,如线粒体等也要运自胞体。另外,一些轴突末梢的内吞体,需要从轴突末梢运输到胞体。这些物质在轴突中的运输统称为轴浆运输(axonal transport, axoplasmic transport)。根据运输方向的不同,轴浆运输还可以分为顺行轴浆运输(anterograde axonal transport)和逆行轴浆运输(retrograde axonal transport)。顺行轴浆运输的方向是从胞体到轴突终末,而逆行轴浆运输的方向与之相反。轴浆运输根据运输的速度不同可以分为两类:快速轴浆运输(fast axonal transport)和慢速轴浆运输(slow axonal transport)(表 1-3)。两者的速度相差极大,快速轴浆运输的速度一般几百毫米/天,甚至上千毫米;而慢速轴浆运输的速度一般小于 10 mm/d。

表 1-3　轴浆运输的类型及其特点

不同类型的轴浆运输	速率/(mm·d^{-1})	运输的结构和成分
快速轴浆运输		
快速顺行轴浆运输	200~400	小囊管状结构、递质、膜蛋白和脂
	50~100	线粒体
快速逆行轴浆运输	200~300	溶酶体囊泡和膜
慢速轴浆运输		
慢速运输成分 a	0.2~2.5	神经丝亚基和微管蛋白
慢速运输成分 b	2~8	肌动蛋白、酶、网格蛋白等

快速轴浆运输的对象一般为膜性细胞器。分子马达驱动蛋白和动力蛋白与膜性细胞器结合,并沿着微管快速移动。所以,微管在快速轴浆运输过程中发挥着重要的作用。轴突中微管的极性都是一致的,其正端指向轴突终末,负端指向胞体。按照运输方向的不同,快速轴浆运输分为快速顺行轴浆运输和快速逆行轴浆运输两大类。快速顺行轴浆运输以驱动蛋白为运输载体,从胞体运输分泌泡、突触囊泡前体、线粒体和包含有递质的大致密芯泡(large dense-core vesicle)等到轴突终末;而快速逆行轴浆运输的方向以动力蛋白为运输载体,从轴突终末运输内吞体和囊泡等到胞体。

慢速轴浆运输方向是从胞体到轴突终末。运输对象一般为胞浆蛋白和细胞骨架成分。根据移动速度的不同,慢速轴浆运输的成分又可以分成两类:慢速运输成分a(slow component a, SCa)和慢速运输成分b(slow component b, SCb)。慢速运输成分a包括神经丝亚基和微管蛋白,以0.2~2.5 mm/d的速度运输;慢速运输成分b包括肌动蛋白、网格蛋白(clathrin)和酶等胞浆蛋白,运输速度则为每天2~8 mm/d。

轴浆运输的停顿会导致轴突远端功能的丧失。一些神经毒素可以抑制轴浆运输,如丙烯酰胺能通过抑制驱动蛋白来抑制轴浆运输。轴浆运输障碍涉及多种神经退行性疾病,如阿尔茨海默病(Alzheimer's disease, AD)和肌萎缩型脊髓侧索硬化症(amyotrophic lateral sclerosis, ALS)等。

六、神经信号的传递

神经系统行使功能依赖于神经元之间的信息传递。在哺乳动物中,神经元之间以化学突触为主要信息传递方式。不同种类神经元之间的信号传递方式是相似的,即都遵循"化学-电-化学"传递模式。在图1-11中,简单描述了神经信号通过有髓纤维在神经元之间传递的一般过程,突触前神经元向突触后神经元释放化学信号,即递质;递质引起突触后神经元产生突触电位;突触电位在轴丘或轴突起始段积累,达到阈值引发动作电位;动作电位沿轴突向下传导至轴突终末,引发突触囊泡的释放,将信息传递给下一个突触后神经元(具体过程见第二、第三章)。

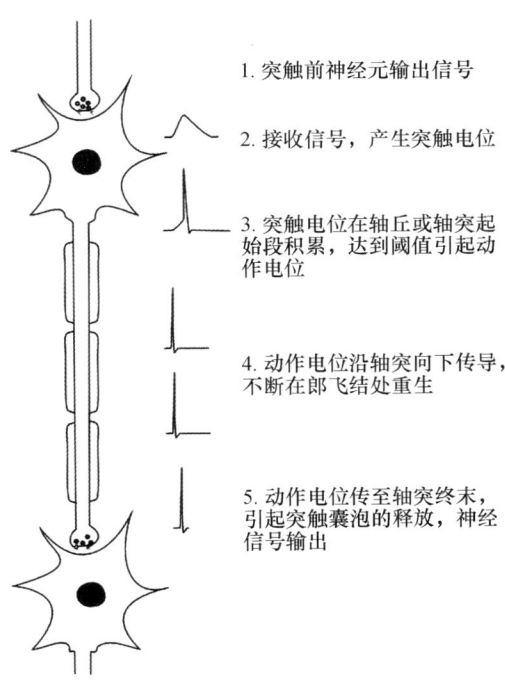

图1-11 神经元传递神经信号的一般过程

综合以上内容可知,神经元是神经系统结构和功能的基本单位,是神经系统发挥各种功能的基础。

第二节 神经胶质细胞

一、神经胶质细胞的发现

德国病理学家 Rudolph Virchow 在 1846 年发现中枢神经系统内除神经元外的另一类细胞,将其称为"neuroglia"。"glia"源自希腊文,意为胶水(glue),而"neuroglia"这个词在 Virchow 提出之时是用来表述大脑中的结缔组织而并不是细胞本身。最初对神经胶质细胞的理解局限于它仅仅是将神经元"粘"在一起,填充于神经元之间,在神经网络中起支撑作用。19 世纪末至 20 世纪初,随着银染色法的建立,人们才逐渐发现神经胶质细胞的特点及其与神经元之间的区别,从而认识到神经系统的两类主要组成细胞,即神经元和神经胶质细胞。在形态上神经胶质细胞区别于神经元,在下文将做介绍,它们围绕充填于神经元的胞体、轴突和树突之间。表 1-4 对神经胶质细胞与神经元的主要不同点做了简单概括。

表 1-4 神经胶质细胞与神经元的主要不同点

不同点	神经胶质细胞	神经元
细胞突起	有突起,但没有轴突、树突之分	有轴突、树突
动作电位	不产生	产生
化学突触	没有	有
继续分裂增殖	可以	不可以
细胞数目	可多达神经元的 10～50 倍	1000 亿个

神经胶质细胞约占脑质量的一半,其数量可以多达到神经元的 10～50 倍,然而,数量如此之多的神经胶质细胞在之前很长一段时间却被认为只是中枢神经系统中的"支持细胞"。近几十年的进一步研究发现,神经胶质细胞参与了血脑屏障和髓鞘结构的形成,具有营养、支持和保护神经元的作用;神经胶质细胞能调节突触的生长及其兴奋性,对神经系统的发育有重要影响;它还介导神经免疫反应,参与疼痛反应,促进递质的循环利用,维持离子的动态平衡,并参与大脑认知和记忆等高级功能。可以说,随着神经生物学研究的不断深入,不但发现神经胶质细胞具有多种功能,而且发现不同种类的神经胶质细胞具有各自独特的功能。

二、神经胶质细胞的分类

根据细胞大小的不同,神经胶质细胞可分为大胶质细胞(macroglia)和小胶质细胞(microglia)两类。大胶质细胞在中枢神经系统和周围神经系统(peripheral nervous system)都有分布,中枢神经系统的大胶质细胞包括星形胶质细胞(astrocyte,astroglia)和少突胶质细胞;周围神经系统的大胶质细胞包括施万细胞和卫星细胞(satellite cell)。其中数量最多的星形胶质细胞,根据其在特定脑区的分布还可分出几个特殊类型,如室管膜细胞(ependymal cell)、小脑的贝格曼(Bergmann)胶质细胞等,在视网膜中还有米勒(Müller)细胞。小胶质细胞只在中枢神经系统有分布。少突胶质细胞和施万细胞因为能形成髓鞘又称为成髓鞘细胞(myelinating cell),其他神经胶质细胞则称为非成髓鞘细胞(nonmyelinating cell)。

(一) 星形胶质细胞

星形胶质细胞因其细胞形状呈不规则的星形而得名。星形胶质细胞数量约占全部神经胶质细胞的一半,是神经胶质细胞中数量最多、分布最广和体积最大的一类细胞。星形胶质细胞可以由胚胎时期神经上皮细胞的室区(ventricular zone,VZ)细胞发育分化而成。胚胎时期神经管的神经上皮室区的一些细胞,在大脑皮质神经元开始发育分化的时候表现出一些神经胶质细胞的特性,如表达谷氨酸/天冬氨酸转运蛋白(glutamate/aspartate transporter,GLAST)、胶质细胞源性纤维酸性蛋白(glial fibrillary acidic protein,GFAP)、Ca^{2+}结合蛋白 S100β(S100 calcium binding protein β,一种与记忆相关的小分子水溶性蛋白)等,其形态也呈现细胞延展状态,这些细胞被称为辐射状胶质细胞(radial glial cell)。辐射状胶质细胞可以发育为神经元和星形胶质细胞。在中枢神经系统发育阶段,辐射状胶质细胞分布于中枢神经系统的所有区域,并可以分化为神经元;在神经元迁移结束后,一些未分化的辐射状胶质细胞即可转化为星形胶质细胞。星形胶质细胞也可以是由室下区(subventricular zone,SVZ)的未成熟细胞在围产期(perinatal stage)迁移到灰质(grey matter)或白质(white matter)分化发育而来。

1. 星形胶质细胞的形态和特异性标志物

星形胶质细胞的直径为 9~10 μm,具有大量由胞体向外伸出形成的放射状突起。细胞核呈圆形或卵圆形,内含有少量异染色质附着于核膜内面,核仁不明显。

星形胶质细胞的细胞质含有粗面内质网、游离核糖体、线粒体和高尔基体等细胞器,但较神经元少,故用尼氏染色法无法显色。此外,其细胞质中还含有丰富的糖原颗粒。星形胶质细胞的细胞骨架成分有微管、微丝和胶质丝(glial filament)。胶质丝的直径为 8~10 nm,是由分子量为 47 000~50 000 的 GFAP 构成。GFAP 属于星形胶质细胞特异存在的中间丝(intermediate filament)蛋白,在星形胶质细胞发育、分化、成熟过程中表达量逐渐增多,是星形胶质细胞的特异性标志物。作为细胞骨架蛋白的一种,GFAP 在星形胶质细胞突起的形成过程中是必需的,因此 GFAP 在调节星形胶质细胞运动上有重要作用,并且对于血脑屏障的完整性也是不可缺少的。有文献报道,GFAP 参与神经组织白质正常结构的维持,缺乏 GFAP 将会引起迟发性脱髓鞘性疾病。

除 GFAP 以外,星形胶质细胞的特异性标志物还有 Ca^{2+}结合蛋白 S100β、GLAST、谷氨酸转运蛋白-1(glutamate transporter-1,GLT-1)、谷氨酰胺合成酶(glutamine synthetase,GS)、乙醛脱氢酶 1 家族 L1 蛋白(aldehyde dehydrogenase 1 family member L1,ALDH1L1)等。

2. 星形胶质细胞的分类

根据星形胶质细胞形态的不同,一般将其分为三种类型:原浆性星形胶质细胞(protoplasmic astrocyte)、纤维性星形胶质细胞(fibrous astrocyte)(图 1-12)和辐射状星形胶质细胞(radial astrocyte),此处名称应与前述的神经发育时期的辐射状胶质细胞相区别。原浆性星形胶质细胞,因其形态似苔藓,又称为苔藓细胞,主要分布于灰质内,与神经元的胞体和树突,尤其是突触区关系密切,形态类似灌木,其突起短而粗,分支多,呈辐射状分布,胶质丝含量较少。纤维性星形胶质细胞主要分布于白质内的神经纤维束之间,其突起细而长,分支少,胶质丝含量丰富。辐射状星形胶质细胞分布于与脑室轴相垂直的平面,突起细长且很少有分支,从灰质跨越整个白质层。成年动物的室管膜细胞、视网膜米勒细胞、小脑贝格曼胶质细胞和下丘脑伸展细胞(tanycyte)均属辐射状星形胶质细胞。

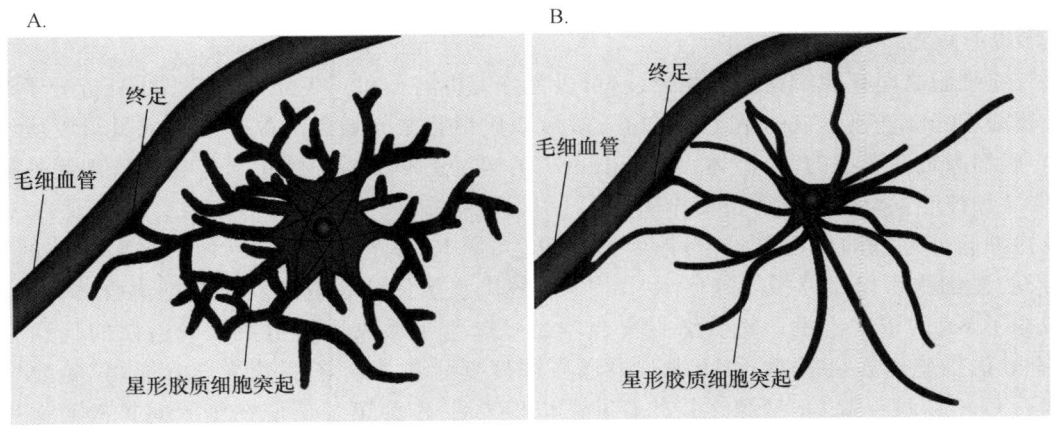

图 1-12 原浆性星形胶质细胞(A)和纤维性星形胶质细胞(B)

3. 星形胶质细胞的特性

(1) 表达多种重要功能的膜蛋白。

随着研究的不断深入，发现星形胶质细胞可以表达多种细胞膜蛋白，其中包括离子通道蛋白、受体蛋白和转运蛋白。这些膜蛋白与星形胶质细胞的功能密切相关。

星形胶质细胞表达多种离子通道蛋白，如电压门控钠、钾与钙等阳离子通道和氯等阴离子通道蛋白等。与神经元细胞上存在的离子通道蛋白产生"全或无"式的动作电位不同，星形胶质细胞上的离子通道蛋白的生理功能是参与调节细胞内外的 pH 和离子浓度，并积极参与神经元对内外刺激的应答反应。像神经元一样，星形胶质细胞也具有膜电位，细胞外和细胞内的 K^+ 浓度之比（即 $[K^+]_o/[K^+]_i$），对细胞膜电位的形成起着决定作用，其他离子对神经胶质细胞膜电位的形成不起重要作用。有证据表明，膜电位的改变可能导致释放谷氨酸（glutamic acid, Glu）等信号分子，参与星形胶质细胞与神经元之间的信息交流过程。

应用免疫细胞化学、原位杂交、膜片钳等技术进行的研究发现，星形胶质细胞表达多种受体蛋白，包括谷氨酸受体、γ-氨基丁酸（γ-aminobutyric acid, GABA）受体、乙酰胆碱（acetylcholine, ACh）受体、5-羟色胺（5-hydroxytryptamine, 5-HT）受体、肾上腺素（epinephrine, adrenaline）受体和神经肽受体等。星形胶质细胞表达的谷氨酸受体包括离子型谷氨酸受体（ionotropic glutamate receptor, iGluR）和代谢型谷氨酸受体（metabotropic glutamate receptor, mGluR）两类。其中离子型谷氨酸受体包括 α-氨基-3-羟基-5-甲基-4-异噁唑丙酸（α-amino-3-hydroxy-5-methyl-4-isoxazolepropionic acid, AMPA）受体、N-甲基-D-天冬氨酸（N-methyl-D-aspartic acid, NMDA）受体和海人藻酸（kainate, KA）受体。AMPA 受体的激活导致钾通道的外向电流转变为内向电流，与星形胶质细胞的增殖和维持 K^+ 平衡有关。星形胶质细胞是否表达 NMDA 受体还具有争议。代谢型谷氨酸受体在星形胶质细胞表达的主要有 mGluR1、mGluR3 和 mGluR5 三类，这些受体被激活后将导致星形胶质细胞内 Ca^{2+} 浓度升高、细胞间钙波的传递、Ca^{2+} 依赖钾通道激活和 ATP 释放等，从而影响星形胶质细胞增殖，诱导星形胶质细胞迅速形成丝状伪足（filopodia）。

星形胶质细胞还能够表达多种递质的转运蛋白，如 GLAST 和 GLT-1，转运 γ-氨基丁酸的 GABA 转运蛋白（GABA transporter, GAT）——GAT-1、GAT-2、GAT-3 和 BGT-1（betaine/GABA transporter-1）。谷氨酸和 GABA 属于氨基酸类递质，谷氨酸是中枢神经系统的兴奋性递质，GABA 是抑制性递质，经不同神经末梢释放到突触间隙后，两者均可被星形胶质细胞摄取。星形胶质细胞通过 GLAST 和 GLT-1 两种对谷氨酸亲和力相同的谷氨酸转运蛋白来摄取谷氨酸。谷氨酸的摄取伴随三个 Na^+ 和一个 H^+ 进入细胞，并有一个 K^+ 释放到细胞外。因为这个过程是耗能的，所以在严重缺血导致的 ATP 供应不足和细胞内低 K^+、高 Na^+ 时均会抑制谷氨酸的摄取。星形胶质细胞通过对 GABA 具有高亲和力的 GAT-1、GAT-2、GAT-3 和对 GABA 具有低亲和力的 BGT-1 这两类 GABA 转运蛋白摄取 GABA，依靠 Na^+ 浓度梯度驱动，在摄取 GABA 的同时伴随两个 Na^+ 进入细胞。

(2) 形成缝隙连接。

星形胶质细胞之间存在丰富的缝隙连接，可以允许无机离子和一些分子量较小的有机分子通过。参与星形胶质细胞缝隙连接形成的是连接蛋白。星形胶质细胞之间通过缝隙连接形成星形胶质细胞集合体，类似心肌细胞之间形成的"合胞体（syncytium）"结构。星形胶质细胞集合体在维持细胞外环境的稳定、信号传导和神经发育中都具有重要作用。

在维持细胞外环境的稳定方面，当神经活动时，大量 K^+ 从神经元流出，使得细胞间隙的 K^+ 浓度升高，星形胶质细胞可以迅速摄入这些 K^+，并通过缝隙连接使其在星形胶质细胞集合体内迅速扩散，有效地缓冲了 K^+ 的浓度。星形胶质细胞集合体还可以为星形胶质细胞摄入的递质的代谢提供一个更迅速、有效的细胞内容量缓冲，防止细胞内递质浓度变化过大。在信号传导方面，谷氨酸导致星形胶质细胞内 Ca^{2+} 浓度升高后，缝隙连接的存在可以使 Ca^{2+} 作为第二信使在细胞间扩散而作用于更多的细胞。在神经发育方面，缝隙连接具有决定细胞表型和限制细胞增殖的作用，从而影响神经发育。

（3）构成三重组分突触结构。

传统观点认为突触仅是由神经元的突触前成分和突触后成分组成,在神经元之间发挥重要的信息传递作用。但是最新观点认为,神经元与星形胶质细胞之间也存在双向信息交流(cross-talk)功能,可以形成三重组分突触(tripartite synapse)。三重组分突触包含突触前成分、突触后成分和突触旁星形胶质细胞突起(图1-13)。星形胶质细胞突起伸至并包绕神经元之间的突触,这样神经元可以通过释放递质激活星形胶质细胞;星形胶质细胞也可以释放胶质细胞递质(gliotransmitter,亦称为"胶质递质")反馈作用于神经元。目前发现的胶质递质有谷氨酸、ATP、D-丝氨酸、GABA、脑源性神经营养因子(brain derived neurotrophic factor,BDNF)、牛磺酸、同型半胱氨酸、心钠素(atrial natriuretic factor,ANF)和肿瘤坏死因子α(tumor necrosis factor α,TNF-α)等。

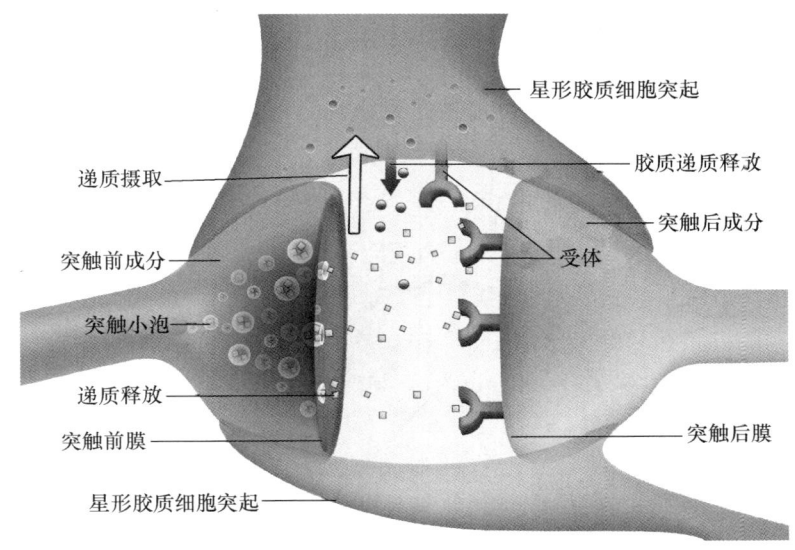

图 1-13　三重组分突触结构

如图1-13所示,神经元释放的递质可以激活突触旁星形胶质细胞上的相应受体,引起其胞内钙信号等通路的激活,从而诱发星形胶质细胞分泌谷氨酸、D-丝氨酸等胶质递质,反作用于神经元,参与调节突触传递。由于星形胶质细胞释放胶质递质这个功能的发现,星形胶质细胞也可以被认为是一种可兴奋性细胞。星形胶质细胞的兴奋过程是由一系列复杂的离子和信号分子体系完成的,这方面的研究将成为该领域研究的热点。但与神经元不同,星形胶质细胞的兴奋是基于化学刺激,而非电刺激。三重组分突触的提出使人们对星形胶质细胞的功能有了全新认识,即神经胶质细胞并不只是神经元的支持细胞,它能够与神经元共同构成中枢神经系统中的信息网络,参与信息传导。海马中多于50%的兴奋性突触都以三重组分突触的形式存在。

（4）构成血脑屏障。

1885年,德国细菌学家Paul Ehrlich发现,若将蓝色活性染料注入动物血管内,除了脑以及脊髓的组织,身体其他部位全都变成蓝色,他的学生Edwin Goldman进一步研究发现,中枢神经系统脑细胞外液与血液循环系统之间存在一层重要生理屏障——血脑屏障(blood brain barrier,BBB)。血脑屏障的功能主要在于保证脑组织内环境的稳定,不受来自血液的异物(微生物、毒素等)的侵犯,远离来自身体其他部位的激素的影响,以利于中枢神经系统活动的进行。

血脑屏障因其选择性通透生物活性物质而对脑组织具有保护作用。血脑屏障通透性大部分是由物质本身的性质和状态(即物质的分子大小、脂溶性及其携带电荷程度)所决定的。大分子物质、低脂溶性分子及带有高电荷的分子无法轻易通过血脑屏障,如在生理状态下,胆色素、乙酰胆碱还有肾上腺素等激素,以及Na^+、Ca^{2+}、OH^-和HPO^{2-}等离子难以通过血脑屏障,而脂溶性物质(如O_2、CO_2)和巴比妥盐类药物等则很容易通过。脑组织所需要的营养物质（如 D-葡萄糖和必需氨基酸）的通过可以由血脑屏障上的载体选择性地被动运输来完成。所以，血脑屏障是脑组织实现自我保护的重要生理屏障，它对于维持脑内生理环境的稳态平衡具有十分重要的意义。

血脑屏障的构成包括脑毛细血管内皮细胞、周细胞（pericyte）和星形胶质细胞的终足（end-foot）（图 1-14）。星形胶质细胞胞体向外伸展形成大量放射状突起，其中一部分突起末端膨大为终足，附着在毛细血管基膜上，或伸到脑和脊髓的表面形成胶质界膜（glia limitans）。终足分布在毛细血管内皮细胞和周细胞的外侧，形成"鞘"状结构，几乎包被脑毛细血管外面 95% 的面积。终足能够帮助脑毛细血管内皮细胞之间形成紧密连接（tight junction，TJ），保持无缝的筒状结构，参与中枢神经组织的营养和生物活性物质的转运输送，并提供给神经元；周细胞紧靠并附着在内皮细胞的外侧，覆盖着脑毛细血管外壁的 20%～30%。

许多病理生理现象都影响血脑屏障的改变和调节，如新生儿核黄疸、血管性脑水肿及严重脑损伤，使脑毛细血管内皮细胞间紧密连接开放，血脑屏障被严重破坏，以致血浆白蛋白等大分子物质都可通过屏障，破坏脑组织内环境的稳定。

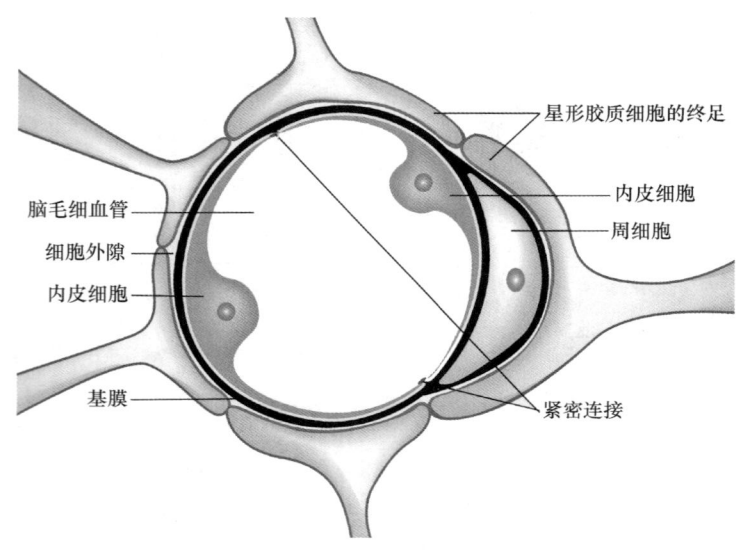

图 1-14　血脑屏障

脑毛细血管与内皮细胞以紧密连接相连，周细胞和星形胶质细胞的终足包绕在内皮细胞外侧，形成血脑屏障。

（5）维持神经元能量代谢。

大脑能量多来自葡萄糖的有氧氧化，脑中血糖的供应是维持和进行各种活动功能的基础，没有能量供应，神经元就无法进行工作。星形胶质细胞的能量代谢与神经元功能发挥之间密切相关（图 1-15），谷氨酸-谷氨酰胺循环在其中起着重要作用。星形胶质细胞还能为神经元提供乳酸等糖酵解产物，维持其在缺氧低糖情况下的能量供应。

谷氨酸-谷氨酰胺循环具有以下三方面重要意义：① 维持神经元的正常功能；② 谷氨酸能为星形胶质细胞提供能量；③ 通过合成谷氨酰胺去除氨的毒性。谷氨酸-谷氨酰胺循环并不是一个封闭的循环，当神经元产生的动作电位传递到轴突终末时，突触前膜释放的兴奋性递质谷氨酸进入突触间隙，被星形胶质细胞摄取。早在 1982 年本章作者就发现了星形胶质细胞与神经元之间的谷氨酸-谷氨酰胺-谷氨酸的代谢循环关系并非为 1∶1∶1。谷氨酸被星形胶质细胞摄取后，其中只有一部分经星形胶质细胞的标志性酶——谷氨酰胺合成酶催化而转化为谷氨酰胺（glutamine）。这些谷氨酰胺由星形胶质细胞释放后被神经元摄取，作为谷氨酸的前体在神经元突触前末梢内积累，再转变成谷氨酸，并进入突触小泡（synaptic vesicle）等待下一轮神经动作电位的到来。这个过程就是谷氨酸-谷氨酰胺循环。谷氨酰胺的合成是谷氨酸-谷氨酰胺循环的重要步骤。另外一部分谷氨酸被星形胶质细胞摄取后在转氨酶作用下生成 α-酮戊二酸（α-ketoglutarate）再进入三羧酸循环（tricarboxylic acid cycle，TCA cycle），经此途径氧化降解生成 CO_2，并释放能量。星形胶质细胞与神经元之间的谷氨酸-谷氨酰胺-谷氨酸的代谢循环既可以防止谷氨酸在细胞间隙积聚，及时终止谷氨酸堆积对神经元的兴奋性毒性，又能够循环利用谷氨酸，并为细胞提供一部分能量。

葡萄糖长期以来都被认为是神经元的唯一能量来源，但现在发现神经元还可以利用糖酵解产生的乳酸作为其能源物质。能够转运乳酸的单羧酸转运蛋白（monocarboxylate transporter，MCT）在不同细胞中有不同表达类型，星形胶质细胞主要表达 MCT1 和 MCT4，神经元主要表达 MCT2。伴随谷氨酸的摄取，星形胶质细胞中糖酵解增强，乳酸合成增加，同时神经元通过 MCT2 摄取星形胶质细胞所释放的乳酸。乳酸经乳酸脱氢酶（lactate dehydrogenase，LDH）转为丙酮酸后，作为神经元能量代谢的物质来源。

脑中的糖原作为能量储存主要分布在星形胶质细胞。在多种神经调节因素的作用下，星形胶质细胞进行广泛的糖原降解，用以维持细胞外 H^+、K^+、Na^+ 的稳态以及递质的摄取和代谢等，并为神经元提供能量物质。

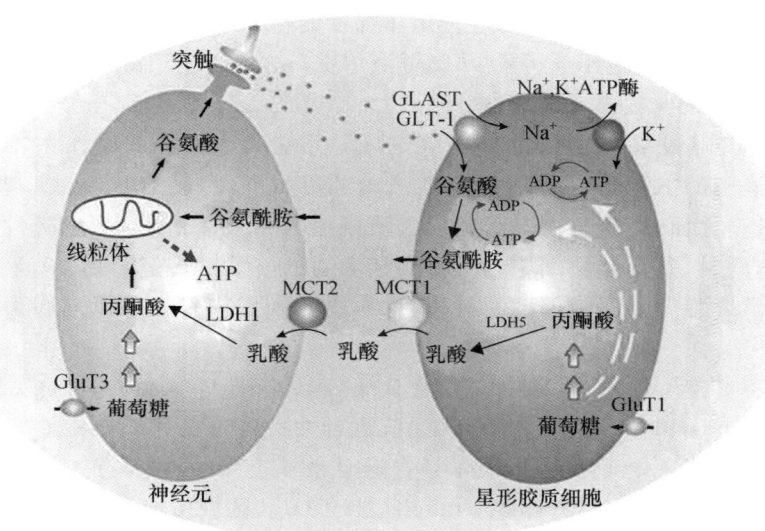

GLAST，谷氨酸/天冬氨酸转运蛋白；GLT-1，谷氨酸转运蛋白；LDH，乳酸脱氢酶；MCT，单羧酸转运蛋白；GluT，葡萄糖转运蛋白；ATP，三磷酸腺苷；ADP，二磷酸腺苷

图 1-15　星形胶质细胞与神经元的能量代谢联系

（6）影响神经元的发育。

在胚胎时期，室区的辐射状胶质细胞分泌能够被神经元特异性受体所识别的细胞外基质，为轴突生长和神经元迁移到确定的部位提供导向。同时，辐射状胶质细胞的网架结构还有支持和引导神经元迁移的作用。

在不同发育时期，星形胶质细胞对神经元的发育有不同作用。星形胶质细胞多在出生后的发育早期形成，大多数哺乳动物的神经元突触也是在这个时期形成。星形胶质细胞分泌的血小板反应蛋白（thrombospondin）能够促进突触的形成。当星形胶质细胞成熟后，其细胞外基质分泌成分发生变化，不但丧失了诱导轴突生长迁移的能力，其分泌的硫酸软骨素蛋白聚糖（chondroitin sulfate proteoglycan）和少突胶质细胞表达的神经突起生长抑制因子（neurite outgrowth inhibitor）、髓鞘相关糖蛋白等分子在成熟的哺乳动物中枢神经系统损伤后反而具有抑制轴突生长的作用。

（7）参与其他生理功能。

在中枢神经系统中，星形胶质细胞还发挥调控细胞外微环境的作用，它们通过自身的膜通道、转运蛋白和受体等相关机制调节水、离子、pH、能量和递质的内稳态平衡。另外，星形胶质细胞还可以抵抗氧化应激,以糖原的形式存储能量,形成瘢痕和修复组织,通过释放多种细胞因子、神经营养因子(neurotrophic factor,NTF)、胶质递质等调节突触形成、功能、活性和重塑,以及调节神经元信号传导等。

4. 星形胶质细胞与病理损伤

在多种损伤刺激的作用下或衰老过程中,都可看到星形胶质细胞的激活,激活的星形胶质细胞发生一系列变化,主要有反应性星形胶质细胞胞体和突起增大,GFAP含量增高并伴随多种基因表达的改变,细胞迁移和细胞数目增加等。这些变化统称为星形胶质细胞胶质化(astrogliosis)。

在遭受机械损伤后,胶质化是星形胶质细胞最突出的表现。一方面星形胶质细胞的胶质化形成胶质瘢痕,保护受损区域,防止损伤扩散;另一方面由于胶质化的反应过快、过强,胶质瘢痕占据受损空间又不能被及时降解,因而影响邻近神经通路的功能、轴突的再生和重新髓鞘化。胶质瘢痕也参与了癫痫的发作。

在生理条件下,星形胶质细胞可以感知细胞外环境的渗透压,并调节自身细胞体积;然而在病理损伤情况下,这种容量调节机制受到抑制,加上细胞外液渗透压改变、酸中毒和氨中毒,最终引起脑水肿。当过度摄取水分引起脑脊液的渗透压下降时,水分子通过定位于星形胶质细胞表面的水通道蛋白(aquaporin,AQP)中的AQP1、AQP4和AQP5,在渗透压梯度的作用下进入细胞内,引起星形胶质细胞水肿。星形胶质细胞的水肿会导致细胞外空间减少,脑脊液中K^+、谷氨酸水平升高;水肿的星形胶质细胞终足压迫微血管,造成进一步的脑缺血,加剧脑水肿。

星形胶质细胞参与脑缺氧、缺血等病理损伤过程,并在其中发挥双重作用。一方面,星形胶质细胞通过平衡细胞外液中的K^+浓度,摄取细胞外液中的谷氨酸,以及合成释放一些神经营养因子等方式发挥保护作用;另一方面,严重缺血引起星形胶质细胞自身发生肿胀,产生炎性因子和大量自由基,从而加重缺血损伤,同时,星形胶质细胞内具有高亲和力的谷氨酸转运蛋白GLAST和GLT-1,缺血时由于膜电位的下降及细胞内外离子梯度的破坏,反而引起细胞内谷氨酸反向转运到细胞外,加重兴奋毒性损伤。

星形胶质细胞还参与了阿尔茨海默病、帕金森病(Parkinson's disease,PD)、肌萎缩性脊髓侧索硬化、亚历山大病(Alexander disease)等中枢神经系统退行性疾病的发生和发展。

阿尔茨海默病发病机制目前仍不清楚,但普遍认为有三大病理改变:① 淀粉样斑块(amyloid plaque);② 神经原纤维缠结(neurofibrillary tangle,NFT);③ 区域性神经炎症以及这些改变导致的神经元和突触缺失。淀粉样斑块的形成可能是阿尔茨海默病的核心病理变化,其主要组成成分有β-淀粉样蛋白(amyloid β-protein,Aβ)、星形胶质细胞和小胶质细胞。星形胶质细胞吞噬了富含Aβ的神经元降解产物,并在细胞中堆积。正常情况下,星形胶质细胞中Aβ的堆积及其清除之间存在动态平衡,而在阿尔茨海默病患者的大脑中,星形胶质细胞中的AQP4表达下调,造成胶质淋巴回流受阻,Aβ的清除率低于其堆积速率,故Aβ能够激活星形胶质细胞并最终形成淀粉样斑块。τ蛋白是神经元内的一种非常重要的微管相关蛋白(microtubule associated protein,MAP)。τ蛋白的异常修饰,尤其是过度磷酸化会促使其在细胞内沉积并促发阿尔茨海默病的另一个特征性的病理变化——神经原纤维缠结(neurofibrillary tangles,NFT)。星形胶质细胞分泌载脂蛋白E(apolipoprotein E,ApoE),能够通过与τ蛋白特异性结合而抑制其磷酸化和自身聚集。对阿尔茨海默病患者和普通人的*ApoE*基因统计表明,携带不能结合τ蛋白的*ApoEε4*基因的人易患阿尔茨海默病。在阿尔茨海默病发病过程中,星形胶质细胞分泌S100β,促进τ蛋白堆积和神经原纤维缠结的形成。Aβ异常堆积和神经原纤维缠结引发神经炎症反应,然而神经炎症反应及其释放的炎性细胞因子又能反向作用,促进淀粉样斑块和神经原纤维缠结的形成。Aβ作为抗原,对星形胶质细胞有激活作用,胶质化的星形胶质细胞不仅具有吞噬作用,而且还生成并释放多种促进炎症发生的细胞因子,介导神经元的损伤和死亡,造成阿尔茨海默病的病理损害。

帕金森病的主要病理特点为中脑黑质多巴胺(dopamine,DA)能神经元的变性和死亡以及路易小体(Lewy body)的出现。帕金森病的发病率仅次于阿尔茨海默病。星形胶质细胞在帕金森病的发病过程中有双重作用。在疾病早期,星形胶质细胞通过释放神经营养因子、谷胱甘肽过氧化酶等保护多巴胺能神经元,延缓帕金森病的发病过程,其保护作用占主导地位。随着病情的发展,其对神经元的毒性作用逐渐明显,星形胶质细胞可能通过释放一氧化氮(nitric oxide,NO)、TNF-α等促炎性因子,推动帕金森病的发展。通过对星形胶质细胞与神经元间相互作用的了解,有可能为治疗帕金森病提供新思路。

(二) 少突胶质细胞

少突胶质细胞是中枢神经系统大胶质细胞的一种,在灰质和白质中均有分布,其主要生理功能是形成髓鞘。少突胶质细胞发源于神经上皮细胞的室下区,由少突胶质前体细胞(oligodendrocyte progenitor cell)发育而来。少突胶质前体细胞主要分为PDGFRα阳性和DM-20阳性两种细胞。PDGFRα是血小板源性生长因子受体,是少突胶质前体细胞最早期的典型标志物。DM-20是蛋白脂蛋白(proteolipid protein,PLP)的同源基因剪接物,DM-20和PLP是构成中枢神经系统髓鞘的主要膜蛋白。在发育过程中,PDGFRα对分布在前脑腹侧少突胶质前体细胞的增殖、迁移和分化具有至关重要的作用,分布在此处的少突胶质前体细胞均为PDGFRα阳性;而分布在后脑的少突胶质前体细胞中有一部分细胞不表达PDGFRα而呈现DM-20阳性。DM-20阳性的少突胶质前体细胞比PDGFRα阳性的少突胶质前体细胞优先分化,最终发育成为成熟的少突胶质细胞。成熟的少突胶质细胞还保持一定的更新能力。

1. 少突胶质细胞的形态

在银染色标本中,少突胶质细胞比星形胶质细胞小。早先由于技术条件限制观察到的细胞突起小而少,分支也少,呈串珠状,故被称为少突胶质细胞。现在用特异性免疫细胞化学染色显示的少突胶质细胞,其突起并不少,而且还有许多大小不等的分支。

少突胶质细胞直径为6~8 μm,其核小而圆,染色较深,染色质浓缩成块,异染色质较多。少突胶质细胞的细胞质较少,胞浆内含较多游离核糖体、粗面内质网、高尔基体和线粒体等细胞器以及大量微管,而含糖原颗粒较少,无胶质丝。

由于少突胶质细胞的形态特点,可以根据在电镜下胶质丝和微管的含量来区别星形胶质细胞和少突胶质细胞。另外,常用的可以区别少突胶质细胞和其他胶质细胞的特异性标志物有少突胶质细胞特异性表达的半乳糖脑苷脂(galactocerebroside)、髓鞘碱性蛋白(myelin basic protein,MBP)、髓鞘/少突胶质细胞特异性蛋白(myelin/oligodendrocyte-specific protein,MOSP)、半乳糖苷酶(galactosidase)和碳酸苷酶Ⅱ(carbonic anhydrase Ⅱ)等。

2. 少突胶质细胞的分类

根据少突胶质细胞的分布和位置可将其分为三种亚型:束间少突胶质细胞(interfascicular oligodendrocyte)、神经元周围少突胶质细胞(perineuronal oligodendrocyte)和血管周围少突胶质细胞(perivascular oligodendrocyte)。束间少突胶质细胞分布在中枢神经系统白质的神经纤维束之间,成行排列,在胎儿和新生儿时期含量较多,而在髓鞘形成过程中迅速减少。神经元周围少突胶质细胞分布在中枢神经系统的灰质区,常位于神经元周围,与神经元的关系密切,故又称为神经元周围卫星细胞(perineuronal satellite cell),但在神经元胞体与神经元周围卫星细胞之间亦常有星形胶质细胞的薄片状突起分隔。神经元周围少突胶质细胞亦能形成灰质内神经纤维的髓鞘。血管周围少突胶质细胞主要分布在中枢神经系统的血管周围。

根据电镜下少突胶质细胞的不同致密度和细胞核异染色质聚集情况的差异,也可将少突胶质细胞分为三型:亮型、中间型和暗型。亮型少突胶质细胞核染色较淡,分裂最活跃,并且很快分化为中间型少突胶质细胞,故其数量最少。中间型少突胶质细胞比亮型少突胶质细胞小,核染色更浓,分裂活动较活跃,逐渐成熟而转变成暗型少突胶质细胞。暗型少突胶质细胞最小,核染色最深,分裂不活跃,数量最多。

3. 少突胶质细胞的特性

少突胶质细胞表达多种受体蛋白,包括AMPA受体、NMDA受体、KA受体和mGluR四种谷氨酸受体,这些受体在少突胶质细胞及其前体细胞的增殖、分化、迁移、成髓鞘等方面具有重要作用。少突胶质细胞还表达多种其他受体,包括γ-氨基丁酸的$GABA_A$受体、乙酰胆碱受体、5-羟色胺受体、肾上腺素受体和神经肽受体等。

少突胶质细胞的主要生理功能是包裹中枢神经元的轴突,形成并维持髓鞘结构。在接近神经元时,少突胶质细胞的突起末端扩展成扁平的薄膜并以一种"蛋卷"形式沿着神经轴突伸展,多次包绕轴突,直至形成紧密的髓鞘结构(图 1-16)。髓鞘主要由髓磷脂(myelin)组成,在神经冲动传导时具有类似电线的绝缘和屏蔽作用。髓鞘之间形成郎飞结,郎飞结易于被激活,使动作电位越过有髓纤维,在郎飞结上以一种跳跃式方式传递。一个少突胶质细胞可以发出数个突起与 5~12 个轴突形成髓鞘。少突胶质细胞的髓鞘包绕方向是不定向的,可以是顺时针的,也可以是逆时针的。少突胶质细胞合成的髓磷脂的量比较稳定,但根据包绕轴突的直径不同,形成的髓鞘厚度也不同。轴突越粗,髓鞘板层数目越多,髓鞘越厚,动作电位传导速度越快。

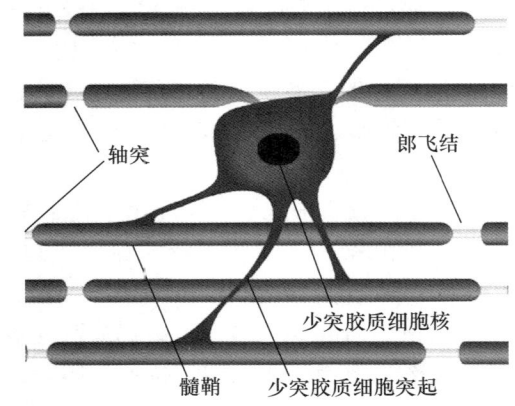

图 1-16 少突胶质细胞形成髓鞘(示意图)

4. 少突胶质细胞与病理损伤

神经系统发生病理性损伤如缺血、感染、机械损伤时,氧自由基和谷氨酸的毒性作用和营养因子匮乏等引起少突胶质细胞功能异常,并随之引起髓鞘损伤、轴突传导障碍,最后导致轴突的二次损伤甚至永久性功能障碍。

少突胶质细胞内铁离子浓度较高,半胱氨酸和抗氧化反应的酶含量较低,导致清除氧自由基能力较差,因此它对氧自由基十分敏感。处于不同发育阶段的少突胶质细胞对氧自由基的敏感性不同。谷氨酸主要通过 AMPA 受体和 KA 受体对少突胶质细胞产生毒性作用;使用 AMPA 受体的抑制剂或拮抗剂(antagonist)可以保护少突胶质细胞免受损伤。最近有报道称少突胶质细胞也有 NMDA 受体表达,并在介导谷氨酸兴奋毒性损伤中起着重要作用。

在中枢神经系统发育过程中常见少突胶质细胞的凋亡,可能是竞争轴突来源的营养因子所致。过表达这些营养因子可以减少发育过程中少突胶质前体细胞的凋亡。少突胶质细胞的营养因子包括:BDNF、胰岛素样生长因子(insulin-like growth factor,IGF)、睫状神经营养因子(ciliary neurotrophic factor,CNTF)、神经营养因子-3(neurotrophin-3,NT-3)等。很多白质损伤疾病都是正常的营养因子供给遭到破坏而造成少突胶质细胞生长停止或诱导细胞凋亡所致,给予营养因子则可以保护少突胶质细胞,避免其凋亡。

破坏髓鞘结构的完整性,包括多发性硬化(multiple sclerosis)、急性播散性脑脊髓炎(acute-disseminated encephalomyelitis)等引起的脱髓鞘(demyelination)疾病;或是如早产儿白质损伤(preterm white matter injury,PWMI)、先天性尖头症(congenital microcephaly)等少突胶质细胞发育紊乱导致的髓鞘形成障碍(dysmyelination),均可引发神经冲动传导障碍,引起神经麻痹。目前,科研人员试图在神经损伤后,通过移植少突胶质细胞或其前体细胞至损伤部位使脱髓鞘或未形成髓鞘的轴突重新髓鞘化。

少突胶质细胞也参与阿尔茨海默病、帕金森病、多系统萎缩症(multiple system atrophy,MSA)等中枢神经系统退行性疾病。

近期研究发现,除神经元的病变特点以外,白质的退化和髓鞘脱失也是阿尔茨海默病的重要特征。在阿尔茨海默病病理条件下,少突胶质细胞异常脆弱,极易发生髓磷脂的分解和髓鞘的缺失。研究人员发现,白质的病变特别是其中的少突胶质细胞和髓鞘的功能受损,极有可能是阿尔茨海默病在淀粉样蛋白和τ蛋白发生病变之前最早期的致病诱因,进而促进了认知障碍的发生。除目前已有的研究外,未来的研究还应着眼于修复髓鞘损伤,少突胶质细胞也很有可能成为阿尔茨海默病早期防治的一个十分重要的新靶点。

帕金森病和多系统萎缩症的共同特点是在细胞水平均出现含有α突触核蛋白(α-synuclein,αSyn)的包涵体。最新研究发现,αSyn的来源并非只有神经元,少突胶质细胞也表达αSyn。这两种疾病中发现的胶质细胞包涵体尤其是多系统萎缩症中主要存在于少突胶质细胞质包涵体中的αSyn,很有可能直接来源于少突胶质细胞自身而并非如之前推测的间接来自神经元。这表明,少突胶质细胞在帕金森病和多系统萎缩症的发生和发展中很有可能具重要作用。

(三) 小胶质细胞

小胶质细胞是中枢神经系统中体积相对较小的一种胶质细胞。小胶质细胞数量较少,占全部神经胶质细胞的5%~20%。小胶质细胞在脑内各部分均有分布,在灰质中的数量比白质多5倍。海马、嗅叶和基底神经节(basal ganglion)的小胶质细胞比丘脑和下丘脑的多,而脑干与小脑中最少。

目前学术界认为小胶质细胞是中枢神经系统的巨噬细胞。在生理状况下,小胶质细胞起源于发育早期卵黄囊的巨噬细胞祖细胞,并通过血液循环定殖到神经上皮,最终分化为成熟的小胶质细胞。这些由卵黄囊衍生出来的小胶质细胞会自我更新并伴随生物个体终生存在。然而,在某些炎症发生的病理条件下,外周血液中的单核细胞或者骨髓来源的祖细胞会通过血脑屏障进入补充小胶质细胞库(microglial pool),但是这些后来补充的小胶质细胞是长期还是短暂存在于神经系统,及其是否能够全面地发挥原生的小胶质细胞功能仍未可知。

1. 小胶质细胞的形态

用银染色方法显示的小胶质细胞胞体呈细长或椭圆形,从胞体发出细长而有分支的突起,表面有许多小棘突。常规染色可见其细胞核细长或呈三角形,染色较深。光镜下,小胶质细胞直径为4μm,细胞内有较多的块状异染色质,胞浆少,围绕核形成一薄层,内有小空泡。电镜下小胶质细胞胞质内溶酶体较多,含微管少。小胶质细胞的常用特异性标志物为分化抗原(cluster of differentiation,CD)——CD11b、CD45等。

2. 小胶质细胞的分类

根据在中枢神经系统发育时期或病理情况下的不同形态,小胶质细胞可分为三种类型:静止的小胶质细胞(resting microglia),有很多分支,存在于正常的中枢神经系统中;激活的小胶质细胞(activated microglia),在脑损伤、脑退行性病变及脑出血等病理情况下激活但无吞噬作用,其突起比静止的小胶质细胞更粗,胞体也更大;吞噬性小胶质细胞(phagocytic microglia),在病理情况下出现,具有巨噬细胞功能,参与炎症反应。

3. 小胶质细胞的特性

小胶质细胞表达多种受体蛋白,如代谢型谷氨酸受体(mGluR)以及AMPA受体和KA受体等离子型谷氨酸受体。mGluR的激活可以抑制一些病原性分子,如脂多糖(lipopolysaccharide,LPS)对细胞的激活作用;而AMPA受体和KA受体的激活使细胞合成TNF-α增加。小胶质细胞也表达ATP受体,如P2X受体和P2Y受体,其中P2X受体的激活导致细胞释放细胞因子白介素-1β(interleukin-1β,IL-1β);P2Y受体参与调节细胞的趋向性。小胶质细胞还表达毒蕈碱型乙酰胆碱受体(muscarinic acetylcholine receptor,mAChR)、α-肾上腺素受体和β-肾上腺素受体(以后者为主)、P物质(substance P,SP)的神经激肽-1受体(neurokinin-1 receptor,NK_1R)和内皮素(endothelin)受体。

小胶质细胞在发育过程中能够吞噬中枢神经系统内一些自然退变的残余物,同时进行增殖,当中枢神经系统发育完成后,它们变成静止的小胶质细胞。当中枢神经系统受到损伤时,这些静止的小胶质细胞被激活成吞噬性小胶质细胞,与血液系统的单核细胞一起吞噬组织碎片和退化变性的髓鞘,当损伤痊愈后,它们又恢复为静止的小胶质细胞。在苏木素-伊红染色切片中,这些细胞的形状常有变异,这主要与其进行运动及吞噬异物有关。小胶质细胞是存在于脑内的巨噬细胞,被广泛认为是中枢神经系统内的主要免疫效应细胞。在炎症刺激情况下,其抗原性增强,形态伸展,功能活跃。小胶质细胞是神经系统内细胞因子的主要来源以及作用的主要靶细胞,在神经免疫和炎症反应中发挥重要作用。另外,由于其巨噬细胞的特性,小胶质细胞能在发育过程中及成年的大脑内通过不断伸缩突起修剪突触,从而发挥其调整神经环路的作用。

4. 小胶质细胞与病理损伤

在损伤等病理情况下,小胶质细胞是最早发生激活反应的神经胶质细胞,其激活过程中的改变主要包括:形态改变,呈吞噬细胞样;细胞增殖;多种在小胶质细胞与免疫反应相关的细胞表面抗原、受体的表达上调,细胞因子合成与分泌增多等。

小胶质细胞的激活在病理损伤中具有双重作用。一方面小胶质细胞能够促进神经组织的病理损伤过程的发展。在中枢神经系统的炎症反应中,小胶质细胞表达趋化因子受体增加,如 CD4 抗原、黏附分子(adhesion molecule)等免疫分子,在趋化因子如曲动蛋白(fractalkine)等的作用下,小胶质细胞迁移至损伤部位,爆发性分泌大量细胞因子和细胞毒性物质,如活性氧簇(reactive oxygen species,ROS)、TNF-α 以及兴奋性递质谷氨酸等,使神经元和少突胶质细胞发生凋亡或坏死。另一方面,小胶质细胞还具有限制损伤进程和促进损伤后修复的作用。损伤发生后,小胶质细胞迅速伸出突起隔离损伤部位,防止由于微环境内稳态平衡被打破而造成的进一步损伤。在损伤所致的炎症前期,小胶质细胞转化为形态呈阿米巴样具有吞噬能力的细胞,清除受损的细胞;炎症后期,则分泌神经生长因子(nerve growth factor,NGF)、BDNF 和胶质细胞源性神经营养因子(glial cell line-derived neurotrophic factor,GDNF)等神经营养因子,有利于神经元的营养及修复(表 1-5)。另外,激活的小胶质细胞包绕神经元末端,与受损神经元密切接触并参与组织的重建和血管形成。

损伤部位的小胶质细胞激活后常常发生凋亡,这可能是机体调节和维持小胶质细胞数量的一种形式。通过凋亡可以减轻炎症反应的程度,避免因炎症反应过度导致神经组织进一步的损伤。

表 1-5 不同种类刺激下小胶质细胞释放的细胞因子(Kettenmann et al.,2005)

不同种类的刺激	细胞因子	细胞因子的作用
损伤的细胞	IL-1,TNF	炎症,组织损伤与修复
病毒、细菌、寄生虫	IL-6	急性期损伤,炎症、胶质细胞的激活
病原性分子(LPS、细菌 DNA 等)	TGF-β	抑制炎症,神经保护作用,组织修复
免疫系统(T 细胞、B 细胞)	IL-10	抑制炎症,神经保护作用
	IL-12,IL-15,IL-18	激活细胞介导的免疫反应
	趋化因子(chemokine)	吸引白细胞
	NGF,BDNF,GDNF	神经保护作用,组织修复

小胶质细胞参与了诸如阿尔茨海默病、帕金森病、人类免疫缺陷病毒(human immunodeficiency virus,HIV)所致的相关疾病及多发性硬化等神经系统疾病的发生发展。

在阿尔茨海默病病变特征之一的淀粉样斑块中,小胶质细胞也是其主要组成成分之一,与星形胶质细胞共同参与了阿尔茨海默病的神经炎症病理过程。Aβ 能激活和促使小胶质细胞聚集于脑内 Aβ 沉积物的周围。Aβ 激活的小胶质细胞能表达调理素受体(opsonic receptor),以介导更多的 Aβ 与小胶质细胞黏附,使其定位于淀粉样斑块。小胶质细胞在阿尔茨海默病中具有双重作用,既可以触发神经炎症反应,又能吞噬清除受损神经元和异常代谢产物。例如,一方面 Aβ 能以剂量和时间依赖性的方式诱导小胶质细胞的吞噬反应,在小胶质细胞吞噬 Aβ 的过程中,Aβ 诱导其高表达一氧化氮合酶(nitric oxide synthase,NOS),产生大量 NO,造成神经元损伤。同时,小胶质细胞还会破坏血脑屏障,使更多的炎症因子进入中枢神经系统,加重神经炎症,促使更多的神经元受损,加重病进程。另一方面,小胶质细胞通过释放胰岛素降解酶(insulin degrading enzyme)参与 Aβ 的降解代谢,这对于在生理状态下清除 Aβ、维持脑组织微环境的生理平衡及其正常的生理功能起着重要的作用。

在帕金森病中,小胶质细胞不仅是简单的"反应性增生",它还参与了帕金森病的发生和发展过程。通过立体定向技术(stereotaxic technique)将脂多糖注入大鼠的基底神经节,观察到小胶质细胞激活和多巴胺能神经元变性。激活的小胶质细胞释放大量促炎症细胞因子,导致多巴胺能神经元损伤。激活的小胶质细胞产生大部分氧自由基,而帕金森病患者体内存在血清抗氧化系统的改变,多巴胺能神经元对氧化应激特别敏感,这样加剧了多巴胺能神经元的损伤。此外,中脑黑质是脑内小胶质细胞分布最富集的区域。这些都表明小胶质细胞激活在帕金森病的发生和发展过程中具重要作用。

(四) 室管膜细胞

室管膜细胞是星形胶质细胞的特殊类型,呈立方体状或柱状,分布在脑室及脊髓中央管的腔面,形成单层上皮,称为室管膜(ependyma)。在脑室系统中,室管膜细胞和脑内的毛细血管组成的脉络丛(choroid plexus)分泌脑脊液。室管膜细胞之间具有紧密连接,是血-脑脊液屏障(blood-cerebrospinal fluid barrier)的重要组成。室管膜细胞表面有许多微绒毛(microvilli)吸收脑脊液,细胞表面的纤毛(cilia)帮助脑脊液在中枢神经系统中循环。在中枢神经系统内某些部位的室管膜细胞,其基底面有细长的突起伸向脑及脊髓深层,称为伸展细胞。伸展细胞的作用有可能是将脑脊液的信号传送给中枢神经系统。室管膜细胞具有保护和支持神经元的作用,还具有成年动物神经干细胞的潜能,它们可进行非对称分裂,其中一个子细胞转化成嗅神经元,并迁移到嗅球,补充凋亡的嗅神经元。也有研究观察到,将侧脑室的室管膜细胞植入耳蜗后,可以在一定程度上修复听力。

(五) 施万细胞

施万细胞起源于胚胎时期的神经嵴(neural crest),在周围神经系统形成髓鞘,属于成髓鞘神经胶质细胞,也称为神经膜细胞(neurolemmal cell)。施万细胞的前体细胞先发育为未成熟的施万细胞,而后者继续分化为不同类型的成熟的施万细胞。施万细胞的形状不规则,细胞核呈扁圆形,居于髓鞘外面,细胞质在核周区、郎飞结和施-兰切迹(Schmidt-Lanterman incisure)处含量较多,含有线粒体和高尔基体等细胞器。

根据被包裹的轴突直径的不同,可将施万细胞分为包裹直径较大的轴突的髓鞘形成的施万细胞(myelinating Schwann cell)以及包裹直径较小的轴突的非髓鞘形成的施万细胞(nonmyelinating Schwann cell)两种。新发现的第三种类型施万细胞分布在神经-肌肉接头处,称为突触周围施万细胞(perisynaptic Schwann cell),可能参与运动终板定位和神经-肌肉信号传导过程。

与少突胶质细胞相似,施万细胞含有与髓鞘合成相关的酶及蛋白,如 MBP 和环核苷酸-3′-磷酸水解酶(cyclic nucleotide-3′-phosphohydrolase),除此之外,其本身还有特异的蛋白分子,如髓磷脂蛋白0(myelin protein 0)、周围髓磷脂蛋白22(peripheral myelin protein 22)和神经元黏附分子(neural cell adhesion molecule)。

施万细胞的主要功能是在周围神经系统形成髓鞘,其细胞膜纵向反复包绕周围神经的轴突形成同心圆板层,形成髓鞘。施万细胞的包绕方向也是不定向的。髓鞘之间也形成郎飞结。与少突胶质细胞形成髓鞘的形式有所不同,一个施万细胞的细胞膜只能包绕一个轴突的一段区域,许多施万细胞排列成串包裹周围神经纤维的轴突,形成髓鞘(图 1-17);而一个少突胶质细胞可以同时发出数个突起(图 1-16),参与 5~12 个轴突髓鞘的形成。

施万细胞是周围神经系统髓鞘的形成细胞,在周围神经系统受到损伤的时候,施万细胞对周围神经的修复与再生起着至关重要的作用。另外,与星形胶质细胞、小胶质细胞一样,施万细胞通过分泌多种细胞因子参与神经免疫反应。

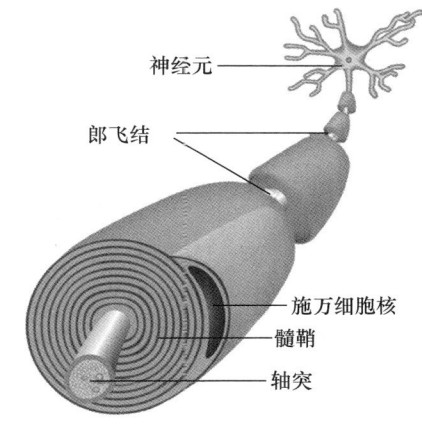

图 1-17 施万细胞形成髓鞘示意

(六) 卫星细胞

卫星细胞是周围神经系统中的另一类神经胶质细胞,存在于神经节内,它包绕神经元的胞体,形似被囊,故又称为"被囊细胞"(capsular cell)。卫星细胞呈扁平或立方体形,细胞核为圆形或卵圆形,染色质较浓密。卫星细胞包裹假单极神经元的胞体及其盘曲的突起,在假单极神经元的"T"形分支处与施万细胞相连续。类似于中枢神经系统的星形胶质细胞,卫星细胞也通过缝隙连接彼此相连,具有营养、支持和保护神经节细胞的作用。另外,卫星细胞也表达星形胶质细胞的标志物 GFAP、S100 和 GS。虽然与星形胶质细胞相比,卫星细胞中 GFAP 的表达水平较低,但在神经损伤情况下,卫星细胞中的 GFAP 水平也类似中枢神经系统中星形胶质细胞受到损伤激活时呈现出上调的变化。到目前为止,对于卫星细胞的研究还很有限。

三、神经胶质细胞参与疼痛反应以及大脑的高级功能

疼痛是一种感觉系统,它可作为机体受到伤害的警告信号引起机体自身一系列的防御性保护反应。疼痛可分为急性疼痛和慢性疼痛。慢性疼痛是由于长期(大于三个月)疼痛的刺激使中枢神经系统的结构发生不可逆改变,神经变得异常敏感,形成持续疼痛、轻微刺激剧痛并且药物治疗效果不佳的状况。很长一段时间里,人们认为仅有神经元是疼痛反应的调节细胞,但在之后的研究中发现,神经胶质细胞中的星形胶质细胞和小胶质细胞也参与了疼痛反应过程。近期还发现,周围神经系统的施万细胞和卫星细胞也介入了慢性疼痛的发展与维持。

在一些致痛物质刺激下,星形胶质细胞被激活,并释放出多种与疼痛有关的促炎症因子和细胞因子作用于神经元上的相应受体,进而参与疼痛反应的信号转导。星形胶质细胞也是脑内神经营养因子的主要来源之一,激活的星形胶质细胞可以产生大量神经营养因子,如 NGF、BDNF 和 GDNF,这些神经营养因子很可能参与疼痛,尤其是痛觉过敏(hyperalgesia)的形成。星形胶质细胞还表达与疼痛反应关系密切的神经激肽-2 受体(NK_2R),在脊髓传递伤害性感受信息。同时,星形胶质细胞彼此的缝隙连接能介导疼痛信息的传递,参与形成"镜影痛"。星形胶质细胞还参与了癌性痛的持续,并能够对抗吗啡的镇痛作用。

小胶质细胞在疼痛中的相关作用的研究近年来也得到广泛开展。有研究发现,神经炎症或损伤可以通过细胞内升高的 Ca^{2+},激活小胶质细胞中的促分裂原活化的蛋白激酶(mitogen-activated protein kinase,MAPK)(简称 MAP 激酶)的两个家族成员 p38 和 ERK,也可通过星形胶质细胞释放的促炎性因子 IL-1β 和 TNF-α 激活小胶质细胞中核转录因子 κB(nuclear factor κB,NF-κB)等多种转录因子,诱导细胞进一步分泌出 IL-1β、TNF-α、IL-6、前列腺素(prostaglandin,PG)E_2 和 BDNF。这些因子均与细胞的渗透和吞噬作用密切相关,神经胶质细胞在病理性疼痛中的作用很大程度上是通过这些因子的释放而实现的。还有研究发现,P 疼痛刺激引起小胶质细胞膜上嘌呤受体 P2X4 的表达明显增加,鞘内注入 P2X4 受体激动剂(agonist),激活的小胶质细胞可使正常大鼠呈现异常疼痛。

施万细胞通过分泌细胞营养因子、促炎因子等在周围神经损伤发生早期发挥着主导作用。其中,施万细胞分泌的促炎因子 TNF-α 也是慢性神经性疼痛发生时致敏的主要细胞外介质。另外,施万细胞还能释放保护因子促红细胞生成素(erythropoietin,EPO),减少神经元轴突退化,保护神经元和避免胶质细胞进一步受损,以及促进慢性疼痛状态的恢复。

卫星细胞调控神经元兴奋性的功能较为复杂,卫星细胞中的缝隙连接数量就是产生或维持神经性疼痛的因素之一。改变卫星细胞中缝隙连接的数量可以诱导神经性疼痛的发生,降低机体对刺激的耐受性。另外,沉默卫星细胞上的钾通道 Kir4.1 也能起到同样的作用。可见,无论在中枢神经系统还是周围神经系统,疼痛从来都不只是神经元的单一病变,神经胶质细胞在某些疼痛中很可能起到至关重要的作用。神经胶质细胞有望成为治疗疼痛的药物新靶点。

神经胶质细胞在记忆、情绪和睡眠等大脑的高级功能中也发挥着重要作用。加拿大心理学家 Hebb 的学习定律揭示大脑记忆的物质基础是突触可塑性(synaptic plasticity),即当两个相互联系的神经元在

发生神经冲动时，它们之间突触传递的联系会增强，使得神经元激活的效率增加，而突触传递时的长时程增强(long term potentiation, LTP)是突触可塑性的重要形式。有研究表明，星形胶质细胞、少突胶质细胞和小胶质细胞是细胞外基质成分的主要来源，这三种神经胶质细胞在长时程增强和记忆巩固的晚期起到至关重要的作用。比如，将人源星形胶质细胞嵌合到小鼠大脑中得到的"超级小鼠"具有显著增强的突触可塑性和更快的学习、记忆能力。而短暂干扰星形胶质细胞向神经元输送能量物质则可以严重损害机体长期记忆的晚期形成。

神经胶质细胞也参与情绪的调节。有研究表明，在几种重大的精神性疾病的患者脑中，胶质细胞的结构和功能都会发生改变。比如，在重度抑郁症患者和动物模型的大脑中，特别是在与情绪障碍相关的脑区内，星形胶质细胞的数量和密度明显减少，细胞形态和功能也发生退化。星形胶质细胞膜上的钾通道 Kir4.1 在外侧缰核中主要表达于星形胶质细胞包裹神经元胞体和突触的伪足上。在抑郁症大鼠模型脑内，位于此处的 Kir4.1 表达上调，引起神经元脉冲活性增强，导致抑郁症的发作。另外，有研究指出，少突胶质细胞特别是其郎飞结处的结构和功能损伤会影响神经回路，导致下游情绪的变化。少突胶质细胞也被认为是精神性疾病中情绪调节的一个潜在靶点。神经胶质细胞在睡眠中也发挥作用。激活星形胶质细胞内的钙信号可以增强或抑制兴奋性或抑制性突触传递，进而影响睡眠中大脑皮质的活动变化。而小胶质细胞的吞噬活性加重、发生神经炎症等功能紊乱，很可能是诱发睡眠障碍的重要因素。另外，在睡眠剥夺动物研究模型中，星形胶质细胞和小胶质细胞对突触成分的吞噬作用均显著增强，进一步提示了这两种神经胶质细胞在睡眠中可能扮演着重要角色。

目前，神经胶质细胞已成为神经科学领域的一个研究热点。随着神经胶质细胞的新特性和新功能不断地被发现，它必将会受到越来越多的关注和重视。

（于常海、高凯、蔡青云、詹江山）

练 习 题

1. 神经元的一般结构包括哪几部分？这些部分分别有什么功能？
2. 按照形态进行分类，神经元包括哪几种细胞？
3. 简述神经元传递神经信号的一般过程。
4. 简述神经胶质细胞的类型及其分类依据。
5. 星形胶质细胞的特性包括哪几个方面？
6. 少突胶质细胞的功能以及它和施万细胞有哪些区别？
7. 简述小胶质细胞的细胞类型和特点。
8. 举例说明神经胶质细胞参与大脑高级功能的情况。

参 考 文 献

BEAR M F, CONNORS B W, PARADISO M A, 2007. Neuroscience: exploring the brain[M]. 3rd. Baltimore: Lippincott Williams & Wilkins.

BYRNE J H, HEIDELBERGER R, WAXHAM M N, et al, 2004. From molecules to networks: an introduction to cellular and molecular neuroscience[M]. New York: Elsevier Science.

CAI Z, XIAO M, 2016. Oligodendrocytes and Alzheimer's disease[J]. International Journal of neuroscience, 126: 97-104.

CAMPANA W M, 2007. Schwann cells: Activated peripheral glia and their role in neuropathic pain[J]. Brain, behavior, and immunity, 21: 522-527.

CUI Y, YANG Y, NI Z, et al, 2018. Astroglial Kir4.1 in the lateral habenula drives neuronal bursts in depression

[J]. Nature, 554: 323-327.

DEFELIPE J, EDWARD G J, 1988. Cajal on the cerebral cortex: an annotated translation of the complete wrings[M]. New York: Oxford University Press.

EDGAR N, SIBILLE E, 2012. A putative functional role for oligodendrocytes in mood regulation[J]. Translational psychiatry, 2: e109.

FIELDS R D, ARAQUE A, JOHANSEN-BERG H, et al, 2014. Glial biology in learning and cognition. The neuroscientist, 20: 426-431.

GINHOUX F, GAREL S, 2018. The mysterious origins of microglia[J]. Nature neuroscience, 21: 897-899.

HALASSA M M, FLORIAN C, FELLIN T, et al, 2009. Astrocytic modulation of sleep homeostasis and cognitive consequences of sleep loss[J]. Neuron, 61: 213-219.

HAMMERSEN F, 1980. Histology: a color atlas of cytology, histology, and microscopic anatomy[M]. 2nd. Baltimore: Urban & Schwarzenberg.

HERTZ L, YU A C H, KALA G, et al, 2000. Neuronal-astrocytic and cytosolic-mitochondrial metabolite trafficking during brain activation, hyperammonemia and energy deprivation[J]. Neurochemistry International, 37: 83-102.

HUBEL D, 1988. Eye, brain and vision[M]. New York: Scientific American Library.

KANDEL E R, SCHWARTZ J H, JESSELL T M, 2000. Principles of neural science[M]. 4th. McGraw-Hill.

KETTENMANN H, RANSOM B R, 2005. Neuroglia[M]. 2nd. New York: Oxford University Press.

NASRABADY S E, RIZVI B, GOLDMAN J E, et al, 2018. White matter changes in Alzheimer's disease: a focus on myelin and oligodendrocytes[J]. Acta neuropathologica communications, 6: 22.

OHARA P T, VIT J P, BHARGAVA A, et al, 2009. Gliopathic pain: when satellite glial cells go bad. Neuroscientist, 15: 450-463.

RAMÓN Y CAJAL S, 1933. Histology[M]. 10th. Baltimore: Wood.

VERKHRATSKY, A, ZOREC R, PARPURA V, 2017. Stratification of astrocytes in healthy and diseased brain[J]. Brain Pathology, 27: 629-644.

WANG Q, JIE W, LIU J H, et al, 2017. An astroglial basis of major depressive disorder? An overview[J]. Glia, 65: 1227-1250.

YANG C Z, ZHAO R, DONG Y, et al, 2008. Astrocyte and neuron intone through glutamate[J]. Neurochemical research, 33: 2480-2486.

YUSTE R, 2015. From the neuron doctrine to neural networks[J]. Nature reviews neuroscience, 16(8): 487-497.

王庭槐, 2018. 生理学[M]. 9版. 北京: 人民卫生出版社.

第二章 神经细胞的基本功能

第一节 神经细胞膜的分子结构与物质转运

神经元和神经胶质细胞是构成神经系统的主要细胞,其中神经元被认为是神经系统的基本结构和功能单位之一,它具有感受刺激、转运物质、通信交流以及产生和传导兴奋的功能。与机体的其他细胞一样,神经细胞也是由细胞膜、细胞质和细胞核三部分组成。细胞膜是细胞和环境之间的屏障,它可以使细胞相对独立地存在于环境之中。通过细胞膜,神经细胞可以获得营养物质并排出代谢产物;可以接受环境变化的刺激、产生反应以及传递信息。神经细胞膜的分子结构组成也与其他大多数细胞一样,主要是由脂类、蛋白质和糖类组成。神经细胞膜的结构也决定了其功能,包括兴奋的产生和传导,以及对各种物质的转运功能。

一、神经细胞膜的分子结构

目前的研究已经证明,神经细胞膜主要由脂类、蛋白质和糖类组成。根据"液态镶嵌模型"(fluid mosaic model)学说,细胞膜以液态的脂质双分子层为基架,其中镶嵌着具有不同分子结构和功能的蛋白质分子。在脂质双分子层中,磷脂分子的一端为亲水极,分别朝向细胞膜的内、外表面;另一端为疏水极,朝向双分子层的内部且两两相对排列。由此可见,膜脂质这种双分子层的结构排列,使细胞膜既具有较好的稳定性,同时也具有较好的流动性。镶嵌于细胞膜上的蛋白质主要以α螺旋或球形蛋白的形式存在,它们有的贯穿整个脂质双分子层,两端在膜内、外露出;有的连接在膜的内侧或外侧;有的则覆盖在膜表面。细胞膜所含的糖类大多数以共价键的形式与膜脂质或膜蛋白结合,形成糖脂或糖蛋白结构的糖链。这些糖链绝大多数裸露在细胞膜的外侧,起到类似于识别信号的作用(图 2-1)。

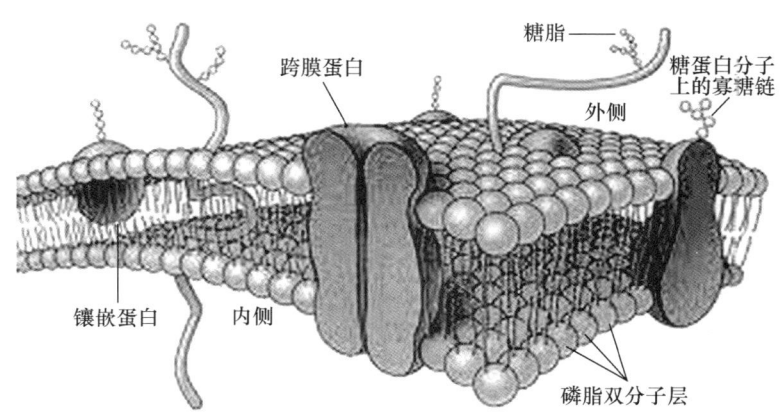

图 2-1 神经细胞膜的液态镶嵌模型(仿 Alberts, et al., 2002)

1. 脂质双分子层

在神经细胞膜的脂质成分中,主要以磷脂类为主,约占 70% 以上;其次是胆固醇,所占比例不到 30%;其余的就是少量的鞘脂类。磷脂的基本结构目前已经研究清楚,即一分子甘油中的两个羟基分别与两分子脂肪酸相结合,另外一个羟基则与一分子磷酸结合,后者再与一个碱基相结合。根据结合碱基的不同,可以将细胞膜中的磷脂区分为磷脂酰胆碱、磷脂酰乙醇胺、磷脂酰丝氨酸(phosphatidylserine, PS)和磷脂酰肌醇四种类型。胆固醇的结构很特殊,它含有一个甾体结构和一个8碳支链。鞘脂类的含量很少,其基本结构和磷脂类似,但不含甘油。

关于细胞膜脂质双分子层结构的设想,最早是在1925年由Gortert和Grendel共同提出来的。他们首先提取出红细胞膜中所含的脂质,然后在水溶液表面将这些脂质以单分子层的形式平铺并测定其面积,结果发现一个有趣的现象:一个红细胞膜中脂质所占的面积,几乎正好相当于其细胞膜表面积的2倍。根据这个实验结果,他们推测,细胞膜的脂质可能是以双分子层的形式包被在细胞表面的。这就是最早关于细胞膜"脂质双分子层"模型的构想。他们提出,在每个磷脂分子中,由磷酸和碱基构成的亲水性极性基团都朝向膜的内或外表面;而磷脂分子中两条较长的脂肪酸烃链,由于是疏水性非极性基团,因此在膜的内部呈两两相对排列。从热力学的角度分析,这样的组成系统所包含的自由能最低,因而最为稳定,也可以自动形成和维持。此外,由于脂质的熔点较低,这个特性就决定了细胞膜中的脂质分子在一般体温条件下是呈液态的,因而也使得神经细胞膜在某种程度上还具有一定的流动性。脂质双分子层在热力学上的稳定性和流动性,可以很好地解释为什么神经细胞可以承受相当大的张力和外形改变而不破裂。而且,即使细胞膜结构有时发生一些较小的断裂,也可以自动融合而修复,并且仍然能够保持连续的双分子层的结构形式。当然,细胞膜的这些特性还与膜中蛋白质以及膜内某些特殊结构(如细胞骨架、连接蛋白等)的作用有关。

研究发现,在不同细胞或者在同一细胞不同部位的细胞膜结构中,脂质的成分和含量是各不相同的。除此之外,即便是在双分子层的内、外两层中,其所含的脂质也不完全一样。例如,在双分子层中,磷脂酰胆碱和含胆碱的鞘脂的分布主要靠近外侧,而磷脂酰乙醇胺和磷脂酰丝氨酸的分布则主要靠近胞浆侧。一般来说,胆固醇的含量在两层脂质中的差别不大,但其含量的多少和细胞膜的流动性有着密切的关系,即胆固醇的含量愈多,细胞膜的流动性愈小;反之,则其流动性愈大。近年来的研究发现,在细胞膜结构中还含有相当少量的磷脂酰肌醇,它们几乎全部分布在细胞膜的胞浆侧,这种特殊的分布可能与细胞内信息的传递过程有关。

2. 细胞膜蛋白

虽然目前有很多研究关注蛋白质分子在神经细胞膜中的作用,但是人们对其功能作用还远远没有了解清楚。现在的研究证明,细胞膜蛋白是以跨膜α螺旋或球形结构分散地镶嵌在膜的脂质双分子层中的(图2-2)。在此,细胞膜蛋白主要以两种形式与膜脂质相结合:一类是一些表面蛋白,它们主要以其肽链中带电的氨基酸或基团与两侧脂质的极性基团相互吸引,使蛋白质分子附着在细胞膜的表面;另一类是一些结合蛋白,它们的肽链可以一次或反复多次贯穿整个脂质双分子层,两端露在细胞膜的内、外两侧。研究表明,所有结合蛋白的肽链中都含有一个或数个主要由20~30个疏水性氨基酸组成的α螺旋片段,这些疏水性的α螺旋可能就是肽链贯穿细胞膜的部分;相邻的α螺旋可以通过位于膜外侧和内侧的直肽链相连接。

神经细胞膜中含有多种蛋白质,这些蛋白质具有不同的分子结构和功能。由于细胞膜所含蛋白质的不同,在很大程度上也决定了神经细胞膜所具有的各种功能的不同。神经细胞与周围环境之间的物质和能量交换以及信息交流等,几乎都离不开细胞膜上的蛋白质分子。概括而言,细胞膜蛋白主要有以下几方面的作用:① 形成细胞的骨架蛋白,可以使细胞膜附着在细胞内或细胞外的某种物质上。现在的研究发现,神经细胞的许多功能,如递质的分泌或重摄取、受体的内吞或上膜、突触功能的可塑性等都与细胞的骨架蛋白有关。② 作为识别蛋白,能够识别异体细胞的蛋白质或癌细胞。③ 具有酶的特性,能催化细胞内外的化学反应。④ 作为受体蛋白,能与信息传递物质(如激素或递质)进行特异性结合,并激活细胞内的信号转导通路。⑤ 作为转运蛋白、载体蛋白、通道蛋白或离子泵等,参与细胞膜的物质转运与信息交流作用。

3. 细胞膜糖类

细胞膜所含糖类较少,主要是一些寡糖和多糖链,它们可以通过共价键的形式与膜脂质或蛋白质相结合,形成糖脂或糖蛋白。在过去很长的时间内,人们对于细胞膜糖类的认识很不清楚。目前的研究发现,神经细胞膜上的糖链绝大多数是裸露在细胞膜外侧的(图 2-2),其功能可能在于通过其单糖排列顺序上的特异性,形成与它们结合的蛋白质的特异性"标志"。例如,有些糖链可以作为抗原决定簇,表达某种免疫信息;有些糖链则作为膜受体的"可识别"部分,能特异地与某种递质、激素或其他信号分子相结合。

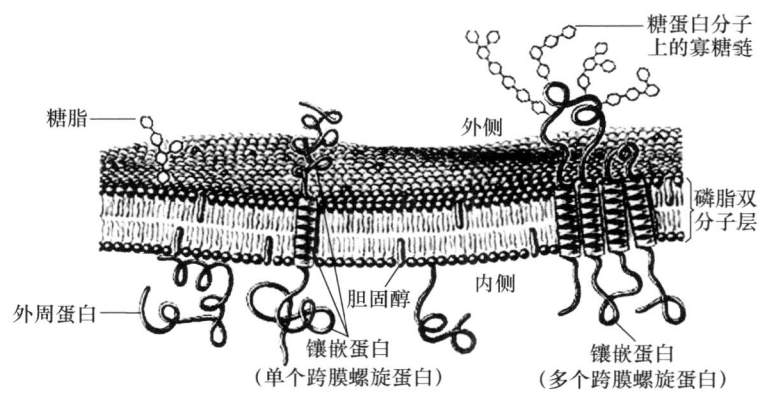

图 2-2 神经细胞膜的跨膜螺旋蛋白和糖类(仿 Lodish et al.,2004)

二、神经细胞膜的物质转运

新陈代谢是所有细胞进行活动的基础。神经细胞要进行新陈代谢,就必然有各种物质进出细胞。例如,各种营养物质、代谢中间产物和终产物等,这些物质大多数是水溶性的,因而很少能直接通过膜脂质双分子层。研究表明,大多数物质进出细胞都与细胞膜上特定的蛋白质作用有关。常见的细胞膜物质转运形式有以下几种。

(一) 被动转运

细胞膜两侧的溶质分子可以顺着电化学梯度(包括浓度差和电位差)的方向产生净流动,这种转运的方式称为被动转运。被动转运不需要另外提供其他形式的能量,其动力来源于浓度差或电位差本身所造成的电化学势能。被动转运有以下两种形式。

1. 单纯扩散

脂溶性的小分子物质顺着浓度差或电位差的方向直接通过细胞膜的转运方式称为单纯扩散,这是一种单纯的物理过程。由于细胞膜主要由脂质双分子层构成,而体液中脂溶性的物质并不多,所以通过单纯扩散而作跨膜转运的物质较少,其中比较确定的只有 O_2、CO_2、NO 和 N_2 等气体分子。

2. 易化扩散

非脂溶性或脂溶性很小的小分子物质,在细胞膜上某些特殊蛋白质的"协助"下由高浓度一侧向低浓度一侧移动的过程称为易化扩散。其共同的特点是:① 物质由高浓度向低浓度方向进行扩散,因而也不需要另外提供能量,是一种被动转运的方式;② 与单纯扩散不同的是,它需要细胞膜上特殊蛋白质提供"帮助",因而具有特异性;③ 这种转运主要受膜外环境因素的调节,这是由膜脂质上的特殊蛋白质所决定的;④ 转运结果可以使被转运的物质在膜两侧达到平衡。通过易化扩散方式进行跨膜转运的物质有葡萄糖、氨基酸以及 K^+、Na^+、Ca^{2+} 等离子。

易化扩散所依赖的膜蛋白质分子主要有载体和离子通道两种,因而易化扩散又可以分为两种方式。

(1) 由载体介导的易化扩散:载体是分布在神经细胞膜上的某些功能特化的蛋白质。一般情况下,载体蛋白分子上有一个或数个能与某种转运物相结合的位点,当转运物与这些位点结合后,载体蛋白就发生构型改变,将转运物运载到膜的另一侧,然后,转运物与载体分离,从而完成转运。此时,载体又重新恢复至原来的构型,可重复使用(图2-3)。通俗地讲,载体蛋白就好像是一条渡船,被转运的物质可以通过载体蛋白这条"渡船"由细胞膜的一侧转运到另一侧。葡萄糖、氨基酸的跨膜转运就是以载体转运的方式进行的。载体转运具有以下几个特点:① 高度特异性。一种载体只能转运一种特定的物质,如葡萄糖载体只能转运右旋葡萄糖,而不能转运左旋葡萄糖,这可能是由载体蛋白上特异性的结合位点所决定的。② 饱和现象。当被转运物的浓度超过一定限度时,继续增加其浓度并不能使该物质的转运通量增加,即达到了饱和。其原因可能在于载体蛋白的数目和载体蛋白上与转运物结合的位点数目是有限的。③ 竞争性抑制。如果某一载体对两种以上的转运物都有转运能力,当其中一种转运物浓度增加时,其他转运物的转运通量将会减少。这是由于先结合的转运物竞争性地占据了载体蛋白上有限的结合位点,使后续的转运物无法再与位点结合。

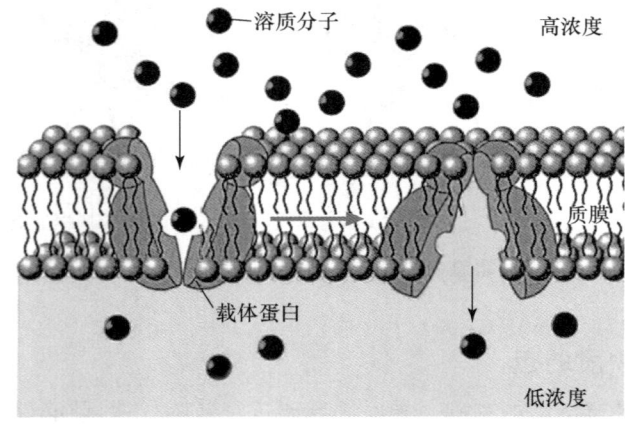

图 2-3 由载体介导的易化扩散(仿 Guyton,2000)

溶质分子在载体蛋白的协助下,由高浓度一侧向低浓度一侧转运,不需要消耗能量。

(2) 由通道介导的易化扩散:离子通道也是分布在神经细胞膜上某些功能特化的蛋白质。对于 Na^+、K^+、Ca^{2+} 等不同离子的转运,神经细胞都是通过其细胞膜上某些结构特异的通道蛋白来完成的,这些蛋白分别被称为钠通道、钾通道、钙通道等。对于同一种离子通道,在不同细胞甚至是同一细胞膜上可能存在结构和功能不同的通道亚型,如目前已发现体内至少有十种以上的钠通道、七种以上的钾通道和五种以上的钙通道等,这种情况与细胞在功能活动和调控方面的复杂性和精密性相一致。现在的研究表明,当通道蛋白开放时,在通道蛋白的内部出现了一条贯通膜内外的水相孔道,从而使相应的水溶性离子能够顺着其浓度差或电位差迅速通过这个孔道,因而,其移动的速度远远超过载体的转运速度(图2-4)。由此可见,通道蛋白区别于载体的第一个重要特点是,受细胞内外各种理化因素的影响,它们的结构和功能状态可以发生迅速地改变:当它们处于开放(激活)状态时,有关离子可以快速地由膜的高浓度一侧移向低浓度一侧;而当它们处于关闭(失活)状态时,这种快速的离子运动又可以迅速停止。通道蛋白区别于载体的第二个重要特点是,通道蛋白对离子的选择性没有载体那样严格,其原因是通道蛋白对离子的选择性主要决定于通道开放时其水相孔道的大小和孔道壁的带电情况。通道蛋白区别于载体的第三个重要特点是,大多数离子通道的开放时间都非常短暂,一般仅有数毫秒或数十毫秒,然后就很快进入关闭或失活状态。研究发现,在通道蛋白的结构中存在一种类似"闸门"(gate)一样的功能基团,离子通道的开放或关闭等功能状态就是由这些闸门性的功能基团来控制的。

一般来说,不同的离子由各自特殊的通道来转运,如 K^+、Na^+、Ca^{2+} 就可以分别由钾通道、钠通道和钙通道来转运。然而,有些离子也可以通过结构和功能不同的多种通道,如 Ca^{2+} 就可通过多种不同的非选择性阳离子通道(如 $TRPV_1$ 通道、NMDA 受体通道、HCN 通道等)。此外,由于离子通道具有激活和失活等不同的功能状态,如果通道处于激活状态,有关离子就可以顺浓度差或电位差快速经过通道进出细胞;如果通道处于失活状态,则有关离子进出该通道的移动就会停止。离子通道就是通过这种开、关的方式来调控各种离子在神经细胞上的进出的。从理论上讲,当通道开放时,离子是顺着浓度差或电位差的方向通过其水相孔道进行移动的,不需要另外提供能量。所以,这种由通道协助的离子转运方式也是一种被动转运。

总而言之,单纯扩散和易化扩散都不需要额外供给能量(ATP),因而属于被动转运,其动力主要来自物质自身的热运动以及浓度差或化学差所形成的电化学势能。对于被动转运而言,某一物质的跨膜通量,主要取决于该物质在膜两侧的浓度差,以及膜对该物质的通透性。此外,离子的移动还取决于它们所受到的电场力的驱动。

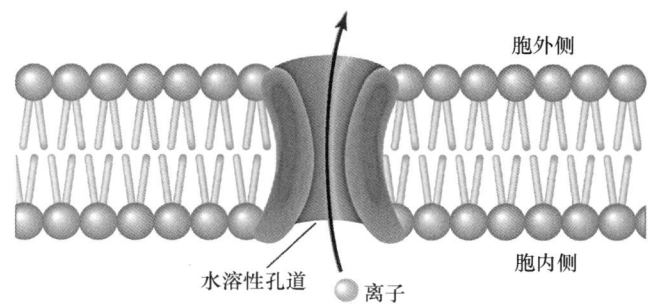

图 2-4　由通道介导的易化扩散(仿 Guyton,2000)

通道开放,带电离子通过水相孔道的跨膜移动,不需要额外供给能量。

(二) 主动转运

借助细胞膜上某些功能特化蛋白的帮助,通过某种耗能过程,神经细胞将非脂溶性物质逆着电化学梯度(浓度差或电位差)进行跨膜转运的过程称为主动转运。根据消耗能量是否直接来源于 ATP 的不同,可以将主动转运区分为原发性主动转运和继发性主动转运两种形式。

1. 原发性主动转运

原发性主动转运是指细胞直接利用代谢产生的能量(ATP)将带电离子逆着浓度梯度或电位梯度进行的跨膜转运过程。介导这个过程的膜蛋白称为离子泵,其中研究最清楚的就是钠-钾泵(简称钠泵)。钠-钾泵,又称为 Na^+-K^+ 依赖性 ATP 酶,其本身具有 ATP 酶的活性。因此它可以依靠分解 ATP 而获得能量,并利用此能量进行 Na^+ 和 K^+ 的主动转运。钠-钾泵的作用主要是将细胞内的 Na^+ 移到细胞外,并将细胞外的 K^+ 移到细胞内。由于这个过程是逆浓度差进行的,因此需要消耗能量。其消耗的能量直接来源于钠-钾泵活动时对 ATP 的分解,因而是一种主动转运过程。研究证明,钠-钾泵活动时,Na^+ 泵出和 K^+ 泵入这两个过程是偶联在一起进行的。一般情况下,每分解一个 ATP 分子,钠-钾泵可将三个 Na^+ 泵出膜外,同时将两个 K^+ 泵入膜内(图 2-5)。

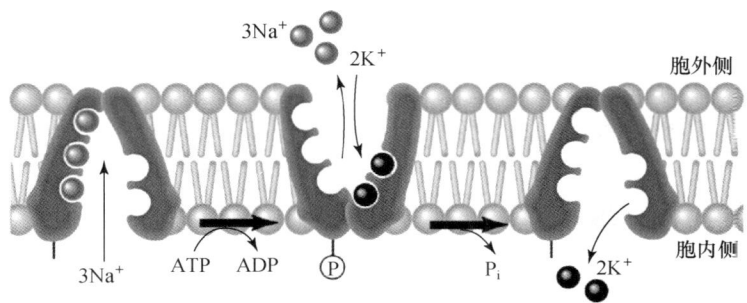

图 2-5　由离子泵介导的原发性主动转运(仿 Guyton,2000)

在离子泵的作用下,细胞直接利用代谢产生的能量(ATP)将带电离子逆着浓度梯度或电位梯度进行跨膜转运。

钠-钾泵活动具有重要的生理意义。例如,钠-钾泵活动造成的细胞内高 K^+ 是许多代谢过程的必需条件;而且,细胞内高 K^+ 和低 Na^+ 对阻止细胞外水分大量进入细胞内,维持细胞一定的结构和功能也具有重要意义;此外,钠-钾泵活动所建立起来的细胞内高 K^+ 和低 Na^+ 这样一种势能储备,可以为生物电的产生,以及完成一些物质的继发性主动转运过程提供能量。

2. 继发性主动转运

继发性主动转运也是一种逆着浓度梯度或电位梯度进行的跨膜物质转运过程。这是一种实质上需要耗能但并不直接伴随 ATP 或其他供能物质消耗的主动转运方式。这种转运过程通常需要与钠-钾泵的活动协同进行,其消耗的能量也来源于钠-钾泵活动时对 ATP 的分解。例如,肠上皮和肾小管上皮细胞对葡萄糖、氨基酸等的吸收过程就是这种转运方式。在这些上皮细胞的基底外侧膜上存在着钠-钾泵,这些钠-钾泵通过分解 ATP 获能,不断地把细胞内的 Na^+ 泵出到组织间液中并被血液带走,造成细胞内 Na^+ 浓度低于肠腔液和小管液,于是肠腔液和小管液中的 Na^+ 不断地顺着浓度差进入细胞内;此时葡萄糖、氨基酸则与 Na^+ 一起结合于腔面膜上的同向转运载体,伴随着 Na^+ 同步地转运到细胞内。由于提供葡萄糖、氨基酸转运的能量是来源于基底外侧膜上钠-钾泵活动所建立的一种势能储备,而不是直接来源于对 ATP 的分解,所以这种转运方式被称为继发性主动转运或协同转运。每一种继发性主动转运都有特定的转运蛋白。其中,如果被转运的分子与 Na^+ 扩散的方向相同,就称为同向转运;如果二者的方向相反,则称为逆向转运(图 2-6)。

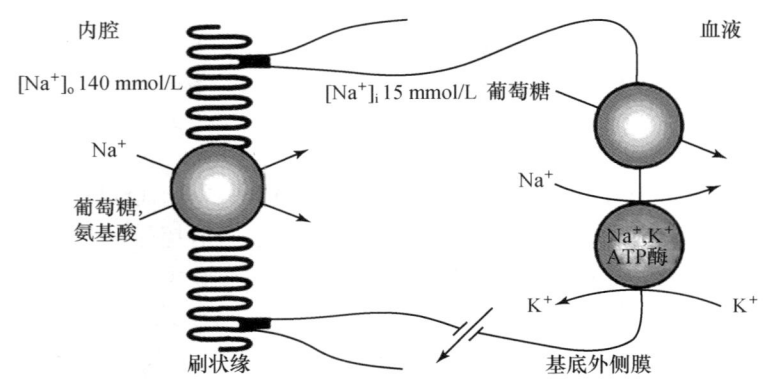

图 2-6　葡萄糖和一些氨基酸的继发性主动转运(仿 Guyton,2000)

葡萄糖、氨基酸等与 Na^+ 一起结合于腔面膜上的同向转运载体,伴随着 Na^+ 同步转运到细胞内。提供葡萄糖、氨基酸转运的能量来源于基底外侧膜上钠-钾泵活动所建立的一种势能储备,而不是直接来源于对 ATP 的分解。

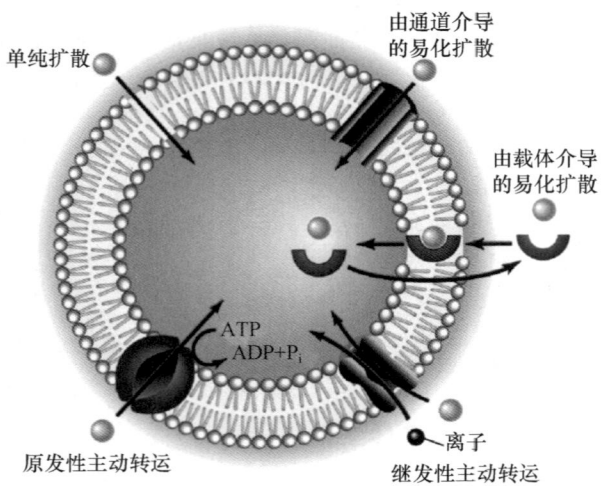

图 2-7　细胞膜的被动和主动跨膜物质转运方式(仿 Guyton,2000)

主动转运与被动转运最显著的差别在于对能量的消耗。由于这种转运需要提供额外的能量,因而可以逆着电化学梯度进行跨膜物质转运。主动转运是机体内最为重要的物质转运方式。除上述钠-钾泵外,还有钙泵、氢泵等。这些称为离子泵的蛋白质在分子结构和功能上有很大的相似性。图 2-7 总结了几种主要的细胞膜的被动和主动跨膜物质转运方式。

(三) 胞吐和胞吞转运

如图 2-8 所示,胞吐和胞吞转运是某些大分子物质或某些物质团块出入细胞的方式。

1. 胞吐转运

顾名思义,所谓胞吐转运就是指神经细胞将大分子物质或某些物质团块运到细胞外的过程。

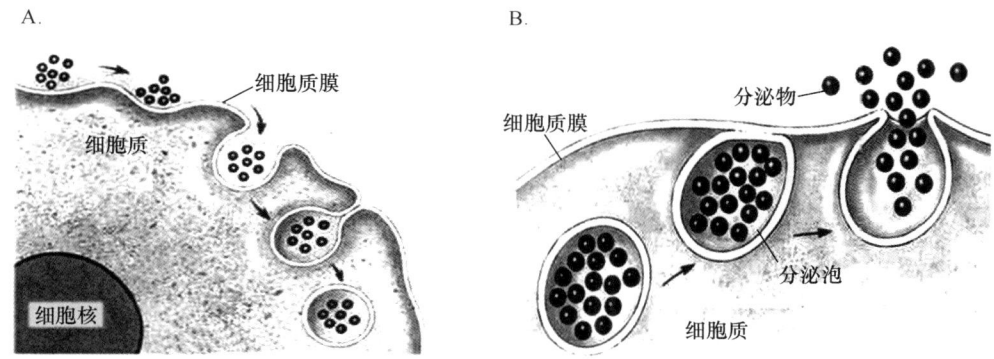

图 2-8 细胞膜的胞吞(A)和胞吐(B)转运(仿 Guyton,2000)

这种转运的基本方式是,由于细胞外的某些特殊化学信号或者膜两侧的电位改变,引起局部膜结构中的钙通道开放,产生 Ca^{2+} 内流;内流的 Ca^{2+} 可以触发细胞内的囊泡产生移动、锚靠、融膜和破裂等一系列连续反应,最后造成囊泡内容物全部释放,进入细胞外液。此外,内流的 Ca^{2+} 在某些细胞还可以引发细胞内的 Ca^{2+} 储存库释放 Ca^{2+}。现已知道,胞吐时,囊泡内容物是一种"量子"式的释放,即一次胞吐会将该囊泡的内容物全部释放出去。例如,神经元突触末梢对递质的释放过程就属于胞吐转运。

2. 胞吞转运

与胞吐转运相反,胞吞转运是指神经细胞将大分子物质或某些物质团块转运到胞浆内的过程。这种转运的基本方式是,首先细胞环境中的某些物质与细胞膜接触,引起该处质膜发生内陷并包裹该异物,然后与质膜结构离断,异物连同包裹它的那部分质膜一起进入胞浆中。在生理学上,通常形象地将液体物质的胞吞过程称为吞饮,而将固体物质的胞吞过程称为吞噬。此外,细胞膜还有一种受体介导式胞吞,是指某些特殊的物质在进入细胞时,必须通过与细胞膜表面的特殊蛋白(即受体)的相互作用才能发生入胞过程。这种受体介导式胞吞的过程是:首先这种物质被细胞膜表面某种特殊的受体识别,并与之发生特异性结合;二者结合后所形成的复合物通过在膜表面的横向运动而聚集于细胞膜上的有被小窝,进而导致此处的细胞膜凹陷并发生离断,于是被有被小窝包裹的复合物形成一个吞噬小泡进入胞浆;进入胞浆的吞噬小泡进而与胞浆内的球状或管状膜性结构相融合,形成胞内体,此时受体与被转运物分离。分离后的被转运物最后被转运到相应的细胞器;而留在胞内体中的受体则重新与一部分膜性结构形成较小的循环小泡,再移回到细胞膜并与膜融合,使受体和膜结构可以重复使用,这个过程称为膜的再循环(图 2-9)。这种再循环具有重要意义,它不仅维持了细胞膜总面积的相对恒定,而且使相应的受体可以重复使用。

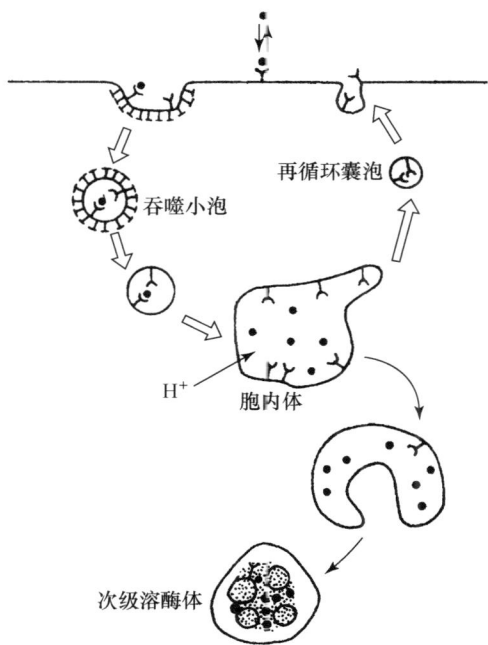

图 2-9 受体介导式胞吞转运方式(周衍椒 等,1989)

一些特殊的物质进入细胞时,通过与膜表面的特殊蛋白相互作用而入胞。

第二节　神经细胞膜的离子通道

在上一节中已经讲到，Na^+、K^+、Ca^{2+}、Cl^-等各种离子在进行跨膜转运时，必须要通过细胞膜上特殊的离子通道才能进出细胞。所谓离子通道（ion channel）指的是细胞膜上一类特殊的亲水性蛋白质微孔道，这些微孔道就是各种离子等水溶性物质快速进出细胞的通道。离子通道是神经、肌肉等可兴奋性细胞产生生物电活动的物质基础，也是这些细胞接收周围信息、产生反应并进行通信和交流的必要条件。随着现代分子生物学、细胞生物学、生物物理学，尤其是膜片钳技术的发展，人们对离子通道的分子结构及其功能特性有了更加深入的认识。现已知道，离子通道的内在膜特性对实现细胞的各种功能活动具有重要意义，而离子通道的结构或功能异常则与许多疾病的发生、发展有关。尤其是近年来，随着分子克隆技术的发展，许多新的离子通道家族成员不断地被发现和认识。本节仅就Na^+、K^+、Ca^{2+}等几种主要的电压门控（gating）离子通道进行简要介绍。

一、离子通道的主要类型

神经细胞膜上离子通道的种类非常繁多，而且每种离子通道又有许多不同的亚型，因此，它们往往构成一个庞大的通道家族。根据门控机制的不同，通常将离子通道分为三大类（表 2-1）。所谓"门控"就是指离子通道开放和关闭的调控过程。

表 2-1　离子通道的一般分类

电压门控离子通道	配体门控离子通道	机械/容量门控离子通道
电压门控钠通道（Na_V）	nACh 受体（nAChR）	容积调控氯通道（VRAC）
电压门控钾通道（K_V）	NMDA 受体	双孔漏钾通道（TREK）
电压门控钙通道（Ca_V）	AMPA 受体	TRAAK
电压门控氯通道（CLC）	Gly 受体	
	GABA 受体	
	5-HT 受体	
	P2X 受体	
	IP_3 受体	
	ATP-K	
	CFTR	
	酸敏离子通道（ASIC）	
	cGMP 通道（CNG 通道）	
	HCN 通道	
	……	

注：CFTR，囊性纤维化跨膜传导调节因子；TRAAK，TWIK-related arachidonic acid activated K^+ channel。

如表 2-1 所示，第一类是电压门控（voltage-gated）离子通道。这类通道的开放和关闭受膜电位的控制，可以分为钠通道、钾通道、钙通道、氯通道四种主要家族，其中每个家族的离子通道又有许多亚型，如目前已经发现的钠通道家族就可以分为 $Na_V1.1 \sim Na_V1.9$ 以及 Na_VX 等 10 种亚型。第二类是配体门控（ligand-gated）离子通道。这类离子通道通过某种化学配体与膜上的受体通道结合，从而导致通道的开放。通常以化学配体的受体来命名，如 ACh 受体通道、NMDA 受体通道、Ca^{2+} 激活的钾通道等。这类通道一般是一种非选择性的阳离子通道，由配体作用于相应的受体而开放，可以同时允许 Na^+、K^+ 或 Ca^{2+} 通过。第三类是机械门控（mechano-gated）离子通道。这类通道的开放和关闭受细胞膜表面张力变化的控制，包括张力激活型和张力失活型离子通道，如分布在前庭器官和耳蜗毛细胞上的许多通道就属于这种类型。此外，在细胞内还存在许多细胞器离子通道，如广泛分布于线粒体外膜上的电压依赖性阴离子通道（voltage-dependent anion channel，VDAC）（也称为电压门控阴离子通道），位于肌质网或内质网膜上的 Ryanodine 受体通道以及三磷酸肌醇（inositol triphosphate，IP_3）受体通道等。

二、离子通道的主要功能

离子通道是神经细胞功能活动的物质基础。例如,递质的释放、神经细胞对外界刺激产生的反应、神经细胞的通信和交流以及神经细胞的可塑性变化等各种功能活动都有离子通道的参与。概括来说,离子通道的主要功能有以下几点:① 控制细胞的兴奋性。在神经、肌肉等可兴奋性细胞,钠通道和钙通道主要调控细胞膜电位的去极化,K^+ 主要维持静息膜电位和控制细胞膜电位的复极化,从而决定细胞的兴奋性。② 钙通道、NMDA 受体、TRPV 受体等许多非选择性阳离子通道的激活可以提高细胞内的 Ca^{2+} 浓度,进而触发细胞内许多信号转导通路的激活和基因表达调节等一系列生理效应,引起细胞兴奋、肌肉收缩、腺体分泌等。③ 参与神经细胞的突触传递过程,其中有钠通道、钾通道、钙通道、氯通道和某些非选择性阳离子通道(如 NMDA 受体)的参与。④ 维持细胞的正常体积。在高渗环境中,离子通道和转运系统被激活,使 Na^+、Cl^- 以及甘油等离子、有机溶液和水分子进入细胞内,从而使细胞体积增大,其中主要有钠通道、钾通道、水通道以及各种离子泵的参与;在低渗环境中,Na^+、Cl^-、有机容液和水分子等流出细胞而引起细胞体积减小。

三、离子通道的主要研究方法

对离子通道结构和功能的研究需要运用各种现代的综合的实验技术,包括细胞生物学技术、分子生物学技术、生物物理学技术、通道药物学技术以及电压钳(voltage-clamp)和膜片钳(patch clamp)技术等。其中常用的分子生物学技术,如基因重组技术、通道蛋白的分离和纯化技术、人工膜离子通道重建技术等,为离子通道的基因克隆、结构分析和功能表达等提供了技术支持。而膜片钳技术的建立和发展则使离子通道的研究产生了质的飞跃。所谓膜片钳技术就是利用一个玻璃微电极完成对微小膜片或全细胞膜电位的钳制和监测,以及对膜电流的记录,并通过观测膜电流的变化来分析通道个体或群体的活动以及离子通道的内在膜特性。此外,近期还发展了一种荧光探针钙图像分析技术,为检测细胞内游离 Ca^{2+} 浓度提供了有效手段。这种技术还可以将 Ca^{2+} 变化的图像记录和反映钙电流变化的膜片钳记录结合起来,同时进行光-电联合检测,从通道产生的离子流变化、图像变化和电信号变化等多个方面来研究离子通道,这样可以获得更多的有关离子通道结构和功能的信息。

(一) 电压钳技术

由于细胞膜离子通道的开放会产生带电离子的移动,而带电离子的移动又可以引起细胞膜电位的改变,因此,为了更好地研究细胞膜上离子通道的开放和关闭等功能特性,就必须设法保证通道开、闭时细胞膜电位的稳定。所谓电压钳技术就是首先设定一个指令电位的水平,然后利用反馈电路,并通过向细胞内注入电流的方式,人为地将细胞膜电位"钳制"在指令电位的水平;通过电流检测装置记录注入细胞内的电流,这个电流正好相当于离子电流的反向电流,这样就可以测定不同膜电位的离子电流,从而了解离子通道的电导及功能活动。

(二) 膜片钳技术

膜片钳技术就是采用微电极与细胞膜紧密接触,通过给予一定的负压使两者之间形成一个高阻抗(通常达到兆欧级)的封接区,这样封接区内的微小膜片在电学上与周围绝缘,然后通过电压钳制或电流钳制的方式观测微电极下单个或极少数几个离子通道的电学特性。膜片钳不仅可以观测单离子通道的电流,而且还可以通过多种模式对细胞进行电压钳制和电流钳制,观测各种离子通道的电流活动及其调控机制。

1. 膜片钳技术的基本原理

如图 2-10 所示,膜片钳的基本原理就是利用负反馈电路,将微电极尖端所吸附的细胞膜电位"钳制"在一个指令电位水平上,并对进出离子通道的微小离子电流进行动态或静态的观测。实现膜片钳记录的关键环节是利用特制的玻璃微电极吸附在细胞膜表面,并使之形成高阻抗(通常是兆欧级)的封接,被高阻封接所孤立绝缘的小膜片内仅有一个或数个离子通道。然后通过对该膜片实施电压钳制,就可以测量单个离子通道开放所产生的 pA(10^{-12} A)量级的电流。如果实施电流钳制,则可以检测到细胞膜电位的变化,如自发性突触后电位、微小突触后电位以及动作电位的爆发等。

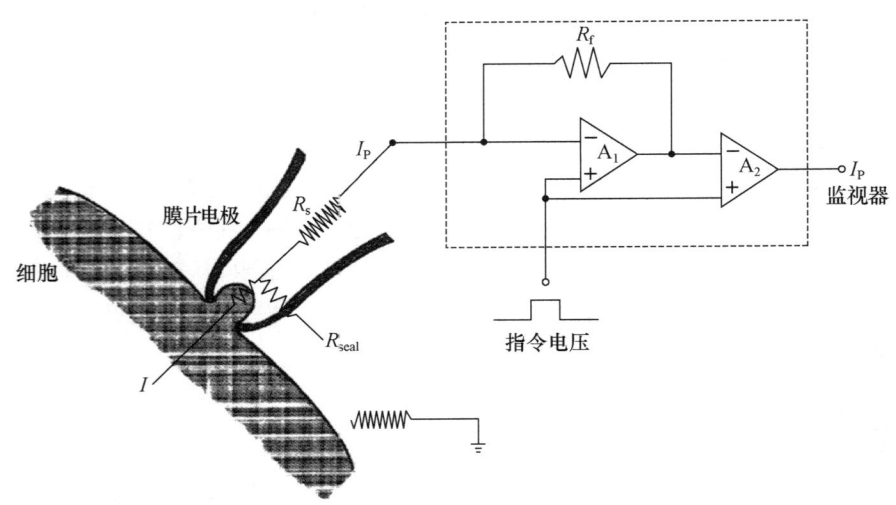

图 2-10　膜片钳技术原理(陈军,2001)

R_s 是与微电极所吸附的膜片阻抗相串联的局部电阻;R_{seal} 是封接阻抗。R_s 较低,通常为 1～5 MΩ;如果 R_{seal} 达到 1～10 GΩ 以上时,根据计算公式 $I_{p/1}=R_{seal}/(R_s+R_{seal})-1$,此时 I_p 可作为 I-V 转换器(点线)内的高阻抗负反馈电阻(R_f)的电压降而被检测出来。实际上这时场效应管放大器(A_1)的输出中还包括膜电阻成分,这部分将在通过第二级场效应管放大器(A_2)时被减掉。

2. 膜片钳的几种记录模式

如上所述,根据"钳制"方式的不同,膜片钳记录可以有电压钳制和电流钳制两种模式。另外,根据研究目的的不同,膜片钳记录也可以制成不同的"膜片"构型,形成以下几种记录模式(图 2-11)。

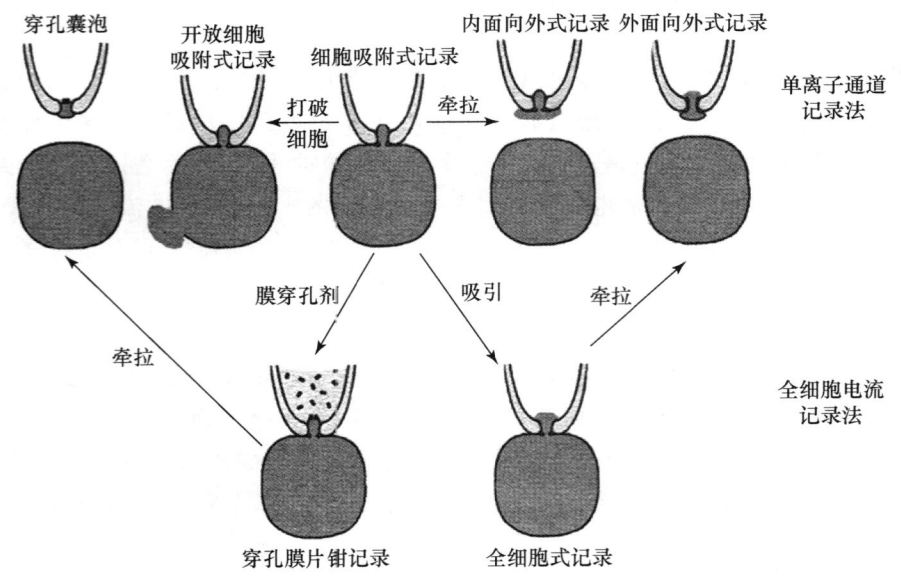

图 2-11　膜片钳的几种记录模式(陈军,2001)

(1) 细胞吸附式记录(cell-attached recording)：这是膜片钳记录中最基础的模式之一。其主要的操作过程是：将微电极置于清洁的细胞膜表面上，通过施加一定的负压形成高阻封接，这样就在细胞膜表面"隔离"出一个微小的膜片，进而通过微电极对高阻封接区的膜片进行电压钳制，记录膜片内一个或极少数几个离子通道的膜电流，这种方式称为细胞吸附式记录。由于这种记录模式不破坏细胞膜的完整性，因此又称为细胞膜上的膜片记录(on-cell recording)。从膜片离子通道的活动来看，这种方式的膜片记录是极稳定的，因为细胞骨架及有关代谢过程是完整的，所受的干扰较小。

(2) 内面向外式记录(inside-out recording)：高阻封接形成后，将微电极迅速提起并使之与细胞分离，此时吸附在微电极尖端下面的那部分膜片也将脱离细胞，并随着微电极一同被提起。由于细胞膜具有流动性，黏着在微电极尖端上的微小细胞膜片会自动融合形成密封小泡。如果将电极提出浴液的液面并在空气中短暂暴露几秒钟后，小泡的外表面就会在空气压力的作用下破裂，从而使膜片的内表面朝外。此时，如果重新将电极连同其尖端所吸附的膜片一起放回浴液，就形成了内面向外式记录模式。

(3) 外面向外式记录(outside-out recording)：高阻封接形成后，如果继续施以负压抽吸并打破细胞膜，然后将微电极慢慢地从细胞表面垂直提起，使其逐渐脱离细胞，这样吸附在微电极尖端的游离膜片就会自行融合形成脂质双层，使细胞膜片的外面朝向浴液。因为此时高阻封接仍然存在，于是就形成了外面向外式记录模式。

(4) 全细胞式记录(whole-cell recording)：高阻封接形成后，如果继续施以负压抽吸造成封接区的细胞膜破裂，此时电极内液就与整个细胞内液直接相通而与浴槽液绝缘，如果对细胞进行电位钳制，就可以记录到整个细胞的电流活动，因此，这种形式的记录称为全细胞式记录。当全细胞形成后，来自电极电阻、破裂细胞膜的膜片电阻和细胞内部电阻，在电学上与细胞膜电阻是串联在一起的，所以称为"串联电阻"。全细胞记录时，经过串联电阻的电流可以形成一个很大的电压降，因此对全细胞电流的影响非常大，必须进行串联电阻补偿。

总之，膜片钳技术的发展使离子通道的研究得以从宏观深入到微观，并使人们对膜通道的认识不断深入。随着现代生物技术的发展，很多学科已经将膜片钳技术和通道蛋白重组技术、同位素示踪技术以及活细胞成像技术等非电生理学技术结合起来，对细胞膜离子通道进行全面研究。许多实验室已经将基因工程与膜片钳技术结合起来，把通道蛋白定向地重组于人工膜中进行研究，试图将合成或重组的通道蛋白分子转入机体，以替换体内有功能缺陷和异常的通道蛋白而达到治疗某些通道疾病的目的。

(三) 离子通道药物学研究

应用电压钳或膜片钳技术，可以研究多种药物对各种通道功能的影响。结合对药物分子结构的了解，可深入了解某些药物或毒素对机体各种生理功能的影响，并从分子水平得到通道功能亚基的类型和构象等信息。此外，最新开展的全自动膜片钳技术，可用于筛选各种药物对多种离子通道的作用及其机制，并已经广泛地应用于各种新药靶点的研发。

(四) 离子通道蛋白分离、通道重建和基因重组技术

离子通道蛋白分离和通道重建技术是将通道蛋白从细胞膜上分离下来，再经过纯化，测定通道蛋白各亚基多肽链的分子量；然后，把它们引入人工膜并重建通道功能。基因重组技术是从细胞中分离出含有与该通道蛋白相关的 mRNA，置入某种细胞(如大肠杆菌)，经反转录得到 cDNA，然后用限制性内切酶将 cDNA 切割成特定的片段，再用核酸杂交的方法钓出特定的 DNA 并进行克隆，通过测定阳性克隆 DNA 的核苷酸顺序，推断出相应的通道蛋白的氨基酸序列。通过基因重组以及通道蛋白分离和重建技术，可以使人们不断地发现和认识通道家族的新成员，并对它们的结构和功能进行深入的了解。

四、几种主要的电压门控离子通道

(一) 电压门控钠通道

电压门控钠通道 (voltage-gated sodium channel, VGSC) 是神经细胞动作电位产生和传播的物质基础。在哺乳动物中,电压门控钠通道由一个大的 α 亚基和 2~4 个 β 辅助亚基所组成。α 亚基一般是由 1800~2000 个氨基酸构成,分子量大约是 260 000,含有四个重复的同源功能区(Ⅰ~Ⅳ),每个功能区包括六个跨膜 α 螺旋(S1~S6)和 1 个位于 S5 与 S6 之间的孔道襻(pore loop)。在每个功能区的 S4 跨膜段都含有距离相间的带有正电荷的氨基酸。在细胞膜去极化时,这些带正电荷的氨基酸在膜电场力的作用下移动,导致通道的构象发生改变,从而引起通道的激活(或开放);此后,在细胞膜持续去极化的过程中,连接第Ⅲ和第Ⅳ功能区的膜内短襻作为失活门,堵住开放通道的孔道,从而引起通道的关闭(或失活)。β 辅助亚基不参与钠通道的孔道组成,但可以通过各种不同的方式与 α 亚基结合,对钠通道的功能起着重要的调节作用。如调节通道的门控过程、电压依赖性、激活和失活等通道动力学特性,以及将通道锚定 (docking) 于特定的细胞膜位点等(图 2-12)。

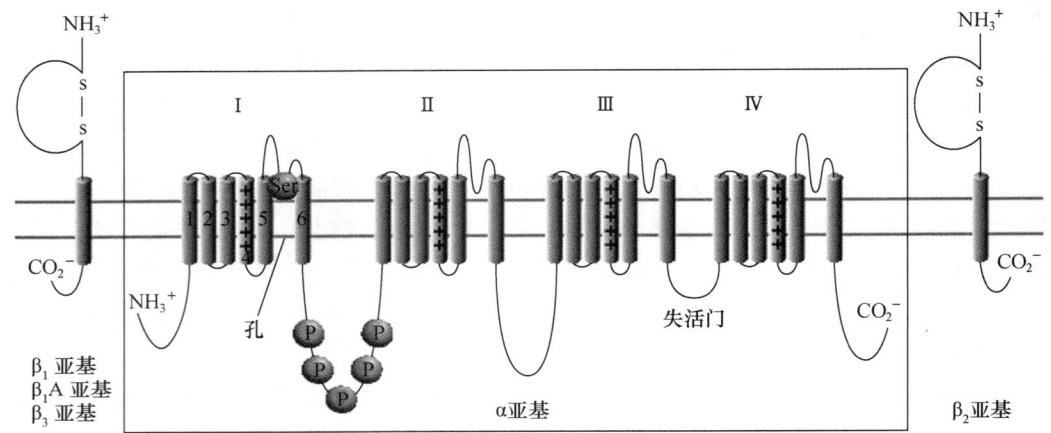

图 2-12 电压门控钠通道的亚基结构(仿 Baker et al., 2001)

电压门控钠通道的 α 亚基含有四个重复的同源功能区(Ⅰ~Ⅳ),每个同源功能区包括六个跨膜 α 螺旋(S1~S6)和一个位于 S5 与 S6 之间的孔道襻。如图中所示,S5 和 S6 围成孔道的内部,而孔道襻则排列在孔道的外部。每个功能区的 S4 跨膜段都含有距离相间的带有正电荷的氨基酸,构成通道的膜电位感受器(voltage sensor);β 辅助亚基具有较长的胞外区,对钠通道的功能起着重要的调节作用。

目前已确定有九种基因编码钠通道的 α 亚基(它们分别是 $Na_V1.1$~$Na_V1.9$),四种基因编码 β 亚基(即 $β_1$~$β_4$)。根据对河豚毒素(TTX)敏感性的不同,可以将钠通道区分为 TTX 敏感型(TTX-S)和 TTX 不敏感型(TTX-R)两大类。TTX-R 型钠通道包括 $Na_V1.5$、$Na_V1.8$ 和 $Na_V1.9$ 三种亚型,其余的均为 TTX-S 型钠通道。研究表明,不同亚型钠通道的表达和功能有明显的区别。如表 2-2 所示,$Na_V1.1$、$Na_V1.2$、$Na_V1.6$ 和 $Na_V1.9$ 主要表达于神经系统;$Na_V1.4$ 主要表达于骨骼肌;$Na_V1.5$ 主要表达于心肌,但在中枢神经系统和平滑肌中也有表达。目前已知某些类型癫痫的发生可能与 $Na_V1.1$ 和 $Na_V1.2$ 的基因突变有关,而某些严重的心律失常则可能是 $Na_V1.5$ 的基因突变导致的。此外,$Na_V1.5$ 在大脑的边缘系统也有广泛的分布。已知边缘系统的海马、杏仁核等脑区与癫痫的发作有密切联系,提示 $Na_V1.5$ 功能的改变可能与某些类型癫痫的发作也有关联。当前的研究表明,骨骼肌上 $Na_V1.4$/SCN4A 的基因突变可能与某些肌肉组织的疾病,如高血钾性周期性麻痹、先天性肌强直和钾聚集性肌强直的发生有密切关联。一般认为,钠通道的基因突变可以导致通道的稳态失活过程发生改变,延长或加剧 Na^+ 的内向流动,导致通道的内在特性发生变化,从而使细胞产生异常放电,并引发相应的离子通道疾病。

表 2-2 电压门控钠通道的分型与分布

通道	原名	基因符号	染色体（人类）	药理学	分布
$Na_V1.1$	Type Ⅰ	*SCN1A*	2q24	TTX-S	CNS 心脏
$Na_V1.2$	Type Ⅱ	*SCN2A*	2q23~24	TTX-S	CNS
$Na_V1.3$	Type Ⅲ	*SCN3A*	2q24	TTX-S	Foetal DRG
$Na_V1.4$	SkM	*SCN4A*	17q23~25	TTX-S	肌肉
$Na_V1.5$	Cardiac	*SCN5A*	3p21	TTX-R	心脏
$Na_V1.6$	NaCh6	*SCN8A*	12q13	TTX-S	DRG CNS
$Na_V1.7$	PNI	*SCN9A*	2q24	TTX-S	DRG SCG
$Na_V1.8$	SNS/PN3	*SCN10A*	3p21~24	TTX-R	DRG
$Na_V1.9$	NaN	*SCN11A*	3p21~24	TTX-R	DRG
Na_X	NaG	*SCN6A/7A*	2q21~23	?	肺神经

注：CNS，中枢神经系统；DRG，背根神经节；TTX-S，河豚毒素敏感型；TTX-R，河豚毒素不敏感型。

（二）电压门控钾通道

1. 分类和结构特征

根据结构、功能和药理学特性的不同，可以将钾通道区分为四大家族，它们分别是电压门控钾通道（voltage-gated potassium channel，K_V）、内向整流性钾通道（K_{ir}）、钙依赖性钾通道（K_{Ca}）和双孔钾通道（K_{2p}）。其中电压门控钾通道是目前已知种类最多的离子通道家族。按照生理和功能特征的不同，钾通道又可以分为三大类：第一类是延迟整流性钾通道（K_r）。这是一种外向整流钾通道，在细胞膜去极化时需要经过一段时间的延迟才能被激活，同时其失活也非常缓慢。第二类是 A 型瞬时钾通道（K_A）。与 K_r 通道相比，这类通道的激活和失活都非常迅速，因而是一种快激活和快失活的钾通道。第三类是钙激活钾通道（K_{Ca}）。这类通道受电压和 Ca^{2+} 的双重门控，因而也归属于电压门控钾通道家族。目前的研究证明，电压门控钾通道在可兴奋细胞和非兴奋细胞中均有广泛表达。在可兴奋细胞中，电压门控钾通道主要参与静息膜电位的维持和动作电位的发生与发展过程，在细胞兴奋性的维持和调节中起着重要作用；在非兴奋细胞中，电压门控钾通道主要参与对 Ca^{2+} 内流、细胞容积的维持以及对细胞增殖与凋亡的调节。

根据最新的研究报道，哺乳动物的电压门控钾通道主要由四种功能独立的超家族组成，它们分别是 K_V1（Shaker）、K_V2（Shab）、K_V3（Shaw）和 K_V4（Shal）。目前对 K_V 通道的分子结构已经研究得比较清楚，证明 K_V 通道是一类跨膜糖蛋白，主要由 α 亚基超家族和 β 辅助亚基两部分构成。与前面讲述的 Na_V 通道类似，K_V 通道的每个 α 亚基也是由四个同源功能区（Ⅰ~Ⅳ）构成，每个同源功能区也含有六个跨膜 α 螺旋（S1~S6），其中 S4 也含有带正电荷的氨基酸残基，是 K_V 通道的电压感受器（voltage sensor）；S4~S6 连接区与 K_V 通道的电导和失活特性密切相关，S5 和 S6 之间的短链参与构成通道的水相孔道。有趣的是，K_V 通道的氨基末端（N 末端）和羧基末端（C 末端）均位于胞质内；已知在人类 K_V 通道的 S6 跨膜螺旋含有一个高度保守的氨基酸序列（即 Pro-Val-Pro，PVP），该序列起着"铰链"式的作用，在 S6 的动力变形和 K_V 通道的电压敏感性等方面起着重要作用。近年来，在 K_V 通道的 N 末端还发现了结构和功能不清楚的 T1 结构域，在 T1 结构域还发现含有能够与 β 亚基相结合的功能区域（图 2-13）。最近的研究表明，K_V 通道的某些成员还含有 SH3 的结合域和抑制通道失活的相关序列。此外，在 K_V 通道的 C 末端也发现了一些功能序列，如 $K_V2.1$ 的通道定位相关区以及 PSD-95 结合区等。目前，已发现至少有 18 个基因编码哺乳动物 K_V 通道的 α 亚基，这些基因归属于六个亚家族，分别与果蝇钾通道的六个基因相对应，例如，K_V1（KCNA）、K_V2（KCNB）、K_V3（KCNC）、K_V4（KCND）、HERG 和 maxi K 分别与果蝇的 *Shaker*、*Shab*、*Shaw*、*Shal*、*ether-a-go-go* 和 *Slowpoke*、*Slo* 基因相对应。

目前已经明确的 K_V 通道 β 辅助亚基成员有：$K_V\beta1$、$K_V\beta2$ 和 $K_V\beta3$ 三种类型，其中 $K_V\beta1$ 又可以再区分为 $K_V\beta1.1$、$K_V\beta1.2$ 和 $K_V\beta1.3$ 三个亚型。X 射线衍射晶体分析证明，$K_V\beta$ 亚基可以与 K_V 通道 N 末端

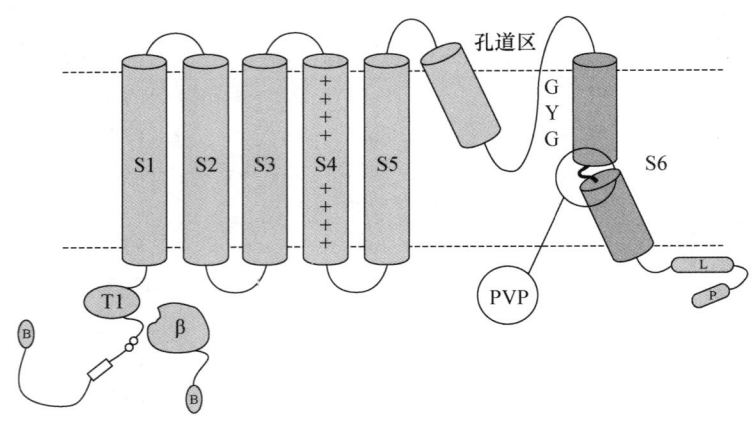

图 2-13 电压门控钾通道的亚基结构(仿 Biggin et al.,2000)

图中所示,电压门控钾通道的 α 亚基均含有六个跨膜 α 螺旋(S1~S6)、一个位于 S5 和 S6 之间的孔道区(pore)以及位于胞质内的 N 末端和 C 末端。S4 含有带正电荷的氨基酸残基,是 K_V 通道的电压感受器,S5 和 S6 之间的短链参与构成通道的水相孔道;N 末端含有与通道 N 型失活相关的球状肽和 T1 结构域,T1 结构域又含有能够与 β 亚基相结合的区域。

相连的 T1 结构域进行相互作用,这种作用可能受某些蛋白激酶的调节,例如,$K_V\beta1.3$ 上的 Ser24 就发现有磷酸激酶活化的位点。另外,药理学研究也发现,$K_V\beta1.2$ 和 $K_V\beta1.3$ 的磷酸化是诱导 $K_V1.5$ 失活的必要条件。$K_V\beta$ 亚基的功能还不太清楚,目前的研究提示,$K_V\beta$ 亚基可能主要参与上调钾通道的表达以及与其在细胞膜上的稳定性有关。

2. 选择性离子通透

对钾通道分子结构的研究发现,钾通道的离子孔道是由四个 α 亚基以对称的方式围成的水相孔道。该孔道呈桶状,其中充满了水分子。在孔道的外 1/3 部分是离子的"选择性过滤器",对离子的通过起到一种选择性通透的作用,从而决定了离子选择的特异性。这种离子选择性过滤器实际上是由六个氨基酸组成的保守序列,位于 S5 和 S6 跨膜 α 螺旋之间的孔道区内。K^+ 在进入离子孔道前通常是被八个水分子包裹的。在进入离子孔道后,每个 K^+ 首先遭遇过滤器保守序列蛋白中八个氧原子的包围,并取代了之前包裹 K^+ 的水分子层。脱水后的 K^+ 就可以沿着孔道从上一个位点移到下一个结合位点,直至通过整个离子孔道。一旦 K^+ 通过选择性过滤器后,它又重新被水分子包裹起来。水化后的 K^+ 不仅可以起到降低静电排斥力的作用,而且为 K^+ 的高效率转运提供了基础,使 K^+ 转运过程能够不断地、重复地进行。

3. 门控机制

有关钾通道的门控机制,首先是 Zagotta 等人提出的"球-链"(ball and chain)学说。他们通过对果蝇 Shaker 钾通道的研究发现,在通道游离的 N 末端有一个"球-链"状结构,在通道从关闭到迅速开放的同时,这个 N 末端的"球-链"结构也随即发生快速摆动而将通道的内侧堵塞,从而导致正在开放的通道关闭。除此以外,近年的研究还发现,钾通道还可以通过其跨膜 α 螺旋自身构象的改变来进行对通道开、闭的门控。例如,青链霉菌 KcsA 钾通道是在通道关闭的条件下才能够生长的晶体,因此通常情况下可以将其视为通道关闭时的结构;受 Ca^{2+} 调节的 MthK 钾通道是在 Ca^{2+} 与通道结合的条件下才能够生长的晶体,因此它可以代表通道开放时的状态。实验发现,KcsA 钾通道的 S6 跨膜 α 螺旋在细胞膜内表面附近会形成交叉,而在交叉处的离子孔道变得非常狭窄。因此,狭窄处的疏水性氨基酸可以对 K^+ 的流动形成巨大的阻碍作用,导致通道的关闭。与此不同的是,MthK 钾通道的 S6 跨膜 α 螺旋在转折处弯曲而外展,其结果是导致离子孔道的中央空腔变大,使 K^+ 在胞浆和离子过滤器之间具有更大的自由流动的空间,从而导致通道的开放。事实上,从上述所讲的 KcsA 和 MthK 蛋白结晶的条件来推测,它们的结构也应该分别是关闭和开放时的构象。目前的研究相继证实,很多钾通道的 S6 跨膜 α 螺旋都有一个相对保守的甘氨酸(glycine,Gly)序列,该甘氨酸序列很可能起到了类似于"门合页"的作用,以控制 S6 跨膜 α 螺旋分别朝着开放或关闭的方向转换。

4. 膜电位感受器

最早的研究发现,在果蝇 Shaker 钾通道的 S4 跨膜区段排列着许多带正电荷的精氨酸,它们在通道内可能起到一种膜电位"感受器"的作用。在细胞膜去极化时,这些带正电荷的精氨酸由于受到细胞膜巨大电场力的排斥作用而被推向细胞膜外。在这个过程中,由于正电荷的移动而引起通道蛋白在构象上发生改变,从而引起通道的开放。此后,MacKinnon 及其同事通过对 K_VAP 通道蛋白(一种电压门控钾通道)三维晶体结构的研究,提出了膜电位感受器的"船桨"(paddle)学说。他们认为,在 K_VAP 通道的 S4 和 S3b 区段的 α 螺旋可以形成"船桨"式的结构,平卧并埋置在脂膜内。在受到电场力的作用下,这段"船桨"可以由膜内向膜外的上方摆动,从而导致通道的开放。之后,根据对 $K_V1.2$ 通道蛋白晶体结构的研究,MacKinnon 等又对"船桨"学说进行了以下的修订和补充:① 膜电位感受器可以通过 S4 和 S5 之间的连接襻而与 S6 之间形成机械连接,这样 S4"船桨"式的移动可以对通道发挥直接的门控调节作用。② 膜电位感受器可以通过 S4 和 S5 之间的系带与孔道相连接,它基本上是独立的功能单位。③ 在膜电位感受器中,当通道开放时,其中两个带正电荷的精氨酸面对脂膜表面,而另外两个精氨酸则埋在膜电位感受器的内部。

(三) 电压门控钙通道

根据对通道调控的因素不同,可以将钙离子通道区分为五大类型:① 电压门控钙通道;② 配体门控钙通道;③ 第二信使门控钙通道;④ 机械门控钙通道;⑤ 漏流钙通道。其中电压门控钙通道(voltage-gated calcium channel,VGCC)是 Ca^{2+} 内流的主要途径。

所有可兴奋细胞的膜表面都分布有 VGCC,这种钙通道参与很多生理功能的调节,如递质的释放,神经细胞兴奋性和可塑性的调节,基因的表达,细胞的生长、发育及死亡等。根据其激活电压的不同,VGCC 可以分为两大类:一类是高电压激活型(high voltage-activated,HVA)的 VGCC,包括 L 型、N 型、P/Q 型和 R 型钙通道;另一类是低电压激活型(low voltage-activated,LVA)的 VGCC,即 T 型钙通道。VGCC 是由 $α_1$、$β_{1～4}$、$α_2δ_{1～4}$ 和 $γ_{1～8}$ 四个亚基构成的膜蛋白复合体。其中 $α_1$ 亚基共有 10 种不同的亚型,根据基因序列的同源性不同可以分为 Ca_V1、Ca_V2 和 Ca_V3 三种类型。其中 Ca_V1(包括 $Ca_V1.1/α_{1S}$、$Ca_V1.2/α_{1C}$、$Ca_V1.3/α_{1D}$ 和 $Ca_V1.4/α_{1F}$)编码 L 型 $α_1$ 亚基;Ca_V2(包括 $Ca_V2.1/α_{1A}$、$Ca_V2.2/α_{1B}$ 和 $Ca_V2.3/α_{1E}$)分别编码 P/Q 型、N 型和 R 型 $α_1$ 亚基;Ca_V3(包括 $Ca_V3.1/α_{1G}$、$Ca_V3.2/α_{1H}$ 和 $Ca_V3.3/α_{1I}$)编码 T 型 $α_1$ 亚基。β 亚基和 $α_2δ$ 亚基各由四个不同的基因编码,而 γ 亚基则由八个基因编码。$α_2δ$ 亚基可以再区分为 $α_2δ_1$ 和 $α_2δ_2$ 两种亚型,它们在通道功能的调节上具有重要作用。$α_2δ$ 亚基与不同的 $α_1$ 和 β 亚基共表达,可以易化 $α_1$ 通道的功能,增加峰电位的幅值以及通道的激活和失活速率。而对于 β 亚基,当与 $α_1$ 亚基共表达后,可以增加钙通道电流。

在功能上,$α_1$ 亚基是构成 VGCC 的主要单位,它也是大多数激动剂或药物的结合位点。$α_1$ 亚基在通道内形成跨膜的水相孔道,其 N 末端和 C 末端均位于胞质内。$α_1$ 亚基也是由四个同源跨膜结构域(Ⅰ~Ⅳ)构成,每个结构域也含有六个跨膜 α 螺旋(S1~S6)。其中 S1~S3 和 S5~S6 为高度疏水性的 α 螺旋片段,而 S4 为亲水性的 α 螺旋片段。与钠通道、钾通道一样,VGCC 通道 $α_1$ 亚基的 S4 跨膜 α 螺旋片段也具有电压感受器的作用。膜电位的变化影响到 S4 上带正电荷的氨基酸残基,并使其发生相应位置的移动,从而使通道蛋白的构型发生相应的变化,导致通道开放或关闭。$α_2$ 亚基为胞外蛋白,可以与单次跨膜序列 δ 亚基的胞外 N 末端结合形成复合物。β 亚基的氨基酸序列有两个高度保守区和三个可变区,其中第二个保守区的前 30 个氨基酸可以与 $α_1$ 亚基的第Ⅰ和第Ⅱ跨膜结构域之间的胞内连接环结合。γ 亚基由四个跨膜螺旋构成,参与 VGCC 的激活与失活(图 2-14)。辅助亚基包括:跨膜 $α_2δ$ 复合物,可增加钙电流强度;β 亚基,可调整通道的电流强度、电压依赖性、激活与失活特性等;γ 亚基,可能参与对 $α_1$ 亚基活性的调节。

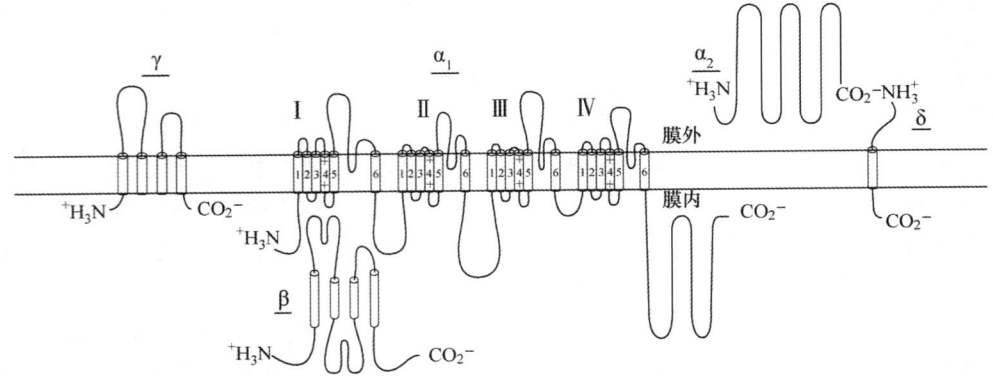

图 2-14 电压门控钙通道的亚基结构(仿 Catterall et al.,2005)

如图所示,VGCC 是由 α_1、β、$\alpha_2\delta$ 和 γ 亚基构成的膜蛋白复合体。其中 α_1 亚基由四个同源跨膜结构域(Ⅰ~Ⅳ)构成,每个结构域含有六个跨膜 α 螺旋(S1~S6)。其中 S4 为电压感受器,S5 和 S6 之间的氨基酸残基使离子选择性通透。

第三节 神经细胞的兴奋性

神经细胞的基本特征是具有兴奋性(excitability)。兴奋性是可兴奋细胞或组织对外界刺激发生反应的能力。神经细胞对外界刺激发生反应的共同表现形式是产生动作电位,因此,神经细胞的兴奋性也可以理解为神经细胞在受到刺激时产生动作电位的能力。可兴奋性是神经细胞感受刺激并发生反应,以及神经细胞之间或者神经细胞与其他细胞之间进行通信和交流的必要条件。

一、刺激引起兴奋的条件

神经细胞产生兴奋的基本表现方式就是在感受刺激时可以发生反应。所谓刺激(stimulus),可以泛指神经细胞所处环境因素的任何改变。在理论上,各种能量形式的理化因素的改变,都可能对神经细胞形成刺激。然而实验表明,任何刺激若要引起神经细胞兴奋,必须要满足以下三个条件,即,一定的刺激强度、一定的刺激持续时间和一定的强度-时间变化率。刺激的形式有多种多样,如电刺激、机械刺激、化学刺激、温度刺激等,其中电刺激的刺激强度、持续时间和强度-时间变化率比较容易控制,并且在一般情况下,能够引起神经细胞兴奋的电刺激不会造成细胞的损伤,可以重复使用。因此,在实验室工作中,人们常用各种形式的电刺激作为人工刺激。

为了研究每个刺激参数之间的相互关系,可以先将其中的一个参数固定于某一数值,然后观察其余两个参数的相互影响。例如,当使用方波电刺激时,对于不同大小和持续时间的方波,其上升支和下降支的斜率都是一样的,因此,可以认为它们的强度-时间变化率是固定不变的。实验结果发现,在一定范围内,引起神经细胞发生兴奋所需的刺激强度与该刺激的作用时间呈反比关系。也就是说,当刺激强度较大时,它只需要较短的作用时间就可以引起神经细胞的兴奋;相反,当刺激强度较小时,则需要较长的作用时间才能引起该细胞的兴奋。

在研究中,如果使刺激的作用时间保持不变,将使神经细胞产生兴奋的最小刺激强度称为阈强度(threshold intensity)。如果使刺激强度保持不变,则使神经细胞产生兴奋的最短持续时间称为时间阈值。所有低于阈强度或时间阈值的刺激均不能使神经细胞产生兴奋,即不能产生动作电位。因此,从理论上,阈强度可以作为衡量神经细胞兴奋性高低的指标:引起神经细胞兴奋所需要的阈强度愈小,则该细胞的兴奋性愈高;反之,阈强度愈大,则兴奋性愈低。

二、神经细胞兴奋及其恢复过程中兴奋性的变化

神经细胞的另外一个特征是具有不应期。研究发现,当神经细胞在接受一个阈上刺激而发生兴奋后,在其后一个较短时间内,无论该细胞再受到多么强大的刺激,都不再发生兴奋。也就是说,在这段时间内神经细胞的兴奋性几乎降低到零,这个时期被称为绝对不应期。之后,经过一定的恢复期,神经细胞有可能恢复对刺激的兴奋,但需要的刺激强度必须远远大于阈强度,提示在这段时期内,神经细胞的兴奋性正在逐渐恢复,但仍然低于正常值,这个时期被称为相对不应期。在相对不应期之后,神经细胞可以出现一个短暂的兴奋性稍高于正常水平的时期,称为超常期。此时,低于正常阈值的刺激,就能够使神经细胞产生兴奋。然而,由于此时神经细胞的兴奋性并没有完全恢复到正常水平,因此,在这段时期内,神经细胞所产生的兴奋仍然是不正常的。在超常期之后,神经细胞的兴奋性还可以再经历一个低常期,此时神经细胞的兴奋性又低于正常水平。此后,神经细胞的兴奋性才完全恢复正常。由此可见,当神经细胞在接受一个刺激而发生兴奋后的一段时间内,其兴奋性需要经历从绝对不应期、相对不应期、超常期到低常期的变化过程才能逐渐恢复正常。

三、神经细胞兴奋的膜电学基础

神经细胞产生兴奋的基本表现形式是爆发可扩布的动作电位。动作电位产生的基础是由于神经细胞膜上离子通道开放引起离子流的出入所形成的。如前所述,神经细胞膜与其他细胞膜一样,主要由脂质、蛋白质和糖类等物质组成。其基本构成模式就是前面已经提到的液态镶嵌模型,即细胞膜的组成是以液态的脂质双分子层为基架,在其中镶嵌着具有不同生理功能的蛋白质和糖类。在这里,脂质双分子层构成膜电容器,蛋白质离子通道构成膜电阻,分隔和储存在膜电容器两侧极板的正、负离子则形成跨膜电势差,这样就使神经细胞膜形成一个完整的等效电路,这就是神经细胞产生兴奋的膜电学基础。

(一) 膜电容和跨膜电势差

从物理学上来讲,所谓电容器(capacitor),就是指被绝缘体(或介质)隔开的两个导体(也称为极板)的组合。电容器的基本性能是可以在两个极板的表面上储存极性相反的电荷。电容器储存电荷的能力用电容(capacitance, C)来表示。电容与构成电容器极板的面积(area, A)成正比,与两极板之间的距离(distance, d)成反比,即 $C = \varepsilon A/d$。式中 ε 是介电常数。电容的单位是法拉(farad, F)。

神经细胞的导体就是细胞膜两侧的细胞内液和细胞外液,绝缘体就是细胞膜本身,特别是膜的脂质双分子层,于是三者构成了一个平行板电容器。根据上面的物理学公式 $C = \varepsilon A/d$ 可以得出,神经细胞膜电容(C_m)与细胞膜面积成正比,与膜厚度成反比。对于球形细胞而言,$C_m = \pi d^2/100$ (pF),式中 d 为细胞直径(μm)。一般情况下,神经细胞的膜电容大约为 $1\ \mu F/cm^2$(即 $0.01\ pF/\mu m^2$)。

由于细胞膜电容器的作用,将神经细胞膜两侧的正、负电荷分隔开来,产生一个跨膜电势差(ΔV),被分隔的电量,即电容器的储存电量(Q)等于膜电容(C_m)和跨膜电势差(ΔV)的乘积,即:$Q = \Delta V \times C_m$(图 2-15)。

(二) 膜电阻和膜电导

根据细胞膜等效电路的原理,神经细胞膜的脂质双分子层构成对跨膜离子流的阻力,形成膜电阻(membrane resistance, R_m);而细胞膜上的跨膜离子通道提供了离子穿越细胞膜的途径,构成膜电导(membrane electric conductance, G),膜电导是膜电阻的倒数,其单位是西门子(siemens, S)。当细胞膜上的离子通道开放时,膜电阻大大降低,而膜电导增加;反之,当细胞膜上的离子通道关闭时,膜电阻大大增加,膜电导降低。因此,膜电导取决于离子通道的电阻与开放的通道数目(图 2-16)。

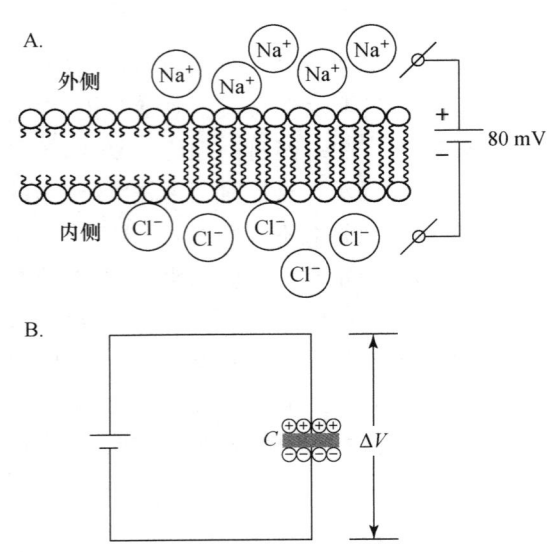

图 2-15 膜电容与跨膜电势差的形成(仿 Molleman,2003)

A. 细胞膜的脂质双分子层构成膜电容器;B. 膜电容器分隔膜两侧的正、负电荷,产生跨膜电势差。

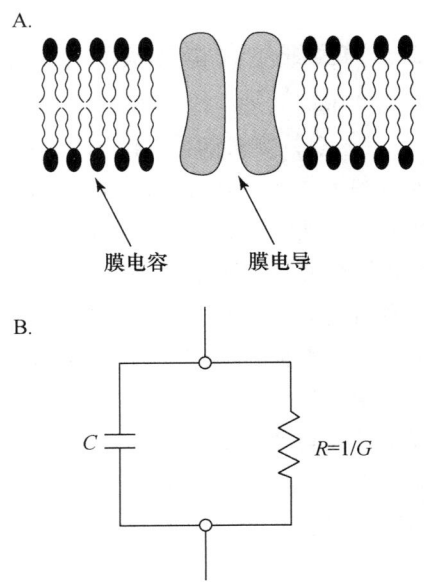

图 2-16 膜电容、膜电阻与膜电导的关系

(三) 膜电池与膜电位

如前所述,由于神经细胞膜脂质双分子层的绝缘性,以及细胞膜离子通道对荷电离子出入的选择性,造成在开放的通道两端荷电离子的不均匀分布(表 2-3),这些不均匀分布的荷电离子就产生跨膜电势差。

例如,由于 K^+ 在细胞内、外的不均衡分布,膜内高浓度的 K^+ 可以通过开放的钾通道向膜外扩散而引起正、负电荷的净分隔,即膜外分布较多的正电荷,膜内分布较多的负电荷,从而在钾通道的两端形成"内负外正"的跨膜电势差,阻碍 K^+ 的继续外流。随着电荷分隔程度的加大,这种跨膜电势差也随之加大,最终达到与膜两侧的 K^+ 浓度势能差相等,于是不能再有 K^+ 的跨膜净移动,形成 K^+ 的平衡电位(E_K)。由此可见,细胞膜两侧的 K^+ 浓度差决定了 K^+ 平衡电位。因此,E_K 可以由能斯特(Nernst)方程计算:

$$E_K = \frac{RT}{ZF} \ln \frac{[K^+]_o}{[K^+]_i} \tag{1}$$

式中,R 是气体常数,T 是绝对温度,Z 是离子价数,F 是法拉第常数。K^+ 的 Z 为 1,在 25℃时,RT/ZF 为 26 mV,将自然对数(ln)转换为以 10 为底的常用对数(log)的常数为 2.3,带入表 2-3 的膜内 K^+ 浓度 $[K^+]_i$ 和膜外 K^+ 浓度 $[K^+]_o$,即可以得出:$E_K = 26 \times 2.3 \log(20/400) \approx -78 (mV)$。

表 2-3 枪乌贼巨轴突膜两侧主要离子的分布(Koester,1991)

离子	膜内浓度/(mmol·L^{-1})	膜外浓度/(mmol·L^{-1})	能斯特电位/mV
K^+	400	20	−78
Na^+	50	440	+57
Cl^-	52	560	+61
A^-	385	—	—

生物物理学上,将这种作为跨膜电位差恒定来源的电荷分隔称为电动势(electromotive force,EMF)或电池。K^+ 分隔所致的 EMF 就是 K^+ 的平衡电位(E_K)。由于这种 EMF 是 K^+ 通过钾通道扩散所产生的,因而可以视为钾电池,它所产生的电位等于 E_K,一般相当于 −60~−90 mV。依此类推,Na^+、Cl^- 的跨膜电位差可分别视为钠电池或氯电池,所产生的 E_{Na} 和 E_{Cl} 分别相当于 +57 mV 和 +61 mV。

(四) 神经细胞膜的等效电路模型

如前所述,对于神经细胞而言,膜电容来自脂质双分子层,而膜电阻来自离子通道。此外,由于化学梯度和电学梯度导致离子的重新分布以及电荷分离。因此,细胞膜在没有外加刺激和外加电场的情况下也存在电势差。在静息状态下,细胞膜的电位差称为静息膜电位(resting membrane potential, E_m)。根据生物物理学原则,静息膜电位、膜电阻(R_m)以及膜电容(C_m)构成了神经细胞膜的等效电路,该电路包括了不同类型离子通道产生的所有膜电阻和膜电池。如图 2-17 所示,该电路包括一个电容器(细胞膜),一个电阻(离子通道)和一个电池(膜电位),实际上就是神经细胞膜等效电路的简化形式。

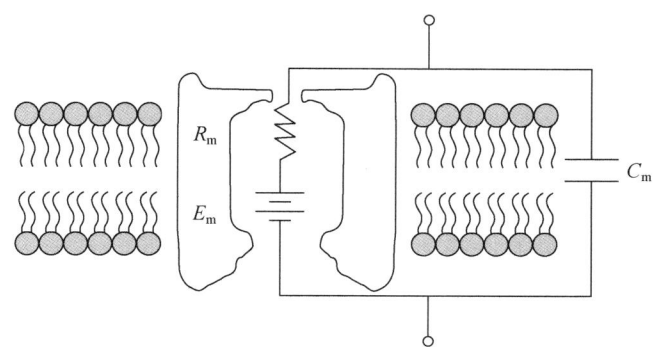

图 2-17 神经细胞膜的等效电路(仿章纪放,2009)

根据以上神经细胞膜的等效电路,通过细胞膜导电部分的电流强度,可以表示为电导和驱动力的乘积,即:$I = g(V - E_{rev})$。式中,$V - E_{rev}$ 是驱动力,g 是膜电导(即膜电阻 R 的倒数,$g = 1/R$),V 是膜电位,E_{rev} 是离子通道的反转电位。如果该通路仅对一种离子具有选择性,E_{rev} 即是该离子的平衡电位(即能斯特电位,E_N)。然而,在通常情况下,一个神经细胞膜上存在多种类型的离子通道。因此,膜电导就是对这些离子通道的所有电导的总和,即总电导 $G = g_{Na} + g_K + g_{Cl} + g_{Ca} + \cdots$,所以,通过这些不同类型电导的离子流强度分别是 I_{Na}、I_K、I_{Cl}、I_{Ca} 等。

(五) 静息膜电位

在静息细胞膜上,跨膜电位 V 是恒定的,此时细胞膜上没有净的电流出入。神经细胞静息膜电位(E_m)主要是由对 K^+、Cl^- 和 Na^+ 等具有选择性的离子通道来决定的。因此,

$$I = I_{Na} + I_K + I_{Cl} = 0 \tag{2}$$

由于 $I = g(V - E_N)$,因此,公式(2)可以转换为:

$$g_{Na}(V - E_{Na}) + g_K(V - E_K) + g_{Cl}(V - E_{Cl}) = 0 \tag{3}$$

解出 V,得到:

$$V = \frac{E_{Na}g_{Na} + E_K g_K + E_{Cl}g_{Cl}}{g_{Na} + g_K + g_{Cl}} \tag{4}$$

根据公式(4)可以看出,在静息状态时,由于神经细胞膜对 K^+ 的通透性较高,并且由于 g_{Na}、g_K 和 g_{Cl} 都很小,因此,神经细胞的静息膜电位通常近似于 K^+ 的平衡电位(E_K)。如前所述,K^+ 的平衡电位是由细胞膜两侧原先存在的 K^+ 浓度差来决定的。根据公式(1)可以得出:

$$E_K = 59.8 \times \log \frac{[K^+]_o}{[K^+]_i} (mV) \tag{5}$$

通过公式(5)计算所得出的 K^+ 平衡电位与实际测得的静息膜电位非常接近,这提示静息膜电位可能主要是由 K^+ 向膜外扩散所造成的。为了证明这一点,在实验中人为地改变细胞外液中 K^+ 的浓度 $[K^+]_o$,因而也就改变了 $\frac{[K^+]_o}{[K^+]_i}$ 的值,结果发现,实际测得的细胞静息膜电位的值确实随着 $[K^+]_o$ 的改变而改变,

而且其改变基本上与根据能斯特公式计算所得的预期值相一致。这个实验结果证明,细胞内高 K^+ 浓度和静息时细胞膜主要对 K^+ 有通透性,是神经细胞产生和维持静息膜电位的主要原因。

正常情况下,神经细胞的静息膜电位都表现为膜内较膜外为负,如果规定膜外电位为 0,则神经细胞的膜内电位为 $-60 \sim -90$ mV。只要神经细胞未受到外来刺激且保持着正常的新陈代谢,静息膜电位就会稳定在某一相对恒定的水平。这种在静息状态下,细胞膜两侧所保持的"内负外正"的状态,称为膜的极化(polarization);在某种因素的影响下,使静息膜电位的数值向膜内负值减小的方向变化,称为膜的去极化(depolarization);反之,使膜内电位向负值增大的方向变化则称为超极化(hyperpolarization);细胞膜先发生去极化,然后再恢复到正常静息膜电位的负值状态,称为复极化(repolarization)。

(六) 动作电位

1. 神经细胞动作电位的特征

当神经细胞受到一个阈上刺激而产生兴奋时,神经细胞膜将在静息膜电位的基础上发生一次迅速而短暂的、可以向远距离扩布的电位波动,称为动作电位。实验发现,当神经细胞在静息状态下受到一次阈上刺激时,膜内的负电位迅速减小以致消失,进而变成正电位。即细胞膜电位由原来的"内负外正"迅速变为"内正外负"。一般情况下,膜内电位在短时间内可由原来的 $-60 \sim -90$ mV 变为 $+20 \sim +40$ mV,这样整个细胞膜内、外电位变化的幅度就是 $80 \sim 130$ mV,于是构成了动作电位变化曲线的上升支,称为去极相。图 2-18 神经细胞的动作电位中,动作电位上升支中零位线以上的部分(即超出静息膜电位的部分),称为超射值(overshoot)。一般神经细胞的超射值为 $+20 \sim +40$ mV。然而在神经细胞中,这种由刺激所引起的膜内外电位的迅速倒转只是暂时的。超射出现后,膜内正电位很快就会减小并恢复到刺激前原有的负电位状态,这就构成了动作电位的下降支,称为复极相(图 2-18)。由此可见,动作电位实际上是神经细胞膜受到刺激后,在原有的静息膜电位基础上发生的一次膜两侧电位的快速而可逆的倒转和复原;在神经纤维,它一般在 $0.5 \sim 2.0$ ms 的时间内完成,因此使动作电位的曲线呈现一个尖峰状态,故称为峰电位(spike potential)。

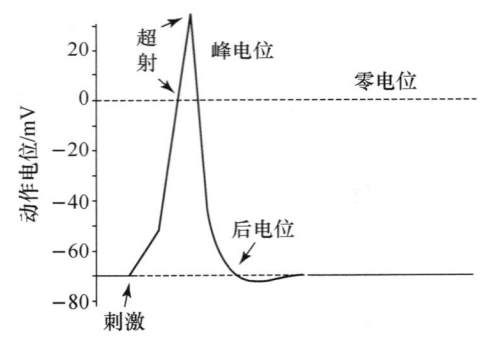

图 2-18 神经细胞的动作电位

动作电位或峰电位的产生是神经细胞膜兴奋的标志。它只在外加刺激达到一定强度(即阈强度)时才能引起。对于单一神经细胞而言,其动作电位的产生具有以下两个重要特征:① 只要刺激强度达到了阈值(即阈强度),再继续增加刺激强度则不能使动作电位幅度增加,也就是说,动作电位可因刺激强度过弱而不出现,但当刺激强度达到阈值以后,就不再随刺激的强弱而改变其固有值和波形。② 动作电位在神经细胞膜的受刺激部位产生后,可以沿着细胞膜向周围传播,直至整个细胞膜都依次发生兴奋,并产生一次同样幅度和波形的动作电位。即动作电位在细胞膜上传播的范围和距离并不因原先刺激的强弱而有所不同。这种在同一细胞上动作电位幅度不随刺激强度和传导距离改变的现象,称为"全或无"(all or none)现象,这是动作电位区别于后面所讲的局部电位或其他感受器电位的一个显著性标志。

2. 动作电位与 Na^+ 平衡电位

在静息状态时,神经细胞的 Na^+ 分布是膜外浓度远远大于膜内浓度,Na^+ 有向膜内扩散的趋势。此外,在静息状态时,膜内还存在着相当数值的负电位(如前所述,主要是由于 K^+ 在细胞内外的不均衡分布所形成的),这种电场力也吸引 Na^+ 向膜内移动。但是,由于在静息状态时细胞膜上的钠通道多数处于关闭状态,此时细胞膜对 Na^+ 相对不通透,因此 Na^+ 并不能大量内流。

当神经细胞受到一个阈上刺激时,电压门控钠通道快速开放,此时细胞膜对 Na^+ 的通透性突然增大,Na^+ 迅速大量内流,导致膜内负电位因带正电荷的 Na^+ 增加而迅速消失;同时,由于膜外高 Na^+ 所形成的浓度势能,使得 Na^+ 在膜内负电位减小到零电位时仍然可继续内移,进而使膜内出现正电位,直到膜内正电位增大到足以阻止由浓度差所引起的 Na^+ 内流为止。这时膜两侧的电位差称为 Na^+ 的平衡电位(E_{Na})，构成了动作电位的上升支。根据能斯特公式计算所得出的 Na^+ 平衡电位(E_{Na})与实际测得的动作电位的超射值非常接近。

在形成超射以后，膜内电位很快出现由正电位向负电位方向的变化，形成动作电位的复极相。这主要是由产生动作电位的钠通道的特性所决定的。因为这类电压门控钠通道的开放时间很短，它在激活后很快就进入失活状态，从而导致细胞膜对 Na^+ 的通透性迅速减小；与此同时，电压门控钾通道开放，于是膜内 K^+ 在浓度差和电位差的推动下又向膜外扩散。这样就使膜内电位由正值又向负值发展，直至恢复到静息膜电位的水平。

3. 动作电位产生的机制

1939 年 Cole 和 Curtis 在实验中发现，在动作电位爆发的过程中，细胞膜离子电导的变化与动作电位的变化几乎并行发展(图 2-19)，表明在动作电位产生的过程中一定伴随有细胞膜离子通道的开放和关闭。

之后，Hodgkin 和 Katz 应用离子替换的实验研究发现，随着细胞外 Na^+ 浓度逐渐降低，动作电位的幅度也随之减小，提示 Na^+ 内流在动作电位上升支中的作用(图 2-20)。进而，Hodgkin 和 Katz 又在实验中证实了钾电导的延迟增加在动作电位下降支中的作用。目前通过大量实验研究已经证实，钠电导和钾电导就是动作电位产生的基础。1952 年 Hodgkin 和 Huxley 应用电压钳技术在枪乌贼巨轴突上的实验发现，当系统地改变膜电位并测量细胞膜上钠电导和钾电导的相应变化时，一个小的去极化并不能激活任何电流；相反，在大的去极化阶梯电流刺激时，首先引起一个内向电流，继而出现一个可以持续整个去极化区间的外向电流。应用离子替换实验研究发现，开始的内向电流为 Na^+ 所介导，而延迟的外向电流为 K^+ 所介导(图 2-21)。

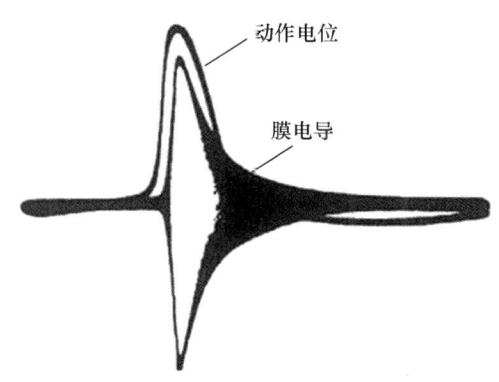

图 2-19 动作电位与细胞膜离子电导的并行变化(Cole et al.,1939)

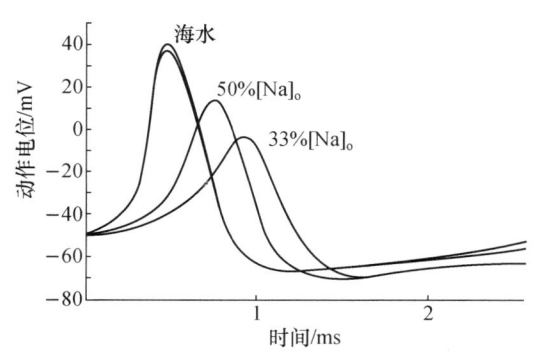

图 2-20 动作电位的幅度随细胞外 Na^+ 浓度的降低而减小(仿 Hodgkin et al.,1949)

其中 $50\%[Na^+]_o$ 和 $33\%[Na^+]_o$ 是指海水 Na^+ 浓度为 50% 和 33%。

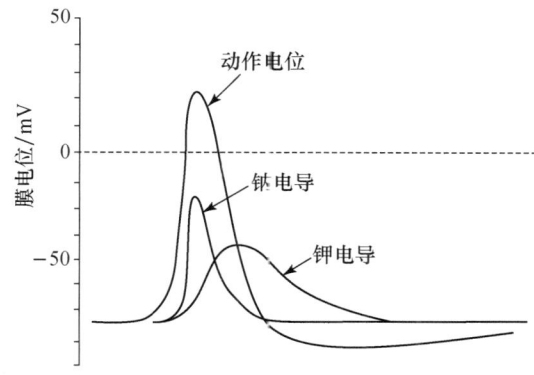

图 2-21 动作电位与钠电导和钾电导的关系(章纪放,2009)

随着膜片钳实验技术的建立和发展，人们通过对细胞膜单一离子通道的研究，对动作电位的产生机制有了许多更加深入的了解和认识：① 当细胞膜电位在静息膜电位的基础上向去极化方向改变时，细胞膜上的电压门控钠通道开放，出现快速、大量的 Na^+ 内流；② 通道蛋白分子的构型变化决定钠通道的激活、失活与恢复；③ 几乎在钠通道失活的同时，电压门控钾通道开放，于是出现 K^+ 的外流。因此，电压门控钠通道和钾通道的开放与关闭是神经细胞动作电位产生的基础。

综上所述,动作电位去极相的产生主要是由于细胞膜上电压门控钠通道开放,引起大量 Na^+ 快速内流所形成的;动作电位复极相的产生主要是由于钠通道的快速关闭,以及细胞膜上电压门控钾通道开放,引起 K^+ 外流所形成的。实验发现,动作电位去极相发展的最高水平,即动作电位的幅度,接近于静息膜电位的绝对值与 Na^+ 平衡电位的绝对值之和。现已知道,尽管神经细胞每兴奋一次或每产生一次动作电位,细胞内 Na^+ 浓度的增加以及细胞外 K^+ 浓度的增加都十分微小,但这种微小的变化也足以激活细胞膜上的钠-钾泵,促使它逆着浓度差将细胞内多余的 Na^+ 运至细胞外,同时将细胞外多余的 K^+ 运到细胞内,从而使细胞膜内外的离子分布恢复到原先的静息水平。

4. 动作电位的引起和它在同一细胞上的传导

(1)阈电位和动作电位的引起。

如前所述,神经细胞动作电位的产生,是由于细胞受到一个阈上刺激,引起细胞膜电压门控钠通道(Na_V)的开放,导致大量 Na^+ 快速内流引起的。我们已经知道,决定细胞膜上钠通道开放的条件是膜电位的水平。只有当膜电位由静息膜电位去极化达到一定的临界值时,才能够激活细胞膜上的电压门控钠通道而导致其开放。这种引起细胞膜上电压门控钠通道开放而爆发动作电位的膜电位临界值,称为阈电位(threshold potential)。阈电位是神经细胞的内在膜特性。阈电位也可以直接反映神经细胞兴奋性。阈电位水平与静息膜电位水平愈接近,细胞就愈容易兴奋,因此也就表明神经细胞的兴奋性愈高。

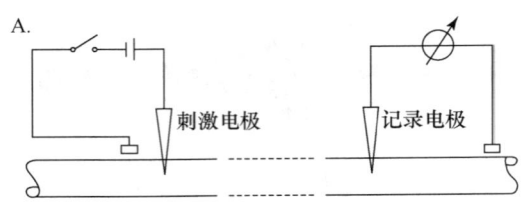

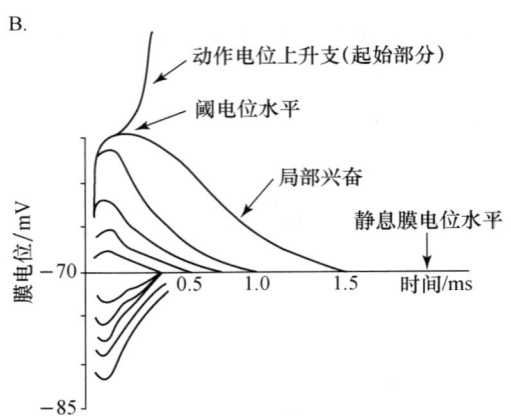

图 2-22 阈电位与局部兴奋和动作电位的产生
(樊小力,2000)

A. 测量阈电位及局部兴奋和动作电位的刺激和记录装置;B. 跨膜内向刺激电流引起细胞膜超极化(横轴下方各曲线),外向刺激电流引起局部兴奋(局部电位)及其向峰电位的转化。

阈电位可以用图 2-22A 的实验装置来测量。实验中,将双极刺激电极中的一极刺入神经细胞内,另一极置于细胞外,两电极分别与电源的正、负极相连。同时将另一个记录微电极也刺入细胞内,用以记录细胞内膜电位的变化。结果发现,如果将膜内的刺激电极与电源的负极相连时(即通电时向细胞内输入负向电流),不同强度的电流刺激只能引起膜内原有的负电位出现不同程度的增大(即超极化)。此时,即便是刺激电流的强度很大也不能引起神经细胞产生动作电位(图 2-22B,横轴下方各曲线所示);反之,如果将膜内的刺激电极与电源的正极相连时(即通电时向细胞内输入正向电流),随着刺激强度的增大,将会引起细胞膜产生不同程度的去极化。当膜的去极化达到某一临界值时,就引起细胞膜上一定数量的钠通道开放,使膜迅速、自动地去极化,从而爆发了动作电位(图 2-22B,横轴上方各曲线所示)。这种能够引起细胞膜上电压门控钠通道快速开放,导致细胞膜对 Na^+ 通透性突然增大的最低膜电位的数值,就是前面所提到的阈电位。阈电位是反映神经细胞兴奋性的一个非常重要的指标。根据阈电位的概念,我们对前面提到的阈刺激(或者阈强度)也可以理解为:能够引起静息膜电位去极化达到阈电位的水平而爆发动作电位的最小刺激强度。因此,低于阈强度的阈下刺激只能引起膜电位产生在阈电位水平以下的去极化,而不能产生动作电位。然而,当刺激强度超过阈强度以后,动作电位的上升速度以及所能达到的最大幅值,就不再依赖于所给的刺激强度了。

(2)局部兴奋及其特点。

① 局部兴奋的概念。前文已经指出,阈下刺激只能使受刺激局部细胞膜上的钠通道少量开放,引起少量 Na^+ 内流,导致局部膜电位出现一个较小的去极化,但是这种去极化并不能达到阈电位的水平,因此

不能爆发动作电位。由于阈下刺激所引起的这种膜电位变化只局限在受刺激的局部范围内而不能向远处传播,所以被称为局部反应或局部兴奋。虽然局部兴奋不能引起动作电位的爆发,但它可以使膜电位距离阈电位的差值减小。如果此时细胞膜再受到另外适当的刺激,就有可能使膜电位去极化达到阈电位的水平而爆发动作电位,所以局部反应可以提高细胞膜的兴奋性。

② 局部兴奋的特点。局部兴奋不同于动作电位,它具有以下特点:a. 局部兴奋不是"全或无"的,它可以随刺激强度的增大而增大,持续时间也会随刺激强度的增大而延长。b. 呈衰减性扩布。局部兴奋在细胞膜上向周围扩布的过程中,随着扩布距离的增加,其去极化的幅度会迅速减小以致消逝,这种方式被称为电紧张性扩布(或衰减性扩布)。所以,局部兴奋不能在细胞膜上进行远距离的传播。c. 总和现象。局部兴奋没有不应期,所以几个阈下刺激所引起的局部兴奋可以叠加起来,这种现象被称为总和。局部兴奋的总和现象可以有两种方式。一种是时间性总和,即细胞膜的同一部位可以先后接受两个阈下刺激,在前一个阈下刺激所引起的局部兴奋消失之前,紧接着由后一个阈下刺激所引起的局部兴奋可以叠加在前一个阈下刺激所引起的局部兴奋之上;另一种是空间性总和,如果在细胞膜的邻近部位同时给予两个阈下刺激,由此所产生的两个局部兴奋可以通过电紧张性扩布而相互叠加起来。对于局部兴奋,无论是发生时间性总和还是空间性总和,如果使细胞膜电位去极化达到阈电位的水平,就可以爆发动作电位(图 2-22B,横轴上方各曲线所示)。

综上所述,兴奋的引起可以有两条途径:a. 给予一次阈刺激或阈上刺激,就能使静息膜电位去极化达到阈电位而爆发动作电位;b. 给予多个阈下刺激,使局部兴奋发生总和,也可使静息膜电位去极化达到阈电位,从而使局部兴奋转化为可以远距离传播的动作电位。

(3) 兴奋在同一神经细胞上的传导。

对于神经细胞而言,当细胞膜上任何一处受到阈上刺激而产生兴奋时,动作电位都可以沿着细胞膜向邻近传播,使整个细胞膜都经历一次兴奋过程,从而完成兴奋在同一神经细胞上的传导。

① 兴奋传导的机制。如前所述,在静息状态下,细胞膜电位处于"内负外正"的极化状态。如果给细胞膜施加一个阈刺激或阈上刺激,就可以引起受刺激的局部细胞膜发生去极化达阈电位水平而产生兴奋,由此爆发的动作电位使局部细胞膜发生短暂的电位倒转,导致兴奋部位的膜电位由静息状态时的"内负外正"而转化为"内正外负"。这也就是说,兴奋部位的细胞膜出现膜外带负电荷而膜内带正电荷的现象。而此时与之相邻的未兴奋部位的细胞膜仍然是膜外带正电荷而膜内带负电荷,由此造成兴奋部位和相邻静息部位之间的细胞膜产生电位差。由于膜两侧的细胞外液和细胞内液都是导电的,允许电荷发生移动,因此,膜外的正电荷就可以从静息部位移向兴奋部位;而膜内的正电荷则由兴奋部位移向静息部位,从而产生局部电流。在此局部电流的作用下,使静息部位产生局部兴奋。当这种局部兴奋所引起的细胞膜去极化达到阈电位时,静息部位就可以爆发动作电位,于是动作电位就由兴奋部位传导到相邻的静息部位。这样的过程可以沿着细胞膜连续地进行下去,很快就使全部细胞膜都依次爆发动作电位,表现为兴奋在整个细胞膜上的传导(图 2-23A)。由此看来,兴奋在同一细胞上的传导,是兴奋部位和静息部位之间产生的局部电流构成了对静息部位的有效刺激所致。也许有人会担心,当兴奋在同一个细胞上传导时,这种局部电流会不会使已兴奋过的部位再次产生局部兴奋而爆发第二次动作电位?实际上,这种情况是不可能发生的。这是因为已兴奋的膜部位在兴奋后具有不应期,因此,后续的局部电流就不可能再次引起已兴奋的膜部位产生兴奋。所以,在正常情况下,一次有效的刺激仅能使细胞产生一次兴奋,不会由于局部电流的作用而无休止地兴奋下去。这是兴奋在同一细胞上进行传导的共同机制。

与神经细胞的胞体或无髓鞘神经纤维不同的是,在有髓神经纤维轴突的外面,包有一层相当厚的髓鞘。由于髓鞘的主要成分是脂质,具有高度的绝缘性,不可以使带电离子通过。只有在无髓鞘的郎飞结处,轴突膜才能与细胞外液接触,跨膜离子移动才能够进行。因此,当有髓神经纤维兴奋时,动作电位只能在郎飞结处产生,而且只能在发生兴奋的郎飞结与相邻静息的郎飞结之间形成局部电流(图 2-23B)。所以,有髓神经纤维的兴奋传导是从一个郎飞结跳跃到下一个郎飞结进行的,呈现所谓的跳跃式传导。跳跃式传导的速度很快,所以,有髓神经纤维兴奋的传导速度通常要比无髓神经纤维快得多。

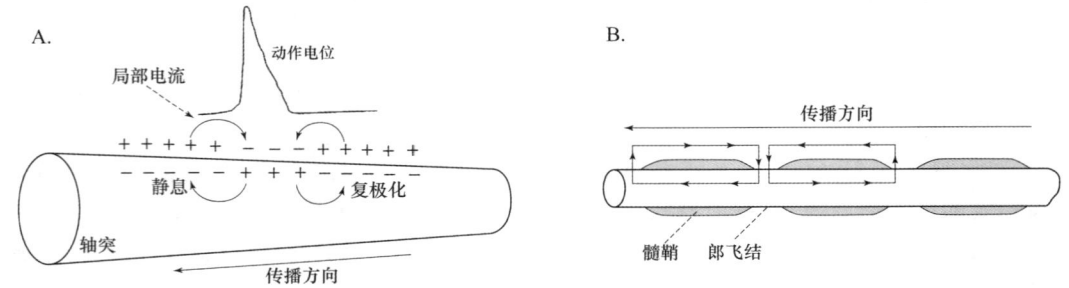

图 2-23 兴奋在同一神经细胞上的传导(章纪放,2009)

A. 动作电位在无髓鞘的轴突上以局部电流介导的连续波的形式进行传播;B. 动作电位在有髓神经纤维的郎飞结间进行"跳跃式"传播。

② 兴奋传导的特点。概而言之,兴奋在同一个神经细胞上的传导具有以下的特点：a. 完整性。兴奋能够在同一个神经细胞上进行传导,必须依赖细胞膜本身在结构和功能上的完整性。如果神经细胞的膜结构发生损伤,或者用药物阻断局部电流的产生,兴奋在神经细胞上的传导将会被阻断。b. 安全性。由于神经细胞在受到一个阈刺激或阈上刺激后所爆发的动作电位的幅度和电位变化的速度都很大,而且细胞膜两侧溶液的导电性能也非常好,所以形成局部电流的强度会很大,通常超过引起兴奋所必需的刺激阈值的许多倍。因此,以局部电流为基础的兴奋传导是相当安全的,不会因为局部电流太小、不足以使相邻细胞膜兴奋而出现传导阻滞的现象。c. 双向传导。当细胞膜上某一点受到刺激而兴奋时,局部电流可以向各方向的邻近细胞膜传导,因而动作电位很快就会传遍整个细胞膜,使整个细胞产生一次兴奋。在神经纤维,局部电流可出现于兴奋部位的两侧,使动作电位表现出双向传导的特点。d. 不衰减传导。动作电位在同一个细胞上传导的过程中,其幅度和波形不会因为传导距离的增加而减小。这是因为,只要刺激能使静息膜电位减小到阈电位,细胞膜就能爆发动作电位;而产生的动作电位,其幅度、波形以及在膜上的传导情况,只取决于当时细胞本身的内在膜特性和细胞膜内外离子的分布情况。由于这些因素在一般情况下是非常稳定的,所以动作电位不会随传导距离的增加而衰减。

(邢国刚)

练 习 题

1. 神经细胞膜转运物质的形式有几种？它们是怎样转运物质的？
2. 何谓离子通道？研究离子通道结构和功能的常用方法有哪些？
3. 试述膜片钳技术的基本原理、方法及其在神经科学研究中的应用。
4. 试述电压门控钠通道的结构、功能及生理意义。
5. 试述电压门控钾通道的结构、功能及生理意义。
6. 试述电压门控钙通道的结构、功能及生理意义。
7. 简述刺激引起兴奋的条件。
8. 简述阈强度的概念及其生理意义。
9. 试述神经细胞膜的等效电路及神经细胞兴奋的膜电学基础。
10. 简述静息膜电位及其形成的离子基础。
11. 简述动作电位及其形成的离子基础。
12. 在生理实验中,人为地轻度增加细胞外 K^+ 浓度时,其静息膜电位和动作电位有何改变？为什么？
13. 简述阈电位及其与动作电位爆发的关系。
14. 简述局部兴奋及其特点。
15. 试述兴奋在同一神经细胞上的传导及其机制。

参 考 文 献

ALBERTS B, JOHNSON A, LEWIS J, et al, 2002. Molecular biology of the cell[M]. 4th ed. New York: Garland Science.

BAKER M D, WOOD J N, 2001. Involvement of Na^+ channels in pain pathways[J]. Trends pharmacol sci, 22: 27-31.

BEAR M F, CONNORS B W, PARADISO M A, 2015. Neuroscience: exploring the brain[M]. 4th ed. Philadelphia: Lippincott Williams & Wilkins.

BIGGIN P C, ROOSILD T, CHOE S, 2000. Potassium channel structure: domain[J]. Curr opin struct biol, 10: 456-461.

BORON W F, BOULPAEP E L, 2017. Medical physiology[M]. 3rd ed. Philadelphia: Elsevier.

CATTERALL W A, PEREZ-REYES E, SNUTCH TP, et al, 2005. International union of pharmacology. XLVIII. Nomenclature and structure function relationships of voltage-gated calcium channels[J]. Pharmacol rev, 57: 411-425.

COLE K S, CURTIS H J, 1939. Electric impedance of the squid giant axon during activity[J]. J gen physiol, 22(5): 649-670.

GUYTON AC, 2000. Textbook of medical physiology[M]. 10th ed. Philadelphia: WB Saunders.

HALL J E, 2016. Guyton and Hall textbook of medical physiology[M]. 13th ed. Philadelphia: Elsevier.

HODGKIN A L, KATZ B, 1949. The effect of sodium ions on the electrical activity of giant axon of the squid[J]. J physiol, 108(1): 37-77.

KANDEL E R, SCHWARTZ J H, JESSELL T M, et al, 2012. Principles of neural science[M]. 5th ed. New York: McGraw-Hill.

KOESTER J, 1991. Membrane potential[M]. //KANDEL E R, SCHWARTZ J H, JESSELL T M. Principles of neural science. 3rd ed. New York: Elsevier: 95-103.

LODISH H, BERK A, MATSUDAIRA P, et al, 2004. Molecular cell biology[M]. 5th ed. New York: WH Freeman.

MOLLEMAN A, 2003. Patch clamping: an introductory guide to patch clamp electrophysiology[M]. Chichester: John Wiley & Sons.

陈军, 2001. 膜片钳实验技术[M]. 北京: 科学出版社.

樊小力, 2000. 人体机能学[M]. 北京: 北京医科大学出版社.

韩济生, 2009. 神经科学[M]. 3版. 北京: 北京大学医学出版社.

王庭槐, 2018. 生理学[M]. 9版. 北京: 人民卫生出版社.

章纪放, 2009. 膜的电学特征[M]//韩济生. 神经科学. 3版. 北京: 北京大学医学出版社.

周衍椒, 张镜如, 1989. 生理学[M]. 3版. 北京: 人民卫生出版社.

第三章 神经细胞间的信息传递

神经和内分泌组织是体内最重要的信号系统。机体中存在数以万亿计的各种细胞，每一个细胞都具有接收和处理信息的能力，因此信息在这些细胞中的快速、准确的传递是保证机体执行正常生理功能的基础。神经系统以动作电位的形式将信息传到所有相互连接的靶细胞，这些靶细胞可能是神经元，也可能是外分泌腺细胞、肌肉细胞等。神经元之间或神经元与其他类型细胞间通过一种特殊的结构——突触来传递信息。突触是一个神经元将冲动传递到另一个神经元或细胞时相互接触的结构。

第一节 电突触与化学突触

突触有两种类型：一种是电突触，它允许离子电流从一个细胞直接流入另一个细胞；另一种是化学突触，它是通过突触前神经元释放的化学递质与突触后细胞膜上的特异性受体相互作用来完成信息的传递的。中枢神经系统中的任何反射活动，都需经过突触的传递才能完成。

一、电突触

在所有哺乳动物细胞中，除成体骨骼肌和红细胞外，几乎都有电突触的存在。电突触的结构基础是缝隙连接。例如，在肝细胞、心肌纤维、内脏的平滑肌、胰岛的 β 细胞、眼角膜上皮细胞等处，均有电突触存在。缝隙连接为细胞间的化学通信和电信号偶联提供了通路。超微结构显示，在缝隙连接部位，两相邻细胞膜之间的距离特别小，只有约 3 nm，每侧细胞膜上都规则地排列一些贯穿质膜的蛋白颗粒，称为连接子，其分子量为 26 000～40 000。每个连接子由六个结构相同的称为连接蛋白的跨膜蛋白亚单位组成，它们相互对接，形成一个六角形的、直径为 1.2～2 nm 的中间有孔的水相通道（图 3-1）。此通道可允许分子量为 1200～1500 的水溶性分子通过。

通过对一种通道调控实验模型的研究发现，增加 $[Ca^{2+}]_i$ 能够引起缝隙连接孔道的关闭。这种 Ca^{2+} 依赖性门控通道的启闭可能涉及连接蛋白结构的变化。在缺少 Ca^{2+} 的情况下，每个连接蛋白亚基与细胞膜垂直平面倾斜 7°～8°，使孔道处于开放的构型。如果加入 Ca^{2+}，连接蛋白又移动恢复到平行排列状态（图 3-1B），孔道则关闭。

电突触在细胞间形成了一个低电阻区，电流可从一个细胞直接流动到另一个细胞。电突触可双向传递，因此无突触前、后膜之分。当突触一侧膜去极化时，另一侧膜也同时去极化。图 3-1（C）介绍的是应用膜片钳进行的电突触电流实验。两个电极同时安放在一对偶联的细胞上。当两个细胞被钳制在不同的膜电位（V_m）时，电流将从一个细胞流入另一个细胞。通过观察电流的波动，可分析每个缝隙连接孔道的启闭状态。由于从一个细胞流出的电流与进入另一个细胞的电流完全相同，在两个细胞中记录的电流波动呈完全镜像关系。实验中加入 $[Ca^{2+}]_i$ 或降低胞内的 pH 水平，一般会引起孔道的关闭。此外，缝隙连接门控通道也受偶联细胞间的电压差或磷酸化状态的调节。

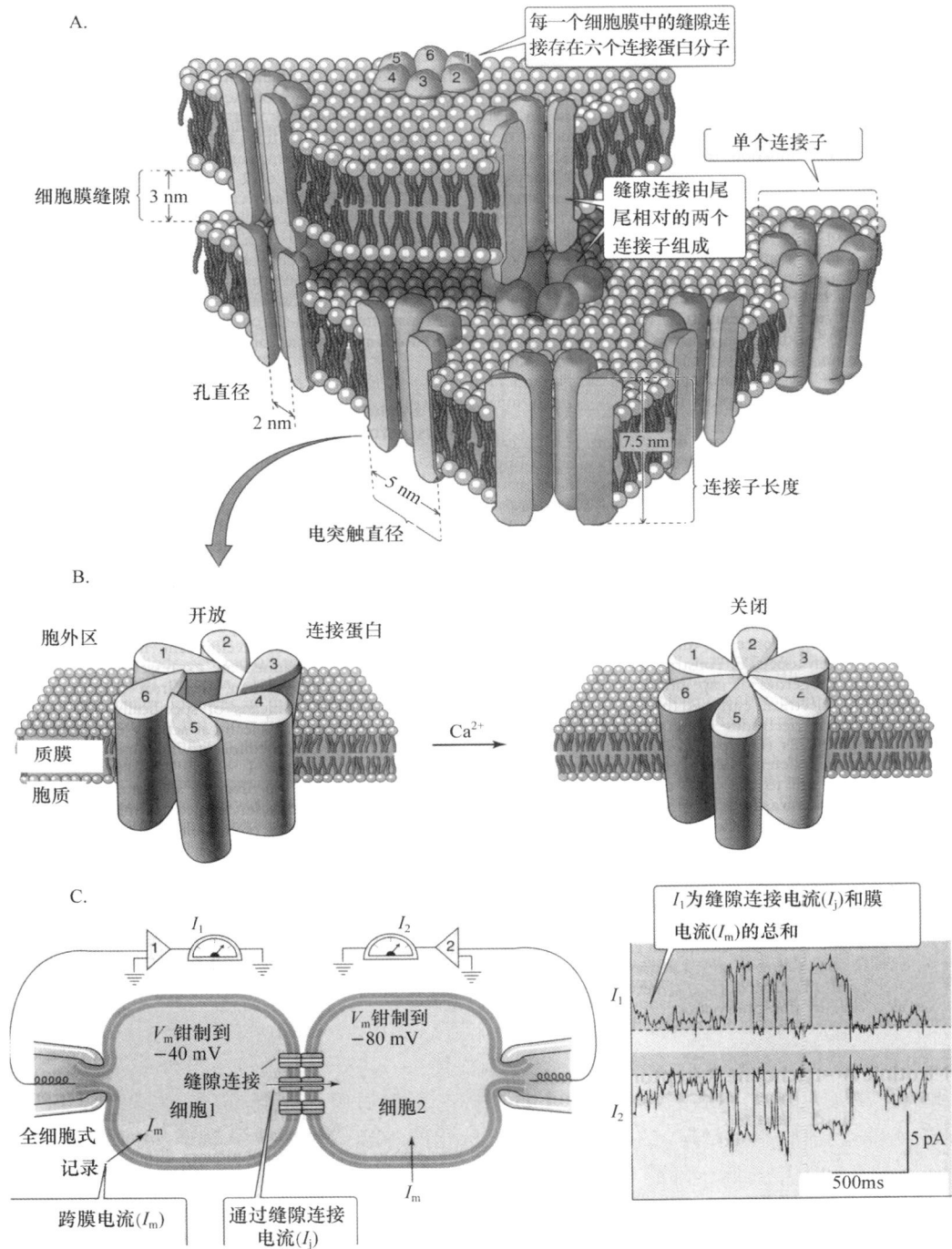

图 3-1　缝隙连接通道（Boron et al.，2003）

A. 示缝隙连接通道；B. Ca^{2+} 依赖性门控通道的启闭；C. 应用膜片钳进行的电突触电流实验，示缝隙连接下两个细胞形成的电偶联。左侧示膜片钳实验设计，两个偶联细胞分别用玻璃微电极全细胞式记录电流，细胞 1 被钳制在 $-40\,mV$，细胞 2 被钳制在 $-80\,mV$，电流通过缝隙连接从细胞 1 流向细胞 2；右侧示从细胞 1 中记录的电流与细胞 2 中记录的电流呈镜像关系，电流的瞬时波动代表每个缝隙连接通道的开放和关闭。

二、化学突触

有关化学突触的经典研究可追溯至 20 世纪初，研究发现在肾上腺中能提取出一种物质，它激起的生理反应（如增加心率）类似于刺激交感神经纤维后的效果。1904 年，Elliot 提出交感神经可能释放一种类似肾上腺素的物质,在神经及其支配的靶细胞间发挥作用。之后,在迷走神经上也开展了类似实验,推测副交感神经可能产生一种能降低心率的物质。1921 年,Loewi 完成的经典实验首次明确证明了存在化学突触传递。Loewi 通过制备的带有斯氏插管的离体蛙心,反复刺激迷走神经后,蛙心搏的速率开始减慢。经过一段时间停止刺激后,Loewi 将斯氏管中的任氏液取出保存,换入新鲜的任氏液,蛙心仍保持正常收缩。当 Loewi 用保存的任氏液再次灌流同一蛙心时,蛙的心率又开始变慢,蛙心收缩的形式与刺激迷走神经时得到的结果完全相似。这表明刺激迷走神经引起了某种化学物质的释放,而这种物质即是后来被证明的递质——乙酰胆碱(ACh)。由于 Loewi 和 Dale 在神经化学传递方面的杰出贡献,两人于 1936 年共获诺贝尔生理学或医学奖。

(一) 化学突触结构

在中枢神经系统中,大多数突触传递都是化学性的。与电突触相比,化学突触中两个相对细胞膜之间的距离要大得多,约为 30 nm。在脊椎动物的神经-肌肉突触(神经肌肉接头)中,距离可达 50 nm(图 3-2)。

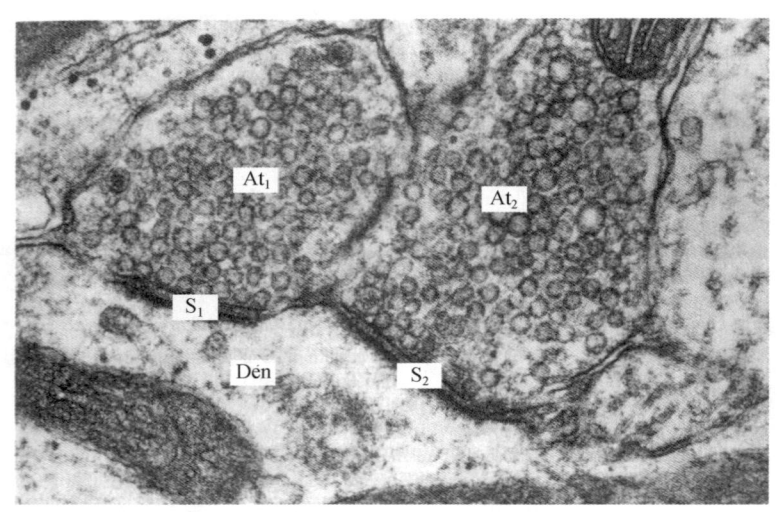

图 3-2 化学突触电镜照片(Davies et al.,2006)

显微照片示来自皮质中两个轴突终末(At_1 和 At_2)与另一个星形细胞树突(Den)形成的两个突触(S_1 和 S_2)。轴突终末内充满突触囊泡。

神经元的轴突末梢分支膨大成小球状,称为突触小体(synaptic knob),与另外一个神经元的胞体或突起平行相对。神经元间的突触由突触前膜、突触间隙与突触后膜三个部分(图 3-3)组成。突触前膜和突触后膜较一般神经细胞膜略增厚,约为 7.5 nm,是特化的神经细胞膜。突触前、后膜之间存在的突触间隙宽约 30 nm,在间隙中充满了细胞外液和胞外蛋白基质,这些基质的一个功能是使突触前膜和后膜相互黏附。在突触小体的轴浆内,含有较多线粒体和大量聚集的突触小泡。不同类型神经元突触小泡的形态和大小不完全相同,并且所含递质也不相同,有些递质是兴奋性的,有些是抑制性的。根据所含递质类型和形态的不同,突触小泡可分为三种类型:小而清亮透明的小泡,直径为 40~50 nm,在扫描电镜下观察小泡似为中空的,内含乙酰胆碱或氨基酸类递质;小而具有致密中心的小泡,内含儿茶酚胺(catecholamine,CA)类递质;直径为 100~200 nm 的小泡,类似内分泌细胞分泌的颗粒,这些囊泡被称为大的致密核心囊泡,其内含神经肽类物质。许多肽类物质与传统内分泌细胞分泌的物质是相同的,如促肾上腺皮质激素(adrenocorticotropic hormone,ACTH)、血管活性肠肽(vasoactive intestinal polypeptide,VIP)、胆囊收缩素(cholecystokinin,CCK)等,所有这些都存在于中枢神经和周围神经终末内的大的致密核心囊泡中。沿突触前膜内侧有一个突出的锥形区域,此锥形区及与其结合的膜是递质释放的位点,称为活性带(active zone)。一般突触囊泡就聚集在与活性带相邻的胞浆内,从活性带下方的膜被释放到突触间隙中。在中枢神经系统中,大多数突触仅有一个活动带,但偶尔也会发现有 10~20 个活动带的突触。聚集在突触后膜下方的蛋白形成突触后致密带(postsynaptic density, PSD),在突触后致密带中存在一些重要的特殊的蛋白质结构,称为受体(receptor)。此外,在后膜上还存在能分解递质使其失活的酶(图 3-3)。

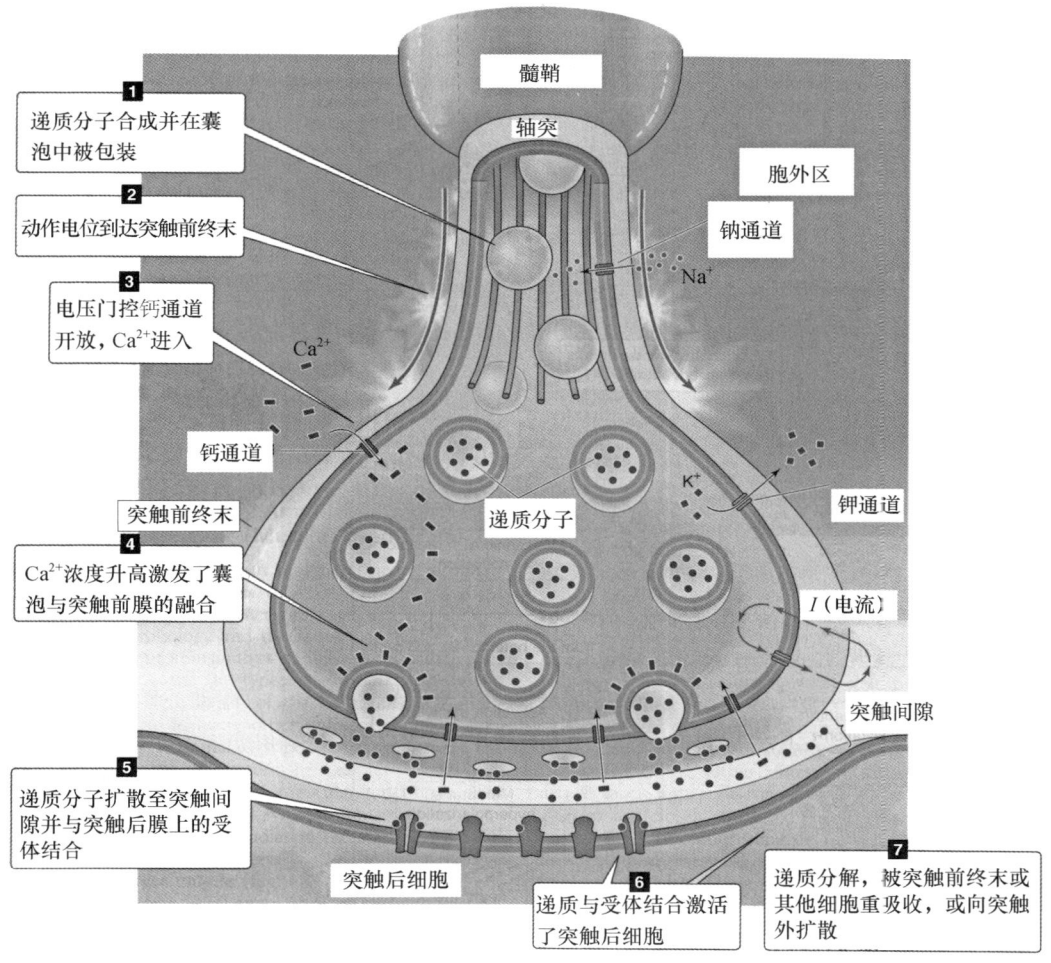

图 3-3　化学突触及信号传递(Boron et al.,2003)

(二) 化学突触的信号传递

经典的突触传递是复杂的电-化学-电的传递过程,其主要内容可简要总结为以下步骤(图 3-3)。

① 递质分子被包装入突触囊泡内。囊泡膜上的特异性蛋白使用 H^+ 浓度梯度提供的能量将递质包装进囊泡中。

② 来自突触前细胞的动作电位到达突触前终末。

③ 突触前终末去极化引起电压门控钙通道的开放,Ca^{2+} 内流进入突触前终末。

④ 胞内 Ca^{2+} 的浓度迅速增加,导致突触囊泡和突触前膜的融合,囊泡中的递质被释放入突触间隙中。

⑤ 递质分子扩散穿过突触间隙,与突触后膜上的特异性受体结合。

⑥ 递质与受体的结合激活了突触后细胞。

⑦ 存在于突触后膜附近的乙酰胆碱酯酶(acetylcholinesterase,AChE)将递质乙酰胆碱水解成胆碱和乙酸,终止了此传递过程;分解的递质被突触前膜重吸收,或通过 Na^+ 依赖转运系统进入其他细胞。有些递质分子扩散至突触的周围区域。

目前的研究表明,至少有 25 种胞浆蛋白和膜蛋白先后参与了突触小泡入坞、激活和与前膜融合的三个过程。在突触传递过程中,递质与突触后膜上的特异性受体结合后,与受体偶联的通道被打开或伴有第二信使系统的激活,完成了突触传递过程。

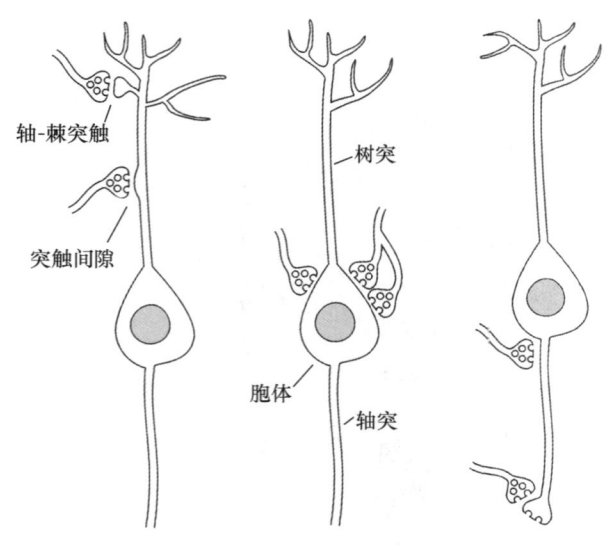

图 3-4　CNS 中常见的突触连接类型(Boron et al.,2003)

神经元间的化学突触直径仅为 1 μm,因此只有在电镜下才能观察到其细微结构。一个神经元的轴突末梢可分出许多末梢突触小体,它可以与多个神经元的胞体或树突形成突触。例如,据估计一个脊髓前角运动神经元表面可容纳 100 万个突触。显然,一个神经元可通过突触传递影响多个神经元的活动;一个神经元的胞体或树突同时也可通过突触接受多个神经元传来的信息。神经元的三个主要部分,即轴突、树突和胞体,都可以作为突触形成的部位(图 3-4)。

在大多数情况下,突触多发生在与树突棘相接触的位置,这种突触称为轴-棘突触(axospinous synapses)(图 3-5)。在中枢神经系统中,有超过 90% 的兴奋性突触产生在树突棘处。由于棘太小,长度通常小于 1 μm,这为研究它们的功能带来了极大的困难。在中枢神经系统中,有 30 多种蛋白高度密集在突触后棘上,这些蛋白质包括递质受体、蛋白激酶、大量结构蛋白以及参与胞吞和糖解的蛋白。树突棘有许多显著功能。由于棘的特殊结构,棘能够将一个细胞中的每一个突触单独分离开,这种分离可以是电学性质的,也可以是化学性质的。棘的窄茎可以减少电流的流动或阻碍化学物质从棘的头部扩散进入棘的杆部,但在有些兴奋性突触中却允许一些 Ca^{2+} 进入突触后细胞中。棘可能区分并允许进入的 Ca^{2+} 升高到一定水平,而且使其不影响同一细胞上的其他突触。由于突触后胞内 Ca^{2+} 的增加涉及诱发长时程突触可塑性,推测树突棘在学习机制中可能发挥重要作用。

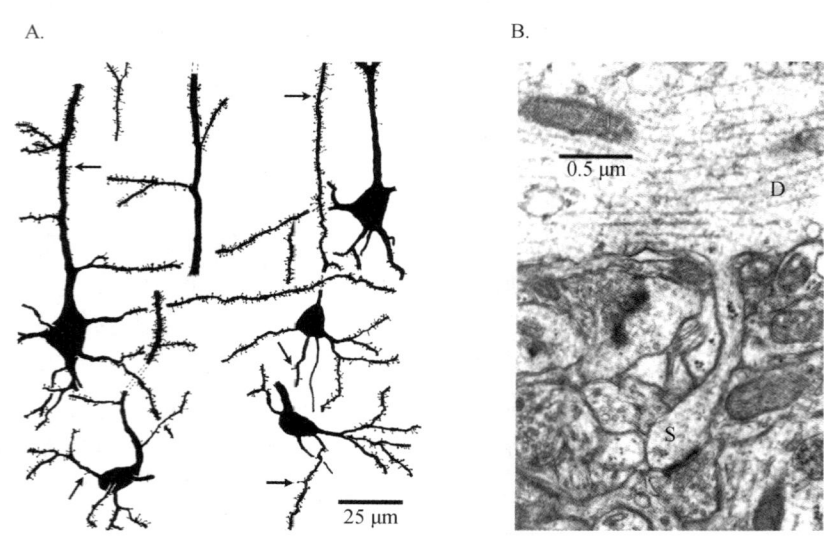

D:树突;S:棘

图 3-5　树突棘形态和超微结构(Boron et al.,2003)

A. 高尔基染色法示皮质各种树突棘形态。树突上存在的大量突起为"棘"。B. 电镜照片示皮质轴-棘突触。图中可见一个树突棘从树突干中突出,与一个突触前终末形成突触。

除上述几种主要突触连接类型(图3-4)外,电镜下观察无脊椎动物和低等脊椎动物的神经组织时发现,神经元之间的任何一部分都可以彼此形成突触,如树突-树突型突触、树突-胞体型突触和胞体-胞体型突触等。

此外,根据突触对下一个神经元的机能活动影响的不同,也可在功能上分为兴奋性突触和抑制性突触两大类。兴奋性突触的作用是使突触后神经元兴奋;抑制性突触的作用是使突触后神经元抑制。

第二节 递质的释放和调节

化学突触使用递质分子作为神经元之间的信息传递媒介。脊椎动物中的神经肌肉接头为理解化学突触传递的基本过程提供了有价值的模型。突触前神经元通过其树突和胞体质膜表面存在的各种不同性质的递质受体,接受来自成千上万个不同神经元的信息输入,引起神经细胞的一系列变化,这些变化包括离子通道开放、胞内第二信使激活等。输入神经元的全部信号经整合后,通过轴突以动作电位的形式传至轴突终末与下一个神经元相连接的突触处。在本节将主要介绍动作电位引起突触前囊泡的胞吐、递质释放,以及突触后受体及信号转导的基本过程。

一、突触前 Ca^{2+} 内流和递质释放

突触前神经元产生的动作电位到达轴突终末时,突触前膜发生去极化,引起突触前膜上的电压门控钙通道开放,细胞外 Ca^{2+} 进入突触前膜,使前膜内 Ca^{2+} 浓度瞬时显著增高,继而触发了递质的释放。1977 年 Llinas 和 Heuser 采用电压钳技术发现突触前终末 Ca^{2+} 流入量决定了突触后电位的大小。之后的一些研究表明,引起突触前膜去极化的主要离子流是 Na^+、K^+,此去极化所导致的电压门控钙通道的开放是触发囊泡递质释放的关键步骤。同期的一些实验表明,即使不使突触前膜去极化,只要升高胞外 Ca^{2+} 的浓度,也同样可触发递质的释放。这些事实表明,Ca^{2+} 是导致递质释放的关键触发因子。

递质释放的数量受 Ca^{2+} 内流量的调节。突触传递的效能,即突触可塑性常和 Ca^{2+} 激发的递质释放过程有关。神经终末 Ca^{2+} 释放量的增加会使递质释放量增大,因此增大突触传递的效能(图3-6)。如果给突触前神经元一串高频刺激,可在突触后神经元上记录到不断增大的突触反应,这种现象称为突触增强(synaptic potentiation)。增大的突触反应可在停止强直刺激的数分钟内一直维持,产生强直后增强(posttetanic potentiation)效应,产生的这些增强效应来自突触前神经终末中残留的 Ca^{2+}。由于高频刺激引起的突触前膜去极化产生大量内流的 Ca^{2+},这些 Ca^{2+} 不能被突触前膜内的滑面内质网和线粒体等 Ca^{2+} 缓冲系统及时调节,在高频刺激下,内流的 Ca^{2+} 不断在轴突终扣中积累,因此导致每次动作电位产生的递质释放量不断增加。

二、递质的量子释放

1951 年,Fatt 和 Kazt 观察到未受刺激的肌细胞存在一种小的自发的去极化电变化,称为"生物学噪声",电压在 0.1～1 mV 之间变化,他们将这种来自终板区的电位称为微终板电位(miniature end plate potential,MEPP)。微终板电位能够被箭毒阻断,提示它们来自神经末梢乙酰胆碱的释放。这种微终板电位随机发生,平均频率为 1 次/s。

在两栖类运动终板实验中发现,终板处记录到的散发的小电位在 0.5～1.0 mV 间波动,不能再小。理论上推测:这种电位是由少数乙酰胆碱分子激活一个乙酰胆碱分子受体,或是自释放了一个囊泡所含的全部乙酰胆碱分子引起的。Katz 和 Sakman 在 1991 年通过创立的膜片钳技术证明,产生一个数值为

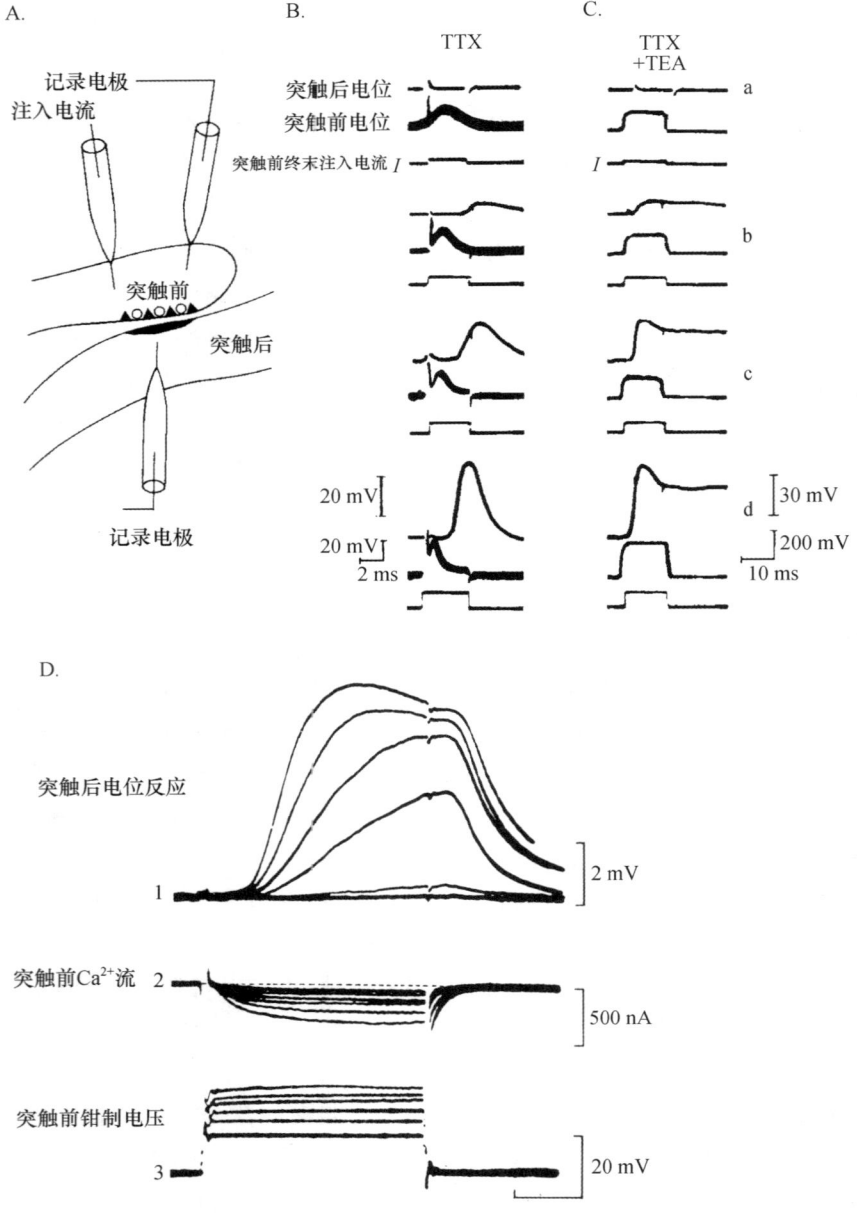

图 3-6 递质的释放与 Ca^{2+} 流的关系(Kandel et al.,2000)

A. 实验布置图。电极分别插入枪乌贼巨突触的突触前和突触后纤维。在细胞外液中分别加入钠通道和钾通道阻断剂——河豚毒素(TTX)和四乙胺(TEA),使突触前细胞在不能产生动作电位的前提下,在突触前注入电流使其产生逐渐增大的强制性去极化。B. TTX 阻断钠通道动作电位。a. 从底部到顶部的三条记录曲线分别代表突触前终末注入电流(I)、注入电流后引起的突触前电位和由于递质释放引起的突触后电位。b~d. 连续强电流刺激在突触前产生相对较大的去极化,即使缺乏 Na^+ 的流动也能引起突触后电位。由于电压门控钾通道的延迟活动使突触前去极化的时程缩短。C. 钠通道的动作电位被 TTX 阻断后,TEA 被注入突触前终末去阻断钾通道。此时,较大的突触前电位仍能引起较大的突触后电位,这表明 Na^+ 和 K^+ 对于有效突触递质的释放都不是必需的。D. 电压敏感钠通道和钾通道被 TTX 和 TEA 阻断后,记录得到的曲线。曲线 1 中的突触后电位幅度反映了递质释放的量,它与 Ca^{2+} 内流的梯度相关(曲线 2)。突触前电位被箝制在六个不同去极化水平(曲线 3),随着去极化的增加,从曲线 2 中可见,Ca^{2+} 内流也增加。

0.5~1.0 mV 的 MEPP,大约要有 1000 个离子通道被打开,而这将需要 2000 个乙酰胆碱分子到达终板膜与受体结合。如果把在突触间隙被胆碱酯酶分解的乙酰胆碱分子和扩散的乙酰胆碱分子计算在内,突触前膜要释放 5000~10 000 个乙酰胆碱分子,才能在终板膜上产生一个 MEPP。一个乙酰胆碱分子作用受体大约可引起 0.3 μV 的去极化,远小于 MEPP(约 1 mV)。这表明产生一个数值不能再小的 MEPP 不是由一个或几个乙酰胆碱分子引起的,而可能是包含在一个囊泡中的全部乙酰胆碱分子。包含在一个囊泡中的乙酰胆碱分子的数量,称为量子;以囊泡为单位进行的释放,称为量子释放(quantum release)。应用微电泳方法将乙酰胆碱直接注入终板区的实验表明,引起一个 MEPP 大约需要同时释放 10 000 个乙酰胆碱分子,这正好相当于一个囊泡中的乙酰胆碱分子数。

Kuffler 和 Yoshikami 的实验证实,每个量子大约含 7000 个乙酰胆碱分子,这表明在量子释放中,一次只能有 7000 或 14 000 个分子被释放,即释放的分子数为 7000 的整数倍。在低钙情况下刺激神经时,可发现记录的终板电位都是 MEPP 的整数倍。因突触前内流的 Ca^{2+} 的量不同,每次释放的递质的量子数也不同。在蛙的神经肌肉接头中发现,递质的释放依赖于神经肌肉接头处正常 Ca^{2+} 浓度的三次方或四次方的量。Fatt 和 Katz 发现,当降低胞外钙并添加胞外镁时,突触传递降低,刺激的反应以阶跃式波动。有些刺激不产生反应,导致传递失败。有些刺激则产生约 1 mV 的反应,其电位波形与自发 MEPP 相似,还有一些反应的终极电位为 MEPP 的 2、3 或 4 倍等(图 3-7)。

在神经肌肉接头的运动终末,除了存在乙酰胆碱以单个量子形式的释放外,还发现在突触前终末乙酰胆碱也能持续向细胞外渗漏,这是一种持续不断的非量子渗漏,它较随机发生的自发形式的量子释放的量要大 100 倍,但这种渗漏并不能产生突触后反应,这是由于在正常情况下,存在突触间隙中的乙酰胆碱酯酶的量,足以在突触后膜受体被激活前就已将这些渗漏的乙酰胆碱分子水解掉。与此不同的是,一个量子释放最少可释放出 7000 个乙酰胆碱分子,乙酰胆碱酯酶不可能将这些同时释放的大量乙酰胆碱分子在很短时间内水解掉,因此多数乙酰胆碱分子

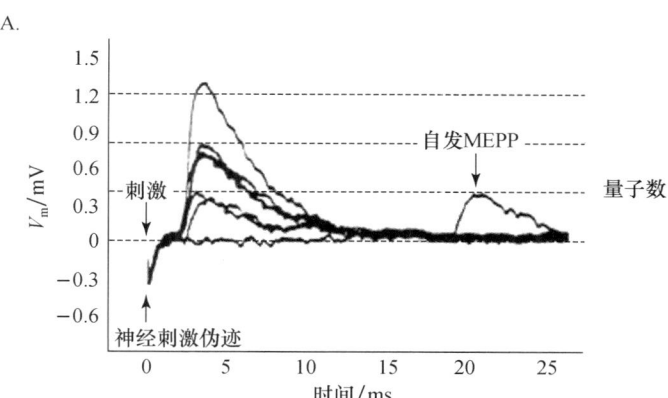

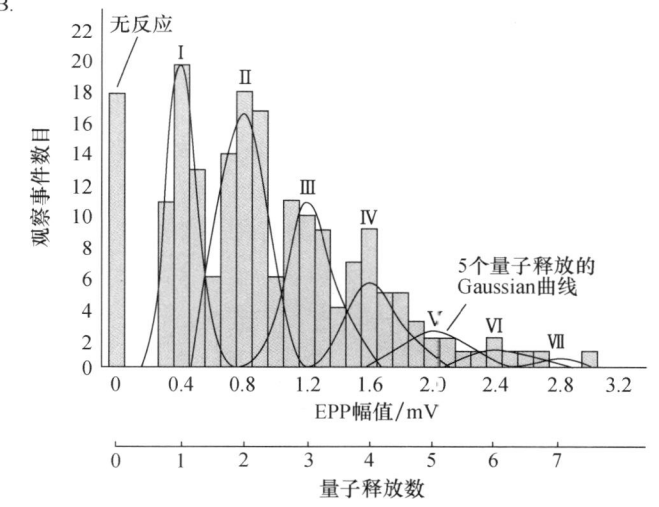

图 3-7 诱发和自发产生的微终板电位(Boron et al., 2003)

A. 记录获得的微终板电位(MEPP)。将蛙骨骼肌纤维放置于 0.5 mmol/L Ca^{2+} 和 5 mmol/L 的 Mg^{2+} 溶液中,这种浓度最低限度减少递质的释放,获得单个囊泡的量子释放并得到一个最小的 MEPP。给予神经纤维连续七次刺激,第一次刺激没有获得反应(0 量子),第二次刺激获得约 0.4 mV(1 个量子)的 MEPP,第三次的峰值达到 0.8 mV(2 个量子),最后一次为 1.2 mV(3 个量子)。一次自发的 MEPP 也同时被记录到。
B. 微终板电位幅位分布。猫神经肌肉接头浸浴在高镁(12.5 mmol/L)溶液中,给神经纤维 198 次刺激获得的 EPP 幅度分布图。将每次产生的 EPP 电位幅度的发生频数做成直方图。图中的第一个峰为诱导无反应,其余七个峰值都是 EPP 的整数倍。0.4 mV 的峰代表单位终板电位。实线表示根据泊松(Poisson)方程算出的终板电位幅值的理论分布。在各整数倍反应的电位峰周围,呈正态分布的非整数倍反应电位反映了单个量子递质释放量沿峰值的随机分布。

能顺利到达突触后膜并与受体结合,引起 MEPP。

三、突触囊泡的储存和囊泡再循环

突触囊泡在突触前膜中的分布,与递质释放的概率有关。形态学研究表明,所有递质都以囊泡的形式储存在突触前终末的活性区(active zone)附近。依据突触囊泡距活性区的距离,可将囊泡分布的区域分成三个池(图 3-8):离活性区 $5\sim10~\mu m$ 的为循环囊泡池。循环囊泡池在功能上可分为未激活的不能释放囊泡池和已激活的可释放囊泡池(releasable pool,RP)。可释放囊泡池又根据释放的速率分为缓慢释放囊泡池(slowly releasable pool,SRP)和待释放囊泡池(readily releasable pool,RRP),又称为快速释放囊泡池(rapidly releasable pool)。离活性区最远的为距细胞膜 $100~\mu m$ 附近的储存囊泡池(reserve pool,RP)(图 3-8)。储存囊泡池中的部分囊泡转运和锚定到细胞膜上时,即成为未激活囊泡池中的囊泡。在蛙的神经肌肉接头,全部囊泡池中的囊泡数约 50 万个,在高频刺激下,RRP 中的囊泡在 0.5 s 内会被耗竭,这些囊泡约占全部囊泡数量的 2%。在 30 Hz 的高频刺激下,循环囊泡池中的囊泡在 10 s 内被耗竭,它们占全部囊泡数量的 10%~15%。而储存囊泡池仅在 30 Hz 的高频刺激后 10~15 s 才开始放电。囊泡再循环的速度缓慢,具有几分钟长的时间常数。储存囊泡池中的囊泡释放至少需要 5~10 Hz 的频率刺激,果蝇幼虫的神经肌肉接头需要 30 Hz 频率的刺激。在正常生理条件下,储存囊泡池释放的囊泡极少被重新募集(图 3-9)。在较弱或中等强度的刺激下,产生胞吐的主要是 RRP 和 SRP 中的囊泡(循环囊泡),而强刺激可能会引起所有囊泡同时释放。一些实验表明,待释放囊泡的量与突触前囊泡释放概率密切相关,一般来说,RRP 越大,搭靠的囊泡也越多,囊泡释放的概率也就越大。

1979 年,Heuser 和 Reese 以及他们的同事们设计了一项意义重大的实验,在给予与蛙肌肉相连的运动神经元一次单电刺激后的几毫秒内,使肌肉快速冷冻,然后做冰冻断裂。实验设计希望能获得囊泡正在与突触前膜融合瞬间的冰冻蚀刻扫描电镜图像,这样就能极为精准地确定这种融合的时间进程(图 3-10)。他们将肌肉固定在一个下落的活塞下表面上,当活塞下落时触发刺激,使肌肉撞到用液氮冷却的铜块。实验获得了重要数据:当刺激发生在冰冻前 3~5 ms 时,囊泡的开口数最大,囊泡开口的最大数发生的时间和用生理学方法测定的突触后电导变化的峰值相吻合。

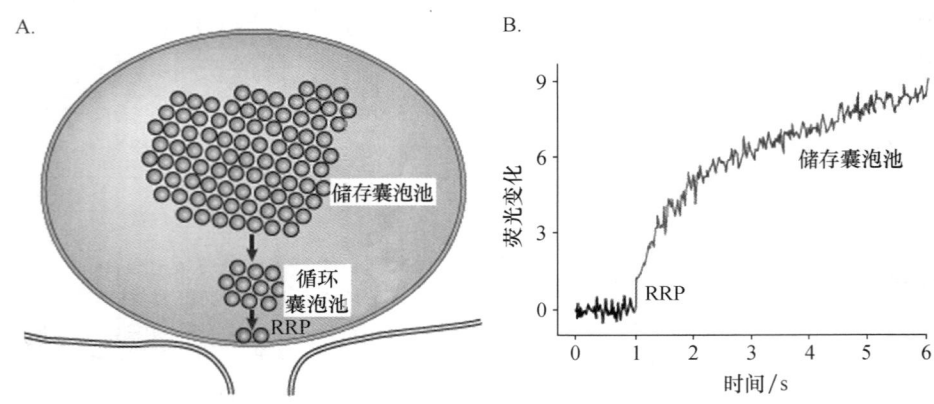

图 3-8 突触前终扣中的三类囊泡池(Rizzoli et al.,2005)

A. 经典的三类囊泡池模型。储存(或静息)囊泡池中的囊泡占全部囊泡的 80%~90%,而循环囊泡池中的囊泡仅占 10%~15%,待释放囊泡池中的囊泡仅占 1%。在生理刺激下,循环囊泡池参与活跃的胞吐和内吞,但储存囊泡池仅在强刺激下才会被激活。循环囊泡池包括待释放囊泡池和缓慢释放囊泡池。待释放囊泡池中的囊泡是待释放的成熟囊泡,当受到刺激后在数毫秒内释放,随后缓慢释放池中的囊泡才以较低的速率释放。三类囊泡在突触活动中可相互转化和补充。B. 从金鱼去极化的双极细胞中记录的三类囊泡池释放的三种不同动力学时相。刚开始出现的为快速、瞬时的胞吐,随后出现的是缓慢延时的胞吐,最后是持续长时间的胞吐。实验应用苯乙烯基荧光染料 FM1-43 标记直接测出胞吐时的荧光变化。

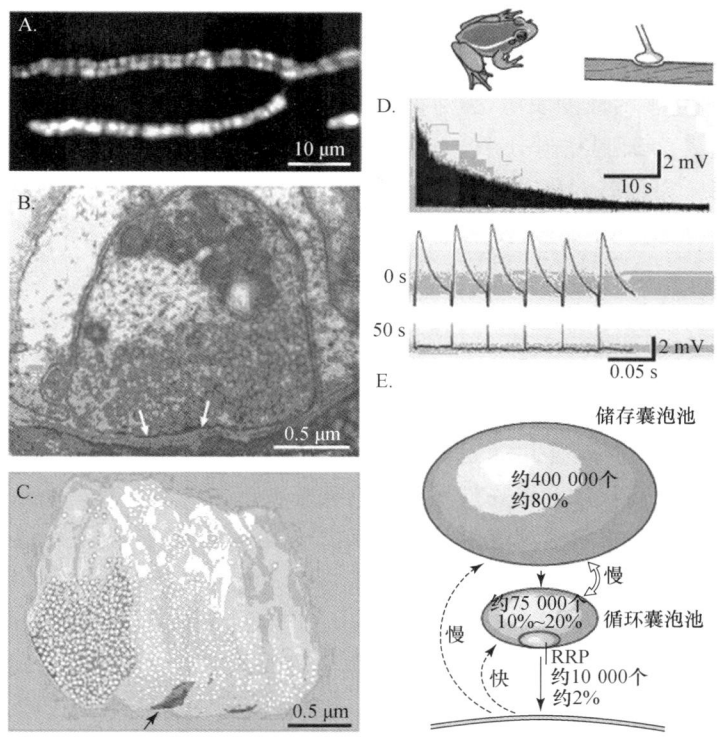

图 3-9 蛙神经肌肉接头突触前膜中的囊泡池和囊泡释放（Rizzoli et al., 2005）

A. 神经终末的 FM1-43 免疫荧光图像。B. 神经终末横切面电镜显微照片，箭头示活性区。C. 长约 2 μm 的神经终末三维重建模式图，箭头示活性区。D. 连续 30 Hz 的高频刺激记录的突触后电位（顶部）；图下方为刺激开始 0 s 和 0.05 s 后记录的少量突触后反应。最下曲线中与横轴垂直的线为记录伪迹。突触反应降到基线水平。首先被迅速耗竭的是 RRP，随后循环囊泡池也被耗竭，储存囊泡池至少维持 1 min 长的时间。E. 囊泡池的大小和囊泡交换率。--▶ 代表内吞，⇔ 代表不同囊泡池间囊泡的交换。

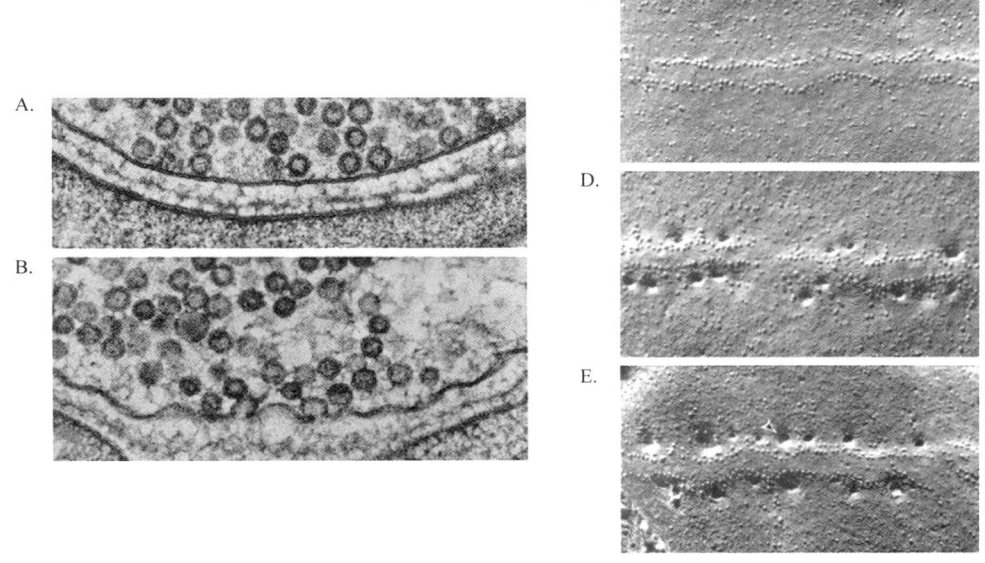

图 3-10 囊泡胞吐的电镜照片（Heuser et al., 1981）

A. 刺激前静息状态。B. 刺激后 5.2 ms 时获得的冰冻蚀刻高倍电镜显微照片，可清晰见到突触活性区囊泡与突触前膜的融合，囊泡形成"Ω"形开口。C~E 为获得的单刺激在不同时程后的活性区冰冻蚀刻高倍电镜显微照片：C. 刺激前静息状态活性区，清楚显示膜颗粒（钙通道）勾勒出的轻微的脊；D. 刺激后 3.7 ms；E. 刺激后 5.2 ms，可清楚见到孔径大小不等的融合孔，融合孔部位的钙通道密度较高。囊泡的最早开口出现在刺激后的 4 ms，5~6 ms 时达到高峰，大约 50 ms 时无融合发生。

最近的研究表明，突触前储存囊泡的活动是通过线粒体产生 ATP 供能的。如果使编码与线粒体转运相关的 GTP 酶基因（$dMiro$）突变，将会使突触前终末线粒体数量减少，导致突触传递效能在高频刺激下严重下降。此外，越来越多的证据表明，囊泡循环调控水平可能涉及许多环节，不仅仅受突触前机制的调节。研究发现一些重要的细胞黏附分子，如 neurexin/neuroligin、EphB/ephrinB 等，都对囊泡的释放概率起一定的调节作用。突触后 NMDA 受体激活后，通过钙调信号转导系统使突触后合成并释放 NO 分子，NO 扩散进入突触前膜，作为反向传递信息分子也会影响突触前膜的活动。

四、突触囊泡动力学及调节

囊泡的胞吐是一个涉及许多蛋白质和脂质分子，并有多个细胞器参与的复杂过程。囊泡的前体在高尔基体出芽形成后，通过顺行性轴突转运至神经末梢。到达突触前膜的囊泡还要经历锚定、激活和预成熟（priming）后，才能与突触前膜融合并释放其内容物。

实际上突触前钙浓度升高导致突触囊泡融合及递质释放机制的细节目前还未真正清楚，但来自分子生物学方面的许多重要研究已揭示了突触囊泡蛋白及其与突触前膜、胞质内其他蛋白结合的重要作用。这些蛋白参与了突触囊泡循环中的不同过程。突触蛋白可和囊泡进行可逆结合，使囊泡通过相互交联拴系在囊泡池中。在 Ca^{2+}-钙调蛋白依赖性蛋白激酶 II（Ca^{2+}/calmodulin-dependent protein kinase, type II，CaMK II）作用下，突触蛋白磷酸化，引起突触蛋白与囊泡池中的囊泡相互分离并移动，锚定在突触前膜上，随即发生囊泡与前膜融合的一系列启动反应。已知许多蛋白分子参与了启动过程，如与高尔基体膜融合的最重要的两种蛋白 ATP 酶：N-乙基马来酰亚胺敏感性融合蛋白（N-ethyl maleimide-sensitive fusion protein，NSF）和可溶性 NSF 附着蛋白（soluble NSF-attachment protein，SNAP），它们协调作用另一种可溶性 NSF 附着蛋白受体（soluble N-ethylmaleimide sensitive fusion protein attachment protein receptor，SNARE）（SNAP 受体）蛋白的组装。在此反应过程中，还存在许多蛋白如 munc-13、nSec-1、complexin、snapin、syntaphilin 和 tomosyn，研究表明它们均参与了与 SNARE 的相互作用。

下面将重点介绍在此过程中涉及的囊泡动员（mobilization）、摆渡（trafficking）、着位、融合和出胞等一系列活动。

（一）囊泡胞吐的动力学特性

囊泡在与细胞膜融合前，需经历多个发育成熟阶段。首先是囊泡的发生，随后是转运到突触前膜附近，此过程称为囊泡的募集。到达前膜的囊泡拴系与锚定在膜上，然后通过激活后才能与细胞膜融合。

当动作电位到达突触前终末时，突触前膜去极化，大量 Ca^{2+} 通过 N 型、P/Q 型钙通道，快速内流进入轴浆，通道口 Ca^{2+} 浓度由静息状态下的 100 nmol/L 快速升高至 100 μmol/L。在轴突终末内突触蛋白 I 和 II（synapsin-I、II）通过与突触前微丝和微管骨架结构的相互交联，使大量囊泡处于储存状态。进入前膜的 Ca^{2+} 与钙调蛋白（calmodulin，CaM）结合为 Ca^{2+}-CaM 复合物。突触蛋白在 CaMK II 的作用下磷酸化而解聚，使处于交联状态的囊泡游离出来进入待释放状态，此过程称为囊泡动员。

根据囊泡胞吐的动力学特性，可分为 Ca^{2+} 依赖的快速调节性胞吐（regulative exocytosis）和基础态胞吐（constitutive exocytosis）。

囊泡的快速调节性胞吐过程受 Ca^{2+} 的严格调控。囊泡与膜的融合及内容物的释放速度很快，在胞浆内 Ca^{2+} 升高数十到数百毫秒内，囊泡与膜融合。许多神经细胞和内分泌细胞存在这种快速胞吐相，其后跟随着缓慢的持续胞吐相。快速胞吐相来自循环囊泡池中的囊泡库，这些囊泡均已是激活态的囊泡，在此过程中可释放的囊泡迅速耗竭，囊泡的释放速率随时间呈指数函数衰减。缓慢分泌相代表那些位于细胞膜约 10 μm 处的锚定囊泡，它们随使用而经历动员、激活和与膜融合的时相。

基础态胞吐不受动作电位和 Ca^{2+} 的调控，囊泡融合速率低。细胞内的各细胞器间的蛋白质与膜的转运（trafficking）一般是通过基础态胞吐活动来完成的，两类胞吐活动的分子机制及过程基本相同。

(二)囊泡的生成和循环

神经轴突终末突触囊泡的生成方式有两种:一种方式的囊泡来源于高尔基体,与大囊泡的生成方式类似,因此产生的囊泡完全是新生成的。来源于高尔基体的囊泡要经过长距离运输才能到达轴突末梢。这种方式耗时较长,神经终末兴奋后难以对囊泡进行快速补充。另一种方式是来源于细胞膜内吞形成的囊泡。突触囊泡的内吞存在多种形式。

20世纪70年代早期有两个实验室通过对蛙骨骼肌研究,提出了突触囊泡膜循环的全融合模式(full-fusion)。在这种方式中,突触囊泡(SV)与突触前膜融合并塌陷(collapse),然后在递质释放的活性区外侧通过网格蛋白介导的内吞作用将囊泡膜回收(图3-11)。进入胞浆后的囊泡融合到早期内涵体,由内涵体出芽形成新的囊泡,或直接经酸化并装填递质形成新的囊泡被循环利用。在"kiss-and-run"模式中,递质通过SV与突触前膜融合形成的一个开放的融合孔被释放至突触间隙,而释放递质后的囊泡直接参与下一轮循环(图3-11c)。最近有研究表明,有些囊泡可能并不参与囊泡循环,这类囊泡在与膜瞬时融合时释放一部分或全部递质,然后在靠近质膜时重新包装递质成为完整的SV。由于这类囊泡从不离开突触前膜的活性区,因此保证了这些囊泡在任何需要的时候能再次进行胞吐活动。这种囊泡胞吐模式要求与质膜的融合速度极快,是类似"kiss-and-run"模式的一种捷径,因此被称为"kiss-and-stay"模式。以上囊泡循环的模式可能共存于单个神经元的递质释放过程中。最近通过对海马神经元单个囊泡水平胞吐的研究发现,释放概率高的突触主要采用全融合模式,释放概率低的突触则采用"kiss-and-run"模式,亦有部分采用"kiss-and-stay"模式。不同囊泡的融合形式在其他模式动物(如果蝇)的神经系统中也广泛存在。

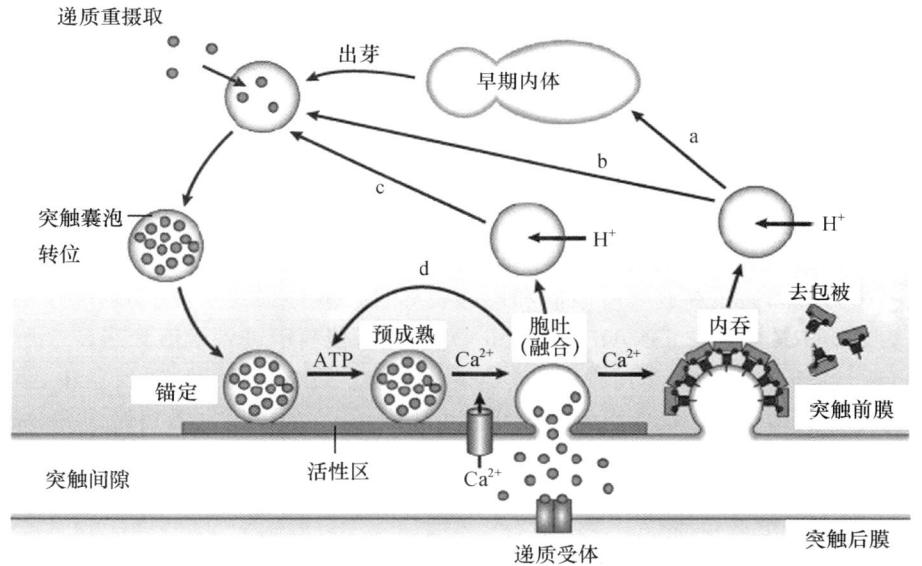

图3-11 突触囊泡循环的四种模式(Gundelfinger et al., 2003)

囊泡膜的回收存在多种形式:a. 囊泡与突触前膜融合、塌陷,通过网格蛋白介导的内吞由早期内涵体回收和重新利用;b. 网格蛋白介导的内吞作用也可直接通过酸化过程形成新的囊泡;c. 囊泡膜与突触前膜不完全融合,通过融合孔释放递质后快速内吞进入胞内酸化和装填递质,这种方式称为"kiss-and-run"模式;d. 囊泡不离开突触前膜,当融合孔关闭后,囊泡立即被新的递质充填,这种称为"kiss-and-stay"的模式可能在囊泡快速再利用过程中发生。四种不同类型的囊泡循环方式有可能存在于不同突触或共存于同一突触内。

递质的摄取。分子量较低的递质,如乙酰胆碱和去甲肾上腺素(norepinephrine,NE)等,是在轴突终末中合成和装入囊泡的。递质在突触囊泡中的摄取是由特异性转运蛋白介导完成的(图3-12)。已有四种囊泡转运蛋白(vesicular transport protein)被鉴定出来:囊泡单胺转运蛋白(vesicular monoamine transporter,VMAT)、GABA和甘氨酸转运蛋白、乙酰胆碱转运蛋白(VAChT)以及谷氨酸转运蛋白。所

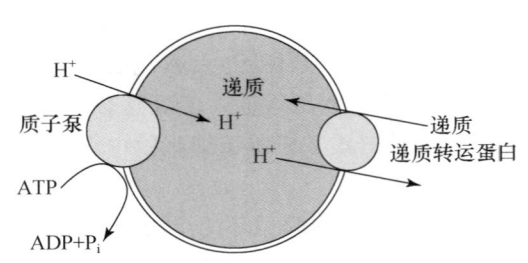

图 3-12 囊泡递质转运质子泵(尼克尔斯 等，2003)

一个囊泡可能只含有单一的质子泵，ATP 驱动的质子泵将质子转运入囊泡，特异性递质转运蛋白通过质子泵提供的电化学梯度能量驱动递质进入囊泡。

有囊泡转运蛋白都是膜整合蛋白，有 12 个跨膜结构域。在突触囊泡膜上存在的质子泵是 H^+ 依赖的 ATP 水解酶，它们可以将质子泵入囊泡，使囊泡内电位较胞质电位为正且偏酸性。囊泡上的递质转运蛋白利用质子泵提供的电压、pH 梯度能量，逆浓度梯度将递质分子转运入囊泡。

(三)囊泡分泌的主要步骤

处于突触终末的囊泡通过被动扩散和马达分子的转运，定向转位(translocation)至突触前膜活性区附近，此过程称为囊泡的摆渡或搭靠(targeting)。这一过程依赖于轴浆中存在的 Rab3A 和 Rab3C 等一类小 G 蛋白、小突触小泡蛋白(synaptobrevin)，以及质膜上的 Munc18-1、突触蛋白和 SNAP25 等蛋白的参与。Rab3 蛋白与 GTP 结合形成 Rab3-GTP 复合物并与突触小泡结合，引渡突触小泡到活性区。在此过程中，Rab3 蛋白可将 GTP 水解为 GDP 而获能，阻止小泡的逆向运动。当小泡与前膜融合和出胞时，Rab3-GDP 与突触小泡分离并释放出 GDP，Rab3 分子可重新参与引渡小泡的循环过程。囊泡的募集涉及许多蛋白与细胞骨架的相互作用。在 Ca^{2+} 激活 CaMKⅡ 的作用下，突触蛋白的 C 末端磷酸化，使囊泡从细胞骨架上释放出来并能向突触前膜移动，这一过程称为动员；微管、肌动蛋白微丝和多种动力蛋白，如驱动蛋白、dynein 等，为囊泡的定向转运提供了通路和动力；从高尔基体到突触前膜周边部位的囊泡转运依赖于微管系统；向突触前膜的转运依赖于肌动蛋白-肌球蛋白 V 的相互作用，它们附着在肌动蛋白网上进行转运。蛋白激酶和单体 G 蛋白的 Rho、Rab 家族参与了对囊泡转运的调节。

突触小泡被引渡到前膜活性区附近，松散地附着于靶膜上，这一过程称为拴系或捆绑(tethering)。在拴系状态下，囊泡膜与靶膜的距离为 75～150 nm。拴系后的囊泡进一步靠近靶膜，两层膜之间的距离缩小为 5～10 nm，使突触小泡在与突触前膜融合之前固定在前膜上，这一过程称为锚定或着位。锚定是突触小泡与质膜结合的不可逆过程。参与突触小泡拴系和锚定的蛋白包括拴系蛋白(tethering protein)、Munc18 和小 G 蛋白 Rab 等。突触小泡的拴系和锚定保证了囊泡在正确的时间和空间准确与靶膜特异性结合，使膜的融合和递质释放具有时间和空间特异性。囊泡锚定后，随即启动了 SNARE 蛋白核心复合体(简称为 SNARE 复合体，SNARE complex)的形成，使囊泡进入激活状态。

锚定状态的囊泡必须先被激活和预成熟才能与靶膜融合。在大多数类型的突触中，囊泡的激活都依赖于 Munc13 的作用。Munc13-1 是参与囊泡激活的主要因子，它的作用主要是促进突触融合蛋白、小突触小泡蛋白和 SNAP25 复合体的形成，使囊泡具有融合能力。另外有研究表明，突触结合蛋白(synaptotagmin，Syt)能促进 SNARE 蛋白的聚合反应，可能参与了囊泡的激活过程。囊泡的激活是限速步骤，可释放囊泡池(RP)决定了囊泡激活的总数。正是由于 RP 的存在，神经元和内分泌细胞能够对刺激做出迅速反应并释放足够数量的递质，因此 RP 的调控对神经信息传递具有重要意义。

(四)囊泡融合的分子机制

囊泡在活性区内容物的释放主要包括四个步骤：囊泡的锚定、囊泡的激活、Ca^{2+} 的激发和囊泡融合。囊泡融合的分子机制是高度保守的，对参与其分泌过程的主要蛋白质的鉴定最初源于对酵母细胞非调节性分泌的遗传学和生物化学研究。囊泡融合过程涉及多种蛋白，其中 SNARE 是 SNAP 和 NSF 的受体，为介导囊泡融合的核心分子，小突触小泡蛋白是结合钙离子的受体蛋白，其他蛋白质对 SNARE 的构象和聚合进行调节，完成囊泡的出芽、转运、募集和锚定等过程。

1. SNARE 蛋白家族

SNARE 蛋白是一类由约 60 个氨基酸残基组成 SNARE 模体(motif)的小分子膜蛋白，它们形成了一个蛋白质超家族，其成员在酵母中有 25 个，人类中有 36 个。所有 SNARE 蛋白都有一个由 60～70 个氨基酸组成的进化保守的简单结构域。大多数 SNARE 蛋白的 C 末端都有唯一的与 SNARE 模体连接的跨膜域,许多 SNARE 蛋白的氨基末端域都有与 SNARE 模体连接的独立的折叠域。

SNARE 蛋白存在紧密结合和松散游离两种不同的物理状态。当 SNARE 蛋白处于单聚体时,SNARE 模体处于非结构的游离状态。在一定条件下,各 SNARE 蛋白能自发聚合,形成一种极其稳定的超螺旋束核心结构。SNARE 复合体由四个平行排列的 α-螺旋束相互缠结形成。螺旋束的中心具有 16 个片层状结构,其中 15 个为疏水层,中间的"0"层由亲水的三个谷氨酰胺和一个精氨酸残基组成(图 3-13)。

经典的 SNARE 分类是根据"供体"和"受体"的组成来划分的。按这种划分方式,SNARE 分成相互对立的膜成分,即分布于囊泡膜上的 v-SNARE 和分布于靶膜上的 t-SNARE。然而,这种划分和命名对于同型融合事件或在不同蛋白参与的转运过程中是不适用的。例如,在内质网和高尔基体顺行和逆行转运过程中,S. cerevisiae SNARE Sec22 和另外两个蛋白 Bos1 和 Bet1 共定位在转运的囊泡上,但按分类仅 Bet1 被归为 v-SNARE,而 Bos1 和 Sec22 却被归为 t-SNARE。在逆行转运中,Sec22 被认为是位于转运囊泡上的唯一功能 SNARE。

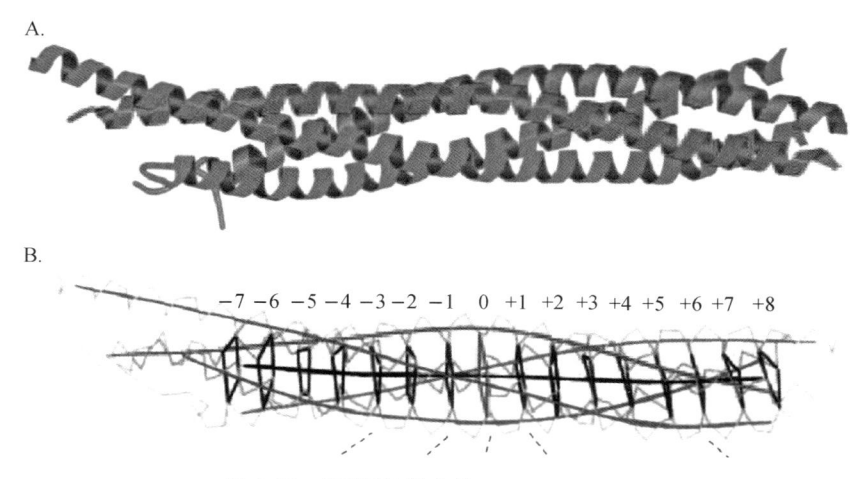

图 3-13　SNARE 复合体(Jahn et al.,2006)

A. 神经性 SNARE 复合体的晶体结构模式图。此复合体由已被鉴定的 SNARE 蛋白中的三个家族成员组成:突触融合蛋白 1,具有一个 SNARE 模体;SNAP25,具有两个 SNARE 模体;小突触小泡蛋白,具有一个 SNARE 模体。螺旋束的 C 末端朝向细胞膜(右侧)。B. 神经性 SNARE 复合体中心片层排列结构示意图。每条螺旋束的中间轴线代表不同的 SNARE 模体。

根据 SNARE 模体的分布特征,可将 SNARE 分类为 Qa-、Qb-、Qc-和 R-SNARE。驱动膜融合功能的 SNARE 复合体由四个平行的异寡聚体 α 螺旋束组成,每一个 α 螺旋束都是可变的,为来自 Qa-、Qb-、Qc-和 R-SNARE 中的任意一条。在有些组织中,SNARE 模体也能形成其他的不像核心复合体那样稳定的结合形式。在神经元 SNARE 蛋白形成的一些复合体中,包括 Qaaaa 复合体(四个反向平行 α 螺旋束),Qaabc 复合体(带有一些无规则顺序域的四个平行 α 螺旋束),或反向平行的 QabcR 复合体,可能并不具有准确的膜地形图分布定位,可能也不完全作为驱动膜融合的能量。

2. SNARE 蛋白的 N 末端域功能

与保守 SNARE 模体不同,存在一些 N 末端域独立折叠的不同类型的 SNARE 模体,如 Qa-SNARE 和一些 Qb-、Qc-SNARE,在 N 末端域有着反向平行的三个 α 螺旋束(图 3-14),此结构域称为 Habc。这些螺旋束长度可变,因此能灵活地与 SNARE 模体连接。Habc 可以与其 SNARE 模体的 C 末端 α 螺旋结合,形成一种封闭结构,它能阻碍 SNARE 复合体的形成。但有些 SNARE 并不具有此功能,这表明 N 末端域驱动的构型改变对 SNARE 功能可能并不是必需的。推测 N 末端域可能作为与其他蛋白,如 Sec1/Munc18(SM)蛋白结合的一个平台。SM 蛋白属于一种小的可溶性蛋白家族,是已知的膜融合所必需的因子。例如,在 Munc18-syntaxin-1 复合体的研究中表明,Sec1(或称为 Munc18)能够识别并与突触融合蛋白-1 的 N 末端的 Habc 结构域结合而使突触融合蛋白-1 维持闭合型,从而阻碍 SNARE 复合体的形成。在其他突触蛋白的作用下(Unc13/Munc13 和 Rab 蛋白),Sec1 的构象发生变化,并从突触融合蛋白-1 上解离下来,突触融合蛋白-1 的构型变成开放型。开放型突触融合蛋白-1 与另外两个 SNARE 蛋白——SNARE25 和小突触小泡蛋白聚合,启动了 SNARE 蛋白的聚合反应,这一过程是 SNARE 复合体形成和双层脂膜融合的前提,因此 N 末端 Habc 域对囊泡激活和融合过程的调控具有重要意义。

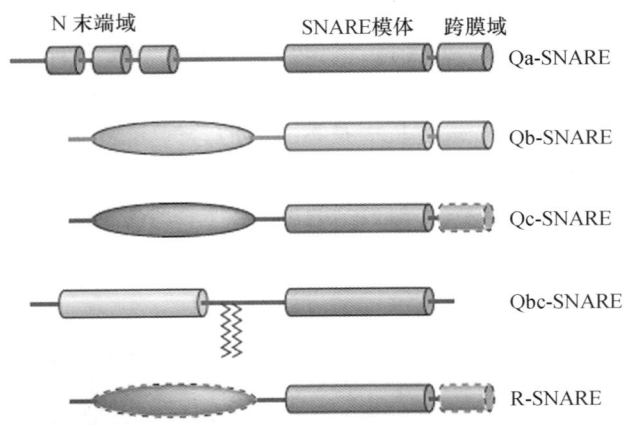

图 3-14　SNARE 结构(模式图)(Jahn et al.,2006)

图中断线域部分表示在某些 SNARE 亚家族中缺乏此结构。此图中 Qa-SNARE 的 N 末端有反向平行的三条 α 螺旋束。椭圆形结构表示 Qb-、Qc-和 R-SNARE 的各种 N 末端域。Qbc-SNARE 代表了 SNARE 一个亚族 SNARE25,它含有一个 Qb-SNARE 模体和一个 Qc-SNARE 模体。

3. 膜融合过程中的 SNARE 循环

(1) SNARE 拉链模式。

SNARE 蛋白是细胞内蛋白质转运和囊泡胞吐过程中参与膜融合的关键蛋白质。在 SNARE 模体的介导下,各 SNARE 蛋白聚合形成核心复合体(图 3-15)。最初研究发现 SNARE 是 NSF 的靶之后,推测 SNARE 蛋白锚定形成复合体前,激活的 NSF 是调节膜融活的关键因子,或者说 SNARE 蛋白的装配事

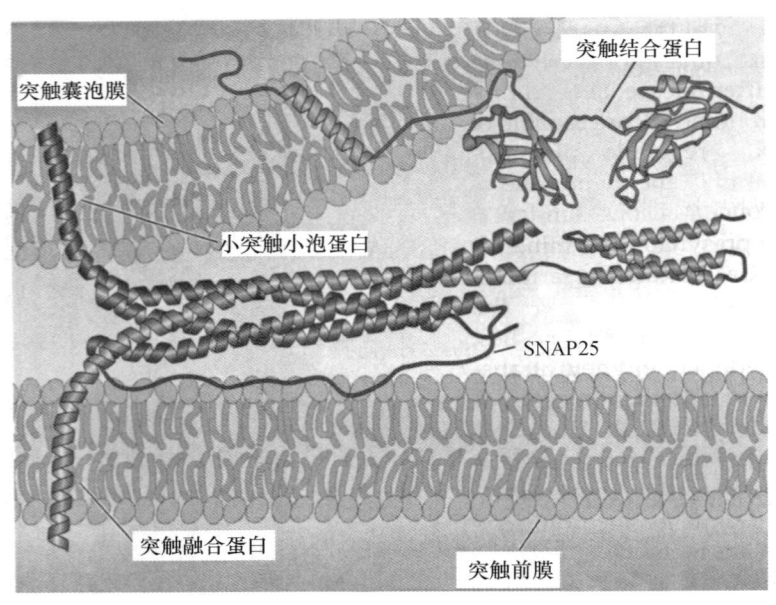

图 3-15　SNARES 核心复合体(模式图)(Purves et al.,2004)

小突触小泡蛋白和突触融合蛋白通过其疏水的 C 末端分别插入囊泡膜和突触前膜中,SNAP25 通过位于肽链中间的几个棕榈酰化的半胱氨酸残基锚定于突触前膜上,它的两股 α 螺旋游离在胞质中,三个蛋白形成四链异三聚体复合体,即 SNARE 核心复合体。

件直接导致了膜的融合。但随后的研究表明,NSF自身并未参与膜融合,SNARE突触融合蛋白和小突触小泡蛋白在接近它们跨膜域的另一端,相互平行形成直线排列的组装状态,提示这种结构可能会为膜的融合提供动力。据此,Rothman、Scheller和Jahn等科学家提出了著名的SNARE模体的"拉链模式"(zippering model)学说。

SNARE复合体在脂膜融合中的作用已获得公认,对其功能的认识是基于两种神经毒素的应用。研究发现,当肉毒毒素(botulinum toxin,BoNT)和破伤风毒素(tetanus toxin,TeNT)被神经末梢特异摄取后,会完全抑制突触囊泡的胞吐。单个毒素分子就足以阻遏整个神经终末递质的释放。进一步研究发现在SNARE蛋白上存在这些毒素发挥作用的水解位点。TeNT可特异水解VAMP,在SNAP25、突触融合蛋白上也都存在TeNT的水解位点。BoNT是目前已知毒力最强的神经毒素,0.1 μg就足以使人致死。BoNT可作用于许多部位的神经肌肉接头,它能阻断乙酰胆碱的释放,造成肌肉松弛性麻痹。

(2) 膜融合和SNARE循环。

在脑中存在大量处于游离状态的SNARE单体。突触融合蛋白-1和SNAP25占脑中全部蛋白数量的1%,这个数量超过了所有离子通道和细胞质膜上的蛋白的总和。因此不难发现,几乎在任何一个离子通道和受体都存在以特异性模式结合的突触融合蛋白-1。有研究表明,单个突触SNARE结合的蛋白可超过100个。SNARE不均匀分布在脂质中,在极小的纳米级微域中成群分布,分泌囊泡的锚定和膜的融合与SNARE在这种纳米微域中的分布有关。由于SNARE单体的分布极为丰富,为其相互聚合或与其他蛋白进行特异性或非特异性结合提供了基础。

图3-16介绍了一个关于SNARE循环的模式图。当突触融合蛋白-1成为开放构型后,位于突触囊泡上的小突触小泡蛋白和位于突触前膜上的突触融合蛋白与SNAP25三个蛋白形成由四条SNARE模体组成的复合体。SNARE蛋白的聚合从远离膜的N末端开始,以闭合拉链形式向靠近膜的C末端发展,通过小突触小泡蛋白和突触融合蛋白的连接区和跨膜域的传递,使囊泡膜和靶膜相互拉近,并最终使两膜融合。多个SNARE复合体或SNARE多聚体一起与磷脂形成融合孔。融合孔形成后,小突触小泡蛋白和突触融合蛋白插在同一片膜上,成为顺式-SNARE复合体(cis-SNARE complex)。随后递质释放,NSF水解顺式-SNARE复合体,使三个SNARE蛋白解聚成游离状态,参与下一次膜融合。在此过程中,Ca^{2+}是囊泡融合过程的触发信号分子,突触结合蛋白是Ca^{2+}的感受器分子,我们在下面将分别介绍Ca^{2+}和突触结合蛋白在囊泡融合过程中相互作用的细节。

(3) 介导囊泡融合的Ca^{2+}感受器——突触结合蛋白。

突触结合蛋白(Syt)构象的变化对突触前膜和囊泡膜在极短时间内(数百微秒)的快速融合起着至关重要的作用。细胞内存在的许多钙结合蛋白(calbindin)都具有C2结构域(蛋白激酶C的第二恒定序列,conserved region-2 of protein kinase C domain)。这些蛋白的C2结构域能与Ca^{2+}特异性结合,参与对各种生理事件的调节。在神经突触中,促使囊泡与突触前膜融合的Ca^{2+}感受器为突触结合蛋白。

突触结合蛋白是位于囊泡膜和细胞质膜上的跨膜蛋白,其胞浆域的C末端含有两个串联的与Ca^{2+}结合的C2结构域(C2A和C2B)。每个Syt分子能结合五个Ca^{2+}。在突触结合蛋白Ⅰ和突触结合蛋白Ⅱ中,C2A结构域可结合三个Ca^{2+},而C2B域可结合两个Ca^{2+}。用胞外Sr^{2+}来取代Ca^{2+}会极大影响递质的同步释放,由于Sr^{2+}仅与C2B结构域结合,因而推测C2B结构域对递质的释放和囊泡的融合可能发挥中枢作用。Syt对钙的敏感性主要受自身磷酸化和去磷酸化的调节。当Syt与Ca^{2+}结合后立即使C2A和C2B结构域的Ca^{2+}结合环插入膜脂质层中,并介导Syt的C2结构域插入靶膜,其相互作用使两脂膜相对靠拢,促发了膜的融合(图3-17)。

尽管已经清楚突触结合蛋白在SNARE蛋白调控的膜融合中的关键作用,但突触结合蛋白触发囊泡与靶膜融合的具体细节和内容尚不清楚。到目前为止,在哺乳动物中已发现14个不同的突触结合蛋白,它们广泛分布在不同的组织中,这表明突触结合蛋白在调节SNARE介导的膜融合过程中可能具有普遍的功能。

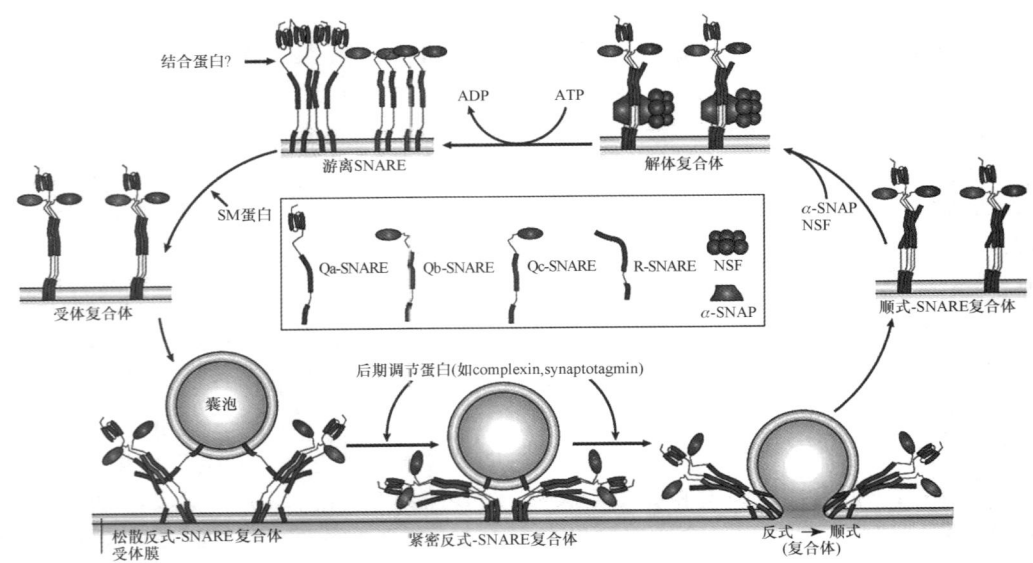

图 3-16 囊泡锚定和膜融合过程中 SNARE 构象变化的循环(引自 Jahn et al., 2006)

三种 Q-SNARE 位于靶膜上，一个 R-SNARE 位于囊泡膜上。处于松散游离状态的一组 Q-SNARE(左上方)被组装成受体复合体(receptor complex)，此过程可能需要 SM 蛋白参与。受体复合体通过 SNARE 模体的 N 末端与囊泡 R-SNARE 相互作用，经成核反应形成了平行排列在一起的四条 SNARE 模体铰链状复合体，即反式-SNARE 复合体(trans-SNARE complex)，此时 SNARE 模体的 N 末端位于拉链的上方。反式-SNARE 复合体从松散状态变成紧密结合状态，此时"拉链"过程基本完成，随即发生膜融合孔的开放。在胞吐过程中，此转换过程受一些调节蛋白调控，这些蛋白包括配位蛋白(与 SNARE 复合体表面结合的小分子蛋白)和被内流 Ca^{2+} 所激活的突触结合蛋白。在膜融活过程中，反式-SNARE 复合体的张力减弱变得松弛，形成顺式-SNARE 复合体构型。顺式-复合体通过伴随分子 SNAP 和 SNARE 复合体相互作用，在 NSF 的 ATP 酶作用下解聚。然后 R-SNARE 和 Q-SNARE 通过胞吞一类的分选过程相互分离。

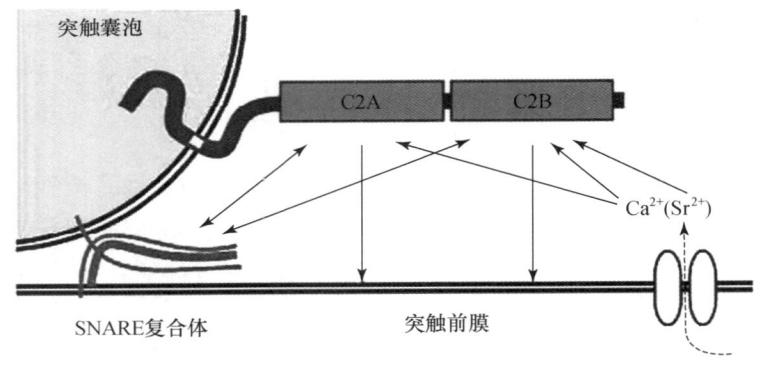

图 3-17 突触结合蛋白结构域(模式图)(Hirofumi et al., 2003)

箭头示 C2A 和 C2B 结构域在调节囊泡融合过程中的相互作用。

4. 囊泡的内吞

在胞吐过程中融合到突触前膜上的突触囊泡膜会保持其固有的重要蛋白组成，在恰当时刻被重新吸收回突触前膜内，此过程称为内吞(endocytosis)。内吞后的囊泡膜装填递质后可被重新使用，进入新一轮囊泡循环中。突触囊泡的内吞存在两种形式，即网格蛋白依赖型内吞和"kiss-and-run"型内吞。

囊泡的胞吐是涉及许多蛋白质和脂质分子参与的极其复杂的过程。尽管对某些细节还不十分清楚，但此反应过程的总轮廓已经清晰。下面对囊泡融合的过程作一简要总结。

(1) 神经冲动到达突触前膜，引起膜去极化，电压门控钙通道开放，Ca^{2+} 进入突触前膜内，使膜内 Ca^{2+} 浓度瞬时升高。

(2) 囊泡动员。突触蛋白 I 和突触蛋白 II 通过与突触前微丝和微管骨架结构的相互交联,大量囊泡处于储存状态。进入前膜的 Ca^{2+} 与 CaM 结合为 Ca^{2+}-CaM 复合物。突触蛋白在 CaMK II 的作用下磷酸化而解聚,动员处于交联状态的囊泡游离出来进入待释放状态。

(3) 囊泡的拴系和锚定。这是突触囊泡通过蛋白间的相互作用,特异定位在活性区钙通道附近的过程。此过程需要拴系蛋白、Munc18 和 Rab3A 和 Rab3C 的相互作用,囊泡被牵引接近细胞膜并将其附着和锚定在细胞膜上。

(4) 囊泡的预融合或准备(priming)。锚定的囊泡需要激活和预成熟后才能与靶膜融合。囊泡的激活过程是形成反式-SNARE 复合体的过程。Munc13-1 是最重要的囊泡激活调控蛋白。Munc13-1 与 RIM 的结合将 Rab3 从 RIM-1 上置换出来,使 syntaxin-Munc18-1 复合物解聚,突触融合蛋白从闭合型转为开放型。

(5) SNARE 复合体形成。处于开放构象的突触融合蛋白与小突触小泡蛋白、SNAP25 结合,形成四条 SNARE 模体平行排列在一起的铰链状复合体,即反式-SNARE 复合体,囊泡此时具有了与膜融合的功能;反式-SNAER 复合体从松散状态变成紧密结合状态,SNAER 蛋白以闭合拉链形式促使囊泡膜与靶膜靠拢并融合。

(6) 融合孔形成后,突触融合蛋白和小突触小泡蛋白插在同一膜上,成为顺式-SNARE 复合体。随后递质释放,NSF 水解顺式-SNARE 复合体,使三个 SNARE 蛋白解聚成游离状态,参与下一次膜融合。在此过程中,Ca^{2+} 作为囊泡融合过程的信号分子,与存在于突触囊泡上的 Ca^{2+} 感受器——突触结合蛋白作用,介导囊泡的融合。

第三节 突触后电位及信号的整合

神经元之间的通信主要是通过化学突触进行的。在化学突触中,突触前膜释放递质,作用于突触后膜上的受体,引起突触后神经元产生膜电位的变化,影响突触后神经元状态的改变。在突触后膜上存在两类递质受体:一类为配基门控通道(ligand-gated channel)受体,又称为促离子型受体(ionotropic receptor)。这类受体与离子通道偶联,存在数量不多,主要为烟碱型受体和部分氨基酸类受体,如骨骼肌接头处的 N 型 ACh 门控通道。另一类为促代谢型受体(metabotropic receptor),又称为 G 蛋白偶联受体(G-protein coupled receptor)。这部分受体数量较多,大多数递质的受体均属此超家族成员,如毒蕈碱型受体、肾上腺素受体、几乎所有的肽类递质受体以及部分氨基酸类递质受等。促离子型受体激活时,能直接引起离子通道的开放,使突触后膜产生快速电位变化。促代谢型受体激活时,往往可刺激细胞内第二信使的生成,第二信使再通过不同的信号通路,直接或间接引起离子通道的启闭,使突触后细胞产生不同的生理反应。

一、突触后电位

中枢神经系统最基本的一个功能是反射。英国生理学家 Sherrington 通过大量脊髓反射活动研究指出,在运动神经元表面存在大量兴奋性和抑制性突触,两者的作用相互拮抗。我们知道,当机体的一组肌肉收缩时,与其作用相反的拮抗肌则舒张,两者只有相互配合才能完成一定的动作。机体所有运动都具有这种交互抑制的特点,而交互抑制的结构基础就是存在兴奋性和抑制性突触(图 3-18)的特殊神经环路。由于突触前细胞释放的递质不同,作用在突触后膜上的不同受体,会引起突触后神经元产生兴奋性或抑制性反应。

(一)兴奋性突触后电位

在中枢神经系统中,存在大量快反应兴奋性突触,谷氨酸和天冬氨酸(aspartate acid,Asp)是突触前膜释放的兴奋性化学递质。由于这两种氨基酸都能引起突触后兴奋性氨基酸受体的类似反应,一般情况下较难区分突触后反应是哪一种递质引起的,为方便起见,将这种类型的突触统称为谷氨酸能突触。这

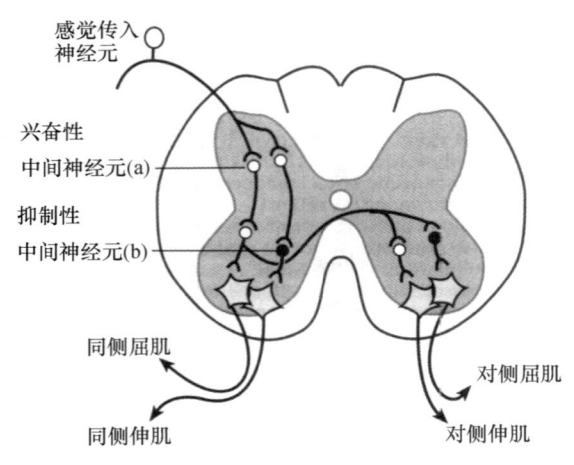

图 3-18 交互抑制(示意图)

示周围感觉传入引起支配同一组肌肉收缩反应的神经环路。感觉神经元与脊髓中的两个兴奋性中间神经元形成兴奋性突触联系。一个兴奋性中间神经元与控制屈肌的运动神经元形成了兴奋性突触联系，另一个兴奋性中间神经元与控制同侧伸肌的运动神经元形成了抑制性突触联系，这种神经环路联系同时引起了屈肌的收缩和伸肌的舒张。

些兴奋性氨基酸(excitatory amino acid, EAA)与突触后膜上的配基门控阳离子通道受体结合后，提高了突触后膜对 Na^+、K^+、Cl^-，特别是对 Na^+ 的通透性，在突触后神经元能记录到一个短暂的电位变化，此膜电位向去极化方向发展，使膜的极化状态减小。由于此去极化能兴奋突触后神经元，使其膜电位接近阈电位值，突触后神经元容易发生兴奋，表现为突触后神经元活动的加强，因此称这种局部电位为兴奋性突触后电位(excitatory postsynaptic potential, EPSP)。如图 3-18 所示，如将微电极插入兴奋性中间神经元 a 中，当刺激感觉传入神经纤维时，在 a 中就能记录到一个短暂的电位变化，此电位即为 EPSP。EPSP 是一种分级电位，可发生空间和时间的总和。如果突触前神经元活动增强，或者参与活动的突触数量增多，则兴奋性突触后电位可产生总和，使兴奋性突触后电位的幅度加大。当兴奋性突触后电位加大到一定程度时(例如，由于兴奋的总和使膜电位由静息时的 $-70~mV$ 去极化至 $-52~mV$ 时)，就导致突触后神经元的轴突始段(即轴丘处)首先爆发动作电位，产生扩布性兴奋，沿轴突传导，并传到整个突触后神经元。

EPSP 类似于在神经肌肉接头处记录到的终板电位(EPP)，然而其幅值远小于终板电位。据测定，单个谷氨酸突触兴奋所能产生的 EPSP 峰为 $0.01 \sim 1~mV$(此变化范围还依赖于突触后细胞和突触的大小)，而 EPP 产生的峰值可达 40 mV，为 EPSP 的 $40 \sim 4000$ 倍。显然，只有同时存在许多 EPSP 发生总和才能使突触后神经元去极化达到阈电位值，进而触发一次动作电位。

(二) 抑制性突触后电位

在脊椎动物中，神经肌肉接头突触都是兴奋性的，而在神经系统中，所有神经元间形成的突触既有兴奋性的，又有抑制性的。在上述实验中，如果将微电极插入抑制性中间神经元 b(图 3-18)中，就能记录到一个短暂的超极化电位，膜电位远离阈电位，突触后膜的膜电位降低(如由 $-70~mV$ 降低到 $-75~mV$)出现超极化。突触前神经元轴突末梢兴奋，释放到突触间隙中的是抑制性递质。大多数抑制性突触前末梢释放的递质为甘氨酸和 GABA。抑制性递质与突触后膜特异性受体结合，使离子通道开放，提高了膜对 K^+、Cl^-，尤其是 Cl^-(不包括 Na^+)的通透性，使突触后膜的膜电位降低(如由 $-70~mV$ 降低到 $-75~mV$)，出现超极化。由于这种超极化电位使突触后神经元膜电位远离阈电位值，突触后神经元不易发生兴奋，表现为突触后神经元活动的抑制，因此将这种局部电位称为抑制性突触后电位(inhibitory postsynaptic potential, IPSP)。

二、反转电位

在突触传递中，许多递质的门控通道并不只是通透一种离子。例如，在神经肌肉接头处的乙酰胆碱门控离子通道可同时通透 Na^+ 和 K^+ 两种离子，这与在神经轴突膜上的电压门控离子通道是不同的，后者只特异对单一离子开放。应用 Goldman 方程能够计算出在膜内外某些离子浓度下的膜电位(V_m)。假设在突触传递中，突触后膜离子通道对 Na^+、K^+ 的通透性相同，当通道开放时，V_m 的值应介于 Na^+ 的平衡电位(E_{Na})和 K^+ 的平衡电位(E_K)之间。显然，当膜电位处于不同水平时，离子通道的开放将可能引起 Na^+ 和 K^+ 跨膜流动方向的改变及流动数量的不同，这与两种离子的平衡电位差有关。

在不同的 E_m 下判断离子电流的类别及改变可通过突触后电位的 I-V 曲线来确定（图 3-19）。通过 I-V 曲线可确定突触电流的反转电位（reverse potential, V_{res}）。V_{res} 是指突触电流消失时的膜电位，也就是突触电位极性反转时的临界膜电位。利用膜片钳技术，将突触后神经元的膜电位分别钳制于不同水平，当刺激突触前神经元时，可在突触后神经元中记录到一组变化的突触后电流，据此绘制成的 I-V 曲线能观察到 V_{res} 的具体值。如果细胞膜仅对一种递质有通透性，这种递质的作用缩小了 V_m 与产生动作电位的阈值间的距离，它的作用就是兴奋性的；如果这种递质增大了 V_m 与产生动作电位的阈值间的距离，它的作用就是抑制性的。显然，能使 Cl^- 和 K^+ 门控通道开放的递质应该是抑制性的。如果突触电流是由一种离子携带的，此反转电位则等于该离子的平衡电位；如果突触电流是由两种离子携带的，此反转电位则介于两种离子的平衡电位之间，其数值取决于两种离子的电化学梯度。

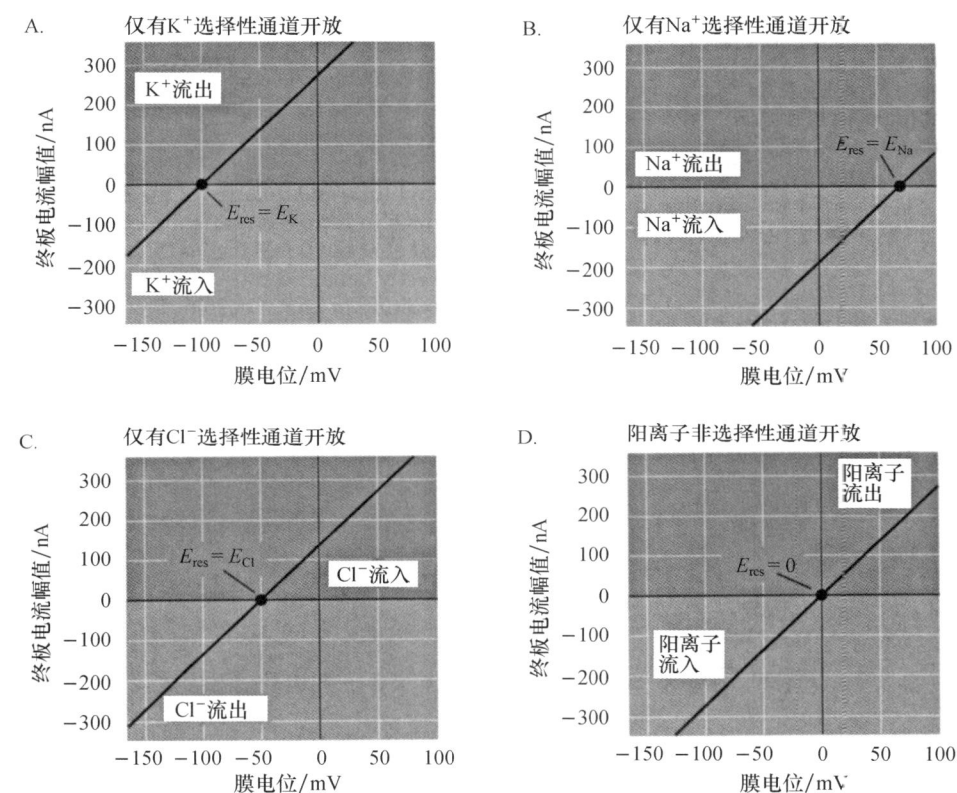

图 3-19　选择性离子通道对反转电位的影响（Purves et al., 2004）

将突触后膜钳制在一定水平，刺激突触前神经元引起递质的释放，在突触后神经元记录到一组突触电流。A. 激活的突触后电压门控通道仅对 K^+ 通透，K^+ 电流消失时的反转电位约为 -100 mV，这个值相当于 K^+ 的平衡电位（E_K）。B. 激活的突触后电压门控通道仅对 Na^+ 通透，Na^+ 电流消失时的反转电位约为 $+70$ mV，这个值相当于 Na^+ 的平衡电位（E_{Na}）。C. Cl^- 突触后电流的反转电位约为 -50 mV，相当于 Cl^- 的平衡电位。D. 激活的通道对 Na^+ 和 K^+ 均通透，反转电位接近 0 mV。

各种类型神经元的 EPSP 的反转电位均有差异，但基本分布在 $0 \sim 15$ mV 区间。图 3-20 展示的是电压依赖性 EPSP 和 IPSP 的反转电位实验，实验显示了 EPSP 的反转电位在 0 mV 左右，IPSP 的反转电位在 -71 mV 左右。假设在递质与突触后膜上的受体作用之前，E_m 小于 0 mV，离子电流就会迫使膜电位向 0 mV 方向移动；如果递质作用之前 E_m 大于 0 mV，则通过门控通道的电流方向将是外向的，导致 E_m 变小。

图 3-20 中，突触前兴奋性神经元 A 和抑制性神经元 B 与神经元 C 分别形成突触联系。实验中首先刺激突触前兴奋性神经元，在突触后记录到一个 EPSP，然后刺激突触前抑制性神经元，在突触后记录到 IPSP。将神经元 C 膜电位钳制在不同水平，获得六条 V_m 变化曲线。这一系列 EPSP 和 IPSP 反映了多个突触对神

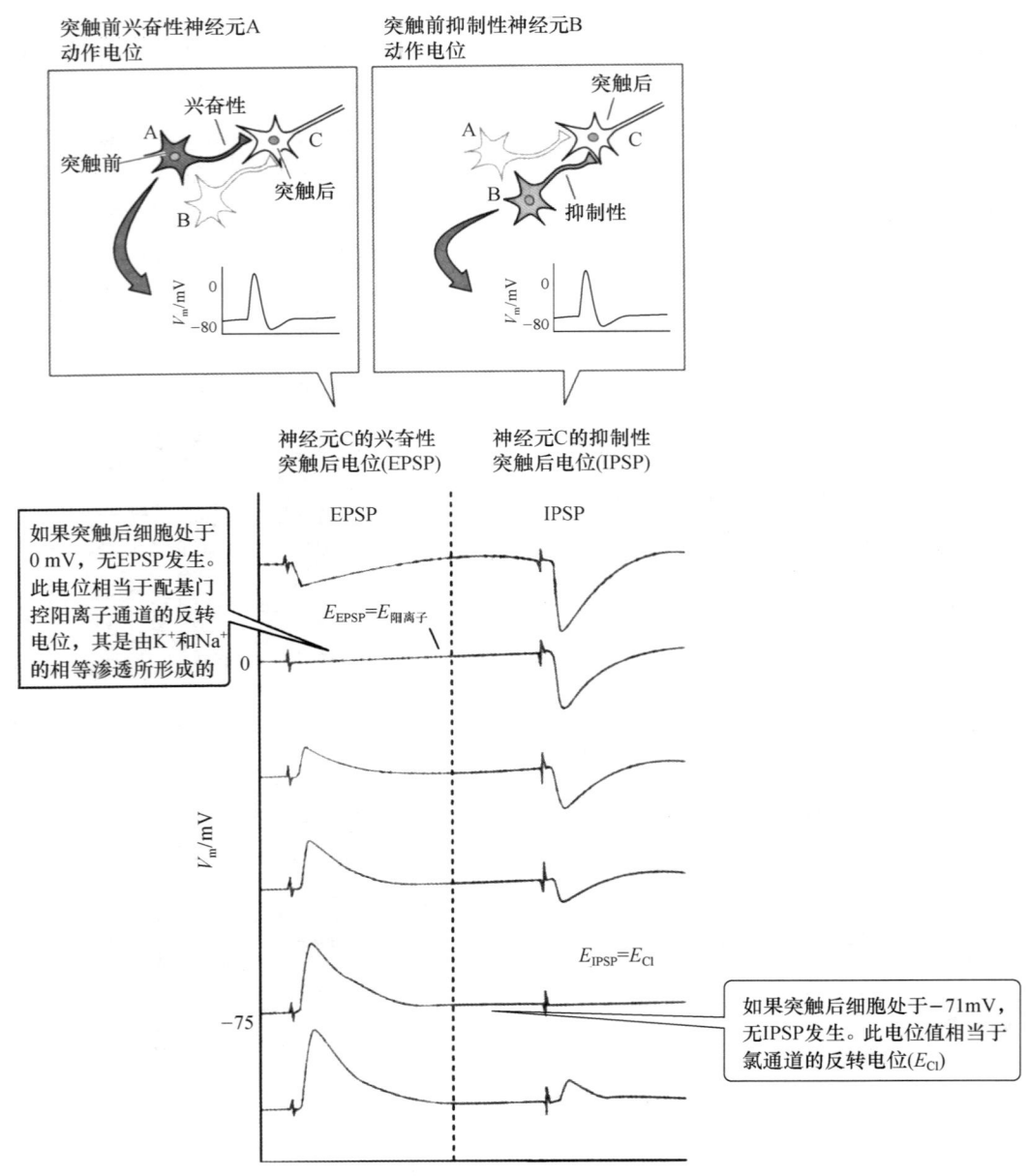

图 3-20　EPSP 和 IPSP 的电压依赖性 (Boron et al., 2003)

经元 C 的激活作用。EPSP 的反转电位在 0 mV，表明此时刺激突触前神经元 A 将是无效的，这是因为此刻 Na^+ 的内流和 K^+ 的外流基本相等，兴奋性突触后电流(excitatory postsynaptic current, EPSC)为零。IPSP 的反转电位为 -71 mV，相当于 Cl^- 的平衡电位，说明 IPSP 是由氯通道调控的。此时刺激突触前抑制性神经元 B 将产生一个无效反应。

三、突触后电位产生的离子机制

谷氨酸是脑中最重要的递质，中枢神经系统中几乎所有的神经元都是谷氨酸能神经元，脑中全部神经元中有一半以上释放谷氨酸为递质。氨基酸介导的突触后电位涉及脑中大量快速、直接的神经活动，如感觉信息的处理、运动控制、认知活动等。在氨基酸类递质中，谷氨酸介导的兴奋性反应和 GABA 介导的抑制性反应研究得最为清楚。一般来说，突触后事件的研究难度较突触前小得多，因此许多研究都集中在突触后事件，事实上这也为研究突触前事件提供了研究其功能的窗口。

(一) 谷氨酸受体介导的兴奋性突触后电位

大多数谷氨酸介导的突触都能产生两种不同内容的 EPSP：一种为快反应突触后电位，另一种为慢反应突触后电位。在这两种不同的电位反应中，突触前释放的都是同一种递质，但由于突触后受体不同，由不同类型离子通道调控形成了不同的突触后电位特性。谷氨酸作用于两种主要的受体类型：一种为促代谢型受体（即 G 蛋白偶联受体），另一种为促离子型受体组成的离子门控通道。每一种受体都能被谷氨酸激活，但其药理性质则不同。目前发现至少存在八种促代谢型受体（mGluR），它们都具有与 G 蛋白偶联的七个跨膜结构。根据受体的序列结构、药理学性质和信号传递系统，促离子型受体组成的离子门控通道可分为三种不同类型，即 AMPA 受体、NMDA 受体和 KA 受体。这些受体的命名主要与其作用的特异性拮抗剂有关。AMPA 代表 α-氨基-3-羟基-5-甲基-4-异噁唑丙酸，NMDA 代表 N-甲基-D-天冬氨酸，KA 受体的名字来源于其拮抗剂 KA，但它也能被十二烷酸（domoic acid）激活。到目前为止，至少 22 种促离子型谷氨酸受体 cDNA 已经被克隆，而且有可能发现更多的谷氨酸受体亚型。

谷氨酸介导的 EPSP 有两种不同的时相反应，这两种 EPSP 在药理学、动力学、电压依赖性、离子依赖性和膜的通透性方面均有差异。特别重要的是，它们在脑中发挥不同的功能。药理学实验揭示 AMPA 受体介导快反应突触后电位，NMDA 受体介导慢反应突触后电位，尽管两种受体对 Na^+ 和 K^+ 的膜通透性基本相同，但它们在许多方面存在不同（图 3-21）。

1. AMPA 受体介导的快反应突触后电位

AMPA 受体介导的快反应突触后电位，存在于脑中大多数兴奋性突触中。正常情况下此通道几乎不允许 Ca^{2+} 进入细胞。其单通道电导相对较低，大约 15pS，无电压依赖性。当谷氨酸作用于突触后膜上的 AMPA 受体时，其介导的通道开放，引起 Na^+ 的内流和 K^+ 的外流。由于 Na^+ 的内流大于 K^+ 的外流，形成内向净离子流，引起突触后膜去极化。

2. NMDA 受体介导的慢反应突触后电位

NMDA 受体介导的突触后反应有着极为复杂的特性。它们的电导很高，约 50 pS，有着极为缓慢的动力学特征。深入了解 NMDA 受体的离子选择性是理解此受体功能的关键。NMDA 受体有着与其他离子受体不同的生理特性，其中最显著的是它除允许 Na^+ 和 K^+ 通过其通道外，还允许 Ca^{2+} 通过，因此 NMDA 受体能增加突触后神经元中 Ca^{2+} 浓度，并通过 Ca^{2+} 作为第二信使激活多条细胞内的信号通路。Ca^{2+} 能激活细胞内的许多酶，调节各种通道的开放，影响一些基因的特异性表达。Ca^{2+} 的超载甚至会导致细胞死亡。因此，Ca^{2+} 的内流可导致广泛而持久的突触后神经元的变化，显著影响细胞内的许多生理事件。

NMDA 受体和非 NMDA 受体激活后均可引起细胞膜对离子通透性的变化，但与非 NMDA 受体不同的是，NMDA 受体激活后产生一种慢时程 EPSP。非 NMDA 受体激活是由于不增加 Ca^{2+} 的通透性，只使 Na^+ 和 K^+ 的通透性增加，因此产生一种作用快、消失也快的快时程 EPSP。

在 NMDA 受体上存在内源性配体的结合位点：两个不同的谷氨酸和甘氨酸结合位点和 Mg^{2+} 识别位点。NMDA 受体除了结合谷氨酸外，还必须同时结合甘氨酸才能被激活，单独谷氨酸和甘氨酸作用都不能激活 NMDA 受体。甘氨酸虽然是抑制性递质，但它与 NMDA 受体结合引起的变构效应会显著增强谷氨酸的作用，因此，甘氨酸是 NMDA 受体的协同激动剂（co-agonist）。

在细胞膜处于静息电位（大约为 -70 mV）时，NMDA 受体通道被 Mg^{2+} 堵塞，这种位阻可以防止其他离子自由通过 NMDA 受体通道。只有当膜去极化约至 -60 mV 时，Mg^{2+} 才能从通道口释放，因此，NMDA 受体通道是电压依赖性的。NMDA 受体通道的激活开放除需要激动剂与之结合外，还需要突触后膜处于相对较正的膜电位，而这种较正的膜电位往往是通过邻近或同一突触上的 AMPA 受体激活后使膜去极化产生的，因此，NMDA 受体通道既是化学门控的又是电压依赖的，是双重门控离子通道。

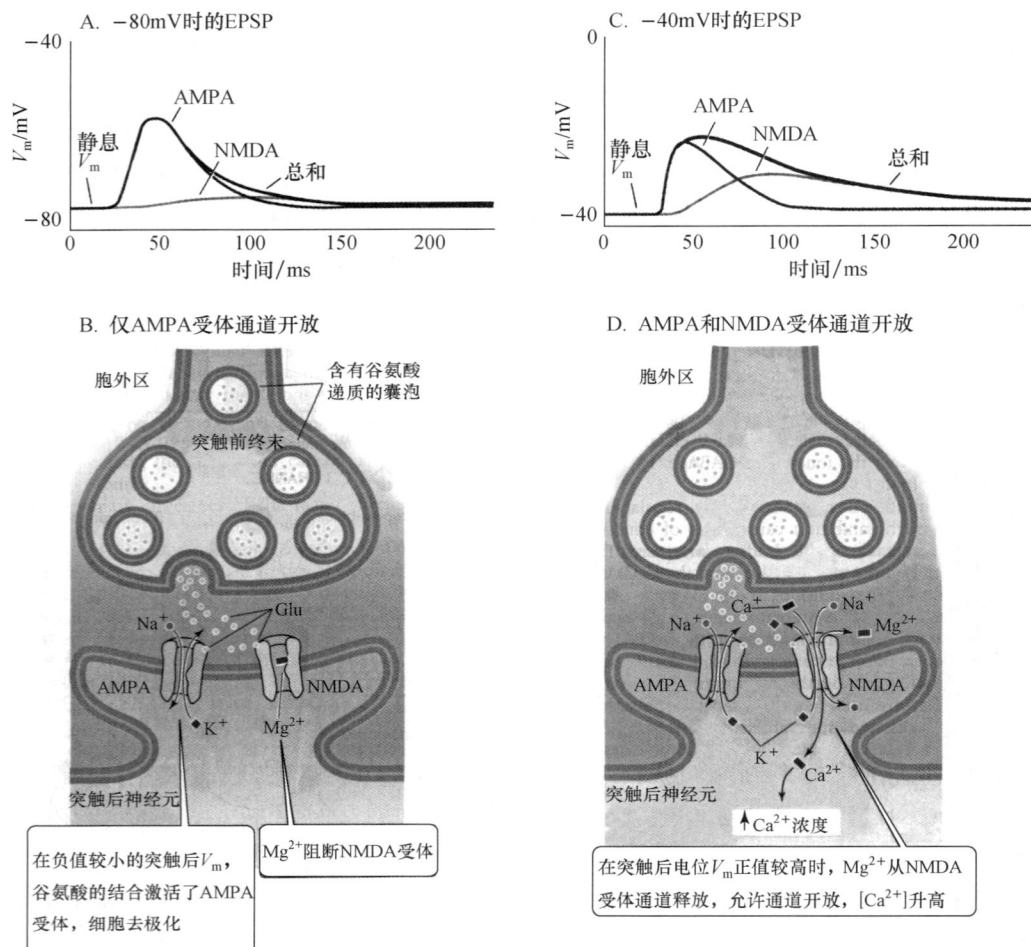

图 3-21 谷氨酸门控通道（模式图）（Boron et al.，2003）

A. 大多数谷氨酸介导的 EPSP 都含有两种成分的总和：通过 AMPA 受体介导调节的快反应成分和通过 NMDA 受体介导的慢反应成分。在图中，突触后细胞处于静息电位时，NMDA 受体通道的作用较小。B. 与 A 中情况类似，NMDA 受体通道是关闭的，而 AMPA 受体通道独立于突触后 V_m 通道，因而是开放的。C. 在此模式中，当突触后细胞去极化达到一定水平，NMDA 受体通道的作用相对较大。D. 与 C 中的情况类似，突触后细胞去极化，去除了与通道内识别位点结合的 Mg^{2+} 的阻断作用，谷氨酸与 NMDA 受体结合，引起离子通道的开放。NMDA 受体参与的突触后电位调控是重要的，与大多数 AMPA 受体不同，它们允许 Ca^{2+} 的内流，有着缓慢的动力学特性。

脑中许多突触的 AMPA 受体和 NMDA 受体是共存的，因此，大多数谷氨酸介导的兴奋性突触后电位应是两者协同作用的结果。当突触后膜处于相对较负的静息电位水平时，突触前膜释放的谷氨酸与 AMPA 受体作用，使电压依赖性 AMPA 受体通道开放，但 NMDA 受体通道并不开放。然而，伴随其他突触活动的加强（图 3-21C，D），突触后细胞膜去极化达到一定水平后，堵塞在 NMDA 受体通道中的 Mg^{2+} 被释放出来，引起 NMDA 受体通道的开放。实际上，在机体自然状态下，只有当快速 AMPA 受体通道被激活使膜充分去极化后，缓慢的 NMDA 受体通道才能开放。

（二）GABA 和甘氨酸受体介导的抑制性突触后电位

在中枢神经系统中，绝大多数抑制性突触传递是由 GABA 介导的，其余部分由甘氨酸介导。GABA 作用于三种类型的突触后受体：$GABA_A$、$GABA_B$ 和 $GABA_C$ 受体。$GABA_A$ 和 $GABA_C$ 受体是促离子型受体，而 $GABA_B$ 受体是促代谢型受体。$GABA_A$ 受体和甘氨酸受体均为门控 Cl^- 选择性通道。$GABA_B$ 受体为促代谢型受体，通过 G 蛋白偶联激活第二信使引起钾通道开放，或压抑钙通道的开放。脑中的突触抑制受到极为严格的调控。抑制过度将导致意识丧失及昏迷，而抑制不足则可引起半癫痫发作。$GABA_A$受体通道的外表面存在苯二氮䓬类（benzodiazepine，BZD）、巴比妥类和固醇类的药物特异性结合位点。就这些药物本身来说对通道基本不起作用，但当有GABA存在时，苯二氮䓬可提高通道开放的频率，巴比妥可提高通道开放的时间。此外，苯二氮䓬还可增加$GABA_A$受体通道的Cl^-的电导，产生更强的突触后抑制效应。在图3-22中可以观察到戊巴比妥对单通道电流和IPSP的作用。

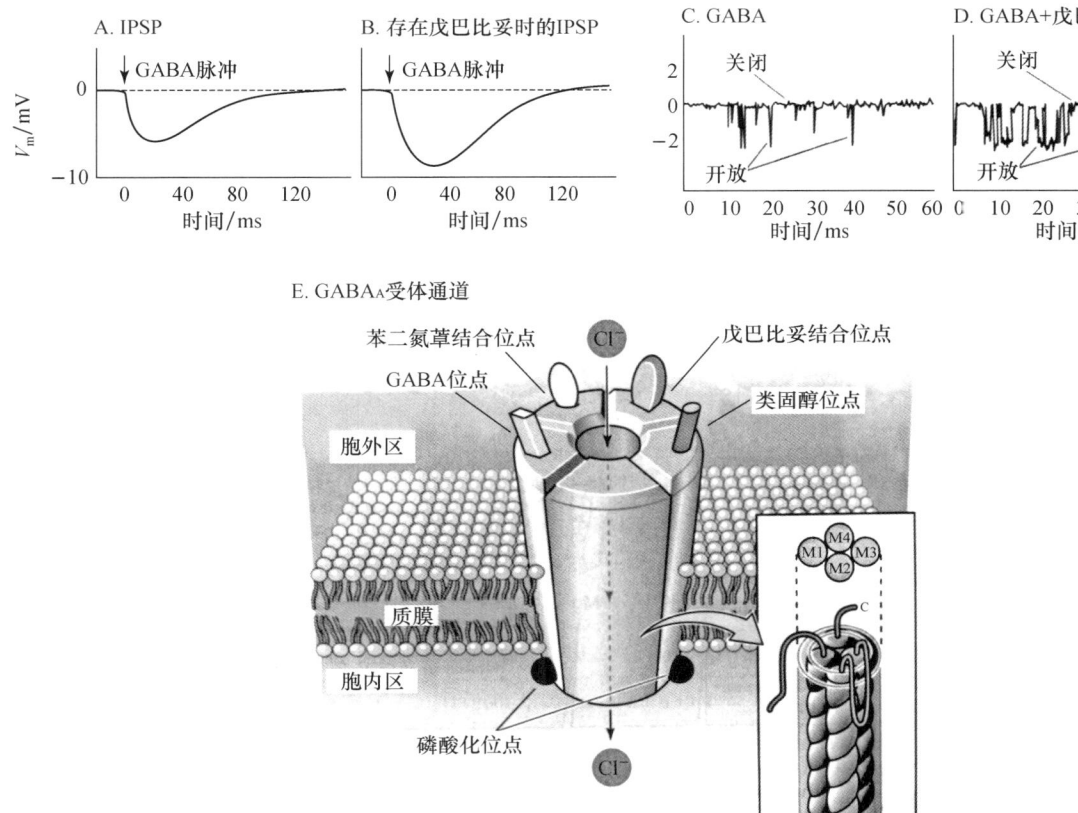

图 3-22 $GABA_A$受体通道的生理和结构特征（Boron et al., 2003）

A. GABA激起一个小的IPSP；B. 存在低剂量戊巴比妥时，GABA激起了一个很大的IPSP；C. 在单通道水平，GABA自身激起短暂的通道开放；D. GABA（50 μmol/L）自身并不能激起$GABA_A$受体通道的开放，却增加了通道的开放时间；E. 异源五聚体受体通道模式图。通道中心有供Cl^-流动的孔道，外周存在GABA和几类通道调节因子的结合位点。右下图为五聚体中的一个单体，五个亚基中的每一个亚基的M2域都排列在中心孔道周围。

由于抑制性突触后电位的形成与E_{Cl}和E_K有关，当抑制性递质使氯通道开放时，Cl^-将顺其电化学梯度流入细胞内，使细胞电位出现超极化趋势；如抑制性递质使钾通道开放，K^+将按其电化学梯度从细胞内流出，与Cl^-流入的情形相似，二者都会形成外向离子电流，使突触后膜超极化，产生IPSP。实验证明，IPSP的反转电位与E_{Cl}和E_K相近，进一步表明IPSP是由于Cl^-和K^+跨膜流动形成的。

有实验证据表明，将Cl^-注入脊髓运动神经元内，IPSP的反转电位向去极化方向发展，而且与按能斯特方程计算的E_{Cl}的改变相一致，这表明Cl^-在脊髓运动神经元IPSP的形成中的确发挥重要作用。

脑内许多神经元的静息电位与E_{Cl}十分接近。当静息电位等于E_{Cl}时，是否仍会有抑制作用存在呢？假如静息电位等于E_{Cl}，则Cl^-的净通量为零，膜电位将保持在静息水平而不出现IPSP，但这时抑制作用依然会存在。这是因为根据欧姆定律$U_{EPSP}=I_{EPSP}/G_m$，氯通道的开放将使总的膜电导（G_m）增加，从

而导致 V_{EPSP} 的幅值减小,使突触后膜去极化的幅度减小,因而对 EPSP 起着一种对抗作用。这种由于膜电导增加而导致兴奋性突触效率降低的现象称为分流抑制(shunting inhibition)。以上分析表明,抑制性递质开启氯通道后,如果是静息电位较 E_{Cl} 为正的神经元,产生的 IPSP 将使轴突膜超极化而不易产生兴奋;如果静息电位是与 E_{Cl} 或 E_K 接近的神经元,则可通过分流作用降低兴奋性突触的效率,从而达到抑制作用。

对某些神经元产生的 IPSP 来说,并不都是由 Cl^- 的内流引起的,还可能由 K^+ 电导增加而产生。在有些神经元膜上同时具有两种受体,分别控制 K^+ 和 Cl^-,如海马锥体细胞的 $GABA_A$ 受体和 $GABA_B$ 受体,前者被激活时可增加通道对 Cl^- 的通透性而产生快 IPSP,后者被激活时可开放对 K^+ 有通透性的通道而产生慢 IPSP。

四、突触电位的整合

脑中大多数突触产生的突触电位都很小,一个单独的 EPSP 通常仅产生 0.5 mV 的去极化,而若使神经元达到兴奋阈值的电位至少需要 15 mV 的去极化,这表明到达一个突触后,神经元产生动作电位的阈值需要多个兴奋性突触的共同作用。据估计,一个脊髓前运动神经元的膜表面可形成约 10 000 个突触,而前脑单个神经元的膜表面形成的突触可达 40 000 个。这些突触有些是兴奋性的,有些是抑制性的,即使是同一类型的突触,由于其存在的位置和大小均有不同,产生的突触后效应也可能不同。此外,在神经元表面存在的受体类型也可能不同,由于一种递质可激活多种受体亚型,因而会引发多种突触后效应,这表明突触后神经元产生的最终效应将取决于所有这些因素的总和。

为方便理解,我们可用在一个神经元上产生的 IPSP 和 EPSP 的相互作用,来研究突触电位的整合机制。

图 3-23 示 IPSP 和 EPSP 在突触后神经元的总和效应。假设轴突 A、B 和 C 与一个神经元形成突触联系。在实验 1 中,相继给轴突 A 两个刺激,产生的两个 EPSP 没有发生总和效应,这是因为 EPSP 反应的时程极短,仅有几个毫秒,而给轴突 A 的两次刺激间隔时间稍长,因而在给予第二次刺激前,突触后膜已恢复到静息状态。在实验 2 中,连续给 A 两个间隔很短的刺激,第二个突触后电位叠加到第一个之上,产生了一个较任何单一刺激都大的去极化电位。我们将不同时间产生的输入信号到达同一细胞,引起细胞兴奋或兴奋性改变的现象称为时间总和(temporal summation)。在机体生理状态下,推测至少 50 个以上的 EPSP 才能使突触后膜达到引发动作电位的阈值。在实验 3 中,单独给轴突 B 一个刺激,引起一个 EPSP,然后同时给轴突 A 和 B 刺激,产生了一个较前者大的 EPSP,说明后者产生了总和。将来源不同的输入信号在同一时间送达同一细胞,引起细胞兴奋或兴奋性改变的现象称为空间总和(spatial summation)。实验 4 证明了多个 EPSP 的空间和时间总和使突触后神经元达到阈电位并引发了动作电位。实验 5 检测了 EFSP 和 IPSP 的共同作用,两者作用方向相反,因此膜电位没有改变或变化很小。

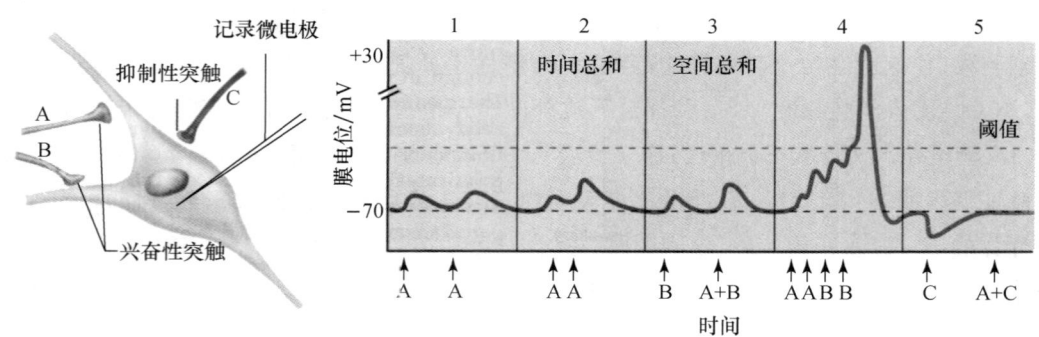

图 3-23　EPSP 和 IPSP 在突触后神经元的总和效应(Widmair et al.,2004)

第四节 突触可塑性及其调节

突触可塑性是指在不同环境刺激下突触水平的结构和功能发生适应性改变的过程,它是神经系统最重要的特性之一。在神经系统的发育、学习和记忆,脑的认知等高级神经活动过程中,均存在突触可塑性变化。这种变化不但体现在形态学上,如突触结构的修饰、神经树突分支数量及分布的改变、突触连接数目及空间分布的变化,以及突触活动带结构的变化等,还体现在功能上,即突触传递效能的改变。

突触的传递效率并不固定,而是随着进行模式发生改变。几乎所有突触都具有这种特性。突触传递的效能既能增强,也可以减弱,这种变化可持续短至几个毫秒,长至几周甚至更长的时间。例如,一短串刺激作用于突触前神经元时,产生的突触后电位的幅度或增加,或减小。前者被称为突触易化(facilitation),后者称为突触压抑(depression)。一长串高频刺激可引起持续数十分钟的突触电位幅度的增加,这种作用称为强直后增强(posttetanic potentiation,PTP)。短时间内给突触前神经元快速、重复性刺激后,在突触后神经元上可产生持续更长时间的突触传递效率的长时程增加,或长时程降低。前者称为长时程增强(long-term potentiation,LTP),后者称为长时程压抑(long-term depression,LTD)。突触可塑性不但涉及突触前、后神经细胞相互关联的强度,其产生的过程还涉及许多信号蛋白的相互作用及第二信使的调节。

一、突触效能的长时程增强

突触的易化、压抑和强直后电位是短暂修饰突触传递的方式,其机制主要涉及脑环路的短时间变化,但突触效能的这些变化不能作为个体长达数星期、数月甚至长达数年的记忆和行为可塑性的基础。实际上,在哺乳动物的中枢神经系统中,许多突触能够表达持久的突触可塑性形式,这些突触效能的改变可能是行为持久改变的基础。由于其持续时程较长,其突触可塑性也被广泛认为涉及细胞水平的学习和记忆机制。

LTP 和 LTD 在广义上是指突触效能的直接变化。然而,在不同的突触中,两者产生的机制在细胞水平和分子水平都有差异,其突触效能的改变与细胞所处的状态、细胞内不同信号转导通路中不同成分的调节有关。

研究最为深入详尽的是哺乳动物海马 CA1 区中 NMDA 受体依赖的 LTP。应用功能脑成像技术对人脑的研究表明,在某些类型的学习期间海马能够被激活,而损伤海马后某些新记忆将不能形成。对啮齿类动物的研究表明,当动物处于某些特定位置时,可引起海马神经元动作电位的发放。这些特殊的"位置细胞"被认为编码了空间记忆信息。已有的许多实验表明,海马损伤将严重影响大鼠空间学习能力的正常发育。这些研究结果导致海马中的兴奋性突触环路成为研究 LTP 的重要模型。

对 LTP 的研究始于 20 世纪 60 年代晚期,Terie Lomo 和 Timothy Bliss 发现几秒高频电刺激能够提高兔海马中的突触传递效能,时间可长达几天甚至几个星期。近年来的许多研究主要应用离体脑片对海马进行分层研究,由于海马中神经元具有特殊的排列特点,这种脑片能完整保留所研究的海马中相关神经元的环路结构。在图 3-24 中显示了海马的主要脑区 CA1 和 CA3。海马结构位于颞叶内,CA1 区中的锥体细胞树突与 CA3 区中的 Schaffer 侧支(Schaffer collateral)纤维形成突触连接。齿状回(dentate gyrus)的颗粒细胞(granule cell)受前穿质纤维通路的支配,并通过其苔藓纤维末梢转而支配 CA3 区细胞(entorhinal,内嗅区)。电刺激 Schaffer 侧支能够在 CA1 区细胞中记录到 EPSP(图 3-25A、B)。如果仅给予 Schaffer 侧支低频刺激(2~3 次/min),在 CA1 区神经元中产生的 EPSP 幅值将保持恒定。然而,如给予同一轴突一串短暂的高频刺激,则会产生 EPSP 幅值增大的持续长久的 LTP(图 3-25C)。LTP 不仅存在于海马的兴奋性突触中,也存在于其他许多脑区(包括皮质、杏仁核和小脑)的各种类型的突触中。

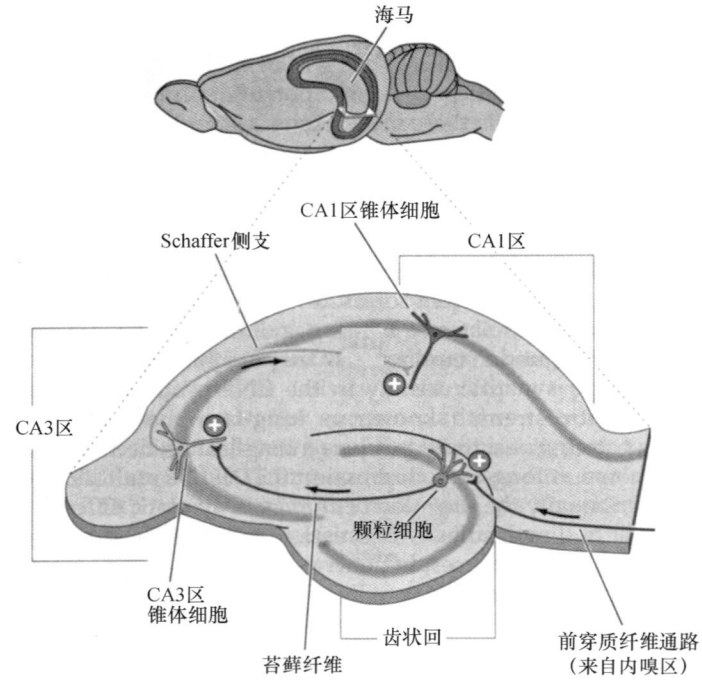

图 3-24　小鼠海马结构（平面图）（Purves et al.,2004）

鼠海马横切面示主要神经投射、兴奋性通路和突触连接。在三个突触连接的每一部位都能观察到长时程电位。

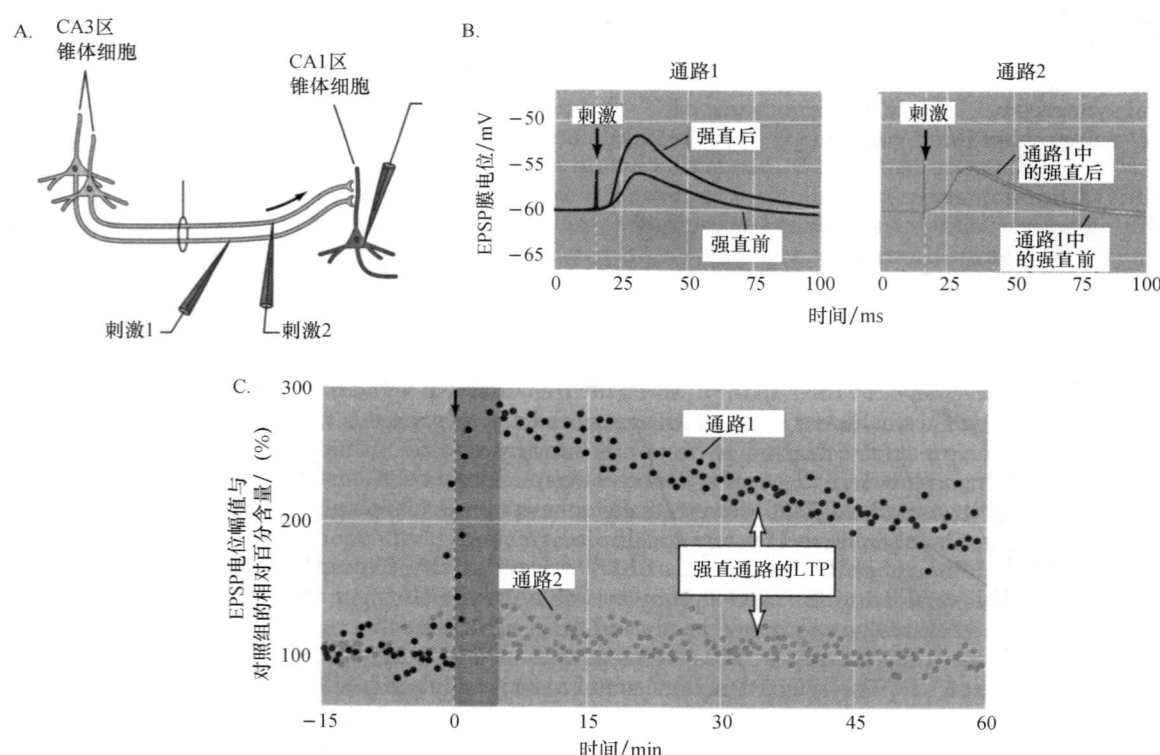

图 3-25　Schaffer 侧支 CA1 区突触的长时程电位（Purves et al.,2004）

A. 突触传递实验。两个刺激电极中，每一个都能分别激活一束 Schaffer 侧支。B. 左图为单独给予突触通路 1 一串短强直脉冲刺激，刺激前数分钟和刺激后 1h 在 CA1 区神经元中记录到的突触反应。一串高频刺激增加了 EPSP 的幅值。右图显示通路 2 中使用低频刺激引起的反应，EPSP 的振幅未发生改变。C. 刺激通路 1 和通路 2 引起 EPSP 振幅改变的时程。高频刺激通路 1 引起此通路中 EPSP 幅度（黑点）的长时间增大。通路 1 中的突触传递的增强可持续数小时，而由低频刺激通路 2（灰点）中产生的 EPSP 的振幅保持恒定不变。

(一) LTP 的特性

LTP 具有状态依赖性(state-depend)特点。突触后细胞膜电位的状态决定了是否能发生 LTP。通常作用 Schaffer 侧支上的一个单刺激是不能激起 LTP 产生的,但如果存在使突触后 CA1 区细胞产生较大去极化的一对刺激,则会通过 Schaffer 侧支激活产生 LTP(图 3-26)。这种形式仅仅发生在突触前和突触后细胞的成对激活,它们在时间上是紧密联系的,即强烈的突触后去极化发生在突触前递质释放的 100 ms 之内。

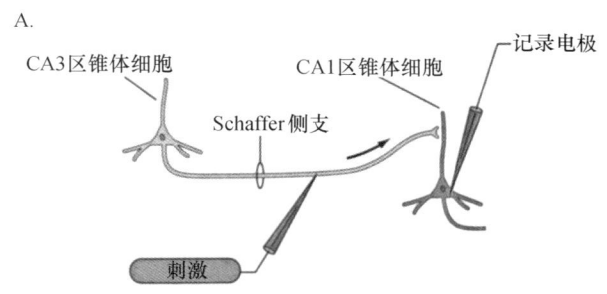

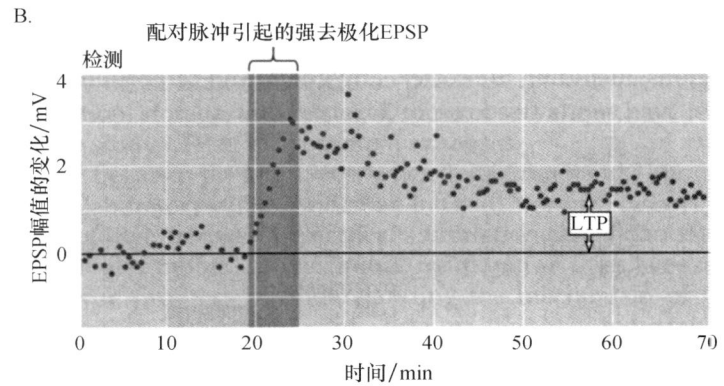

图 3-26 突触前、突触后配对激活产生的 LTP(Purves et al.,2004)

A. 给 Schaffer 侧支单刺激后。B. 在突触后 CA1 区锥体细胞中记录的 EPSP。这些刺激都不能激起突触后强度的任何改变。然而,如果通过记录电极施加电流引起 CA1 区膜电位短暂去极化的同时,给予 Schaffer 侧支刺激,则会产生持久的 EPSP 增大。

LTP 的另一个重要特点是输入特异性(input specificity),即 LTP 主要产生于受刺激传入神经纤维相对应的突触,而不是产生于其他的与其无关联的同一神经元上的其他突触(图 3-25),因此 LTP 只局限在激活的突触,而不是突触后细胞上的其他突触。LTP 所具有的这种特性与其相关记忆的形成(或至少与特殊记忆的存储)有关。如果一组突触的激活引起其他突触,包括那些未激活的突触都产生电位的变化,将无法对输入特殊的信号进行筛选,也不能完成特殊信息的存储。

LTP 的还有个重要特点是协同性(associativity),即一个弱刺激通路本身不能产生 LTP,但当一个强刺激通路在同一突触后神经元的邻近突触引发 LTP 后,弱刺激和强刺激通路都能产生 LTP(图 3-27)。这种共同激活一系列突触输入的选择性增强反应常常被认为类似于联合型或经典型的条件反射。一般来说,协同性被认为与神经元间不同信息网络的连接有关。海马突触的 LTP 和学习、记忆,或其他方面的行为可塑性之间的关系提供了一个研究脑长程变化的神经机制平台,而这种变化可能涉及某些方面记忆的形成和储存。

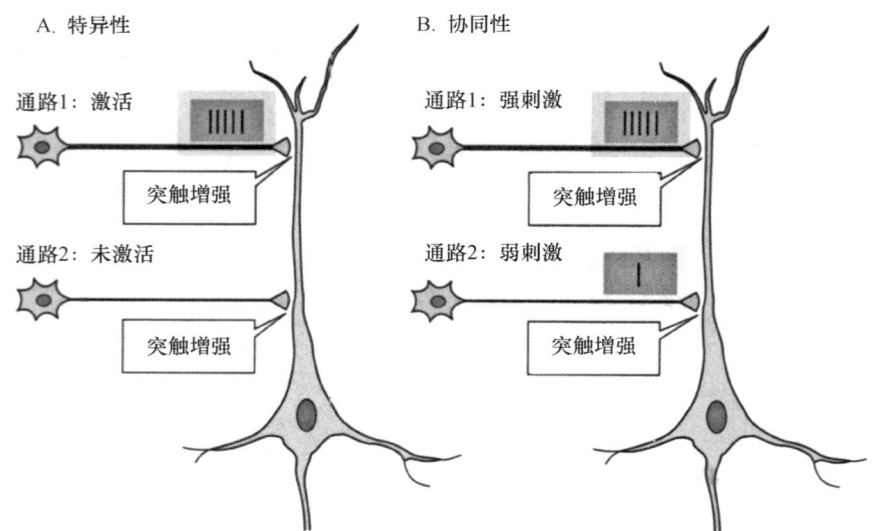

图 3-27　CA1 区的协同性特性(Purves et al., 2004)

图示 CA1 区锥体神经元接受两束独立的 Schaffer 侧支输入。A. 强刺激引起通路 1 中被激活突触的 LTP，但未在邻近的未激活通路 2 中诱发出 LTP；B. 单独给通路 2 一个弱刺激不能诱发产生 LTP，但如果此时在通路 1 中存在一个强刺激，两条通路中的突触反应均获得增强。

(二) LTP 产生的分子机制

尽管 LTP 现象的发现已经有三十多年，然而直至目前对其诱导形成的分子机制仍旧缺少深入理解。20 世纪 80 年代中期，LTP 的研究取得了重大进展。研究发现，谷氨酸 NMDA 受体的拮抗剂可阻断 LTP，但并不影响由低频刺激 Schaffer 侧支引起的突触反应。NMDA 受体的生物物理特性第一次引起了广泛关注。正如本节前面所介绍的，NMDA 受体通道允许 Ca^{2+} 的通透，但却生理性地被 Mg^{2+} 阻断，这种特性引起了人们对 LTP 产生机制的深入研究。给予 Schaffer 侧支低频刺激时，突触前释放的谷氨酸可同时与突触后膜上的 NMDA 受体和 AMPA 受体结合，然而突触后神经元在静息状态下的 NMDA 受体通道是被 Mg^{2+} 所阻断的，因此无突触后电流产生。NMDA 受体通道的阻断具有电压依赖性特征，只有突触后神经元被去极化时，NMDA 受体通道中的 Mg^{2+} 被移出，突触才恢复其功能。Mg^{2+} 被移出后，Ca^{2+} 通过 NMDA 受体通道进入突触后神经元，增加了 Ca^{2+} 在突触后神经元树突棘中的浓度，诱导了 LTP 的产生。在这里 NMDA 受体被认为类似于一种分子"and"门：只有谷氨酸与 NMDA 受体结合并引起突触后神经元去极化，释放出阻断 NMDA 受体通道的 Mg^{2+}，通道才能开放产生 LTP。因此，NMDA 受体能够感受同时发生的两个事件。

Ca^{2+} 通过 NMDA 受体通道进入突触后神经元，提高了突触后神经元中 Ca^{2+} 浓度水平，诱导产生 LTP。Ca^{2+} 作为细胞内的信使分子，可激活细胞内一系列复杂的信号转导通路。目前已经清楚至少存在两种类型的 Ca^{2+} 激活蛋白激酶：CaMKⅡ和蛋白激酶 C(PKC)。在突触后致密带(postsynaptic density, PSD)中存在高浓度的 CaMKⅡ，CaMKⅡ在 LTP 形成过程中发挥关键作用。应用 CaMKⅡ抑制剂或敲除 CaMKⅡ基因后能阻断 LTP 的发生。敲除 CaMKⅡ基因的小鼠脑内仍然可诱导出只有正常小鼠一半的 LTP，提示除了 CaMKⅡ外，还应有其他激酶在 LTP 形成中发挥作用。LTP 产生后存在 CaMKⅡ的自我磷酸化，导致与突触后致密带相连的 AMPA 受体 GluR1 亚基磷酸化，使 AMPA 受体通道的电导增加。

PKC 也可能起着与 CaMKⅡ类似的作用。PKC 的抑制剂能阻断 LTP 的产生，将 PKC 导入 CA1 区锥体细胞中可增强突触传递。激活后的 PKC 能通过降低蛋白磷酸酶的活性间接增加 CaMKⅡ的作用。LTP 形成过程中也可能有其他激酶发挥作用，如 Fyn 和 Src 等细胞内酪氨酸激酶。逆行性信号分子，如 NO 等在 LTP 产生过程中也可能发挥作用，这类分子在突触后神经元产生并被释放到突触间隙，经扩散至突触前神经元，促进突触前递质的释放。

目前普遍认为LTP产生的突触后机制主要与AMPA受体的增加有关。在LTP诱导实验中发现，AMPA受体介导的兴奋性突触后电流明显大于NMDA受体介导的兴奋性突触后电流，此结果强烈提示AMPA受体反应性的提高是形成LTP的主要机制。近期研究表明，兴奋性突触能主动调节突触后谷氨酸受体的数量，将一些新的AMPA受体补充到静息突触（silent synapse）中，而在这些突触的后膜上原来并不存在AMPA受体（图3-28）。新产生的AMPA受体不仅可加入静息突触中，而且发现在LTP诱导过程中，非静息突触中也得到新的AMPA受体补充。尽管目前还不清楚突触后膜上活动依赖性AMPA受体是如何被转运和表达的，但研究显示，直接激活NMDA受体后能引起动力学依赖的AMPA受体的胞吞活动，使其能快速进出突触后致密带。显然，新增加的AMPA受体能显著提高突触后细胞对谷氨酸释放的反应，增强突触传递的效能以及延长LTP的时程。

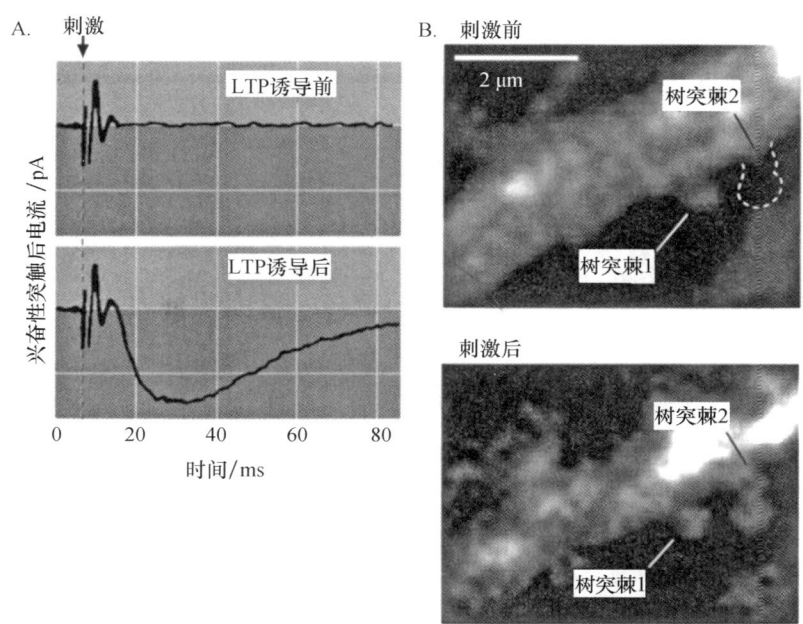

图3-28　LTP期间AMPA受体在突触后膜中的嵌入（Purves et al., 2004）
A. 海马中LTP诱导的AMPA受体在静息突触中的反应。LTP诱导产生前，处于-65 mV静息膜电位的静息突触无EPSC产生（上图）。LTP诱导之后，相同的刺激却产生了由AMPA受体介导的EPSC（下图）。B. LTP产生之前和给予高频刺激诱导产生LTP后30 min，免疫荧光标记的AMPA受体亚基GluR1。照片可见，高频刺激前树突棘1上的AMPA受体并无改变，而高频刺激诱导后，在树突棘2中产生了新的AMPA受体。

二、突触效能的长时程压抑

在LTP过程中，假设突触只是简单地持续增加反应强度，突触反应的强度最终会达到最大，如此反应形式几乎使它们不可能再编码新的信息。因此，为提高突触工作的效能，必然存在选择性削弱某些特异性突触活动的过程，也就是说，如果同时存在突触传递效能增强和减弱的神经网络，将比单一突触反应增强或减弱的神经网络具有更大的处理和储存信息的优势。LTD即是这样一种过程。20世纪70年代晚期，在海马Schaffer侧支和CA1区锥体细胞形成突触中发现了LTD现象。与LTP的产生需要短的、高频刺激不同，当给Schaffer侧支10～15 min低频（1 Hz）长串脉冲刺激时能诱寻LTD的产生。产生的LTD能压抑EPSP达数小时，而且与LTP类似，它们对激活的突触也具有特异生（图3-29）。LTD能减少或消除LTP引起的EPSP；反之，LTP能对抗LTD减小EPSP的趋势。因此，LTP和LTD通过作用于同一位点实现对突触效能的拮抗调节。实际上，LTD和LTP一般不可能在某个突触的传递过程中独立表达，这是因为二者在诱导机制上存在一定的相似性。如上述介绍的LTD和LTP的产生都需激活NMDA受体后引起胞外Ca^{2+}内流，只不过两者需要的Ca^{2+}内流在时间和数量上有显著区别：快速、大

量的 Ca^{2+} 内流诱导的是 LTP,而缓慢、持久的 Ca^{2+} 内流诱导的是 LTD,两者的表达和维持均需多种蛋白酶的作用。因此,不同的系统和不同的刺激形式可能使神经系统采用不同的信号转导及表达机制来改变突触的传递效能。

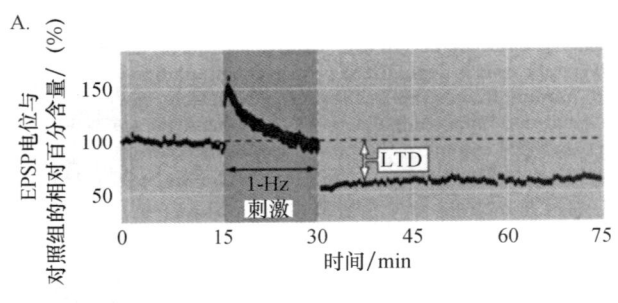

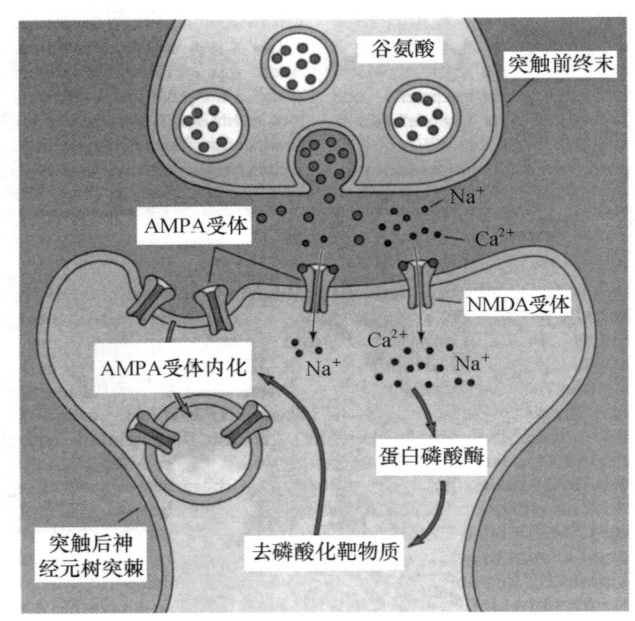

图 3-29　海马中突触传递的 LTD(Purves et al.,2004)

电生理技术常用来研究 Schaffer 侧支与 CA1 区锥体神经元间的突触信号传递。实验设计参见图 3-26A。A. 给予 Schaffer 侧支低频刺激(1 s)引起突触传递 LTD。B. LTD 产生的机制。Ca^{2+} 浓度在突触后 CA1 区神经元中微量升高,激活了突触后蛋白磷酸化通路,使突触后 AMPA 受体内吞,减少了膜上 AMPA 受体数目,降低了对 Schaffer 侧支终末释放的谷氨酸的敏感性。

三、LTP 和 LTD 普遍存在的类型

LTP 存在多种不同类型,有些与突触前机制有关,有些与突触后机制有关。图 3-30 总结了一些 LTP 普遍存在的类型。

1. NMDA 受体(NMDAR)依赖的 LTP

这类 LTP 是迄今为止研究得最为清楚的长时程突触可塑性(图 3-30A)。这种 LTP 产生需要在突触后膜显著去极化时,通过突触前释放谷氨酸来激活 NMDAR。NMDAR 具有很强的电压依赖性,当细胞去极化时,Mg^{2+} 从 NMDAR 通道内的结合位点解离,Ca^{2+} 通过 NMDAR 内流至突触后神经元的树突棘,Ca^{2+} 的升高激活了一系列细胞内信号通路,诱导了 LTP 的产生。LTP 发生期间,突触强度增加的主要原因在于不断有 AMPA 受体(AMPAR)被转运至突触后膜,AMPAR 在后膜中数量的增加对

NMDAR并无影响。LTP维持的几小时之内,需要蛋白合成,大量树突棘生成和相关突触后密度增加。这些结构上的变化对于LTP启动的巩固信息储存过程可能是至关重要的。此外,突触处NMDAR的转运和数量改变能潜在改变诱导的LTP(和LTD)阈值。特殊NMDAR亚基上的分子开关还能上调或下调NMDAR调节的突触电流,改变受体激活期间进入突触后神经元中Ca^{2+}的数量,继而改变突触可塑性。

2. 突触前LTP

此类LTP最初是在齿状回颗粒细胞的苔藓纤维和海马CA3区锥体细胞间形成的突触中发现的,之后在新皮质和小脑中也发现了类似的LTP。这类LTP不需要NMDAR和突触后因子。相反,突触前LTP是通过突触前终末细胞内的Ca^{2+}激活依赖性升高启动的(图3-30B)。Ca^{2+}的升高激活了腺苷酸环化酶,产生环腺苷酸(cAMP),后者再激活蛋白激酶A(PKA)。此系列反应导致在每次动作电位到达神经终末时,都能持续地增加谷氨酸的释放数量。在突触囊泡进入突触前活性区准备释放,以及不断增加谷氨酸释放数量的过程中,Rab3A和RIM1α蛋白发挥重要的调节作用。

3. NMDAR依赖的LTD

当给NMDAR一个弱刺激时(如给细胞膜适当的去极化或低频刺激),能引起LTD的产生,其机制被认为是突触后细胞缓慢小量Ca^{2+}内流所引起的。Ca^{2+}的微量升高不会引起LTP,LTP的产生需要高频刺激引起突触后快速大量Ca^{2+}内流。NMDAR依赖的LTD过程诱导了细胞内不同的Ca^{2+}依赖信号通路,这些通路包括丝氨酸/苏氨酸磷酸酶,其去磷酸化一些关键的突触靶蛋白,如AMPAR自身(图3-30C)。在NMDAR依赖的LTD期间,通过动力蛋白和网格蛋白依赖的内吞过程,减少了膜上AMPAR的数量,因此引起Ca^{2+}内流诱导的LTD。

4. 代谢性谷氨酸受体(mGluR)依赖的LTD

mGluR的激活能够诱导和表达LTD。这类LTD最初是在小脑浦肯野细胞的平行纤维(parallel fiber)突触中发现的(图3-30D),之后在海马和新皮质中也发现mGluR依赖的其他LTD类型。在平行纤维突触,LTD的产生需要协同作用,即突触后Ca^{2+}通过电压门控离子通道内流和突触后mGluR Ⅰ型的激活。但在其他突触,单独激活mGluR就能诱导出LTD。在大多数情况下,这种LTD的产生主要是通过网格蛋白依赖的突触细胞内吞AMPAR来调节。特别令人感兴趣的发现是,在发育的某些阶段,mGluR促发的AMPAR内吞和LTD需要蛋白质的快速合成。

5. 内大麻醇(endocannabinoid,eCB)调节的LTD

在中枢神经系统的许多释放谷氨酸和γ-氨基丁酸的突触中,短暂的突触后Ca^{2+}快速大量内流会诱导eCB的合成(在有些情况下也会单独激活mGluR和毒蕈碱型受体)。eCB是一种亲脂性分子,它们能逆行穿过突触到达突触前膜,并与前膜上的CB1受体结合,短暂地抑制递质的释放(图3-30E)。然而在有些突触中,仅延长了eCB释放的时间并不引起LTD产生,这种方式是通过长时程压抑递质的释放来调节的(eCB-LTD)。为什么在有些突触中eCB的释放仅产生瞬时性突触压抑,而在另一些突触中却能激起持久的LTD,其机制目前尚不十分清楚。最近的研究表明,瞬时性压抑产生的突触前机制可能与eCB和eCB-LTD的差别有关,只有eCB-LTD需要PKA和RIM1α依赖的信号通路。

突触效能的改变除了与LTP和LTD有关外,还与突触的某些特异性有关。当突触激活水平经历长时间改变(如几小时到几天)时,突触强度也能被修饰。在一些特殊情况下,延长突触活动减少的时间能整体增大突触强度,而延长突触活动增加的时间,能降低突触强度。突触强度的这些普遍变化被认为是在限定的范围内单个细胞维持活动的自稳态反应,它使不同突触通过LTD或LTP引起的反应在强度上体现恒定的差别。大量证据表明,突触强度的可塑性变化许多是通过AMPAR成分与递质释放的突触前机制相联系的,这中间涉及局部蛋白质的合成、神经生长因子或类似肿瘤坏死因子(TNF-α)等可扩散因子的变化。

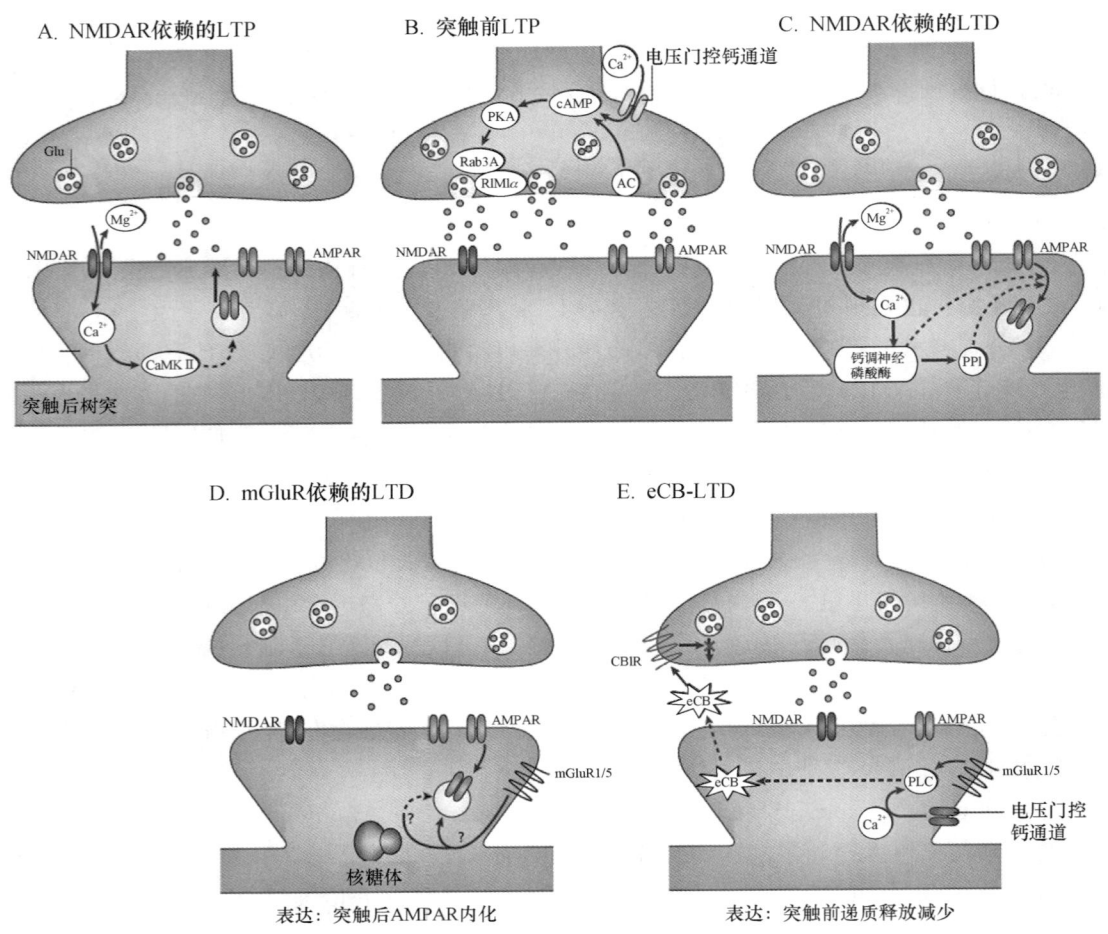

图 3-30　普遍存在的 LTP 和 LTD 类型(Kauer et al.,2007)

在啮齿类动物脑中观察到的突触可塑性产生和表达模式：A. 在不同脑区均观察到 NMDAR 依赖的 LTP 现象,这种类型依赖于 NMDAR 的激活和 CaMKⅡ的启动作用。电压依赖性 Mg^{2+} 对 NMDAR 通道位阻的解除,使突触能对突触前谷氨酸释放和突触后去极化的共同作用做出反应。突触后膜 AMPAR 插入数量的增加是 LTP 表达的主要机制。B. 突触前 LTP 机制的最好模型是通过海马 CA3 区突触的苔藓纤维和小脑浦肯野细胞突触的平行纤维获得的。重复突触激活导致突触前 Ca^{2+} 进入,Ca^{2+} 再激活 Ca^{2+}-敏感腺苷酸环化酶(AC),引起 cAMP 的升高和 cAMP 依赖蛋白激酶 A(PKA)的激活。这些事件随后调节了 Rab3A 和 RIM1α 的功能,引起了持续的谷氨酸释放,此过程涉及许多突触后信号分子(图中未显示)。C. NMDAR 依赖的 LTD 由突触后 NMDAR 通道进入的 Ca^{2+} 促发,引起突触后蛋白磷酸酶 2B(protein phosphatase 2B)(又称为钙调磷酸酶,calcineurin)和蛋白磷酸酶 1(protein phosphatase 1,PP1)活性的增加,此过程的主要表达机制包括突触后 AMPAR 内化(internalization)和 NMDAR 下调,其具体过程尚不清楚。D. 代谢型谷氨酸受体(mGluR)依赖的 LTD 主要在小脑浦肯野细胞突触的平行纤维和海马突触中研究得最为清楚。突触后 mGluR1/5 诱导了突触后 AMPAR 的内化,此过程在某些情况下可能需要蛋白的合成。E. eCB-LTD 是近期发现的 LTD 的一种类型,在许多脑区中都存在其表达。此类型或需要 mGluR1/5 的激活,引起 PLC 的激活;或是通过增加细胞内 Ca^{2+}(或两者均需要),诱导突触后细胞中 eCB 的合成。eCB 主要由突触后神经元释放,逆行转运至突触前与 cannabinoid1 受体(CB1R)结合,经过目前尚不清楚的机制抑制递质长时程释放。

四、静息突触

近期的许多研究表明,突触后谷氨酸受体存在兴奋性突触的动态调节。最初的研究发现,当某些类型的谷氨酸突触后细胞处于静息状态时,刺激这些突触并不能产生突触后电位变化。然而,一旦这些突触后细胞被去极化,就能在这些静息突触上记录到明显的电位变化。这表明信息在此类突触上的传递可以对突触后活动做出"开"或"关"的反应。在许多脑区均存在此类突触,这些区域包括海马、大脑皮质和脊髓。

静息突触动态性变化产生的原因如前所述。在静息状态下,NMDAR 受电压依赖的 Mg^{2+} 的阻断不能被激活。在静息突触向功能性突触的转化过程中,AMPAR 被不断运至细胞膜,嵌插于突触后致密带中,从而增大了突触传递的强度。AMPAR 和 NMDAR 在发育不同阶段存在动态调节变化。出生后早期阶段,许多突触中仅存在异常富集的 NMDAR,发育至成年时逐渐减少。当突触成熟时,一些 AMPAR 被补充进突触后膜中(图 3-31)。

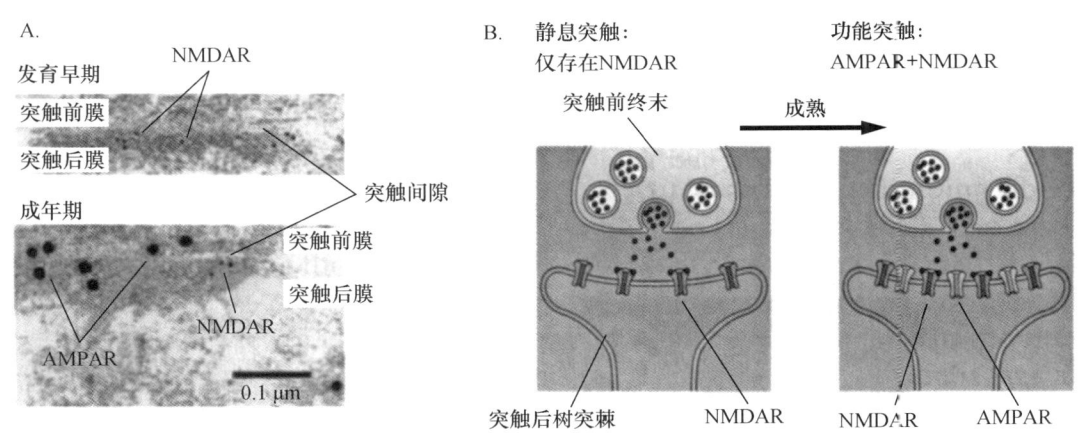

图 3-31 大鼠海马 CA1 区中静息突触的形态学变化(Purves et al.,2004)

A. 大鼠海马 CA1 区中兴奋性突触 10 天和 5 周(成年)的电镜照片。成年动物海马 CA1 区中存在丰富的 AMPAR,但在年轻动物脑中仅存在 NMDAR。B. 谷氨酸受体成熟模式图。出生后早期,许多兴奋性突触仅含有 NMDAR。随着突触的发育成熟,AMPAR 开始补充加入突触中。

大量实验证据直接证明了 AMPAR 在 LTP 表达期间被上调。AMPAR 的 GluR1 亚基用绿色荧光蛋白(GFP)标记后,能够观察到在海马 CA1 区锥体细胞中短暂表达。用激光扫描电镜观察这些细胞的树突时发现,树突中大多数蛋白(GluR1-GFP)位于胞内小室中,仅有半数树突棘显示荧光。但受刺激后,标记的受体被快速运送至树突棘,向树突上聚集,此时在所有的树突棘上几乎都发现有荧光标记,甚至在刺激前未标记的树突也是如此。这些结果表明,许多兴奋性树突棘是寂静的,在重复刺激后,得到了 AMPA 的补充才显示出 AMPA 的反应。

五、树突棘的形态变化与突触可塑性

突触后可塑性还包括整个突触后结构的树突棘的动态变化。树突棘体积小于 $1\mu m^3$,具有各种不同的形态。树突棘球形的棘头通过一个窄茎连接到树突上(图 3-32)。早在 19 世纪晚期,Romon y Cajal 就描述了树突棘的结构,并指出树突棘可能参与了神经元的可塑性及中枢神经系统的长时程记忆。近年的一些研究认为,棘茎能够防止生物化学信号从棘头扩散进入树突的其余部分。在突触传递过程中,能产生许多可扩散信号,其中最显著的是第二信使 Ca^{2+}。此外,一些实验也证明了棘茎的确能够作为分子扩散的屏障。此外,其他证据表明,树突棘中存在分隔生物化学成分的空间。例如,IP_3 等信号分子能够从棘头中扩散出来进入树突中。IP_3 和 Ca^{2+} 存在一定的扩散差异,IP_3 信号扩散的持续时间较 Ca^{2+} 长,因此能保证 IP_3 有足够的时间克服棘茎的障碍,从棘头向外扩散。棘可能作为一种"库"来储存各种信号蛋白,它们可将 Ca^{2+}、IP_3 及许多下游靶分子富集在这里。例如,在棘头中存在高浓度的谷氨酸受

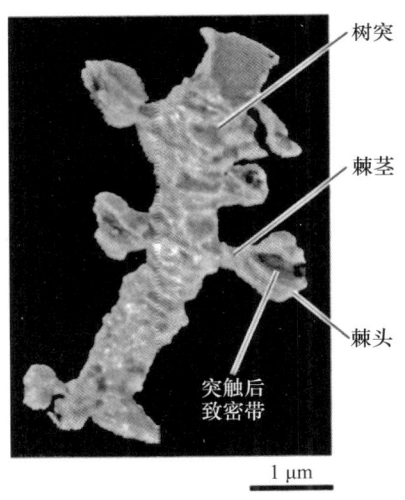

图 3-32 海马锥体神经元树突微区的高分辨率电镜水平重构图片
(Purves et al.,2004)

体,突触后致密带中存在十几种细胞内信号转导蛋白(图3-33),这表明棘头是突触组装过程中信号分子最终到达的目的地,是第二信使作用的靶点。

在发育过程中,树突的丝足状突起在突触前释放的递质及其他因子的共同调节下会发生一系列形态上的变化。给 CA1 区神经元持续刺激,树突的丝足状结构就可以在几分钟内发育长大成树突棘结构。树突棘密度的变化是受突触活动调节的主动过程。在高频诱导出 LTP 的同时,突触棘突的宽度也相应增加,并随即出现树突棘的分叉,形成新树突棘。当阻断 NMDA 受体后,这种变化随即消失,这表示此变化与突触活动相关。行为学实验表明,行为训练大鼠的被动躲避反应,发现相应脑区的树突棘密度在训练后 3 h 开始增加,6 h 达到高峰。如果在此系统中快速给予谷氨酸或 NMDA,激活突触后膜大量的谷氨酸受体,树突棘在几分钟内就开始迅速回缩,密度很快下降,此过程与 LTD 的表达机制相似,因此推测树突棘的回缩变化可能与 LTD 也有关。

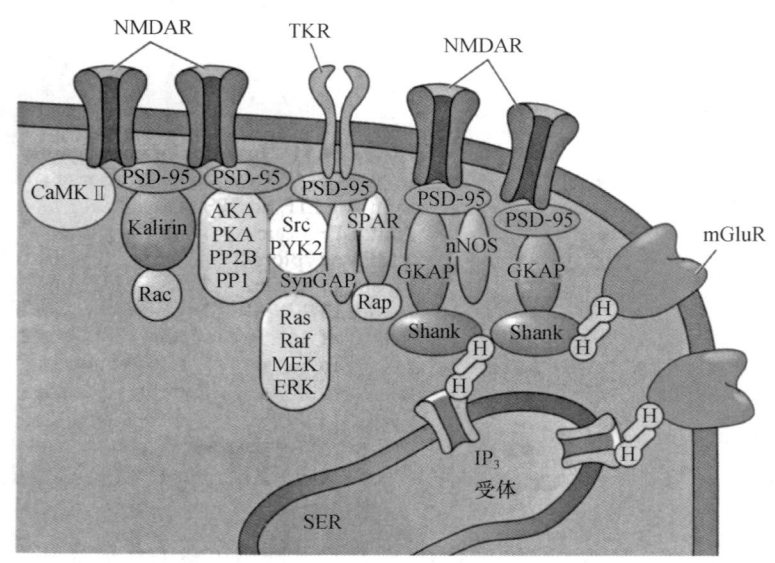

图 3-33　突触后致密带中存在的各种信号转导分子(Purves et al.,2004)

突触后致密带中的分子包括 NMDAR、mGluR、酪氨酸激酶受体(tyrosine kinase receptor,TKR)和最为显著的蛋白激酶 CaMKⅡ。

介导树突棘形态变化的蛋白存在于突触后致密带中。PSD-95 是从突触后致密带中分离出来的主要支架蛋白。在发育神经元中,丝足状结构的生长依赖于 PSD-95 的不断向前延伸。即使在成熟的突触中,支架蛋白仍进行活跃的运动和更新。一些实验证据表明,支架蛋白在调节 mGluR 的运动、树突的成熟、AMPA 在受体后的表达等方面均具有重要作用。Shank 是存在于突触后致密带中的另一个重要成员。Shank 可与突触后致密带中的 NMDAR、mGluR 等许多成分相互作用。过量表达 Shank 能使海马神经元树突棘成熟加快,树突棘增大。Shank 通过调节一些下游蛋白,如 Homer,来调节树突棘及突触后致密带的形态结构。

树突棘的结构和形态上的动力变化涉及 LTP 和 LTD 的产生和维持机制。LTP 和 LTD 两者都具有 Donald Hebb 所假设的对联合学习必需的特性,即当突触前和突触后成分协同活动时,突触强度将获得增强,这种类型的突触亦被称为 Hebb 型突触。中枢神经系统的学习和记忆机制包含了突触效能的长时程变化,然而在不同类型的突触中,突触可塑性的表达存在很大差异,有关这方面的细胞内分子机制目前还存在许多空白,需要深入研究。

(左明雪)

练 习 题

1. 简述化学突触信号传递的主要过程。
2. 阐述 Ca^{2+} 在囊泡的募集、介导囊泡与突触前膜融合的胞吐过程中是如何发挥调控作用的?
3. 简述神经性 SNARE 蛋白核心复合体的组成和结构特征。
4. 简述 SNARE 循环的主要步骤及内容。
5. 简述 AMPA 受体和 NMDA 受体在神经传递过程中的协调作用机制。
6. 何为突触可塑性? 举例说明 LTP 产生的突触前和突触后机制。

参 考 文 献

BORON W F, BOULPAEP E L, 2003. Medical physiology[M]. Philadelphia: Saunders.

DAVIES R W, MORRIS B J, 2006. Molecular biology of the neuron[M]. 2nd ed. New York: Oxford University Press.

GUNDELFINGER E D, KESSELS M M, QUALMANN B, 2003. Temporal and spatial coordination of exocytosis and endocytosis[J]. Nat rev mol cell biol, 4: 127-139.

HEUSER J E, REESE T S, 1981. Structural changes after transmitter release at the frog neuromuscular junction[J]. J cell biol, 88: 564-580.

HIROFUMI TOKUOKA, YUKIKO GODA, 2003. Synaptotagmin in Ca^{2+}-dependent exocytosis: dynamic action in a flash[J]. Neuron, 38: 521-524.

JAHN R, SCHELLER R H, 2006. SNAREs engines for membrane fusion[J]. Nature rev mol cell bion, 7: 631-643.

KANDEL E R, SCHWARTZ J H, JESSELL T M, 2000. Principles of neural science[M]. 4th ed. New York: McGraw-Hill.

KAUER J A, MALENKA R C, 2007. Synaptic plasticity and addiction[J]. Nature rev neurosci, 8: 844-858.

KOPPEN B M, STANTON B A, 2008. Physiology[M]. 6th ed. Philadelphia: Mosby Elsevier.

NICOLAS X T, BERGLES D E, 2007. Defining the role of astrocytes in neuromodulation[J]. Neuron, 54: 497-500.

PURVES D, AUGUSTION G J, FITZPATRICK D, et al, 2004. Neuroscience[M]. 3rd ed. Sunderland, MA: Sinauer Associates.

RIZZOLI S O, BETZ W J, 2005. Synaptic vesicle pools[J]. Nature rev neurosci, 6: 57-59.

SCHWARTZ J H, JESSELL T M, 1991. 3th ed. New York: McGraw-Hill.

TOKUOKA H, GODA Y, 2003. Synaptotagmin in Ca^{2+} dependent exocytosis: dynamic action in a flash[J]. Neuron, 38: 521-524.

WIDMAIER E P, RAFF H, STRANG K T, 2004. Human physiology[M]. 9th ed. New York: McGraw-Hill.

韩济生, 2009. 神经科学. 3 版. 北京: 北京大学医学出版社.

尼克尔斯 J G, 等, 2003. 神经生物学——从神经元到脑[M]. 杨雄里, 等, 译. 北京: 科学出版社.

第四章 第二信使及跨膜信息转导

多细胞生物为保持个体平衡，其细胞之间遍布着各种复杂的信号传递系统，以便对胞外信号进行精确的处理。细胞信号转导(signal transduction)是指外界环境刺激因子或胞间通信分子等作用于细胞表面或胞内受体，经过一系列级联反应，引起细胞发生生理反应或诱导基因表达的过程。细胞间的信息传递和胞内的信号转导是多细胞生物最基本的生命活动，在其个体发育、新陈代谢以及其他生命活动中有重要意义。

神经系统的基本功能就是信号的接收、整合和传递，在中枢神经系统以及周围神经系统中，通过递质与代谢型受体结合，进而通过膜关联信使或胞内第二信使间接影响离子通道和离子泵，从而实现了突触传递。

第一节 跨膜信息转导

细胞膜受体大致分为三聚体G蛋白偶联受体、离子通道镶嵌型受体及酪氨酸激酶型受体。三聚体G蛋白偶联受体和离子通道镶嵌型受体主要结合激素、递质和神经多肽。前者中，与受体结合的G蛋白作为转导物，控制腺苷酸环化酶(AC)和磷脂酶C(PLC)等效应器的活性，通过产生环腺苷酸(cAMP)、二酰甘油(DAG)、三磷酸肌醇(IP_3)等第二信使，控制信息传递系统；后者受体本身是离子通道，当与细胞外信号结合后，Na^+、K^+、Cl^-等向细胞内流入，通过细胞膜电位的变化控制信号传递系统。另外，酪氨酸激酶型受体与细胞增殖因子、细胞黏着因子以及其他细胞因子结合后，酪氨酸激酶被活化，受体自身和其他蛋白质被磷酸化，通过下游的激酶级联反应完成上述各类因子的信号传递过程。

一、递质跨膜信息转导的方式

(一) G蛋白偶联受体介导的信号转导

1. G蛋白偶联受体结构

G蛋白偶联受体是由一个具有七次跨膜结构域的膜蛋白超家族组成的代谢型受体，有一个膜外氨基末端(N末端)和一个膜内羧基末端(C末端)，中段的七次跨膜螺旋结构导致三个细胞外环和三个细胞内环的存在(图4-1)。

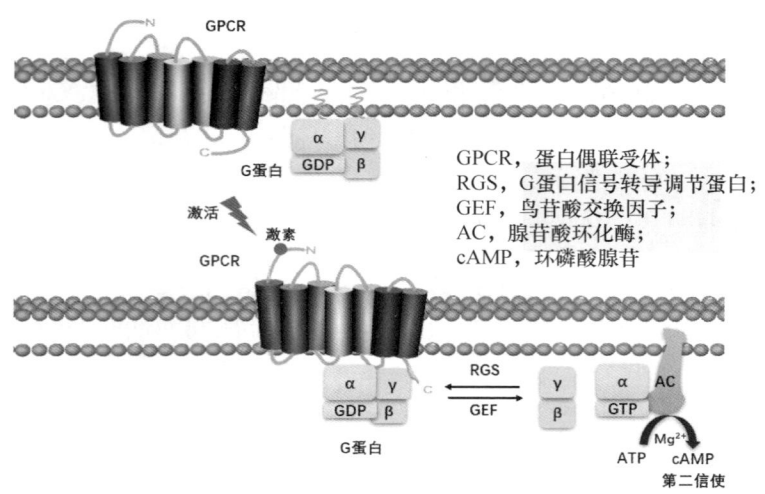

图 4-1 G蛋白偶联受体结构

2. G蛋白偶联受体的功能

G蛋白偶联受体胞浆面第三个环能够与G蛋白偶联,从而影响腺苷酸环化酶(AC)或磷脂酶C等的活性,使细胞内产生第二信使。这类受体的信息传递可归纳为:配体→受体→G蛋白→酶→第二信使→蛋白激酶→酶或功能蛋白→生物学效应。此类受体分布极广,主要参与调节细胞物质代谢和调控基因转录(表4-1)。

表 4-1 G蛋白偶联受体功能

神经递质	受体亚型	偶联G蛋白α亚基	功能
乙酰胆碱(毒蕈碱型)	m_1, m_3, m_5 *	G_q	PLC↑
	m_2	G_i/G_o	AC↓, K^+↑, Ca^{2+}↓
	m_4	G_i/G_o	AC↓, K^+↑, Ca^{2+}↓
		G_i 低浓度激动剂	AC↓
		G_s 高浓度激动剂	AC↑
去甲肾上腺素	$\alpha_{1A, B, D}$	G_q	PLC↑, $Ca^{2+}_{(\alpha_{1A, 1B})}$↑
	$\alpha_{2A\sim 2D}$	G_i	AC↓, K^+↑, Ca^{2+}↓
	$\beta_{1\sim 3}$	G_s	AC↑
多巴胺(dopamine, DA)	D_1, D_5	G_s	AC↑
	D_2	G_i	AC↓, K^+↑, Ca^{2+}↓
	D_3, D_4	?	?
5-羟色胺	5-$HT_{1A\sim 1F}$	G_i	AC↓
	5-$HT_{2A\sim 2C}$	G_q	PLC↑
	5-$HT_{4,6,7}$	G_s	AC↑
	5-HT_5	?	?
组胺(histamine)	H_1	G_q(?)	PLC↑
	H_2	G_s	AC↑
	H_3	?	Ca^{2+}↓, K^+↑(?)
GABA	$GABA_B$	G_i	AC↓
谷氨酸	mGlu1~mGlu7	G_q(?)	PLC↑
阿片肽(opioid peptide)	μ	G_i/G_o	AC↓, K^+↑
	κ	G_i/G_o	AC↓, K^+↑, Ca^{2+}↓
	σ	G_i/G_o	AC↓
			AC↓, K^+↑, Ca^{2+}↓
嘌呤	A_1	G_i/G_o	AC↓, K^+↑, Ca^{2+}↓
	$A_{2A, 2B}$	G_s	AC↓
	A_3	G_i/G_o	AC↓, K^+↑, Ca^{2+}↓
	P_{2Y}	G_q(?)	PLC↑
速激肽(tachykinin)	NK_1		PLC↑
	NK_2		PLC↑
	NK_3		PLC↑
胆囊收缩素	CCK_1	? 百日咳毒素非敏感型	PLC↑(?)
	CCK_2	? 百日咳毒素非敏感型	K^+↓(?)
血管紧张素Ⅱ	AT_1	G_i	AC↓, Ca^{2+}↑ (电压门控钙通道)
	AT_2	G_q	PLC↑

注:* $m_{1\sim 5}$,根据cDNA克隆分类,m_1、m_2、m_3相当于药理学上的M_1、M_2、M_3。PLC,磷脂酶C;↑,促进或使流入增加;↓,抑制或使流入减少。

3. G蛋白偶联受体信号转导的主要途径

通过G蛋白偶联受体实现跨膜信号转导的配体有100多种,包括生物胺类激素(如肾上腺素、去甲肾上腺素、组胺、5-羟色胺),肽类激素[如缓激肽(bradykinin)、黄体生成素(luteinizing hormone,LH)、甲状旁腺激素],以及气味分子和光量子等。根据效应器酶以及胞内第二信使信号转导成分的不同,其主要反应途径有以下两条。

(1) 受体-G蛋白-AC途径:激素为第一信使,带着内外界环境变化的信息,作用于靶细胞膜上的相应受体,经G蛋白偶联,激活胞内的腺苷酸环化酶。在Mg^{2+}作用下,腺苷酸环化酶催化ATP转变为cAMP,引起细胞内cAMP浓度的升高。cAMP作为第二信使,激活蛋白激酶APKA,进而催化细胞内多种底物磷酸化,最后导致细胞发生一系列生理生化反应,如细胞膜通透性改变、细胞内各种酶促反应、肌细胞的收缩以及细胞的分泌等。

(2) 受体-G蛋白-PLC途径:胰岛素、缩宫素、催乳素(prolactin,PRL)以及下丘脑调节肽等与膜受体结合使其活化后,经G蛋白偶联,激活PLC,使磷脂酰肌醇4,5-二磷酸(phosphatidylinositol-4,5-bisphosphate,PIP_2)分解,生成IP_3和DAG。IP_3首先与内质网外膜上的钙通道结合,使内质网释放Ca^{2+}入胞浆,导致胞浆内Ca^{2+}浓度明显增加,Ca^{2+}与细胞内钙调蛋白结合,激活蛋白激酶,促进蛋白酶磷酸化,从而调节细胞的功能活动。DAG的作用主要是特异性激活蛋白激酶C(PKC)。PKC与蛋白激酶A(PKA)一样可使多种蛋白质或酶发生磷酸化反应,进而调节细胞的生物效应。

(二) 离子通道受体介导的信号转导

离子通道受体也称为促离子型受体或配体门控离子通道(ligand-gated ion channel),受体蛋白本身就是离子通道,通道的开放既涉及离子神经递质本身的跨膜转运,又可实现化学信号的跨膜转导。离子通道受体通常见于神经细胞和神经-肌接头处,例如,骨骼肌终板膜上N_2型乙酰胆碱受体为化学门控通道,当与乙酰胆碱结合后,发生构象变化及通道的开放,引起Na^+和K^+经通道的跨膜流动,造成膜去极化,并以终板电位的形式将信号传给周围肌膜,引发肌膜兴奋和肌细胞收缩,从而实现乙酰胆碱信号跨膜转导。由于受体结合后所导致的空间构象改变是轻易可逆的,一旦受体不再与神经递质结合,通道即恢复其静息状态。除了细胞外的信使物质之外,一些细胞内的信使物质,如cAMP、cGMP、IP_3等,它们的受体位于细胞内的各种膜结构上,也属于离子通道受体。常见神经递质门控离子通道受体的种类及功能见表4-2。

表4-2 神经递质门控离子通道受体的种类及功能

神经递质	亚基	亚基结合体	功能
乙酰胆碱			
(烟碱型:肌肉)	$\alpha_1,\beta_1,\gamma,\delta,\varepsilon$	五聚体	$Na^+\uparrow,K^+\uparrow,Ca^{2+}\uparrow$
(烟碱型:神经)	$\alpha_{2\sim9},\beta_{2\sim4}$	五聚体	$Na^+\uparrow,K^+\uparrow,Ca^{2+}\uparrow$
GABA($GABA_A$)	$\alpha_{1\sim6},\beta_{1\sim4},\gamma_{1\sim3},\delta$	五聚体	$Cl^-\uparrow$
($GABA_C$)	ρ_1,ρ_2	五聚体	$Cl^-\uparrow$
谷氨酸			
(NMDA)	NMDAR1,NMDAR2A~NMDAR2D $\zeta,\varepsilon_{1\sim4}$	五聚体	$Na^+\uparrow,Ca^{2+}\uparrow$
(AMPA)	GluR1~GluR4,GluRA~GluRD $\alpha_{1\sim4}$	五聚体	$Na^+\uparrow,K^+\uparrow,Ca^{2+}\uparrow$
(海人藻酸)	GluR5~GluR7,KA1~KA2 $\beta_{1\sim3},\gamma_{1\sim2},\delta_{1\sim2}$	五聚体	$Na^+\uparrow,K^+\uparrow,Ca^{2+}\uparrow$
甘氨酸	$\alpha_{1\sim4},\beta$	五聚体	$Cl^-\uparrow$
5-羟色胺	?	五聚体	$Na^+\uparrow,K^+\uparrow$

1. 离子通道受体的分子构造

多数离子通道受体是由相互间具有相似氨基酸序列的五个亚基组成的五聚体,亚基由约 500 个氨基酸残基构成,分子量为 40 000~60 000。

图 4-2 显示 $GABA_A$ 受体结构模式。在 $GABA_A$ 受体各亚基的氨基酸序列中,N 末端及 C 末端在细胞外(烟碱型乙酰胆碱受体亚基 C 末端在细胞内),有四个贯穿膜的部位。从 N 末端的第二个膜贯穿部位(MTⅡ)构成离子通道内壁,通过五个亚基的 MTⅡ 形成离子通道。不同受体对阳离子和阴离子的通透性不同,如 GABA 受体,其 MTⅡ 附近存在许多带正电的精氨酸残基,因此对 Cl^- 的选择性更高。

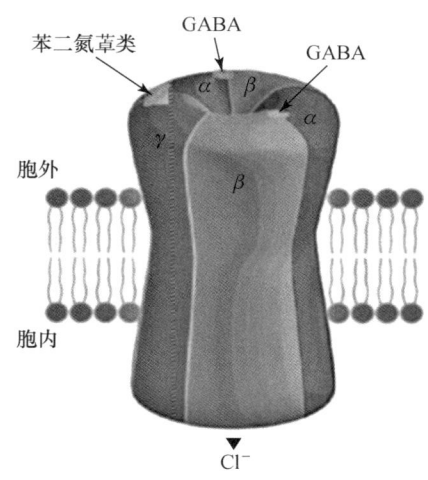

图 4-2 $GABA_A$ 受体结构(模式图)

(Dawson et al.,2005)

2. 离子通道镶嵌型受体的功能

(1)烟碱型乙酰胆碱受体(nACh 受体):因亚基的氨基酸序列不同,nACh 受体分为骨骼肌型和神经型 nACh 受体,当受体活化后,离子通道打开,引起 Ca^{2+} 的内流。

构成骨骼肌型 nACh 受体的亚基有 α_1、β_1、γ 和 δ 四种,γ 亚基主要存在于骨骼肌未成熟期,随着成熟被 ε 亚基所取代。神经型 nACh 受体是由 α 亚基及 β 亚基构成的五聚体,α 亚基中有八个亚型($\alpha_{2\sim9}$),β 亚基中有三个亚型($\beta_{2\sim4}$),这些亚型的组合复杂,呈现出受体的多样性。

(2)GABA 受体:它的活化伴随着氯离子内流增加,诱发细胞膜的超极化,抑制神经细胞的功能。

构成 GABA 受体的类型有 α、β、γ 和 δ 四种,它们各自存在六、四、三和一个亚型,在这些受体中,除了 GABA 结合位点以外,还有苯二氮䓬类、巴比妥酸衍生物(barbiturate)和苦味毒(picrotoxin)等的结合位点。BZDs 和巴比妥酸衍生物与其各自的结合位点结合后,GABA 结合位点对 GABA 的亲和性增高,导致 $GABA_A$ 受体功能亢进。而苦味毒的结合对 GABA 与 GABA 结合位点的结合起抑制作用。

$GABA_C$ 受体在小脑和视网膜等处特异性分布,由 ρ_1 和 ρ_2 构成,活化后也可增加 Cl^- 内流,但 $GABA_C$ 受体亲和力比 $GABA_A$ 受体高出 40 倍,且 $GABA_C$ 受体的通道开放速度及开放持续时间比 $GABA_A$ 受体明显缓慢。$GABA_C$ 受体对荷包牡丹碱(bicuculline,$GABA_A$ 受体的选择性拮抗剂)和 baclofen($GABA_B$ 受体激动剂)敏感。

(3)谷氨酸受体:在兴奋性递质谷氨酸的对应受体中,有离子通道镶嵌型受体和代谢调节型受体,前者中有 NMDA 受体、AMPA 受体和 KA 受体三种。NMDA 受体是由四个亚基组成的四聚体,对 Na^+ 和 Ca^{2+} 有通透性,当膜电位处于 $-30\ mV$ 以下时,会受到由 Mg^{2+} 引起的电依赖性障碍。且该受体具有作为变构部位的谷氨酸结合位点,通过微摩尔级水平的谷氨酸可增强 Ca^{2+} 内流。AMPA 受体和海人藻酸可诱发 Na^+、K^+、Cs^+、Ca^{2+} 等阳离子向细胞内流入,但对 K^+ 的通透性低于 NMDA 受体。

(4)甘氨酸受体:由五个亚基组成的五聚体,有 α、β 两类亚基。随着甘氨酸受体活化,产生离子通道介导的 Cl^- 流入,但可被士的宁阻断。随着动物成熟,α 亚基发生由 α_2 向 α_1 的分子变化。仅仅通过 α_1 及 α_2 各自单一的亚基所发现的通道打开时间分别为 3.75 ms 与 289 ms,差别很大。

(5)5-羟色胺受体:在其亚型中,仅有 $5-HT_3$ 是离子通道镶嵌型受体,其分子构造的具体情况还不十分清楚。$5-HT_3$ 受体活化,Na^+ 和 K^+ 内流增加,引起细胞膜迅速去极化,导致 Ca^{2+} 从细胞外流入,诱发细胞内各种生化变化。

(三)酶偶联受体介导的信号转导

大多数神经营养因子和细胞因子采用直接激活酪氨酸激酶的信号转导方式,有些神经营养因子受体本身就具有酪氨酸激酶活性,称为受体酪氨酸激酶,如神经生长因子受体。

酶偶联受体分子的胞质侧本身具有酶的活性,或者可直接结合、激活胞质中的酶。较重要的有酪氨酸激酶受体和鸟苷酸环化酶受体（guanylate cyclase receptor）两类：① 酪氨酸激酶受体本身具有酪氨酸蛋白激酶（PTK）活性。当激素与受体结合后，可使位于膜内区段上的 PTK 激活，进而使自身肽链和膜内蛋白底物中的酪氨酸残基磷酸化，激发胞内一系列级联反应，引起细胞核内基因转录过程的改变，最终导致细胞内相应的生物效应。大部分生长因子、胰岛素和一部分肽类激素都是通过这类受体信号转导的。② 鸟苷酸环化酶受体与配体（心房钠尿肽）结合，将激活鸟苷酸环化酶（guanylate cyclase, GC），GC 使胞质内的 GTP 环化，生成 cGMP，cGMP 结合并激活蛋白激酶 G（PKG），PKG 对底物蛋白磷酸化，从而实现信号转导。

第二节 G 蛋 白

广义的 G 蛋白（guanylate binding protein, G protein）是指能够与鸟苷酸结合的蛋白，通常异三聚体 G 蛋白与细胞膜表面受体偶联，将细胞外信号与细胞内特定的效应联系起来，传递信号。在神经系统的跨膜传递中，G 蛋白偶联受体种类最多，传递方式也最复杂，在信息传递中起核心作用。此外，还有一种单体的小 G 蛋白存在于不同的细胞部位，作为分子开关参与细胞内信号转导的调控。

一、三聚体 G 蛋白

1. 三聚体 G 蛋白的结构

G 蛋白，因与鸟苷酸结合而得名，由 α、β、γ 三个不同亚基组成三聚体（图 4-1），每个亚基有多种形式（20 种 α，6 种 β，12 种 γ）。

2. 三聚体 G 蛋白的分类

G 蛋白的 α 亚基的分子量为 39 000～46 000，通过 α 亚基的多样化实现 G 蛋白对多种功能的调节。其分类见表 4-3，主要有激动型 G 蛋白（stimulatory G protein, G_s）、抑制型 G 蛋白（inhibitory G protein, G_i）和传导素激活型 G 蛋白（transducin G protein, G_t），此外 G_o、G_{olf}、G_{gust}、G_z、G_q 和 G_{11}～G_{16} 等多种类型的 G 蛋白参与了神经系统的细胞内信号传递。

表 4-3 G 蛋白的 α 亚基的分类

α 亚基	细菌毒素敏感性	分子量	偶联的细胞内的信息传递系统
G_s	CT	45 000～52 000	AC↑
G_{olf}	CT	45 000	AC↑
G_i	PT	41 000～40 000	AC↓
			PLC↑
			PLA_2↑
			钾通道↑
			钙通道↓
G_o	PT	39 000	PLC↑
			钙通道↓
G_t	CT, PT	39 000	cGMP 磷酸二酯酶↑
G_q	—	40 000	PLC↑

注：PLA_2，磷脂酶 A_2；CT，霍乱毒素；PT，百日咳杆菌毒素；↑，活性促进；↓，活性下降。

G_s 及 G_{olf} 对霍乱毒素敏感，两者都能使腺苷酸环化酶活性亢进，随着酶的活化，细胞内 AMP 浓度上升，cAMP 依赖性蛋白激酶 A 的活性发生变化，诱发细胞功能的变化。G_i 及 G_o 对百日咳杆菌毒素显示敏感性，G_i 抑制腺苷酸环化酶活性的同时，也带来了 PLA_2 和 PLC 活性的亢进、钾通道的活化等作用，G_o

诱发 PLC 的活化和钙通道的活化，G_t 对霍乱毒素和百日咳杆菌毒素均表现敏感，G_{t-1} 和 G_{t-2} 各自存在于视细胞杆体外节及视细胞锥体外节，均能被 cGMP 磷酸二酯酶活化，产生 cGMP 分解亢进。此外，对霍乱毒素及百日咳杆菌毒素均不显示敏感性的 G 蛋白的亚基 G_q，通过活化 PLC 促进肌醇磷脂循环代谢，使 DG 和 IP_3 的生成增加。在这些产物中，前者因为疏水性高在细胞膜内停留，活化蛋白激酶 C；后者向细胞质内移动，与在内质网中存在的 IP_3 受体结合，使内质网中储存的 Ca^{2+} 得以向细胞质内释放。

3. 三聚体 G 蛋白的作用机制

在静息状态下，GDP 与 α 亚基结合，且三个亚基组成三聚体，为非活化状态。当配体与受体结合后，GTP 取代 GDP 与 α 亚基结合，导致 α 亚基与 β、γ 亚基解离（生理状态下 β 亚基和 γ 亚基仍然结合在一起）。游离的 α 和 β、γ 亚基与靶蛋白结合，并调控其活性。游离的 α 亚基具有内在的 GTP 酶活性，可将与其结合的 GTP 水解为 GDP，从而促使 α 与 β、γ 亚基重新结合成 G 蛋白复合物而终止其作用。G 蛋白在结构上的共性还表现为都有一个 GTP 结合位点、一个 GTP 酶活性位点、一个 ADP 核糖基化位点、一个毒素修饰位点和一个受体效应器结合位点等。

4. 三聚体 G 蛋白的调控机制

经典的三聚体 G 蛋白调控机制是指 G 蛋白偶联受体激活后，游离的 G 蛋白复合物的 α 亚基能够激活胞内的 cAMP 和 PLC 等第二信使，从而导致一系列级联反应，实现信号的传递过程，引起生物学效应和基因表达。此外，近年来的研究表明，G 蛋白的 β、γ 亚基能够直接作用于钾通道和钙通道，导致钾通道的激活和钙通道的失活。

二、小 G 蛋白

三聚体 G 蛋白作为受体到效应器之间的转导物的功能基本已经清楚，但在生物体内除三聚体以外，还存在着 50 种以上的像 Ras、Rho、Rab 等一样分子量约为 20 000 的小 G 蛋白，它们形成巨大的超家族，越来越多的研究表明，它们对细胞功能的实现有重要作用。

（一）小 G 蛋白的结构

1. 共同氨基酸序列（GDP/GTP 结合位点，GTP 酶活性部位和效应器部位）

小 G 蛋白是不具有亚基构造的单一多肽，能与 GDP 及 GTP 特异性结合，无论在哪一种小 G 蛋白中都存在这种特殊序列：Ⅰ. Gly-X-X-X-X-Gly-Lys；Ⅱ. Asp-X-X-Gly；Ⅲ. Asn-Lys-X-Asp；Ⅳ. Glu-X-Ser-Ala-X（X 表示任意氨基酸），并且这种共同氨基酸序列跨越种属，有很强的保守性。其中，序列Ⅰ、Ⅱ位于 GTP 酶的活性部位；序列Ⅱ、Ⅲ、Ⅳ对应于 GDP/GTP 结合位点的序列。例如，在 Ras（Ⅰ）的氨基酸序列中，当用 Val 替换 Gly 后，GTP 酶的活性下降。在序列Ⅱ和序列Ⅲ之间有效应器的部位，介导 GDP/GTP 与靶蛋白结合。效应器的部位根据小 G 蛋白的不同而不同，这是由小 G 蛋白与靶蛋白结合的特异性及小 G 蛋白的功能多样性决定的。

2. C 末端部位和翻译后修饰

在小 G 蛋白的 C 末端一侧发现含有半胱氨酸残基的特殊序列，通过翻译后修饰的小 G 蛋白能特异性分布于细胞膜、内质网和高尔基体中，其他的存在于细胞质中。因此，翻译后修饰对小 G 蛋白在细胞内的特异性分布很重要，与靶蛋白结合和活化方面有关。且翻译后修饰对小 G 蛋白 GDP/GTP 交换反应中的控制蛋白（GEP）也有很重要的作用。即 GEP 对受到翻译后修饰的小 G 蛋白有很强的作用，但对未修饰的小 G 蛋白很难有作用。因此，通过脂质介导，发生蛋白之间的相互作用，改变蛋白的功能，使信息传递成为可能。

（二）小 G 蛋白的分类

小 G 蛋白超家族按照构造的相似性分为 Ras、Rho、Rab 和其他蛋白等四类。Ras 家族控制细胞分化和增殖，Rho 家族控制关于细胞骨架系统中细胞的运动，Rab 家族控制细胞内小泡的运输。其他蛋白家族中，含有 ARF（ADP-ribosylation factor）和 Ran。ARF 与小泡的运输、磷脂酶 D 有关，Ran 可与染色质结合蛋白 RCC-1（reglator of chromosome condensation 1）形成复合物，它与其他低分子蛋白的相似性低,是核中核蛋白运输的必需因子,控制核蛋白运输的效率。这些小 G 蛋白在动物细胞、植物细胞,甚至酵母中广泛存在,它的结构有很强的保守性。

(三)小 G 蛋白活性控制机制

如上所述,在小 G 蛋白中有 GDP/GTP 结合位点,存在非活化的 GDP 结合型和活化的 GTP 结合型(图 4-3)。GDP/GTP 交换反应的限速阶段是 GDP 的解离,在 GEP 中发现了促进 GDP/GTP 交换反应的 GDP 解离促进蛋白(GDS)和抑制反应的 GDP 解离抑制蛋白(GDI)。GTP 结合型的活性形式通过效应器部位的介导与特异的靶蛋白作用,表现固有的功能。GTP 在内源性 GTP 酶活性的作用下,转换成 GDP,这个反应受 GTP 酶活性促进蛋白的控制。如前所述,GDS 和 GDI 对受到翻译后修饰的小 G 蛋白有很强的作用,但通过翻译后修饰的介导,小 G 蛋白在与 GDI 结合后,不能与膜结合。因此,GDI 具有控制小 G 蛋白在细胞内特异性分布的功能。

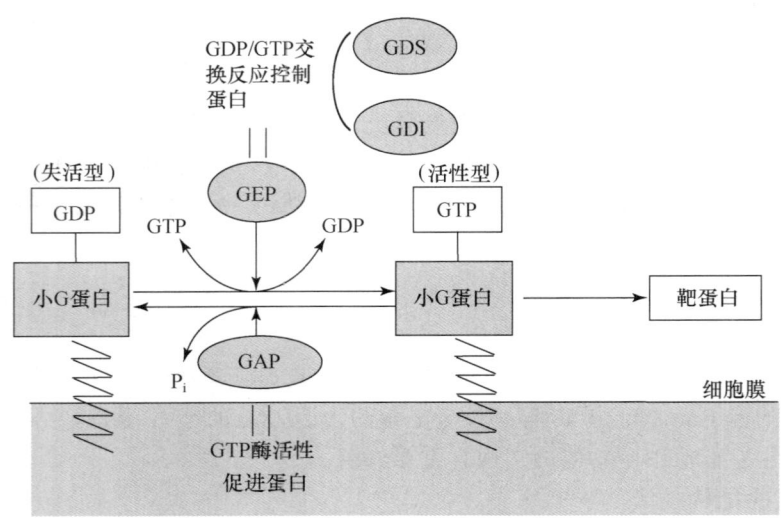

图 4-3 小 G 蛋白的活性、结构和作用机制(Takai et al.,1992)

(四)小 G 蛋白的靶蛋白

GTP 结合型的小 G 蛋白是有活性的,通过与其靶蛋白的结合传递信号,表达功能。最近几年研究发现了多个小 G 蛋白中的靶蛋白。其中大部分是 GTP 结合型的小 G 蛋白的结合蛋白,且通过小 G 蛋白的效应器部位的介导与其结合。

(五)小 G 蛋白的功能

1. Ras 与细胞的分化、增殖

Ras 广泛存在于真核细胞中,作为癌基因被人们所了解。但 Ras 还有控制细胞增殖、分化等重要功能。在神经细胞和 PC12 细胞中,神经生长因子等神经营养因子与具有酪氨酸激酶活性的 Trk 家族受体结合后,使 PLC-γ 或磷脂酰肌醇 3 激酶(phosphoinositide 3-kinase,PI3K)活化、Shc 酪氨酸磷酸化等,将信号向下游传递。Shc 被酪氨酸磷酸化之后,SOS 和 Grb2 形成复合物并识别 Shc 的磷酸化酪氨酸,使其改变在细胞内的位置。SOS 通过改变 Ras 位置,使细胞膜上的 Ras 成为有活性的 GTP 结合型,活性型的 Ras 作用于靶蛋白行使其功能,蛋白激酶 Raf 就是一种靶蛋白。Raf 使 MAP 激酶(MAPK)的激酶(MAPKK)活化,MAPKK 使 MAP 激酶活化。活化后的 MAP 激酶向核内移动,活化转录因子,控制基因表达。这种通过 Ras 介导的从受体直至核的信号传递机制,不仅存在于哺乳动物的细胞中,还存在于果蝇和线虫中。当 PC12 表达为活性形式 Ras 后,神经突起延长,分化成神经细胞样结构。在这种神经突起的延伸中,Raf、MAPKK、MAP 激酶和 fos 基因的作用已基本清楚,Ras/Raf/MAPKK/MAPK/fos 的信号传递系统控制神经细胞的分化的可能性很高。另外,鸟嘌呤核苷释放因子(guanine nucleotide-releasing factor)是神经细胞中特异性表达的 Ras 的 GDP 解离促进蛋白。虽然不能被 Trk 家族受体活化,但可通过细胞内 Ca^{2+} 上升被活化。Ca^{2+} 与递质的释放、神经突起的伸展、神经细胞的凋亡、突触传递的促进有关,Ras-GRF/Ras 的信号传递系统可能参与调控神经的可塑性。

最近在 Ras 中发现多个 Raf 以外的靶蛋白,如 PI3 激酶、MFKK、AF-6、RalGDS 等。其中,RalGDS 是小 G 蛋白 Ral 的 GDP 解离促进蛋白。RalGDS 促进 GDP 解离,介导由 Ras 到 Ral 的信号传递。虽然 Ral 的功能还不清楚,但由于存在于分泌小泡和突触小泡中,可能与分泌反应有关。另外,RalGDS 与 Raf 通过相乘作用促进 *fos* 基因的表达。RalBP1(Ral-binding protein 1)也是 Ral 的靶蛋白,与 RhoGAP 有相同部位,在体外实验中,由于属于 Rho 家族的 CDC42 和 Rac 有 GAP 活性,因此 Ral 可通过 RalBP1 的介导调控 CDC42/Rac 的功能。

2. Rho 与细胞运动

Rho 可促进细胞的运动,促进肌动蛋白纤维束的形成,Rho 对细胞骨架系统,特别对肌球蛋白的功能调控有重要作用。Rho 和 Ras 一样,也存在很多靶蛋白,Rho 可通过蛋白激酶或云磷酸化酶介导来实现其功能。CDC42 和 Rac 都属于 Rho 家族,这些小 G 蛋白参与了细胞骨架调控。Rho 家族作用于 Ras 的下游,对基因表达和细胞增殖有控制作用,Rho 家族有可能与神经细胞分化有关。

3. Rab 和细胞内小泡的运输

小 G 蛋白 Rab 家族在细胞内小泡运输中起决定性作用。在哺乳动物中已发现有 30 种以上的 Rab 蛋白,各小器官中存在固有的 Rab,控制运输小泡向特定的靶向一侧的小器官进行单方向运输。在神经细胞中,突触前膜去极化后,突触小泡被运送到突触前膜并融合,引起递质释放,Rab3A 参与了这一过程。Rab3A 和其他小 G 蛋白一样,存在 GTP 结合型和 GDP 结合型,无刺激时,Rab3A 以 GDP 结合型的形式存在,在突触内,与 RabGDI 形成复合物,特异性分布于细胞质中。在某些因素的作用下,Rab3A 与 RabGDP 解离,通过 Rab3 GEP 的作用,Rab3A 转换成 GTP 型,与突触小泡上存在的 Rab3A 的靶蛋白 Rabphilin-3A 结合后,突触小泡向突触前膜的活性区移动,因此 Rab3A/Rabphilin-3A 复合物与突触前膜的受体蛋白结合,突触小泡在突触前膜处入坞。Rabphilin-3A 的 C 末端有两个膜磷脂依存性地与 Ca^{2+} 结合的部位,在去极化导致 Ca^{2+} 流入之前,抑制突触小泡与突触前膜的融合;当递质释放时,又具有作为 Ca^{2+} 敏感部位的功能。突触小泡与突触前膜融合引起递质释放后。GTP 型的 Rab3A 在 Rab3AGAP 的作用下转换成 GDP 型,再次与 RabGDI 形成复合物,回到细胞质,为下次递质的释放做准备。

第三节 第 二 信 使

通常以细胞膜为界,将膜外的信号分子[如神经递质、神经调质(neuromodulator)和激素]称为第一信使,而将膜内的小分子化合物称为第二信使(胞内信使)。

一、第二信使概述

第二信使(second messenger)是指能把激素或递质的信息传到细胞内,并引起相应生理效应的一类细胞内化学物质。大多数含氮激素及某些递质在与细胞膜受体结合时,首先触发细胞内某种化学物质的生成,进而通过该物质对细胞内多种代谢过程的影响而发挥生理作用。含氮激素(肽类、蛋白质类、胺类)分子一般都较大,它们从内分泌腺分泌出来,经由血液到达靶组织后,并不直接进入细胞内发挥作用,而是与靶细胞膜上具有立体构型的专一性受体结合。这一结合随即激活膜上的腺苷酸环化酶系统。在 Mg^{2+} 存在的条件下,该酶促进 ATP 转变为 cAMP。cAMP 使无活性的蛋白激酶系统转为有活性的,从而激活磷酸化酶,引起靶细胞的固有的反应,如,腺细胞的分泌、肌肉细胞的收缩、神经细胞动作电位的出现、细胞膜通透性的改变、细胞分裂与分化以及各种酶的反应等等。从含氮激素的作用机制来看,激素仅把信息传递至靶细胞表面,而后由 cAMP 接着把这个信息由细胞表面传送到靶细胞内有关酶系,从而发挥激素对靶细胞功能的调节作用。因此,人们把激素称为"第一信使",而把 cAMP 称为"第二信使",并把这一类激素作用机制学说称为"第二信使学说"(图 4-4)。第二信使学说是 E. W. 萨瑟兰等在 1965 年研究糖酵解第一步所需限速酶——磷酸化酶的活性时提出来的。该学说可以说明许多含氮激素的作用机制。

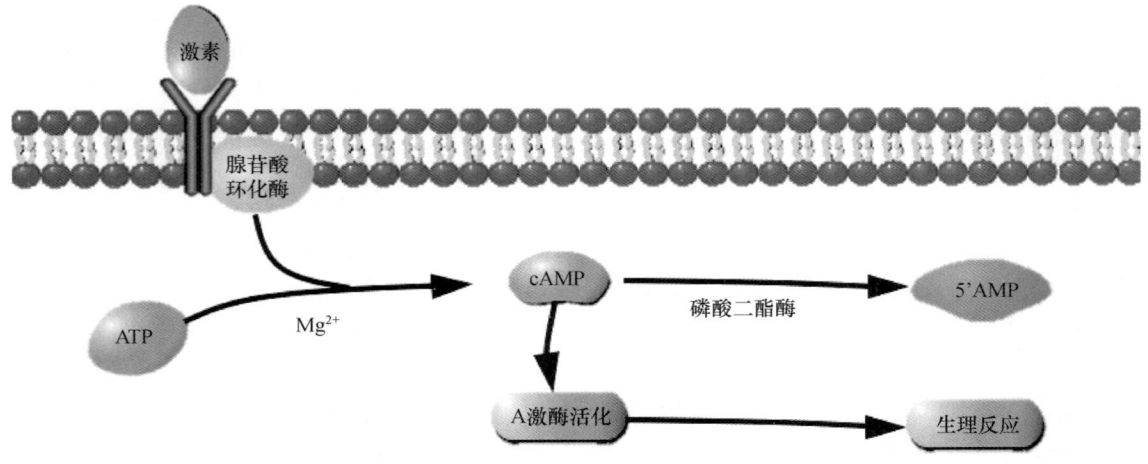

图 4-4　腺苷酸环化酶在激素发挥生物学效应中的作用

二、第二信使的产生

在第二信使的生成过程中,G 蛋白起到重要作用。相应受体激活后,GDP-αβγ 复合物在 Mg^{2+} 参与下,结合的 GDP 与胞浆中 GTP 交换,GTP-α 与 β、γ 分离并与相应的效应机制结合,同时配体与受体分离。α 亚基内在的 GTP 酶活性促使 GTP 水解为 GDP,激活效应机制,从而恢复原来静息状态。G_s 激活腺苷酸环化酶,使 cAMP 增加。G_i 抑制腺苷酸环化酶,使 cAMP 减少,G 蛋白还激活 PLC,调节钙通道、钾通道等离子通道,对鸟苷酸环化酶也有激活作用,作用非常广泛,介导多种效应。近来发现 G 蛋白还介导激活 PLA2 产生花生四烯酸(arachidonic acid,AA),后者是各种前列腺素及白三烯的前体。

三、第二信使的种类

1. cAMP

cAMP 是 ATP 经腺苷酸环化酶作用的产物。β 受体、D_1 受体、H_2 受体激动剂等通过 G_s 作用使腺苷酸环化酶活化,ATP 水解使细胞内 cAMP 增加。α 受体、D_2 受体、mAch 受体、阿片受体激动药等通过 G_i 作用抑制腺苷酸环化酶,细胞内 cAMP 减少。cAMP 被磷酸二酯酶(phosphodiesterase,PDE)水解为 $5'$-AMP 后失活。茶碱抑制磷酸二酯酶而使胞内 cAMP 增多。cAMP 能激活蛋白激酶 A(PKA),使胞内许多蛋白酶通过磷酸化(ATP 提供磷酸基)活化,例如,磷酸化酶、酯酶、糖原合成酶等活化。钙通道磷酸化后激活,Ca^{2+} 内流使神经、心肌、平滑肌等兴奋。

2. 环磷酸鸟苷(cGMP)

cGMP 是 GTP 经鸟苷酸环化酶作用的产物,也会被磷酸二酯酶水解而灭活。cGMP 作用与 cAMP 相反,使心脏抑制、血管舒张、肠腺分泌等。cGMP 可激活蛋白酶 G 而引起各种效应。

3. 肌醇磷脂

细胞膜肌醇磷脂的水解是另一类重要的受体信息转导系统。α、H_1、$5-HT_2$、M_1、M_3 受体激动药等与其受体结合后,通过 G 蛋白介导激活 PLC。PLC 使 PIP_2 水解为 DAG 及 IP_3。DAG 在细胞膜上激活 PKC,使许多靶蛋白磷酸化而产生效应,如腺体分泌、血小板聚集、中性粒细胞活化及细胞生长、代谢、分化等。IP₃ 能促进细胞内钙池释放 Ca^{2+}。

4. Ca^{2+}

细胞内 Ca^{2+} 浓度在 1 μmol/L 以下，不到血浆 Ca^{2+} 的 0.1%，对细胞功能有着重要的调节作用，如肌肉收缩、腺体分泌、白细胞及血小板活化等。细胞内 Ca^{2+} 可从细胞外经细胞膜上的钙通道流入，也可从细胞内肌浆网等钙池释放，两种途径互相促进。前者受膜电位、受体、G 蛋白、PKA 等调控，后者受 IP₃ 作用而释放。细胞内 Ca^{2+} 激活 PKC，与 DAG 有协同作用，共同促进其他信息传递蛋白及效应蛋白活化。很多药物通过对细胞内 Ca^{2+} 影响而发挥其药理效应，故近年来细胞内 Ca^{2+} 调控及其作用机制受到极大的重视。

5. NO

NO 由激活的一氧化氮合酶(NOS)催化精氨酸产生。已知 NOS 有三种亚型，即神经元型(neuronal NO synthase, nNOS)、内皮型(endothelial NO synthase, eNOS)和诱导型(inducible NO synthase, iNOS)，这三种 NOS 均广泛分布于大脑及外周组织。在中枢神经系统中，NO 的作用主要是通过激活可溶性鸟苷酸环化酶来实现的。NO 可通过两条途径作用于靶分子而发挥生物效应：皮摩尔级(pmol)或飞摩尔级(fmol)水平的 NO 主要发挥细胞信息传递作用，NO 激活鸟苷酸环化酶，激活的鸟苷酸环化酶使细胞产生大量 cGMP，NO-cGMP 通路在多种组织、细胞中发挥作用；纳摩尔级(nmol)水平的 NO 主要引起细胞毒性，如通过产生超氧阴离子，介导谷氨酸的细胞毒性。

6. 前列腺素

这是一类具有独特结构的二十碳不饱和羟基脂肪酸。前列腺素，特别是前列腺素 E 与 cAMP 的关系密切，例如，前列腺素 E 可以增加许多组织细胞内 cAMP 的含量。某些激素在增加细胞内 cAMP 的同时，常伴有前列腺素的释放。因此有研究提出，在某些激素的作用机制中，可能先引起前列腺素释放，进而激活腺苷酸环化酶，生成 cAMP，继续传递信息。

四、第二信使介导的信息转导途径

一般情况下受体通过 G 蛋白与一种酶偶联，酶的活性由递质与受体的结合来调节。当递质与受体结合位点结合后，酶被激活并催化细胞内第二信使的生成，之后第二信使通过一系列活动最终影响或调控离子通道的性质。但递质从受体上解离后，通道不会立刻恢复到静息状态，因为在第二信使的作用消失之前，它对通道的调节作用一直存在。因此第二信使在信号传递过程中会有延迟，但持续时间往往远长于初始刺激。

1. 腺苷酸环化酶/cAMP-依赖性蛋白激酶系统

cAMP/PKA 途径是目前研究最完善的细胞信息传递模型，该途径以靶细胞内 cAMP 浓度改变和激活 PKA 为主要特征。PKA 作用底物不同，产生的效应也不同，主要表现为调节细胞的物质代谢和基因表达。

cAMP 信号系统含有三个存在于细胞膜上的组分，即受体、G 蛋白和腺苷酸环化酶。当腺苷酸环化酶被激活后，催化胞质内 ATP 生成 cAMP，cAMP 作为第二信使通过激活 PKA 使靶蛋白磷酸化，包括许多类型的离子通道、受体、骨架蛋白及核转录因子。例如，PKA 以磷酸化方式改变膜对离子的通透性，从而影响突触后神经元的电活动。cAMP 最终被磷酸二酯酶分解而终止信号。

PKA 对代谢的调节作用主要通过催化部分参与物质代谢的酶的磷酸化，如可使无活性的磷酸化酶激酶 b 转化为有活性的磷酸化酶激酶 a，后者催化磷酸化酶 b 转变为有活性的磷酸化酶 a。

对基因表达的调节主要是通过基因转录调控区中的一类 cAMP 反应元件(cAMP response element, CRE)实现的。当 cAMP 浓度低时，PKA 主要分布于胞浆，cAMP 浓度增高，诱导 PKA 全酶解离出催化亚基并转位到细胞核，可催化 cAMP 反应元件结合蛋白(cAMP response element binding protein, CREB)特定位点的丝氨酸残基(Ser133)磷酸化，磷酸化的 CREB 形成二聚体与 CRE 结合，从而激活受 CRE 调控的基因的转录。

2. 鸟苷酸环化酶/cGMP-依赖性蛋白激酶系统

鸟苷酸环化酶催化 GTP 生成 cGMP，cGMP 与鸟苷酸环化酶一起构成细胞信息传递中另一个重要的第二信使系统。虽然细胞内 cGMP 的水平比 cAMP 低，但在某些可兴奋组织中也起着某种特异性的调节作用。

在少数情况下，膜受体含有鸟苷酸环化酶，如心房钠尿肽受体，胞外信号分子激活该类受体引发调节作用；大多数情况下，胞内可溶性鸟苷酸环化酶可被 NO 激活。由于 NO 具有独特的理化性质和生物学活性，分子小且具有脂溶性，能通过生物膜快速扩散，故具备自分泌/旁分泌作用。由于 NO 这种信息分子既是第一信使又有第二信使的特征，故目前认为 NO、GC 和 cGMP 共同构成第二信使系统。NO-cGMP 系统在人类和动物组织、细胞中广泛存在，代表了一种细胞间和细胞内信息传递及细胞功能调节的新的信号传导机制。

3. 膜磷脂代谢产物介导的不同的第二信使系统

递质等细胞外信号作用于靶细胞的相应受体，通过 G 蛋白，激活细胞膜上特异的 PLC-β（phospholipase C-β），使 PIP_2 分解，产生溶于胞浆的 IP_3 和保留在膜上的 DAG 两种信使物质，二者分别激活两条独立又相互联系的信号传递途径。IP_3 主要通过作用于内质网上的 IP_3 受体，释放细胞内储存的 Ca^{2+}，使胞浆游离的 Ca^{2+} 水平增高，通过 Ca^{2+} 水平升高影响神经元离子通道的活动和许多其他细胞功能。细胞内游离 Ca^{2+} 水平稍有增高就可诱导 PKC 从胞质转移到细胞膜而成"待激活态"。细胞膜上增多的 DAG 在 Ca^{2+} 和磷脂酰丝氨酸的配合下特异地激活 PKC，从而催化细胞内各种底物蛋白（包括一些离子通道）丝氨酸和（或）苏氨酸残基磷酸化，产生多种生物效应。上述两条即为 IP_3-Ca^{2+} 信号传递途径和 DG-PKC 信号传递途径。

4. 胞内钙信号途径

神经外液 Ca^{2+} 通过钙通道进入细胞，或亚细胞器内储存的 Ca^{2+} 释放到胞浆时，都会使胞浆内 Ca^{2+} 水平急剧升高。中枢神经系统主要有两类钙通道：电压敏感型钙通道（voltage-sensitive Ca^{2+} channel，VSCC）和配体门控型钙通道（ligand-gated calcium channel，LGCC）。前者包括高电压激活的 L 型、N 型、P/Q 型钙通道和低电压激活的 T 型钙通道。在神经元，配体门控型离子通道中以 NMDA 受体最为重要，该受体在树突棘的突触后膜分布较多，谷氨酸是其激动剂，甘氨酸作为辅助激动剂，去极化至膜电位 −50 mV 以上，释放出阻断通道的 Mg^{2+}，使通道激活，该通道对 Ca^{2+} 和 Na^+ 有较高的通透性。另外还有烟碱型乙酰胆碱受体（nAChR）、5-羟色胺受体第三亚型（5-HTR_3）、AMPA 受体（AMPAR）和海人藻酸受体（KAR）等均为配体门控型钙通道。

在大多数神经元，静息细胞内游离 Ca^{2+} 浓度大约为 100 nmol/L，细胞的肌浆网、内质网和线粒体可作为细胞内 Ca^{2+} 的储存库。Ca^{2+} 是细胞内最重要的第二信使之一，进入胞质后有许多蛋白参与介导其生化反应，其中最为重要的是与钙调蛋白形成复合物以调节包括 CaMPK、蛋白磷酸酶和腺苷酸环化酶在内的许多酶的活性。通过这些酶来改变神经元已有的突触蛋白活性或激活相应的基因表达，发挥神经生物学作用。

第四节 跨膜信息转导的药理学作用

目前已知的神经系统有效药物中，大多数特异作用的药物都是通过影响跨膜信息转导机制中的某个或某些特定的环节发挥药理作用的。以 G 蛋白偶联受体（GPCR）为靶标的药物已涉及中枢神经系统、心血管系统、糖尿病、肿瘤等疾病领域。

GPCR 功能障碍可导致多种神经和精神疾病，如多发性硬化、阿尔茨海默病、亨廷顿病（Huntington's disease，HD）等。因此，神经系统疾病是靶向 GPCR 药物的重要治疗领域。如在治疗多发性硬化方面，已有获得 FDA 批准的靶向 GPCR 药物，即调节 1 型 1-磷酸鞘氨醇（S1P1）受体功能的芬戈莫德以及处于

Ⅱ期或Ⅲ期临床试验阶段的 S1P1 调节剂奥扎莫德、辛波莫德等；在治疗帕金森病方面，靶向 GPCR 药物匹莫范色林已获 FDA 批准；治疗精神分裂症和重度抑郁症的依匹唑派也为靶向 GPCR 药物；此外，在阿尔茨海默病的治疗领域中，有几个靶向 GPCR 药物正处于临床研究阶段，但尚未上市。

细胞膜离子通道是药物另一个重要作用靶标，离子通道药物已广泛用于心脑血管疾病、神经退行性疾病、精神疾病、疼痛及内分泌疾病等重大疾病的治疗。如镇静催眠药苯二氮䓬类、巴比妥类及全身麻醉药均为 $GABA_A$ 受体的正变构调制剂；抗抑郁药西酞普兰、帕罗西汀为选择性 5-HT 重摄取抑制剂；治疗中、重度阿尔茨海默病的美金刚为非竞争性 NMDA 受体拮抗药等。

随着神经和精神疾病发病率的日益增加，寻找并确认与这些重大疾病相关的跨膜信息转导药物作用靶标，并针对这些靶标进行新药研发，对围绕重大疾病的新药开发有着重要的现实意义。

（张钊、张威、陈乃宏）

练 习 题

1. 简述细胞膜受体的种类。
2. 简述 G 蛋白偶联受体结构及功能。
3. 简述 G 蛋白偶联受体及离子通道受体信号转导的主要途径。
4. 简述三聚体 G 蛋白的作用及调控机制。
5. 简述小 G 蛋白的功能及其活性控制机制。
6. 简述第二信使的定义、种类及信息转导途径。

参 考 文 献

DAWSON G R, COLLINSON N, ATACK J R, 2005. Development of subtype selective GABAA modulators [J]. CNS spectr, 10: 21-7.

GILMAN AG, 1987. G proteins: transducers of receptor generated signals [J]. Annu rev biochem, 56: 615-649.

GUDERMANN T, KALKBRENNOR F, SCHULTZ G, 1996. Diversity and selectivity of receptor G protein interaction [J]. Annu rev pharmacol toxicol, 36: 429-459.

HOLLER C, FREISSMUCH M, NANOFF C, 1999. G protein as drug targets [J]. Cell mol lif sci, 55: 257-270.

LIMBIRD L E. Goodman and Gilman's The Pharmacological Basis of Therapeutics [M]. 9th ed. New York: McGraw-Hill, 267-293.

SIVILOTTI L, COLQUHOUN D, 1995. Too many channels, too few functions [J]. Science, 269: 1681-1682.

TAKAI Y, KAIBUCHI K, KIKUCHI A, et al, 1992. Small GTP-binding proteins [J]. Int rev cytol, 133: 187-230.

VAN RHEE A M, JACOBSON K A, 1996. Molecular architecture of G protein coupled receptors [J]. Drug dev res, 37: 1-38.

杨宝峰，陈建国，2015. 药理学[M]. 3版. 北京：人民卫生出版社：112-124.

邹冈，1999. 基础神经药理学[M]. 2版. 北京：科学出版社：104-113.

第五章 神经递质

第一节 神经递质概述

中枢神经系统神经元之间及外周神经与所支配脏器之间的信号传递,除了少部分靠电信号直接传递外,绝大部分是通过化学物质来介导的。这种化学物质介导的信号传递是由 Loewi 在 20 世纪 20 年代发现的。他在使用蛙迷走神经-心脏标本进行实验时,刺激迷走神经可以使蛙的心率明显变慢。随后,他将心率减慢的蛙心内的液体加入第二个未处理的蛙心脏标本中,发现即使未刺激迷走神经,第二个蛙的心率也明显变慢,并最终证实刺激迷走神经后蛙心内的液体中含有大量乙酰胆碱(ACh)。之后,单胺(monoamine)类、氨基酸类、肽类等多种具有信号传递功能的化学物质陆续被发现,并由此引出了神经递质的概念。神经递质就是在神经元中合成的具有信号传递功能的化学物质,储存于突触前神经元的轴突末梢。当神经冲动以动作电位的形式传递到突触前膜时,会导致膜电位去极化,引起 Ca^{2+} 内流,从而促使神经递质释放到突触间隙,并作用于突触后膜的相应受体发挥效应,部分神经递质也会作用于突触前膜,发挥反馈调节作用。随后这些化学物质会被快速代谢(如 ACh)或者重摄取(如单胺类神经递质)。

确定一种物质是否为神经递质,有严格的标准,具体如下:

① 在神经元内合成,并储存于囊泡中,神经元内具备合成这种物质所需要的前体物质、相关的酶和囊泡转运蛋白。
② 神经冲动到达末梢,依赖 Ca^{2+} 内流而释放,并引起突触后神经元或效应细胞产生相关反应。
③ 在突触间隙可以被快速灭活或被神经元以及胶质细胞摄取。
④ 外源性给予同种化学物质,可引起类似内源性物质或刺激神经元所产生的效应。
⑤ 特异性拮抗药物可以阻断刺激神经元和外源性给予该化学物质的效应。

一、神经递质的分类

神经递质主要分为以下几类(表 5-1)。

表 5-1 神经递质主要分类

分类	主要的神经递质
1. 小分子神经递质	
胆碱类	乙酰胆碱
单胺类	去甲肾上腺素
	肾上腺素
	多巴胺
	5-羟色胺
氨基酸类	谷氨酸
	天冬氨酸
	γ-氨基丁酸
	甘氨酸
咪唑类	组胺
嘌呤类	三磷酸腺苷
	腺苷(adenosine)

(续表)

分类	主要的神经递质
2. 神经肽	
速激肽类(tachykinin)	P 物质
	神经激肽 A(neurokinin A,NKA)
	神经激肽 B(neurokinin B,NKB)
阿片肽	脑啡肽(enkephalin,EK);
	β-内啡肽(β-endophin,β-EP)
	强啡肽(dynorphin,DYN)
	内吗啡肽(endomorphin)
	孤啡肽(orphanin FQ,OFQ)或痛敏素(nociceptin)
垂体后叶激素	升压素(vasopressin,VP)
	催产素(oxytocin,OT)
胰多肽相关肽(pancreatic polypeptide-related peptides)	神经肽 Y(neuropeptide Y,NPY)
	胰多肽(PP)
	生长抑素(somatostatin,SS)
心钠素	α-心钠素(ANF)
	脑钠素(BNP)
还有许多神经肽类属于神经递质或神经调质	
3. 气体神经递质	一氧化氮(nitric oxide,NO)
	一氧化碳(carbon monoxide,CO)
	硫化氢(hydrogen sulfide,H_2S)

二、神经递质的合成与储存

不同种类的神经递质,其合成与被囊泡摄取的方式也有所不同。

(1) 某些简单的神经递质,如腺苷、甘氨酸、谷氨酸、酪氨酸等,可以直接从胞浆摄入囊泡储存。

(2) 小分子神经递质如乙酰胆碱、多巴胺、GABA、去甲肾上腺素等,在神经末梢内经过一步或几步酶促反应生成,然后储存在囊泡中(去甲肾上腺素是在囊泡内生成的)。如儿茶酚胺类神经递质合成通路需依赖酪氨酸羟化酶(tyrosine hydroxylase,TH)催化的生化反应。

(3) 神经肽类等大分子类型的神经递质,主要在神经元胞体或树突的核糖体内合成,然后经过内质网加工,最终进入囊泡储存。

神经递质的合成需要一系列酶参与,现在以肽类神经递质合成为例,将关键环节概括如下:

① 相应神经递质的基因表达,mRNA 在粗面内质网表达前体肽(precurser peptide)。

② 前体肽转运到高尔基体,并在此进行修饰,如硫酸盐化(sulfation)和糖基化(glycosylation)等,使之活化。

③ 神经递质合成所需要的前体物质,是通过神经末梢的转运蛋白摄入细胞,在胞浆通过酶促作用合成神经递质。可溶性酶,如酪氨酸羟化酶,以慢轴索运输(每天转运距离为 0.5~5 mm),其他的则多是通过快轴索运输(fast axonal transport)到达神经末梢,进而参与合成神经递质的生化反应。

④ 合成的神经递质进一步通过囊泡膜上的转运蛋白进入囊泡。囊泡之间存在大小差异,小突触囊泡(small synaptic vesicle)密度均匀,直径约 50 nm;大致密核心囊泡(large dense-core vesicle)直径可达 100 nm。

为了防止神经递质的代谢失活,合成后需要将其快速转运到囊泡加以储存保护。神经递质进入囊泡是一个逆浓度梯度的主动转运过程,需要囊泡膜上囊泡转运蛋白的协助。这种转运过程需要消耗能量,能量主要由囊泡膜上的 H^+/ATP 酶(泵)提供，H^+/ATP 酶将 H^+ 从胞浆不断泵入囊泡内，形成数万倍浓度梯度和电荷梯度(ΔpH 和 $\Delta \psi$)以提供能量。转运蛋白在转运神经递质时，需要依赖该物质电化学梯度所储存的能量，如囊泡 GABA 转运蛋白依赖 ΔpH，其转运工作原理与 H^+ 交换有关。单胺类神经递质在向囊泡转运时也需要 H^+ 构成的电化学梯度(图 5-1)。一些促使囊泡内神经递质排空的药物，如利血平(reserpine)，其作用靶点就是这些神经递质的转运蛋白。例如，利血平阻断了氢离子偶联的囊泡单胺转运蛋白(VMAT)，使单胺类神经递质无法转运至囊泡储存。未能进入囊泡的单胺类神经递质，例如，多巴胺、去甲肾上腺素、5-羟色胺等则会被单胺氧化酶(monoamine oxidase, MAO)代谢，从而造成囊泡空虚，当电冲动到达神经元末梢时，没有足够的神经递质释放，信号传递效应减弱。

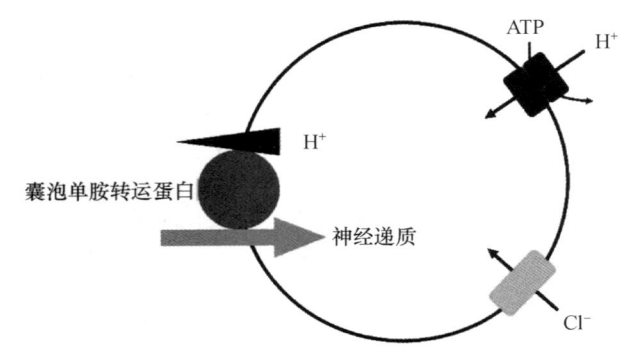

图 5-1　神经递质向囊泡内转运依赖 H^+ 电化学梯度(Rudnick, 2002)

三、神经递质的释放

神经递质的释放是一个十分复杂的过程。简而言之，当一定强度的电冲动(动作电位)传递到神经末梢时，会引起突触前膜的膜电位去极化，进而诱发电压门控钙通道开放，从而介导 Ca^{2+} 顺浓度梯度进入突触末梢。电压门控钙通道的开放受到许多调控蛋白的调节，如钙调蛋白可在反复去极化时与钙通道的 α_1 亚基结合，调节 Ca^{2+} 的内流。进入突触前末梢的 Ca^{2+} 将按照一定的顺序与 Ca^{2+} 感应蛋白结合，通常会有 4~5 个钙离子与感应蛋白结合。较为常见的钙离子感应蛋白是突触结合蛋白 1(SYT1)，此外还存在突触结合蛋白 2(SYT2)，主要分布在神经-肌肉接头以及小脑篮状细胞(basket cell)。与 Ca^{2+} 结合的突触结合蛋白将诱导囊泡与突触前膜的 SNARE 蛋白相互作用，形成突触融合蛋白复合体，随后经过胞吐作用(exocytosis)排出胞外，进入突触间隙(图 5-2)。神经递质释放的位点又称为活性带(active zone)。

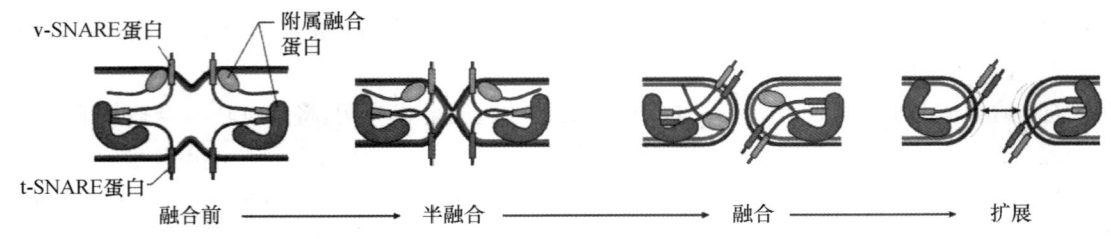

图 5-2　SNARE 蛋白介导的膜融合(Dittman et al., 2019)

四、神经递质受体

神经递质受体主要分布在突触前膜和突触后膜，不同部位的受体所发挥的效应也不尽相同。按照受体功能可分为离子通道受体和代谢型受体。离子通道受体主要依靠改变膜电位传递信号，而代谢型受体多通过与其偶联的 G 蛋白行使功能。神经递质释放到突触间隙后，作用途径有两条：一是与突触后膜受体结合，发挥第一信使作用，启动一系列胞内生理效应；二是作用于突触前膜的受体，通过负反馈或正反馈作用，调节神经递质的释放。

五、神经递质的消除

快速、彻底清除释放到突触间隙的神经递质,是实现精准调节神经活动的一个重要环节。神经递质的清除方式主要有三种:

① 快速被酶代谢,如乙酰胆碱可快速被突触间隙的胆碱酯酶代谢为胆碱和乙酸。

② 被突触前神经元重摄取,或者被临近的胶质细胞摄取,摄取之后或重新储存于囊泡中,或被酶代谢。在中枢神经系统,胶质细胞的重摄取同样是中枢神经递质消除的一个重要途径。

③ 离开突触间隙,不能被快速清除的残余神经递质,可通过向突触间隙外区域弥散,在突触间隙外代谢。

需要说明的是,膜摄取神经递质的过程需要特殊的转运蛋白并消耗能量(图5-3)。神经递质的转运蛋白分两个家族:一个是神经递质/钠转运家族(neurotransmitter/sodium symporter family),摄取单胺类神经递质和甘氨酸、牛磺酸、GABA 等;另一个是二羧酸/氨基酸阳离子转运蛋白家族(dicarboxylate/amino acid: cation symporter family),依赖于细胞内外 Na^+ 和 K^+ 浓度梯度,转运谷氨酸。这些转运蛋白行使功能需要依赖 Na^+ 的跨膜电化学梯度,而该电化学梯度主要由钠-钾泵维持,因此是一种消耗 ATP 的主动运输过程。除谷氨酸转运蛋白外,其他部分转运蛋白还利用了 Cl^- 的跨膜电化学梯度,在遗传学上属于 NaCl 偶联的转运蛋白家族(图5-4)。

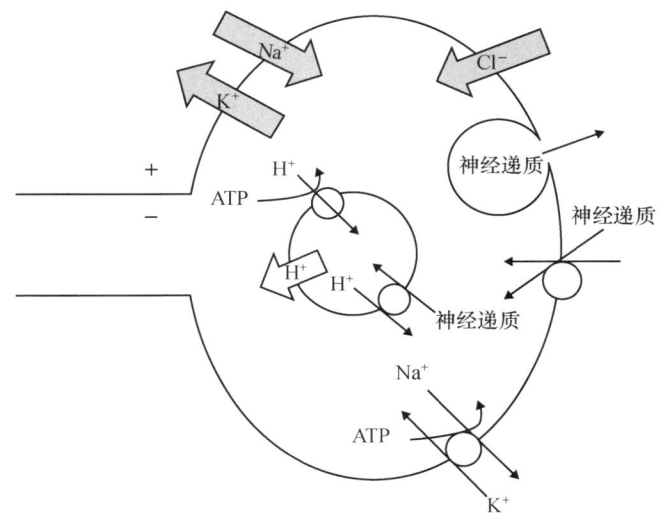

图 5-3 神经递质的重摄取(Rudnick,2002)

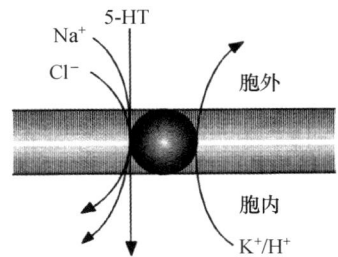

图 5-4 NaCl 偶联的转运蛋白工作原理(示意)(Rudnick,2002)

经典的神经递质,最常见的有胆碱类的乙酰胆碱,单胺类的去甲肾上腺素、多巴胺、5-羟色胺,氨基酸类的谷氨酸、GABA、甘氨酸。去甲肾上腺素和多巴胺均有 β-苯乙胺的基本结构,在苯环的 3、4 碳位上有羟基,故又称为儿茶酚胺。而去甲肾上腺素、多巴胺和 5-羟色胺,因为都带有一个乙氨基,所以统称为单胺类。气体类神经递质包括 H_2S、NO、CO。以下各节就其合成、释放、受体及信号转导、生理功能、清除、相关疾病和常用药物等知识进行简要介绍。

第二节 乙 酰 胆 碱

乙酰胆碱是最早确定的一种神经递质,以乙酰胆碱为神经递质的神经元称为胆碱能神经元(cholinergic neuron)。胆碱乙酰转移酶(choline acetyltransferase,ChAT)是乙酰胆碱合成的关键酶。通过免疫组织和细胞化学方法，检测胆碱乙酰转移酶表达和分布，就可以确定胆碱能神经元在中枢神经系统和周围神经系统的分布。

脑内乙酰胆碱主要来源于支配远端的胆碱能投射神经元和调控局部功能的中间神经元。脑内胆碱能投射神经元分布十分广泛，在脑桥、腹外侧被盖区、内侧缰核、基底前脑、纹状体、脑干和脊髓均有分布。从图 5-5 可以看到，脑内胆碱能投射神经元的胞体主要分布于基底神经核和脑干，这些神经元的胞体可以向其他脑区发出纤维投射，分别组成基底前脑胆碱能系统（basal forebrain cholinergic system）和脑干胆碱能系统（brainstem cholinergic system）。

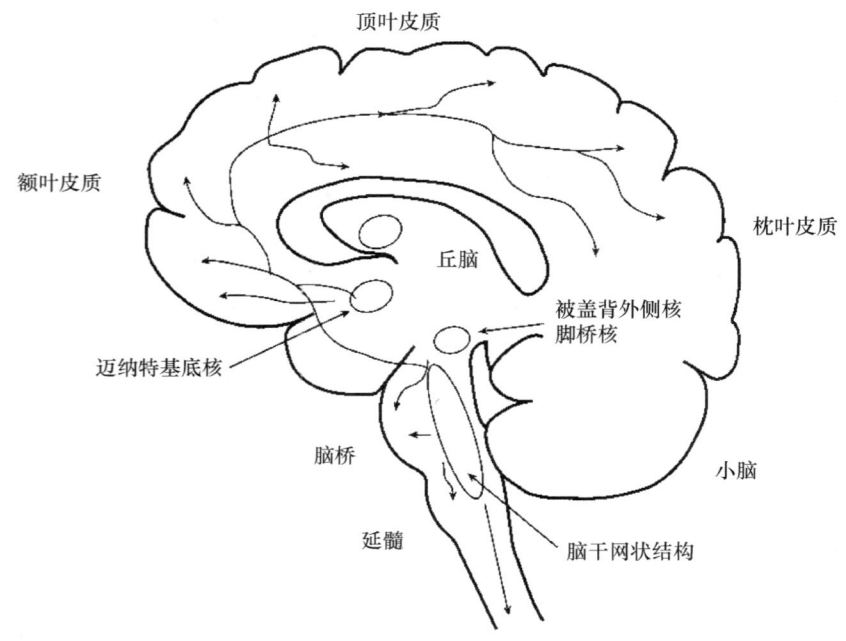

图 5-5 脑内胆碱能神经通路

脑内胆碱能投射与多种生理功能以及疾病密切相关：① 迈纳特基底核（basal nucleus of Meynert，BNM）向前脑新皮质以及相关的边缘结构的胆碱能投射，与注意力、视觉感知以及学习、记忆密切相关，这一投射的退化与阿尔茨海默病相关。② 纹状体内胆碱能神经元参与黑质纹状体多巴胺系统对运动的调节，其异常与帕金森病的病理过程密切相关。

延髓发出的副交感神经，动眼神经（Ⅲ）、面神经（Ⅶ）、舌咽神经（Ⅸ）和迷走神经（Ⅹ）这四对脑神经的节前神经纤维和节后神经纤维都释放乙酰胆碱。

除了脊髓发出的副交感神经外，脊髓发出的胆碱能神经还包括运动神经元，交感神经的节前神经元，以及支配汗腺、立毛肌、骨骼肌血管的交感神经的节后神经元。

一、乙酰胆碱的生物合成

乙酰胆碱合成的前体为胆碱（choline）和乙酰辅酶 A（acetyl coenzyme A），在胆碱乙酰转移酶作用下，在神经末梢内合成乙酰胆碱，同时生成 CoA（图 5-6）。胆碱乙酰转移酶是一种分子量约 68 000 的球蛋白，在神经元的胞体内合成，然后转运至胆碱能神经末梢起作用。乙酰胆碱合成过程中的限速步骤是胆碱及乙酰辅酶 A 的供应。胆碱主要是由血中摄取的卵磷脂水解产生；另一种来源是由释放至突触间隙的乙酰胆碱经胆碱酯酶水解产生。乙酰辅酶 A 主要在线粒体内，通过糖酵解、β-氧化以及支链氨基酸的分解生成。

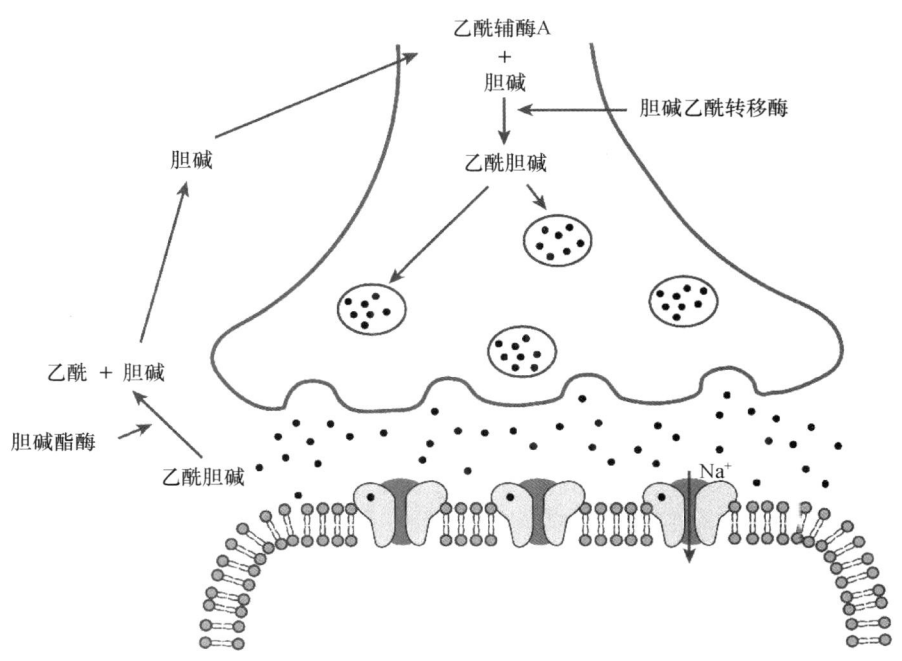

图 5-6 乙酰胆碱的生物合成、储存和释放

二、乙酰胆碱的储存和释放

乙酰胆碱合成后,经囊泡 ACh 转运蛋白(vesicular ACh transporter, VAChT)转运进入囊泡。VAChT 是分子量约 60 000 的蛋白质,有 12 个跨膜区,存在于乙酰胆碱囊泡的膜上。VAChT 转运乙酰胆碱的功能依赖于囊泡内高浓度 H^+(囊泡膜上有质子泵将 H^+ 逆浓度梯度泵入囊泡)。VAChT 将乙酰胆碱转运到囊泡内的同时将 H^+ 转运出囊泡并消耗 ATP。

乙酰胆碱以量子方式释放,即以囊泡为基本单位释放。神经末梢存在不同囊泡类型,一类称为储存囊泡(reserve vesicle),另一类称为回收囊泡(recycling vesicle),两类囊泡可互相转化。回收囊泡靠近突触前膜的活性区,兴奋时释放乙酰胆碱,并迅速从胞质中合成新的乙酰胆碱进行补充。一些毒素可影响乙酰胆碱的储存和释放,如肉毒毒素可与囊泡相关膜蛋白(vesicle associated membrane protein, VAMP)结合,还可与突触前膜的突触融合蛋白结合,阻止囊泡与突触前膜融合,从而抑制乙酰胆碱的释放。因而,通过面部皮肤注射肉毒毒素,让面部肌肉完全松弛,可达到去皱美容效果。相反地,黑寡妇蜘蛛毒液可以刺激乙酰胆碱的释放,造成乙酰胆碱的耗竭。

三、乙酰胆碱受体

20 世纪初,发现乙酰胆碱有两种外周效应:一种可被毒蕈碱(muscarine)模拟而被阿托品(atropine)阻断,另一种效应可被烟碱(nicotine)模拟而被箭毒碱(curare)阻断。据此将外周乙酰胆碱受体分为毒蕈碱(muscarinic, M)受体和烟碱(nicotinic, N)受体。后证明中枢神经系统内也有 M 受体和 N 受体。

1. M 受体

M 受体是 G 蛋白偶联受体,由一条含有七个跨膜区的多肽构成。运用神经药理学方法和克隆技术发现 M 受体可分为五种亚型:M_1、M_2、M_3、M_4、M_5 型。各亚型 M 受体的结构差异,主要取决于第 V 和第 VI 跨膜区的胞质环。M_1、M_3、M_5 受体结构类似,与 G_q 蛋白偶联,被激活后激活磷脂酰肌醇通路引起效应。M_2、M_4 受体结构类似,与 $G_{i/o}$ 蛋白偶联,被激活后抑制腺苷酸环化酶系统。

2. N受体

N受体是非选择性阳离子通道，是由四种亚基构成的五聚体。四种亚基按分子量大小依次命名为 α、β、γ、δ。神经肌肉接头处的N受体包括两个α亚基和一个β/γ/δ亚基，五个亚基按顺时针排列为五瓣花状，中间为离子通道，其两个α亚基是乙酰胆碱结合位点。一个受体结合两分子乙酰胆碱后，通过变构效应使离子通道开放，Na^+、Ca^{2+}内流产生去极化效应。α-银环蛇毒素（α-bungrotoxin）可特异结合α亚基，结合后离子通道被阻断。神经元N受体由两个α亚基和三个β亚基构成。自主神经系统中神经传递主要依赖乙酰胆碱受体。根据在自主神经系统中的分布，N受体分为N_1和N_2两种：N_1受体主要位于神经肌肉接头的骨骼肌中，N_2受体主要位于周围神经系统和中枢神经系统中。M受体与N受体的分布不同，其主要在自主神经系统的副交感神经部分发挥作用。

四、乙酰胆碱的生理功能

N受体被激活，导致受体通道开放，使阳离子内流进入细胞，从而引起细胞的去极化，导致动作电位的产生，称为快速兴奋性突触后电位。M受体的激活可以是兴奋性的或抑制性的。如前所述，M受体是G蛋白偶联受体，其起效速度相对缓慢。从乙酰胆碱作为神经递质的分布广度和神经类型看，就可以判断出其所参与的生理功能是所有神经递质中最为复杂和广泛的，一旦功能失衡就会引起多种疾病。

1. 乙酰胆碱在中枢神经系统的生理功能

（1）参与学习、记忆功能：主要是投射到海马的胆碱能神经元。乙酰胆碱受体的激活可以调节海马区的突触可塑性，促进海马区的长时程增强。

（2）调节感觉和情绪：主要是投射到前脑皮质、边缘系统和嗅脑的胆碱能神经元。在大鼠实验中，切断嗅束可以诱发动物躁狂和抑郁。

（3）觉醒：主要是脑干网状结构（reticular formation）上行激活系统的胆碱能神经元。此系统受到各种特定感觉通路（触觉、温度觉、听觉、视觉、嗅觉等）的调控，各种特异性感觉传导纤维上行通过此系统时发出侧支兴奋胆碱能神经元，通过上行激活投射到大脑皮质，保持觉醒状态。如果缺乏这些特异系统的兴奋传入，就会进入睡眠状态。

（4）随意运动的调节：主要是纹状体的胆碱能神经元与黑质纹状体多巴胺能神经元，共同调节随意运动。最经典的便是帕金森病，该病多见于老年人，表现为手发抖、震颤、动作僵硬、迟缓，不能做精细动作。帕金森病人除了多巴胺能神经元受损外，纹状体胆碱能神经元同样受损。

2. 乙酰胆碱在外周传出神经系统的生理功能

（1）运动功能：分布于运动神经和肌肉接头部，乙酰胆碱作为神经递质作用于运动终板上的N受体上，导致钠通道开放，引起骨骼肌细胞兴奋-收缩偶联，完成随意运动。重症肌无力（myasthenia gravis）是一种自身免疫性疾病，其病因就是N受体蛋白成了抗原，刺激机体产生抗体将其清除，抗体阻断或是破坏了神经肌肉接头处的乙酰胆碱受体，从而阻止肌肉收缩。

（2）自主神经系统功能调节：在交感神经节和副交感神经节，副交感神经和部分交感神经末梢，交感神经支配肾上腺髓质处，都是以乙酰胆碱作为神经递质的。有机磷农药是乙酰胆碱酯酶的不可逆抑制剂，会抑制乙酰胆碱的水解，造成乙酰胆碱对受体的持续激活，这就是为什么当有机磷农药中毒时，作用范围广泛，症状非常凶险，不及时抢救会有生命危险。

五、乙酰胆碱的酶解失活

释放到突触间隙的乙酰胆碱主要由乙酰胆碱酯酶（AChE）水解失活。AChE又称为真性胆碱酯酶，主要分布在突触后膜，邻近乙酰胆碱受体并与乙酰胆碱的迅速灭活有关。另一种水解乙酰胆碱的酶称为丁酰胆碱酯酶（butyrylcholinesterase，BChE），该酶可以水解包括乙酰胆碱在内的胆碱酯，但其水解乙酰胆碱的效力比 AChE 弱。BChE 在外周组织含量较高，在人脑中主要分布于皮质深层、海马、杏仁核和丘脑等脑区。AChE 水解乙酰胆碱的速率惊人，每秒钟每个 AChE 分子可以水解约 25 000 个乙酰胆碱分子。从突触前膜释放的乙酰胆碱被迅速水解而终止效应，这就保障了突触传递的准确性和时间的可控性。AChE 有两个活性中心：阴离子部位和酯解部位。前者依靠静电吸引乙酰胆碱带正电荷的季铵端，使乙酰胆碱接近 AChE，乙酰胆碱的羰基碳原子接近 AChE 的酯解部位，生成乙酰胆碱-AChE 复合物。然后是乙酰胆碱-AChE 复合物的酯键断裂，释放出胆碱，剩下的乙酰化胆碱酯酶快速水解成乙酸和 AChE。乙酰胆碱水解后的胆碱大部分被神经末梢摄取，用于乙酰胆碱合成。由图 5-7 可见，乙酰胆碱的季铵盐带有阳离子与 AChE 的阴离子部位结合，酯解出胆碱，然后水解生成 AChE 和乙酸。

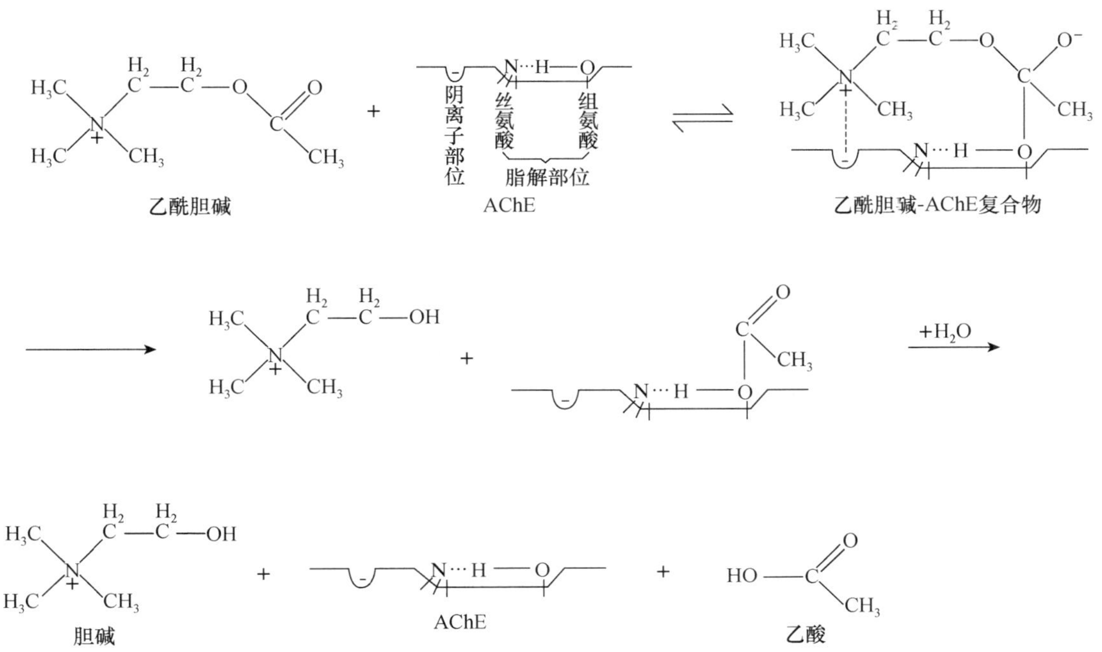

图 5-7 乙酰胆碱酯酶水解乙酰胆碱的过程

和乙酰胆碱结构近似的化合物可与 AChE 结合，生成暂时性或永久性复合物，抑制 AChE 对乙酰胆碱的水解，被称为胆碱酯酶抑制剂。某些可逆性胆碱酯酶抑制剂，目前用于临床治疗阿尔茨海默病，目的是增加脑内乙酰胆碱浓度。新斯的明（neostigmine）可用于治疗重症肌无力，其原理是增加运动终板处乙酰胆碱浓度。化学战毒剂如沙林（sarin）等，不可逆地抑制 AChE，磷酰化的胆碱酯酶因"老化"而持久失活，新 AChE 再生需要 15 天左右。早期应用吡啶-2-甲肟碘酯（PAM）可使 AChE 复活，应用抗胆碱药阿托品可快速消除大量乙酰胆碱聚集引起的中毒症状。在医疗和战备机构，PAM 和阿托品应该作为常备解毒药。

第三节 单胺类神经递质

一、去甲肾上腺素

去甲肾上腺素（NE）是儿茶酚胺家族中一类重要的激素和神经递质。NE 既是中枢神经递质，也是外周交感神经末梢的神经递质。含有 NE 的神经元过去被称为肾上腺素能神经元，现在多被称为去甲肾上腺素能神经元。

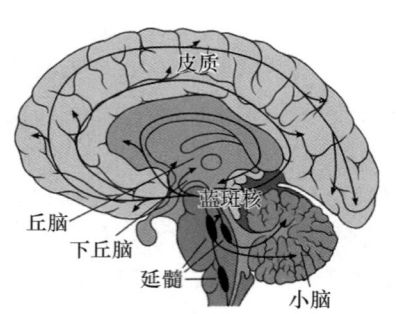

图 5-8 中枢去甲肾上腺素能神经元的胞体和纤维投射

脑内去甲肾上腺素能神经元的数目较少,且分布局限在几个相对较小的核团。Annica Dahlström 和 Kjell Fuxe 将儿茶酚胺能神经元按照脑内分布进行了分组,并以"aminergic"的首字母"A"作为它们的名称。其中 A_1～A_7 组为去甲肾上腺素能神经元。A_1 组主要分布于腹外侧髓质的尾部(caudal ventrolateral part of the medulla),调节体液新陈代谢;A_2 组主要分布于孤束核(nucleus of the solitary tract),这群神经元参与了包括进食和压力调节在内的多种重要行为。分布在蓝斑核(locus coeruleus)内的 A_6 组占脑内去甲肾上腺素能神经元总数的一半以上(图 5-8)。蓝斑核神经元纤维可投射至中枢神经系统的广泛区域,包括脊髓、小脑、丘脑和大脑皮质。

蓝斑核在睡眠期间不活跃,在觉醒状态下维持基本活动,只有当个体受到外界刺激时才会临时增强活动。相较于其他刺激,不愉快的刺激——尤其是强烈的恐惧和疼痛——更能增强蓝斑核的活动。蓝斑核释放的去甲肾上腺素可以多方面增强大脑功能,例如,感知觉、注意力、记忆回溯等。

来自蓝斑核的去甲肾上腺素能神经元上行纤维束形成了被盖背侧束,由后向前依次经脑桥的腹侧和内侧前脑束,大部分终止于丘脑前核、腹侧核、外侧核及内外侧膝状体;另有部分进入缰核脚间束,终止于外侧缰核;其余的纤维束则终止于杏仁核、海马或最终广泛投射到新皮质。此外,蓝斑发出的部分纤维也进入小脑,分别终止于中央核群及小脑皮质。去甲肾上腺素能神经的下行纤维束又称为脊髓系,从延髓、脑桥开始,走行于脊髓。交感神经从脊髓的胸腰段发出,在交感神经节更换神经元(节前为胆碱能神经,神经递质是乙酰胆碱),节后纤维支配到血管、内脏平滑肌和瞳孔的开大肌,其神经递质是去甲肾上腺素。

(一)去甲肾上腺素的合成

去甲肾上腺素的合成主要是在肾上腺髓质和节后神经元中经由一系列酶促反应完成的。合成的前体物质为酪氨酸(tyrosine,Tyr),在神经元胞质中,酪氨酸经酪氨酸羟化酶催化,苯环 3 位羟基化成为左旋多巴(L-dopa),左旋多巴经多巴脱羧酶(dopa decarboxylase,DD)催化,脱羧基形成直接前体物质多巴胺,多巴胺被摄入囊泡,再经多巴胺-β-羟化酶(dopamine-β-hydroxylase,D-β-H)催化形成去甲肾上腺素(图 5-9,图 5-10)。

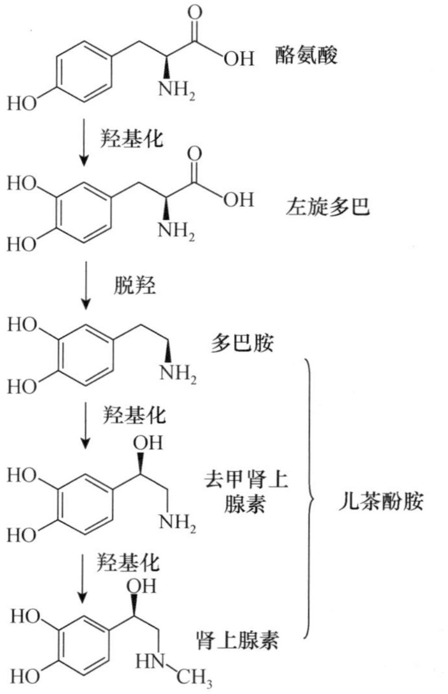

图 5-9 多巴胺和去甲肾上腺素的合成过程

(http://zhishifenzi.com/depth/depth/3838.html. 引用时间:2020-09-30)

1. 酪氨酸羟化酶

以非必需氨基酸酪氨酸(可从食物中获取或由必需氨基酸苯丙氨酸转化)为底物,以四氢生物蝶呤、氧气、Fe^{2+} 作为辅因子,具有专一性。酪氨酸羟化酶催化活性较低,在神经元内含量较少,在儿茶酚胺的生物合成过程中,被称为限速因子(rate limiting factor)。α-甲基-p-酪氨酸(α-methyl-p-tyrosine,α-MT)是底物酪氨酸的结构类似物,对催化酶竞争性抑制,干扰去甲肾上腺素的合成。即使合成了含 α-甲基的去甲肾上腺素,也是一种无效的"伪递质"。α-MT 可以作为工具药,研究阻止去甲肾上腺素合成后的结果。

2. 多巴脱羧酶

左旋多巴经由多巴脱羧酶脱羧转化为多巴胺。与酪氨酸羟化酶相比,多巴脱羧酶的浓度和酶活性都很高,且酶对底物的专一性低,凡左旋芳香氨基酸(如组氨酸、酪氨酸、色氨酸、苯丙氨酸等)均可被其脱羧,所以也被称为芳香族氨基酸脱羧酶(aromatic L-amino acid decarboxylase,AADC)。若将此酶抑制,不仅儿茶酚胺的合成受阻,5-羟色胺和组胺的合成也将受阻。

3. 多巴胺-β-羟化酶

多巴胺-β-羟化酶以多巴胺为底物,以氧气和抗坏血酸为辅因子,合成去甲肾上腺素。该酶只存在于去甲肾上腺素能、肾上腺素能神经元的囊泡内及肾上腺髓质嗜铬细胞中,因此去甲肾上腺素的合成是在多巴胺进入囊泡后进行的(图5-10)。

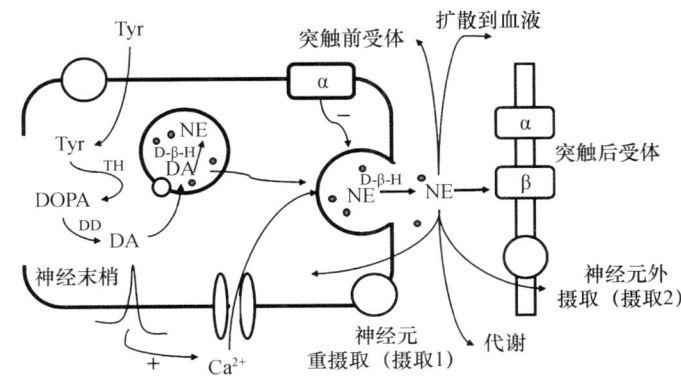

Tyr,酪氨酸;TH,酪氨酸羟化酶;DD,多巴脱羧酶;DA,多巴胺;D-β-H,多巴胺-β-羟化酶;NE,去甲肾上腺素

图 5-10　去甲肾上腺素的合成、储存、释放、受体结合和消除全过程

(二) 去甲肾上腺素的储存与摄取

1. 去甲肾上腺素的囊泡储存

去甲肾上腺素在囊泡中合成并就地储存。囊泡内的去甲肾上腺素与ATP、嗜铬颗粒蛋白等结合,以较为稳定的形式储存于囊泡内,不易弥散出神经元,这样可避免被胞质内的MAO所代谢。带正电荷的去甲肾上腺素与带负电荷的ATP和嗜铬颗粒蛋白形成大分子复合物,去甲肾上腺素的释放伴随ATP的释放,释放到突触间隙的ATP可以作为协同递质起作用。囊泡形状有大小之分,大囊泡多存在于轴突和突触末梢,小囊泡主要在突触末梢。在人类神经系统中,大囊泡储存去甲肾上腺素的比例较高。

2. 去甲肾上腺素的囊泡摄取

囊泡膜有囊泡单胺转运蛋白(VMAT)。VMAT一方面可阻止单胺类神经递质溢出囊泡外,另一方面可主动将重摄取的去甲肾上腺素尽快存入囊泡,避免被胞浆线粒体膜上的MAO降解。囊泡膜上有质子泵,将H^+转运入囊泡,形成质子跨膜的电梯度和化学梯度,这是一个主动转运过程,逆浓度和逆电子梯度转运,是消耗ATP的过程,实际也是一种储存能量的方式。VMAT可利用跨膜的H^+梯度作为能源,逆浓度梯度转运去甲肾上腺素,每摄取1分子去甲肾上腺素,反向转运2分子H^+,第一个H^+的结合或者转运可以增加转运蛋白对去甲肾上腺素的亲和力,第二个H^+的结合则促进去甲肾上腺素的转运。利血平阻断囊泡对单胺的摄取,另外可使已经储存在囊泡中的去甲肾上腺素逐渐渗透至胞质内,被MAO代谢,最终使神经递质耗竭。利血平不仅使去甲肾上腺素耗竭,对其他单胺类神经递质也如此。科学研究时可以利用利血平作为耗竭单胺类神经递质的工具,如给予大鼠皮下注射一定剂量的利血平后,会引起体温降低、眼睑下垂,这是一种抑郁症动物模型(由脑内5-羟色胺和去甲肾上腺素含量降低造成,和抑郁症的发病原因相似),预先给予抗抑郁药可以对抗或减轻这些症状。

（三）去甲肾上腺素的释放

去甲肾上腺素是以胞吐作用（exocytosis）的形式释放的。释放过程是：动作电位到达神经末梢，突触前膜去极化，电压门控钙通道开放，Ca^{2+}依浓度梯度大量进入胞质内，通过复杂的过程，促进囊泡膜前移与突触前膜融合，继而裂孔，将囊泡内去甲肾上腺素排到突触间隙，囊泡最终通过胞吞过程而被循环利用。去甲肾上腺素释放程度可以自我调节，当去甲肾上腺素释放过多，突触间隙去甲肾上腺素浓度过高时，去甲肾上腺素可激活突触前膜上的 α_2-肾上腺素受体（自主受体，autoreceptor），进行负反馈调节，抑制突触前膜内去甲肾上腺素的释放。后来发现除了负反馈调节外，还存在正反馈调节，这是通过突触前膜上的 β-肾上腺素受体实现的，即当突触间隙去甲肾上腺素浓度过低时，β-肾上腺素受体对去甲肾上腺素最敏感，β-肾上腺素受体激活后通过正反馈调节促进去甲肾上腺素的释放。β-肾上腺素受体阻断药——普萘洛尔（propranolol）由于阻断了这种正反馈，减少去甲肾上腺素释放，从而发挥药理作用。

（四）去甲肾上腺素的受体

根据药理学特征，去甲肾上腺素的受体分为 α 和 β 两大类，α 受体又进一步分为 α_1 和 α_2 受体，β 受体又分为 β_1、β_2 和 β_3 受体。α 受体和 β 受体都是 G 蛋白偶联受体（表 5-2），通过第二信使系统发挥其功能。其中 α_2 受体通常被认为起抑制作用，且多数位于突触前，所以在去甲肾上腺激素释放时，该型受体功能下调。α_1 和三种 β 受体通常被认为是兴奋性受体。

表 5-2 中枢肾上腺素受体类型、偶联蛋白和脑内分布

肾上腺素受体类型	偶联蛋白	脑内分布
α_{1A} 受体	$G_{q/11}$	皮质、海马
α_{1B} 受体	$G_{q/11}$	皮质、脑干
α_{1D} 受体	$G_{q/11}$	嗅球、皮质、海马、运动神经元
α_{2A} 受体	$G_{i/o}$	皮质、脑干、中脑、脊髓
α_{2B} 受体	$G_{i/o}$	间脑
α_{2C} 受体	$G_{i/o}$	皮质、海马、基底神经节、小脑
β_1 受体	G_s	嗅觉核、皮质、小脑核、脑干核、脊髓
β_2 受体	G_s	嗅球、梨状叶皮质、小脑皮质、海马

1. 中枢神经系统的肾上腺素受体

α_1 受体通过 $G_{q/11}$ 蛋白激活磷脂酶 C，促进磷酸肌醇水解；α_2 受体通常分布在突触前，参与负反馈调节，通过 $G_{i/o}$ 蛋白抑制腺苷酸环化酶，降低胞浆内 cAMP 的浓度。β 受体主要通过 G_s 蛋白激活腺苷酸环化酶，升高胞浆内 cAMP 的浓度。

2. 周围自主神经系统的肾上腺素受体

α 受体：α_1 受体具有散瞳、收缩血管、增加糖原分解等功能；α_2 受体具有突触前膜负反馈、抑制去甲肾上腺素释放等功能。

β 受体：激活 β_1 受体可引起心脏兴奋（包括心率增加、传导加快、收缩力增强）、脂肪分解加速、胃饥饿素释放增多。激活 β_2 受体可引起血管扩张，支气管扩张，糖原分解加速，脂肪分解加速（肝、肌）。激活 β_3 受体可加速脂肪分解。β 受体激动剂和拮抗剂在临床中应用最广，尤其是用于心血管疾病和糖尿病，如 β_1 受体激动剂多巴酚丁胺（慢性心功能不全），β_1 受体拮抗剂美托洛尔（降压药）；β_2 受体激动剂特布他林（平喘药），β_2 受体拮抗剂布他沙明（降血糖药，降血脂药）。

（五）去甲肾上腺素的清除

1. 突触间隙去甲肾上腺素的清除途径

神经递质与受体结合发生作用后被迅速清除，主要去路有四条：① 突触前膜重摄取；② 突触后膜摄取；③ 在突触间隙内被代谢；④ 进入血液。除重摄取进入突触前膜的一部分去甲肾上腺素可被囊泡摄取、储存外，其余的被酶解，代谢产物经肾脏排出体外。

2. 去甲肾上腺素的重摄取

重摄取(reuptake)是消除突触间隙的单胺类神经递质的主要方式,约占突触前膜释放神经递质总量的75%。重摄取的意义在于:① 避免受体持续激活,有利于突触信息传递的精确调节;② 重摄取的神经递质被囊泡摄取,神经冲动到来时可再释放。动作电位发生之后,去甲肾上腺素迅速被囊泡释放。突触间隙中的去甲肾上腺素可被突触前膜摄取,也可以被突触后膜和非神经组织摄取。前者称为摄取 1(uptake 1,U1),后者称为摄取 2(uptake 2,U2)。U1 是一种高亲和力摄取,由特异性的去甲肾上腺素转运蛋白(norepinephrine transporter,NET)来完成,能逆浓度差摄取去甲肾上腺素,特异性较高,在去甲肾上腺素浓度低时也有摄取能力。U2 的亲和力较低,在去甲肾上腺素浓度高时才摄取,而且对各种儿茶酚胺的选择性较小。一般来说,外周神经末梢释放出的去甲肾上腺素主要被突触前膜所摄取,即以 U1 为主。脑内胶质细胞也存在 U2。NET 属于 Na^+/Cl^- 依赖型转运蛋白家族,可协同转运 Cl^- 和 Na^+。除了去甲肾上腺素,NET 也可以重摄取多巴胺,在调节突触间隙中这两类单胺类神经递质浓度时发挥重要作用。许多常用的神经精神药物对 NET 有高亲和力,地昔帕明(desipramine)和去甲氯丙咪嗪(desmethyl chlorimipramine)可选择性抑制去甲肾上腺素重摄取,临床用于抑郁症的治疗。过高密度的 NET 可能会导致注意缺陷多动障碍(attention deficit hyperactive disorder,ADHD)。

3. 去甲肾上腺素的酶解失活

去甲肾上腺素的另一种失活方式是被酶降解。降解儿茶酚胺的酶主要有两种:一种是单胺氧化酶(MAO),广泛存在于神经元和星形胶质细胞中,单胺氧化酶又分为 A(MAO-A)和 B(MAO-B)两个亚型;另一种是儿茶酚-O-甲基转移酶(catechol-O-methyl transferase,COMT),主要位于非神经组织(如平滑肌、内皮细胞、胶质细胞)中。神经元胞质内的 MAO 位于线粒体外膜。MAO-A 通过氧化脱氨基作用降解去甲肾上腺素、5-羟色胺和多巴胺。氯吉宁(clorgyline)是选择性的 MAO-A 抑制剂,司来吉兰(deprenyl)是选择性的 MAO-B 抑制剂。COMT 可以将去甲肾上腺素代谢为间甲去甲肾上腺素。其中一部分再经 MAO 作用脱氨形成 3-甲氧基-4-羟基扁桃酸(vanillyl mandelic acid,VMA),也称为香草扁桃酸。COMT 广泛存在于非神经组织中,在神经组织中主要存在于突触后膜,并分为 S-COMT 和 MB-COMT 两种亚型。托卡朋(tolcapone)和恩他卡朋(entacapone)为 COMT 抑制剂,用于治疗帕金森病。

去甲肾上腺素代谢过程和产物如图 5-11 所示。摄取进入突触末梢的去甲肾上腺素首先被 MAO 降解,然后在神经元外被 COMT 进一步降解。突触间隙和血液中的去甲肾上腺素,则依次经 COMT 和 MAO 代谢。去甲肾上腺素在脑内最终的主要代谢产物是 3-甲氧基-4-羟基苯乙二醇(3-methoxy-4-hydroxyphenylglycol,MHPG)。外周去甲肾上腺素的最终代谢产物是 VMA。从尿中排出的主要是 VMA,还有少量的 MHPG。尿中的 MHPG 有 80% 来自外周交感神经末梢,少量来自脑。可以通过量化尿液中的产物,推测和去甲肾上腺素相关疾病的发生。

二、多巴胺

多巴胺是神经系统中的一种儿茶酚胺类神经递质,也是合成去甲肾上腺素的前体物质。在整个中枢神经系统中,多巴胺约占儿茶酚胺类神经递质含量的 50%。多巴胺曾被认为仅是去甲肾上腺素生物合成的中间产物。20 世纪 50 年代,瑞典药理学家 Carlsson 首先报道纹状体内多巴胺含量极高,且和去甲肾上腺素的分布不一致。60 年代,Hornykiewiz 发现帕金森病与多巴胺有关,服用其前体左旋多巴后大多数患者可获得较为理想的疗效。70 年代,研究者应用放射配体受体结合法证实脑内存在大量多巴胺受体。80 年代末至 90 年代初,应用分子生物学技术,研究人员克隆出多种不同亚型的多巴胺受体。

免疫细胞和组织化学方法研究表明,脑内多巴胺能神经元主要位于黑质(substantia nigra)、腹侧被盖区(ventral tegmental area)和弓状核(arcuate nucleus)。多巴胺能神经元纤维投射的主要通路或系统

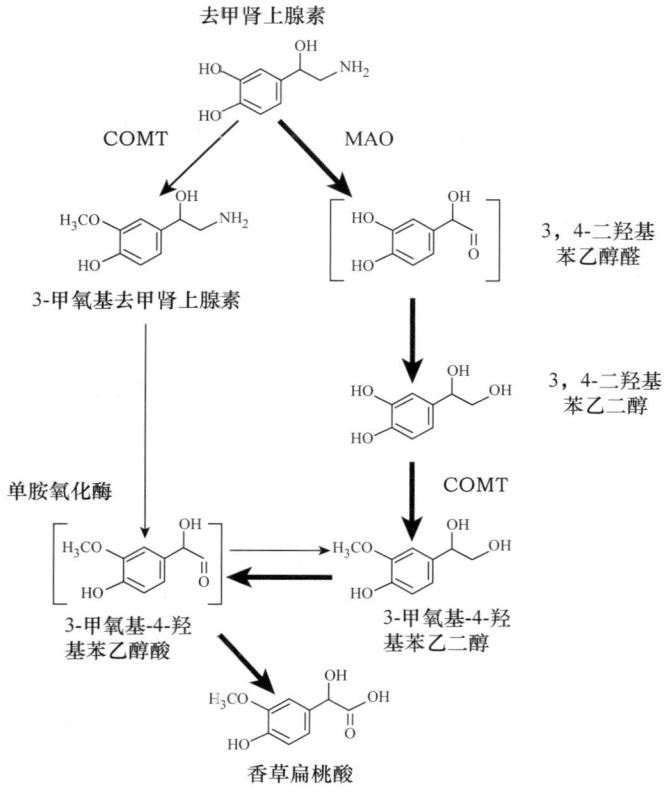

图 5-11　去甲肾上腺素经 MAO 和 COMT 代谢

有：黑质纹状体通路(nigrostriatal pathway)、中脑边缘皮质系统(mesolimbocortical system)、结节漏斗系统(tuberoinfundibular system)。中脑多巴胺能神经元还可发出纤维下行投射到脑干和脊髓，形成下丘脊髓系统(hypothalamus spinal system)。

脑内多巴胺系统功能复杂。黑质纹状体通路主要与运动功能的控制有关，以往诸多研究表明，多巴胺能神经元的大量死亡是导致帕金森病的主要原因；中脑边缘皮质系统调节情感变化和认知功能，与精神疾病、药物成瘾等有关；中脑皮质通路由来自腹侧被盖区的多巴胺能纤维投射至前额皮质和海马区，中脑皮质多巴胺介导认知和情绪行为；结节漏斗系统可调节下丘脑-脑垂体功能，参与多种内分泌腺功能的调节。

（一）多巴胺的生物合成、储存与释放

1. 多巴胺的合成

多巴胺是去甲肾上腺素合成过程的中间产物，在多巴胺能神经元中，由于囊泡内无多巴胺-β-羟化酶存在，不会合成去甲肾上腺素。酪氨酸在胞质内被酪氨酸羟化酶催化，形成多巴。酪氨酸羟化酶催化反应也像合成去甲肾上腺素时一样，是多巴胺合成过程中的限速步骤。酪氨酸羟化酶活性可被 α-甲基-p-酪氨酸所抑制，从而耗竭脑内的多巴胺和去甲肾上腺素，对多巴胺合成有重大影响。

2. 多巴胺的储存

胞质中合成的多巴胺被运输到突触末端后即由囊泡摄取并储存。多巴胺能神经元末梢中负责储存多巴胺的致密中心囊泡可选择性储存多巴胺，对去甲肾上腺素也有一定的摄取和储存能力。多巴胺囊泡的摄取依赖于囊泡膜上的囊泡单胺转运蛋白，去甲肾上腺素也是利用此转运蛋白进入囊泡。囊泡单胺转运蛋白对多巴胺和去甲肾上腺素的转运方式也相同，均为主动转运，依赖于囊泡内外的 H^+ 电化学梯度，每摄取一个多巴胺的同时逆向转运出两个 H^+。多巴胺囊泡的储存亦可被利血平所阻止，使得合成和重摄取的多巴胺在胞质内被单胺氧化酶降解，从而耗竭神经元内的多巴胺。

3. 多巴胺的释放

一般认为,多巴胺主要是从神经元的突触前膜以胞裂外排方式释放。神经冲动刺激可引起多巴胺的释放,当神经冲动到达突触末梢时,引起突触前膜电压门控钙通道开放,大量 Ca^{2+} 内流,经过一系列反应后促使囊泡前移与突触前膜融合,最终完成多巴胺的释放过程。除了末梢区域以外,树突亦能合成和释放多巴胺,在树突内多巴胺可储存于典型的囊泡中,也可储存在滑面内质网上。研究发现,多巴胺能神经元中存在快速活性区(fast active zone),能以一种快速的空间精确的方式释放多巴胺。

多巴胺能神经元的突触前膜上存在自身受体(D_2 受体),可被释放至突触间隙的多巴胺激活,从而负反馈调节多巴胺的释放。在纹状体中,脑啡肽能神经末梢与多巴胺能神经末梢可形成突触,对多巴胺的释放起到突触前抑制作用;GABA 能神经元也能抑制多巴胺的释放。苯丙胺(amphytamine)、利他林(ritalin)可促进多巴胺释放。苯丙胺对中枢神经系统有兴奋作用,对抑郁症有一定治疗效果,由于患者对该药产生依赖性,目前已不常用。

(二) 多巴胺受体

1. 多巴胺受体家族

20 世纪 80 年代末,通过分子生物学技术已经克隆出五种多巴胺受体(dopamine receptor),分别是 D_1、D_2、D_3、D_4 和 D_5。按照药理学特性可分别归纳为 D_1 和 D_2 类受体家族:D_1 类受体家族由 D_1 和 D_5 受体组成,D_2 类受体家族由 D_2、D_3 和 D_4 受体组成。多巴胺受体均为 G 蛋白偶联受体,为七次跨膜的多肽链,N 末端在细胞外,C 末端在细胞内。D_1 类受体家族与 G_s 蛋白偶联,激活腺苷酸环化酶。D_2 类受体家族与 G_i 蛋白偶联,抑制腺苷酸环化酶。多巴胺受体每一类型都在 N 末端有一些糖基化位点。在其胞内侧,有一些数目、位置各不相同的磷酸化位点。

D_1 和 D_2 受体在纹状体、伏隔核、嗅结节都有密集的分布。纹状体中 GABA 能神经元、脑啡肽能神经元和胆碱能神经元,都接受黑质多巴胺能神经元的投射(反之,对多巴胺能神经元有反馈调节),D_1 受体多数分布在 GABA 能神经元上,而 D_2 受体分布在脑啡肽能神经元和胆碱能神经元上。D_3 受体主要分布在中脑边缘多巴胺能神经元所支配的结构中,参与记忆、情绪和运动。D_4 受体主要分布于额叶皮质、杏仁核、中脑和延髓。D_5 受体在脑内的分布主要在海马、丘脑束旁核(parafascicular nucleus)及外侧乳头体。

2. 多巴胺受体的作用原理

D_1 类受体家族兴奋 G_s 蛋白,G_s 蛋白激活腺苷酸环化酶,腺苷酸环化酶催化 ATP 形成 cAMP,cAMP 激活 cAMP 依赖性蛋白激酶 A(PKA),PKA 催化蛋白质磷酸化,后者进一步发挥效应。效应包括:① 改变细胞膜对离子的通透性;② 调节神经递质合成酶的活力;③ 其他效应。磷酸二酯酶和蛋白磷酸酶 1 可分别使 cAMP 分解以及磷酸化的蛋白质去磷酸化,从而终止多巴胺的效应。

由图 5-12 看出,急性给予可卡因可通过阻断突触前膜重摄取多巴胺,激活 D_1 受体,增加 cAMP 水平,导致 PKA 激活。锚定蛋白(AKAP)有助于 PKA 密切接近底物,使之磷酸化。这些底物包括:电压门控钠通道和钙通道、配体门控 $GABA_A$ 离子通道以及离子型谷氨酸受体。慢性给予可卡因,可上调 D_1/PKA 信号,同时也导致转录因子 FosB 激活,引起细胞周期蛋白(cyclin)依赖性激酶 CDK5 磷酸化。CDK5 磷酸化有两种结果:一种是磷蛋白 DARPP-32(dopamine-and adenosine 3′: 5′-monophosphate-regulated phosphoprotein,分子量 32 000)在 Thr75 位点磷酸化,结果会抑制 PKA;另一种是 DARPP-32 在 Thr34 位点磷酸化,结果会抑制蛋白磷酸酶-1(protein phosphatase-1,PP-1),激活 PKA。

D_2 受体与 $G_{i/o}$ 蛋白偶联,激活后抑制腺苷酸环化酶的活性,减少 cAMP 生成,并可激活钾通道,钾通道电导增加,K^+ 外流引起细胞膜超极化,这也限制了电压门控钙通道。D_2 受体激活还可以直接抑制电压门控钙通道。D_2 受体还通过 G_i 蛋白介导抑制细胞膜上磷脂酶 C(PLC)对磷脂酰肌醇 4,5-二磷酸(PIP_2)的水解,减少 IP_3 和 DAG 的产生。

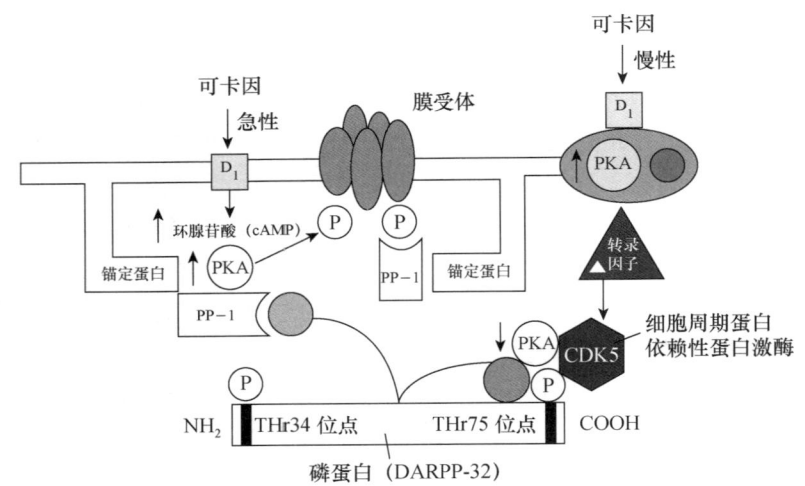

图 5-12　可卡因急性和慢性激活 D_1 信号通路

3. 多巴胺受体的功能

多巴胺受体是介导多巴胺作用的膜蛋白,在中枢神经系统相关的功能中发挥着重要作用,包括学习、认知、记忆、睡眠和运动控制等。在外周系统,多巴胺受体也参与激素调节以及心血管功能、肾功能和嗅觉等。

突触前多巴胺自身受体主要是 D_2 受体和 D_3 受体,介导神经元电活动、多巴胺合成和释放的负反馈调节。突触后多巴胺受体主要参与行为、运动和精神活动的调节。D_1 和 D_2 受体参与运动的调节。突触前 D_2 受体参与调节多巴胺和其他神经递质的释放,而在突触后,它可以发挥多种功能,如抑制中脑兴奋性突触以及通过激活内向整流钾通道(G protein gated inwardly rectifying K channels,GIRK)控制神经元的静息电位。此外,D_1 和 D_2 受体还可与钠-钾泵产生直接相互作用。垂体 D_2 受体激动剂抑制催乳素释放,而激活延髓中枢化学感受器神经元的 D_2 受体可导致呕吐。精神分裂症患者 D_1 受体功能减退而 D_2 受体功能亢进,所以 D_2 受体拮抗剂如氯丙嗪(chlorpromazine)可应用在精神分裂症的治疗中。非典型抗精神病药物氯氮平(clozapine)的作用靶点则主要是 D_3、D_4 受体。

(三) 多巴胺的消除

多巴胺的消除机制与去甲肾上腺素的清除机制极为类似,主要有四条途径:① 突触前膜重摄取;② 突触后膜摄取;③ 突触间隙内代谢;④ 进入血流后代谢。这几条途径中,除了进入突触前膜的部分可被多巴胺囊泡摄取参与再利用外,其余大多在酶的作用下被分解代谢,并最终经肾脏排出体外。

1. 多巴胺的重摄取

多巴胺释放入突触间隙后,大部分被突触前膜重摄取,及时终止其作用。多巴胺是由细胞膜上的多巴胺转运蛋白(dopamine transporter,DAT)重摄取回胞质。人的 DAT 由 620 个氨基酸残基组成,包含 12 个跨膜区,其 N 末端与 C 末端都在胞质,细胞外部分有 2～4 个糖基化位点,胞内侧有数个丝氨酸、苏氨酸磷酸化位点。DAT 与转运去甲肾上腺素的去甲肾上腺素转运体(NET)结构最为相似,同属 Na^+/Cl^- 依赖型转运蛋白家族。

DAT 对多巴胺的膜摄取作用为主动转运,每转运 1 分子多巴胺,同时协同转运 1 分子 Cl^- 和 2 分子 Na^+。DAT 可以识别包括多巴胺在内的多种底物或神经毒剂,结合后发生构象改变,将底物从胞膜外侧摄入并在胞膜内侧释放。6-羟基多巴胺(6-OHDA)可被多巴胺能神经末梢和去甲肾上腺素能神经末梢选择性摄取,在神经元胞质内,其氧化产物可以攻击线粒体呼吸链膜性结构,使神经末梢在数天内损毁,因此被称为儿茶酚胺类化学毒剂。6-OHDA 必须直接通过侧脑室注射或核团注射才能发挥作用,其对去甲肾上腺素能神经元的毒性作用大于对多巴胺能神经元和肾上腺素能神经元的毒性,如果想单纯损伤多巴胺能神经元制作帕金森病动物模型,可预先注射去甲肾上腺素重摄取阻断剂地昔帕明,避免伤害到去甲肾上腺素能神经元。

用 6-OHDA 制作筛选抗帕金森病药物的动物模型的方法在于:首先按照核团定位图,将 6-OHDA 注入一侧黑质纹状体通路;此过程中,需加入还原剂抗坏血酸,防止 6-OHDA 在进入神经元之前被氧化;需加入地昔帕明,防止伤及去甲肾上腺素能神经元。损伤是单侧性的,被注入 6-OHDA 的一侧称为损伤侧。损伤后要经过相当长一段时间后,动物运动才能恢复平衡,外观如常。此时,两侧黑质纹状体多巴胺能神经元和突触后膜多巴胺受体的状况是明显不一样的:损伤侧,无多巴胺释放,多巴胺受体上调、敏化;健侧有多巴胺释放,多巴胺受体正常。给予苯丙胺(促黑质纹状体释放多巴胺),此时只有健侧释放多巴胺,引起小鼠向损伤侧旋转。给予阿扑吗啡(多巴胺受体激动剂),损伤侧受体反应程度超过健侧,引起小鼠向健侧旋转。这时给予候选化合物,给药后如果引起小鼠旋转,说明具有增强中枢多巴胺功能的作用;向损伤侧旋转说明药物是促进多巴胺释放型,向健侧旋转则说明是受体激动型。

1-甲基-4 苯基-1,2,3,6-四氢吡啶(1-methyl-4-phenyl-1,2,3,6-tetrahydropyricine,MPTP)可以选择性损毁多巴胺能神经元。小鼠腹腔注射 MPTP 可表现出帕金森病样症状,用于制作研究抗帕金森病药物的动物模型。MPTP 神经毒性作用的可能机制见图 5-13。MPTP 可以透过血脑屏障,在脑内被胶质细胞内的单胺氧化酶 B(MAO-B)降解,形成 1-甲基-4-苯基-吡啶离子(MPP$^+$),MPP$^+$ 被 DAT 转运进入多巴胺能神经元末梢。MPP$^+$ 产生的氧自由基直接损伤线粒体和膜性结构,抑制线粒体呼吸链上的氧化还原酶复合体 I,从而选择性损伤多巴胺能神经元。利用猴为动物模型进行药物实验,其表现症状与人类极为相似,因此 MPTP 注射的猴模型多用于最后阶段的药理学评价。

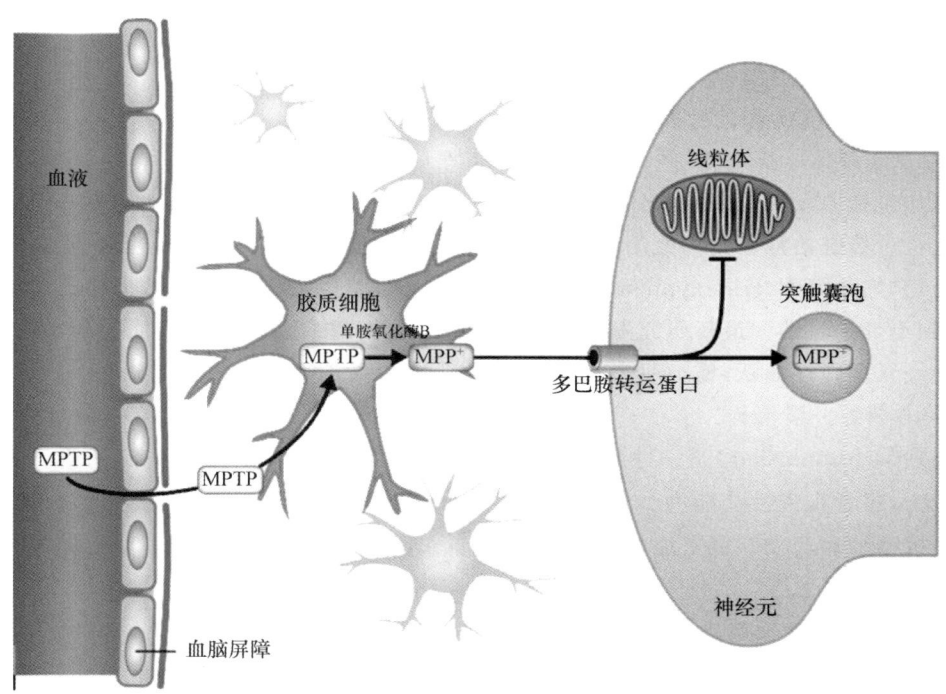

图 5-13　MPTP 损伤多巴胺能神经元机制

2. 多巴胺的酶解失活

与去甲肾上腺素的失活相似,多巴胺的最终失活也是通过酶的降解代谢。多巴胺代谢酶与去甲肾上腺素代谢酶类似,也有单胺氧化酶和儿茶酚-O-甲基转移酶(COMT)。多巴胺降解代谢的过程主要包括两方面:① 氨基(—NH$_2$)修饰,通过单胺氧化酶氧化氨基变成醛基,醛基进一步经醛脱氢酶的氧化作用变成酸。② 儿茶酚修饰,是通过 COMT 在 3-氧位甲基化。多巴胺的最终产物是高香草酸(homovanillic acid,HVA)(图 5-14)。单胺氧化酶有两种亚型,多巴胺主要被 MAO-B 降解。司来吉兰(selegiline)是选择性 MAO-B 抑制剂,临床用于治疗帕金森病。

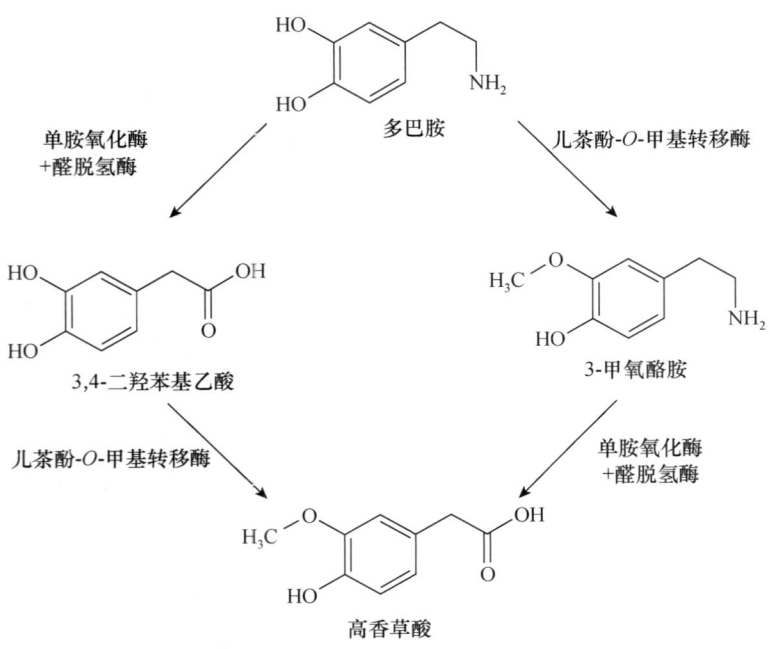

图 5-14 多巴胺的降解过程和降解酶

(https://commons.wikimedia.org/wiki/File:Dopamine_degradation_(zh-cn).svg,引用时间:2020-06-25)

(四)多巴胺相关疾病和治疗药物

1. 多巴胺与震颤性麻痹

震颤性麻痹包括原发性黑质纹状体系统多巴胺能神经元受损的帕金森病,也包括多巴胺受体被阻滞引起的震颤症状。传统治疗原则为使用增强多巴胺功能的药物,如左旋多巴,还有降低纹状体 M 型胆碱受体功能的药物,如苯海索(trihexyphenidyl),使得黑质纹状体失去平衡的多巴胺和乙酰胆碱功能重新建立平衡,达到治疗的目的。最新研究发现,使用左旋多巴补充多巴胺,增强基底神经节的抑制性输出,会导致丘脑神经元反弹性活跃,增加肌肉震颤,在低水平多巴胺的情况下更是如此。

2. 多巴胺与精神分裂症

精神分裂症(schizophrenia)是一种严重的精神疾病,有思维障碍、幻觉(幻视、幻听、幻嗅)、妄想(被害)、古怪的行为,患者丧失社交能力。最经典的代表性治疗药物是 D_2 受体拮抗剂——氯丙嗪,1990 年开发的非典型抗精神病药物氯氮平能阻断多种受体,如 D_3 受体、D_4 受体和 $5-HT_2$ 受体等,但对 D_2 受体作用很弱。

3. 多巴胺与迟发性运动障碍

迟发性运动障碍(tardive dyskinesia)是由于长期使用 D_2 受体拮抗剂类抗精神病药物,引起纹状体多巴胺受体超敏,从而导致多巴胺与 ACh 功能的失平衡。症状表现:舌、唇、口和躯干的异常不自主的不规则运动,或舞蹈样手足徐动,以口周运动障碍最常见,包括转舌及伸舌运动、颌部咀嚼运动及噘嘴等。此病多见于老年人。目前对此病还没有很有效的治疗药物,主要是停药让其慢慢恢复,治疗改用非多巴胺受体拮抗剂。

4. 多巴胺与药物滥用成瘾

多巴胺是大脑中参与奖赏通路的主要神经递质,增加多巴胺信号的药物可能会提高欣快感。D_2 受体表达水平的高低可能与个体对药物的易感性和渴求程度有关,通过提高 D_2 受体的表达水平,可有效降低机体对药物的易感性及渴求程度,对抗复吸行为。大脑伏隔核的中间棘突神经元在戒断引起的可塑性中起重要的作用,可能有助于药物滥用后复发的治疗。D_3 受体可增强可卡因的奖赏效应,可能具有潜在的药物开发价值。

5. 多巴胺与情绪障碍

在情绪障碍中,多巴胺系统活性降低与抑郁有关,而多巴胺系统功能的增加则导致躁狂。多巴胺在情绪障碍中的作用基于以下证据:降低多巴胺浓度的药物如利血平可导致抑郁。相反,增加多巴胺浓度的药物,如酪氨酸、苯丙胺和安非他酮,可以减轻抑郁症的症状。此外也有研究表明,在抑郁症发展中,中脑边缘多巴胺通路失调及多巴胺 D_1 受体功能减退。

三、5-羟色胺

5-羟色胺(5-HT)是一种吲哚胺衍生物,与去甲肾上腺素、肾上腺素、多巴胺同属于单胺类神经递质。1948 年 Rapport 等从血清中分离出一种可以收缩血管的物质,命名为血清素(serotonin),随后确定了其化学结构。

5-HT 普遍存在于脊椎动物、软体动物、节肢动物、腔肠动物及水果和坚果中,许多毒液如蛇蜂毒液、蟾蜍皮肤等,都含有 5-HT。人体内约有 90% 的 5-HT 由外周的肠嗜铬细胞(enterochromaffin cell)及肠道各层神经丛合成。其他多种外周细胞,包括胰腺 β 细胞、脂肪细胞和破骨细胞也可以产生 5-HT。肠源性 5-HT 在局部可调节胃肠运动,也可进入血液循环。绝大部分血液内的 5-HT 可被血小板吸收和储存,并在血液凝固过程中释放。其余 5-HT 在血液内游离并作为激素起作用,促进脂肪分解与糖异生,调节骨代谢和器官发育。此外,5-HT 也在中枢神经系统内产生。中缝背核(dorsal raphe nucleus)处的 5-HT 能神经元是脑内 5-HT 的主要来源。它接收来自前额叶皮质、外侧缰核、中脑导水管组织、纹状体、杏仁核、丘脑等处的投射,并发出纤维投射到皮质、杏仁核、下丘脑室旁核、腹侧被盖区等处(图 5-15)。5-HT 在脑内合成后作为神经递质参与情绪调节、奖赏、食欲、睡眠以及一些认知功能(Berger et al., 2009)。由于血脑屏障的存在,血液中的 5-HT 很难进入中枢神经系统。因此中枢神经系统和周围神经系统的 5-HT 分属两个独立的系统。本节主要讨论 5-HT 在中枢神经系统的分布和作用。

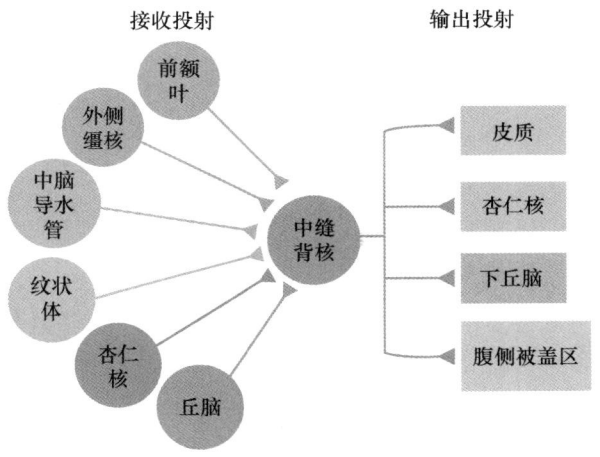

图 5-15 中缝背核的上下游投射

(一) 5-HT 合成和代谢

1. 5-HT 的生物合成

合成 5-HT 的前体是色氨酸(tryptophan,Trp)。首先,血液中的色氨酸进入可以产生 5-HT 的细胞内,随后在色氨酸羟化酶(tryptophan hydroxylase,TPH)的催化下,在其苯环上的第 5 位发生羟化,生成 5-羟色氨酸(5-hydroxytryptophan,5-HTP)。接着,在 5-羟色氨酸脱羧酶(5-hydroxytryptophan decarboxylase,5-HTPDC)的作用下,5-HTP 再脱羧形成 5-HT。

(1) 色氨酸:色氨酸是 5-HT 的合成前体,也是合成过程中的限速因子。TPH 处于活性状态时对色氨酸的亲和常数 K_m 为 50 μmol/L,在脑内为非饱和状态。所以脑内色氨酸的含量会直接影响 5-HT 的合成速度。脑内的色氨酸来自血液,而血液中的色氨酸主要从饮食中获得(谷物、肉类、乳制品等)。高色氨酸的饮食可增加 5-HT 的合成,若长期缺乏色氨酸可致脑内 5-HT 含量降低,容易患抑郁症。当然,过度增强脑内 5-HT 的功能,也可引起严重的副作用,出现 5-HT 综合征。

色氨酸在血浆中有两种存在形式：游离型与结合型。游离的色氨酸越过血脑屏障进入神经细胞依赖特异性载体的主动转运。由于该载体还可转运其他中性氨基酸，如苯丙氨酸、亮氨酸、异亮氨酸、缬氨酸等，因此这些氨基酸与色氨酸竞争转运所需的载体，当血浆中性氨基酸含量增高时，转运入脑的色氨酸量会减少。与血浆蛋白结合的色氨酸很难通过血脑屏障，某些药物如水杨酸钠、吲哚美辛等会与色氨酸竞争血浆蛋白的结合位点，使得游离型色氨酸浓度上升，进而影响转运入脑的色氨酸的量。

（2）TPH：TPH 在 5-HT 能神经元的胞体合成，经轴索运输至轴突末梢，使色氨酸转化成 5-HTP。脊椎动物中的 TPH 有两种不同的基因编码（TPH1、TPH2），它们分别在外周和脑内行使功能。由于该酶对色氨酸的 K_m 远大于脑内色氨酸的浓度，因此正常情况下脑内的 TPH 未被饱和。大量补充色氨酸，可使大鼠脑内色氨酸浓度增高 3~7 倍，使酶接近饱和。对氯苯丙氨酸（para chlorophenylalanine，pCPA）能选择性、不可逆抑制 TPH，阻断脑及周围组织中 5-HT 的合成，大鼠给药 1 天后 5-HT 浓度急剧下降，TPH 活性降低 90%。1 周后开始恢复，2 周后基本恢复。由于 pCPA 阻断 5-HT 合成的效果确切，选择性高，因此常被用于研究 5-HT 缺乏产生的影响。

（3）5-HT 脱羧酶：使 5-HTP 脱去羧基，生成 5-HT。该反应需磷酸吡哆醛作为辅因子。由于该酶在脑内含量较多，催化活性很高，因此色氨酸一旦生成 5-HTP 后，迅速脱羧生成 5-HT。

2. 5-HT 的代谢

中枢神经系统合成的 5-HT 主要经单胺氧化酶作用代谢为 5-羟吲哚乙醛（5-hydroxy indole acetaldehyde），进而在醛脱氢酶（aldehyde dehydrogenase）作用下生成 5-羟吲哚乙酸（5-hydroxy indoleacetic acid，5-HIAA）（如图 5-16）。研究过程中，测定脑内 5-HT 含量时，也应测定 5-HIAA，以反映其更新率。5-HT 在松果体有其独特的代谢过程，由 N-乙酰转移酶（N-acetyltransferase，NAT）和 5-羟基吲哚-氧-甲基转移酶（Hydroxyindole O-methyltransferase，HIOMT）进一步生成褪黑素（melatonin），它具有延缓衰老和调节睡眠的作用。

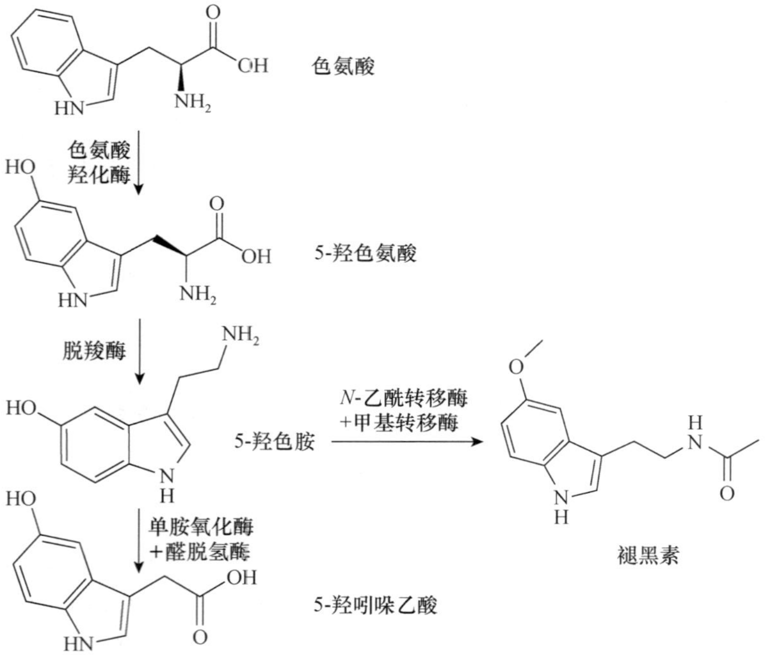

图 5-16　5-HT 的合成与代谢

（二）5-HT 的储存与释放

1. 5-HT 的储存

5-HT 在胞浆内合成后进入囊泡时，需要依赖囊泡膜上的 VMAT 和囊泡膜内外的 H^+ 电化学梯度。利血平可以选择性阻断囊泡膜上的 VMAT 系统，进而影响囊泡对 5-HT 的摄取，长期使用利血平可引起

5-HT 的耗竭。研究发现,囊泡内有 5-HT 特异性结合蛋白(specific 5-HT binding protein,SBP)。囊泡内高 K^+ 环境下 5-HT 与 SBP 紧密结合成复合体,有利于 5-HT 的稳定储存。

2. 5-HT 的释放

神经冲动引起 5-HT 的释放,该释放形式也是胞吐作用。胞吐时,5-HT-SBP 复合物与高 Na^+ 的细胞外液接触,导致复合物解离,释放 5-HT。5-HT 能神经元胞体上的 $5-HT_{1A}$ 受体与末梢上的 $5-HT_{1B/1D}$ 受体是自身受体,与 $G_{i/o}$ 蛋白偶联,激活后可以降低 cAMP 的合成。实验表明,$5-HT_{1A}$ 和 $5-HT_{1B/1D}$ 受体激动剂可抑制 5-HT 的释放。

(三) 5-HT 受体的亚型与功能

5-HT 的作用广泛,对包括情绪、焦虑、睡眠、体温、食欲、性行为、运动、心血管功能和痛觉等,都有调节作用。

1. 5-HT 受体的亚型

5-HT 受体家族庞大,迄今已克隆出 14 种不同的亚型,这些受体有着独特的分子结构与药理学特性。1997 年,国际药理学联合会根据受体的功能结构、信号转导及动力学特征将哺乳动物 5-HT 受体分为七大家族(表 5-3),分别为 $5-HT_1$、$5-HT_2$、$5-HT_3$、$5-HT_4$、$5-HT_5$、$5-HT_6$ 和 $5-HT_7$。2014 年,研究人员从白蝶中分离出一种新型 5-HT 受体,命名为 $pr5HT_8$,该受体与已知类别的 5-HT 受体具有较低的同源性。根据受体信号转导通路的不同,5-HT 受体也可分为 G 蛋白偶联受体家族和离子通道受体家族。除了 $5-HT_3$ 属于离子通道受体家族外,其余均属于 G 蛋白偶联受体家族,这些 G 蛋白偶联受体来源于不同的基因编码。

表 5-3 5-HT 受体七大家族

家族(亚型)	偶联类型	作用机制	功能
$5-HT_1$	G_i/G_o 蛋白偶联	降低细胞内 cAMP 水平	抑制
$5-HT_2$	G_q 蛋白偶联	增加细胞内 IP_3 和 DAG 水平	兴奋
$5-HT_3$	配体门控钠/钾通道	细胞膜去极化	兴奋
$5-HT_4$	G_s 蛋白偶联	增加细胞内 cAMP 水平	兴奋
$5-HT_5$	G_i/G_o 蛋白偶联	降低细胞内 cAMP 水平	抑制
$5-HT_6$	G_s 蛋白偶联	增加细胞内 cAMP 水平	兴奋
$5-HT_7$	G_s 蛋白偶联	增加细胞内 cAMP 水平	兴奋

2. 5-HT 受体的分布和功能

上述七个 5-HT 受体亚型中,目前具有临床应用意义的主要是以下三个家族(Hannon et al,2008):

(1) $5-HT_1$ 受体的分布和功能:$5-HT_1$ 受体在突触前与突触后均有分布,可与 G_i 蛋白结合,抑制腺苷酸环化酶,下调 cAMP 的生成。$5-HT_1$ 受体家族还可细分为五种亚型:$5-HT_{1A}$ 受体、$5-HT_{1B}$ 受体、$5-HT_{1D}$ 受体、$5-HT_{1E}$ 受体及 $5-HT_{1F}$ 受体。原来的 $5-HT_{1C}$ 受体被重新分类为 $5-HT_{2C}$ 受体。

$5-HT_{1A}$ 受体在边缘系统(海马、隔核、杏仁核)内大量表达,在中缝核 5-HT 能神经元的胞体也有高密度表达。外周 $5-HT_{1A}$ 受体主要在自主神经末梢、血管平滑肌和胃肠道内表达。突触前的 $5-HT_{1A}$ 受体作为自身受体激活时可抑制 5-HT 能神经元的活动。突触后 $5-HT_{1A}$ 受体参与调节食欲、体温、社交、情绪等。激活突触后该受体可缓解焦虑症状,促进摄食。麦角酰二乙胺(lysergic acid diethylamide,LSD)主要通过激动 $5-HT_{1A}$ 受体引起幻觉,具有致幻效应(俗称迷魂药)。丁螺环酮(buspirone)也是 $5-HT_{1A}$ 受体激动剂,临床上一般用于短期治疗焦虑症或缓解焦虑样行为。

(2) $5-HT_2$ 受体的分布和功能:$5-HT_2$ 受体可与 G_q 蛋白结合,激活磷脂酶 C。该受体家族还可再分为三种亚型:$5-HT_{2A}$ 受体、$5-HT_{2B}$ 受体及 $5-HT_{2C}$ 受体,它们在中枢神经系统、胃肠道、平滑肌和血小板上均有分布。

$5-HT_{2A}$ 受体主要分布于大脑皮质、边缘系统和基底神经节,激动后可使 K^+ 电导降低,神经元兴奋。作为异源受体,可以调节乙酰胆碱、多巴胺、兴奋性氨基酸等神经递质的释放。LSD 也部分通过激动该受体产生致幻效应。氯氮平、利培酮(risperidone)等为该受体的拮抗剂,用于治疗精神分裂症,因与传统抗精神病药物是通过拮抗多巴胺 D_2 受体起作用不同,所以这类被称为非典型抗精神病药。

(3) $5-HT_3$ 受体的分布和功能:$5-HT_3$ 受体是唯一的钠/钾通道受体,由五个亚基构成。这些亚基组成同型五聚体或异五聚体,目前已经鉴定五种 $5-HT_3$ 受体亚基基因($A \sim E$),其中 $5-HT_{3A}$ 受体亚基能够形成功能性同源受体,并且还能与 $5-HT_{3B}$ 亚基结合形成异五聚体。$5-HT_3$ 受体最初认为只存在于周围神经系统,后发现在中枢神经系统内也有分布。外周 $5-HT_3$ 受体主要分布于多种交感神经、副交感神经和肠内神经,调节肠胃蠕动。中枢 $5-HT_3$ 受体在内嗅区(entorhinal area)、伏隔核、额叶皮质、海马孤束核、腹侧被盖区和脊髓都有分布,在多种功能中发挥作用,包括呕吐、认知和焦虑。$5-HT_3$ 受体拮抗剂如昂丹司琼(ondansetron),临床上用于缓解肿瘤化疗引起的恶心和呕吐。

(四) 5-HT 的清除

释放到突触间隙的 5-HT 有两种清除途径:突触前膜重摄取和酶降解。

1. 5-HT 的重摄取

突触间隙中的 5-HT 通过 5-HT 转运蛋白(serotonin transporter,SERT)重摄取回突触前神经末梢内。SERT 与去甲肾上腺素转运蛋白 NET、多巴胺转运蛋白 DAT 都属于 Na^+/Cl^- 依赖型。它们具有相似特征:12 次跨膜结构,N 末端和 C 末端在胞质侧,多个磷酸化丝氨酸/苏氨酸位点,能被 PKA 或 PKC 磷酸化。胶质细胞膜上也存在这些转运蛋白,参与单胺类递质的消除。SERT 对 5-HT 的重摄取有选择性,摄取过程需要 Na^+ 和 Cl^- 的同向共转运,同时 K^+ 或 H^+ 被反向转运。维持离子梯度所需的能量来自钠-钾泵。选择性 5-HT 重摄取抑制剂(selective serotonin reuptake inhibitor,SSRI)可以抑制 5-HT 重摄取,增加突触间隙 5-HT 浓度,因此可增强 5-HT 的作用。5-HT 含量减少是抑郁症发病的重要原因之一,SSRI 是目前临床上使用最多、最理想的抗抑郁药物,最常用的有西酞普兰(citalopram)、氟西汀(fluoxetine)、帕罗西汀(paroxetine)、舍曲林(sertraline)等。

2. 5-HT 的酶解失活

在中枢神经系统,单胺氧化酶是 5-HT 的主要降解酶,可使 5-HT 氧化脱氨成为 5-羟吲哚乙醛,然后经醛脱氢酶快速氧化成 5-羟吲哚乙酸。5-HT 主要被单胺氧化酶 A 亚型(MAO-A)降解。MAO-A 基因敲除小鼠,脑内 5-HT 浓度增多。应用单胺氧化酶抑制剂可以使脑内 5-HT 含量明显升高,选择性抑制 MAO-A 的药物有氯吉兰和西莫沙酮(cimoxatone)。

第四节 气体类神经递质

2002 年,气体类神经递质(gas neurotransmitter,gasotransmitter)被首次提出,指的是一些从生物体内部产生(内源性)或从大气中接收(外源性)的气体分子,主要包括:H_2S、NO、CO,(Panthi et al.,2018),它们可以传递化学信号,进而促进或诱导哺乳动物体内各种生理变化,在正常生理、病理条件下发挥了重要的作用。这些气体分子具有以下共同特征:① 气体分子的产生可被调节;② 可渗透至细胞膜;③ 气体分子的浓度决定其体内功能。

一、NO

NO 是首个被发现其有益作用的气体分子,Robert Furchgott、Louis Ignarro 和 Ferid Murad 三位科学家因研究 NO 的生物学效应而获得 1998 年诺贝尔生理学或医学奖(Panthi et al.,2018)。NO 广泛存在于身体中,在哺乳动物的中枢神经系统和周围神经系统中发挥基本功能。整体来看,NO 在生理浓度下具有保护神经的作用,在较高浓度时则有神经毒性。

1. 合成和消除

NO 由三种异构体的一氧化氮合酶（NOS）——内皮型一氧化氮合酶（eNOS）、神经元型一氧化氮合酶（nNOS）和诱导型一氧化氮合酶（iNOS）在不同细胞中合成（图 5-17）。在中枢神经系统中，兴奋性氨基酸受体（例如，NMDA 受体，即谷氨酸能受体的一种亚型）活化，会增强神经元 NOS 的活性，在突触后结构中催化 L-精氨酸（L-arginine）产生 NO。

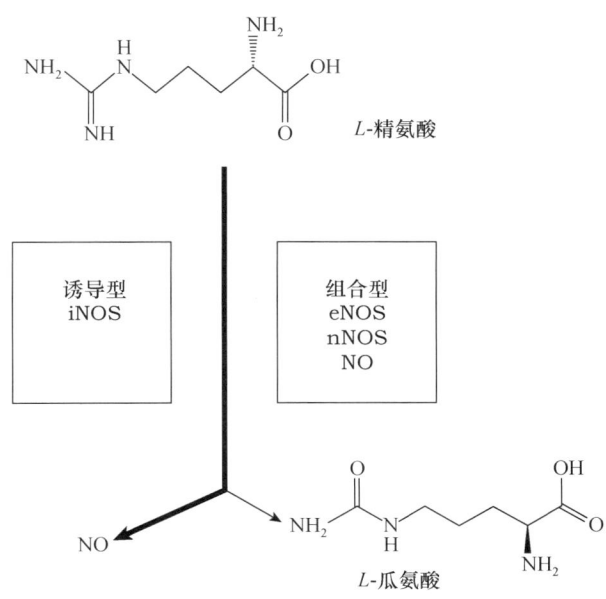

图 5-17 NO 的合成

NOS 的类型、在脑中的分布及生理作用如表 5-4 所示：

表 5-4 NOS 的类型、在脑中的分布及生理作用

类型	在脑中的分布	生理作用
eNOS	血管内皮、脉络丛	保护大脑微循环、抑制血小板聚集
nNOS	神经元胞体（丘脑、嗅球、杏仁核、皮质、海马、下丘脑）	记忆的形成、神经可塑性、疼痛信号的传递
iNOS	胶质细胞、巨噬细胞、中性粒细胞	对促炎细胞因子或内毒素反应

NO 分子小且具有疏水性，可以通过被动扩散穿过细胞膜。因热力学不稳定而半衰期极短，在体内仅存在数秒。NO 从一个神经元扩散到另一个神经元后，不储存于任何类型的突触小泡中，且其释放独立于膜去极化，NO 的降解也不同于传统神经递质的重摄取或失活，而是通过循环红细胞（circulating erythrocytes）清除而失活。

2. 功能

突触后释放的 NO，直接进入靶细胞进行信号转导，一般与可溶性鸟苷酸环化酶（sGC）/环鸟苷酸（cGMP）或蛋白质的 S-亚硝基化相关。

NO 与 sGC 结合后，产生 cGMP，作为突触前或突触后逆行信使，可促进谷氨酸能神经传递。

NO 通过 Ca^{2+} 依赖和 Na^+ 依赖的重摄取系统来调节其他神经递质的释放，例如，乙酰胆碱、多巴胺、去甲肾上腺素、神经活性氨基酸（谷氨酸、GABA）等。

因为 NO 会导致突触前谷氨酸能神经元突触效率增加，从而诱导长时程增强（LTP），故被认为与学习、记忆相关。NMDA 受体过度刺激会导致 NO 的延长释放，过度兴奋的 NMDA 受体和过量产生的 NO 被认为可能与细胞死亡引发的各种神经退行性疾病相关，例如，阿尔茨海默病、帕金森病、肌萎缩侧索硬化（ALS）、脑卒中（stroke）。

二、CO

CO 是第二个被发现的气体类神经递质,目前已证明其在心血管和神经元功能中发挥作用。

1. CO 的合成

生命体主要通过两种血红素加氧酶(heme oxygenase,HO)——血红素氧合酶 1(hemeoxygenase-1,HO-1)和血红素氧合酶 2(hemeoxygenase-2,HO-2)合成 CO。在血红素加氧酶的催化下,血红素代谢为胆绿素,游离铁和 CO(Shefa et al,2018)。

2. CO 的功能

CO 的生物学特性主要通过 CO 调节线粒体功能来实现。在中枢神经系统中,CO 主要通过 CO/血红素加氧酶轴(CO/heme oxygenase axis)在细胞保护、血管调节、神经炎症、细胞死亡、代谢和细胞氧化还原反应相关的过程中起着至关重要的作用。例如,CO 可以刺激 sGC 活性,促进神经元内 cGMP 的产生,有助于防止细胞死亡。

三、H_2S

因为一直缺乏 H_2S 在生理条件下形成和功能的相关证据,所以一直未将它纳入气体类神经递质家族,直到 2008 年确定胱硫醚酶(cystathionase,或 EC 4.4.1.1)[①]为硫化氢的生物合成酶,这种酶的缺失可影响内源性 H_2S 的水平并显著改变血管舒张和血压。自此,H_2S 被正式纳入气体类神经递质。

1. H_2S 的合成

生命体主要通过三种酶——胱硫醚酶、胱硫醚-β-合酶(cystathionine β-synthase,CBS)和 3-巯基丙酮酸硫转移酶(3-mercaptopyruvate sulfurtransferase,3-MST)催化半胱氨酸(cysteine)产生 H_2S(图 5-18)。这三种酶在生命体中普遍存在,广泛影响细胞进程(例如,细胞死亡等)。目前认为,脑组织的 H_2S 主要由胱硫醚 β-合酶合成。

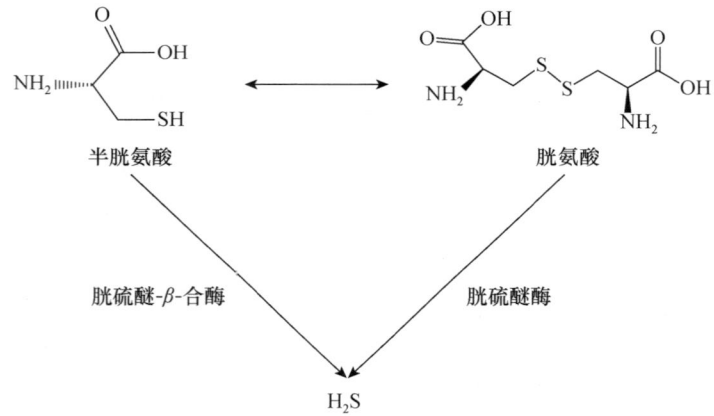

图 5-18 H_2S 的合成

2. H_2S 的功能

H_2S 主要通过硫化作用等在不同的组织中发挥重要的生理作用。在神经系统中,生理浓度的 H_2S 可增强神经元的长时程增强。有推测认为,H_2S 是通过硫化 NMDA 受体来调节 NMDA 传递的。在星形胶质细胞中,H_2S 可引发钙波并提高细胞内钙水平。

(熊伟、库宝善)

---

① 胱硫醚酶,EC 4.4.1.1,即脱硫醚-γ-裂合酶(cystathionine γ-lyase,CSE)。

练 习 题

1. 什么是神经递质,作为神经递质必须具备什么条件?
2. 神经递质主要有哪几类?举出每类中一个代表性神经递质。
3. 神经递质为什么要储存在囊泡中,储存的动力是什么,有哪些主要的神经递质转运蛋白?
4. 传出神经中哪些属于胆碱能神经(分泌乙酰胆碱),哪些属于去甲肾上腺素能神经(分泌去甲肾上腺素)?
5. 沙林类化学毒剂不可逆抑制胆碱酯酶后,主要解毒药物是什么,起什么作用?
6. 什么是单胺类神经递质,哪种工具药可以耗竭其囊泡储存,作用在哪个环节?
7. 能否制造一种帕金森病大鼠模型,用来筛选具有增强多巴胺功能的物质?
8. 脑内主要兴奋性和抑制性氨基酸类神经递质是什么,生物合成中两者有无关系?
9. 举出一种单胺神经递质,简要说明其合成、储存、释放、受体结合和消除的全过程。

参 考 文 献

BERGER M,GRAY J A,ROTH B L,2009. The expanded biology of serotonin[J]. Annu rev of med,60:355-366.

CRUPI R,et al,2019. Role of metabotropic glutamate receptors in neurological disorders[J]. Front mol neurosci,12:20.

DAUER W,PRZEDBORSKI S,2003. Parkinson's disease:mechanisms and models[J]. Neuron,39:889-909.

DITTMAN J S, RYAN T A,2019. The control of release probability at nerve terminals[J]. Nature rev neurosci,20:177-186.

EIDEN L E,SCHÄFER M K,WEIHE E,et al,2004. The vesicular amine transporter family(SLC18):amine/proton antiporters required for vesicular accumulation and regulated exocytotic secretion of monoamines and acetylcholine[J]. Pflügers arch,447(5):636-640.

HANNON J,HOYER D,2008. Molecular biology of 5-HT receptors[J]. Behav brain res,195(1):198-213.

HARVEY R J,CARTA E,PEARCE B R,et al,2008. A critical role for glycine transporters in hyperexcitability disorders[J]. Front mol neurosci,1:1.

MARAGAKIS N J,ROTHSTEIN J D,2001. Glutamate transporters in neurologic disease[J]. Arch neurol,58(3):365-370.

MARINA R P,MICHAEL J H,YANN S M,2012. Acetylcholine as a neuromodulator:cholinergic signaling shapes nervous system function and behavior[J]. Neuron,76(1):116-129.

OLSEN R W,SIEGHART W,2009. GABAA receptors:subtypes provide diversity of function and pharmacology[J]. Neuropharmacology,56,141-148.

PANTHI S,MANANDHAR S,GAUTAM K,2018. Hydrogen sulfide,nitric oxide,and neurodegenerative disorders[J]. Transl neurodegener,7:3.

ROWLEY N M,MADSEN K K,SCHOUSBOE A,et al,2012. Glutamate and GABA synthesis,release,transport and metabolism as targets for seizure control[J]. Neurochem int,61:546-558.

RUDNICK G,2002. Mechanisms of biogenic amine neurotransmitter transporters[M]//REITH M E A. Neurotransmitter Transporters. Contemporary Neuroscience. Totowa,NJ:Humana Press.

SCHILDKRAUT J J,1965. The catecholamine hypothesis of affective disorders:a review of supporting evidence[J]. Am j psychiatry,122:509-522.

SHEFA U,KIM D,KIM M S,et al,2018. Roles of Gasotransmitters in synaptic plasticity and neuropsychiatric conditions[J]. Neural plast,1824713.

WAYMIRE J C,1997. Chapter 11:acetylcholine neurotransmission[M/OL].(2020-07-28)[2021-10-31]. Https://nba.uth.tmc.edu/neuroscience/s1/chapter11.html.

第六章　氨基酸类神经递质

第一节　氨基酸类神经递质简介

中枢神经系统神经元之间及周围神经与所支配脏器之间的信号传递，除了少部分靠电信号直接传递外，绝大部分是通过神经递质来介导的。神经递质主要分为以下几类：单胺类、氨基酸类、胆碱类、肽类、其他类等。

对于氨基酸类神经递质来说，其主要包括兴奋性氨基酸如谷氨酸、天冬氨酸和抑制性氨基酸如GABA、甘氨酸，它们是调节机体生理活动的重要物质，对维持神经系统兴奋性和抑制性的平衡与稳定起着至关重要的作用。谷氨酸广泛分布在中枢神经系统，在不同的脑区含量有差别，以大脑皮质的含量最高，其次为小脑和纹状体，再次为延髓和脑桥。在脊髓的含量明显低于在大脑的含量，其中在后根（posterior root）的含量高于前根（anterior root）。GABA在中枢的含量也非常高，其浓度亦有区域的差异性，其中在黑质含量最高，其次为苍白球、下丘脑、四叠体、纹状体和舌下神经核。甘氨酸亦广泛分布在整个神经系统，包括脊髓、脑干、皮质、纹状体、伏隔核、黑质等脑区，但其在脊髓与脑干中的浓度远远高于其他脑区。

研究发现许多神经系统疾病与中枢神经系统内氨基酸类神经递质的改变有关。如惊厥和癫痫的发生、局脑缺血再灌注后大量神经元死亡等，都与中枢神经系统内抑制性氨基酸的兴奋性降低、兴奋性氨基酸的兴奋性增高有着密切的联系。因此，深入了解氨基酸在中枢神经系统中的作用和机制有助于我们诊断、预防和治疗中枢神经系统疾病。

第二节　谷氨酸及其受体

谷氨酸于1856年被发现，是一种无色晶体，有鲜味，微溶于水。谷氨酸大量存在于谷类蛋白质中，动物脑中含量也较多。最初，氨基酸被认为只参与蛋白质的合成或分解。后来人们发现有些氨基酸作为神经递质存在，并发挥着重要的生理功能。谷氨酸就是具有兴奋性信号传递功能的氨基酸类神经递质。它是脑内重要的兴奋性氨基酸类神经递质，集中分布在大脑皮质、丘脑、海马和小脑。

谷氨酸受体可以被分为两大类：一类是离子型谷氨酸受体（iGluR），它们是配体门控的离子通道，当与谷氨酸结合后通道可直接打开，介导快速兴奋性突触传递过程。离子型谷氨酸受体与神经系统发育过程中神经网络的形成、学习和记忆过程中的突触传递、可塑性改变等生理过程有密切关系，同时还介导脑缺血、颅脑损伤和神经变性疾病发生过程中的神经毒性作用。另一类是代谢型谷氨酸受体（mGluR），它们是G蛋白偶联受体，通过产生第二信使间接控制通道的开关，与脑卒中、神经退行性疾病、运动障碍、疼痛和高血压等疾病发生、发展密切相关，同时这类受体还被认为是抗癫痫药物的治疗靶点（图6-1）。

离子型谷氨酸受体产生的是兴奋或者去极化作用。这类受体可以分为三个主要类型：AMPA受体、NMDA受体和KA受体。这些受体是根据激活它们的激动剂（分别为AMPA、NMDA和KA）的类型命名的。

代谢型谷氨酸受体可以产生兴奋或者抑制效应。药理学研究发现，哺乳动物存在八种代谢型谷氨酸受体，根据药理特性和序列同源性可以将其分为三类：第Ⅰ类包括mGluR1和mGluR5，它们与磷脂酶C的活性呈正向偶联；第Ⅱ类（mGluR2和mGluR3）和第Ⅲ类（mGluR4、mGluR6、mGluR7、mGluR8）均与

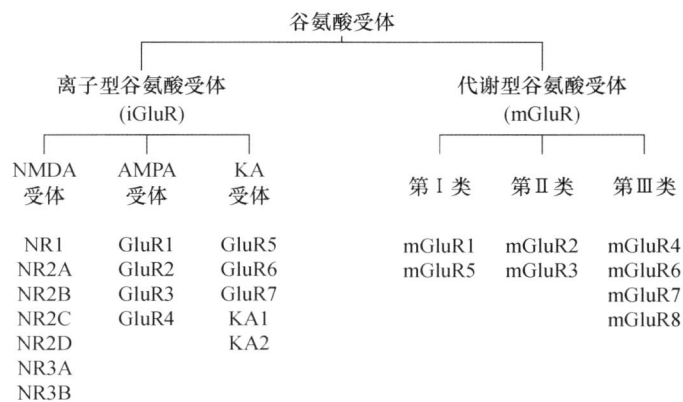

图 6-1 谷氨酸受体的分类

腺苷酸环化酶的活性呈负向偶联,但药理学特性却截然不同。在神经元中,第Ⅰ类代谢型谷氨酸受体大都定位在突触后,参与增强神经元的兴奋性。而第Ⅱ类和第Ⅲ类代谢型谷氨酸受体大都定位在突触前的活性区(active zone)以外的区域(除 mGluR7 以外),主要参与抑制突触前的神经递质的释放。正是由于代谢型谷氨酸受体的分子和功能的多样性,以及调控它所产生的疾病治疗意义,很多科学家们都致力于探索其激动剂、抑制剂以及调节剂。

一、谷氨酸的生物合成、储存及释放

谷氨酸合成有三条途径:一是在谷氨酸能神经元内,三羧循环的中间产物 α-酮戊二酸在转氨酶作用下加氨基生成谷氨酸;二是由突触周围的胶质细胞,从突触间隙回收的谷氨酸先合成谷氨酰胺,再作为前体物质转入谷氨酸能神经元内,脱氨基合成谷氨酸,储存入囊泡;三是神经元内组氨酸在脱氨酶的作用下合成尿刊酸(urocanic acid,UCA),然后尿刊酸经过一系列酶的作用生成谷氨酸。

谷氨酸在突触部位合成之后,被囊泡膜上的囊泡谷氨酸转运蛋白(vesicular glutamate transporter,VGLUT)转运到突触小泡中储存起来。这一过程为主动转运过程,能量来源依靠质子泵(H^+-ATP 酶)造成的膜内外电化学梯度,可使囊泡内外谷氨酸浓度相差 9 倍。是否存在 VGLUT 是区分谷氨酸能神经元和非谷氨酸能神经元的标志之一。目前已被发现并研究的 VGLUT 有三种:VGLUT1、VGLUT2 和 VGLUT3。VGLUT1 主要分布在新皮质(Ⅰ~Ⅲ层)、内嗅区、海马、杏仁核等脑区,而 VGLUT2 主要分布在嗅皮质、大脑皮质(Ⅳ层)、丘脑及脑干等部位,而 VGLUT3 则分布在一些 5-羟色胺能神经元及星形胶质细胞中。当神经冲动到达末梢,电压门控钙通道开放,Ca^{2+} 内流,囊泡前移与突触前膜融合,再通过胞裂外排将谷氨酸释放到突触间隙。

二、离子型谷氨酸受体的性质、结构和功能

1. AMPA 受体

(1) AMPA 受体的性质。

AMPA 受体是以谷氨酸为配体的离子通道。它们是哺乳动物大脑中介导快速兴奋性突触传递的主要神经递质受体,在很多种类的动物中均存在,例如,啮齿类动物、蜜蜂、线虫和人类。显然,它们对于维持大脑的正常功能起到至关重要的作用。AMPA 受体广泛分布于大脑皮质、边缘系统和丘脑。在哺乳动物中,AMPA 受体由四个核心亚基组成,分别为 GluR1、GluR2、GluR3 和 GluR4,又被称为 GluR-A、GluR-B、GluR-C 和 GluR-D,由 *GRIA1*、*GRIA2*、*GRIA3* 和 *GRIA4* 基因编码。在哺乳动物中枢神经系统中,AMPA 受体亚基的表达存在区域、发育和细胞特异性的变异,并会直接影响 AMPA 受体的功能。在成人脑中,GluR1 和 GluR2 广泛表达,而 GluR3 和 GluR4 的表达较少。在前脑(海马和大脑新皮质),

主要表达的亚基是 GluR1 和 GluR2,同时在小脑、视网膜和丘脑网状核还大量表达 GluR4。此外,AMPA 受体亚基的表达还存在细胞类型特异性和区域特异性相叠加的情况。例如,海马中的主要神经元群体——锥体细胞主要表达 GluR1 和 GluR2,导致 GluR1/2 作为这种细胞类型的主要异构体结合,GluR2/3 被认为是皮质锥体神经元中的主要异构体,但 GluR2/3 在海马锥体细胞中的表达很低(为 GluR1/2 水平的 10%)。在海马、新皮质、视网膜和小脑中,有一些 GABA 能中间神经元缺乏 GluR2 亚基的表达,因此其表达的 AMPA 受体具有钙通透性。这些具有钙通透性的 AMPA 受体可能赋予突触新的特性。

(2) AMPA 受体的结构。

AMPA 受体是由 GluR1~GluR4 亚基组成的四聚体。AMPA 受体亚基主要包括四个结构域:胞外的氨基末端结构域(ATD)、胞外的配体结合结构域(LBD)、跨膜结构域(TMD)和胞内的羧基末端结构域(CTD)(图 6-2)。四个膜相关疏水结构域(M1~M4)中有三个是跨膜的(M1、M3 和 M4),另一个 M2 形成折返环,进入和离开细胞质侧的膜而不穿过膜。M2 的这种排列意味着蛋白质的 C 末端尾部是胞内的。C 末端是 AMPA 受体亚基之间最可变的区域,并且是亚基特异性蛋白质相互作用位点和调节 AMPA 受体功能的磷酸化位点。最初人们观察到天然 AMPA 受体复合物的结构,是使用单粒子电子显微镜成像的方法。尽管这种成像方法的分辨率很低,仅有 200~400 nm,但是仍然可以看到很多结构。例如,在这些结构中看到了其内部的两个对称的旋转结构。晶体研究给我们提供了第一个详细的跨膜 AMPA 受体结构(分辨率 0.36 nm)。这个结构有两个对称的垂直于膜表面的结构,其胞外的 ATD 结构域和 LBD 结构域由二聚体再形成的二聚体,因此,该离子通道结构域是四聚体。这种亚基的排布,可将一个 ATD 二聚体和另一个 ATD 二聚体联系起来,也可将一个 LBD 二聚体和另一个 LBD 二聚体联系起来,还可以将一半形成孔道的 TMD 和另一半 TMD 联系起来,这些联系,也进一步促进了四聚体的形成和稳定化。

(3) AMPA 受体的功能。

AMPA 受体介导了哺乳动物脑中主要的快速兴奋性突触传递。当冲动传到谷氨酸能神经元末梢,使得突触前膜将神经递质谷氨酸释放到突触间隙,谷氨酸会作用于 AMPA 受体,AMPA 受体可直接被激活,打开离子通道,并通透 Na^+ 和 K^+,使得突触后膜去极化。在突触部位,AMPA 受体的激活会产生一个瞬时的内向电流,称为 AMPA 受体介导的兴奋性突触后电流(AMPAR mediated-EPSC),电流上升相(rise)为数百微秒,衰减相(decay)为几毫秒。

AMPA 受体在长时程突触可塑性,主要是长时程增强(LTP)和长时程压抑(LTD)的过程中会发生功能的变化。LTP 过程涉及了 AMPA 受体功能的增强,这主要是由 GluR1 的 S831 位点磷酸化的增加以及突触部位含有 GluR1 的 AMPA 受体的增加所介导。LTD 过程是 AMPA 受体从突触部位快速清除的过程,与 GluR1 的 S845 位点磷酸化,GluR2 介导的转运等所介导的内吞过程有关。

除了在突触后部位发挥重要功能以外,AMPA 受体还在大脑中发挥其他作用。例如,AMPA 受体可直接抑制突触前 GABA 的释放;还有些非神经元细胞也可以表达 AMPA 受体,参与调节星形胶质谷氨酸转运蛋白、基因表达和细胞外离子环境等。

AMPA 受体的功能会受到转录后调控的影响。因为 AMPA 受体 mRNA 剪接方式的不同,导致 AMPA 受体 M4 区域附近的胞外段 38 个氨基酸序列产生变化,从而产生"flip"或"flop"剪切变体。这两种剪切变体具有不同的表达模式、动力学和药理学特征,导致不同剪接的 AMPA 受体具有不同的定位和功能。此外,AMPA 受体亚基还会经历 RNA 编辑。例如,GluR2 亚基的 Q/R 编辑,根据 GluR2 的基因组,其蛋白 M2 区域(第二个跨膜结构域)的 607 位氨基酸本会被编码成"Q",由于腺苷脱氨酶 ADAR2 将 pre-mRNA 中的单个腺苷水解,编辑成肌苷,导致成熟的 GluR2 蛋白的 607 位变为"R"。Q/R 编辑对含 GluR2 亚基的 AMPA 受体的功能有很大影响。研究表明,去掉 GluR2 的 Q/R 编辑位点以后,会导致神经元功能异常并产生兴奋性毒性,进而诱发很多疾病,例如,癫痫、ALS、脑缺血等。

AMPA 受体的功能还受到翻译后修饰的影响。例如,磷酸化、棕榈酰化、糖基化等,均在调节 AMPA 受体的表达、定位和功能中起到重要的作用。GluR1 的 C 末端和连接环(loop)包含很多丝氨酸、苏氨酸磷酸化位点。目前已经发现的磷酸化位点有 S_{567}、S_{816}、S_{818}、S_{831}、T_{840}、T_{845}、T_{887} 等,这些位点能被一些激酶磷酸化,包括丝氨酸/苏氨酸激酶、PKC、PKA、CaMKⅡ 等,AMPA 受体的磷酸化会影响 AMPA 受体的通道特性和 AMPA 受体的转运。例如,PKC 对 GluR1 的 S818 和 S816 位点的磷酸化,与 AMPA 受体在膜上的表达有关。在海马 SC-CA1 通路上发生 LTP 时,常常伴随着 GluR1 磷酸化水平升高;相反,LTD 时,GluR1 磷酸化水平降低。棕榈酰化是将十六碳棕榈酸酯添加到半胱氨酸中,发生于两处位点:一个在 M2 附近的胞内,一个在 M4 附近的 C 末端。棕榈酰化促进了蛋白质与特殊膜结构域的联系,因此可能参与控制 AMPA 受体与特定膜组分之间的联系。AMPA 受体通过分泌途径时,会经历糖基化修饰,使得细胞膜上成熟的 AMPA 受体带有糖基化修饰。所有的 AMPA 受体亚基都有 4~6 个 N-连接糖基化位点,糖基侧链可以通过这些位点加到蛋白的胞外段。AMPA 受体糖基化对其配体结合能力和转运均具有很大的影响。例如,GluR3 的糖基化不完全可导致颗粒酶 B 对蛋白的裂解,这可能与产生拉斯马森(Rasmussen)综合征的异常自身免疫应答有关。

除了转录后调控和翻译后修饰,AMPA 受体的功能还受其蛋白复合物中的辅助亚基的调节(图 6-2)。AMPA 受体复合物除了四个核心亚基以外,还包括其他辅助蛋白,也称为辅助亚基。这些亚基能够和 AMPA 受体的核心亚基相互作用,并调节核心亚基的功能。目前已经知道的有:TARP、CNIH 2/3、GSG1L、PORCN、ABHD6 等,这些蛋白主要参与调节 AMPA 受体的转运、药理学和动力学特性。TARP 是最重要的一类 AMPA 受体调节蛋白,它主要有六个亚型(γ-2、γ-3、γ-4、γ-5、γ-7、γ-8)。不同的 TARP 亚型在大脑中具有不同的分布。TARP 对 AMPA 受体的调节是多方面的。研究表明 TARP 对 AMPA 受体的上膜过程具有重要的调节作用。在 TARP 敲除模型中,突触膜上的 AMPA 受体含量显著降低。而在神经元中过表达 TARP 则可以显著增加神经元细胞膜表面 AMPA 受体的表达量。TARP 也对 AMPA 受体动力学有很大影响。TARP 可以减缓 AMPA 受体的激活、失活以及脱敏过程,使得 APMA 受体通道开放时间变长,从而增加了突触传递过程中 AMPA 受体通透的总电荷量。CNIH2/3 也是 AMPA 受体复合物中的辅助亚基。与 TARP 相类似,CNIH2/3 过表达可以增加 AMPA 受体在细胞膜上的表达,参与 AMPA 受体向细胞膜的转运过程。与 TARP 和 CNIH2/3 等对 AMPA 受体功能的正向调控不同,最近报道的 AMPA 受体辅助亚基 ABHD6、GSG1L 等蛋白是 AMPA 受体功能的负调控分子。它们可以直接与 AMPA 受体相互作用,并且显著降低细胞膜表面的 AMPA 受体的表达量。这些

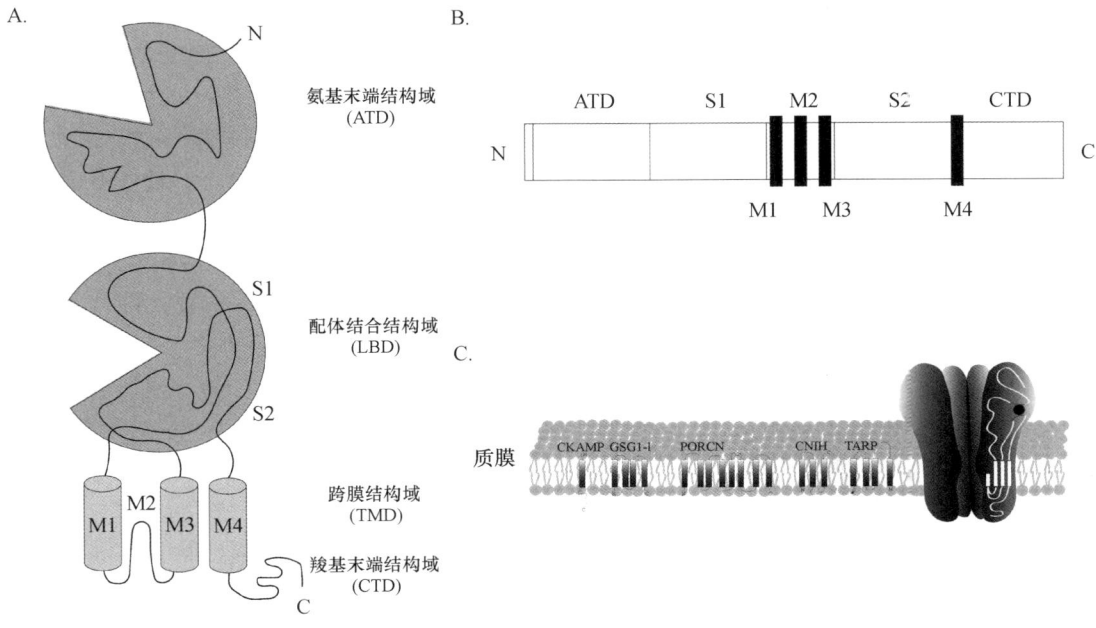

图 6-2　AMPA 受体的结构和调控蛋白

辅助亚基对 AMPA 受体调节作用的研究,对于我们扩展对 AMPA 受体的转运、门控和药理学性质的了解起到了至关重要的作用。

2. NMDA 受体

(1) NMDA 受体的性质。

NMDA 受体是另一种主要的离子型谷氨酸受体,以对 NMDA 敏感而得名。与其他配体门控离子通道相比,NMDA 的开放需要细胞膜电位的改变以解除 Mg^{2+} 对通道的抑制作用,同时 NMDA 受体还是唯一需要两种配体(谷氨酸和甘氨酸)结合才能开放的配体门控离子通道。

中枢神经系统广泛分布的 NMDA 受体参与兴奋性突触传递中的慢性反应过程和突触的可塑性。NMDA 受体在学习、记忆过程中突触可塑性标志长时程增强和长时程压抑的分子机制中起关键作用,同时也是脑缺血、脑卒中、癫痫和精神分裂症的病理学基础。

NMDA 受体广泛分布于大脑的大多数神经元中,功能性 NMDA 受体是由四个亚基组成的异源四聚体,其中包含两个 NR1 亚基和两个 NR2/3 亚基。其中 NR1 由于可变剪切产生了八种剪切变体,NR2 存在 NR2A、NR2B、NR2C、NR2D 四种亚型,NR3 也含有 NR3A 和 NR3B 两种亚型,NR3A 也含有多种剪切变体。不同亚基、不同剪切变体之间的组合使得 NMDA 受体的组成形式十分复杂,不同亚基的组合随大脑位置分布以及发育过程有很大的差异,不同亚基组合形成的 NMDA 受体的通道性质也有差异。

在 NMDA 各亚基组成变化中,NR2 亚基的变化是决定受体功能异质性的主要因素。不同 NR2 亚基表达的时空特异性明显。胚胎发育时期只有 NR2B 和 NR2D 表达,其中 NR2D 主要表达在近尾区。NR2 亚基表达模式的变化主要发生在出生后 2 周内,NR2A 在出生后不久开始表达,并且表达量稳步上升,直到在中枢神经系统中广泛分布。相对应的 NR2D 的表达水平则显著下降,成年动物中 NR2D 只在间脑和中脑有较低水平的表达。NR2B 的表达水平在出生后一直保持增长,至出生后一周左右达到峰值,随后逐渐在前脑区域限制表达。NR2C 开始表达得很晚,在出生后 10 天左右开始表达,且表达局限于小脑和嗅球。

NMDA 受体的功能特点因亚基组成而不同。NR1/NR2A 具有最短的失活时间常数(50 ms),NR1/NR2B 和 NR1/NR2C 的失活常数大约在 300 ms,而 NR1/NR2D 的失活常数最长,约为 1.7 s。NR1/NR2A 和 NR1/NR2B 具有相对高的单通道电导,而 NR1/NR2C 和 NR1/NR2D 的电导则相对较低,并且对 Mg^{2+} 的敏感性也不高。NR1/NR2A 和 NR1/NR2B 对于 Zn^{2+} 的敏感性也不同,纳摩尔水平的锌离子即可对 NR1/NR2A 有明显的抑制作用,而对于 NR1/NR2B 而言,Zn^{2+} 的敏感浓度要到毫摩尔水平。药理学性质方面,NMDA 受体最常见的特异性激动剂为 NMDA,虽然 NMDA 的激动效果不如谷氨酸强,但是相比于谷氨酸可以激动其他非 NMDA 型离子型谷氨酸受体、代谢型谷氨酸受体,NMDA 只能特异性地激活 NMDA 受体。对于不同亚基组成的 NMDA 受体而言,NMDA 并没有选择性。有文献报道,羟基喹啉铜在 NR2 亚基之间存在一定的选择性,但是证据并不充分。除了针对谷氨酸结合位点的激动剂,还有一类针对甘氨酸结合位点的激动剂可以特异性地激活 NMDA 受体,D-丝氨酸可由胶质细胞分泌,其内源含量与甘氨酸相当,甚至超过甘氨酸,因此有些研究认为 NMDA 受体的内源性配体是 D-丝氨酸而非甘氨酸。抑制剂方面,艾芬地尔衍生物如 Ro 25-6981 和 CP-101 能够选择性地抑制含有 NR2B 亚基的 NMDA 受体。纳摩尔水平的 Zn^{2+} 可以选择性抑制含有 NR2A 亚基的 NMDA 受体,Zn^{2+} 螯合剂 TPEN 则可以通过螯合纳摩尔水平的 Zn^{2+},从而解除 Zn^{2+} 对含有 NR2A 亚基 NMDA 受体的抑制。苯乙烯哌嗪基二羧酸(PPDA)则可以选择性抑制含有 NR2C 和 NR2D 的 NMDA 受体。

(2) NMDA 受体的结构。

NMDA 受体包含三类亚基:GluN1、GluN2、GluN3。GluN1 由 *GluN1* 基因编码,GluN2 由 *GluN2A*、*GluN2B*、*GluN2C*、*GluN2D* 基因编码,GluN3 由 *GluN3A* 和 *GluN3B* 基因编码。这七种 NMDA 受体的亚单位在其 C 末端长度上有所不同。最长的是 NR2A 和 NR2B,最短的是 NR1 和 NR3B。

功能性 NMDA 受体是异源四聚体蛋白复合物,它包含两个 GluN1 亚基和两个 GluN2 和/或 GluN3 亚基,每类 NMDA 受体亚基均有一个胞外的氨基末端结构域(ATD)、与之连接的胞外的配体结合结构域(LBD)、跨膜结构域(TMD)和胞内的羧基末端结构域(CTD)。LBD 由结构域 S1 和结构域 S2 构成,TMD 由跨膜区 1(TM1)、一个 P 形的跨膜区域(TM2)、跨膜区 3(TM3)、跨膜区 4(TM4)构成。大多数晶体学数据是在 AMPA 和海人藻酸类型的谷氨酸受体上获得的。目前的通道门控模型是:首先配体结合到其口袋中,然后发生构象的变化,导致蚌壳状的 LBD 区域关闭,最后这些变化导致离子通道开放。这个门控模型在 NMDA 受体上同样如此。但是在 NMDA 受体中,同时需要两个不同的配体来激活 GluN1/GluN2 受体。在 LBD 的两个结构域(S1 和 S2)中,S1 更靠近外侧,两个亚基的 S1 之间紧密结合,这也使得 S1 结构保持刚性。更靠近内侧的 S2 则相对移动,不互相结合。当配体结合时,会导致 S2 的运动,立即影响到连接离子通道的连接体区域。LBD-TMD 连接体的结构在门控的调控中起到重要作用。此外,TM2、TM3 在门控调节中也起到重要的作用。例如,TM2 的尖端含有一个关键的 QRN 位点,主要决定通道的钙通透性。GluN 亚基中的该位点被天冬酰胺占据,导致高钙渗透性,这是 NMDA 受体的标志特征。

(3) NMDA 受体的功能。

在大脑中发挥生理学作用的 NMDA 受体主要是由 GluN1/GluN2 亚基组成,其激活需要两分子甘氨酸和两分子谷氨酸。甘氨酸自然存在于神经系统的细胞外环境中,大部分直接结合在其结合位点上。胞外的谷氨酸浓度决定了 NMDA 受体激活的具体模式。谷氨酸浓度的瞬时升高会导致 NMDA 受体的阶段性激活,有助于正常的突触传递。许多急性和慢性神经疾病与谷氨酸释放/摄取失调有关,导致细胞外谷氨酸浓度长期升高,如此高的环境谷氨酸水平导致受体的过度强直激活,诱发兴奋毒性。

NMDA 受体是唯一一类开放概率依赖于膜电位变化的离子型谷氨酸受体(图 6-3)。当细胞膜处于静息电位,离子通道被 Mg^{2+} 所阻断时,受体处于失活状态。通常情况下,谷氨酸神经传递开始于 AMPA 受体产生的快速反应(主要是 Na^+ 的流入),由此产生的膜去极化改变了膜电位,使得 Mg^{2+} 对通道的阻断解除。NMDA 受体和谷氨酸结合可激活 NMDA 受体,使通道开放,Ca^{2+} 和 Na^+ 内流,K^+ 外流。根据去极化程度,NMDA 受体激活造成不同程度的 Ca^{2+} 流入,可能产生三种结果:短时程增强、长时程增强和兴奋毒性。若突触后细胞产生较小去极化,只会导致少量 Mg^{2+} 脱落,使少量 Ca^{2+} 进入细胞,这些 Ca^{2+} 作为第二信使,将更多 AMPA 受体招募到膜上,这种变化持续时间较短,因此称为短时程增强。若突触后细胞产生较大去极化,会促使大量 Ca^{2+} 进入细胞,这些 Ca^{2+} 会与转录因子相互作用,刺激神经元生长,产生长时间的影响,称为长时程增强,这也是突触可塑性的分子机制。当长期去极化产生时,会使得 Ca^{2+} 超量进入细胞,这对细胞是致命的,这种效应称为兴奋毒性。

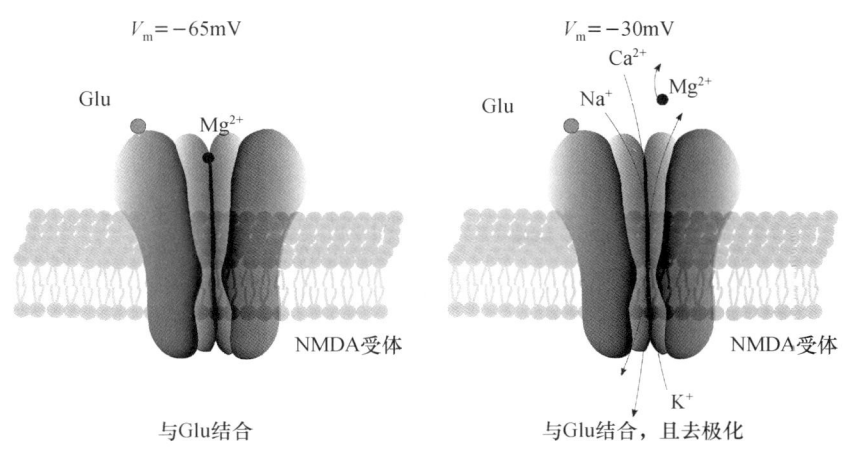

图 6-3　NMDA 受体的开放机制

因为 NMDA 受体可以对刺激做出分级反应,并精确地控制 Ca^{2+} 进入细胞的量,所以它影响了许多中枢神经系统的功能。NMDA 受体的典型功能就是新记忆的获得,这种记忆编码是通过长时程增强作用来介导的。

3. KA 受体

(1) KA 受体的性质。

KA 受体,即海人藻酸受体,广泛分布于中枢神经系统和周围神经系统,如背根神经节、隔核、海马、杏仁核、内嗅区和小脑(主要在浦肯野细胞中)等。最初是由于脊髓初级传入 C 类纤维能被 KA 去极化,而不被使君子酸(quisqualic acid, QA)去极化而得名。KA 受体由五种亚基组成,不同区域受体的亚基组成不完全相同。KA 受体功能与 AMPA 受体有许多相似之处,而且有共同的拮抗剂 CNQX,尤其在诱导 LTP 过程中 KA 受体与 AMPA 受体起协同作用。KA 受体在突触可塑性中起作用,有研究证明 KA 受体与癫痫病有关系。

KA 受体是由五种不同的基因产物组合而成的,最初命名为 GluR5、GluR6、GluR7、GluK1 和 GluK2。GluK1 和 GluK2 亚基的命名是因为这些亚基对海人藻酸表现出更高的亲和力(K_d 为 5~15 mol/L),并且彼此之间的主序列同一性(68%)比"低亲和力"KA 受体亚基(约 42%)大得多。GluR5、GluR6 和 GluR7 亚基的氨基酸序列具有高度的同源性(75%~80%的一致性),亚基间的变异主要发生在氨基末端和羧基末端结构域。因此,KA 受体基因家族实际上是由两个蛋白质亚家族组成的。

(2) KA 受体的结构。

KA 受体亚基在膜上的拓扑结构与 AMPA 受体亚基和 NMDA 受体亚基相同。包含 1 个位于细胞外的氮端结构域(NTD)、1 个配体结合结构域(LBD)、3 个穿膜结构域(M1、M3、M4)、1 个 P 环结构(M2)和 1 个位于细胞质内的 C 端结构域(CTD)。与 AMPA 受体相类似,KA 受体的 NTD 结构呈现双叶状,参与 KA 受体亚基之间相互作用以形成多聚体。LBD 也呈双叶状结构,两个叶片由不连续的两段序列组成,称为 S1 结构与 S2 结构。S1 结构在序列上位于 M1 序列之后,而 S2 则位于 M3 和 M4 之间。S1 和 S2 除了形成结合配体的"口袋"以外,其中的多个氨基酸对之间可以形成离子键以及氢键,可以影响多种通道性质,如失活速率以及表面亲和力。S1 和 S2 之间存在一段"连接"区域,该区域参与 LBD 结合激动剂后受体的门控性质调节。

(3) KA 受体的功能。

KA 受体的功能与其所处的亚细胞定位相关(图 6-4)。定位于突触后的 KA 受体与 AMPA 受体以及 NMDA 受体相类似,可以受到谷氨酸的刺激,从而介导神经元的快速兴奋性传递。与 AMPA 受体以及 NMDA 受体不同的是,KA 受体广泛表达于各种类型的细胞,因此其作用范围更为广泛。突触后的以及突触外的 KA 受体还可以通过调节电压门控钙通道调节神经元的兴奋性,研究表明该调控机制可能与 G 蛋白信号通路有关。突触前定位的 KA 受体可以通过改变突触前的膜电位,从而影响神经元的神经递质释放过程,研究表明突触前定位的 KA 受体对于兴奋性神经元以及抑制性神经元的神经递质释放都有一定的调节作用。近年来,KA 受体与长时程突触可塑性之间的关系逐渐被揭示,利用 KA 特异性的拮抗剂可以阻断非 NMDA 依赖性的 LTP 的产生,而对 NMDA 依赖的 LTP 没有影响。KA 受体敲除小鼠在高频刺激下 LTP 产生受阻。已有研究表明,KA 受体与神经元长时程突触可塑性的产生相关,然而具体的机制还不清楚。

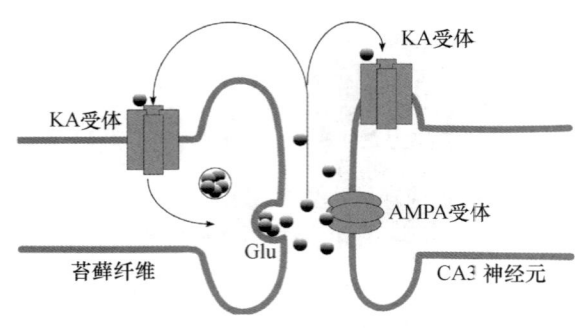

图 6-4　KA 受体的分布

三、代谢型谷氨酸受体的性质、结构和功能

1. 代谢型谷氨酸受体的性质

代谢型谷氨酸受体(mGluR)是 G 蛋白偶联受体(GPCR)超家族中 C 类受体亚类的成员,与离子型谷氨酸受体不同的是,代谢型谷氨酸受体没有能够通透离子的通道结构,而是通过偶联 G 蛋白以及一系列第二信使参与的信号转导过程,调节神经系统中细胞兴奋以及突触传递。哺乳动物中存在 mGlu1～mGlu8 共八种代谢型谷氨酸受体,根据其序列相似性、参与信号转导途径和药理学性质可以分成三类。

第 I 类 mGluR 包括 mGlu1 和 mGlu5,这一类 mGluR 主要偶联的 G 蛋白为 G_q 或者 G_q 样蛋白,进而激活磷脂酶 C,产生三磷酸肌醇,促进细胞内 Ca^{2+} 的释放,这些信号分子会进一步激活下游的信号通路,如 PKC 以及 MAPK/ERK 通路,激活 CREB 等转录因子调控基因表达。第 I 类 mGluR 还可以通过调节 N 型钙通道、NMDA 受体、AMPA 受体等电压门控或配体门控离子通道调节神经元的兴奋性。第 I 类 mGluR 主要分布于突触后部位,通常的功能为引起神经元兴奋或增强神经元的敏感性。药理学上不同类别的 mGluR 有特异性的激动剂和拮抗剂,只针对特定的 mGluR 亚型发挥作用。目前广泛使用的第 I 类 mGluR 激动剂为 DHPG,DHPG 对 mGlu1 和 mGlu5 的半数效应浓度 EC_{50} 分别为 $6\ \mu mol/L$ 和 $2\ \mu mol/L$,而对于 mGlu3 的 EC_{50} 则大于 $106\ \mu mol/L$,对于 mGlu2、mGlu4、mGlu7、mGlu8 的 EC_{50} 大于 $1000\ \mu mol/L$。拮抗剂方面,CPCCOEt 为最常用的 mGlu1 特异性拮抗剂,半数抑制浓度 IC_{50} 为 $6.5\ \mu mol/L$;MPEP 作为 mGlu5 特异性拮抗剂,其 IC_{50} 为 $36\ nmol/L$。

第 II 类 mGluR 包括 mGlu2 和 mGlu3,这一类 mGluR 主要偶联 G_i 或者 G_o 蛋白,进而降低细胞内 cAMP 的浓度,激活 G 蛋白内向整流钾通道(GIRK),抑制电压门控钙通道(VGCC)。因此定位于突触前的第 II 类 mGluR 可以通过抑制 VGCC,从而减弱神经元的神经递质释放;定位于突触后的第 II 类 mGluR 则可以通过激活 GIRKs,限制突触后膜的去极化以及抑制突触后的兴奋性。2R,4R-APDC 是典型的第 II 类 mGluR 激动剂,其效价强度在毫摩尔水平,目前最广泛使用的第 II 类 mGluR 拮抗剂为 MCCG。

第 III 类 mGluR 主要包括 mGlu4、mGlu6、mGlu7 和 mGlu8,这一类 mGluR(Glu4、Glu7、Glu8)主要偶联 G_i 蛋白,抑制腺苷酸环化酶,降低细胞内 cAMP 的浓度,进一步抑制 PKA 的活性,mGlu6 则是通过 G 蛋白偶联 cGMP 磷酸二酯酶,水解 cGMP,进而促使 cGMP 依赖的离子通道关闭,使得细胞处于超极化状态。离子通道调控方面,第 III 类 mGluR 的激活可以抑制 N 型、L 型和 P/Q 型钙通道,激活 GIRK 通道。第 III 类 mGluR 主要分布于突触前活性区(active zone),通过抑制钙通道抑制神经元兴奋传递。L-AP4 是目前最广泛应用的第 III 类 mGluR 激动剂,效价强度在微摩尔水平,其他的第 III 类 mGluR 激动剂还有 L-SOP 和(RS)-PPG 等。相比于第 I 类和第 II 类 mGluR,特异性拮抗 III 类 mGluR 的拮抗剂很少,MAP4 和 MSOP 的 IC_{50} 为 $25\sim190\ \mu mol/L$,并且对 mGlu2 和 mGlu4 也有一定的抑制作用。

2. 代谢型谷氨酸受体的结构

mGluR 在结构上满足 GPCR 超家族的结构特点,由一个大的胞外配体结合域(VFD)、富含半胱氨酸的结构域(CRD)、一个典型的七次跨膜域(TMD)和一个胞内羧基末端结构域(CTD)组成。mGluR 的 VFD 是由约 600 个氨基酸组成的大型双叶结构。双叶之间可以结合一个谷氨酸分子,从而引起构象变化,使双叶结构闭合。随后这种构象变化可以通过 CRD 传递到 TMD,并最终导致效应蛋白的激活或抑制。除了结合配体引起蛋白构象变化,VFD 中还存在多个糖基化位点,这些位点在不同的 mGluR 之间高度保守,这些糖基化位点不参与受体配体的结合,但是对于 mGluR 的折叠以及膜定位是必需的。针对 mGluR1 的晶体结构的研究还发现 VFD 上多个天冬酰胺、亮氨酸位点结合二价金属离子,这些位点结合的金属离子可以帮助 mGluR 的正确折叠以及增强 mGluR 对谷氨酸的敏感性。CRD 位于 VFD 结构与 TMD 结构之间,由 $60\sim70$ 个氨基酸组成,其中九个氨基酸为半胱氨酸。在所有含 CRD 结构的 C 类 GPCR 中,这九个半胱氨酸是具有高度保守性的。通过对 mGluR3 的结构研究发现,CRD 由三个 β 折叠组成,所有的半胱氨酸都处于氧化状态,并在结构域内部形成四个二硫键,使得结构域保持稳定,剩余的半胱氨酸还可以和 VFD 形成二硫键。CRD 与 TMD 连接部位只有 9 个氨基酸,使得 CRD 与 TMD 的位

置关系相对固定,因此 CRD 的功能主要为将 VFD 结合配体后的构象变化传递到 TMD 结构域。mGluR 的 TMD 结构目前还不是很清楚,研究者们根据 TMD 的氨基酸亲水性图谱推断,TMD 符合经典的 GPCR 蛋白七次跨膜特征,这些跨膜区主要决定受体激活状态和失活状态之间的构象转换。跨膜区之间由较短的细胞外或细胞内连接环相互连接,这些连接环区域可以与 G 蛋白 α 亚基的 C 末端相互作用,从而决定 mGluR 偶联的 G 蛋白的选择性。mGluR 的 CTD 可以与多种激酶相互作用,参与 mGluR 的磷酸化、棕榈酰化等过程。CTD 结构域还能够和微管蛋白(tubulin)或微管相关蛋白相互作用,起到将 mGluR 固定在特定区域的功能。

3. 代谢型谷氨酸受体的功能

由于亚细胞定位以及下游偶联信号通路不同,不同类别的 mGluR 的生物学功能也有很大差异(图 6-5)。第 I 类 mGluR 主要分布在突触后,通过 LTP 或 LTD 调节突触传递。LTP 的产生依赖 PKC、PKA、CaMK II、MAPK/ERK 等多种第二信使通路。第 I 类 mGluR 可以激活几乎所有这些第二信使,因此第 I 类 mGluR 可以在多个层面上调节 LTP 的产生和强度。LTD 的产生也与第 I 类 mGluR 相关,在海马 CA1 区中存在两类 LTD:一类是 NMDA 受体依赖,不受 mGluR 调控;另一类则是 mGluR 依赖,不需要 NMDA 受体的激活。研究表明,mGluR 依赖的 LTD 很可能是由于突触前 mGlu6 激活产生的。第 II 类和第 III 类 mGluR 主要分布在突触前膜,可以通过抑制钙通道或是激活钾通道负向调控突触传递。从宏观角度上看,mGluR 参与调控多种高级神经活动,如认知、条件恐惧、疼痛、奖励、运动控制等过程。而 mGluR 的异常则与多种神经疾病相关,如癫痫、肌萎缩脊髓侧索硬化、脆性 X 综合征、帕金森病、阿尔茨海默病、亨廷顿病、皮克病等。丰富的 mGluR 特异性激动剂以及拮抗剂的存在,使得其成为具有很强研究价值的神经疾病的治疗靶点。

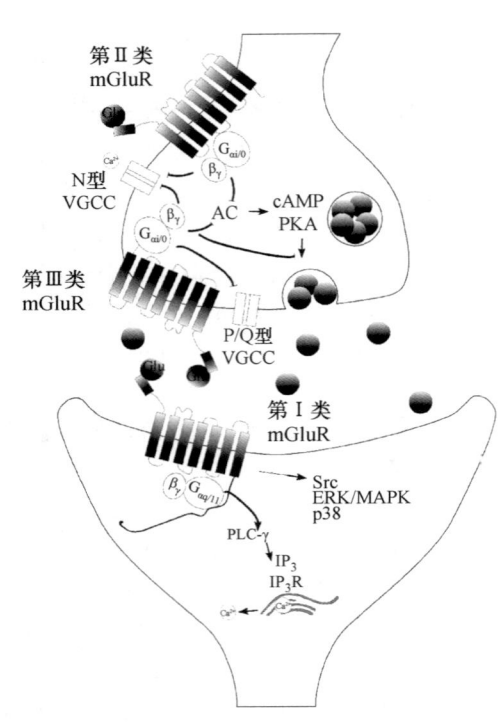

图 6-5 代谢型谷氨酸受体的分布和功能

四、突触间谷氨酸的消除

谷氨酸递质遵循金发姑娘原则(the goldilocks principle)——即太少量谷氨酸会导致信号传导不足,太多则会造成神经毒性。因而,释放到间隙中的谷氨酸需要被及时清理掉。谷氨酸的消除比较简单,主要是通过钠-钾泵依赖的重摄取,然后经转运蛋白重新储存在囊泡中。另一个途径是通过钠-钾泵依赖的主动摄取进入附近的神经胶质细胞。在胶质细胞中,谷氨酸脱氨基转化为谷氨酰胺并被胶质细胞释放。神经元吸收后,将谷氨酰胺转运到谷氨酸能神经末梢,重新合成谷氨酸后进入囊泡储存。这一过程被称为谷氨酸-谷氨酰胺循环,是神经系统确保谷氨酸供应稳定的机制。

第三节　γ-氨基丁酸及其受体

最初发现 γ-氨基丁酸(GABA)是植物和微生物的代谢产物,并于 1883 年首次被合成出来。1950 年 Roberts E 和 Awapara J 等发现 GABA 也存在于哺乳动物中枢神经系统中,1958 年 GABA 被认定为抑制性神经递质。在中枢神经系统中超过 1/3 的神经元通过 GABA 进行信号传递。据估计,GABA 的浓度是其他神经递质的 200~1000 倍,这使得 GABA 成为中枢神经系统中最主要的抑制性神经递质。

GABA 生成或代谢的紊乱与许多神经系统疾病相关,例如,癫痫、神经痛、脑卒中、成瘾以及神经退行性疾病等。GABA 也存在于外周组织中并发挥一定的生理功能,例如,在胰岛中,GABA 具有抑制胰高血糖素分泌的功能;在免疫细胞中,GABA 具有抑制炎症的作用;在气道中,GABA 还被认为与哮喘的发病相关。

GABA 通过与 GABA 受体结合,发挥抑制神经信号传递的作用。GABA 受体(GABA receptor)可以分为三类:GABA$_A$ 受体(GABA$_A$ receptor)、GABA$_B$ 受体(GABA$_B$ receptor)和 GABA$_C$ 受体(GABA$_C$ receptor)。其中 GABA$_A$ 受体和 GABA$_C$ 受体属于离子型受体,主要介导快速的抑制作用;GABA$_B$ 受体属于代谢性受体,介导缓慢的抑制作用。值得一提的是,由于 GABA$_C$ 受体与 GABA$_A$ 受体的相似性,国际基础与临床药理学联合会(the International Union of Basic and Clinical Pharmacology, IUPHAR)将 GABA$_C$ 受体归为 GABA$_A$ 受体的一种亚类,尽管这种分类仍然存在一定的争议。

一、GABA 的生物合成、储存及释放

在哺乳动物体内,GABA 主要通过谷氨酸脱羧产生,该过程由谷氨酸脱羧酶(glutamate decarboxylase, GAD)催化。哺乳动物表达两种 GAD 亚型:GAD65 和 GAD67;它们由来自不同染色体上的不同基因所表达,并且其功能存在差别。相对稳定的 GAD65 主要位于轴突末梢,参与突触传递相关的 GABA 的合成;而半衰期较短的 GAD67 则主要存在于细胞胞体和树突内,更倾向于合成一般代谢作用相关的 GABA。除了谷氨酸,GABA 还可以由腐胺、精胺等多胺物质经过单胺氧化酶 B(monoamine oxidase B, MAOB)或双胺氧化酶(diamine oxidase, DAO)和醛脱氢酶的作用合成(图 6-6)。

在神经元中,GABA 在囊泡 GABA 转运体(vesicular GABA transporter, VGAT)的帮助下储存至突触前囊泡中,当突触前膜发生钙依赖的去极化后,这些囊泡中的 GABA 被释放至突触间隙并作用于突触后膜上的 GABA 受体。并非所有的囊泡内的 GABA 都会被释放,目前的假说认为,被释放的 GABA 属于其中的一小部分,它们被存放在待释放池(RRP)中,而很大一部分仍储存在储存池(RP)中。只有当神经元被重复性刺激致使 RRP 耗竭时,才会动员 RP 中的 GABA。而对于非神经元细胞,例如星形胶质细胞,GABA 主要通过 Bestrophin 1(Best1)阴离子通道释放(图 6-6)(Owens et al., 2002)。

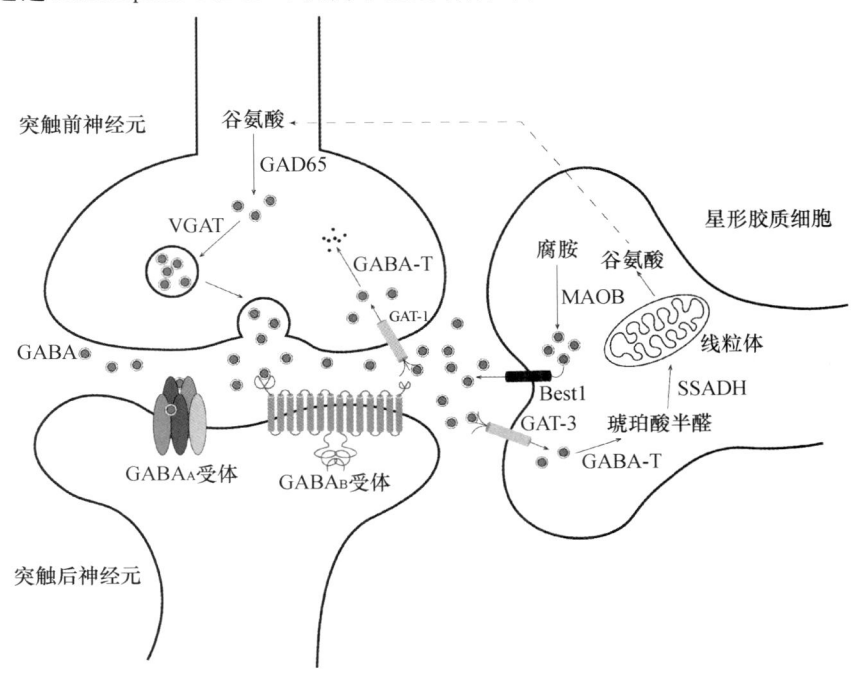

SSADH,琥珀酸半醛脱氢酶;GABA-T,GABA 转氨酶

图 6-6　GABA 的生物合成、储存及释放(Owens et al., 2002)

二、离子型 GABA 受体的性质、结构和功能

GABA$_A$ 受体和 GABA$_C$ 受体属于配体门控离子型受体，组成它们的亚基有 19 种：$\alpha_1 \sim \alpha_6$、$\beta_1 \sim \beta_3$、$\gamma_1 \sim \gamma_3$、δ、ε、θ、π、$\rho_1 \sim \rho_3$，其中 $\rho_1 \sim \rho_3$ 也被称为 GABA$_C$ 受体亚基。其中 GABA$_A$ 受体是由五个不同亚基组成的异五聚体氯通道（图 6-7A），而 GABA$_C$ 受体亚基既可以与 GABA$_A$ 受体亚基形成异五聚体，也可以自身形成同源五聚体。GABA$_A$ 受体和 GABA$_C$ 受体均属于半胱氨酸-环（Cys-loop）受体家族，该家族的其他成员还包括烟碱型受体、5-HT$_3$ 受体和甘氨酸受体。这些半胱氨酸-环受体具有非常相似的结构，包括位于细胞外侧的 N 端、四个跨膜结构域（M1～M4）、一个大的胞内环和一个较短的 C 末端（图 6-7B），其中配体主要结合在 N 端，五个 M2 形成了受体的离子孔道。当 GABA 激活受体时，孔道开放，Cl^- 从细胞外涌入细胞内，这种负离子的内流造成了神经元的超极化并引发抑制效应，此时发挥的是受体的离子功能；同时，受体的激活还会使胞内环与细胞内信号蛋白相互作用，从而激活胞内信号转导通路而产生代谢作用，此时发挥受体的代谢功能。有趣的是，在发育期间，由于未成熟的神经元内部 Cl^- 含量高于神经元外，导致受体激活时，Cl^- 外流从而产生去极化效应，并进一步产生兴奋性作用；直至出生后，GABA$_A$ 受体的抑制作用才逐渐显现。越来越多的研究表明，GABA$_A$ 受体在维持中枢神经系统的兴奋性与抑制性平衡中起主导作用，此外它还具有抗炎和抗凋亡等作用。

由于 GABA$_A$ 受体亚基的多样性，导致 GABA$_A$ 受体理论上可以有成百上千种不同的组合。而实际上，在大脑中，这些组合是有限的，因为每种 GABA$_A$ 受体亚型都必须包含 α 和 β 亚基。这些不同的 GABA$_A$ 受体在脑中的分布也显示出差异性，例如，$\alpha_1\beta_2\delta$ 主要存在于海马中间神经元中，而 $\alpha_6\beta_3/\alpha_6\beta_3\delta$ 则更多发现于小脑颗粒细胞中，并且相对于突触而言，这些 GABA$_A$ 受体不都存在于突触上，更有一些存在于突触外区域，例如胶质细胞等，它们介导着与突触 GABA$_A$ 受体不同的抑制作用。例如，突触间的 GABA$_A$ 受体（synaptic GABA$_A$ receptor）激活产生的抑制作用主要用于信号传递，而突触外 GABA$_A$ 受体（extra-synaptic GABA$_A$ receptor）激活产生的抑制作用主要影响动作电位的敏感度（Farrant et al.，2005）。

在 GABA$_A$ 受体上除了具有 GABA 结合位点以外，还具有另外一个非常重要的苯二氮䓬结合位点（benzodiazepine-binding site），正因如此，GABA$_A$ 受体最初还被称作苯二氮䓬受体（图 6-7C）。苯二氮䓬类药物具有镇静、催眠、抗焦虑等药效，临床常用于治疗失眠等疾病。实际上，GABA 结合位点位于 α 和 β 亚基之间，而苯二氮䓬结合位点位于 α 和 γ 亚基之间，由此可以看出，并非所有的 GABA$_A$ 受体都对苯二氮䓬敏感。到目前为止，对于 GABA$_A$ 受体上药物结合位点的研究远超出苯二氮䓬类，如大麻素、巴比妥类药物、酒精等都显示出在 GABA$_A$ 受体上不同的结合位点，这为药物的研发提供了更多的思路。

对于 GABA$_A$ 受体的运输及组装，它与其他多亚基膜蛋白一样，在内质网中组装并穿过高尔基体，最终到达细胞膜。当翻译后，GABA$_A$ 受体运输至内质网，在内质网中，不同亚基通过 N 端的序列相互作用形成寡聚体。然而，可想而知，这种随机组装的效率是非常低的，那些未组装以及组装错误的或折叠错误的亚基会在 6 小时内通过蛋白酶体系统及时清除，从而避免过多的累积引发内质网应激。接着，GABA$_A$ 受体转运至高尔基体，进一步修饰后被运输至细胞膜。在这个上膜的过程中需要许多其他蛋白质的辅助，例如，GABA 受体相关蛋白（γ-aminobutyric acid receptor-associated protein，GABARAP）、GABA$_A$ 受体相互作用因子-1（the GABA$_A$ receptor interacting factor-1，GRIF-1）等。当 GABA$_A$ 受体插入细胞膜后，通过其与细胞骨架蛋白的相互作用，将受体锚定到细胞膜，从而发挥受体的正常生理功能。当然，GABA$_A$ 受体并非一直停留在细胞膜上，它可以通过网格蛋白介导的受体内化在质膜和细胞区室内连续循环。内化的受体既可以在短时间内回到细胞膜上，也可以靶向溶酶体降解（Jacob et al.，2008）。

GABA$_C$ 受体首先是在视网膜神经元中被发现的，但后来被证明存在于我们身体的其他许多部位，例如，中枢神经系统、胃肠道。它们在视觉处理、记忆、学习、激素调节和神经内分泌及胃肠道分泌中起特殊

作用。$GABA_C$ 受体形成五聚体的类型与 $GABA_A$ 受体不同，$GABA_C$ 受体既可以形成异五聚体，也可以形成同源五聚体。此外，$GABA_C$ 受体的激活模式虽与 $GABA_A$ 受体相似，但也略有不同。$GABA_A$ 受体的激活需要两个 GABA 分子分别结合在两个 α 亚基和 β 亚基的交界面，而 $GABA_C$ 受体则需要三个 GABA 分子结合在亚基的交界面。并且在药理学中，$GABA_C$ 受体对苯二氮䓬类、巴比妥类等药物都显示出不敏感的特性。

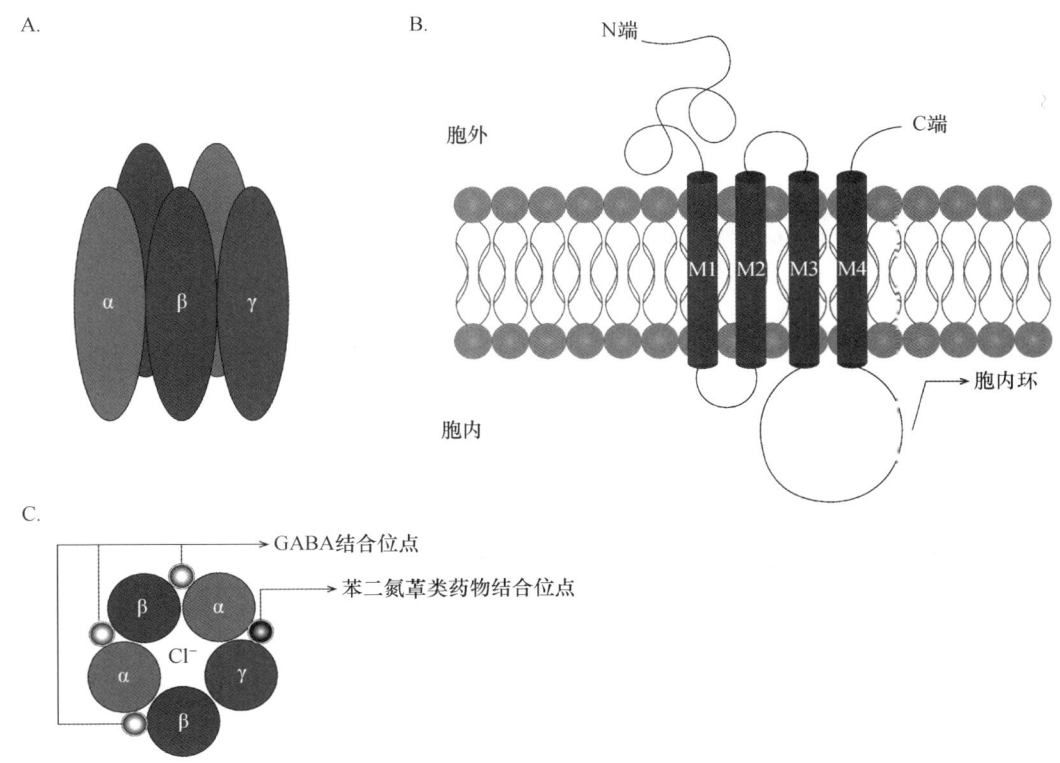

图 6-7　离子型 γ-氨基丁酸受体的结构（Hines et al.，2018）

三、代谢型 GABA 受体的性质、结构和功能

$GABA_B$ 受体是代谢型 G 蛋白偶联受体（GPCR），属于 C 类 GPCR。$GABA_B$ 受体具有两个不同的亚基：$GABA_{B1}$ 和 $GABA_{B2}$。只有当这两个亚基聚集在一起形成异二聚体时，$GABA_B$ 受体才能发挥生理功能。

$GABA_B$ 受体具有 C 类 GPCR 典型的结构：一个胞外 N 端结构域、七个跨膜结构域以及一个胞内 C 端结构域。两个亚基通过 C 端结构域上特殊的序列连接在一起形成异二聚体。在这个异二聚体中，$GABA_{B1}$ 的 N 端结构域主要负责与激动剂结合，而 $GABA_{B2}$ 的 N 端结构域则可以增加 $GABA_{B1}$ 对激动剂的亲和力。当 $GABA_B$ 受体激活后，通过 $GABA_{B2}$ 的胞内环募集 G 蛋白并介导 G 蛋白的信号转导。简而言之，$GABA_{B1}$ 对于配体的结合至关重要，而 $GABA_{B2}$ 则对下游信号的传递必不可少，任何一个的缺失都会损害受体的正常生理功能（图 6-8）。

$GABA_{B1}$ 亚基可以进一步分为两种：$GABA_{B1a}$ 和 $GABA_{B1b}$。其中相对于 $GABA_{B1a}$，$GABA_{B1b}$ 在 N 端区域缺少重复的"寿司"结构（sushi domain），这种寿司结构可以将受体重定位并靶向至轴突，除此之外，它还可以稳定轴突表面表达的 $GABA_B$ 受体（图 6-8）。因此，含 $GABA_{B1a}$ 的 $GABA_B$ 受体主要位于轴突末端，而含 $GABA_{B1b}$ 的 $GABA_B$ 受体则主要位于树突。

作为 GPCR，$GABA_B$ 受体可以激活 $G_{i/o}$ 蛋白，其下游效应可以分为三部分：腺苷酸环化酶（AC）、电压敏感钙通道（voltage-sensitive Ca^{2+} channel）、向内整流钾通道（inwardly-rectifying K^+ channel）。大致过程为：当配体和 $GABA_B$ 受体结合后，诱导 GTP 与 G 蛋白结合的 GDP 进行交换，导致 G 蛋白中的

G_α 亚基与 $G_{\beta\gamma}$ 二聚体解离。$G_{\alpha i/o}$ 进而抑制 AC，从而抑制 cAMP 信号通路，而 $G_{\beta\gamma}$ 二聚体则作用于突触前、后膜上不同的离子通道并产生抑制效应。例如，在突触前膜，$G_{\beta\gamma}$ 二聚体可以抑制电压敏感的钙通道，从而导致钙离子电导的降低；而在突触后膜，$G_{\beta\gamma}$ 二聚体可以激活向内整流的钾通道，从而导致钾离子电导率的增加。除此之外，$G_{\beta\gamma}$ 二聚体还可以与钾通道蛋白四聚体(the potassium channel tetramerization-domain proteins，KCTD)相互作用，从而使受体激活后可以快速脱敏(Bettler et al.，2004)。

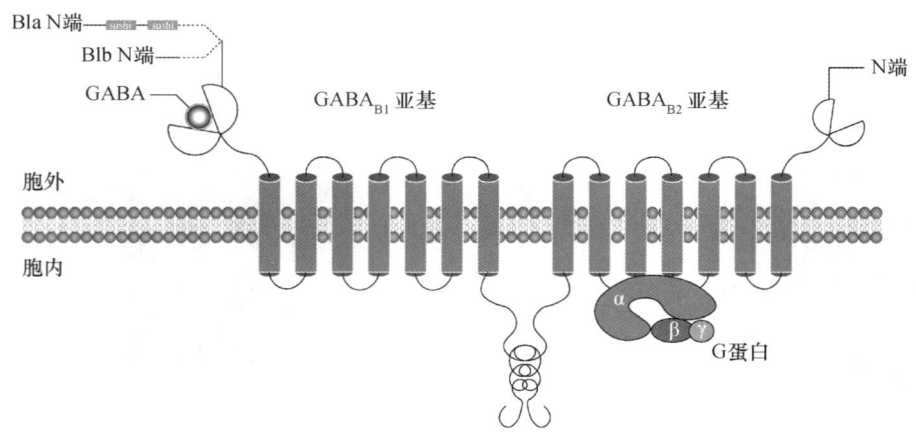

图 6-8　代谢型 GABA 受体结构 (Bettler et al.，2004)

四、突触间 GABA 的消除

释放至突触间隙的 GABA，一部分可以发挥其生物学功能，而另一部分则通过 GABA 转运蛋白(GAT)转运回突触前末端。GAT 具有四种类型：GAT-1、GAT-2、GAT-3 和甜菜碱-GABA 转运蛋白(betaine-GABA transporter，BGT-1)。在这四种类型中，GAT-1 和 GAT-3 在中枢神经系统中大量存在，GAT-2 和 BGT-1 则在中枢神经系统中表达较少，主要存在于外周组织中。GAT 的存在可以有效地回收 GABA，从而防止神经元的过度抑制，进一步维持神经系统兴奋性和抑制性平衡，并保护神经网络的正常运作。

回收的 GABA 可以被重新包装以再次释放，或者通过 GABA 支路(GABA shunt)进行降解。据估计，超过 90% 的 GABA 会以 GABA 支路的方式降解。在这个过程中有两个非常重要的酶：GABA 转氨酶(GABA-transaminase，GABA-T)和琥珀酸半醛脱氢酶(succinic semialdehyde dehydrogenase，SSADH)。首先，GABA 在 GABA-T 和辅酶的作用下，脱去氨基生成琥珀酸半醛，随后在 SSADH 的作用下生成琥珀酸，而琥珀酸作为三羧酸循环的中间产物，可以进一步在三羧酸循环中代谢成为 α-酮戊二酸，α-酮戊二酸在氨基化后生成谷氨酸，谷氨酸可以在谷氨酰胺合成酶作用下生成谷氨酰胺，谷氨酰胺可以进入 GABA 能神经元，并作为原料再次合成 GABA。由此，GABA 的降解与生成形成了闭合环路，从而维持生物体内适量的 GABA 以平衡生物体内的兴奋性和抑制性反应。

第四节　甘氨酸及其受体

甘氨酸在组成蛋白质的 20 种氨基酸中分子最小，具有简单的分子结构，侧链仅由单个氢原子组成。甘氨酸存在于所有哺乳动物的体液和组织蛋白中。1965 年，Aprison 和 Werman 首次提出在哺乳动物脊髓中含有大量甘氨酸，并提出其可能起到神经递质的作用。Hopkin 和 Neal 随后的研究表明，电刺激脊髓神经元可以引起甘氨酸释放。经过多种神经化学和电生理学研究，最终确定甘氨酸为神经系统的一种抑制性神经递质。甘氨酸在整个神经系统中广泛分布，其中脊髓、脑干中的浓度远高于其他部位，在脊髓中由甘氨酸能中间神经元分泌，起到抑制颌颈肌的功能。

甘氨酸是神经系统中主要的抑制性神经递质,通过作用于甘氨酸受体(glycine receptor,GlyR)来调节神经系统兴奋性。甘氨酸受体是离子型受体,允许 Cl^- 通过。因此当甘氨酸与其受体结合,会对神经元产生超极化作用。近些年来,运用分子生物学手段,已经发现多种类型的甘氨酸受体,并且对其功能进行了详细的研究。甘氨酸受体功能的失调与多种神经系统疾病密切相关,如惊厥病、肌阵挛、神经痛以及炎性痛等。此外,甘氨酸也是兴奋性 NMDA 受体的辅助激动剂,因此推测甘氨酸还可能通过调节 NMDA 受体的功能来调节神经系统的兴奋性。

一、甘氨酸的生物合成、储存与释放

1. 甘氨酸的合成

在哺乳动物中,甘氨酸是一种非必需氨基酸,可以由神经系统中的葡萄糖和其他底物合成。此外,甘氨酸也可以通过外周途径合成后从血液运输到大脑和脊髓。甘氨酸主要由 D-3-磷酸甘油酸和丝氨酸通过丝氨酸羟甲基转移酶催化形成。除此之外,甘氨酸还有其他几种来源:由乙醛酸通过乙醛酸氨基转移酶反应形成;由苏氨酸通过苏氨酸醛缩酶催化产生;由甜菜碱去甲基化形成二甲基甘氨酸和单甲基甘氨酸(肌氨酸),最后形成甘氨酸。尽管存在多种甘氨酸合成途径,但大量证据表明丝氨酸是中枢神经系统中甘氨酸合成的主要前体(图 6-9)。

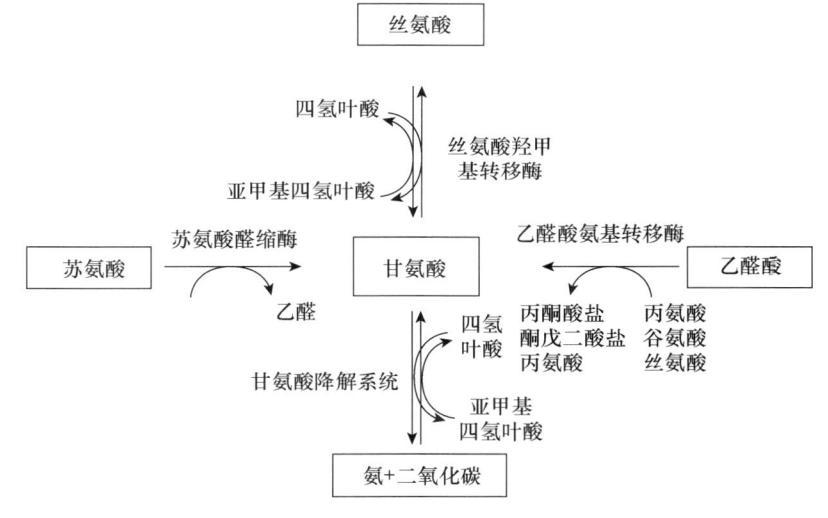

图 6-9 甘氨酸的代谢过程

2. 甘氨酸的储存

在神经系统中,甘氨酸主要储存在神经元以及胶质细胞中。在神经元中,甘氨酸主要储存在甘氨酸能神经元突触末梢的囊泡中。囊泡膜上表达大量的囊泡抑制性氨基酸转运蛋白(vesicular inhibitory amino acid transporter,VIAAT),可以将甘氨酸转运到囊泡内。中枢神经系统中甘氨酸能神经元主要分布在脊髓和脑干。研究表明,胶质细胞,尤其是星形胶质细胞也含有大量甘氨酸。通过其膜上的甘氨酸转运蛋白(glycine transporter,GlyT)可以将甘氨酸转运到胞内进行储存。神经系统中的甘氨酸受体在突触前、突触后和突触外都有分布,而胶质细胞可以缓慢释放其储存的甘氨酸并作用于突触外的甘氨酸受体,从而调节大脑神经元的兴奋性(图 6-10)。

3. 甘氨酸的释放

甘氨酸的释放主要通过神经元突触末梢以及胶质细胞两种途径实现。当神经冲动传递到神经元突触末梢时,可以引起神经元突触前膜去极化,导致储存在突触前囊泡中的甘氨酸大量释放,并作用于突触后特定类型的甘氨酸受体,引起下游神经元的超极化。另外,储存在胶质细胞中的甘氨酸也可以通过甘氨酸转运蛋白缓慢释放,从而调节神经元的兴奋性,但是详细的释放诱发机制尚不清楚。

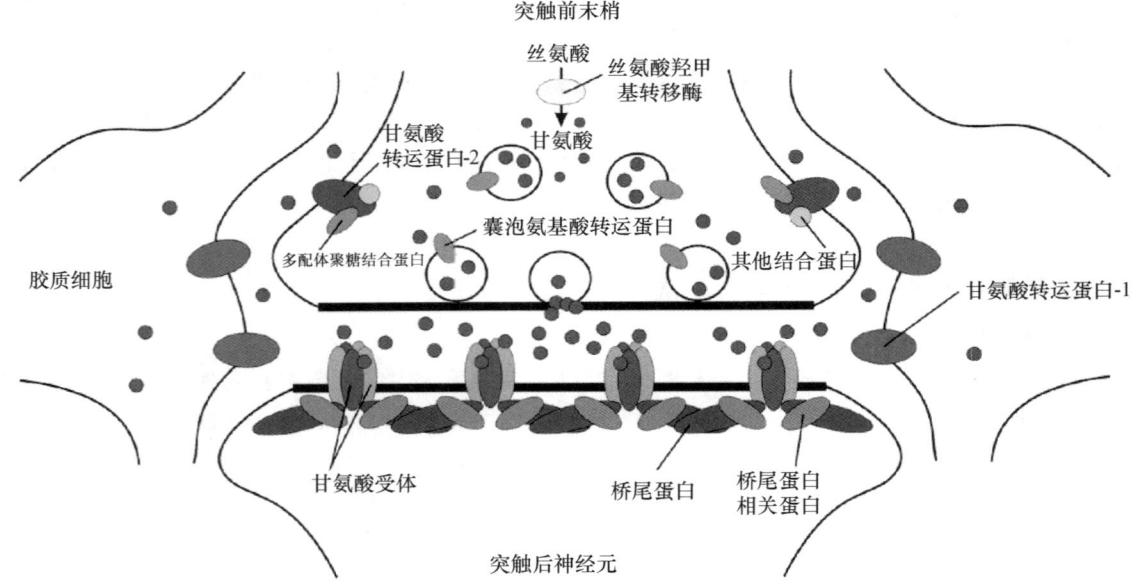

图 6-10　甘氨酸的储存路径与位置(Harvey et al.,2008)

二、甘氨酸受体的分类与功能

1. 甘氨酸受体的分类

甘氨酸受体属于半胱氨酸环配体门控的离子通道超家族(ligand gated ion channel,LGIC),该家族还包括烟碱型乙酰胆碱(nAChR)受体、5-HT$_3$ 受体和 GABA$_A$ 受体。甘氨酸受体是由五个亚基组成的可选择性通透 Cl$^-$ 的五聚体跨膜蛋白。目前已经发现甘氨酸受体分为同源五聚体和异源五聚体,同源五聚体由五个相同的分子量为 48 000 的 α 亚基组成,异源五聚体由两个分子量为 48 000 的 α 亚基和三个分子量为 58 000 的 β 亚基组成。甘氨酸受体的 α 亚基有三种类型,包括 α$_1$、α$_2$ 与 α$_3$ 亚基,每种 α 亚基都可以单独形成有功能的同源五聚体。单独的 β 亚基不能形成有功能的五聚体,其主要作用是与桥尾蛋白(gephyrin)结合,将与 α 亚基形成的异源五聚体稳固地锚定在突触后膜上。甘氨酸受体所有亚基的整体拓扑结构与 LGIC 家族其他蛋白的共拓扑结构高度类似。其所有亚基都含有一个 N 末端细胞外结构域(ECD)、四个跨膜片段(TM1~TM4)、连接 TM3 和 TM4 的长的细胞内环以及一个短的细胞外 C 末端(图 6-11)。跨膜片段的氨基酸序列高度保守,而且在 ECD 中都含有由 15 个氨基酸组成的高度保守的 Cys 环。N 末端细胞外结构域(ECD)中包含甘氨酸结合位点。甘氨酸主要与 α 亚基结合。在四个跨膜区中,第二个跨膜区面向通道孔,形成通道孔衬边(图 6-11)。

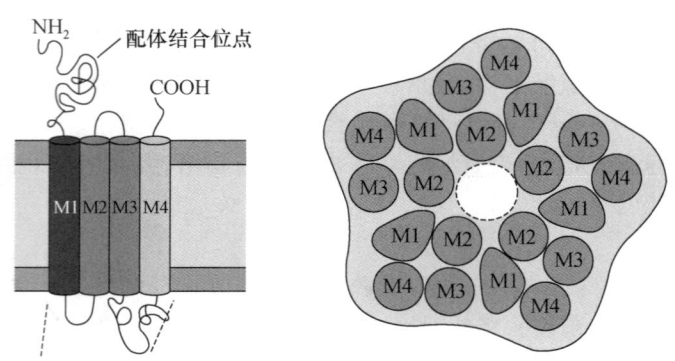

图 6-11　甘氨酸受体的结构(Kandel et al.,2000;Keramidas et al.,2004)

甘氨酸受体在神经系统中的分布十分广泛,并根据其亚基的组成形式,分布在神经系统的不同部位。大量证据表明,甘氨酸受体的同源五聚体主要分布在神经元的突触前以及突触外,而异源五聚体通常分布在神经元的突触后膜。在不同发育时期,甘氨酸受体的亚基组成形式也有所不同。在胚胎以及发育早期以 α_2 亚基的甘氨酸受体为主,随着发育的不断完善,α_1 亚基的甘氨酸受体逐渐替代 α_2 亚基成为神经系统最主要的类型。异源五聚体形式的甘氨酸受体主要分布在脑干以及脊髓甘氨酸能神经元的突触后,调节神经元快速突触抑制,而其同源五聚体主要分布在大脑的其他脑区中,包括皮质、纹状体、伏隔核、黑质等,主要通过结合胶质细胞释放的甘氨酸,对神经元进行慢性抑制调控。

2. 甘氨酸受体的功能

甘氨酸受体是离子型受体,允许 Cl^- 通过。当甘氨酸与其受体结合,会对神经元产生超极化作用。因此甘氨酸受体是一种抑制性神经递质受体,主要通过抑制神经元兴奋性来调节相关的生理活动。编码甘氨酸受体 α_1 亚基的 *Glra1* 基因在不同哺乳动物中(包括小鼠、牛和人)的重要性已经被广泛报道。*Glra1* 基因突变或者部分缺失可以引起遗传性的家族性惊厥病(hyperekplexia)(表现为异常的肌张力升高和对噪声的过度反应),临床上已经报道了大量家族性惊厥病病例与 *Glra1* 基因突变或缺失有关(图 6-12)。这些基因突变减弱了甘氨酸受体的正常功能,从而减弱了脊髓中的抑制性神经传递。近期研究发现,家族性惊厥病动物模型中位于脑干背侧斜方体神经元突触前甘氨酸受体 α_1 亚基的功能受损,而突触后异源五聚体形式的甘氨酸受体功能没有变化,从而确定突触前甘氨酸受体为导致家族性惊厥病的发病位点。同时,家族性惊厥病动物模型中成年动物脊髓以及视网膜神经元中甘氨酸能自发抑制性突触后电流(spontaneous inhibitory postsynaptic current,sIPSC)均显著下降。综上所述,甘氨酸受体 α_1 亚基的主要功能是参与运动调节。

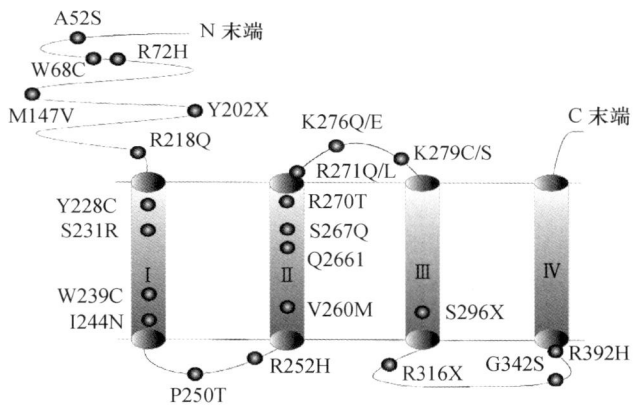

图 6-12　甘氨酸受体 α_1 亚基的突变类型

α_2 亚基的甘氨酸受体在胚胎和新生儿阶段高度表达,出生后逐渐被含有 α_1 亚基的受体取代。在早期发育阶段,甘氨酸受体 α_2 亚基通常以同源五聚体的形式存在,主要分布在神经元的突触外,因此被认为主要参与非囊泡来源的甘氨酸释放引起的非突触传递。研究表明,将其编码基因 *Glra2* 敲除后,动物的各类表型没有明显变化,这可能与该亚基在成年动物中较低的表达量有关。但是,*Glra2* 基因敲除鼠的无长突细胞(amacrine cell)中的相关电生理数据表明,α_2 亚基介导自发性抑制性突触后电流(sIPSC)具有较慢的衰减动力学特征。同时,该基因的敲除引起了视网膜下行通路功能受损。因此 α_2 亚基的甘氨酸受体的分布形式和生理学数据表明,α_2 亚基的甘氨酸受体主要参与哺乳动物的发育以及感觉调节,但是具体调节机制依然不清楚。

甘氨酸受体 α_3 亚基最初被认为与甘氨酸受体 α_1 亚基具有相同的分布形式。然而,后续分子生物学研究表明,在脊髓中,α_3 亚基甘氨酸受体主要分布在脊髓后角的 I 和 II 层,参与调节伤害性信号向高级脑区的传递。同时 α_3 亚基可以作为炎症介质 PGE_2 的疼痛致敏的分子底物。其具体途径为 PGE_2 与

PGEP$_2$ 受体结合,激活蛋白激酶 A,磷酸化 α$_3$ 亚基,从而抑制脊髓后角神经元中的甘氨酸电流。在 *Glra3* 敲除鼠中,PGE$_2$ 对甘氨酸受体的抑制作用消失。此外,在 *Glra3* 敲除鼠中,大麻素在慢性炎症和神经性疼痛小鼠模型中的镇痛作用同样消失。因此,甘氨酸受体 α$_3$ 亚基可能是大麻素镇痛作用的关键靶点。

甘氨酸受体 β 亚基由 *Glrb* 基因编码,在成人中主要以异源五聚体(αβ)的形式存在。甘氨酸受体 β 亚基的主要功能是将 α 亚基锚定在突触后位置,从而调节快速突触传递。成年小鼠视网膜的免疫染色表明,甘氨酸受体 β 亚基与 α 亚基高度共定位(>90%)。甘氨酸受体 β 亚基编码基因 *Glrb* 发生突变同样可以引起家族性惊厥病,表明甘氨酸受体 β 亚基的功能同样十分重要。

三、甘氨酸的消除

释放的甘氨酸主要通过两种方式清除,即通过胶质细胞以及神经元突触前的 GlyT 重摄取。甘氨酸在突触间隙的浓度主要受 GlyT 调节,GlyT 可以将其重摄取到神经末梢和邻近的神经胶质细胞中。GlyT 属于 Na$^+$/Cl$^-$ 依赖性转运蛋白家族,其活性和亚细胞的分布受磷酸化与其他蛋白的调节。GlyT 分为 GlyT$_1$ 与 GlyT$_2$ 两种类型,GlyT$_1$ 主要分布在兴奋性或者抑制性神经元的突触前以及胶质细胞中,从而将自身或者临近神经元突触前释放的甘氨酸重摄取到神经元突触前囊泡及胶质细胞中;GlyT$_2$ 主要特异性地分布在脊髓、脑干以及小脑甘氨酸能神经元的突触前,主要将自身突触前释放的甘氨酸重摄取到突触前的囊泡内,保证甘氨酸的循环利用。

由 GlyT 介导的甘氨酸重摄取在能量上与由钠-钾泵调节的跨膜钠离子梯度偶联。Na$^+$、Cl$^-$ 及甘氨酸的细胞外结合被认为会诱导 GlyT 的构象变化,从而将转运蛋白从"向外"状态转变为"向内"状态,将甘氨酸结合位点暴露于胞质溶胶,从而释放结合的甘氨酸和其他离子,然后"空"的转运蛋白会重新恢复到面向胞外的构象。因此,甘氨酸的重摄取依赖 GlyT 构象的不断转变。

(张晨、张建亮、雷慧萌、魏梦萍)

练 习 题

1. 谷氨酸受体的种类有哪些?
2. 离子型谷氨酸受体和代谢型谷氨酸受体的主要区别是什么?
3. 离子型谷氨酸受体有哪几种?
4. 谷氨酸的 NMDA 和 AMPA 受体有何特点,它们之间有什么关系?
5. 代谢型谷氨酸受体分为哪几类,它们的主要区别是什么?
6. 有一种说法:"过多食用味精对健康不利",你的意见如何?
7. GABA 的生成以及代谢都有哪些重要的酶参与反应?
8. GABA$_A$ 受体上药物结合的位点有哪些,试举出 1~3 个例子。
9. GABA$_B$ 受体的抑制效应可以由哪些途径介导?
10. GABA 转运蛋白的不同分布有哪些?
11. 抑制性氨基酸类神经递质有哪些?它们如何对神经元产生抑制作用?
12. 甘氨酸受体的结构特点是什么?
13. 简述一种与甘氨酸神经递质传递相关的疾病及发病机制。

参 考 文 献

BETTLER B,KAUPMANN K,MOSBACHER J,et al,2004. Molecular structure and physiological functions of GABA(B) receptors[J]. Physiol rev,84:835-867.

CONTRACTOR A, MULLE C, SWANSON G T, 2011. Kainate receptors coming of age: milestones of two decades of research[J]. Trends neurosci, 34(3): 154-163.

CULL-CANDY S, BRICKLEY S, FARRANT M, 2001. NMDA receptor subunits: diversity, development and disease[J]. Curr opin neurobiol, 11(3): 327-335.

DIERING G H, HUGANIR R L, 2018. The AMPA receptor code of synaptic plasticity[J]. Neuron, 100(2): 314-329.

FARRANT M, NUSSER Z, 2005. Variations on an inhibitory theme: phasic and tonic activation of GABA(A) receptors[J]. Nat rev neurosci, 6: 215-229.

GREGER I H, WATSON J F, CULL-CANDY S G, 2017. Structural and functional architecture of AMPA-type glutamate receptors and their auxiliary proteins[J]. Neuron, 94(4): 713-730.

GRIEGO E, GALVÁN E J, 2020. Metabotropic glutamate receptors at the aged mossy fiber-CA3 synapse of the hippocampus[J]. Neuroscience, S0306-4522(19)30864-4.

HARVEY R J, CARTA E, PEARCE B R, et al, 2008. A critical role for glycine transporters in hyperexcitability disorders[J]. Frontiers in molecular neuroscience, 1: 1.

HINES R M, MARIC H M, HINES D J, et al, 2018. Developmental seizures and mortality result from reducing GABAA receptor alpha2-subunit interaction with collybistin[J]. Nat commun, 9: 3130

JACOB T C, MOSS S J, JURD R, 2008. GABA(A) receptor trafficking and its role in the dynamic modulation of neuronal inhibition[J]. Nat rev neurosci, 9: 331-343.

KANDEL E R, SCHWARTZ J H, JESSELL T M, 2000. Synaptic Integration[M]//KANDEL E R, SCHWARTZ J H, JESSELL T M, 2000. Principles of Neural Science. New York: McGraw-Hill.

KERAMIDAS A, MOORHOUSE A J, SCHOFIELD P R, et al, 2004. Ligand-gated ion channels: mechanisms underlying ion selectivity[J]. Progress in biophysics and molecular biology, 86: 161-204.

OWENS D F, KRIEGSTEIN A R, 2002. Is there more to GABA than synaptic inhibition?[J] Nat rev neurosci, 3: 715-727.

PAOLETTI P, BELLONE C, ZHOU Q, 2013. NMDA receptor subunit diversity: impact on receptor properties, synaptic plasticity and disease[J]. Nat rev neurosci, 14(6): 383-400.

第七章 神 经 肽

生物活性肽是由氨基酸残基按一定顺序由肽键连接起来的生物分子,广泛分布在神经组织和其他各种组织中,参与机体内信息传递、代谢调节等各种生理功能。神经肽是存在于神经组织的生物活性肽,由神经细胞合成和分泌,因此这类神经细胞也称为肽能神经元。在神经系统内,神经肽主要在信息的传递和调节中发挥作用,进而参与神经系统各种生理功能的维持和调节。神经肽的作用方式极其复杂,在神经组织中发挥神经递质或神经调质(简称"调质")的作用,而有时又能起神经激素(neurohormone)的作用。

本章在第一节首先概括介绍神经肽的分子结构及特性,神经肽的生物合成、运输和储存,神经肽的作用方式与功能特点,以及神经肽与经典递质的共存和共存的生物学意义。内源性阿片肽(endogenous opioid peptide)与阿片受体在神经肽的研究史中具有重要的地位,在第二节中比较详细地介绍了内源性阿片肽与阿片受体的发现过程,以及阿片肽的合成、储存、释放与灭活,特别是阿片受体的跨膜信号转导及转运的调节。其中许多知识都来自国内外研究工作的新进展。在第三节中详细介绍了降钙素基因相关肽(calcitoningene-related peptide,CGRP)、降钙素基因相关肽受体及降钙素基因相关肽的主要生理功能。在第四节中介绍了一种近年来备受关注的神经肽——甘丙肽(galanin),包括甘丙肽的分子结构与甘丙肽受体(galanin receptor,GALR),甘丙肽在中枢神经系统内的分布与生理功能。

第一节 神经肽概论

神经肽的发现虽始于20世纪30年代,但直到60年代以后才被人们注意。1931年von Euler和Gaddum从动物肠组织和脑组织中提取出一种能引起小肠平滑肌收缩、血管舒张、血压下降的活性物质,称为P物质,这是最早发现的神经肽。1936年P物质被确认为肽,但其结构当时并未阐明,直到1970年初才提纯并明确P物质的分子结构。1954年,Du Vignead从下丘脑神经细胞分离纯化出升压素和催产素,这两个多肽都是由9个氨基酸残基组成的肽类物质。20世纪60年代,Erspamer从两栖动物皮肤分泌腺中分离出一类肽,后来发现这些肽或其他类似物质也存在于哺乳动物脑内。

20世纪60年代,Berson与Yalow发明了放射免疫(RIA)方法,这种检测方法极其灵敏,可以测出体内含量微小的神经肽及其动态变化。进入70年代,由于多肽化学技术的迅速发展,大大加速了神经肽的研究。内源性阿片肽的发现极大地促进了神经肽的研究。1975年,Hughes等发现了两种脑啡肽,随后内啡肽、强啡肽等一大类内源性阿片肽陆续被发现,大大加速了神经肽研究的进程。到80年代,新发现的神经肽越来越多,目前已发现近百种神经肽及相应的神经肽受体,神经肽相关研究成为当前生命科学最活跃的研究领域之一。

一、神经肽

肽是由氨基酸残基按一定的顺序由肽键连接起来的生物分子,其基本结构就是各种氨基酸残基按一定的顺序形成的肽链。通常认为,生物活性肽分子中含有的氨基酸残基数目不超过50个,如果超过50个氨基酸残基,这种大分子通常称为蛋白质。例如,甲啡肽分子含有五个氨基酸残基,ACTH分子含有39个氨基酸残基,所以它们都称为生物活性肽。胰岛素分子含有51个氨基酸残基,则被称为蛋白质。

生物活性肽在生物体内具有多种活性。例如，胆囊收缩素是一种脑肠肽，在外周它引起胆囊收缩和胰液分泌增加，在神经系统内它参与神经信息的传递和调节，所以是一种神经肽。

1. 肽的一般性质

肽与蛋白质都是由氨基酸残基通过肽键按一定的顺序连接起来的生物分子，有很多共同之处。因为肽的分子比蛋白质分子小，所以它们既有一些共性又各具特性。同蛋白质一样，温度变化、pH 变化以及有机溶剂等都可引起肽分子结构的变化，从而引起肽的一些生物活性的降低或丧失。

肽分子中含有疏水键、离子键等非共价键。组成生物活性肽的肽链中常常含有一些成对的碱性氨基酸，如赖氨酸、精氨酸等，这是某些内切酶的作用部位。通过内切酶的作用，使生物活性肽的肽链从这些成对碱性氨基酸残基处分开，形成分子较小的肽片段或氨基酸。同时，体内存在多种氨肽酶和羧肽酶，它们分别作用于生物活性肽分子的氨基端和羧基端，使肽分子不断降解。肽分子具有水解作用，可以用来测定其氨基酸序列。

2. 肽的分子结构与功能的关系

生物活性肽的性质和功能是由肽的分子结构决定的，即由分子中所含氨基酸的种类、数量和连接顺序决定的。因此，如果肽分子中某一个或几个氨基酸残基的分子发生变化，可能导致肽的生物活性发生明显变化。例如，阿片肽分子 N 末端含有酪氨酸-甘氨酸-甘氨酸-苯丙氨酸（Y-G-G-F）四个氨基酸残基，这是与阿片肽生物活性有关的基本结构。其中第 1 位酪氨酸（Y）是活性必需基团，去掉后阿片肽的生物活性丧失。第 3 位甘氨酸（G）和第 4 位苯丙氨酸（F）也不能缺失。由此可见，肽分子结构很小的变化就可以导致肽的生物活性发生很大的变化。

3. 神经肽分子的降解

生物活性肽还有一个突出的特点，即在细胞内合成的肽前体分子较长，在以后的运输、储存过程中不断受到某些酶的作用而被降解，其生物活性也随着发生一系列变化。现以 β-内啡肽为例加以说明。β-内啡肽分子由 31 个氨基酸残基组成，具有很强的阿片样活性和镇痛作用。β-内啡肽来源于前阿黑皮素原（per-proopiomelanocortin，POMC），后者是由 265 个氨基酸残基组成的分子。脑内含有 β-内啡肽的神经元的胞体，主要分布在下丘脑弓状核，其长轴突绕行基底前脑，然后绕行到中脑导水管灰质、蓝斑等。在这长达十几到几十小时的轴突运输过程中，β-内啡肽原逐渐被酶修饰剪切，生成由 31 个氨基酸残基组成的 β-内啡肽。但是，有一部分 β-内啡肽在羧肽酶和羧基二肽酶作用下不断从羧基端水解下氨基酸残基，生成 β-内啡肽（1～28）或 β-内啡肽（1～27），随着 β-内啡肽分子的氨基酸残基数目不断减少，其生理活性不断减弱。因此，当 β-内啡肽通过轴浆运输到达中脑或脑干的一些核团时，很多 β-内啡肽分子已经降解成较小的片段，其生理活性大大减弱（图 7-1）。上述水解过程发生在 β-内啡肽在轴浆内运输时以及它在轴突末梢储存的过程中，所以在检测脑组织样品中的某些肽时，必须注意肽的这种特征。当用放射免疫法测定样品中 β-内啡肽的活性时，测定结果中既包括了 β-内啡肽，也包括它的降解产物 β-内啡肽（1～28）及 β-内啡肽（1～27）等的免疫活性物质。

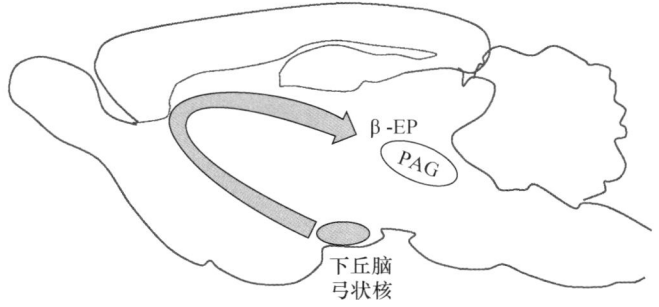

图 7-1　β-内啡肽的前体通过轴浆运输从下丘脑到达中脑或脑干的一些核团，在运输过程中 β-内啡肽不断生成或降解

以上是神经肽在运输过程中不断降解引起生理活性减弱的例子,体内还有相反的情况,例如,在血管紧张素的合成与降解过程中,其生物活性的变化即为一例。血管紧张素的前体是血管紧张素原,含有12个氨基酸残基。血管紧张素原由肝脏生成,然后释放进入血液循环,在肾素作用下降解生成血管紧张素Ⅰ。血管紧张素Ⅰ含有10个氨基酸残基,具有使小血管平滑肌收缩的作用,可引起血压上升。血管紧张素Ⅰ经血管紧张素转化酶的作用,切去羧基末端的两个氨基酸残基,形成血管紧张素Ⅱ,血管紧张素Ⅱ具有强大的缩血管作用,引起血压明显升高。这是神经肽在运输过程中不断降解引起生理活性大大提高的一个典型例子。

4. 神经肽的分类

根据分子结构、功能及存在部位,神经肽可分为若干种类,见表7-1。与经典递质相比,神经肽有哪些特点呢?表7-2对神经肽与经典递质进行了比较。

表7-1 神经肽的分类

类别	名称
速激肽	P 物质
	神经激肽 A
	神经激肽 B
	神经肽 K(neuropeptide K,NPK)
阿片肽	脑啡肽:甲啡肽和亮啡肽
	β-内啡肽
	强啡肽
	孤啡肽或痛敏素
	内吗啡肽:内吗啡肽-1 和内吗啡肽-2
垂体后叶激素	升压素
	催产素
胰多肽相关肽	神经肽 Y
	胰多肽
	生长抑素
血管紧张素	血管紧张素-Ⅰ(A-Ⅰ)
	血管紧张素-Ⅱ(A-Ⅱ)
甘丙肽家族	甘丙肽
	甘丙肽信使相关肽(galanin message-associated peptide,GMAP)
	甘丙肽类似肽(galanin like peptide,GALP)
	Alarin
血管活性肠肽	
生长激素释放激素(growth hormone releasing hormone,GHRH)	
胆囊收缩素	胆囊收缩素(1~8),胆囊收缩素(1~33)
神经降压肽	
降钙素基因相关肽家族	降钙素(calcitonin,CT),降钙素基因相关肽(α-CGRP,β-CGRP),胰岛淀粉素(amylin),肾上腺髓质素(adrenomedulin),降钙素受体刺激肽(calcitonin receptor stimulating peptide,CRSP)
内皮素	内皮素-1(ET-1),内皮素-2(ET-2),内皮素-3(ET-3)
促皮质激素释放因子(corticotrophin releasing factor,CRF)	
心钠素(antrial natriuretic factor,ANF)	α-心钠素和脑钠素等

表 7-2 神经肽与经典递质的比较

	经典递质	神经肽
分子量	一般为几百	几百到几千
中枢含量	一般为 $10^{-9} \sim 10^{-10}$ mol/mg(单胺和乙酰胆碱)	
合成	在胞体和末梢有小分子前体,在合成酶的作用下合成	只能在胞体合成。由基因转录形成大分子前体,再加工生成有活性的神经肽,并通过轴浆运输到末梢
储存	大、小囊泡内	大囊泡内
降解	释放后,可被重复吸收,重复利用。也可被酶降解	酶促降解是主要的降解方式,无重摄取
作用	典型的作用是在突触部位完成信息从突触前膜到突触后膜的快速传递,迅速引起突触后膜的电位变化和细胞功能快速变化,有时也可扩散到较远的部位	大多作用缓慢,影响范围较广,不一定直接触发效应细胞的电变化和功能改变;也有一些神经肽可完成快速的突触信息传递

二、神经肽的生物合成、运输和储存

1. 神经肽的生物合成

与经典递质的合成相比,神经肽的生物合成过程比较复杂,其基本过程是在神经细胞的胞体内由其基因转录成相应神经肽的 mRNA,然后在核糖体合成无活性的大分子前体蛋白,前体蛋白装入囊泡后经轴浆运输到神经末梢。在轴浆运输过程中,这些无活性的前体蛋白经过酶的剪切修饰,生成具有生物活性的神经肽。所以神经肽也是储存在囊泡中的。

如图 7-2 所示,在神经细胞内首先合成的神经肽前体含有一段由约 20 个氨基酸残基组成的信号肽。这个信号肽片段在引导神经肽前体进入内质网后,随即被切除,失去信号肽的神经肽前体称为神经肽原。在高尔基体内,神经肽原经过内切酶、水解酶等的修饰作用,进入囊泡或分泌颗粒,再经多种酶的剪切修饰,最终生成具有活性的神经肽。

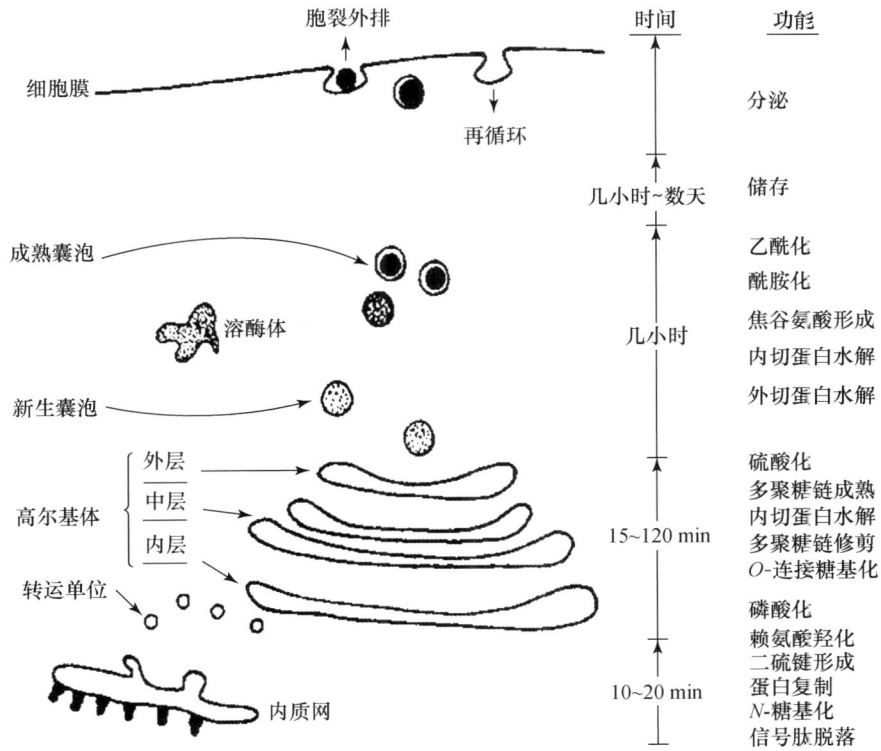

图 7-2 神经肽的合成过程(许绍芬,1999)

上述神经肽生物合成的整个过程可以分为若干阶段：从神经肽的 DNA 到 mRNA 的转录过程一般是以小时为单位，从神经肽的 mRNA 翻译成神经肽是以分钟为单位；mRNA 到神经肽前体的合成过程是以分钟为单位，而神经肽的释放是以毫秒为单位，神经肽与受体作用以微秒为单位。由于各种神经肽分子大小不同，分子结构有区别，所以各种神经肽的合成过程有所不同。由此看来，与经典递质的合成相比，神经肽的生物合成过程是相当复杂的。

特别需要指出的是，经典递质与神经肽在生物合成后的命运也有很大的差异。与经典递质囊泡储存的情况不同，包被在囊泡中的神经肽在轴浆运输过程中不断发生降解，其生物活性不断变化，例如前面所述的 β-内啡肽和血管紧张素。

2. 神经肽的储存与释放

合成后的神经肽储存于囊泡中。神经末梢含有两种囊泡：一种是直径为 30～40 nm 的突触囊泡，只含经典递质；另一种是直径约 70 nm 大囊泡，含神经肽和经典递质。

神经肽与经典递质都是以 Ca^{2+} 依赖形式释放的。电刺激或高钾的去极化都引起经典递质和神经肽释放。电生理实验证实，当动作电位到达神经末梢时，引起经典递质的释放。一般说来，到达神经末梢的每一个动作电位都可引起经典递质的释放，连续多个动作电位可以引起经典递质的持续释放。而神经肽的释放与经典递质的释放有很大的差异。通常需要多个动作电位连续到达神经末梢才能够引起神经肽的释放，而当神经肽一次大量释放后，需要较长时间才能恢复，这是神经肽在胞体合成后，从胞体运输到神经末梢需要较长的时间所致。

3. 神经肽的降解与灭活

在中枢神经系统内，释放的神经肽通过酶解失活，不存在突触前末梢的重摄取机制。在中枢神经系统内存在氨肽酶、羧肽酶和多种内切酶，尽管这些酶的特异性不是很高，但是活性较高，能够迅速降解释放到突触间隙的各种神经肽，使之灭活。所以酶促降解是神经肽降解灭活的重要方式。

这种通过氨肽酶、羧肽酶和内切酶迅速降解释放到突触间隙的各种神经肽的方式具有两个方面的生理作用：一方面是使神经肽灭活，为突触传递后续的信息做好准备；另一方面可以控制体内某种肽的水平，使其含量处于适当水平。

4. 神经肽的受体

目前所知的神经肽受体都属于 G 蛋白偶联受体，其分子结构中含有七个跨膜的 α 螺旋（TM1～TM7）、三个胞外环和三个胞内环，其 N 末端位于细胞膜外侧，C 末端位于细胞膜内侧，在膜内侧与 G 蛋白相偶联。配基激活神经肽受体后，G 蛋白随之被激活，然后可通过细胞内的信号转导途径引起细胞功能状态发生变化。这些第二信使包括 cAMP、IP_3、DG、花生四烯酸等及其代谢产物。

需要提到的是心房肽受体。心房肽也称为心钠素或心房钠尿肽，心房肽受体本身就是细胞膜上的鸟苷酸环化酶，当心房肽激活心房肽受体时亦直接激活鸟苷酸环化酶，引起细胞内 cGMP 水平的升高，所以不需 G 蛋白的介导。

现在科研和临床上常用的神经肽受体的配基包括人工合成的神经肽、神经肽的某些片段（也是肽）以及非肽类的小分子化合物。

三、神经肽的作用方式与特点

神经肽作用十分复杂，这不仅由于神经肽的数目多，更因为神经肽作用方式多种多样。大量研究工作表明，神经肽能够以神经内分泌或旁分泌、递质或调质等方式发挥作用。

1. 神经内分泌方式

神经肽发挥作用的第一种方式是神经内分泌方式（图 7-3）。在下丘脑合成的多种神经肽都属于神经激素，包括催产素、升压素、促肾上腺皮质激素释放激素、促甲状腺激素释放激素（gonadotropin releasing hormone，GnRH）等。它们在下丘脑的神经细胞内合成，然后通过神经纤维的轴浆运输到垂体，在垂体内释放并发挥促激素作用，或从垂体释放进入血液循环，作用于远距离的靶细胞，起到神经激素或外周激素的作用。

2. 作为递质传递信息

神经肽发挥作用的第二种方式就是作为递质传递信息。神经肽储存在突触前神经末梢内的囊泡中,当动作电位到达突触前神经末梢时,引起突触前神经末梢去极化,Ca^{2+}内流,在Ca^{2+}的介导下,神经肽从神经末梢释放到突触间隙。像经典递质一样,神经肽通过突触间隙作用于突触后膜上相应的受体,引起突触后神经细胞或靶细胞出现兴奋或抑制(图7-4)。所以,以这种方式发挥作用的神经肽就属于递质,它们能够将信息从突触前末梢传递到突触后的神经细胞。

很多神经肽都符合上述标准,例如,CGRP和P物质就是初级感觉纤维的传递痛觉信息的递质,介导伤害性初级传入信息向脊髓后角的传递。

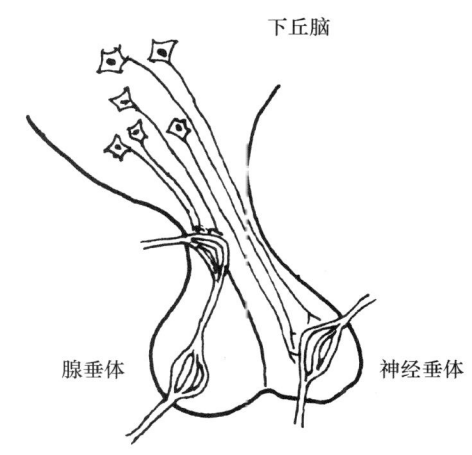

图7-3 神经肽通过神经内分泌的方式发挥作用

CGRP由37个氨基酸残基组成,属于降钙素基因相关肽家族。在多种感觉传导通路上,包括躯体感觉、嗅觉、听觉、视觉、位置感觉和内脏感觉,都有CGRP能神经元和CGRP能纤维的存在。这种分布特点提示CGRP参与感觉信息的传导或调节。大量研究工作表明,CGRP和CGRP受体参与周围神经系统和中枢神经系统痛觉信息的传递及调节。

在背根神经节(DRG)的中小型神经细胞内含有丰富的CGRP,这些神经元发出的神经纤维主要是与痛觉信息传递相关的无髓C类纤维和有髓Aδ纤维。脊髓后角中的CGRP来源于DRG神经元的投射纤维,而在脊髓后角内的神经细胞膜上有较密集的CGRP受体分布。多种外周伤害性刺激,如伤害性热、机械和电刺激都能特异地兴奋CGRP能的神经纤维,这些伤害性信息通过传入纤维到达背根神经节细胞,再由其中枢端纤维投射到脊髓后角,引起CGRP在脊髓后角内的释放。释放到突触间隙的CGRP激活脊髓后角内突触后膜上的CGRP受体,然后将痛觉信息从外周传递到脊髓后角内(图7-4)。

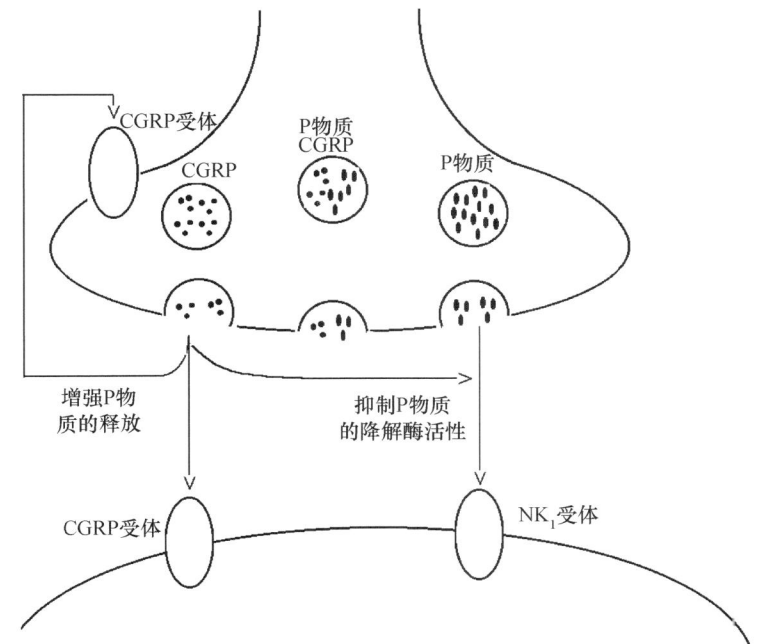

图7-4 神经肽的作用方式:作为递质传递信息和作为调质调节突触的传递效率

P物质是速激肽家族中的一员，由11个氨基酸组成，其受体为NK_1受体。P物质存在于外周传入的C类纤维和部分$A\delta$纤维中，在部分C类纤维中，P物质与谷氨酸共存，储存在直径较大的致密囊泡中。含有P物质的传入纤维末梢密集地分布在脊髓后角的Ⅰ层和Ⅱ层，而NK_1受体密集分布于脊髓后角Ⅰ、Ⅱ层的神经细胞胞体及突起的膜上。伤害性刺激能够引起初级传入末梢在脊髓后角内释放P物质，这些释放到突触间隙的P物质激活位于突触后膜上的NK_1受体，将痛觉信息从外周传递到脊髓后角，进入中枢神经系统（图7-4）。

3. 作为调质调节突触传递的效率

由于神经肽发挥作用的特点是起效慢、持续时间较长，所以在中枢神经系统内，神经肽多是作为调质调节突触的传递效率，即神经肽本身不直接参与将信息从突触前末梢传递到突触后的过程，而是通过调节突触的传递效率改变突触的信息传递功能。也就是说，作为调质的神经肽并不能直接引起靶细胞产生动作电位，但是能够改变突触前递质的释放或改变突触后神经细胞对所释放的递质的反应。

现以CGRP为例说明调质在脊髓后角信息传递中的作用。如图7-4所示，在背根神经节的中小型神经细胞内含有丰富的CGRP，这些神经细胞的外周端接受各种伤害性刺激，然后通过CGRP能传入纤维将信息向脊髓后角传递。如前所述，脊髓后角中的CGRP来源于背根神经节神经元的投射纤维，而且在脊髓后角中有较密集的CGRP受体分布。当各种外周伤害性刺激引起CGRP能神经纤维兴奋时，导致CGRP在脊髓后角内释放。在脊髓后角释放的CGRP激活位于突触后膜上的CGRP受体，从而将痛觉信息传递到脊髓后角内。这就是前面所说的神经肽作为递质传递信息。

然而，CGRP还可以通过其他途径，调节脊髓后角内突触的传递效率。如图7-4所示，在投射到脊髓后角的神经纤维中，CGRP常常与P物质共存，在动作电位到达神经末梢时二者同时释放。在脊髓水平，P物质是传递痛觉信息的递质。在突触间隙内存在较高浓度的P物质降解酶，能够迅速将释放到突触间隙内的P物质降解，终止P物质对突触后膜上NK_1受体的激活作用。有研究证实，与P物质一同释放到突触间隙内的CGRP能够抑制突触间隙内P物质降解酶的活性，也就是抑制了P物质的降解，使突触间隙内存在较高浓度的P物质，可以持续激活突触后膜上的NK_1受体，这样加强了P物质的突触信息传递效率。这就是神经肽作为调质调节突触传递效率的一个例子。另外，释放到突触间隙内的CGRP还可以作用于释放它们的神经末梢，与其膜上的CGRP受体结合，促进P物质的释放，增加P物质的突触信息传递效率。这也是神经肽作为调质调节突触传递效率的一种方式。

综上所述，同一神经肽可以递质信息传递方式作用于效应细胞，完成神经元之间或神经元与其效应器之间的信息传递；神经肽也可作为调质，对突触信息传递起调制作用；神经肽还可能以神经内分泌方式对远距离的细胞发挥激素的调节作用。神经肽在突触信息传递中的作用极其复杂，正是这种作用的复杂性，才可以完成中枢神经系统内各种信息复杂而精细的传递和调节，实现机体对环境复杂变化的适应（图7-5）。但是，正是因为神经肽所发挥的信息传递和调节作用非常复杂，所以给研究其生理作用和相应的机制带来不少困难。

四、神经肽的基本功能与特点

1. 神经肽的基本功能

神经肽是一类内源性神经活性多肽，广泛存在于神经组织中，含量很低，但是活性较高，作用广泛而又复杂。神经肽参与多种机体代谢和各种生理功能的维持与调节。例如，神经肽在神经系统发育、体温调节、感觉与运动的调节、睡眠的维持、学习与记忆中都具有重要作用。神经肽的作用方式很复杂，基本可以分为三种，即递质的作用、调质的作用和激素的作用。神经肽通过这三种方式完成复杂精细的信息传递和调节，实现机体对各种复杂环境变化的适应。很多神经系统疾病的发生、治疗和康复都与神经肽有密切关系。神经肽是当前国内外神经科学研究的热点之一，也是药物研发的热点之一。

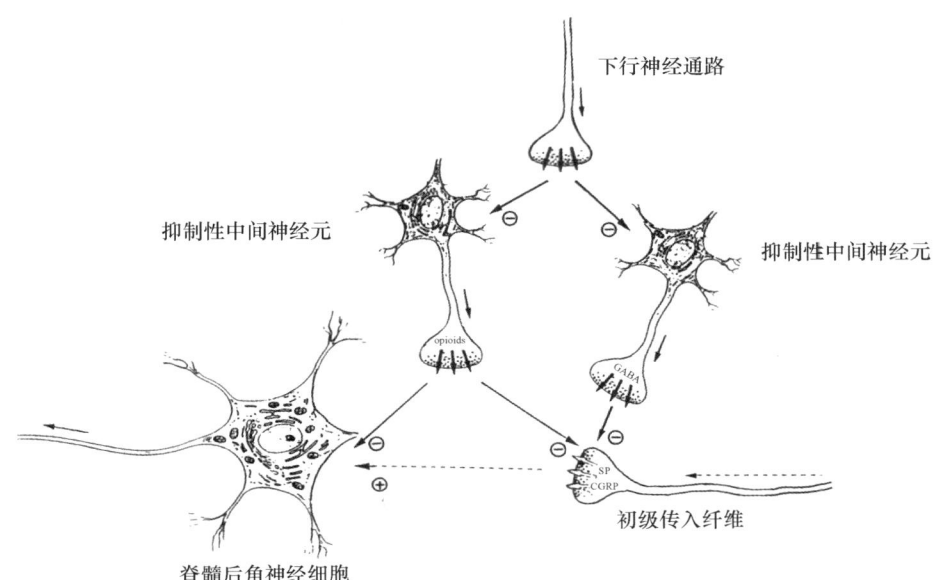

图 7-5 神经肽在突触信息传递中的作用的复杂性

作为中间神经元,在脊髓后角内释放各种阿片肽,既可作用于突触后的相应受体,影响突触后神经细胞的兴奋性,又可作用于突触前的相应受体,调节突触前末梢递质的释放。

2. 神经肽功能的多样性

(1) 一种神经肽的前体肽原可以产生多种神经肽,即多种神经肽可能来自同一种前体肽原,它们都属于同一个家族,但功能却不一定相同。这是神经肽功能的第一个突出特点。例如,通过酶的剪切,脑啡肽原可产生 14 种神经肽,它们都属于阿片肽,主要是 δ 受体激动剂;强啡肽的前体强啡肽原经过酶的剪切可以产生六种神经肽,它们也都属于阿片肽,全部都是 κ 受体激动剂;前阿黑皮素原通过各种酶的剪切可以产生 β-内啡肽、ACTH、α-MSH、β-趋脂素(β-lipotropin,β-LPH)等多种活性肽,其中仅 β-内啡肽为阿片肽,而 ACTH、α-MSH 在脑内具有拮抗阿片的作用。所以一种前体肽原可以产生多种神经肽,但是这些属于同一个家族的神经肽的功能却不一定相同,有时甚至相反。

(2) 同一类神经肽可能有多种功能,这是神经肽功能的第二个突出特点。同一类神经肽在机体的不同组织器官,以及神经系统的不同部位或脑区,可能具有不同的功能。例如,内源性阿片肽,在周围神经系统和中枢神经系统内具有调节痛觉信息传递的作用,在下丘脑参与内分泌和体温的调节,在脑干的不同核团内能够调节心血管系统的活动与呼吸节律等。内源性阿片肽家族有多种阿片肽,它们对心血管系统的调节作用也是不一样的。例如,亮啡肽引起心率减弱;β-内啡肽引起短暂升压,长时间降压。

(3) 神经肽既可作用于中枢神经系统,也可作用于外周组织,同一神经肽在中枢神经系统不同部位可以发挥不同的作用,甚至相反的作用。这是神经肽功能的第三个突出特点。例如,β-内啡肽在中枢神经系统有镇痛和抑制呼吸的作用,在外周组织具有免疫调节的作用。

多种外周伤害性刺激,如伤害性热、机械和电刺激都能特异地兴奋 CGRP 能的神经纤维,引起 CGRP 在脊髓后角内的释放,介导脊髓水平痛觉信息的传递。而在脑内多个核团,如中央杏仁核、中缝大核、中脑导水管周围灰质(the midbrain periaqueductal gray,PAG)和伏隔核内,发现 CGRP 的作用不是参与痛觉信息的传递,而是抑制痛觉信息的传递,即具有明确的镇痛作用。这与 CGRP 在脊髓水平痛觉信息传递中的作用完全相反。

(4) 同一种神经肽在不同动物种属,或不同剂量,引起的效应很可能也不同。这是神经肽功能的第四个突出特点。研究工作证实,α-MSH 在两栖动物和爬行动物主要起调节皮肤颜色的作用,而在哺乳动物则可促进胎儿的发育。

20世纪后期的研究工作发现,在中枢神经系统内注射胆囊收缩素(CCK-8),当胆囊收缩素的剂量很低,接近生理水平时,呈现抗阿片的作用;当剂量很大(如药理水平)时,出现促阿片肽释放效应。

因此在研究神经肽的功能时,既要分析其对不同细胞和器官的作用,又要注意到它们的整体效应。

五、神经肽与经典递质的共存

1. 递质共存的提出

英国学者 Dale 在 1935 年提出,神经细胞是一个统一的代谢体,它的各末梢所释放出的递质应是相同的。这种神经化学传递的重要学说后来被人们理解为每个神经元合成及释放一种递质,并称为 Dale 原则,即一个神经元在所有的反应过程中都只传递一种递质(one neuron one transmitter)。

20 世纪 50 年代就有人发现在外周神经元中,数种经典递质可以共存于同一神经元之中。随着蛋白质化学理论与技术的发展,发现了越来越多的肽类递质或调质。20 世纪 70 年代后期,免疫组织化学和免疫细胞化学的发展及其在神经肽研究中的应用,使得各种肽类物质在外周和中枢神经系统及胃肠道内得到精确定位,这为研究它们的生理功能提供了组织学基础。

随着研究工作的不断深入,人们发现在周围神经系统中,神经肽常常与经典递质共存。20 世纪七八十年代的研究工作发现,愈来愈多的神经肽在中枢神经系统内与经典递质或其他神经肽共存,这表明神经肽与递质的共存现象具有普遍性。这些研究成果促使人们对神经系统内信息传递和调节的传统观念重新加以修改和补充。80 年代以瑞典学者 Tomas Hökfelt 为代表的一些学者提出了在神经系统的突触传递中递质共存(neurotransmitter coexistence)的学说。他们认为,一个神经元能同时含有两种或两种以上的递质或神经肽,两个神经元之间存在多种化学传递,这种现象称为递质共存(图7-6)。

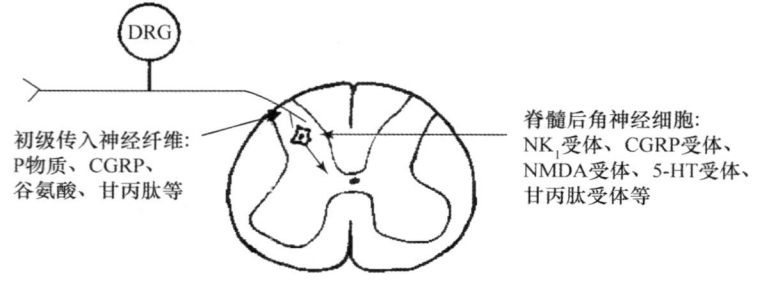

图 7-6　神经肽与经典递质共存

在初级传入神经纤维末梢内,有多种递质和神经肽共存。

现在已经证实,递质或神经肽的共存可分为多种形式,包括不同的经典递质之间的共存,如乙酰胆碱和去甲肾上腺素的共存;经典递质与神经肽的共存,如乙酰胆碱和降钙素基因相关肽的共存;神经肽与神经肽的共存,如 P 物质和降钙素基因相关肽的共存。很多神经细胞内常常有多种递质和(或)神经肽的共存。

递质和(或)神经肽的共存方式有三种:它们可以共存于同一个神经细胞内;共存于一个神经细胞的同一神经末梢内;共存于神经细胞末梢内的同一个亚细胞区域,如囊泡内。

2000 年后又提出了新的递质或神经肽共存(coexistence)和共储存(costorage)的概念。所谓共存是指多种递质或神经肽共存于一个神经元中,而共储存则是指多种递质或神经肽共存于一个细胞的亚区域内,如同一个囊泡内,如图 7-7 所示。

2. 在突触传递中递质和神经肽共存的几种可能作用方式

现在,神经肽与经典递质共存已得到公认,其共存可能是普遍现象。这些共存的神经肽和经典递质同时释放,可通过突触前和突触后两种途径发挥递质和(或)调质的作用。

一般来说,共存的神经肽与经典递质均可被释放到突触间隙中,然后分别作用于突触后膜上各自的受体,并通过受体发挥作用。这两种神经肽或(和)经典递质可能分别与受体结合后引起突触后神经细胞的兴奋;也可能一种通过激活其突触后受体发挥兴奋作用,而另一种则通过激活其突触后受体发挥抑制作用。这时,神经肽与经典递质都是作为递质发挥信息传递作用的。

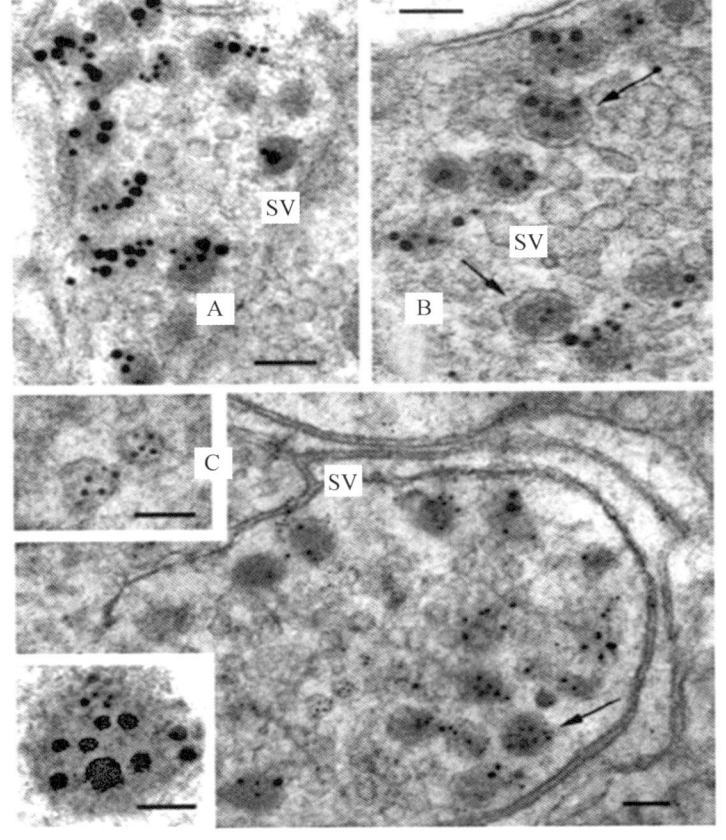

SV, 突触囊泡

图 7-7 在大鼠脊髓后角细胞内神经肽的共存和共储存(Merighi,2002)

采用胶体金标记技术，A. 生长抑素(10 nm 胶体金标记颗粒)和 CGRP(20 nm 胶体金标记颗粒)的共储存；B. P 物质(10 nm 胶体金标记颗粒)和 CGRP(20 nm 胶体金标记颗粒)的共储存；C. P 物质/CGRP(10/20 nm 胶体金标记颗粒)和谷氨酸(5 nm 胶体金标记颗粒)的共存。

此外，当共存的神经肽与经典递质被释放到突触间隙后，其中递质作用于突触后膜上相应的受体，引起突触后神经细胞的兴奋或抑制，而神经肽则作为调质作用于突触前末梢的自身受体，调节突触前末梢内神经肽或(和)经典递质的释放，如图 7-4 所示；或通过其他途径调节突触的传递效率。

3. 经典递质与神经肽共存的生物学意义

多种递质和调质的共存可以使神经传递和调节的形式更加多样化，但也使神经肽的作用复杂化。突触前末梢释放出的几种经典递质与神经肽的作用可以互相补充或互相制约，有的发挥突触信息传递功能，有的发挥调节突触传递效率的功能，它们常常互相配合，使神经系统的调节作用更加精确，更加完善，以适应高等动物复杂的精神与行为的需要。

第二节 阿 片 肽

一、阿片类物质和内源性阿片肽

1. 阿片类物质

鸦片，又称为阿片(opium, opiate)，是两年生草本植物罂粟(*Papaver somniferum*)未成熟蒴果的白色乳汁的干燥物。阿片中含有 20 余种生物碱，如吗啡(morphine)、可待因(codeine)、蒂巴因(thebaine)、罂粟碱(papaverine)等。吗啡是阿片的主要成分之一,约占阿片总含量的10%,1803年由德国药剂师Sertürner首次从鸦片中分离出来。现代人工合成了许多分子结构与吗啡类似的具有吗啡样作用的药物,如杜冷丁(meperidine)(1939)、美沙酮(methadone)(1946)、海洛因等,还合成了阿片受体拮抗剂纳洛酮(naloxone)、纳曲酮(naltrexone)等。

现在所谓的阿片样物质是指所有具有阿片样作用的物质。阿片样物质可分为内源性的和外源性的,内源性阿片样物质是指存在于机体内的阿片样物质,通常指内源性阿片肽。外源性阿片样物质多指人工合成的或从植物组织提取的具有阿片样激动作用的物质,包括化合物和多肽。

2. 内源性阿片肽与阿片受体的发现

内源性阿片肽的发现是20世纪后期重大的科学事件,经历了二十多年。20世纪60年代,中国药理学家张昌绍和他的学生邹刚发现,把吗啡注射到动物的中脑导水管周围灰质中能够产生明显的镇痛作用,而注射吗啡的拮抗剂阿扑吗啡能够阻断这种镇痛作用。上述研究工作强烈提示在哺乳动物脑内可能存在吗啡类物质的特异性结合位点,即可能存在阿片受体。之后欧美的一些实验室开始应用各种方法来确认哺乳动物脑内是否存在阿片受体。在1971年,美国斯坦福大学药理学家Goldstenin等首先应用放射性同位素标记技术显示脑组织中可能存在的阿片类物质的结合位点。1973年有三个实验室同时报道了在哺乳动物脑内存在阿片受体。这是科学家第一次证实哺乳动物体内存在从植物中提取的阿片类物质的受体。1975年,Hughes等应用豚鼠回肠纵肌模型和小鼠输精管模型检测动物脑组织提取物,从中筛选出两个具有吗啡样活性的小肽,称为脑啡肽。这是第一次在动物体内发现具有阿片样作用的生物活性物质,即阿片受体的内源性配基脑啡肽。这两种脑啡肽均含有五个氨基酸残基,其肽链的区别仅在于分子的最后一位氨基酸,一个是甲硫氨酸,另一个是亮氨酸,所以分别被命名为甲啡肽和亮啡肽(表7-3)。1976年通过对β-趋脂素的研究发现了β-内啡肽。β-内啡肽由31个氨基酸残基组成。1979年发现了强啡肽。这三种内源性阿片肽的氨基酸序列见表7-3。这些经典的阿片肽在其肽链的氨基末端都含有甲啡肽和亮啡肽共有的氨基酸残基序列,即酪氨酸-甘氨酸-甘氨酸-苯丙氨酸序列(Tyr-Gly-Gly-Phe-)。

表7-3 各种阿片类多肽

阿片类多肽	N	氨基酸序列
亮啡肽	5肽	Tyr-Gly-Gly-Phe-Leu
甲啡肽	5肽	Tyr-Gly-Gly-Phe-Met
强啡肽A	17肽	Tyr-Gly-Gly-Phe-Leu-Arg-Arg-Ile-Are-Pro-Lys-Leu-Lys-Trp-Asp-Asn-Gln
强啡肽B	13肽	Tyr-Gly-Gly-Phe-Leu-Arg-Arg-Gln-Phe-Lys-Val-Val-Thr
β-内啡肽	31肽	Tyr-Gly-Gly-Phe-Met-Thr-Ser-Glu-Lys-Ser-Gln-Thr-Pro-Leu-Val-Thr-Leu-Phe-Lys-Asn-Ala-Ile-Ile-Lys-Asn-Ala-Tyr-Lys-Lys-Gly-Glu
孤啡肽	17肽	Phe-Gly-Gly-Phe-Thr-Gly-Ala-Arg-Lys-Ser-Ala-Arg-Lys-Leu-Ala-Asn-Gln
内吗啡肽-1	5肽	Tyr-Pro-Trp-Phe
内吗啡肽-2	5肽	Tyr-Pro-Phe-Phe

上述三种内源性阿片肽分别来自三种前体,即前脑啡肽原(pre-proenkephalin)、前阿黑皮素原和前强啡肽原(pre-prodynorphin)。现在已知的阿片类多肽大多数来源于这三种前体(图7-8)。

1976年,Martin等首先提出阿片受体有三种类型:μ受体、κ受体和δ受体。上述内源性阿片肽对不同类型的阿片受体具有一定的选择性,甲啡肽和亮啡肽与δ受体的亲和力较高,强啡肽与κ受体的亲和力高,β-内啡肽与μ受体和δ受体的亲和力都比较高(表7-4)。

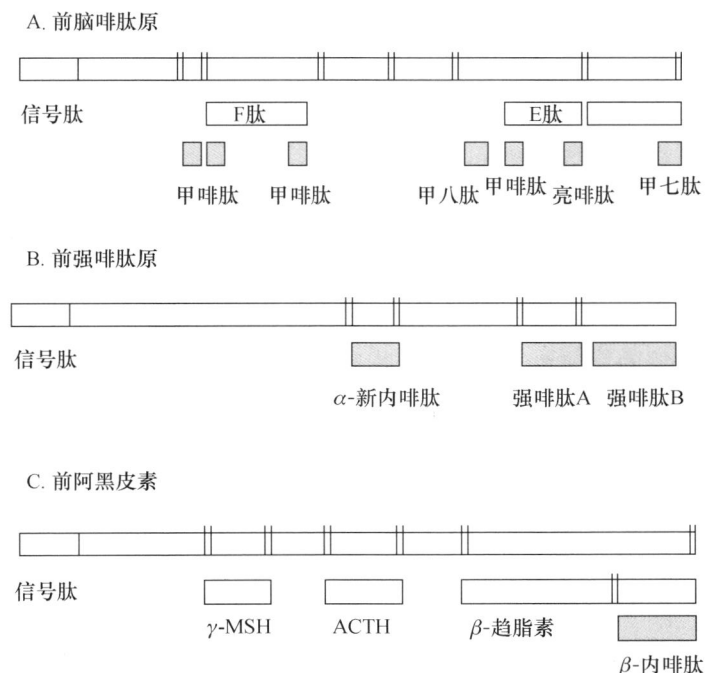

图 7-8 阿片肽的三种前体及其形成的各种阿片肽

表 7-4 各种内源性阿片肽对阿片受体的选择性

内源性阿片肽	与各种阿片受体的亲和力
脑啡肽	δ受体＞μ受体＞＞κ受体＞＞＞ORL1受体
β-内啡肽	μ受体,δ受体＞＞κ受体＞＞＞ORL1受体
强啡肽	κ受体＞＞δ受体,μ受体＞＞＞ORL1受体
孤啡肽	ORL1受体＞＞＞κ受体＞＞＞＞δ受体,μ受体
内吗啡肽	μ受体＞＞δ受体＞＞＞κ受体,ORL1受体

3. 孤儿阿片受体与孤啡肽的发现

1993年在克隆κ受体时发现一个类似κ受体的克隆,1994年通过基因库和cDNA筛选发现这是一个与κ受体有着高度同源性的新受体。这种受体和κ受体存在很高的结构同源性,但它与已知的内源性阿片肽及阿片受体拮抗剂的亲和力都很低。由于当时尚未找到它的内源性配基,所以取名为孤儿阿片受体(opioid receptor-like receptor,ORL1 R)。1995年瑞士的Reinscheid等和法国的Meunier等几乎同时发现了孤儿阿片受体的内源性配体,随即命名为孤啡肽或痛敏素。孤啡肽是含有17个氨基酸残基的多肽,它与三种经典阿片受体的亲和力都非常低。经典阿片肽的氨基末端序列是酪氨酸-甘氨酸-甘氨酸-苯丙氨酸(Tyr-Gly-Gly-Phe-),在孤啡肽的分子中,酪氨酸被苯丙氨酸代替(Phe-Gly-Gly-Phe-),这可能是孤啡肽与阿片受体之间缺少亲和力的原因。现在已经克隆了人、大鼠和小鼠的 $ppOFQ/N$ 基因,在人类基因组中 $ppOFQ/N$ 基因定位于8号染色体。

4. 内吗啡肽的发现

在临床上阿片类物质最主要的作用就是镇痛,而μ受体在阿片类物质的镇痛、耐受和成瘾中具有重要作用。β-内啡肽与μ受体的亲和力较高,与δ受体的亲和力也较高,所以很难说β-内啡肽就是μ受体的内源性配基。那么μ受体的内源性配基到底是什么?在发现脑啡肽二十多年后的1997年终于在脑内发现了μ受体的内源性配基——内吗啡肽。

内吗啡肽有两种:内吗啡肽-1和内吗啡肽-2,它们的分子结构均为四肽。内吗啡肽与μ受体的亲和力比它们与δ受体和κ受体的亲和力高4000～15 000倍,而且比任何已知的μ受体的激动剂都高得多,所以它们是名副其实的 μ 受体的内源性配基。令人想象不到的是,内吗啡肽在结构上与其他内源性阿片肽不同,它们不具有其他内源性阿片肽特有的氨基酸序列。目前尚未鉴定出内吗啡肽的前体。

二、内源性阿片肽的合成、储存、释放与灭活

阿片肽的合成过程比较复杂,首先是在细胞胞体的核糖体上合成无活性的大分子前体蛋白,然后,阿片肽前体转运到内质网及高尔基复合体,进入囊泡后经轴浆运输到达突触末梢,在转运过程中经各种肽酶的多次剪切修饰,产生具有活性的阿片肽。例如,脑内 β-内啡肽能神经元的胞体主要在下丘脑弓状核,其轴突绕行前脑,最后到达中脑导水管灰质、蓝斑等。β-内啡肽的前体在下丘脑弓状核内合成后,在长时间的运输过程中经过多种酶的修饰和剪切形成 β-内啡肽(1~31),在细胞内酶的作用下,一部分 β-内啡肽(1~31)进一步水解生成 β-内啡肽(1~27),其生理活性大大减弱。β-内啡肽(1~27)还可以进一步降解。所以从阿片肽前体蛋白到具有活性的阿片肽,再到阿片肽降解后的肽片段,是一个动态的过程。

神经细胞合成的阿片肽储存在囊泡内。这些囊泡直径比较大,阿片肽常与其他神经肽或经典递质共储存在同一个囊泡内。当神经细胞受到刺激时,细胞膜发生去极化,进而爆发动作电位,当动作电位传递到突触前末梢时,引起 Na^+ 内流,造成突触前膜去极化。突触前膜去极化激活了位于突触前膜的电压门控性钙通道,钙通道开放,细胞外的 Ca^{2+} 内流。进入突触前末梢内的 Ca^{2+} 触发含有阿片肽的囊泡向突触前膜移动、靠近,与突触前膜融合,胞裂外排,将所含阿片肽释放到突触间隙中。所以阿片肽的释放依赖于细胞外 Ca^{2+} 的存在。释放到突触间隙的阿片肽作用于突触后膜的阿片受体,引起突触后神经细胞的功能状态发生变化,从而完成了信息在突触间的传递。当阿片肽一次大量释放后,由于从胞体中合成到经过轴突运送,再到在突触前末梢内储存,需要较长时间,所以一次大量释放后需要较长时间才能恢复原有的阿片肽储存。

许多研究工作表明,阿片肽可以递质、调质、神经内分泌或旁分泌等方式发挥作用。在中枢神经系统内,阿片肽大多可能作为调质发挥调节突触传递效率的作用。

阿片肽主要通过突触间隙酶的降解而失去活性,很少一部分可能扩散到突触间隙外被酶降解。例如,脑啡肽主要通过氨肽酶及脑啡肽酶失活,β-内啡肽主要通过 N 末端乙酰化失活,强啡肽、孤啡肽等也是通过酶的降解而失去活性。

三、内源性阿片肽的分布与功能

在中枢神经系统和周围神经系统中均有内源性阿片肽的广泛分布。在中枢神经系统内,脑啡肽、β-内啡肽和强啡肽均呈现不均匀的分布。脑啡肽在脑内分布广泛,从大脑皮质、纹状体、杏仁核、下丘脑、脑干到脊髓后角均有含脑啡肽的神经细胞胞体和纤维的分布。中枢神经系统内含有脑啡肽的神经细胞多为一些中间神经元,在局部脑区内发挥信息传递和调节作用。在外周神经节和肾上腺髓质也有脑啡肽的分布。

在中枢神经系统内,强啡肽呈散在分布,在黑质、海马、脊髓以及垂体等内均有含强啡肽的神经细胞胞体与纤维的分布。

在脑内含有 β-内啡肽的神经细胞的胞体与纤维的分布非常特异。含有 β-内啡肽的神经细胞的胞体集中分布在下丘脑弓状核以及延髓的孤束核。在下丘脑弓状核内,含有 β-内啡肽神经元的胞体发出长纤维进入内侧前脑束,向前发出侧支投射到基底前脑等脑区,然后绕行前脑从背侧向后投射到海马、中脑导水管周围灰质、蓝斑核、臂旁核等。下丘脑弓状核内含有 β-内啡肽的神经元胞体还发出纤维分别投射到下丘脑正中隆起、室旁核、杏仁核等。

孤啡肽及其受体在中枢神经系统与外周组织中广泛分布。在中枢神经系统中,孤啡肽广泛分布于边缘系统、杏仁核、下丘脑、丘脑腹内侧核、中央灰质、脑桥被盖、网状结构、脊髓后角和侧角等;在外周,孤啡肽主要分布于胃肠道、肝脏、脾脏、血管平滑肌、心房、输精管、卵巢等。孤啡肽受体及其 mRNA 在大鼠中

枢神经系统中广泛分布。在下丘脑室旁核、杏仁复合体、中缝背核、蓝斑等脑区和核团内，孤啡肽受体的 mRNA 表达水平非常高。在皮质、纹状体、丘脑、海马、导水管周围灰质、脊髓等脑区和核团内，孤啡肽受体的 mRNA 呈中度表达。

从孤啡肽在中枢神经系统内的特异性分布来看，它可能参与感觉和运动的调控及学习、记忆等功能。

在中枢神经系统中，内吗啡肽与 μ 阿片受体分布类似。在脑内，内吗啡肽-1 的分布比较广泛且密度较大，而在脊髓水平，内吗啡肽-2 的分布比较广泛且密度较大。内吗啡肽-1 主要分布于伏隔核、杏仁核、隔区、斜角带、终纹床核、丘脑腹后内侧核(ventral posterior medial nucleus)、下丘脑、臂旁核、缰核、导水管周围灰质、蓝斑、孤束核等；内吗啡肽-2 主要分布于脊髓后角、背根神经节中小直径的神经细胞及三叉神经脊束核，在脑内的伏隔核、隔区、下丘脑、杏仁核、蓝斑和中脑导水管周围灰质等脑区，也有较多的内吗啡肽-2 分布。

四、阿片受体与跨膜信号转导

1. 阿片受体的分类

尽管在 1976 年 Martin 等将阿片受体分为 μ 受体、δ 受体和 κ 受体三种主要类型(表 7-5，表 7-6)，但是后来有人推测可能存在多种阿片受体。1992 年发现了孤儿阿片受体(ORL1 R)，其内源性配基是孤啡肽。通过多年药理学和分子生物学研究，支持和发展了上述阿片受体的分类。现在有多种阿片受体的分类和命名方式(表 7-5)。

表 7-5 阿片受体的分类和命名

阿片受体			内源性配基
药理学名称	分子生物学名称	国际药理学联合会推荐命名	
δ 受体	DOR	OP1	脑啡肽
κ 受体	KOR	OP2	强啡肽
μ 受体	MOR	OP3	内吗啡肽
ORL1 受体			孤啡肽

表 7-6 阿片受体的激动剂和拮抗剂

阿片受体	受体激动剂	受体拮抗剂
δ 受体	DPDPE	naltrindole
κ 受体	U50488	nor-binaltorphimine
μ 受体	吗啡，DAMGO	β-funaltrexamine
ORL1 受体	孤啡肽	[Nphe^1] nociceptin (1-13)-NH$_2$

许多研究工作表明，各类阿片受体可能有多种亚型，如 μ 阿片受体可能存在 $μ_1$ 和 $μ_2$ 两种亚型，δ 受体可能存在 $δ_1$ 和 $δ_2$ 两种亚型，κ 受体可能存在 $κ_1$、$κ_2$ 和 $κ_3$ 三种亚型。

在 1992 年美国的 Evans 等和法国 Kieffer 等同时克隆了 δ 受体。在 Evans 和 Kieffer 的工作的启发下，1993 年科学家们相继克隆了 κ 受体和 μ 受体。这些阿片受体都属于具有七次跨膜的 G 蛋白偶联受体家族。

2. 阿片受体分子的结构

现在已知的阿片受体都是与 G 蛋白偶联的受体。如图 7-9 所示，这类受体的分子是由 350～500 个氨基酸残基组成的膜蛋白。每个受体分子具有七个疏水性的 α 螺旋(每一个螺旋区由约 20 个氨基酸残基组成)，反复七次穿越细胞膜，形成了受体分子的三个胞内环和三个胞外环。阿片受体分子的 N 末端位于细胞膜的外侧，C 末端位于细胞膜的内侧；其 N 末端含有糖基化位点，C 末端富含丝氨酸和苏氨酸。阿片受体分子的第三个胞内环和 C 末端是与 G 蛋白偶联的区域。

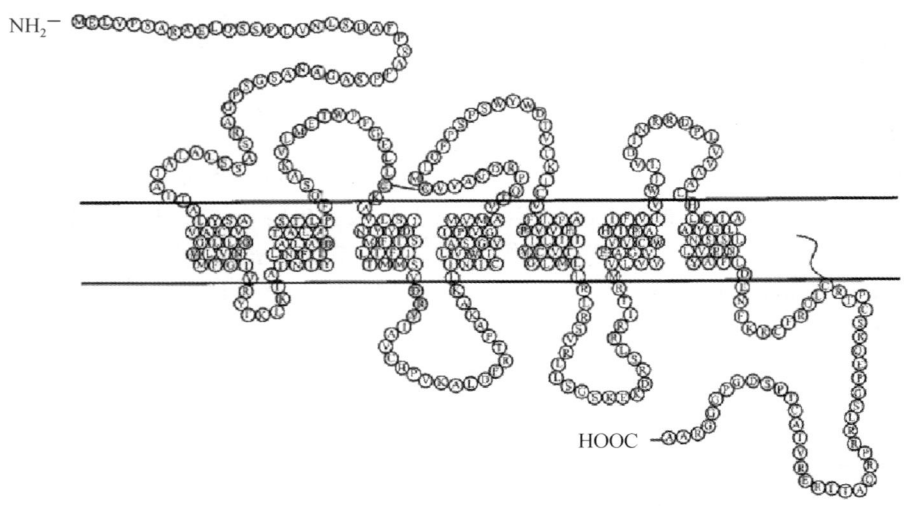

图7-9 阿片受体的分子结构(Law et al.,1999)

3. 与阿片受体偶联的G蛋白

阿片受体通常和G_i蛋白或G_o蛋白偶联。G_i蛋白对百日咳毒素敏感,经百日咳毒素作用后便不能再被受体激活。G_i蛋白被激活后可以抑制腺苷酸环化酶的活性,引起细胞内cAMP水平下降,通过第二信使等途径引起细胞功能状态的变化。G_i蛋白还可以直接或间接激活内向整流的钾通道以及抑制某些电压敏感的钙通道,引起细胞膜电位发生超极化,从而降低神经细胞的兴奋性以及抑制突触信息的传递。阿片肽激活阿片受体后还可通过抑制MAPK,进而调节某些基因的表达。

五、阿片受体的内化与相关机制

1. 阿片受体的内化

阿片受体在细胞内质网合成,通过一定的折叠、修饰后,被运送到高尔基体。高尔基体中的阿片受体再被运送到细胞膜上。阿片受体属于G蛋白偶联受体家族,其内化与插膜的过程与其他G蛋白偶联受体的内化与插膜过程类似。当G蛋白偶联受体被其配基激活后,转而激活G蛋白,后者可通过第二信使等途径引起细胞的功能状态发生变化。由于G蛋白偶联受体分子的C末端和第3胞内环有磷酸化位点,配基激活的G蛋白偶联受体可被位于细胞膜内侧的G蛋白偶联受体激酶(G protein-coupled receptor kinase,GRK)磷酸化,引起G蛋白偶联受体失敏或脱敏(desensitization)。

2. G蛋白偶联受体激酶和β-制动蛋白(β-arrestin)在阿片受体内化中的作用

G蛋白偶联受体激酶是一类分子量为63 000~80 000的单链多肽,能够特异性地识别被配基激活的G蛋白偶联受体并促进其磷酸化。尽管每个G蛋白偶联受体分子可能含有7~9个磷酸化位点,但在在体实验中,每个G蛋白偶联受体分子只要有一处被磷酸化就足以抑制其信号转导,这说明G蛋白偶联受体激酶在受体失敏和内化中具有重要作用。例如,在细胞中过表达G蛋白偶联受体激酶2能够增强吗啡诱导的μ受体的磷酸化,降低其对腺苷酸环化酶的抑制作用。

G蛋白偶联受体激酶促进G蛋白偶联受体磷酸化后,导致胞内的β-制动蛋白趋向磷酸化的G蛋白偶联受体。β-制动蛋白分子的N末端含有一个磷酸化识别区段,具有识别已经被激动剂激活且磷酸化了的G蛋白偶联受体的能力。β-制动蛋白能够与G蛋白偶联受体的第3胞内环相结合,然后引起G蛋白偶联受体与G蛋白解偶联,从而启动受体的内化过程。例如,μ阿片受体分子存在两个能够与β-制动蛋白2相互作用的区域。第一个位于μ阿片受体分子的第2胞内环上(T_{180}),第二个位于μ阿片受体分子的C末端。将μ受体分子第2胞内环上的T_{180}取代为Ala后,就会削弱μ受体激动剂DAMGO引起的依赖β-制动蛋白2的阿片受体脱敏。μ受体的第二个区域参与了β-制动蛋白依赖的受体内化过程。

在阿片受体内化过程中,与受体结合的β-制动蛋白能够直接或者间接招募位于细胞膜内侧的与G蛋白偶联受体内化相关因子AP-2复合物和网格蛋白等,开始形成内吞小泡。然后在发动蛋白(dynamin)的作用下从细胞膜上分离下来,形成早期的内吞体,脱离细胞膜内侧表面进入胞质中。许多研究工作证实,μ受体和δ受体的内化是一种依赖网格蛋白的快速的受体内化过程。

上述阿片受体的内化过程受到很多分子和激酶的调节,包括G蛋白偶联受体激酶和β-制动蛋白。这一系列分子在阿片受体的内化过程中的作用有两个:一是阻止阿片受体与G蛋白的偶联;二是促进阿片受体的内化。因此,阿片受体的快速脱敏和内化,虽然是不同的调节过程,但却紧密地联系在一起。在各种G蛋白偶联受体内化途径中,网格蛋白所介导的受体内化途径是研究较多而且是比较清楚的。

各种内源性阿片肽及阿片类药物促进阿片受体内化的能力各不相同。例如,脑啡肽能够在数分钟内引起μ阿片受体的内化。与阿片肽和其他一些阿片受体的配基相比,吗啡促进μ阿片受体磷酸化和脱敏的能力要弱很多。有研究工作证实,被吗啡激活的μ受体招募和激活β-制动蛋白的能力较弱。如果在细胞中过量表达G蛋白偶联受体激酶2、β-制动蛋白1或β-制动蛋白2,均可明显增强吗啡引起的μ阿片受体的磷酸化和内化。

3. 内化后阿片受体的命运

内化后阿片受体的去向是怎样的呢?许多研究工作证实,内化后的阿片受体可以通过胞内的磷酸酶去磷酸化,恢复其功能,重新插回到细胞膜上,也可以到达溶酶体进入降解途径。

许多因素能够影响阿片受体内化后的去向。内化的受体是重新插回到细胞膜上去还是进入溶酶体降解途径,与引起该受体内化的受体激动剂的特性有重要关系。δ受体选择性激动剂DPDPE能促进δ受体进入溶酶体降解途径,而非选择性的阿片激动剂(如脑啡肽、埃托啡等)则能够促使内化后的δ受体重新插回到细胞膜上。

还有其他多种因素可以影响内化后的阿片受体在胞内的去向,包括泛素(ubiquitin)、β-制动蛋白等。因为内化后阿片受体是进入降解途径还是重新插到细胞膜上,与阿片受体的去磷酸化以及其信号传递功能的调节也有关。许多G蛋白偶联受体在内化后可能受到泛素的修饰,然后进入溶酶体并在其中降解。然而,目前尚不清楚内化的阿片受体进入溶酶体的过程是否也受到泛素的调节。在转染阿片受体的细胞中发现,阿片受体进入溶酶体的过程并不需要受体的泛素化,可是阿片受体的降解速度在泛素化后却明显加快。如果阿片受体内化后进入溶酶体途径降解,其介导的信号转导通路就出现长期抑制。

有研究表明,阿片受体分子的C末端可能与其进入溶酶体的过程有关。通过相同的内化机制被内吞的受体,进入细胞质内的不同命运可能主要取决于受体C末端的结构。一些受体的C末端能够结合一些胞内的分子,如果将其C末端突变,就会减少受体的内化。还有研究工作表明,β-制动蛋白可能促进内化的阿片受体进入溶酶体的降解途径。

总之,有关阿片受体内化机制的研究正不断深入拓展。

第三节 降钙素基因相关肽

降钙素基因相关肽由37个氨基酸残基组成,属于降钙素基因相关肽家族。降钙素基因相关肽家族包括降钙素、两种降钙素基因相关肽(α-CGRP和β-CGRP)、胰岛淀粉素、肾上腺髓质素、降钙素受体刺激肽(CRSP)等。这些多肽的氨基酸序列同源性不高,但它们的二级结构极其类似。

CGRP在体内分布广泛,是目前已知最强的内源性扩张血管肽。CGRP广泛分布于中枢神经系统和周围神经系统中,并通过激活细胞膜上的CGRP受体而产生多种生理作用。在周围神经系统,降钙素主要参与体内钙的代谢。胰淀粉样多肽存在于胰腺的β细胞上,它参与胃排空及糖代谢;肾上腺髓质素的生物学作用与CGRP相似,也具有较强的扩血管作用。2003年Katafuchi等从猪的大脑分离出一种新的生物活性肽,这种新发现的多肽与人和猪的CGRP的氨基酸序列有约60%的同源性,它可以激活降钙素受体,因此命名为降钙素受体刺激肽。

一、降钙素基因相关肽

1. 降钙素基因相关肽的分类

降钙素基因相关肽有两种：α-CGRP 和 β-CGRP，尽管其来源不同，但其分子都是由 37 个氨基酸残基组成。在不同种属中，α-CGRP 和 β-CGRP 的氨基酸序列有一定差异。α-CGRP 由降钙素基因特异表达并剪切形成；β-CGRP 则由降钙素基因相关肽特有的基因所编码。在不同种属中，α-CGRP 和 β-CGRP 的氨基酸序列有一定差异，人的 α-CGRP 与 β-CGRP 之间有三个氨基酸残基的差异，在大鼠中则为一个氨基酸残基的差异。在人和大鼠中，编码 CGRP mRNA 的基因含有六个外显子。CGRP mRNA 含有 1、2、3、5、6 号外显子及 6 号末端的 poly(A)，表达产物为 α-CGRP。β-CGRP 是在脑组织和甲状腺中发现的，它由独立于降钙素基因的一个基因编码。编码 β-CGRP 的基因只表达 β-CGRP 这一种多肽，而不能通过不同的剪切方式表达其他产物。

α-CGRP 与 β-CGRP 在生理功能上有一定区别。例如，α-CGRP 可以引起豚鼠基底动脉舒张，而 β-CGRP 无此作用；β-CGRP 可以抑制胃酸分泌，而 α-CGRP 则无此作用。这些研究结果表明，α-CGRP 和 β-CGRP 可能在激活 CGRP 受体后，通过不同的胞内信号通路发挥作用。

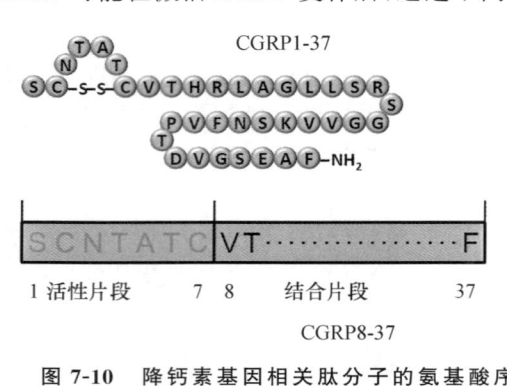

图 7-10　降钙素基因相关肽分子的氨基酸序列及与受体作用的结合片段和活性片段

CGRP 分子由 37 个氨基酸残基组成（图 7-10），其 N 末端可能作为受体的激活区，其 C 末端可能是 CGRP 与 CGRP 受体高亲和力结合的区域。CGRP 分子 N 末端起始处的 12 个氨基酸残基片段可以激活受体，参与受体激活后的信号转导过程。CGRP 分子 C 末端的 Cys2 和 Cys7 之间形成一个二硫键，8~18 残基间形成一个两性 α 螺旋，17~21 和 29~34 残基间形成两个 β 折叠，23~29 残基间形成一个无规则卷曲。CGRP 分子 C 末端的二硫键作为一种高亲和力激动剂起着重要的作用。8~18 残基的两性 α 螺旋在 CGRP 与其受体的相互作用中发挥重要作用，若用 Pro 或 Ala 替换，破坏 α 螺旋，会大大降低 CGRP 与其受体的亲和力。CGRP8-37 或更短的片段则成为 CGRP 受体的拮抗剂。

2. 降钙素基因相关肽的分布

CGRP 是在神经组织中分布最广的神经肽之一。采用原位杂交和免疫组织化学的方法，已经明确了多种动物的神经组织中存在 CGRP 的 mRNA、CGRP 免疫活性神经细胞的胞体及纤维。

原位杂交实验可以用于显示组织和细胞中 CGRP mRNA 的分布，许多实验室通过原位杂交的方法鉴定了大鼠中枢神经系统内含 CGRP mRNA 的神经细胞的分布。在脑内，神经细胞内含有 CGRP mRNA 密度最高的区域是下丘脑外侧区吻部（rostral part of the lateral hypothalamic area）、腹侧及背侧臂旁核的外侧部分（lateral portion of the ventral and dorsal parabrachial nuclei）。此外，在束旁下核（subparafascicular nucleus）、后丘脑核（posterior thalamic nuclear group）、脚周核（parabigeminal nucleus）和外侧上橄榄核（lateral superior olive nucleus）等也有大量的 CGRP mRNA 阳性神经细胞。在终纹状床、外侧嗅束（the nucleus of the lateral olfactory tract）、下丘脑弓状核、丘脑腹后核（thalamic ventroposterior nucleus）、束旁核、外侧丘系（lateral lemniscus）、旁巨细胞网状核（reticular paragigantocellular nucleus）和外楔束核（external cuneate nucleus）中也含有一定数目的 CGRP mRNA 阳性胞体。在脊髓的颈段和腰段前角里，几乎所有的大神经细胞都表达 CGRP mRNA。在脊髓前角运动神经元内均有 CGRP mRNA 的表达，表明 CGRP 参与躯体运动功能的调节。在大鼠背根神经节内，大量直径为小到中等大小的神经元表达 CGRP mRNA，三叉神经节中 50% 的大神经元表达 CGRP mRNA。

采用免疫组织化学等方法,已经明确了多种动物的神经组织中分布着含有 CGRP 的神经细胞胞体及纤维。在嗅球和内侧前额叶(medial prefrontal cortex)中存在一定数量的 CGRP 能神经末梢,在皮质的多数灰质区都不含有 CGRP 能神经纤维。在丘脑、隔区、终纹状床、中央杏仁核内都有中等程度的 CGRP 能神经纤维存在。下丘脑的许多核团中,包括内侧视前区、室旁核等存在高密度的 CGRP 能神经纤维。同时,在三叉神经核的表层和脊髓后角Ⅰ、Ⅱ层和Ⅴ层有高密度的 CGRP 免疫阳性纤维,多是无髓 C 类纤维或小直径的有髓 Aδ 纤维,主要来源于背根神经节的投射。

在周围神经系统中,背根神经节和三叉神经节,以及这些神经节细胞投射到脊髓和脑干的纤维中均有较丰富的 CGRP 存在。特别是在背根神经节小型神经细胞中,CGRP 的表达量非常丰富,而在中型和大型背根神经节神经元中,CGRP 的含量较少。背根神经节小神经细胞发出的无髓神经纤维(C 类纤维)和细的有髓神经纤维(Aδ 纤维)多含有丰富的 CGRP。在周围神经系统中,这些 CGRP 能神经纤维主要分布在皮肤和黏膜,对皮肤表层的感觉(包括伤害性刺激)做出反应。背根神经节神经细胞发出的 CGRP 能神经纤维的中枢端投射到脊髓后角,将外周的各种感觉信息(包括伤害性信息)传递脊髓后角,激活脊髓内的神经元,进而将感觉信息传向高位中枢。

二、降钙素基因相关肽受体

1. 降钙素基因相关肽受体的分子组成

从 20 世纪 80 年代起,人们认为 CGRP 分子序列的氨基酸 1~7 片段是激活 CGRP 受体的部分,而氨基酸 8~37 片段是与 CGRP 受体结合的部分。根据上述 CGRP 分子序列的特点合成了 CGRP 受体的拮抗剂 CGRP8-37(图 7-10),认为 CGRP8-37 能够与 CGRP 受体结合但不能激活 CGRP 受体,因为激活 CGRP 受体必须有 CGRP 分子序列中氨基酸 1~7 片段的存在。

在 80 年代之后,人们认为降钙素基因相关肽受体属于 G 蛋白偶联受体家族,具有 G 蛋白偶联受体七次跨膜的分子结构和特性。CGRP 受体分为两大类,即 CGRP 1 型受体和 CGRP 2 型受体。这样的划分源于它们不同的药理特性,CGRP 1 型受体与 CGRP8-37 的亲和力非常高,对 CGRP8-37 的阻断效应敏感;而 CGRP 2 型受体与 CGRP8-37 的亲和力非常低,对 CGRP8-37 的阻断效应不敏感。后来发现,药理学的 CGRP 2 型受体则是胰岛淀粉素受体,所以国际药理学联合会推荐使用 CGRP 受体取代 CGRP 1 型受体,取消 CGRP 2 型受体。

对 CGRP 受体的组成和结构,在 80 年代后期有了重大发现。2008 年国际药理学联合会宣称,CGRP 受体是一个异源寡聚体,它由三个蛋白分子组成(图 7-11),即降钙素受体样受体(calcitonin receptor like receptor,CRLR 或 CLR)、受体活性修饰蛋白(receptor activity modifying protein 1,RAMP 1)和受体组成蛋白(receptor component protein,RCP),只有这三个蛋白分子组成的异源寡聚体,才是具有生物活性的 CGRP 受体。其中 RAMP 1 蛋白可以保证 CLR 的有效转运和插膜,并决定 CLR 药理特性;RCP 蛋白能使 CLR 与 G_s 有效结合并产生 cAMP。这一发现变革了我们对 G-蛋白偶联受体的认识,为有关 G-蛋白偶联受体的理论提供了新的内容。详细内容见本书第八章。

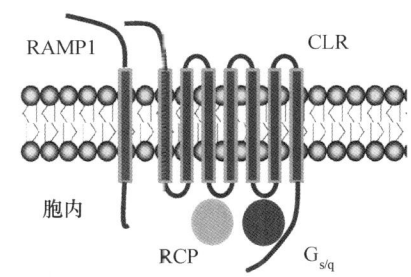

图 7-11 GRP 受体的组成和结构。CGRP 受体由三个蛋白分子组成,即降钙素受体样受体、受体活性修饰蛋白和受体组成蛋白

2. 降钙素基因相关肽受体的胞内信号转导通路

目前已经证实 CGRP 受体与 G_s 或者 G_q 蛋白偶联,所以对 CGRP 受体的胞内信号转导通路已有比较清楚的了解。已有的资料显示,CGRP 受体的胞内过程相当复杂,涉及对 cAMP、cGMP 水平、钾通道、钙通道的电导以及钠-钙泵活性的调节。

大量研究工作证实,降钙素基因相关肽受体与 G_s 蛋白偶联,CGRP 通过激活 CGRP 受体,进而激活细胞膜内侧的腺苷酸环化酶,提高细胞内 cAMP 的水平。在多种细胞和组织,包括大鼠和豚鼠的心肌细胞、大鼠星形胶质细胞、人神经母细胞瘤细胞和神经胶质瘤细胞以及大鼠肝脏组织中,CGRP 均可以引起 cAMP 水平的升高。CGRP 还能够引起多种平滑肌组织(如大鼠腹主动脉、脑内小动脉、猪冠状动脉、豚鼠胃壁肌)的舒张,CGRP 的这种作用也是通过激活腺苷酸环化酶,提高细胞内 cAMP 水平的途径实现的。

还有报道表明,CGRP 可以激活 PLC 通路,进一步研究工作提示,CGRP 引起的 PLC 激活是由 G_q 介导。所以,CGRP 受体可能偶联 G_s 和 G_q 两种类型的 G 蛋白。

一氧化氮合酶抑制剂能拮抗 CGRP 诱导的大鼠动脉血管平滑肌的舒张作用,这表明 NO 以及 cGMP 信号通路可能参与 CGRP 的某些生物学作用。

CGRP 能够调节细胞膜上钾通道的开通。CGRP 通过调节家兔动脉平滑肌细胞膜上的 ATP 敏感钾通道的活性以引起动脉血管平滑肌舒张,ATP 敏感钾通道的阻断剂可以拮抗 CGRP 引起的低血压。因此,CGRP 引起各种平滑肌舒张的作用可能涉及 cAMP、NO-cGMP 和钾通道,其详细机制尚不清楚。CGRP 还参与钙通道开放的调节。在豚鼠心房、大鼠输精管及大鼠节状神经元中,CGRP 可以提高 Ca^{2+} 的电导,促进 Ca^{2+} 内流,并可提高豚鼠心肌细胞内的 Ca^{2+} 浓度。

总之,CGRP 受体可以偶联 G_s 和 G_q 两种 G 蛋白,CGRP 与 CGRP 受体结合后可以激活不同的信号转导通路。这些不同的信号转导通路作用比较复杂,尚需深入研究。

3. 降钙素基因相关肽受体的分布

早期关于 CGRP 受体分布的研究采用的是 ^{125}I 标记 CGRP 的方法。许多研究表明,在人和大鼠等不同种属中,CGRP 受体呈现出特异的、不同于其他神经肽受体的分布。CGRP 受体呈现高分布的脑区有伏隔核、腹侧纹状体(ventral striatum)、壳核尾部、中央杏仁核、基底外侧杏仁核(basolateral amygdala,BLA)、上丘、下丘(inferior colliculus)、小脑分子层、浦肯野细胞层和下橄榄核(inferior olivary nucleus)等。CGRP 受体呈现中等密度分布的脑区有乳头体、松果体、黑质、内侧膝状核、中央灰质、脑桥被盖背侧核、网状结构、蓝斑和前庭核。在脊髓后角,延髓的楔状核及孤束核也有一定的 CGRP 受体分布。

在不同种属中,CGRP 受体的分布也不尽相同。在大鼠的伏隔核、纹状体和杏仁核中,含有较多的 CGRP 受体,而人的上述脑区中只有较少的 CGRP 受体分布。与大鼠相比,人脑的弓状核、下橄榄核及小脑中存在较高含量的 CGRP 受体。

三、降钙素基因相关肽的主要生理功能

CGRP 广泛存在于机体的各种组织细胞中,参与和调节多种生理功能,如感觉、运动、心血管活动、呼吸、睡眠、体温调节等。

1. CGRP 参与调节多种生理功能

CGRP 具有强大的血管舒张作用,是迄今为止已知作用最强的舒血管物质之一。CGRP 能神经纤维及 CGRP 受体广泛分布于中枢和外周的心血管系统中。静脉注射飞摩尔(fmol)(10^{-15} mol)水平的 CGRP 即可引起显著的、长时间的血管舒张效应。所以 CGRP 在血液循环中具有重要的调节作用。

在哺乳动物脊髓前角的运动神经元中,CGRP 有较高水平的表达。脊髓前角的运动神经细胞合成 CGRP 后,通过轴突运输将 CGRP 运送到神经肌肉接点部位,在此部位 CGRP 与乙酰胆碱共存。有实验表明,CGRP 能促进骨骼肌细胞内乙酰胆碱受体的插膜过程,加强由乙酰胆碱或神经刺激引起的肌肉收缩。

在哺乳动物的胃肠道中,CGRP 有较广泛的分布。施加 CGRP 可引起胃酸分泌的减少,抑制胃的蠕动,其机理比较复杂。另外,CGRP 也直接或间接地参与免疫细胞(如 B 细胞、嗜中性粒细胞等)活动的调节。

2. CGRP 参与学习和记忆过程

许多研究工作表明,脑内的 CGRP 参与了学习和记忆过程。在尾状核和壳核里有大量 CGRP 能神经纤维,这些神经纤维主要来源于丘脑中后部。此外,丘脑中的 CGRP 能神经细胞发出纤维投射到中央杏仁核,而从丘脑向纹状体和杏仁核的投射通路在联合性学习中具有重要作用。侧脑室注射 CGRP 可使大鼠的回避反应潜伏期减少,提示 CGRP 可以促进动物的被动回避性学习能力。CGRP 受体激动剂还

可以缓解由非竞争性 NMDA 受体拮抗剂 MK 801 所造成的大鼠学习、记忆障碍。以上研究结果提示，脑内的 CGRP 和 CGRP 受体可能在学习和记忆中有着重要的作用。

3. CGRP 参与感觉特别是痛觉信息的传导与调节

在多种感觉传导通路上，包括躯体感觉、嗅觉、听觉、视觉、位置感觉和内脏感觉，都有 CGRP 能神经细胞及其投射纤维的存在。这些特异分布强烈提示 CGRP 参与躯体感觉信息，特别是痛觉信息的传导。现在有大量研究工作表明，CGRP 和 CGRP 受体在周围神经系统和中枢神经系统内广泛参与痛觉信息的传递及调节。背根神经节(DRG)的中小型神经细胞内有丰富的 CGRP，这些神经元发出的纤维投射到脊髓后角，与脊髓后角的神经细胞形成突触联系。各种外周伤害性刺激，都能通过兴奋 DRG 神经元引起脊髓后角内 CGRP 的释放，作用于脊髓后角神经细胞膜上的 CGRP 受体，将痛觉信息传递到脊髓后角。

20 世纪 90 年代的研究工作发现，在动物的蛛网膜下腔内注射 CGRP8-37 引起明确的镇痛作用。广动力范围(WDR)神经元是脊髓后角中负责传递疼痛信息的一类细胞亚群。有研究工作表明，在脊髓后角内通过微电泳方法给予 CGRP，能够引起脊髓后角内 WDR 神经元放电活动的增加，而单独施加 CGRP 受体拮抗剂 CGRP8-37 后，WDR 神经元的活性显著降低，表明 CGRP 和 CGRP8-37 在脊髓痛觉信息的传递和调制过程中具有重要作用。

阿片类药物是目前临床最常用的治疗疼痛的药物。许多实验证据表明，CGRP 和阿片受体在脊髓水平常常共存于同一区域，μ 受体和 δ 受体都与 CGRP 共存于 DRG 神经元的胞体及其投射到脊髓后角的神经纤维中。有研究工作证实，μ 受体和 δ 受体参与了 CGRP8-37 在脊髓水平的镇痛作用。

炎症痛是临床上常见的病痛。在 CGRP 基因敲除小鼠的脊髓后角和 DRG 神经元中均缺乏 CGRP 的表达。在这种小鼠的膝关节中注入鹿角菜碱诱发炎症后，小鼠丧失了对伤害性热刺激诱发的疼痛反应，提示 CGRP 在炎症痛中具有重要作用。在慢性炎症痛模型中，DRG 神经元的 CGRP 免疫活性和 CGRP mRNA 的表达都明显增加；在其脊髓蛛网膜下腔内注射 CGRP8-37 能够明显提高炎症痛大鼠对伤害性热刺激和机械刺激的痛阈。神经损伤引起的神经性痛也是一种常见的临床症状，有报道表明在神经性痛动物的脊髓水平 CGRP8-37 具有明确的镇痛作用。

在脑内 CGRP 和 CGRP8-37 也参与痛觉的调节。CGRP 和 CGRP 受体在脑内有广泛分布，但是有关 CGRP 和 CGRP8-37 对痛觉调节作用的研究却很少。从 2000 年起 Yu 的实验室系统研究了脑内 CGRP 和 CGRP8-37 对痛觉调节的作用和机制，发现 CGRP 在脑内多个核团中参与痛觉的调节，如在中央杏仁核、中缝大核、中脑导水管周围灰质和伏隔核中，CGRP 都具有明确的镇痛作用。

中脑导水管周围灰质是脑内痛觉调节的一个重要部位，从中脑导水管周围灰质下行到脊髓后角的镇痛通路在中枢痛觉调节中发挥重要作用。在中脑导水管周围灰质的细胞胞体中，存在 CGRP mRNA 和 CGRP，同时存在丰富的 CGRP 能神经纤维和 CGRP 受体。有研究工作表明，在中脑导水管周围灰质内注射 CGRP 可以产生明显的镇痛作用，而注射 CGRP8-37 可有效地阻断注射 CGRP 产生的镇痛作用，表明 CGRP 受体参与了 CGRP 在中脑导水管周围灰质的镇痛作用。在神经性疼痛大鼠模型上也得到了类似的结果。

伏隔核是基底前脑的一个重要结构，在痛觉调节中具有重要的作用。在伏隔核中有大量 CGRP 受体分布，提示 CGRP 和 CGRP 受体可能参与了伏隔核内的痛觉调节。有研究工作表明，在大鼠伏隔核内注射 CGRP 可产生明显的镇痛作用，CGRP 的这种镇痛作用是 CGRP 受体介导的。此外，他们还发现在伏隔核内注射 CGRP8-37 能够诱发大鼠出现痛觉过敏(以下简称"痛敏")。这一结果强烈提示，在正常状态下，伏隔核内可能就存在内源性 CGRP 的释放，这些释放的 CGRP 激活伏隔核内的 CGRP 受体，进而维持机体的正常痛阈。所以当在伏隔核内注射 CGRP 的拮抗剂 CGRP8-37 后，阻断了内源性 CGRP 与伏隔核内的 CGRP 受体结合，改变了机体的正常痛阈，从而诱发痛敏。

中央杏仁核是参与痛觉调节的一个重要核团，在中央杏仁核内有密集的 CGRP 能纤维和 CGRP 受体分布。那么在中央杏仁核内 CGRP 和 CGRP 受体是否也参与了疼痛行为反应的调节？在大鼠的中央杏仁核内注射 CGRP 产生明显的镇痛作用，CGRP8-37 可以阻断 CGRP 的镇痛作用，表明 CGRP 在中央杏仁核内具有的镇痛作用是由 CGRP 受体介导的。中央杏仁核内的 CGRP 是怎样激活下行镇痛通路发挥镇痛作用的呢？运用逆行追踪与免疫荧光的方法证实，在中央杏仁核内 CGRP 能纤维与中央杏仁核内的甲啡肽能神经元形成突触联系，而甲啡肽能神经元发出神经纤维投射到中脑导水管周围灰质内，调节中脑导水管周围灰质内神经细胞的活动，进而调节下行镇痛神经通路的活动。

在中枢神经系统内，CGRP 和 CGRP8-37 对痛觉的调节作用总结在表 7-7 中。

表 7-7　CGRP 和 CGRP8-37 对痛觉的调节作用（Yu et al.，2009）

中枢神经系统			痛觉相关行为反应
脊髓水平			
	鞘内注射	CGRP	机械痛敏反应
			无效
		CGRP8-37	对正常大鼠具有镇痛效果
			对炎症痛具有镇痛效果
			对神经痛大鼠具有镇痛效果
	后角神经元	CGRP	对细胞有兴奋作用
		CGRP8-37	对细胞有抑制作用
			可以阻断 CGRP 对细胞的兴奋作用
脑内			
	中脑导水管周围灰质	CGRP	对正常大鼠具有镇痛效果
			对炎症痛大鼠具有镇痛效果
		CGRP8-37	单独应用没有作用，但能够阻断 CGRP 对正常大鼠的镇痛作用
			单独应用没有作用，能够阻断 CGRP 对神经痛大鼠的镇痛作用
	中缝大核	CGRP	对正常大鼠具有镇痛效果
		CGRP8-37	能够阻断 CGRP 对正常大鼠的镇痛作用
	伏隔核壳区	CGRP	对正常大鼠具有镇痛效果
		CGRP8-37	引起痛敏，阻断 CGRP 对正常大鼠的镇痛作用
	杏仁核	CGRP	对正常大鼠具有镇痛效果
		CGRP8-37	单独应用没有作用，但能够阻断 CGRP 引起的镇痛作用

4. CGRP 及其受体参与阿片类药物的耐受

阿片类药物的耐受严重影响了阿片类药物的临床使用。许多研究工作发现，CGRP 及其受体参与阿片类药物的耐受。长时间吗啡处理可以提高初级传入纤维和脊髓后角等处的 CGRP 含量以及 CGRP 的释放。CGRP 及 CGRP 受体不仅参与了阿片类药物镇痛耐受的诱导和表达，同时也参与了吗啡耐受后的疼痛行为反应的可塑性变化。与正常大鼠相比，吗啡耐受后大鼠侧脑室注射 CGRP 产生的镇痛效果明显降低，并且其侧隔核和中央杏仁核中的 CGRP 样免疫活性物质均有减少，而下丘脑、弓状核和中脑导水管周围灰质中没有明显的变化。同时，CGRP 受体的两种拮抗剂 CGRP8-37 或 BIBN4096BS 能阻断吗啡的快速耐受过程。以上几个方面研究工作说明 CGRP 及其受体参与阿片类药物的耐受，但其机理尚不清楚。

第四节 甘丙肽

甘丙肽(galanin)是1983年从猪的小肠中分离出来的,因其第一个氨基酸残基为甘氨酸(glycine),而末端残基为丙氨酸(alanine),因此命名为galanin,中文译为甘丙肽。甘丙肽广泛分布于机体的各个系统,包括中枢神经系统和周围神经系统、消化系统、循环系统等。甘丙肽参与摄食、胃肠运动和内分泌的调节,以及学习和记忆、神经系统的发育和再生、阿尔茨海默病等多种生理或病理过程。

一、甘丙肽的分子结构

甘丙肽是由29个(人类为30个)氨基酸残基组成的神经肽。其基因表达一个较大的由123个或者124个氨基酸残基组成的前体蛋白——甘丙肽前肽原,然后经过蛋白酶水解生成29个氨基酸残基的甘丙肽。甘丙肽前肽原中含有信号肽、甘丙肽和甘丙肽信息相关肽。信号肽是甘丙肽前肽原氨基酸序列中的一个疏水区,为激素前体信号肽,能够协助前体蛋白转运到细胞的内质网中。如图7-12所示,甘丙肽的分子序列定位在前体蛋白的33~61位氨基酸,其前后两端是两对剪切位点(Lys-Arg)。

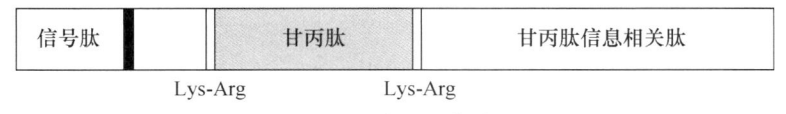

图7-12 甘丙肽前肽原

甘丙肽分子的氨基端序列是高度保守的,物种间的差异主要表现在羧基端区域,这可能就是不同来源的甘丙肽对内分泌系统作用不同的原因。甘丙肽的活性部位可能主要位于其分子的N末端。甘丙肽1~15片段可影响Forskolin激活cAMP的过程,并抑制RIN-m5F细胞中胰岛素的释放。有报道称甘丙肽羧基端10~29片段不能与甘丙肽受体结合,也没有观察到任何生理作用。但在促进生长激素分泌的实验中发现,甘丙肽1~19片段的作用与甘丙肽的作用相近,如果去掉该片段羧基端的四个氨基酸,就消除了甘丙肽引起的生长激素释放作用。以上几个方面的研究结果表明,在不同的组织细胞中,甘丙肽可能具有不同的结构和活性特点。

在前体蛋白中,甘丙肽序列后面含有一个59个氨基酸残基的多肽,称为甘丙肽信息相关肽。在甘丙肽信息相关肽的羧基端,是由36个氨基酸残基组成的片段,这个片段非常保守,其中有24个氨基酸保持不变。关于甘丙肽信息相关肽的功能研究很少,目前仅知道它参与了脊髓水平痛觉的调节。

另外一个甘丙肽家族的成员是甘丙肽类似肽(GALP),它由60个氨基酸残基组成,最初是在猪的下丘脑中发现这种内源性的甘丙肽受体配基。后来在其他种属,包括大鼠、小鼠、猕猴和人类,也发现了甘丙肽类似肽的基因。甘丙肽类似肽可能参与很多生理功能的调节,例如,在调节身体的稳态平衡方面具有重要作用。

2006年又发现了一个新的甘丙肽家族成员,被称为Alarin,含有25个氨基酸残基,来自甘丙肽类似肽mRNA的可变剪切。

编码大鼠甘丙肽的基因大约为5kb,其中包括六个外显子和五个内含子。甘丙肽前体的编码序列从外显子2的第一个碱基延伸到外显子6的中部。

雌激素在调节甘丙肽基因表达中具有重要作用。雌性大鼠卵巢切除后可导致垂体中甘丙肽含量和mRNA水平明显降低。在大鼠垂体中施加雌激素,可诱导甘丙肽mRNA的表达,并且有时间-剂量依赖关系,然而施加雄激素则没有作用。雌激素不但能够引起甘丙肽基因的表达,还能明显增加甘丙肽的分泌。虽然雌激素对大鼠垂体中甘丙肽基因表达具有重要的调控作用,但是雌二醇对下丘脑中甘丙肽基因表达的影响相对较弱。

二、甘丙肽受体

甘丙肽受体分为三种亚型，分别是 GALR1、GALR2 和 GALR3。这三种甘丙肽受体的分子结构中均含有七个跨膜片段，其 N 末端位于胞外，C 末端位于胞内，具有三个胞内环和三个胞外环（图 7-13，表 7-8）。所以三种甘丙肽受体亚型都属于 G 蛋白偶联受体家族。甘丙肽受体位于细胞膜外的 N 末端，含有多个糖基化位点；其胞外 I 区和 II 区中含有保守的半胱氨酸，它们之间形成二硫键；甘丙肽受体分子的胞内环和 C 末端含有保守的磷酸化位点。

表 7-8 三种甘丙肽受体亚型

甘丙肽受体	GALR1	GALR2	GALR3
受体基本结构	七次跨膜片段	七次跨膜片段	七次跨膜片段
受体氨基酸数目			
人类	349	387	368
大鼠	346	372	370
小鼠	348	371	370
偶联的 G 蛋白	G_i	$G_{q/11}$、G_i、G_o	$G_{i/o}$
第二信使/效应器	cAMP/MAPK	IP_3/Ca^{2+}/PKC/cAMP/MAPK	钾通道

最早克隆的甘丙肽受体是人类的 GALR1 受体，后来陆续克隆了人类和啮齿类的 GALR2 和 GALR3 受体。人类的三种甘丙肽受体之间氨基酸的同源性只有 35%～38%，其保守性高的序列主要存在于甘丙肽受体分子的跨膜区，而其亲水性的胞外端和胞内端同源性很低。三种甘丙肽受体分子在序列上的差异影响到其与配基的亲和力、不同 G 蛋白的偶联以及下游信号通路的选择性激活。

现有研究结果表明，激活甘丙肽受体可以抑制腺苷酸环化酶，激活 ATP 敏感的钾通道，抑制 L 型和 N 型钙通道，激活和（或）抑制肌醇磷脂转化酶，激活磷脂酶 A_2，激活促分裂原活化的蛋白激酶（MAPK）。近年来的研究表明，甘丙肽受体可能在多种病理过程中发挥重要作用。在阿尔茨海默病早期患者的杏仁核中，甘丙肽结合位点增多，抑郁症模型大鼠背侧中缝核中的甘丙肽结合位点增加。

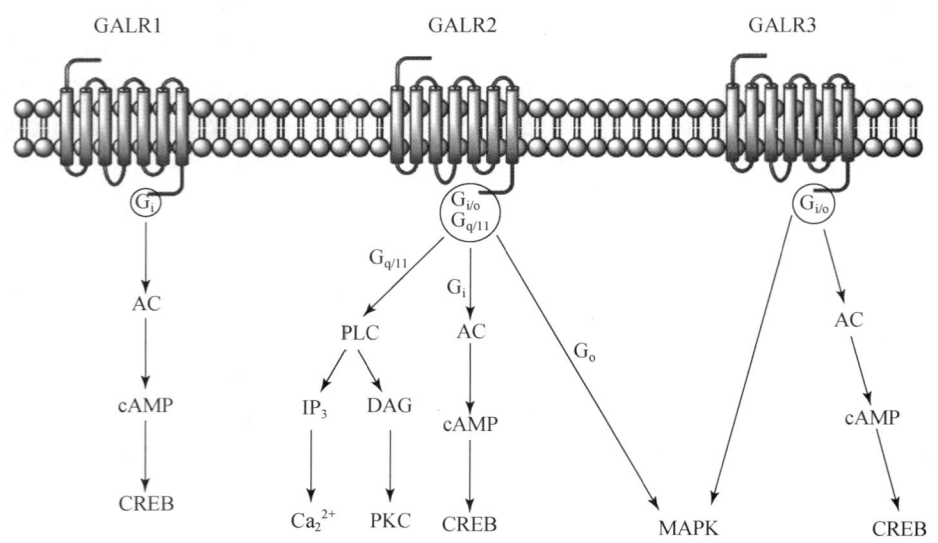

图 7-13 三种甘丙肽受体偶联的 G 蛋白及胞内信号转导通路

1. GALR1 受体

人类的 GALR1 受体是 1994 年从人 Bowes 黑色素瘤细胞系中克隆出来的,它含有 349 个氨基酸残基,其基因定位于染色体 18q23。该基因至少含有两个内含子。外显子 1 编码从 N 末端到第 5 跨膜片段末端部分;外显子 2 编码第 3 胞内环部分;外显子 3 编码第 6 跨膜片段到 C 末端部分。小鼠的 *GALR1* 基因定位于染色体同一位置,即位于与人类该基因同线的位置上。

人类的 GALR1 受体与 GALR2 受体约有 42% 的同源性,与 GALR3 受体约有 38% 的同源性,与生长抑素和阿片受体有 30%~34% 的同源性。人类和大鼠的 GALR1 受体同源性很高,约 92% 的一致性,在第 2 和第 3 胞内环上有七个磷酸激酶 A(PKA)和磷酸激酶 C(PKC)的作用位点,但人类的 GALR1 受体在其 C 末端结构域上多了两个磷酸化位点。

人类 GALR1 受体与甘丙肽的结合方式为:甘丙肽的 N 末端进入受体的第 3 和第 6 跨膜片段间的袋状结构中,其 Trp_2 残基与受体的 His_{264} 结合,而 Try_9 与位于受体第 3 胞外环的 Phe_{282} 作用。

GALR1 与 G_i 蛋白偶联,当配基与受体结合后,抑制腺苷酸环化酶的活性,使胞内 cAMP 浓度下降,激活内向整流钾通道,抑制递质和激素的释放,从而影响诸如摄食、情绪、记忆、痛觉传递、肠道分泌和运动等生理过程。GALR1 在机体发育过程中可能也有一定的作用,例如,患有先天性生长激素不足的儿童,其 18 号染色体长臂上丢失了两个 Mb,而 *GALR1* 基因正好位于此处。

关于 GALR1 受体蛋白在哺乳动物体内分布的报道很少,免疫组织化学实验结果表明,胃肠道中的神经元、下丘脑、脊髓、三叉神经节和背根神经节中都有 GALR1 分布。人脑内 GALR1 mRNA 主要分布于皮质、海马、丘脑以及杏仁核。在哺乳动物的中枢神经系统中,GALR1 mRNA 广泛分布。在大鼠和小鼠中,嗅球、嗅束、基底前脑、内嗅区、杏仁核、丘脑、下丘脑、延脑、脑桥、脊髓后角中都有高表达。GALR1 mRNA 在外周组织中也有分布,如人类的小肠。

在某些生理或病理状态下,组织内 GALR1 mRNA 的含量会发生可塑性变化。GALR1 mRNA 的分布与性别和身体状况相关,如雌性动物下丘脑中 GALR1 mRNA 的含量多于雄性,而且雌性动物下丘脑中 GALR1 mRNA 的含量的变化周期与排卵周期一致。在炎症模型或外周神经损伤后,背根神经节中的 GALR1 mRNA 的表达下调,而在吗啡戒断小鼠的蓝斑中 GALR1 mRNA 上调。许多研究工作证实,雌激素、NGF 或者 forskolin 均能引起 GALR1 mRNA 上调。小鼠 GALR1 受体的启动子含有雌激素受体结合位点以及即刻早期基因 *fos/jun* 异源二聚体(AP-1)结合部位。Forskolin 对 GALR1 mRNA 的调节可能是由 cAMP 反应序列结合蛋白(cyclic AMP responsive element binding protein,CREB)结合到 GALR1 受体启动子的 CRE 位点所介导的。

2. GALR2 受体

GALR2 受体首先是从大鼠中克隆得到的,它含有 372 个氨基酸残基,其编码基因具有一个内含子,外显子 1 编码从受体 N 末端到第 3 跨膜片段末端部分,外显子 2 编码第 2 胞内环到 C 末端部分。大鼠 GALR2 受体的胞外区有三个与氮相连的糖基化位点,而胞内区有与 GALR1 受体不同的磷酸化位点。人类 GALR2 受体的 C 末端比大鼠 GALR2 受体的 C 末端多 15 个氨基酸残基,其编码基因在染色体上定位于 17q25.3。小鼠 GALR2 定位于第 11 号染色体。人的 GALR1 和 GALR2 受体只有约 42% 的同源性,提示这两种受体具有不同的生理功能。

GALR1 受体主要与 G_i 蛋白相偶联,而 GALR2 受体可以偶联不同的 G 蛋白,然后激活细胞内不同的信号通路(图 7-13)。所以甘丙肽可以通过激活不同的受体亚型引起神经元抑制或兴奋。

很多报道表明,GALR2 受体可能与 $G_{q/11}$ 相偶联。甘丙肽与 GALR2 受体结合后能够激活磷脂酶 C,进而引起细胞质内的磷酸肌醇和 Ca^{2+} 水平升高,以及 Ca^{2+} 门控氯通道的开通。由于上述甘丙肽与 GALR2 受体结合后产生的效应对 PTX 不敏感,提示 GALR2 受体与 $G_{q/11}$ 相偶联。

GALR2 受体还可以与 G_i 蛋白相偶联。在中国仓鼠卵细胞转染大鼠 GALR2 受体和 HEK293 细胞转染人 GALR2 受体后,施加甘丙肽可以抑制 forskolin 诱导的 cAMP 升高,这种抑制作用是 PTX 敏感的,提示 GALR2 受体抑制 cAMP 是通过 G_i 蛋白实现的。此外,激活 GALR2 受体会抑制 cAMP 反应序列结合蛋白。以上几个方面的研究工作表明,GALR2 受体与 G_i 蛋白相偶联。

GALR2 受体还可能与 G_o 蛋白相偶联。近年来的研究工作发现,甘丙肽与 GALR2 受体结合后能够通过 G_o 蛋白激活 MAPK。当甘丙肽与神经细胞膜上 GALR2 受体结合后能够激活 MAPK 以及 AKT,以保护神经元免受外界刺激所引起的损伤。

GALR2 mRNA 在神经系统和其他组织中均有非常广泛的分布,特别是在中枢神经系统和周围神经系统中分布较多。在中枢神经系统内 GALR2 mRNA 在海马中尤其是齿状回和 CA3 区、下丘脑、弓状核以及乳头体核中都有较密集的分布。人脑中 GALR2 mRNA 分布于皮质、海马、杏仁核、丘脑、下丘脑以及小脑。另外,在人的小肠中也存在 GALR2 受体,这可能是一个针对中枢 GALR2 受体进行药物治疗的障碍。

GALR2 mRNA 与 GALR1 mRNA 的分布特征有所不同。例如,GALR1 和 GALR2 mRNA 都存在于海马中,GALR1 mRNA 主要集中在 CA1 区和下托,而 GALR2 mRNA 局限于齿状回。在垂体前叶发现有 GALR2 mRNA 分布,而没有 GALR1 mRNA 分布,所以可能是 GALR2 受体介导了甘丙肽对垂体激素释放的调节。此外,GALR2 mRNA 在大鼠的新皮质和扣带复合体中都有分布,然而这些区域中并没有 GALR1 mRNA 的存在。在基底前脑、下丘脑、中缝背核和蓝斑中 GALR1 和 GALR2 的 mRNA 共存。

关于调节 GALR2 受体表达的研究不多。在大鼠出生后 1～7 天,脑内 GALR2 mRNA 的表达量较多,而且分布广泛。成年大鼠神经损伤后引起 GALR2 受体表达量持续增加,提示 GALR2 受体在中枢神经系统的发育和修复中发挥一定作用。也有报道认为,GALR2 过量表达后可以抑制细胞增殖,引起细胞凋亡。从 GALR2 受体的分布可以推测,它可能参与多种生理过程,如催乳素和生长激素的释放、泌乳、摄食、情绪反应和学习、记忆等生理过程。

近年来发现,GALR1 mRNA 和 GALR2 mRNA 存在于成年动物脑内室下区和后迁移层,这是与神经发生有关的脑区,提示甘丙肽可能参与了神经发育,包括细胞的增生和存活、突起的生长以及突触成熟的调节过程。

3. GALR3 受体

GALR3 受体也是首先在大鼠中克隆得到的,它含有 370 个氨基酸残基。人类的 GALR3 受体含有 368 个氨基酸残基,与大鼠的 GALR3 受体的同源性高达 90%,它们含有相同的保守 N 末端糖基化位点和几个磷酸化位点,包括一个在 GALR1 和 GALR2 受体中没有的 C 末端 PKC 磷酸化位点。人类和大鼠的 GALR3 胞内部分含有多个磷酸化位点。在其 C 末端有一个 PKC 磷酸化位点,但这个位点并不保守,可能与不同的调节机制有关。小鼠的 GALR3 基因定位于第 15 号染色体。

对于 GALR3 受体的胞内信号通路目前所知甚少。尽管 GALR3 受体和 GALR1 受体之间的同源性很低,但是药理学研究结果表明,GALR3 受体的胞内信号通路与 GALR1 受体类似。甘丙肽可通过 GALR3 受体进而激活钾通道。在非洲爪蟾卵母细胞中,所表达的大鼠 GALR3 受体可能与 $G_{i/o}$ 型 G 蛋白相偶联。另外,有实验结果提示,GALR3 受体与 G_i 型 G 蛋白相偶联。GALR3 受体激活后使细胞膜超极化,抑制表达 GALR3 受体的神经细胞突触传递效率,以及抑制细胞的分泌作用。

GALR3 受体广泛存在于神经系统和其他组织中。在人类中枢神经系统中,额叶、颞叶、纹状体、下丘脑、延髓、小脑和脊髓中的 GALR3 受体含量较高,在海马、杏仁核和丘脑中的含量较低。GALR3 受体 mRNA 分布于下丘脑、垂体、嗅球、小脑皮质、延髓、尾状核、壳核和脊髓。在神经系统以外的组织中如肝、肾、胃、肺、脾、胰、肾上腺和睾丸中均有 GALR3 受体分布,特别是在消化道、甲状腺、肾上腺、前列腺和性腺组织中,GALR3 受体的含量非常丰富。

GALR3 受体参与摄食、情绪、痛觉传递、垂体激素的释放等生理过程,可能还参与胰岛素释放和糖代谢的调节。

三、甘丙肽在中枢神经系统内的分布与神经通路

1. 甘丙肽在中枢神经系统内的分布

甘丙肽能神经细胞的胞体和甘丙肽能神经纤维在中枢神经系统及周围神经系统内广泛分布。在脑内，甘丙肽能神经细胞分布于扣带回、纹状体、内侧视前区、上丘、下丘、内侧隔核（medial septum，MS）和斜脚带核（diagonal band of Broca，DBB）、下丘脑、基底巨细胞核、蓝斑、中缝核、孤束核、三叉神经核等部位。

在大鼠基底前脑的核团中，包括尾状核、壳核及杏仁核，都有较密集的甘丙肽能神经细胞分布。内侧隔核中的甘丙肽能神经细胞比外侧隔核中更密集，在大鼠的嗅脑前嗅核的外侧和尾侧均有甘丙肽能小神经细胞存在。在嗅脑和前嗅核的内侧和外侧丛状层中有甘丙肽能神经纤维分布。在内侧隔核和斜脚带核中，甘丙肽能神经细胞多是中等大小的多极神经元。

皮质接受来自内侧隔核、斜脚带核、迈纳特基底核及丘脑的甘丙肽能纤维投射。在皮质的各层中都可以检测出甘丙肽免疫活性纤维。在海马中，甘丙肽能纤维的分布密集且有区域特点。在 CA3 区锥形细胞层和内嗅区，甘丙肽能纤维的分布密集；在腹侧海马和下托中的甘丙肽能纤维密度比背侧要高；内嗅区有甘丙肽能纤维的分布，但是密度较低；在 Ammon 氏角中的甘丙肽能纤维呈层状分布。在灵长类 CA3 区的锥形细胞层、内嗅区、下托和齿状回中，均发现大量的甘丙肽能纤维的分布。在终纹及中央杏仁核和内侧杏仁核中也有密集的甘丙肽能纤维存在。在杏仁核的其他部位，甘丙肽能纤维的分布比较分散。

在大鼠和小鼠的下丘脑内，甘丙肽的分布最多，在视前区、视上核、视交叉上核、弓状核、室旁核、背内侧下丘脑核、终纹床核、外侧和中间下丘脑均有密集的甘丙肽能细胞胞体的分布。在灵长类，甘丙肽免疫活性细胞存在于下丘脑腹内侧、视上核、下丘脑外侧区和室旁核。在这些神经细胞中，甘丙肽与许多其他神经肽或递质共存。有意思的是，弓状核中一些甘丙肽能神经元支配另一些甘丙肽能细胞，这为超短反馈神经调节提供了解剖学基础，提示甘丙肽可能调节自身向门脉系统的分泌过程。弓状核中的甘丙肽能神经细胞发出甘丙肽能神经纤维，一部分进入内侧前脑束，投射到基底前脑等广大区域，同时投射到正中隆起的外侧区。

在中脑的中脑导水管周围灰质、黑质、脚周核、前腹侧被盖区均有较密集的甘丙肽能神经纤维存在。中脑导水管周围灰质的甘丙肽能神经纤维主要来自下丘脑的弓状核和室旁核。在中缝背核中有散布的甘丙肽能纤维分布。

在脑干，甘丙肽能神经细胞分布在蓝斑、孤束核、三叉神经核、迷走神经背核以及中缝核群。在蓝斑以及孤束核中，甘丙肽 mRNA 大量表达。蓝斑中某些甘丙肽能神经元还含有去甲肾上腺素和神经肽 Y。蓝斑中的这些神经元发出纤维，投射到皮质、海马、下丘脑和小脑。

在周围神经系统也有甘丙肽的广泛分布。在大鼠背根神经节中，直径较小的感觉神经元中含有甘丙肽，在人的背根神经节中也发现甘丙肽的表达。甘丙肽在直径较小的感觉神经元中合成并进入囊泡，然后被运输到外周的神经末梢和脊髓后角的浅层，通常这些囊泡中还同时含有 P 物质和降钙素基因相关肽。脊髓后角中也有甘丙肽能神经细胞，其胞体主要分布于脊髓后角第Ⅱ层，这些神经细胞中的甘丙肽多与 γ-氨基丁酸、脑啡肽和神经肽 Y 共存。在中央管周围（第Ⅶ层和第Ⅹ层）也有少量甘丙肽能神经细胞，这些神经细胞中同时含有胆囊收缩素。

很多研究表明，甘丙肽能与不同的递质和神经肽共存于不同类型的神经元中。例如，在大鼠蓝斑中，80% 的肾上腺素能神经元和中缝核中 60% 的 5-羟色胺能神经元都含有甘丙肽；脊髓的 γ-氨基丁酸能神经元和隔核的胆碱能神经元中也含有甘丙肽。同时，甘丙肽还与催产素、胆囊收缩素、酪氨酸羟化酶共存于下丘脑室旁核中。

近年来在脑内一些可以增生的区域，如侧脑室室下区和海马齿状回颗粒下区，也检测到了甘丙肽 mRNA 的表达，在这些区域内甘丙肽可能参与神经干细胞的增生、分化和迁移的调节。

2. 脑内的甘丙肽能神经通路

已经发现脑内存在多条甘丙肽能神经通路，它们广泛参与机体的各种生理功能。内侧隔核和斜脚带核中的甘丙肽能神经细胞发出的纤维投射到大脑皮质。该通路的多数神经纤维中既含有甘丙肽又含有乙酰胆碱，有时候还含有内皮素。内侧隔核和斜脚带核中的甘丙肽能神经细胞发出的纤维还投射到海马，可能参与学习与记忆。

皮质接受来自丘脑、中缝背核、结节乳头核等核团和脑区的甘丙肽能神经纤维的投射，在这些甘丙肽能投射纤维中，甘丙肽与5-羟色胺、γ-氨基丁酸等共存。

在杏仁核中，中央杏仁核和基底杏仁核中含有较丰富的甘丙肽能神经细胞，它们发出甘丙肽能纤维投射到海马以及中脑中央灰质。

下丘脑有较丰富的甘丙肽能神经细胞分布。从室旁核、背内侧核和视前区发出甘丙肽能纤维投射到孤束核。从室旁核发出甘丙肽能纤维还投射到中脑导水管周围灰质。下丘脑弓状核中的甘丙肽能小神经细胞发出纤维投射到室旁核。弓状核中的甘丙肽能神经细胞发出甘丙肽能纤维与门脉循环系统联系。下丘脑视上核中的甘丙肽能神经元通过视上-垂体束支配垂体后叶。这些甘丙肽能神经细胞中的大部分都含有催产素。下丘脑室旁核中含有较多的甘丙肽能神经细胞，这些神经细胞分为大、中和小细胞群。室旁核的大细胞群中甘丙肽能神经细胞通过室旁-垂体束投射到垂体后叶，这些甘丙肽能神经元也含有强啡肽、升压素和胆囊收缩素。室旁核的中、小细胞群中的甘丙肽能神经细胞通过室周-漏斗束投射到门脉循环系统。这些神经细胞中的甘丙肽与神经紧张素、升压素、胆囊收缩素和脑啡肽共存。

在脑干的孤束核、蓝斑、中缝核中都有甘丙肽能神经细胞的分布，它们发出甘丙肽能纤维投射到前脑、海马以及下丘脑等多处脑区。

在脊髓中央管周围区域中存在甘丙肽能神经细胞，主要在第Ⅹ层，它们发出纤维经脊丘束投射到丘脑。在背根神经节中有甘丙肽能神经细胞的存在，其甘丙肽能纤维的中枢端投射到脊髓后角浅层。在背根神经节甘丙肽能神经细胞中，甘丙肽多与CGRP、P物质及生长抑素等共存。

四、甘丙肽的生理功能

甘丙肽在体内参与众多生理过程，如学习、记忆、痛觉传递、摄食活动、神经内分泌的调节以及神经系统的发育和再生等。由于甘丙肽的受体亚型在不同组织中的分布差异，甘丙肽复杂的生理作用在很大程度上是通过其不同的受体亚型激活及多种胞内信号转导通路实现的。但要进一步确定是哪一种受体亚型在起作用，还需要选择性更高的受体拮抗剂和激动剂，而且可能还有新的甘丙肽受体亚型有待发现。所以，在此主要介绍甘丙肽受体在痛觉调节、学习和记忆、激素释放、抑郁症等方面的研究进展。

1. 甘丙肽参与痛觉的调节

甘丙肽及其受体在痛觉调节中具有重要而复杂的作用。在脊髓水平，甘丙肽对痛觉信息传递的抑制作用可能是通过GALR1介导的。甘丙肽基因敲除小鼠的痛阈降低，而甘丙肽过量表达的小鼠则痛阈升高，鞘内注射甘丙肽受体拮抗剂M35可以阻断这种痛阈升高而使小鼠恢复到野生型水平。研究表明，甘丙肽受体与吗啡在脊髓水平的镇痛作用有关，吗啡的镇痛作用可能有甘丙肽及其受体的参与。鞘内注射甘丙肽产生镇痛作用，还能够加强吗啡的镇痛作用，而甘丙肽受体拮抗剂则能够抑制吗啡的镇痛作用。

在坐骨神经结扎的神经性痛大鼠的背根神经节细胞中，甘丙肽和甘丙肽信息相关肽的水平都有长时程的显著上调，而在脊髓蛛网膜下腔注射甘丙肽可以产生剂量依赖的镇痛作用。

Yu的实验室系统研究了甘丙肽及其受体在脑内的痛觉调节作用与机制。他们发现，在弓状核内，甘丙肽具有明确的镇痛作用，这种作用是由GALR1受体介导的；在弓状核内，甘丙肽的镇痛作用有阿片受体和$GABA_A$受体的参与。他们进一步的研究工作证实，弓状核内的甘丙肽通过激活弓状核到中脑导水管周围灰质的神经通路，在中脑导水管周围灰质内释放β-内啡肽，进而激活μ阿片受体发挥镇痛作用。

许多研究表明，脑内的甘丙肽与阿片系统之间存在密切的联系。他们的研究工作还发现，在中脑导水管周围灰质、基底前脑的伏隔核、杏仁核等核团内注射甘丙肽可产生明确的镇痛作用，阿片受体参与甘丙肽的镇痛作用。

Yu的实验室研究了吗啡耐受过程中脑内甘丙肽的可塑性变化。在吗啡耐受时，大鼠弓状核内甘丙肽样免疫活性物质的含量显著增加，而在中脑导水管周围灰质中则没有显著性变化。相同剂量甘丙肽在吗啡耐受大鼠脑内引起的镇痛作用比正常大鼠显著下降。以上结果表明，吗啡耐受后大鼠脑内甘丙肽的镇痛作用和含量发生了可塑性变化，提示在中枢神经系统内甘丙肽参与吗啡耐受过程。

甘丙肽镇痛作用的机制目前尚不清楚。在突触前和突触后都存在甘丙肽受体，提示甘丙肽的作用方式非常复杂。一种方式可能在于，在感觉初级传入纤维末梢与脊髓后角神经细胞之间形成的突触部位，突触前和突触后都存在甘丙肽受体。在突触后膜，甘丙肽作用于其受体引起突触后膜超极化。甘丙肽也可能作用于突触前，抑制初级传入纤维末梢内递质的释放。

甘丙肽引起镇痛作用的另一种方式可能与内源性阿片肽和阿片受体有关。阿片受体拮抗剂纳洛酮可以抑制甘丙肽对摄食活动的影响，提示甘丙肽可能调节内源性阿片肽的释放。Yu实验室以往的研究工作证实，在脑内和脊髓水平，阿片受体拮抗剂都能抑制甘丙肽的镇痛作用。甘丙肽可以调节弓状核前阿黑皮素原能神经元释放β-内啡肽，为甘丙肽调节阿片肽的释放提供了直接证据。

甘丙肽受体在突触后与$GABA_A$受体间的相互作用可能是甘丙肽发挥镇痛作用的又一种方式。在中脑导水管周围灰质内，甘丙肽可能通过突触前抑制的方式调节GABA的释放，从而改变突触后神经元的兴奋性，发挥镇痛作用。甘丙肽还可能通过作用于突触前受体调节兴奋性氨基酸的释放，也可能通过胞内信号系统调节NMDA受体的功能，提示甘丙肽对兴奋性氨基酸的调节可能是甘丙肽发挥镇痛作用的途径之一。

2. 甘丙肽与学习、记忆

多种学习、记忆实验测试（包括水迷宫、八臂迷宫、被动回避、恐惧记忆）结果表明，在脑内，甘丙肽抑制动物学习、记忆的能力。侧脑室内注射甘丙肽抑制大鼠水迷宫测试中寻找平台的潜伏期，但对记忆的提取没有影响，而注射甘丙肽受体拮抗剂M35显著改善大鼠学习、记忆的能力，提示内源性甘丙肽对学习、记忆具有抑制作用。据Ogren及其同事报道，在大鼠海马中注射甘丙肽对水迷宫学习任务测试呈现出双向效应，在腹侧海马内注射1 nmol甘丙肽可改善学习、记忆，注射6 nmol甘丙肽对学习没有明显影响，但是注射3 nmol甘丙肽对大鼠学习、记忆功能具有抑制作用。

通过调节甘丙肽及其受体的表达，可以深入研究甘丙肽在学习、记忆中的作用。有一种甘丙肽基因过表达的小鼠是将甘丙肽基因连在多巴胺-β-羟化酶的启动子上，这样甘丙肽就会表达在肾上腺素能神经元内。这种表型的小鼠在一些学习、记忆能力测试（如水迷宫）中表现出学习、记忆障碍，但是其视觉和运动能力很正常。另一种甘丙肽转基因小鼠是把甘丙肽接在血小板衍生生长因子（platelet derived growth factor，PDGF）的启动子上，通过水迷宫和被动回避反应来测试其学习、记忆能力，发现这种青年转基因小鼠与野生型小鼠没有明显区别。但是，在水迷宫测试中，这种老年转基因小鼠寻找平台的时间明显比野生型小鼠要长。近几年有报道，甘丙肽基因敲除的老年鼠寻找平台的时间比野生型小鼠要长，在空间物体辨别实验中也存在着障碍。

甘丙肽是通过甘丙肽受体来发挥作用的，甘丙肽在学习、记忆中的作用，可以通过甘丙肽受体基因敲除的方法进一步研究。但是这方面的实验结果分析起来比较复杂。GALR1受体基因敲除小鼠在健康、神经反射活动、视觉和运动功能上与野生型小鼠没有明显差别，在水迷宫测试中也没有明显差别。这些研究结果提示GALR1受体可能不参与甘丙肽在学习、记忆中的作用，推测可能是GALR2受体介导了甘丙肽对学习、记忆的抑制作用。可是，最近的研究工作表明，GALR2受体基因敲除小鼠与野生型小鼠在学习、记忆能力上也没有显著差异。所以，甘丙肽调节学习、记忆的机制可能比较复杂。

有关甘丙肽调节学习、记忆机制的研究工作已经有许多。在豚鼠海马脑片上，甘丙肽可以抑制长时程增强（LTP），并且这种作用可以被甘丙肽受体拮抗剂 M40 所阻断，而对长时程压抑没有明显影响。NMDA 或者代谢型谷氨酸受体可能没有参与甘丙肽对 LTP 的抑制作用。在海马中，甘丙肽受体主要是 GALR1 受体和 GALR2 受体，由于缺乏特异性的 GALR1 和 GALR2 的激动剂或者拮抗剂，因此很难判断是哪种甘丙肽受体参与甘丙肽抑制 LTP 的作用。最近通过 GALR1 受体基因敲除小鼠和 GALR2 受体激动剂，证实甘丙肽是通过激活 GALR2 进而抑制 LTP 的。另外，有研究结果表明，甘丙肽在抑制大鼠海马 LTP 的同时也抑制了 CREB 的活性。

3. 甘丙肽在神经损伤中的作用

甘丙肽在不同的神经损伤模型中表达都会大量上升。在大鼠坐骨神经横断后，在脊髓和背根神经节中甘丙肽的含量都显著提高，甚至可以提高 120 倍。面神经损伤后甘丙肽以及 GALR2 受体的 mRNA 在同侧面神经核的含量都会大幅度升高。在坐骨神经切断后，脑内乳头体和隔核神经细胞中的甘丙肽持续高表达。此外，局部脑缺血也会引起脑内甘丙肽 mRNA 水平上升。

4. 甘丙肽与阿尔茨海默病

在阿尔茨海默病患者的基底前脑中有大量胆碱能神经元坏死，从而导致基底前脑投射到海马和大脑皮质的乙酰胆碱释放明显减少，这被认为是引起阿尔茨海默病患者认知障碍的重要原因之一。研究进一步发现，在阿尔茨海默病患者的基底前脑剩余的胆碱能神经元周围有大量甘丙肽能神经纤维增生，将剩余的胆碱能神经元包围。甘丙肽对胆碱能神经元的作用可能有两方面：一方面导致乙酰胆碱释放减少，使病情恶化；另一方面可能也保护了剩余的胆碱能神经元，使其不超负荷工作，也就是对胆碱能神经细胞起保护作用。

已发现在阿尔茨海默病患者的额叶、颞叶、顶叶中甘丙肽的含量显著升高，额叶中甘丙肽的结合位点明显增加。在早期患者的基底前脑中并没有出现甘丙肽过度支配胆碱能神经元的现象。在晚期患者的基底前脑中发现胆碱能神经元大量散失，而与此相反的是甘丙肽大量上升并且过度支配剩余的胆碱能神经元。这些结果提示只有在晚期患者中，基底前脑的甘丙肽及其受体才发生明显变化。放射免疫实验结果表明，在晚期患者的基底前脑中，甘丙肽的水平比正常水平约升高了 2 倍，同时发现晚期患者的基底前脑中甘丙肽的结合位点比早期患者和正常人的结合位点明显增加。

杏仁核和内嗅皮质在高级学习、记忆中起着重要作用，在阿尔茨海默病的进程中发生可塑性变化。与甘丙肽在晚期患者基底前脑中发生的变化不同，只有在早期患者中，杏仁核和内嗅皮质的第二层内甘丙肽的结合位点才显著增加。

阿尔茨海默病患者的老年斑主要由 Aβ 组成，在老年斑中也检测到甘丙肽的存在。所以，甘丙肽和 Aβ 之间可能发生相互作用。甘丙肽和 Aβ 的相互作用最直接的证据来自体外。在原代培养的基底前脑神经元、人胚神经元中，甘丙肽可以抑制 Aβ 产生的细胞毒性。在转基因阿尔茨海默病模型小鼠上也得到了甘丙肽和 Aβ 之间相互作用的证据。

甘丙肽在阿尔茨海默病发病中的作用存在较大争议。一方面甘丙肽对神经细胞具有抑制作用，对正常动物的学习、记忆有明确的损伤作用，这样可能导致阿尔茨海默病的发病；另一方面上述甘丙肽对神经细胞的抑制作用可能避免阿尔茨海默病发病中脑内神经细胞的过度活动，从而对神经细胞发挥保护作用。甘丙肽对学习、记忆的抑制作用都是在正常的动物（包括正常动物和甘丙肽转基因小鼠）上得出的结果，而甘丙肽的保护作用多是在动物病理模型上得到的，如利用 Aβ 等制造的学习、记忆损伤模型等。近年来在体外实验中发现，甘丙肽能够抑制兴奋性氨基酸引起的神经损伤，提示甘丙肽在阿尔茨海默病患者脑中大量上升很可能是一种神经保护作用。

目前，有越来越多的证据支持甘丙肽在阿尔茨海默病中发挥保护作用。有报道指出，在神经细胞病变很少的基底核前部，甘丙肽的过度支配程度很高，结合位点最多；而在胆碱能神经元病变最严重的基底核后部没有出现甘丙肽能纤维增生和甘丙肽受体增多的现象。

甘丙肽在阿尔茨海默病中起保护作用的另一些证据来自甘丙肽基因敲除小鼠。这种转基因小鼠在基底前脑中 ChAT 免疫阳性的神经元明显减少，并且神经生长因子高亲和力的受体 TrkA 的表达也明显降低。在老年甘丙肽基因敲除小鼠的海马中,乙酰胆碱的释放明显减少,LTP 会受到抑制并且空间学习、记忆能力会出现障碍,这些结果提示在生理条件下,海马中的甘丙肽是起着兴奋性作用的。

甘丙肽起神经保护作用的直接证据来自体外实验。在海马中,甘丙肽保护谷氨酸、海人藻酸等引起的细胞损伤,敲除 GALR2 受体基因后就失去了甘丙肽对谷氨酸引起神经细胞兴奋性毒性的保护作用。在原代培养的基底前脑神经元中,甘丙肽能够抑制 Aβ 导致的细胞毒性,而 GALR2/3 的激动剂能够模拟甘丙肽的这种作用。

近年来 Yu 的实验室应用神经生理学、神经药理学、免疫化学、细胞生物学等方法,深入研究了甘丙肽的细胞保护作用。在培养的海马神经细胞上证实,Aβ 可激活 P53、Bax、Caspase-3 等细胞凋亡通路,引起神经细胞死亡。他们的研究工作发现,甘丙肽可明显抑制 Aβ 对海马神经细胞的毒性作用,这种作用是通过激活 GALR2 受体,进而激活 ERK 信号通路来发挥保护作用的。他们的研究工作进一步发现,在海马内注射 Aβ 可导致大鼠空间学习、记忆障碍,而注射甘丙肽可阻断 Aβ 对大鼠空间学习、记忆的损伤。他们在整体动物上的研究工作证实,较低浓度的甘丙肽能够保护培养的人胚神经细胞内 Aβ 的毒性作用,GALR2 受体介导了甘丙肽的这种作用。

5. 甘丙肽对激素分泌的调节

在下丘脑,甘丙肽能够抑制生长抑素和促进促性腺激素的释放,进而提高生长激素和催乳素的释放。甘丙肽可以直接作用于垂体细胞使其分泌催乳素。

6. 甘丙肽在抑郁症中的作用

国内徐志卿的实验室应用行为药理学、细胞生物学等方法,在慢性温和应激抑郁大鼠上深入研究了脑内甘丙肽及其受体在抑郁症中的作用和机制,发现甘丙肽具有明确的抗抑郁作用。这些实验结果为研究抑郁症的发病机理和治疗提供了新的实验资料。动物实验表明,慢性应激抑郁模型大鼠的杏仁核和蓝斑内甘丙肽的表达增加,而多种甘丙肽受体拮抗剂在抑郁动物模型中显示出抗抑郁样活性。在强迫游泳抑郁模型大鼠侧脑室内注射甘丙肽,明显增加大鼠的抑郁样行为,而注射甘丙肽受体拮抗剂(如 M35)可以逆转这种作用,表明甘丙肽受体拮抗剂具有抗抑郁样特性。但也有研究显示,腹腔注射甘丙肽受体激动剂可明显拮抗抑郁样行为。甘丙肽的抗抑郁作用可能是通过调节 5-HT 和 NE 实现的。这些似乎相互矛盾的实验结果,可能与脑内各个脑区或核团内的甘丙肽受体的分布和亚型有关。

总之,应用甘丙肽及其受体的选择性激动剂或拮抗剂可能为治疗抑郁症提供了新的思路,甘丙肽及其受体在抑郁症中的作用尚需深入研究,尤其需要临床实践的研究。

(于龙川、于诚)

练 习 题

1. 试述肽的分子结构与功能的关系。
2. 神经肽的作用方式有哪些?各有什么特点?
3. 什么是递质共存?说明共存的生物学意义。
4. 内源性阿片肽与阿片受体发现的研究历史对你的科研工作有什么启发?
5. 试述对降钙素基因相关肽受体的认知与研究过程,这项研究对你有什么启发?
6. 试述甘丙肽在阿尔茨海默病发病中的作用。

参 考 文 献

CHENG Y, YU L C, 2010. Galanin protects amyloid-beta-induced neurotoxicity on primary cultured hippocampal neurons of rats[J]. J alzheimers dis, 20: 1143-1157.

CHENG Y, YU L C, 2015. Galanin up-regulates the expression of M1 muscarinic acetylcholine receptor via the ERK signaling pathway in primary cultured prefrontal cortical neurons[J]. Neurosci lett, 590: 161-165.

EVANS C J, KEITH JR D E, MORRISON H, et al, 1992. Cloning of a delta opioid receptor by functional expression[J]. Science, 258: 1952-1955.

HAY D L, GARELJA M, POYNER D R, et al, 2018. Update on the pharmacology of calcitonin/CGRP family of peptides: IUPHAR Review 25[J]. Br j pharmacol, 175: 3-17.

HAY D L, WALKER C S, 2017. CGRP and its receptors[J]. Headache, 57: 625-636.

LANG R, GUNDLACH A L, HOLMES F E, et al, 2015. Physiology, signaling, and pharmacology of galanin peptides and receptors: three decades of emerging diversity[J]. Pharmacological reviews, 67: 118-175.

LAW P Y, WONG Y H, LOH H H, 1999. Mutational analysis of the structure and function of opioid receptors [J]. Biopoly, 51: 440-455.

KIEFFER B L, BEFORT K, GAVERIAUX-RUFF C, et al, 1992. The delta-opioid receptor: isolation of a cDNA by expression cloning and pharmacological characterization[J]. PNAS, 89: 12048-12052.

KRASENBAUM L J, 2017. A review of CGRP and its receptors[J]. Headache, 57: 670-671.

MERIGHI A, 2002. Costorage and coexistence of neuropeptides in the mammalian CNS[J]. Prog neurobiol, 66: 161-190.

MEUNIER J-C, MOLLEREAU C, TOLL L, et al, 1995. Isolation and structure of the endogenous agonist of opioid receptor-like ORL1 receptor[J]. Nature, 377: 532-535.

MORFIS M, CHRISTOPOULOS A, SEXTON P M, 2003. RAMPs: 5 years on, where to now?[J] Trends pharmacol sci, 24: 596-601.

REINSCHEID R K, NOTHACKER H P, BOURSON A, et al, 1995. Orphanin FQ: a neuropeptide that activates an opioidlike G protein-coupled receptor[J]. Science, 270: 792-794.

ŠÍPKOVÁ J, KRAMÁRIKOVÁ I, HYNIE S, et al, 2017. The galanin and galanin receptor subtypes, its regulatory role in the biological and pathological functions[J]. Physiol res, 66: 729-740.

SNYDER S H, POSTERNAK G W, 2003. Historical review: opioid receptor[J]. Trends pharmacol sci, 24: 198-205.

YU L C, HOU J F, FU F H, et al, 2009. Roles of calcitonin gene-related peptide and its receptors in pain behavioral responses in the central nervous system[J]. Neurosci biobehav rev, 33: 1185-1191.

孙凤艳, 2016. 医学神经生物学[M]. 上海: 复旦大学出版社.

许绍芬, 1999. 神经生物学[M]. 上海: 上海医科大学出版.

第八章　细胞的受体

第一节　细胞的受体

一、受体的概念

受体(receptor)是指生物细胞的一种组分,它能特异地识别并结合细胞内环境中的某些化学物质,进而引起细胞发生一系列生理学和生物化学的反应,例如,引起细胞膜上某些离子通道的开放或关闭、细胞内某些酶的激活或修饰、细胞内某些基因的转录与调控等,最后导致细胞的功能状态发生变化。受体能特异地识别并与之结合的化学物质,称为配基或配体(ligand)。配基可以是机体内存在的递质、调质、生长因子和激素,也可以是外源性的药物或毒素等。

二、细胞膜受体和细胞内受体

不同受体在细胞中的分布不同,例如,某些受体位于细胞膜上,而另外一些受体则位于细胞质或细胞核内。细胞膜上的受体称为细胞膜受体或膜受体,这类受体包括位于细胞膜表面的各种递质、调质的受体以及神经肽类和蛋白质类激素的受体。位于细胞内各种细胞器膜上的受体也属于膜受体,如肌质网膜上的 ryanodine 受体等。

还有一大类细胞的受体位于细胞内,如甾体类激素受体、甲状腺激素受体等。这些受体配基的分子比较小,脂溶性较强,很容易透过细胞膜进入细胞内,与胞内的相应受体结合,形成配基-受体复合物。这类复合物透过细胞核膜进入核内,再与核内受体相结合,形成配基-核受体复合物,进而启动或抑制 DNA 的转录过程,促进或抑制 mRNA 的生成,从而调节某些蛋白质的表达。

第二节　受体的特性

受体是生物细胞的一种组分,它可能位于细胞膜上、细胞质中、细胞核内或细胞器上。机体内的受体种类繁杂,功能各异,但是都具有以下共同特性。

1. 受体结构的立体特异性

机体内各种组织和细胞含有多种受体,这些不同类型的受体功能各异。但是,不论是哪种受体,都是由一个或多个蛋白质分子组成。有的受体本身就是一个蛋白质分子,有的受体则是由多个蛋白质分子组成。受体与配基的结合位点是由受体蛋白质分子的多个氨基酸残基形成的一个特异的三级结构,这个特异的结构不但决定了受体能够与哪种配基结合,而且决定了受体与配基结合的亲和力。所以,每种受体与相应的配基都有特异的构型或构象要求;而且,受体与配基结合的立体特异性是相对的,即一种受体可能与一类结构相似的配基相结合,即结构相似的配基都可能与同一种受体相结合。受体与每一种配基结合的强弱,则取决于受体与配基之间的亲和力。各种阿片受体与众多内源性阿片肽都可以结合,例如,δ 受体可以与脑啡肽、强啡肽和 β-内啡肽结合,但是 δ 受体与这三种内源性阿片肽结合的亲和力相差甚大(参见表 7-4)。

2. 受体与配基结合的饱和性

受体的这一特性是指受体具有有限的结合配基的能力,这是因为每一个组织或细胞中所含受体的数量是相对稳定的。例如,当吗啡浓度很低时,神经细胞膜上有少数 μ 受体与吗啡结合,随着吗啡浓度的提高,结合了吗啡的 μ 受体数量不断增加;当吗啡浓度达到一定程度时,吗啡与 μ 受体全部结合,这时即使再提高吗啡浓度,神经细胞膜上也无多余的 μ 受体可以与吗啡相结合,因为 μ 受体与吗啡的结合已经达到饱和。

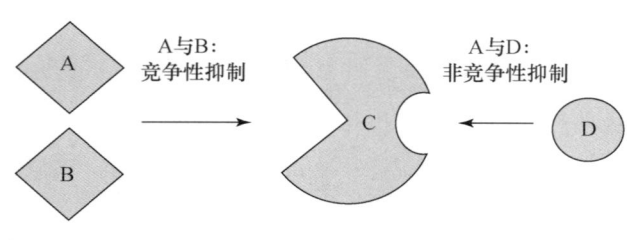

图 8-1 竞争性抑制示意

由于细胞或组织中受体的数目有限,受体能结合的配基数目有限,就会表现出竞争性抑制的现象。例如,化合物 A 和化合物 B 都可以与同一种受体结合,如果增加化合物 A 的浓度,与化合物 A 结合的受体数目就会增加,同时与化合物 B 结合的受体数目就会降低;反之增加化合物 B 的浓度,就会减少受体与化合物 A 的结合。这种现象称为竞争性抑制(图 8-1)。

3. 亲和力和内在活性

亲和力是指受体和配基结合的能力。亲和力越大,受体和配基的结合越强,配基占据受体所需的浓度越低;反之,受体和配基的亲和力越小,占据相同数量的受体所需配基的浓度则越高。亲和力的大小通常以配基与受体结合的解离常数 K_d 表示,K_d 是指占据半数受体所需的配基浓度。

当细胞的受体与相应的配基结合后,有时会引起细胞发生功能反应,有时则不会。所以,能使细胞发生功能反应的这类配基被称为具有内在活性。

内在活性是药理学上关于受体与配基结合的一个重要概念。内在活性设定为 0~1 之间,其中,内在活性为 0 的配基是完全拮抗剂,内在活性为 1 的是完全激动剂,内在活性介于 0 和 1 之间的是部分拮抗剂或部分激动剂。对于一种受体,亲和力大、内在活性高的配基通常被称为这种受体的激动剂(agonist);亲和力大、内在活性低的配基被称为拮抗剂(antagonist)或受体阻断剂(receptor blocker)。例如,内源性阿片肽是阿片受体的内源性激动剂,吗啡是阿片受体的外源激动剂。人工合成的纳洛酮或纳曲酮是阿片受体的拮抗剂或阻断剂。阿片肽与阿片受体之间具有高亲和力,与阿片受体结合后能激活受体产生相应的效应,所以阿片肽是阿片受体的激动剂。纳洛酮或纳曲酮与阿片受体之间虽然具有高亲和力,但是它们与受体结合后只是占据受体,既不能激活阿片受体,也不能引起生物学效应,所以纳洛酮和纳曲酮是阿片受体的拮抗剂(图 8-2)。

4. 受体与配基结合的可逆性

受体与配基之间的结合多是由氢键、离子键等非共价键维系的。一般说来,受体与配基的结合是可逆的。在体内,受体与内源性配基的结合都是可逆的。而众多的外源性配基,如药物、毒物等,其中一些配基与受体之间的结合非常牢固,结合后很难使之与受体解离。例如,α-银环蛇毒,它与 N 受体之间的亲和力很高,结合牢固且结合后很难解离。利用 α-银环蛇毒的这种特性,成功地分离纯化了 N 受体。

5. 体内存在受体相应的内源性配基

尽管已知的受体种类繁多,而且每种受体又分为若干亚型,但是从理论上讲,每种受体或受体亚型都应有与其相对应的内源性配基。例如,阿片受体有 δ 受体、κ 受体和 μ 受体。如上所述,各种阿片受体与众多的内源性阿片肽都可以结合,例如,δ 受体可以与脑啡肽、强啡肽和 β-内啡肽结合,但是彼此间亲和力相差甚大。脑啡肽与 δ 受体的亲和力高于 μ 受体,也远远高于 κ 受体,所以脑啡肽是 δ 受体的内源性配基。强啡肽与 κ 受体的亲和力高于其他的内源性阿片肽,所以它是 κ 受体的内源性配基。μ 受体的内源性配基为内吗啡肽(内源性吗啡肽,由四个氨基酸残基组成)。

目前已知的各种受体,许多已明确其内源性配基,还有一些受体目前尚未发现或确定其内源性配基,被称为孤儿受体。随着新的内源性配基的不断发现以及新的受体亚型的鉴别,有关这方面的知识也在不断地更新。

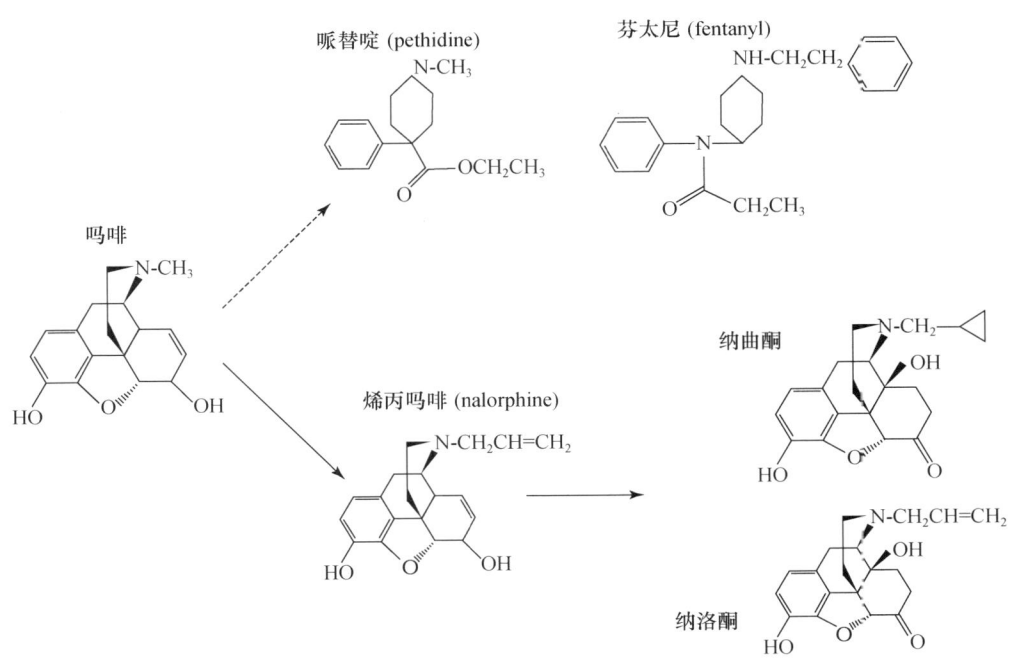

图 8-2　吗啡与各种合成的阿片受体激动剂（虚线箭头所指）与拮抗剂（实线箭头所指）

第三节　受体的分类

受体的研究始于药理学研究，所以一百多年来最常用的受体分类方法来自药理学，即按受体的激动剂或拮抗剂将其分为若干种类。例如，能够被乙酰胆碱激活的受体称为乙酰胆碱受体或胆碱能受体，能够被去甲肾上腺素或肾上腺素激活的受体称为肾上腺素受体或肾上腺素能受体，能够与内源性阿片肽结合并被激活的受体称为阿片受体，等等。

由于多数受体的立体特异性是相对的，所以一种受体可能与结构相似的一类配基相结合，但是与其中每一种配基结合的亲和力和（或）内在活性可能有所区别。因此，同一种受体又按其与某些激动剂或拮抗剂亲和力的不同进一步分为若干亚型。以乙酰胆碱受体（图 8-3）为例，这类受体是一种镶嵌在细胞膜上的跨膜蛋白。按照受体激动剂的选择性，药理学上将乙酰胆碱受体分为两大类：可被毒蕈碱激动的乙酰胆碱受体称为毒蕈碱型乙酰胆碱受体（mAChR），简称 M 受体；可被烟碱激动的乙酰胆碱受体称为烟碱型乙酰胆碱受体（nicotine acetylcholine receptor，nAChR），简称 N 受体。

根据与拮抗剂亲和力的差别，药理学上进一步将 M 受体分为 M_1～M_5 五种亚型。其中 M_1 受体与拮抗剂哌吡卓酮呈高亲和力结合（K_d 约 10 nmol/L），M_2 受体与 AFDX116 呈高亲和力结合（K_d 约 100 nmol/L），M_3 受体与 AFDX116 结合的亲和力很低（K_d 约 3000 nmol/L），与 PZ 结合的亲和力也低（K_d 约 200 nmol/L）。

N 受体是一个受体家族，位于自主神经节突触后膜的 N 受体被六烃季铵竞争拮抗，称为 N_1 受体；位于神经-肌接点的肌纤维膜上的 N 受体能被十烃季铵竞争性拮抗，称为 N_2 受体。

近年来由于分子生物学理论和技术的迅速发展，人们对跨膜信息传递机制的认识不断深入，许多资料证实，各种膜受体按其分子跨膜片段及信息传递方式可分为两大类：G 蛋白偶联受体和离子通道偶联受体。这种从分子生物学角度的分类方法可能更说明受体分子结构的本质。

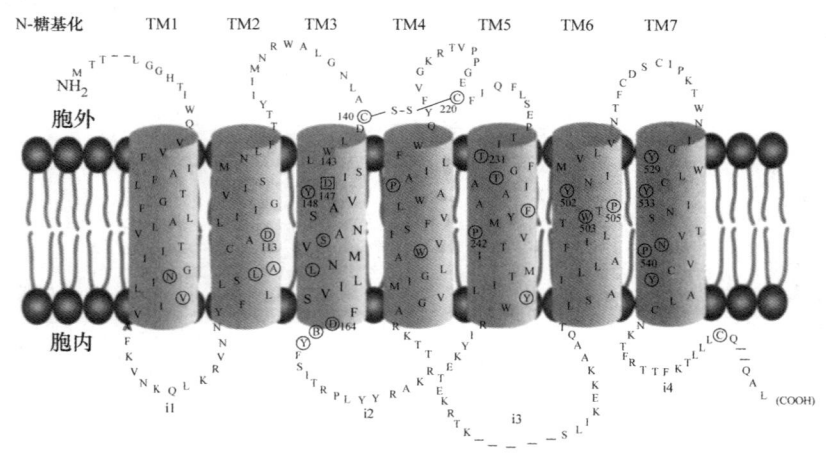
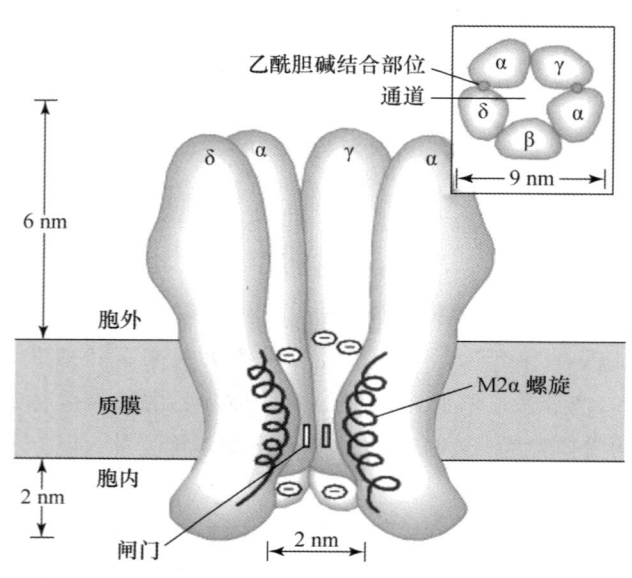

图 8-3　乙酰胆碱受体(Zigmond et al.,1998)

现代分子生物学的研究发现,M 受体和 N 受体的分子结构不同,它们分别属于不同的受体超家族。M 受体与 G 蛋白偶联,这类受体的分子是由 350～500 个氨基酸组成的膜蛋白,具有七个疏水性的 α 螺旋区(每一个螺旋区由约 20 个氨基酸残基组成),反复七次穿越细胞膜,其 N 末端位于细胞膜外侧,C 末端位于细胞膜内侧,在第 3 胞内环和 C 末端之间偶联着 G 蛋白。M 受体的 N 末端上有糖基化位点,在第 3 胞内环区有磷酸化位点;C 末端含有多个丝氨酸和苏氨酸。M 受体被配基激活后,转而激活 G 蛋白,后者可通过第二信使等途径引起细胞内发生生理或生化反应,导致细胞功能状态出现变化。N 受体是一种递质门控离子通道,它由 4～5 个亚基组成,每个亚基各有五个跨膜片段,这些亚基围绕同一中心形成一个离子通道。离子通道位于圆柱体中心,它具有阳离子选择性,允许一、二价阳离子通过。N 受体常以单体或(和)双体形式存在。N 受体被激活后,受体所形成的通道打开,一、二价阳离子可以通过。

现在还有一种组织学常用的受体分类方法,就是依据受体在细胞上的位置分类,各种递质、调质的受体以及肽类和蛋白质类激素的受体位于细胞膜表面,所以这一大类受体称为细胞膜受体或膜受体;另一大类受体位于细胞内,如甾体激素等的受体,称为胞内受体。

第四节 细胞膜受体

细胞膜是细胞与外界信息交流的重要部位。细胞膜上的受体，能够接受细胞环境变化的信息，并将信息传递到细胞内。

膜受体是膜蛋白，属于结合蛋白。为将细胞外的各种信息传递到细胞内，膜受体形成特异的分子结构，其分子贯穿细胞膜脂质双分子层，而两端分别位于细胞膜的内外两侧表面。

由于组成细胞膜的脂质的熔点较低，在体温条件下脂质双分子层呈液态，所以以膜蛋白质构成的膜受体在一定条件下可以在液态的脂质双分子层内进行横向移动。例如，在突触可塑性的研究中发现，在长时程增强（LTP）形成时，海马脑区神经细胞膜上的 AMPA 受体出现由突触外区域向突触部位移动和集中的现象，而连续刺激后突触后膜的 AMPA 受体则由突触后膜向外侧（非突触后膜）扩散。

膜受体与膜脂质结合得比较紧密，要使受体蛋白从细胞膜上溶脱下来，往往利用一类特殊的化学除垢剂，来改变它们与细胞膜脂质双分子层之间的分子作用力。

一、膜受体的分类

根据膜受体的结构和功能，可将其分为三大类。

第一大类膜受体参与细胞信号转导过程。这类受体包括 G 蛋白偶联受体（GPCR）、配体门控离子通道、鸟苷酸环化酶受体、各类细胞因子受体（cytokine receptor）、酪氨酸激酶受体、丝氨酸/苏氨酸激酶受体（serine/threonine kinase receptor）和酪氨酸蛋白磷酸酶受体（protein tyrosine phosphatase receptor）等。

第二大类膜受体参与细胞的粘连过程，是介导细胞与细胞之间特异性黏附的受体，这类受体在卵子受精、血液凝固、组织炎症等过程中发挥重要作用。

第三大类膜受体参与细胞与周围环境之间的物质转运，一般称为转运蛋白或转运子，例如，神经递质转运蛋白（neurotransmitter transporter）。这类受体能够与相应的配基（如谷氨酸、去甲肾上腺素或多巴胺）结合，然后将它们从细胞外转运至细胞内。这些受体包括兴奋性氨基酸（谷氨酸）的转运蛋白，多巴胺、5-羟色胺、胆碱、脯氨酸等的转运蛋白。这类受体多位于突触部位附近，参与递质的重摄取和循环利用。例如，谷氨酸是中枢神经系统中主要的兴奋性递质，在正常情况下，谷氨酸释放到突触间隙，作用于突触后膜上的受体发挥生物学功能。如图 8-4 所示，释放到突触间隙的谷氨酸必须及时清除，否则将干扰突触正常的信号传递。另外，过多的谷氨酸将引起神经毒性，对神经细胞产生损伤作用。清除突触间隙谷氨酸的任务主要由突触周围胶质细胞及神经细胞的谷氨酸转运蛋白完成（图 8-4）。谷氨酸转运蛋白的功能异常将引起多种疾病的发生。

二、G 蛋白偶联受体

G 蛋白偶联受体是由七个跨膜 α 螺旋（TM1～TM7）组成的膜受体（图 8-5）。G 蛋白偶联受体的分子在膜内侧与 G 蛋白（GTP 结合蛋白）相偶联。G 蛋白偶联受体被配基激活后，转而激活 G 蛋白，后者可通过第二信使等途径引起细胞功能状态的变化。G 蛋白偶联受体参与突触信息的传递与调节、激素合成与释放的控制，涉及机体多种功能（如味觉、嗅觉、视觉、痛觉等）的一系列生理过程。

G 蛋白偶联受体包括 M 受体、肾上腺素受体、多巴胺受体等（表 8-1），神经肽类的受体和许多激素的受体也都属于这一类。G 蛋白偶联受体是哺乳动物体内最大的蛋白家族，人类基因组中有 700～800 个基因用于编码 G 蛋白偶联受体，这些受体几乎参与哺乳动物所有生理活动的调控。目前，临床上使用的很多药物都是直接或间接针对 G 蛋白偶联受体的，多数用来作为 G 蛋白偶联受体的激动剂或拮抗剂。

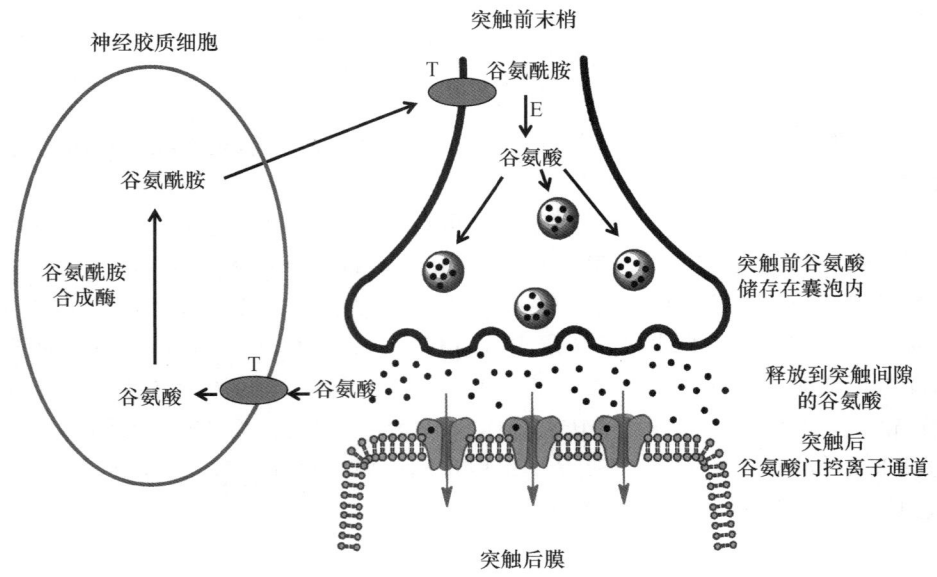

T,谷氨酸转运蛋白；E,谷氨酰胺酶

图 8-4　谷氨酸转运蛋白与谷氨酸在突触释放后的转运过程

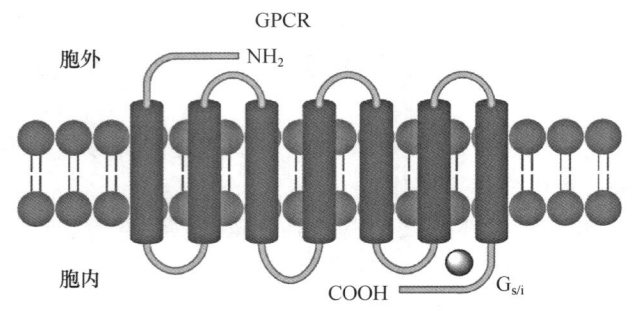

图 8-5　G 蛋白偶联受体的分子结构

表 8-1　一些 G 蛋白偶联受体

神经递质	受体
谷氨酸	代谢型谷氨酸受体（mGluR1～mGluR7）
GABA	$GABA_B$ 受体
乙酰胆碱	毒蕈碱型受体（M_1、M_2、M_3、M_4、M_5）
去甲肾上腺素	α_1、α_2、β_1、β_2、β_3 受体
5-羟色胺	$5\text{-}HT_{1(A,B,C,D\alpha,D\beta,E,F)}$、$5\text{-}HT_{1,2F}$、$5\text{-}HT_4$、$5\text{-}HT_{5\alpha,5\beta}$ 受体
多巴胺	D_1、D_{2S}、D_{2L}、D_3、D_4、D_5 受体
阿片肽	μ、δ、κ 受体

1. G 蛋白偶联受体的结构特点

(1) 受体是一条多肽链,含有七个疏水性的 α 螺旋区(每一个螺旋区由约 20 个氨基酸残基组成),它们反复七次跨膜,形成三个胞外环和三个胞内环(图 8-5)。其 N 末端位于细胞外,有多处糖基化的位点；C 末端位于细胞内,含有多个磷酸化位点,在第 3 胞内环和 C 末端之间偶联着 G 蛋白。不同 G 蛋白偶联受体的跨膜螺旋区的氨基酸比较保守,而其 C 末端和 N 末端及回环区的变异较大。

(2) 受体的分子大小类似。目前已克隆的 G 蛋白偶联受体及受体亚型已经有上百种,大多数由 350~500 个氨基酸残基组成,其分子量都约为 50 000。

(3) 受体分子的氨基酰序列具有较高的同源性,即 G 蛋白偶联受体超家族间有一定程度的序列同源性。

(4) 受体分子在膜内侧与 G 蛋白相偶联。

(5) 受体分子中氨基酸残基的保守性。G 蛋白偶联受体多肽链分子中有 20 多个保守性氨基酸残基,某些保守性氨基酸残基种类及位置也表现出一致性。如 N 末端都含有数个糖基化位点,在第 2、第 3 胞外环区存在二硫键,在第 3 胞内环区含有磷酸化位点,C 末端富含丝氨酸和苏氨酸。

2. G 蛋白偶联受体的分类

根据 G 蛋白偶联受体分子序列的相似性以及与配基的结合特点,G 蛋白偶联受体分为五个亚族:A 亚族,视紫红质类(rhodopsin like)受体;B 亚族,分泌素类(secretin like)受体;C 亚族,代谢型谷氨酸受体;D 亚族,真菌信息素(fungal pheromone)受体;E 亚族,cAMP 受体(cAMP receptor)。

因为 G 蛋白偶联受体是跨膜蛋白,因此不易结晶,难以用 X 射线等方法测定其结构。所以目前对 G 蛋白偶联受体分子的晶体结构解析存在极大的困难。在对 G 蛋白偶联受体分子结构的研究中,A 亚族受体的研究较为深入,B 亚族受体也有一些研究,对其他亚族的结构研究较少。

三、G 蛋白偶联受体的内化与插膜

1. G 蛋白偶联受体的内化

G 蛋白偶联受体在配基的刺激下,受体构象发生改变,导致与其结合的异源三聚体 G 蛋白激活,后者转而激活不同的信号通路发挥各种功能。G 蛋白偶联受体也通过激活机制控制它们自己的反应,导致受体脱敏。在激动剂的作用下,G 蛋白偶联受体会脱离细胞膜进入细胞质,即发生 G 蛋白偶联受体的内化或内吞(图 8-6)。G 蛋白偶联受体内化被认为在受体功能调节中具有重要作用。近年来大量的研究集中在受体内化的分子机制方面,并取得了重大的进展。

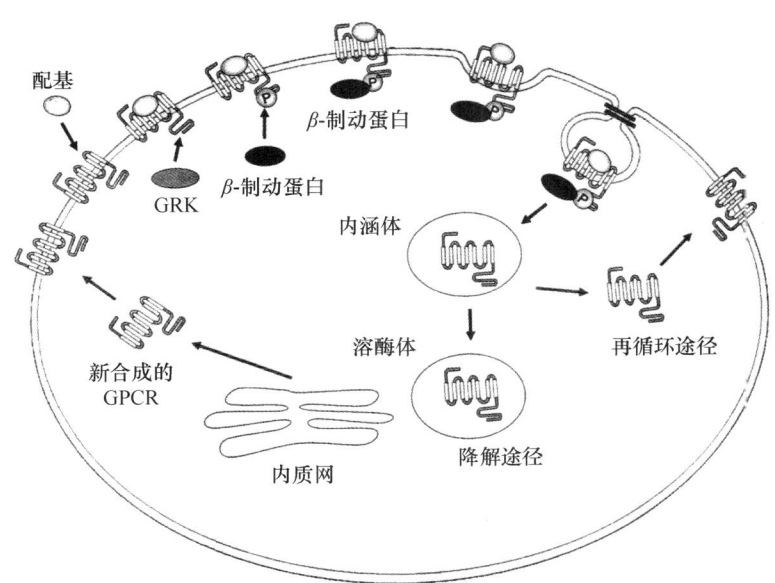

图 8-6 G 蛋白偶联受体的内化与插膜

在研究受体内化的分子机制时发现了一些重要的蛋白,例如,G 蛋白偶联受体激酶和 β-制动蛋白,它们在调节 G 蛋白偶联受体内化过程中具有重要作用。

2. G蛋白偶联受体激酶在G蛋白偶联受体内化中的作用

G蛋白偶联受体激酶能够识别并特异性地结合被配基激活的G蛋白偶联受体，进而引起G蛋白偶联受体磷酸化，导致受体脱敏。只有与激动剂结合的G蛋白偶联受体才能成为G蛋白偶联受体激酶的底物，以确保只有被激活的受体才能被磷酸化。G蛋白偶联受体分子的C末端和第3个胞内环有一个或多个磷酸化位点，可以被G蛋白偶联受体激酶磷酸化，从而引起G蛋白偶联受体失敏和内化。

G蛋白偶联受体激酶的分子都是单链多肽。目前已知的G蛋白偶联受体激酶有七种：GRK1～GRK7。GRK1被称为视网膜紫质激酶，可能只在视网膜中表达，主要可以磷酸化视网膜紫质，在视觉的光适应中起重要作用。GRK2和GRK3也被称为β-ARK1和β-ARK2，是分布最为广泛的G蛋白偶联受体激酶，可以使多种受体磷酸化。在经过基因改造的小鼠试验中，敲除了 Grk2 基因的小鼠会导致胚胎死亡。关于其他G蛋白偶联受体激酶目前所知甚少。

G蛋白偶联受体激酶的分子中段都含有一个ATP结合位点，这是该酶的催化结构区。酶的C末端含有与G蛋白βγ亚基复合体结合的部位，为该酶调节区。离体实验发现，每个G蛋白偶联受体分子中可能有7～9个磷酸化位点，都可以被该酶磷酸化。而在体实验证实，尽管每个G蛋白偶联受体分子可能有多个磷酸化位点，但是只要有一个磷酸化位点被该酶磷酸化，就足以引起G蛋白偶联受体的失敏，失敏后的该受体进一步与β-制动蛋白结合，进入该受体的内化过程。这一点说明G蛋白偶联受体激酶在G蛋白偶联受体内化中具有非常重要的作用。

3. β-制动蛋白在G蛋白偶联受体内化中的作用

β-制动蛋白是参与受体内化的另一个重要的蛋白。β-制动蛋白的特点就是可识别并结合被GRK磷酸化的G蛋白偶联受体，阻断该受体与G蛋白的进一步结合，以阻抑细胞内信号转导。β-肾上腺素受体与激动剂结合后，GRK2向G蛋白偶联受体聚集，引起β-肾上腺素受体分子的第3胞内环和C末端残基磷酸化。β-制动蛋白分子的N末端含有一个磷酸化识别区段，具有识别已被激动剂激活并磷酸化了的G蛋白偶联受体的能力，β-制动蛋白趋向磷酸化的G蛋白偶联受体，与其第3胞内环结合，使G蛋白偶联受体与G蛋白解偶联。β-制动蛋白结合磷酸化的G蛋白偶联受体后，启动该受体的内化过程。

现在已知β-制动蛋白家族包括制动蛋白1、制动蛋白4、β-制动蛋白1、β-制动蛋白2等。β-制动蛋白1主要存在于细胞质中，其磷酸化位点是Ser412，若被ERK1/2磷酸化则阻止其与网格蛋白结合，从而阻断G蛋白偶联受体继续内化，但不影响配基与受体的亲和力。

4. 内化后受体的命运

不同类型的受体经过同样的途径内化到胞质内，其命运各不相同，有的受体经过脱磷酸化后重新回到细胞膜上，有的受体被降解，这就是所谓的内化后受体的分选。例如，在HEK293细胞中，$β_2$-肾上腺素能受体（$β_2$）和阿片类受体（δ受体）都是通过网格蛋白途径内化的，然而$β_2$受体可以在数分钟内重新插回到细胞膜上，而δ-阿片类受体则进入溶酶体被降解。

哪些因素决定受体内化后的命运呢？许多研究表明，G蛋白偶联受体C末端可能决定受体内化后的命运，改变受体的C末端氨基酸残基的序列将会改变受体内化后的命运。例如，$β_2$受体的突变体含有升压素2型受体的尾巴，会明显地改变受体返回细胞膜表面的动力学，内化的受体要经过较长的一段时间才会重返细胞表面。

已知有多个GPCR分选相关蛋白影响内化后受体的分选。NSF（一种GPCR分选相关蛋白）突变后，将会减少$β_2$受体的内化，阻止受体在细胞内复合体的重新循环。因此，$β_2$受体内化后的命运似乎取决于受体与胞内不同蛋白相互间的直接作用。其他类似的信号分子也具有调节G蛋白偶联受体内化后分选的作用，其机制尚处于研究之中。

四、受体的二聚化

一直以来都认为受体是以单体的形式发挥作用。20世纪90年代后期的研究工作第一次证实G蛋白偶联受体同源二聚体的存在。现在，越来越多的实验证据表明，许多受体都可以形成同源二聚体

(homodimer)、异源二聚体(heterdimer)或寡聚体。但是,同源二聚化对受体家族来说可能并不是一个普遍现象。另外,不同种类受体的二聚化比较复杂,这类异源二聚化的受体在与配基的结合以及其后的信号转导中的作用也是不同的。

1. G蛋白偶联受体的同源二聚化与异源二聚化

G蛋白偶联受体二聚化包括同源二聚化与异源二聚化。同源二聚化是指两个相同的G蛋白偶联受体之间结合形成二聚体的现象。形成同源二聚体的这两个G蛋白偶联受体可以是同一家族同一受体之间的结合,也可以为同一受体同一亚型之间的结合。异源二聚化为不同的G蛋白偶联受体之间的结合,包括不同家族受体之间的结合,以及同一受体不同亚型之间的结合。

有关G蛋白偶联受体形成同源二聚体的研究工作主要集中在毒蕈碱型受体、$α_2$-肾上腺素受体、$β_2$-肾上腺素受体、多巴胺受体、代谢型谷氨酸受体、阿片类受体($μ$、$δ$和$κ$)等。对其他类型的受体,如酪氨酸激酶受体和生长激素受体等,二聚化是信号转导所必需的。钙感受器受体(CaR)属于G蛋白偶联受体中的C族,由于两个蛋白的N末端结构域之间的共价和非共价作用,它极有可能以同源二聚体的形式存在。

对G蛋白偶联受体来说,可以通过多种方式形成二聚体,二聚化有利于调节G蛋白偶联受体与配基结合的特异性和敏感性。当配基激活一个G蛋白偶联受体时,可以对与之二聚化的另一个G蛋白偶联受体产生影响,增加对G蛋白偶联受体功能的调节方式,以实现更复杂的信号转导。

有关G蛋白偶联受体不同亚型之间以及不同类型受体之间形成二聚化的研究越来越多。异源二聚化对受体与配体的结合以及后续的信号转导过程都有较大的影响,并且可能是G蛋白偶联受体亚型形成的分子基础。目前研究较多的异源二聚体是胆囊收缩素受体CCK_1与CCK_2,阿片受体中的$μ$受体与$δ$受体、$μ$受体与$κ$受体,$GABA_BR1$和$GABA_BR2$等。

三种阿片受体($μ$、$δ$和$κ$)的分子有较高的同源性。应用免疫共沉淀法证实,当细胞单独表达$κ$受体和$δ$受体时可以分别产生各自的同源二聚体,而当细胞内共表达$κ$受体和$δ$受体时,则可形成异源二聚体。

现在已知G蛋白偶联受体的异源二聚体有些在正常人体细胞中存在,有些在正常人体细胞中不存在,而在某些疾病发生时出现,这可能为临床治疗提供了新的思路。

2. G蛋白偶联受体二聚体的作用方式

G蛋白偶联受体的分子结构上都有七个跨膜片段,但不同的G蛋白偶联受体分子发生二聚化的区域、方式各不相同。G蛋白偶联受体分子二聚化的相互作用区域可以发生在其分子的各个区域,如胞外N末端、跨膜区、胞内环区和C末端。G蛋白偶联受体的单体可能通过共价键连接(如二硫键)、非共价连接(如G蛋白偶联受体分子跨膜螺旋的疏水作用)或者二者兼有的方式形成二聚体。近来许多研究都表明跨膜区的相互作用在G蛋白偶联受体分子二聚化的形成中起着重要作用。也有一些G蛋白偶联受体分子的相互作用发生在细胞内的C末端,如$GABA_BR1$和$GABA_BR2$的C末端对$GABA_B$受体二聚化起着重要作用。

3. G蛋白偶联受体二聚化的生物学作用

受体蛋白分子的二聚化虽然不是G蛋白偶联受体家族的共有特点,但是某些类型的G蛋白偶联受体的同源二聚化或异源二聚化影响了二聚体中的单体G蛋白偶联受体与相应配基的结合,以及受体后的细胞内信号转导过程。所以,G蛋白偶联受体的二聚化在受体功能的调节中发挥重要作用。随着科学研究的不断深入,对G蛋白偶联受体二聚化的了解也越来越多。现在认为,G蛋白偶联受体二聚化的主要作用有以下几个方面。

(1) G蛋白偶联受体二聚化影响了二聚体中的单体与相应配基结合的亲和力,在受体功能的调控中具有一定作用。经典的G蛋白偶联受体模型认为,一个配基只能激活一个受体。G蛋白偶联受体二聚化后,可引起二聚体中的单体与相应配基结合的亲和力发生变化。同种受体之间的调节多为负协同性调节,即当某种受体与配基结合后,将促使与之形成二聚体的另一个受体的结合位点发生构象变化,引起其对配基的亲和力降低。例如,机体内几乎所有细胞膜上都有胰岛素受体,当胰岛素受体形成同源二聚体后,胰岛素与二聚体中的一个胰岛素受体结合可使得它与另一个胰岛素受体的亲和力明显降低,导致受体功能下调。

(2) G蛋白偶联受体的异源二聚化在受体功能的调节中也发挥重要的作用,不同受体所形成的异源二聚体可能有着比单体更多的药理学特点和作用。例如,κ和δ两种受体在细胞中共表达所形成的异源二聚体,其中每一个单体与相应配基的亲和力明显高于单独表达每一个受体与相应配基的亲和力。所以,G蛋白偶联受体的异源二聚化影响了二聚体中每一种单体与相应配基结合的亲和力,表现出不同于单体受体的药理学特点和作用。G蛋白偶联受体二聚体作为一种新的药物靶点,将会对以后的生物医药领域产生很重要的影响。

(3) 二聚化还可能影响受体的转运、脱敏以及内吞等。

五、配体门控离子通道

配体门控离子通道是与离子通道偶联的膜受体,也称为化学门控离子通道或递质门控离子通道(图8-7)。这类受体包括N型乙酰胆碱受体、GABA$_A$受体和甘氨酸受体等。配体门控离子通道偶联由数条具有五个跨膜片段(因其具有一个发夹样的膜内结构,也可以称为三个跨膜片段或四个跨膜片段)的亚单位组成。受体的五个亚基围绕同一中心形成离子通道。

图8-8为配体门控离子通道分子亚单位的结构示意,这类受体含有4~5个亚基,每个亚基各有五个跨膜片段(T1~T5),五个亚基围绕一个中心形成一个离子通道。

特别要说明的是组成配体门控离子通道的各亚基分子结构,每个亚基具有五个跨膜片段。如图8-8所示,每个亚基都有一个发夹样的膜内结构,所以有人认为它有三个跨膜片段

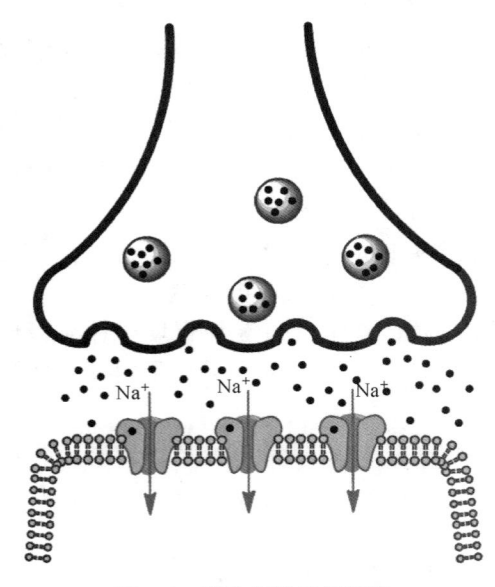

图8-7 配体门控离子通道

或四个跨膜片段。20世纪90年代初曾认为组成配体门控离子通道的各亚基C端位于细胞膜外侧,但是后来发现,它们都位于细胞膜内侧(图8-8)。这点很重要,因为许多研究受体信号转导作用的工作都针对C端,C端位于细胞膜的内侧而非外侧,这一点需要特别强调。

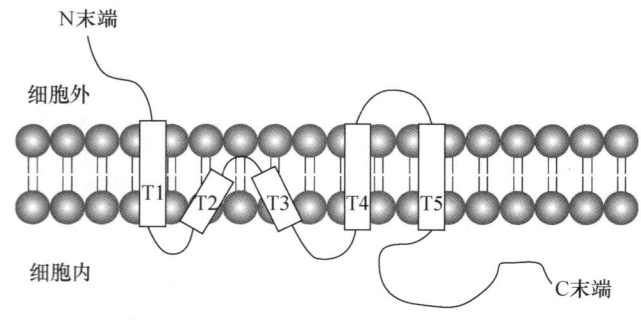

图8-8 配体门控离子通道分子亚单位的结构

第五节 受体功能的调节

受体作为细胞的一个组分,处于不断合成与降解的动态平衡之中。许多因素可以破坏这种平衡,进而引起细胞功能状态的变化。受体因各种生理和病理因素的影响而不断发生变化,这就是受体功能的调节。

一、受体功能的生理性变化

细胞膜上受体的数量、亲和力等随机体和细胞功能的需要而不断发生变化。例如,有报道表明,松果体细胞膜上的 β-肾上腺素受体的数目呈现昼夜节律性变化,进而调节褪黑素(melatonin)的分泌;月经周期中女性体内的雌激素受体数量也随之发生周期变化。

二、受体的上调和下调

受体的上调(up-regulation)是指各种因素导致受体数量的增多;受体的下调(down-regulation)是指各种因素导致受体数量的减少。

例如,细胞外液中递质或神经肽的浓度增高时,细胞膜上相应的受体数量减少;反之,则细胞膜上相应的受体增多。这种调节就是受体的反向调节。去甲肾上腺素对 α-肾上腺素受体、$β_1$-肾上腺素受体、$β_2$-肾上腺素受体都具有反向调节作用。

三、受体亲和力的调节

同一种受体在不同条件下与同一配基具有不同的亲和力。胰岛素由胰岛的 B 细胞分泌入血,血中正常浓度为 35～145 pmol/L,半衰期为 5 min。胰岛素可以通过促进葡萄糖的摄取,加速葡萄糖合成糖原和转变为脂肪酸等途径导致血糖水平下降。几乎体内所有细胞膜上都有胰岛素受体。当胰岛素与胰岛素受体结合后可引起邻近部位的胰岛素受体与胰岛素的亲和力降低。

同一种受体寡聚化后其与配基结合的亲和力发生变化(多为降低),所以同种受体之间存在负协同性调节。当某种受体与配基结合后,会促使与之形成同源二聚体单体的结合位点构象发生变化,使其对配基的亲和力降低。同种受体之间的负协同性调节在大鼠肝细胞膜和人淋巴细胞膜的胰岛素受体上研究较多。

另外,不同种受体之间有时也会发生调节作用。多巴胺受体与 $GABA_A$ 受体形成异源寡聚体,当多巴胺与多巴胺受体结合后可引起 GABA 与 $GABA_A$ 受体之间的亲和力改变,进而影响到受体激活后的功能。

各种阿片受体既可以作为独立分子与配基结合发挥作用,也可以相互之间形成同源多聚体或异源多聚体而发挥作用。阿片受体的二聚化作用是导致其不同药理学作用特性的因素之一,例如,当 μ 受体与 δ 受体形成异源二聚体时,μ 受体和 δ 受体之间发生物理性的相互作用,改变了它们作为单体时的某些药理学特性,引起它们与各自相应配基的亲和力发生变化。

四、受体的失敏

激动剂作用于受体引起效应的同时,还能引起细胞膜上这种受体对激动剂的敏感性减弱,称为受体的失敏(脱敏或失活)。例如,兴奋性氨基酸可引起 AMPA 受体、KA 受体失敏。

受体失敏分为两种:同种失敏和异种失敏。同种失敏又称为激动剂特异性失敏,指当一种受体在其激动剂作用后的数秒至数分钟内其分子的 C 末端磷酸化,从而减弱了对后续激动剂的反应能力和产生第二信使的能力。异种失敏是指当某种受体激活后,其信号转导系统中的某些酶被激活,这些酶作用于另一种受体,使该受体由于分子中的某些氨基酸残基磷酸化而失敏。

受体失敏是一种细胞对外界长时间刺激的保护作用,而在临床上受体失敏则影响药物的长时间使用。

第六节 现代受体理论的研究进展

由于现代科学技术的迅速发展,为我们研究受体的功能提供了有效的方法,对受体基本理论的某些方面的新发现,使我们对受体的基本结构和功能有了新的认识。下面简单介绍有关受体两个方面的研究进展,以及这些进展对传统受体理论的修正,使我们体会到生命科学理论的不断发展和人类对生命科学理论认识的不断深入。

一、有关降钙素基因相关肽受体的研究进展

1. 降钙素基因相关肽受体的发现

降钙素基因相关肽(CGRP)是在 20 世纪 80 年代被发现的,它广泛分布于周围神经系统和中枢神经系统中,通过激活细胞膜上的 CGRP 受体,参与心血管等多种生理功能的调节。随着 CGRP 的发现证实了 CGRP 受体的存在,20 世纪八九十年代的研究表明,CGRP 受体属于 G 蛋白偶联受体家族,具有经典的 G 蛋白偶联受体的分子结构。但是,CGRP 受体的研究历尽曲折。当时的药理学研究表明,CGRP 受体可以分为两类:CGRP1 型受体和 CGRP2 型受体。这两种受体类型的区别在于药理学特性的不同,即 CGRP1 受体对 CGRP 受体拮抗剂 CGRP8-37 敏感,而 CGRP2 受体对 CGRP 受体拮抗剂 CGRP8-37 不敏感。但是,一直以来对是否存在 CGRP2 受体争论不休,现在已经认识到只存在一种 CGRP 受体,即原来的 CGRP1 受体,而原来的 CGRP2 受体其实是胰淀粉样多肽受体(Hay et al.,2008;Zhang et al.,2009)。

在发现 CGRP 受体后近 20 年间,通常认为降钙素基因相关肽受体属于 G 蛋白偶联受体家族,具有 G 蛋白偶联受体的分子结构和特点(图 8-9),即具有七个跨膜的 α-螺旋结构域,其 N 端位于细胞膜外侧,C 端位于细胞膜内侧,具有三个胞外环和三个胞内环,在第 3 个胞内环和 C 端之间偶联着 G 蛋白。但是,在 20 世纪 90 年代,在研究 CGRP 受体与 CGRP 和 CGRP8-37 的相互作用时常常出现意想不到的实验结果,这些实验结果十分令人费解,进而引起一些研究者的极大兴趣。他们深入研究了 CGRP 受体的分子结构和特性,结果发现,CGRP 受体组成非常复杂,不是经典的 G 蛋白偶联受体的分子结构模式。随着科学研究的不断发展,对 CGRP 受体分子结构的认识也不断深入,终于发现了受体活性修饰蛋白 1(RAMP1)和受体组成蛋白(RCP)(Hay et al.,2008,2018;Zhang et al.,2009)。

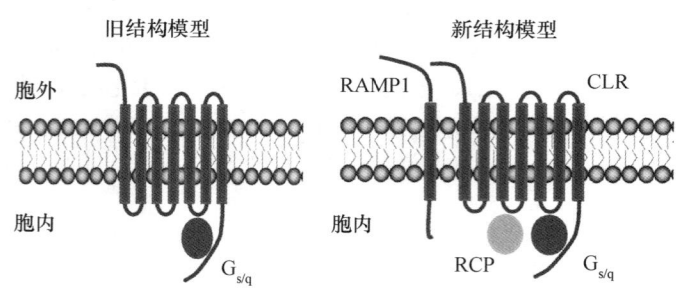

图 8-9　CGRP 受体的结构和组成

现在认为,CGRP 受体是一个异源寡聚体,由三个不同的蛋白分子组成。原来的 CGRP 受体称为降钙素受体样受体(CLR),是具有七次跨膜结构域的 G 蛋白偶联受体,因为它单独存在时与 CGRP 的亲和力很低,曾一度被归为孤儿受体。直到发现 RAMP1 之后,才意识到 CLR 需要与 RAMP1 结合,进而赋予 CLR 以受体活性,才能与 CGRP 结合。进一步的研究工作发现 CLR／RAMP1 复合物需要与第 3 个蛋白质分子 RCP 结合,RCP 的主要作用与 CGRP 受体的胞内信号转导有关。这三种蛋白形成异源寡聚体后才具有了 CGRP 受体的特性(Hay et al.,2008,2018;Zhang et al.,2009)。

2008 年国际药理学联合会宣布:CGRP 受体是一个由 CLR、RAMP1、RCP 组成的受体复合物,而药理学的 CGRP2 型受体则是胰淀粉样多肽受体。所以国际药理学联合会推荐使用 CGRP 受体取代 CGRP1 型受体,而 CGRP2 型受体则被取消。

2. 降钙素受体样受体(CLR)

CLR是怎样发现的,它的分子结构有哪些特点?它与RAMP怎样结合形成了具有活性的CGRP受体?在1991年,第一个降钙素受体基因被克隆。Njuki等人在大鼠肺血管中分离得到一个克隆,与降钙素受体有55%的同源性,分布比降钙素受体更广,可以结合CGRP,产生极强的舒血管作用,将其命名为CLR。Nakazawa等对CLR的基因结构进行了分析,称该基因包括15个外显子区和14个内含子区,其中一个内含子长达60 kb;外显子1~3构成5′非编码区,外显子4~15为编码区,其中外显子8~14编码七次跨膜区。

CLR具有经典G蛋白偶联受体的分子结构和特点,它的N末端位于细胞膜外侧,C末端位于细胞膜内侧,具有七次跨膜结构域,含有三个胞外环和三个胞内环,在第3个胞内环和C末端之间偶联着G蛋白。但是,单独存在的CLR不能与CGRP结合,不具有生物活性。当时CLR被归为孤儿受体,因为在转染了CLR基因的COS-7细胞中所表达的CLR不能与CGRP结合,而且CGRP也不能通过CLR诱导细胞内cAMP水平的增加。直到发现RAMP之后,才发现CLR需要与RAMP结合后才被赋予受体活性,CGRP才能与之结合,进而诱导细胞内cAMP水平的增加。RAMP的生物学功能主要表现在两个方面:与CLR相互作用导致其末端的糖基化;协同CLR转移到细胞膜上,为内源性多肽和一些外源性非肽拮抗剂提供结合位点。

CLR属于G蛋白偶联受体家族的B族(表8-2),该族还包括降钙素受体、血管活性肠多肽(VIP)受体等。在细胞膜的内侧,CLR主要与G_s蛋白偶联,也可以与其他G蛋白如G_q蛋白偶联。与不同的G蛋白偶联,将导致受体的药理学特性发生变化,引起不同的生物学效应。

表8-2 与RAMP有关的G蛋白偶联受体家族成员

G蛋白偶联受体家族	G蛋白偶联受体	结合的RAMP类型	RAMP的作用
A族	膜性雌激素受体(GPR30)	RAMP3	受体伴侣,协助受体的转运
B族	降钙素基因相关肽受体	CLR+RAMP1	受体伴侣,内化和再循环
	肾上腺髓质素受体1(AM1R)	CLR+RAMP2	受体伴侣,内化和再循环
	肾上腺髓质素受体2(AM2R)	CLR+RAMP3	受体伴侣,内化和再循环
	甲状旁腺素受体1(PTHR1)	甲状旁腺素受体1+RAMP2	未知
	甲状旁腺素受体2(PTHR2)	甲状旁腺素受体1+RAMP3	未知
	胰高血糖素受体	胰高血糖素+RAMP2	未知
	促肾上腺皮质激素释放因子受体1(CRFR1)	CRF1受体+RAMP2	受体伴侣,信号转导
	胰泌素受体	胰泌素受体+RAMP3	受体伴侣,内化和再循环
	血管活性肠肽受体1(VPAC1)	VPAC1+RAMP(1~3)	信号转导
	血管活性肠肽受体2(VPAC2)	VPAC2+RAMP(1~3)	信号转导
	胰岛素淀粉样多肽受体1~3[AMY(1~3)]	AMY+RAMP(1~3)	信号转导,药理学特性
C族	钙敏感受体(calcium sensing receptor)	钙敏感受体+RAMP1或RAMP3	受体伴侣,协助受体的转运

3. 受体活性修饰蛋白(RAMP)

受体活性修饰蛋白的发现非常意外。20世纪90年代,在研究CGRP受体与CGRP、CGRP8-37的相互作用时常常出现意想不到的实验结果,令人费解。在研究CGRP受体的分子结构和特性时发现,CGRP受体不是公认的那种经典的G蛋白偶联受体的分子结构模式,它的受体中必须包含另外一个蛋白分子——RAMP1。同期,在研究CGRP受体特性时,McLatchie等在克隆人类CGRP受体的实验中发现,其中一组卵母细胞对CGRP的反应明显比本底水平高,并且这一反应能被CGRP受体拮抗剂CGRP8-37抑制。通过一系列实验他们分离并得到了一个具有单次跨膜结构域的蛋白,这个蛋白的存在使CLR具有了与CGRP结合的功能,因此被命名为受体活性修饰蛋白。随后许多研究工作发现,RAMP存在于很多细胞中,而且不同类型的RAMP决定了细胞表达的CLR是生成CGRP受体还是肾上腺髓质素受体等。

现在已知机体内存在一个RAMP蛋白家族,该蛋白家族包括RAMP1、RAMP2和RAMP3。三种RAMP为不同基因的产物,它们之间有30%的同源性,都具有一个位于细胞膜外侧的100~120个氨基酸的N末端,都有单个跨膜结构域,其位于细胞膜内侧的C末端含有大约10个氨基酸残基。RAMP1含有148个氨基酸残基,RAMP2和RAMP3分别含有175个和148个氨基酸残基。

不同的RAMP与CLR家族结合形成异源二聚体,成为不同的G蛋白偶联受体。在哺乳动物中,某些细胞表达RAMP1时,CLR可成为具有功能的CGRP受体;表达RAMP2或RAMP3时,CLR可成为具有功能的肾上腺髓质素受体。另外,RAMP1或RAMP3与降钙素受体结合形成胰淀粉样多肽受体,该受体对CGRP具有较高的亲和力。有意思的是,RAMP2与CLR二聚化后形成肾上腺髓质素受体-1(AM1受体),与肾上腺髓质素有高度亲和力,AM22-52为其拮抗剂。而RAMP3与CLR二聚化后能形成肾上腺髓质素受体2(AM2受体),其与肾上腺髓质素有高度亲和力,但是对CGRP也具有一定的亲和力。还有其他CLR或降钙素受体与RAMP的结合,结合后的受体都与CGRP有一定的亲和力,并表现出某些生物学效应,尽管这些作用的生理学意义目前尚不清楚。

所以,这是一大类G蛋白偶联受体,它们的分子结构都是同一种模式:"RAMP-受体"。现在RAMP-受体的概念已被国际药理学联合会受体命名分会批准使用。RAMP的发现不仅修正了有关G蛋白偶联受体的基本概念,而且为研究配基与G蛋白偶联受体结合的机制提供了新的思路。

最初发现RAMP的功能主要是参与B族G蛋白偶联受体的形成和功能调节,值得注意的是近年来的研究工作发现,在各种组织和细胞中RAMP比降钙素受体或CLR的分布更广泛,由此推测RAMP也可能与降钙素受体及CLR以外的其他G蛋白偶联受体发生相互作用,所以RAMP在受体功能调节方面可能具有更广泛的作用。现在已有实验证实,RAMP至少能够结合除CLR和降钙素受体之外的四种Ⅱ型G蛋白偶联受体。如血管活性肠肽(VIP)受体、垂体腺苷酸环化酶激活肽(pituitary adenylate cyclase activating polypeptide,PACAP)受体都能够与RAMP发生相互作用,而甲状旁腺素受体1和胰高血糖素受体只能够与RAMP2发生相互作用,甲状旁腺素受体2则能够与RAMP3发生相互作用。这些研究提示RAMP在G蛋白偶联受体表型的调节以及功能方面可能具有更为广泛而复杂的作用。

近年来有实验证据表明RAMP也可以调节C族G蛋白偶联受体(表8-2)。钙敏感受体是一种C族G蛋白偶联受体,它在细胞膜表面表达,它的活性受到RAMP1或RAMP3调节,但不受RAMP2调节。这项实验结果为研究RAMP的功能提供了新的方向。

RAMP与其受体伙伴的作用方式:RAMP与其受体伙伴CLR最初在内质网和高尔基体上形成二聚体,然后转运并插到细胞膜上。尽管CLR具有经典的G蛋白偶联受体的分子结构模式,但是它单独存在时不能与其内源性配基CGRP结合,因此不具有生物活性;与RAMP相互作用导致其末端糖基化,细胞膜上只有修饰后的CLR才具有结合配基引起生物学效应的作用。

RAMP1是由148个氨基酸残基组成的具有单次跨膜结构域的膜蛋白,它的分子结构分为三个结构域:位于细胞膜外侧的N末端结构域(即信号序列)、特定的单次跨膜结构域和位于细胞内侧的C末端。RAMP1位于细胞膜外侧的N末端结构域上有90多个氨基酸残基,其中Phe93、Tyr100和Phe101形成与CLR的结合位点,而Trp74和Phe94在CLR-RAMP1复合物与配基结合中具有一定的作用。单次跨膜结构域的存在促进了RAMP1与CLR相互作用的稳定性及对配基的亲和力。RAMP在胞内C末端有九个氨基酸残基,包括一个内质网滞留序列(Ser141~Thr144),当其无受体共表达时滞留在内质网。

RAMP1和CLR经过异源二聚化形成CGRP受体,这个二聚化的过程与机制目前尚不清楚。RAMP与CLR的二聚化受到哪些因素的调节,特别是在共表达多种RAMP的同种类型的细胞中,CLR是如何选择相应的RAMP以形成特定的受体的,这些问题目前都有待于进一步的研究。

RAMP协助CLR在细胞中的定位和运输：在HEK 293细胞中转染CLR和绿色荧光蛋白(CLR-GFP)基因的嵌合体，只有存在RAMP共表达的情况下，CLR-GFP才会结合CGRP引起生物学效应；如果没有RAMP的表达，CLR-GFP是不会结合CGRP进而激发生物学效应的。进一步的实验结果表明，当CLR-GFP与RAMP稳定共表达时，CLR-GFP才能够出现在细胞膜上，进而结合CGRP引起细胞内cAMP水平的升高。由此可知，RAMP具有协助CLR向细胞膜上转运的作用。在有CLR与RAMP1共表达时，观察到激动剂CGRP介导的结合了绿色荧光蛋白的CLR的内化，而且内化后CLR和RAMP都靶向降解途径。以上实验结果表明，RAMP在CLR和RAMP形成寡聚体的插膜和内化的过程中可能具有特异的调节作用。

4. 受体组成蛋白

随着有关CGRP受体研究的深入，人们又有了新的发现，即CLR与RAMP1的异源二聚体要发挥生物学功能时，还需要第三种蛋白分子，即受体组成蛋白(RCP)的参与，才能够使之形成有活性的能够进行信号转导的受体。RCP是一种胞内蛋白，含有146个氨基酸残基，分子量为16 000。它在非洲爪蟾卵母细胞中表达克隆，靶向CGRP受体。实验结果表明，它可能参与介导CGRP受体的细胞内信号转导过程，并因此得名。该蛋白的丧失即不影响CGRP与CGRP受体的亲和力，也不影响CLR-RAMP1异源二聚体向细胞表面的运输过程，但是影响细胞膜上CLR的信号转导过程。在许多生理病理条件下，RCP表达的降低可抑制CGRP受体后的信号转导作用，降低CGRP的生物学功能。

通过酵母双杂交和免疫共沉淀实验鉴定RCP与CLR的细胞内结构域之间可能存在的直接相互作用。免疫共沉淀的实验结果表明，RCP存在于CLR和RAMP1/RAMP2的复合物中，提示RCP参与CGRP受体/肾上腺髓质素受体的形成。然而，目前尚不知道RCP与CLR之间存在直接相互作用，还是通过中间其他蛋白质分子再与CLR发生相互作用。最近有实验结果表明，RCP可以与CLR的第二个细胞内环发生相互作用。进一步的研究结果表明，RCP可能不具有CLR的分子伴侣功能，而需要通过与后者的相互作用才能将其激活，进而调节细胞内信号转导的过程。

因此，RCP可能是CLR细胞内信号转导的重要调节因子。CLR(CGRP受体和AM受体的核心分子)的细胞内信号转导需要RCP和CLR之间的相互作用，但是RCP是如何发挥作用的，其机制是什么仍待阐明。有实验证实，RCP在CLR的细胞内信号转导以及受体内吞后的分选中具有重要作用。在体水平，RCP可以直接影响CGRP和AM激活受体后的功效。因此，RCP可能对细胞功能产生多种效应，并可协调多种神经肽和激素对相应受体激活后的反应。RCP分布于心血管系统中，在小脑、脊髓和耳蜗等处与CGRP共同定位。所以，RCP可能对多种生理功能(包括血管张力的调节、偏头痛、炎症和肥胖等)具有调节作用。

最近，在高血压动物模型中发现了RCP在体内潜在的重要作用。实验结果表明，CGRP具有代偿性抗高血压的作用，其机制可能是血管系统对CGRP扩张血管作用的敏感性增加，它通过上调RCP的表达，提高了CGRP受体后的信号转导作用。由此推测，在疾病状态下受体组成蛋白表达的微调可能会明显改变CGRP受体所介导的舒张血管的反应。

RAMP和RCP的发现使我们认识到，有些G蛋白偶联受体不是一个经典的、只具有七次跨膜结构域的蛋白分子，它们可能需要几个蛋白分子才能组成一个具有生物活性的受体。RAMP的发现修正了G蛋白偶联受体的基本概念和经典理论，使我们对G蛋白偶联受体的分子结构有了新的认识，这是有关受体研究领域的一项重大进展。

二、G蛋白偶联受体信号转导的偏向性调控

根据G蛋白偶联受体的基本概念和经典理论，在细胞膜上的G蛋白偶联受体的第3个胞内环和C端偶联着一个G蛋白，当受体与配基结合后，进而激活G蛋白，将信息传递到细胞内。所以一直认为G蛋白依赖性信号通路是G蛋白偶联受体将细胞外信号传递到细胞内的必经通路。然而，近年来的研究发现，细胞膜上的G蛋白偶联受体至少存在G蛋白和β-制动蛋白两个不同的信号传递途径，即所谓信号

传递有多维性。G 蛋白偶联受体激活后,除了激活经典的 G 蛋白依赖性信号通路外,还可能激活另一条平行的 β-制动蛋白依赖性信号通路。不同配基可以不同程度地分别激活这两条信号通路,或者只激活其中一条信号通路。因此,最终表现出不同的生物学效应。这就是说,不同的配基激活 G 蛋白偶联受体后:① 不仅可以激活经典的 G 蛋白依赖性信号通路,还可以激活 β-制动蛋白依赖性信号通路;② 不同的配基对着两个不同信号通路的激活不一定是相同的,在激活一条信号通路的同时,对另一条信号通路的激活很微弱,甚至是抑制作用。这就是 G 蛋白偶联受体信号转导的偏向性(signal bias)(图 8-10)。

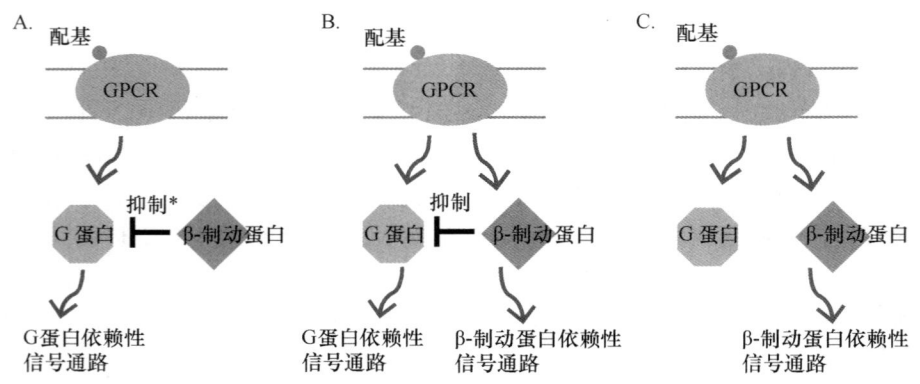

图 8-10　G 蛋白偶联受体信号转导的偏向性(引自翟培彬 等,2016)

现已鉴别出许多优先选择 G 蛋白依赖性信号通路的 G 蛋白偏向性配基或 β-制动蛋白依赖性信号通路的 β-制动蛋白偏向性配基。G 蛋偏向性配基可以选择性增强 G 蛋白偶联受体的 G 蛋白信号转导通路,而对 β-制动蛋白的激活较弱。β-制动蛋白偏向性配基则可以增强 G 蛋白偶联受体的 β-制动蛋白依赖性信号转导和内化作用,而对 G 蛋白的激活较弱。现已证实 G 蛋白或 β-制动蛋白偏向性配基是较普遍的可以选择性调节 G 蛋白偶联受体的特性,它们具有重要的理论意义和新药物研发的价值。

发生 G 蛋白偶联受体信号转导通路偏向的原因目前尚不是很明确。有实验证据表明 G 蛋白偶联受体信号转导通路的偏向与配基直接相关。偏向性的产生是因为不同的配基与受体之间结合的方式存在差别,导致受体激活态构象不同,进而引起 G 蛋白偶联受体 C 末端不同位点的磷酸化。而 G 蛋白偶联受体 C 末端不同位点的磷酸化差别最终决定了下游信号传递的走向。也有实验结果表明,G 蛋白和 β-制动蛋白在 G 蛋白偶联受体上具有相似的结合位点,二者竞争与 G 蛋白偶联受体的结合,这可能是偏向性配基选择性启动不同信号通路的一个原因。

吗啡等阿片类药物是目前临床上最常用的一类镇痛药,镇痛效果好,但是便秘、呼吸抑制等副作用明显。多年来人们一直致力于研发类似吗啡的镇痛新药,希望找到副作用更低且安全性更高的强效镇痛药。吗啡的作用靶点是阿片受体中的 μ 受体,人们陆续合成了杜冷丁、芬太尼等多种阿片类镇痛药,但其不良反应问题依然没有解决。

已知 μ 受体偶联 G_i 蛋白。随着 β-制动蛋白依赖性信号通路的发现,有实验证实吗啡是一种平衡型配基,它既可激活 μ 受体偶联的 G_i 蛋白依赖性信号通路,又可激活 β-制动蛋白依赖性信号通路。实验发现,吗啡产生的镇痛、镇静等作用主要由 G_i 蛋白依赖性信号通路所介导,而引起的便秘、呼吸抑制等副作用则由 β-制动蛋白依赖性信号通路所介导。如果能够合成一种配基,它能够明显偏向激活 μ 受体偶联的 G_i 蛋白依赖性信号通路,对 β-制动蛋白依赖性信号通路的作用很弱,甚至没有作用,那么该配基就可能具有很强的镇痛作用,同时大大降低便秘、呼吸抑制等副作用。这为研发新型阿片类镇痛药提供了新的思路。

2016 年,Manglik 等发表在 *Nature* 上的研究工作证明了上述观点。Manglik 等在解析 μ 受体结构的基础上,将超过 300 万个化合物与 μ 受体进行结合研究,从亲和力排名在 237~2095 位之间的化合物中找出 23 个结构新颖且与受体结合关键氨基酸位点发生作用的化合物。他们将这 23 个化合物进行活性和偏向性检测,其中有七个与 μ 受体结合的亲和力在 2.3~14 μmol/L 之间。他们又从中选出一个能够强烈激活μ受体偶联的 G_i 蛋白依赖性信号通路而对β-制动蛋白依赖性信号通路作用很弱的化合物，然后对这个化合物进行结构优化，最终得到了一个新的化合物，即 S,S-21(PZM21)。

PZM21 在细胞水平上对μ受体表现出了高的选择性，且 PZM21 对 G 蛋白依赖性信号通路的偏向性很强。在测试小鼠对伤害性热刺激反应的实验中，PZM21 引起剂量依赖的镇痛作用，给予 PZM21 15 min 后最大镇痛效应为 87%。PZM21 显示出比等剂量吗啡更强的镇痛活性，而其引起呼吸抑制和便秘的副作用明显降低。以上结果均提示 PZM21 很可能会成为一个非常有价值的新型镇痛药。

众所周知抑郁症是一种常见心理疾病，随着社会的急速发展，患病人数急剧增加。世界卫生组织（WHO）2019 年的统计数据显示，全球有超过 3.5 亿抑郁症患者，我国抑郁症患者数超过 9500 万人。

近年来，致幻剂在抑郁症治疗上表现出一定的潜能。2019 年，从"神奇蘑菇"中提取的一类天然致幻剂——裸盖菇素（psilocybin）被美国食品药品监督管理局认定为治疗重度抑郁症和药物抵抗性抑郁症的重要药物。二期临床研究结果表明，裸盖菇素可以极大改善抑郁症患者的症状，且效果可持续几个月，但是有明显的不良反应——致幻作用。

裸盖菇素在人体内被代谢为脱磷酸裸盖菇素（psilocin）后与 5-HT2A 受体结合发挥作用。5-HT2A 受体偶联着两条信号通路：经典的 G 蛋白通路和β-制动蛋白通路。研究人员通过结构解析发现，脱磷酸裸盖菇素激活 5-HT2A 受体后，即可激活经典的 G 蛋白通路，还可以激活另一条信号通路β-制动蛋白通路。进一步实验发现，脱磷酸裸盖菇素激活 5-HT2A 受体通过 G 蛋白信号通路引起致幻等不良反应，而β-制动蛋白信号通路则与抗抑郁作用有关。

基于第二种激活模式，研究者设计并合成了系列激活 5-HT2A 受体并偏向β-制动蛋白信号通路的偏向性激动剂。小鼠行为学实验结果表明，该偏向性激动剂在小鼠实验中不产生明显的致幻作用，但其具有与致幻剂裸盖菇素相似的抗抑郁作用。该研究深入阐明了致幻剂分子的作用机制，为开发新型快速、长效抗抑郁药物提供了新的重要思路。

上述实验成果由中国科学院汪胜研究组和上海科技大学程建军研究组合作发表在在 2022 年 1 月《科学》杂志上（Cao et al.，2022），并被配发评论予以高度评价。

G 蛋白偶联受体信号转导偏向性调控的发现再一次修正了有关 G 蛋白偶联受体特性的理论，即 G 蛋白偶联受体不再被认为只存在"激活"和"失活"两种构象形态。不同配基与 G 蛋白偶联受体结合的差异引起受体构象的不同变化，从而激活细胞内不同信号通路，导致细胞出现不同的功能状态。

研发多种 G 蛋白偏向配基或β-制动蛋白偏向配基，不仅可用来研究 G 蛋白偶联受体信号转导的偏向性调控，还能够开发特异性更高、副作用更小的药物。因此，研究受体偏向性配基的特点和作用机制，特别是药理学作用及特点，不仅具有重要的理论意义，也为新药的研发开辟了一条新的、重要的途径。

（于龙川、于诚）

练 习 题

1. 什么是受体？受体的基本特性有哪些？
2. 以乙酰胆碱受体为例说明 G 蛋白偶联受体和配体门控离子通道的分子结构。
3. 简述 G 蛋白偶联受体内化的过程及各种相关蛋白的作用。
4. 名词解释：受体与配基；受体与配基结合的亲和力和内在活性；激动剂；拮抗剂；受体的失敏；受体的同种失敏和异种失敏。

参 考 文 献

ANGERS S, SALAHPOUR A, BOUVIER M, 2002. Dimerization: an emerging concept for G protein coupled receptor ontogeny and function[J]. Annu rev pharmacol toxicol, 42: 409-435.

BENNETT M R,2000. The concept of transmitter receptors:100 years on[J]. Neuropharmacology,39: 523-546.

CAO D,YU J,WANG H,et al,2022. Structure-based discovery of nonhallucinogenic psychedelic analogs[J]. Science,375(6579):403-411.

HAY D L,GARELJA M L,POYNER D R,et al,2018. Update on the pharmacology of calcitonin/CGRP family of peptides:IUPHAR review 25[J]. Br J Pharmacol,175:3-17.

HAY D L,POYNER D R,QUIRION R,et al,2008. LXIX. Status of the calcitonin gene-related peptide subtype 2 receptor[J]. Pharmacol rev,60:143-145.

MANGLIK A,LIN H,ARYAL D K,et al,2016. Structure-based discovery of opioid analgesics with reduced side effects[J]. Nature,537(7619):185-190.

MILLIGAN G,2009. G protein coupled receptor hetero dimerization:contribution to pharmacology and function [J]. Br j pharmacol,158:5-14.

MILLIGAN G,2010. The role of dimerisation in the cellular trafficking of G-proteincoupled receptors[J]. Cur ropin pharmacol,10:23-29.

MOORE C A,MILANO S K,BENOVIC J L,2007. Regulation of receptor trafficking by GRKs and arrestins [J]. Annu rev physiol,69:451-482.

ROSENBAUM D M,RASMUSSEN S G,KOBILKA B K,2009. The structure and function of G-protein coupled receptors[J]. Nature,459:356-363.

STEPHEN S,FERGUSON G,2001. Evolving concepts in G protein-coupled receptor endocytosis:the role in receptor desensitization and signaling[J]. Pharmacol rev,53:1-24.

SHENOY S K,LEFKOWITZ R J,2011. β-arrestin mediated receptor trafficking and signal transduction[J]. Trends pharmacol sci,32:521-533.

WOLFE B L,TREJO J,2007. Clathrin dependent mechanisms of G protein coupled receptor endocytosis[J]. Traffic,8:462-470.

ZHANG Y,XIONG W,LIN X J,et al,2009. Receptor trafficking induced by mu-opioid receptor phosphorylation[J]. Neurosci biobehav rev,3:1192-1197.

ZIGMOND M J,BLOOM F,LANDIS S C,et al,1998. Fundamental Neuroscience[M]. Washington DC:Academic Press.

翟培彬,马兰,刘星,2016. G蛋白耦联受体信号转导的偏向性调控及其机制研究进展[J]. 生理学报,68 (06):790-798.

第二篇

神经系统的结构与发育

第九章　周围神经系统的结构

神经系统分为中枢神经系统(central nervous system)和周围神经系统(peripheral nervous system)两部分。周围神经系统是指位于中枢神经系统以外的神经组织。根据与中枢连接部位的不同可分为脑神经(cranial nerve)和脊神经(spinal nerve)。另外,根据分布和功能的不同,将分布于体表、骨、关节和骨骼肌的神经称为躯体神经(somatic nerve),把分布于内脏、心血管、平滑肌和腺体的神经称为内脏神经(visceral nerve)。

在周围神经系统中,按照其功能的不同可将神经分为传入神经(afferent nerve)和传出神经(efferent nerve)。传入神经是指将外周感受器(sensory receptor)产生的神经冲动传向中枢神经系统的神经,因为其传导的是感觉信息,故又称为感觉神经(sensory nerve);传出神经是指将中枢神经系统的有关信息传到周围组织效应器的神经,因为其传导的冲动与机体运动有关,故又称为运动神经(motor nerve)。

内脏神经系统(visceral nervous system)又称为自主神经系统(autonomic nervous system,ANS)或植物性神经系统(vegetative nervous system,VNS),支配平滑肌、心肌收缩以及腺体分泌。

在周围神经系统内,神经纤维聚集成束而称为神经(nerve),神经细胞聚集形成神经节(ganglion)。

神经节包括脊神经节、脑神经节和内脏运动神经节。其中脊神经节和脑神经节为感觉性神经节。

脑神经节为连于脑神经的神经节,节内为假单极神经元或双极神经元。神经元成群聚集,胞体呈球形、卵圆形或梭形,大小不一。

脊神经节位于脊神经后根入椎间孔处。节内神经元为假单极神经元,神经元胞体多呈圆形或卵圆形,直径为20~100μm。神经元胞体周围常常被一层小的卫星细胞(也称为被膜细胞)围绕(图9-1)。

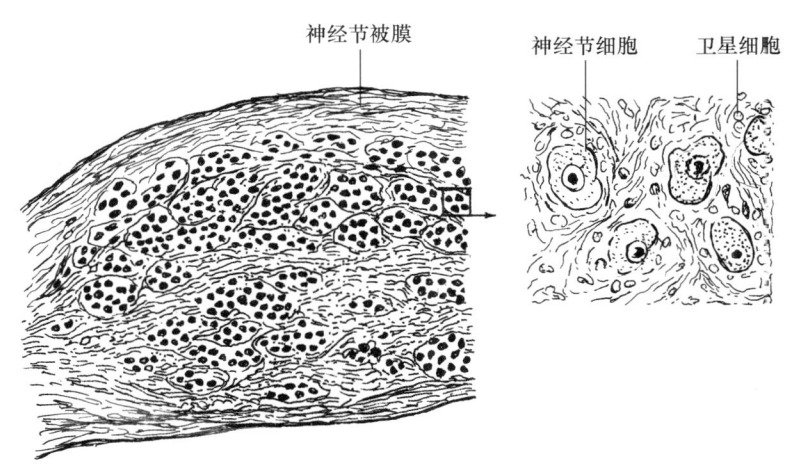

图 9-1　脊神经节的结构示意(柏树令,2004)

内脏运动神经节分为交感神经节和副交感神经节两类,其大小形态各异。节内神经元胞体为多极状或椭圆形,直径为20~60μm,胞体多有一个亮的偏位的细胞核,也可见双核或多核,胞质内尼氏体细而分散。

神经由神经纤维聚集而成。神经纤维由神经元的长突起(常为轴突)、髓鞘和神经膜组成。神经纤维根据是否具有髓鞘分为有髓纤维和无髓纤维两种。周围神经的髓鞘是由施万细胞的胞膜卷绕神经元长的突起所形成的。无髓纤维没有髓鞘,神经元的长突起只被神经膜所包裹。

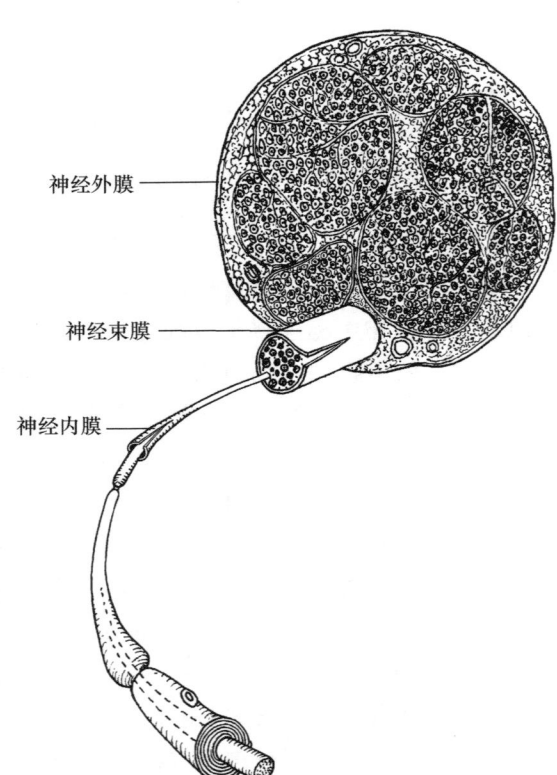

图 9-2　周围神经结构示意（柏树令，2004）

在神经束内,结缔组织细纤维网包绕在每条神经纤维外,称为神经内膜。内膜以一个多糖网络作为基质,其中埋有细束的由胶原纤维所构成的纤维结缔组织网络。神经内膜内有微血管网络,也有淋巴管。多条神经纤维由疏松结缔组织集合成束,束外包绕的结缔组织称为神经束膜。多条神经束集中构成了神经。神经外周包绕一层疏松结缔组织,称为神经外膜。神经外膜内有胶原纤维、成纤维细胞和脂肪,也含有淋巴管和血管(图 9-2)。

第一节　脊　神　经

一、脊神经的构成、分布和纤维成分

1. 脊神经的构成

脊神经共有 31 对,每对脊神经由前根和后根在椎间孔处汇合而成。前根由运动神经纤维组成,后根由感觉神经纤维组成,所以,脊神经为混合神经,内含感觉神经纤维和运动神经纤维。脊神经后根在椎间孔附近有椭圆形的膨大,称为脊神经节,也称为背根神经节,其内含假单极神经元。

31 对脊神经包括 8 对颈神经、12 对胸神经、5 对腰神经、5 对骶神经和 1 对尾神经。

2. 脊神经中含有四种纤维

(1) 躯体感觉纤维：分布于皮肤、骨骼肌、肌腱和关节。

(2) 内脏感觉纤维：分布于内脏、心血管和腺体。

(3) 躯体运动纤维：支配骨骼肌的随意运动。

(4) 内脏运动纤维：支配心肌、平滑肌的运动和控制腺体的分泌(图 9-3)。

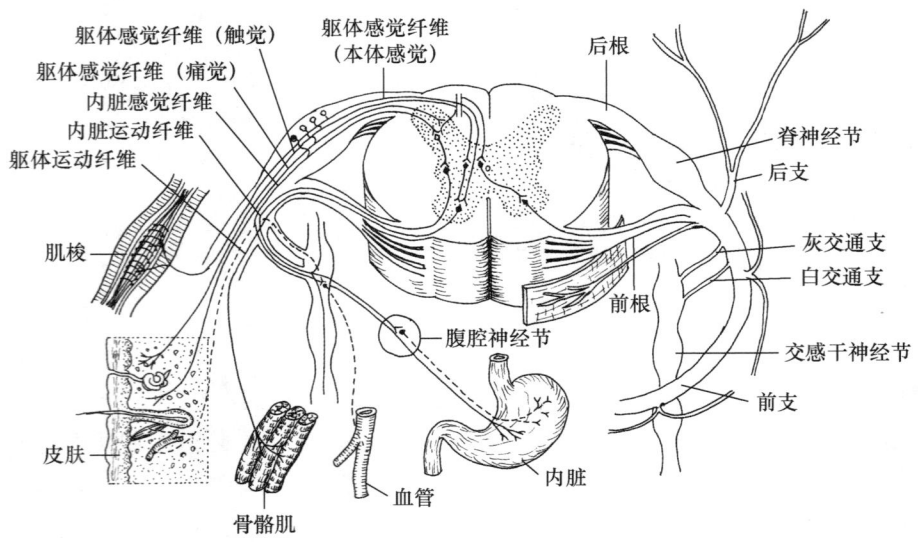

图 9-3　脊神经的组成、分支、分布示意（钟世镇，2003）

二、脊神经的分支

脊神经出椎间孔后立即分为4支：前支、后支、脊膜支和交通支。

(1) 前支粗大，为混合神经，分布于躯干前外侧和上、下肢。除胸神经前支保持明显的节段性分布外，颈、腰、骶、尾神经前支均在起点附近交织成丛，再由丛发出分支，分配到效应器。颈、腰、骶、尾神经前支共形成四个脊神经丛，即颈丛、臂丛、腰丛和骶丛。

(2) 后支为混合神经，除第1、第2颈神经后支较粗外，其余各脊神经后支均比前支细小，除骶神经后支穿骶后孔外，脊神经后支绕椎骨上关节突外侧，经相邻横突之间分为内侧支和外侧支，分布于项、背、腰、骶部深层肌和皮肤。

(3) 脊膜支，又称为脊膜返神经或窦椎神经。经椎间孔返回椎管，含感觉神经纤维和交感神经纤维，在脊髓前后形成脊膜前、后丛，分布于脊髓被膜、血管、骨膜、韧带、颅后窝的硬脑膜。

(4) 交通支为连于脊神经与交感干之间的细小分支。其中发自$T_1 \sim L_3$脊神经前支，连于交感干的为白交通支，多由有髓纤维构成。发自交感干、连于脊神经的称为灰交通支，多由无髓纤维构成。

三、颈丛

颈丛由第1～4颈神经前支组成（图9-4），位于上四个颈椎的外侧。

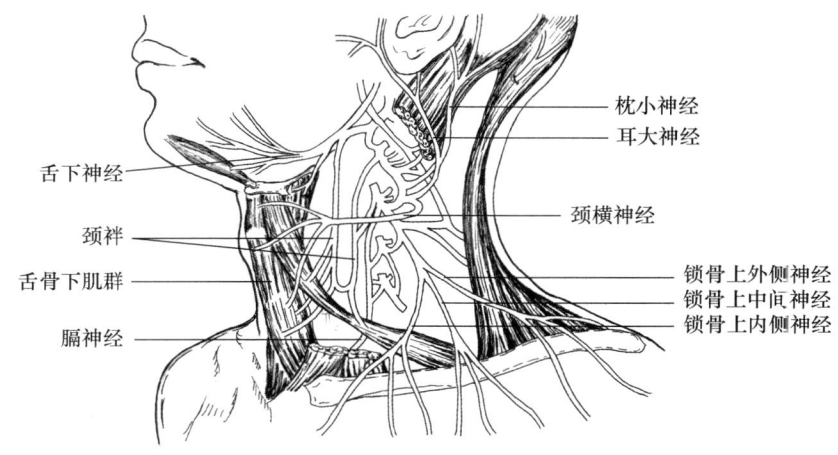

图9-4 颈丛的组成及分支（郭光文 等，2008）

颈丛的分支包括浅、深两组：浅支分布于皮肤，也称为皮支；深支多分布于肌肉（图9-4）。皮支于胸锁乳突肌后缘中点（神经点）附近浅出后散开行向各方，其主要分支有枕小神经、耳大神经、颈横神经、锁骨上神经。颈丛深支主要有肌支和交通支，其中重要的为膈神经。

膈神经是颈丛中最重要的分支，为混合神经。膈神经中的运动纤维支配膈肌，感觉纤维分布于胸膜、心包及膈下的部分腹膜。

四、臂丛

臂丛由第5～第8颈神经前支和第1胸神经前支大部分纤维组成。臂丛起始部经斜角肌间隙穿出，继而进入腋窝。臂丛的五个神经根先组成上、中、下三干，每干又分为前、后两股，六股进入腋窝包围腋动脉中段，分成内侧束、外侧束和后束。臂丛在锁骨中点上方比较集中，临床上做上肢手术时可在此进行臂丛阻滞麻醉。

臂丛的分支可以锁骨为界，分为锁骨上部分支和锁骨下部分支。臂丛锁骨上部分支主要有胸长神经、肩胛背神经、肩胛上神经。臂丛的锁骨下部分支有肌皮神经、正中神经、尺神经、桡神经、腋神经，以及肩胛下神经、胸内侧神经、胸外侧神经、臂内侧皮神经、前臂内侧皮神经。

正中神经起自臂丛内、外侧束,因而形成正中神经的内、外侧两根,夹持腋动脉,沿肱二头肌内侧沟与肱动脉伴行至肘窝。从肘窝向下穿旋前圆肌,在指浅屈肌、指深屈肌之间下行至腕部。继而进入腕管并在掌腱膜深面到达手掌(图9-5)。正中神经的肌支在前臂分布于除肱桡肌、尺侧腕屈肌和指深屈肌尺侧半以外的所有前臂前群肌。在手部,肌支分布于除拇收肌以外的鱼际肌和第1、第2蚓状肌;皮支分布于手掌桡侧半、桡侧三个半指掌面及其中节和远节指背面的皮肤(图9-6)。正中神经损伤可引起相应肌肉的瘫痪和皮肤感觉障碍,并出现"猿手"畸形。

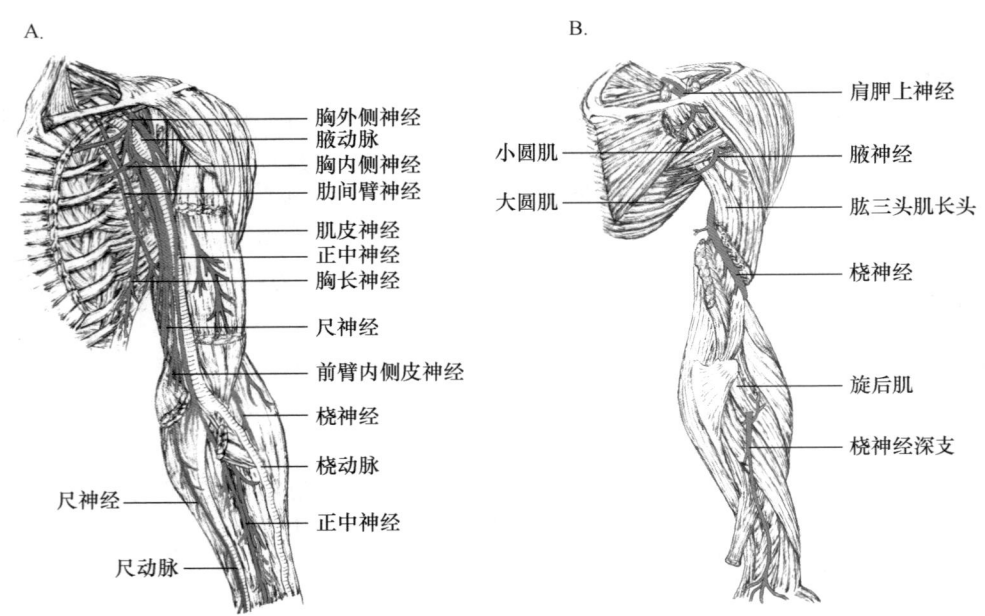

图9-5　上肢的神经分布(钟世镇,2003)
A. 左上肢前面的神经分布;B. 右上肢后面的神经分布。

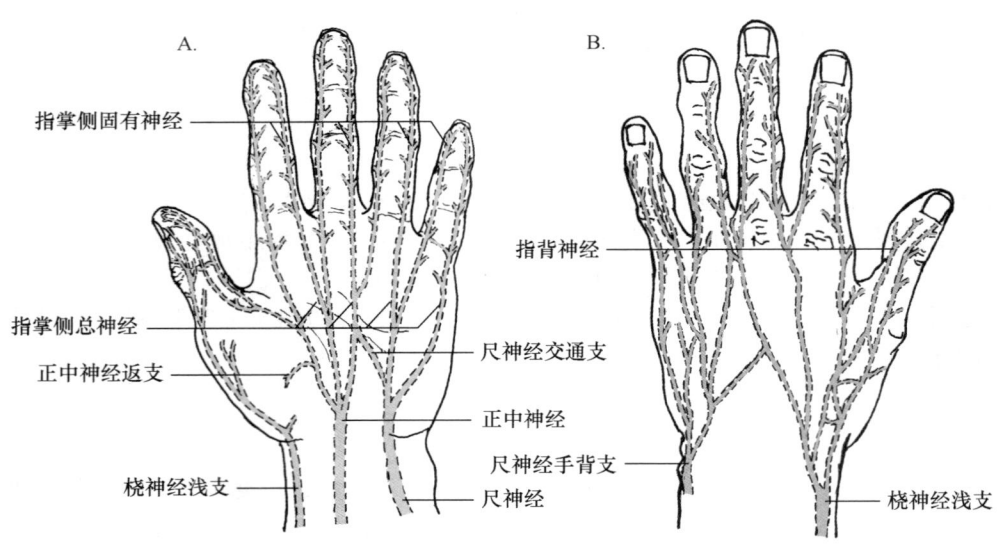

图9-6　左手掌神经分布(钟世镇,2003)
A. 左手掌面神经分布;B. 左手背面神经分布。

尺神经起自臂丛内侧束,沿肱二头肌内侧沟下行,经肱骨内上髁后方的尺神经沟,向下转至前臂前内侧,在尺侧腕屈肌和指深屈肌之间,伴尺动脉下行至手部。尺神经的肌支在前臂支配尺侧腕屈肌和指深屈肌的尺侧半；在手部支配小鱼际、拇收肌、小鱼际肌、所有的骨间肌及第3、第4蚓状肌。尺神经的皮支分布于小鱼际、小指和环指尺侧半掌面皮肤和手背尺侧半和尺侧二个半手指背侧皮肤。尺神经经肱骨内上髁后方的尺神经沟，此处位置表浅，是尺神经容易损伤的部位。尺神经损伤可引起相应肌肉的瘫痪和皮肤感觉障碍，出现"爪形手"畸形。

桡神经起自臂丛后束。在腋窝内，位于腋动脉后方，伴肱深动脉，沿桡神经沟向下外走行，在肱骨外上髁上方走行于肱桡肌与肱肌之间，在肱骨外上髁前方分为浅、深两终支，分别分布于臂后区、前臂后面、臂下外侧部皮肤，及肱三头肌、肘肌、肱桡肌、前臂后群肌和肘关节。肱骨中段骨折容易损伤桡神经，致伸腕关节障碍，引起"垂腕"。

腋神经起自臂丛后束，与旋肱后血管伴行，穿过腋窝后壁的四边孔，绕肱骨外科颈至三角肌。其肌支分布于三角肌和小圆肌；其皮支称为臂外侧上皮神经，分布于肩部、臂外侧区上部的皮肤。

胸神经前支共12对，除第1对胸神经前支有纤维参加臂丛，第12对胸神经前支有纤维参加腰丛外，其余胸神经各自独立走行于相应肋间隙中，称为肋间神经，第12对胸神经前支位于第12对肋的下方，故名肋下神经。

上6对肋间神经的肌支分布于肋间肌、上后锯肌和胸横肌；皮支分布于胸侧壁与胸前壁皮肤以及肩胛区皮肤。

下6对神经的肌支分布于肋间肌及腹壁前外侧肌群，外侧皮支分布于胸腹壁的外侧皮肤，前皮支则分布于腹白线附近的皮肤。皮支除分布至胸腹部皮肤外，还分布到胸膜和腹膜壁层。

胸神经前支在胸、腹壁皮肤的分布具有明显的节段性（图9-7）。

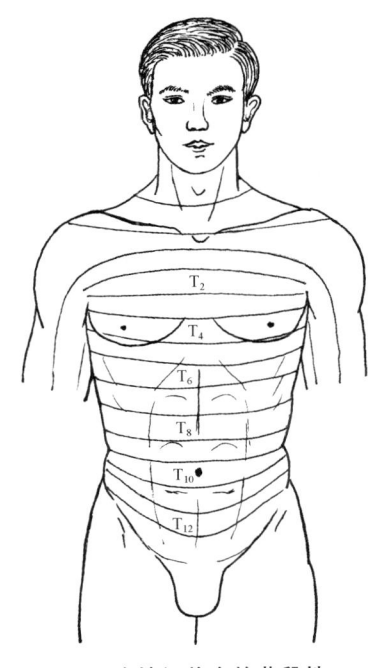

图9-7　胸神经前支的节段性分布（钟世镇，2003）

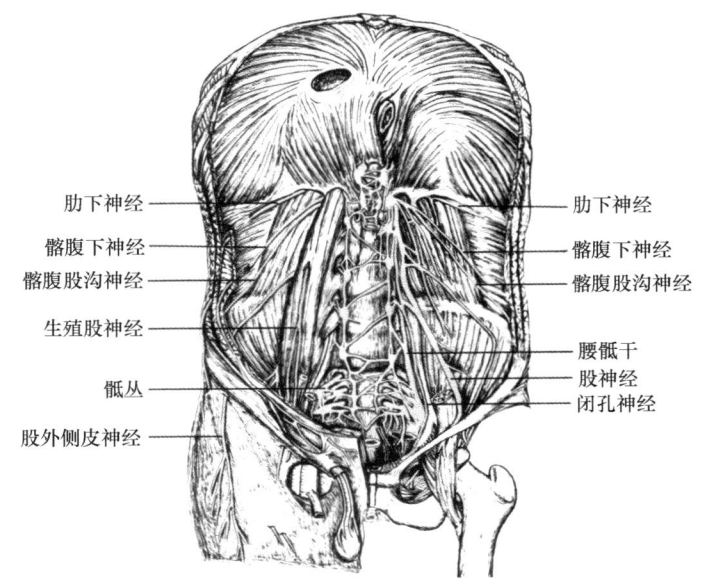

图9-8　腰丛、骶丛及其分支（郭光文等，2008）

五、腰丛

腰丛由第12胸神经前支一部分、第1~3腰神经前支及第4腰神经前支的一部分组成（图9-8）。腰丛位于腰大肌深面腰椎横突前方。

腰丛除发出肌支支配髂腰肌和腰方肌之外，还发出许多分支分布于腹股沟区、大腿前部和内侧部。其中髂腹下神经的肌支分布于腹内斜肌和腹横肌，皮支分布于下腹部、腹股沟区及臀外侧区的皮肤。髂腹股沟神经的皮支分布于腹股沟部、阴囊或大阴唇皮肤，肌支分布于腹壁肌。股外侧皮神经分布于大腿前外侧部的皮肤。股神经为腰丛最大的分支，其肌支分布于髂腰肌、耻骨肌、缝匠肌和股四头肌，皮支分布于大腿及膝关节前面的皮肤，以及小腿内侧面及足内侧缘皮肤。闭孔神经的肌支支配闭孔外肌、长收肌、短收肌、大收肌和股薄肌，皮支分布于大腿内侧面皮肤，关节支分布到髋关节和膝关节。生殖股神经的生殖支经腹股沟管分布于提睾肌和阴囊，在女性中则随子宫圆韧带分布于大阴唇；而股支分布于股三角部上部的皮肤。

六、骶丛

骶丛由第 4 腰神经前支的小部分和第 5 腰神经前支合成的腰骶干及全部骶神经和尾神经前支组成。骶丛位于盆腔后壁,骶骨和梨状肌的前面,髂血管后方。骶丛整体呈三角形,尖端指向坐骨大孔下部。

骶丛发出分支分布于盆腔脏器、盆壁、臀部、会阴、股后部、小腿和足部的肌肉及皮肤。骶丛直接发出短支分布于梨状肌、闭孔内肌、股方肌等,还有臀上神经、臀下神经、股后皮神经、阴部神经、坐骨神经等重要分支(图 9-9)。

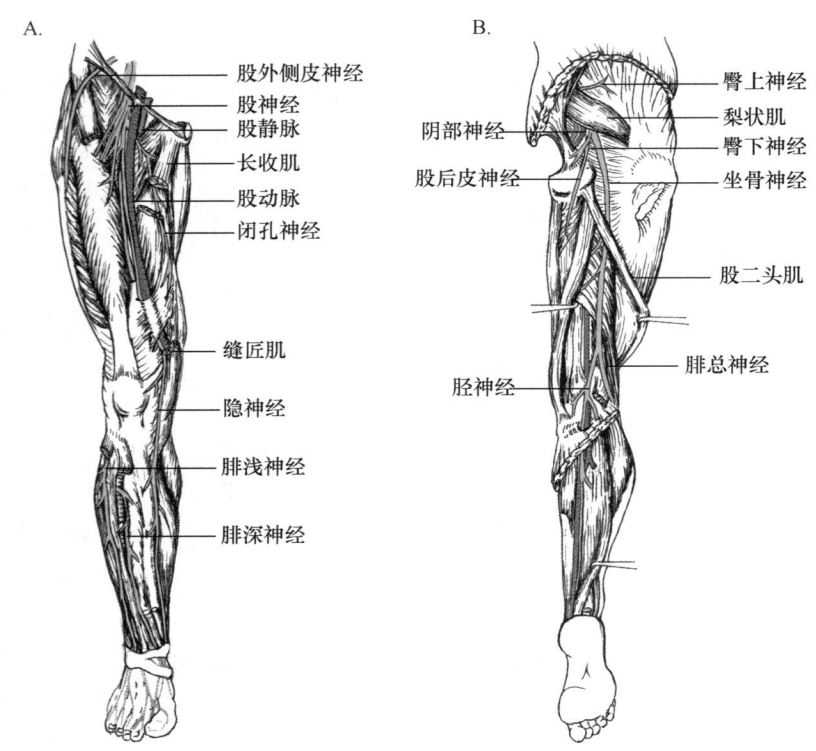

图 9-9　下肢的神经(柏树令,2004)
A. 下肢的前面神经；B. 下肢的后面神经。

坐骨神经(sciatic nerve)是全身最长、最粗大的神经,穿梨状肌下孔,于臀大肌深面,在坐骨结节与大转子之间的中点下行,此处在临床上可作为坐骨神经的压痛点。坐骨神经至股后部深面下行至腘窝上角分为胫神经和腓总神经两大支。坐骨神经干在股后区发出肌支分布于股二头肌、半腱肌和半膜肌,同时发出关节支分布于髋关节。胫神经为坐骨神经干的直接延续,经腘窝中线垂直下降,在小腿后区的比目鱼肌深面伴胫后血管下行,于踝管处分成两终支即足底内侧神经和足底外侧神经,分布于足底区。

胫神经肌支支配小腿后群肌,皮支为腓肠内侧皮神经,在小腿后面伴小隐静脉上段下行,与来自腓肠外侧皮神经的交通支吻合后称为腓肠神经,分布于小腿后面皮肤和足外侧缘、小趾外侧缘皮肤；胫神经的关节支分布于膝关节和踝关节。

足底内侧神经和足底外侧神经分布于足底肌和足底的皮肤(图 9-10)。

腓总神经由坐骨神经分出后,沿腘窝上外侧界向外下走行,绕过腓骨颈外侧面,分为腓浅神经和腓深神经两大终支。腓浅神经支配小腿外侧群肌,以及小腿外侧、足背和第 2～第 5 趾背皮肤。腓深神经分布于小腿前群肌、足背肌及第 1、第 2 趾相对缘的皮肤。腓总神经还在腘窝处发出腓肠外侧皮神经,沿腓肠肌外侧头下行,分布于小腿下部外侧面的皮肤。

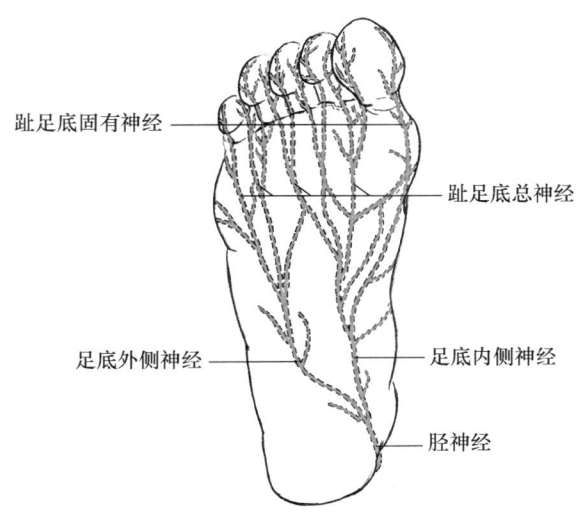

图 9-10　足底的神经(改自钟世镇,2003)

腓总神经绕过腓骨颈处位置表浅,易受损伤。受损伤后,因小腿前群肌、外侧群肌和足背肌瘫痪,造成足下垂且内翻,呈马蹄内翻足畸形,同时小腿前外侧及足背感觉障碍。

第二节　脑　神　经

脑神经指与脑相连的周围神经,共有12对,通常用罗马数字表示其顺序,它们是：Ⅰ嗅神经(olfactory nerve)、Ⅱ视神经(optic nerve)、Ⅲ动眼神经(oculomotor nerve)、Ⅳ滑车神经(trochlear nerve)、Ⅴ三叉神经(trigeminal nerve)、Ⅵ展神经(abducent nerve)、Ⅶ面神经(facial nerve)、Ⅷ前庭蜗神经(vestibulocochlear nerve)、Ⅸ舌咽神经(glossopharyngeal nerve)、Ⅹ迷走神经(vagus nerve)、Ⅺ副神经(accessory nerve)、Ⅻ舌下神经(hypoglosal nerve)(图9-11)。

脑神经共含有七种纤维成分,包括：躯体感觉纤维,分布于皮肤、肌、肌腱等；躯体运动纤维,分布于眼外肌、舌肌等横纹肌；特殊躯体感觉纤维,分布于视器和前庭蜗器；内脏感觉纤维,分布于头、颈、胸、腹的脏器；内脏运动纤维,分布于平滑肌、心肌和腺体；特殊内脏感觉纤维,分布于味蕾和嗅器；特殊内脏运动纤维,分布于由鳃弓衍变而成的表情肌、咀嚼肌、咽喉肌、胸锁乳突肌和斜方肌。每一对脑神经所包含的纤维成分各不相同,所以又将脑神经分为三类,即感觉性脑神经、运动性脑神经和混合性脑神经。

1. 嗅神经

嗅神经,来自嗅细胞的中枢轴突,为感觉性脑神经。嗅神经穿过筛孔入颅前窝,投射到嗅球,传导嗅觉信息。

2. 视神经

视神经为视网膜神经节细胞的轴突在视神经盘处汇聚后形成,经视神经管入颅中窝后形成视交叉,来自视网膜鼻侧半的纤维左右交叉,而来自视网膜颞侧半的纤维不交叉,交叉后的纤维与不交叉的纤维汇成视束,投射到间脑的外侧膝状体,由外侧膝状体再发出纤维投射到视皮质。

3. 动眼神经

动眼神经经中脑的脚间窝出脑,穿行于海绵窦外侧壁上部,再经眶上裂入眶,为运动性神经,含有躯体运动和内脏运动两种纤维。由动眼神经核发出躯体运动纤维支配除上斜肌和外直肌以外的眼球外肌。动眼神经副核发出内脏运动纤维,到达睫状神经节换神经元,节后纤维分布于睫状肌和瞳孔括约肌,参与调节视觉反射和瞳孔对光反射。

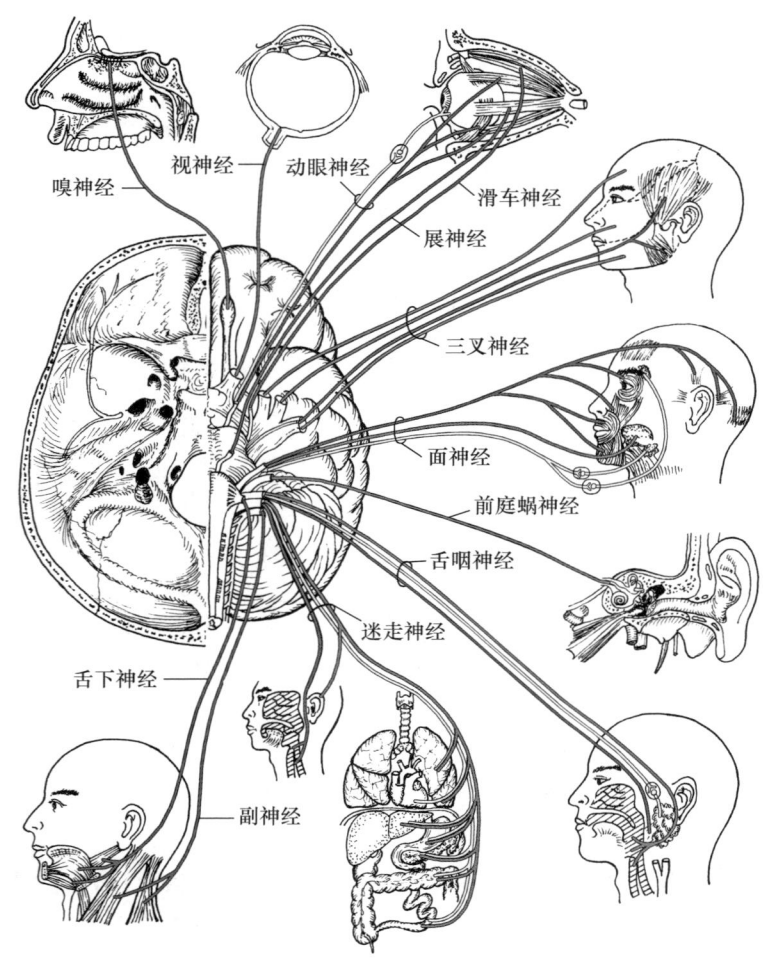

图 9-11 12 对脑神经连脑部位和分布示意(柏树令,2004)

动眼神经损伤的临床症状为上睑下垂、瞳孔扩大、对光反射消失,以及斜视、复视等。

4. 滑车神经

滑车神经仅含躯体运动纤维,是 12 对脑神经中最细的 1 对,起自脑干对侧的滑车神经核,自中脑背侧下丘下方出脑,经眶上裂入眶,支配上斜肌。

5. 三叉神经

三叉神经为混合性脑神经,含躯体感觉纤维和特殊内脏运动纤维两种。三叉神经以粗大的神经根从脑桥和小脑中脚(middle cerebellar peduncle)交界处连于颞骨岩部前端的三叉神经节,三叉神经节内含有假单极神经元,这些假单极神经元的周围突形成三叉神经三大分支,即眼神经、上颌神经和下颌神经(图 9-12)。不断分支后三叉神经末梢分布于面部皮肤、脑膜、眼及眶内、鼻腔、口腔、牙齿等,传导痛、温、触、压等多种感觉。三叉神经节内神经元的中枢突构成了三叉神经感觉根,入脑后投射到三叉神经感觉核,其中传导痛、温觉的纤维主要投射到三叉神经脊束核,而传导触觉的纤维主要投射到三叉神经脑桥核。

脑桥的三叉神经运动核发出的特殊内脏运动纤维,出颅后穿过三叉神经节,随下颌神经分布于下颌舌骨肌、咀嚼肌和二腹肌前腹等。

眼神经只含躯体感觉纤维,发自三叉神经节,经眶上裂入眶,分布于眼球、泪器、结膜、硬脑膜、鼻和鼻旁窦黏膜,以及额顶部、上睑和鼻背部的皮肤。

上颌神经发自三叉神经节,经圆孔出颅,经眶下裂入眶,延续为眶下神经。上颌神经主要分布于上颌牙齿和牙龈、口腔顶和鼻腔及上颌窦黏膜、部分硬脑膜及睑裂与口裂之间的皮肤,传递感觉信息。上颌神经的主要分支有眶下神经、上牙槽神经、颧神经、翼腭神经。

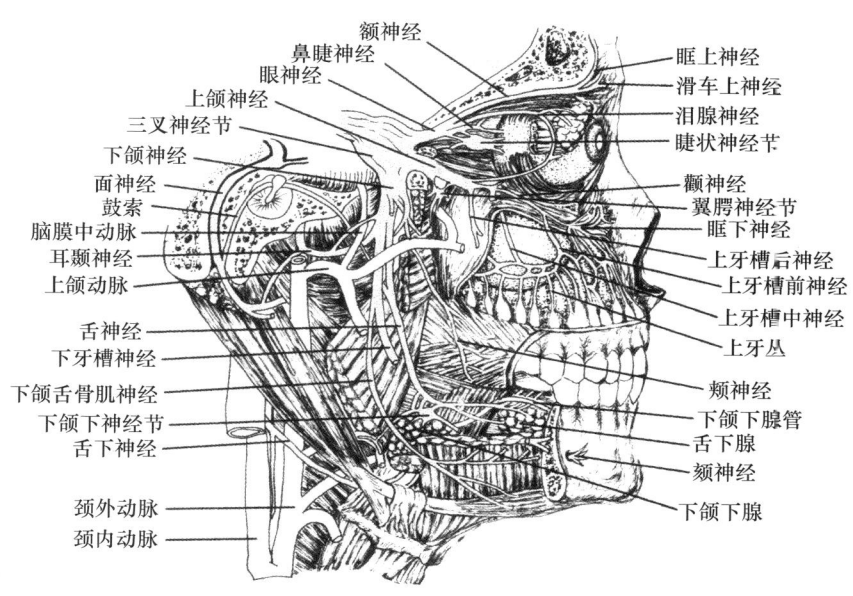

图 9-12 三叉神经（柏树令，2004）

下颌神经含感觉纤维和运动纤维两种纤维。感觉纤维分布于口腔底、舌、下颌骨、下颌牙齿、牙龈以及口裂以下和颞部的皮肤；运动纤维支配咀嚼肌等。主要分支有耳颞神经、颊神经、舌神经、下牙槽神经、咀嚼肌神经。

6. 展神经

展神经属运动性脑神经，起于展神经核，发出纤维自延髓脑桥沟出脑，经眶上裂入眶，支配外直肌。

7. 面神经

面神经为混合性脑神经，含有特殊内脏运动纤维、内脏运动纤维、特殊内脏感觉纤维及躯体感觉纤维，其中内脏运动纤维为副交感神经纤维，支配泪腺、下颌下腺和舌下腺；特殊内脏运动纤维支配表情肌；特殊内脏感觉纤维主要传导舌前 2/3 的味觉。

面神经的主要分支有面神经管内的分支（鼓索、岩大神经、镫骨肌神经）以及面神经管外的颅外分支。

面神经损伤后的临床症状表现为面部表情肌瘫痪、听觉过敏、舌前 2/3 味觉障碍、泪腺和唾液腺分泌障碍等。

8. 前庭蜗神经

前庭蜗神经又称为位听神经，是特殊感觉性脑神经。含有传导平衡觉和传导听觉的特殊躯体感觉纤维，由前庭神经和蜗神经两部分组成。

前庭神经（vestibular nerve）纤维来源于内耳道底前庭神经节的双极神经元，其周围突穿内耳道底分布于内耳球囊斑、椭圆囊斑和壶腹嵴中的毛细胞，中枢突组成前庭神经，经内耳门入颅，在延髓脑桥沟外侧部入脑，终于前庭神经核（vestibular nucleus）群和小脑等部。前庭神经的功能为传导平衡觉信息。

蜗神经（cochlear nerve）来自耳蜗内的蜗神经节。蜗神经节内的双极神经元的周围突分布于内耳螺旋器的毛细胞上，其中枢突形成蜗神经，经内耳门在延髓脑桥沟外侧部入脑，终止于蜗神经腹侧、背侧核，传导听觉信息。

9. 舌咽神经

舌咽神经为混合性脑神经，含一般内脏运动纤维、特殊内脏运动纤维、一般内脏感觉纤维和特殊内脏感觉纤维，以及少量的躯体感觉纤维。

舌咽神经出脑后与迷走神经和副神经一起穿过颈静脉孔,先在颈内动、静脉间下降,继而弓形向前,经舌骨舌肌内侧达舌根。其主要分支有舌支、咽支、鼓室神经、颈动脉窦支等。舌咽神经的运动纤维支配腮腺、茎突咽肌,感觉纤维传导咽、颈动脉窦和颈动脉小球及舌后 1/3 的一般内脏感觉。一侧舌咽神经损伤主要表现为同侧舌后 1/3 味觉消失、舌根及咽峡区痛觉消失。

10. 迷走神经

迷走神经是一对行程最长、分布最广的混合性脑神经(图 9-13)。在迷走神经中的特殊内脏运动纤维发自延髓的疑核,支配咽喉肌。迷走神经中的一般内脏运动纤维发自延髓的迷走神经背核,分布于颈、胸、腹部的大部分器官,在器官旁或器官壁内的副交感神经节交换神经元,其节后纤维控制平滑肌、心肌和腺体的活动。迷走神经中的内脏感觉纤维来自迷走神经下神经节的神经细胞,其外周纤维分布于颈、胸、腹部的脏器,中枢突投射到孤束核,传导内脏感觉。迷走神经中的躯体感觉纤维来自迷走神经上神经节内的神经元,其周围突随迷走神经分支分布于硬脑膜、耳郭及外耳道皮肤,中枢突入脑后投射到三叉神经脊束核,传导躯体感觉。

迷走神经经颈静脉孔出颅,在此处有膨大的迷走神经上、下神经节。迷走神经出颅后在颈部下行于颈动脉鞘内,位于颈内静脉与颈内动脉或颈总动脉之间的后方,至颈根部进入胸腔,至肺根的后方下行,分出许多细小的分支,与交感神经共同构成肺丛和食管前、后丛,走行于食管下段又逐渐集中延续为迷走神经前干和后干。迷走

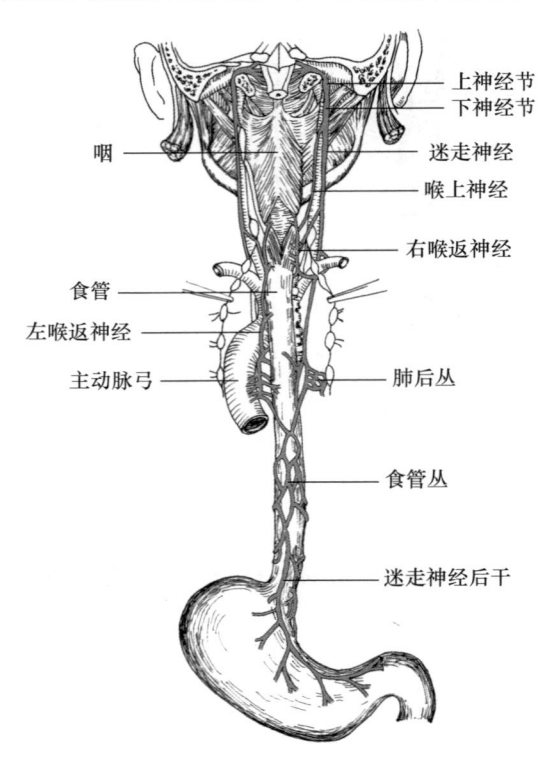

图 9-13　迷走神经(钟世镇,2003)

神经前、后干伴食管一起穿膈肌食管裂孔进入腹腔,分布于结肠左曲以上的消化道、肝、胆、胰、脾和肾等器官。

迷走神经主干损伤后,内脏活动障碍表现为脉速、心悸、恶心、呕吐、呼吸深慢和窒息等症状。由于咽喉感觉障碍和肌肉瘫痪,可出现声音嘶哑、语言和吞咽困难、腭垂偏向一侧等症状。

11. 副神经

副神经含特殊内脏运动纤维。副神经由延髓根和脊髓根两部分组成。延髓根起于延髓的疑核,加入迷走神经支配咽喉部肌肉;脊髓根起于颈髓副神经核(颈 1~颈 5),经颈静脉孔出颅后分支支配胸锁乳突肌和斜方肌。

12. 舌下神经

舌下神经起自舌下神经核,含躯体运动纤维,为运动性脑神经。该神经经舌下神经管出颅后在颈内动、静脉之间弓形向前下走行,横过颈外动脉及舌动脉前面,在舌神经和下颌下腺管下方穿颏舌肌入舌内,支配全部舌内肌和大部分舌外肌。

第三节　内脏神经

内脏神经系统是指调节和控制内脏器官活动的神经系统,又称为自主神经系统,主要是调节机体的物质代谢。因为内脏神经系统不支配骨骼肌的活动,所以也称为植物性神经系统。

内脏神经系统分为中枢和外周两部分(图 9-14)。

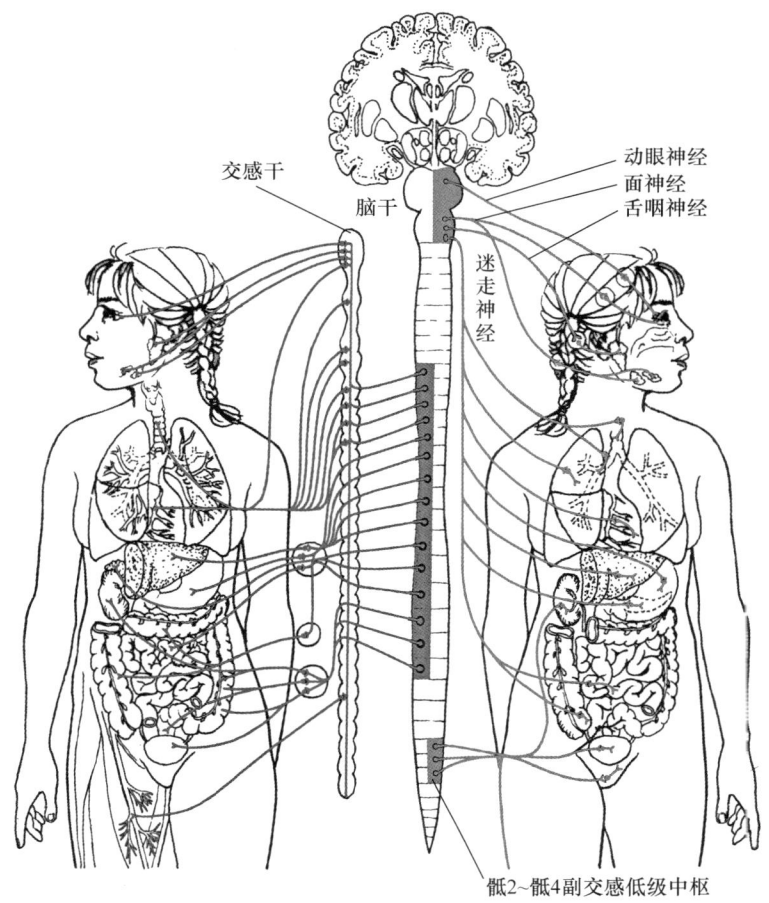

图 9-14　内脏运动神经(改自郭光文 等,2008)

内脏神经按照纤维的性质,可分为感觉纤维和运动纤维两种纤维成分。内脏运动神经(visceral motor nerve)调节内脏、心血管的运动和腺体的分泌;内脏感觉神经的初级感觉神经元位于脑神经节和脊神经节内,外周支则分布于内脏和心血管等处的感受器,把感受到的刺激信息传递到各级中枢,乃至大脑皮质。内脏感觉神经传来的信息经中枢整合后,通过内脏运动神经调节这些器官的活动,以维持机体内、外环境的动态平衡和正常生理活动。

一、内脏运动神经

(一)内脏运动神经与躯体运动神经的区别

内脏运动神经与躯体运动神经在形态结构和功能上有以下差别。

(1)支配的器官不同:内脏运动神经支配平滑肌、心肌和腺体,在一定程度上不受意志的控制。躯体运动神经支配骨骼肌,一般都受意志的控制。

(2)神经元数目不同:内脏运动神经自低级中枢发出到达内脏周围的神经节交换神经元,由节内神经元再发出纤维到达效应器。因此,内脏运动神经从低级中枢到达所支配的器官须经过两个神经元(肾上腺髓质例外)。第一个神经元称为节前神经元,胞体位于脑干和脊髓内,其轴突称为节前纤维;第二个神经元称为节后神经元,胞体位于周围部的内脏神经节内,其轴突称为节后纤维。节后神经元的数目较多,一个节前神经元可以和多个节后神经元构成突触。躯体运动神经由脊髓前角运动神经元发出,直接到达骨骼肌。

(3) 纤维成分不同：内脏运动神经有交感神经和副交感神经两种纤维成分，多数内脏器官同时接受交感神经和副交感神经的双重支配，而躯体运动神经只有一种纤维成分。

(4) 神经纤维的直径不同：内脏运动神经纤维是薄髓（节前纤维）和无髓（节后纤维）的细纤维，而躯体运动神经纤维一般是比较粗的有髓纤维。

(5) 神经纤维分布形式不同：内脏运动神经节后纤维常攀附脏器或血管形成神经丛，由丛再分支至效应器，而躯体运动神经以神经干的形式分布。

内脏运动神经的交感神经和副交感神经在机能上互相拮抗，又互相协调，共同完成机体内部复杂的生理活动。

（二）交感神经

交感神经系统分为中枢和外周两部分。交感神经的低级中枢位于脊髓胸 1～腰 3 节段灰质的中间外侧核，此核发出的纤维为节前纤维，到达椎旁节和椎前节（图 9-15）。

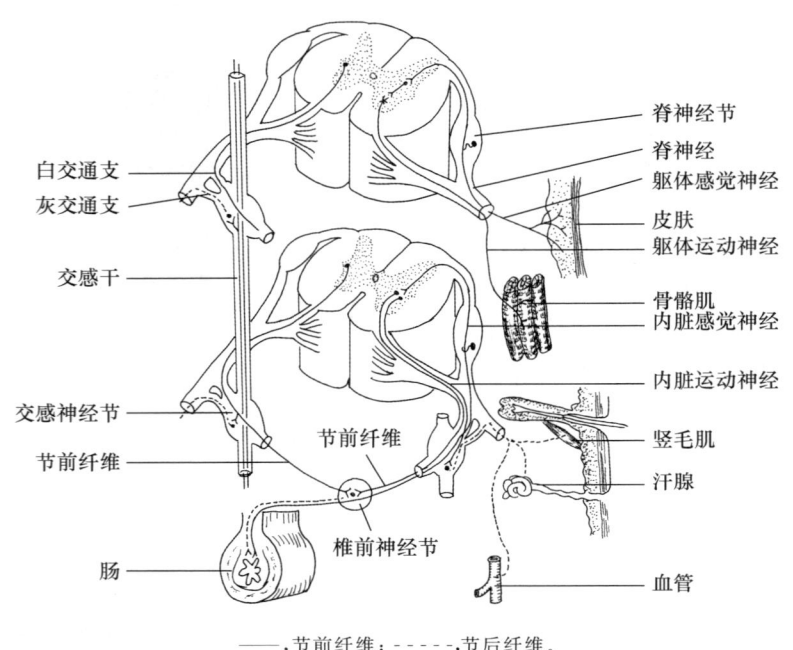

——，节前纤维；- - - - -，节后纤维。

图 9-15　交感神经纤维走向（改自钟世镇，2003）

交感神经的周围部由交感神经节（椎旁节和椎前节）及交感神经节发出的分支、神经丛等组成（图 9-16）。椎旁节位于脊柱两旁，借节间支相连形成交感干。交感干上自颅底，下至尾骨，左、右交感干下端在尾骨前面合于尾神经节，又称为奇神经节。每侧椎旁节共计 22～25 个，其中颈部有颈上、中、下 3 节，胸部有 10～12 节，腰部有 4～5 节，骶部有 2～3 节，尾部只有 1 节，即奇神经节。

椎前神经节位于脊柱前方，腹主动脉脏支的根部，故称为椎前节。椎前节包括腹腔神经节、肠系膜上神经节、肠系膜下神经节及主动脉肾神经节等。

每个交感干神经节与相应的脊神经之间都有交通支相连，其中从颈 1～腰 3 脊神经连于交感干的有髓节前纤维组成的交通支，称为白交通支。由交感干神经节细胞发出的无髓节后纤维组成的交通支，因为色泽灰暗，因而称为灰交通支。

交感神经的分布：交感干分为颈、胸、腰、骶、尾 5 部，骶、尾部又合称为盆部。各部的分布情况如下。

颈交感干位于颈血管鞘后方，颈椎横突的前方，一般每侧有颈上、中、下三个交感神经节，其中颈上神经节最大，颈中神经节最小。颈部交感干神经节发出的节后神经纤维加入颈神经或沿着血管分布至头颈、上肢的血管平滑肌、汗腺、竖毛肌及胸腔内的心、肺等。

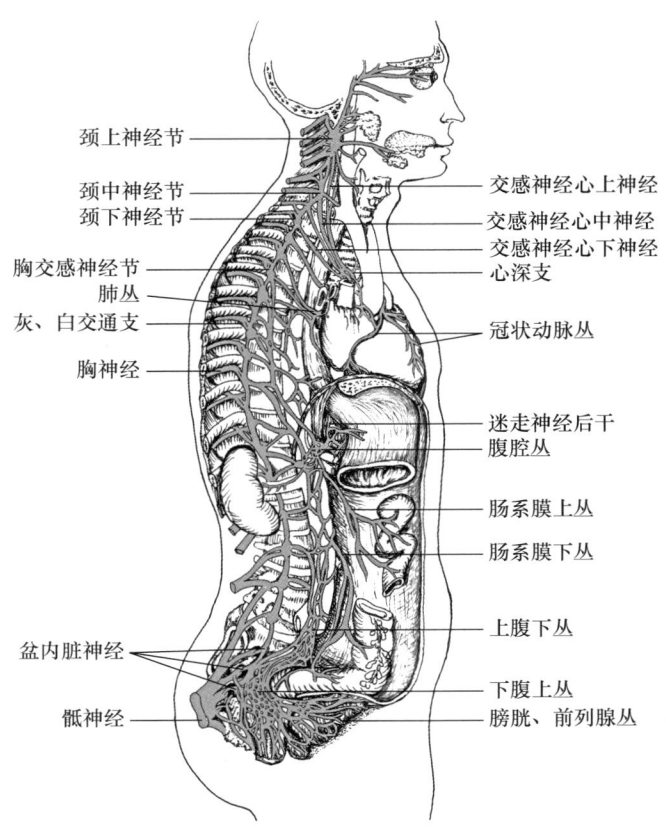

图 9-16　右交感神经与内脏神经丛的关系（钟世镇,2003）

胸交感干每侧有 10～12 个胸神经节,部分节后纤维经灰交通支返回 12 对胸神经,并随胸神经分布于胸腹壁的血管、汗腺、竖毛肌等。部分节前纤维穿过胸 5 或胸 6～胸 9 交感干神经节组成内脏大神经,到达腹腔神经节；而穿过胸 10～胸 12 交感干神经节的节前纤维组成内脏小神经,到达主动脉肾神经节。节后纤维组成腹腔丛,分布于肝、脾、肾等实质器官以及结肠左曲以上的消化道。

腰交感干发出灰交通支返回五对腰神经,并随腰神经分布。其中腰神经节前纤维组成的腰内脏神经到达腹主动脉丛和肠系膜下丛内的椎前神经节,经过交换神经元后,发出节后纤维分布至结肠左曲以下的消化道及盆腔脏器,也有伴随血管下行的纤维分布到下肢。

盆交感干位于骶前孔内侧,有 2～3 对骶神经节和一个奇神经节。节后纤维的分支通过灰交通支连接骶尾神经,分布于下肢及会阴部的血管、汗腺、竖毛肌和盆腔器官。

(三) 副交感神经

副交感神经(parasympathetic nerve)的中枢位于脑干的内脏运动核和脊髓骶部第 2～第 4 节段灰质的骶副交感核。副交感神经的周围部由上述中枢部核团发出的节前纤维、副交感神经节及副交感神经节发出的节后纤维组成。副交感神经元属于胆碱能神经元。

副交感神经节位于器官周围(器官旁节)或器官壁内(器官内节),节内的神经细胞即为节后神经元。位于颅部的副交感神经节前纤维行于第Ⅲ、第Ⅶ、第Ⅸ、第Ⅹ对脑神经内,节后纤维分布于头颈部、胸部和结肠左曲以上的腹部脏器。脊髓骶部第 2～第 4 节段的骶副交感核发出副交感骶部神经节前纤维,随盆丛分布到盆腔脏器,在脏器附近或脏器壁内的副交感神经节内换神经元,发出节后副交感纤维支配结肠左曲以下的消化管和盆腔脏器。

(四) 交感神经与副交感神经的主要区别

交感神经和副交感神经都是内脏运动神经,常共同支配一个器官,形成对内脏器官的双重神经支配。但两种神经在神经的来源、形态结构、分布范围和功能上又有明显区别。

(1) 二者的中枢部位不同：交感神经中枢位于脊髓胸 1～腰 3 灰质的中间带外侧核，副交感神经的中枢位于脑干内四对内脏运动核和脊髓骶 2～骶 4 节段的骶副交感核。

(2) 外周神经节的位置不同：交感神经节位于脊柱两旁和脊柱前方，而副交感神经节位于所支配的器官附近，所以副交感神经的节前纤维比交感神经的长，而其节后纤维则较短。

(3) 交感神经一个节前神经元的轴突与较多节后神经元形成突触联系，而副交感神经一个节前神经元的轴突与较少的节后神经元形成突触联系。所以交感神经的作用范围比较广泛。

(4) 分布范围不同：交感神经除分布于头颈部、胸腹腔脏器之外，还分布于躯干和四肢的血管、汗腺、竖毛肌等；而副交感神经的分布范围相对局限，例如，躯干和四肢的血管、汗腺、竖毛肌和肾上腺髓质就没有副交感神经的分布。

(5) 交感神经系统与副交感神经系统之间是一种既互相拮抗又互相协调的关系。例如，当机体运动时，交感神经兴奋性增强，副交感神经兴奋性减弱，处于抑制状态，于是出现心跳加快、血压升高、瞳孔开大、消化活动受抑制等。而当机体处于安静或睡眠状态时，副交感神经活动加强，交感神经活动相对受到抑制，因而出现心跳减慢、血压下降、瞳孔缩小、消化活动增强等现象，这有利于体力的恢复和能量的储存。

(五) 内脏神经丛

交感神经、副交感神经和内脏感觉神经在到达所支配脏器的行程中，常互相交织构成内脏神经丛，由这些神经丛发出分支，分布于胸、腹及盆腔的内脏器官。体内除颈内动脉丛、颈外动脉丛、锁骨下动脉丛和椎动脉丛等没有副交感神经参加外，其余的内脏神经丛均由交感神经和副交感神经组成。另外，在这些神经丛内也有内脏感觉纤维。

内脏神经丛包括心丛、肺丛、腹腔丛（最大的内脏神经丛）、腹主动脉丛、腹下丛和盆丛。

二、内脏感觉神经

人体内各脏器除接受交感神经和副交感神经支配外，也有感觉神经的分布。内脏感觉神经细胞的胞体位于脑神经节和脊神经节内，为假单极神经元。其中脑神经节的周围突是有髓纤维或无髓纤维，随同面神经、舌咽神经、迷走神经，经神经节换元后，节后纤维分布于各内脏器官；中枢突随同面神经、舌咽神经、迷走神经进入脑干，终止于孤束核。脊神经节内脏感觉细胞的周围突，随同交感神经和骶部副交感神经分布于内脏器官，中枢突随同交感神经和盆内脏神经进入脊髓，止于灰质后角。

在中枢内，内脏感觉纤维一方面直接或间接与内脏运动神经元相联系，以完成内脏-内脏反射；另一方面与躯体运动神经元联系，形成内脏-躯体反射。

三、一些重要器官的神经支配

(一) 眼球

(1) 感觉神经：眼球的一般感觉由三叉神经—眼神经传导。

(2) 交感神经：分布于血管和瞳孔开大肌。

(3) 副交感神经：分布于瞳孔括约肌和睫状肌。

支配眼球的交感神经兴奋，引起瞳孔开大，虹膜血管收缩；切断这些纤维，出现瞳孔缩小，损伤脊髓颈段和延髓及脑桥的外侧部亦可产生同样结果。据认为，这是因为交感神经中枢下行束经过上述部位。临床上所见病例除有瞳孔缩小外，还可出现上睑下垂及同侧汗腺分泌障碍等症状，称为 Horner 综合征。这是因为交感神经除管理瞳孔外，也管理眼睑平滑肌即上睑板肌（米勒肌）和头部汗腺的分泌。

副交感神经兴奋，瞳孔缩小，睫状肌收缩；切断这些纤维，出现瞳孔散大及调节视力功能障碍。临床上损伤动眼神经，除有副交感神经损伤症状外，还出现大部分眼球外肌瘫痪症状。

(二) 心脏

(1) 心脏感觉神经：传导心脏痛觉的纤维，沿交感神经走行（颈上心神经除外），至脊髓的 T_1～T_4、T_5 节段；与心脏反射有关的感觉纤维，沿迷走神经行走，进入脑干。

（2）心脏运动神经：交感神经与迷走神经的副交感纤维一起构成心丛，心丛再分支分布于心脏。刺激支配心脏的交感神经，引起心动过速，冠状血管舒张；刺激迷走神经，引起心动过缓，冠状血管收缩。

（杨伯宁、黄绍明，绘图：华承鸣）

练 习 题

1. 简述颈丛、臂丛、腰丛、骶丛的神经组成。
2. 简述膈神经、桡神经、正中神经、尺神经、股神经和坐骨神经的起始与支配范围。
3. 试述第Ⅲ、第Ⅶ、第Ⅸ、第Ⅹ对脑神经的名称、纤维成分、主要分支及损伤后症状。
4. 含一般内脏运动纤维的脑神经有哪几对？其节后纤维分别支配哪些器官？
5. 分布到舌的神经有哪些？各有什么功能？
6. 试述交感神经的低级中枢、节前纤维和节后纤维的走行及支配器官。
7. 试述副交感神经的低级中枢、节前纤维和节后纤维的走行和支配器官。
8. 试述交感神经与副交感神经的区别。

参 考 文 献

STANDRING S,2008. Gray's anatomy: the anatomical basis of clinical practice[M]. 40th ed. Philadephia: Churchill Livingstone.

柏树令,2004. 系统解剖学. 6版. 北京：人民卫生出版社.

郭光文,王序,2008. 人体解剖彩色图谱. 2版. 北京：人民卫生出版社.

钟世镇,2003. 系统解剖学. 2版. 北京：高等教育出版社.

第十章　中枢神经系统的结构

中枢神经系统由位于椎管内的脊髓和颅腔内的脑(brain)组成。脊髓通过与之相连的31对脊神经联系躯干、四肢和部分内脏器官,以反射活动的方式管理这些器官的活动。脑除了通过与之相连的12对脑神经联系头面部和部分内脏器官,以反射方式管理这些器官活动外,还接受来自脊髓和脑神经的传入信息,并对这些信息进行整合,从而形成感觉,产生情绪、情感。同时,脑发出信息到脊髓和脑神经,经这些结构的介导,完成随意运动、本能性行为,以及学习、记忆和创造性思维。

第一节　脊　　髓

一、脊髓的位置与外形

(一)脊髓的位置

脊髓(spinal cord)(图10-1)位于椎管内,其上端在枕骨大孔处与延髓相连,下端变细,呈圆锥状,称为脊髓圆锥(conus medullaris)。在正常成年人,脊髓圆锥的末端达第1腰椎(棘突)下缘(新生儿达第3腰椎下缘)。成年人脊髓的长度为42~45 cm,占脊柱全长的2/3,重30~35 g。

脊髓表面由外向内被硬脊膜、蛛网膜和软脊膜三层被膜包裹(图10-2)。在蛛网膜和软脊膜之间的腔隙较大,称为蛛网膜下隙,腔内充满不断循环的脑脊液。软脊膜紧贴脊髓表面,其外表面分布着丰富的血管。在第1腰椎下缘,软脊膜向下延续,变成线状,称为终丝(filum terminale)(图10-1)。终丝自脊髓下端向下止于尾骨,有稳固脊髓的作用。

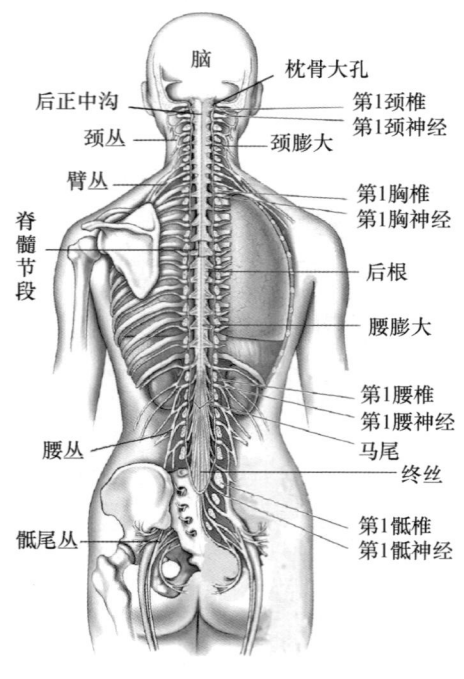

图10-1　脊髓的位置(Bear et al.,2002)

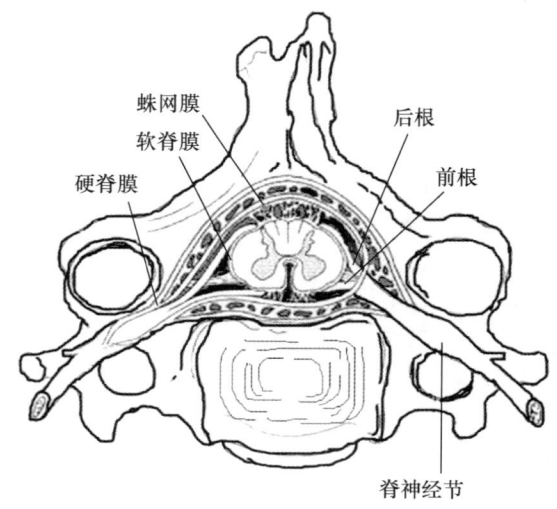

图10-2　颈部脊柱横切示脊髓与周围结构的关系

(二) 脊髓的外形

脊髓呈前后略扁的圆柱形,表面有六条纵行的沟(凹陷窄而浅)或裂(凹陷宽而深)。在脊髓正中的背、腹面分别有前正中裂(anterior median fissure)和后正中沟(posterior median sulcus),将脊髓不完全地分为左、右对称的两部分。每侧脊髓的前、后外侧部均有较浅的前、后外侧沟,分别有脊神经的前、后根丝出入。在脊髓的上部,后正中沟与后外侧沟之间还存在较浅而窄的后中间沟(图10-3)。

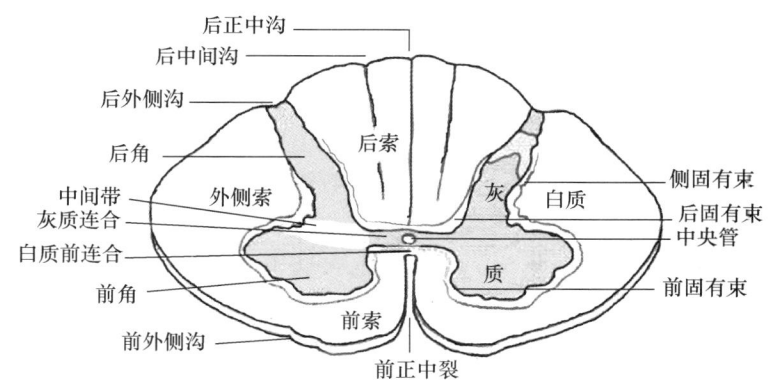

图10-3　颈部脊髓横切模式结构,示脊髓表面沟、裂及内部的区分

在脊髓的前、后外侧沟内有31对脊神经的前、后根丝出入。每一对脊神经的前、后根丝直接连接的那一段脊髓,被称为一个脊髓节段(spinal segmentation,见图10-1,图10-4)。脊髓节段和与之相连的脊神经构成脊髓执行调节功能的基本结构单位。按31对脊神经的前、后根附着情况,将脊髓分为31个节段,其中颈髓8个($C_1 \sim C_8$)、胸髓12个($T_1 \sim T_{12}$)、腰髓5个($L_1 \sim L_5$)、骶髓5个($S_1 \sim S_5$)、尾髓1个(Co_1)。

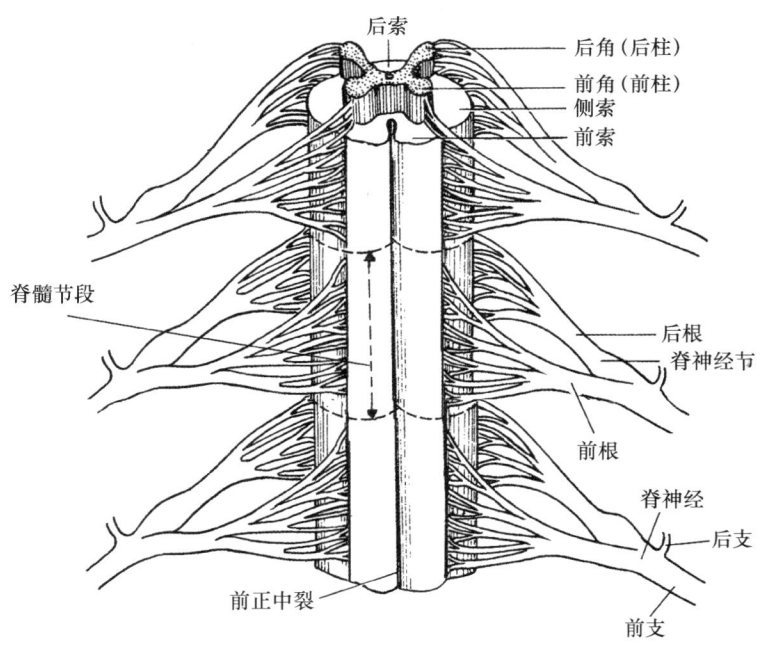

图10-4　脊髓节段与脊神经根结构示意(朱长庚,2002)

纵观脊髓全长,粗细不等,有两处膨大,上部的称为颈膨大(cervical enlargement),自颈髓第4节到胸髓第1节;下部的称为腰骶膨大(lumbosacral enlargement),自腰髓第2节至骶髓第3节(图10-1)。脊椎动物比较解剖学发现,无四肢的动物,如蛇,则无这两个膨大。有四肢的动物才有膨大出现,而且膨大的程度与四肢的功能发达程度成正比,如鸟类,其翼(相当于人的上肢)的功能发达,颈膨大较为明显;袋

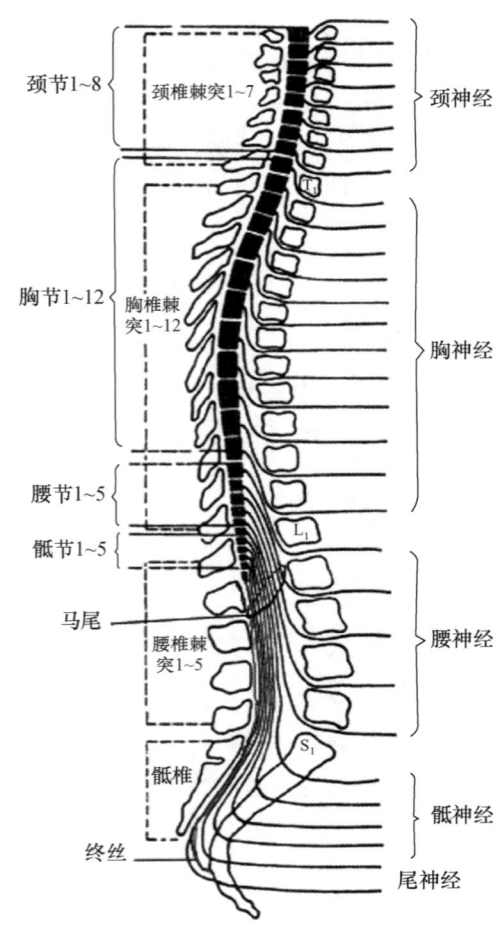

图 10-5 脊髓节段与椎骨序数的对应关系（模式图）（朱长庚，2002）

鼠后肢发达，其腰骶膨大特别明显。人类的上肢机能特别发达（操作的精细程度），因而人类的颈膨大比腰骶膨大明显。这表明，四肢的出现，四肢功能的复杂化，需要调控的神经元数量及突触增多，最终促进了脊髓膨大的形成。

（三）脊髓节段与椎骨的对应关系

虽然脊髓节段和椎骨各有 31 个，但是，由于成人脊髓的长度短于椎管，所以脊髓的各个节段与同序数椎骨的高度并不完全对应。颈上部脊髓节段（$C_1 \sim C_4$）大致与同序数椎骨相对应。颈下部脊髓节段（$C_5 \sim C_8$）和上部胸髓节段（$T_1 \sim T_4$）与同序数椎骨的上一个椎骨相对应，如，颈髓第 5 节段大致平对第 4 颈椎棘突。中部胸髓节段（$T_5 \sim T_8$）大致与同序数椎骨的上两个椎骨的棘突相对应，如，胸髓第 6 节段大约平对第 4 胸椎椎体；下部胸髓节段（$T_9 \sim T_{12}$）大约与同序数椎骨的上三个椎骨的棘突相对应，如，胸髓第 9 节段平对第 6 胸椎棘突。全部腰髓节段平对第 10、第 11 胸椎棘突。全部骶、尾脊髓节段平对第 12 胸椎和第 1 腰椎棘突（图 10-5）。临床检查时，常以椎骨棘突作为确定脊髓节段的骨性标志，了解椎骨棘突与脊髓节段的对应关系，对于定位性诊断具有重要意义。

31 个脊髓节段相连的脊神经前、后根均在相对应的椎间孔处合成脊神经，并穿出椎间孔后分支，分布于躯干、四肢。因脊髓下端仅达第 1 腰椎下缘，第 1 腰椎以下的椎管内主要有腰骶部脊神经的前、后根，形似马尾，故将腰骶部脊神经的前、后根在椎管内垂直下降形成的结构称为马尾（cauda equina）（图 10-1，图 10-5）。

二、脊髓的内部构造

脊髓的内部由内向外，主要由中央管（central canal）、灰质（gray matter）和白质（white matter）三部分构成（图 10-3）。在新鲜的脊髓横切面上，中央有一约为"H"形的颜色灰暗区域，称为脊髓灰质。"H"形灰质的中央有一管，称为中央管，它纵贯脊髓全长，向上通第 4 脑室，下端为盲端，中央管内含脑脊液。灰质周围为颜色发白的区域，称为白质。在上部颈髓的灰质与白质之间，还存在少量的灰白质混杂区，被称为网状结构。

（一）灰质

灰质主要由神经元的胞体、短树突和神经胶质细胞组成。由于灰质内小血管较多，血流供应丰富，所以呈现较灰暗的颜色。Massaza 用尼氏染色法较为系统地研究了脊髓灰质，将脊髓灰质进行分区，将各区内神经元胞体相对集中的区域描述为核团，并对大的核团进行命名。1928 年 Bok 又在 Massaza 研究的基础上，进一步对脊髓灰质的核团做了系统分类、命名。这两位研究者为后人认识脊髓灰质的细胞构筑奠定了基础。下面介绍的脊髓灰质的结构主要以 Massaza 和 Bok 对脊髓灰质的研究分类为依据。近些年随着变性镀银法、电生理技术和神经元束路追踪技术的应用，对脊髓灰质内各核团的功能细化有了更深层次的认识和描述。

每侧灰质的后半部狭长,其尖端接近脊髓的边缘,称为后角或背角(posterior horn 或 dorsal horn)。后角接受后根等纤维的传入信息,构成初级感觉中枢。每侧灰质前端扩大的部分,称为前角(anterior horn)。前角接受后角、后根以及高位中枢下行的信息,整合后发出信息,经前根支配骨骼肌运动,故前角为躯干、四肢的低级运动中枢。在颈膨大和腰骶膨大处特别发达。前、后角之间的狭行部分,称为中间带(intermediate zone)。从第 8 颈髓节段到第 3 腰髓节段,中间带向外突出,形成侧角(lateral horn)。侧角接受后根、后角以及高位中枢下行的信息,整合后发出信息,经前根支配平滑肌、心肌和腺体活动,故侧角为内脏活动调节的低级中枢。在脊髓内,灰质上下连贯成柱状,故前角、后角和侧角又分别称为前柱、后柱及侧柱。在中央管前、后联通左、右两部分的灰质分别称为灰质前连合(anterior gray commissure)和灰质后连合(posterior gray commissure)。

1. 前角

前角内含有大、中、小型神经元(图 10-6)。大型神经元的平均直径为 25 μm 以上,为 α 神经元,其轴突经前外侧沟离开脊髓,组成前根,构成脊神经中的躯体运动纤维,其末梢分布于骨骼肌,支配梭外肌收缩,产生躯体运动。α 神经元的轴突构成的纤维约占前根躯体运动纤维的 2/3。中型神经元的平均直径为 15～25 μm,为 γ 神经元。γ 神经元散在于 α 神经元之间,其轴突构成的纤维约占前根躯体运动纤维的 1/3,其末梢分布到骨骼肌的梭内肌纤维上,支配梭内肌的运动,对维持肌张力起重要作用。

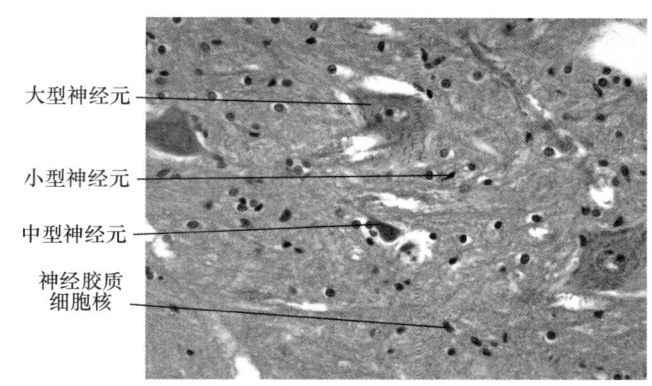

图 10-6 脊髓前角灰质内的神经元类型
(H-E 染色,放大 400 倍)

还有一种小型神经元,称为闰绍(Renshaw)细胞,接受 α 神经元轴突的侧支传入,发出轴突终止于 α 神经元或中枢内其他中间神经元,电生理研究证明闰绍细胞起着抑制作用,但形态上不易辨认。

脊髓前角内功能相同的运动神经元胞体相对集中构成神经核(图 10-7)。依据其位置和功能分为内侧核群和外侧核群。内侧核群包括前内侧核与后内侧核。前内侧核较小,几乎在脊髓的全长都能见到,

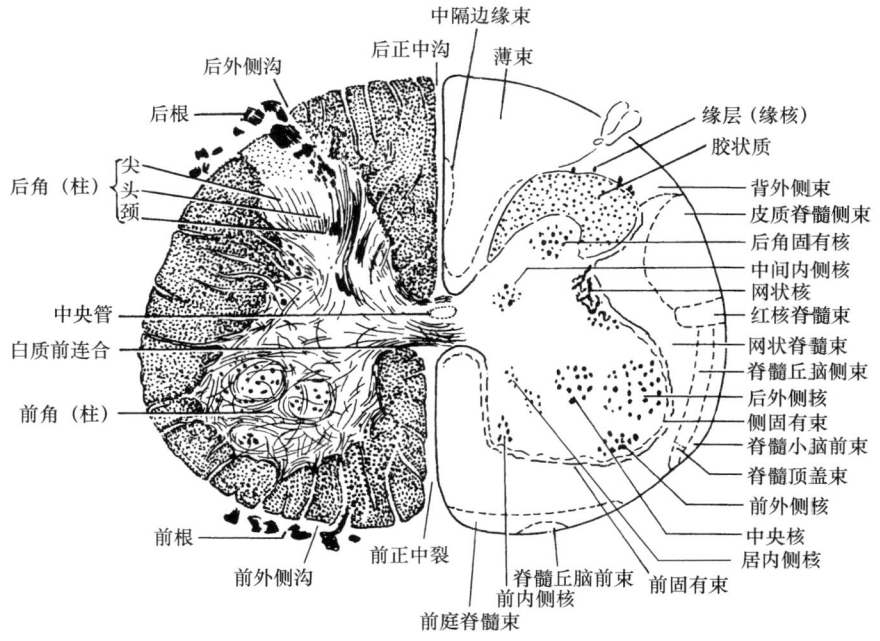

图 10-7 第 4 腰髓横切面示脊髓的内部结构及灰质内神经核的位置(朱长庚,2002)
左侧半为髓鞘染色法脊髓的结构图,右侧半为模式结构示意图

支配躯干部的骨骼肌运动；后内侧核仅在颈膨大处、腰骶膨大处见到。外侧核群包括前外侧核、后外侧核、中央核(central nucleus)。外侧核群的各个核较大，在颈膨大处、腰骶膨大处最为发达，在胸部脊髓见不到，主要支配四肢的骨骼肌运动。支配四肢的伸肌和展肌的神经元沿前角的腹侧外周排列，而支配屈肌和收肌的神经元排在深层(图10-8)。

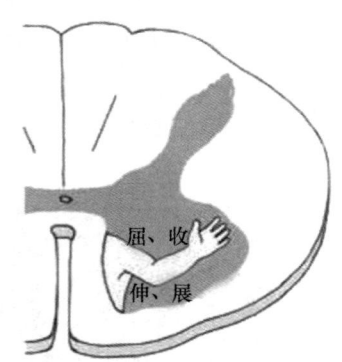
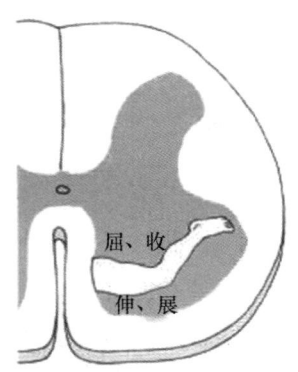

A. 颈部脊髓前角神经核的功能定位　　B. 腰部脊髓前角神经核的功能定位

图10-8　脊髓前角躯体运动神经核的功能定位示意(Siegel et al., 2006)

脊髓前角运动神经元是躯干和四肢反射活动的初级中枢，是躯体运动中信息由中枢传到效应器的最后一个环节，故又称为"最后公路"。当前角运动神经元受损伤时，躯干和四肢的躯体反射活动消失。如脊髓灰质炎(小儿麻痹症)患者，由于前角运动神经元发生病变，其所支配的骨骼肌失去了运动神经元的支配，不能进行随意运动，肌张力低下，引起瘫痪，医学上称为软瘫。临床或动物实验都证明，当前角运动神经元因外伤或疾病遭到破坏后，其所支配的骨骼肌不仅不能运动，而且不久就出现萎缩，这说明运动神经元不仅支配骨骼肌的运动，同时也有支持其存活和营养的作用。

2. 中间带

中间带位于前、后角之间。在中间带的内侧部、胸核(背核)的前方，有一个小型神经元胞体聚集区，称为中间内侧核(intermediomedial nucleus)，该核团纵贯脊髓全长，接受后根的部分内脏传入信息，参与内脏活动的调节(图10-9)。在颈部脊髓第8节段(或胸部脊髓第1节段)至腰部脊髓第3节段的中间带

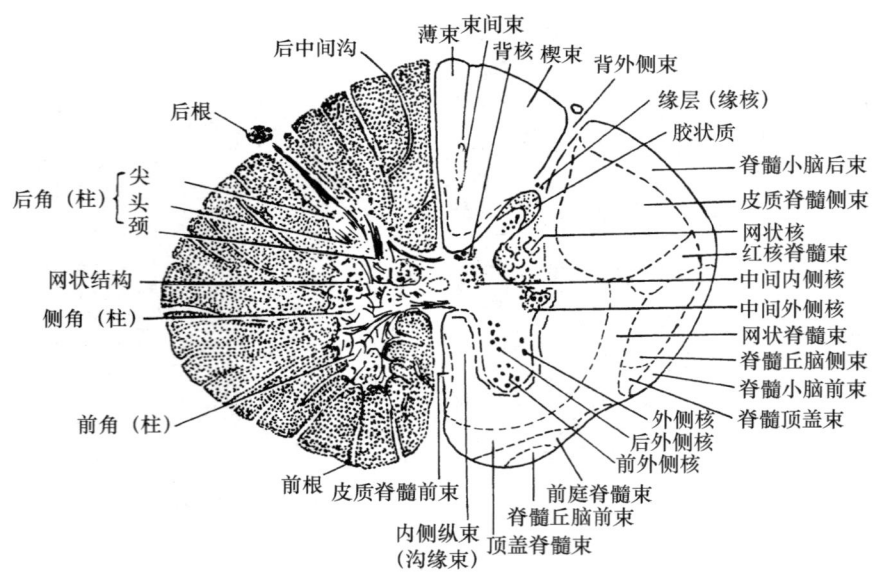

图10-9　成人第3胸髓节段横切面结构示意(朱长庚，2002)

向外侧突出形成侧角。侧角内由中、小型神经元的胞体聚集形成中间外侧核(intermediolateral nucleus，图 10-9)，是交感神经的节前神经元胞体所在处。这些神经元的轴突构成的纤维经前根、白交通支进入椎旁神经节或椎前神经节。在骶部脊髓第 2～第 4 节段中，虽无侧角，但在前角基部相当于侧角位置有相对集中的散在神经元胞体，构成骶副交感核(sacral parasympathetic nucleus)，是骶部副交感神经节前神经元胞体所在处(图 10-10)。它们的轴突形成的神经纤维经前根、盆神经进入膀胱、直肠等盆腔器官壁的器官内神经节。中间外侧核、骶副交感核都是内脏运动的低级中枢。李继硕、李云庆等利用辣根过氧化物酶(HRP)法研究证实，结肠左曲以下消化道、盆腔脏器的感觉信息经盆神经及其后根入脊髓，终止于骶髓后连合核(骶髓灰质后连合内)(图 10-10)。骶髓中间内侧核、骶髓后连合核、骶副交感核共同构成盆腔脏器的感觉、运动和向高位中枢投射信息的初级处理中枢。

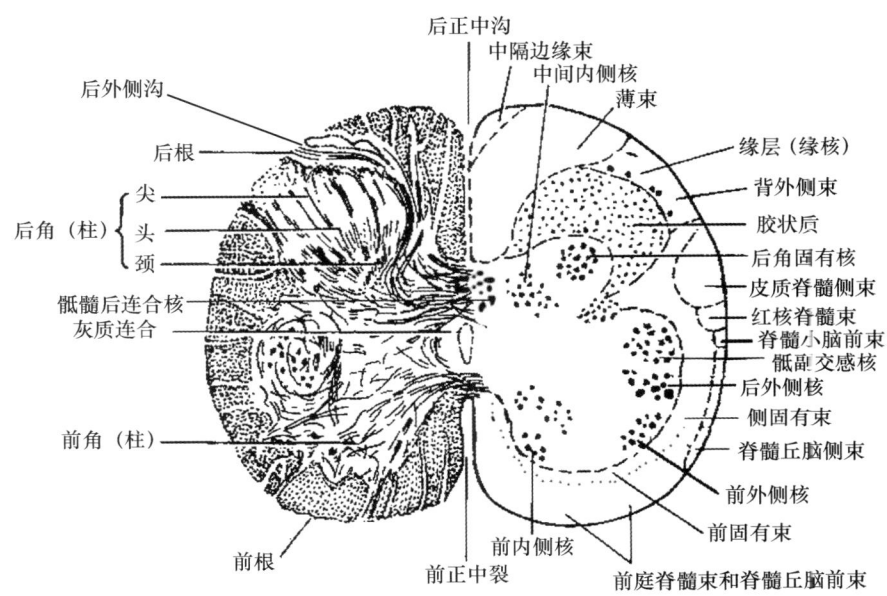

图 10-10　成人第 3 骶髓节段横切面结构示意(朱长庚，2002)

3. 后角

后角稍扩大的末端称为尖部，与中间带相连的部分称为底部。尖端朝向脊髓的后外侧沟。后角尖最表层的弧形区称为缘层(Waldeyer 层)，该层薄而边界不清，内有粗细不等的纤维穿过，呈海绵状，故又称为海绵带。内含大、中、小型神经元，此层在腰骶膨大处最明显，在胸髓处最不明显。该层内含后角边缘核(posteromarginal nucleus)，它接受后根的传入信息，发出纤维参与组成脊髓丘脑束。在边缘层腹侧有贯穿脊髓全长的胶状质(substantia gelatinosa)，呈倒"V"形，由密集的小型神经元组成。此层内几乎不含有髓神经纤维，故在髓鞘染色法制作的切片中不着色，呈胶状质样，故而得名。此层接受后根外侧部中的细纤维(无髓或薄髓纤维)侧支、脑干下行纤维，发出短纤维，于胶状质背外方的背外侧束(dorsolateral funiculus)中上行或下行，最后进入同一节段或上、下节段的胶状质。此层对于分析、加工后根的传入信息，特别是痛觉传入信息起重要的调制作用，同时完成节段间联系。在胶状质的腹侧，大、中型神经元胞体聚集，组成后角固有核(nucleus proprius)，此核贯穿脊髓全长，与痛觉、温度觉、粗触觉信息的传导有关，是脊髓丘脑束的主要起始核。在后角内侧部，有由大型细胞形成的背核(nucleus dorsalis，又称为 Clarke 柱，胸核)，此核仅见于第 8 颈髓到第 3 腰髓节段(图 10-9)，接受后根的深感觉(本体感觉)传入信息(肌梭、腱梭、关节囊感受器活动产生的信息)，发出纤维进入同侧白质，在外侧索内上行，构成脊髓小脑后束。

20 世纪 50 年代，Rexed 通过对猫脊髓的细胞构筑特征提出，脊髓全长灰质的细胞构筑呈相似的板层排列，称为 Rexed 板层。Schoenen（1973 年）、Schoenen 与 Faull（1990 年）提供了被普遍接受的人类脊髓灰质细胞的构筑板层模式。人的脊髓细胞构筑板层模式与猫的类似，故 Rexed 分层模式已被广泛用于对脊髓灰质细胞构筑的描述。Rexed 分层模式是从灰质后角尖开始向前角方向，将灰质分为 10 个板层，用罗马数字（Ⅰ～Ⅹ）表示（图 10-11）。各层结构与核团的对应关系见表 10-1。

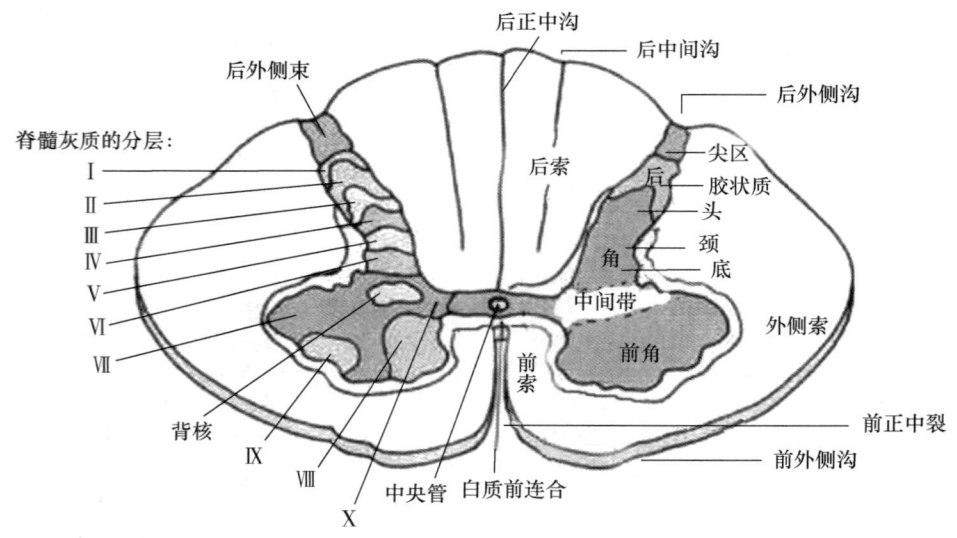

图 10-11　脊髓灰质内 Rexed 板层结构示意（Siegel et al.，2006）

表 10-1　脊髓灰质板层与核团的对应关系

Rexed 板层	对应的核团或部位
Ⅰ	后角边缘核、边缘层
Ⅱ	胶状质
Ⅲ、Ⅳ	后角固有核
Ⅴ	网状核、后角颈
Ⅵ	后角基底部
Ⅶ	中间带（中间内侧核、中间外侧核、背核、骶副交感核）
Ⅷ	前角后部，在颈膨大、腰膨大处仅占前角内侧部
Ⅸ	前角内侧核、前角外侧核
Ⅹ	中央灰质

（二）白质

白质主要由纵行的有髓神经纤维组成（图 10-12）。因神经纤维中富含髓磷脂，反光性较强，新鲜时呈白色，故称为白质。每侧白质借脊髓表面的纵沟分为三个索。前正中裂与前外侧沟之间为前索；前、后外侧沟之间为外侧索；后正中沟与后外侧沟之间为后索。在灰质前连合的腹侧，连接两侧白质的横行纤维，称为白质前连合（图 10-3，图 10-11）。

白质中的纵行纤维将脊髓与脑及脊髓各节段之间联系在一起，形成上升、下行的信息通路。那些起止行程和机能都相同或相似的神经纤维集聚在一起，形成一个传导束（又称为纤维束）。通常以起止点命

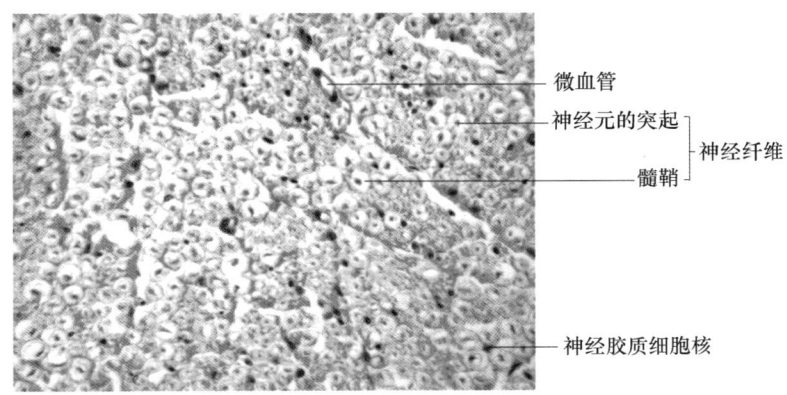

图 10-12　脊髓横切示白质结构(H-E 染色,放大 400 倍)

名,如皮质脊髓侧束、脊髓丘脑侧束等(图 10-7,图 10-9,图 10-10)。依据其纤维束传导信息的方向,将其分为上行传导束(将脊髓的信息传入脑)、下行传导束(将脑的信息传入脊髓)和固有束(脊髓内部不同节段间信息的传导)。各纤维束的区分及其功能确定,主要依据 Vittario Marchi 变性髓鞘染色和临床病理、尸检研究的结果。目前有关部分纤维束的起止和功能正面临着新的束路追踪技术、电生理学技术和医学影像技术研究成果的挑战。

1. 固有束

紧贴灰质的边缘,在白质的前、外侧、后索内均有,分别为前固有束、外侧固有束和后固有束(图 10-3)。固有束主要由后角细胞的轴突构成,它们往往在同侧或对侧灰质边缘集聚,上行、下行一定距离后,又返回灰质内而终止。固有束具有联系脊髓不同节段的作用,脊髓借固有束可参与完成节段内或节段间反射。

2. 上行传导束

躯干和四肢感受器产生的冲动,通过后根传入脊髓。经上行纤维束,直接或间接(经过中继)向上传导到脑的不同部位。主要介绍下列几个束:

(1) 薄束(fasciculus gracilis)和楔束(fasciculus cuneatus):位于后索,是后根中的部分粗纤维在后索中直接上行构成。组成薄束的神经纤维是第 5 对胸神经及其以下($T_6 \sim Co_1$)脊神经节细胞的中枢突在后索中上行构成;组成楔束的神经纤维是脊髓第 4 胸神经及其以上($C_1 \sim T_3$)脊神经节细胞的中枢突在后索中上行构成。这些神经节细胞的周围突分别分布到肌肉(肌梭)、肌腱(腱梭)、关节的本体感受器以及皮肤的精细触觉感受器[触觉小体(迈斯纳小体,Meissner's corpuscle)、环层小体(lamellar corpuscle, Pacinian corpuscle)]。薄束的起点较低,在第 5 胸髓节段以下占据全部后索,在第 4 胸髓节段以上只占后索的内侧半,其外侧为楔束。薄束、楔束在后索中上行,分别止于延髓背侧的薄束核和楔束核,其机能是上传机体的意识性本体感觉(肌肉的长度、张力,关节的屈伸等;因感受器位于皮下结构的深层,故又称为深部感觉)和皮肤的精细触觉(辨别两点之间的距离和感受物体的实体感,如物体的质地、形状、纹理等)信息(图 10-13)。当脊髓后索病变时,意识性本体感觉和精细触觉的信息不能向上传入对侧大脑皮质,在病人闭目站立时,因不能确定自己肢体所处位置,故出现身体摇晃倾斜;同时也不能通过触摸来辨别物体的性状、纹理粗细等。

在后索中,骶髓部后正中沟两侧表层、三角形的三角束(又称为中隔边缘束),腰髓部后正中沟中部两侧、椭圆形的椭圆束(又称为中隔边缘束),胸髓部后正中沟背侧两侧的隔缘束(又称为中隔边缘束),颈髓薄束、楔束之间的束间束均为薄束或楔束内纤维的分支构成的下行纤维束(图 10-14)。这些下行纤维可直接或间接终止于前角,参与躯体运动的调节。

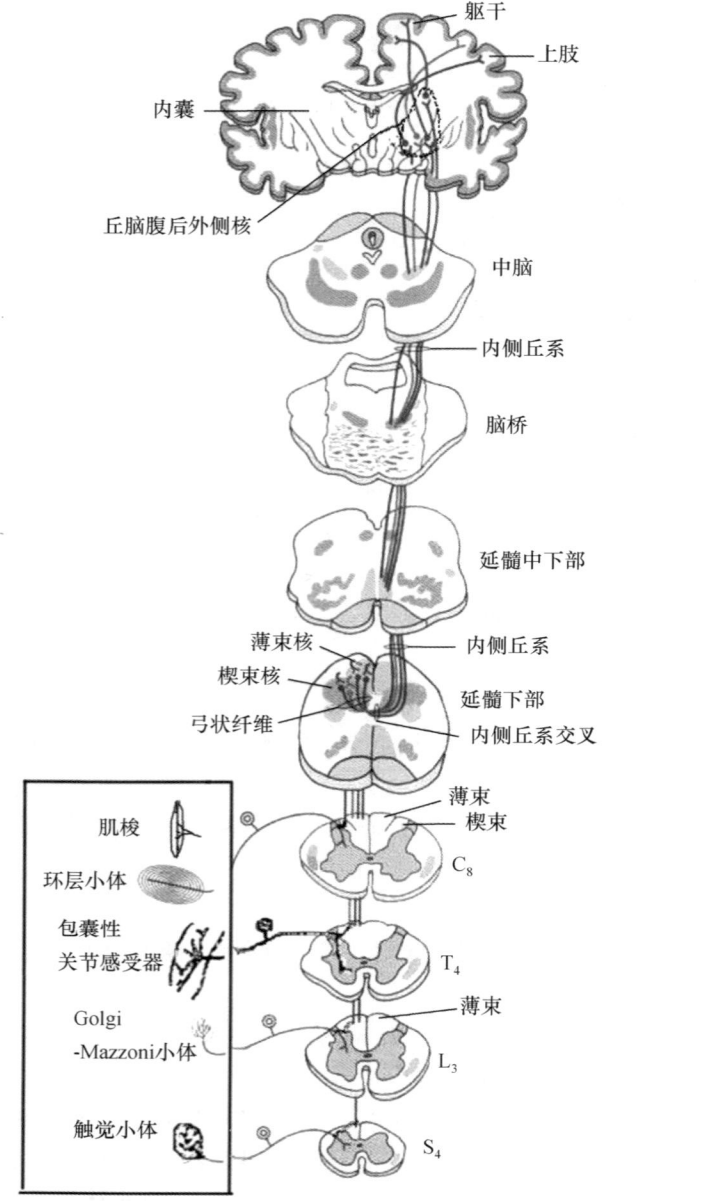

图 10-13 意识性本体感觉、精细触觉传导通路结构示意

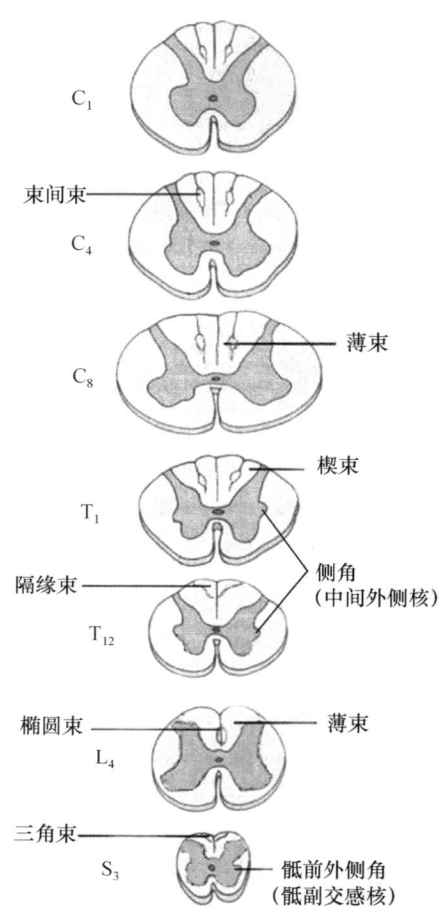

图 10-14 各脊髓节段横切结构(模式图)

(2) 脊髓小脑束：

① 脊髓小脑后束(posterior spinocerebellar tract)：位于脊髓外侧索边缘后部,其纤维主要起于同侧背核(Clarke 柱,胸核),少部分起于对侧背核的纤维经白质前连合交叉,两者合并上行,经小脑下脚(inferior cerebellar peduncle)(又称为绳状体,restiform body)止于小脑蚓部(图 10-15)。该束纤维将来自下肢、胸、腰、骶部躯干的肌肉、肌腱、关节的本体感觉信息传导到小脑前叶(anterior lobe),与下肢及低位躯干的个别骨骼肌的精确运动和姿势的协调有关。此束在第 2 腰髓节段以上均能见到,脊髓胸段明显。骶部、下腰部脊神经的本体感觉传入粗纤维,经后根入脊髓后索,上行至上腰部后,才进入后角的背核。故出现骶部无此束,却有信号传输;颈部有此束,却无信号传输的现象。一般认为,颈部脊神经中一部分本体感觉传入粗纤维,经后根入脊髓后索,在楔束内上行,终止于延髓的楔束核外侧部(或称为楔外侧核),上肢、颈部的部分本体感觉信息再经此核所发出的纤维经小脑下脚内的楔小脑束到达小脑(图 10-16)。

② 脊髓小脑前束(anterior spinocerebellar tract)：位于脊髓外侧索的边缘，脊髓小脑后束的前方，其纤维起于双侧后角基底细胞和中间带外侧部细胞群(位于板层Ⅴ～Ⅶ)，上行经小脑上脚(superior cerebellar peduncle)(又称为结合臂，brachium conjunctivum)进入小脑前叶皮质(图 10-15)。此束几乎贯穿脊髓全长。一般认为此束传导的本体觉信息与整个肢体的运动和姿势协调有关。

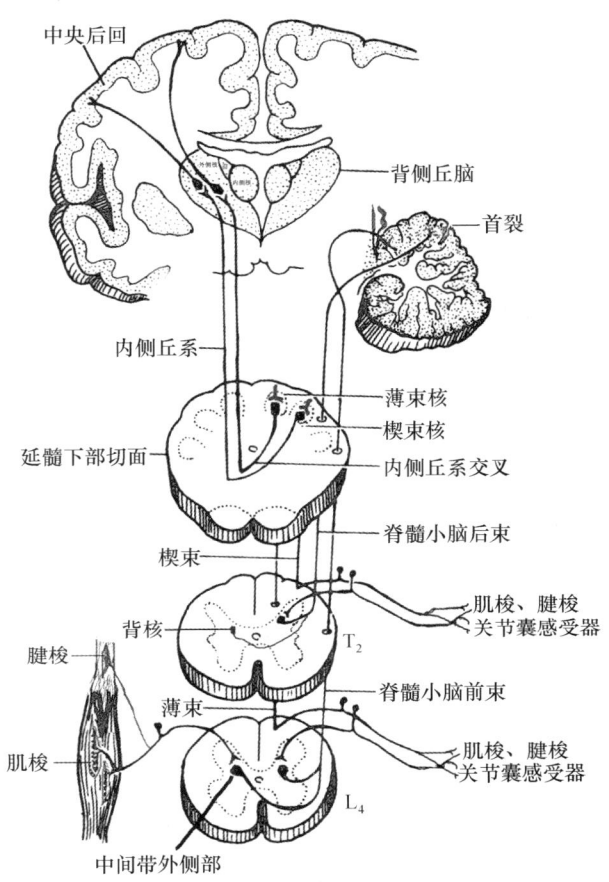

图 10-15　本体感觉传导通路结构示意(严振国,1995)

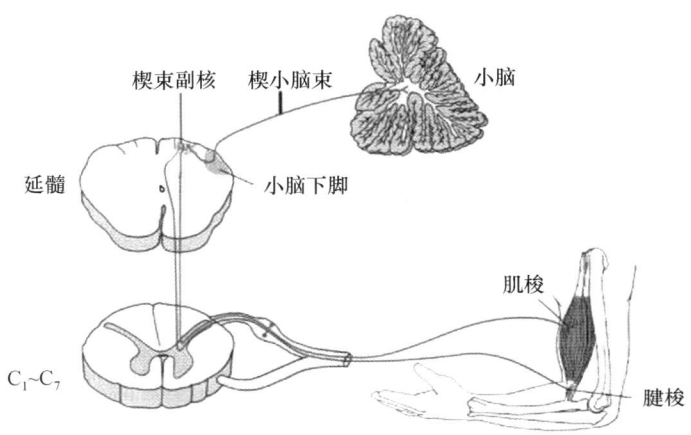

图 10-16　上肢、颈部反射性本体觉信息传导通路结构示意(Siegel et al., 2006)

(3) 脊髓丘脑束：

① 脊髓丘脑侧束（lateral spinothalamic tract）：位于外侧索的前部，其纤维起于同节段或下 1~2 个节段的对侧后角固有核（位于板层Ⅲ和板层Ⅳ），经白质前连合交叉，然后上行止于丘脑腹后外侧核（ventral posterior lateral nucleus）（图 10-17）。该束将对侧后根中来自皮肤的游离、温觉和冷觉神经末梢产生的信息上传至丘脑腹后外侧核。

② 脊髓丘脑前束（anterior spinothalamic tract）：位于前索，在脊髓丘脑侧束的前内侧，其纤维起于对侧后角固有核，经白质前连合交叉，然后上行止于丘脑腹后外侧核（图 10-17）。该束将对侧后根中来自皮肤的环层小体、游离神经末梢等感受器产生的信息上传至丘脑腹后外侧核。

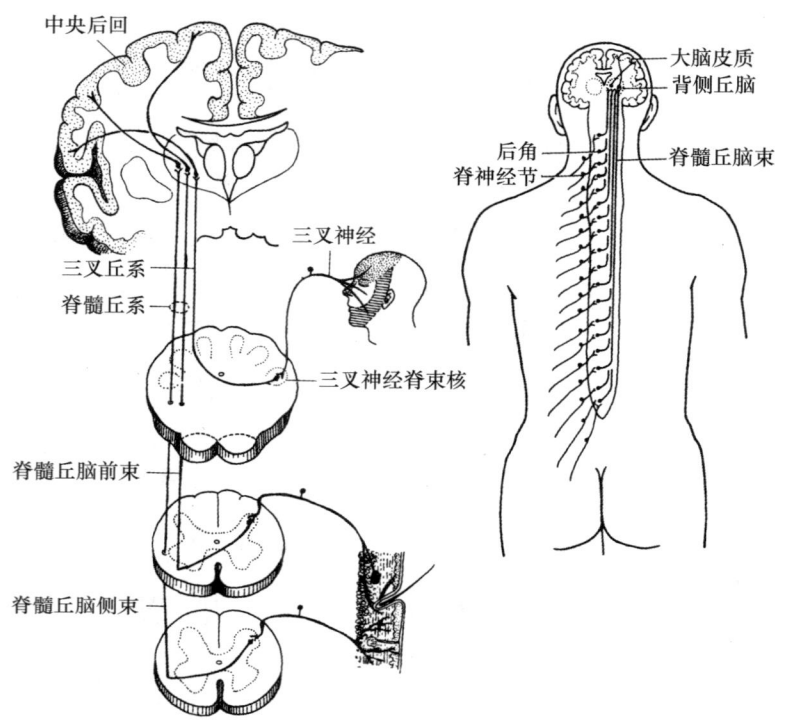

图 10-17　浅感觉传导通路结构示意（严振国，1995）

脊髓丘脑前束和侧束在脊髓的前外侧相连（图 10-7，图 10-9，图 10-10），合称为脊髓丘脑束。传导不同部位信息的纤维在脊髓排列有序，由外向内依次为骶、腰、胸、颈。当一侧脊髓丘脑束受损时，表现为损伤平面以下 1~2 节对侧躯体痛、温觉减退或消失。

(4) 除上述三类主要上行传导束外，还有一些脊髓与皮质下结构联系的纤维束，主要有：

① 脊髓顶盖束：投射到中脑顶盖的上丘。

② 脊髓网状束（spinoreticular tract）：投射到脑桥、延髓网状结构的内侧区部分核团。

③ 脊髓橄榄束：投射到延髓的下橄榄核。

④ 脊颈丘脑通路：脊髓 → 颈外侧核 → 丘脑。

⑤ 内脏感觉传导通路：内脏器官感受器→脊神经、脊神经节、后根 → 后角、中间内侧核→ 脊髓丘脑束或脊髓网状束等。关于内脏感觉在脊髓内的上行传导束，目前电生理学研究已经确定，但尚缺乏公认的直接形态学证据。

3. 下行传导束

脊髓内的下行纤维来自脑的不同部位，主要包括皮质脊髓束（corticospinal tract）、红核脊髓束（rubrospinal tract）、顶盖脊髓束（tectospinal tract）、前庭脊髓束（vestibulospinal tract）、网状脊髓束（reticulospinal tract）等。

(1) 皮质脊髓束：是人类脊髓中最大的下行纤维束。此束由与运动有关区域（主要是中央前回、旁中央小叶前部及其邻近皮质）内的锥体细胞轴突形成的下行纤维组成。经内囊、脑干下行到延髓锥体下部，75%～90%的纤维交叉到对侧，在脊髓外侧索中下行，称为皮质脊髓侧束（lateral corticospinal tract）。此束下降至各脊髓节段均发出侧支，分别止于下降侧各节段灰质前角的外侧群核团（可达骶髓），主要控制脊髓前角神经元完成四肢肌的随意运动（图 10-18）。皮质脊髓侧束内的纤维有清晰的定位，即由内向外，依次为分布到颈、胸、腰、骶部脊髓节段灰质的纤维。在延髓下部未交叉的纤维，下降入同侧脊髓前索下行，称为皮质脊髓前束（anterior corticospinal tract），该束仅达上胸节段，在下降入每一个脊髓节段时，均发出分支，大部分经白质前联合交叉至对侧，终止于前角运动神经元（内侧群核团），小部分不交叉的分支终止于同侧（下降侧）前角运动神经元（内侧群核团），主要控制躯干肌的随意运动（图 10-18）。

当一侧脊髓损伤累及皮质脊髓束时，出现同侧损伤平面以下肢体骨骼肌痉挛性瘫痪（表现为随意运动障碍、肌张力升高、腱反射亢进等，也称为硬瘫），而躯干肌不瘫痪。该现象提示支配四肢肌随意运动的神经元仅接受同侧皮质脊髓侧束的调控，而支配躯干肌

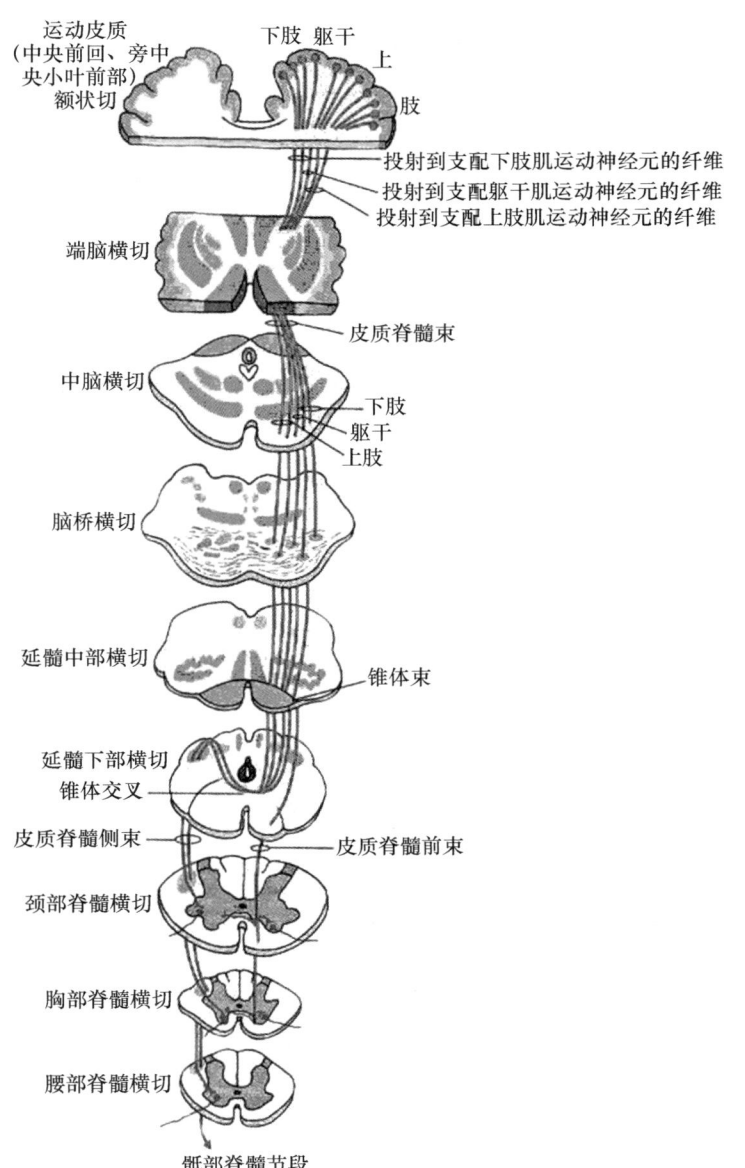

图 10-18　皮质脊髓束结构示意（Siegel et al.，2006）

运动的神经元则接受双侧皮质脊髓前束的调控。当一侧脊髓损伤累及脊髓前角运动神经元时，则出现弛缓性软瘫（表现为反射消失、随意运动消失、肌张力低，又称为软瘫）。

(2) 红核脊髓束：此束起于中脑红核的大细胞。中脑红核内神经元的轴突形成的纤维，出红核后立即交叉至对侧，经脑桥、延髓下行进入脊髓外侧索，构成此束（图 10-19）。在外侧索中，排在脊髓小脑束的内侧下行，下降到每一个脊髓节段时，均分支进入后角（Ⅴ～Ⅶ层），经中继后再到前角细胞。此束在人类是一个较小的纤维束，在猫、猴等动物，该纤维束很发达。刺激猫的红核，可引起对侧前肢或后肢屈曲，可见红核脊髓束的作用主要与调节屈肌的张力和易化屈肌的运动有关。

(3) 顶盖脊髓束（图 10-19）：起自中脑上丘，走向腹侧，在中脑水管周围灰质腹侧与被盖背侧之间交叉，经脑桥、延髓下行，于脊髓前索内侧部下降，终止于颈髓、胸髓上段灰质的Ⅵ、Ⅷ层。通过中间神经元，兴奋对侧α运动神经元，使颈部肌肉收缩；抑制同侧α运动神经元，使颈部肌肉舒张。

(4) 前庭脊髓束：包括前庭脊髓内侧束和外侧束。内侧束起自脑干的前庭神经内侧核，其纤维在中线两侧下降，止于颈髓灰质，调节颈部、上肢骨骼肌的肌张力，维持姿势和平衡（图 10-20）；外侧束起自前

庭神经外侧核,在同侧下行,进入脊髓前索,一直下行到腰骶髓。前庭脊髓束的纤维大部分终止于颈髓和腰髓的Ⅶ、Ⅷ层,只有少量纤维终止于胸髓。经中间神经元中继后,再与α、γ运动神经元形成轴体型或轴-树型突触(图10-20)。此束将前庭、小脑的信息传递至脊髓前角,以调节躯干和四肢骨骼肌的肌张力,维持姿势和平衡。虽然此束的信息对屈、伸肌的张力均有增强作用,但对伸肌的作用更强。因此,当脊髓横断性损伤时,如皮质脊髓束和前庭脊髓束同时受损,损伤面以下表现为屈曲型截瘫;当仅伤及皮质脊髓束,而前庭脊髓束功能完整时,可出现伸展型截瘫。

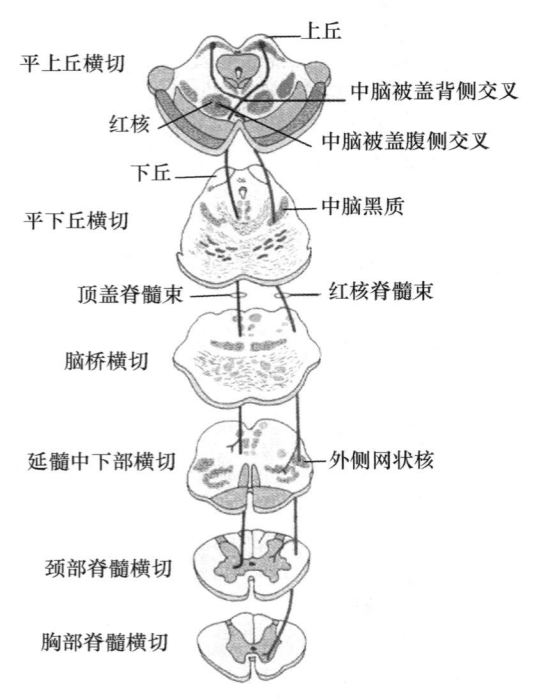

图 10-19 红核脊髓束、顶盖脊髓束结构示意(Siegel et al., 2006)

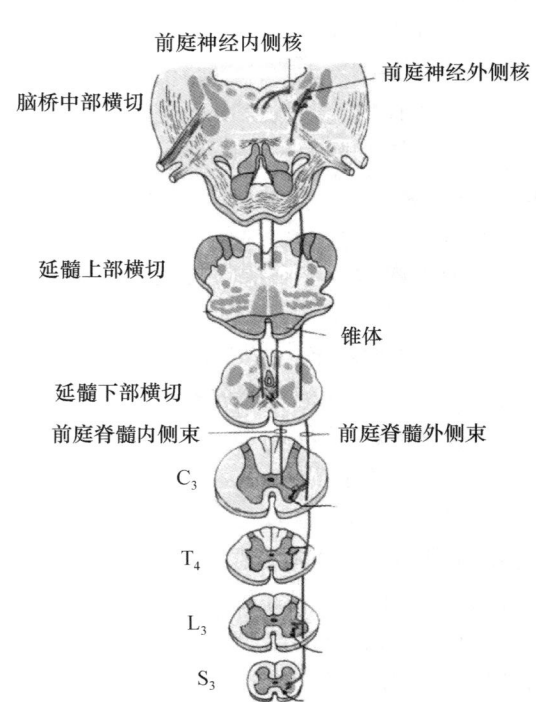

图 10-20 前庭脊髓束结构示意(Siegel et al., 2006)

(5) 网状脊髓束:起于脑干网状结构,因其在脊髓内下行的位置不同,分为网状脊髓内侧束和网状脊髓外侧束。网状脊髓内侧束(medullary reticulospinal tract)主要起自脑桥网状核,散在走行于脊髓前索的内侧部,大部分纤维终止于同侧脊髓灰质的Ⅶ、Ⅷ层,少部分交叉至对侧灰质Ⅶ、Ⅷ层,通过这两层内的中间神经元兴奋α、γ运动神经元。网状脊髓外侧束(lateral reticulospinal tract)主要起自延髓网状结构(包括巨细胞网状核和中缝核内的小细胞),大部分纤维交叉,少部分不交叉,下行于脊髓外侧索的深部,终止于脊髓灰质的Ⅶ层,信息经此层中间神经元中继后,再作用于α、γ运动神经元。一般认为该束传导的信息对α、γ运动神经元起抑制作用。

(6) 其他下行传导束:

① 橄榄脊髓束:由下橄榄核发出的薄髓纤维组成的小束。

② 下丘脑脊髓束:通过HRP法研究证明,主要由下丘脑的室旁核、其他核区发出的纤维,在脊髓的后外侧索内下行,止于中间外侧核和骶副交感核。

③ 孤束核脊髓束:孤束核的外侧部发出纤维,在脊髓前索的内侧部下行,直接或间接止于前角。易化呼吸肌;内脏器官受刺激时,引起呼吸运动调节活动。

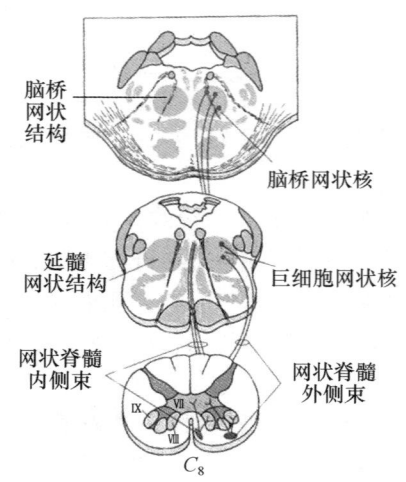

图 10-21 网状脊髓束结构示意(Siegel et al., 2006)

④ 内侧纵束(medial longitudinal fasciculus)(图 10-22)是一些复合下行纤维束的总称。起自 Cajal 中介核及其周围区,在脑干内此束中含有上、下行纤维,在脊髓仅含有下行纤维。该束见于颈髓上段,止于颈髓前角。该束传导的信息参与眼球与上肢、颈部肌运动的协调。

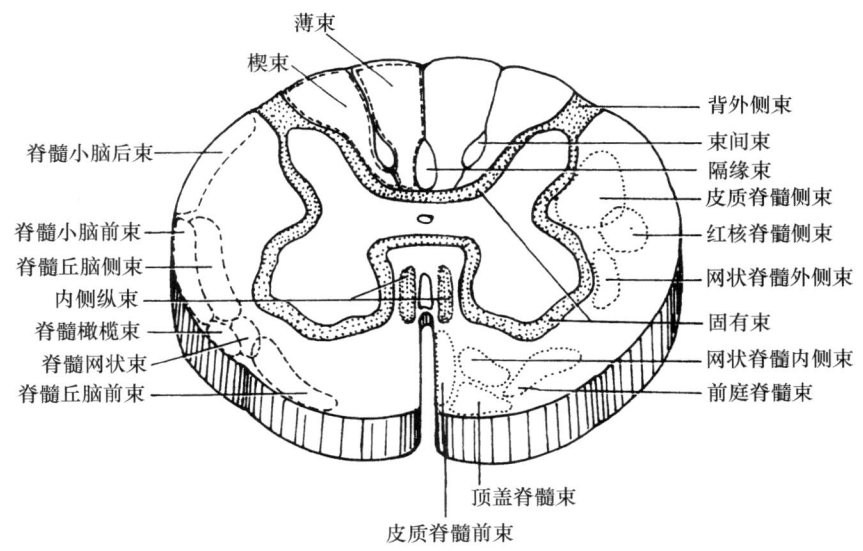

图 10-22　脊髓白质传导束位置示意(朱长庚,2002)

(三) 中央管

中央管是由室管膜上皮细胞借细胞连接形成的一个圆柱形管腔。其上端在枕骨大孔处与延髓的中央管相续,下端在脊髓末端封闭,脊髓圆锥内的中央管扩大为一梭形的终室(terminal ventricle),又称为终池。管腔内存有不断循环的脑脊液。

(四) 脊髓内部结构的比较解剖

① 从颈部脊髓的横断面看,后索与全部脊髓白质的比例:猫的后索占全部白质的22%,猴占26%,人类占33%。由此可见,后索与全部脊髓白质的比例可反映动物进化阶梯,即动物越高等,后索所占比例越大。② 多数哺乳动物的前根较后根纤维少,但前根纤维的直径较粗。鲸由于皮肤的感觉(包括痛觉)发育较差,其后根纤维的数量相对体型来说较少;与此相关的后角的胶状质区发育较弱。而后角的胶状质在大多数哺乳动物都较发达,尤其是有蹄类。③ 皮质脊髓束:在有袋类、有蹄类仅下降至颈髓;啮齿类以及食肉类下降至腰髓;人类可下降至骶尾髓,管理脊髓全长的灰质。皮质脊髓前束仅见于高等猿类和人类,此束下降的最低点仅抵达中胸段脊髓灰质。④ 皮质脊髓束占脊髓全部白质的比例:狗为10%,猴为20%,人类为30%。⑤ 皮质脊髓束纤维末梢与脊髓前角运动神经元构成的单突触联系与总突触联系之比:猴为2%,猩猩为5%,人类为8%。电生理研究证明,皮质脊髓束末梢与脊髓前角运动神经元之间的这种单突触联系,主要是支配肢体远端的肌肉活动。

三、脊髓的功能

脊髓的功能主要表现为传导功能和反射功能。

(一) 传导功能

脊髓中的白质(前索、外侧索和后索)中有多个上行、下行纤维束,脊髓后角长距离投射神经元(Golgi Ⅰ型)胞体及其轴突参与构成的纤维所组成的纤维束是完成传导功能的重要结构基础。躯干、四肢的深、浅感觉和大部分内脏感觉都通过这些结构传到脑;反之,脑的信息也通过下行纤维束传到脊髓灰质,从而调控躯干、四肢和内脏的活动。

(二)反射功能

反射功能是指脊髓固有的反射。完成该反射的结构为脊髓固有装置。脊髓固有装置包括躯干、四肢、部分内脏中与脊神经联系的感受器、脊神经及其后根、脊髓灰质、固有束、前根脊神经及其效应器。正常情况下,脊髓固有装置在功能上受控于脑,在脑的支配下完成各种反射活动。在失去脑的调控下,只要脊髓固有装置结构、功能完善,脊髓的固有反射仍可进行。脊髓固有反射按传入信息与传出信息在脊髓节段内中继(换元)的次数,分为单突触和多突触反射;按传入与传出信息是否在相同脊髓节段,分为节段内反射(传入与传出信息在相同脊髓节段)和节段间反射(传入与传出信息不在相同脊髓节段);脊髓固有反射还可依据传入与传出信息的外周器官,分为躯体反射、内脏反射和躯体-内脏反射。

1. 躯体反射

躯体反射主要是指一些骨骼肌的反射活动,如牵张反射、反牵张反射和屈肌反射。

(1) 牵张反射(stretch reflex):是指与神经中枢保持正常联系的骨骼肌受到外力牵拉时,引起被牵拉肌肉的迅速缩短或产生张力,这种反射活动,称为牵张反射。根据外力牵拉肌肉的速度以及肌肉发生收缩时的表现形式,将牵张反射分为腱反射和肌紧张两种类型。

① 腱反射:快速敲击肌腱所引起的牵张反射。表现为被牵拉的肌肉出现迅速而明显的缩短,可导致关节的大幅度活动,故又称为位相性(phasic)牵张反射。膝跳反射就是一个有代表性的位相性牵张反射(图 10-23)。这类反射的反射时很短,约 0.6 ms,只够一个突触接替的时间,为单突触反射(monosynaptic reflex)。临床上常检查某些腱反射,以判断某些神经系统的疾病。临床常用的腱反射见表 10-2。若腱反射减弱或消退,提示反射弧的某环节损害;腱反射亢进则提示某高位中枢有病变,

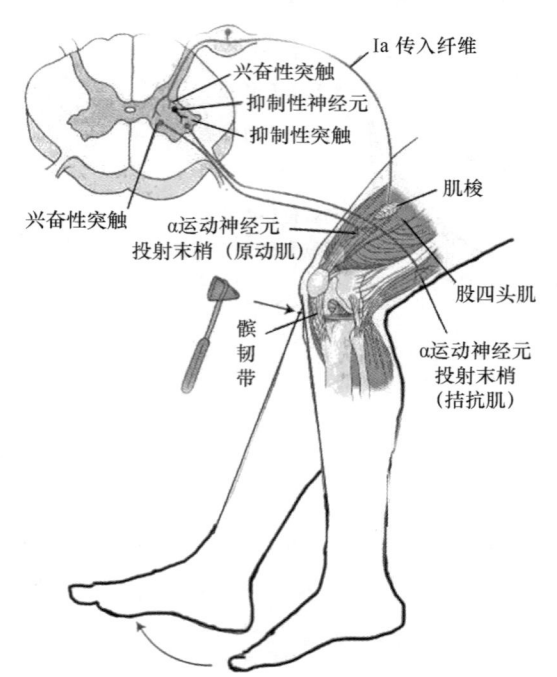

图 10-23 膝跳反射(Siegel et al., 2006)

因牵张反射受高位中枢的易化和抑制性双重调控,维持正常的肌张力,一旦高位中枢的抑制性下行通路被损伤(易损伤),则出现腱反射亢进。

表 10-2 常用的腱反射(深反射)反射弧

反射名称	肱二头肌反射	肱三头肌反射	膝跳反射	跟腱反射
刺激部位	肱二头肌腱	肱三头肌腱	髌韧带	跟腱
感受器位置	肱二头肌内肌梭	肱三头肌内肌梭	股四头肌内肌梭	小腿三头肌内肌梭
传入、传出神经	肌皮神经	桡神经	股神经	胫神经、坐骨神经
中枢部位	$C_5 \sim C_6$ 脊髓节段灰质	$C_6 \sim C_8$ 脊髓节段灰质	$L_2 \sim L_4$ 脊髓节段灰质	$S_1 \sim S_2$ 脊髓节段灰质
效应器	肱二头肌	肱三头肌	股四头肌	小腿三头肌
反应表现	屈肘关节	伸肘关节	伸膝关节	足跖屈

② 肌紧张(muscle tonus):由于地心引力缓慢而持续地轻度牵拉骨骼肌引起的牵张反射,使肌肉处于一种持续的轻度收缩状态,这种状态称为肌紧张。肌紧张实际上是在收缩中产生张力,并不引起关节的大幅度动作,故又称为紧张性(tonic)牵张反射。肌紧张是维持各种姿势、产生各种运动的基础。例如,人体取坐、立姿势时,由于重力的作用,头部将向前倾,项、背部肌群受到牵拉,反射性地引起项、背部肌群的肌紧张加强,于是头部保持抬头姿势。肌紧张的收缩力量并不大,只是抵抗肌肉被牵拉,表现为同一肌肉的不同运动单位进行交替性的收缩,而不是同步收缩,因此不表现为明显的动作,并且能持久地进行而不易发生疲劳。经研究证明,这种紧张性牵张反射是多突触反射。肌紧张是在生理状态,尤其是清醒状

态时持续发生的一个反射活动,这一点不同于腱反射。

(2) 反牵张反射(inverse stretch reflex)(图 10-24):当骨骼肌受到牵拉而过度收缩时,引起受牵拉的肌肉舒张,致使牵张反射被抑制,这种反射称为反牵张反射,又称为折刀反射(clasp knife reflex)。其反射形成的过程为,当肌肉受到牵拉而过度收缩时(即达到腱梭的兴奋阈值时),兴奋肌腱内的腱梭感受器(又称为高尔基腱器官,Golgi tendon organ),冲动经 Ib 类传入纤维进入中枢,通过抑制性中间神经元的作用,抑制 α 运动神经元的活动,使受牵拉的肌肉舒张,致使牵张反射被抑制。这一反射的重要意义是防止被牵拉的肌肉过度收缩或被过度牵拉受到损伤。

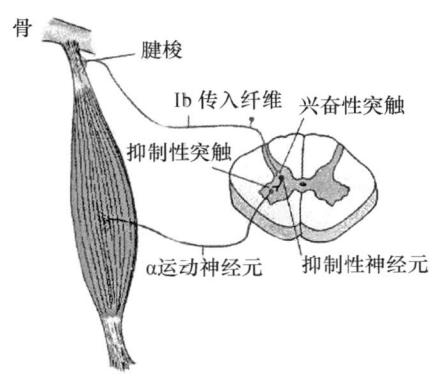

图 10-24　反牵张反射(Siegel et al., 2006)

(3) 屈肌反射(flexor reflex)和对侧伸肌反射:任何伤害性刺激作用于肢体皮肤时,该肢体将立即出现屈曲反应,该反应称为屈肌反射(图 10-25)。如钉子刺激足底皮肤的游离神经末梢(痛觉感受装置),产生的神经冲动沿胫神经、坐骨神经,传至 $L_5 \sim S_2$ 脊髓节段灰质进行信息的整合处理,兴奋该脊髓节段的前角神经元,冲动沿坐骨神经、胫神经至股后肌群、小腿三头肌,使其收缩,产生屈膝、提踵反应。机体通过这种反射避开伤害源,以保护机体。

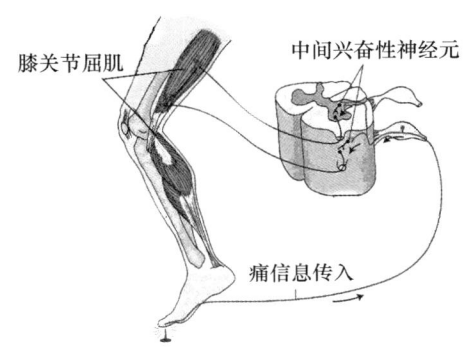

图 10-25　屈肌反射(Siegel et al., 2006)

机体在被伤害侧进行屈肌反射调节的同时,启动了对侧肢体的伸肌反射,以保证屈肌反射正常进行(图 10-26)。对侧伸肌反射中,受试者左脚受到了刺激(如踩上了一个钉子),左脚抬起(主要是膝关节的屈肌收缩),在左腿抬起离开地面的同时,身体的重心将倾向右侧,为了站稳身体,在左下肢发生膝关节屈肌反射的同时,还引起对侧肢体(右下肢)的膝关节伸肌收缩加强、屈肌舒张,使对侧肢体伸直,这种反射活动称为对侧伸肌反射(crossed extensor reflex)。其神经通路是:左脚皮肤感受器的传入神经将冲动传入同侧脊髓灰质,其中枢支末梢经兴奋性中间神经元中继,兴奋受伤害侧的控制膝关节屈肌的运动神经元;同时通过侧支与抑制性中间神经元联系去抑制受伤害侧的控制膝关节伸肌的运动神经元。信息处理结果是使左膝关节弯曲,腿抬起。与此同时,其伤害性刺激传入的中枢支末梢也发出侧支交叉到对侧,与对侧脊髓前角运动神经元发生突触联系,兴奋控制膝关节的伸肌运动神经元,抑制屈肌神经元,致使对侧伸肌收缩,屈肌舒张。其神经信息通路见图 10-26 对侧伸肌反射中右侧脊髓灰质前角神经元的联系方式。这种关系是脊髓反射的一个特征。

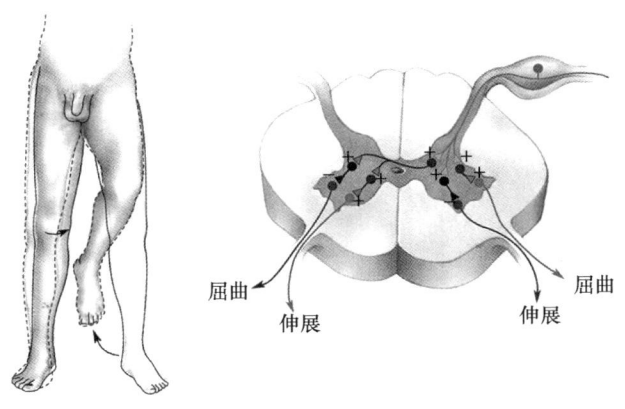

+示兴奋性突触,-示抑制性突触

图 10-26　一侧屈肌反射和对侧伸肌反射反射弧(Siegel et al., 2006)

当刺激一定区域的皮肤,会引起相应肌肉发生收缩,临床上常用这种屈肌反射作为检查诊断神经及其中枢是否损伤的方法。常用的屈肌反射(脊髓浅反射)见表10-3。

表10-3　临床常用的屈肌反射(脊髓浅反射)反射弧

反射名称	腹壁反射	提睾反射	跖反射	肛门反射
刺激部位	腹壁皮肤	大腿内侧皮肤	足底外侧皮肤	肛门周围皮肤
感受器位置	皮肤内感受器	皮肤内感受器	皮肤内感受器	皮肤内感受器
传入、传出神经	第7~第12肋间神经	生殖股神经	胫神经、坐骨神经	阴部神经
中枢(脊髓节段)	T_7~T_{12}	L_1~L_2	S_1~S_2	S_4~S_5
效应器	腹肌	提睾肌	趾屈肌	肛门外括约肌
反应表现	腹壁收缩	睾丸上提	足趾、踝关节跖屈	肛门缩紧

病理反射为正常情况下不出现的反射。病理跖反射(Babinski氏症)的阳性反应为,当足底外侧缘自后向前划过时,即出现拇指背伸,其余四趾跖屈并呈扇形展开。此阳性反应为确定皮质脊髓束受损与否的功能检查证据之一。但在两岁以下的婴幼儿(因皮质脊髓束功能发育尚未完全)、深睡、全身麻醉、深度昏迷(因皮质脊髓束功能暂时受阻)时,也会出现病理跖反射阳性。阳性病理跖反射反应是一种原始的屈肌反射,平时被大脑皮质下行信息所抑制,只有当大脑下行信息被阻断时,脊髓灰质调节形成的足部跖反射阳性症状才表现出来。

2. 内脏反射

内脏反射主要包括一些躯体-内脏反射、内脏-内脏反射、内脏-躯体反射。如立毛反射、皮肤血管反射、膀胱排尿反射、直肠排便反射和性反射等。

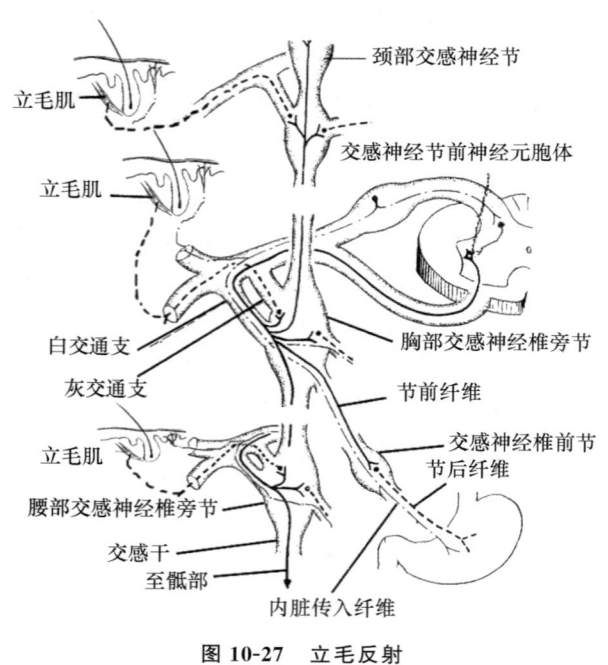

图10-27　立毛反射

(1) 立毛反射:是一种躯体-内脏反射。当温度降低,受刺激的皮肤内感受温度刺激的神经末梢兴奋时,神经冲动沿相应的脊神经、脊神经节、后根入脊髓灰质,在后角中继后,到达侧角,由中间外侧核的神经元胞体发出的轴突所形成的神经纤维(交感神经节前纤维)经前根入脊神经,再经白交通支入交感干,在交感神经节内换元,交感神经节内的神经元发出的轴突所形成的神经纤维(交感神经节后纤维),经灰交通支入脊神经,随脊神经分布于立毛肌(竖毛肌),引起立毛反应(图10-27)。

由于一个交感神经的节前纤维末梢,与多个节后神经元形成突触,因此,在正常情况下,一处局部刺激可引起同侧广泛的多节段立毛反应。如有脊髓横断性损伤时,刺激病灶以下区域的皮肤时,立毛反应向上只能到达病灶以下的区域。由此可以确定病灶的下界;而刺激病灶以上区域的皮肤时,立毛反应只能向下延伸到病灶以上的区域,从而确定病灶的上界。损伤胸髓节段时,其神经分布区域的皮肤立毛反射消失(因交感神经的节前神经元胞体损伤)。

(2) 膀胱排尿反射:是一种复杂的反射活动。婴儿的不自主排尿,是脊髓排尿初级中枢调控下的反射活动。其反射弧为,膀胱内尿液达到一定容量时,刺激膀胱壁上的压力感受器,其产生的神经冲动沿盆神经及其后根入骶髓灰质,兴奋骶副交感核,神经冲动沿该核发出纤维经盆神经进入膀胱壁,在壁内换元,随其节后纤维到达逼尿肌、膀胱内括约肌,引起逼尿肌收缩、膀胱内括约肌舒张,产生排尿。L_1~L_3脊髓节段的中间外侧核发出的纤维,经其脊神经、白交通支、交感神经节(腹下节和骶部交感神经节)换元,节后纤维随腹下神经丛进入膀胱壁,分布于三种平滑肌。其一,分布于壁内血管平滑肌,调节血管活动,维持壁内血液供应;其二,分布于逼尿肌,使其舒张;其三,分布于膀胱内括约肌,使其收缩。膀胱内括约肌收缩、逼尿肌舒张,以利于储尿(见图10-28排尿反射的反射弧)。随着年龄增长,皮质脊髓束和脊髓上行传导束(内脏感觉)功能逐渐完善,排尿成为皮质控制下的随意运动。当脊髓横断性损伤发生在腰髓以上部位时,膀胱的排尿有三个时相的变化。① 尿潴留,在脊髓休克期,因脊髓的功能处于瘫痪状态,膀胱肌麻痹。② 膀胱不自主排尿,表现为尿液淋漓。在脊髓休克期过后,因逼尿肌的紧张性收缩开始恢复,膀胱内括约肌松弛,尿液持续排除。③ 膀胱自动排尿,表现为膀胱内尿液达到一定量,即反射性排尿,但很少完全排空。因随脊髓功能的恢复,在反射弧各部分结构与功能健全的情况下,出现膀胱自动排尿反射活动是必然现象。当骶髓损伤时,由于膀胱排尿反射低级中枢被破坏,将出现膀胱涨满(逼尿肌舒张)的同时,尿液不断滴出(膀胱内括约肌松弛),即所谓真性尿失禁。

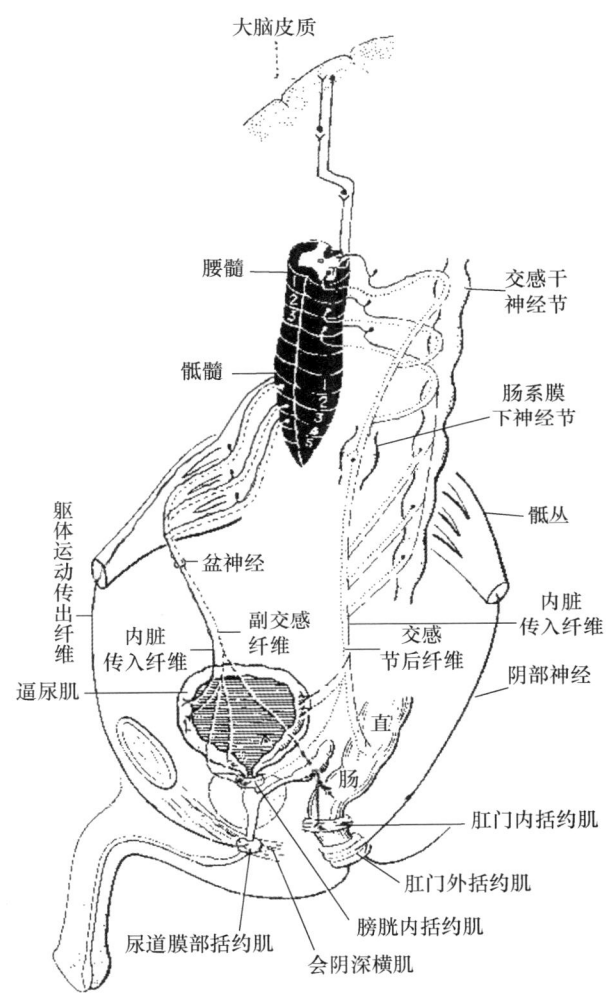

图 10-28　排尿、排便反射(高士濂 等,1989)

(3) 直肠排便反射:就婴儿的排便反射而言,平时粪便被储存于乙状结肠,当结肠做集团运动时,粪便被推入直肠。直肠壁内的感受器受到粪便的刺激,产生神经冲动,该信号沿盆神经、腹下神经丛内的内脏传入神经纤维,传入腰骶髓节段的低级排便中枢,排便中枢向三个部位发出信息。① 向上投射到 $C_3\sim C_5$、$T_5\sim T_{12}$ 脊髓节段,引起支配膈肌、腹壁肌收缩的神经元兴奋,以产生腹压。② 使骶副交感核的部分神经元兴奋,其轴突构成的副交感节前纤维,经骶神经、盆神经,进入降结肠、乙状结肠、直肠壁、肛门内括约肌中,在壁内肌间神经丛换元,其节后纤维末梢释放递质,经受体介导,使上述肠壁内的平滑肌收缩、肛门内括约肌舒张。③ 兴奋骶部脊髓前角,神经冲动沿该节段前角运动神经元的轴突所构成的纤维,经脊神经、阴部神经到达肛门外括约肌(骨骼肌),使该肌舒张(见图10-28排便反射的反射弧)。在腹压的作用下,直肠内的粪便经肛门排出体外。随着年龄增长,皮质脊髓束和脊髓上行传导束(内脏感觉)功能的完善,排便成为皮质控制下的随意运动。当高位中枢受损时,排便的反应与排尿类似。在此不再赘述。

(4)性反射。包括阴茎勃起和射精等。脊髓的性反射功能将在后面的章节叙述。

附:脊髓休克(spinal shock)

当脊髓与脑的联系完全失去后,脊髓暂时丧失反射活动能力,进入无反应状态,这种现象称为脊髓休克,简称脊休克。脊髓无反应状态的持续时期为脊髓休克期。脊髓休克和脊髓休克期普遍存在于较高等的脊椎动物和人类。

人类脊髓休克的主要表现是:在损伤横断面以下的躯体感觉和运动功能丧失,骨骼肌肌紧张消失,外周血管扩张,血压下降,发汗反射消失,膀胱内尿潴留,直肠内粪便积聚,表明躯体反射活动与内脏反射活动均减退甚至消失。

脊髓休克持续一段时间后,脊髓的反射功能可逐渐恢复。恢复的时间与动物的种类有关,动物越高等,脊髓休克持续的时间越长。如蟾蜍和青蛙的脊髓休克只有5~15 min,猫、狗约几小时,猴子约3周,人类则需数周以至数月。在恢复过程中,一般是比较原始、简单的反射先恢复,如膝跳反射、屈肌反射,此后恢复搔扒反射、对侧伸肌反射等,并可具有一定的排便、排尿反射。但在人类,损伤横断面以下的脊髓所支配的骨骼肌的随意运动和感觉机能将很难恢复。

一般认为,脊髓休克现象产生的原因是:正常生理情况下,脊髓的活动是在高位中枢(脑)的控制下进行的,而这种控制以易化作用(兴奋作用)占优势。一旦发生脊髓横断性损伤,脑的下行(易化作用)冲动不能到达脊髓,脊髓神经元得不到驱动其活动的信息,便处于抑制状态,所以损伤横断面以下脊髓所控制的反射活动消失——脊髓休克。在此后的时间里,由于脊髓损伤断面以下脊髓的前、后根及其联络装置均完好;后根内有信号不断传入,刺激脊髓灰质神经元,脊髓灰质神经元的兴奋性逐渐恢复,因此,断面以下脊髓所调控的反射活动又逐渐恢复。

第二节 脑 干

脑位于颅腔内,成年人的脑平均质量约1400 g。依据其结构和功能,一般将脑分成六个部分:即延髓(medulla oblongata)、脑桥(pons)、中脑(midbrain,mesencephalon)、间脑、小脑和端脑。通常将延髓、脑桥和中脑合称为脑干(brain stem)。脑干是介于脊髓和间脑之间的结构,位于颅后窝的前部,其中延髓和脑桥的腹面与枕骨的斜坡相邻,其背面与小脑相连(图10-29)。

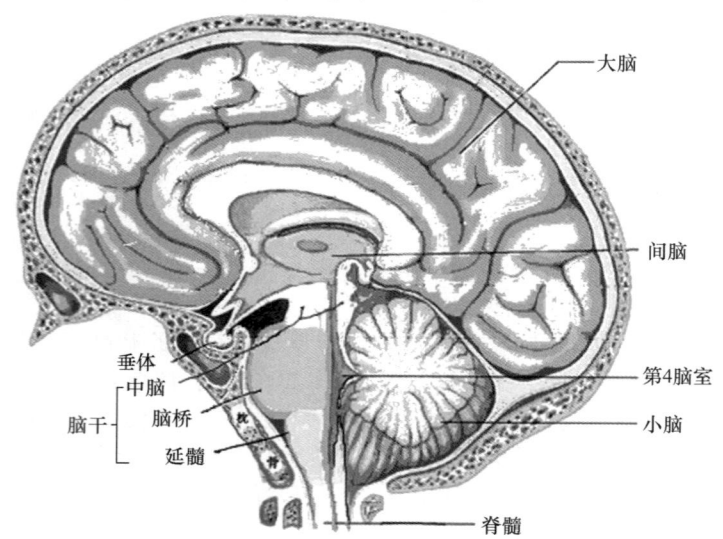

图10-29 颅脑矢状切(Mader,2002)

一、脑干的外形

延髓的下半部与颈髓相似,延髓上半部分、脑桥与小脑之间的中央管膨大,形成菱形的第 4 脑室(图 10-29)。除去小脑后,脑干的背面为第 4 脑室的底,称为菱形窝(rhomboid fossa)。脑干表面有第 3~第 12 对脑神经出入。上行、下行和出入小脑的纤维束集中于脑干腹面形成大脑脚、脑桥基底部、锥体、锥体交叉等;脑干内的大部分神经核团位于背侧,因局部膨大,致使其相应位置的表面隆起呈结节、丘、三角等。

1. 延髓的外形

延髓形如倒置的圆锥体,长约 3 cm,上端粗大,下端细小。下端在枕骨大孔处与脊髓相连,第 1 颈神经的最上根丝附着处上缘,是延髓与脊髓的分界(图 10-30)。延髓上端与脑桥的分界,在腹侧面为延髓脑桥沟,在背面为髓纹(图 10-30,图 10-31)。

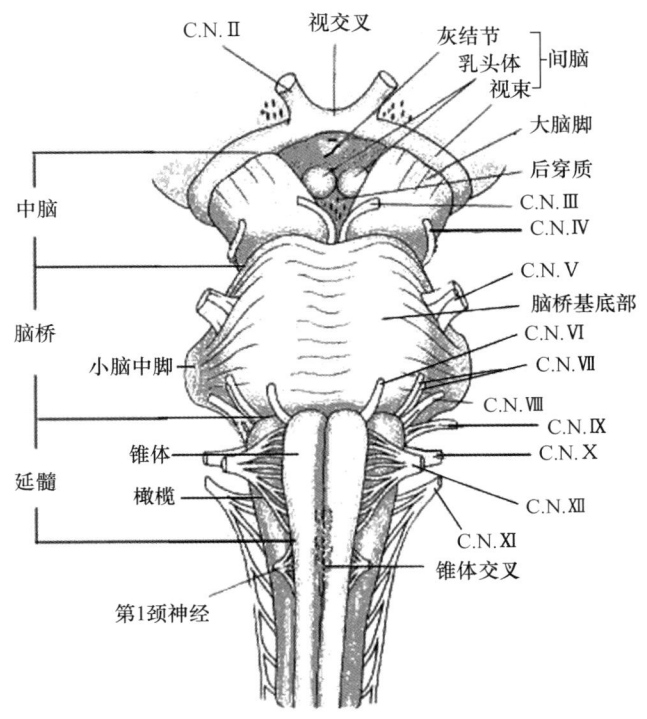

图 10-30　脑干腹侧面(Siegel et al., 2006)

脊髓表面的沟、裂上延至延髓表面。腹侧面正中线的纵裂称为前正中裂,在延髓上半部前正中裂的两侧各有一纵行隆起,称为锥体(pyramid)。锥体是由大脑皮质发出的锥体束(主要为皮质脊髓束)纤维构成。锥体下端大多数纤维左右交叉,形成锥体交叉(decussation of pyramid),交叉后的纤维沿着脊髓侧索下行。锥体的外侧为前外侧沟,沟内有舌下神经(C. N. Ⅻ)根丝出脑。前外侧沟的外侧有卵圆形隆起,称为橄榄(olive)。在橄榄的后外侧有橄榄后沟,沟内从上向下依次排列着舌咽神经(C. N. Ⅸ)、迷走神经(C. N. Ⅹ)和副神经(C. N. Ⅺ)出入脑的根丝,这三对脑神经的根丝之间的界限不明显。

延髓背面(图 10-31)以闩(obex)为界,分为上、下两部分。上部构成第 4 脑室底的下半部分,其表面结构在后面的第 4 脑室底中表述;下部形似脊髓。脊髓后索中的薄束和楔束向上延续到延髓背侧后,形成两个膨大,分别为内侧的薄束结节(gracile tubercle)和外侧的楔束结节(cuneate tubercle),其深层分别有薄束核和楔束核。楔束结节外上方的隆起为小脑下脚,为一粗大的纤维束,主要来自脊髓和延髓,并自延髓上部的后外侧进入小脑。在副神经出脑神经根与楔束、楔束结节之间有一纵长的低嵴,称为灰小结节,深层为三叉神经脊束及三叉神经脊束核。

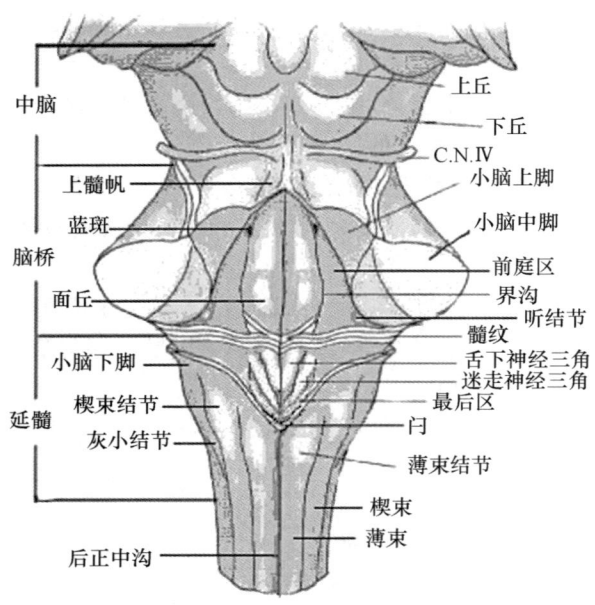

图 10-31　脑干背侧面(Siegel et al.，2006)

2. 脑桥的外形

脑桥腹面(图 10-30)宽阔的隆起称为脑桥基底部(basilar part of pons)，其表面正中线上有纵行的浅沟，称为基底沟(basilar sulcus)，容纳基底动脉。基底部向两侧逐渐缩窄的部分为小脑中脚，又称为脑桥臂(brachium pontis)，由进入小脑的神经纤维组成。在基底部与脑桥臂交界处有粗大的三叉神经(C.N.Ⅴ)根出入。

延髓脑桥沟(bulbopontine sulcus)为脑桥和延髓在腹侧面的分界线，沟内自中线向外排列有展神经(C.N.Ⅵ)、面神经(C.N.Ⅶ)和前庭蜗神经(C.N.Ⅷ)的出入根丝。

脑桥背面(图 10-31)扩大构成第 4 脑室底的上半部分，其前端狭细与中脑移行。背面左、右可见有小脑上脚，两个小脑上脚中间挟着上(前)髓帆。上髓帆是一片薄的白质板，构成第 4 脑室顶的前部，小脑小舌紧贴其上。在脑桥与中脑的移行部，有滑车神经(C.N.Ⅳ)根出脑。

第 4 脑室底(图 10-31)，即菱形窝，由延髓上部和脑桥背面共同构成。窝的下外边界是薄束结节、楔束结节和小脑下脚，上外边界为小脑上脚。左、右两个侧角延展到小脑下脚背、腹面为第 4 脑室外侧隐窝。在窝底上可见数条白色髓纹(striae medullares)，自后正中沟横行向外侧隐窝，延伸入小脑，一般作为延髓和脑桥在背面的分界线。后正中沟纵贯窝全长，其两侧有与之平行的界沟。后正中沟与界沟之间的结构为内侧隆起，靠近髓纹上方的内侧隆起特别膨隆，称为面神经丘(facial colliculus)，其深面有展神经核。界沟外侧有一个稍微隆起的三角形前庭区，其深面有前庭神经核。在新鲜标本上，界沟上端可见一个呈蓝灰色的小区域，称为蓝斑(locus ceruleus)，内含蓝斑核，该核团内细胞富含黑色素。在髓纹两端，外侧隐窝尖上有听结节，内含耳蜗神经后核。在髓纹内侧端下方，紧靠后正中沟两侧，可见三个小的三角形区域，内上方者为舌下神经三角，内含舌下神经核；外下方者为迷走神经三角，内含迷走神经背核；最外侧的三角带为最后区(area postrema)，属于室周器官，富含血管、神经胶质细胞和小型神经元，一般认为与孤束核有联系，具有化学感受功能，有人认为是呕吐中枢。菱形窝下角处，两侧外下界之间的圆弧形移行部称为闩。

3. 中脑的外形

中脑腹侧面上界为视束，下界为脑桥上缘。两侧是粗大的主要由纵行纤维构成的隆起，称为大脑脚(cerebral peduncle)。两脚之间的凹陷为脚间窝(interpeduncular fossa)，脚间窝的底称为后穿质(posterior perforated substance),有许多小血管在此出入。脚间窝的下部、大脑脚的内侧有动眼神经(C.N.Ⅲ)根出脑(图10-30)。

中脑的背面由上、下两对小丘组成,名为四叠体。上方的一对称为上丘(superior colliculus),是视觉反射(如光探究反射)的中枢。下方的一对称为下丘(inferior colliculus),是听觉反射(如声探究反射)的中枢。在上、下丘的外侧各向前外方伸出一条隆起纤维束,称为上丘臂和下丘臂,分别与丘脑后部的外侧膝状体(lateral geniculate body)、内侧膝状体(medial geniculate body)相连(图10-31)。

二、脑干的内部构造

与脊髓相比,脑干的内部构造更为复杂。主要可分为四个部分,即灰质、白质、灰白质混杂区和中央管室结构。脑干内的灰质不像脊髓内呈连续的柱状,而主要以散在的神经核形式存在,位于脑干背侧;白质主要是上行、下降和出入小脑的纤维束,集中在脑干腹面和外侧面;灰白质混杂区主要位于脑干的中央,称为网状结构;中央管室结构包括延髓下部的中央管,延髓上部、脑桥与小脑之间的第4脑室,中脑内的中脑水管。

(一)脑干的灰质

脑干的灰质主要以神经核的状态存在,其位置多位于脑干的背侧面。脑干中的神经核主要分为三类:第一类,是直接与第3~第12对脑神经相连的,称为脑神经核(图10-32,图10-33);第二类,是脊髓、小脑、间脑和大脑之间传递信息的中继核,如薄束核、楔束核、红核等;第三类,是存在于网状结构中的核团。后两类与脑神经无直接联系,故将这两类核团称为非脑神经核。

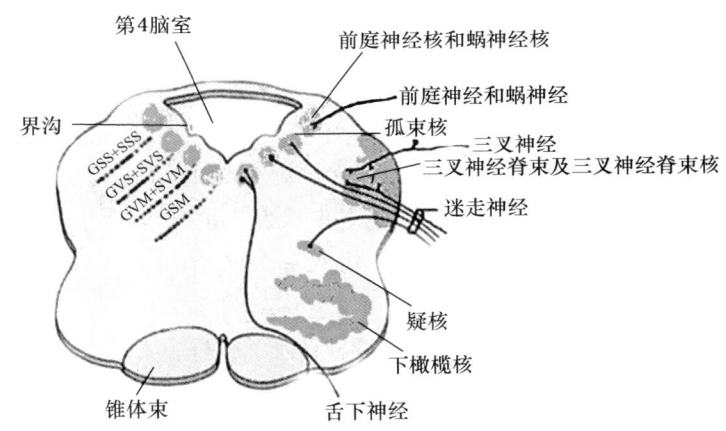

GSS,一般躯体感觉;SSS,特殊躯体感觉;GVS,一般内脏感觉;SVS,特殊内脏感觉;GVM,一般内脏运动;SVM,特殊内脏运动;GSM,一般躯体运动

图10-32 脑神经核机能柱在脑干中的排列模式(Siegel et al.,2006)

1. 脑神经核

按脑神经核的结构和功能可分为感觉核和运动核。感觉核主要接受脑神经中传入纤维的信息,发出纤维投射到高位中枢或其他运动神经核,引起感觉或反射活动。运动核则接受感觉核、高位中枢的信息,发出轴突构成脑神经中的运动神经纤维。脑神经核的感觉核和运动核的功能分别与脊髓中的后柱和前柱、侧柱灰质相当。由于头部机能的复杂化,脑神经分布于多种胚性组织发育形成的器官,导致脑神经核从功能上分化为七种机能柱(核)。这七种机能核分别是:① 一般躯体运动核(general somatic motor nucleus,GSM),包括动眼神经核、滑车神经核、展神经核和舌下神经核(图10-33)。这些核团发出一般躯体运动神经纤维,支配由生肌节衍化的骨骼肌,即眼外肌和舌肌运动。② 特殊内脏运动核(special visceral motor nucleus,SVM),包括三叉神经运动核、面神经核、疑核、副神经核(图10-33),发出特殊内

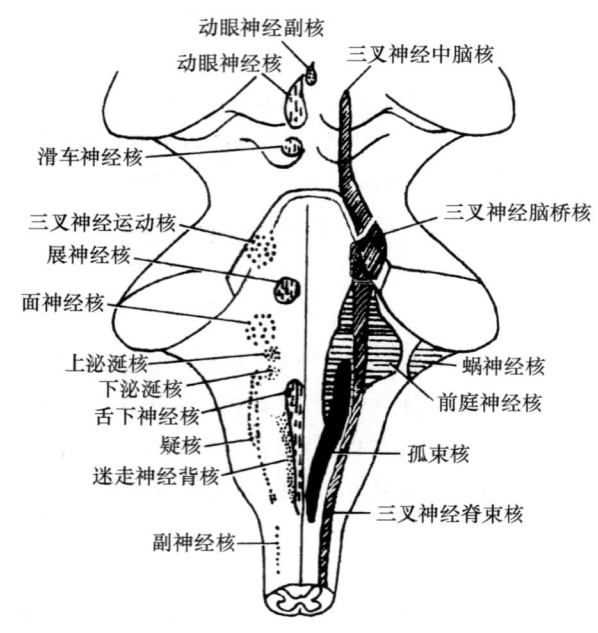

图 10-33　脑神经核在脑干背面的投影(段相林 等,2006)

脏运动神经纤维,支配由腮弓间充质衍化来的骨骼肌,即咀嚼肌、表情肌、咽喉肌、胸锁乳头肌、斜方肌运动。③ 一般内脏运动核(general visceral motor nucleus,GVM),包括动眼神经副核、上泌涎核、下泌涎核、迷走神经背核(图 10-33),发出一般内脏运动神经纤维(副交感节前纤维),支配心肌、平滑肌和腺体的活动。④ 一般躯体感觉核(general somatic sensory nucleus,GSS),即三叉神经感觉核(图 10-33),接受脑神经中躯体传入纤维传导的来自头面部皮肤、黏膜感受器(外胚层发生的)的信息,对这些信息进行分检处理。⑤ 特殊躯体感觉核(special somatic sensory nucleus,SSS),包括前庭神经核群,蜗神经背、腹核(图 10-33),接受脑神经中特殊躯体传入纤维传导的视器和位、听器(外胚层发生的感觉器官)产生的信息,对这些信息进行分检处理。⑥ 一般内脏感觉核(general visceral sensory nucleus,GVS),即孤束核(图 10-33),接受脑神经中一般内脏传入纤维传导以及头颈部、胸腹部脏器(降结肠、盆腔内脏器除外)上的感受器产生的信息。⑦ 特殊内脏感觉核(special visceral sensory nucleus,SVS),即孤束核,接受脑神经中特殊内脏传入纤维传导,即来自味蕾产生的信息。孤束核对这些信息进行分检处理。这些机能柱及其核团在脑干中的位置,见图 10-32。以下以一侧脑干中神经核的数量、结构为例叙述。

(1) 一般躯体运动核。

① 舌下神经核(hypoglossal nucleus)(图 10-33):位于延髓背侧,舌下三角的深层,其上端达髓纹,下端达下橄榄核尾侧以下。此核接受孤束核、三叉神经脊束核发出的纤维和对侧皮质核束纤维;发出纤维形成舌下神经根,行向腹侧,在延髓锥体外侧出延髓,组成舌下神经,终止于同侧舌内、外肌,支配该肌的随意运动。

② 展神经核(nucleus of abducent nerve)(图 10-33):位于脑桥中下部,面丘的深层。此核接受双侧皮质核束纤维;发出纤维形成展神经根,行向腹侧,在正中线两侧延髓脑桥沟穿出,构成展神经。展神经终止于同侧眼外肌中的外直肌,支配该肌的随意运动。

③ 滑车神经核(nucleus of trochlear nerve)(图 10-33):位于中脑下丘高度。此核接受双侧皮质核束纤维;发出纤维形成滑车神经根,行向背侧,在背侧正中线两侧、下丘的下方出脑,构成滑车神经。滑车神经终止于同侧眼外肌中的上斜肌,支配该肌的随意运动。

④ 动眼神经核(nucleus of oculomotor nerve):位于中脑水管周围灰质的腹侧部(图 10-33),此核接受双侧皮质核束纤维;发出纤维形成动眼神经根,行向腹侧,在脚间窝内穿出,构成动眼神经中的一般躯体运动神经纤维。该纤维终止于同侧眼外肌中的上直肌、下直肌、内直肌和下斜肌,支配这些肌的随意运动。

(2) 特殊内脏运动核。

① 副神经核(accessory nucleus)(图 10-33):位于延髓的下部,由锥体交叉高度向下延伸至第5~第6颈髓节段的前角。依据该核的位置可分为延髓部和脊髓部。延髓部较小,该部接受双侧皮质核束纤维,发出的纤维构成副神经的延髓根(脑根),加入迷走神经,支配喉肌运动;脊髓部较大,该部接受双侧皮质核束纤维,发出的纤维在颈髓的前外侧沟中穿出,上行,经枕骨大孔入颅腔,构成副神经的脊髓根,支配同侧胸锁乳突肌、斜方肌的随意运动。

② 疑核（nucleus ambiguus）（图 10-33）：位于延髓副神经核的上方，核的上端达橄榄体中部、下端平丘系交叉高度，处于下橄榄核背侧的网状结构中。疑核接受双侧皮质核束的纤维，发出纤维先行向背内侧，然后折返向腹外侧，加入舌咽神经、迷走神经和副神经（脑根，这部分神经纤维随副神经出颅后，又离开副神经加入迷走神经），最后经舌咽神经、迷走神经终止于咽喉肌、食道壁的肌层，支配这些肌肉的随意运动。

③ 面神经核（nucleus of facial nerve）（图 10-33）：位于脑桥下部，脑桥被盖腹外侧的网状结构内，三叉神经脊束核与上橄榄核之间。面神经核的一部分神经元（面神经核的上部）接受双侧皮质核束的纤维；发出纤维支配同侧眼裂以上的表情肌。面神经核的另一部分神经元（面神经核的下部）接受对侧皮质核束的纤维；发出纤维支配同侧眼裂以下的表情肌、颈阔肌、二腹肌后腹、茎突舌骨肌和镫骨肌。由面神经核发出的纤维先行向背内侧达第 4 脑室底，然后绕过展神经核向腹外侧，并稍下降，构成面神经膝；纤维自面神经核、经展神经的外侧、延髓脑桥沟中穿出脑，构成面神经的运动根，组成面神经中的特殊内脏运动神经纤维，支配表情肌等，完成该肌的随意运动。

④ 三叉神经运动核（motor nucleus of trigeminal nerve）（图 10-33）：呈椭圆形，位于脑桥中部的网状结构中，被盖的背外侧与三叉神经脑桥核的腹内侧之间。此核接受双侧皮质核束的纤维，发出纤维行向腹外侧，组成三叉神经运动根，加入三叉神经，在脑桥臂与基底部之间出脑，经三叉神经分布于同侧咀嚼肌、二腹肌前腹、下颌舌骨肌、腭帆张肌、鼓膜张肌，支配这些肌的随意运动。

(3) 一般内脏运动核。

① 迷走神经背核（dorsal nucleus of vagus nerve）（图 10-33）：位于迷走三角的深层，舌下神经核的背外侧，介于橄榄中部至丘系交叉平面，呈柱状。该核接受孤束核、网状结构和大脑皮质调节内脏活动的纤维；发出纤维走向腹外侧，经下橄榄核的背外侧出脑，加入迷走神经，随迷走神经分支（副交感神经的节前纤维）分布于胸腹腔脏器；在各器官内神经节换元，其节后纤维支配各器官的平滑肌、腺体活动。

② 下泌涎核（inferior salivatory nucleus）（图 10-33）：位于延髓上部，迷走神经背核和疑核上方的网状结构中，核的边界不清。该核接受孤束核、网状结构和大脑皮质调节内脏活动的纤维；发出纤维走向腹外侧，经下橄榄核的背外侧出脑，加入舌咽神经，经其分支——岩浅小神经（副交感神经的节前纤维）至耳节换元，其节后纤维支配腮腺体活动。

③ 上泌涎核（superior salivatory nucleus）（图 10-33）：位于脑桥下部，该核散在于面神经核尾部周围的网状结构中，核的边界不清。该核接受孤束核、网状结构和大脑皮质调节内脏活动的纤维；发出纤维加入面神经，经其分支——岩浅大神经、鼓索（副交感神经的节前纤维）分别至翼腭神经节、下颌下神经节换元，其节后纤维支配泪腺、口鼻腔黏膜腺、舌下腺、颌下腺活动。

④ 动眼神经副核（accessory nucleus of oculomotor nerve）（图 10-33）：又称为 Edinger-Westphal nucleus（简称 E-W 核）。较小，呈椭圆形，位于中脑上丘高度，动眼神经核的背内侧。此核接受视束、上丘的纤维；发出纤维行向腹侧，加入动眼神经，在脚间窝出脑，随动眼神经分支（副交感神经的节前纤维）至睫状神经节换元，其节后纤维支配瞳孔括约肌、睫状肌活动。

(4) 一般躯体感觉核。即三叉神经感觉核，贯穿脑干全长，以其位置与功能自上而下可分为三叉神经中脑核、三叉神经脑桥核和三叉神经脊束核。

① 三叉神经中脑核（mesencephalic nucleus of trigeminal nerve）（图 10-34）：呈圆柱形，位于第 4 脑室上部的外侧缘及中脑水管周围灰质的外侧，由三叉神经脑桥核的上端延伸至中脑上界，是一个主要由假单极神经元组成的狭长细胞柱。该核假单极神经元的外周突与三叉神经的运动根一起出脑，随三叉神经分支分布于咀嚼肌、牙，传导本体感觉，其中枢突终止于三叉神经运动核，构成下颌反射信息通路的一部分。

② 三叉神经脑桥核（pontine nucleus of trigeminal nerve）（图 10-33）：又称为感觉主核。呈短圆柱形，位于脑桥中部被盖的背外侧，介于中脑核与脊束核之间三叉神经运动核的外侧，是三叉神经感觉核中最粗的部分。此核接受三叉神经中脑核和三叉神经中传导头面部黏膜、牙齿、口腔及鼻腔黏膜的触、压觉

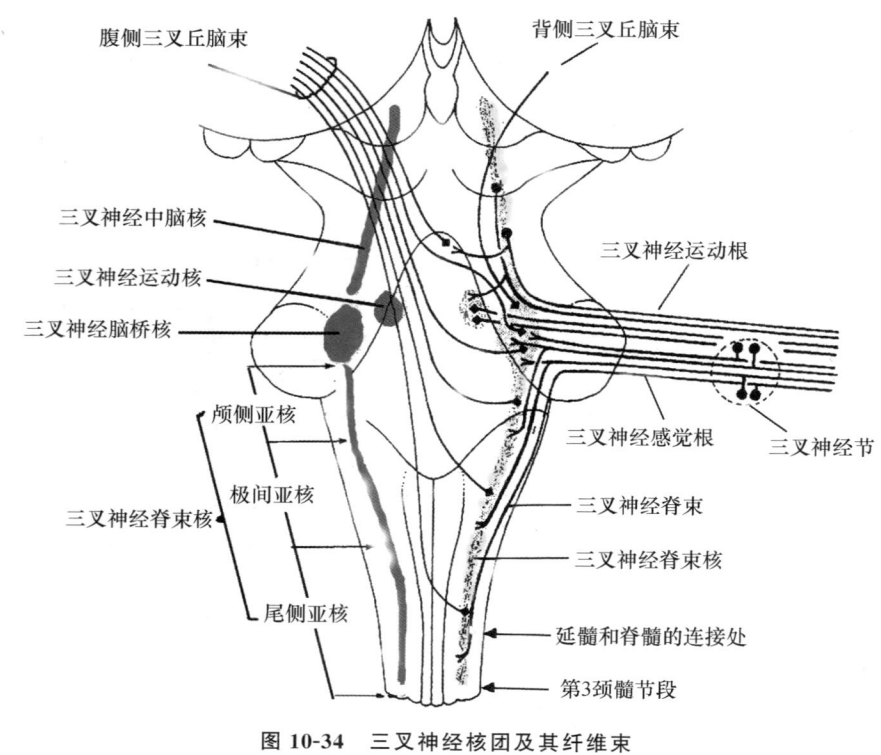

图 10-34 三叉神经核团及其纤维束

纤维的信息;发出的纤维一部分交叉到对侧或在同侧上升,参与组成三叉丘系,另一部分纤维终止于脑干运动神经核,引起头面部反射。

③ 三叉神经脊束核(spinal nucleus of trigeminal nerve)(图 10-33,图 10-34):为一细长的柱状结构,其上端与感觉主核相续,下端与第1、第2颈髓节段的后角相连。由头端至尾端可分为颅侧亚核、极间亚核和尾侧亚核三个部分,不同部分整合不同的感觉信息。脊束核的外侧始终有三叉神经脊束(由三叉神经入脑后,终止于脊束核的传导头面部黏膜、牙齿和口腔、鼻腔黏膜的痛、温觉及部分触、压觉纤维集结构成)伴随。该核接受三叉神经脊束的传入纤维(图 10-34),发出纤维交叉到对侧上行,一部分参与构成三叉丘系,另一部分终止于脑干运动神经核,参与头面部的反射。

(5) 特殊躯体感觉核。

① 蜗神经核(cochlear nucleus)(图 10-33):包括蜗背侧核(dorsal cochlear nucleus)和蜗腹侧核(ventral cochlear nucleus)。两核近似圆形,位于菱形窝外侧角听结节深面,分别居于小脑下脚的背、腹侧。蜗背侧核接受来自耳蜗底部的纤维(传导高频声波信号产生的冲动);蜗腹侧核接受来自耳蜗顶部的纤维(传导低频声波信号产生的冲动)。蜗神经核发出纤维大部分在脑桥背、腹之间横过中线,在上橄榄核的外侧与对侧蜗神经核、上橄榄核发出的纤维一起上行,构成外侧丘系。这些横过中线的纤维穿行内侧丘系,形成斜方体(trapezoid body)。斜方体是脑桥背侧的被盖部与腹侧的基底部的分界标志。

② 前庭神经核(vestibular nucleus)(图 10-33):位于菱形窝外侧角前庭区深面。按各结构的排列位置可分为前庭上核、下核、内侧核、外侧核四个核。每个核形如圆柱,参差排列,组合在一起,背面观时呈菱形。前庭神经核接受前庭神经纤维、小脑、脊髓和大脑皮质的传入信息。前庭神经核发出的纤维走行如下。a. 前庭神经核的上核、下核、内侧核发出纤维与同侧的一部分前庭神经传入纤维一起构成前庭小脑束,经小脑下脚入小脑,止于小脑的绒球小结叶皮质,参与小脑对平衡的调节。b. 前庭神经外侧核发出的纤维在同侧下行,构成前庭脊髓束,止于脊髓前角,参与脊髓对平衡的调节。c. 前庭神经核的上核、外侧核、内侧核发出纤维上行,构成前庭丘脑束,终止于双侧丘脑腹后核,经其中继投射到大脑,参与平衡

觉的形成。d. 所有前庭神经核均发出纤维走向中线，在同侧或对侧上升和下降，构成内侧纵束。内侧纵束的纤维向上可止于双侧的动眼神经核、滑车神经核、展神经核，向下可止于颈髓前角，使眼球外肌、颈部肌肉随体位变化发生变化。

（6）特殊、一般内脏感觉核。

孤束核（图10-33）呈圆柱形，位于延髓界沟的外侧，上端达脑桥下部，下端至丘系交叉处。可分为上、下两部分。孤束核的上部较小，为特殊内脏感觉核。该部接受面神经、舌咽神经、迷走神经中的味觉传入纤维。发出纤维的一部分交叉到对侧，上行构成被盖中央束，止于丘脑腹后内侧核，经其中继，投射到额叶、脑岛皮质形成味觉；发出纤维的另一部分止于脑干运动神经核，参与头面部或内脏器官的反射。孤束核的下部较大，为一般内脏感觉核。该部接受舌咽神经、迷走神经中的内脏觉传入纤维。发出纤维的一部分交叉到对侧或在同侧上行，止于下丘脑、杏仁核，经其中继，投射到边缘叶皮质形成内脏感觉；发出纤维的另一部分止于脑干网状结构、一般内脏运动核，引起内脏器官的反射性调节。

2. 非脑神经核

网状结构中的核团请参见后续网状结构内容，在此仅介绍脑干中继核团。

（1）延髓内的中继核团。

① 薄束核（gracile nucleus）和楔束核（cuneate nucleus）（图10-35，图10-36）：位于延髓下部，近背侧，分别在薄束结节和楔束结节的深面。均为圆柱形的核团。它们是传导深感觉（本体感觉）的中继核团。脊髓后索的薄束和楔束止于这两个核团。由核团发出的纤维行向腹侧，绕过中央灰质，交叉到对侧后上行，上行纤维组成内侧丘系，该纤维束投射到丘脑的腹后外侧核（图10-15）。薄束核和楔束核是向高位中枢传递躯干、四肢意识性本体感觉和精细触觉的中继核团。两侧核团发出的纤维左、右交叉的部位称为内侧丘系

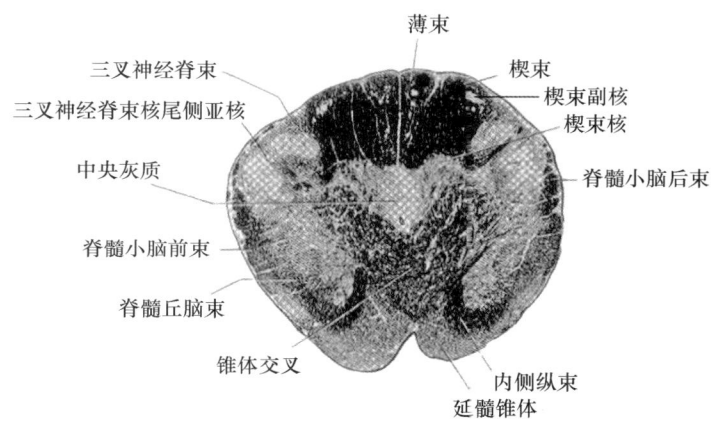

图10-35 延髓横切（平锥体交叉），示锥体交叉（火棉胶切片髓鞘染色法）（Siegel et al., 2006）

交叉（decussation of medial lemniscus）（图10-15，图10-36）。绕行中央灰质外侧的纤维被称为内弓状纤维（internal arcuate fibers）（图10-36）。

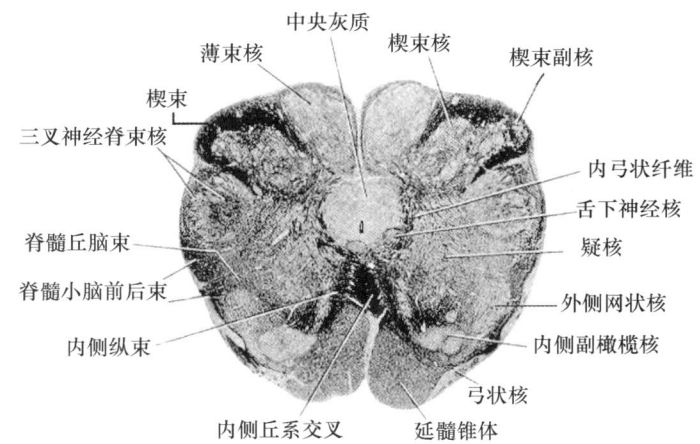

图10-36 延髓横切（平内侧丘系交叉），示丘系交叉（火棉胶切片髓鞘染色法）（Siegel et al., 2006）

② 下橄榄核（inferior olivary nucleus）：位于延髓中上部，橄榄的深层。此核在人类特别发达，由下橄榄主核、内侧副橄榄核和背侧副橄榄核组成。下橄榄主核位于锥体束的背外侧，横切面上呈多皱褶的囊袋状，袋口为核的门，朝向背内侧（图10-37，图10-38）。内侧副橄榄核在延髓闭合部位已经出现，位于内侧丘系的外侧，在第4脑室敞开部高度正对主核门。背侧副橄榄核紧靠在主核的背侧。下橄榄主核内细胞密集，主要由中、小型的圆形和梨形细胞构成，细胞轴突形成的纤维充满囊袋内，自门涌出交叉到对侧，向背外侧聚集，形成橄榄小脑束，经小脑下脚入小脑皮质。下橄榄主核的外周包绕着厚层、来自不同部位、将要终止于下橄榄核的纤维束。起自大脑皮质的纤维束终止于主核的腹侧部；起自苍白球、红核、小脑中央核群的纤维，终止于主核的背侧部；起自中脑水管周围

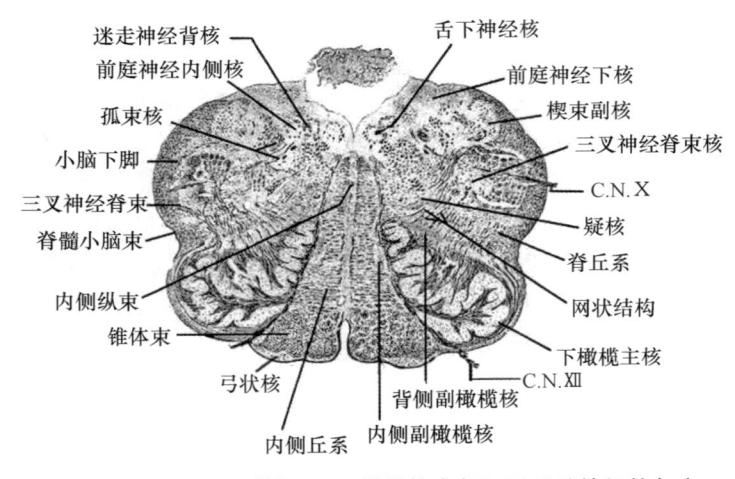

图10-37 延髓横切（平下橄榄核中部），示延髓神经核与主要纤维束的位置（火棉胶切片髓鞘染色法）(Siegel et al., 2006)

灰质的纤维，终止于主核的吻部、内侧副橄榄核；起自脊髓灰质的纤维，终止于内侧副橄榄核和背侧副橄榄核。下橄榄核群是大脑皮质、皮质下结构、脊髓与小脑之间信息联系的中继核团。该核团主要参与小脑对躯体运动的协调调制。

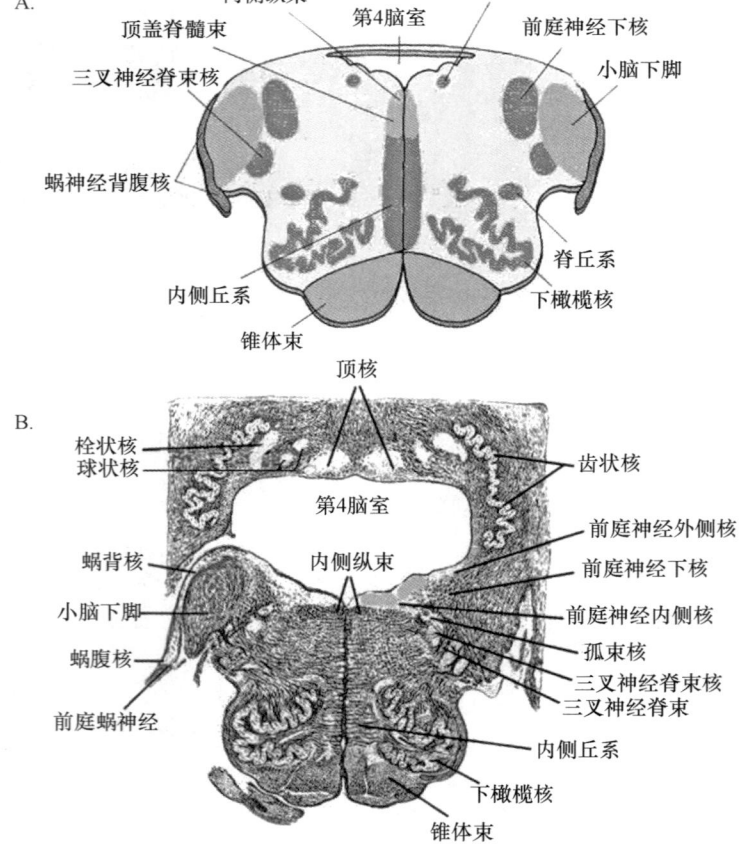

图10-38 延髓横切（平橄榄上部）(Siegel et al., 2006)
A. 模式结构图，示下橄榄核、孤束核、内侧丘系等；B. 延髓横切（火棉胶切片髓鞘染色法）

③ 楔束副核(accessory cuneate nucleus)(图10-35,图10-36)：又称为楔外侧核(lateral cuneate nucleus)，位于延髓楔束核的背外侧，埋于楔束内。此核接受来自同侧颈髓、上部胸髓节段($T_1 \sim T_6$)中上行的楔外侧束(脊神经后根中粗传入纤维)，发出纤维组成楔小脑束，行于延髓背外侧的边缘，经小脑下脚进入小脑，终止于古(原)小脑(archicerebellum)、旧小脑(paleocerebellum)皮质(图10-16)。楔束副核是同侧颈部、上肢的反射性本体感觉中继核团，将同侧颈部、上肢的本体感觉、精细触觉信息分检处理，并输入小脑，引起小脑的反射性协调活动。

④ 弓状核(arcuate nucleus)(图10-36,图10-37)：位于延髓锥体束的腹侧，向上与脑桥核相续。此核接受来自对侧大脑皮质的下行纤维传入，发出纤维主要有两种走向。其一，在同侧走向外侧，经小脑下脚入小脑。其二，走向背内侧并交叉到对侧，于第4脑室底构成髓纹(图10-31)；走向外侧，经小脑下脚入小脑。弓状核是大脑皮质与小脑皮质之间进行信息传递的设在延髓的中继站。

(2) 脑桥内的中继核团。

① 脑桥核(pontine nucleus)(图10-39,图10-40)：位于脑桥基底部，散在于纵横交错的纤维束之间，是许多核团的总称。接受同侧大脑皮质的下行纤维，发出的纤维交叉到对侧，向后外方集中形成小脑中脚，终止于新小脑(neocerebellum)皮质。脑桥核是大脑皮质与小脑皮质之间进行信息传递的设在脑桥的中继站。

② 上橄榄核(superior olivary nucleus)(图10-39B)：位于脑桥的中下部，内侧丘系的背外侧。此核包括内、外侧上橄榄核和斜方体核，后者散在中缝两侧的斜方体纤维中。上橄榄核接受来自双侧的蜗腹

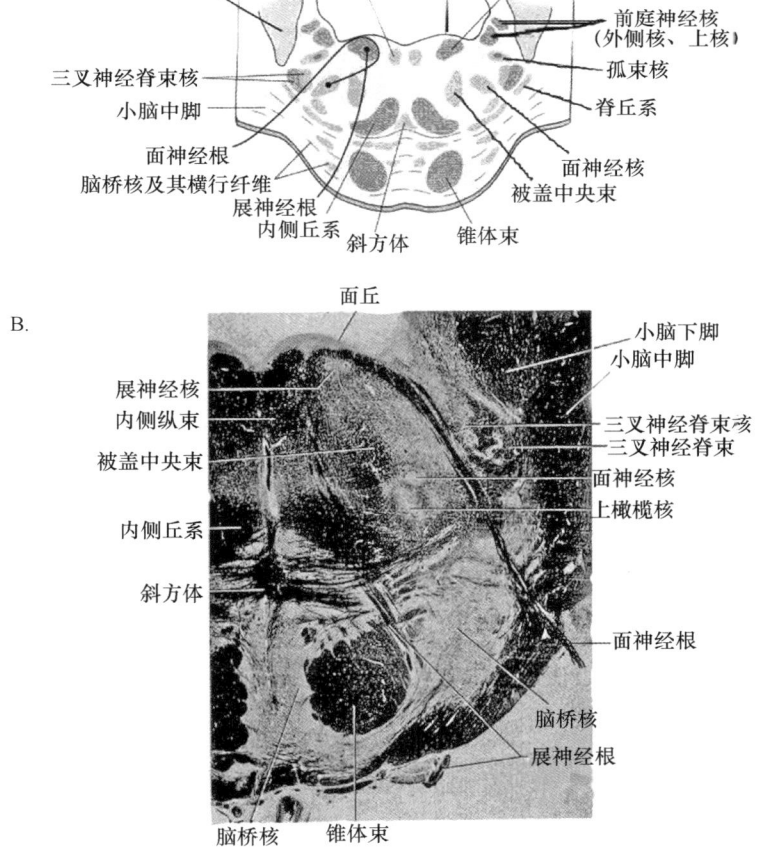

图 10-39 脑桥下部横切(Siegel et al., 2006)
A. 模式结构图,示面丘、面神经根、展神经核的关系；B. 脑桥横切(火棉胶切片髓鞘染色法)

核的纤维,发出纤维加入双侧的外侧丘系。此核是听觉信息传导通路上的重要中继核团。此核团除中继听觉信息外,还参与声音的空间定位。

③ 外侧丘系核(nucleus of lateral lemniscus)(图10-40):在脑桥中上部,上橄榄核的上方,散在外侧丘系背内侧。该核接受来自外侧丘系纤维侧支的传入,发出纤维交叉到对侧,加入对侧的外侧丘系。此核也是听觉信息传导通路上的重要中继核团。

④ 蓝斑核(nucleus ceruleus)(图10-41):位于脑桥的上部,菱形窝界沟上端蓝斑的深层,由含黑色素的去甲肾上腺素能神经元组成。蓝斑核发出的纤维几乎遍布中枢神经系统各部,目前已知除参与躯体、内脏伤害性感觉的调节外,还参与睡眠、觉醒、学习、记忆、呼吸、心血管活动的调节。

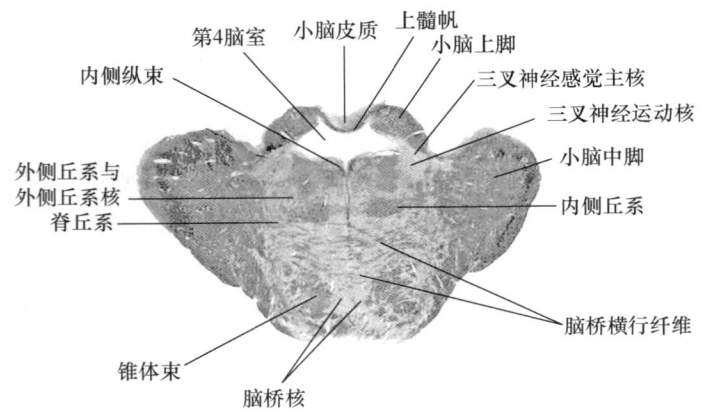

图10-40 脑桥中部横切(火棉胶切片髓鞘染色法)(Siegel et al., 2006)

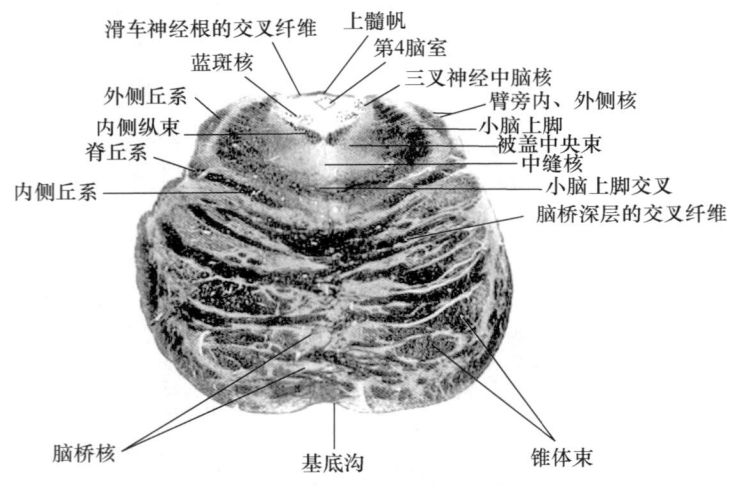

图10-41 脑桥上部横切(火棉胶切片髓鞘染色法)(Siegel et al., 2006)

(3) 中脑内的中继核团。

① 下丘(inferior colliculus)(图10-31):是中脑背侧下部,中线两侧的一对隆起。其深层主要由下丘中央核(central nucleus of inferior colliculus)(图10-42)及其周边的下丘周灰质(peripheral gray matter of inferior colliculus)构成。下丘中央核主要接受外侧丘系的传入纤维,发出纤维经下丘臂到达内侧膝状体;下丘周灰质接受下丘中央核、内侧膝状体、大脑皮质、小脑的传入纤维,参与听觉的负反馈调节和声源定位。下丘除了中继听觉信息外,还是听觉反射的重要中枢。下丘发出的纤维到达脑干运动神经核,或经顶盖脊髓束到达脊髓,完成头、眼转向声源的反射活动。

② 上丘(superior colliculus)(图10-31):是中脑背侧上部中线两侧的一对隆起。其深层灰、白质分层相间排列(图10-43),由浅入深共分为七层,分别为带状层(Ⅰ)、浅灰质层(Ⅱ)、视层(Ⅲ)、中灰质层

(Ⅳ)、中白质层(Ⅴ)、深灰质层(Ⅵ)、深白质层(Ⅶ)。第Ⅰ、Ⅱ层接受视束、上丘臂、大脑皮质的传入纤维,发出纤维进入第Ⅵ层;第Ⅵ层还接受皮质下相关结构的传入纤维;第Ⅵ层发出纤维进入第Ⅳ层,第Ⅳ层还接受脊髓顶盖束的传入纤维。第Ⅵ层和第Ⅳ层细胞发出纤维离开上丘,形成顶盖脊髓束、顶盖网状束、顶盖丘脑束、顶盖脑桥小脑束。通过与相应结构联系,完成躯体、眼球追踪移动物体的运动。

③ 顶盖前区(pretectal area)(图10-43):位于中脑水管周围灰质的背侧,后连合(posterior commissure)与上丘上端之间。顶盖前区内有若干个小的神经核团,这些核团接受视束和上丘臂的传入纤维,发出纤维经后连合、中脑水管腹侧交叉或不交叉至双侧动眼神经副核,从而使双眼同时完成瞳孔的直接和间接对光反射。

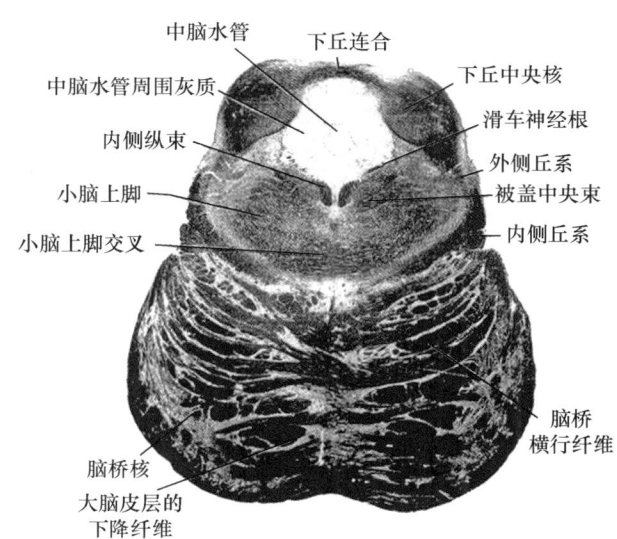

图10-42 平下丘横切(火棉胶切片髓鞘染色法)(Siegel et al., 2006)

④ 红核(red nucleus)(图10-43):是中脑的一对椭圆形神经核团,微红色,位置靠近中脑背侧部,自上丘高度一直延至间脑尾端。红核发出的纤维,大部分交叉后下行至脊髓灰质前角,称为红核脊髓束(图10-19),调节脊髓灰质前角运动神经元的活动。一部分纤维终于桥延网状结构。这些纤维束均属于锥体外系的组成部分。

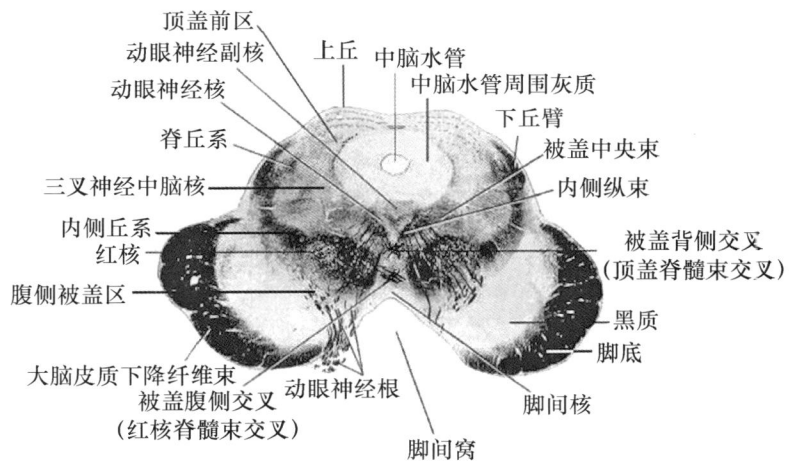

图10-43 平上丘横切(火棉胶切片髓鞘染色法)(Siegel et al., 2006)

⑤ 黑质(substantia nigra)(图10-43):仅见于哺乳动物,在人类中特别发达,纵贯中脑全长,并延入间脑尾侧部。依据细胞构筑和位置,可将黑质分为腹侧的网状部和背侧的致密部两个部分(图10-44)。网状部的细胞构筑与苍白球相似;致密部的细胞主要分两类,即大部分为含有黑素颗粒的多巴胺能神经元和小部分不含黑素颗粒的γ-氨基丁酸能神经元。黑质与纹状体之间有往返纤维联系。黑质神经元的末梢投射到纹状体,协调躯体运动。若黑质内的多巴胺能神经元功能减退或死亡达到一定程度(约50%以上),即出现震颤麻痹的症状(帕金森病)。

⑥ 腹侧被盖区(ventral tegmental area,VTA)(图10-43):是中脑红核与黑质之间的区域。该区富含多巴胺能神经元。此区广泛接受上行传导束侧支的传入,发出纤维投射到下丘脑、海马和杏仁核等结构,参与边缘系统的构成。该区神经元的活动与本能性、获得性行为的奖赏机制有关。

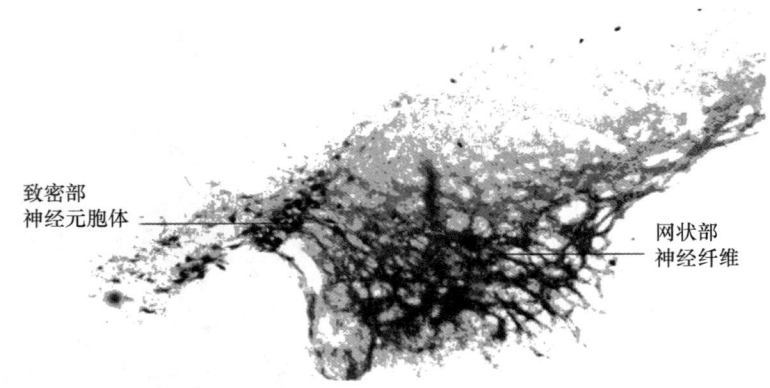

图 10-44　大鼠黑质的细胞构筑。向大鼠尾状核、壳核内注射 HRP，在黑质中被标记的 HRP 阳性神经元

（二）脑干的白质

脑干的白质包括长距离投射的上行、下行纤维束，脑干内神经核之间近距离的联系纤维和出入小脑的纤维束。上行、下行的长距离投射纤维束大部分集中于脑干的腹侧，是间脑、大脑和脑干、脊髓之间相互联系的重要通路。上行纤维束主要有脊丘系（脊髓丘脑束）、三叉丘系、内侧丘系、外侧丘系和内侧纵束。下行纤维束主要有锥体束（皮质核束、皮质脊髓束）、红核脊髓束、顶盖脊髓束、网状脊髓束等（图 10-45）。出入小脑的纤维束位于脑干的背外侧，包括小脑的上、中、下三对脚（图 10-45）。小脑脚是脊髓、脑干、间脑、大脑和小脑之间信息传导的通路。

① 脊丘系（spinal lemniscus）（图 10-17，图 10-45）：又名脊髓丘脑束（spinothalamic tract），是脊髓白质中脊髓丘脑前束和脊髓丘脑侧束进入脑干后合并而成。在脑干中上行，止于丘脑的腹后外侧核，上传对侧躯干、四肢的痛、温和粗触、压觉信息。

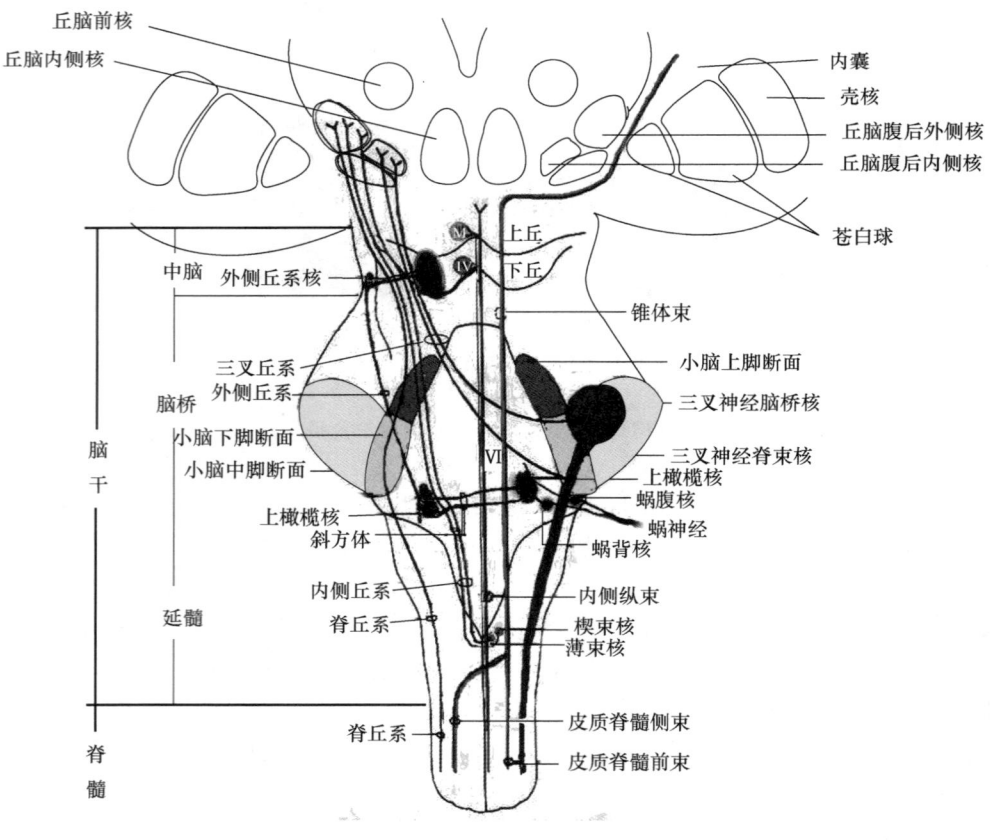

图 10-45　脑干白质纤维束

② 内侧丘系（medial lemniscus）(图 10-13,图 10-45)：由对侧薄束核、楔束核中神经元的轴突构成的神经纤维出核团，行向腹侧，交叉（内侧丘系交叉）后上行构成，止于丘脑的腹后外侧核，上传对侧躯干、四肢的意识性本体感觉和精细触觉。

③ 三叉丘系（trigeminal lemniscus）(图 10-45)：又名三叉丘脑束（trigeminothalamic tract），双侧三叉神经脊束核、脑桥核中神经元的轴突构成的神经纤维出核团，大部分行向腹内侧，交叉后上行构成腹侧三叉丘脑束；小部分不交叉的神经纤维行向背侧，在被盖背侧上行，构成背侧三叉丘脑束，两者合称为三叉丘系，止于丘脑的腹后内侧核，上传双侧头面部痛、温、粗触、压觉。

④ 外侧丘系（图 10-45)：由对侧蜗神经核、上橄榄核中神经元的轴突构成的神经纤维出核团，向上达脑桥中下部，交叉构成斜方体（图 10-39,图 10-45）后，上行与同侧蜗神经核、上橄榄核发出的上行纤维合并构成。外侧丘系在上行过程中，部分神经纤维在外侧丘系核中换元。在外侧丘系核中换元或不换元的大部分纤维止于中脑的下丘，小部分纤维穿下丘止于间脑的内侧膝状体，上传双侧听觉信息。

⑤ 内侧纵束（medial longitudinal fasciculus）(图 10-36,图 10-45)：是脑干内上下走行较为粗大的纤维束，起源广泛，止点主要为支配眼外肌、颈部肌肉运动的核团。其功能主要为协调双眼的运动和头部姿势。

⑥ 锥体束（pyramidal tract）(图 10-45,图 10-18)：是起源于大脑皮质的锥体细胞，经内囊、脑干、脊髓下行，止于脑干、脊髓运动神经核，调节骨骼肌完成随意运动的神经纤维束。依据其纤维终止的部位可分为皮质核束和皮质脊髓束。皮质核束（corticonuclear tract）又名皮质脑干束，主要由大脑中央前回下部皮质第 3、第 5 层锥体细胞的轴突构成神经纤维束下降组成。该束经内囊降至脑干腹侧，经中脑的大脑脚、脑桥基底部、延髓下降时，不断分支终止于双侧脑干运动神经核（面神经核、舌下神经核仅受对侧皮质核束的支配）(图 10-46)，调节头、颈部骨骼肌的随意运动。皮质脊髓束（corticospinal tract）主要由大脑皮质中央前回上部及旁中央小叶前部内第 3、第 5 层锥体细胞的轴突构成的神经纤维束下降组成。该束经内囊降至脑干腹侧，经中脑的大脑脚、脑桥基底部、延髓锥体下降至延髓下部时，大部分纤维交叉到对侧，进入脊髓侧索内下行，为皮质脊髓侧束；没有交叉的纤维在延髓腹侧降入脊髓前索，称为皮质脊髓前束（图 10-45）。延髓下部该纤维交叉的部位称为锥体交叉。皮质脊髓侧束在下降到每个脊髓节段时，分支止于下降侧的脊髓前角；皮质脊髓前束在下降到每个脊髓节段时分支，止于同侧和对侧的脊髓前角（图 10-18）。锥体束调节躯干、四肢的随意运动。

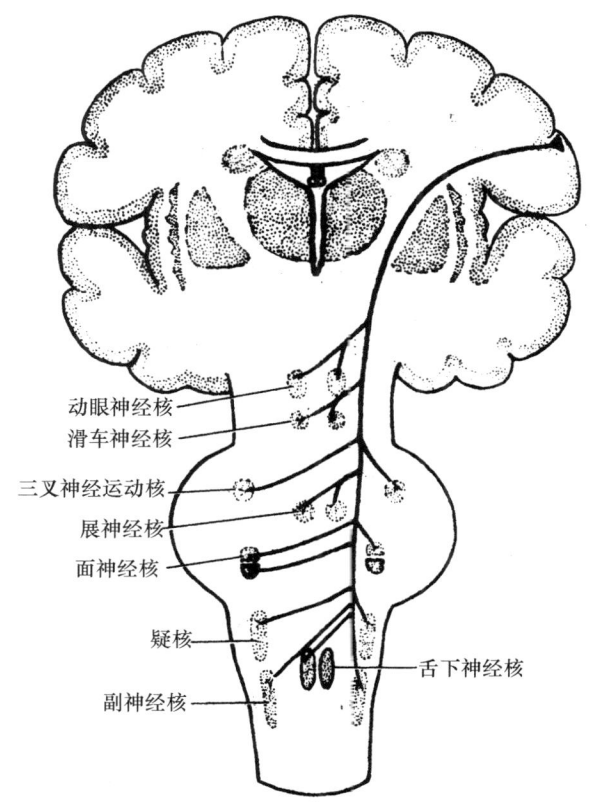

图 10-46　皮质脑干束（段相林 等,2006）

⑦ 小脑脚（cerebellar peduncle）：位于脑干的背外侧（小脑的腹面），由出入小脑的纤维束构成，是脑干与小脑联系的桥梁。依据小脑脚中纤维的位置分为上、中、下三对脚（图 10-47）。小脑上脚位于上髓帆

的外侧、构成第4脑室的上外侧壁,主要由小脑齿状核发出的纤维,出小脑投射到中脑红核、丘脑之前的神经纤维束构成。脊髓小脑前束(脊髓后角的神经元轴突构成的纤维投射到小脑皮质)的纤维也经小脑上脚入小脑。小脑中脚位于脑桥基底部的后外方,由对侧脑桥核神经元轴突构成的纤维向后外方集结成束,该束入小脑终止于新小脑皮质,是脑桥与小脑相连的纤维束。小脑下脚位于延髓上部的后外侧,是延髓与小脑相连的纤维束,其内有出入小脑的多个纤维束。入小脑的纤维束有前庭小脑束、橄榄小脑束、网状小脑束、脊髓小脑后束、楔小脑束等;出小脑的纤维束有小脑前庭束、顶核延髓束。

脑干内的其他传导束包括红核脊髓束、顶盖脊髓束(图10-19)、前庭脊髓束(图10-20)、网状脊髓束(图10-21)、脊髓网状束(图10-22),在脊髓一节已涉及,此处不再赘述。

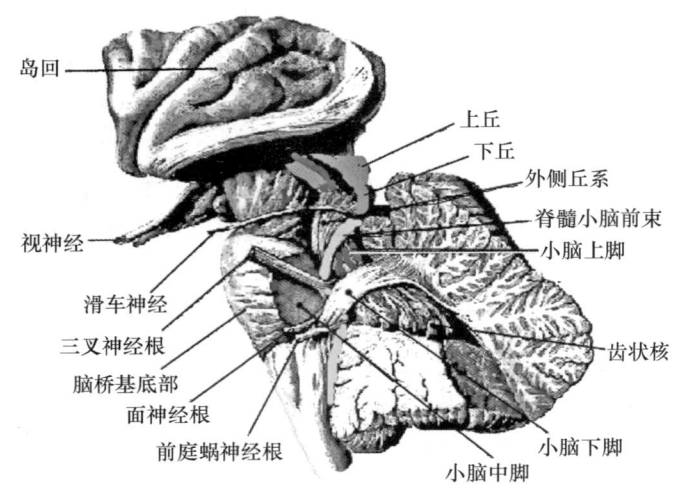

图 10-47　小脑脚的位置结构示意(柏树令,2005)

(三) 脑干网状结构

在脑干内除了边界明确的脑神经核、中继核团(如薄束核)和传导束以外,在脑干中央区域,神经纤维纵横交叉交织成网,其网眼内散布着大量大小不等的神经核,这个区域称为脑干网状结构(reticular formation)。

脑干网状结构内的大多数核团边界不分明,核团内的神经细胞排列也不如脑神经核紧密,但其排列还是疏密有别,通常网状结构中神经元相对集中的区域称为核团。依据其所在位置、细胞构筑、纤维投射将脑干网状结构中的核团分为中缝核群、内侧(中央)核群和外侧核群(图10-48)。

① 中缝核群(raphe nuclear group):位于脑干中缝两侧,由若干个相互延续的核团组成,核团内的神经元主要为5-羟色胺能神经元。最近的研究表明,中缝核群内也有脑啡肽、γ-氨基丁酸、谷氨酸、NO、神经升压素、P物质能神经元。这些不同类型神经元形成的核团由延髓至中脑依次为中缝隐核(nucleus raphes obscurus)、中缝苍白核(nuclus raphes pallidus)、中缝大核(nuclus raphes magnus)、脑桥中缝核(raphe nucleus of pons)、中央上核(superior central nucleus)、中缝背核(nucleus raphes dorsalis)和中间线形核(nucleus linearis intermedius)(图10-48)。中缝核群接受大脑、小脑、中脑和脊髓来的信息,发出纤维投射到脊髓、小脑、间脑(丘脑、下丘脑)、大脑(纹状体、杏仁体、海马、隔区和皮质)。

② 内侧核群(medial nuclear group):位于中缝核群的外侧,包括巨细胞网状核(gigantocellular reticular nucleus),脑桥被盖网状核(tegmentoreticular nucleus of pons),脑桥尾侧、嘴侧网状核(caudal, rostral pontine reticular nuclei),中脑楔形核(cuneiform nucleus)和楔形下核(subcuneiform nucleus)(图10-48)。构成网状结构内侧核群的神经元多为大、中型,大型神经元的树突少且长,其轴突长且多分支。内侧核群主要接受网状结构中外侧核群传来的信息,发出纤维广泛投射到脊髓和脑的各级中枢,构成脑干结构的"效应区"。

③ 外侧核群(lateral nuclear group)：位于内侧核群的外侧,约占脑干网状结构的外侧1/3,包括腹侧网状核(ventral reticular nucleus),背侧网状核(dorsal reticular nucleus),小细胞网状核(parvocellular reticular nucleus),中脑的臂旁内、外侧核(media/lateral parabrachial nucleus),脚桥被盖网状核(pedunculopontine tegmental nucleus)(图10-48)。该核群广泛接受脑干感觉神经核、上行感觉传导束的侧传入信息,发出纤维主要终止于内侧核群,是脑干网状结构的"感受区"。

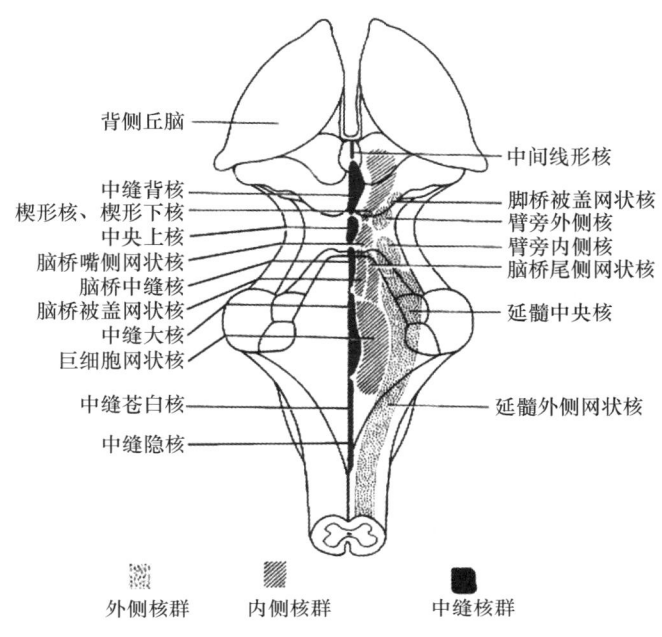

图 10-48　脑干网状结构核团在脑干的投影示意(朱长庚,2002)

网状结构通过其外侧核群广泛接受上行传导束的侧支信息,进行整合后投射到其内侧核群,内侧核群进行信息分检、整合处理。向上弥散投射到间脑、大脑,调节睡眠与觉醒、意识状态、躯体感觉；向下投射到脊髓,调节躯干、四肢的肌张力；同时是呼吸、心血管活动的中枢所在,故又称为活命中枢(vital centre)。

(四) 室管结构

脑干内的中央室管结构包括延髓下部的中央管,延髓上部、脑桥与小脑之间的第4脑室,中脑内的中脑水管(图10-49)。中央管、中脑水管都是室管膜围成的圆形管道。第4脑室是室管膜围成的菱形腔隙,其底部为菱形窝,顶部为上髓帆、小脑、下髓帆,周围部为小脑脚。第4脑室顶部的室管膜上皮、软脑膜及其表面的血管突入第4脑室形成第4脑室脉络丛(图10-50)。脉络丛具有分泌脑脊液的功能。脉络丛的组织结构显示,脉络丛是由脉络丛上皮(室管膜上皮)、结缔组织(软脑膜)和血管构成(图10-51)。血管内的物质若要进入脑脊液,需经过血管内皮及其基膜、结缔组织和脉络丛上皮细胞的选择通透作用。在下髓帆上有一个正中孔,左、右两侧各有一个侧孔(图10-50),第4脑室中的脑脊液可通过这三个孔进入蛛网膜下腔。

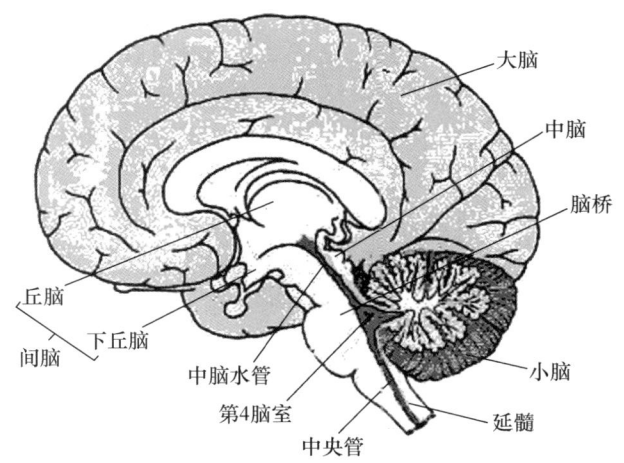

图 10-49　脑矢状切面示意(Siegel et al., 2006)

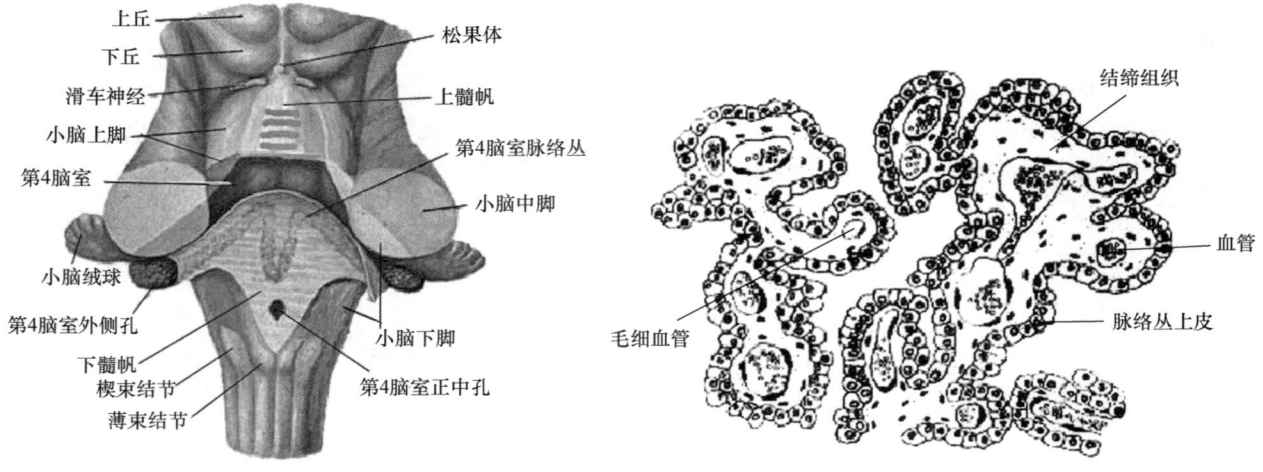

图 10-50　第 4 脑室背面观（柏树令，2005）　　　图 10-51　脉络丛组织结构示意（成令忠，1992）

三、脑干的功能

脑干的功能与脊髓类似，也具有传导和反射功能。脑干传导功能表现为：借助其白质纤维束，将大脑、小脑、间脑的信息传导到脊髓，同时将脊髓、脑干的信息传导到大脑、间脑和小脑。脑干的反射功能表现为：通过与之相连的脑神经及器官，可进行头、面部、内脏器官的反射活动及调节。尽管脑干不如脊髓的节段性调节明显，但是，脑干各部位与反射活动实现的范围，也存在一定的关系，如中脑主要与眼睛的反射活动有关；脑桥主要与头面部器官的活动有关；延髓主要与咽喉部、内脏器官的反射活动有关。以下介绍几个临床常用的反射及反射弧。

(1) 瞳孔对光反射：当用强光照射眼球时，引起瞳孔缩小的反应为瞳孔对光反射。被照射眼球的瞳孔缩小反应为直接对光反射，未被照射眼球的瞳孔缩小反应为间接对光反射（如照左眼时，右眼的反应）。其反射弧为：感受器是视网膜；传入神经为视神经；中枢为中脑的动眼神经副核；传出神经是动眼神经；效应器为眼球壁内虹膜中的瞳孔括约肌。瞳孔对光反射是一种防御性反射，为避免较多的强光进入眼内，损伤视网膜。临床上常用其检测中脑、视网膜、视神经的结构、功能状态。

(2) 角膜反射：用毛笔或棉絮轻触角膜时，引起的双侧眨眼反应为角膜反射。其反射弧为：感受器是角膜上的触觉感受器；传入神经为三叉神经眼支、三叉神经根；中枢为脑桥的三叉神经感觉核、面神经核；传出神经为面神经；效应器为眼轮匝肌。角膜反射是一种防御性反射，为避免角膜受损伤。临床上常用其检测脑桥、三叉神经、面神经的结构、功能状态。

(3) 泌涎反射：口腔内的机械刺激或化学刺激均可引起唾液分泌。其反射弧为：感受器位于口腔黏膜内；传入神经为三叉神经、面神经、舌咽神经；中枢为三叉神经感觉核、孤束核和上、下泌涎核；传出神经为面神经、舌咽神经；效应器为唾液腺。当食物进入口腔，泌涎以利进食。泌涎是爬行类、鸟类、哺乳类动物适应陆地生活的反射活动。高等动物除能进行非条件泌涎反射，还可形成条件泌涎反射。

(4) 喷嚏反射：刺激鼻黏膜引起深吸气，肋间肌、膈肌、腹肌收缩产生强大气流，沿呼吸道、口腔排出的反应称为喷嚏反射。其反射弧为：感受器是鼻黏膜上的触觉感受器；传入神经为三叉神经；中枢为延髓内的三叉神经脊束核、疑核、网状结构中的呼吸中枢、颈胸部脊髓灰质（支配膈肌、肋间肌运动的神经元）；传出神经为舌咽神经、迷走神经、颈胸部脊神经；效应器为咽喉肌、膈肌、肋间肌。喷嚏反射是一种防御性反射，为排除鼻腔内的异物。临床上常用其来检测延髓的结构、功能状态。

(5) 呕吐反射：是一种复杂的反射活动。机械刺激或化学刺激作用于口腔、舌根、咽壁、胃肠、胆总管、视器、前庭器官中的任何一个部位均可引起腹肌收缩，胃贲门括约肌、食道、咽喉部肌肉舒张，致使胃内容物返流入口腔、体外的反应称为呕吐反射。如机械刺激舌根,可引起呕吐,其反射弧为:感受器为舌根黏膜上的触觉感受器;传入神经为舌咽神经;中枢为延髓中的三叉神经感觉核、孤束核、迷走神经背核、网状结构、最后区、疑核、胸腰部脊髓灰质(支配膈肌、腹肌运动的神经元);传出神经为舌咽神经、迷走神经、胸腰部脊神经;效应器为膈肌,腹肌,胃,食道,咽喉部肌肉。呕吐能排除胃内的有害物质,故呕吐是一种防御性反射。临床上常用其来检测延髓的结构、功能状态。

(6) 咳嗽反射:是一种防御性反射。喉、气管黏膜受到刺激时,引起膈肌、肋间肌、腹肌收缩,声门开大,以强大的气流自呼吸道冲出,咳出呼吸道中的异物。其反射弧为:感受器是喉、气管黏膜中的感受器;传入神经为迷走神经;中枢为孤束核,疑核,颈、胸、腹部脊髓灰质(支配膈肌、肋间肌、腹肌收缩的神经元);传出神经为迷走神经,颈、胸、腹部脊神经;效应器为环杓后肌、膈肌、肋间肌、腹肌。临床上常用其检测延髓的结构、功能状态。

(7) 降压反射:是一种内脏反射。当血压升高时,反射性地引起血压下降,这种血压下降反应称为降压反射或减压反射。其反射弧为:感受器是位于颈动脉窦和主动脉弓上的压力感受器;传入神经为舌咽神经、迷走神经;中枢为延髓内的孤束核、网状结构、迷走背核;传出神经为迷走神经;效应器为心肌和血管平滑肌(图10-52)。

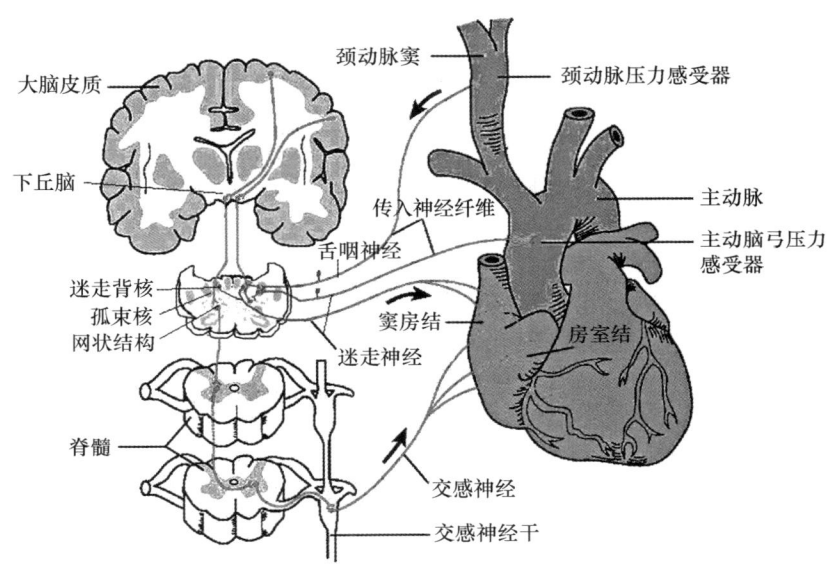

图10-52 降压反射的反射弧示意(Mader,2002)

四、脊椎动物脑干的比较解剖

(一) 外形比较

各纲脊椎动物均有脑干。各纲动物的延髓都较发达,是控制维持生命活动的重要中枢。低等动物的脑桥不发达,大脑皮质发达的高等动物,其脑桥基底部膨突明显。鱼类、两栖类、爬行类、鸟类动物的中脑甚发达,粗大的视束终止于中脑顶盖,顶盖高度发达,膨大为视叶(optic lobe)。哺乳动物的视束大部分终止于外侧膝状体,视叶缩小为上丘。真骨鱼类的视室(optic ventricle)相当于哺乳动物的中脑水管,其内有一对隆起的中脑丘(colliculus),中脑丘的深层有一核团,为瓣侧核(nucleus lateralis valva),此核与前庭侧线系统有关,一般认为此核与下丘(后丘)同源。依靠发射声波并回收声波来回避障碍和捕食的动物,下丘特别发达,由于视觉退化,上丘变小,如蝙蝠的中脑(图10-53)。

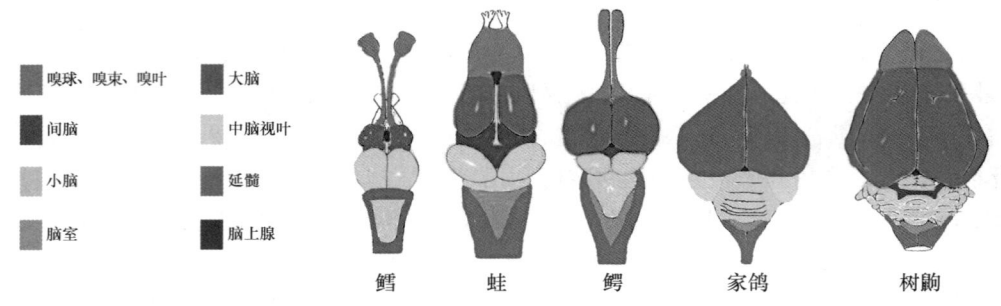

图 10-53　几种脊椎动物脑的背面观

(二) 内部结构比较

1. 脑神经核比较

① 三叉神经核：鱼类已经具备三叉神经脊束核、中脑核；爬行类、鸟类和哺乳类衍生出三叉神经脑桥核（主核）。② 前庭神经核：从鱼类到哺乳类均较发达。③ 蜗核：自两栖类开始出现，两栖类、爬行类、鸟类的蜗核位于延髓的背侧，哺乳类的蜗核增大，并扩展到延髓腹侧。④ 面神经核：硬骨鱼类的面神经核分为两部分，一部分位于背侧，另一部分位于腹侧；哺乳类的面神经核位于脑桥下部腹侧。⑤ 疑核：鱼类、两栖类的疑核位置偏向延髓背侧，爬行类、鸟类、哺乳类动物的疑核位于延髓腹侧部。⑥ 迷走神经背核：在各类动物中的位置都比较固定，于内脏感觉核（孤束核）附近。⑦ 副神经核：在低等动物，副神经是迷走神经的一个分支，副神经核为疑核的延续。从羊膜动物开始，副神经独立为第Ⅺ对脑神经，副神经核（疑核尾侧部分）移至腹外侧。⑧ 动眼神经核、滑车神经核、展神经核和舌下神经核分别位于中脑、脑桥和延髓，由躯体运动功能细胞柱断裂而成。

2. 中继核团比较

鱼类、两栖类、爬行类、鸟类动物的红核相对较大，是躯体运动调节的高级中枢。哺乳动物对躯体运动调节的功能集中到了大脑，中脑的红核在结构和功能上相对退化。

附：代表性脑干损伤及其临床表现（以一侧血管阻塞，血管阻塞侧的结构损伤为例）

（1）延髓内侧综合征（medial medullary syndrome）：又称为德热里纳综合征（Dejerine syndrome），通常是椎动脉的延髓支或脊髓前动脉阻塞所致。主要受损结构为锥体束、内侧丘系和舌下神经根。临床表现症状分别为对侧上、下肢随意运动障碍（锥体束受损）；对侧上、下肢及躯干的意识性本体觉和精细触觉消失（内侧丘系受损）；伤侧舌肌瘫痪，伸舌时，舌尖偏向患侧（舌下神经根受损）。

（2）延髓背外侧综合征（lateral medullary syndrome）：又称为瓦伦贝格综合征（Wallenberg syndrome），是椎动脉延髓支或小脑下后动脉阻塞所致。主要受损结构为三叉神经脊束、脊丘系、疑核、下丘脑至脊髓中间外侧核的交感下行传导束、小脑下脚和前庭神经核。临床表现症状分别为同侧头、面部的痛、温觉消失（三叉神经脊束受损）；对侧上、下肢及躯干的痛、温、触、压觉消失（脊丘系受损）；同侧软腭及咽喉肌麻痹，吞咽困难，声音嘶哑（疑核受损）；瞳孔缩小，上眼睑轻度下垂，面部皮肤干燥、潮红及汗腺分泌障碍（下丘脑至脊髓中间外侧核的交感下行传导束受损）；同侧上、下肢共济失调（小脑下脚受损）；眩晕、眼球震颤（前庭神经核受损）（图10-54）。

（3）脑桥基底部综合征（basal pontine syndrome）：是基底动脉脑桥支阻塞所致。主要损伤结构为锥体束、展神经根。临床表现症状为对侧上、下肢随意运动障碍（锥体束受损）；伤侧眼球外直肌瘫痪，眼球不能水平向外移动（展神经根受损）。

（4）脑桥背侧损伤综合征（dorsal pontine syndrome）：通常是小脑下前动脉或小脑上动脉背侧支阻塞所致。受损部位在脑桥尾端，受损结构包括展神经核、面神经运动核、前庭神经核、三叉神经脊束及其核、内侧纵束、脊丘系、内侧丘系、下丘脑至脊髓中间外侧核的交感下行传导束和小脑下脚。临床表现症状分别为伤侧眼球外直肌瘫痪，眼球不能水平向外移动（展神经核受损）；伤侧面部表情肌麻痹（面神经核

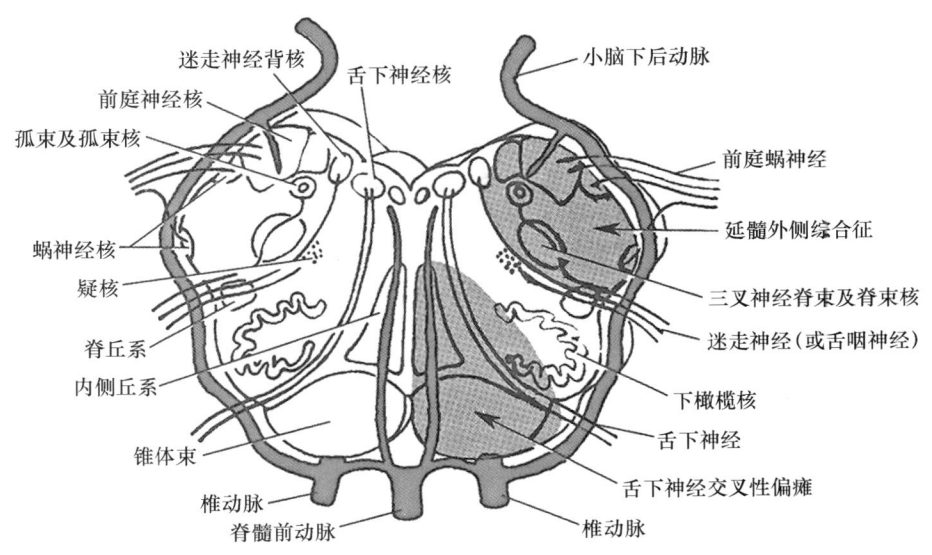

图 10-54　延髓损伤综合征（柏树令，2005）

受损）；眩晕、眼球震颤（前庭神经核受损）；同侧头、面部的痛、温觉消失（三叉神经脊束及其脊束核受损）；眼球的协调运动消失（内侧纵束受损）；对侧上、下肢及躯干的痛、温、触、压觉消失（脊丘系受损）；对侧上、下肢及躯干的意识性本体觉和精细触觉消失（内侧丘系受损）；瞳孔缩小，上眼睑轻度下垂，面部皮肤干燥、潮红及汗腺分泌障碍（下丘脑至脊髓中间外侧核的交感下行传导束受损）；同侧上、下肢共济失调（小脑下脚受损）。

(5) 大脑脚底综合征（peduncular syndrome）：又名韦伯综合征（Weber syndrome），是大脑后动脉阻塞所致。受损的主要结构为锥体束和动眼神经根。临床表现症状为对侧上、下肢随意运动障碍（皮质脊髓束受损）；对侧眼裂以下表情肌、舌肌随意运动障碍（皮质核束受损）；瞳孔散大，除上斜肌和外直肌外，其余眼外肌均麻痹，表现为双眼不能辐辏（动眼神经根受损）。

第三节　小　脑

一、小脑的位置、外形与分叶

小脑（cerebellum）位于颅后窝，延髓和脑桥的背面，大脑枕叶的下方（图 10-29，图 10-55A）。小脑的上面平坦，借小脑幕与大脑枕叶下部相邻，其下面中间部凹陷，容纳延髓。中间缩窄的部分称为小脑蚓部（vermis）（图 10-55C），卷曲如环。两侧膨隆，为小脑半球（cerebellar hemisphere）（图 10-55B）。小脑半球的下外侧与乙状窦、乳突小房和鼓室邻近，因而小脑脓肿可由中耳炎、乳突炎侵蚀骨质蔓延而成。

小脑皮质（属于灰质）位于小脑表面。表面的灰质向深层凹陷形成许多平行的浅沟，两沟之间为小脑叶片。灰质凹陷较深的沟被称为裂。山顶前裂位于小脑上面的前部。原裂（首裂）位于小脑上面，前后 1/3 交界处（图 10-55B）。后外侧裂位于小脑下面的中上部（图 10-55C）。依据小脑皮质发生的先后、功能和小脑表面较深的沟裂，将小脑分成三个叶。

在小脑的下面，山顶前裂与后外侧裂之间的小脑为绒球小结叶（flocculonodular lobe）。绒球小结叶包括位于小脑蚓部的小结（nodule）、小舌和中央小叶、半球上的绒球（flocculus）。绒球和小结间以绒球脚相连。绒球小结叶是小脑中发生最早、最古老的部分，又称为古小脑或前庭小脑（vestibulocerebellum）。它接受来

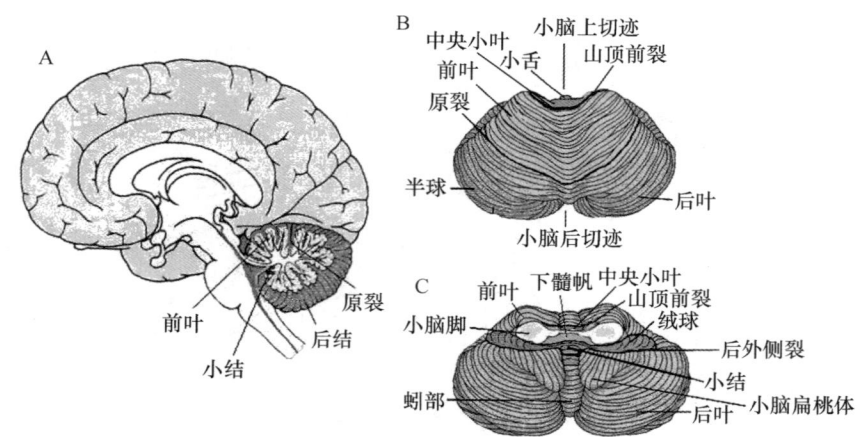

图 10-55　小脑的位置与外形(Siegel et al.,2006)
A. 小脑的位置；B. 小脑的上面观；C. 小脑的下面观。

自前庭神经节、前庭神经核的纤维，最初是动物调节躯体运动的整合中枢。在高等哺乳动物和人类中仍然保留下来，主要参与调节身体的平衡。

在小脑上面，山顶前裂与原裂之间的小脑为前叶（图10-55B）。在种系发生上，前叶属于旧小脑。此叶主要接受脊髓小脑束传来的深感觉冲动，因此，前叶与肌张力的调节密切相关。

在小脑的上面、下面，原裂与后外侧裂之间的小脑为后叶（posterior lobe）（图10-55C）。它是随大脑皮质的发展而发育起来的，发生最晚，故又称为新小脑。大脑皮质的下行信号通过脑桥核中继，经小脑中脚入小脑，终止于小脑后叶皮质。小脑后叶皮质主要参与调节由大脑皮质发起的精巧的随意运动，是锥体外系的重要组成部分。

另外，小脑皮质表面的多条裂将各叶又分成许多象形叶，如在小脑后叶中，水平裂上、下的上半月叶和下半月叶。小脑半球下面前内侧部突出部分，称为小脑扁桃体（图10-55C），位置靠近枕骨大孔，当颅内肿瘤体积增大或外伤导致颅内压升高时，小脑扁桃体易嵌入枕骨大孔，产生小脑扁桃体疝，可压迫延髓，危及生命。

二、小脑的内部结构

小脑主要由灰质和白质构成。绝大部分灰质集中于表面形成小脑皮质，少量灰质沉积于小脑的中央，形成小脑核（cerebellar nuclei，又名小脑中央核群）。小脑中的白质主要存在于皮质深层，称为小脑髓质。

1. 小脑皮质的细胞构筑

小脑皮质神经元主要有星形细胞、篮状细胞、浦肯野（Purkinje）细胞（梨状细胞）、高尔基细胞（Golgi cell）和颗粒细胞五种。其组织学结构由外向内可分为三层：即分子层、梨状细胞层（或称为浦肯野细胞层）与颗粒层（图10-56）。分子层中主要由星形细胞的胞体及其突起、篮状细胞的胞体、颗粒细胞的轴突和梨状细胞的树突构成；梨状细胞层主要由梨状细胞的胞体和篮状细胞的轴突构成；颗粒层主要由高尔基细胞和颗粒细胞的胞体组成（图10-56，图10-57）。

小脑皮质中的五种细胞结构与功能如下：

（1）篮状细胞：胞体体积较大，位于分子层。树突分支较多，轴突较长，与小脑表面平行走向。由轴突发出侧支呈篮状包绕梨状细胞的胞体，与梨状细胞形成突触联系，其末梢释放γ-氨基丁酸，对梨状细胞起抑制作用（图10-57）。

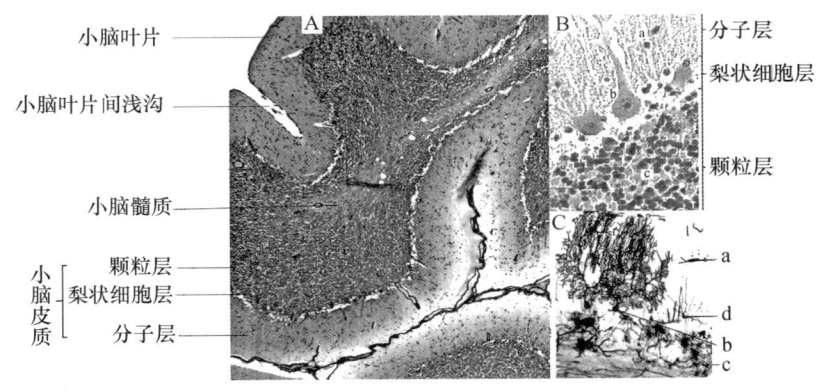

图 10-56 小脑皮质的组织结构(光镜)

A. 小脑叶片(银染,4×);B. 小脑皮质(H.E.染色,40×);C. 小脑皮质(高尔基染色,10×),其中 a. 星形细胞,b. 梨状细胞,c. 颗粒细胞,d. 高尔基细胞。

(2) 星形细胞:胞体较小,胞体和突起都在分子层中。该神经元仅在分子层中起作用,其末梢也释放 γ-氨基丁酸,对梨状细胞起抑制作用(图 10-57)。

(3) 梨状细胞:胞体大,呈梨形,排成一层,为梨状细胞层。其树突有一主干伸向分子层,并反复分成无数小枝,呈柏树枝状。从梨状细胞的基部发出一长的轴突穿经颗粒层,进入小脑髓质,止于小脑核。梨状细胞的轴突构成的纤维是小脑皮质唯一的传出纤维(图 10-57)。

(4) 颗粒细胞:胞体较小,位于颗粒层,密集排列。其轴突上行进入分子层,呈"T"字形分支,与小脑叶片长轴平行,故称为平行纤维。平行纤维与梨状细胞的树突形成突触联系。其末梢释放谷氨酸,对梨状细胞起兴奋作用(图 10-57)。

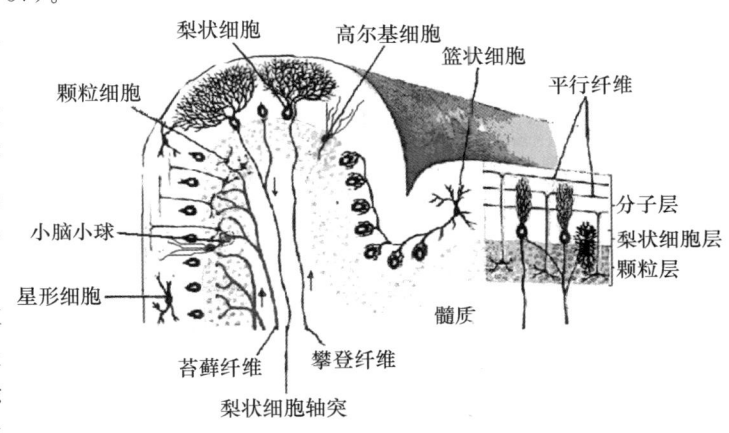

图 10-57 小脑皮质细胞构筑(模式图)(郭光文 等,1986)

(5) 高尔基细胞:胞体较颗粒细胞稍大,位于颗粒层。其树突突入分子层,轴突在颗粒层中与颗粒细胞的树突一起包围苔藓纤维终末,形成小脑小球(图 10-57)。其末梢释放 γ-氨基丁酸,对苔藓纤维起抑制作用。

(6) 小脑皮质中的传入纤维:小脑下脚中来自脊髓、延髓的大部分纤维进入小脑前叶皮质;来自前庭神经节、前庭神经核的纤维进入绒球小结叶皮质。小脑中脚内来自脑桥基底核的纤维进入小脑后叶皮质。进入小脑皮质的纤维依据其终止部位可分为两种(图 10-57)。其一,终止于分子层的被称为攀登纤维(climbing fiber);其二,终止于颗粒层的被称为苔藓纤维。攀登纤维由小脑髓质穿经颗粒层、梨状细胞层进入分子层,沿梨状细胞树突反复分支,与梨状细胞的树突形成突触联系。一根攀登纤维可联系 2~3 个梨状细胞树突。攀登纤维主要来自延髓的下橄榄核,传导的神经冲动可促进梨状细胞树突兴奋。苔藓纤维终止于颗粒层,与颗粒细胞的树突形成突触联系,颗粒细胞的轴突进入分子层,与梨状细胞树突发生联系。据文献报道,苔藓纤维对梨状细胞树突也起兴奋作用。来自脊髓小脑束、脑桥核、网状结构和前庭神经核的纤维属于此类。

2. 小脑核

小脑核位于髓质内,有四种神经核(图 10-58)。顶核(fastigial nucleus)一对,位于正中第 4 脑室顶的上方;顶核的外侧有两对球状核(globose nucleus);球状核的外下方是一对栓状核(emboliform

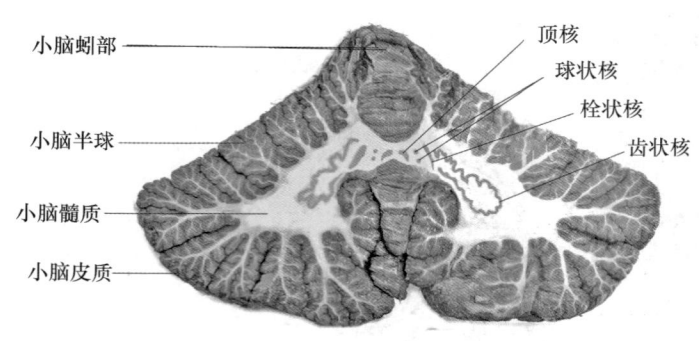

图 10-58 小脑水平切面,示小脑核(柏林蓝染色)

nucleus);一对齿状核(dentate nucleus)位于最外下方,形如有皱褶的口袋,形体大。

顶核属于古小脑,接受古小脑皮质纤维,它发出纤维经小脑下脚止于前庭神经核和网状结构。球状核与栓状核属于旧小脑,这两对核均接受旧小脑皮质纤维;齿状核属于新小脑,接受新小脑皮质纤维;齿状核、栓状核、球状核发出纤维组成小脑上脚的主要成分并走向中脑。小脑核发出纤维除分别经小脑上、下脚出小脑外,其侧支进入小脑皮质,使小脑皮质与小脑核之间形成反馈回路。

3. 小脑髓质(白质)

小脑髓质位于小脑皮质深层,主要由神经纤维构成。按神经纤维的起止和功能,可将其分为三类:其一,在不同小脑叶片之间、不同叶之间(如前叶与后叶之间)的联络纤维;其二,各叶与小脑核之间的投射纤维;其三,为出入小脑的纤维束。出入小脑的纤维束构成了小脑与脑干联系的桥梁,称为小脑脚。依照这些纤维束与脑干相连的位置分为上、中、下三对脚(图10-47,图10-59)。

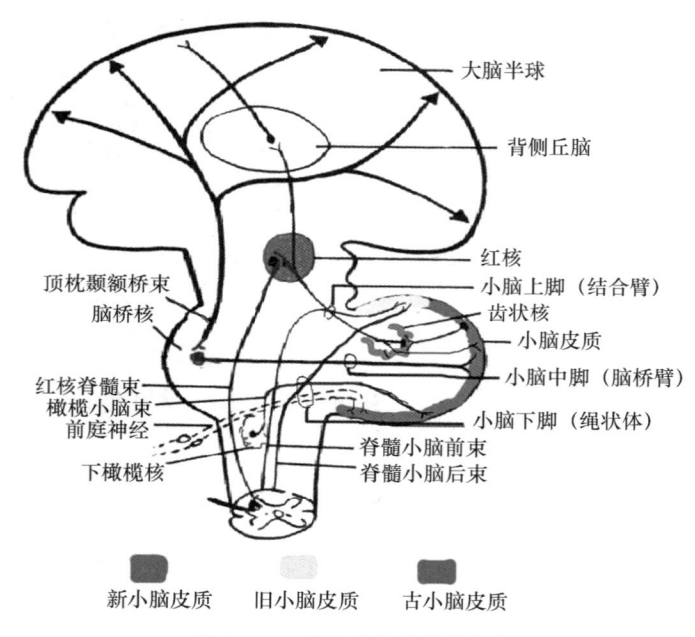

图 10-59 出入小脑的纤维投射

小脑脚的纤维联系(图10-59)起自小脑核的纤维,经小脑上脚出小脑止于同侧红核和丘脑;同侧脊髓小脑前束的纤维经小脑上脚入小脑,止于小脑前叶皮质。起自左侧脑桥基底核的纤维,经右侧小脑中脚止于小脑半球后叶皮质,反之亦然。起自同侧前庭神经核或前庭神经的纤维束经小脑下脚入小脑,止于绒球小结叶皮质;同侧脊髓小脑后束的纤维经小脑下脚入小脑,止于小脑前叶皮质。起自下橄榄核的纤维经小脑下脚入小脑,止于后叶小脑皮质。由此可见,小脑上脚主要由出小脑的纤维构成,小脑中、下脚主要为入小脑的纤维构成。但是,在部分纤维中均有反向行走的纤维小束。

三、脊椎动物小脑的比较

圆口类的小脑与延髓还未分离,实际上仅有听区向上延伸。鱼类,特别是硬骨鱼类(能迅速游泳的种类)小脑发达。两栖类小脑不发达,其小脑仅有相当于蚓部的部分(小结)结构。爬行类的小脑也不甚发达,较两栖类多出了绒球(小脑卷)部分结构。鸟类有发达的小脑,其小脑是以蚓状体、绒球、侧叶的形式存在的,没有形成小脑半球。高等哺乳类的小脑高度发达,不但具有蚓部、绒球,还特化形成了新的小脑皮质,并膨突形成小脑半球;小脑半球的膨突与大脑的发达程度高度正相关,如人类。低等哺乳类(单孔类)的大脑不发达,其小脑半球也不明显。

附:小脑损伤与临床症状

一侧小脑半球损伤,临床症状为同侧肢体运动共济失调(运动时,完成该动作的原动肌、拮抗肌、固定肌与协同肌之间的收缩和舒张不协调,不能精确地完成该动作;主要表现在控制速度、力量和距离上的障碍)、眼球震颤、意向性震颤(当接近目标时,非随意摆动加剧)和肌张力低下。

症状发生在损伤的同侧,这是因为经过小脑上脚(如左侧)的小脑纤维交叉投射到对侧红核或丘脑(右侧),对侧红核(右侧)发出纤维又交叉回到同侧下降(左侧),调控同侧脊髓前角(左侧)协调随意运动。对侧丘脑(右侧)将信号中继并投射到相应的大脑皮质(右侧),大脑皮质发出的下行传导束调节对侧脊髓前角(左侧)启动随意运动。另外,小脑与前庭神经核、前庭器官之间的神经纤维均为同侧投射。

绒球小结叶及其相连的纤维束受损时,临床症状为病人站立不稳、摇摆、步态蹒跚,犹如醉汉,行走时总是两腿叉开,并举起上肢以维持平衡。

前叶损伤时,临床症状为姿势反射增强,如去大脑僵直。

后叶损伤时,临床症状为肌张力低下,肢体运动共济失调(指鼻试验或跟膝胫反射阳性)。

第四节 间 脑

一、间脑的外貌与分部

间脑(diencephalon)位于中脑和两大脑半球之间,主要由神经核团(灰质)和中间狭窄的第3脑室构成。前起自室间孔,后至后连合;外侧壁与大脑半球愈合,借此与内囊枕部、尾状核、终纹相毗邻;腹侧壁以视交叉、漏斗、灰结节和乳头体为界。第3脑室为一垂直扁腔,将间脑分为左、右两半。第3脑室顶有脉络膜及其突向第3脑室的"U"形脉络丛。由于大脑半球的高度发展,间脑除腹面的视束、视交叉、漏斗、灰结节和乳头体暴露于脑底面外(图10-60),其他部分皆被两侧大脑半球所覆盖。间脑的外侧部与大脑半球髓质愈合。因此,间脑和两半球之间的界限不如其他脑部之间的界限明显。

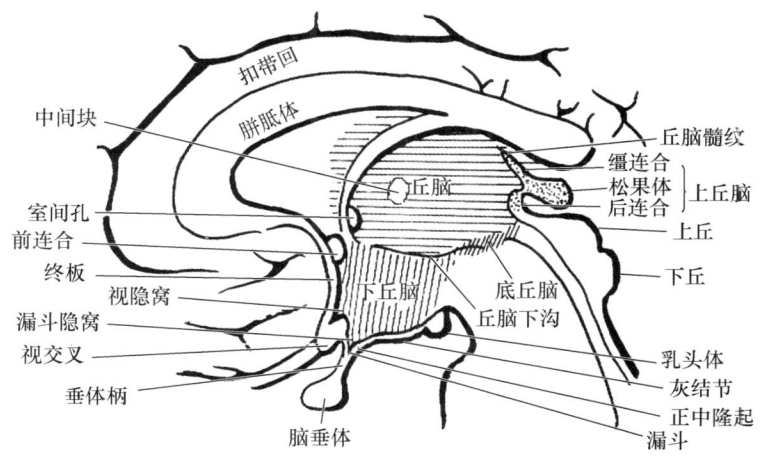

图 10-60 间脑的矢状切,示其分部(曾小鲁,1994)

左、右两侧间脑构成第3脑室的侧壁。两侧间脑之间的第3脑室,下接中脑水管,上借两个室间孔通两侧大脑半球的侧脑室。每侧间脑,依照位置和功能区分为丘脑(背侧丘脑)、丘脑上部(上丘脑)、丘脑底部(底丘脑)、丘脑前下部(下丘脑)四个部分(图10-60)。在丘脑后部有两个核团,分别为内、外侧膝状体。通常将此部位称为丘脑后部(后丘脑),归属于丘脑(图10-61)。

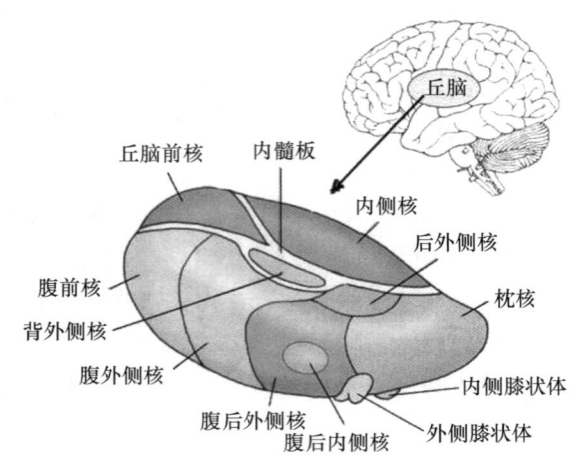

图10-61 丘脑的位置、形态结构示意(Siegel et al.,2006)

二、间脑的内部结构

(一) 丘脑

1. 丘脑的外形

　　丘脑(thalamus)呈椭圆形,位于间脑的背侧部,故又名背侧丘脑,是间脑中最大的神经核团。每侧丘脑长约4 cm(首尾向)。丘脑前端窄小,向前膨大为丘脑前结节;后端为丘脑枕;背面与内侧面游离,衬贴着一层室管膜上皮,其上面露于侧脑室之底;背面的外侧缘与大脑的尾状核之间隔有丘脑髓纹;内侧面构成第3脑室壁的一部分(即第3脑室外侧壁),其中央部有一灰质块(约20%的人缺如)将两侧丘脑连接起来,该灰质块称为中间块(丘脑间黏合)。中间块的下方有一不明显的钝沟,名为丘脑下沟(hypothalamic sulcus),此沟为丘脑和下丘脑的分界线(图10-60)。

　　每侧丘脑后部有两个小隆丘(图10-61),一个称为内侧膝状体(medial geniculate body),为听觉传导通路的中继站。内侧膝状体接受中脑下丘经下丘臂来的纤维,发出纤维构成听辐射,投射到大脑颞叶的听觉中枢。另一个称为外侧膝状体(lateral geniculate body),为视觉传导通路的中继站。外侧膝状体接受视束来的纤维,发出纤维构成视辐射,投射到大脑枕叶的视觉中枢。外侧膝状体的神经元排列成六层,与不同空间位置的视网膜间有精确的对应投射关系。视束中来自对侧视网膜鼻侧半的神经纤维终止于第1、第4、第6层,而来自同侧视网膜颞侧半的神经纤维终止于第2、第3、第5层。

2. 丘脑的内部结构与功能

　　在丘脑内有一自外上斜向内下的"Y"形内髓板(主要由神经纤维集结形成),它将丘脑分为三个部分,即前核、内侧核和外侧核群(图10-61)。外侧核群又分为背外侧核群(背侧核)和腹外侧核群(腹侧核)。背外侧核群由前向后依次为背外侧核、后外侧核和枕核。腹外侧核群由前向后依次为腹前核(ventral anterior nucleus)、腹外侧核(ventral lateral nucleus)和腹后核。腹后核包括腹后外侧核和腹后内侧核(图10-61)。

　　丘脑前核的机能与内脏活动、近期记忆的形成有关。内侧核的内侧份与网状结构联系密切,参与情绪反应和意识活动。外侧核群的背侧份,特别是枕核,与痛觉的感知、视觉、听觉语言的形成有关。外侧核群的腹侧份,特别是腹后核,其中的腹后外侧核是躯干和四肢的浅、深感觉传导通路的中继站;腹后内侧核是头面部的浅、深感觉传导通路的中继站,并对感觉信息作初步分析与综合。因此,丘脑在感觉的形成中起很重要的作用。

(二) 下丘脑

　　下丘脑(hypothalamus)又称为丘脑下部,其脑组织的质量仅为全脑质量的1/300,却是本能性行为调节的枢纽。通过神经、体液和免疫功能的调节,保持内环境的相对恒定。

　　(1) 下丘脑的外形:下丘脑位于丘脑下沟的下方,组成第3脑室侧壁的下半部和底壁。其吻端以前连合及终板为界,后端续于中脑。其构成第3脑室底的部分,暴露于两侧大脑半球前部底面的中央,从脑底面看,自前向后可看到视交叉、漏斗、灰结节和乳头体等结构(图 10-60)。视交叉(optic chiasma)为两侧视神经入颅后在此处形成的交叉,交叉之后又分别形成两侧的视束,行向间脑后外侧部,两侧的视束即相当于暴露于脑表面的下丘脑的外界;漏斗(infundibulum)通过垂体柄与脑垂体相连(脑垂体是一个重要的内分泌腺,详见"第十七章　神经内分泌");漏斗后方的小隆起称为灰结节(tuber cinereum);在灰结节的后方有一对圆形隆起,称为乳头体(mammillary body)(图 10-60)。在漏斗的上端、漏斗隐窝周围的隆起部称为正中隆起(median eminence)。从第 3 脑室腔内观察时,下丘脑底部的脑室壁在视交叉部形成视隐窝(optic recess),在漏斗部形成漏斗隐窝(infundibular recess)(图 10-60)。

(2) 下丘脑的分区:在脑的正中矢状切面上,下丘脑自前向后分为四个区:即视前区、视上区、结节区和乳头体区。视前区是位于视交叉前缘与前连合之间的部分(图 10-62 A1 线以前的区域),其内的主要核团为视前核;视前核内有许多温度敏感型神经元,是体温调节中枢;视上区位于视交叉上方(图 10-62 A1 与 A2 线之间的区域),其内部重要的核团有视上核、视交叉上核、下丘脑前核和室旁核;结节区位于灰结节上方(图 10-62 A2 与 A3 线之间的区域),其内部重要的核团有弓状核(在人类中又称为漏斗核)、下丘脑腹内侧核和背内侧核;乳头体区位于乳头体的上方,乳头体区内有乳头体核和下丘脑后核(图 10-62)。

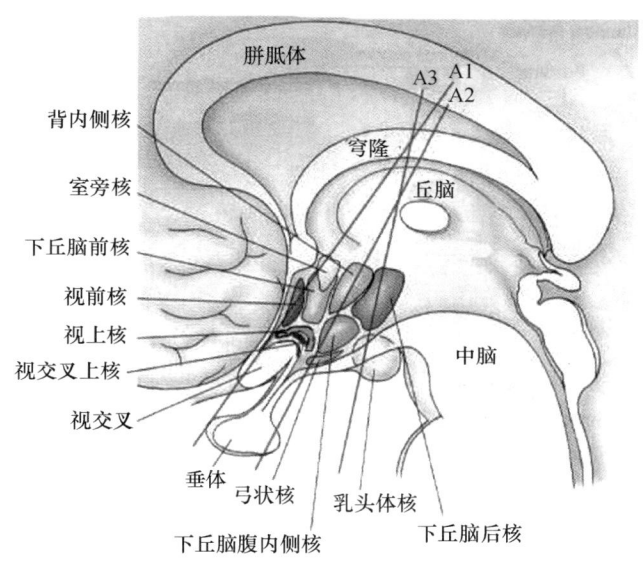

图 10-62　下丘脑内的核团在正中矢状切面上的投影及分区(Siegel et al., 2006)

为了便于对下丘脑内的核团加以定位,一般将每侧下丘脑在左、右方向上由第 3 脑室侧壁向外分为三个带(区):即室周带(区)、内侧带(区)和外侧带(区)(图 10-63)。室周带是紧靠第 3 脑室壁的部分;在视上区、结节区和乳头体区的内侧带和外侧带的划分以穹隆柱为界,穹隆柱外侧结构划分为下丘脑的外侧带。下丘脑的三带四区内的核团见表 10-4。

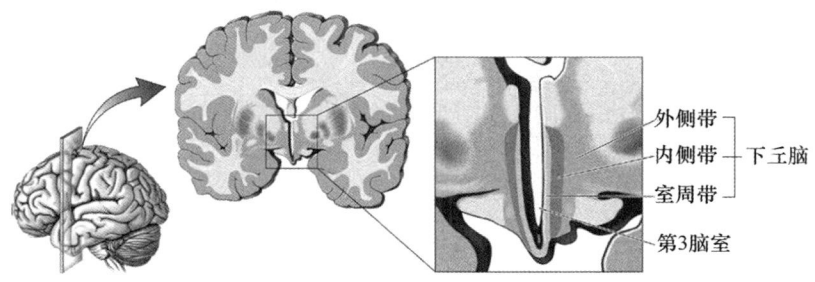

图 10-63　下丘脑额状切,示下丘脑左右方向分区(Bear et al., 2002)

表 10-4　下丘脑的主要核团在三带四区中的分布

	视前区	视上区	结节区	乳头体区
室周带	室周核	室周核 视交叉上核	漏斗核	
内侧带	视前内侧核	下丘脑前核 室旁核 视上核	下丘脑背侧核 背内侧核 腹内侧核	乳头体核 下丘脑后核
外侧带	视前外侧核	下丘脑外侧核	下丘脑外侧核 结节核	下丘脑外侧核

视上核、室旁核发出纤维组成下丘脑垂体束到达垂体后叶,此二核的神经元胞体合成抗利尿激素和催产素,这些激素经轴突内的轴浆运输到垂体后叶,在那里储存并释放(详见"第十七章 神经内分泌")。近年来的研究成果认为视交叉上核接受视网膜的传入信息,起着协调明暗交替和昼夜节律的作用。腹内侧核是饱食中枢,在下丘脑外侧带还有摄食中枢,两者共同调节摄食行为。下丘脑是调节内脏活动的皮质下较高级中枢,调节交感神经和副交感神经的活动,以维持机体内环境的相对恒定。

(三) 上丘脑

上丘脑(epithalamus)位于第 3 脑室顶部周围,是丘脑与中脑顶盖前区相移行的部分。包括松果体、缰三角、缰连合、丘脑髓纹和后连合(图 10-60)。

松果体是内分泌腺,分泌褪黑素,该激素具有抑制性腺发育、调节昼夜节律的功能。

缰三角(habenular trigone)是松果体柄附着处的前外侧部的三角形区域(图 10-60)。缰三角深层有缰核(habenular nucleus),缰核接受嗅结节、梨状皮质(pyriform cortex)、隔核、下丘脑和苍白球来的纤维,发出纤维至中脑的脚间核、中脑中缝核、黑质、顶盖前区和下丘脑,是嗅脑、边缘系统对内脏活动调节的重要中继站。缰核发出的纤维左右交叉参与缰连合(habenular commissure)的构成。经交叉后的纤维向前与穹隆、终纹的侧支等许多过路纤维(终止于缰核)一起构成丘脑髓纹(thalamic medullary stria)。丘脑髓纹位于丘脑的背面和内侧面交界处,向前后延伸,半围绕丘脑。髓纹是丘脑下部、隔区、丘脑前核和缰核之间的信息通路。

后连合(图 10-60)又名上丘脑连合,位于松果体与中脑上丘之间,是一束稍粗的左右交叉纤维束。其功能目前还不了解。

(四) 底丘脑

底丘脑(subthalamus)是间脑与中脑之间的移行区。底丘脑内的灰质有底丘脑核、未定带(图 10-64)、红核前区核和脚内核。

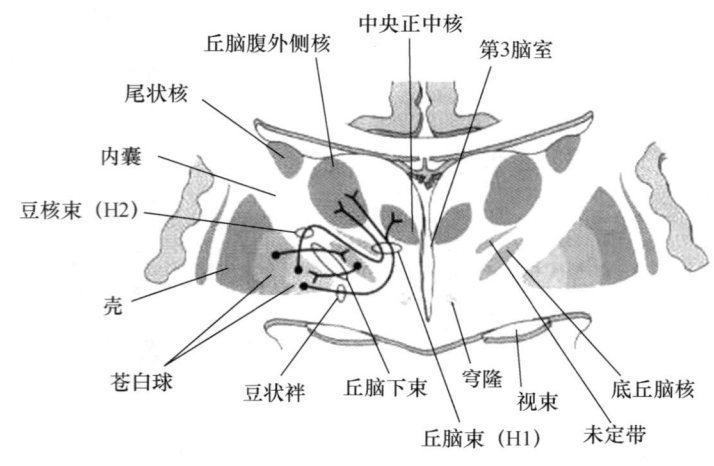

图 10-64　苍白球与丘脑底部的投射纤维束构成示意(Siegel et al.,2006)

在灵长类动物中，底丘脑核(subthalamus nucleus)较大，人类的此核呈椭圆形，斜卧于脚底的背内侧，其内侧为丘脑下部。底丘脑核接受大脑皮质、苍白球外侧部(external segment of globus pallidus)来的纤维；发出纤维返回同侧和对侧苍白球内侧部(internal globus pallidus)。底丘脑核具有调节肢体运动的功能。一侧丘脑底核损伤，出现对侧肢体舞蹈样运动，以上肢尤为明显。

未定带是一窄条灰质，位于豆核束与丘脑束(H1)之间。接受大脑皮质来的纤维，传出纤维的投射点及其功能不详。红核前区核位于未定带的尾侧偏内的部位。脚内核分散于豆状袢纤维束内。以上三个核团构成苍白球至中脑、延髓的下行调节的中继站。

第五节　端　脑

端脑(telencephalon)俗称大脑(cerebrum)，位于间脑和小脑的上部，是脑的最高级部位，也是占全脑比重最大的部分。由于该部脑组织是由胚胎期神经管的前端部分发育而成，故得名端脑。其构筑与小脑类似，主要由灰质、白质和其内的侧脑室构成。大脑的大部分灰质集中于表面形成大脑皮质；少部分灰质聚集于深层的髓质中，构成大脑基底神经核。白质位于皮质深层，称为髓质。大脑由左、右两个半球组成。左、右半球内部的腔隙是侧脑室。

从种系发生上看，大脑最早的分化与嗅觉有关。鱼类、两栖类只有和嗅觉密切相关的嗅叶，属旧皮质。自爬行类开始出现了新皮质(neocortex)萌芽。真正的新皮质见于哺乳动物。动物进化的等级越高，新皮质越发达。到了人类，新皮质约占全部皮质的96%，大脑半球的表面绝大部分被新皮质所占据，旧皮质只占据大脑皮质腹内侧部。

一、大脑的外形

大脑左、右半球间有一深裂称为大脑纵裂(cerebral longitudinal fissure)，又名半球间裂，将大脑分为左、右两个半球，半球间裂的底是连接两半球的宽厚的纤维板，称为胼胝体(corpus callosum)。半球的下面和小脑之间有大脑横裂(cerebral transverse fissure)，又名大脑小脑裂(图10-65)。在大脑横裂的裂隙中有硬脑膜形成的小脑幕和静脉窦，将大脑和小脑分隔。

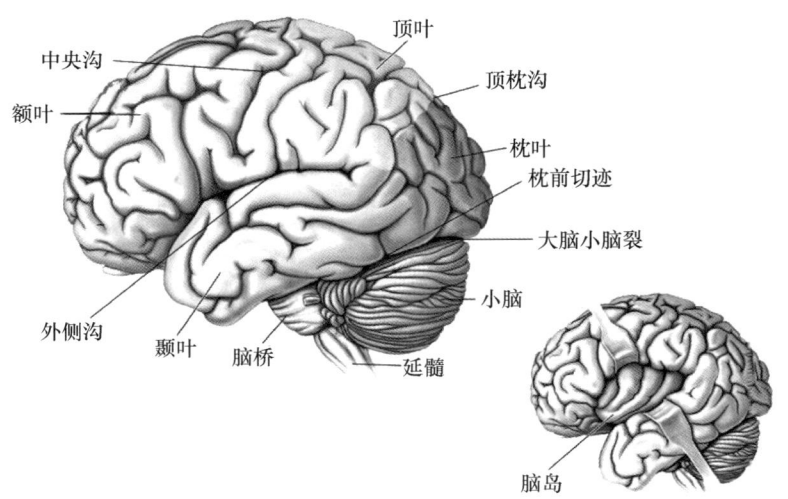

图 10-65　大脑背外侧面的分叶(Bear et al., 2002)

人类的大脑皮质表面积约为 $2200\ cm^2$。颅腔的容积有限。大脑皮质为了容纳在颅腔内，出现了凸凹折叠，因此在大脑半球表面呈现许多深浅不等的凹陷，此为大脑沟(cerebral sulci)；沟与沟之间的隆起为大脑回(cerebral gyri)。胚胎早期,大脑半球的表面是平滑的,此后由于皮质各部发展不平衡,自胚胎第五个月开始,发育慢的部分陷在深部,发育快的部分露在表面,形成了沟回。沟回的产生扩大了大脑半球的表面积。

每个半球分为背外侧面、内侧面和底面三个部分。背外侧面凸出,内侧面较平坦,两面以上缘为界。底面凹凸不平,它和背外侧面之间以下缘为界。

(一) 大脑的背外侧面

1. 大脑背外侧面的分叶

大脑背外侧面的分叶见图 10-65。每侧半球的背外侧面以三条沟为标记,分成五个叶。这三条沟分别是:① 中央沟(central sulcus),起自半球上缘中点稍后方,向前下斜行于半球背外侧面,几达外侧沟。② 大脑外侧沟,是一条深沟,起自半球底面,转到背外侧面,由前下方行向后上方。③ 顶枕沟,位于半球内侧面的后部,从前下方走向后上方,并略转至背外侧面。五个叶分别是:中央沟之前、大脑外侧沟以上的部分为额叶(frontal lobe);中央沟之后、顶枕沟之前的部分为顶叶(parietal lobe);顶枕沟之后较小的部分是枕叶(occipital lobe);大脑外侧沟以下的部分为颞叶(temporal lobe)。顶、枕、颞三个叶之间的分界线是假设的。在大脑下缘,自枕叶后极向前约 4 cm 处,有一枕前切迹,由此切迹至顶枕沟的连线为枕叶前界,自此线的中点至外侧沟后端为顶叶和颞叶的分界(图 10-65)。外侧沟的深部隐藏着岛叶(insula,也称为脑岛),岛叶的四周以环状沟与额叶、顶叶、颞叶分界。

2. 大脑背外侧面主要的沟、回及功能

(1) 额叶:额叶上有与中央沟平行的中央前沟(图 10-66)。中央沟与中央前沟之间的回为中央前回(precentral gyrus),是全身意识性躯体运动的最高级中枢。此处皮质发出纤维下行,构成锥体束,支配脊髓、脑干的运动神经核,从而发起随意运动。自中央前沟水平向前有两条沟,上部的一条为额上沟,下部的一条为额下沟。额上沟以上的回为额上回(superior frontal gyrus),沿半球上缘并转至内侧面。为躯体运动程序编制、联络中枢。额上沟与额下沟之间的回为额中回(middle frontal gyrus)。额中回后半部分为书写中枢。此处受损,可引起失写症。额下沟与大脑外侧沟之间的回为额下回(inferior frontal gyrus)。额下回后部为运动性语言中枢(说话中枢)。此处受损,可引起运动性失语症。由此可见额叶皮质主要与控制骨骼肌运动有关。

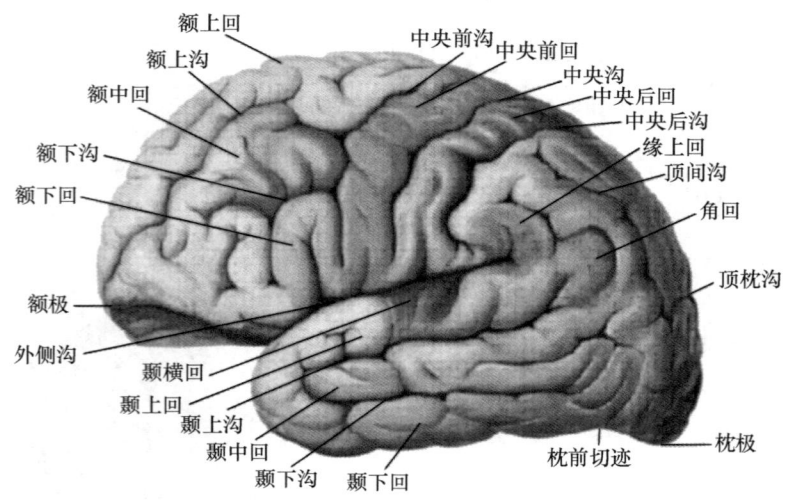

图 10-66　大脑半球背外侧面(郭光文 等,1986)

(2) 顶叶:顶叶中有与中央沟平行的中央后沟。中央后沟的后部有一条前后方向走行的顶内沟(顶间沟)。在中央沟和中央后沟之间的回为中央后回(postcentral gyrus)。中央后回是全身躯体感觉

(深、浅感觉)的最高级中枢。接受丘脑腹后核(丘脑腹后内、外侧核)经丘脑辐射传来的信息,经整合形成深、浅感觉。顶内沟以上的部分为顶上小叶,以下的部分为顶下小叶。顶下小叶内有围绕大脑外侧沟末端的缘上回(supramarginal gyrus,环曲回)和围绕颞上沟后端的角回(angular gyrus)。缘上回和颞上回的后部皮质是听觉性语言中枢(听话中枢),此处受损,可引起感觉性失语症。角回是视觉性语言中枢(阅读中枢)。

(3) 颞叶:颞叶上有两条与大脑外侧沟大体平行的沟,即颞上沟和颞下沟。颞上沟从近颞极处开始,略斜向后上与大脑外侧沟后支平行,弯向上止于顶叶。颞上沟以上的回为颞上回。颞上回内的2~3条近水平短回,称为颞横回(transverse temporal gyrus),是听觉中枢。接受内侧膝状体经听辐射传来的信息,经整合形成听觉。颞下沟位于颞上沟下方并与之平行,常断裂为2~3条短沟。颞下沟以上的回为颞中回;颞下沟以下的回为颞下回(图10-66)。

(4) 枕叶:位居下后部,较小,背外侧面的沟、回个体差异较大,多不规则。

(5) 岛叶:又称为脑岛,位于大脑外侧沟的深部(图10-65),被部分额叶、顶叶所掩盖。岛叶略呈三角形,周围有环状的沟环绕,上面有几条沟把它分成几条长短不等的回。

2. 大脑内侧面的重要结构

额叶、顶叶、枕叶和颞叶四叶都有一部分扩展至半球内侧面(图10-67)。中央前回和中央后回自大脑的背外侧面延伸到内侧面的部分为旁中央小叶(paracentral lobule)。旁中央小叶的前部(中央前回的延伸部分)是脚和小腿部位的运动中枢;旁中央小叶的后部(中央后回的延伸部分)是脚和小腿部位的感觉中枢。在内侧面的中部,有一略呈拱形的神经纤维束断面结构,即胼胝体。胼胝体后下方的纤维束为穹隆。两者之间的薄层结构为透明隔。胼胝体后下方有一条弯向枕极的深沟,为距状沟。距状沟上、下两侧的回为距状沟上、下回,是视觉中枢,接受外侧膝状体经视辐射传来的信息,经整合形成视觉。距状沟与大脑上缘之间有一条较深的沟为顶枕沟,此沟是顶叶与枕叶的分界。顶枕沟与距状沟之间的部分通常称为楔叶,属于枕叶的一部分。

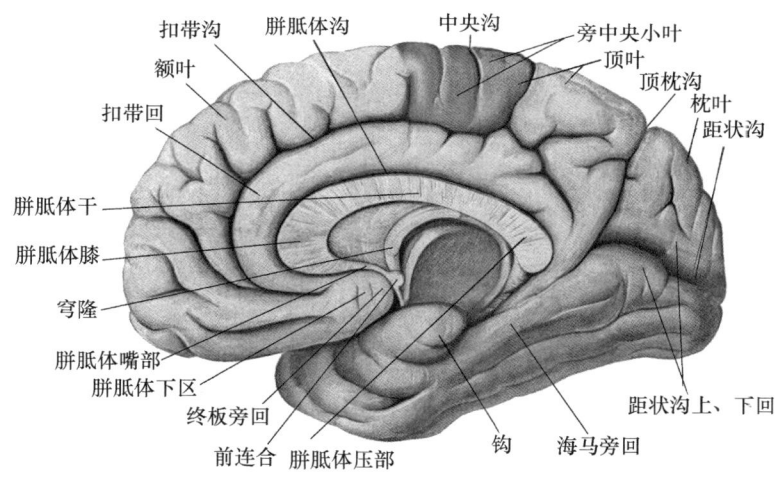

图 10-67　大脑半球内侧面(郭光文 等,1986)

环行于胼胝体的背面、前后方向走行的沟,为胼胝体沟(图10-67)。在胼胝体沟上方并与其平行的沟为扣带沟。扣带沟与胼胝体沟之间的回为扣带回(cingulate gyrus),它环抱胼胝体。自胼胝体尾端折转向前,一直延续到大脑底面的一条回,称为海马旁回(parahippocampal gyrus)。海马旁回向前续于一钩形的回,称为海马旁回钩(简称钩,uncus)(图10-67,图10-68)。海马旁回和钩从两侧夹持着中脑。扣带回、海马旁回和钩三者连成一环,围绕在脑干的边缘,故称为边缘叶(limbic lobe)。边缘叶可以认为是大脑皮质向周围推展的始端。边缘叶主要与嗅觉、内脏活动、情绪活动有关。

3. 大脑底面的沟、回

额叶、颞叶和枕叶三叶的一部分构成脑的底面(图 10-68)。额叶底面有短小不规则的沟,总称为眶沟,它们分割出若干小回,总称为眶回。另外,还有一对与半球间裂平行的纤维束,称为嗅束。其前端膨大者为嗅球,嗅神经纤维终止于此部位。嗅束向后扩大为嗅三角,入脑后,连于海马旁回前部和钩等嗅觉中枢。

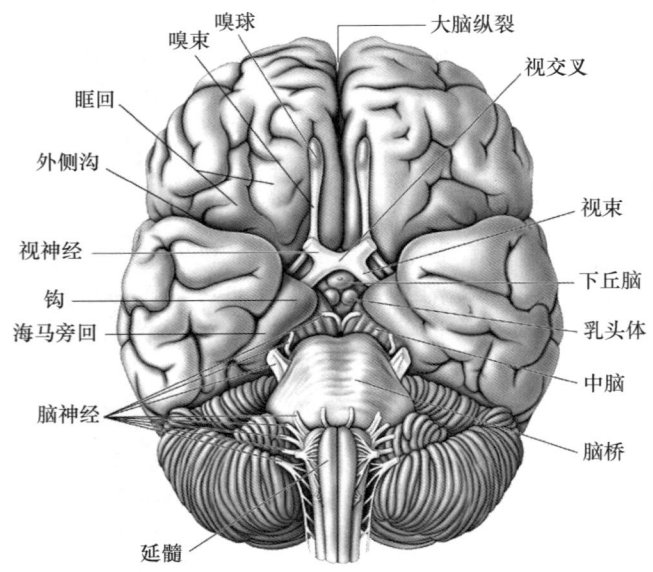

图 10-68　脑的底面观(Bear et al., 2002)

二、大脑的内部构造

大脑由灰质、白质和侧脑室构成。集中在大脑沟、回表面的灰质,形成大脑皮质;皮质深层的白质构成大脑髓质;髓质内的灰质团为基底神经核;胚胎时期的中央管在大脑内膨大形成侧脑室(图 10-69)。

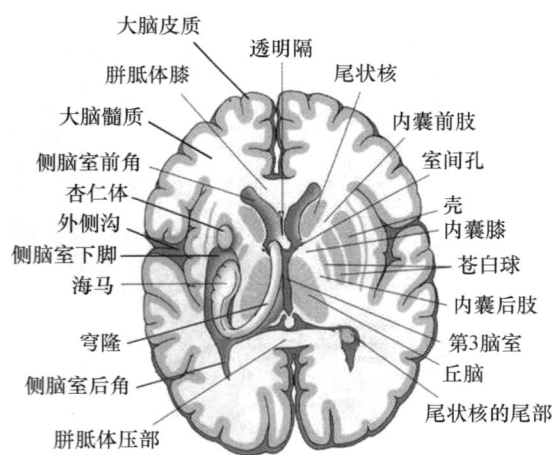

图 10-69　大脑水平切(Siegel et al., 2006)

(一) 灰质

1. 大脑皮质

人类大脑皮质的 1/3 露在表面,2/3 在沟裂的底和壁上,厚度介于 1.5～4.5mm 之间,平均约为 2.5mm。大脑皮质是由多种神经元及神经胶质细胞构成的,神经元数量极多,估计约有 1000 亿个,占整个神经系统神经元总数的 70% 左右。

（1）大脑皮质神经元：构成大脑皮质的神经元都是多极神经元，按其胞体形态分为三大类：锥体细胞、颗粒细胞、梭形细胞（图 10-70）。

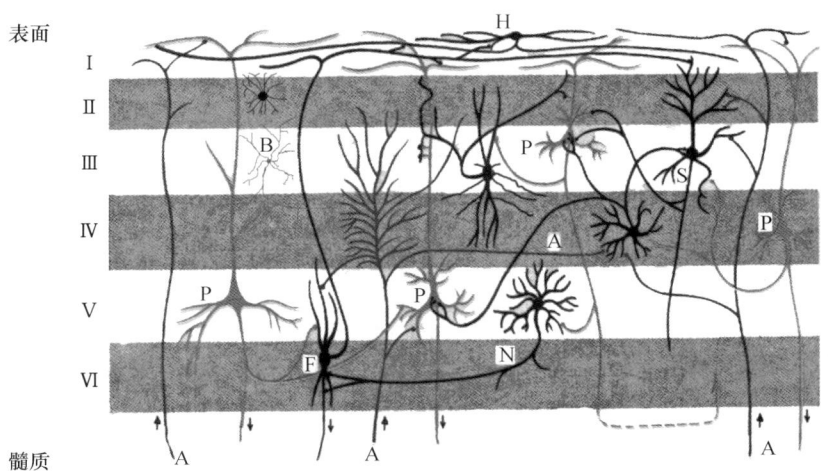

A，传入纤维；B，篮状细胞；F，梭形细胞；H，水平细胞；N，星形细胞轴突；P，锥体细胞；S，星形细胞

图 10-70　大脑皮质内的神经元形态与分布（模式图）（朱长庚，2002）

锥体细胞（pyramidal cell）因其胞体呈锥体形状而得名。锥体的顶朝向表面，在顶端伸有树突，锥体的底部有长的轴突，伸入白质深部，属投射神经元。这类细胞数量较多，按胞体的大小分大、中、小三种。小型锥体细胞的直径为 10~12 μm，中型的约 50 μm，这两种细胞的轴突出皮质后，构成联络纤维、连合纤维进入其他部位大脑皮质，或者构成投射纤维止于低位中枢。大型锥体细胞的直径可达 100~120 μm，如中央前回的锥体细胞。大、中型锥体细胞的轴突下行构成锥体束，终止于脊髓、脑干躯体运动神经核。

颗粒细胞胞体呈多角形或三角形，胞体小，数量多，呈颗粒状，故得名。其实颗粒细胞是星形细胞、水平细胞、篮状细胞等多种小细胞的合称。颗粒细胞是一类局部神经元，参与皮质内微回路的构成。

梭形细胞（fusiform cell）胞体呈梭形，数量较少，主要位于皮质深层，是一类投射神经元。该细胞的树突向上可达皮质表面的分子层，其轴突可自树突的主干发出，进入髓质，组成投射纤维和联合纤维。

（2）大脑皮质的组织构筑：大脑皮质中的神经细胞都以分层方式排列。形态上基本相似的神经细胞聚集成一定的层次。绝大部分皮质（新皮质）由浅到深分为六层（图 10-71），少部分皮质（古皮质和旧皮质）分为三层。海马、齿状回、灰被处的皮质为古、旧皮质。边缘叶的皮质为旧皮质与真正的新皮质之间的过渡类型（皮质也分为六层，但细胞构筑与其他部位的新皮质有差异）。

第Ⅰ层，分子层（molecular layer），含少量水平细胞，主要由平行于脑表面的神经纤维密集而成（投射神经元的树突和传入神经纤维的分支）。

第Ⅱ层，外颗粒层（external granular layer），含有数量较多的星形细胞和少量的小型锥体细胞。

第Ⅲ层，外锥体细胞层（external pyramidal layer），由大量中、小型锥体细胞和少量星形细胞组成。由浅到深，锥体细胞形体逐渐加大。此层较厚。

第Ⅳ层，内颗粒层（internal granular layer），含有密集排列的星形细胞与少量锥体细胞。感觉中枢此层较厚。

第Ⅴ层，内锥体细胞层（internal pyramidal layer），含有大、中型锥体细胞。在中央前回和旁中央小叶前部的大锥体细胞又称为贝茨（Betz）细胞，此处的大型锥体细胞数量多，胞体直径大。它们顶部的树突可伸到第Ⅰ层，底部发出的轴突构成锥体束的一部分，下降到脑干和脊髓。运动中枢此层较厚。

第Ⅵ层，多形细胞层（multiform layer），所含的细胞形态不一，其中梭形细胞最多，其轴突一部分与第Ⅴ层锥体细胞的轴突组成下行纤维，终止于脑干和脊髓，另一部分在半球髓质内参与组成联合纤维（图 10-71）。

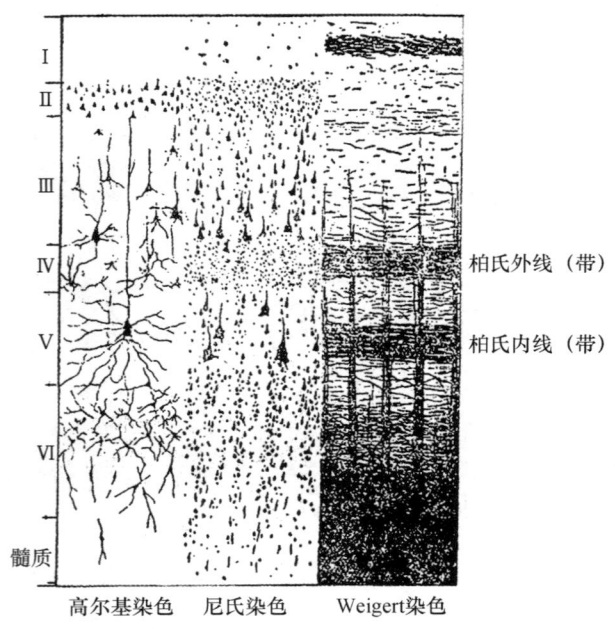

图 10-71　大脑皮质的组织结构（朱长庚,2002）

大脑皮质分为六层,是新皮质构造的基本形式,但部位不同,各层的厚度、各种细胞成分分布的情况以及纤维的疏密也不相同,各有其特点。根据这些关系,学者们曾把大脑皮质分成许多区,现在人们广为采用的是 Brodmann(1909)分区。Brodmann 根据皮质各部位细胞构筑（即细胞的形态、密度和排列方式）的不同,把大脑皮质分成 52 个区（图 10-72）,如把中央后回自前向后分为 3 区、1 区、2 区;中央前回分为 4 区、6 区;颞横回分为 41 区、42 区等。各区的细胞构筑不同,功能也不同。大脑皮质的各区分别与身体一定的感觉或运动有关。

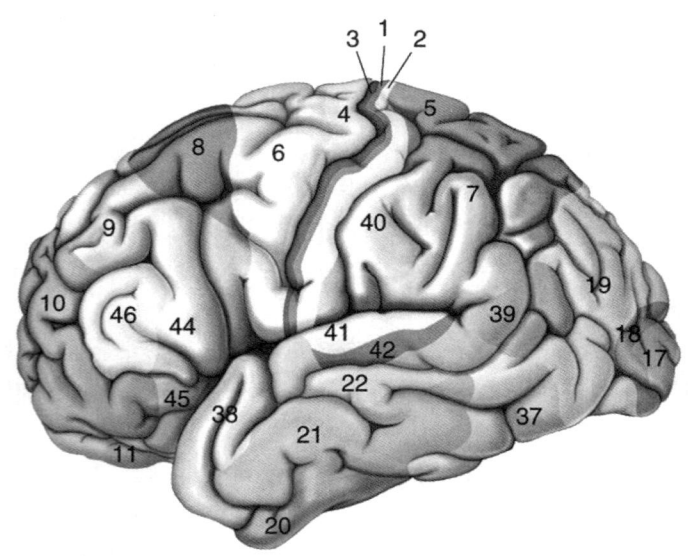

图 10-72　Brodmann 的人大脑皮质分区（Bear et al.,2004）

（3）大脑皮质功能柱（cortical functional column）:大脑皮质除有明显的水平分层外,神经元还构成许多与表面垂直的纵向柱状排列结构——皮质细胞功能柱。这一现象是 Mountcastle(1957)在研究视觉皮质时首先发现的,后来大量的研究证实,皮质细胞功能柱是大脑皮质的一种普遍规律。

皮质功能柱又名皮质柱（cortical column），贯穿皮质的六层结构是大脑皮质中传入-传出信息整合处理单位，其结构为上、下纵贯的细胞群及其传入、传出纤维。多数皮质柱的直径为 200～500 μm，每个柱约由 2500 个神经元组成。传入纤维多终止于柱内结构的第1、第2、第3、第4层，引起第2～第4层中细胞在本柱内上、下联系，最后进入第5、第6层，由第5、第6层中的锥体细胞、梭形细胞传出。故第2～第4层为传入层和联络层，第5、第6层为传出层。一个皮质柱内的神经元互相连接。在大脑皮质感觉区，每一个皮质柱与某一部位的某种感觉有关，例如，某一皮质柱与某一关节的痛感觉相关；在大脑皮质运动区，某一皮质柱与脊髓或脑干某一特定部位的运动神经元群的活动相关等（详见"第十三章　神经系统的感觉功能""第十四章　神经系统对躯体运动的调节"）。

然而，各皮质柱之间并无明显的神经胶质细胞或纤维分隔。因此，皮质柱是机能单位，而非结构单位。当某感觉或运动机能强化时，大脑皮质上相对应的皮质柱将出现区域扩大和细化，以适应强化机能的需求，形成超柱（hypercolumn）。超柱是多个信息元素处理皮质柱的组合体。例如，视觉超柱内包括颜色柱、方位柱、形状柱等。

就目前的研究可见，哺乳类的大脑皮质是以皮质柱作为信息处理基本单位。换言之，大脑皮质是以纵向排列的皮质柱组成超柱，以不同超柱组成功能区，以不同功能区组成大脑沟、回表面的皮质。

2. 基底神经核

基底神经核（basal nuclei）为大脑半球髓质内靠近基底部的灰质核团，包括尾状核、豆状核、杏仁体（图 10-73）和屏状核。

尾状核（caudate nucleus）呈弯羊角形，全长与侧脑室相伴随，前端膨大，为头部，其背面突向侧脑室上角；中部稍细，沿着丘脑的背侧缘延伸，为体部；到丘脑后端，尾状核变得更细，由此曲折向腹侧延续为尾部，其终端连接杏仁体。

豆状核（lentiform nucleus）位于内囊的外侧，外囊的内侧。核的前下方与尾状核头相连，其余部分借内囊与尾状核、丘脑相邻。豆状核在切面上呈三角形，核内被两个白质的板层结构分隔成三个部分：外侧部最大，称为壳核（putamen，简称壳）；其余两部分合称为苍白球（globus pallidus），分别为苍白球的内侧部和外侧部。

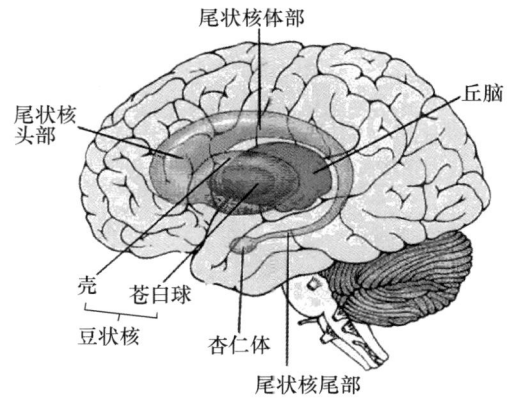

图 10-73　基底神经核形态及其投影位置
(Siegel et al., 2006)

在种系发生上，尾状核和壳核是较新的结构，合称为新纹状体（neostriatum），苍白球是较古老的部分，称为旧纹状体，尾状核和豆状核二者合称为纹状体（corpus striatum）。比哺乳类低等的动物，纹状体是控制躯体运动的最高级中枢；哺乳动物，由于大脑皮质的高度发展，纹状体对控制躯体运动的调控作用已经处于从属地位，但是，纹状体在躯体运动的调节中仍扮演重要角色（详见"第十四章　神经系统对躯体运动的调节"章节）。

杏仁体（amygdaloid body）见本章"第六节　边缘系统"。

屏状核（claustrum）是位于岛叶与豆状核之间的一薄层灰质，其功能不详。

（二）白质

白质位于大脑皮质的深面，称为大脑髓质。大脑髓质主要由大量神经纤维组成，包括联系大脑一侧半球内回与回之间、叶与叶之间的联络纤维，两半球之间的连合纤维，大脑皮质与脑干、脊髓之间的投射纤维（图 10-74）。

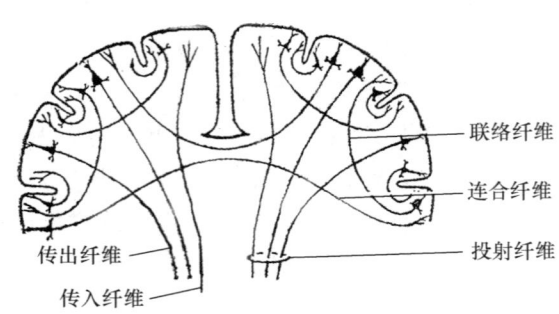

图 10-74　大脑半球纤维的类型

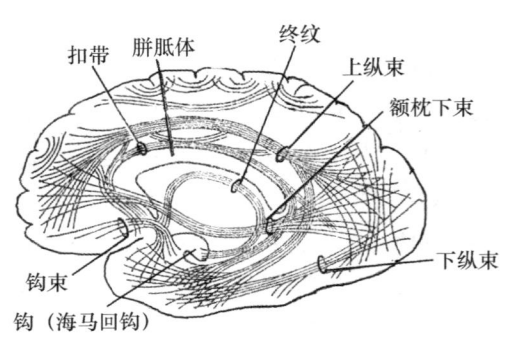

图 10-75　联络纤维示意

（1）联络纤维（association fiber）：是联系同侧半球内各部分皮质的纤维，其中相邻沟回之间短距离联系的纤维称为弓状纤维。在同侧半球内，叶与叶之间进行长距离联系的纤维束主要有以下几种。①上纵束，在豆状核、脑岛的上方，连接额叶、顶叶、枕叶和颞叶；②下纵束，沿侧脑室的下脚和后角的外侧壁行走，连接枕叶和颞叶；③钩束，呈钩状，绕过外侧沟，连接额叶和颞叶两叶的前部；④扣带，位于扣带回和海马旁回的深部，连接边缘叶的各部（图 10-75）。

（2）连合纤维（commissural fiber）：是左、右半球之间相互联系的纤维束，包括胼胝体、前连合（图 10-76）、穹隆连合（图 10-77）等。

胼胝体（corpus callosum）位于两半球之间的大脑纵裂底部（图 10-76），是由联系左、右半球新皮质的纤维构成。在正中矢状切面上，胼胝体是一个很厚的首端呈钩形（称为胼胝体嘴）的板状结构，分为嘴部、体部（包括膝、干）和压部（图 10-67，图 10-77）。在经胼胝体上方做的水平切面上，可见它的纤维向两半球内部前、后、左、右辐射，联系额叶、顶叶和枕叶。胼胝体的下面即为侧脑室的顶，胼胝体后端一部分纤维弯曲向下进入颞叶，联系两侧颞叶。

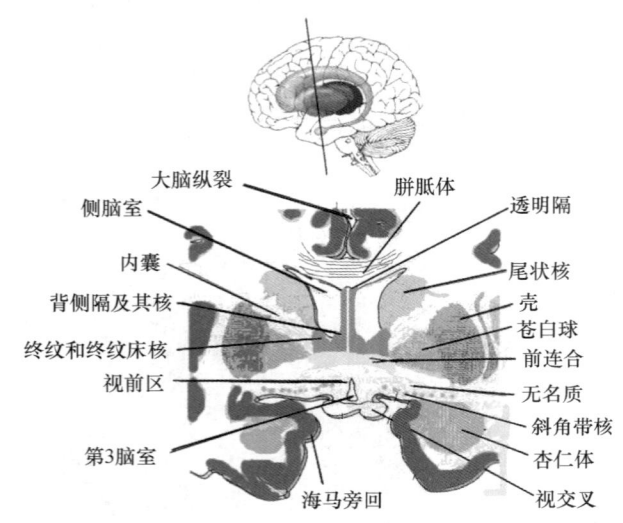

图 10-76　大脑冠状切过前连合（Siegel et al., 2006）

有人曾做过这样的实验：把猫的视交叉切断，令其用一只眼学习识别图形，然后测验其另一只眼，结果发现猫也能用另一只眼识别。接着把猫的视交叉和胼胝体一起切断，再进行同样的学习识别图形实验，结果未经学习的另一只眼就不能识别图形了。这说明一侧大脑学习所得是通过胼胝体传送到另一侧大脑半球去的。

前连合（anterior commissure）是在终板上方横过中线的一束连合纤维，主要连接两侧的颞叶，有一小部分纤维联系两侧嗅球（图 10-76，图 10-77）。

穹隆（fornix）由海马至下丘脑乳头体的弓形纤维束组成，两侧穹隆经胼胝体的下方前行并相互靠近，其中一部分纤维越至对侧，构成穹隆连合（fornical commissure）（图 10-77）。

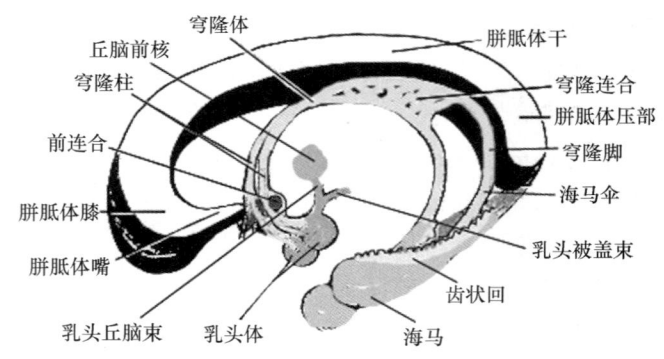

图 10-77　穹隆连合及穹隆（段相林 等，2006）

（3）投射纤维（projection fiber）：是大脑皮质与皮质下各级中枢之间的上、下行纤维束。这些纤维大部分在尾状核、丘脑与豆状核之间走行，构成内囊（internal capsule）（图10-78）。在两侧半球水平切面上，双侧内囊呈尖端向内的屈膝形（即呈"＞＜"形）（图10-79）。其前部较短，为内囊前肢（额部），位于尾状核与豆状核之间，内含额叶至脑桥的下行纤维束（额桥束）以及丘脑至额叶皮质的纤维；中间弯曲的部分称为膝部，大脑皮质至脑干的纤维（皮质脑干束，又称为皮质核束）由此通过；后部较长，称为内囊后肢（枕部），位于丘脑与豆状核之间，内囊后肢的前份有皮质脊髓束，支配上肢运动的纤维靠近膝部，向后依次是支配躯干和下肢的纤维；中份有丘脑皮质束；后份有视辐射和听辐射（图10-79）。

因此，如果内囊有病变（如内囊出血，内囊是脑出血的多发部位），可同时损伤几种传导束，出现多种症状。范围较小的病变，可引起对侧偏瘫和对侧偏身感觉障碍；范围较大的病变，则除了偏瘫和偏身感觉障碍外，还可有双眼视野对侧同向性偏盲。

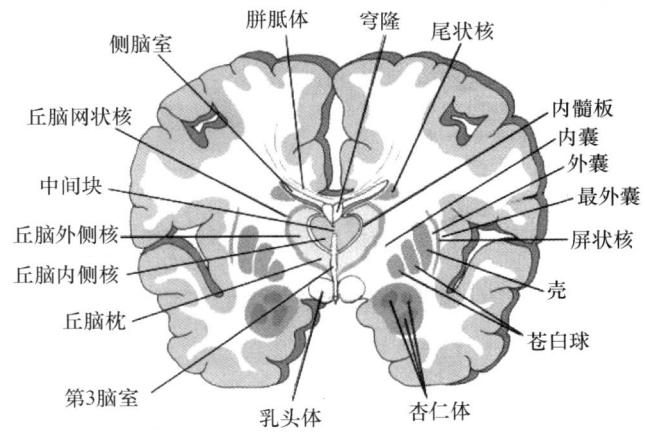

图10-78　大脑、间脑额状切，示内囊的位置（Siegel et al., 2006）

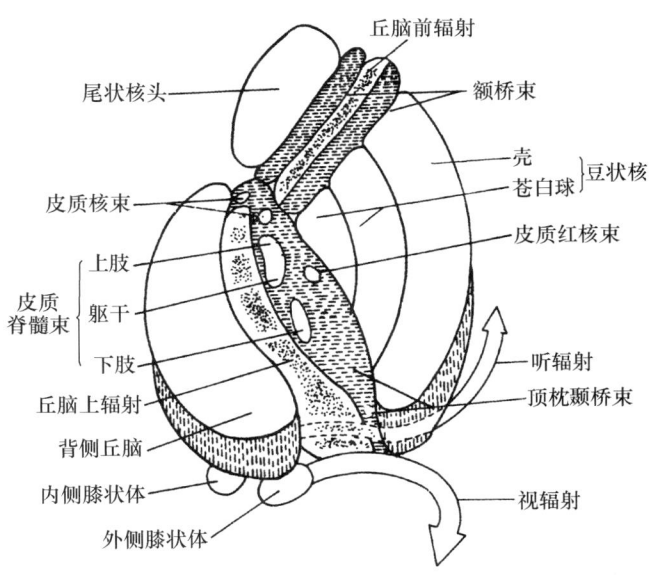

图10-79　右侧内囊水平切，示主要纤维束的分布（朱长庚，2002）

第六节 边缘系统

一、边缘系统的概念

边缘系统(limbic system)是边缘叶、边缘叶附近皮质以及与其有广泛联系的皮质下结构的总称。边缘系统主要与内脏活动、情绪、学习、记忆等有关。边缘叶(limbic lobe)是位于大脑内侧面的扣带回、海马旁回和钩的合称。边缘叶附近的皮质包括扣带回与胼胝体之间的灰被(胼胝体上回)、隔区、额叶的眶回后部,岛叶前部,颞叶内钩和海马旁回附近的颞极、海马、齿状回、下托等。通常将海马、齿状回及其相关结构合称为海马结构(hippocampal formation)。皮质下结构包括杏仁体、丘脑下部、隔核、上丘脑、丘脑前核、基底前脑、中脑被盖和中脑水管周围灰质等。

1878年,法国解剖学家Broca在比较解剖学的研究中首先提出在哺乳动物脑干吻端周围的脑回组成一个边缘叶的概念,他还观察到,两栖动物和爬行动物的边缘叶结构与嗅觉功能密切相关。Papez(1937)对边缘叶进行研究,发现海马、乳头体、丘脑前核、扣带回、海马旁回、海马之间存在着神经回路,该回路中的大部分结构与嗅觉无关,但与情感行为有密切关系。因此,后人将Papez发现的神经回路称为情感回路或Papez回路。后人的陆续研究表明,边缘叶与丘脑、下丘脑等结构在功能上密不可分。1952年,Maclean根据许多生理学、心理学研究结果,并结合种系发生和细胞构筑等方面的研究,将边缘叶及与之密切相关的一些结构归纳在一起,首次提出了边缘系统的概念。

二、隔区和隔核

隔区(septal area)是位于大脑半球内侧面,终板和前连合前方的一个小皮质区。包括胼胝体下区和终板旁回(图10-67)。隔区皮质下层有隔核(septal nucleus)(图10-80),各种哺乳动物的隔核发育程度不同,高等哺乳动物的隔核十分发达,特别是灵长类。隔核接受海马、下丘脑、扣带回、脑干网状结构、中脑水管周围灰质、中脑被盖区来的纤维;发出纤维止于海马、下丘脑、丘脑前核、乳头体、杏仁体、扣带回和缰核。当刺激或损伤隔核时,可见性行为、进食、饮水和情绪行为发生改变。

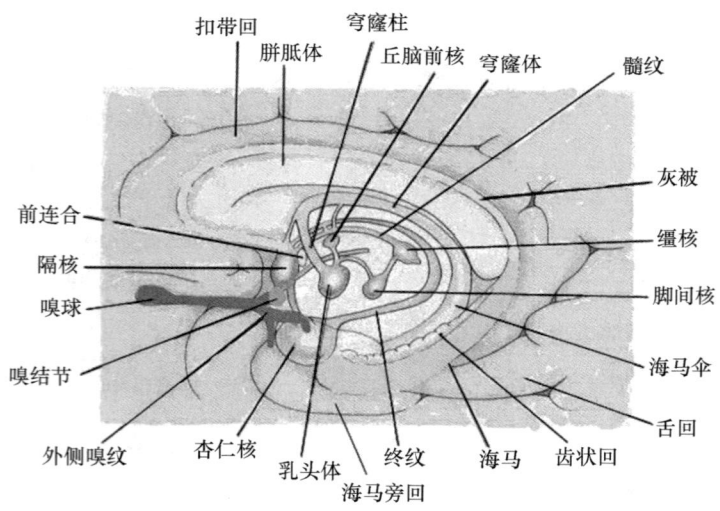

图10-80 大脑内侧面部分边缘系统结构示意(Siegel et al.,2006)

三、海马结构

海马结构包括海马(hippocampus)、齿状回、灰被和下托。海马位于侧脑室下角底部,在冠状切面上很像动物海马的形状,故得名(图10-80,图10-81)。海马表面被覆一层室管膜,室管膜深层是一层白质。这些白质纤维向后内方聚集,纵行形成海马伞,向后续于穹隆脚。

海马的内侧为齿状回(dentate gyrus)(图10-81),海马与齿状回之间以海马沟为界。齿状回是一条狭长的带状皮质,其内侧缘游离面上有数个横沟,形如齿列,故得名齿状回(图10-80)。

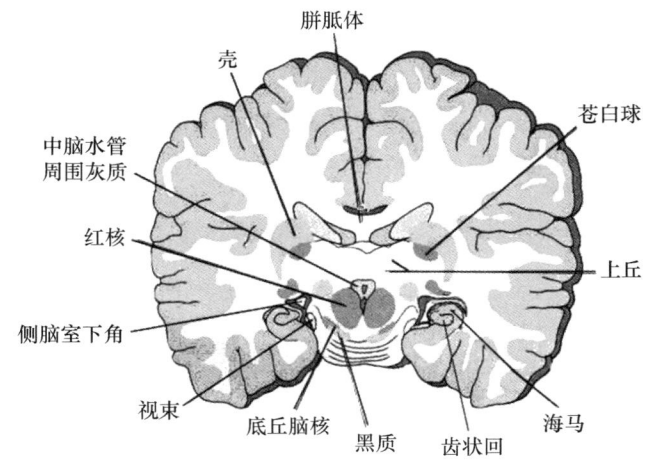

图 10-81　大脑额状切,示海马、齿状回的位置(Siegel et al., 2006)

下托(subiculum)是指位于海马旁回皮质与海马之间的过渡灰质区域。灰被(:ndusium griseum)(图10-80)又称为胼胝体上回,位于胼胝体背面的正中线两侧,是一层菲薄的灰质。

海马、齿状回、灰被属于古皮质。皮质结构为三层,即分子层、锥体细胞层和多形细胞层。齿状回内的细胞除在齿状回内联络外,传出纤维进入海马。海马与齿状回构成一个功能整体。Lorente de No'依据细胞形态、发育及纤维排列的不同,将海马分为CA1～CA4四个区(图10-82)。下托的组织结构显示,皮质分为4～5层,是三层结构的古皮质(海马)向过渡类型皮质(海马旁回)移行区。依据下托的细胞构筑情况将下托分为旁下托、前下托、下托和副下托四个部分(图10-82)。

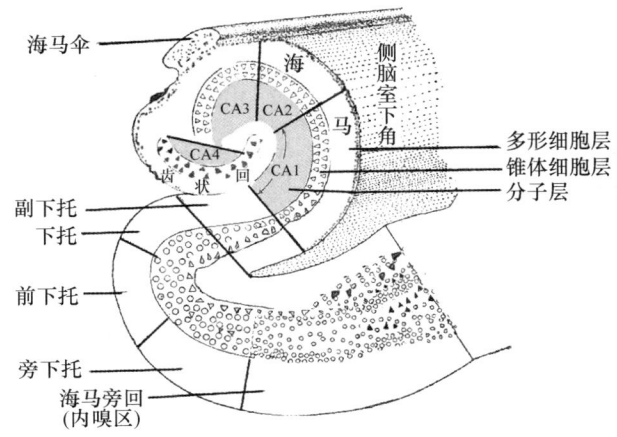

图 10-82　齿状回、海马、下托的皮质分层、分区

海马主要接受内嗅区（海马旁回前部的大部分皮质，相当于 Brodmann 28 区）、前梨状区（外侧嗅纹表面的薄层灰质）和杏仁体的纤维传入，其次还接受隔核、下丘脑、丘脑前核、中缝核、蓝斑及扣带回来的纤维。海马锥体细胞的轴突形成的纤维出海马集结成束，主要构成海马伞、穹隆，经穹隆连合交叉、穹隆体、穹隆柱至下丘脑的乳头体（图 10-80）。还有些纤维终止于扣带回、隔核、视前区、下丘脑外侧区、丘脑前核和对侧海马等。近年来的研究证明，海马与学习、记忆、情绪反应密切相关。

四、杏仁体

杏仁体（amygdaloid body）（图 10-83）又称为杏仁复合体（amygdaloid complex corpus），是一对灰质团，因形如杏仁而得名。杏仁体位于颞叶前端，海马旁回钩的深层（图 10-73，图 10-78），其后部与尾状核的尾部相接。杏仁体由许多核团组成，人的杏仁体通常被分为皮质内侧核群和基底外侧核群两个部分。在两个部分之间有边界不太明显的中央核，也有人将其列为独立的核团。每个部分又分为若干个核。

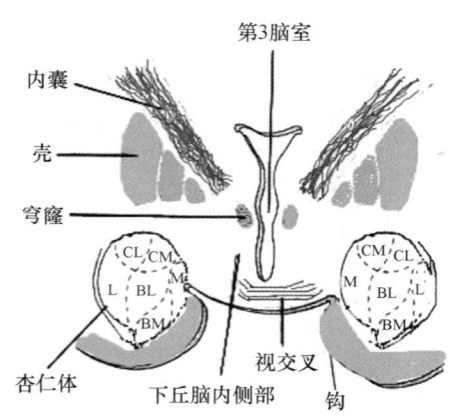

图 10-83 大脑、间脑额状切，示杏仁体分部及位置（Siegel et al., 2006）

L，皮质外侧核； CL，中央外侧核；
CM，中央内侧核； M，内侧核；
BL，基底外侧核； BM，基底内侧核

1. 皮质内侧核群

人类的皮质内侧核群（corticomedial nuclear group）位于杏仁体的背外侧部，属于较古老的部分，相对较小，此核还可以分为内侧杏仁核（中央内侧核）、皮质杏仁核（皮质外侧核）、外侧嗅束核和中央核。

2. 基底外侧核群

基底外侧核群（basolateral nuclear group）位于杏仁体的腹部，该核在人类中特别发达。该核还可以分为外侧杏仁核、基底杏仁核和副基底杏仁核。

3. 杏仁核的纤维联系

（1）传入纤维（终止于杏仁体的纤维）：

① 嗅球和前嗅核发出的纤维终止于皮质内侧核群。
② 丘脑背内侧核发出的纤维终止于基底外侧核。
③ 脑干网状结构（中缝核、蓝斑核等）发出的纤维终止于中央核。
④ 下丘脑腹内侧核发出的纤维终止于皮质内侧核群。
⑤ 大脑新皮质（额前皮质区，顶、枕叶的一部分，颞下回，扣带回）发出的纤维终止于基底外侧核群。

（2）传出纤维：杏仁体的传出纤维止点广泛，在很大程度上其传出纤维与传入纤维呈往返联系。传出纤维集中成较大的两条纤维束，一条为背侧传出纤维束——终纹（terminal stria）；另一条为腹侧传出纤维，这条途径的纤维较分散。

终纹主要发自杏仁体的皮质内侧核，呈弓状，行走于侧脑室底部，尾状核与丘脑之间。其纤维止于下丘脑视前区、下丘脑腹内侧区及隔核（图 10-80）。杏仁体的腹侧传出纤维主要起自基底外侧核，在豆状核的下方向前散开，终止于视前区的视前外侧核、隔核、丘脑背侧核及边缘叶、额叶新皮质。中央杏仁核发出纤维至黑质、中脑水管周围灰质及脑干网状结构。

杏仁体与嗅觉、内脏活动、情绪反应、躯体运动和内分泌功能的调节有关。

五、基底前脑

基底前脑（basal forebrain）位于大脑半球前内侧面和底面，间脑的腹侧，前连合的下方，包括下丘脑视前区、隔核、斜角带核、迈纳特基底核、伏隔核、嗅结节和杏仁体等（图 10-76，图 10-84）。

斜角带核(图 10-76,图 10-84)位于前穿质后部,邻近视束处,呈斜带状,由前上向后下,依据细胞的排列方向分为垂直支和水平支两部分。

迈纳特基底核是位于豆状核下方、前穿质与大脑脚间窝之间的一大群细胞(图 10-84)。迈纳特基底核、伏隔核和斜角带核内含有大、中型胆碱能神经元,广泛投射到大脑新皮质、海马等处,与学习、记忆有关。

伏隔核位于隔区下外方,壳核的内下方(图 10-84),腹侧为苍白球和嗅结节,是基底前脑区中较大的核团。研究表明,该核与边缘系统的其他结构、大脑新皮质有广泛联系。伏隔核与躯体运动、内脏活动整合、成瘾和痛觉调节有关。

下丘脑视前区、隔核、杏仁核、嗅结节前已述及。

许多临床病例追踪研究和动物实验研究表明,基底前脑病变与精神分裂症、帕金森综合征、阿尔茨海默病的发病有关。

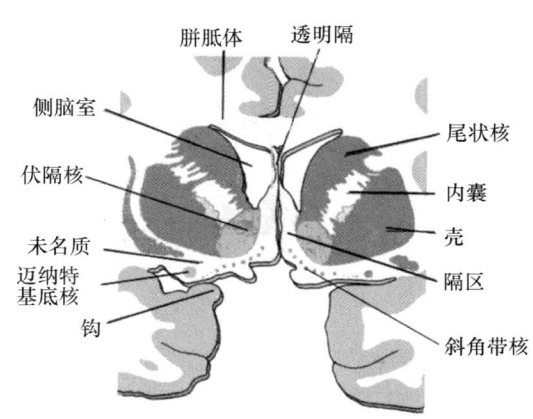

图 10-84 大脑、间脑冠状切,示基底前脑结构
(Siegel et al.,2006)

(崔希云、史远、祝建平、何峰)

练 习 题

1. 名词解释：
   脊髓节段,马尾,神经核,灰质,白质,纤维束,牵张反射,肌张力,膝跳反射,反牵张反射,屈肌反射,内侧丘系,脊丘系,外侧丘系,三叉丘系,锥体束,锥体交叉,丘系交叉,斜方体,网状结构,小脑脚,脑神经核,中脑被盖,基底前脑,隔区,海马,伏隔核。

2. 辨析下列名词的异同：
   灰质与神经核,神经元轴突与神经纤维,神经纤维、神经纤维束与神经,膝跳反射与屈肌反射,边缘系统与边缘叶,海马结构与海马,小脑皮质与小脑髓质,中央前回与中央后回,锥体与锥体交叉。

3. 简述题：
   (1) 简述脊髓的位置与外形。
   (2) 简述脊髓的内部构造。
   (3) 简述脊髓的功能。
   (4) 简述第 3~第 12 对脑神经出入脑的部位。
   (5) 从外形上如何将脑干分为延髓、脑桥和中脑?
   (6) 简述脑干内部结构的特点。
   (7) 简述瞳孔对光反射、角膜反射和泌涎反射的反射弧。
   (8) 简述小脑的构成、小脑皮质的分叶及各叶的功能。
   (9) 小脑皮质分为几层? 信息是如何在小脑皮质内传递并传出的?
   (10) 小脑髓质内的纤维束分为几类? 分别起何作用?
   (11) 简述间脑的位置与构成。
   (12) 简述间脑的分部及各部分的功能。
   (13) 简述丘脑的位置、结构和功能。
   (14) 简述下丘脑的位置、分区及其功能。

4. 问答题：
   (1) 腰部第 2 脊髓节段左侧半横断性损伤,断面以下会出现何症状? 为什么?

(2) 脑神经运动核损伤与脑神经运动根损伤引起的结果相同吗？

(3) 脑神经核以什么规律排列在脑干正中沟的两侧？

(4) 大脑背外侧面分为几叶，各叶上有哪些重要沟回，这些脑回有何功能？

(5) 大脑是怎样构成的？大脑新皮质是怎样构成的？

(6) 何为大脑皮质功能柱？

(7) 大脑基底神经核位于何处？有何功能？

参 考 文 献

BEAR M F，CONNORS B W，PARADISO M A，2002. Neuroscience：exploring the brain：2nd ed [M]. 影印版. 北京：高等教育出版社.

BRODMANN K，1909. Vergleichende Lokalisationslehre der Grosshirnrinde[M]. Leipzig：Johann Ambrosius Barth.

LORENTE DE NÓ R，1934. Studies on the structure of the cerebral cortex. II. Continuation of the study of the ammonic system[J]. J psychol neurol，46：113-177.

MADER S S，2002. Understanding human anatomy and physiology：4th ed [M]. 影印版. 北京：高等教育出版社.

PAPEZ J W，1937. A proposed mechanism of emotion[J]. Arch neurpsych，38(4)：725-743.

SIEGEL A，SAPRU H N，2006. Essential neuroscience[M]. Lippincott：Williams and Wilkins.

艾洪滨，2009. 人体解剖生理学[M]. 北京：科学出版社.

柏树令，2005. 系统解剖学[M]. 北京：人民卫生出版社.

成令忠，1992. 组织学与胚胎学[M]. 3版. 北京：人民卫生出版社.

段相林，郭炳冉，辜清，2006. 人体组织学与解剖学[M]. 4版. 北京：高等教育出版社.

高士濂，于频，1989. 人体解剖图谱[M]. 上海：上海科学技术出版社.

郭光文，王序，1986. 人体解剖彩色图谱[M]. 北京：人民卫生出版社.

李继硕，2002. 神经科学基础[M]. 北京：高等教育出版社.

唐竹吾，1986. 中枢神经系统解剖学[M]. 上海：上海科学技术出版社.

严振国，1995. 正常人体解剖学[M]. 上海：上海科学技术出版社.

曾小鲁，1994. 神经解剖学基础[M]. 北京：高等教育出版社.

朱长庚，2002. 神经解剖学[M]. 北京：人民卫生出版社.

第十一章　中枢神经系统的血液循环与血脑屏障

第一节　中枢神经系统的血液循环

一、概述

中枢神经系统代谢非常旺盛，耗氧量较大，约占全身总耗氧量的 20%，因此，其血液供应非常丰富。脑的代谢每 24 h 约需氧 72 L，糖 150 g，而脑组织中几乎无葡萄糖和氧的储备，脑的能量代谢几乎全部依靠血液供给。成人每分钟的脑血流量为 750～1000 mL，占心脏搏出量的 15%～20%。同时，脑组织对缺血、缺氧非常敏感，缺血、缺氧超过 4 min 时即可使脑神经细胞发生不可逆性坏死，造成严重的神经功能障碍。

（一）脑血管的特点

脑血管与其他部位的血管不同，有其自身的特点。

(1) 脑的动脉来自颈内动脉(internal carotid artery)和椎-基底动脉，两者在脑底部相互吻合并形成大脑动脉环，也称为威利斯环(Willis circle)。

(2) 脑动脉管壁较薄，与颅外相同管径的静脉类似。

(3) 大脑半球的动脉可分为皮质支(分布于皮质及皮质下的浅层髓质)和中央支(分布于基底核、内囊和间脑)。皮质支在软脑膜内可形成丰富的吻合，但中央支互不吻合，故又称为终动脉，栓塞时可致所供应的脑区缺血性坏死。

(4) 脑的静脉多不与同名动脉伴行，静脉内无完整的静脉瓣，浅层的静脉在脑底部也相互吻合形成静脉环。颅内的硬脑膜窦可视为特殊类型的静脉，其内也无完整的瓣膜。

(5) 脑内的毛细血管分布极不均匀，其分布的疏密程度与脑区内的神经元和神经突触的数量紧密正相关。

(6) 脑内毛细血管与神经元间可形成血脑屏障，但在某些区域缺乏血脑屏障，如松果体、下丘脑的正中隆起、垂体后叶、延髓最后区、后连合、终板和脉络丛等处。

（二）脑动脉无搏动的原因

脑内动脉与外周动脉不同，一般都不表现出明显的搏动，在透明颅骨标本上已经得到了证实，其原因可能与下列因素有关：

(1) 颈内动脉和椎动脉进入颅腔时均有一段极度弯曲的行程，降低了血液对管壁的压力。

(2) 密闭的颅腔环境使颅内保持一定的压力，可在一定程度上限制血管壁向外扩张。

(3) 脑动脉在软脑膜下的广泛吻合分散并减弱了血管的搏动。

(4) 脑血管壁的外膜和中膜均较薄，平滑肌少，缺乏外弹性膜，血管的舒张和收缩能力较小。

二、脑的动脉系统

脑的动脉血液供应来自颈内动脉系统和椎-基底动脉系统。颈内动脉系统供应大脑半球和间脑的前 2/3；椎-基底动脉系统供应大脑半球和间脑的后 1/3、小脑和脑干。两个动脉系统通过后交通动脉在脑底面互相交通，它们的分支在软脑膜内相互吻合。脑动脉的分支，按分布的范围可分为皮质支和中央支，皮质支分布于大脑表面的皮质及皮质下的浅层髓质，而中央支则分布于基底核、内囊和间脑。

(一) 颈内动脉系统

颈内动脉在甲状软骨上缘平面起于颈总动脉,和迷走神经、颈内静脉一起在颈动脉鞘内沿颈部两侧上升至颅底,经颞骨岩部的颈动脉管外口进入颈动脉管,自颈动脉管内口穿出后在破裂孔上方,沿海绵窦内侧壁的颈动脉沟上行,至前床突下方,向后上急转穿过鞍隔处的硬脑膜进入蛛网膜下隙。在交叉前沟的两侧分为大脑前动脉和大脑中动脉(图11-1,图11-2)。

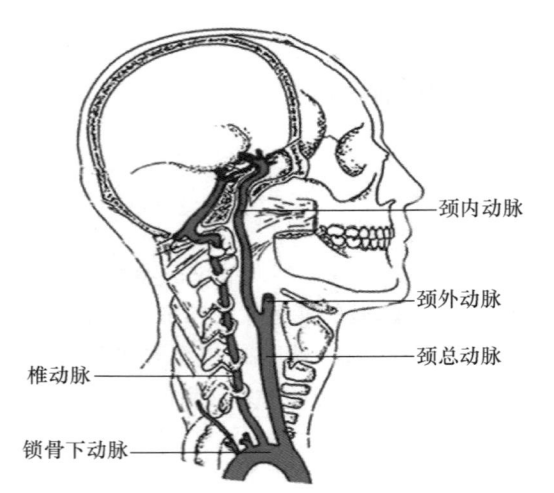

图 11-1　椎动脉和颈内动脉的行程(顾晓松,2011)　　　　图 11-2　脑底的动脉(顾晓松,2011)

颈内动脉的走行和分段如下。

1. 颅外段(颈段)

自颈总动脉发出后,沿咽侧壁至颅底,此段在颈动脉鞘内与颈内静脉和迷走神经伴行,走行较直且无分支,年龄较大且伴有动脉硬化者,颈段可弯曲或呈波浪状,甚至扭曲而致脑供血不足。颈内动脉的起始部明显膨大,称为颈动脉窦,窦壁内有压力感受器分布,当颈内动脉内的压力明显改变时,可反射性地调整心血管系统的活动。

2. 颅内段

影像学上行颈动脉造影时一般将颅内段分为五段(图11-3)。

(1) C_5 段:岩内段,又称为颈动脉管段,是颈内动脉经颈动脉管内走行的一段。此段可发出颈鼓动脉和翼管动脉等。此段与中耳和内耳间仅以薄骨片分隔,故中耳和内耳的感染可能引起颈内动脉周围炎。若此薄骨片不完整或过于菲薄,在觉醒时,可能听到一种持续性的杂音,属正常的生理现象。

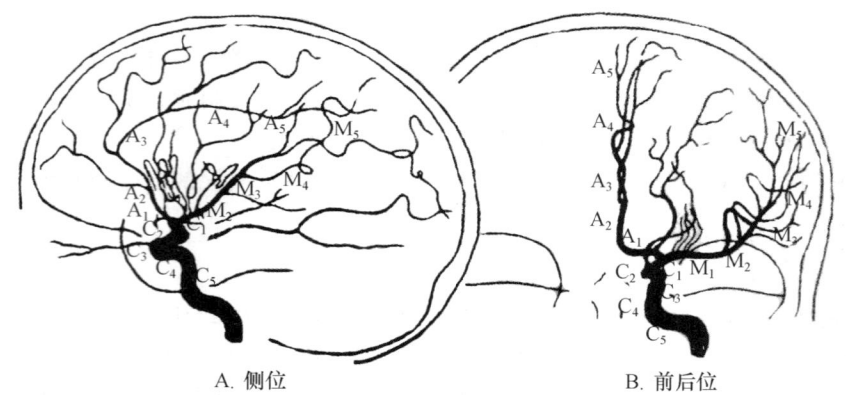

图 11-3　脑血管造影(段菊如 等,2002)

(2) C_4 段：海绵窦段，颈内动脉自颈动脉管内口穿出后，向前内进入海绵窦，紧贴海绵窦内侧壁，沿颈内动脉沟向前上行走。此段起始部位于三叉神经节（图 11-4）下方，两者之间仅隔以薄骨片和硬脑膜。若该骨片缺如，颈内动脉与三叉神经节之间仅以硬脑膜分隔，当颈内动脉扩张或有颈内动脉瘤时，可刺激三叉神经，引起三叉神经痛。

C_4 段位于海绵窦的最内侧，与垂体非常邻近，临床上行垂体摘除术时应小心，以免损伤颈内动脉。此段动脉与海绵窦壁借纤维组织紧密相连，当颅中窝骨折时可致其破裂，其内动脉血流入海绵窦内，形成海绵窦动静脉瘘。

(3) C_3 段：前膝段，此段为颈内动脉沿颈动脉沟上行至前床突高度，向上后弯曲并穿过硬脑膜的一段，由此段可发出眼动脉、垂体上动脉等分支。

① 眼动脉（ophthalmic artery）（图 11-4）：自颈内动脉发出后，于视神经内下方伴视神经经视神经管入眼眶。其在眼内的分支分布于眼球、眼球外肌、泪腺和视网膜等处。视网膜中央动脉（centralretinal artery）为眼动脉最重要的分支。

② 视网膜中央动脉：眼动脉穿出视神经管后即发出视网膜中央动脉，此动脉位于硬脑膜鞘内，经视神经下方向上依次穿过脑蛛网膜和软脑膜至视神经中央，水平向前经视神经盘进入视网膜，在视神经盘处分为鼻侧上小动脉、鼻侧下小动脉和颞侧上小动脉、颞侧下小动脉 4 支血管（图 11-5）。视网膜中央动脉变异较多，有时在视神经盘处可见 2 支、4 支或 8 支网膜支。鼻侧小动脉管径较小，颞侧小动脉管径较大，还可发出黄斑上、下小动脉，分布至黄斑。

视网膜中央动脉有视网膜中央静脉与之伴行，其发出的 4 条小动脉的直径约为 0.1 mm，而伴行的小静脉直径约为 0.2 mm。在眼底镜下观察，视神经盘处的静脉与动脉管径之比约为 3∶2（图 11-5）。

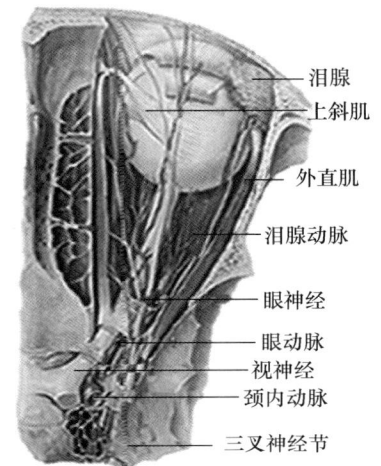

图 11-4 眼动脉（郭光文 等，2008）

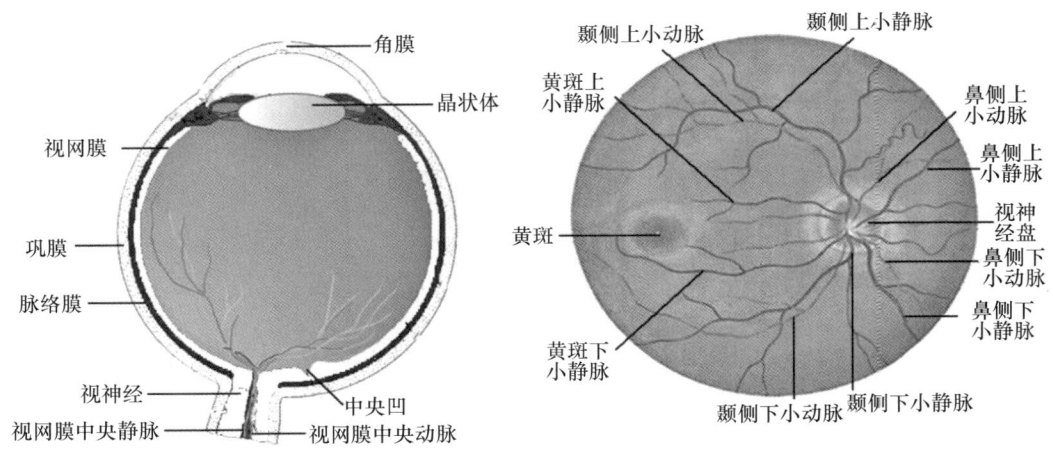

图 11-5 视网膜中央动脉（郭光文 等，2008）

(4) C_2 段：视交叉池段，位于视交叉池内，走行较水平。

(5) C_1 段：后膝段，颈内动脉于交叉池内向前上弯行，至前床突上方向前分为大脑前动脉（A_1 段）和大脑中动脉（M_1 段）两个终支。通常把颈内动脉的末端（C_1 段）、大脑前动脉的起始部（A_1 段）和大脑中动脉的起始部（M_1 段）合称为颈内动脉分叉部。

在脑血管造影的前后位片上，颈内动脉分叉部大致呈"T"字形。C_2 段与 C_3 段的上端重叠，C_4 与 C_3 段的下端重叠，重叠区呈圆点状。当颈内动脉分叉部血管发生变异时，其形态亦发生改变，因此观测此部的形态有助于临床诊断。在侧位片上 C_2、C_3 和 C_4 三段相互连接成"C"形曲线,称为虹吸部。C_1 段还向后发出后交通动脉和脉络丛前动脉(图 11-3)。

① 后交通动脉(posterior communicating artery):由颈内动脉后内侧壁发出,在乳头体外侧,经视束和动眼神经之间向后内与大脑后动脉相连(图 11-2,图 11-3)。因后交通动脉和与之相连接的颈内动脉部分紧邻动眼神经,故此处发生的动脉瘤均可压迫动眼神经,引起相应的临床症状。

② 脉络丛前动脉(anterior choroidal artery):在视束外侧由颈内动脉发出,有的发自后交通动脉远侧端。在视束的下方向后内行至外侧膝状体的前方,又斜向后外行至海马旁回的钩附近,经脉络裂入侧脑室下角,与脉络丛后动脉吻合,形成侧脑室脉络丛。在进入侧脑室下角以前,脉络丛前动脉发出的中央支主要分布于内囊膝部和后肢、杏仁体、尾状核、苍白球、背侧丘脑等结构,发出的皮质支主要分布至海马旁回及钩等部。由于脉络丛前动脉行程较长,管径较细,外径约 1 mm,容易发生栓塞,栓塞后可致苍白球、海马缺血性病变。

3. 大脑前动脉(anterior cerebral artery)

在视交叉外侧由颈内动脉前壁发出大脑前动脉。大脑前动脉是颈内动脉较小的终支。此动脉经视交叉上方向上进入大脑纵裂,绕胼胝体膝部,沿胼胝体沟向后行至胼胝体压部。主要分支分布于大脑半球内侧面顶枕沟以前的大脑皮质。两侧大脑前动脉借前交通动脉相连,在顶枕叶交界处大脑前动脉与大脑后动脉的分支可以相互吻合(图 11-2,图 11-3,图 11-6)。

大脑前动脉以前交通动脉为界可分为交通前部和交通后部两部分。在 X 线造影时,通常把大脑前动脉的交通前部称为 A_1 段,此段水平向前行走,故又称为水平段,长 10～15 mm,直径约为 2.6 mm;交通后部按行程可分为 A_2 段(上行段)、A_3 段(胼胝体膝段)、A_4 段(胼周段)和 A_5 段(终段)四段(图 11-2,图 11-3,图 11-6)。

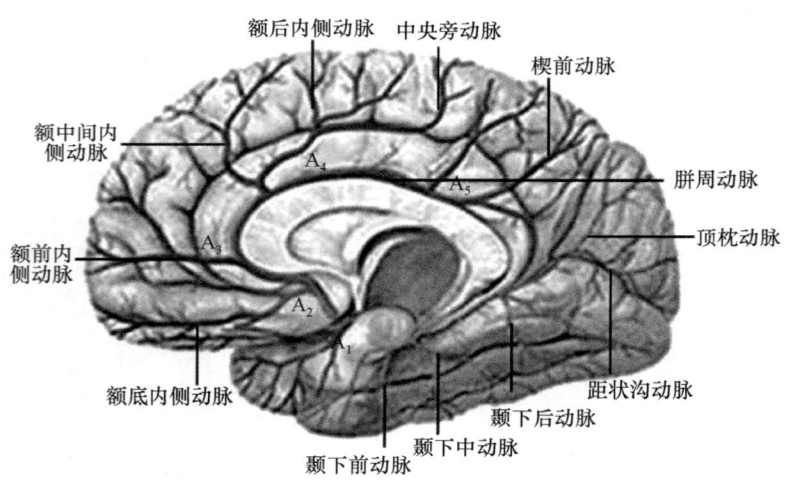

图 11-6　脑内侧面的动脉(徐达传,2007)

大脑前动脉的皮质支供应顶枕沟以前的半球内侧面及额叶底面的一部分,额叶和顶二叶上外侧面的上部。主要有额底内侧动脉、额前内侧动脉、额中间内侧动脉、额后内侧动脉、胼周动脉、中央旁动脉、楔前动脉。

大脑前动脉的中央支,即内侧豆纹动脉,分布于壳核、尾状核头、内囊前下部、视交叉和下丘脑等处。由于大脑前动脉近侧段外侧部分发出的中央支是分布于前穿质和丘脑下部动脉的主要来源,故外科手术处理此处动脉瘤时,应谨慎操作。

前交通动脉:连接两侧大脑前动脉,长约为 2.7 mm。其发出的中央支(穿支)平均为 5 支,多数较细,外径为 0.1～0.2 mm。分布于视交叉、视交叉上部、终板、胼胝体下回、旁嗅区、胼胝体膝、扣带回前部、丘脑下部和穹隆柱。

4. 大脑中动脉(middle cerebral artery)

大脑中动脉自颈内动脉发出后,水平向外经前穿质进入大脑外侧沟,沿岛叶外侧面向后上行走。大脑中动脉在岛叶附近可分为两支,上支主要分布于额叶和顶叶皮质;下支主要分布于颞叶、枕叶和顶叶皮质(图11-2,图11-3,图11-7)。

X线造影时,也可把大脑中动脉分为五段(图11-3)。

M_1 段:即水平段,此段自颈内动脉分出后,在眼眶后方水平向外行走,故又称为眶后段。

M_2 段:即岛叶段,该段经岛叶的表面进入外侧裂,也称为侧裂段。在脑血管造影正位像上,可见此段紧邻颅腔外侧壁,走行方向与颅骨内板的弧度大致相同。此段发出颞前动脉,分布至颞叶前部皮质。

M_3 段:外侧沟段,此段在外侧沟内向后上行走,发出沿中央沟上升的升动脉。

M_4 段:此段为大脑中动脉发出的一个分支,即顶后动脉,分布至顶叶后部皮质。

M_5 段:此段为大脑中动脉的两个终支,即角回动脉和颞后动脉。

临床上,通常将 M_4 和 M_5 段合称为终末段。

大脑中动脉皮质支(图11-7)主要有额底外侧动脉、中央前沟动脉、中央沟动脉、中央后沟动脉、顶后动脉、角回动脉、颞后动脉、颞中动脉、颞前动脉、颞极动脉。

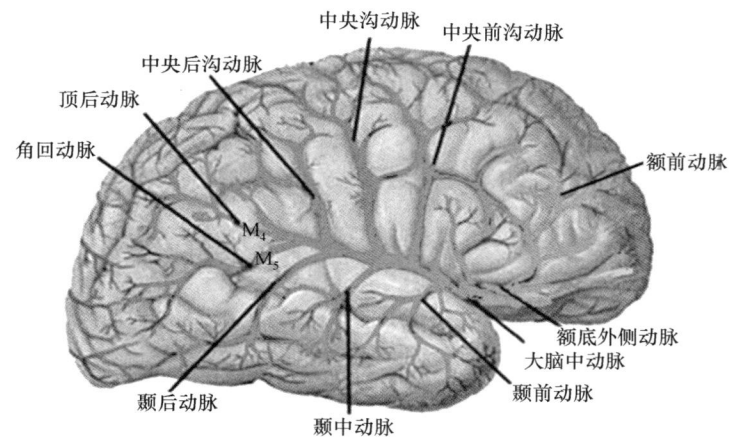

图11-7 大脑中动脉皮质支(徐达传,2007)

大脑中动脉皮质支主要分布于大脑半球上外侧面,其主干闭塞时,可致额中回、额下回后部和中央前回、中央后回皮质液化性坏死,可出现对侧面肌、舌肌和肢体骨骼肌瘫痪,对侧浅、深感觉减退或消失,若坏死发生在优势半球,还会出现语言功能障碍(如出现运动性失语症、失写症及失读症等)。

大脑中动脉发出的中央支(图11-8)管径细小,大多呈直角自大脑中动脉发出,中央支之间不相互吻合,栓塞时可导致相应脑区缺血性病变。根据其部位又可分为内侧支和外侧支两组。

① 内侧支:又称为内侧豆纹动脉,自大脑中动脉发出后,经蛛网膜下隙穿入前穿质,分布于豆状核、尾状核和内囊。

② 外侧支:又称为外侧豆纹动脉,分布于豆状核、尾

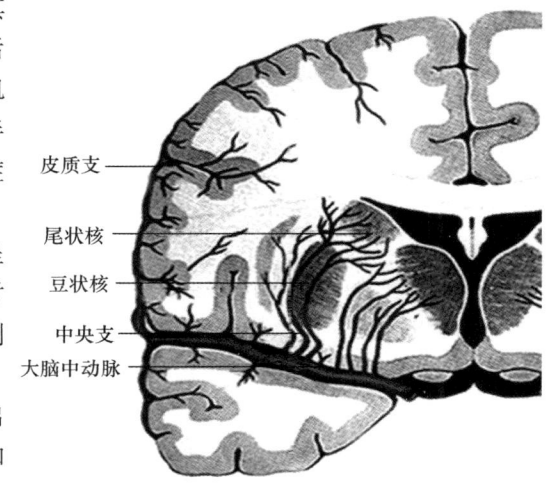

图11-8 大脑中动脉的中央支(郭光文 等,2008)

状核、内囊膝部和后肢。该动脉最易在壳核部和外囊破裂出血,向内压迫内囊,出现三偏征,故此支又称为脑出血动脉或Charcot脑出血动脉。

(二) 椎-基底动脉系统

1. 椎动脉

椎动脉(vertebral artery)起自锁骨下动脉。椎动脉在前斜角肌内侧，自锁骨下动脉的后上壁发出后向上穿第6颈椎至第1颈椎横突孔上行，穿出寰椎横突孔后，向后弯绕至寰椎侧块后方，经椎动脉沟向内穿寰枕后膜、硬脊膜及蛛网膜，进入蛛网膜下隙，沿延髓腹外侧经枕骨大孔入颅腔后继续上行，至延髓脑桥沟处左、右椎动脉汇合成一条基底动脉，经脑桥腹侧的基底动脉沟上行至脑桥上缘，分为左、右大脑后动脉两终支。

椎动脉全程可分为四段(图 11-1,图 11-2,图 11-9)。

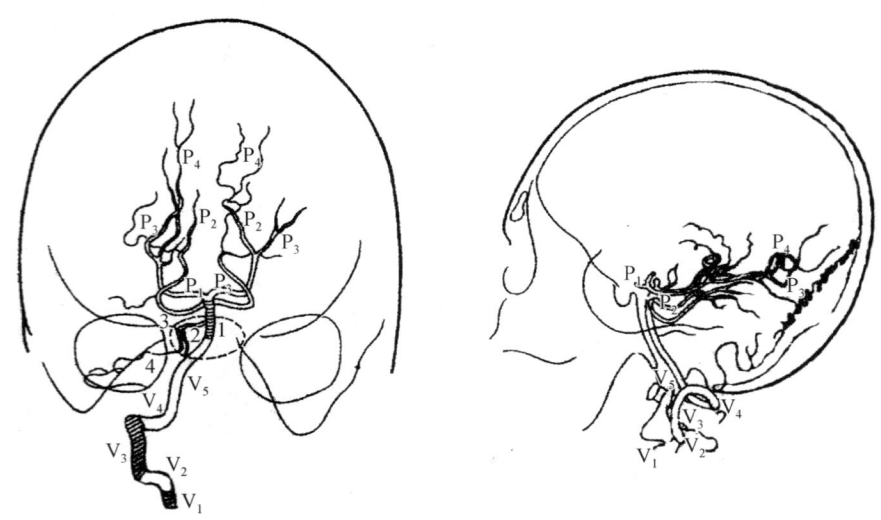

图 11-9 椎-基底动脉系造影(段菊如 等,2002)

V_1 段：颈段，自锁骨下动脉发出至穿入第6颈椎横突孔以前的一段。

V_2 段：椎骨段，此段向上依次穿过第6至第1颈椎横突孔。

V_3 段：枕段，此段穿出第1颈椎横突孔，向后弯绕至寰椎侧块后方，经椎动脉沟向内行至枕骨大孔。

V_4 段：颅内段，穿出枕骨大孔后沿延髓腹外侧上行至延髓脑桥沟处合成基底动脉。

椎动脉在入颅前发出一些肌支分布至附近肌；发出脊膜支经椎间孔入椎管，分布于脊髓及其被膜、颈椎椎体及其骨膜。

椎动脉在颅内分支较多，主要有：

(1) 脊髓前动脉(anterior spinal artery)：多于橄榄体上部自椎动脉发出(约占69%)，斜向下内至中线汇合成一单干沿脊髓前正中裂下行。在汇合前每侧脊髓前动脉发出数支延髓支，经前正中裂入延髓(图11-2)。

(2) 脊髓后动脉(posterior spinal artery)：多起自椎动脉，两侧不汇合，沿脊髓后外侧面下降，常可分为上、下两支。上支向上内分布至薄束结节、楔束结节及延髓侧面。下支分布至脊髓后外侧面。

(3) 延髓动脉(medulla oblongata artery)：由椎动脉外侧壁发出，分布于橄榄和延髓外侧部结构(图11-2)。

(4) 小脑下后动脉(posterior inferior cerebellar artery)(图11-2)：变异较大，大多于橄榄体下端平面起于椎动脉，偶见一侧或双侧缺如或两侧管径大小不等。

小脑下后动脉自椎动脉发出后经橄榄下端绕向背侧，至脑桥下缘沿小脑下脚向下外至蚓垂。通常可分为内、外两支。内支主要分布于小脑下蚓和小脑半球中间部；外支主要分布于小脑半球下面的后部皮质。在小脑半球的外侧，小脑下后动脉可与小脑下前动脉和小脑上动脉相互吻合。小脑下后动脉发出小支分布至延髓的橄榄后区,还可发出小支至第4脑室,参与第4脑室脉络丛的组成。

小脑下后动脉与延髓外侧的舌咽神经、迷走神经、副神经的神经根邻接紧密(图11-2),动脉病变时可压迫神经根。松解或牵拉神经手术时应小心操作,以免损伤血管而造成严重出血,也应避免误扎小脑下后动脉。小脑下后动脉走行多较弯曲,易栓塞而引起延髓背外侧综合征。

2. 基底动脉

基底动脉(basilar artery)由两侧椎动脉在延髓脑桥沟处汇合而成。由于两侧椎动脉管径粗细不等,在血流动力学的作用下,可致基底动脉弯曲,随着年龄的增长,基底动脉弯曲逐渐增多。所以,儿童的基底动脉大多为平直型,而成人的基底动脉多为弯曲型,以凸向右者居多。

基底动脉自下而上依次发出以下分支(图11-2)。

(1) 小脑下前动脉(anterior inferior cerebellar artery):绝大多数发自基底动脉的起始部,管径约1.2mm。小脑下前动脉沿小脑中脚的表面向外下经脑桥小脑三角,主要分布于小脑绒球及相邻区域。该动脉在脑桥小脑三角内还可发出小支分布至脑桥、延髓及展神经、面神经、前庭蜗神经的神经根。

小脑下前动脉在小脑中脚的表面可分支吻合形成动脉襻,此动脉襻与三叉神经根相距仅6mm,在动脉造影时,可以之作为三叉神经根的定位标志。小脑下前动脉与展神经根的关系比较密切,若此动脉位于展神经根背侧时,可向前压迫展神经,出现眼内斜视等展神经麻痹症状。

(2) 迷路动脉(labyrinthine artery):细长,外径0.2mm。大多由小脑下前动脉发出,少数可发自基底动脉。迷路动脉发出后经脑桥小脑三角与面神经、前庭蜗神经一起经内耳门入内耳道,穿过内耳道底至内耳,主要分布于耳蜗及前庭。此动脉管径细小,易栓塞而引起耳蜗和前庭的缺血性病变,临床上可出现头晕、耳鸣、听力下降等症状。

(3) 脑桥动脉(pontine arteries):有十余支,由基底动脉发出后水平向外,主要分布于脑桥腹侧。

(4) 小脑上动脉(superior cerebellar artery):靠近基底动脉分叉部发出,外径约1.5mm。此动脉常与大脑后动脉伴行,沿大脑脚向后外分布至小脑齿状核、小脑半球前部、小脑上蚓部及小脑上脚。小脑上动脉与三叉神经根紧贴,由于三叉神经根起始部无髓鞘,受动脉搏动的刺激,常可引起三叉神经痛的症状,是临床上三叉神经痛的常见解剖原因。

(5) 大脑后动脉(posterior cerebral artery)(图11-2):大脑后动脉为基底动脉的终支。与小脑上动脉伴行,两者之间有动眼神经和滑车神经穿过。若此二动脉有动脉瘤时,均可压迫动眼神经和滑车神经,引起相应的临床症状。大脑后动脉与后交通动脉相连接,可以连接点将大脑后动脉分为近侧段和远侧段两段。远侧段绕过大脑脚,进入大脑半球内侧面,沿海马沟后行,最后进入距状沟内分为顶枕动脉和距状沟动脉(图11-6)。

大脑后动脉血管造影时可分为五段(图11-9)。

P_1段:大脑后动脉的近侧段。

P_2段:大脑后动脉自连接点开始绕大脑脚后行至海马旁回之间,位于环池内,故又称为环池段。

P_3段:此段沿海马沟后行,位于四叠体池的外侧面,又称为四叠体段。

P_4段:为大脑后动脉的终末部,分出距状沟动脉和顶枕动脉,分布至枕叶内侧面和顶叶内侧面的后部皮质。

P_5段:为大脑后动脉在海马沟内的分支的合称,包括颞下前动脉、颞下中动脉和颞下后动脉,分布至颞叶皮质。

大脑后动脉皮质支主要有:① 颞下前动脉;② 颞下中动脉;③ 颞下后动脉;④ 距状沟动脉;⑤ 顶枕动脉。其中①、②、③分支合称为外侧支,即P_5段;④、⑤分支合称为内侧支,即P_4段。除上述皮质支外,大脑后动脉还发出细小的分支分布于海马、齿状回及胼胝体压部。

大脑后动脉近侧段发出的中央支分布于背侧丘脑、下丘脑、后丘脑和中脑、大脑脚、动眼神经、乳头体等处。大脑后动脉远侧段发出的中央支分布于大脑脚、丘脑枕、上丘臂、外侧膝状体、背侧丘脑后内侧部、内侧膝状体、下丘臂、四叠体、松果体、缰三角等处。

(三) 大脑动脉环

在脑底部,由两侧大脑前动脉近侧段、前交通动脉、两侧颈内动脉末端、两侧后交通动脉和两侧大脑后动脉近侧段互相连接而成一不规则的动脉环,称为大脑动脉环(图11-2,图11-10),围绕在视交叉、灰结节、乳头体周围,为颅内动脉瘤多发部位。

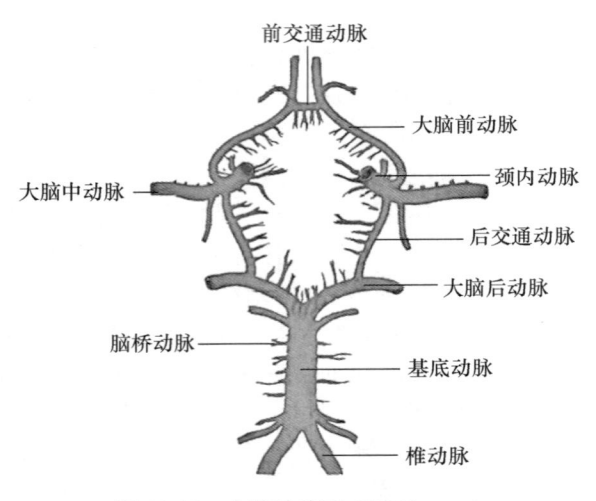

图 11-10　大脑动脉环(顾晓松,2011)

组成大脑动脉环的各血管的管径变异较大,依此可分为近代型、原始型、过渡型、混合型和发育不全型五种类型,还可见由于部分血管缺如而形成的不完整型动脉环,出现率约为4%,大多是后交通动脉缺如,也可见前交通动脉和大脑前动脉近侧段缺如。

大脑动脉环是调节脑血液循环的潜在代偿装置。在正常情况下,组成大脑动脉环的各血管内的血流都按自身的流向流动,当某一血管受阻、狭窄或缺如时,动脉环就起着非常重要的代偿作用。由于大脑动脉环各血管的管径变异较大,故其代偿潜能差异也较大。大脑动脉环的各血管都发出皮质支和中央支两组分支,皮质支分布于大脑皮质(前已详述);中央支分布于内囊、外囊、基底核及间脑。

三、脑的静脉系统

在解剖结构上,脑的静脉系统比动脉系统复杂,且不与脑的动脉伴行。脑的静脉管壁较薄,主要由纤维组织组成,含少量弹力纤维,几乎没有平滑肌,管腔内没有静脉瓣。脑的静脉包括脑表面的浅静脉和脑深部的深静脉,深静脉和浅静脉之间有丰富的吻合。脑静脉内的血液流入硬脑膜窦,经颈内静脉进入上腔静脉系,最后回流至右心房。

脑的静脉系统主要由三组静脉组成。

(一) 硬脑膜窦

硬脑膜窦(sinuses of dura mater)(图11-11,图11-12)为颅内特殊类型的静脉管道,位于硬脑膜内、外层之间,窦壁外层致密,坚韧而无弹性;内层薄而疏松,壁内无平滑肌,无收缩和舒张功能,破损后不能

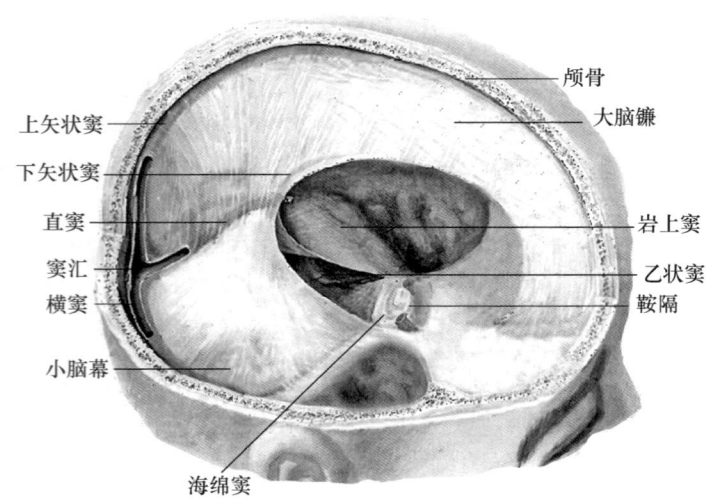

图 11-11　硬脑膜及硬脑膜窦(郭光文 等,2008)

自行塌陷,血栓不易形成,很难自行止血。窦腔内无静脉瓣。硬脑膜窦主要收集脑、脑膜、颅骨(板障静脉)和眼等处的静脉血,此外还有引流脑脊液的功能。硬脑膜窦可通过导血管与颅盖骨内的板障静脉相通,板障静脉又可通过小血管与颅骨外的静脉相通,此途径是颅内外静脉吻合交通的主要通路。

1. 上矢状窦

上矢状窦(superior sagittal sinus)(图 11-11)走行于颅顶内面的上矢状窦沟内,位于大脑镰上缘,向后经窦汇向两侧注入左、右横窦。上矢状窦的横断面略呈三角形,管腔自前向后逐渐增大,管腔向外侧可局部膨大,形成外侧陷窝,窝内有许多蛛网膜粒突入其中,脑脊液经此菜花样颗粒进入上矢状窦。外侧陷窝的外侧缘距正中线约 1.5 cm,因此,自颅盖开颅时,应在正中线 2 cm 以外剪开硬脑膜,以免损伤外侧陷窝和蛛网膜粒。上矢状窦接受脑膜中静脉、大脑上静脉的静脉血,并与鼻、顶、枕区头皮静脉相交通。

2. 下矢状窦

下矢状窦(inferior sagittal sinus)(图 11-11)的管径较上矢状窦小,位于大脑镰下缘后 2/3 部,收集大脑半球内侧面额叶下部的静脉血,向后注入直窦。

3. 直窦

直窦(straight sinus)(图 11-11,图 11-12)由下矢状窦和大脑大静脉汇合而成,行于大脑镰和小脑幕交界处,向后下汇入枕内隆凸内表面的窦汇。直窦还接受小脑幕和小脑半球上的静脉血。

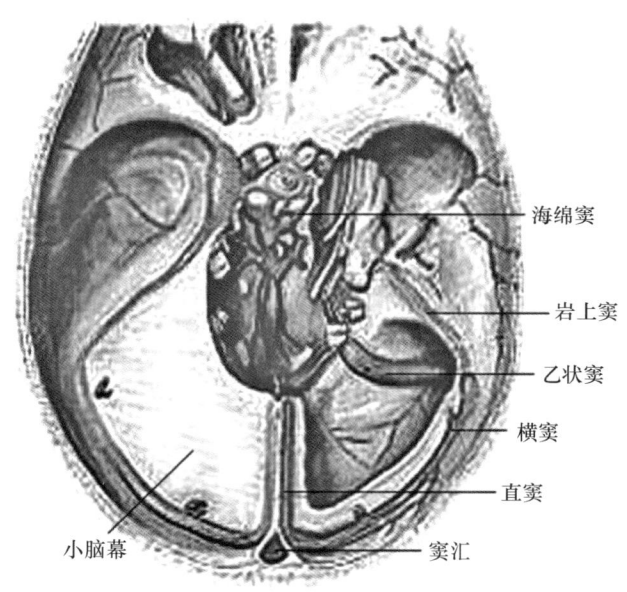

图 11-12　颅底的硬脑膜窦(郭光文 等,2008)

4. 窦汇

窦汇(confluence of sinus)(图 11-11,图 11-12)较膨大,位于枕内隆凸内面,在正中线稍偏右,由上矢状窦、直窦和枕窦汇合而成,向两侧延续为横窦。借枕导静脉与头皮静脉交通。

5. 横窦

横窦(transverse sinus)(图 11-11,图 11-12)位于小脑幕的附着缘内,走行于横窦沟。自窦汇向前外横行至颞骨岩部的基底部急转向下移行于乙状窦。横窦除接受上矢状窦和直窦的血流外,还接受大脑下静脉、大脑中静脉、小脑上静脉、脑干的静脉、岩上窦和脑膜的静脉血。

6. 乙状窦

乙状窦(sigmoid sinus)(图 11-11,图 11-12)位于颞骨乳突部内侧面的乙状窦沟内,呈"乙"形弯曲,经颈静脉孔注入颈内静脉。乙状窦可借乳突导静脉与颅外静脉交通。

7. 海绵窦

海绵窦(cavernous sinus)(图 11-11,图 11-12)位于蝶鞍两侧、破裂孔的上方,呈蜂窝状。海绵窦向前可达眶上裂的内侧部,向后可达颞骨的岩尖部,长约 20 mm,宽约 10 mm,两侧海绵窦间距约为 13 mm。海绵窦内有颈内动脉及展神经通过,海绵窦外侧壁内由上向下依次有动眼神经、滑车神经、眼神经和上颌神经通过。

海绵窦主要接受来自大脑中线区、额叶眶面和眼的静脉血,向后一部分血液经岩上窦汇入横窦,另一部分经岩下窦汇入颈内静脉。

海绵窦与颅外静脉有广泛的交通(图 11-13):

① 海绵窦 → 眼上静脉 → 内眦静脉 → 面静脉。
② 海绵窦 → 眼下静脉 → 翼丛 → 面深静脉。
③ 海绵窦 → 卵圆孔、破裂孔导静脉 → 翼丛 → 面深静脉。
④ 海绵窦 → 基底静脉丛 → 椎内静脉丛 → 体壁静脉。
⑤ 海绵窦 → 岩上窦 → 横窦 → 乙状窦 → 颈内静脉。
⑥ 海绵窦 → 岩下窦 → 颈内静脉。

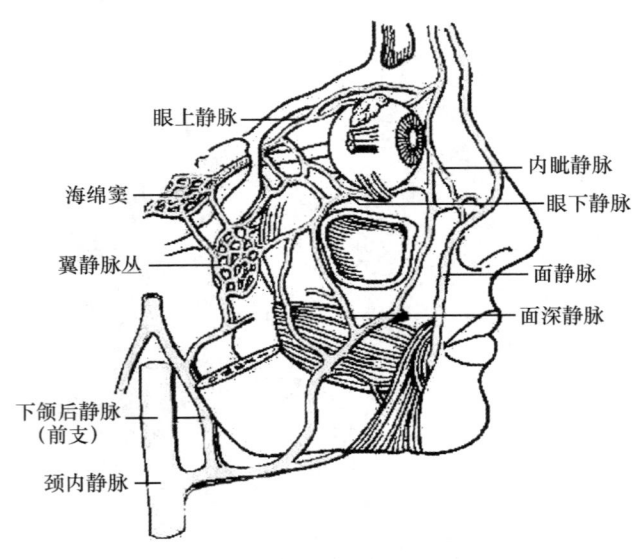

图 11-13　海绵窦的交通(柏树令,2010)

8. 岩上窦

岩上窦(superior petrosal sinus)(图 11-12)走行于岩上沟内,其前内端起于海绵窦,向后汇入横窦。

9. 岩下窦

岩下窦(inferior petrosal sinus)走行于岩枕裂内,其前端起于海绵窦,行向后下,注入颈内静脉,迷路、脑桥、延髓和小脑下面的静脉可汇入此窦。

(二) 大脑半球上外侧面的浅静脉

大脑半球上外侧面的浅静脉主要收集大脑上外侧面表面的皮质和浅层髓质的静脉血,可分为上、中、下三组,其内的静脉血大多就近回流至硬脑膜窦。

1. 大脑上静脉

大脑上静脉(superior cerebral vein)(图 11-14)一般有 8~12 条,分布于额叶、顶叶和枕叶的外侧面上部和内侧面上部。其内部静脉血与上矢状窦血流方向相反,向前上注入上矢状窦。

2. 大脑中浅静脉

大脑中浅静脉(superficial middle cerebral vein)(图 11-14)又称为 Sylvius 浅静脉,行于大脑外侧沟

内,收集外侧沟附近和岛叶表面皮质的静脉血,其内静脉血大多注入基底静脉,也可通过大脑中浅静脉与大脑上静脉吻合支注入上矢状窦,或者通过大脑中浅静脉与大脑下静脉之间的吻合支注入横窦。

3. 大脑下静脉

大脑下静脉(inferior cerebral vein)(图 11-14)位于大脑半球上外侧面的下部,一般有 2～3 条,主要收集颞叶和枕叶外侧面及下面的静脉血,注入横窦或岩上窦。

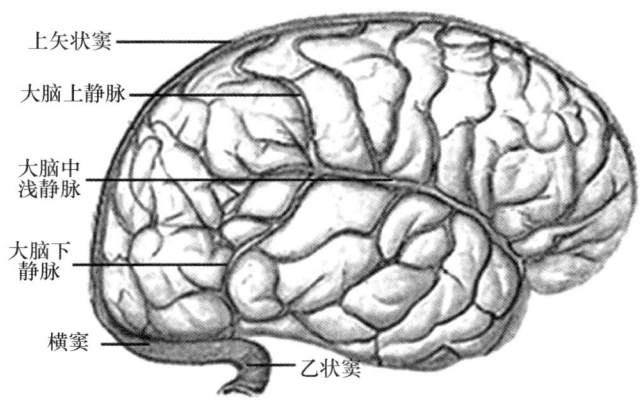

图 11-14　大脑的浅静脉(徐达传,2007)

(三) 大脑半球的深静脉

1. 大脑内静脉

透明隔静脉、丘纹上静脉及脉络丛静脉在室间孔后方汇合成大脑内静脉(internal cerebral vein)。大脑内静脉主要通过其属支收集侧脑室周围的大脑半球髓质、基底核、侧脑室脉络丛及背侧丘脑等部位的静脉血。两侧大脑内静脉向后汇合成一条大脑大静脉。大脑内静脉属支有以下几种。

(1) 透明隔静脉(septum pellucidum vein)(图 11-15):主要收集透明隔、胼胝体嘴及额叶深部的静脉血,向后下注入大脑内静脉。

(2) 丘纹上静脉(superior thalamostriate vein)(图 11-15):又称为终静脉(vena terminalis),在背侧丘脑与尾状核之间,由后外行向前内,于室间孔稍后方转向后内注入大脑内静脉,主要收集背侧丘脑、尾状核等处的静脉血。

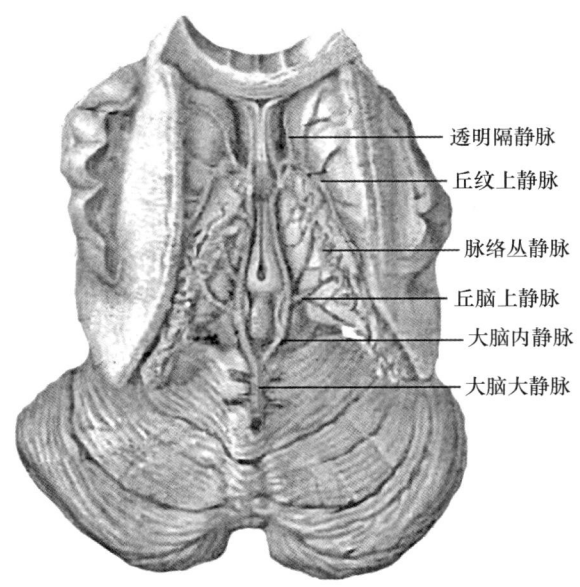

图 11-15　大脑的深静脉(郭光文 等,2008)

(3) 脉络丛静脉(choroid vein)(图 11-15)：起于侧脑室下角的脉络丛,在丘脑背面注入大脑内静脉。此静脉主要收集侧脑室脉络丛和海马区的静脉血。

(4) 侧脑室静脉(lateral ventricular vein)：主要收集侧脑室后角及中央部后部的静脉血,在背侧丘脑上面后部注入大脑内静脉后端。

(5) 丘脑上静脉(epithalamic vein)(图 11-15)：在丘脑髓纹下缘穿出,主要收集间脑背侧部的静脉血,水平向后注入大脑内静脉后部。

2. 大脑大静脉

大脑大静脉(great cerebral vein)(图 11-15)：又称为 Galen 大静脉,由左、右大脑内静脉汇合而成。除引流大脑内静脉的血液外,还收集四叠体、松果体、海马旁回后部以及扣带回后部的静脉血,向后注入直窦。

第二节　脑室与脑脊液

一、脑室系统

脑室系统(图 11-16)是位于脑内的不规则腔隙的总称,其内充满着脑脊液,对颅内压的维持和调节有非常重要的意义。脑室系统主要由侧脑室、第 3 脑室、第 4 脑室、中脑水管组成。侧脑室与第 3 脑室借室间孔相通,第 3 脑室和第 4 脑室借中脑水管相通。此外有时可见到发育异常的第 5 脑室和第 6 脑室。

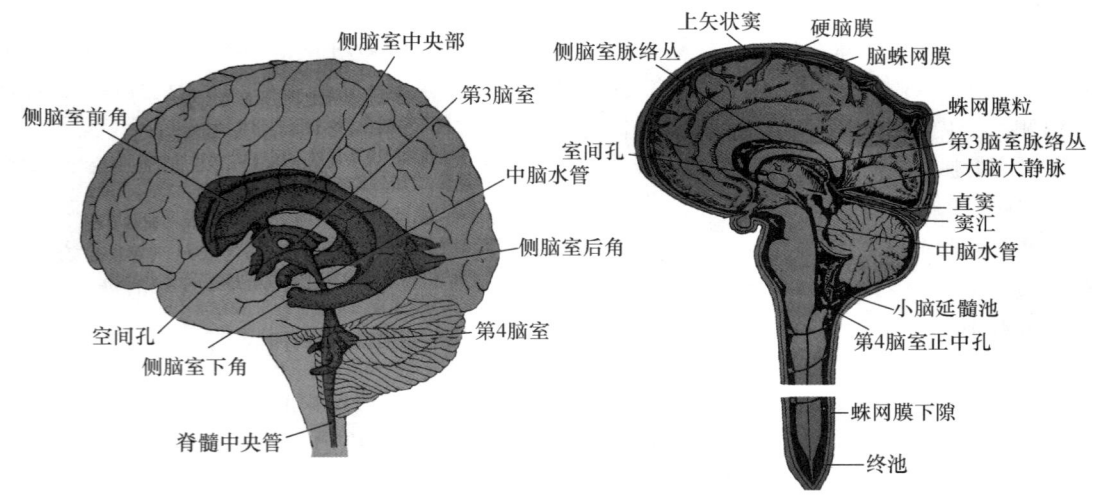

图 11-16　脑室系统(柏树令,2010)

(一) 侧脑室

侧脑室(lateral ventricle)(图 11-16)位于大脑半球内,形状不规则,左、右各一,并借室间孔与第 3 脑室相通。从外形上,可将侧脑室分为前角、中央部、后角和下角四个部分。

(1) 侧脑室前角：为侧脑室室间孔以前的部分,位于额叶内部,介于髓质、透明隔和尾状核头之间。冠状切面呈三角形。

(2) 侧脑室中央部：位于顶叶内部,介于室间孔与胼胝体压部之间,呈斜行裂隙状,横断面呈三角形。上外侧壁由胼胝体构成,下外侧壁从前向后依次为穹隆、背侧丘脑、侧脑室脉络丛和尾状核等,内侧壁由透明隔构成。

(3) 侧脑室后角(图 11-16)：伸入枕叶内,切面多呈短三棱锥体状。

(4) 侧脑室下角(图 11-16)：自背侧丘脑后下方向前进入颞叶内部,其尖端距颞极约 2.5 cm。为侧脑室最膨大的部分,冠状切面上呈半月形。其底壁上有两个隆起,内侧部的隆起称为海马,其前端宽大为海马脚,被 2～3 条纵行浅沟分成数个趾状隆起的海马趾;外侧部的隆起称为侧副隆起(collateral eminence),其后端膨大呈三角形,称为侧副三角。

侧脑室中央部、下角和后角汇合处呈三角形,称为侧脑室三角区(图 11-16)。侧脑室脉络丛位于中央部、三角区和下角,是产生脑脊液的主要部位。

(二) 第 3 脑室

第 3 脑室(third ventricle)(图 11-16)位于背侧丘脑和下丘脑之间,有六壁,即上壁、下壁、前壁、后壁和左、右侧壁。上壁为脉络组织,与脉络组织血管一起突入室腔形成第 3 脑室脉络丛;下壁为下丘脑,自前向后依次为视交叉、漏斗、灰结节和乳头体,室腔向下伸入漏斗的部分称为漏斗隐窝;前壁为前连合和终板;后壁为缰连合、松果体和后连合;左、右侧壁由背侧丘脑和下丘脑构成。第 3 脑室向前上借室间孔通侧脑室,向后下借中脑水管通第 4 脑室。

(三) 第 4 脑室

第 4 脑室(fourth ventricle)(图 11-16)位于脑桥、延髓与小脑之间,呈四棱锥体形。其底为菱形窝,顶的前部由小脑上脚和上髓帆构成,后部由下髓帆和第 4 脑室脉络组织构成。前、后部交界处突向小脑与脑干之间形成小脑外侧隐窝,其末端开口为第 4 脑室外侧孔。第 4 脑室下髓帆的下部有一小孔为第 4 脑室正中孔。第 4 脑室向上经中脑水管与第 3 脑室相通,向下与脊髓中央管相延续,第 4 脑室经外侧孔和正中孔通向蛛网膜下隙。

(四) 第 5 脑室

第 5 脑室(pseudoventricle)又称为透明隔腔,位于两侧透明隔之间。其前壁由胼胝体膝构成,后壁由穹隆柱构成,上壁由胼胝体干构成,下壁由胼胝体嘴和前连合构成。此脑室一般不与其他脑室相通,但可因某些原因与第 3 脑室相通。该脑室有时局部膨大形成囊肿,若阻塞室间孔可致脑脊液循环障碍,引起颅内高压症状。

(五) 第 6 脑室

第 6 脑室(sixth ventricle)又称为 Verga 室或穹隆室,位于穹隆连合与胼胝体之间,借穹隆柱与第 5 脑室分隔。此脑室可扩大阻塞室间孔,从而使脑脊液循环受阻,引起颅内压增高。第 5、第 6 脑室常为盲囊,共同存在且相互交通,其内一般不含脑脊液,如由于某些原因与第 3 脑室相通,则其内也充满着脑脊液。

(六) 中脑水管

中脑水管(cerebral aqueduct)(图 11-16)位于中脑背部,纵贯中脑全长,向上与第 3 脑室相通,向下与第 4 脑室相连,略呈长梭形,中部较宽,两端细窄。

二、脑脊液

脑脊液(cerebral spinal fluid,CSF)是由脑室脉络丛产生的无色透明液体,由于血-脑脊液屏障的存在,其成分与脉络丛血管内的血液成分不同,含有的血细胞和蛋白较少,无红细胞。脑脊液充填于脑和脊髓的周围及其内部腔隙内,对脑和脊髓起缓冲和保护作用,脑和脊髓所需的营养从脑脊液获得,其代谢过程中产生的废物也经脑脊液运输至静脉系统。正常成人的脑脊液约为 150 mL,脑脊液可使颅内保持一定的压力,对颅腔内环境的稳定有非常重要的作用。

脑脊液主要由侧脑室脉络丛产生,经室间孔流至第 3 脑室,第 3 脑室脉络丛可产生部分脑脊液,第 3 脑室内的脑脊液循中脑水管流至第 4 脑室,第 4 脑室脉络丛也可产生少量脑脊液,第 4 脑室内的脑脊液经第 4 脑室正中孔和外侧孔流出,进入蛛网膜下隙,充填于脑和脊髓的周围。蛛网膜下隙内的脑脊液可经蛛网膜粒渗透到上矢状窦内,再经窦汇、横窦、乙状窦流入颈内静脉中(图 11-16)。如脑脊液循环途径受阻,可导致脑室系统扩大,使周围脑组织受压而向外移位,同时颅内压升高,严重时可形成脑疝。

第三节 脑膜与血脑屏障

一、脑的被膜

脑的表面包被有三层被膜(图 11-17),从外向内依次为硬脑膜(cerebral dura mater)、脑蛛网膜(cerebral arachnoid mater)和软脑膜(cerebral pia mater),对脑起保护、支持和固定作用。

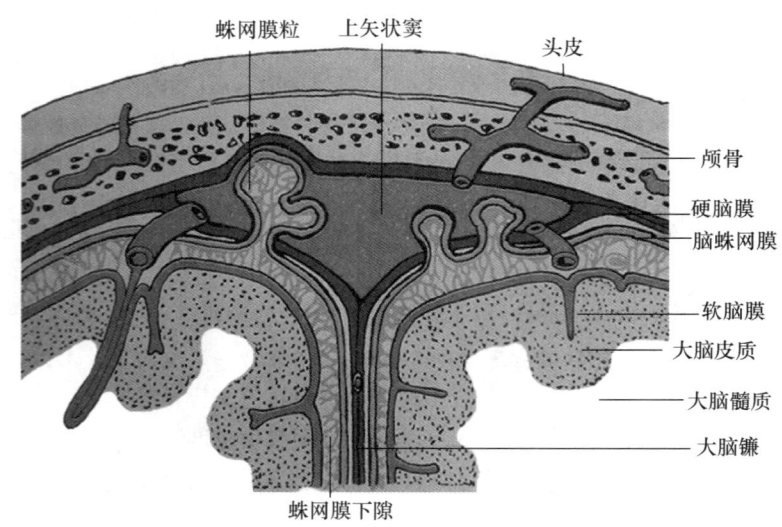

图 11-17 脑的被膜(柏树令,2010)

(一) 硬脑膜

硬脑膜坚韧而有光泽。它由两层构成:外层由颅骨的内骨膜演化而来,内层较外层坚厚。硬脑膜与颅盖骨结合疏松,但在颅缝处结合较紧密。当受外伤时,常因硬脑膜血管损伤而在硬脑膜与颅骨之间形成硬膜外血肿,血肿常局限在一块颅盖骨范围内,多不对称分布。临床上,可借此特点鉴别皮下血肿与腱膜下血肿。硬脑膜与颅底骨结合紧密。由于颅底多孔裂,受外力作用时易发生骨折,骨折时易将硬脑膜与脑蛛网膜同时撕裂,此时,充填于蛛网膜下隙内的脑脊液可经裂口处流出。如颅前窝骨折时,脑脊液可经筛孔或骨折缝流入鼻腔,形成鼻漏。在某些部位,硬脑膜两层之间分离形成管状结构,称为硬脑膜窦(详见本章第二节)。

硬脑膜(图 11-11)除了呈套状包被脑组织外,还形成若干特殊板状结构,伸入各脑部之间,对脑起固定和保护作用,主要有:

(1) 大脑镰(cerebral falx):呈镰刀形,为硬脑膜伸入大脑纵裂折叠而成的双层硬脑膜结构,分隔左、右大脑半球。其前端起于鸡冠,后端连于两侧小脑幕的结合处,大脑镰的上缘和下缘两层之间可局部分离呈管状,内含静脉血,分别称为上矢状窦和下矢状窦,大脑镰的上缘与颅盖内面的上矢状窦沟连接紧密,下缘游离,与胼胝体相邻。

(2) 小脑幕(tentorium of cerebellum):有左、右两块,位于大脑横裂内,呈"八"字形排开,形似幕帐,分隔大脑枕叶与小脑,并构成颅后窝的顶。左、右小脑幕的上缘在正中线处相互结合,构成小脑幕顶,并与大脑镰相连。其下缘附于横窦沟和颞骨岩部上缘,两侧幕的前内侧缘合成"U"形幕切迹,并与鞍背形成一环形孔,内有中脑通过。海马旁回和钩恰位于小脑幕切迹的上方,当小脑幕上方发生颅脑占位性病变,引起颅内压增高时,可将海马旁回和钩挤入小脑幕切迹中,形成小脑幕切迹疝。此时可出现动眼神经和大脑脚的压迫症状。

(3) 小脑镰(cerebellar falx)：较窄小，位于两侧小脑半球之间，其上端连于小脑幕顶的后部，下端游离，前缘游离，与小脑蚓相邻，后缘连于枕内嵴。

(4) 鞍隔(diaphragma sellae)：横行于下丘脑和垂体之间，分隔下丘脑和垂体，自鞍背上缘向前连于鞍结节，中部有一小孔，容漏斗通过。

(二) 脑蛛网膜

脑蛛网膜(图11-17，图11-18)薄而透明，无血管和神经，与硬脑膜连接紧密，并向内发出很多结缔组织丝，相互交织成蛛网状，故称为脑蛛网膜。脑蛛网膜与硬脑膜间的潜在间隙称为硬膜下隙。脑蛛网膜深部有较宽大的间隙，称为蛛网膜下隙(subarachnoid space)，蛛网膜下隙与脑组织不直接接触，隔以软膜。脉络丛产生的脑脊液经第4脑室的正中孔和外侧孔流入此间隙内。间隙内还有分布至脑的血管通过。蛛网膜下隙的较扩大处称为蛛网膜下池(subarachnoid cistern)。在小脑与延髓间有小脑延髓池(cerebellomedullary cistern)，临床上可在此进行蛛网膜下隙穿刺术，抽取脑脊液。此外，还有位于两大脑脚之间的脚间池、视交叉前方的交叉池、中脑周围的环池、脑桥腹侧的桥池等。脑蛛网膜可形成许多"菜花状"结构，突入上矢状窦内，称为蛛网膜粒(arachnoid granulations)，脑脊液通过这些颗粒渗入上矢状窦内，经硬脑膜窦回流入静脉。

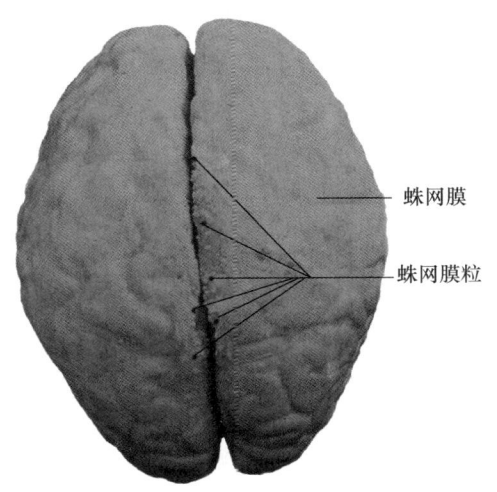

图11-18　脑蛛网膜(欧阳钧 等，2010)

(三) 软脑膜

软脑膜(图11-17)为三层被膜中最薄的一层，紧贴脑的表面，可深入脑沟和脑裂内，其内血管丰富，脑表面结构的营养物质大多由此获得。在脑室的某些部位，室壁的室管膜上皮可与软脑膜及其血管相互交织形成脉络组织。脉络组织内的血管可反复分支盘曲，并与其表面的软脑膜和室管膜上皮一起突入脑室内形成脉络丛，具有分泌脑脊液的功能。

二、血脑屏障

狭义上的血脑屏障仅指存在于脑毛细血管与脑组织之间的通透性屏障。广义上的血脑屏障(图11-19)还包括：脑毛细血管壁以及其他组织(如胶质细胞)与细胞外隙的物质交换屏障；细胞外隙与其周围的神经元、胶质细胞以及其他间质细胞的物质交换屏障；脉络丛毛细血管和脑脊液之间的物质交换屏障；脑脊液和脑组织之间的物质交换屏障；硬脑膜毛细血管和硬脑膜组织间的物质交换屏障；软脑膜和其邻近神经组织的物质交换屏障等。

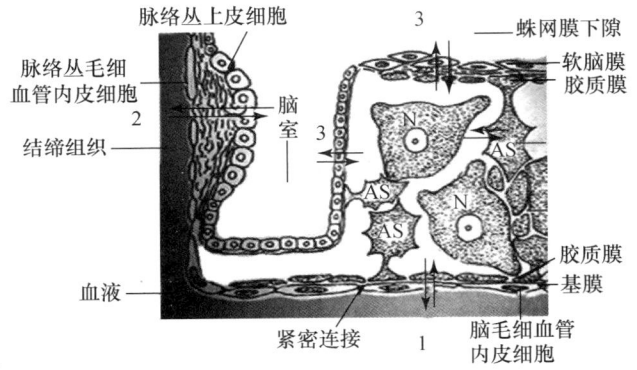

1. 血脑屏障；2. 血-脑脊液屏障；3. 脑脊液-脑屏障

图11-19　血脑屏障(模式图)(顾晓松，2011)

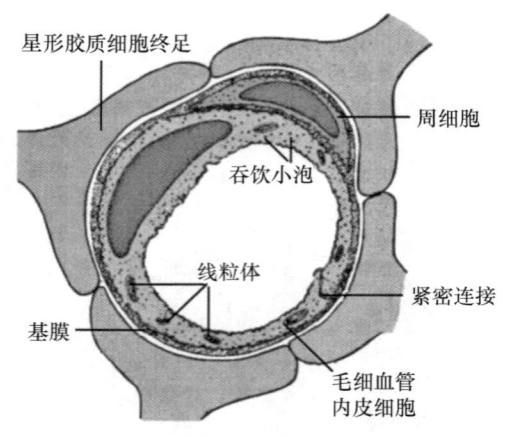

图 11-20 血脑屏障(邹仲之,2006)

(一) 血脑屏障

血脑屏障(图 11-20)是一种介于脑部毛细血管内血液与脑组织液之间的、有选择性的、通透性较低的动态屏障，由毛细血管内皮细胞及其细胞间的紧密连接、基膜、周细胞、星形胶质细胞终足形成的胶质膜等结构组成。

除松果体、神经垂体、脉络丛和最后区外，整个脑组织均被这种通透性屏障所覆盖。它们不仅有机械阻挡作用，而且其极性分布的电荷、特殊的酶系统和免疫反应等也参与屏障机制，共同调节血液与细胞外液以及脑脊液之间的物质交换，维持脑内环境的稳定。

血脑屏障主要包括以下组织结构。

1. 毛细血管内皮细胞及其间的连接

血脑屏障的毛细血管内皮细胞为无孔内皮细胞，内皮细胞之间的连接为紧密连接。内皮细胞之间呈叠瓦状排列，相邻内皮细胞膜之间有 10～20 nm 宽的间隙。紧密连接和狭窄的间隙，在很大程度上限制了蛋白质分子和离子的通过，构成了血脑屏障的第一道屏障。

血脑屏障的毛细血管内皮细胞不含吞饮小泡，主动转运大分子物质能力较弱；内皮细胞无收缩蛋白，因而此处的毛细血管不受组胺、5-羟色胺及去甲肾上腺素等血管活性物质的影响，其通透性相对恒定。内皮细胞内线粒体含量丰富，可为维持毛细血管内、外离子梯度提供能量。

血脑屏障的毛细血管内皮细胞含有的酶有助于血脑屏障的形成。物质转运调节酶可使特定物质的转运具有严格的方向性。如钾只能从脑细胞转运至毛细血管内，而从毛细血管转运至脑细胞则有严格的限制；分解酶使许多特定物质在到达脑细胞外液前分解失效，使其不能到达脑细胞外液；合成酶能使内皮细胞合成许多递质，允许或阻止某些特定物质通过血脑屏障。

血脑屏障处的毛细血管内皮细胞所带的负电荷也有助于血脑屏障的形成。负电荷可限制带有负电荷的物质从脑毛细血管进入脑组织，而带正电荷的物质则容易透过。在病理条件下，内皮细胞表面的阴离子可被中性离子或阳离子替代，通透性增强。

血脑屏障处毛细血管内皮细胞的免疫反应也是构成通透性屏障的主要因素。在病理条件下，淋巴细胞可释放破坏血脑屏障的淋巴因子，导致其通透性增加，血中的病原体可侵入脑实质。

2. 基膜和周细胞

基膜(basement membrane)在内皮细胞与星形胶质细胞终足之间，血管基膜和神经上皮细胞基膜融合在一起形成血脑屏障基膜层，此层含有大量具有胶原特性的氨基酸，厚 20～60 nm，电子密度中等、均一。此膜带负电荷，构成血脑屏障的第二道屏障。在病理状态下，基膜可被溶解，血管外间隙增大。

周细胞(pericyte)位于基膜内，细胞质内含有各种细胞器和空泡，有人指出它参与了血脑屏障的组成。基膜破裂后，周细胞可进入神经组织内变为巨噬细胞，具有转化为小胶质细胞的潜能。

3. 星形胶质细胞

星形胶质细胞的终足(脚板)包绕脑毛细血管外周形成胶质膜。终足与内皮细胞间有 20 nm 的间隙。相邻终足之间连接并不紧密，一般终足只包绕毛细血管 85% 的表面。近年来的研究发现，星形胶质细胞、周细胞和血管内皮细胞在血脑屏障的发生、分化和再生中互相依赖。此外还发现星形胶质细胞和内皮细胞具有相同的免疫原性。因此，尽管胶质膜只包绕毛细血管 85% 的表面积，但也是血脑屏障不可少的组成部分。

(二) 血-脑脊液屏障

血-脑脊液屏障(图 11-19)是脉络丛毛细血管与脑室系统之间选择性阻止某些物质从毛细血管进入脑室的结构或界面。它的通透性较低，功能也是动态的。其屏障机制主要有机械阻挡、异生性溶解和主动运输。脉络丛毛细血管内皮细胞、基膜和脉络丛上皮细胞是血-脑脊液屏障的结构基础。脉络丛毛细血管内皮细胞为有孔内皮细胞,其基膜是断续的,具有一定的通透性,但脉络丛上皮细胞间的紧密连接的机械阻挡对某些物质的通过起障碍作用,这些是构成血-脑脊液屏障的主要结构基础。此外,脉络丛上皮细胞的酶系及其离子泵也参与了血-脑脊液屏障的构成。如将细胞色素 C 注入静脉内,它虽可进入脉络丛上皮细胞,但由于异生性溶解作用而被水解酶所水解,因而无法到达脑室进入脑脊液内,有人认为这是血-脑脊液屏障的主要机制。此外,脉络丛上皮细胞的主动分泌和吸收,在血和脑脊液的物质交换中也有一定的调节作用,如脉络丛上皮细胞可把葡萄糖从血液中主动转运至脑脊液,使其在脑脊液中的浓度等于血中浓度的 1/2。

(三)脑脊液-脑屏障

脑脊液-脑屏障(cerebrospinal fluid-brain barrier,CBB)(图 11-19)是脑脊液和脑组织之间选择性阻止某些物质通过的屏障。脑脊液-脑屏障是不完整的,具有较大的通透性,故脑脊液和脑细胞外液的成分十分接近,二者之间的物质交换非常广泛。此屏障在维持和改变中枢神经系统的膜电位中起重要作用。

脑脊液-脑屏障包括两类。

(1)脑室内的脑脊液与脑组织之间的通透性屏障:由室管膜上皮、基膜和胶质膜构成。室管膜上皮之间,除少数特殊区域外,一般没有紧密连接,大分子物质可以通过。室管膜上皮的通透性、分泌功能和物质运输的选择性是构成此屏障的主要因素。

(2)脑蛛网膜下隙内的脑脊液与脑组织之间的通透性屏障:由软膜及其下的胶质膜构成。此处的物质交换及其屏障机制,目前仍不清楚。

(四)血脑屏障的生理意义

血脑屏障能延缓和调节血液与脑脊液、脑细胞外液之间的物质交换,维持脑内环境恒定,是中枢神经系统发挥其正常生理功能的前提和保障。血脑屏障对物质交换的调节作用,主要是通过机械阻挡(即扩散性屏障作用)、主动转运、易化扩散和酶的降解作用等途径来完成的。

(李立新)

练 习 题

1. 试述脑血管的特点及其意义。
2. 试述颈内动脉系的分支及分布范围。
3. 试述椎-基底动脉系统的构成、分支及分布范围。
4. 试述脑的被膜组成、结构特点及其意义。
5. 阐述脑室系统组成及其交通。
6. 试述海绵窦的结构特征及临床意义。
7. 大脑中动脉栓塞后可致哪些脑区供血不足?并出现哪些机能障碍?
8. 试述颅内、外静脉的交通途径及临床意义。

参 考 文 献

柏树令,2010. 系统解剖学[M]. 2 版. 北京:人民卫生出版社.
丁文龙,刘学政,2018. 系统解剖学[M]. 9 版. 北京:人民卫生出版社.
段菊如,王维洛,吴开云,2002. 断层解剖学[M]. 北京:中医古籍出版社.
付升旗,2009. 人体断层解剖学[M]. 西安:世界图书出版公司.
顾晓松,2011. 人体解剖学[M]. 3 版. 北京:科学出版社.
郭光文,王序,2008. 人体解剖彩色图谱[M]. 2 版. 北京:人民卫生出版社.
粟秀初,孔繁元,范学文,2003. 现代脑血管病学[M]. 北京:人民军医出版社.
欧阳钧,温广明,2010. 人体解剖学标本彩色图谱[M]. 2 版. 广州:广东科技出版社.
徐达传,2007. 系统解剖学[M]. 2 版. 北京:高等教育出版社.
邹仲之,2006. 组织学与胚胎学[M]. 6 版. 北京:人民卫生出版社.

第十二章 神经系统的发生与发育

第一节 中枢神经系统的发生

神经系统的早期发育包括胚胎期原始神经系统的建立，神经前体细胞的产生、分化，神经元的迁移，轴突生长及数量庞大的突触的发育过程等。这些事件的每一个步骤均涉及各种信号间的相互作用、信号与受体的作用和基因的转录调节。当生长的轴突最终到达靶区后，开始形成正确的连接，初步形成基本的神经环路。个体出生后，在各种经验和活动依赖性分子机制的作用下，神经元的生长和基因表达发生相应的变化，导致神经环路不断被修饰和改造，相关的行为特性因此被塑造而定形。在个体成熟之后，突触连接仍然不断获得修饰和更新，这种结构重建对新技能的学习和记忆是必需的。此外，成年动物的某些脑区中还能终身产生新神经元，显示了中枢神经系统所具有的强大的可塑性和修复机能。

一、神经系统的形态发生

（一）神经胚的形成

哺乳动物神经系统的发育始于原肠胚的形成（gastrulation），这期间，早期胚胎的部分细胞在局部区域发生内陷（invagination），即由表层向内迁移，而出现三个胚层（germ layers）：外胚层（ectoderm）、中胚层（mesoderm）和内胚层（endoderm）。基于内陷的位置（原条，primitive streak），原肠胚的形成确立了胚胎的中线及前-后轴和背-腹轴，进而决定了包括中枢神经系统和周围神经系统在内的所有器官系统的位置。神经系统起源于外胚层。胚胎中线处脊索（notochord）的形成对于神经系统的发育至关重要。脊索是由中胚层细胞形成的圆筒形结构，仅临时存在，早期发育结束后退化。脊索沿胚胎中线由中-前部向后伸展，确定了身体的对称轴，以及神经系统的位置，且为后续早期神经分化所必需。脊索正上方的外胚层细胞受到周围信号的诱导，发生分化，增厚为柱状上皮，即神经上皮（neuroepithelium）或神经外胚层（neuroectoderm），称为神经板（neural plate）（图 12-1）。神经板两侧的外胚层将发育为表皮，称为表皮外胚层（epidermal ectoderm）。神经板的外边缘向背侧隆起，形成神经褶（neural fold）。神经板中央出现凹陷，形成沿胚胎纵轴走向的神经沟（neural groove）。随着神经沟不断加深，其外侧紧邻的一部分细胞分离和迁移出来，形成神经嵴（图 12-1，图 12-2）。两侧神经褶在中线处愈合，形成神经管（neural tube），与表皮外胚层分离。神经板发展为神经管的过程即神经胚的形成（neurulation）。神经管不断向头、尾两个方向扩展延伸，头、尾两端的开口，即前、后神经孔（neuropore）会最终闭合。如前神经孔不能完全闭合，则产生无脑畸形；后神经孔不能完全闭合，则产生脊髓二裂。神经管和神经嵴是整个神经系统发生的原基。神经管的前端发育为脑，后段发育为脊髓，形成中枢神经系统；神经嵴则衍化出包括脑神经节（Ⅴ、Ⅶ、Ⅸ和Ⅹ）和背根神经节的感觉神经元、自主神经节细胞（交感神经椎旁节和椎前节节后神经元，及副交感神经节后神经元）在内的周围神经系统，以及其他类型细胞，如肾上腺髓质嗜铬细胞、施万细胞（形成外周神经髓鞘）、黑素细胞等（图 12-2）。

（二）脊髓的发生和发育

神经管形成后，管壁增厚，由最初的单层增加至三层（图 12-3）。增殖的神经上皮位于最内侧，围绕管腔，改称为室管层/区（ventricular layer/zone）。随着细胞向外迁移，形成第二层，即套层（mantle layer）或中间区，细胞在这里分化为神经元和胶质细胞。神经元伸出轴突到达更外层，形成边缘层（marginal layer)。套层含有神经元胞体,最终发展为灰质,含有轴突的边缘层则成为白质。这种三层结构模式贯穿脊髓发育的始终。

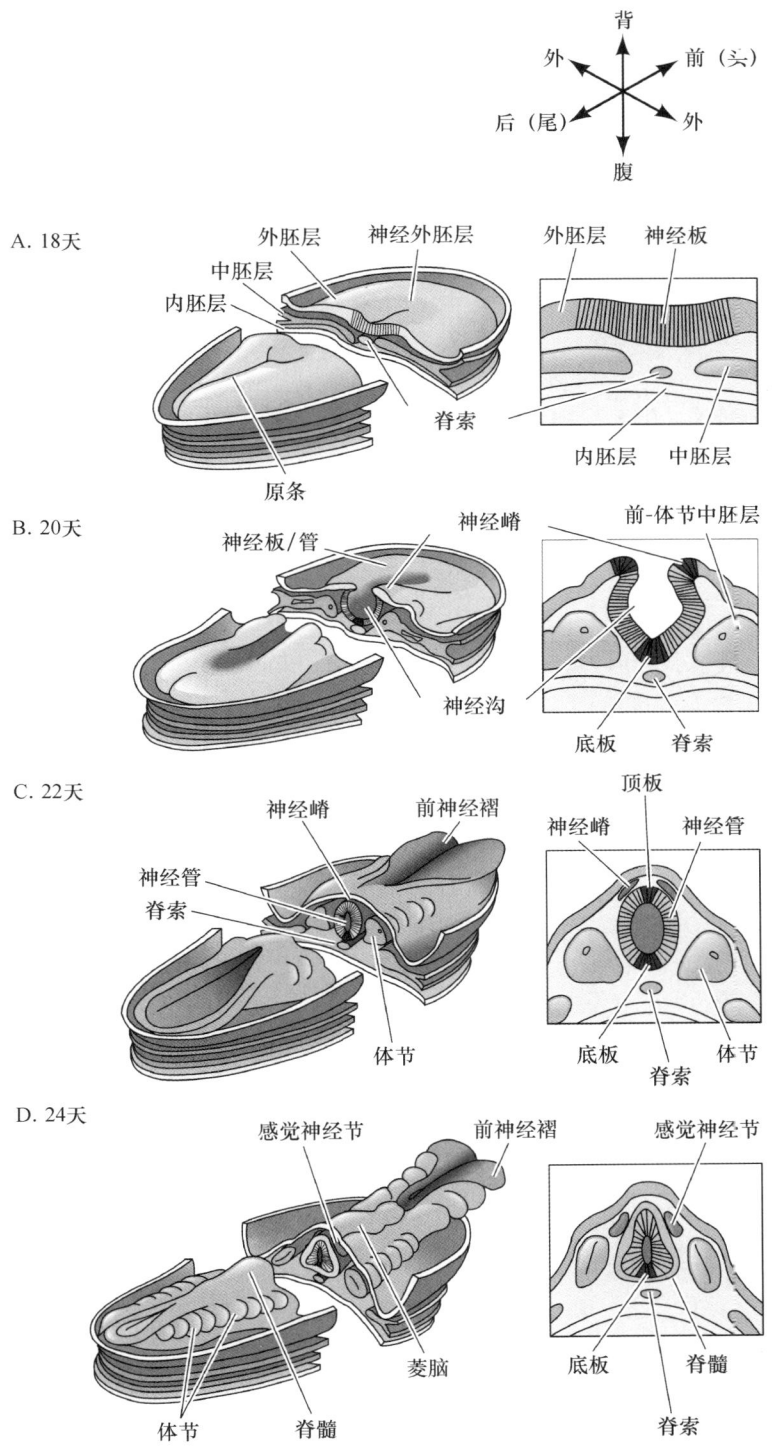

图 12-1　哺乳类神经胚的形成(Purves et al.,2018)

A. 原肠胚晚期和神经胚发生早期,脊索上方的外胚层形成神经板。B. 随着神经胚的发育,神经板在靠近脊索的中线处开始卷曲,形成神经沟,并最终发育成神经管。脊索上方的神经板随即分化为底板,神经嵴出现在神经板的外侧边缘。C. 一旦神经褶在背中线愈合,神经管即形成。神经管周围的中胚层随即变厚并开始形成体节,作为中轴肌肉和骨骼的前身。D. 随着发育的进行,神经管产生脊髓的雏形,神经嵴形成周围神经系统的感觉神经节和自主神经节。最后,神经管前端在中线处愈合并膨大,形成脑。图 A~D 中,左图显示人胚胎背面观,右图显示与左图相同发育阶段的人胚胎横切面。

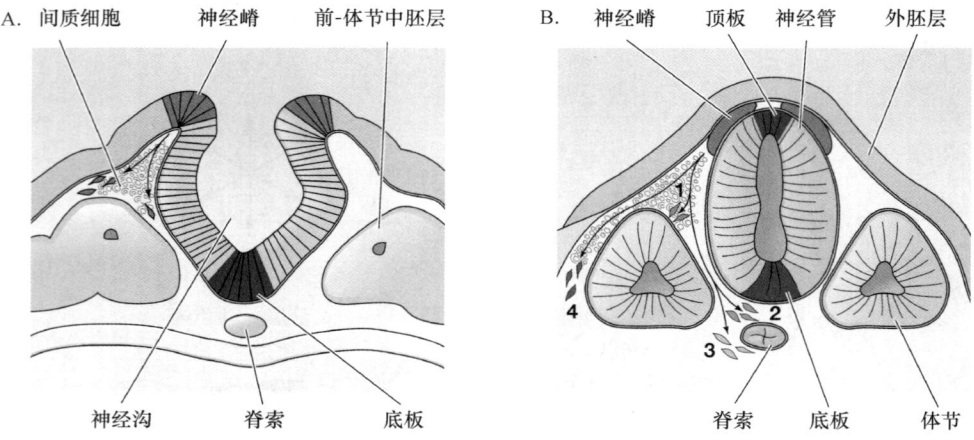

图 12-2　神经嵴(Purves et al., 2018)

A. 哺乳类胚胎横切面(示意)，该发育阶段接近于图 12-1B，箭头指示未分化神经嵴细胞的初始迁移路线。B. 神经嵴细胞沿四条特定路线迁移，受不同环境信号诱导，分化为特定类型的细胞和结构。沿路径 1 和 2 迁移的细胞分别形成感觉神经节和自主神经节。肾上腺髓质细胞前体沿路径 3 迁移，最终聚集在肾脏背侧。沿路径 4 迁移的细胞形成非神经组织，如黑素细胞。

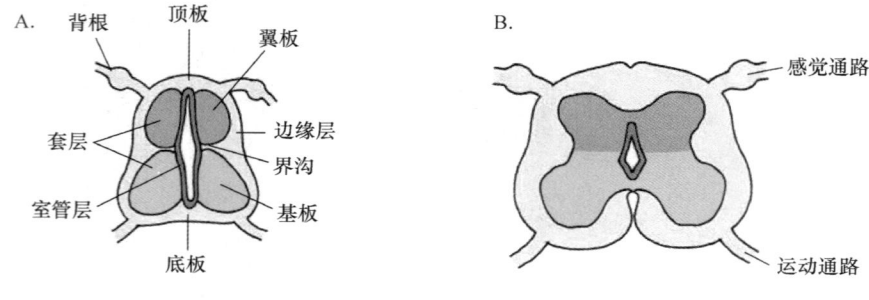

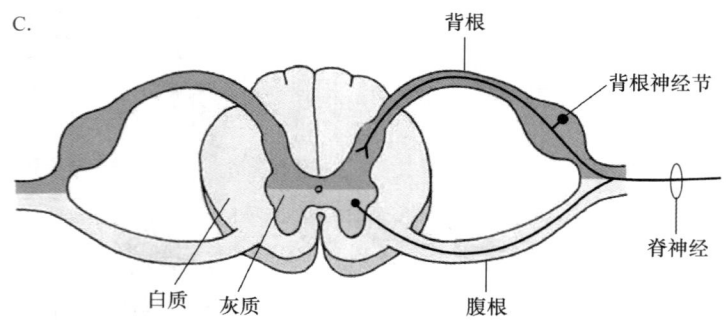

图 12-3　脊髓的发育(Siegel et al., 2015)

A. 发育早期；B. 发育中期；C. 发育晚期。注意图 A 中的翼板、基板、顶板和底板所对应的图 B 和图 C 中的结构。

随着神经管壁套层的增厚，神经管的内表面出现左、右两条纵行的浅沟，即界沟(sulcus limitans)，作为中枢神经系统功能分区的重要解剖标志(图 12-3)。聚集在界沟背侧的神经细胞形成左、右两个翼板(alar plate)，参与构成感觉通路；聚集在界沟腹侧的神经细胞形成左、右两个基板(basal plate)，参与构成躯体运动通路；在两者之间，邻近界沟处聚集的细胞分化为自主神经元(或内脏传出神经元)。沿神经管背中线分布的细胞形成顶板(roof plate)，而沿腹中线分布的细胞形成底板(floor plate)。顶板和底板分别在邻近的表皮外胚层及脊索的诱导下产生不同的信号分子,分别诱导翼板和基板的形成,即神经管背-腹的特化,或感觉神经元和运动神经元的分化。

轴突在发育中快速增加,使脊髓外层出现特征性的白质。一些轴突发自灰质的神经元胞体,其生长方向依赖于胞体在套层中的位置,如腹侧(基板)的轴突一般进入邻近的体节,形成前根。另一些则来自背根神经节细胞,形成后根。轴突在边缘层内朝脊髓头、尾生长,或朝脑部生长;稍后,一些轴突由脑下行。发育中的脊神经包括以下功能组分:一般躯体传入神经(general somatic afferent,GSA)、一般躯体传出神经(general somatic efferent,GSE)、一般内脏传出神经(general visceral efferent,GVE)和一般内脏传入神经(general visceral afferent,GVA)。GSA 也传递由外周上传至脑的感觉信息,包括温度的变化,疼痛刺激,触、压觉及本体感觉信息(如肌肉、肌腱的牵拉,身体位置等);GSE 支配骨骼肌;GVE 支配平滑肌、心肌和腺体。GVA 发自内脏结构,为中枢提供内脏感觉信息。

人体胚胎发育前三个月,脊髓几乎与脊柱等长,但之后,脊柱的增长比脊髓快得多,到出生时,脊髓下端只达到脊柱第 3 腰椎的水平,而成年时,仅到第 2 腰椎位置。生长速率的差异也改变了神经纤维离开脊髓的方向。

(三) 脑的发生和发育

神经管形成后不久,神经管前端膨大,形成三个初级脑泡(brain vesicle),从前向后依次为前脑泡(prosencephalon)、中脑泡(mesencephalon)和菱脑泡(rhombencephalon),成为脑的基础。由于神经管的背侧壁的发育较腹侧壁快,其头端弯向腹侧,出现第 1 个弯曲,即头曲(cephalic flexure)。头曲之前的脑部,即前脑泡,继续膨大,成为前脑的基础;而头曲部分的中脑泡发育为中脑;头曲之后的菱脑泡发育为菱脑。随后,在菱脑和脊髓的交界处出现朝向腹侧的第 2 个弯曲,称为颈曲(cervical flexure)(图 12-4)。再经历至少两轮划分,产生更精细的脑区(图 12-4)。前脑泡的头端形成两个对称的端脑泡(telencephalon),最终发育为两侧大脑半球。前脑泡的末端发育成间脑(diencephalon),包括丘脑、下丘脑,以及位于外侧的一对视杯(optic cups),视杯将发育为视网膜神经组织。中脑泡的背侧部分形成上丘和下丘四个隆起,而腹侧部分形成集中在中脑被盖区的核团。菱脑泡演变为头端的后脑(metencephalon)和尾端的末脑(myelencephalon)。后脑最终形成小脑和脑桥,末脑发育为延髓。

脑泡部位的神经管腔演变为各级脑室。前脑泡腔形成左、右大脑半球内的侧脑室,及间脑的第 3 脑室;中脑泡腔形成狭窄的中脑导水管;菱脑泡腔则形成位于脑桥和延髓背侧的第 4 脑室,与脊髓的中央管相延续(图 12-4)。

1. 末脑

宽大的第 4 脑室的存在导致这部分脑干的发育与脊髓有一定区别,神经管壁的翼板变得比基板偏向外侧,因此,运动功能区的定位比感觉区偏向内侧(图 12-5)。更确切地讲,运动神经元和感觉神经元分别组成纵行的灰质柱,规律地由内向外分布。例如,发出 GSE 纤维(支配由肌节衍化的骨骼肌)的脑神经运动核、舌下神经核(Ⅻ脑神经)位于中线附近;属于特殊内脏传出(special visceral efferent,SVE)(支配由腮弓衍化的骨骼肌)的脑神经运动核、疑核,虽位于相对外侧,但仍在感觉核团的内侧,其神经元轴突加入舌咽神经(Ⅸ脑神经)和迷走神经(Ⅹ脑神经)。与发育中的脊髓类似,支配内脏器官和腺体的自主神经核(一般内脏传出,GVE)位于界沟附近,即感觉区和躯体运动区之间,包括上、下泌涎核与迷走神经背核,其轴突分别加入Ⅶ(后脑)、Ⅸ和Ⅹ神经(末脑)。接受一般内脏传入(GVA)和特殊内脏传入(special visceral afferent, SVA)的感觉核,即孤束核,紧邻界沟外侧分布。其中,GVA 神经元接受Ⅸ和Ⅹ脑神经传入的内脏感觉信息,如血压变化等,SVA 神经元接受Ⅶ、Ⅸ和Ⅹ脑神经传入的味觉信息。接受一般躯体传入(GSA)的感觉核,如三叉神经(Ⅴ脑神经,主要由感觉神经组成)的感觉神经元,位于更外侧。位于脑干最外侧的感觉柱,包括听觉和前庭神经核团,接受特殊感觉传入(special sensory afferent, SSA)。

由于神经管腔扩大为第 4 脑室,神经管的顶板也相应扩展,与翼板外侧相连。而底板仍在起源的位置保持相对固定。

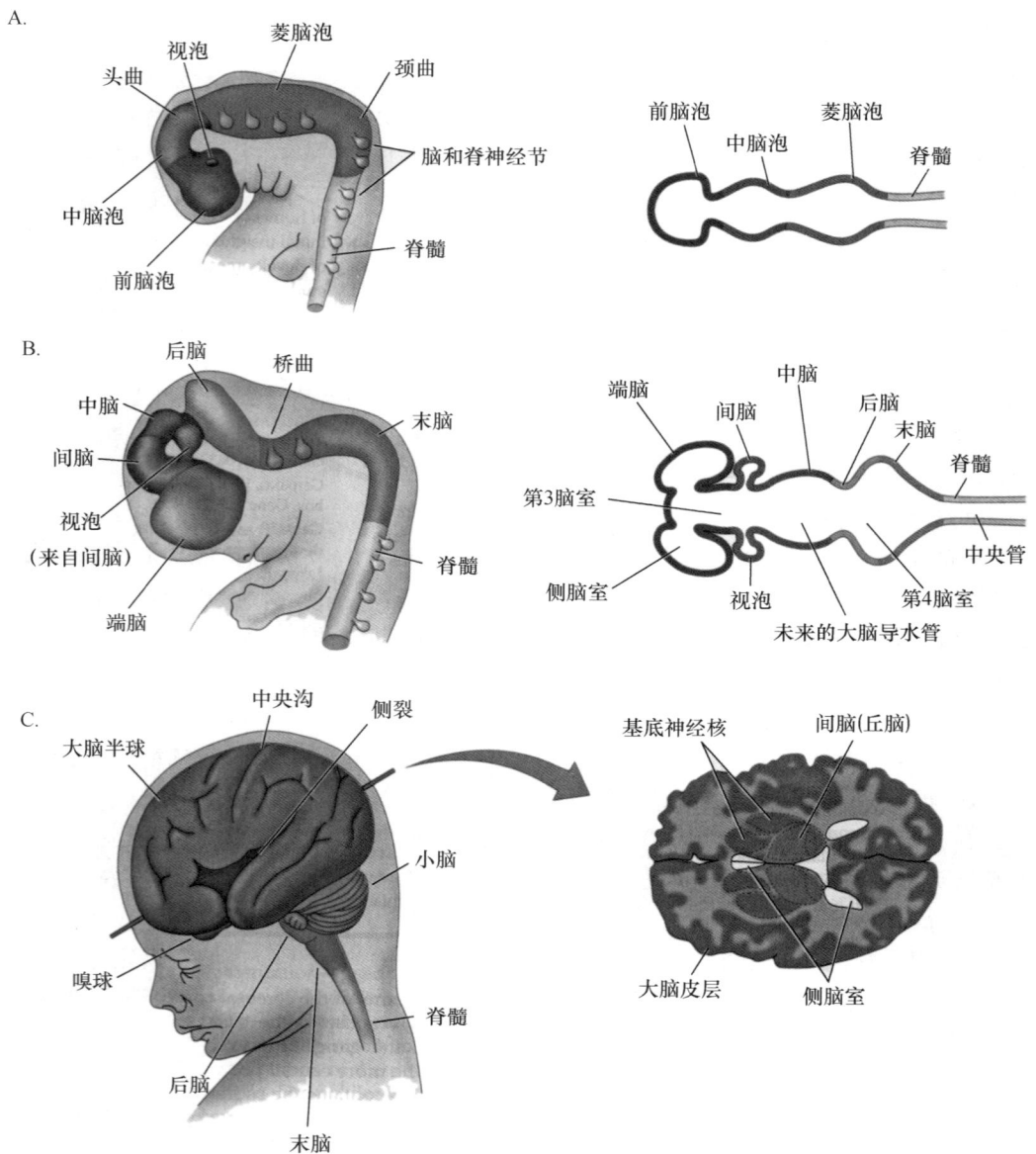

图 12-4　脑的发育(Purves et al.,2018)

A. 妊娠早期,神经管分化出前脑、中脑和菱脑。神经管前端弯曲,呈柄形。右为相同发育阶段神经管的纵切图,显示主要脑区所在位置。B. 随发育的进行,前脑进一步分化为端脑和间脑,菱脑分化为后脑和末脑。其所包围的空腔形成脑室。右为相同发育阶段神经管的纵切图。C. 妊娠六个月末,胎儿脑和脊髓已清晰可辨,右为前脑横切面,显示初步形成的大脑皮质的沟回,以及基底神经核和丘脑核团的分化。

末脑的边缘层,与脊髓类似,包含大量白质,尤其是在腹侧,具有大量发自大脑皮质锥体细胞的轴突,它们贯穿于脑干和脊髓,在延髓水平被称为锥体(pyramids)。延髓外侧的边缘层包含来自脊髓的上行纤维,构成脊髓小脑通路(spinocerebellar pathway)和脊髓丘脑通路(spinothalamic pathway)。

2. 后脑

后脑包括两部分:脑桥和小脑。脑桥主要分为背部的被盖(tegmentum)和腹侧的脑桥基底部(basilar)。

(1) 脑桥:被盖是末脑的延伸,具有和末脑相同的发育模式。基板形成被盖的内侧部分,而翼板的部分神经元或多或少都分布于被盖的更外侧方位。如展神经核(Ⅵ脑神经,GSE)和面神经核、三叉神经运动核

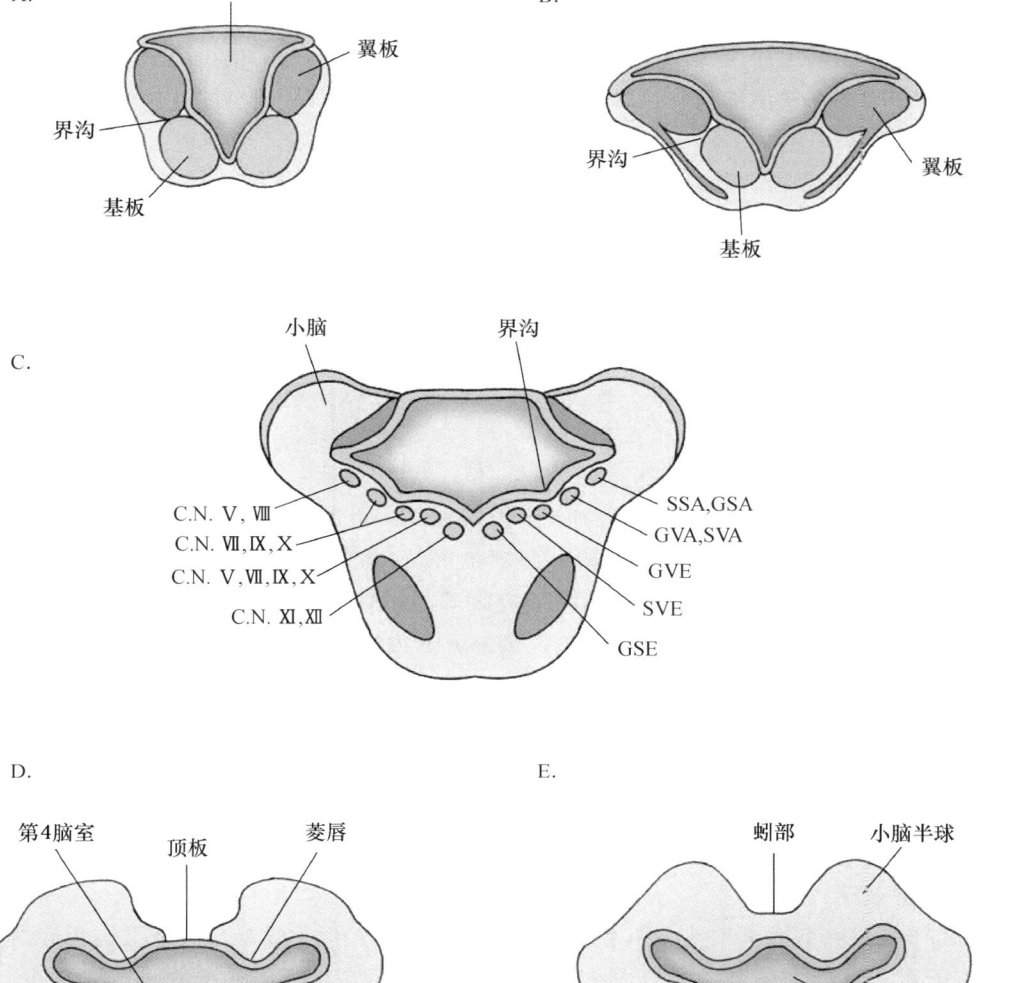

图 12-5　脑干的发育(Siegel et al., 2015)

A～C 示低位脑干发育,核团由脊髓的背腹分布转变为 B 和 C 所示的内、外分布。D 和 E 示小脑的发育。

(Ⅶ、Ⅴ脑神经,SVE)等运动核团,相对位于前庭核(Ⅷ脑神经)和三叉神经脑桥核(Ⅴ脑神经)等感觉核团的内侧。脑桥自主神经核团,如上泌涎核(Ⅶ脑神经,GVE),倾向于分布在感觉区和运动区之间(图 12-5)。

脑桥基底部起源于由翼板迁移而来的神经元。这些神经细胞发出轴突横向生长,最终伸出脑桥,形成小脑中脚,成为联系脑桥和小脑的主要神经通路。脑桥基底部还包含来自大脑皮质的下行纤维束,到达低位脑干和脊髓。

(2)小脑:小脑起源于后脑翼板的背侧面。翼板细胞向外侧和背侧迁移,定位于第 4 脑室侧壁的背外侧和脑室顶部的外侧面。当脑室顶部随发育进一步向内弯曲,致使左、右两侧逐渐靠近,形成了菱唇(rhombic lip)。胚胎三个月后,两侧菱唇在中线处融合,形成了小脑(图 12-5)。

小脑皮质的表层细胞,随发育向皮质内部迁移,分化为颗粒细胞,形成颗粒细胞层。同样很早出现的浦肯野细胞(Purkinje cell)形成小脑皮质特殊的浦肯野细胞层,位于颗粒细胞层表面。最外层则主要含有颗粒细胞的轴突及垂直伸展的浦肯野细胞的顶树突。这些轴突与皮质表面平行走行,称为平行纤维(parallel fiber)。由于该层缺乏胞体、富含纤维,因此称为分子层(molecular layer)。另一部分细胞不发生迁移,仍位于第4脑室附近的原初位置,形成深小脑核(deep cerebellar nuclei)。小脑皮质神经元并不投射至小脑外,深小脑核则发出轴突到达脑干和前脑。

3. 中脑

中脑分为三个部分:背侧的顶盖区、腹侧的大脑脚以及位于两者之间的被盖区域,为延髓和脑桥被盖的延续。

中脑的基板分化出动眼神经核(Ⅲ脑神经)与滑车神经核(Ⅳ脑神经),以及部分被盖区的运动神经元(即GSE)。另外,基板还分化出动眼神经副核(GVE),控制瞳孔的收缩和晶状体调节。部分翼板细胞分化为顶盖神经元,组成上丘、下丘,参与视、听觉信息处理。翼板还分化出三叉神经中脑核(Ⅴ脑神经),以及可能形成黑质和红核神经元。中脑的大脑脚起源于基板的边缘层,包含发自大脑皮质的神经纤维,下行到达中脑、脑桥、延髓和脊髓。

4. 前脑

胚胎发育第四或第五周,神经管最前端的前脑泡(prosencephalon)开始展现选择性变化,包括前脑前腹侧的视泡(optic vesicle)的形成。其向被覆外胚层扩展,而与前脑的连接发生收缩,形成视神经和视束。视泡参与诱导被覆外胚层产生晶状体板,将形成眼球晶状体。视泡之前的前脑部分将成为端脑,位于两侧部分的端脑形成大脑半球,而位于内侧的其余部分形成间脑。

(1) 间脑:间脑被认为主要起源于翼板,因为该区域缺乏基板结构。同样,间脑不具有底板,但存在顶板。顶板分化为脉络丛。此区域的神经管腔原本较大,但随着管壁的膨大,即丘脑和下丘脑的发育,管腔逐渐缩小,形成第3脑室。

背侧的丘脑发育为间脑最大的部分,其细胞分化为多种类群,构成丘脑的不同核团。由于丘脑的快速发育,左、右两侧之间形成了相连接的小桥,称为中间块(massa intermedia)或丘脑间黏合(interthalamic adhesion)(图12-6)。

位于腹侧的下丘脑则包含相对少量且界限明确的神经核团。但下丘脑与其他结构相连,包括位于下丘脑前端的视交叉和腹侧面的乳头体(mammillary body)、灰结节(tuber cinereum)、漏斗(infundibulum)。漏斗产生垂体柄和神经垂体(hypophysis),即垂体后叶。垂体前叶则起源于外胚层上皮下陷形成的囊状突起,称为拉特克囊(Rathke's pouch),与漏斗相连。

(2) 端脑:端脑原基一旦确立,将进一步分化为四个不同的增殖区域。其中,背部端脑分为两个主要区域:大脑皮质部分,包括前外侧区(形成新皮质)和后内侧区(形成海马);背中线部分,形成皮质卷边(cortex hem,海马的组织者)和脉络丛。腹部端脑也出现两个主要分区:内侧节隆起(medial ganglionic eminence,MGE)以及位于后外侧区域的外侧节隆起(lateral ganglionic eminence,LGE)和尾侧节隆起(caudal ganglionic eminence,CGE)(图12-7)。这些隆起区域发展为大脑半球底部的基底神经核和边缘系统的相关结构。其中,LGE形成纹状体(包括尾状核和壳核)及部分杏仁核与隔区;MGE是苍白球的前身,CGE形成伏隔核、终纹床核与杏仁核等。

大脑新皮质是哺乳类背部端脑的主要组成部分,是大脑皮质中出现最晚的结构,含有大量兴奋性谷氨酸能锥体神经元和γ-氨基丁酸能抑制性中间神经元。锥体神经元前体细胞产生于本地的皮质室管增殖区,辐射状向外迁移(radial migration);而γ-氨基丁酸能抑制性中间神经元前体细胞则起源于端脑腹部特定的隆起区,如MGE、CGE,经背切向迁移(tangential migration)到达发育中的皮质(图12-7)。新皮质具有特征性的六层组织结构。这种层状排列方式是由于未成熟神经元分批分期地产生和迁移而形成的。较早产生和迁移的细胞位于皮质较深部,而较晚产生和迁移的细胞位于皮质较表浅的位置,形成神经元分布的"内外梯度"(inside-out gradient)。

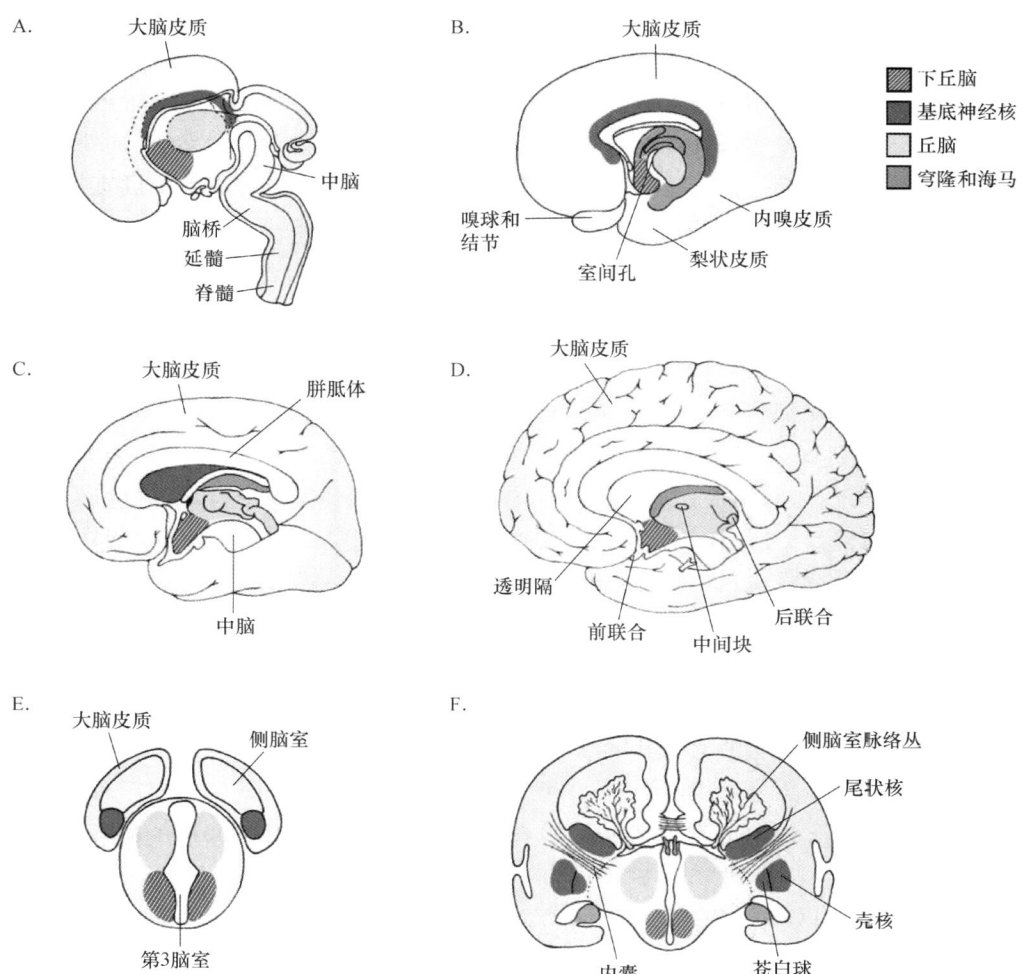

图 12-6　前脑的发育（Siegel et al.,2015）

A~D 示发育不同阶段的前脑内面观。E 和 F 分别为 A 和 D 所示发育阶段的前脑冠状切面。

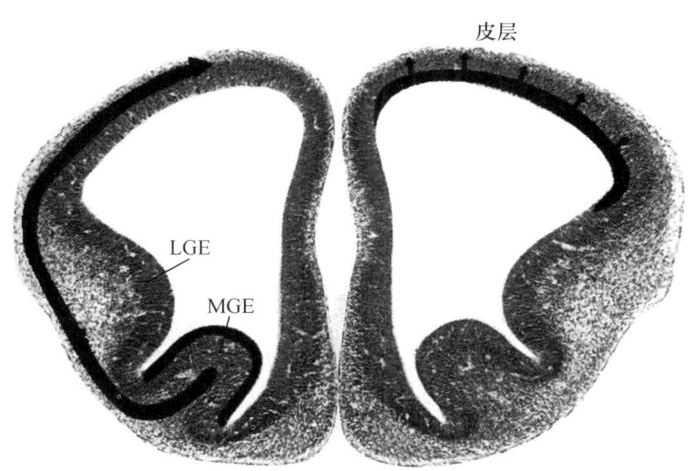

图 12-7　小鼠胚胎 12.5 天前脑冠状切面（改自 Wikipedia. http://en.wikipedia.org/wiki/Ganglionic_eminence,引用时间：2021-06-28）

显示外侧节隆起和内侧节隆起。γ-氨基丁酸能中间神经元由节隆起切向迁移至皮质原基（左侧）。谷氨酸能神经元产生于本地的皮质室管增殖区,辐射状迁移到外层（右侧）。

海马（hippocampus）是最早出现的大脑皮质结构，相当于种系发生中的原皮质（archipallium），产生于端脑泡的背内侧面。内嗅区和梨状皮质是随后出现的皮质结构，相当于种系发生中的旧皮质（paleopallium），产生于端脑的腹侧面，并进一步向腹内侧发展，定位于颞叶的腹内侧面，邻近海马。随着颞叶新皮质的发育，海马伴随侧脑室下角，被拉向后端。海马轴突形成的神经通路，即穹隆，向背内侧方向发展，到达前联合水平，再向下、向后，与下丘脑核团形成连接。另外，前脑的前部膨大形成直接与嗅觉功能相关的结构，包括嗅球（图12-6）及位于前腹侧面的嗅束。

二、神经诱导的分子机制

胚胎学家经过大量实验证明，在神经发生过程中，内源性信号分子对神经分化的诱导发挥了重要作用。大部分信号分子由胚胎细胞群或组织（包括脊索、底板、顶板、神经外胚层自身，以及邻近中胚层衍生组织，如体节）分泌（图12-8A），它们在细胞外间隙扩散，作用于邻近的细胞或组织，由不同类型受体转导，驱动细胞分化。信号分子可基于靶细胞离信号源的距离，发挥梯度效应。该效应可能代表了信号的扩散梯度，或者是由受体等信号元件的分布模式而产生的活性梯度。而另一些信号的作用更特异，在特定细胞群边界最有效。诱导效应包括靶细胞基因表达、形态和运动的改变。

视黄酸（retinoic acid，RA）属于最早被确认的诱导分子，是一种维生素A衍生物，是脂溶性小分子和类固醇/甲状腺激素超家族成员。视黄酸能激活一系列特异性的转录因子，即视黄酸受体，从而调控靶基因的表达（图12-8B）。RA信号驱动细胞分化，调节神经发生过程。

大部分诱导信号分子是肽类激素。其中，成纤维细胞生长因子（fibroblast growth factor，FGF）家族属于最大的一组诱导信号。人类基因组中有22个基因，编码22种不同的FGF配体，皆与酪氨酸激酶受体结合，通过激活ras-MAPK通路，改变靶基因的表达，尤其是调节细胞增殖和分化的基因的表达。例如，FGF8是哺乳类（包括人类）前脑和中脑发育的重要调控因子（图12-8C）。

另外，作为肽类激素，TGF-β家族成员的骨形态生成蛋白（bone morphogenetic protein，BMP）对于神经诱导和分化过程尤为重要，其中包括神经板的初始确定以及后续的脊髓、后脑的背侧分化和大脑皮质的分化等。人类六个不同的基因编码六个不同的BMP配体，都通过丝氨酸激酶受体激活信号通路，引起转录调节因子SMAD的磷酸化和向核内的转移，与DNA序列特定增强子/抑制子结合，影响多个靶基因的表达（图12-8D）。对于中胚层细胞，BMP正如其名称所示，发挥骨生成作用，但诱导外胚层细胞向表皮方向分化。外胚层的神经化过程，需要局部其他分泌信号，包括Noggin和Chordin，这两种分子作为TGF-β信号的内源拮抗剂，可直接与BMP结合，阻断其与受体的作用，神经外胚层从而被"挽救"，继续沿"默认"的神经化路径发育。一旦神经前体细胞的身份确定下来，BMP可诱导其分化，影响下一步的命运。

分泌信号Wnt蛋白家族成员也参与调控神经系统的形态发生及神经元分化等过程，包括神经嵴分化的一些过程。但与其他信号不同的是，人类19个Wnt配体可激活两条不同的信号通路，即经典通路和非经典通路。非经典通路在早期神经系统形态发生过程中起重要作用。该通路又称为平面细胞极性（planar cell polarity，PCP）通路，调控神经板和神经管伸长所必需的细胞运动。Wnt配体可通过激活受体蛋白Frizzled，引起细胞内Ca^{2+}水平变化；或与酪氨酸激酶孤儿受体结合，激活Jun激酶（Jnk）信号通路，引起细胞内多靶点的磷酸化，从而改变细胞形态和极性（图12-8E）。Wnt经典通路则影响神经系统初始形态发生（即原肠胚和神经胚形成）完成之后的细胞的增殖、黏附和分化。该通路依赖于协同受体（Lrp5/6）存在时Frizzled受体的活化，可稳定胞浆内的β-联蛋白（β-catenin）。β-联蛋白作为信使进入核内，通过与TCF/LEF转录因子作用，影响基因表达（图12-8F）。

Shh（sonic hedgehog）是参与神经诱导的另一类重要肽类激素，被认为对神经发育的如下两个阶段尤为重要：① 神经管的闭合，尤其是前部中线的闭合；② 神经元身份的建立，尤其是脊髓和后脑的腹侧部

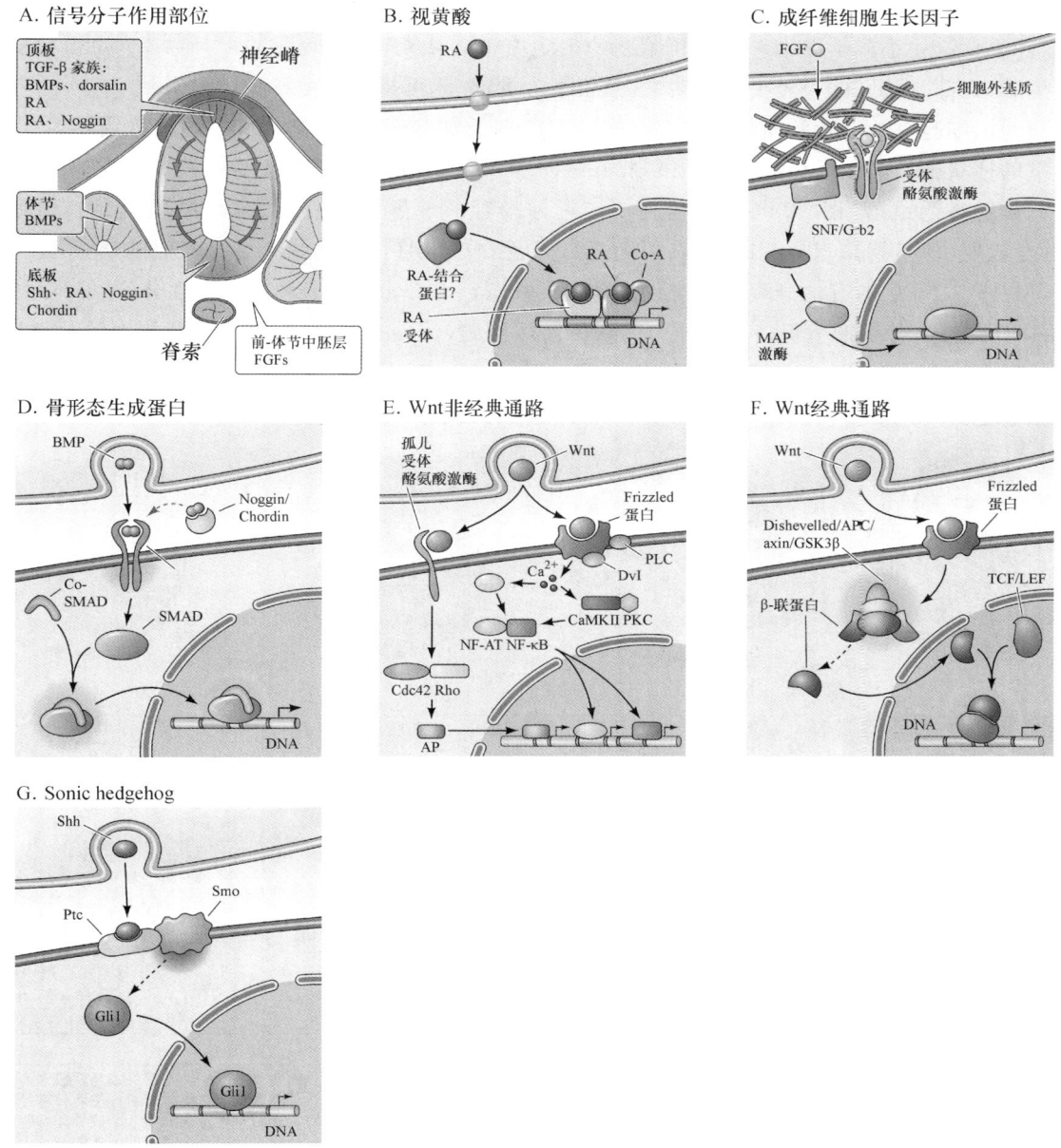

图 12-8　脊椎动物胚胎的主要诱导信号通路(Purves et al.,2018)

位运动神经元身份的确立(图 12-8G)。Shh 信号的转导依赖于膜表面的两个受体蛋白,即 Patched(Ptc)和 Smoothened(Smo)的协同作用。Shh 与 Ptc 结合,促进 Smo 在膜表面的积聚,引起调节 GLI 转录因子家族的抑制性复合体的解聚,从而允许 GLI1(或 GLI2)进入核内,正调控建立神经元身份的基因的表达(图 12-8G),否则,抑制性复合体存在时,仅 GLI3 活化,抑制靶基因的转录。

第二节　胚胎期的神经发生

胚胎早期发育阶段,随着神经管的形成和开始沿前-后轴和背-腹轴进行区域分割,启动了神经发生(neurogenesis)过程。位于神经管腔面室管区(VZ)的神经上皮细胞(neuroepithelial cell,NE)发生快速分裂,产生多潜能的神经干/祖细胞(neural precursor cell,NPC)或称为放射胶质细胞(radial glia,RG),

进而产生神经元和胶质细胞。成人脑所包含的近千亿个神经元及更多的胶质细胞,几乎皆产生于短短数月之内,并源自这一小群干细胞。人类胚胎期的细胞增殖高峰期,估计每分钟可产生 250 000 个新神经元。出生后,大部分脑区的神经干细胞消失,只留下极少部分,可持续产生新神经元。

分裂的祖细胞在神经管腔面和外侧面之间经历典型的细胞运动,即伴随特定的细胞周期时相,细胞核在狭窄的柱状胞质内往返移动(interkinetic nuclear movement)。神经管上皮也因此呈现假复层形态,细胞核的位置高低错落(图 12-9)。当细胞核接近神经管的外侧面(基底面或软膜表面)时,细胞进入 DNA 的合成期(即 S 期);当核返回腔面(顶面)后,即经历 G_2 期后,细胞脱离与外表面的连接,进入有丝分裂期(M 期)。NPC 的有丝分裂存在对称性分裂(symmetrical division)和非对称性分裂(asymmetrical division)两种方式,分别产生保持增殖能力的新的前体细胞(progenitor),或失去分裂能力的分裂后成神经细胞(neuroblast,图 12-9)。分裂方式的不同是神经发生过程的重要方面。细胞分裂的调控以及特定转录因子表达的时间和空间的调节,是决定神经系统发育过程中任何细胞命运的关键因素。

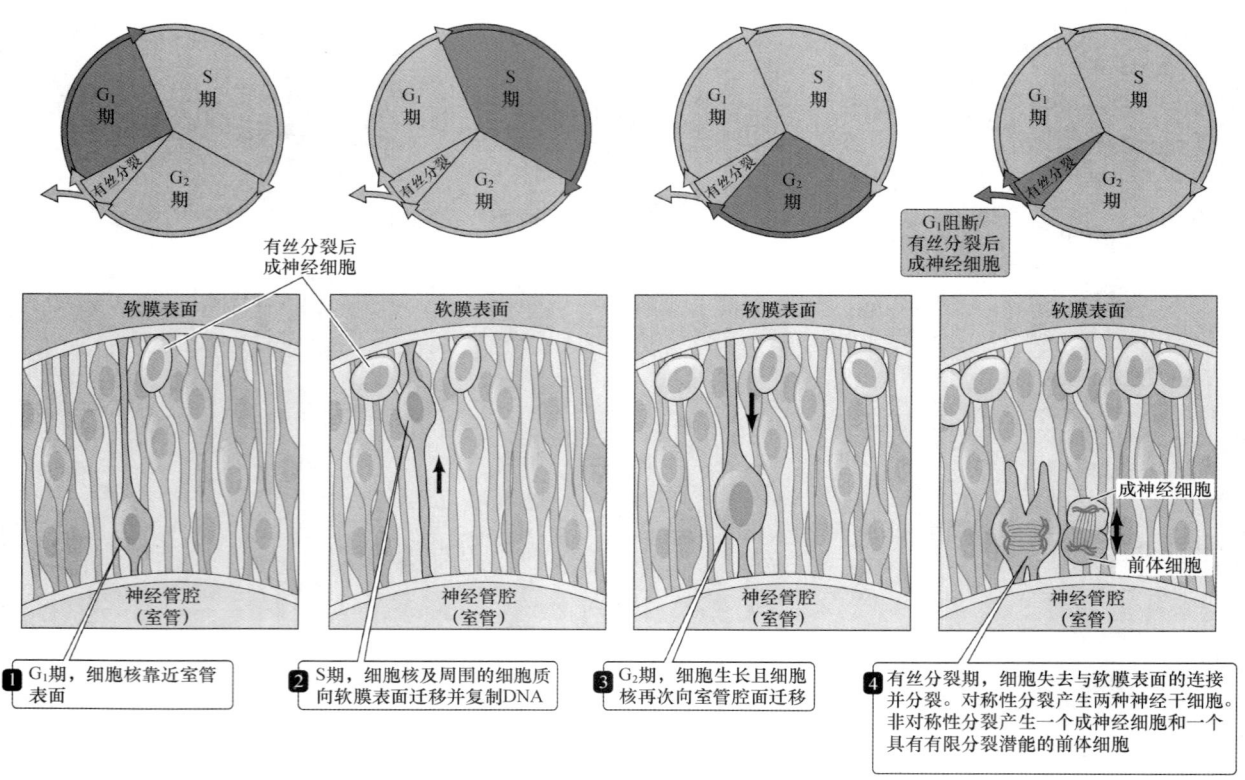

图 12-9　室管区神经祖/干细胞的有丝分裂过程(Purves et al.,2018)

以哺乳类新皮质为例,早期神经发生经历三个时相:首先,NPC 通过多轮对称性分裂扩充细胞数量,称为扩增相;随后进入神经元发生相,大部分 NPC 通过非对称性分裂方式,产生神经元;最后为胶质细胞发生相(gliogenesis),NPC 经历非对称分裂,主要产生少突胶质细胞和星形胶质细胞(图 12-10)。

一、神经元发生

扩增相的 NPC 通常指神经上皮细胞(NE)。NE 经对称性分裂,引起新皮质侧向扩展,增大表面积。当神经元发生启动时,NPC 转为放射胶质细胞(RG),RG 通过非对称性分裂,在实现自我更新的同时,产生更多的分化细胞,引起新皮质辐射状扩展和增厚(图 12-10)。RG 也成为后续神经元迁移的脚手架。

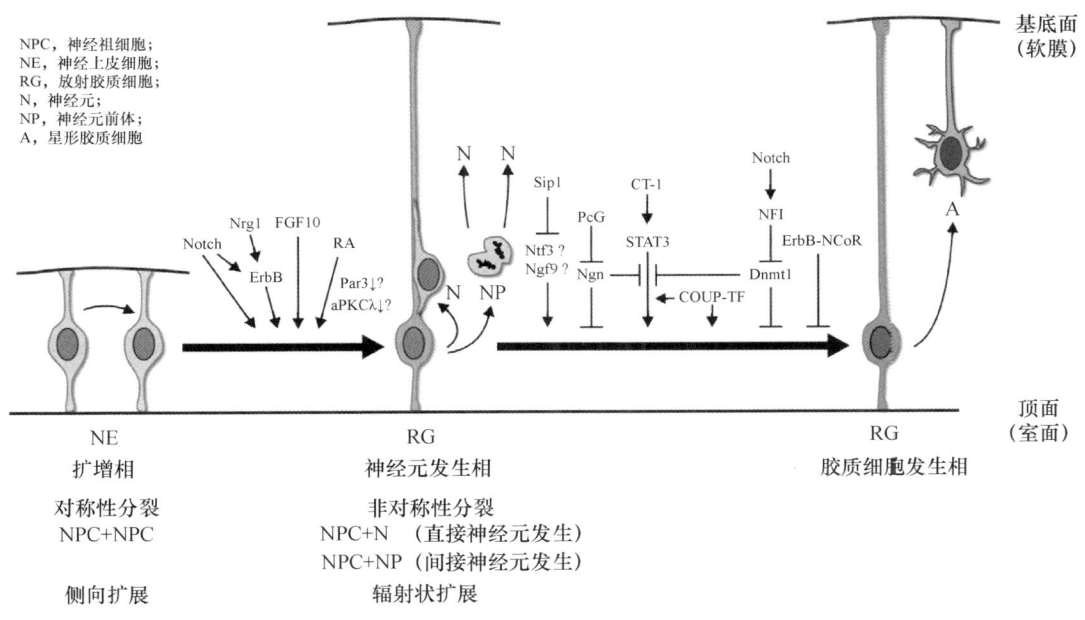

图 12-10　新皮质的神经发生进程（Miyata et al.，2010）

NPC(RG)非对称性分裂发生在腔面(或顶面)室管区(VZ)(图 12-10)，称为顶分裂，产生两个不同类型的子细胞，一个 NPC 和一个分裂后未成熟神经元或注定了神经元命运的前体细胞(neuronal progenitor，NP)，后者也称为中间前体(intermediate progenitor)。NP 移至管壁深层的室管下区(SVZ)经细胞分裂产生神经元，因此，NP 也称为基底前体(basal progenitor)。NPC 和 NP 分别形成两个神经元发生区，即 VZ 和 SVZ。前者在整个神经发生过程中持续存在，而后者则稍晚出现。NPC 非对称性分裂对于扩增细胞数量和获得发育后期的细胞命运(如星形胶质细胞命运)至关重要。

神经元发生的启动受到严格调控。其启动时间决定着 NPC 的总量，且极大地影响新生神经元数量。研究表明，人类神经元发生的启动比猴延迟几天，额外增加了 3~4 轮 NPC 分裂，使皮质表面积增大了 8~16 倍。

原神经碱性螺旋-环-螺旋(proneural basic helix-loop-helix，bHLH)转录因子在神经元命运决定和分化中发挥核心作用。Notch 信号具有抑制 bHLH 和神经元分化作用，但可能促进了神经元发生相的启动。研究发现，Notch 配体 Dll1(Delta-like 1)的出现与神经元发生相的起始基本吻合，并且，如果强制激活或失活 Notch 通路，可增加或减少 RG 标志蛋白，如 RC2 和 BLBP 的表达。ErbB2 作为 Notch 信号通路下游的转录靶点，可能部分介导了该功能。有证据显示，ErbB 配体 Nrg1 蛋白(neuregulin 1)的缺失，减少了 RG 标志物的产生。另外，FGF 信号也参与 NE 向 RG 的转换过程。其中，FGF10 在新皮质前端发挥重要作用，它在 NE 向 RG 转换时短暂表达，$Fgf10$ 基因的缺失可推迟 RG 的出现，减少新皮质前端的不对称分裂，导致新皮质前端的扩展。近期研究还表明，除 RG 相关特征的获得外，神经元发生的启动需要脑膜细胞分泌的 RA 的诱导。

二、神经胶质细胞发生

在神经发生的晚期阶段，NPC 主要产生少突胶质细胞和星形胶质细胞，而不再是神经元(图 12-10)。这里重点关注神经元发生向星形胶质细胞发生的转换过程。与神经元发生的启动一样，神经元发生的终结同样受细胞外信号和细胞内程序的协同调控。

研究发现，新生神经元可产生反馈信号控制 NPC 发生相的转换。证据显示，有丝分裂后神经元中 $Sip1$ 基因的敲除，可较早终止神经元发生过程，促进胶质细胞发生。$Sip1$ 敲除神经元中上调的 $Fgf9$ 和

Ntf3 可能作为外源因子作用于 NPC。初生神经元表达的 CT-1(cardiotrophin 1)和 Dll1 也促进 NPC 向星形胶质细胞的分化。

正如原神经 bHLH 转录因子 *Ngn1*(neurogenin 1)和 *Ngn2* 在决定神经元命运中发挥主要作用一样,STAT 家族转录因子是控制胶质细胞命运的关键因素。这些转录因子按时序表达,决定了神经元发生相和星形胶质细胞发生相的次序。在神经元发生期间,Wnt 信号等外源因子通过诱导 Ngn1 和 Ngn2,提供神经元发生信号,而星形胶质细胞基因保持沉默。星形胶质细胞基因大都含有 STAT 结合位点,但即使暴露于可激活 JAK-STAT 通路的信号,如 LIF,其仍维持不应状态。这一方面由于 ErbB4-NCoR 信号和 DNA 甲基化对星形胶质细胞基因的抑制作用,另一方面,Ngn1 通过隔离 STAT 的共激活因子 CBP/p300 和 Smad,抑制了 STAT 的活性。这些机制确保了神经元发生相不表达星形胶质细胞基因。因此,星形胶质细胞发生的启动,涉及 STAT 的去抑制,以及其下游靶基因/星形胶质细胞基因的诱导。NPC 中 Notch 的激活,诱导 *Nfia* 的表达,可将 *Dnmt1*(DNA 甲基转移酶基因)从星形胶质细胞基因位点排除,使这些基因位点逐步去甲基化。CoupTF1 和 CoupTF2 也被证实可促进向星形胶质细胞命运的转换及星形胶质细胞基因位点的去甲基化。另外,研究证实,在星形胶质细胞发生启动时,PcG 蛋白复合体(polycomb group protein)介导的组蛋白 H3K27 三甲基化作用,使 *Ngn1* 和 *Ngn2* 基因位点锁定在"关闭"状态。原神经 bHLH 转录因子 *Ngn1* 和 *Ngn2* 的抑制,不仅关闭了神经元发生,而且解放了 STAT 蛋白,从而开启星形胶质细胞发生。可见,染色质的表观遗传学状态控制着 NPC 对胞外信号的反应,有助于限定 NPC 的阶段依赖性命运。

第三节 神经元的迁移和轴突导向

神经系统发育过程中,未成熟神经元在室管区产生后,发生向外的迁移,大部分需要迁移相当距离才能到达目的地。例如,起源于神经嵴的周围神经系统的神经元就经历了很长的迁移路径。中枢神经系统中,迁移虽仅限于神经管内,但仍需穿越显著的距离,尤其是在灵长类等大型动物中。通过迁移,不同类型的神经元可聚集在一起,形成恰当的空间连接。

一、神经元的迁移

目前对于神经元迁移的机制已有较多的了解。神经系统不同区域的神经元采取不同的迁移策略。如,神经嵴细胞沿特定路径的迁移,在很大程度上受非神经外周结构,如体节(最终形成躯干肌肉和骨骼)以及其他原始肌肉骨骼或内脏组织所产生的信号的引导。这些信号可以是分泌的分子、细胞表面配体和受体,或是细胞外基质分子。在发育的不同阶段,相似的分子机制也可能用于轴突生长的引导。然而,中枢神经系统中,神经元的长距离迁移主要受胶质细胞的引导,如大脑皮质、小脑、海马的神经元都是沿放射状胶质细胞(或相似的胶质细胞,如小脑内的贝格曼胶质细胞)的长突起迁移而到达目的地的。放射状胶质细胞的突起具有极其独特的作用,其一端附着于脑室,另一端固定于软脑膜细胞的基底膜,为神经元的迁移提供了"脚手架"。神经元沿放射状胶质细胞长突起的迁移类似一种阿米巴样的运动,它们紧紧附着在放射状胶质细胞的长轴突上,向特定区域进行定向迁移。多种细胞黏附及其他的信号转导分子或受体等参与介导了此过程(图 12-11)。但脑内其他一些区域(尤其是演化为核团结构的区域)的神经元的迁移不依赖于放射状胶质细胞的引导。

二、轴突生长的引导

神经元产生、迁移,到达目的地后,开始建立神经环路。首先,不同脑区的神经元必须通过轴突连接在一起;其次,有序的突触连接必须形成于恰当的突触前和突触后神经元之间。因此,轴突生长和突触形

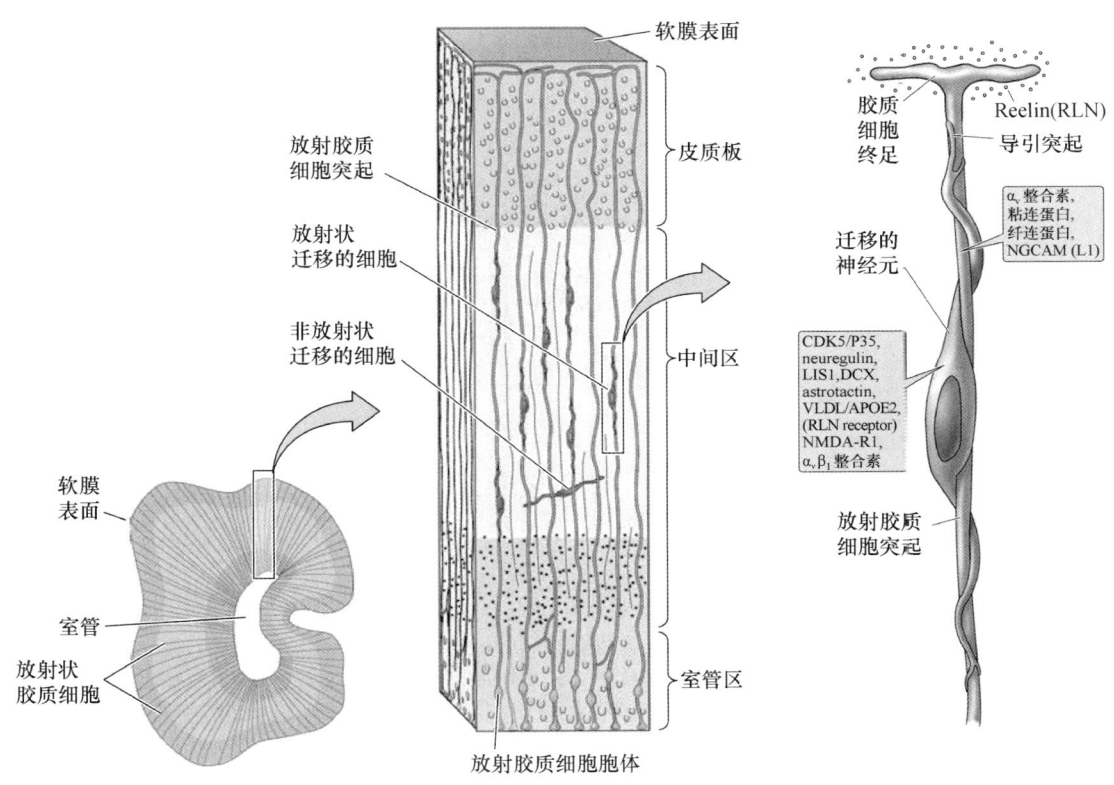

图 12-11 放射胶质细胞引导神经元迁移(Purves et al.,2018)

发育前脑的切片(左两图),显示从室管腔面到软膜表面的放射胶质细胞突起。迁移神经元与之紧密接触,被引导至皮质最终位置。右图方框内分别显示神经元和放射胶质细胞表面存在的细胞黏附及其他信号分子和受体。

成的细胞学机制是建立神经环路的主要决定因素,而神经环路将最终控制行为。轴突的定向生长和突触靶位的识别是由每个生长轴突顶端的特殊结构,即生长锥(axonal growth cone)来介导的。生长锥不断探测外界信号,并做出响应,辨认正确的伸长途径,而抑制不正确的生长方向,并最终促进功能突触伙伴的形成。这些信号包括细胞表面黏附分子以及可扩散的信号分子,它们能够吸引或排斥生长锥。此外,分泌的生长因子也影响轴突的生长、突触的形成,并调节轴突与靶连接的数量。与其他细胞间通信类似,各种受体和第二信使分子将转导这些信号,启动细胞内事件,促使轴突定向生长,生长锥向突触前成分特化,以及特定的突触后位点形成。

(一)轴突生长锥

早在 1910 年,美国耶鲁大学的 Harrison 首先应用神经组织培养方法,观察到生长锥的动态行为。生长锥是具有高度能动性的结构,它探索细胞外环境,决定生长的方向,引导轴突沿正确的方向生长。其最基本的形态特征是生长的轴突顶端的片状扩展,称为片足(lamellipodium),每个片足伸出大量精细的突起,称为丝足(filopodia)。这些丝足可迅速形成或消失,就像手指伸出来感知环境一样。生长锥的动态表现反映了细胞骨架成分,尤其是肌动蛋白骨架(actin)的快速、可控的重排(图 12-12)。该过程受到环境信号的调控,通过生长锥表面的受体和通道介导,最终驱动伪足不断伸展,促进对局部环境的进一步探索。

Harrison 同时代的 Cajal 进一步发现,当生长锥沿其他轴突已建立好的通路移动的时候,它们呈现非常简单的形态;但当生长锥第一次扩展到一个新的方向,或到达必须做出方向性选择的地方,其形态会发生剧烈的改变:生长锥变得扁平,伸出大量伪足,表明生长锥在主动探索周围信号,以寻找正确的生长方向。在中枢神经系统和周围神经系统中都能观察到生长锥在"决定"点形态改变的现象。

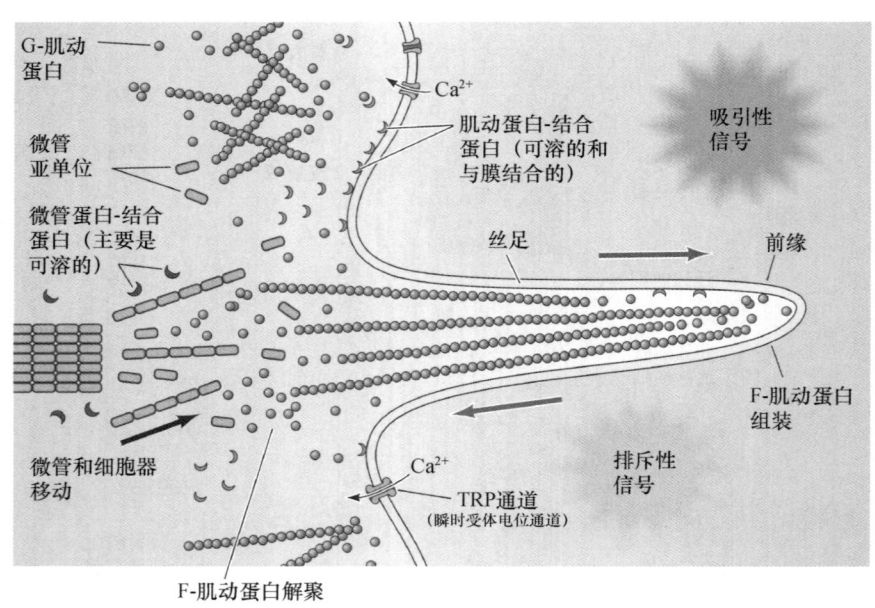

图 12-12　生长锥的结构(Purves et al., 2018)

吸引性信号引起球状肌动蛋白(G-肌动蛋白)在丝足前端组装成纤维状肌动蛋白(F-肌动蛋白);而排斥性信号促进 G-肌动蛋白解聚和逆向流动。组装有序的微管构成轴突的细胞骨架核心,而在轴突杆和片足间,多见散在的微管亚单位。肌动蛋白-微管蛋白-结合蛋白调节微丝或微管亚单位的组装和解聚。该过程受胞内钙离子变化的影响。钙离子经电压门控钙通道和瞬时受体电位(transient receptor potential,TRP)通道内流。

(二) 轴突导向分子

生长锥在轴突扩展时的复杂表现意味着存在特殊的信号,引导其向特定的方向运动。并且,生长锥本身必须具备特异的受体和信号转导机制应答于这些信号。现已发现多种信号分子,涉及细胞黏附及细胞-细胞间相互识别。这些信号分子组成不同的配体及其受体家族(图 12-13)。其作用可以是吸引性的,或排斥性的,取决于分子的特征及作用环境。

1. 非扩散性轴突导向信号

非扩散性轴突导向信号分子主要分为四类:细胞外基质分子及其 integrin 受体;Ca^{2+}-非依赖性细胞黏附分子(Ca^{2+}-independent cell adhesion molecule,CAM);Ca^{2+}-依赖性细胞黏附分子(Ca^{2+}-dependent cell adhesion molecules,cadherin),又称为钙黏蛋白;Ephrins 和 Eph 受体。

轴突的生长首先涉及细胞外基质中的细胞黏附分子,其中最突出的成员当属层粘连蛋白(laminin)、胶原蛋白(collagen)和纤连蛋白(fibronectin)。这三种蛋白都是以大分子复合体形式存在于细胞外。这些基质成分由细胞分泌,但分泌后,并不向远处扩散,而是在细胞附近形成多聚体,在局部建立起持久的胞外组分。与这类分子特异结合的一大类受体,被统称为整合素(integrin)。整合素本身并无激酶活性或其他的直接信号转导能力。但它们与层粘连蛋白、胶原蛋白或纤连蛋白结合后,可启动一连串细胞内事件,涉及与非受体细胞质激酶和其他信号分子的作用,包括钙通道等,刺激轴突的生长和伸长。细胞外基质分子对于胚胎周围神经系统的轴突导向作用已非常清楚。轴突通过排列松散的胚胎间充质细胞向外周组织生长,这些间充质细胞之间存在丰富的细胞外基质。轴突也能沿间充质和上皮组织的界面生长,包括神经管和间充质之间以及表皮和间充质之间的边界,细胞外基质分子组成的基底层(basal lamina)为轴突生长提供了支持基础。但不同的细胞外基质有着不同的刺激轴突生长的能力。在中枢神经系统中,基质分子的作用还不太清楚,虽然存在一些相同的分子,但其排列并非如外周基底层那样规则有序,因此较难研究。

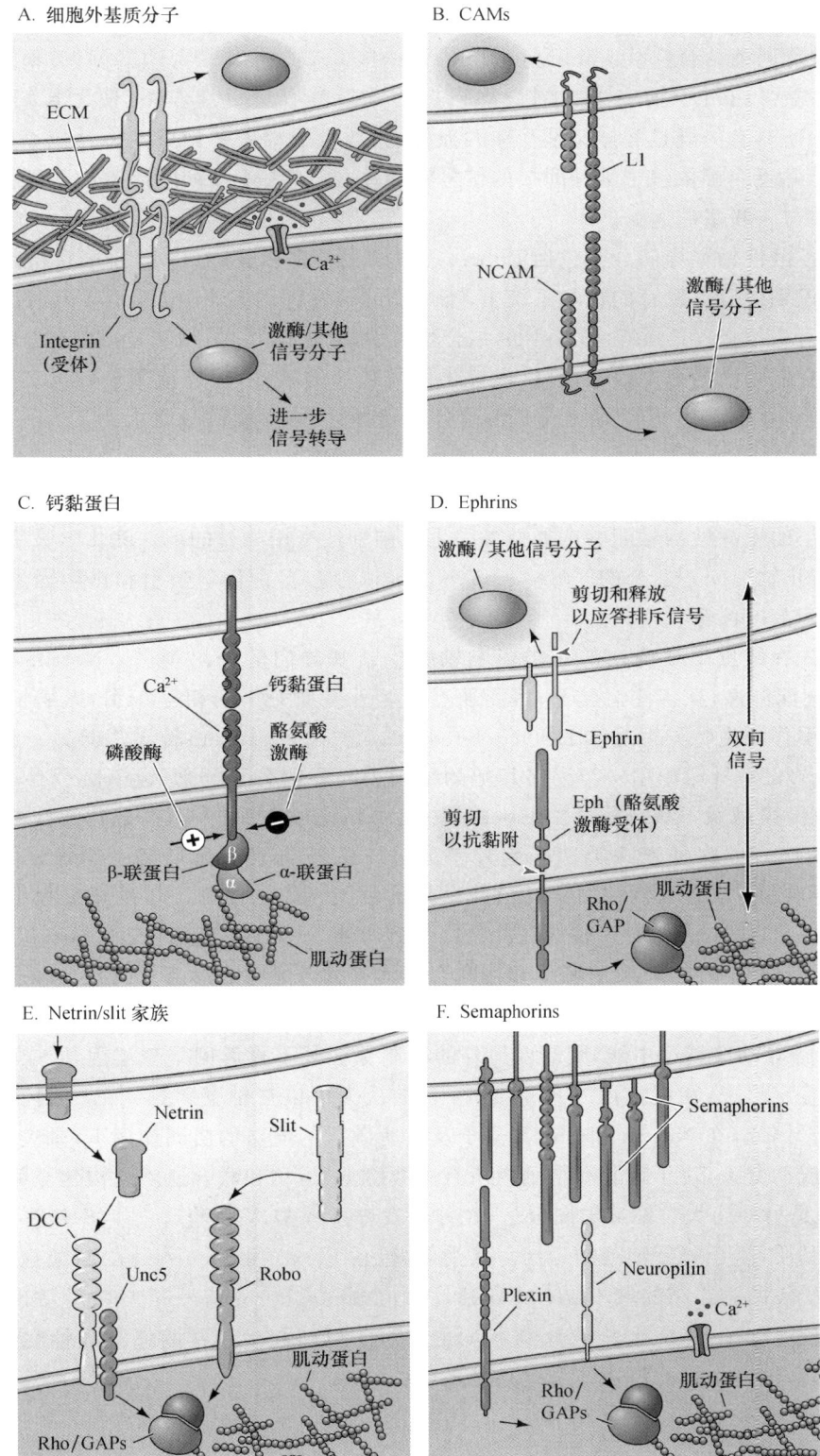

图 12-13　几类主要轴突导向分子的配体和受体家族(Purves et al.,2018)

A. 细胞外基质(ECM)分子作为整合素受体的配体;B. 同种亲和性 CAM 同时可作为受体和配体;C. 钙黏蛋白亦能进行同种亲和结合;D. Ephrins 可作为跨膜或膜结合蛋白,通过酪氨酸激酶受体 Eph 发挥作用;E. Netrin/Slit 家族分泌信号通过两条不同受体通路发挥吸引或排斥作用,即 Netrin 与受体 DCC 结合,Slit 与受体 Robo 结合;F. Semaphorins 主要是排斥性信号,或结合到细胞表面,或分泌,其受体(Plexins 和 Neuropilin)位于生长锥上。

CAM 和钙黏蛋白存在于生长的轴突和生长锥，以及周围细胞或靶细胞上。两者皆具有配体和受体双重功能，一般进行同种结合(homophilic binding)。一些 CAM，尤其是 L1 CAM，与轴突的集束(fasciculation)有关。钙黏蛋白对于轴突生长的最终靶点的选择具有决定性作用，使生长的轴突形成突触。CAM 和钙黏蛋白所具有的既是配体又是受体的独特能力，对于轴突和靶点间特异位点的识别具有重要作用。CAM 和钙黏蛋白都依赖于某种间接的信号转导途径。CAM 与细胞质激酶相互作用启动细胞反应，而钙黏蛋白参与 β-联蛋白通路。

最后一类非扩散性轴突导向分子包括 Ephrin 及其酪氨酸激酶受体(Eph)大家族，它们构成了多种组织的细胞—细胞识别代码。发育的神经系统中，不成熟的轴突利用 Ephrin 和 Eph 识别合适的生长通路，以及突触生长的恰当位点。Ephrin 和 Eph 的结合也可引起"逆向"的信号转导，即通过 Ephrin 与细胞质激酶相互作用。它们可激活多个信号通路，依赖于信号转导的特性，促进或限制轴突的生长。为限制轴突生长，Ephrin 配体的胞外区可被剪切或 Eph 受体被选择性内吞，使信号终止。

2. 化学吸引和化学排斥信号

生长的轴突最终必须找到合适的靶点，回避不合适的靶点。Cajal 早在 20 世纪初期就提出，很可能由靶细胞自身分泌的靶源性信号能够选择性吸引生长锥到达有用的目的地。除化学吸引信号外，还存在化学排斥信号，阻止轴突向不适合的区域生长。现已确认存在多种化学吸引和排斥因子，它们的特征和功能在不同物种间高度保守。

Netrin 是首先在线虫中被确认的一类影响轴突生长和导向的分泌蛋白。Netrin 与胞外基质分子 Laminin 具有高度同源性，在某些情况下，可能通过与胞外基质分子的相互作用，影响轴突的定向生长。Netrin 的化学吸引作用由特异性受体 DCC(deleted in colorectal cancer)转导。但另一种受体——Unc5 介导 Netrin 依赖的化学排斥作用。与许多其他的细胞表面黏附分子类似，Netrin 受体具有含重复氨基酸序列的胞外域、跨膜域及不具有酶活性的胞内域。因此，胞内域必须与具有催化活性的其他蛋白作用，才能刺激靶细胞的变化，这种方式类似于胞外基质分子的整合素受体通路。Netrin 信号最终作用于 Rho/GAP 家族信号蛋白，后者调控由第二信使介导的细胞骨架的修饰。在发育过程中，Netrin 定位于神经管腹中线的底板(floorplate)，而轴突在此处穿越到对侧。Netrin-1 基因突变可破坏跨越中线的轴突路径的发育，包括脊髓丘脑束，以及胼胝体和前联合等大脑联合通路的形成。因此，Netrin 在这里作为化学吸引信号，影响轴突的定向生长。

一旦 Netrin 指导轴突越过中线，则需要另外的机制保证其不再返回。分泌因子 Slit 及其受体 Robo 首先在果蝇中被鉴定出来，在这方面发挥重要作用，被认为可以在轴突跨越到另一侧后，终止生长锥对 Netrin 的敏感性。因此，在 Netrin 和 Slit 等分子及其所激活的通路的协同作用下，轴突单向穿越中线至对侧。而轴突的成功交叉，对于哺乳动物脑内所有主要感觉、运动和联合通路的构建至关重要。

Semaphorin 是另外一大类轴突导向分子，在神经发育过程中，发挥化学排斥作用。这类分子结合于细胞表面或细胞基质，阻止邻近轴突的延伸。其受体(包括 Plexin 和 Neuropilin)与细胞表面黏附分子类似，为跨膜蛋白，受体的胞浆结构域不具有催化活性。但 Semaphorin 信号导致 Ca^{2+} 浓度变化，进而通过激活激酶和其他信号分子，修饰生长锥骨架。Semaphorin 可引起生长锥的塌陷和轴突延伸的停止。对于神经系统的构建，轴突生长的停止信号也是必不可少的。

三、选择性突触的形成

当轴突生长到达正确的靶点，它们必须在局部大量潜在的突触伙伴间做出进一步选择：决定哪一个是自己特殊支配的细胞。到达靶区的轴突末梢开始形成多个细微的终末，并启动发育的下一过程：突触的形成。突触的形成至少包括三个主要阶段：① 细胞作用因子或黏附分子定位于突触前轴突和突触后胞体或树突间；② 突触前分化，建立突触传递结构；③ 突触后特异性分化以便能接收递质信号。在中枢神经系统和周围神经系统中存在极为庞大的突触数量，每个突触在形态、功能、位置和连接方式等方面几乎均有差异，因此突触特异性的形成可能需要多种信号的诱导和综合作用，如 Ephrin、钙黏蛋白、CAM、Neuregulin、Neurexin 和 Neuroligin 等分子都参与其中。

（孙颖郁、左明雪）

练 习 题

1. 请简述脊髓和脑的形态发生过程。
2. 请举例说明诱导信号在神经系统早期发育中的作用。
3. 请简述放射胶质细胞在神经发生过程中的作用。
4. 请举例说明轴突导向分子的作用。

参 考 文 献

CHEN S Y, CHENG H J, 2009. Functions of axon guidance molecules in synapse formation[J]. Current opinion in neurobiology, 19(5): 471-478.

HERNÁNDEZ-MIRANDA L R, PARNAVELAS J G, CHIARA F, 2010. Molecules and mechanisms involved in the generation and migration of cortical interneurons[J]. ASN neuro, 2(2): e00031.

MIYATA T, KAWAGUCHI D, KAWAGUCHI A, et al, 2010. Mechanisms that regulate the number of neurons during mouse neocortical development[J]. Current opinion in neurobiology, 20(01): 22-28.

PURVES D, AUGUSTINE G J, FITZPATRICK D, et al, 2018. Neuroscience[M]. 6th ed. Sunderland, Massachusetts: Oxford University Press.

SIEGEL A, SAPRU H N, 2015. Essential Neuroscience[M]. 3rd ed. Philadelphia: Lippincott Williams & Wilkins.

BIANCHI L M, 2018. Development neurobiology[M]. New York, NY: Garland Science, Taylor & Francis.

韩济生, 2009. 神经科学[M]. 3版. 北京：北京大学医学出版社.

第三篇

神经系统的生理功能

第十三章　神经系统的感觉功能

第一节　感觉系统概述

感觉(sensation)是动物和人类赖以生存的神经系统的两大基本功能之一,通过不同感觉信号和感觉通路的相互作用,使机体能够迅速、准确地对瞬时或持续、有害或有利的环境做出反应,以适应环境的变化。

感觉系统是神经系统的一部分,包括感受内、外环境刺激的感受器、将信息从感受器传向脊髓和脑的感觉通路以及对感觉信息进行处理的大脑皮质特定区域。感觉信息处理的起始步骤是在感受器中将多种形式的能量刺激转换为分级电位,即感受器电位(receptor potential),之后再变成动作电位逐级进行传递。感觉形成的最终部位在大脑皮质,但感觉系统处理的信息不一定都能引起意识活动。无论信息是否引起意识活动,均称为"感觉",进一步地,如果人能理解感觉的含义,则称为知觉(perception)。感觉和知觉的产生均需要中枢神经系统对感觉信息的加工和处理。因此,感觉是客观物质世界在人主观意识上的反映。

一、感受器、感觉器官的定义和分类

感觉系统由介导多种感觉模式的组织器官(包含特化和非特化的感受器)及神经传导通路组成,包括躯体感觉(触、压、振动、温度、痛和痒)、内脏和特殊感觉(视、听、嗅、味和平衡)。感受器(sensory receptor)是指分布在体表或组织内部的一些专门感受机体内、外环境变化所形成的刺激的结构或装置。本质上讲,感受器是一种换能装置,能将各种形式的刺激能量(机械能、热能、光能和化学能等)转换为电能,并以神经冲动的形式经传入神经纤维传递到神经系统各个部位。感受器一般可按以下几种方式进行分类。

(1) 按结构进行分类,可分为三大类:① 游离神经末梢,如温度感受器、伤害性感受器(即痛觉感受器);② 有结缔组织包被的神经末梢,如环层小体、触觉小体和肌梭等;③ 功能高度分化的特殊感受器,如视杆细胞和视锥细胞、内耳毛细胞、嗅细胞和味觉感受器细胞等。

(2) 按分布的部位分类:① 外感受器(感受外环境的变化),包括远距离感受器(视觉、听觉、嗅觉)和接触感受器(触觉、压觉、味觉、温度觉);② 内感受器(感受机体内环境的变化),包括本体感受器和内脏感受器。

(3) 按接受刺激的性质分类:包括光感受器、机械感受器、化学感受器、温度感受器、伤害性感受器。

二、感受器的一般生理特性

(一) 感受器的适宜刺激及感觉阈值

一种感受器只对某种特定形式的刺激最敏感,这种刺激就是该感受器的适宜刺激(adequate stimulus)(如一定波长的电磁波是视网膜感光细胞的适宜刺激等)。然而,适宜刺激对感受器来说并不是唯一刺激,某些非适宜刺激也可引起感受器一定的反应,但所需的刺激强度通常要比适宜刺激大得多。对大多数感受器来说,电刺激一般都能成为有效刺激。

感受器的感觉阈值(sensory threshold)指的是适宜刺激作用于感受器,能引起某种相应的感觉所必须达到的刺激强度、作用时间或作用面积等。其中包括:① 强度阈值,即引起感受器兴奋所需的最小刺激强度;② 时间阈值,即引起感受器兴奋所需的最短作用时间;③ 面积阈值,即对于某些感受器来说(如皮肤的触觉感受器),当刺激作用的强度和时间一定时,如要引起感受器的兴奋,刺激作用还要达到的范

围;④ 感觉辨别阈值。对于同一种性质的两个刺激(如皮肤触压刺激),它们的强度差异必须达到一定程度才能被分辨,这种刚能引起感觉分辨的两个刺激强度的最小差异,称为感觉辨别阈值。

(二) 感受器的换能作用

感受器能把作用于它们的特定形式的刺激能量转换为传入神经的动作电位,这种能量的转换称为感受器的换能作用(transduction function)。因此,感受器本质上是一种生物换能器。在这种换能过程中,往往不是直接把刺激能量转变为神经冲动,而是先在感受器细胞或传入神经末梢产生过渡性的局部膜电位变化。这种膜电位变化对特化的感受器细胞称为感受器电位,而对于传入神经末梢型感受器则称为发生器电位(generator potential),可以直接触发动作电位的产生。感受器电位的形式绝大多数是去极化的,但也有超极化的(如光感受器细胞的感受器电位)。感受器电位或发生器电位是过渡性的等级电位,因此具有局部兴奋的基本特性(非"全或无"、可以总和及电紧张性扩布)。它们可以通过幅度、持续时间和波动方向的变化,如实地反映和转换外界刺激信号所携带的信息(如听觉毛细胞的感受器电位)。

(1) 感受器的换能部位:某些化学感受器(如对血中氧分压敏感的感受器),整个细胞是感受器。多数情况下,换能发生在感受器的某一特化部位,如微绒毛(如味觉感受器细胞)、纤毛(如嗅细胞)、神经纤维的终端(如温度觉感受器、皮肤触压觉感受器)、特殊的细胞内膜或细胞器(如光感受器)以及特殊的细胞结构(如肌梭本体感受器)等。

(2) 感受器换能的分子机制:主要通过两种基本方式进行。① 直接引起离子通道开放状态的改变,如声波振动的感受和毛细胞顶端与受力有关的机械门控钾通道的开放或关闭有关,这使毛细胞出现与声波振动相一致的感受器电位(即微音器电位);② 通过 G 蛋白介导的信号转导影响离子的运动,如视杆细胞和视锥细胞,由于它们的外段结构,即视膜盘上存在受体蛋白(如视紫红质),在吸收光子后,可通过特殊的 G 蛋白和作为效应器的磷酸二酯酶的作用,引起光感受器细胞外段胞浆中 cGMP 分解,最后使外段膜出现超极化感受器电位。在其他一些感受器如嗅细胞中,也发现了类似的信号转换机制。由此可见,所有感受性神经末梢和感受器细胞出现的电位变化,是通过跨膜信号转换,把不同能量形式的外界刺激都转换成跨膜电位变化的结果。

感受器电位或发生器电位的产生并非是感受器作用的完成,只有它们触发了传入神经纤维的动作电位(有些是降低传入神经动作电位的发放频率),才标志着感受器或感觉器官作用的完成。

(三) 感受器的适应现象

当某一恒定强度的刺激作用于一个感受器时,虽然刺激持续存在,但感觉神经纤维上动作电位的发放频率却逐渐降低,这一现象称为感受器的适应(adaptation)。适应通常可分为快适应和慢适应两类。快适应感受器的适应发生很快,不能用于传递持续性信号,但对刺激的变化十分灵敏,适用于传递快速变化的信息,有利于机体探索新异的物体,使感受器和中枢再接受新的刺激,如触觉小体和温度感受器等。慢适应感受器的适应发生很慢且不完全,经长时间刺激后感受器电位和传入神经动作电位的发放频率仍能维持在相当高的水平。慢适应过程有利于机体对某些功能状态进行长时间的持续性监测,并根据其变化引起反射活动以随时调整机体的活动。

感受器产生适应的机制比较复杂,与感受器的换能和离子通道的功能状态,以及感受器细胞与传入神经纤维之间的突触传递特性等因素有关。适应也与感受器的附属结构有关。如环层小体的快适应与其环层结缔组织包囊有关。这些结构具有弹性,当突然施加压力刺激时,包囊内的黏液将压力传递至轴心纤维,引起感受器电位;但在几毫秒至几十毫秒之内,小体内的液体重新分布,使整个小体内的压力又变得均匀,感受器电位立即消失,不再触发传入纤维的动作电位(适应)。剔除环层小体的环层结构,感受器电位不易消失(不易适应)。

三、感觉信号在感觉通路中的编码

感受器在将外界刺激转换为传入神经动作电位时,不仅发生了能量的转换,也将刺激所包含的环境变化信息转移到了动作电位的序列中,起到了信息转移作用,此为感受器的编码(coding)功能。中枢根据这些经过编码的信号获得对刺激的性质和强度的主观感觉。

不同感受器进行能量转换所产生的电脉冲在形式上没有太大的差别,不论来自何种感受器,传入神经纤维上的冲动都是一些在波形和产生原理上基本相同的动作电位,例如,由视神经、听神经或皮肤感觉神经的单一纤维上记录到的动作电位并无本质上的差别。因此,不同性质的外界刺激不可能通过某些特异的动作电位波形或强度特性实现编码,感觉的性质是由传入冲动所到达的高级中枢的部位决定的。

不同性质感觉的引起,首先是由传输某些电信号所使用的通路来决定的,即通过"专用线路(labeled line)"来实现。具体来说,某种特定类型感觉的产生是通过接受刺激的感受器类型、与感受器连接的传入通路以及传入冲动到达的大脑皮质的特定部位进行编码的。因此,不论刺激发生在感觉通路的哪个部位,也不论刺激是如何引起的,它所引起的感觉都与感受器受到刺激时引起的感觉相同(例如,用电刺激病人的视神经,或者直接刺激枕叶皮质,都会引起光亮的感觉)。此即 Müller 提出的特殊能量定律(doctrine of specific nerve energies)。事实上,即使是同一性质的刺激,它们的一些次级属性(如视觉刺激中不同波长的光线和听觉刺激中不同频率的声音振动等)也都有特殊分化的感受器和特定的传入途径。在自然状态下,由于感受器细胞在进化过程中的高度分化,使得某一感受器细胞变得对某种性质的刺激或其属性十分敏感,而由此产生的传入信号只能循特定的途径到达特定的皮质结构,引起特定性质的感觉。

对每一种感觉形式来说,信息传向中枢的感觉通路是由一系列以突触相连接的神经元组成的。因此,感觉编码并不只是在感受器部位进行一次,事实上,信息每经过一次神经元间的突触传递,都要进行一次重新编码,这使它有可能接受来自其他信息源的影响,使信息得到不断的处理和整合。上行神经元之间的交互抑制(如侧向抑制)将减弱甚至取消传入信息,同样来自高级中枢的下行通路也可以发挥同样的效应。中脑网状结构及大脑皮质也可以通过下行通路来调控感觉信息传入。这些抑制性的调控可以直接通过突触连接作用于初级传入神经元的轴突末梢(如突触前抑制),也可以间接地通过中间神经元影响感觉通路上的其他神经元。

四、感觉系统的神经传导通路

体内外各种刺激由感受器感受并被转换成传入神经上的神经冲动,沿特定的神经通路传向特定的大脑皮质感觉区而形成某种感觉。

初级感觉神经元突起的中枢突进入脊髓和脑,并与其中的神经元形成突触联系。这种突触联系包括两种方式(图 13-1):一种是辐散(diverge),即一个初级感觉神经元的中枢突可与几个或很多的神经元形成突触联系,其意义在于一个神经元的兴奋可引起许多神经元同时兴奋或抑制;另一种是聚合(converge),即许多初级感觉神经元终止于一个神经元。这种突触联系既可以是一级,也可以是多级,直到传入信息(编码的动作电位)到达大脑皮质。其意义在于使中枢神经系统内神经元活动能够集中,使兴奋或抑制在后一个神经元上发生总和,从而得到及时加强或减弱。

多数感觉通路传递的是同一类型的感觉信息,如触觉传导通路仅受到相应机械感受器的传入信息的影响,而温度觉传导通路则仅受到冷热感受器的传入信息的影响。因此,即使是感受器传来的信息均为波形基本相同的动作电位,大脑也能区分不同的刺激形式。这种主要传递一种感受器输入的中枢通路,称为特异性感觉通路。另一些通路,

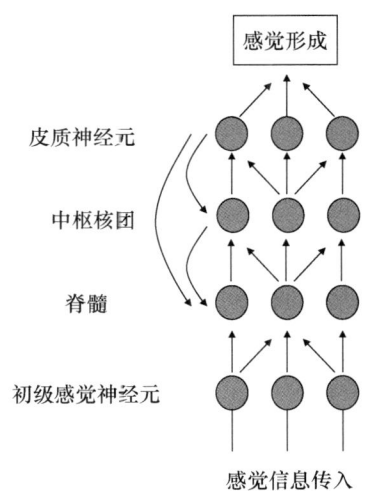

图 13-1 躯体感觉通路中神经元的连接方式

在感觉信息传递过程中,因其纤维的辐散及与其他感觉输入的聚合,其特异性变得越来越低,成为多类型感觉通路,也称为非特异性感觉通路。一般来说,特异性感觉通路实现感觉信息的精细传递,而非特异性感觉通路用于感觉的整合及整体行为的调节。在机体对感觉信息的分析和综合功能中,两者都是必不可少的。

五、皮质对感觉信息的处理和感知

感觉信号由传入神经向中枢传递,在中枢内经过信息的整合,形成感知觉。首先,来自不同传导通路的感觉将投射到相应的脑区。来自特异性感觉通路的信息投射到大脑皮质的特定区域,如躯体感觉感受器的信息投射至躯体感觉区,光感受器的信息投射至视皮质,听觉感受器的信息投射至听皮质(即颞横回和颞上回),味觉感受器的信息投射至中央后回头面部感觉投射区下侧,嗅觉感受器的信息投射至边缘叶的前底部。而来自非特异性感觉通路及特异性感觉通路(包括视觉和听觉)第二级神经元的侧支在经过脑干网状结构时,与其中的神经元发生突触联系并反复换元后,再经丘脑非特异性核团弥散地投射到大脑皮质广泛区域。这种传导与皮质没有点对点的投射关系,经多次换元后失去了特异性,故没有专一的感觉传导功能,不能引起特定的感觉。这些投射纤维进入皮质后与皮质神经元构成突触联系,起到维持和改变大脑皮质兴奋状态的作用。

临近初级感觉区和运动区部位的联合皮质(association cortex)虽然不属于感觉传导通路,但却可以对传入的信息进行更为复杂的分析和处理。一般而言,临近初级感觉区的联合皮质只对信息进行简单的处理,主要行使基础的感觉相关功能;而远离初级感觉区的联合皮质则对信息进行更为复杂的处理,参与惊醒、警觉、注意、记忆和语言等高级功能。这些区域也往往整合两种以上的感觉信息。如联合皮质接受来自视皮质和来自调控颈部区域体表感觉区的信息,进行整合后将产生关于视觉及头部位置的信息;若接受来自顶叶和颞叶等边缘系统的信息,则会赋予感觉信息以情感和动机的意义。

综上所述,感觉的产生包括以下几个部分:① 感受器或感觉器官对内、外环境刺激的感受;② 感受器对感觉信号的转导和编码;③ 感觉信号沿传入神经通路到达大脑皮质的特定部位;④ 中枢神经系统对感觉信号的分析和处理,最终形成特定的感觉。因此,感觉是通过感受器或感觉器官、传入神经通路和大脑皮质的共同活动产生的。下面各节中我们将对不同类型的感觉分别进行阐述。

第二节 触压觉、温度觉及痛觉

躯体感觉可分为三大类,即机械刺激引起的感觉、温度刺激引起的温度觉和伤害性刺激引起的痛觉。

一、机械刺激引起的感觉——触压觉

(一) 触压觉感受器

对皮肤施以机械性触、压刺激所引起的感觉分别称为触觉(touch sense)和压觉(pressure sense),由于两者在性质上类似,故统称为触压觉。无毛皮肤区的触压觉感受器有四种,包括环层小体、迈斯纳小体、鲁菲尼小体(Ruffini corpuscle)和默克尔盘(Merkel disk),有毛皮肤区的触压觉感受器也有四种,除毛囊感受器(hair follicle receptor)代替迈斯纳小体发挥功能之外,其余三种感受器与无毛皮肤区大致相同(图 13-2)。相对于感知痛觉刺激的高阈值机械感受器(high-threshold mechanoreceptor,HTMR)而言,这些感受器属低阈值机械感受器(low-threshold mechanoreceptor,LTMR)。其中,迈斯纳小体和环层小体分别属于快适应Ⅰ型(rapidly adapting type Ⅰ,RAⅠ)和快适应Ⅱ型(RAⅡ)感受器,默克尔盘和鲁菲尼小体分别属于慢适应Ⅰ型(slowly adapting type Ⅰ,SAⅠ)和慢适应Ⅱ型(SAⅡ)感受器。在位置分布上,RAⅠ型和SAⅠ型较RAⅡ型和SAⅡ型更接近表层。形成这些不同感受器的神经纤维主要是

有髓 Aβ 或 Aδ 纤维,但无髓 C 类纤维,即 C-LTMR 也参与触压觉感受。感受器的附属结构可能是决定它们适应快慢的原因。总体上讲,A 类 LTMR 主要负责物体的鉴别,而 C 类 LTMR 介导触觉相关的情感成分的产生,如表达 MrgB4(mas-related G-protein coupled receptor member B4)的 C-LTMR 激活可产生令人愉悦的按摩样抚触感。

机械刺激是触压觉感受器的适宜刺激。机械刺激引起感受器变形,导致机械门控钠通道开放和 Na$^+$ 内流,产生感受器电位,并触发神经纤维产生动作电位,完成换能。但不同感受器对机械刺激的反应形式及换能过程存在一定的差异。

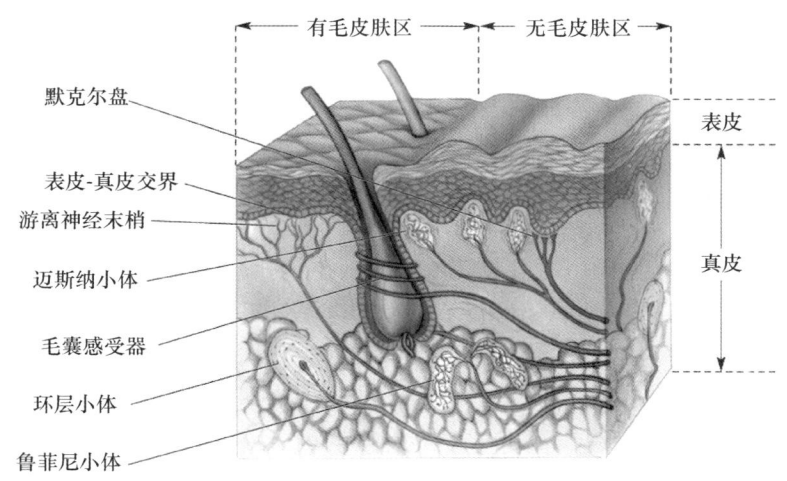

图 13-2 皮肤机械感受器(Bear et al.,2002)

环层小体是一个直径约 1 mm 的洋葱样多层囊样结构,位于真皮深处,插入囊内的神经纤维是真正的感受器结构,主要感知快速振动和深部压力,感受野较大。当机械刺激引起囊的外层变形时,位于轴心的神经末梢也随之变形,产生去极化的感受器电位,进而引起神经纤维产生动作电位。当一个刺激缓慢作用于或离开环层小体时,小体的内层将发生适应性变化,其中的神经末梢也不再继续变形,因此无论多么强的刺激,也只是在刺激开始或解除时产生少数动作电位。如果刺激是波动性的,每一次波动将引起环层小体快速变形并传递到小体中心,使神经末梢出现与刺激频率一致的动作电位。波动性刺激的频率在 50～500 Hz 范围内均可有效激活环层小体,其中最佳频率为 250 Hz。环层小体主要编码的是刺激的频率,而不是强度。但刺激强度不同时,每一次波动变形所产生的动作电位数量可以不同。此外,兴奋的环层小体数目不同,也可体现出不同的编码。

迈斯纳小体位于皮肤的表皮下,也是一个小囊,伸入其中的神经纤维末梢是真正的感受器结构,当小体上方皮肤的区域变形时,就可受到刺激,故其感受野小而且边界清楚。当刺激持续作用时,其动作电位的频率明显降低,故属于快适应感受器。迈斯纳小体主要感知刺激强度的变化速度。当两个最终强度相同但强度增加速度不同的刺激作用于这个感受器时,速度增加快的引起传入神经的动作电位频率高,增加慢的引起传入神经的动作电位频率低(图 13-3)。因而,这个感受器用于对物体的质地(texture)进行编码。当用手指抚摸粗糙物体时,皮肤发生快速变形,这时迈斯纳小体被显著激活。这种感知物体质地的意义在盲文识别中可被充分体现。迈斯纳小体也可感受低频机械刺激(最佳范围为 30～40 Hz),引起颤动感觉。

默克尔盘位于表皮内,是皮肤中唯一不是由神经末梢形成的机械感受器。它由一群含有囊泡的感受器细胞组成,并与一根感觉神经纤维末梢的分支构成突触联系。默克尔盘可感受持续的触压觉刺激,负责精细的质地辨别。一个默克尔盘的直径约为 0.25 mm,只有当刺激作用到其上面的皮肤表面时才能被觉察到,因而感受野很小,并参与两点辨别觉的产生。在触觉敏感度高的区域,如指尖、动物的胡须毛囊和触觉圆顶(touch dome)区域,默克尔盘高度聚集分布。

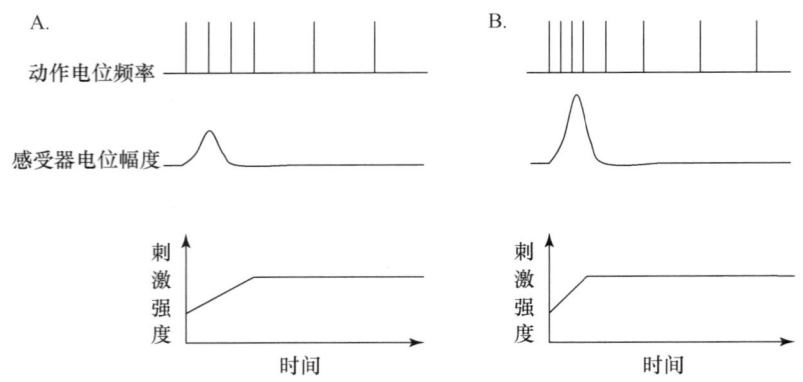

图 13-3　迈斯纳小体对两个最终强度相同但强度增加速度不同的刺激的反应
A. 当刺激强度缓慢增加时,感受器电位幅度低,产生的动作电位频率低;B. 当刺激强度增加较快时,感受器电位幅度高,产生的动作电位频率高。

鲁菲尼小体位于真皮底部,是一个充满胶质丝状物的小囊,伸入其中并与胶质丝状物相接触的神经末梢是真正的感受器结构。皮肤受到的任何变形或牵拉均可引起鲁菲尼小体神经末梢去极化,产生动作电位,其感受野较大。

近年来,人们对有毛区域毛囊感受器的特性也有了进一步认识。其中,Guard 毛发最长,但含量最少(1%～2%),有圆周形(circumferential)和披针形(lanceolate)分支的 Aβ 纤维分布。相反地,呈现弯曲形状的 Zigzag 毛发最细,但数量最多(约 70%),有圆周形分支的 A 类纤维和 C 类纤维分布。此外,Awl 毛发和 auchene 毛发大约组成躯干部毛发的 25%。

外周感受器所产生的触压觉信息主要通过背柱(Aβ-LTMR)和脊颈束(Aδ-LTMR 和 C-LTMR),途经内侧丘系,最终到达皮质躯体感觉区。在皮质信息处理的早期阶段,皮质神经元的反应与外周感受器类似,即触压信息由外周传入皮质是完全忠实于皮肤感受器所接受的刺激特征的。但皮质必须将各感受器接受的触压信息进行整合才能识别物体的大小、形状和运动,这种整合是在皮质处理信息的后期阶段实现的。

(二)触压觉敏感性的指标——触觉阈和两点辨别阈

用点状触压刺激皮肤,只有某些点被触及时才引起触觉,这些点称为触点(touch spot)。在触点上引起触觉的最小压陷深度,称为触觉阈(touch threshold)。触觉阈可随身体部位的不同而不同,手指和舌的触觉阈最低,背部的触觉阈最高。触觉阈的强度与皮肤中触觉感受器的密度和感受器的神经支配密度有关。

两点辨别阈(threshold of two point discrimination)是指如果将两个点状刺激同时或相继触及皮肤时,人体能分辨出这两个刺激点的最小距离。该阈值也可随身体部位的不同而不同,其中,手指、脚趾和头面部的阈值最低,躯干部(背部和腹部)的阈值最高。导致这一现象的机制也是与皮肤中触觉感受器的密度和感受器的神经支配密度有关。

(三)触压觉感受的分子机制

上述多种躯体感觉感受器均属于机械感受器,这些感受器是如何感受机械刺激的?直到近年来人们才发现 Piezo(源自希腊语 piesi,意思为压力)蛋白是响应这种机械刺激的分子底物。敲减 *Piezo* 可使细胞内机械刺激诱发的内向电流大大减少,而在通常不响应机械刺激的细胞中表达 Piezo1 或 Piezo2,可使其产生机械刺激诱发的内向电流。Piezo 蛋白是一种机械门控非选择性阳离子通道,翻转电位在 0 mv 附近。Piezo1 三聚体呈三叶螺旋桨状结构,其单体呈现由九个重复性的、以四次跨膜区为基础的跨膜螺旋单元(transmembrane helical unit,THU)所组成的 38 次跨膜区结构。默克尔(Merkel)细胞和初级感觉神经元中表达 Piezo2 亚型,若选择性敲除背根神经节神经元 *Piezo2*,可显著减轻神经元对弱机械刺激的反应,但对强机械刺激的反应不受影响;若选择性敲除默克尔细胞中的 *Piezo2* 基因,可使 SAⅠ 纤维不能持续发放冲动,但不影响其初始反应。这些研究表明,Piezo2 蛋白对于轻触觉感知和 SA I 型感受器的持续激活是必需的。

二、温度觉

在人类的皮肤上有专门的热点和冷点,其中冷点密度高于热点。在人手上,冷点为 1~5 个/cm^2,热点仅 0.4 个/cm^2。用冷和热刺激这些点能分别引起热觉和冷觉,这两种感觉合称为温度觉。在热点和冷点中存在热感受器(warm receptor)和冷感受器(cold receptor)。

(一) 温度感受器的结构、分布和神经支配

热感受器和冷感受器均是游离神经末梢,前者分布于皮肤表面下 0.3~0.6 mm 处,由无髓 C 类纤维支配;后者分布于皮肤表面下 0.15~0.17 mm 处,由有髓 Aδ 纤维支配。

(二) 温度感受器的适宜刺激及反应特点

热感受器选择性地对 32~45℃ 的热刺激发生反应。在这个范围内,感受器的放电频率随皮肤温度的升高而逐渐增加,所引起的热感觉也随之增强。冷感受器选择性地对 10~40℃ 的冷刺激发生反应。如果皮肤温度逐步降低到 30℃ 以下,冷感受器的放电频率逐渐增加,冷感觉也逐渐增强。皮肤中还存在一些对温度敏感的伤害性感受器(nociceptor)。当皮肤温度超过 45℃,由热感受器感受的热感觉会突然消失,代之出现热痛觉。这是因为温度超过 45℃ 时,伤害性感受器被激活,从而产生了该感受器介导的热痛觉。冷感觉是由冷感受器介导的,但某些化学物质(如薄荷)作用于皮肤也能激活冷感受器,从而引起冷感觉。

(三) 参与温度感受的可能分子机制

目前发现一类瞬时电位阳离子通道(transient receptor potential,TRP)的 28 个成员中,有七个可以感受热觉刺激——$TRPV_1$~$TRPV_4$、$TRPM_2$、$TRPM_4$ 和 $TRPM_5$,两个可以感受冷觉刺激——$TRPA_1$ 和 $TRPM_8$,所以统称为温度敏感的 TRP(thermoTPR)。它们可以感受 10~53℃ 的温度觉刺激,这些通道所感受的温度范围如图 13-4 所示。由此可见,温度敏感的 TRP 的激活温度很好地覆盖了整个生理学的温度范围,表达 $TRPV_1$ 和表达 $TRPM_8$ 的两群 DRG 神经元分别代表了感受伤害性热刺激和伤害性冷刺激的神经元亚群。

除 TRP 通道之外,其他一些通道也表现出温度敏感特性。如机械和温度门控的双孔钾通道 TREK-1(KCNK2),当温度从 22℃ 升高到 42℃ 时,通道活性增加约 20 倍。在温度为 32~37℃ 时,TREK-1 对温度的敏感性最高,而温度一旦超过 42℃,通道活性反而降低,因此在哺乳动物正常的体温范围内,TREK-1 激活并控制细胞膜电位的能力接近最佳。类似地,同家族 TRAAK 通道,当温度从 17℃ 升高到 40℃ 时,通道活性增加 12~20 倍。当温度为 37~42℃ 时,TRAAK 通道活性最高。TREK-1 和 TRAAK 已被证明参与感觉神经元的热和冷感受。此外,钙激活氯通道 Anoctamin 1(ANO1,又被称为 TMEM16A)在温度大于 44℃ 时,被显著激活。由于 ANO1 主要表达在小直径感觉神经元中,该通道已被证明参与伤害性热痛的产生。

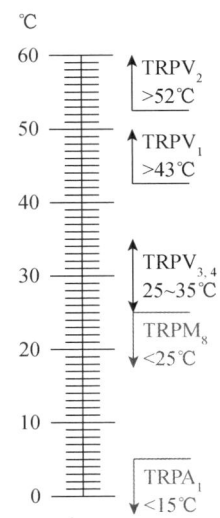

图 13-4 TRP 通道的温度感受范围

三、痛觉

痛觉(pain)是由体内外的伤害性刺激所引起的一种主观感觉,通常不是单一的感觉,而是一种与其他感觉混杂在一起的复合感觉。痛觉常伴有机体的防卫反应和情绪活动。因此,疼痛的主观体验既有生理成分也有心理成分。

(一) 伤害性感受器的特征和分类

1. 伤害性感受器的适宜刺激和适应特征

痛觉感受器即伤害性感受器,没有一定的适宜刺激,任何形式的刺激只要达到伤害程度均可使感受器兴奋。伤害性感受器不易出现适应,其意义在于为伤害性刺激的出现起报警作用,引起机体对刺激的防御反应以避免造成损害。

2. 伤害性感受器的分类及结构

根据引起其反应的刺激性质的不同,伤害性感受器可分为三类:① 机械伤害性感受器(mechanical nociceptor),又称为高阈值机械感受器,它们只对强的机械刺激起反应,对针尖刺激特别敏感,这类感受器属 Aδ 和 C 传入纤维;② 机械温度伤害性感受器(mechanothermal nociceptor)对机械刺激产生中等程度的反应,同时也对 40~51℃ 的温热刺激(45℃ 为热刺激引起痛反应的阈值)发生反应,且反应的幅度随温度的升高而逐渐增强,此类感受器属 Aδ 传入纤维;③ 多觉型伤害性感受器(polymodal nociceptor)对多种不同的伤害性刺激均发生反应(包括机械、热和化学伤害性刺激),数量较多,遍布于皮肤、骨骼肌、关节和内脏器官,此类感受器多为 C 传入纤维。这三类感受器本质上均为无髓 Aδ 纤维或无髓 C 类纤维形成的游离神经末梢,可以直接接受伤害性刺激或致痛化学物质的刺激。

根据传入纤维的不同,伤害性感受器分为由纤细的薄髓 Aδ 纤维形成的 Aδ 伤害性感受器和由无髓 C 类纤维形成的 C 伤害性感受器。Aδ 纤维传导速度较快,为 3~30 m/s,介导第一痛(first pain)或快痛(fast pain),这种疼痛的性质是锐痛(sharp pain)或刺痛(stabbing pain),其特点是感觉敏锐,定位明确,痛觉的发生和消失都快,一般不伴有明显的情绪反应;C 类纤维传导速度较慢,为 0.5~2 m/s,介导第二痛(second pain)或慢痛(slow pain),这种疼痛的性质是钝痛(dull pain)或灼痛(burning pain),其特点是感觉模糊,定位模糊,痛觉发生和消退均比较缓慢,往往伴有明显的情绪反应(图 13-5)。因此,人体首先感受到的是 Aδ 纤维兴奋介导的快痛,随后到来的是 C 类纤维兴奋介导的慢痛。

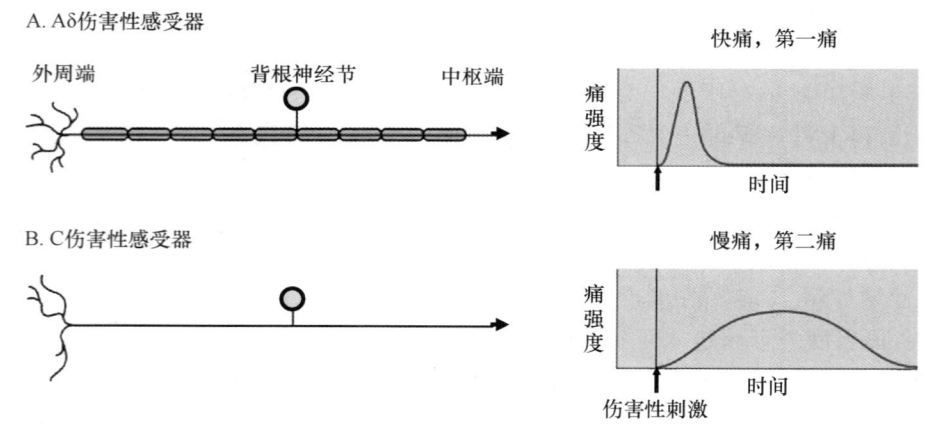

图 13-5 伤害性感受器的分类及其介导疼痛的特点

(二) 伤害性感受器的激活

1. 致痛物质的来源及其效应

能引起疼痛的外源性和内源性化学物质统称为致痛物质。机体在组织损伤或发生炎症时,由受损细胞释放的、引起痛觉的物质称为内源性致痛物质。其中包括:① 直接从损伤组织或细胞中溢出,如 K^+、H^+、ATP、乙酰胆碱、组胺和 5-羟色胺(5-HT)等;② 在损伤区酶促合成,如细胞膜降解产物花生四烯酸(AA)在环氧化酶(cyclooxygenase,COX)的作用下合成的前列腺素(PG),血浆激肽原在激肽释放酶作用下形成的缓激肽(BK)等;③ 由伤害性感受器本身释放,如 P 物质(SP)和降钙素基因相关肽(CGRP);④ 局部组织细胞、神经细胞和免疫细胞释放,如施万细胞、上皮组织中巨噬细胞、成纤维细胞和角质细胞(keratinotyte)等均可以释放神经生长因子(NGF)。此外,免疫细胞可释放 IL-1β、IL-6 和 TNF-α 等细胞因子。以上致痛物质或直接激活伤害性感受器，引起神经末梢去极化，促发动作电位的产生，被称为伤害性感受器激活剂（nociceptor activator），如 K^+、H^+ 和 ATP 等；或使伤害性感受器的激活阈值下降，使神经末梢更容易去极化，被称为伤害性感受器敏化剂（nociceptor sensitizer），如 BK、NGF、脑源性神经营养因子（BDNF）和 PGE_2 等。这些致痛物质除直接作用于伤害性感受器末梢外，还可发挥间接和协同作用，如 SP 可引起血管舒张和组织水肿，从而增加其他致痛物质的积累，还可促使肥大细胞释放组胺和血小板释放 5-羟色胺。

(1) BK。BK 是一种损伤组织局部产生的最强的内源性致痛物质，由血浆中的激肽原在激肽释放酶的作用下生成。BK 受体有两种亚型：B_1 和 B_2。B_2 受体分布广泛，介导了 BK 致敏的多数效应。在 B_2 基因敲除小鼠中，BK 对伤害性感受器的激活和致敏作用均显著削弱。相对而言，B_1 受体的表达丰度要低，对 BK 的代谢产物（Des-Arg^9）亲和力更高，但在炎症或损伤情况下，其表达会发生上调，参与炎症痛敏。在动物实验中，选择性高亲和力的 B_2 受体拮抗剂 bradyzide 能阻断炎症痛敏，而 B_1 受体激动剂仅在炎性状态产生疼痛。

B_2 受体属于 G 蛋白偶联受体（GPCR），BK 与 B_2 结合之后，通过 $G_{q/11}$ 激活磷脂酶 PLC-β 和 PLA_2。其中，PLC-β 可降解磷脂酰肌醇 4,5-二磷酸（PIP_2），生成三磷酸肌醇 IP_3 和二酰甘油（DAG），IP_3 促进内质网中 Ca^{2+} 释放，在 DAG 和 Ca^{2+} 的共同作用下，蛋白激酶 C（PKC）激活。PLA_2 可降解磷脂生成 AA，进一步 AA 在 COX 作用下生成 PGE_2，PGE_2 通过被动扩散或主动运输从细胞中释放出来，与其膜受体结合，激活胞内 cAMP-PKA（protein kinase A）通路，AA 亦可在脂氧化酶（lipoxygenase，LOX）的作用下生成 12-HPETE（12-hydroperoxyeicosatetraenoic acid）。激活的 PKC 和 PKA 磷酸化伤害性感受器上的通道或受体，尤其是对 $TRPV_1$ 的磷酸化，可使其激活阈值下降，发生敏化。对 $TRPV_1$ 的作用还可以通过另外两条途径发生，PIP_2 可抑制 $TRPV_1$ 通道，而 PLC-β 对 PIP_2 的降解作用，解除了 PIP_2 对 $TRPV_1$ 的抑制。此外，12-HPETE 对 $TRPV_1$ 具有直接的激活作用。因此，$TRPV_1$ 构成 BK 致痛敏的重要靶点，介导了 BK 致伤害性热痛敏的形成。此外，BK 也可通过 PI3K/Akt 和 IKK2（I-κB kinase 2）引起 NF-κB 活化，激活疼痛相关基因的表达，参与痛敏的形成。

(2) PGE_2。损伤细胞的细胞膜在 PLA_2 的作用下生成 AA，继而在 COX-1 和 COX-2 的作用下生成 PGG_2 和 PGH_2，二者在 $PGES/PGES_2$（prostaglandin E synthase）的作用下最终生成 PGE_2。其中，COX-1 基础表达较高，而炎症可诱导 PLA_2、COX-2 和 $PGES/PGES_2$ 等的表达。PGE_2 要发挥生物学效应，必须从合成的细胞中释放出来，可以是被动扩散或通过 SLCO2A1（solute carrier organic anion transporter family member 2A1）主动运输至胞外。

PGE_2 受体属于 GPCR，包括 PGE_2R_1～PGE_2R_4（又称为 EP_1～EP_4）四种。初级感觉神经元主要表达有 PGE_2R_3 和 PGE_2R_4。PGE_2 受体被 PGE_2 激活后，可通过 G_s 激活腺苷酸环化酶，降解 ATP 生成 cAMP，激活 PKA 通路。激活的 PKA 可磷酸化外周伤害性感受器上的 $TRPV_1$ 或河豚毒素不敏感的钠通道 $Na_v1.8$，增强通道活性，或者磷酸化脊髓后角神经元甘氨酸受体 α3 亚基，抑制通道活性。因此，PGE_2 不仅可引起外周伤害性感受器敏化，还参与中枢敏化的形成。

(3) NGF。NGF 是第一个被发现的神经营养因子，是外周感觉神经元生长发育所必需的。NGF 广泛存在于各类细胞中，如成纤维细胞、角质细胞、施万细胞及免疫细胞。细胞因子如 IL-1β 和 TNF-α 可使 NGF 生成增加。

TrkA（tyrosine kinase receptor A）为 NGF 的高亲和力受体，在 50% 的伤害性感受器上都有表达。NGF 与 TrkA 的结合，可诱发 TrkA 的二聚化和自身磷酸化，从而激活下游的蛋白激酶，如 PI3K 激酶，Src 激酶作为 PI3K 下游的信号分子，磷酸化 $TRPV_1$ Tyr200，引起 $TRPV_1$ 敏化。NGF 还可从外周逆轴突运输至胞体，通过 PI3K/Akt 激酶，激活痛觉相关基因如 *Trpv1*、*Tac1* 和 *Bdnf* 等的表达。除以上磷酸化作用和转录水平的调控外，NGF 还可促进 $TRPV_1$ 从内质网向胞膜转运，增加 $TRPV_1$ 的膜表达。因此，$TRPV_1$ 构成 NGF 致痛的重要靶点。此外，给予外源性 NGF 或炎症可使 BDNF 合成增加，NGF 抗体能抑制与炎症相关的 BDNF 的增加。抗 NGF 抗血清和 TrkA-IgG 融合蛋白可减轻炎性疼痛。由于酪氨酸激酶抑制剂能阻断 NGF 激活 TrkA 的效应,因此其未来可能作为新型镇痛药物。

(4) SP。SP 是速激肽家族的一员,由 11 肽组成,其受体为 NK_1,可由 DRG 肽能小直径神经元合成。由于 DRG 肽能神经元为假单极神经元,轴突分叉形成外周突和中枢突,胞体合成的许多蛋白质可同时向外周突和中枢突运输,因此其外周突和中枢突表现出一定的功能一致性,二者均可释放神经肽 SP 和 CGRP。此外,一处伤害性感受器的激活可引起邻近的与该感受器来自同一轴突的其他分支释放 SP,引起损伤区周围的伤害性感受器发生敏化,因此 SP 参与继发性痛敏的产生。而 DRG 神经元中枢突释放的 SP,与兴奋性递质——谷氨酸一起作为伤害性信息传递信使,介导伤害性信息向脊髓后角的传递。

(5) 细胞因子。细胞因子 TNF-α、IL-1β、IL-6 及趋化因子 IL-8 等参与痛敏,皮内注射这些细胞因子会产生机械或热痛敏。神经元和胶质细胞均可分泌 IL-1β,它通过诱导初级传入神经产生 COX-2、iNOS 以及 SP 等疼痛介质,引起中枢敏化,从而产生持续性疼痛。*TNF-α 或 IL-6* 基因敲除小鼠的痛行为明显减轻。TNF-α 抗体可以缓解炎症痛动物模型中的痛敏,抗 TNF 和 IL-1 疗法可明显减轻类风湿性关节炎的疼痛评分。同以上细胞因子的作用相反,IL-2 具有镇痛作用。向疼痛大鼠蛛网膜下腔注射 *IL-2* 腺病毒表达载体,可以明显提高热照射痛阈。此外,IL-10 也具有抗伤害作用。

总之,在损伤局部会有大量炎症介质、神经肽和细胞因子等聚集,受损或未受损的神经纤维及其末梢就浸润在这样一个所谓的"炎症汤(inflammatory soup)"中(图 13-6),通过激活相应的受体和受体后信号转导途径,引起伤害性感受器的激活与敏化。

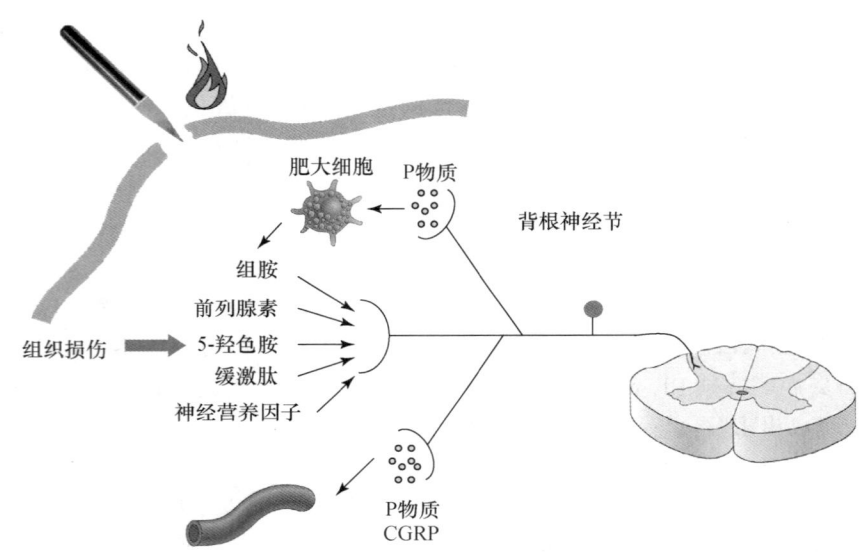

图 13-6 致痛物质的来源及其作用

2. 伤害性感受器的换能作用及其分子机制

伤害性感受器最主要的功能是换能,即将多种不同能量形式的刺激转变为电信号,并引起其胞体——DRG 和三叉神经节(trigeminal ganglion)神经元的兴奋,产生动作电位。其中,DRG 负责躯干和四肢的躯体感觉,三叉神经节负责头面部的躯体感觉。小鼠中每个 DRG 有 10 000～14 000 个初级感觉神经元,在人体,这一数目要大得多。在这些初级感觉神经元上,分布有多种可以接受不同形式刺激以及多种致痛物质刺激的受体,这些受体是完成换能的生理学基础。DRG 神经元上的受体大体上分为三类:① 配体门控离子型受体。受体本身为离子通道,传递神经的兴奋或抑制,作用时间为毫秒级,如离子型谷氨酸受体中的 AMPA 受体、NMDA 受体以及 $GABA_A$ 受体、$5-HT_3$ 受体、P2X 受体、ASIC(acid sensing ion channel)和 $TRPV_1$ 等。② G 蛋白偶联受体。主要参与信号调制,作用时间从秒到分,包括产生突触前抑制的 $GABA_B$ 受体、阿片受体、$5-HT_{1/2}$ 受体、腺苷受体、肾上腺素受体、神经肽 Y(NPY)受体以及一些致痛物质的受体,如 BK_2 受体、PGE_2 受体和 NK_1(SP 受体)等。③ 酪氨酸激酶受体和细胞内留体型受体。这些受体影响基因复制,作用时间从小时到数日,如 NGF 受体 TrkA 和 BDNF 受体 TrkB 等。

位于伤害性感受器上的上述受体被激活后,可产生去极化的感受器电位。一旦这种电位变化达到电压门控钠通道开放的阈值,这些钠通道大量开放,从而促发动作电位的产生。在动作电位的序列信息中,包含了对伤害性刺激的强度和时程等信息的编码。这些初级感觉神经元的中枢突伸向脊髓,通过释放递质谷氨酸和神经肽(如 SP 和 BDNF)等,将伤害性信息传递至脊髓。

(三) 脊髓后角对痛觉信号的初级整合

1. 伤害性传入末梢向脊髓后角浅层的传入

根据瑞典解剖学家 Rexed(1952)的研究,全部脊髓灰质可以分成 10 个板层,这些板层从后向前分别用罗马数字Ⅰ到Ⅹ命名(图 10-11),其中Ⅰ~Ⅶ层和Ⅹ层与感觉传入有关。Aδ 传入纤维和 C 传入纤维由后根经李骚氏束(Lissauer's tract)进入后角,皮肤的 Aδ 传入纤维终止于Ⅰ、Ⅴ、Ⅹ层;传导伤害性感受的肽能 C 类传入纤维终止于Ⅰ和Ⅱ。(lamina Ⅱ outer layer)层,非肽能 C 类传入纤维终止于Ⅱ$_i$(lamina Ⅱ inner layer)层;传递非伤害性信息的 Aβ 传入纤维终止于Ⅲ、Ⅳ和Ⅴ层;内脏传入纤维主要投射到Ⅰ、Ⅱ。、Ⅴ 和Ⅹ层;肌肉传入主要在Ⅰ和Ⅴ层的外侧部。

2. SP 和兴奋性氨基酸介导伤害性初级传入向后角的传递

谷氨酸是中枢神经系统非常重要的兴奋性递质,在 Aβ 纤维、Aα 纤维和 C 类纤维末梢中均存在,SP 存在于 C 类纤维和部分 Aδ 纤维中,在部分 C 类纤维中 SP 与谷氨酸共存。谷氨酸储存在小而清亮的囊泡中,SP 则储存在大而致密的囊泡中。

(1) SP 及其受体:来自 DRG 中枢突的 SP 阳性纤维和终末密集分布于脊髓后角Ⅰ、Ⅱ层,尤其是Ⅱ。层。NK$_1$ 密集分布于Ⅰ、Ⅱ层的神经元胞体及其突起的胞膜上,在Ⅲ~Ⅵ层中也有中等密度的 NK$_1$ 阳性胞体及突起分布。SP 阳性产物定位于轴突末梢的 LDCV(large dense core vesicle),这些囊泡常常位于轴突终末的非活性部位的轴突膜内面,并在此释放,因此 SP 与其他神经肽类物质一样,主要以一种非突触"容积传递(volume transmission)"方式,随细胞间液扩散到远处的靶细胞,发挥效应。

伤害性刺激引起初级传入末梢在脊髓后角释放 SP,SP 与 NK$_1$ 受体结合,受体从细胞膜表面内吞(internalization)至胞浆。伴随痛敏的消失,NK$_1$ 受体又重现在胞膜上。在动物蛛网膜下腔微量注入 SP,可引起疼痛样反应。强电流刺激后根或施加 SP 均引起后角神经元长时程去极化和持续发放,SP 拮抗剂或抗体可消除或减少伤害性刺激诱发的反应。无论是去除神经系统的 SP 还是其受体,对痛阈似乎都没有明显影响,但显著地减弱强刺激引起的急性痛和慢性痛,表明 SP 及其受体可能作为一种"鉴别窗口",行使衡量疼痛刺激强度的作用,当强度刺激达到一定程度时,SP 及其受体参与介导痛觉信息的传递。

(2) 谷氨酸及其受体:伤害性刺激可明显增加谷氨酸在脊髓后角的释放。谷氨酸受体分为代谢型受体和离子型受体两大类。其中,代谢型受体分为 3 组,其中Ⅰ组包括 mGluR1 和 mGluR5,Ⅱ组包括 mGluR2 和 mGluR3,Ⅲ组包括 mGluR4、mGluR6、mGluR7 和 mGluR8。离子型受体可分为 AMPA 受体、NMDA 受体和 KA 受体。以上不同谷氨酸受体亚型在脊髓痛觉信息传递中均发挥重要作用,但 NMDA 受体在后角神经元活性依赖的可塑性(activity-dependent plasticity)中发挥关键作用。

当给予外周 C 类纤维重复的低频刺激时,脊髓后角神经元的放电频率会发生渐进性的增加,这种电生理学现象被称为"Wind-up"。之后的研究发现,当给予 C 类纤维持续强烈刺激时,会引起屈肌运动神经元兴奋性增加,屈肌反射阈值下降,神经元感受野增大,以及对非伤害性 Aβ 传入产生新的反应。这种现象被命名为中枢敏化(central sensitization),由 NMDA 受体介导的神经元可塑性变化是中枢敏化产生的关键机制。在静息膜电位时,NMDA 受体通道被 Mg^{2+} 阻滞。当伤害性刺激引起 C 类纤维兴奋时,可同时触发谷氨酸和神经肽的释放。谷氨酸激活 AMPA 受体或 KA 受体,神经肽 SP、CGRP 和 BDNF 分别与其受体结合,均可引起膜电位的去极化。如 SP 作用于后角神经元的 NK$_1$ 受体,通过 G$_q$ 活化 PLC-β,PLC-β 降解 PIP$_2$ 生成 IP$_3$ 和 DAG,IP$_3$ 促进内质网中 Ca^{2+} 释放,胞内 Ca^{2+} 水平升高,神经元产生缓慢去极化。去极化可去除 Mg^{2+} 对通道的阻滞作用,NMDA 受体通道开放,Na^+ 和 Ca^{2+} 内流,神经元进一步去极化。其中，Ca^{2+}水平升高可以激活下游 PKA、PKC、CaMKⅡ、PI3K 和 MAPK 等信号通路，这些激酶磷酸化突触后受体或离子通道，增加了受体的膜表达或启动新的基因表达，最终导致脊髓后角神经元对伤害性传入反应的增加。

(四) 脊髓伤害性信息上行传导通路

伤害性感受器的传入冲动，在经过中枢第一站——脊髓后角神经元的初步整合后，经下述的各种上行通路将信息传递到丘脑进行加工，最终到大脑皮质产生痛觉。

1. 脊髓丘脑束 (spinothalamic tract, STT)

STT 是一条重要的痛觉上行传导通路。脊髓投射神经元的轴突，在脊髓同一节段交叉至对侧，上行终止于丘脑。其中，后角Ⅰ层特异性伤害感受神经元形成脊髓丘脑侧束，投射至丘脑髓板内核群，如中央外侧核 (central lateral nucleus, CL) 和束旁核 (Pf)，主要传递痛情感成分。后角Ⅴ层广动力范围神经元形成脊髓丘脑前束，投射至丘脑特异性感觉中继核团，如腹后外侧核 (VPL)、腹后内侧核 (VPM) 和丘脑后核群 (posterior thalamus, PO)，主要传递痛感觉成分。

2. 脊髓网状束 (SRT)

SRT 主要由脊髓后角的Ⅴ、Ⅶ、Ⅷ、Ⅹ层和少量Ⅰ层的神经元轴突组成，投射到延髓和脑桥网状结构 [延髓中央核、延髓巨细胞核、网状大细胞核、外侧网状核 (nucleus reticularis lateralis)、脑桥核的头端和尾部、旁巨细胞核和蓝斑下核等]。SRT 神经元接受广泛的外周传入会聚，包括皮肤、肌肉、关节、骨膜和内脏传入。

3. 脊髓中脑束 (spinomesencephalic tract, SMT)

SMT 神经元分布的动物种系差异较大，在大鼠中，其胞体位于Ⅰ、Ⅴ、Ⅶ、Ⅹ层，在猫中，位于Ⅰ、Ⅳ和Ⅴ层，在猴中，位于Ⅰ和Ⅳ~Ⅷ层，这些投射神经元的轴突上行至中脑网状结构换元后，再传至丘脑特异性核团和非特异性核团。以往也将 SMT 归在 SRT 中。

4. 脊髓颈核束 (spinocervicalis tract, SCT)

SCT 是指后角神经元→颈髓外侧颈核→对侧丘脑 (VPL 和 PO) 的传导束，少量投射到中脑。SCT 神经元主要位于Ⅳ层 (60%)，其次位于Ⅲ层 (25%) 和Ⅴ层 (10%)，在皮肤感觉快速传导中起主要作用。所有 SCT 神经元接受 Aβ 纤维和 Aδ 纤维传入，50%~70% 接受 C 类纤维传入。双侧切断猫的 SCT，导致其痛觉严重丧失。

5. 背柱突触后纤维束 (dorsal column postsynaptic tract)

背柱突触后纤维束是指脊髓伤害性神经元的轴突经背柱传至延髓薄束和楔束核转换神经元后，再上传到对侧丘脑特异性核团。其胞体主要集中在Ⅲ和Ⅳ层，也见于Ⅰ和Ⅶ层。由于第Ⅲ、Ⅳ层神经元的轴突延伸到第Ⅱ层，因此 C 传入纤维末梢可能与其形成单突触联系。

6. 脊髓下丘脑束 (spinohypothalamic tract, SHT)

SHT 的神经元主要起源于后角Ⅰ层、后角的外侧网状区 (Ⅳ、Ⅴ层) 和Ⅹ层，这些投射神经元的轴突直接投射至同侧下丘脑，并交叉至对侧下丘脑。基于下丘脑在神经内分泌中的特殊作用，及其作为边缘系统的一个重要组成部分，SHT 可能参与介导伤害性刺激引起的自主神经系统运动反应、内分泌和情绪反应。

7. 脊髓臂旁杏仁束 (spino-parabrachial-amygdaloid tract, SPAT) 和脊髓臂旁下丘脑束 (spino-parabrachial-hypothalamic tract, SPHT)

SPAT 是 20 世纪 90 年代才被逐渐了解的新传导束，其神经元主要起源于后角Ⅰ层，少量在Ⅱ层，这些神经元的轴突传递至臂旁核，换神经元后投射到杏仁核，继而投射至岛叶。SPAT 神经元接受来自皮肤、内脏、肌肉和关节的伤害性传入，是介导痛情绪的一条重要通路。SPHT 神经元与 SPAT 同源，功能也相似，主要区别是由臂旁核的神经元发出纤维投射至下丘脑腹内侧核 (ventromedial hypothalamus, VMH)。

(五) 丘脑是重要的皮质下痛觉整合中枢

与其他感觉类型不同,痛觉表现出显著的多维特性。丘脑参与痛觉的感觉分辨和情绪反应特性的产生。其外侧核群神经元的反应表现出躯体定位投射关系,神经元放电的频率和时程与刺激强度和时程变化成正比,因此这些神经元可将外周刺激的部位、范围、强度和时间等属性进行编码,再传递到皮质,行使痛觉分辨的功能。丘脑髓板内核群神经元对外周刺激缺乏明确的躯体投射关系,感受野大,反应阈值也高。这些神经元的轴突广泛投射到大脑皮质,包括与情感有关的额叶皮质,同时它也接受与边缘系统、下丘脑有密切联系的网状结构的传入,因此它们可能主要行使痛觉情绪反应的功能。

(六) 大脑皮质对痛觉的整合

大脑皮质是人类感觉整合的最高级中枢,接受各种感觉传入信息并进行加工,最终上升到意识或知觉。一般认为,快痛主要经特异性投射系统到达大脑皮质感觉区 SⅠ和 SⅡ,而慢痛则主要投射到扣带回、杏仁核等脑区。许多痛觉纤维经非特异性投射系统投射到大脑皮质的广泛区域。近年来,随着正电子发射体层摄影(positron emission tomography, PET)、单光子发射计算机体层摄影(single photon emission computed tomography, SPECT)和功能性磁共振成像(functional magnetic resonance imaging, fMRI)技术的发展,以区域脑血流图(regional cerebral blood flow, rCBF)变化作为脑区激活的指标,显示脑活动的人脑成像图,可直观地观察疼痛发展过程中不同脑区活动的变化,推动了皮质在痛觉知觉中的作用研究。急性痛激活对侧前扣带回、岛叶、躯体感觉区、前额叶皮质、丘脑和小脑,提示这些脑区参与急性痛的中枢信息加工。神经病理痛与急性痛有明显的差异,不仅激活的脑区不同,而且常常呈双侧性,如下肢神经损伤患者的持续性神经病理痛引起双侧的前额叶外侧下部、岛叶、后顶叶和后扣带皮质的 rCBF 增强。但是,脑成像所显示的是功能整合的总体结果,如疼痛引起感觉中枢激活时,小脑的 rCBF 也有变化,这未必表明小脑在痛觉信息传递中起重要作用,而可能是疼痛继发性引起小脑运动功能的改变。综上所述,脑成像研究表明,不同的皮质区域参与不同性质痛觉信息加工,生理性痛觉信息主要在丘脑的特异性核团和皮质躯体感觉区加工整合,与边缘系统有密切联系的皮质区整合病理性痛传入。

(七) 痛觉调制

作为感觉系统的重要组成部分,神经传导通路并不是简单地完成感觉信息的传递任务,其更为重要的功能是进行信息的整合和调制,将强度高、特异性强、有意义的信息上传,而把那些强度低、特异性差的背景或噪声信息压抑下去。痛觉信息的传递也是如此。神经系统存在一个完善的痛觉调制神经网络,包括脊髓水平的节段性调制和来自高级中枢的下行调制。因此,痛觉调制是痛觉研究中的重要内容。近年来,随着对慢性痛机制和治疗的研究进展以及对阿片镇痛和针刺镇痛等机制的深入认识,痛觉调制的研究备受关注,其进展比对痛觉本身的研究进展还快。

1. 脊髓对伤害性信息传递的节段性调制

(1) 闸门控制学说(gate control theory)。

脊髓后角胶状质(substantia gelatinosa, SG)即Ⅱ层,是痛觉调制的关键部位。SG 有丰富的递质、神经肽及其受体,是脊髓中神经结构和化学组成最复杂的区域,而伤害性传入纤维主要终止在 SG,它与 SG 中间神经元和脑干下行纤维形成局部神经网络,构成 SG 发挥痛觉调制功能的解剖学基础。由于 SG 是伤害性信息传入中枢的第一站,因此,在这一关键部位压抑痛觉信息显然是最经济有效的。

1965 年, Melzack 和 Wall 根据刺激低阈值有髓初级传入纤维能减弱脊髓后角痛敏神经元的反应,而阻断有髓纤维的传导能增强后角痛敏神经元的反应的实验结果,提出了解释痛觉传递和调制机制的"闸门控制学说"。该学说的核心是脊髓的节段性调制,SG 作为脊髓"闸门"控制伤害性信息向中枢的传递,而密集分布在 SG 区的 GABA 能神经元和甘氨酸能抑制性神经元是构成闸门的核心元素。如图 13-7 所示,节段性调制的神经网络由初级传入 A 类纤维和 C 类纤维、后角神经元(T 细胞)和胶状质抑制性中间神经元(SG 细胞)组成。A 类纤维和 C 类纤维传入均激活 T 细胞活动,而对 SG 细胞的作用相反,A 类纤维传入兴奋 SG 细胞,C 类纤维传入抑制 SG 细胞的活动,最后是否产生疼痛,取决于 T 细胞的输出能力,即 A 类初级传入冲动与 C 类传入冲动在 T 细胞相互作用的最终平衡状态。因此,伤害性刺激引起 C 类纤维紧张性活动,压抑抑制性 SG 细胞的活动,使闸门打开,C 类纤维传入冲动大量上传。当诸如轻揉皮肤等触觉刺激兴奋 A 类纤维传入时,SG 细胞兴奋,从而关闭闸门,抑制 T 细胞活动,减少或阻遏伤害性信息向中枢传递,使疼痛缓解。近年来,哈佛大学 Qiufu Ma 课题组利用现代遗传学研究方法,证明脊髓后角生长抑素(SS)阳性神经元发挥 T 细胞的功能,而强啡肽(Dyn)阳性神经元发挥 IN 细胞的功能。选择性损毁(ablation)SS 神经元显著升高小鼠机械感受阈值,减轻小鼠的机械痛敏,而选择性损毁 Dyn 神经元可降低小鼠机械感受阈值,诱发机械痛敏行为的产生。

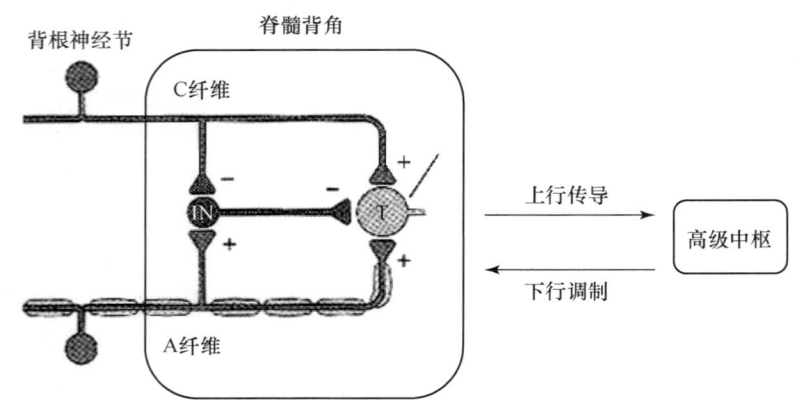

图 13-7　闸门控制学说

(2) GABA 能神经元和阿片肽能神经元在脊髓节段性调制中起主要作用。

脊髓后角Ⅰ~Ⅲ层分布有大量 GABA 能中间神经元,特别是在Ⅱ₁层有密集分布,它们的轴突和树突与 C 传入纤维末梢形成轴突-轴突型和树突-轴突型突触,这种突触前抑制结构的存在,提示 GABA 可能参与对伤害性信息传递的突触前调制过程。GABA 受体有 $GABA_A$ 和 $GABA_B$ 两种亚型,前者属于配体门控离子通道,后者属于 GPCR。由于属于不同的受体类型,两者对初级传入纤维末梢发挥突触前抑制作用的机制也不同:$GABA_A$ 受体的激活增加 DRG 神经元 Cl^- 电导而产生超极化,$GABA_B$ 受体激活使 C 类传入纤维电压门控钙通道关闭,Ca^{2+} 电导降低,K^+ 通透性增加,缩短动作电位时程,从而减少神经递质的释放。此外,GABA 还可发挥突触后抑制作用,调节脊髓伤害性信息传递。

此外,在后角胶状质有大量脑啡肽能和 Dyn 能中间神经元及阿片受体存在,并与伤害性传入 C 类纤维的分布有重叠。阿片肽既可作用于 C 类传入纤维的突触前膜阿片受体,通过减少 Ca^{2+} 内流,使 DRG 神经元动作电位时程缩短,神经递质释放减少,产生突触前抑制;也可作用于后角神经元突触后膜的阿片受体,增加 K^+ 电导,使膜超极化,降低神经元的兴奋性,产生突触后抑制。因此,阿片肽能神经元在脊髓节段性调制中发挥重要作用,亦构成阿片镇痛的生理学基础。

2. 高级中枢对后角伤害性信息传递的下行调制

痛觉的下行调制系统以脑干中线结构为中心,主要由中脑导水管周围灰质(PAG)、延脑头端腹内侧核群(rostroventral medulla,RVM)包括中缝大核(NRM)、邻近的网状结构以及一部分脑桥背侧部网状结构(蓝斑核群)的神经元组成,它们的轴突主要经背外侧束(DLF)下行,对脊髓后角痛觉信息传递产生调制。这种调制作用是双向的,包括下行抑制和下行易化。

PAG 是内源性痛觉调制系统中起核心作用的结构,由两条通路对脊髓后角神经元产生下行调制,一条是 PAG→RVM→脊髓后角,另一条是 PAG→外侧网状核→脊髓后角。它在痛觉调制中的重要性不仅在于电刺激或微量注射吗啡于 PAG 本身可以引起强大的镇痛效应,而且更重要的是,由激活更高级中枢所产生的镇痛效应也大都被证明是通过 PAG 实现的。吗啡、针刺镇痛以及刺激间脑、前脑和边缘系统中的一些核团所产生的镇痛效应,都可被 PAG 内微量注射阿片受体拮抗剂纳洛酮所部分阻断,说明它们的镇痛作用至少部分是通过 PAG 实现的,并与内源性阿片肽的参与有关。电刺激 PAG 或 PAG 内注射吗啡的镇痛效应,是由于激活了 DLF 介导的下行抑制系统的结果。在切断 DLF 后,刺激 PAG 或注入微量吗啡引起的镇痛作用消失。

起源于 PAG 的脑干下行冲动大多经其他核团的中继到达脊髓,其中证据最为确凿的就是 RVM。损毁 RVM 或在 RVM 局部给予麻醉剂可阻断电刺激或微量注射兴奋性氨基酸于 PAG 所诱发的下行抑制作用,表明 RVM 是 PAG 下行抑制作用的重要驿站。RVM 包括 NRM、巨细胞网状核、外侧网状旁巨细胞核(nucleus reticularis paragigantocellularis lateralis, RPGL)和巨细胞网状核 α 部四个核团。

除上述痛觉调制的下行抑制系统外,还有与之并存的下行易化系统。下行易化系统与下行抑制系统可能源于相同的中枢核团,主要源于 NRGC 和网状巨细胞核 α 部,通过 5-羟色胺介导。在一般情况下,由于下行抑制系统激活所产生的效应可能大于易化系统,因此后者的效应往往被淹盖。与下行抑制系统相比,对下行易化系统的解剖结构、传导途径和递质等的研究还是初步的。有关下行易化系统的生理意义目前尚不十分清楚。脑干下行易化系统对脊髓伤害性输入的兴奋性影响,可能在于通过激活负反馈环路以增强其下行抑制作用。此外,下行易化系统还可能通过降低痛阈来提高机体对伤害性刺激的辨别、定位并做出恰当的反应,从而有助于个体的生存。

第三节 视 觉

视觉(vision)是人和动物最重要的感觉。引起视觉的外周感觉器官是眼,通过眼、视觉传导通路和视皮质共同构成的视觉系统,我们得以感知外界物体的大小、形状、亮度、颜色、动态和距离等。人脑所获得的外界信息中,至少有 70% 以上来自视觉。因此,视觉系统是感觉信息的重要来源,双目失明会使患者失去绝大部分感觉信息。

与结构相对简单的一般感受器相比,眼是一个具有若干附属结构的特殊感觉器官。眼内与视觉产生直接相关的结构是眼的折光系统和感光系统(视网膜)。人眼的适宜刺激为波长 380~760 nm 的电磁波。在这个可见光谱内的外界物体光线,透过折光系统成像在视网膜上,由视杆细胞(rod cell)和视锥细胞(cone cell)将光刺激所包含的视觉信息转变成电信号,并在视网膜内进行加工和编码,由视神经传向视觉中枢进一步分析,形成视觉。

一、光感受及视网膜视觉信号处理

来自外界物体的光线,通过眼的折光系统在视网膜上所形成的物像仅仅是一种物理范畴的像,该物像还要通过视觉系统(视网膜、视觉传导通路和大脑皮质)的作用才能转换成意识或心理范畴的主观映象,视网膜在这一过程中的作用是感光换能和视觉信息的编码。

(一) 视网膜的结构特点

视网膜(retina)是位于眼球最内层的神经组织,仅有 0.1~0.5 mm 的厚度,但其结构非常复杂。在组织学上,视网膜从外向内依次为:色素上皮层、光感受器外段层、外核层、外网状层、内核层、内网状层和神经节细胞层(图 13-8)。按细胞层次划分,视网膜主要分成四层,从外向内依次为:色素细胞层、光感受器细胞层、双极细胞层和神经节细胞层。

1. 色素上皮层的结构和功能

色素上皮层不属于神经组织,其血液供应来自脉络膜一侧。色素上皮细胞含有能吸收光线的黑素颗粒,具有防止强光对视觉影响和保护光感受器细胞的功能,表现在于:防止光线的反射和消除来自巩膜的散射光线;当强光照射视网膜时,细胞能伸出伪足样突起,包被光感受器细胞外段,避免后者受到过度的光刺激。此外,色素上皮细胞为光感受器细胞提供来自脉络膜的营养,吞噬光感受器细胞外段脱落的膜盘和代谢产物,还含有丰富的维生素 A,对于维持光感受器细胞视色素的正常代谢有重要意义。因此,许多视网膜疾病都与色素上皮功能失调有关。此外,由于色素上皮层与相邻视细胞层的组织学发生不同,临床上常见的视网膜剥离就是发生在此层与神经上皮层之间。

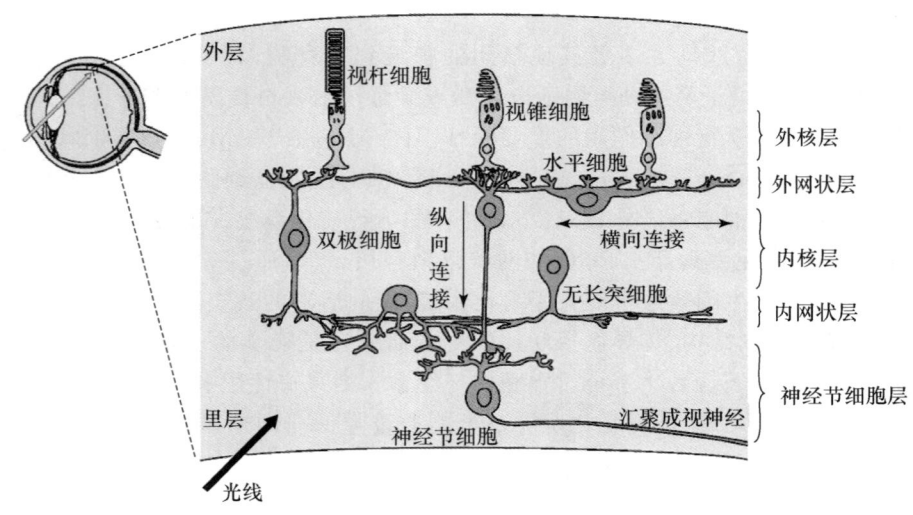

图 13-8　视网膜分层组构(Kandel et al.,2000)

2. 光感受器细胞的结构和功能

光感受器细胞(photoreceptor)包括视杆细胞和视锥细胞,两者均为特殊分化的神经上皮细胞。在形态上,视杆细胞和视锥细胞都可分为三个部分,由外向内依次为外段、内段和终足(突触终末)。其中,外段是视色素集中的部位,在感光换能中起重要作用。视杆细胞的外段呈圆柱状,有一些重叠、排列整齐的圆盘状结构,称为膜盘(membranous disk);视锥细胞的外段呈圆锥状,胞内也有类似的膜盘结构。膜盘是一些脂质双分子层构成的膜性扁平囊状物,在膜盘的膜上镶嵌着一些蛋白质,其中绝大多数蛋白质是一些能够被光作用后产生光化学反应的视色素(photopigment),这些视色素是产生视觉的物质基础。视杆细胞只有一种视色素,称为视紫红质(rhodopsin)。人的每个视杆细胞外段中重叠有近千个膜盘,而每个膜盘中约含 100 万个视紫红质分子。由于这两方面的结构特点,使得进入视网膜的光量子有很多机会碰到视紫红质分子。视杆细胞的外段比视锥细胞的外段长,所含的视色素较多,因而使得单个视杆细胞就可能对入射的光线起反应,而且视杆细胞对光的敏感性极高,使视网膜能够察觉出单个光量子的刺激强度。与视杆细胞只含一种视色素不同,人和绝大多数哺乳动物的视锥细胞含有三种不同的视色素,统称为视锥色素,分别存在于三种不同的视锥细胞中,它们不仅是产生视觉,也是产生色觉的物质基础。但是,不论是视杆细胞还是视锥细胞,单个光感受器细胞中都只含有一种视色素。

两种光感受器细胞在视网膜中的分布很不均匀。黄斑中央凹(macula fovea)是视敏度(visual acuity)(对物体细节的分辨能力)最高的部位,其中心只有视锥细胞,且密度最高,向周边视锥细胞的分布逐渐减少,代之以视杆细胞分布的逐渐增多,视网膜周边部主要是视杆细胞。由黄斑向鼻侧约 3 mm 处有一直径约 1.5 mm 的淡红色圆盘结构,为视神经乳头(optic nerve head)。这里是视神经纤维汇集穿出眼球的部位,与中央凹处相反,该处没有光感受器细胞分布,故无光感受作用,成为视野中的盲点(blind spot)。正常时,由于用双眼视物,一侧眼视野中的盲点可被对侧眼的视野所补偿,因而人们并不会感觉到视野中有盲点的存在。

3. 视网膜神经回路

视网膜各细胞层次间形成纵向连接,是视觉信息流的直接传递通路,其路径为光感受器细胞→双极细胞(bipolar cell)→神经节细胞。在两种光感受器细胞与双极细胞和神经节细胞间的联系中,普遍存在会聚现象,但视锥细胞与双极细胞之间的会聚程度比视杆细胞要小得多。在中央凹处常见到一个视锥细胞仅连接一个双极细胞,而该双极细胞也只连接一个神经节细胞,三者形成一对一的"单线联系",这是视网膜中央凹具有高视敏度的结构基础。

除纵向层次的连接外,水平细胞(horizontal cell)和无长突细胞构成横向连接。水平细胞接受光感受器细胞的输入,并通过侧向轴突影响双极细胞和光感受器细胞的活动;无长突细胞接受双极细胞的输入,并通过侧向投射影响神经节细胞、双极细胞和其他无长突细胞的活动。需要注意的是,在视网膜神经环路中,光感受器细胞是唯一的光敏感细胞,神经节细胞是视网膜唯一的传出途径。神经节细胞能够对光刺激产生动作电位,这些神经冲动通过视神经传向大脑视皮质而引起视觉。

(二)光感受器细胞的感光换能

在人和大多数脊椎动物的视网膜中存在两种感光换能系统,即视杆系统(晚光觉系统)和视锥系统(昼光觉系统)。前者由视杆细胞及其连接的双极细胞和神经节细胞等组成,此系统光敏度高(能在暗环境中感受弱光刺激而引起暗视觉)、视敏感度低(对物体细节的分辨能力差)、无色觉;后者由视锥细胞及其相连接的双极细胞和神经节细胞等组成,此系统光敏感度低、视敏感度高、有色觉。视杆系统和视锥系统功能上的这种差异有其结构基础。首先,视杆细胞和视锥细胞所含视色素有差异,视杆细胞中只有一种视色素(视紫红质),视锥细胞含有三种吸收光谱特性不同的视色素,导致两个感光系统在色觉上存在巨大差异;其次,如前所述,两种光感受器细胞在视网膜中的分布有差异,视网膜中央凹处只有视锥细胞,而中央凹以外的视网膜周边部主要是视杆细胞,造成中央视觉和周边视觉在视敏度、光敏度和色觉上的巨大差异;最后,两种光感受器细胞与下一级细胞的连接有差异,视杆系统普遍存在会聚现象(在视网膜周边部可见多达 250 个视杆细胞经少数几个双极细胞会聚于一个神经节细胞),这有助于视杆系统对光刺激的反应发生总和,提高系统的光敏度,而视锥系统会聚少得多(在中央凹处可见一个视锥细胞通过一个双极细胞连接一个神经节细胞),这有助于提高系统的视敏度。不同动物所含光感受器细胞不同,因此造成昼夜视觉活动的差异,如白昼活动的动物(如鸡、松鼠等),视网膜中的光感受器细胞以视锥细胞为主;而夜间活动的动物(如猫头鹰等),视网膜中只有视杆细胞。

1. 视杆细胞的感光换能机制

(1) 视紫红质的光化学反应。

视紫红质是一种结合蛋白质,由一分子视蛋白(opsin)和一分子视黄醛(retinene)组成。其中,视蛋白属于 G 蛋白偶联受体,是由 348 个疏水性氨基酸残基组成的单链,有七个螺旋区(类似于 α 螺旋)穿过视杆细胞内膜盘的膜结构;视黄醛由维生素 A 转变而来(维生素 A 是一种不饱和醇,在体内可氧化成视黄醛),视黄醛在暗处为顺式结构(11-顺式视黄醛)。当视网膜受到光照后,视黄醛发生构象变化,转变为全反式视黄醛,并与视蛋白分离,同时视蛋白激活,通过与其偶联的 G 蛋白激活下游效应酶,诱发视杆细胞产生感受器电位。视色素(视紫红质)在这一过程中会失去颜色,称为视网膜漂白(图 13-9)。

视紫红质光化学反应的效率非常高,一个光量子被其吸收后即可使 11-顺式视黄醛变为全反式视黄醛。而且,这种光化学反应是可逆的,在暗处可重新合成 11-顺式视黄醛,其反应的平衡点取决于光照强度。因此,在暗处视物时,视紫红质既有分解,也有合成,这是在暗处能不断视物的基础。总体上,在暗处,视紫红质的合成超过分解,视网膜中处于合成状态的视紫红质数量较多,使视网膜对弱光敏感;在亮处,视紫红质的分解大于合成,使视杆细胞几乎失去感受光刺激的能力,由

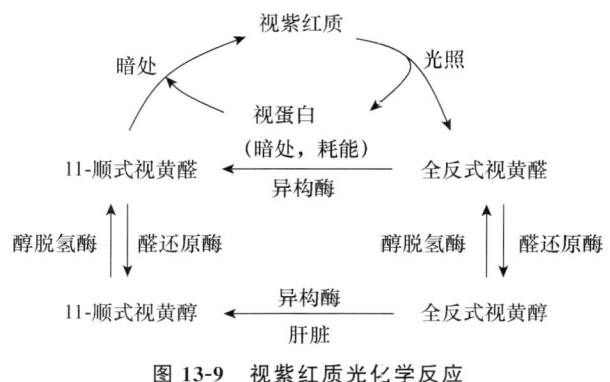

图 13-9 视紫红质光化学反应

视锥系统取代视杆系统感受光刺激。在视紫红质分解和再合成的过程中,有一部分视黄醛被消耗,需要来自食物的进入血液循环中的维生素 A(相当部分储存于肝脏)来补充,如果长期维生素 A 摄入不足,会影响人的暗视觉,引起夜盲症。

(2) 视杆细胞的静息电位和感受器电位。

一般情况下,细胞具有超极化静息电位,受到刺激兴奋时产生去极化电位,但视杆细胞与此相反,静息电位为 $-30\sim-40$ mV,处于低极化或部分去极化状态,光照时产生的感受器电位为超极化。在视杆细胞外段膜上特异性分布有 cGMP 门控钠通道,暗处时,有相当数量的钠通道在胞内 cGMP 的作用下处于开放状态,发生持续的 Na^+ 内流,称为暗电流(dark current);而进入细胞的 Na^+ 由内段膜上的钠-钾泵不断移出胞外,维持了细胞膜内外的 Na^+ 浓度平衡(图 13-10)。因此,视杆细胞在静息时处于去极化状态,其轴突末梢持续释放兴奋性神经递质——谷氨酸。光照时,外段膜膜盘的视紫红质发生光化学反应,引起膜盘上的转导蛋白(transducin,Gt)活化,激活磷酸二酯酶(PDE),PDE 将细胞质中的 cGMP 分解成 $5'$-GMP,cGMP 浓度降低,致使外段膜上 cGMP 门控钠通道关闭,Na^+ 内流减少,胞膜超极化(图 13-11),因此视杆细胞具有超极化感受器电位。感受器电位电紧张性地扩散到细胞终足,引起谷氨酸释放量减少,其下游的双极细胞产生超极化或去极化电位改变,进一步引起神经节细胞放电频率发生变化,逐级传递至视皮质引起光感的变化。

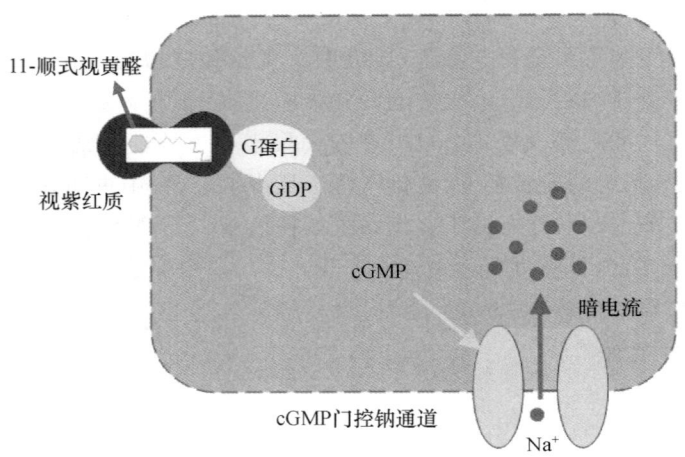

图 13-10　视杆细胞部分去极化静息电位的形成机制

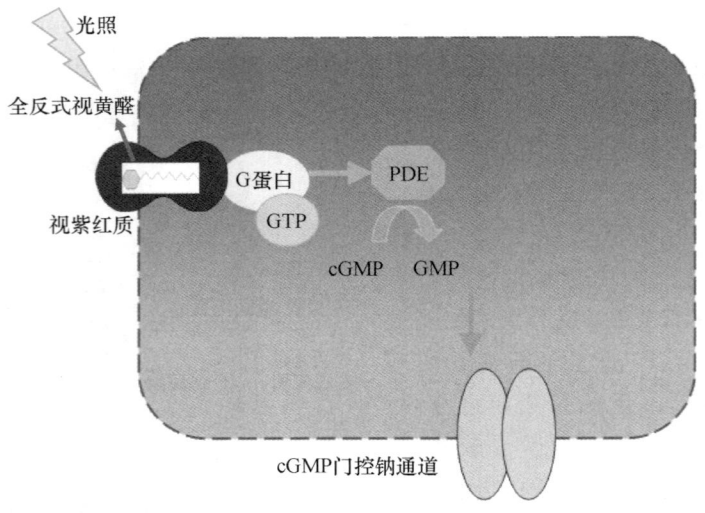

图 13-11　视杆细胞超极化感受器电位的形成机制

在这种光-电转导过程中,具有显著的信号放大作用。据统计,一个视紫红质分子激活后,至少能激活 500 个转导蛋白,而一个被激活的磷酸二酯酶每秒钟可分解 2000 个 cGMP,这种生物放大作用是一个光量子便足以引起大量钠通道关闭和产生超极化感受器电位的原因。

此外，Ca^{2+} 在光感受细胞保持光敏感性中发挥重要作用。由于光照能使 cGMP 分解（随之引起钠通道关闭），故持续光照可导致视杆细胞丧失对光产生反应的能力（即光感受器的"适应"现象）。但是，由于 cGMP 门控钠通道也允许 Ca^{2+} 通过，而进入细胞的 Ca^{2+} 能降低鸟苷酸环化酶（GC）的活性，增高 PDE 的活性，故光照在引起钠通道关闭和减少 Na^+ 内流的同时，也可减少 Ca^{2+} 内流和降低细胞内的 Ca^{2+} 浓度，从而使鸟苷酸环化酶活性增强，PDE 活性降低，结果使细胞内 cGMP 合成增加，恢复至原有水平，从而保持了视杆细胞对持续光照的敏感性。

2. 视锥细胞的感光换能和颜色视觉

视锥细胞的视色素（视锥色素）也是由视蛋白和视黄醛结合而成，只是视蛋白的分子结构略有不同，但正是由于视蛋白分子结构的微小差异决定了视黄醛分子对某种波长的色光最为敏感。视黄醛分子分为三种，分别对红、绿、蓝光敏感。不同的视锥细胞含有不同的视锥色素。当光线作用于视锥细胞时，其外段膜也发生与视杆细胞类似的超极化型感受器电位。感受器电位可引起细胞终足神经递质释放的变化，通过双极细胞的转接引起神经节细胞放电频率的变化和视觉激发。

(1) 色觉和色觉学说。

颜色视觉即色觉（color vision），是一种复杂的物理心理现象，其产生依赖于视网膜、视觉传导通路和视皮质的共同作用。在视网膜，视锥细胞是色觉感受细胞，它使得视网膜可以分辨波长为 380~760 nm 之间约 150 种不同的颜色，通过视觉系统的作用最后在脑中形成不同的主观色觉映象。每种颜色都与一定波长的光线相对应，在可见光谱范围内，波长只要有 3~5 nm 的增减，就可被视觉系统分辨为不同的颜色。但是，视网膜中并不可能存在上百种对不同波长的光线起反应的视锥细胞或视色素。因此，视杆细胞的光感受机制不适用于解释视锥细胞的色光感受机制，也不能解释颜色视觉现象。关于颜色视觉的形成，有三原色学说（trichromatic theory）和对立色学说（opponent color theory）两种理论解释。

三原色学说最初于 1802 年由英国物理学家 Young 提出，1851 年由德国生理学家 Helmholtz(1851) 进一步拓展。该学说认为：在视网膜上存在三种视锥细胞，分别含有对红、绿、蓝三种波长敏感的视色素，因此，当某一种色光作用于视网膜时，兴奋对此色光敏感的视锥细胞，引起相应的颜色感受。当三种视锥细胞都被同等程度地激活时，引起白色的颜色感受。当三种色光以不同的比例混合作用于视网膜时，会使三种视锥细胞产生不同程度的兴奋，引起不同种颜色的感受。

该学说已被许多实验所证实。最直接的证据是用小于单个视锥细胞直径的细小单色光束，逐个检查视锥细胞的光谱吸收曲线，发现视网膜上存在三类吸收光谱，峰值分别在 564、534 和 420 nm 处，相当于红、绿、蓝三种色光的波长。而且，用微电极记录单个视锥细胞的感受器电位，观察到不同单色光引起的超极化型感受器电位幅度在不同视锥细胞是不同的。

三原色学说虽能较圆满地解释许多色觉现象和色盲产生的原因，但不能解释颜色对比现象，也未考虑视觉传导通路和视皮质在色觉产生中的作用，故德国心理物理学家 Hering 于 1879 年提出了与三原色学说不同的对立色学说，又称为四色学说。这种学说认为视网膜上存在 3 对视色素即白-黑、红-绿、黄-蓝，这些拮抗的颜色对在感知上是不相容的，既不存在带绿色的红色，也不存在带蓝色的黄色，故称为拮抗色。视色素的代谢作用包括建设和破坏两种对立的过程。光刺激破坏白-黑视色素，引起神经冲动产生白色感觉。无光刺激时，白-黑视色素便重新建设起来，所引起的神经冲动产生黑色感觉。对红-绿视色素，红光起破坏作用，绿光起建设作用。对黄-蓝视色素，黄光起破坏作用，蓝光起建设作用。因为每种颜色都有一定的明度，即含有白色成分，所以每种颜色不仅影响其本身视色素的活动，而且也影响白-黑视色素的活动。

当补色混合时，某一对视色素的两种对立过程形成平衡，因而不产生与该视色素有关的颜色感觉，但所有颜色都有白色成分，所以引起白-黑视色素的破坏作用可产生白色或灰色感觉。同样情形，当所有颜色都同时作用到各种视色素时，红-绿、黄-蓝视色素的对立过程都达到平衡，而只有白-黑视色素活动，就引起白色或灰色感觉。当视网膜的一部分正在发生某一对视色素的破坏作用,其相邻部分便发生建设作用,故而引起对比。该学说也可解释负后像现象,当外在颜色刺激停止时,与此颜色有关的视色素的对立过程开始活动,因而产生原来颜色的补色。

三原色学说和四色学说自19世纪以来一直处于对立的地位。事实上,这两种学说都只是在问题的一个方面获得了正确的认识,只有通过二者的相互补充才能对颜色视觉获得较为全面的认识。颜色视觉的机制很可能在视网膜感受器水平是三色的,符合三原色学说,而在视网膜感受器以上的视觉传导通路水平则是四色的,符合对立色学说。

(2) 色觉障碍。

色盲(color blindness)是对全部颜色或某些颜色缺乏分辨能力的色觉障碍,可分为全色盲和部分色盲,前者极为少见,表现为只能分辨光线的强度,呈单色视觉,后者可分为红色盲、绿色盲及蓝色盲,其中以红色盲和绿色盲最为多见。

色盲属遗传性疾病,男性居多,女性少见。这是因为编码红敏色素和绿敏色素的基因位于X染色体(性染色体)上,而编码蓝敏色素的基因位于第7对常染色体上,因此,当男性后代从母亲那里得到一条有缺陷的X染色体时,就会导致不正常的红绿色觉,而女性后代只有在双亲的X染色体均有缺陷时才发生红绿色觉异常。大多数绿色盲者是由于绿敏色素基因丢失,或该基因被一杂合基因取代,即其起始区是绿敏色素基因,而其余部分则来自红敏色素基因;大多数红色盲者,其红敏色素基因被相应的杂合基因所取代。

色弱(color amblyopia)是另一种常见的色觉障碍,与色盲不同,通常由后天因素引起。患者并不缺乏某种视锥细胞,而是某种视锥细胞的反应能力较弱,使患者对某种颜色的识别能力较正常人稍差,即辨色能力不足。

(三) 视网膜的信息处理

在视网膜中,除了色素细胞之外的其他五种细胞都是神经细胞。其中,光感受器细胞→双极细胞→神经节细胞构成视觉信息传递的直接通路,而水平细胞和无长突细胞分别对视感受器细胞→双极细胞、双极细胞→神经节细胞之间的突触传递发挥调制作用。因此,视网膜实际上具有对视觉信息的初步处理功能。

1. 视网膜神经细胞的对光反应特征及其感受野

神经节细胞是视网膜唯一的输出细胞,只有视神经节细胞和少数无长突细胞可产生动作电位,而光感受器细胞、双极细胞和水平细胞只产生超极化或去极化局部电位变化,不产生动作电位。因此,视觉信息在到达神经节细胞之前,都是以等级电位的形式表达或编码的。光感受器电位产生后,通过影响光感受器细胞的递质释放,引起下游双极细胞发生超极化或去极化等级电位。水平细胞发生超极化的等级电位。无长突细胞发生去极化等级电位,并且是一种瞬变型反应,即在给光或撤光时出现去极化反应,在持续光照时,膜电位恢复至静息水平。这些细胞产生的等级电位随光强增加而反应幅度增大,但不出现"全或无"的动作电位。这种电位变化传递至神经节细胞,使其电位去极化至阈电位水平时,即可产生动作电位,这些动作电位作为视网膜的输出信号进一步向中枢传递。

双极细胞的感受野呈现中心-周围相拮抗的同心圆构型。按照中心区对光反应的形式,可分为给光-中心细胞(ON-center cell)和撤光-中心细胞(OFF-center cell)或称为给光型双极细胞和撤光型双极细胞。对给光-中心细胞,光照中心区引起细胞去极化,光照周边区引起细胞超极化(图13-12),用弥散光同时照射中心和周围,它们的反应基本彼此抵消,以给光反应为主。撤光-中心细胞的对光反应与给光-中心细胞恰好相反,在弥散光照射时,以撤光反应为主。双极细胞同心圆状感受野的形成与其和光感受器细胞的连接方式有关,中心区的光感受器细胞直接与双极细胞形成连接,而周边区的光感受器细胞需通过水平细胞的中继,与双极细胞形成间接联系。水平细胞发挥抑制性中间神经元的作用,通过释放抑制性GABA递质,抑制光感受器细胞的活动,构成侧向抑制,是视网膜对比增强(contrast enhancement)的一个重要机制。

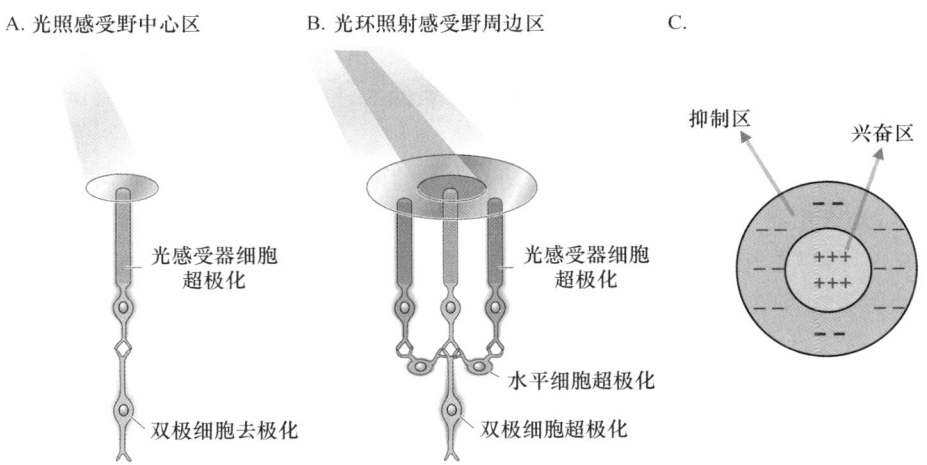

图 13-12 给光-中心细胞的感受野及其对光反应
A. 光感受器细胞与双极细胞形成直接联系；B. 通过水平细胞的中继，光感受器细胞与双极细胞形成间接联系；C. 中心-周围拮抗同心圆状感受野。

神经节细胞也具有中心-周围拮抗同心圆状感受野，其对光反应形式与其接受输入的双极细胞一致，分为给光-中心细胞和撤光-中心细胞。以撤光-中心细胞为例，其放电频率最高是发生在其感受野中心区撤光时，而对其整个感受野撤光时，细胞的放电由于感受野周边区对中心区的拮抗作用而受到抑制，并且这种撤光型神经节细胞，以撤光反应为主，当用弥散光同时照射中心区和周边区，细胞的放电并不显著（图 13-13）。当整个感受野都落在暗带或亮带时，细胞放电的变化并不显著，而当亮暗边界处于其感受野中心区和周边区的分界线上时，细胞的反应最大或最小（图 13-14），因此，节细胞这种中心-周围拮抗同心圆状感受野，在一定程度上改变了均匀背景的信息，把有明暗对比部分的信息抽提出来。这是视觉系统处理图像信息时采用的基本方式之一，通过不同形式的感受野逐级进行信息的抽提，即在每个中枢水平提取有意义的信息，而抛弃某些不太重要的信息，逐级进行信息的加工和处理。

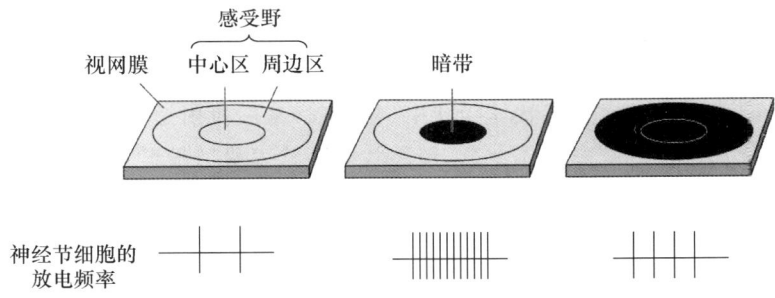

图 13-13 撤光型神经节细胞的对光反应（改编自 Bear et al.，2002）

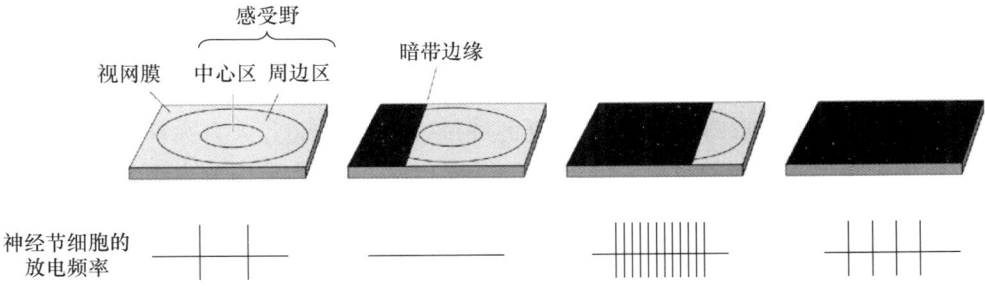

图 13-14 撤光型神经节细胞的对光反应（改编自 Bear et al.，2002）

2. 视网膜神经递质

虽然视网膜神经元包含的神经递质总数可能达到数十种,但其中谷氨酸兴奋性神经递质和GABA抑制性神经递质最为重要。光感受器和双极细胞以谷氨酸为神经递质,而水平细胞和许多无长突细胞可能通过GABA来实施其侧向的相互作用。

视杆细胞和视锥细胞使用的神经递质主要是谷氨酸,作用于其下游的双极细胞会出现两种不同的反应。由于光照时,光感受器细胞发生超极化反应,神经递质释放减少,因此对于给光-中心细胞,对中心区给光呈去极化反应,谷氨酸使之超极化,而对于撤光-中心细胞,对中心区给光呈超极化反应,谷氨酸使之去极化。双极细胞表达谷氨酸受体类型的不同是引起上述差异的原因,其中给光-中心细胞表达代谢型谷氨酸受体(mGluR),而撤光-中心细胞表达离子型谷氨酸受体,主要是AMPA和KA亚型。水平细胞表达AMPA受体,因此谷氨酸使水平细胞去极化。

GABA是视网膜中主要的抑制性神经递质。多种动物的水平细胞是GABA能,其释放的GABA可作用于光感受器、双极细胞和水平细胞。GABA是水平细胞向视锥细胞实施负反馈作用的介导者。

3. 神经节细胞的分类及特征

神经节细胞(以下简称为"节细胞")的轴突在视神经盘处汇聚成束,穿出眼球壁,构成视神经。节细胞主要分为三种类型:小细胞(parvo,P)型、大细胞(magno,M)型和非M非P型。P型是节细胞的主要类型,占90%,后两种各占5%。与P型节细胞相比,M型节细胞的感受野更大,动作电位的传导更快,对低对比度的刺激更加敏感,并且M型节细胞对刺激的反应是瞬时的簇发式放电,而P型节细胞只要有刺激存在,就有持续放电。M型节细胞的低对比视觉敏感性显示了它们在暗视中的重要性,它们的快速瞬间反应使之适合于运动的监测。P型节细胞的小感受野和持续性的反应适合于对细小结构的辨别。P型节细胞和M型节细胞的不同功能特性,是视觉系统平行信息处理过程的基础。此外,P型节细胞和非M非P型节细胞具有颜色拮抗的特性,前者是红绿拮抗,后者是黄蓝拮抗,因此,这两种节细胞参与色觉,而M型节细胞不参与色觉。

二、中枢对视觉的分析

视神经在进入大脑前以一种特殊的方式形成交叉,即从两眼鼻侧视网膜发出的纤维交叉到对侧大脑半球,从颞侧视网膜发出的纤维不交叉,因此左、右眼颞侧视网膜分别经同侧视束至同侧外侧膝状体(lateral geniculate nucleus,LGN),经膝状体距状束(视放射)最后投射至同侧初级视皮质,而来自两眼鼻侧视网膜则经视交叉分别进入对侧膝状体上行,经膝状体距状束最后投射至对侧初级视皮质。

(一)外侧膝状体

LGN由6层细胞构成,靠近腹侧的两层是大细胞层(magnocellular layer),接受M型节细胞的传入,背侧的4层是小细胞层(parvocellular layer),接受P型节细胞的传入,夹在这些细胞层之间的细胞是粒状细胞层(koniocellular layer),含有非常小的细胞,接受非M非P型节细胞的传入,并且LGN每一层仅接受来自一侧眼的纤维,其中2、3、5层接受同侧投射,1、4、6层接受对侧投射(图13-15)。LGN细胞的反应大体上与其接受输入的节细胞的反应相一致,包括对刺激的敏感性、动作电位的发放和感受野特征,这样就使LGN小细胞也显示颜色拮抗特性,粒状细胞层中只有3、4层显示黄蓝拮抗特性。

LGN神经元有两种类型:一种是投射到视皮质的主细胞,称为膝纹体神经元;另一种是小的中间神经元,其轴突并不离开LGN。LGN神经元所接受的纤维投射仅约20%来自视网膜节细胞,大部分来自视皮质的下行投射以及网状结构的投射纤维,它们可能在引起视注意及调节主细胞的反应中起作用,以便让视网膜信息有选择性地传向视皮质。

(二)初级视皮质

视束的纤维终止于大脑枕叶顶部内侧表面的纹状皮质(striate cortex),因该区具有由有髓传入纤维形成的、与表面平行的稠密的条纹而得名,该区为Brodmann 17区,因其接受LGN的直接传入,因此也

图 13-15 外侧膝状体的结构与传入纤维联系

A. 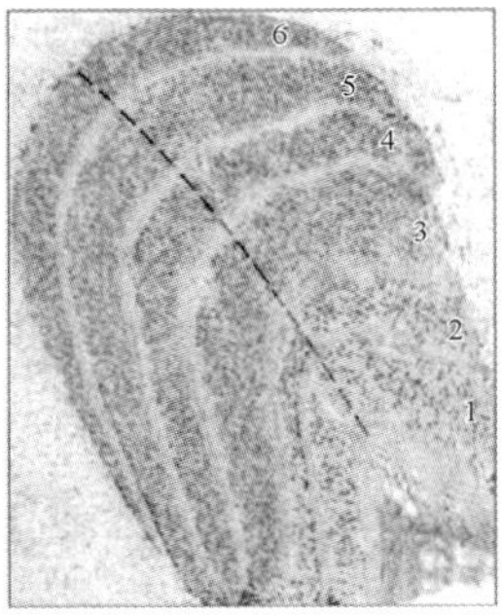
大细胞层：1、2 层
小细胞层：3、4、5、6 层
粒细胞层：各层腹侧的薄层细胞

B.

	神经节细胞	LGN 细胞	
对侧	P 型	小细胞层	6
	非 M 非 P 型	粒细胞层	
同侧	P 型	小细胞层	5
	非 M 非 P 型	粒细胞层	
对侧	P 型	小细胞层	4
	非 M 非 P 型	粒细胞层	
同侧	P 型	小细胞层	3
	非 M 非 P 型	粒细胞层	
同侧	M 型	大细胞层	2
	非 M 非 P 型	粒细胞层	
对侧	M 型	大细胞层	1
	非 M 非 P 型	粒细胞层	

被称为初级视皮质（primary visual cortex）或第 1 视区（V_1）。电刺激人脑的 V_1 区，可以使受试者产生简单的光感，但不能引起完整的视觉形象。

纹状皮质属新皮质，从表层向内分为 6 层，用罗马数字Ⅰ、Ⅱ、Ⅲ、Ⅳ、Ⅴ和Ⅵ表示，其中Ⅳ层最厚，可分为ⅣA、ⅣB 和ⅣC 层，ⅣC 层进一步又分为ⅣCα 和ⅣCβ 层（图 13-16）。Ⅰ层为分子层，几乎不含细胞，Ⅲ、ⅣB、Ⅴ和Ⅵ层含有大量锥体细胞，其轴突构成下行投射纤维，其中Ⅵ层细胞投射至 LGN，Ⅴ层细胞投射至脑桥和上丘，Ⅲ层和ⅣB 层细胞发出纤维投射至其他脑区，而ⅣC 层含有大量小的星状突起细胞，构成皮质内的局部联络神经元，发出纤维投射至Ⅲ层和ⅣB 层。对视皮质单个神经元电生理学的研究指出，极少数神经元只对单眼视觉刺激发生反应，这些神经元集中在Ⅳ层内，它们接受 LGN 投射纤维的传入冲动。绝大多数视皮质神经元能对双侧眼球视觉刺激发生反应，这些神经元主要分布在Ⅳ层之外的层次中，它们与双眼视觉和立体视觉功能有关。

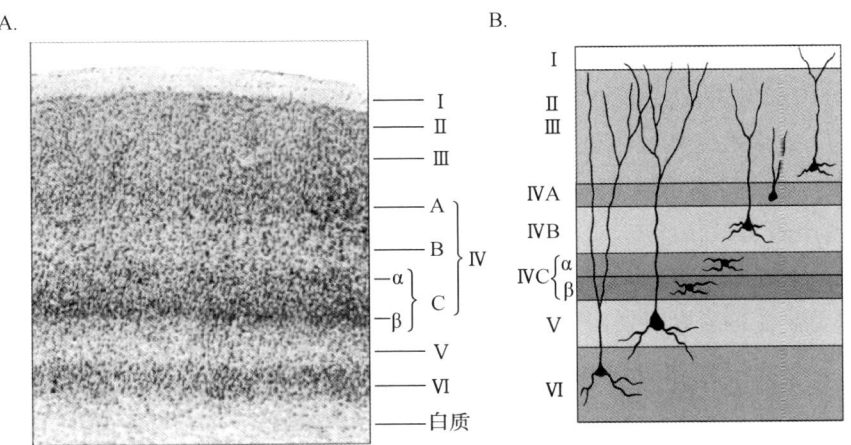

图 13-16 纹状皮质的分层及细胞构筑（Bear et al., 2002）

视网膜与 LGN 以及 LGN 与视皮质之间存在点对点的投射，因此，神经节细胞兴奋的空间模式相应地被绘制在 LGN 和视皮质，只是这种投射是非线性的。其中，运动敏感的 M-LGN 细胞传到初级视皮质的ⅣCα 层，波长敏感的 P-LGN 细胞传到ⅣCβ 层，而 LGN 的粒状细胞层细胞投向视皮质的Ⅱ和Ⅲ层。这些信息通道在整个视觉系统仍保持半独立性，分别用于处理视觉信息的不同方面。

1. 初级视皮质神经元的感受野及对光反应特性

初级视皮质第Ⅳ层细胞(接受最大部分 LGN 输入)的感受野的构型与节细胞和 LGN 细胞感受野的同心圆状不同,大多数细胞的最佳刺激条件是具有特定朝向的光带或暗带。根据其感受野的特征可将这些细胞划分为简单细胞(simple cell)和复杂细胞(complex cell),两种细胞都有朝向选择性。

(1) 简单细胞:是位于视皮质第Ⅳ和第Ⅵ层的锥体细胞,尤其是接受 LGN 大细胞传入的ⅣCα和ⅣB 细胞。与 LGN 细胞一样,其感受野也分为相互拮抗的给光区和撤光区,所不同的是给光区和撤光区是平行带状,而不是同心圆状。这是由于简单细胞接受来自感受野排成一列的 LGN 几个细胞的输入。具体来讲,其感受野通常有一条或为给光型或为撤光型的中央带,两侧是平行但大小不等的拮抗区,或者给光区和撤光区分居两侧。对于这种细胞,一条与给(撤)光区朝向相同的光带(暗带)落在感受野的特定位置时能诱发最强的反应,这一朝向称为最佳朝向。这种最佳朝向的条件通常限定得很严格,如果将光带的朝向顺时针或逆时针变化 10°或 20°,就可使其反应显著减小或消失。一条与最佳朝向成 90°的光带几乎不引起任何反应(图 13-17)。这是简单细胞的一个特征。

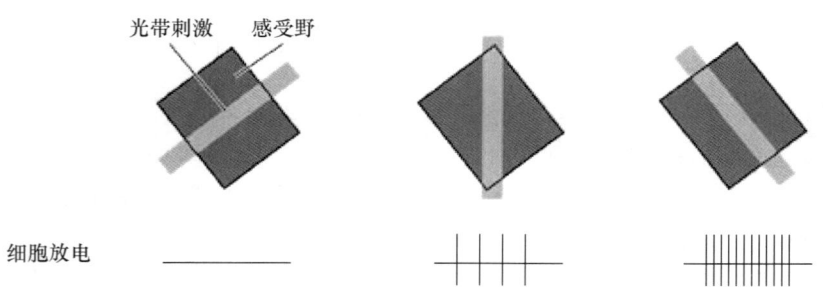

图 13-17　简单细胞的对光反应(改编自 Bear et al.,2002)

一条有合适朝向的运动的光带或暗带对简单细胞常常是一种有效刺激,有时甚至比静止的光带或暗带刺激更有效,但运动的方向非常重要。如具有垂直最佳朝向的细胞对垂直带自左向右横越其感受野的运动有强反应,但是对于同一垂直带自右向左的运动反应反而很弱或完全没有反应。运动的速度有时也很关键,不同的细胞可以对不同的运动速度有最佳反应。此外,虽然感受野中兴奋区和抑制区的相对比例可能有所不同,但两者在细胞反应中的贡献总和却十分接近,彼此抵消,因而在用弥散光照射整个感受野时就会几乎记录不到反应,这是简单细胞的另一个特征。

(2) 复杂细胞:大多数复杂细胞位于初级视皮质的第Ⅱ、Ⅲ和Ⅴ层。若干个感受野在视网膜上排成一行的简单细胞汇聚到一个复杂细胞,就可形成复杂细胞的感受野。以上简单细胞所具有的特性,如对特定朝向的光带或暗带有最佳反应,对运动刺激的敏感性,以及运动方向性对细胞反应的强弱有显著影响等性质,也是复杂细胞所具有的,所不同的是复杂细胞感受野比简单细胞要大,并且没有清晰的给光区和撤光区,因而对于落在感受野中任何位置的线段刺激都有相似的反应(图 13-18)。因此,复杂细胞的信

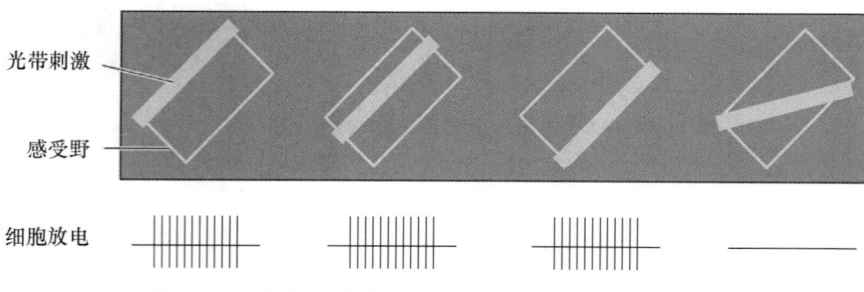

图 13-18　复杂细胞的对光反应(改编自 Bear et al.,2002)

号意义是关于朝向的抽象概念,而非具体所在位置关系。此外,复杂细胞接受双眼输入的信号具有双眼感受野。

2. 朝向柱

当实验电极以垂直于皮质表面的方向插入时,电极尖端经过路径上的所有细胞都有相同的或几乎相同的最佳朝向,但在位移相距 1 mm 左右的垂直电极下插时所经路径观察到的两个最佳朝向却又是不同的。因此,与其他感觉皮质一样,初级视皮质可以分为 30~100 μm 宽的细胞柱,在每一个柱内包含有相似朝向的特异性细胞的组织片,并垂直于皮质表面,所有的柱内细胞优先对具有特定朝向的线性光起反应,Hubel 和 Wiesel 将此细胞柱称为朝向柱(orientation column)。如果电极沿切线方向(平行于表面)穿过皮质一个细胞层的时候,最佳方位按一定角度规律性旋转。一个完整的 180°变化,在初级视皮质Ⅲ层内约占 1 mm(图 13-19)。

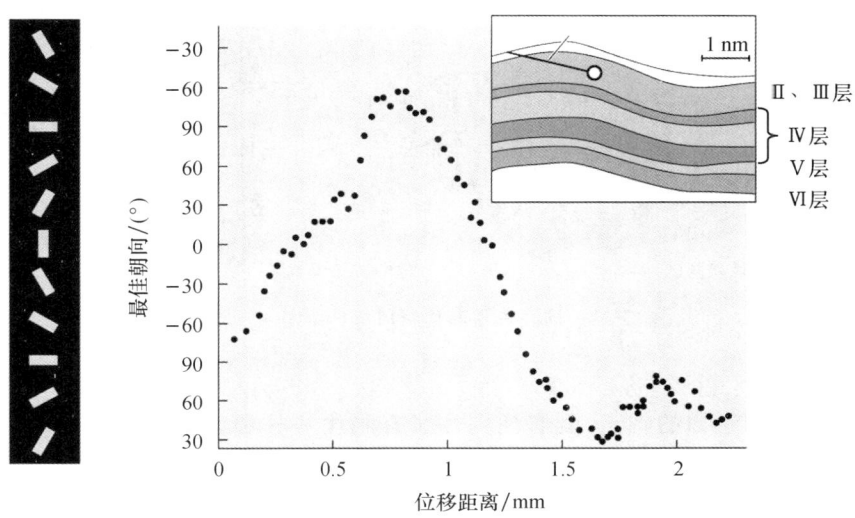

图 13-19　纹状皮质细胞最佳朝向的规律性变化(Bear et al.,2002)

3. 双眼细胞与眼优势

视皮质的ⅣB 和Ⅱ、Ⅲ层的细胞能为双眼所驱动,显示出双眼反应,称为双眼细胞(binocular cell)。猫视皮质内有 80%的神经元为双眼细胞。双眼细胞两眼感受野通常处于严格对应的位置,它们的最佳朝向是相同的,两眼的信号互相叠加。双眼细胞对于融合影像的感知是必需的。由于传入这些细胞的程度(量)不同,因此这些细胞能测量双眼视差(物体在两眼视网膜成像的差异)和物体在三维空间的深度。对视差起反应的细胞发现于灵长类的视皮质,它们主要负责立体视觉。但是,一个刺激在两眼所引起的反应通常在量上是不等的,很多情况下,往往是一只眼(左眼或右眼)占优势,占优势的眼产生的放电频率比另一只眼高,称为眼优势(ocular dominance)。皮质各层次邻近的细胞几乎总是显示相同的眼优势。如果在电极下插时遇到的第一个细胞是右眼优势,那么到第Ⅳ层底部的所有细胞均有右眼优势。这些具有相同眼优势的细胞占据眼优势柱(ocular dominance column)。眼优势柱是视皮质中垂直排列的独立于朝向柱的另一个视域,每个柱的宽度大约为 500 μm。代表同侧传入和对侧传入的眼优势柱在初级视皮质以恒定的间隔交替出现,这在视皮质ⅣC 层最清楚,看上去像斑马身上的条纹(图 13-20)。

此外,纵穿Ⅱ、Ⅲ、Ⅳ和Ⅴ层富含细胞色素氧化酶的神经元柱,称为斑块(blob)。这些斑块成行排列,每个斑块的中心恰好位于Ⅳ层的一个眼优势柱上。斑块之间的区域称为斑块间区(interblob)(图 13-21)。

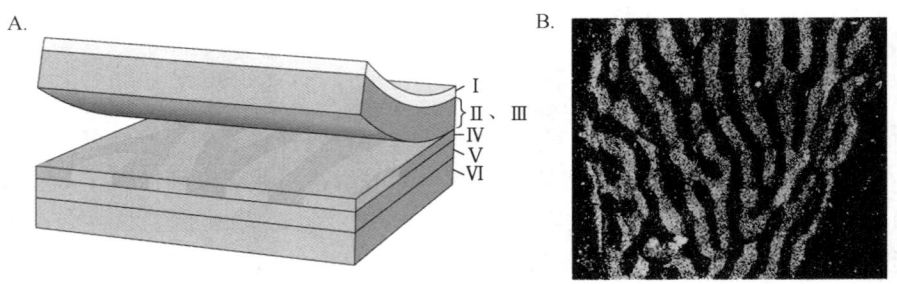

图 13-20　纹状皮质ⅣC 层的眼优势柱(Bear et al.,2002)

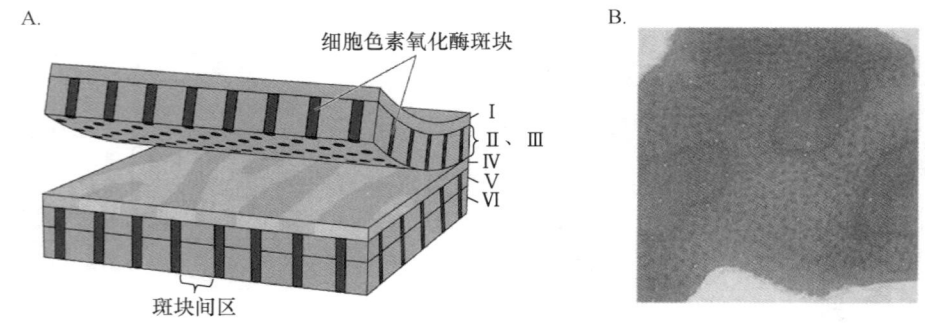

图 13-21　细胞色素氧化酶斑块(Bear et al.,2002)

4. 超柱

由于初级视皮质细胞组构的特点,既有朝向柱又有眼优势柱和斑块,据此可以把视皮质分割为约 2 mm×2 mm 的小块,每个小块包含两个完整的眼优势柱,16 个斑块和斑块细胞间的一个完整的 180°的朝向柱,称为一个皮质模块(cortical module)或称为超柱(hypercolumn)(图 13-22),构成纹状皮质的基本

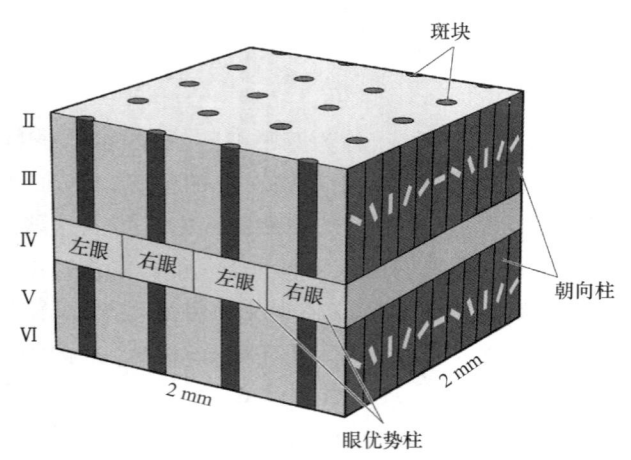

图 13-22　超柱构筑(模式图)(Bear et al.,2002)

功能单元。在一个亚层中,通过横向连接可以使这些具有相似功能的柱形结构之间进行信息的交换,从而完成对较大范围信息的整合,使得细胞可以被其感受野以外的刺激所影响。

皮质组织为柱形结构的方式已被发现不限于初级视皮质,在其他感觉皮质(如躯体感觉区、听区和运动区)也有发现。这种精细的周期性分区可能是大脑皮质的一个普遍特性。

5. 初级视皮质的平行信息处理

初级视觉皮质有三条相对独立的视觉信息处理通路,即源于 M 型节细胞的 M 通道,源于 P 型节细胞的 P 通道和源于非 M 非 P 型节细胞的粒细胞通路(图 13-23)。

大细胞通路(M 通道)起自 M 型节细胞,投射至 LGN 大细胞,进一步输入初级视皮质ⅣCα 层的棘状星形细胞。这些兴奋性中间神经元再与ⅣB 层的锥体细胞形成突触,这些锥体细胞显示出朝向和方位的选择性,并发出轴突侧支到第Ⅴ层和Ⅵ层的锥体细胞,第Ⅴ层的细胞再向皮质下区投射,包括丘脑后结节、上丘及脑桥。第Ⅵ层的锥体细胞投射到纹状外皮质(extrastriate cortex)。它们经由第Ⅴ层的输出在注视和凝视反射中是重要的。M 通道中的某些细胞是双眼细胞,有助于立体视觉。对刺激运动方向的选择性是 M 通道神经元的标志之一,M 通道专门负责对物体的运动进行分析。

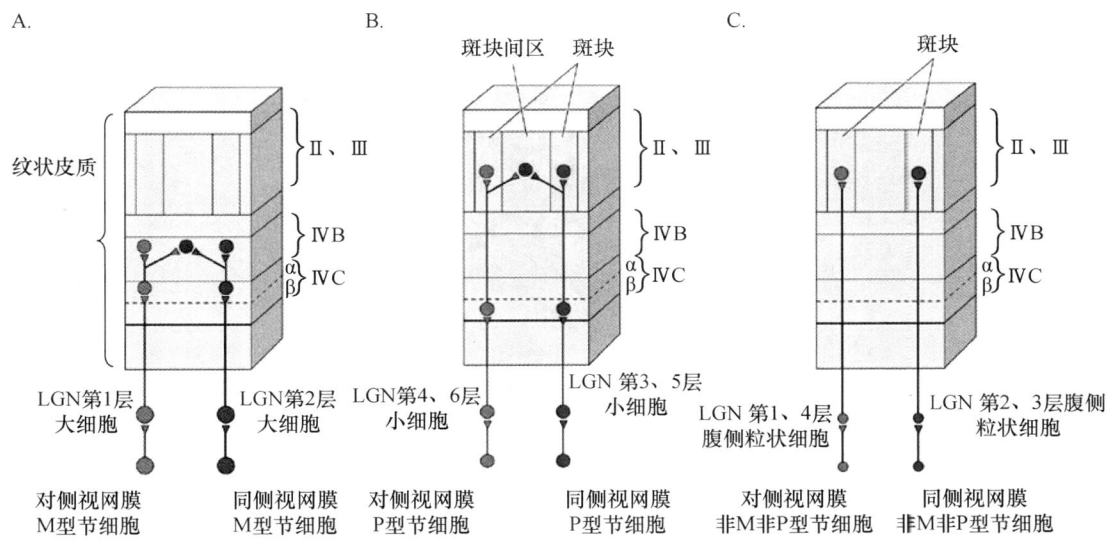

图 13-23 视觉信息处理通路(Bear et al., 2002)
A. 大细胞通路(M 通道);B. 小细胞通路(P-IB 通道和 Blob 通道);C. 粒状细胞通路(Blob 通道)

小细胞通路有两种,即 Blob 通道和 P-IB 通道(parvocellular-interblob channel),起自 P 型节细胞,经过 LGN 小细胞与视皮质第ⅣCβ层内的棘状星形细胞形成突触。这些中间神经元同Ⅱ、Ⅲ层内的锥体细胞连接。由于Ⅱ、Ⅲ层内有富含细胞色素氧化酶的斑块和斑块间区,因此两种小细胞通道在此发生分离。一部分与斑块区的细胞连接,称为 Blob 通道;一部分与斑块间区的细胞相连,称为 P-IB 通道。斑块间区内的细胞是有朝向选择性的,是双眼驱动的复杂细胞。由于对刺激方向的分析是对物体形状进行辨别所必需的,因此 P-IB 通道负责对物体的形状进行分析。斑块区内的细胞不具有方位选择性,但对波长(颜色)敏感,具有红绿拮抗或黄蓝拮抗的圆形感受野,且为单眼视觉。Blob 通道负责对物体的颜色进行分析。

粒细胞通路起自非 M 非 P 型节细胞,通过 LGN 第 1~4 层腹侧的粒状细胞与视皮质Ⅱ、Ⅲ层内斑块区的细胞相连,因此也参与 Blob 通道的构成。

由上可见,视网膜成像经过视网膜和视觉中枢处理后,已被分解为不同的"像素",视觉系统形成不同的通路对这些信息进行平行分析和处理。这些平行的神经通路所传递的关于颜色、运动、形状和亮度的不同信息需要经过组织,也就是说,脑需要通过某种机制把在皮质不同区域独立完成的信息进行综合,最终才能形成综合的视知觉。

(三) 纹状外皮质

除初级视皮质以外的视皮质称为纹状外皮质。目前已知,猴视皮质约有 30 个区,占据皮质总面积的一半以上。这些纹状外皮质区域彼此发生交互投射,使视觉通路变得异常复杂。对于这些复杂的投射网络,我们可以大体将其分为两条通路:一条是背侧通路,经由 $V_1 \to V_2 \to V_3 \to V_5$[即中央颞叶(middle temporal lobe, MT)]→内上颞区(medial superior temporal, MST)→顶叶等背侧脑区,负责对"运动"信息的处理,关心的目标在于"where";另一条是腹侧通路,经由 $V_1 \to V_2 \to V_3 \to V_4 \to$ 下颞叶(inferior temporal, IT)皮质→其他腹侧脑区,负责对"形状、颜色"信息的处理,关心的目标在于"what"(图 13-24)。对这些纹状外视觉通路的研究最初是在恒河猴上获得的,随着 fMRI 等影像学技术的发展,这些通路在人脑的功能也得到了进一步的证实。

V_2 紧邻 V_1 区,是目前研究最为清楚的纹状外皮质。应用细胞色素氧化酶染色发现,V_2 区存在规则的亮暗相间条纹,其中暗带又分为宽和窄两类。V_2 区细胞也分为简单细胞和复杂细胞,感受野与 V_1 区细胞没有本质区别,但 V_2 区细胞均为双眼细胞,感受野一般较大。其中,宽带层细胞多有方向选择性,窄带层细胞具有颜色选择性,而且这些细胞多数参与立体视觉信息的处理,称为双眼视差细胞。亮带层细

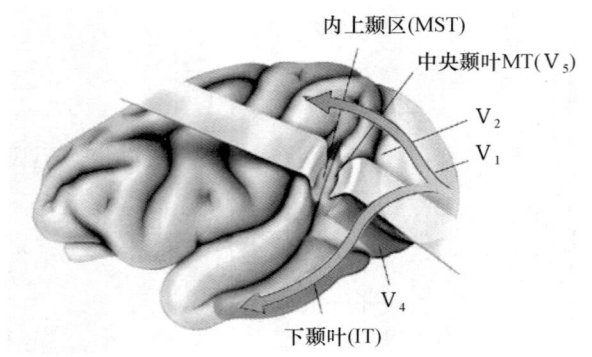

图 13-24　纹状外皮质腹侧和背侧通路（改编自 Bear et al.，2002）

胞具有方位选择性而无颜色敏感性。前面提到的三条平行视觉信息处理通路即 M 通道、P-IB 通道和 Blot 通道，在向纹状外皮质投射时，仍然保持相对独立性，其中 M 通道由神经节大细胞→LGN 大细胞层→ⅣCα 层→ⅣB 层→V_2 宽带层→V_5 或 MT，形成背侧通路，负责处理运动相关信息；P-IB 通道由神经节小细胞→LGN 小细胞层→ⅣCβ 层→Ⅱ、Ⅲ 层斑块间区→V_2 亮带层→V_4，负责处理形状相关信息；Blob 通道由神经节小细胞→LGN 小细胞层→ⅣCβ 层→Ⅱ、Ⅲ 层斑块区→V_2 窄带层→V_4，负责处理颜色相关信息。P-IB 通道和 Blob 通道共同形成腹侧通路。但这些信息处理通路并非完全分离的，在某些皮质区域存在着交互联系。

背侧通路的 V_1 区细胞反映物理空间的运动方向，而处于更高级别的 MT 区细胞与个体对运动的感知有密切关系，但二者均表现为对线性运动的敏感。相比较而言，MST 区细胞对辐射状和环形运动等较复杂的运动信息更为敏感。这些不同类型的运动敏感细胞，协同发挥着空间导引、指挥眼动和运动感知的功能。

腹侧通路的 V_4 区细胞较 V_1 区细胞感受野更大，多数具有方位选择性和颜色敏感性，参与对颜色和形状的感知。V_4 区的投射纤维很大部分到达 IT 区，该区对于视觉感知和视觉记忆发挥重要作用。有趣的是，该区部分细胞表现出对面孔的特殊选择性，一些面孔可以引起细胞非常强烈的反应。一种称为面容失认症（prosopagnosia）的病症，表现出对面孔认知的选择性缺失，可能与 IT 区或其他纹状外皮质的损伤有关。

这些关于运动、形状和颜色的信息如何有机结合，形成视觉呢？目前主要有两种理论：一种理论认为这些编码视觉目标不同特征的视觉信息，通过选择性注意，可以有机地结合起来，从而形成视觉；另一种理论认为视皮质神经元之间存在同步化活动，在同一功能柱内或不同功能柱但功能类型相同的细胞、不同信息处理通路的细胞以及两侧大脑半球相对应的视皮质神经元，可以被同一个视觉目标激活，产生同步放电，在解剖学上可以观察到初级视皮质Ⅲ层神经元之间的水平连接。两侧大脑半球的视皮质通过胼胝体的交互连接以及更高级视皮质向 V_1 和 V_2 区的反馈性投射纤维，构成了同步化放电的基础。

第四节　听　　觉

听觉（hearing）对动物适应环境和人类认识自然有着重要的意义。在人类，有声语言更是交流思想、互通往来的重要工具。耳是听觉的外周感受器官，由外耳（outer ear）、中耳（middle ear）和内耳（inner ear）组成。其中，外耳和中耳构成传音系统，内耳是感音换能系统。由声源振动引起空气产生的疏密波，通过传音系统传递到内耳，经内耳的换能作用将声波的机械能转变为听神经纤维上的神经冲动，被传送到大脑听皮质而引起听觉。

人耳适宜的听觉刺激频率在 20~20 000 Hz,随着年龄的增加,人耳对不同频率声波,尤其是高频声波的敏感性缓慢下降。在 50 岁之后,高频值大约为 12 000 Hz。每一种频率的声波都有一个刚能引起听觉的最小强度,称为听阈(hearing threshold)。当声音强度持续加大时,听觉感受也相应增强,但当强度增加到一定程度时,引起的将不只是听觉,还会有鼓膜的疼痛感,此限度为最大可听阈(maximal auditory threshold)。

一、耳解剖与生理

听觉系统由听觉器官、听神经和各级听觉中枢组成。在耳中,内耳负责听觉的部分称为耳蜗(cochlea)。

(一) 外耳

外耳包括耳郭(pinna)和外耳道(auditory canal)。耳郭主要起集音作用,还可用于声源的定位。有些动物的耳郭可以转动,以探测声源方向。外耳道为一末端止于鼓膜的半封闭管道,是声波传导的通道。根据物理学原理,一端封闭的管道对波长为其 4 倍的声波能产生共振作用。人的外耳道长 20~30 mm,共振频率是 3800 Hz,到达鼓膜处的声压比外耳道口处明显增强。

(二) 中耳

中耳包括鼓膜(tympanic membrane)和听小骨(ossicles)(图 13-25),其功能是将空气中的压强波转换成内耳外淋巴(perilymph)的振动。人的鼓膜呈椭圆形,面积为 50~90 mm^2,厚度约为 0.1 mm。一种刚能听得到的声音可引起鼓膜振动,其振幅约 0.01 nm。

听小骨由锤骨(malleus)、砧骨(incus)和镫骨(stapes)依次连接而成。锤骨通过锤骨柄附着于鼓膜,因此,锤骨可随鼓膜振动。砧骨接在锤骨和镫骨之间,镫骨底板盖在内耳的前庭窗(卵圆窗)上。镫骨、砧骨和锤骨之间形成一种杠杆样的稳定结构,锤骨柄可视作长臂,砧骨长突可视作短臂,支点恰好在听骨链的重心上。当鼓膜振动使锤骨柄内移时,砧骨长突和镫骨脚板也发生相应的内移,引起前庭窗内、外淋巴液的振动。压力波进一步经外淋巴液传播,引起蜗窗(圆窗)补偿性膨出。鼓膜的外移运动可使这些结构回转。可以看出,声波并非直接引起外淋巴的振动,原因有二:其一,鼓膜接受的是气播声,而传至耳蜗的淋巴液后,变为液播声,声波在气、液两种不同的介质中传播时所遇的阻抗不同,若直接从气相介质传递到液相介质,能量损失很多(99.9%),因此,声波先作用于鼓膜,再经听骨链传至耳蜗,可使因阻抗不匹配导致的能量损失减少;其二,耳蜗淋巴液不能压缩,因此要驱动淋巴液的运动,需要比声波在空气中传递所需的压力大很多,由于前庭窗的面积约为鼓膜面积的 1/20,而且通过听骨链的杠杆作用,进一步起到了压力放大的作用,因此到达前庭窗的单位面积压力大约是鼓膜的 25 倍。

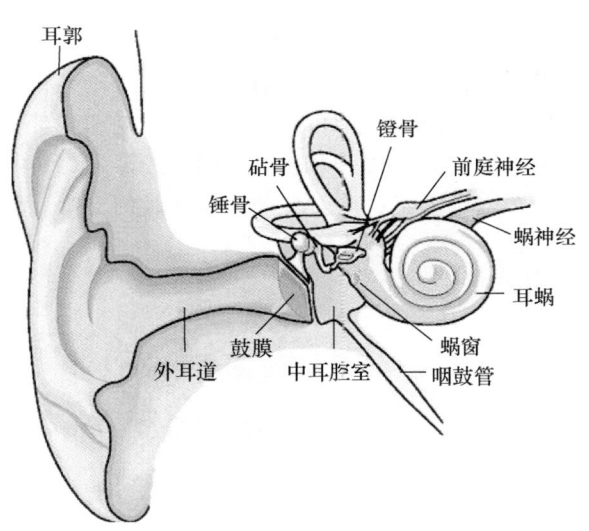

图 13-25　中耳解剖(Bear et al.,2002)

(三) 内耳

前庭窗以内的部分为内耳,又称为迷路(labyrinth),由耳蜗和前庭器官(vestibular apparatus)组成。

耳蜗为一个骨性管道,内衬有膜迷路,附着于蜗轴和耳蜗的外壁。人的耳蜗由长约 3.5 cm,直径大约 2 mm,卷曲 2.5~2.75 圈的蜗牛壳状骨质空腔所构成。耳蜗的横断面显示有两分界膜,斜行的称为前庭膜(vestibular membrane)或赖斯纳膜(Reissner's membrane),横行的称为基底膜(basilar membrane),从而将蜗管分为三个腔室,上方为前庭阶(scale vestibuli),中间为中阶(scale media),下方为鼓阶(scale tympani)(图 13-26)。

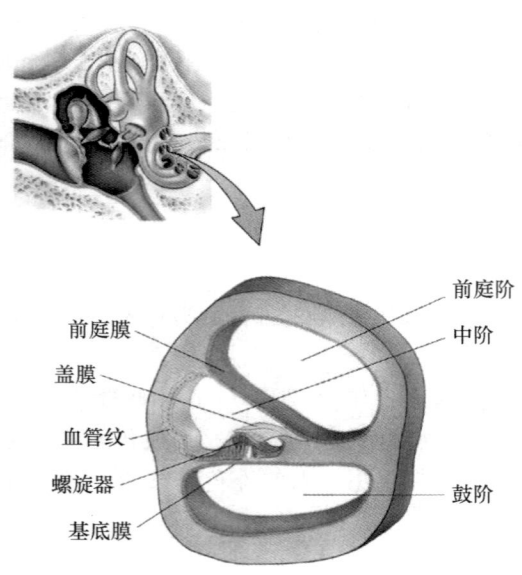

图 13-26　耳蜗解剖（Bear et al.,2002）

前庭阶和鼓阶含外淋巴,在蜗顶处借蜗孔彼此相通,中阶含内淋巴。外淋巴与脑脊液成分类似,低钾高钠（K^+ 7 mmol/L,Na^+ 140 mmol/L）,而内淋巴与细胞内液类似,低钠高钾（K^+ 150 mmol/L,Na^+ 1 mmol/L）,这是血管纹内皮细胞形成的主动转运所致。血管纹对 Na^+ 重吸收,并逆浓度梯度释放 K^+,这样使得内淋巴的电位比外淋巴高 80 mV,称为耳蜗内电位（endocochlear potential,EP）。在中阶底部的基底膜上有听感受细胞、听神经末梢等组成的声音感受器,称为螺旋器（spiral organ of Corti）或科蒂器（organ of Corti）（图 13-27）,以发现该结构的意大利解剖学家的名字来命名。

螺旋器由柱状的支持细胞和毛细胞组成,每个毛细胞顶端约有 100 个静纤毛（stereocilium）,声波振动能够转变为神经电信号的关键就在于这些纤毛的弯曲。毛细胞被夹在基底膜和称为网状板（reticular lamina）的薄层组织之间,科蒂杆（rod of Corti）为这两层结构提供了支撑。位于科蒂杆和蜗轴之间的毛细胞称为内毛细胞（inner hair cell）,约有 3500 个,呈单行排列,与耳蜗螺旋神经节（spiral ganglion）内的大双极细胞（Ⅰ型）发出的外周有髓纤维形成带状突触（ribbon synapses）。每个内毛细胞可与 10～20 个这样的神经纤维联系,形成高度的分散性传导。位于科蒂杆外侧的细胞称为外毛细胞（outer hair cell）,约有 12 000 个,排列成三行,与螺旋神经节内小双极细胞（Ⅱ型）发出的外周无髓轴突形成突触,而且大约 10 个外毛细胞可与一根轴突形成突触,形成高度的汇聚性传导。听神经含有 24 000～50 000 根轴突,其中约 90% 分布到内毛细胞底部,只有 10% 分布到数量众多的外毛细胞,因此一个内毛细胞可接受多条传入纤维的支配,而多个外毛细胞只接受一条传入纤维的支配。

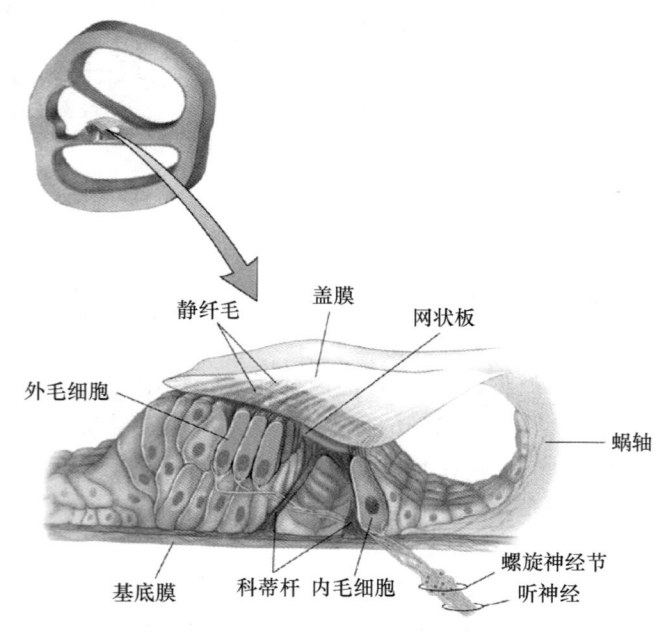

图 13-27　螺旋器结构（Bear et al.,2002）

外毛细胞顶端的静纤毛埋植于凝胶状的盖膜（tectorial membrane）中,盖膜为黏多糖和蛋白质类物质。当声波振动传来引起基底膜振动时,可引起盖膜的运动,从而使静纤毛发生向左或向右的弯曲,改变机械敏感离子通道的开放状态,结果是使毛细胞发生周期性去极化或超极化反应,谷氨酸递质的分泌也产生相应的周期性变化。

数量几倍于内毛细胞的外毛细胞,主要通过自身的运动增加基底膜的振动,发挥耳蜗放大器(cochlear amplifier)的作用。外毛细胞的第一种运动形式源于其顶端的纤毛束(hair bundle)马达。同一毛细胞的静纤毛排成高度递增的一排,就像台阶一样。当纤毛束折向台阶上升的方向,机械敏感通道开启,打开的通道自身会产生同方向的力,刺激更多的通道开启,形成正反馈循环。外毛细胞的第二种运动形式源于细胞自身的改变。超极化时细胞沿长轴伸长,而去极化使之缩短,这种性质称为电能动性(eletromotility)。外毛细胞自身的运动传至基底膜,可增强其位移,从而形成另一个正反馈循环。若不存在外毛细胞的放大作用,基底膜的运动峰值将约减小为原来的 1/100。当外毛细胞被链霉素等抗生素选择性损毁后,耳蜗放大器的作用消失,由此可以解释一些抗生素的致聋作用。

基底膜有一定的柔性,对声波的振动可以产生弯曲。耳蜗底部基底膜窄(50 μm),但富于韧性,约为顶部的 100 倍;顶部基底膜宽,但韧性差。因此,进入内耳的声波以行波(traveling wave)的方式自基底膜底部向顶部传播时,振幅逐渐加大,而速度变慢,波长变短,到达某一位置,声波频率与共振频率达到一致时,振幅达到最大,而后迅速变小直至消失。高频声波引起底部基底膜较大程度的振动,大部分能量被耗散,因此传播距离较短,而低频振动可传向基底膜顶部。声音频率和基底膜产生最大振幅的位置具有一一对应的关系,也就是基底膜不同位置的毛细胞具有一定的频率特异性,从高频底端到低频顶端,形成了音调拓扑图(tonotopic map)。

耳蜗外淋巴液的振动反向传导至前庭窗,跨过中耳再传向鼓膜,像扬声器一样产生耳声发射(otoacoustic emission,OAE)。耳声发射是耳蜗内耗能的主动性机械活动,被认为是正常耳蜗的一种重要功能,也是临床检查耳功能的一个依据。

二、耳蜗的感音换能作用

耳蜗的作用是把传到耳蜗的机械振动转变成听神经纤维的神经冲动。在这一转变过程中,耳蜗基底膜的振动是一个关键因素。它的振动使位于它上面的毛细胞和上方的盖膜之间产生剪切力,引起耳蜗内发生各种过渡性的电变化,最后引起位于毛细胞底部的传入神经纤维产生动作电位。

(一) 耳蜗毛细胞感受器电位发生和信号传导机制

毛细胞顶部纤毛随基底膜的振动而发生弯曲,是毛细胞将机械振动转变为生物电的原因。由于基底膜与盖膜的附着点不在同一个轴上,当基底膜振动时,基底膜与盖膜便沿不同的轴上、下移动,使外毛细胞的纤毛受到剪切力作用而发生弯曲。内毛细胞纤毛短,不与盖膜接触,它的弯曲是由内淋巴的运动所引起的。

毛细胞的静息电位为 $-70 \sim -80$ mV。毛细胞顶部有机械门控钾通道,当纤毛向一侧弯曲时,弹性细丝被拉长而张力增加,钾通道进一步开放,K^+ 内流增大,细胞出现去极化的感受器电位(图 13-28)。当纤毛向相反的方向弯曲时,弹性细丝张力释放,钾通道关闭,内向 K^+ 电流停止,出现外向离子流,膜超极化。当毛细胞处于静止状态时,有少部分通道因纤毛之间弹性细丝形成顶端连接(tip link)的张力作用而开放,导致少量的 K^+ 内流。由于毛细胞顶端膜的一部分机械门控钾通道在静息时处于开放状态,使得细胞可以去极化和超极化交替的方式对刺激产生双相反应,故感受器电位变化如实地复制了声波的波形。

有趣的是,大多数可兴奋细胞兴奋时是 Na^+ 内流而非 K^+ 内流,但在毛细胞恰好相反。驱使 K^+ 内流的原因是内淋巴异乎寻常的高 K^+ 浓度,使得毛细胞的 K^+ 平衡电位为 0 mV(一般情况下,神经细胞的 K^+ 平衡电位为 -80 mV),此平衡电位在钾通道开放时可驱使 K^+ 内流。内淋巴 80 mV 的正电位使毛细胞与内淋巴之间有 $150 \sim 180$ mV 的跨膜电位梯度,有利于通道开放时 K^+ 内流。毛细胞胞体的侧膜上有电压门控钙通道,去极化/超极化使通道开放/关闭,Ca^{2+} 内流量发生变化,毛细胞底部向突触间隙的神经递质释放发生改变,听神经纤维放电频率增高/降低,进一步神经冲动经听觉传导通路到达听皮质,引起听觉。

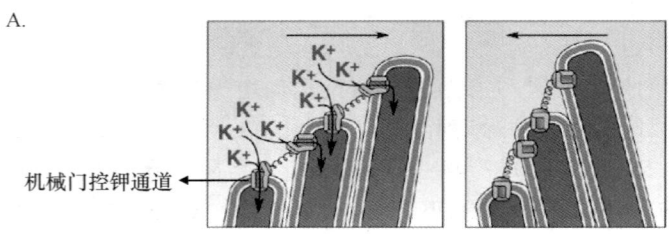

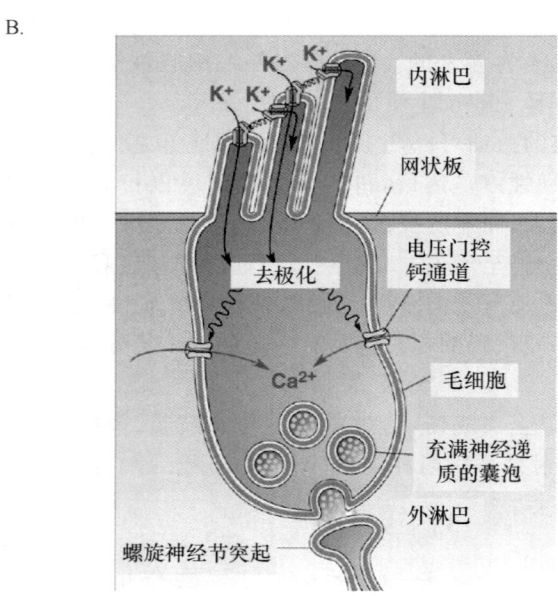

图 13-28　毛细胞去极化感受器电位的产生(Bear et al.,2002)

近年来在豚鼠的实验中发现,与外淋巴接触的毛细胞胞体侧膜上有去极化激活背景钾通道和 Ca^{2+} 激活钾通道,两者的开放均与细胞内 Ca^{2+} 浓度的升高有关,因此,纤毛弯曲使细胞顶端膜上机械门控钾通道开放, K^+ 内流,细胞去极化;进一步地,胞体侧膜上电压门控钙通道开放, Ca^{2+} 内流,细胞内 Ca^{2+} 浓度升高(去极化),毛细胞底部神经递质释放增多,激活细胞侧膜上的去极化激活背景钾通道和 Ca^{2+} 激活钾通道,(两种)通道开放, K^+ 外流增多,毛细胞电位恢复到 K^+ 平衡电位,细胞底部神经递质释放减少,细胞顶部机械门控离子通道两侧的电化学驱动力恢复,使细胞由机械信号到电信号的传导可继续进行。

(二) 耳蜗微音器电位和听神经动作电位

1. 耳蜗微音器电位

耳蜗微音器电位(cochlear microphonic potential,CM)是多个毛细胞对声音刺激的复合感受器电位,可在耳蜗附近的结构(如蜗窗膜)上记录到,其特点为:① 在听域范围内,能如实地复制声波的波形和频率;② 呈等级式反应,电位随刺激强度的增大而增大;③ 不表现出阈值,没有潜伏期和不应期,不易疲劳,不发生适应;④ 在低频范围内,电位的振幅与声压呈线性关系,当声压超过一定范围时则产生非线性失真。

2. 听神经动作电位

根据引导方法的不同,听神经动作电位可分为单纤维动作电位和复合动作电位。其中,前者是从分离的单根听神经纤维上记录到动作电位,其特点为:① 为"全或无"的反应,安静时听神经自发放电,受到声音刺激时放电频率增加;② 由于不同听神经纤维连接的毛细胞在基底膜上的位置不同,故某一特定的频率只需很小的刺激强度便可使某一听神经纤维兴奋,这一频率即为该听神经纤维的特征频率(characteristic frequency)。特征频率代表了听神经纤维最为敏感的频率,在由频率-强度形成的"V"形曲线上,位于波谷的位置。

听神经干的复合动作电位是从听神经干上记录到多根单纤维动作电位的总和,其特点为:① 与耳蜗微音器电位不同,复合动作电位的波形固定,也不随声波位相的倒转而倒转;② 在耳蜗微音器电位之后的特定时间点上出现,两者之间的时间差包含了毛细胞感受器电位的产生,以及毛细胞与听神经间的突触传递延搁;③ 在前庭窗膜记录的短声刺激引起的听神经复合动作电位,波形包括 N_1、N_2 和 N_3 三个成分,它们的幅度取决于不同强度声音可兴奋的听神经纤维数和不同纤维放电的同步化程度。

三、声音强度和频率的编码

(一) 强度的编码

听觉神经系统以听神经元的放电频率和被兴奋的听神经元数量两种方式对声音强度编码,引起声强的感觉。声音加大,毛细胞的去极化感受器电位也加大,导致听神经纤维以更高的频率发放动作电位,同时,基底膜的振动范围也加大,从而激活更多的毛细胞。

(二) 频率的编码

听觉神经系统以音调拓扑(tonotopy)和听神经元发放的锁相(phase locking)两种方式对声音频率编码,引起声调的感觉。音调拓扑是指不同频率的行波到达基底膜的不同部分,由这些部位的毛细胞编码不同频率声音的现象。在耳蜗核、听觉传导通路的中继核团和听皮质中都有相应的频率对应性拓扑分布特征。

锁相指听神经元在对应于声波的一定相位处放电的现象。不同频率的声音引起听神经元发放冲动的频率不同,而冲动的频率是听觉中枢对声音频率进行分析的依据。实验证明声音频率低于 400 Hz 时,听神经大体能按声音的频率发放冲动,而当声音频率在 400~5000 Hz 范围时,听神经中的纤维会分成若干组发放,这一现象称为排放(volley)。大体上讲,对于低频(<200 Hz)声音的编码以锁相为主,对于高频(>5000 Hz)声音的编码以音调拓扑为主,而对于中间频率声音的编码同时包含这两种方式。

(三) 音色感受

由于复杂的声波包含一个基音和谐音,我们能够感受声音的基调(音调)和音色。复杂声波中的各种谐音(泛音)引起基底膜相应部位的振动和毛细胞的反应,听觉中枢对这些信息的分析和处理使我们产生音色感觉,因此我们能够在交响乐曲中区分小提琴和黑管发出的声音。

四、声源定位和声源位置辨别

声源定位和声源位置辨别在日常生活中有重要意义,是听觉系统的复杂功能。声源在垂直方向和水平方向的定位具有不同的机制。

对于高度的定位,耳郭起着关键性的作用。声波进入耳内有两种途径:一种是直接进入,另一种是通过耳郭反射后进入,造成声波到达鼓膜的时间延后。在垂直方向上,由于耳郭表面的皱褶,来自不同高度的声音将有不同的反射,因此会有不同的时间延迟(图 13-29)。听觉系统利用这一时间差来进行垂直方向的声音定位。尽管人的耳朵较听觉灵敏的一些哺乳动物小很多,也不能转动,但仍然保持这种垂直方向的定位作用。

上橄榄核利用两种方法来进行声音的水平方向定位。两耳间的时间差和强度差可构成双耳声音定位(binaural sound localization),其精确度可达一个弧度。如果声音来自右侧,声波先到达右耳,在声波传播至左耳时,有一个显著的时间延迟;如果声音从正面传来,将没有两耳间的时间延迟;而声音从右前方或右面传来,将有 0.3 ms 或 0.6 ms 的时间延迟。频率在 20~2000 Hz 的声音主要通过上述双耳时间差(interaural time difference)的方式判断声源位置,因为听神经元锁相带来的精确计时只在<2000 Hz 的频率上有效。对于 2000~20 000 Hz 的声音,主要通过双耳强度差(interaural level difference)的方式判断声源位置,因为高频声波更容易发生偏转,在反弹的过程中在两耳间形成音强差。如果声音来自右侧,头部对左耳形成一个声音屏蔽,因此到达左耳的声音强度较低,说明声音来自右方;如果声音来自正

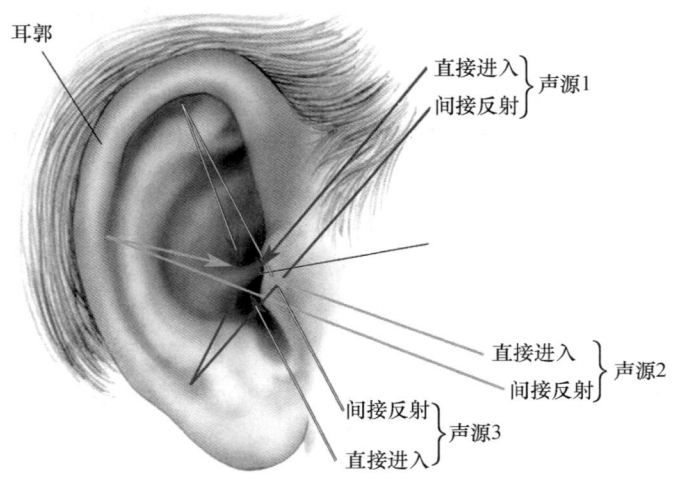

图 13-29　耳郭对声源在垂直方向上的定位作用(Bear et al.,2002)

前方,虽然头对位于脑后部的声音形成屏蔽,但声音到达两耳的强度是相同的。如果声音从右前方传来,头对左耳形成部分屏蔽,因此左耳的声音强度较低。

五、听觉传导通路

听神经进入脑后,终止于耳蜗腹核(ventral cochlear nuclei)和耳蜗背核(dorsal cochlear nuclei),这腹核和背核细胞轴突部分终止于同侧的上橄榄核,另一部分交叉止于对侧的上橄榄核。从上橄榄核细胞发出的纤维主要到达同侧与对侧的外侧丘系核和下丘,还有侧支直达内侧膝状体。从外侧丘系核发出的纤维大部分终止于同侧及对侧下丘,小部分到内侧膝状体。下丘是听觉系统的重要中继站,从下丘发出纤维大部分到同侧内侧膝状体。内侧膝状体发出的轴突经内囊到达同侧颞叶听皮质(Brodmann 41 区)。

听觉传导通路中的一个重要特点就是在延髓耳蜗神经核以上各级中枢都接受双侧耳传来的信息。因此,一侧皮质听区损伤不会引起严重耳聋。

除上行通路外,还有下行通路,分为两个部分:① 皮质-丘脑系统:起源于听皮质,终止于内侧膝状体腹核;② 皮质-耳蜗系统:起源于听皮质,下行达下丘,换神经元后抵上橄榄复合体,发出纤维组成橄榄耳蜗束支配毛细胞,特别是外毛细胞,对其声音放大功能进行调节。下行通路的主要功能是起抑制作用。

六、听觉中枢细胞的音频区域定位

在听觉系统各级中枢的结构中,特征频率不同的神经元在解剖上是按一定顺序排列的。每一个特定部位感受一种频率的声音,称为音频(区域)定位。① 耳蜗神经核团:在背核、腹核中特征频率不同的细胞排列基本相似,背侧细胞感受高频音,腹侧细胞感受低频音。② 上橄榄核团:外侧上橄榄核(LSO)呈 S 形,其腹内侧支细胞感受高频音,背外侧支细胞感受低频音。在外侧丘系核、下丘、内侧膝状体及皮质听区(图 13-30),特征频率不同的细胞也都是按一定顺序排列。总之,中枢细胞的音频区域定位原则在中枢对声音频率的分析中起了重要作用。

七、听觉中枢细胞功能活动

根据对声音反应的形式,听觉各级中枢的细胞大致可以归纳为下列几种类别。

第一类神经元是以传递声音信息为主要功能的接替(中继)神经元,如耳蜗腹核、斜方体中的内侧核(属上橄榄核团)、下丘的中央核及内侧膝状体的腹核等,这些神经元在放电模式、谐振曲线和锁相关系等方面,具有与初级听皮质神经元类似的特征,具有明确的特征频率。

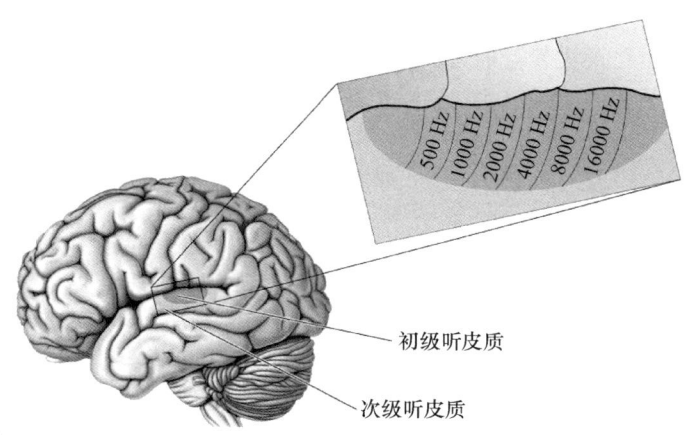

图 13-30　人类听皮质音频图谱（Bear et al.，2002）

第二类神经元包括耳蜗背核、下丘的周围中央核以及内侧膝状体的背核等，其功能可能涉及声音信息的鉴别、整合过程。此类神经元对声音反应的放电形式呈现多样化，有如下形式：① 暂停型（pause type）。给声开始出现短暂放电，暂停片刻后继续放电。② 给声型（on type）。给声开始出现短暂放电，而后不再放电。③ 带有切迹的类听神经元反应型。④ 梳齿形反应型（chopper type）。放电与暂停交替进行。⑤ 类听神经元反应型。在上橄榄核、下丘及内侧膝状体中，有些细胞对给声或撤声有反应，有些对给声和撤声均有反应而在声音持续刺激时无反应，还有一些是在短纯音作用过程中，给声开始出现成串放电，接着停止放电，之后又放电。由此可以看出，不同类别中枢细胞对声音信息传递的方式具有多样性。

第三类神经元专门感受某种特殊形式的声音信息，只对某种特殊声音或声音中某种参量反应敏感。从上橄榄核以上的听觉中枢细胞接受双耳传入信息。在上橄榄核、下丘和外侧丘系核中，有些细胞对两耳输入信号的强度差或时间差特别敏感，时间差值太小或太大，都不会引起明显反应，只有达到适当的时间差值时，这些细胞的反应才最大。这些细胞在声源定位中具有重要作用。

此外，还有一些细胞不仅对声音强度反应阈值不同，而且有其特定的强度敏感范围，在一定范围内，放电频率随声音强度增加，超过一定的强度后放电频率又减少，这些细胞对声音强度的感受具有专一性。

自然界的信息是多种多样和千变万化的，而且大量信息是包含在声音参量（强度、频率）的动态变化中，听觉中枢细胞放电模式的多样化和易变性，正是适应感受这些复杂多变的音响信息的结果。

综上所述，声音振动经过鼓膜、听骨链传到内耳外淋巴及基底膜，振动以行波的方式在基底膜上扩布，引起网状板与盖膜之间的剪切运动，使毛细胞顶端的静纤毛弯曲。毛细胞顶部有机械门控离子通道，静纤毛朝向不同方向的弯曲引起通道的开放或关闭，并伴随膜电流和膜电位的变化，形成感受器电位。当感受器电位达到阈强度时，听神经发放冲动。听神经冲动以空间构型和时间构型的编码形式传输到各级听觉中枢以及大脑皮质高级部位，经过加工、整合、分析和处理，从而让个体感受到客观世界中瞬息万变、丰富多彩的音响信息。

第五节　嗅味觉

嗅味觉系统是感觉神经系统的重要组成部分。嗅觉（olfaction）及味觉（gestation）是由于特化的感觉细胞（嗅感受器或味感受器细胞）选择性对某些小分子或化合物分子高度敏感并产生反应，然后将这些反应所提供的信息传递至大脑皮质的相关中枢进行处理，最后产生对这些小分子或化合物分子的感觉。二者统称为化学感觉。

嗅味觉对动物生存非常重要,嗅觉不仅让人的感受更加细致入微,而且对感知周围环境,以至于更好地生存起着重要作用。诸如在火灾发生时呛人的浓烟,煤气泄漏时刺鼻的味道,良好的嗅觉能使人们及时脱险。饮食行为是人最重要的生理行为,它的重要性不言而喻,而味觉对于饮食行为中的辨味和促进食欲起着十分重要的作用。因此,揭开嗅觉和味觉生理及其行为的奥秘,对于更好地规避危险,认识与研究饮食、营养与疾病的关系,以及对疾病的预防,都能够提供有益的启发和帮助。

一、嗅觉

自然界有上万种气味,那么嗅觉系统是如何识别这些气味的呢? 与其他感觉信号类似,嗅觉信号也是逐级传递的,外周感受器接受嗅觉刺激后,经过多级神经元的传递将信号传给嗅觉中枢,在中枢形成对气味的识别和认知。

(一) 嗅觉感受器

嗅觉感受器(olfactory receptor)在鼻腔的上部,即位于上鼻甲及其相对的鼻中隔后上部的嗅黏膜(嗅上皮)(图13-31)。嗅黏膜具微黄色,人的两侧嗅黏膜总面积约为 $5\ cm^2$。嗅上皮含有三种细胞,即嗅感觉神经元(olfactory sensory neuron)(又称为嗅细胞)、支持细胞(support cell)和基底细胞(basal cell)。嗅细胞为双极细胞,细胞的远端有纤毛,其中枢突汇聚成嗅丝(约20条),穿过筛板的筛孔进入嗅球。嗅细胞的纤毛受到存在于空气中的物质分子的刺激时,产生神经冲动传向嗅球,继而传向更高级的嗅觉中枢,引起嗅觉。

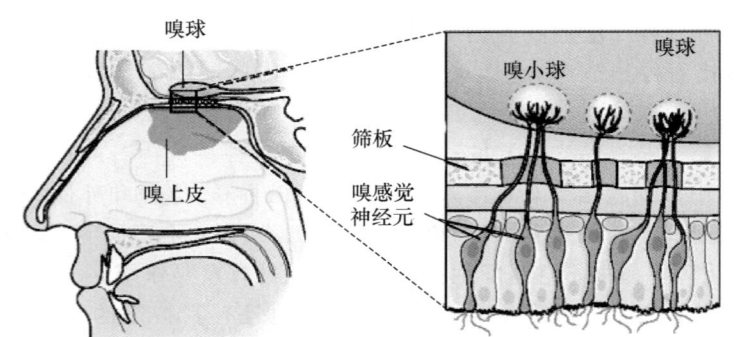

图 13-31　嗅上皮的位置及其结构(Kandel et al., 2000)

(二) 嗅觉感受器的适宜刺激

自然界能够引起嗅觉的气味物质可达两万余种,人类能够明确辨别的气味为 2000~4000 种。目前认为,各种不同嗅觉的感受可能是由至少七种基本气味组合而成的,这七种基本气味是樟脑味、麝香味、花草味、乙醚味、薄荷味、辛辣味和腐腥味。

(三) 嗅觉感受器对刺激的感觉换能机制

气味分子(odorant)被黏液吸收后扩散至纤毛,与膜上的受体蛋白相结合,从而激活第二信使系统。气味受体(odorant receptor)为GPCR,G蛋白为G_s蛋白(有时也称为G_{olf}蛋白),可激活腺苷酸环化酶Ⅲ,降解ATP生成cAMP。绝大多数气味受体与cAMP第二信使系统相关。结合一个气味分子可在 50 ms 内引起 cAMP 升高。cAMP激活环核苷酸门控通道(cyclic-nucleotide-gate channel,CNG),这是一类非选择性阳离子通道,允许Na^+、K^+和Ca^{2+}通过,Ca^{2+}内流进一步打开钙门控氯通道(Ca^{2+}-gated Cl^- channel),引起Cl^-外流,从而产生去极化感受器电位(图13-32)。

目前,科学家们已经从嗅上皮中克隆到一种嗅特异性GTP结合蛋白(G蛋白家族)和嗅特异性腺嘌呤环化酶。气味受体在1991年由美国科学家Linda Buck和Richard Axel首次从小鼠中成功克隆,两位科学家因此共同获得2004年诺贝尔生理学或医学奖。气味受体是一种七次跨膜的GPCR,N端位于胞外,C端位于胞内。每个跨膜区的氨基酸数目为19~26个。在这七个跨膜区域中,第3、第4和第5区是与气味分子结合的部位,也是氨基酸序列变化最多的部位。啮齿类动物的气味受体有1000多种,人类的气味受体基因比较少,大约有350种。气味受体基因家族是目前已知的最大基因家族,约占基因总数的1%。如此大量的遗传信息用于嗅觉可能反映了这一感觉系统对哺乳动物生存和繁殖的重要性。但是,每个嗅细胞只表达一种气味受体,这一特性成为嗅觉信息编码的重要结构基础。

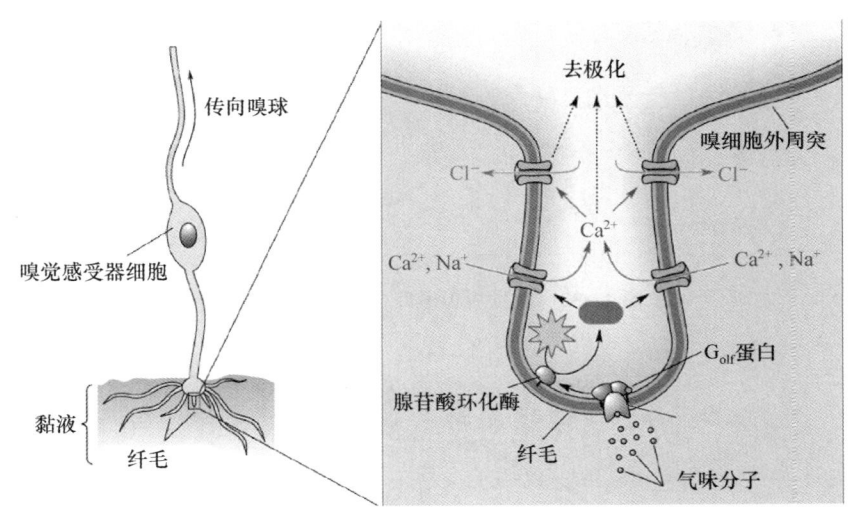

图13-32　嗅觉感受器去极化感受器电位的产生(Bear et al., 2002)

感受器电位以电紧张形式从纤毛经树突扩布至胞体,在胞体中去极化触发动作电位,沿其轴突传导至第一个中继站——嗅球。

一个嗅细胞只表达一种气味受体,但可以对多至10~12种不同的气味分子有反应,只是其敏感度不同,显示特有的反应谱。它可以对气味A有强烈反应,对气味B只有微弱反应,对气味C则完全没有反应。显然,一种气味刺激将使许多嗅细胞发生不同程度的兴奋,这种特殊的兴奋模式反映气味刺激的质,而兴奋的总体水平将反映刺激的量。嗅细胞对持续性刺激或重复刺激显示持续的放电,适应得很慢,这和嗅知觉快速适应现象形成鲜明的对比。显然后者并非是由于感受器反应的减退,而是中枢嗅通路中神经回路抑制性相互作用的结果。

嗅觉不完全由嗅细胞的活动所产生,呼吸区所包含的三叉神经游离末梢也对气味分子有反应。因此,即使嗅细胞的轴突因事故而损伤,仍能在一定程度上保留嗅觉。

(四)嗅觉信息向中枢的传递

嗅细胞是双极细胞,其纤毛伸向嗅黏膜表面,接受气味分子的刺激,中枢突形成嗅神经纤维,汇聚成嗅丝,向上穿过筛孔,终止于嗅球。嗅球位于颅腔内脑底面靠近鼻腔顶处。嗅球内的神经细胞再发出纤维组成嗅束,嗅束连于大脑底中部深处,经过脑内多次神经元的接替,最后将气味信息传导至位于大脑中部深处的嗅皮质,在此完成嗅觉的主观识别(图13-33)。同其他感觉系统类似,不同性质的气味刺激引起的嗅觉反应有其专用感觉位点和传输线路,非基本气味则由于它们在不同线路上引起不同数量的神经冲动的组合,可在中枢引起特定的主观嗅觉感受。

1. 嗅觉信号处理的第一级中转站:嗅球

嗅球是嗅觉信息向中枢传递的第一级中转站,具有层状结构,由外到内可分为六层:嗅神经层(olfactory nerve layer, ONL)、突触球层(glomerular layer, GL)、外丛状层(external plexiform layer, EPL)、僧帽细胞层(mitral cell layer, MCL)、内丛状层(internal plexiform layer, IPL)和颗粒细胞层(GCL)(图13-34)。这些神经元可分为投射神经元和中间神经元两大类,其中前者包括僧帽细胞和丛状细胞(tufted cell),后者包括球周细胞(periglomerular cell)、颗粒细胞和短轴突细胞(short axon cell)。

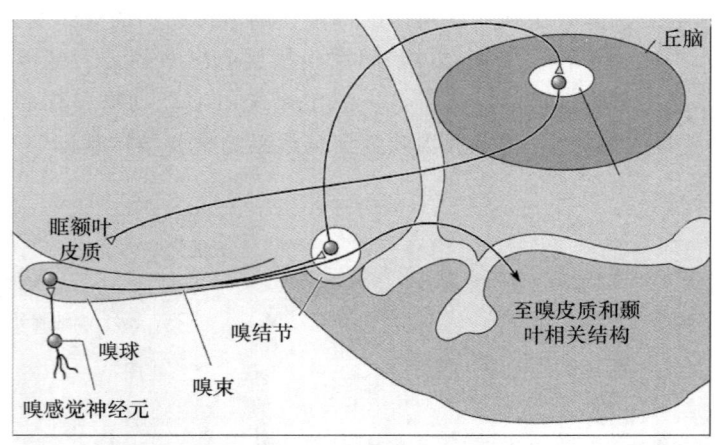

图 13-33　嗅觉中枢通路(Bear et al.,2002)

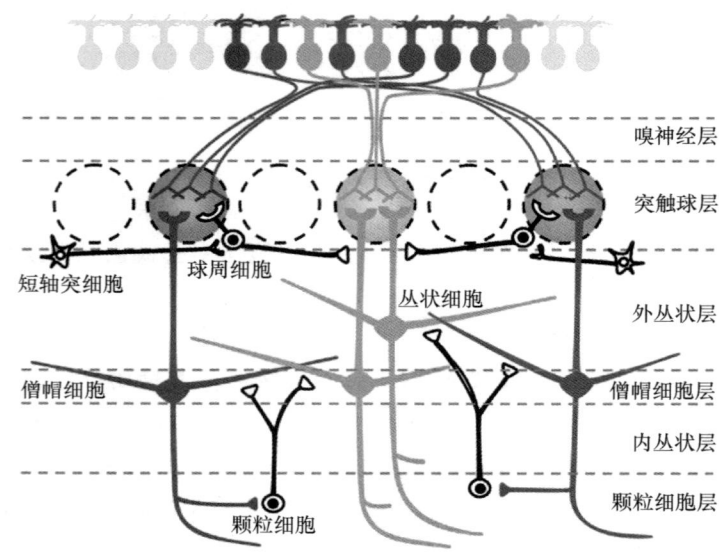

图 13-34　嗅球解剖结构：不同的嗅小球接受表达不同气味受体的嗅感觉神经元的传入(谭洁 等,2010)

僧帽细胞是嗅通路中的第二级神经元,伸出一支主树突,远端的树突分支与嗅纤维末梢形成嗅小球。在嗅小球中,约有 1000 根嗅纤维终止于一个僧帽细胞的主树突上。它们也和球周细胞形成突触,为小球间的横向联系提供通路。僧帽细胞的轴突形成嗅束,将嗅觉信号传递至嗅皮质。

嗅小球构成嗅球的结构和功能单元。小鼠的每个嗅球大约包含 1800 个嗅小球,在大鼠中有 2400~4200 个,每个嗅小球与 10~20 个僧帽细胞和 50~70 个丛状细胞形成突触联系。目前的研究显示,一个嗅小球只接受表达一种气味受体的嗅细胞的投射,因此,一个嗅小球的气味感受域(molecular receptive range,MRR)代表了一种气味受体的感受域。一种气味分子能够固定地激活一些嗅小球,不同的气味分子激活的嗅小球组合不同。一种气味引起的嗅小球的激活模式在同一种属上具有保守性。不同的嗅小球有其特异的气味激活模式。嗅小球对气味的反应呈现浓度依赖性,且一个嗅小球倾向于对具有同一官能团的气味分子反应。部分嗅小球甚至能够区分同分异构体。

2. 高级中枢对嗅觉信息处理

嗅束投射至嗅皮质。嗅皮质属于旧皮质,仅有三层结构。很多动物依靠嗅觉完成觅食、避敌和求偶等重要活动。随着物种的进化,嗅皮质体积日益缩小,在高等动物中只保留一小部分结构用于嗅觉信息处理。在人脑的刺激研究中发现,刺激这些相应的结构可以引起特殊的主观嗅觉,如焦橡胶气味等。

嗅皮质可分为五个部分：前嗅核（经前连合连接两侧嗅球）、嗅结节（投射至丘脑背内侧核，再投射至眶额皮质）、梨状皮质（主要的嗅觉分辨区）、杏仁体和内嗅区（投射至海马），其中后两部分属边缘系统，因此，嗅球的活动受到边缘系统的调制。随着机体处于不同的行为状态，同一种气味分子所引起的反应会有所不同。如在饱食或饥饿状态，人对食物芳香的感受会完全不同。

二、味觉

味觉是指食物在口腔内对味觉化学感受系统进行刺激所产生的一种感觉。动物能识别五种基本的味觉，即酸(sour)、甜(sweet)、苦(bitter)、咸(salty)和鲜(umami)，它们是食物直接刺激味蕾产生的。在五种基本味觉中，人对咸味的感觉最快，对苦味的感觉最慢，但就人对味觉的敏感性来讲，苦味比其他味觉都敏感，更容易被察觉，其意义可能是由于苦味可以警示机体遇到了毒性物质或变质食物，并会诱发厌恶性反应。相比之下，甜味和鲜味提供的是关于食物的营养成分（如糖和氨基酸）的信息，通常是令人喜欢的，对其高敏感性的意义并不显著。味觉经面神经、舌神经和迷走神经的轴突进入脑干后终于孤束核，更换神经元，再经丘脑到达大脑皮质颞顶叶前岛(anterior insula)和额叶的盖区(speculum)。

(一) 味觉感受器

味觉感受器是味蕾(taste bud)，主要分布于舌表面前 2/3 的菌状乳头(fungiform papilla)、后 1/3 的轮廓状乳头(circumvallate papilla)和舌后缘的叶状乳头(foliate papilla)，少数散在于软腭、会厌及咽等部上皮内（图 13-35）。儿童味蕾较成人的多，老年时因萎缩而逐渐减少。分布在人的舌部的味蕾平均为 5235 个。每一个味蕾都由味觉细胞(taste cell)、支持细胞(supporting cell)和基底细胞(basal cell)组成。数十个味觉细胞簇状聚集，顶端在味蕾表面形成一开口，称为味孔(taste pore)。味觉细胞顶端有微绒毛(microvilli)，由味孔伸出，是味觉感受的关键部位。基底细胞属未分化细胞，它将分化为新的味觉细胞。味觉细胞的更新率很高，平均每 10 天更新一次。

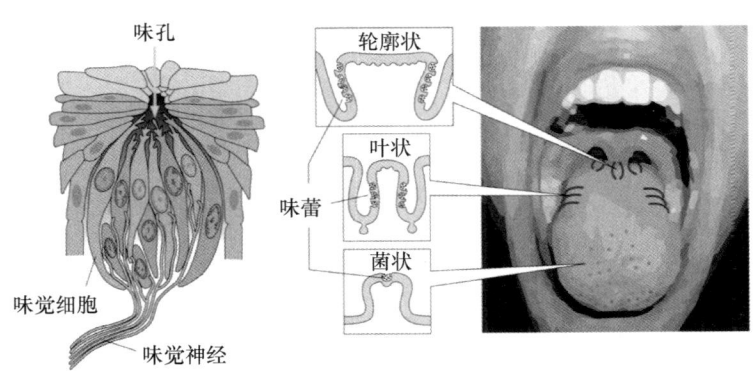

图 13-35　味蕾的组成（骆利群，2018）

(二) 味觉感受器的适宜刺激

人类的味觉系统能够感受和区分多种味道。很久以前人们就知道，众多的味道都是由四种基本味觉组合而成的，即酸、甜、苦、咸。最近还发现，除以上四种基本味觉以外，还有一种"鲜味"也被列为基本味觉，尽管目前对鲜味的认识远不如对其他四种基本味觉清楚，但它确实是一种独特的、能够清楚区分的味觉。不同物质的味道与它们的分子结构有关，但也有例外。通常 NaCl 能引起典型的咸味，H^+ 是引起酸味的关键因素，有机酸的味道也与它们带负电的酸根有关；甜味的引起与葡萄糖的主体结构有关；而奎宁和一些有毒植物的生物碱能引起典型的苦味。另外，即使是同一种味质，由于其浓度不同，所产生的味觉也不相同，如 0.01～0.03 mol/L 的食盐溶液呈微弱的甜味，只有当其浓度大于 0.04 mol/L 时才引起纯粹的咸味。

人舌不同部位的味蕾对味道的感受性不同。舌尖对甜味比较敏感,舌两侧的前部对咸味比较敏感,舌两侧对酸味比较敏感,舌根部和软腭对苦味比较敏感。味觉的敏感度往往受食物或刺激物温度的影响,在 20~30℃之间,味觉的敏感度最高。另外,味觉的分辨力和对某些食物的选择也受血液中化学成分的影响,例如,肾上腺皮质功能低下的病人,血液中 Na^+ 减少,这种病人喜食咸味食物。动物实验证实,摘除肾上腺的大鼠对辨别 NaCl 溶液的敏感性显著提高。

(三)味觉感受器的感觉换能机制

不同的基本味质(tastant)为不同的味觉感受器所察觉。在味觉细胞顶端的细胞膜上有识别五类味觉物质的受体。目前,已经成功克隆甜、苦和鲜味觉的受体基因。味觉物质与味觉受体结合后,导致味觉细胞膜的去极化和神经递质的释放,从而将味觉细胞感受到的化学信息转化为电信号并在神经系统中传递和加工,但不同味质引起味感受器反应的换能机制各不相同(图 13-36)。按其作用特点可以分成两类:一类是味觉受体本身就是离子通道,味觉物质与受体结合后直接打开离子通道,引起阳离子内流。如咸味质能与上皮细胞钠通道(epithelial Na^+ channel)结合,使 Na^+ 经这些通道流入,直接改变味觉细胞的膜电位。酸味涉及 TRP 通道 PKD2L1(polycystic kidney disease 2-like 1)和 PKD1L3(polycystic kidney disease 1-like 3),对它们的命名是基于它们与多囊肾病(polycystic kidney disease)相关离子通道的相似性。另一类通过第二信使引起细胞膜上的代谢型离子通道激活,活化 IP_3,也可能激活 cAMP 和 cGMP,从而触发胞内 Ca^{2+} 增加,导致神经递质释放。近 20 年来的研究发现,味觉细胞特异性表达两种 N 端有大型胞外结构域的 GPCR,它们富集于味孔处。其中,T1R3 作为甜味和鲜味共用的协同受体,与 T1R2 一起介导甜味,而与 T1R1 一起介导鲜味的感觉。猫科动物由于 *T1R2* 基因突变而不能形成对甜味的感知。类似地,在大熊猫的基因组中,*T1R1* 成为假基因,因此熊猫缺乏对鲜味的感知。在苦味感知上,不通透细胞膜的苦味质通常与味觉细胞膜上的 GPCR 结合激活 G 蛋白,而能通透细胞膜的苦味物质则不需要激活 G 蛋白,可直接进入细胞内,阻断味觉细胞顶端的钾通道。

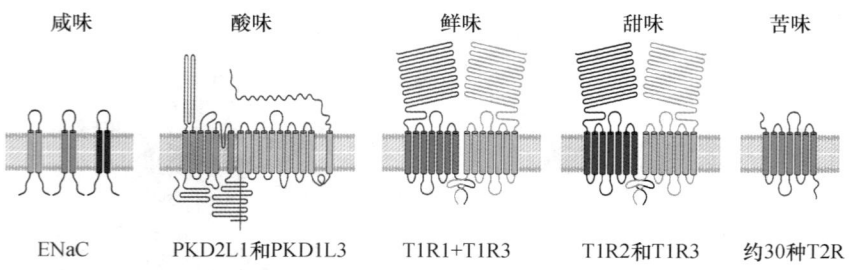

图 13-36　哺乳动物的味觉受体(骆利群,2018)

味感受器电位的特点是广谱性,即通常对咸、甜、苦、酸和鲜味均有反应,只是程度不同。目前已成功地用微电极在动物的单一味觉细胞上记录到感受器电位。实验证明,一个味感受器并不只对一种味质起反应,也印证了其广谱性。中枢可能通过来自传导五种基本味觉的专用线路上的不同组合的神经信号来认知基本味觉以外的各种味觉。

(四)味觉信息向中枢的传递及整合

味觉细胞没有轴突,其产生的感受器电位通过突触传递引起感觉神经末梢产生动作电位,传向味觉中枢。舌黏膜不同部位的味觉是由不同的脑神经支配的。其中,舌背面前 2/3 的味觉刺激,其神经冲动经面神经(即第Ⅶ对脑神经)的鼓索支传入脑干。从舌背面的轮廓乳头及口腔后部其他区域(大约占据舌背面后 1/3)产生的味觉信息经舌咽神经(即第Ⅸ对脑神经)传入脑干。从软腭和咽部其他部位产生的一小部分味觉信息由迷走神经(即第Ⅹ对脑神经)传入脑干。这些传入纤维到达脑干孤束核和臂旁内侧核后换元,发出纤维投射至丘脑的腹后内侧核、下丘脑和杏仁核,再进一步投射至大脑皮质的颞顶叶前岛和额叶的盖区。味觉信息经过大脑皮质的深度加工,并与视觉和嗅觉信息进行整合,因此人们对味觉的感受不只是一种本能的化学感受,而是具有更高层次的一种复杂的大脑意识行为,一种知觉。

第六节 平 衡 感 觉

平衡感觉(static sense)是指测定头在空间的位置和运动的感觉,其感受器是位于内耳迷路的前庭器官,由三个半规管(semicircular canal)、椭圆囊(utricle)和球囊(saccule)组成(图13-37)。前庭器官、视觉器官和本体感受器的协同活动,维持着人体的正常姿势。

一、前庭迷路

前庭迷路包含两种具有不同功能的结构,即检测直线加速度的耳石器官(otolith organ)和感觉角加速度的半规管。耳石器官由椭圆囊和球囊组成,囊斑(macula)是其感觉结构。

当头部直立向上时,椭圆囊斑为水平位,球囊斑呈垂直位,因此,椭圆囊斑对水平方向(前、后或左、右)的直线加速度敏感,而球囊斑对垂直方向的加速度(如重力加速度)敏感。囊斑内有位于支持细胞之上的毛细胞,其顶端覆盖有胶状帽(gelatinous cap)。耳石器官的特性在于胶状帽表面分布有直径为1~5 μm的微小碳酸钙结晶,这些碳酸钙结晶称为耳石(otolith)。耳石密度大于前庭内淋巴,具有较大的惯性。因此,当头部位置改变,或有加速度发生时,耳石发生相对于胶状帽的运动,引起胶状帽变形,纤毛弯曲,通过类似于听觉系统毛细胞的信号传导机制,引起去极化或超极化感受器电位的产生(图13-38)。囊斑上几乎每个毛细胞的排列方向都不完全相同,呈规则性改变,这样每个囊斑中的毛细胞整体可以覆盖所有的方向。通过对这些毛细胞编码信息的分析,中枢神经系统就可以感受到任何方向的直线运动。

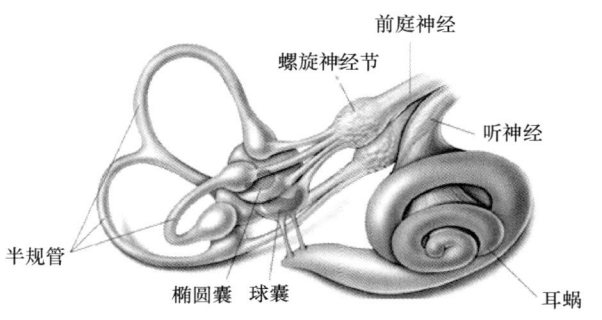

图 13-37 前庭迷路(Bear et al.,2002)

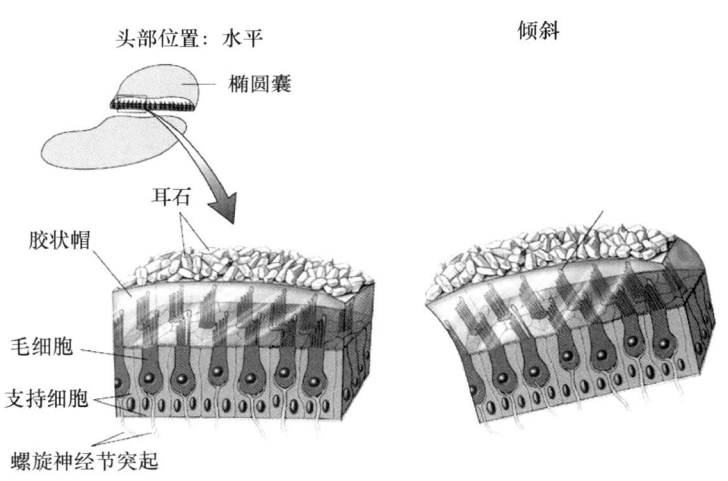

图 13-38 囊斑毛细胞对头部位置的反应(Bear et al.,2002)

人的三个半规管在上、外、后三个方向上相互垂直,当头前倾30°时,外半规管与地面平行,又被称为水平半规管,其余两个半规管与其垂直,因此人体可以感受空间任何方向的角加速度。半规管内的膨大部分,称为壶腹(ampulla),壶腹内隆起的结构称为壶腹嵴(crista ampullaris),其内有一排顶端伸向管腔的毛细胞,毛细胞顶部的纤毛埋植在凝胶状的壶腹帽(cupula)之中(图13-39)。半规管内充满了内淋巴,当头部发生旋转运动时,内淋巴由于惯性而产生滞后。滞后的内淋巴使壶腹帽发生弯曲,进而使纤毛弯曲,引起去极化或超极化感受器电位。

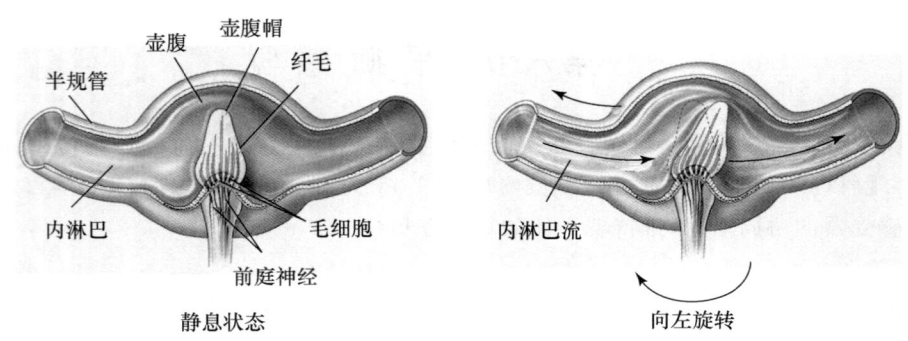

图 13-39　半规管壶腹结构及其功能(Bear et al., 2002)

前庭迷路内充满了高钾低钠的内淋巴,具有 +80 mV 电位,而毛细胞的静息电位在 -60 mV,因此跨过毛细胞顶端的电位差达 140 mV。这种电位差促使 K^+ 向毛细胞内流动,使毛细胞具有极大的敏感性。

二、耳石器官的传导

囊斑内的感受细胞是毛细胞,其中有一条最长,位于细胞一侧的边缘处,称为动纤毛(kinocilium),其他纤毛较短,但数量较多,为 40~100 根,呈阶梯状排列,称为静纤毛。静止状态时,毛细胞顶端仅有约 10% 的机械门控钾通道开放,产生小的去极化,以维持基本的初级传入活动。当外力使静纤毛朝向动纤毛一侧弯曲时,毛细胞发生去极化感受器电位,相反,当外力使静纤毛向背离动纤毛的一侧弯曲时,毛细胞的膜电位发生超极化。毛细胞对受力方向具有相当的敏感性,当外力与其偏好方向相垂直时,几乎不引起任何反应。毛细胞底部与前庭传入神经纤维形成突触样结构,电位的变化可直接影响到神经递质释放量的改变,从而改变传入神经冲动频率。需要注意的是,头部两侧椭圆囊和球囊互为镜像,这就意味着当头部运动使一侧毛细胞兴奋时,同时会导致另一侧相应部位毛细胞抑制。因此,中枢需要对两侧毛细胞的传入信息进行同步分析,以准确判断运动的方向性,同时协调相应躯干和四肢肌肉的紧张度,维持各种姿势和运动情况下身体的平衡。

三、半规管的传导

当人体直立并沿矢状轴旋转时,水平半规管受到的刺激最大;当以冠状轴为轴心进行旋转时,上半规管和后半规管受到的刺激最大。内淋巴的惯性,使得它的运动启动晚于半规管,因此当人体开始向左旋转时,左侧水平半规管中的内淋巴流向壶腹方向,使该侧毛细胞兴奋,传入冲动频率增大,同时右侧水平半规管中的内淋巴向离开壶腹的方向流动,该侧毛细胞发生抑制,传入冲动频率降低。当达到匀速转动时,内淋巴与半规管的角速度一致,两侧壶腹的毛细胞不再受到刺激,处于基础活动水平。当转动终止时,两侧壶腹部毛细胞受到与之前相反的刺激,产生相反的电位变化。由于前庭传入纤维在静息时维持基础的冲动发放频率,因此可随旋转方向发生升高或降低的改变,并且两侧半规管的反向运动,使中枢对何时开始转动和转动方向的判断达到最佳。

四、前庭的中枢连接

前庭传入纤维的胞体位于前庭神经节内,其轴突沿前庭蜗神经(第Ⅷ对脑神经)进入延髓和脑桥的前庭神经核。此核同时接受来自小脑、视觉系统和躯体运动系统的传入纤维,因此前庭神经核可整合来自前庭、视觉和运动多个系统的信息,从而使多个系统协同做出反应,引起各种躯体和内脏功能的反射性改变。具体来讲,来自耳石器官的前庭传入纤维投向前庭外侧核,再通过前庭脊髓束控制躯干和四肢肌肉,参与姿势维持的脊髓运动神经元产生兴奋;来自半规管的前庭传入纤维投向前庭内侧核,经内侧纵束支配头颈部肌肉,引起头部旋转的运动神经元产生兴奋。

与其他感觉系统类似,前庭神经核也发出纤维投射至丘脑腹后核,进而投向大脑皮质与初级躯体感觉和躯体运动面部代表区相邻的区域(如外侧顶皮质),还可以投射至与听觉皮质相邻的上颞叶皮质。皮质对前庭、视觉和运动等多系统传入信息的整合,对于人体维持平衡和执行复杂运动非常重要。

五、前庭反射

来自前庭器官的传入冲动,除引起位置觉和运动觉之外,还可以引起对各种姿势的调节反射,其意义在于维持机体一定姿势和身体的平衡。前庭系统通过前庭神经核与网状结构相连,因此当半规管的感受器受到长时或过强刺激时,可引起自主神经功能失调,出现心率加快、血压下降、呼吸增快、皮肤苍白、出汗、恶心和呕吐等现象,称为前庭自主神经反应(vestibular autonomic reaction)。

前庭系统还有一个重要的功能是保持眼睛对某一特定方向的注视,通过前庭-眼反射(vestibularocular reflex,VOR)完成。由于 VOR 的持续调节,我们才能将视觉固定在所关心的目标上。比如,当头部水平向左旋转时,VOR 使两眼均转向右侧。在该过程中,左侧水平半规管中的毛细胞去极化,增加左侧前庭核的兴奋性,后者再兴奋对侧(右侧)第Ⅵ对脑神经核团(即展神经核),使右眼的外直肌兴奋,还有一部分兴奋性投射自展神经核越过中线返回至左侧上升,通过内侧纵束,使左侧第Ⅲ对脑神经核(动眼神经核)兴奋,使左眼右侧的内直肌兴奋。与此同时,右侧前庭神经核的放电减少,通过与上面类似的机制,引起右眼内直肌和左眼外直肌的舒张。这样 VOR 通过产生补偿性的眼球运动,使视网膜上的图像在头部运动时得以保持稳定。头部向其他方向运动引起的 VOR 与此类似。伴随 VOR 发生的眼球运动,称为眼震颤(nystagmus)。临床可用眼震颤检测前庭功能。

第七节 内 脏 感 觉

内脏感觉(visceral sense)是由内脏感受器的传入冲动,经内脏神经传至各级中枢核团所产生的感觉。内脏感受器的传入冲动一般不产生意识感觉,但传入冲动比较强烈时也可引起意识感觉。例如,胃发生强烈收缩时可伴有饥饿感觉,直肠、膀胱一定程度的充盈可引起便意、尿意。但是,内脏传入冲动引起的意识感觉是比较模糊、弥散而不易精确定位的。

一、内脏感受器

按形态结构,内脏感受器有三种类型:游离感觉神经末梢、神经末梢形成的缠绕和环层小体。按其功能方面可分为:化学感受器(颈动脉体、主动脉体、丘脑下部、胃及小肠黏膜)、机械感受器(颈动脉窦、主动脉弓、肠系膜、胃壁等)、伤害性感受器和温热感受器。内脏黏膜、肌肉、浆膜的游离神经末梢被认为是伤害性感受器。此感受器可接受机械、化学和热刺激而出现反应。某些感受器是一种多模态(polymodal),可对一种类型以上刺激产生反应。例如,食道向中纤维可对酸刺激、机械刺激或两种刺激都出现反应。内脏肌肉中有机械感受器,可对扩张及收缩都发生反应,从而表现出张力感受器的特征。

二、内脏感受器的适宜刺激

内脏感受器的适宜刺激是体内的自然刺激(如肺的牵张、血压的升降、血液的酸度等)。由心血管、肺、消化道等组织器官来的内脏感受器传入冲动,能引起多种反射活动,对内脏功能的调节起重要作用。

三、内脏感觉的传入通路及其在大脑皮质的代表区

内脏器官广泛分布有各种性质的感受器,接受不同形式的刺激并产生冲动,经由传入纤维进入脊髓或脑干形成反射性联系,以控制和调节机体各种机能,特别是内脏器官的活动。内脏感受器的胞体分布

在 DRG、迷走神经节和舌咽神经节的神经细胞中。有学者根据胞体所在位置的不同,把内脏传入分为迷走内脏传入和脊髓内脏传入。

迷走神经中,80%～85%为传入纤维,而且多数是无髓神经纤维,其胞体分布在颈静脉神经节和结状神经节中,支配着上自气管和食管,下至腹腔的大部分脏器。这些迷走传入纤维依次投射至延髓孤束核,再投射至脑干其他核团,如迷走神经背核、疑核和臂旁核、下丘脑和杏仁核等,组成多条神经通路,调控各脏器的机能活动。迷走内脏传入主要与口渴、饥饿、饱食和恶心等内脏感觉的形成有关,但也可能参与对痛觉形成的调控。

DRG 中属于内脏传入的神经元只占 1.5%～2%,说明内脏传入神经的密度远少于躯体。这些内脏传入纤维投射至脊髓后角第Ⅰ和第Ⅴ层,少数到第Ⅱ、Ⅲ和Ⅳ层。更重要的是,这些内脏传入纤维不但可以投射到 4～5 个脊髓节段以上,而且分布到整个后角横向宽度,它所包含的空间要比躯体感觉传入大得多。以上两个分布特征似乎可以用来解释内脏感觉定位不明和感觉层次不清的特征。胸-腰段脊髓内脏传入主要对痛觉的形成发挥作用,而盆腔脏器如膀胱、直肠和生殖器官等,除痛觉形成之外,在尿意、便意形成以及调控生殖器官活动中具有关键作用,因此,盆腔脏器接受胸-腰段和骶段脊髓内脏传入的双重支配,其传入纤维密度高于其他脏器。脊髓内脏传入信息可沿脊髓丘脑束、旁中央上行系统、脊颈束和背索、内侧丘系等上行通路到达大脑皮质,产生内脏感觉。

内脏感觉在大脑皮质的代表区混杂在体表第 1 感觉区中,第 2 感觉区和辅助运动区也与内脏感觉有关。此外,边缘系统皮质也接受内脏感觉的投射。

四、内脏痛

内脏中有伤害性感受器,但无本体感受器,所含温度觉和触压觉感受器也很少,故内脏感觉主要是痛觉。

(一) 内脏痛的特点

内脏痛(visceral pain)常由机械性牵拉、痉挛、缺血和炎症等刺激所引起,特点包括:① 定位不准确。这是内脏痛最主要的特点,原因是伤害性感受器在内脏的分布密度比躯体的分布稀疏得多。② 主要表现为慢痛。发生缓慢,持续时间较长,且常呈渐进性增强(有时也可迅速转为剧烈疼痛)。③ 中空内脏器官的致痛适宜刺激。胃、肠、胆囊和胆管等对扩张性和牵拉性刺激敏感,而对切割、烧灼等皮肤致痛刺激不敏感。④ 常伴有情绪和自主活动的改变,内脏痛特别能引起不愉快的情绪活动,并伴有恶心、呕吐、心血管和呼吸等自主性活动的改变,这可能与内脏痛觉信号可到达引起情绪和自主性反应的中枢部位有关。

(二) 内脏痛的分类

(1) 真脏器痛(true visceral pain):这是脏器本身的活动状态或病理变化引起的疼痛。此类痛为慢痛、钝痛,定位不清,比较弥散,如性质剧烈、持续时间长则伴有自主神经反应(出汗及血压、心率变化)及情绪变化。痛经、分娩痛、肠绞痛、膀胱过胀痛和冠状动脉梗死的胸骨后痛等皆属此类。

(2) 壁层痛(parietal pain)或准内脏痛(quasi visceral pain):脏器炎症扩散、渗出、压力摩擦或病理改变浸及胸腹壁内面,使浆膜受到刺激时产生。此类痛信号的传入与躯体痛相似,由躯体神经(如膈神经、肋间神经和腰上部脊神经)传入,多呈现锐痛、快痛,部位局限,定位清楚。例如,胸膜或腹膜炎症时可发生体腔壁痛。

(3) 牵涉痛(referred pain):某些内脏疾病往往引起远隔的体表部位发生疼痛或痛敏,这种现象称为牵涉痛。产生脏器痛和壁层痛的病变可引起牵涉痛。牵涉痛的部位和病变的脏器往往不在同一部位,但两者受相同脊髓节段的神经支配。阑尾的痛觉传入纤维通过交感链于胸 10 或胸 11 节段水平进入脊髓,与此相对应的皮肤节段区约在脐水平。因此,阑尾炎早期于脐周围出现牵涉性脏器痛。心绞痛时除在胸骨后产生牵涉外,又因心脏的痛觉纤维在第 1～第 5 胸节进入脊髓,其相应的皮肤节段位于胸前壁,第 1 胸神经沿上臂内侧分布,所以同时出现胸前壁和左臂内侧皮肤的牵涉性脏器痛。各脏器牵涉痛的体表区对临床诊断有一定意义。表 13-1 中列出了内脏病变与体表牵涉痛的发生部位。

表 13-1　内脏病变与体表牵涉痛的发生部位

内脏病变	体表牵涉痛的发生部位
心肌缺血	心前区、左肩和左上臂
膈中央部受刺激	肩上部
胃溃疡、胰腺炎	左上腹和肩胛间
胆囊炎、胆石症	右肩区
阑尾炎	上腹部或脐周
肾结石	腹股沟区
输尿管结石	睾丸

由于牵涉痛往往发生在与疼痛原发脏器具有相同胚胎来源节段和皮节的体表部位,目前通常用会聚学说(convergence theory)和易化学说(facilitation theory)对牵涉痛的产生机制加以解释。会聚学说认为,来自内脏痛和躯体痛的传入纤维在感觉传导通路的某处(脊髓、丘脑或皮质)相会聚,终止于共同的神经元,即两者通过一条共同的通路上传,这些神经元平时只感受来自皮肤的痛觉冲动,当内脏痛觉纤维受到强烈刺激,冲动经此通路上传时,大脑依据往常经验将其"理解"为来自皮肤的痛觉。易化学说认为,来自内脏和躯体的传入纤维到达脊髓后角同一区域内彼此非常接近的不同神经元,由患病内脏传来的冲动可提高邻近的躯体感觉神经元的兴奋性,从而对体表传入冲动产生易化作用,使平常不至于引起疼痛的刺激信号变为致痛信号,从而产生牵涉痛。研究表明,局部麻醉有关躯体部位通常不能抑制严重的牵涉痛,但可完全取消轻微的牵涉痛。会聚学说可解释前一现象,但不能解释后一现象;而易化学说能解释后一现象,却不能解释前一现象。可见,会聚学说和易化学说都不能独自圆满解释牵涉痛。因此,目前倾向于认为上述两种机制可能都起作用。

（张瑛、王韵）

练 习 题

1. 感觉产生包括哪些基本过程?
2. 简述感受器的生理特性有哪些?
3. 简述局部组织受到伤害时,诱发疼痛产生的化学物质有哪些?
4. 何为闸门控制学说? 简述其主要内容及该学说提出的意义。
5. 试述脊髓后角在痛觉形成和痛觉调制中的作用。
6. 简述视网膜两种感光细胞的分布及功能特点。
7. 简述视紫红质的光化学反应。
8. 何谓视觉的三原色学说? 简述视锥细胞的色觉功能。
9. 声波经中耳传导后,如何发生增压减幅效应?
10. 前庭器官的感受装置是什么? 其适宜刺激有哪些?
11. 牵涉痛有何实例? 其可能的产生机制是什么? 有何临床意义?

参 考 文 献

BEAR M F,CONNORS B W,PARADISO M A,2002. Neuroscience: exploring the brain: 2nd ed [M]. 影印版. 北京:高等教育出版社.
BEAR M F,et al,2004. 神经科学——探索脑:第 2 版[M]. 王建军,译. 北京:高等教育出版社.
Cho H,Yang Y D,Lee J,et al,2012. The calcium-activated chloride channel anoctamin 1 acts as a heat sensor in nociceptive neurons[J]. Nat neurosci,15:1015-1021.

KANDEL E R,SCHWARTZ J H,JESSELL T M,2000. Principles of neural science[M]. 4th ed. New York: McGraw-Hill.

MOEHRING F,HALDER P,SEAL R P,et al,2018. Uncovering the cells and circuits of touch in normal and pathological settings[J]. Neuron,100: 349-360.

NOËL J,ZIMMERMANN K,BUSSEROLLES J,et al,2009. The mechano-activated K^+ channels TRAAK and TREK-1 control both warm and cold perception[J]. EMBO j,28: 1308-1318.

REXED B,1952. The cytoarchitectonic organization of the spinal cord in the cat[J]. Journal of comparative neurology,96(3): 415-495.

TOMINAGA M,CATERINA M J,2004. Thermosensation and pain[J]. J neurobiol,61: 3-12.

WEST S J,BANNISTER K,DICKENSON A H,et al,2015. Circuitry and plasticity of the dorsal horn-toward a better understanding of neuropathic pain[J]. Neuroscience,300: 254-275.

ZHAO Q,ZHOU H,CHI S,et al,2018. Structure and mechanogating mechanism of the Piezo1 channel[J]. Nature,554: 487-492.

关新民,2002. 医学神经生物学[M]. 北京：人民卫生出版社.

韩济生,2009. 神经科学[M]. 3 版. 北京：北京大学医学出版社.

骆利群,2018. 神经生物学原理[M]. 李沉简,等,译. 北京：高等教育出版社.

茹立强,王才源,殷光甫,2004. 神经科学基础[M]. 北京：清华大学出版社.

谭洁,罗敏敏,2010. 嗅球对嗅觉信息的处理[J]. 生物物理学报,26(03): 194-208.

朱大年,2008. 生理学[M]. 7 版. 北京：人民卫生出版社.

第十四章 神经系统对躯体运动的调节

第一节 运动系统总论

运动是动物进行生存和繁衍后代的基本功能之一。低等原生动物就有运动能力，如单细胞变形虫的变形运动，眼虫的鞭毛运动，草履虫的纤毛运动。随着动物的进化，运动功能不断发展和完善，运动形式更加复杂多样，比如多细胞鱼的游泳、蛇的蜿蜒爬行、鸟的飞翔、体操运动员各种高难度的表演动作、钢琴家对手指的精确灵活控制等。

一、运动系统的组成、构造与功能

（一）运动系统的组成

运动系统由骨、骨连结和骨骼肌组成。成人全身有 206 块骨（图 14-1），约占体重的 20%。有颅骨 29 块、躯干骨 51 块、上肢骨 64 块、下肢骨 62 块。根据骨的形状，一般分为长骨（四肢骨）、短骨（指骨）、扁骨（脑颅骨）、不规则骨（脊柱骨）四类。骨与骨之间通过骨连结联系起来。根据骨连结的构造和功能将其分为纤维、软骨组成的直接连结和滑膜关节组成的间接连结两种形式。人体全身骨骼肌（图 14-2）共有 600 多块，约占男性体重的 40%，女性体重的 20%。根据肌肉的形状可分为三角肌、斜方肌、长肌、短肌、扁肌、阔肌、梭形肌、羽状肌和轮匝肌等；根据肌的作用可分为屈肌、伸肌、展肌、收肌、旋前肌、旋后肌、括约

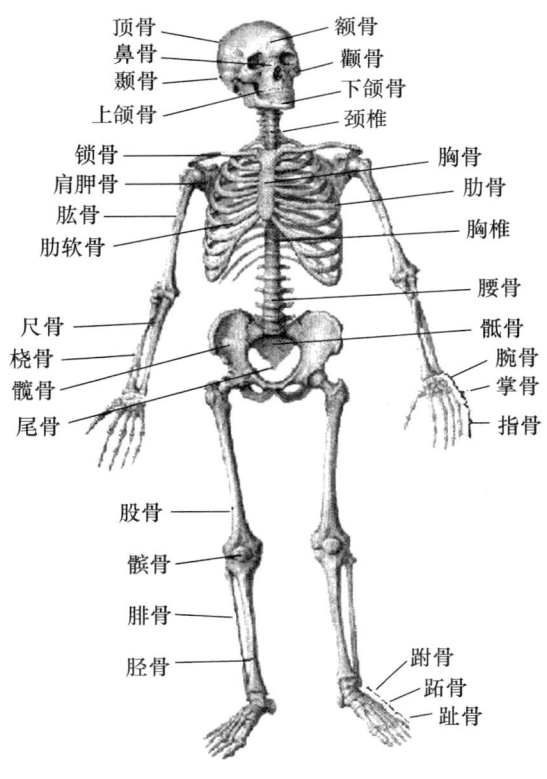

图 14-1 人体的全身骨骼（段相林 等，2012）

肌、开大肌和提肌等；根据肌束的方向可分为斜肌、横肌和直肌等；根据肌的起止点命名，如胸锁乳突肌和肱桡肌；根据肌肉跨过的关节分类，如单关节肌、双关节肌和多关节肌；按肌头的数量（肌肉起点腱的数量）分为二头肌、三头肌和四头肌。

全身的骨通过骨连结构成整个人体支架，称为骨骼。骨骼肌借肌腱附着于相邻的两块骨的骨面上，收缩时以骨连结为支点，牵引骨改变位置，产生各种活动。

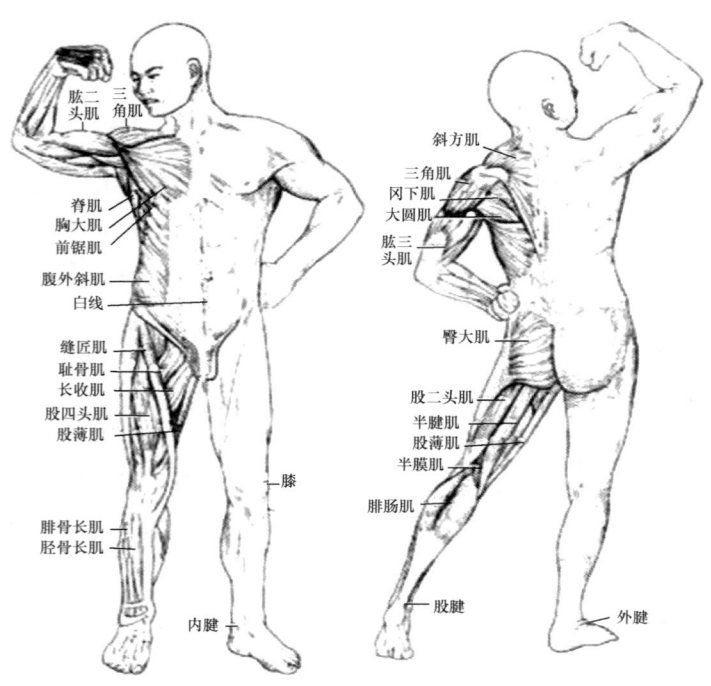

图 14-2　人体骨骼肌（段相林 等，2012）

（二）运动系统的构造

1. 骨的结构

骨主要由骨膜、骨质、骨髓及分布在其内的血管和神经组成。除关节面外，骨的内外表面都覆有骨膜，骨膜是一层坚韧的结缔组织膜，覆在骨内表面的称为骨内膜，覆在骨外表面的称为骨外膜。骨膜内含有丰富的血管、神经和成骨细胞，对骨营养、再生、感觉都有重要作用。

骨质由骨组织构成，骨组织含有大量钙化的细胞间质和多种细胞——即骨细胞、骨原细胞、成骨细胞和破骨细胞。骨细胞数量最多，位于骨质内，其余的则位于骨质靠近骨膜的边缘部。根据结构特点的不同，将骨质分为骨密质和骨松质两类。骨密质致密坚硬，骨松质结构疏松，呈蜂窝状。不同种类的骨，骨密质和骨松质的分布状况有所不同。长骨的骨干主要由较厚的骨密质构成。

骨髓分布在骨髓腔和骨松质的网眼中，占体重的 4%～6%，是人体最大的造血器官。骨髓具有造血、免疫和防御机能。骨髓分为红骨髓和黄骨髓。胎儿及婴幼儿时期的骨髓都是造血功能活跃的红骨髓，大约从 5 岁开始，长骨干的骨髓腔内的红骨髓逐渐被脂肪组织所代替，并随年龄增长而增多，即为黄骨髓。黄骨髓虽不具备造血功能，但仍含有少量幼稚的造血细胞团，存在微弱的造血潜能。在某些情况下，如贫血或失血过多时，黄骨髓可重新转化为红骨髓。成人的红骨髓和黄骨髓约各占一半。

骨与骨之间的连接装置称为骨连结。骨连结有直接连结和间接连结两种形式。直接连结有韧带连结、软骨连结和骨性结合，这三种连结方式有时也统称为纤维连结。间接连结是滑膜连结，也就是关节连结。

纤维连结是指两骨之间借纤维结缔组织、软骨或骨相连结，其间无缝隙，活动范围很小或不活动的连结方式。两骨之间靠结缔组织直接连结的称为韧带连结，相邻两骨之间以软骨相连称为软骨连结。骨性结合完全不能活动,如五块骶椎以骨连结成一块骶骨。

关节由关节面、关节囊和关节腔组成。关节的辅助结构有韧带、关节盘、关节唇。关节面是相邻两骨的接触面,多数是一凸一凹,凸面称为关节头,凹面称为关节窝。关节面的表面有一层软骨,软骨表面光滑有弹性,可以减少两关节面之间的摩擦并能缓冲两骨之间的撞击作用。关节软骨内没有血管和神经,营养由关节腔内的滑液和关节囊周围的血管供应。关节囊是一种包在关节周围的膜性囊,附着于关节面周缘的骨面上。关节腔是由关节软骨和关节囊滑膜层所围成的密闭腔隙,内有少量滑液,有润滑和营养关节软骨的作用。腔内为负压,对于维持关节的稳固有一定的作用。当关节滑膜发炎时,腔内大量积液,伴有关节的肿胀和疼痛,影响关节的活动。

关节的辅助结构是指那些适应关节运动灵活性和稳固性的特化结构。韧带为扁带状或索条状,连接相邻两骨,对稳固关节和限制关节超额运动有重要作用。关节盘位于关节腔内两关节面间的纤维软骨板,将关节腔分成两部分。关节唇是附着于关节窝周缘的纤维软骨环,有加深关节窝并增大关节面的作用。所以,关节的结构包含两个统一的对立面,互相制约和依存,实现了关节的运动功能。

2. 骨骼肌

骨骼肌由大量成束的骨骼肌细胞组成,骨骼肌细胞为细长圆柱状的多核细胞,一个肌细胞的核可多达几十甚至上百个,位于肌细胞的周缘,靠近肌细胞膜分布。肌细胞直径为 $10\sim100\,\mu m$ 不等,长度一般为 $1\sim40\,mm$,有的可达几十厘米。骨骼肌细胞由于其特化又称为肌纤维,一条肌纤维胞质中有许多肌原纤维,每条肌原纤维由许多平行排列的粗肌丝和细肌丝组成,并被膜状的微管结构所环绕。骨骼肌的两端与由结缔组织构成的肌腱融合,借肌腱附着在骨骼上,牵引骨骼产生运动。

(1) 肌原纤维结构(图 14-3)。

光镜下观察碱性染料染色后的肌纤维纵切面,可见每条肌原纤维都呈现相间的明暗交替的条带,这些条带分别称为明带和暗带,这就是骨骼肌称为横纹肌的原因。暗带处对碱性染料具有很强的亲和力,并具有双折光性,因此颜色较暗,我们又称其为 A 带。A 带的中央部分着色又较淡,称为 H 带。H 带的正中(亦即 A 带的正中)又有一条着色较深的线,称为 M 线。相邻两 A 带之间的部分由于对碱性染料没有亲和力,并呈现单折光性,所以着色浅,较为透亮,称为明带,又称为 I 带。I 带正中有一条着色较深的线,称为 Z 线,它将 I 带分成两半。以 Z 线为界,肌原纤维被划分成多个肌节,肌节由 A 带和其两侧各 1/2 I 带组成,是肌细胞的基本功能单位,其长度依肌肉收缩和舒张状态而变动于 $1.5\sim3.5\,\mu m$ 之间。

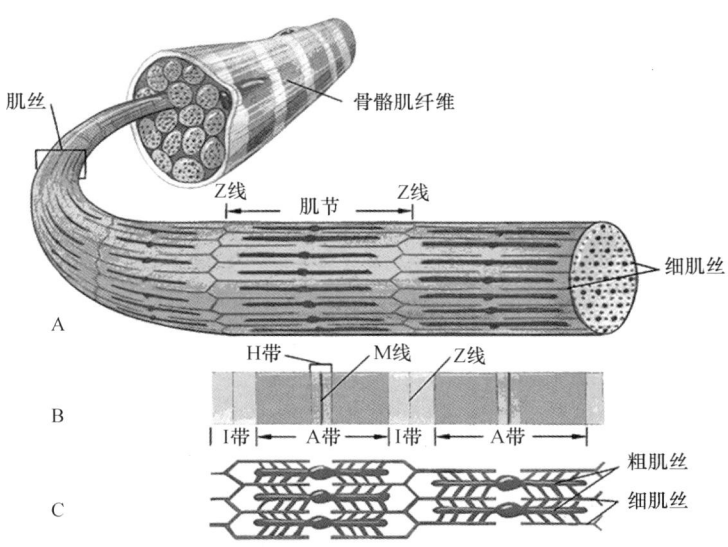

图 14-3 骨骼肌肌原纤维结构(Gordon et al., 1966)

(2) 肌原纤维超微结构(图 14-4)。

应用电镜和 X 射线衍射法进一步研究发现,A 带和 I 带由更细的肌丝构成,肌丝分粗肌丝和细肌丝。粗肌丝长约为 1.5 μm,直径约为 10 nm,位于肌节的 A 带,中部借 M 线固定,两端游离,表面有许多小的突起,称为横桥。粗肌丝由许多豆芽状的肌球蛋白分子集合成束组成(图 14-5),一条粗肌丝含有 200~300 个肌球蛋白分子,相当于豆芽的豆瓣部分的是肌球蛋白分子的头,头从粗肌丝主干的表面伸出,即横桥;相当于豆芽的杆状部分的是肌球蛋白分子的尾,聚合成束,朝向 M 线,形成粗肌丝的主干。肌球蛋白分子头部(横桥)具有 ATP 酶的活性,当肌球蛋白分子头部与肌动蛋白作用位点接触时,ATP 酶被激活,分解所结合的 ATP 并释放能量,使横桥发生屈伸运动。

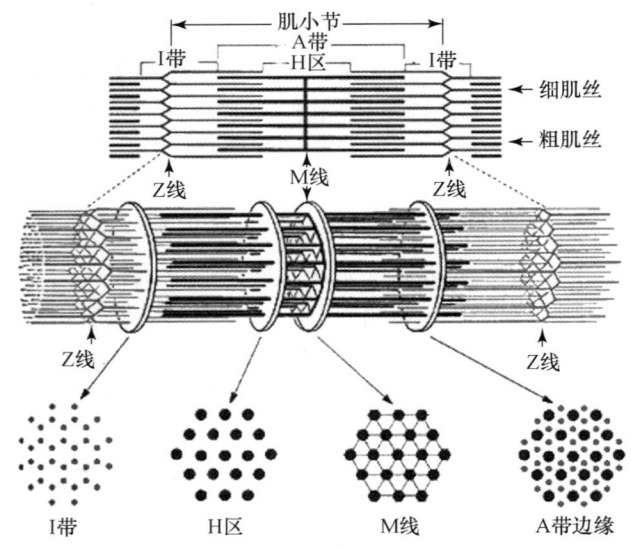

图 14-4　肌原纤维超微结构(模式图)(Bloom et al.,1975)

细肌丝长约 1.95 μm,直径约 5 nm,由 Z 线伸出,纵贯 I 带全长,并伸长至 A 带内部,与粗肌丝交错对插。细肌丝由肌动蛋白、原肌球蛋白、肌钙蛋白三种蛋白组成(图 14-5)。椭圆球状的单体肌动蛋白聚合并扭缠成双螺旋链,每经过七个肌动蛋白分子的长度,双螺旋链就旋转半圈。原肌球蛋白形成两个多肽链相互扭缠在一起,镶嵌在肌动蛋白双螺旋链的沟内。一个原肌球蛋白分子的长度,相当于七个球形肌动蛋白单体的长度。因此肌动蛋白分子形成的双螺旋链旋转一圈,就会有两个原肌球蛋白分子嵌于其内。肌钙蛋白复合体由三个亚基组成:肌钙蛋白 C(TnC),是与 Ca^{2+} 结合的亚单位;肌钙蛋白 I(TnI),是调控肌动蛋白和原肌球蛋白相互结合的亚单位;肌钙蛋白 T(TnT),是将整个肌钙蛋白结合于原肌球蛋白上的亚单位。

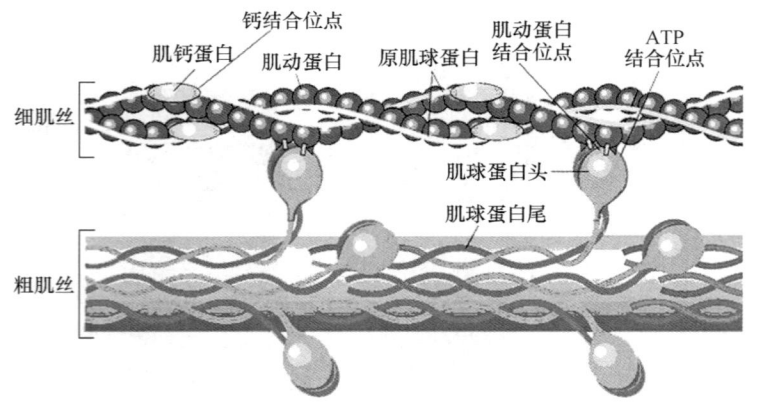

图 14-5　肌原纤维亚显微结构(模式图)(Huxley,1969)

(3) 骨骼肌的肌膜系统由外膜系统和内膜系统组成。

骨骼肌纤维外层被膜包绕,膜内含有极细的纤维物质形成的网状结构,组成外膜系统,具有传导兴奋的功能。

在肌细胞内部,存在于每一条肌原纤维周围的膜状微管结构,统称为内膜系统(internal membrane system)(图14-6)。内膜系统由结构和功能上相互独立的横管和纵管两部分组成,二者构成了肌管系统。横管又称为T管,系由肌细胞膜在Z线水平向细胞内凹并反复分支,围绕着肌原纤维形成的具分支的环形管。其走向与肌原纤维的长轴垂直,同一水平的横管之间靠分支相互沟通,横管与肌细胞的表面也相互沟通,细胞外液可通过肌细胞膜上的内凹开口与横管内物质相通。实际上,横管是肌细胞间隙在细胞内的扩展。纵管又称为L管,是围绕肌原纤维的另一套微管结构,大致与肌原纤维的长轴平行,是由肌细胞的光面内质网特化而成,又称为肌质网。构成肌质网的蛋白有80%是钙泵(一种ATP酶),它可将肌浆中的Ca^{2+}泵入肌质网中,以便调节和控制肌浆中Ca^{2+}的浓度。纵管在Z线附近管腔变宽并相互吻合,形成终末池(终池)或称为侧囊。在Z线两侧,分属两个肌节相邻的两个终池和Z线处围绕肌原纤维并将两个终池间隔开的横管形成三联体(三联管)。肌管系统对Ca^{2+}的吸收、储存、释放及细胞内外的信息传递发挥重要作用。

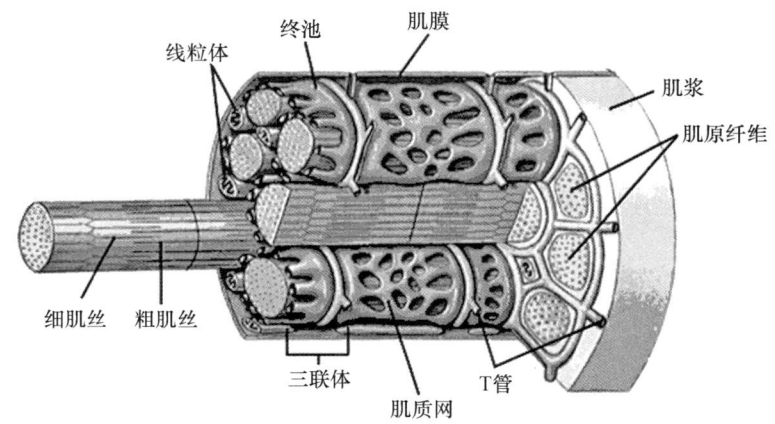

图14-6 肌纤维内膜系统结构(模式图)(Bloom et al.,1975)

(三) 运动系统的功能

运动系统对人体具有支持、保护和运动的功能。人体骨骼有维持体形、支撑体重和保护内脏器官的功能。骨骼肌借肌腱附着在相邻骨的骨面上,运动神经元引起肌纤维兴奋,通过兴奋-收缩偶联机制引起肌纤维的收缩,收缩时以骨连结为支点,牵引骨改变位置,产生各种运动。

二、躯体运动的分类

躯体运动一般分为三类:反射性运动、随意(意向)运动和节律性(形式化)运动。

1. 反射性运动

反射性运动是最简单、最基本的运动,不受意识的控制,反应快捷,通常由特异性感觉刺激引起,产生的运动有定型的轨迹。当给予特异性刺激时,反射就会自动发生,反射强弱因刺激强度大小而异。如各种肌腱反射,伤害性刺激引起的肢体回缩反射,新生儿的拥抱反射(摩罗反射)、吮吸反射(哺乳反射)、握持反射、自动步行运动和短缩反射等。

反射是指在中枢神经系统参与下,机体对内、外刺激所发生的规律性反应,其结构基础是反射弧。根据刺激条件不同,反射一般分为两类:条件反射和非条件反射。非条件反射是人生来就有的先天性反射,是一种比较低级的神经活动,由大脑皮质以下的神经中枢(如脑干、脊髓)参与即可完成。膝跳反射、眨眼反射、缩手反射、婴儿的吮吸和排尿反射等都属于非条件反射。条件反射是人出生以后在生活过程中形成的后天性反射,条件反射的建立是利用一个与非条件反射无关的刺激条件和非条件反射多次结合,这个无关的刺激条件就变成了条件反射的刺激信号。例如,狗吃食物时分泌唾液是一种先天的非条件反射,铃声与这个非条件反射没有关系,但在每次给狗食物时同时给予铃声,经过多次结合后,即使只给铃声而不给食物,狗也会分泌唾液,这样就形成了以铃声为条件刺激的分泌唾液的条件反射。条件反射可以建立,也可以消退。条件反射是在大脑皮质参与下完成的,是一种高级的神经活动。

2. 随意(意向)运动

随意运动,也称为意向运动,是指意识支配下受大脑皮质运动区直接控制的躯体运动。这类运动具有一定目的性和方向性,可以是对感觉刺激的反应或因主观意愿而产生,运动形式更为复杂,一般为后天形成,属于条件反射的性质。较复杂的随意运动都需要经过反复练习才能逐渐完善和熟练掌握。例如,枪手瞄准枪靶,歌唱家的歌唱技巧,画家的绘画等。与反射性运动相比,随意运动一般在较长时间里完成,而且运动的方向、轨迹、速度和时间等都可以随意选择。在执行复杂的随意运动时,也涉及多种反射性运动,因此,两类运动并不是完全孤立发生的,随意运动的完成涉及中枢神经系统更加广泛的网络活动,参与随意运动的控制或对它有影响的神经结构广泛分布于神经系统的各个部位。

3. 节律性(形式化)运动

节律性运动(rhythmic movement),也称为形式化运动,是一种有节奏、有规律的运动,可以随意开始或中止,在开始和中止时都受高级神经中枢大脑的控制,但在运动过程中与大脑的意识无关,而是低级中枢的自激行为,它是由位于脊髓(脊椎动物)或腹神经节(无脊椎动物)中的中枢模式发生器(central pattern generator, CPG)所产生和控制的时空运动模式。节律运动具有规则的表现形式,有高度的稳定性和自适应性,如,行走、跑步、跳跃、游泳、飞翔、呼吸和咀嚼等。

三、躯体运动的机理

在中枢神经系统的控制和调节下,骨骼肌接受运动神经元传来的冲动,进行收缩或舒张,作用于身体的相关部位,从而产生各种运动。大多数运动在关节处发生,使一个关节向同一个方向运动的肌肉群称为协同肌,向相反方向运动的两组肌肉称为拮抗肌。即使是简单的运动,也需要许多肌肉协同收缩或舒张才能完成。如做屈肘运动时,肱二头肌收缩,肱三头肌舒张,与此同时,肩关节周围的肌肉只有同时收缩才能固定肩关节,为防止由于身体重心改变而引起的姿势不稳,相关肌肉的张力也需调整。为了保证运动的各项参数(位移、速度、力度和加速度等)都十分精确,中枢神经系统必须对许多肌肉发出十分精确的指令,使它们按运动的需要准确及时地保持收缩或舒张的强度和时间。为了对运动进行正确的控制,中枢神经系统还需不断地接受与运动有关的感觉信息的反馈,以便准确及时地调整运动状态。

(一) 神经肌肉接头的结构与信息传递机制

1. 神经肌肉接头的结构

神经肌肉接头是指运动神经元轴突末梢与骨骼肌肌纤维的接触部位,这一接触部位又形象地称为突触。突触这一术语,可以广泛地表示两个可兴奋细胞之间的机能联系部位,根据这一联系部位的结构特征和信息传递机制,可将突触分为化学突触和电突触两类,神经肌肉接头属于化学突触。在光镜下观察,运动神经元轴突末梢反复分支,形成大量终末前细支,终末前细支脱去髓鞘形成纤细裸露的无髓鞘终末,其末端形成大小不等的梅花状膨大,终止于肌纤维上。每一根无髓鞘终末支配一根肌纤维。同一根轴突末梢的全部分支及其所支配的所有肌纤维称为一个运动单位。运动单位是肌肉收缩的基本功能单位,因为一根轴突兴奋时,可导致它所支配的全部肌纤维同步收缩。运动单位大小不一,有的可达上百条肌纤维,有的则只有几条,如躯体背部肌肉的运动单位有200多条肌纤维,支配眼肌的运动单位只有几条。一般一个运动单位中的肌纤维数量少则运动比较精细、灵活;数量多则产生的力量大,有利于对躯体姿势的维持。

电镜下观察,神经肌肉接头(图 14-7)的结构可分为三部分:突触前膜、突触间隙和突触后膜。突触前膜就是突触前轴突末梢的无髓鞘的终末膜;突触后膜又称为终板膜,是与突触前膜相对的肌细胞膜;突触前膜与突触后膜统称为突触膜;两膜之间的间隙称为突触间隙,突触间隙为 20~50 nm 宽。突触处,肌纤维表面凹陷,临近肌纤维的轴突终末几乎嵌入肌纤维的凹陷处,突触前膜与突触后膜各自仍是连续的,并且二者界限清晰,但突触膜与非突触膜(非突触处的轴突膜和肌膜)相比,呈明显增厚,其中有一些特化结构。突触前膜的胞质面,有致密物质堆积形成的具有一定几何排列的栅栏状结构,称为活动带,是递质释放的特异性位点。终板膜增厚更显著,它向肌质侧凹陷,形成许多褶皱,凹陷处形成了次级突触间隙,并与初级突触间隙相通,这实际上扩大了突触后膜的面积。突触间隙与一般的细胞间隙相通,其中充满了细胞外液和一部分纤维基质。此部分纤维基质上附有乙酰胆碱酯酶,它可将存在于终板膜褶皱内的乙酰胆碱受体分子水解为胆碱和乙酸。除此之外,突触间隙还具有糖蛋白和唾液酸,据称唾液酸起着辨认化学信号并与其结合的作用。由以上结构特征可见,在神经肌肉接头处,神经和肌肉是分离的,二者并没有原生质的沟通。

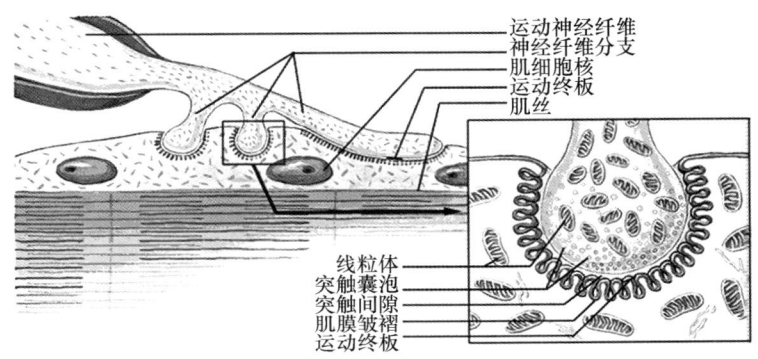

图 14-7　神经肌肉接头(模式图)(Brooks et al., 1996)

在突触前轴突终末内含有大量囊泡状结构,称为突触囊泡(突触小泡)。囊泡直径约 50 nm,数量、形状和饱满度变化都很大。其中有的散在于神经轴突突触的胞浆内,有的置于前膜内致密物质所形成的栅栏状结构的网格中。囊泡内含有递质乙酰胆碱,它是在神经轴突突触的胞浆内合成并由囊泡摄取储存。大量证据表明,神经肌肉传递是由囊泡释放乙酰胆碱为中介完成的。

2. 神经肌肉接头的信息传递机制

神经肌肉的信息传递是电信号—化学信号—电信号的复杂转换过程。运动神经元的神经冲动(电信号)传到轴突终末时,轴突末梢膜去极化,去极化作用导致膜上的钙通道开放,Ca^{2+} 沿其电化学梯度由突触前膜外流入轴突终末内。Ca^{2+} 可能具有的作用为:降低突触轴浆黏度便于小泡移动;消除或削弱前膜的负电位,利于小泡与突触前膜接触而发生融合,Ca^{2+} 激活钙依赖性蛋白激酶(CaMK Ⅱ)或可能由于囊泡含有负电荷,膜内为负,膜外为正,Ca^{2+} 因异性相吸而进入;还可能由于 Ca^{2+} 进入激活囊泡的细丝等。促使突触囊泡向突触前膜移动与突触前膜融合并开口,囊泡中的乙酰胆碱被释放到突触间隙中(这一过程称为胞吐)。据科学计算,一个神经冲动能触发几百个囊泡同时释放乙酰胆碱,间隙中乙酰胆碱浓度增加,迅速扩散与终板膜上的乙酰胆碱受体结合,由于受体与乙酰胆碱结合后引起了受体分子构型变化,进而引起终板膜上钾通道、钠通道快速开放,K^+ 和 Na^+ 沿着电化学梯度进行易化扩散,由于 Na^+ 的电化学梯度远远大于 K^+ 的电化学梯度,因此进入终板膜内的 Na^+ 的数量远远大于流出终板膜 K^+ 的数量,使终板膜瞬间去极化产生终板电位(EPP)(在终板膜上产生的这种瞬时去极化电位称为终板电位),EPP 的产生使邻近的肌膜去极化至阈电位水平,产生动作电位并沿肌膜扩布。EPP 发生速度快,持续时间短,仅有 2 ms 左右。这是由于乙酰胆碱被乙酰胆碱酯酶迅速水解为胆碱和乙酸,少部分则通过扩散离开间隙。由于乙酰胆碱的消失则受体失去与之结合的机会,乙酰胆碱受体通道也就随之关闭。水解后形成的胆碱被摄入突触前轴突终末内,重新成为合成乙酰胆碱的原料(这种合成在细胞质内进行)。此外,多数囊泡胞吐之后,使得接头前膜面积增加,随后前膜的微小内凹再闭合重新形成囊泡(此过程称为胞吞),在胞浆中合成的乙酰胆碱再填入囊泡中,又形成了能够释放乙酰胆碱的突触囊泡。EPP的产生使邻近的肌膜去极化至阈电位水平,产生动作电位并沿肌膜扩布。乙酰胆碱的迅速失活使一次神经冲动只能引起一次肌肉冲动,保证了神经肌肉传递的秩序性和准确性。

(二)骨骼肌收缩机制

骨骼肌受脊髓前角运动神经元的支配,运动神经元的轴突终末与骨骼肌形成神经肌肉接头,当神经冲动到达运动神经元的轴突终末时,经过一系列电化学转化过程,肌细胞膜上产生了动作电位,并沿肌细胞的横管膜传导到肌细胞深处,直至三联体附近,引起纵管终池释放大量 Ca^{2+} 进入肌浆中,Ca^{2+} 到达细丝所在部位并与细丝上的肌钙蛋白(TnC)结合,导致细丝上肌钙蛋白构象的改变,进而引起原肌球蛋白构象的变化,从而使细肌丝上肌动蛋白分子与粗肌丝上横桥的结合位点暴露,粗肌丝肌球蛋白分子头部组成的横桥与细肌丝上肌动蛋白分子暴露的位点结合,同时分解 ATP 释放能量,并向 M 线方向摆动,牵引细肌丝向粗肌丝之间滑行,引起肌细胞的收缩。肌肉收缩时,在形态上表现为整个肌肉和肌纤维的缩短,但在肌细胞内并无肌丝或它们所含分子结构的缩短,而只是在每一个肌节内发生了细肌丝向粗肌丝之间的滑行。即由 Z 线发出的细肌丝向暗带中央移动,结果两 Z 线的间距缩短,I 带、H 带变短,肌节长度变短,所以整个肌原纤维、肌细胞和肌肉变短。

(三)控制运动需要感觉信息反馈

为了对运动进行精确控制,中枢神经系统需要不断接受相关感觉信息。在运动前,中枢神经系统根据感觉信息为运动编程;运动中,接受这些感觉信息的反馈,神经中枢随时更正和调节发出的指令,纠正运动中出现的偏差,从而使运动准确进行。

1. 感觉信息的分类

与控制运动有关的感觉信息可分为两类:① 视觉、听觉和皮肤感觉信息,主要提供目标位置及目标和自身相互位置关系的信息;② 肌肉、关节和前庭器官的感觉信息,主要提供肌肉长度、张力、关节位置和身体空间位置等信息。

Jeannerod 的实验证明了视觉信息对运动精确控制的重要性。令受试者去取放在约 50 cm 之外的桌上的一只球,这个动作过程需要两个动作协同完成,即手从原来位置沿一条曲线移动到球所在的位置和手指张开准备握球,这两个动作是同时开始的。如果在运动执行过程中,设法使受试者只看见球而看不见手,则运动过程虽无明显变化,但手总是不能准确地达到目标。显然,在这个简单运动中,视觉信息是精确完成动作所必需的。

2. 前馈控制作用和反馈控制作用

根据运动形式特点,这些感觉信息对运动的作用可分为前馈控制作用和反馈控制作用两种。前馈控制作用是指在运动发起之前,神经系统就已经根据所获得的感觉信息尽可能精确地计算出下行的运动指令,当运动开始后,不再依靠反馈信息,前馈控制运动适宜于快速运动,如乒乓球运动员接对方打来的球,足球守门员阻止球被射进球门的动作等。这些动作一旦执行,就再也无法接受反馈信息来调整动作,因此,前馈控制性运动很容易失误。反馈控制作用是指运动进行过程中,可以接受相关的感觉信息的反馈,这些反馈信息主要是把运动的状态、结果汇报给控制中枢,使控制中枢参照实际情况不断地纠正和调整发出的信息,以达到对运动的精确控制。反馈控制作用适宜于缓慢的或维持姿势的动作。因为这样,神经中枢有时间对反馈信息进行加工。

(四)控制运动的主要神经

躯体各种运动都是在神经系统的控制下,相关肌肉协同作用完成的。控制运动的神经结构发生在三个水平,从高级到低级分别是大脑皮质运动区、脑干下行系统和脊髓,这三个水平之间既有分级的控制关系,也有平行的控制关系。另外,小脑和基底神经节对调节运动具有十分重要的作用。分级控制如低级中枢发出复杂的传出冲动,使肌肉兴奋收缩,而高级中枢主要发出一级运动指令,不需处理肌肉协调活动的细节问题。平行控制,如大脑皮质运动区,可通过脑干兴奋脊髓神经元,还可以通过皮质脊髓束直接兴奋脊髓的运动神经元和中间神经元。这种分级控制与平行控制的重叠,不但使运动控制具有灵活多样性,而且对神经代偿及受损后的恢复都具有重要意义。

第二节 脊髓对躯体运动的调节

一、脊髓在躯体运动中的调节作用

脊髓具有传导功能、反射功能和营养功能。脊髓是感觉和运动神经冲动传导的重要通路,脑、躯干和四肢之间的联系必须通过脊髓内的上、下行传导束来实现,脊髓在两者之间起着中转或传导信息的功能。除头面部外,全身的深、浅部感觉和大部分内脏感觉冲动,都经脊髓白质的上行纤维束才能传到脑,由脑发出的冲动也要通过脊髓白质的下行纤维束才能调节躯干、四肢骨骼肌和部分内脏的活动。

另外,脊髓内也存在一些低级反射中枢,本身也可执行一些简单的反射活动。脊髓能够执行的反射活动有躯体反射和内脏反射两类。其中躯体反射包括牵张反射(腱反射和肌紧张)、屈肌反射、对侧伸肌反射和浅反射;内脏反射包括血管张力反射、发汗反射、排尿反射、排便反射、勃起反射和瞳孔反射。

脊髓反射最简单的反射弧仅由一个传入神经元和一个传出神经元组成,称为单突触反射;多数反射由两个以上的神经元组成。反射弧若局限在一个脊髓节段内,则称为节内反射;借助感觉传入纤维在固有束内上、下行数个节段,把一个脊髓节感受的冲动扩散到相邻的脊髓节段,则构成节间反射。反射弧既可位于脊髓同侧,也可以位于脊髓的两侧,形成交叉反射。

脊髓前角细胞对它所支配的骨骼和骨骼肌都有营养功能,若前角细胞损伤,其支配的肌肉发生萎缩,骨骼出现骨质疏松。

二、脊髓控制的反射活动

(一) 牵张反射

当骨骼肌受到外力牵拉而伸长时,能反射性地引起受牵拉的同一块肌肉发生收缩,称为牵张反射。由于牵拉的形式不同,肌肉收缩的反射效应也不同,因此牵张反射又可分为腱反射和肌紧张两种类型。

1. 初级传入纤维的分类

初级传入纤维分为Ⅰ($Ⅰ_a$、$Ⅰ_b$)、Ⅱ、Ⅲ和Ⅳ四类。

与外周感受器相连的躯体感觉纤维统称为初级传入纤维。根据肌神经中传入纤维的直径分为Ⅰ($Ⅰ_a$、$Ⅰ_b$)、Ⅱ、Ⅲ和Ⅳ四类。Ⅰ类是最粗的有髓初级传入纤维,占传入纤维总数的25%,并可进一步分为$Ⅰ_a$和$Ⅰ_b$两类,主要传导肌肉长度、张力及其变化的信息。$Ⅰ_a$类比$Ⅰ_b$类粗。肌梭内的初级感觉末梢属$Ⅰ_a$类,高尔基腱器官的感觉末梢属$Ⅰ_b$类。Ⅱ类有髓但比Ⅰ类细,传导肌肉长度、肢体位置和肌肉触压觉等。肌梭的次级感觉末梢属Ⅱ类。Ⅲ类更细,也有髓,传导深部痛觉和肌肉中血管舒张等变化的信息。游离神经末梢和肌肉中血管内的感觉末梢即为此类纤维。Ⅳ类无髓,占传入纤维总数的50%,对深部的痛刺激和非痛刺激产生反应。

2. 肌肉中的牵张感受器

骨骼肌中有两种牵张感受器:肌梭(图14-8)和腱器官。

(1) 肌梭:是分布在骨骼肌纤维之间的梭形小体,是感受牵拉刺激的感受器。肌梭的表面由结缔组织被囊包裹,囊的内部存在6~14条较细小且完成了特殊分化的骨骼肌纤维,称为梭内肌纤维。为了与梭内肌纤维相区别,骨骼肌纤维可以称为梭外肌纤维。典型的肌梭直径约1mm,长0.05~13 mm,肌梭长轴与骨骼肌纤维的纵轴平行排列。肌梭内有两类梭内肌纤维:核袋纤维和核链纤维。核袋纤维中部膨大呈袋状,较粗长,有许多细胞核集合在纤维的中央部;核链纤维较细短,许多细胞核按纤维纵轴走向呈链状排列。一个典型的肌梭内有2根核袋纤维和4~5根核链纤维。核袋纤维和核链纤维在结缔组织被

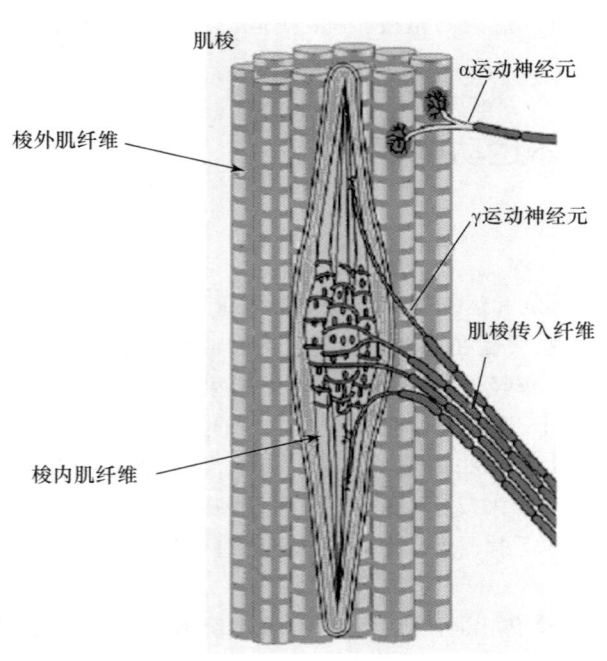

图 14-8　肌梭结构(Hulliger, 1984)

囊内呈平行排列。核链纤维较短，一般不伸出囊外，对静止持续的牵拉刺激较敏感；核袋纤维中部膨大，没有横纹，也不收缩，肌纤维也较长，以致有小部分伸出被囊外，对快速牵拉刺激较敏感。

进入肌梭内的感觉神经纤维也有两种(图14-9)：一种是较粗的Ⅰa类传入纤维，在进入肌梭前脱去髓鞘，进入后分支末端分别呈螺旋状缠绕在核袋纤维和核链纤维中部，被称为环状螺旋末梢或初级感受末梢；另一种是较细的Ⅱ类传入纤维，进入肌梭前也脱去髓鞘，进入被囊后反复分支，末梢终端略膨大呈花枝状，主要分布在核链纤维上，被称为花枝状末梢或次级感受末梢。次级感受末梢位于初级感受末梢的外端。梭内肌纤维接受脊髓前角γ运动神经元的支配，γ运动神经元发出的运动纤维末梢终止于核袋纤维和核链纤维两端。

（2）腱器官：大部分存在于梭外肌的肌腱中，是一种用以感受骨骼肌张力变化的感受器。大多腱器官位于肌肉与肌腱的交接部，是一种包囊状结构，在包囊中，来自肌腱的胶原纤维分成许多细丝组成发辫状结构，在发辫状的细丝上有感觉神经末梢缠绕，当牵拉肌腱使胶原纤维变直时，感觉神经末梢受到压迫，引起末梢放电。腱器官是感受骨骼肌张力变化的一种本体感受器，最早由高尔基发现，故又称为高尔基腱器官(Golgi tendon organ)。腱器官的功能是将肌肉主动收缩的信息编码为神经冲动，传入中枢，产生相应的本体感觉。

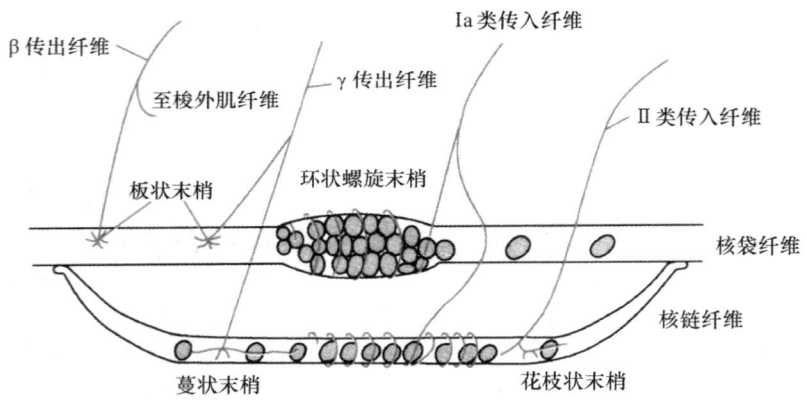

图 14-9　肌梭内的梭内肌纤维及其支配(Critchlow et al., 1963)

一般认为，当肌肉受到牵拉时，首先是肌梭兴奋而引起牵张反射，受牵拉的肌肉收缩；当牵拉进一步加大时，刺激腱器官使其兴奋，从而使牵张反射受到抑制，这样可避免牵拉的肌肉受到损伤。

3. 肌梭内初级感受末梢与次级感受末梢反应特征的区别

肌肉的动态相与静态相：肌肉被拉长并维持在新的长度时，肌肉长度的变化可分两个时相，即动态相和静态相。肌肉长度处于变化的过程称为动态相，肌肉维持在新的长度时称为静态相。

初级感受末梢与次级感受末梢对肌肉动态相与静态相反应的机制：核袋纤维中间弹性大而黏性小，当肌肉受牵拉时，中央部被迅速拉长，两极被慢慢拉长；当两极被拉长时，中央部开始回弹。因此，核袋纤维上的初级感受末梢在核袋纤维中部被拉长时产生一阵高频放电,中央部分回弹过程放电减弱,当回弹到原状时放电停止。这说明核袋纤维上的初级感受末梢既能检测肌肉的长度,又能检测肌肉长度变化的速率。核链纤维各个部分机械特性基本一致,因此核链纤维上次级感受末梢的放电情况是根据核链纤维的长度决定的。在牵拉的动态相下,次级感受末梢放电增加不明显;而在牵拉的静态相下,放电却维持在较高的水平。当肌肉恢复到原来长度时,放电也停止。这说明次级核链纤维上的次级感受末梢主要检测肌肉的长度。

4. 肌梭与腱器官反应特性的区别

只要很小的被动牵拉,肌梭放电就明显增多,只有较大的被动牵拉,腱器官才会放电。当肌肉主动收缩时,腱器官放电增多,而肌梭放电减少或停止。反应的不同是由于这两种感受器和梭外肌纤维的位置关系不同。肌梭与梭外肌纤维"并联",腱器官与梭外肌纤维"串联"。梭外肌纤维稍一被牵拉,肌梭就被牵拉,所以放电明显增多。腱器官内胶原纤维的弹性比梭外肌纤维的弹性差很多,所以只有在梭外肌纤维受到较大牵拉时,腱器官才会被牵拉而产生放电。当肌肉收缩时,肌梭也收缩,所以放电很微弱。而位于梭外肌两头的腱器官却受到牵拉,所以放电明显增多。肌梭与腱器官对肌肉收缩和被动牵拉所表现的放电情况,说明肌梭是肌肉长度的检测器,而腱器官则是肌肉张力的检测器。

5. 牵张反射的表现形式

牵张反射的表现形式有位相性牵张反射和紧张性牵张反射两种。

位相性牵张反射的特点:时程较短并能够产生较大的肌力。例如,叩击股四头肌肌腱引起的膝反射就是一种典型的位相性牵张反射。

紧张性牵张反射的特点:在肌肉受到持续性的轻度牵拉时,受牵拉的肌肉产生持续而较平稳的收缩。紧张性牵张反射是肌紧张发生的基础,在姿势的维持中起作用。

6. 牵张反射的神经回路

牵张反射属于节内反射,由两个神经元组成,感受器是肌梭和腱器官。牵张刺激通过肌梭或腱器官上的感觉传入纤维经脊神经后根直接传到脊髓前角的 α 运动神经元和 γ 运动神经元,引起梭内肌和梭外肌的收缩。膝反射和跟腱反射都属于牵张反射。肌紧张也是牵张反射。由于重大作用而使肌梭和腱器官轻度拉长,则属于同一块肌肉的梭外肌产生持续的紧张性收缩,可使肌肉保持一定的紧张度,抵抗地心引力作用,从而保持身体直立。

γ 环路:α 运动神经元与 γ 运动神经元具有共同激活性,当 γ 运动神经元兴奋引起梭内肌两端收缩时,梭内肌中部被拉长,位于中部的感觉神经末梢兴奋增加,这样又可以刺激 α 运动神经元兴奋,使梭外肌收缩,这一过程称为 γ 环路。

7. 牵张反射的举例

如腱反射和肌紧张,详见第十章。

(二) 浅反射

浅反射通常指刺激皮肤后引起的相应肌肉反射性收缩,常见的有腹壁反射、提睾反射等。有人认为,浅反射可能有两个反射弧:短反射弧的中枢位于脊髓内,长反射弧的中枢可达大脑皮质。当脊髓以上运动神经元受损伤时,腹壁反射或提睾反射等浅反射减弱或消失。

(三) 屈肌反射

脊髓动物肢体的皮肤受到伤害性刺激时,同侧肢体的屈肌收缩,而伸肌舒张,肢体屈曲,称为屈肌反射。

当刺激增大到一定强度时,在同侧肢体屈曲反射的同时,还出现对侧肢体伸直的反射活动,称为对侧伸肌反射。

对侧伸肌反射属于姿势反射,可在一侧肢体屈曲时起到支持体重及维持姿势的重要作用。

(四) 病理性反射

脊休克：在人体内，脊髓的活动经常受到高位中枢的调控。当脊髓与高位脑中枢突然离断后，断面以下的脊髓会暂时丧失反射活动能力而进入无反应的状态，这种现象称为脊休克。脊休克的主要表现为躯体运动和内脏反射消失、骨骼肌紧张性下降、外周血管扩张、发汗反射消失和尿粪潴留等。脊休克是暂时现象，其持续时间长短与动物进化水平和个体发育有关，如蛙仅持续数分钟，犬持续数日，人类则需数周至数月。脊休克的产生不是因脊髓损伤引起的，而是由于离断面以下的脊髓突然失去高位中枢的调控，使脊髓神经元的兴奋性极度降低而呈现无反应的休克状态。

第三节　脑干对肌紧张和姿势反射的调节

脑干位于脊髓之上，与枕骨大孔平齐，间脑及视束之下，自下而上由延髓、脑桥和中脑三部分组成。脑干外形呈前后略扁的扁圆柱状，中脑部缩窄，脑桥的两侧及腹面隆起明显向外扩展。在脑干中央部分的广泛区域，包括与低位中枢脊髓相连的延髓、脑桥及中脑内侧全长以及到间脑，这些部位许多散在的神经元以短突起相互形成突触并交织成网，称为脑干网状结构。其功能主要是维持机体生命，包括呼吸节律的形成、体温恒定的调节和睡眠、觉醒的交替形成等。脑干的运动控制功能主要体现在对肌紧张和姿势的调节等，这在躯体运动的协调中起重要作用。

一、脑干网状结构对肌紧张的调节

1. 脑干网状结构的易化区与抑制区

在脑干网状结构中，有易化区和抑制区，易化区使肢体紧张，抑制区使肢体放松。

（1）易化区：范围广，包括延髓网状结构背外侧部、脑桥被盖和中脑中央灰质等。其主要作用为加强伸肌的紧张性和肌运动（兴奋伸肌而抑制屈肌），易化神经元的自发活动。脑干网状结构的易化区受高位中枢影响，通常通过脊髓中间神经元作用于α运动神经元与γ运动神经元而发挥作用。

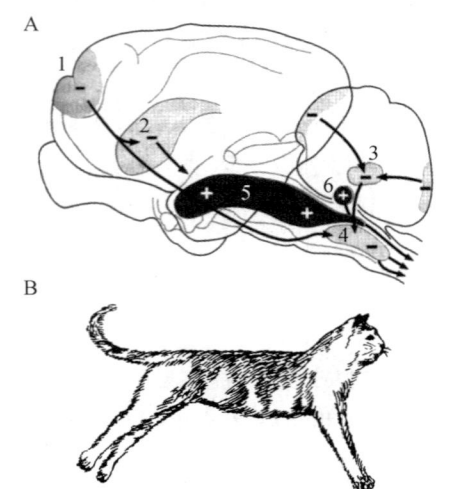

图14-10　猫脑易化与抑制系统及去大脑僵直示意（Ganong，2005）

A. 猫脑易化和抑制系统示意，其中，1，大脑皮质抑制区；2，纹状体抑制区；3，小脑抑制区；4，网状结构抑制区；5，网状结构易化区；6，前庭核易化区；B. 猫去大脑僵直现象。

（2）抑制区：位于延髓网状结构腹内侧部，抑制腱反射和肌肉运动（兴奋屈肌而抑制伸肌）。正常情况下，脊髓的牵张反射受到脑干网状结构的调控，有易化和抑制两种作用，但易化区活动较强，在肌紧张调节中相对占优势。

2. 其他高位中枢的易化与抑制系统

（1）易化系统：研究发现，调节肌紧张的易化系统除脑干网状结构外，还有前庭核、小脑前叶两侧部和后叶中间带以及大脑皮质等区域（图14-10A），这些区域也与脑干内部结构有功能上的联系。如内耳前庭器官传入冲动到达前庭神经核，转而能够提高网状结构易化区的活动；小脑前叶两侧部的肌紧张易化作用加强，也可能是通过网状结构易化区来实现的。如果电刺激除脑干网状结构以外的这些区域，均可引起肌紧张加强；而破坏此区域则出现肌紧张减弱。大脑皮质的易化作用是通过锥体束来实现的。

（2）抑制系统：除脑干网状结构外，抑制肌紧张的中枢部位还有大脑皮质运动区、纹状体和小脑前叶正中带等。这些区域在脑干外,但与脑干有密切的功能联系。例如,刺激小脑前叶正中带,动物肌紧张就会降低,这种作用可能是通过网状结构抑制区来完成的。大脑皮质运动区和纹状体对肌紧张的抑制作用可能也是通过网状结构抑制区来实现的。这些脑干外的抑制肌紧张的区域,不但通过加强网状结构抑制区的活动使肌紧张受到抑制,而且能够抑制网状结构易化区的活动,转而使肌紧张减退。大脑皮质对肌紧张的抑制作用是通过锥体外束来实现的。

3. 去大脑僵直

(1) 去大脑僵直:这是一种反射性的伸肌肌紧张性亢进,是增强的牵张反射的具体表现,正常机体内骨骼肌肌紧张的维持是易化与抑制系统达到动态平衡的结果,如果脑内一定区域受到损伤,动态平衡就会被破坏,从而影响到肌紧张的维持。用去大脑僵直实验就可以验证。如果在麻醉的猫或家兔等动物的中脑四叠体上、下丘之间横断脑干,使脊髓仅与延髓和脑桥相连,则脑干网状结构易化区功能由于失去抑制区的对抗而增强,产生伸肌紧张性亢进的状态,表现为四肢伸直、头尾昂起、脊柱坚挺的全身肌紧张增强的现象,称为去大脑僵直(图 14-10B)。

(2) 去大脑僵直产生的原因(图 14-11):在去大脑动物中,由于切断了网状结构与大脑皮质运动区和纹状体等部位的抑制区功能联系,造成抑制区活动减弱而相对易化区活动增强,易化区活动占有明显的优势,导致肌紧张过度增强而出现去大脑僵直。正常时高位中枢通过脑干网状结构对脊髓前角运动神经元施加影响,屈、伸肌肌紧张平衡。损伤后易化区的活动超过抑制区,所以牵张反射增强;在多数动物中伸肌是抗重力肌,伸肌肌紧张在去大脑僵直时明显加强,正常情况下伸肌反射活动强于屈肌,故伸肌反射大于屈肌反射。但是也有少数动物如栖息于南美洲森林中的树懒(sloth)例外,由于经常挂在树上,屈肌为抗重力肌,发生去大脑僵直时,屈肌反射大于伸肌反射。

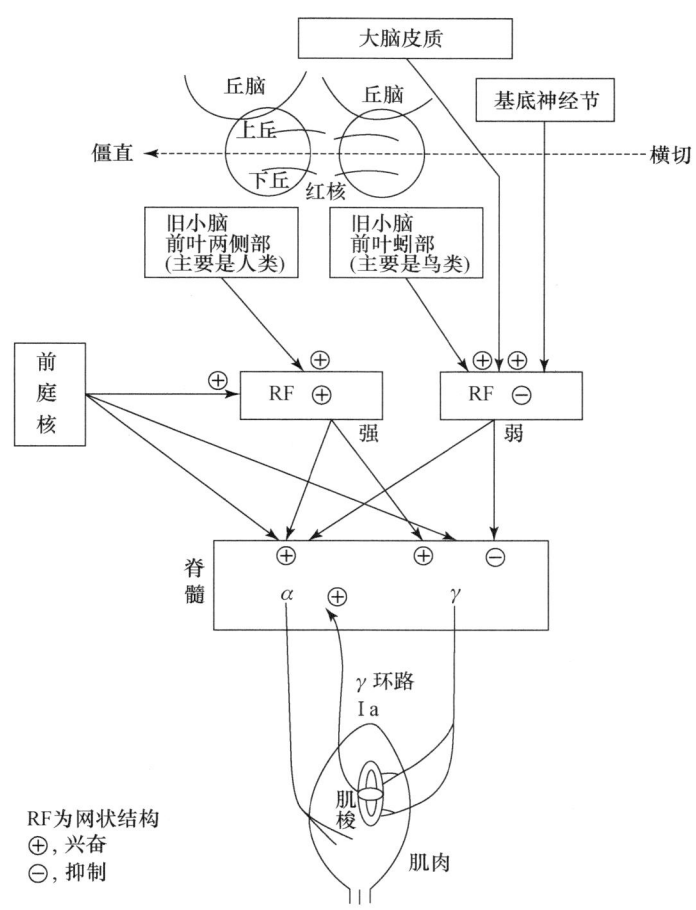

图 14-11 去大脑僵直原理示意(左明雪,2015)

人类有些疾病，如蝶鞍上囊肿也可引起皮质与皮质下失去功能联系，出现下肢明显的伸肌僵直和上肢的半屈状态，称为去皮质强直（decorticate rigidity）（图14-12）；再如人的中脑患病时也可表现出与动物去大脑僵直相似的现象，如，头后低仰，手指屈曲，上、下肢僵硬伸直等。如果人表现出去大脑僵直（图14-12）现象，临床上表明脑干已发生了严重病变。

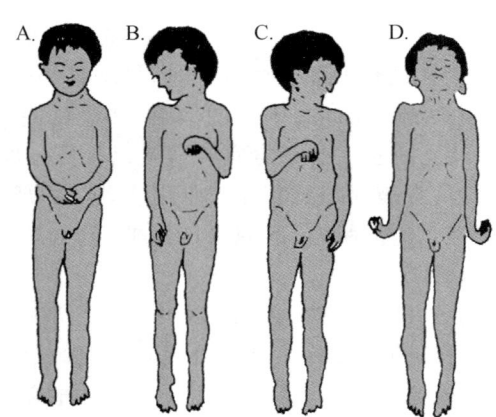

图14-12　人的去皮质强直和去大脑僵直（Ganong，2005）

A、B、C. 去皮质强直：患者仰卧位，A为头部姿势正常时，上肢半屈，B、C为转动头部时的上肢姿势，D. 去大脑僵直，上、下肢均僵直

二、脑干对姿势反射的调节

1. 姿势反射

（1）姿势反射：在脑与脊髓构成的中枢神经系统参与下，调节骨骼肌的肌紧张或产生相应的运动，以保持或改正身体空间的姿势，从而达到与环境的统一，这种反射活动通称为姿势反射。姿势反射包括最简单的反射（如牵张反射与对侧伸肌反射等）和比较复杂的反射［如由脑干参与的状态反射（attitudinal reflex）、直线或旋转加速运动反射和翻正反射（righting reflex）等］。

（2）牵张反射与对侧伸肌反射：详见第十章。

2. 脑干对姿势反射的调节

脑干参与整合完成的姿势反射有状态反射、翻正反射和直线或旋转加速运动反射等。

（1）状态反射：头部与躯干的相对位置改变以及头部的空间位置改变时，躯体肌肉的紧张性也会发生反射性改变，这种反射称为状态反射。状态反射包括颈紧张反射与迷路紧张反射两部分。颈紧张反射是指颈部扭曲时，颈上关节韧带和肌肉本体感受器的传入冲动对四肢肌肉紧张性调节所发生的反射。迷路紧张反射是指内耳迷路中的位置感觉器官椭圆囊和球囊的传入冲动对躯体伸肌紧张性调节所发生的反射。在观察去大脑僵直实验中，当动物俯卧时伸肌紧张性最低，而当动物仰卧时伸肌紧张性最高。这是由于不同头部位置可能引起的内耳迷路不同刺激结果所形成的。但在人体正常状态下，由于高位中枢的存在，所以状态反射常被抑制不易表现出来。

（2）翻正反射：对于正常动物经常可以保持站立姿势，如果将其推倒则会立即翻正过来，这种反射称为翻正反射。例如，将猫腹部朝上从空中扔下，则可清楚地观察到，在猫下落过程中，刚开始是头颈扭转，随着前肢和躯干也扭转过来，到最后后肢也扭转过来，当下落到地面时立刻由四足着地。这是典型的翻正反射，它包括的反射活动有，头部位置不正常，刺激了视觉与内耳迷路，从而引起头部位置翻正。而后，头与躯干的位置关系不正常使得颈部关节韧带或肌肉受到刺激，导致躯干位置也翻正（图14-13）。

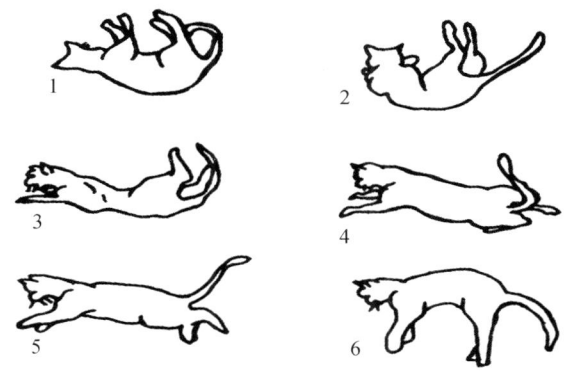

图 14-13　猫的翻正反射(左明雪,2015)

第四节　大脑皮质的运动调节功能

脊髓和脑干的运动反射为大脑控制随意运动提供了多种基本模式。大脑皮质根据随意运动的目的和外界环境的特征对这些模式加以协调修饰,完成对随意运动的控制。大脑皮质对随意运动的调控是一个复杂、高层次的过程。感觉信息传入大脑皮质,进而被处理上升为认知,客观环境的信息与大脑其他区域产生的主观意愿信息汇总后投射到大脑皮质运动区,由这些皮质区域按照机体对环境反应的需要和意愿设计与发动随意运动。

一、大脑皮质运动功能的结构基础

(一) 大脑皮质运动区

按输入-输出特点,并结合其功能,大脑皮质可大致分为运动皮质(motor cortex)、感觉皮质(sensory cortex)和联络皮质(association cortex)。灵长类动物的大脑皮质运动区(图 14-14)得到高度发展,包括初级运动皮质、次级运动区、后顶叶皮质和背侧前额叶。

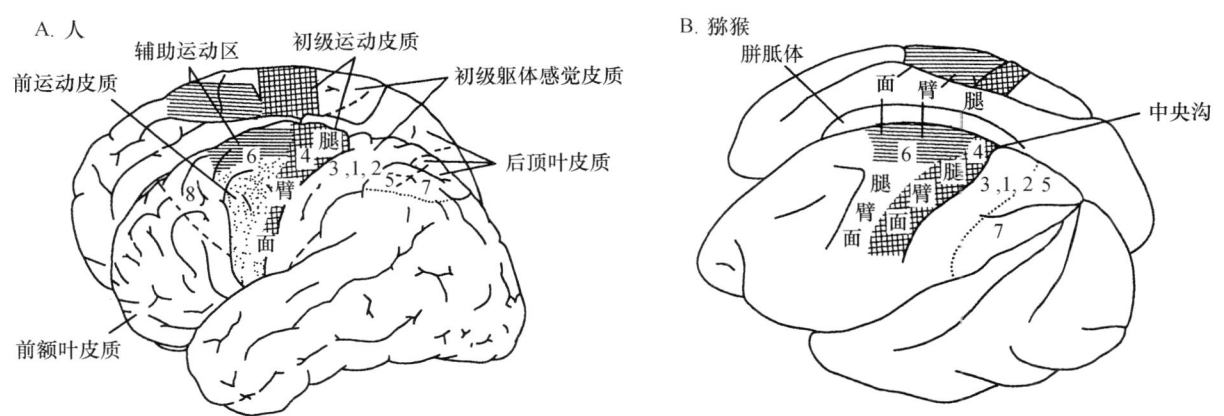

图 14-14　初级运动皮质、辅助运动区和前运动皮质在大脑皮质的相对位置示意(Dum et al., 1996)

1. 初级运动皮质

初级运动皮质位于中央前回,约位于 Brodmann 4 区(图 14-15),主要执行被选定的随意运动。电刺激实验表明,与其他运动区相比,初级运动皮质与肌肉之间有更直接的联系。刺激初级运动皮质引起简单、特异性的运动,所需刺激的阈值最低。损伤灵长类的初级运动皮质引起肌肉轻瘫或瘫痪。

2. 次级运动区

次级运动区位于中央前回,约位于 Brodmann 6 区(图 14-15),主要选择和准备合适的随意运动。包括辅助运动区(supplementary motor area)和前运动皮质(premotor cortex),前者位于 6 区内侧部分,后者位于 6 区外侧部分。次级运动区与肌肉间相隔更多的突触,在功能上比较复杂,只在运动的一些特殊时相或场合下放电。刺激次级运动区也可引起运动,但所需刺激较强,引起种类少且较复杂的运动。损伤灵长类的次级运动区只引起较不明显和较特殊的运动障碍。

3. 后顶叶皮质

后顶叶皮质位于 Brodmann 5、7 区(图 14-15),主要汇总视觉和躯体感觉等客观信息,参与随意运动空间控制的编程。

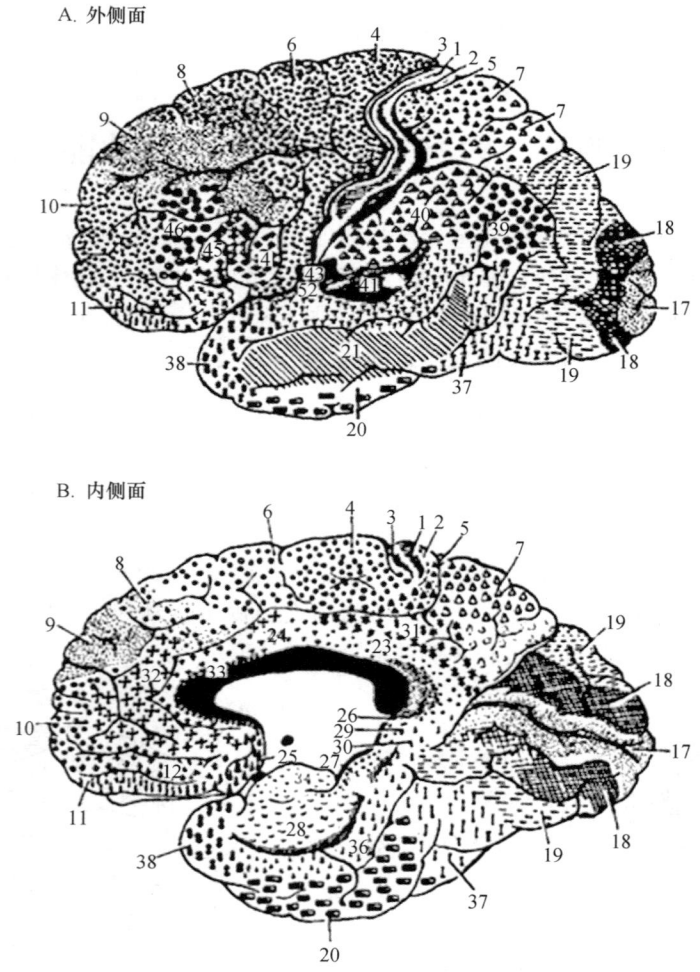

图 14-15　大脑皮质 Brodmann 分区(Parent,1996)

4. 背侧前额叶

背侧前额叶位于 Brodmann 45、46 区(图 14-15),主要决定选择正确随意运动的种类。

大脑皮质运动中枢要顺利完成一项随意运动,包括以下几个过程:确定是否需要运动,运动的目标是什么,选择如何完成运动,发出运动指令执行运动,以及随时对运动的执行进行修正。运动信息的流向是从感觉输入汇总上升到认知,到做出决定和选用适当的运动,最终执行运动。大脑皮质各运动区就是通过这种信息流向联系起来的,即后顶叶皮质→背侧前额叶→次级运动区→初级运动区。在此过程中,广泛的皮质区域中的神经元同时活动,放电形式也十分相似。

(二) 控制运动的基本单位——运动柱

运动柱（motor column）是皮质运动区细胞纵向排列形成的结构，是大脑皮质控制运动的基本单位。Hiroshi Asanuma 等利用钨丝微电极插入麻醉猫的运动皮质深部，以微弱的瞬间电流进行刺激，观察到引起一块肌肉收缩的有效皮质刺激点集中在一个纵向柱状排列的区域内，与躯体感觉皮质及视觉皮质中的皮质柱相似。一个运动柱可控制同一关节附着的几块肌肉的活动，而一块肌肉也可接受若干个不同的运动柱的控制。

(三) 大脑皮质运动区组织结构

运动皮质的结构不同于感觉皮质，它缺乏颗粒细胞层（即第Ⅳ层），因此运动皮质也称为无颗粒细胞皮质（agranular cortex），但位于扣带回的运动区例外。

运动皮质含有两类神经元：锥体细胞和非锥体细胞。锥体细胞是主要的传出神经元，具有向皮质表面伸展的顶树突，其轴突离开运动皮质到其他皮质或皮质下结构。皮质各层中的锥体细胞有不同的轴突投射。第Ⅱ、第Ⅲ层中的锥体细胞投射至其他皮质，位置较浅的投射至同侧皮质（如辅助运动区、前运动皮质、中央沟后的感觉皮质），较深的则经胼胝体投射至对侧皮质。大多数向皮质下结构的投射起源于第Ⅴ层锥体细胞。投射至脊髓的皮质脊髓神经元分布在第Ⅴ层的深部，其中包括最大的锥体细胞，即 Betz 细胞。位于较浅的第Ⅴ层锥体细胞则投射至延髓、脑桥和红核，最浅的第Ⅴ层锥体细胞投射至纹状体。第Ⅵ层的锥体细胞投射至丘脑，它们也有上行突触侧支至皮质各层。

非锥体细胞包括篮状细胞、颗粒细胞和星形细胞，其中大部分属于抑制性神经元。

(四) 大脑皮质运动区的传出通路

皮质运动区发出运动指令通过皮质脊髓系统传出来实现对随意运动的控制。皮质脊髓系统包括皮质脊髓束和皮质核束。皮质脊髓束的大部分纤维穿过延髓锥体，故也称为锥体束。皮质脊髓束（corticospinal tract）与皮质核束又合称为锥体系（图 14-16）。

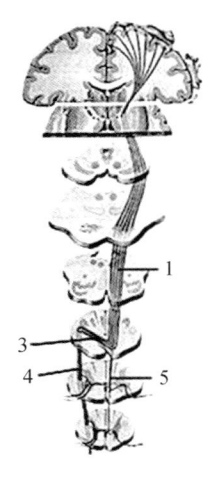

1，皮质脊髓束；
2，皮质核束（皮质脑干束）；
3，椎体交叉；
4，皮质脊髓侧束；
5，皮质脊髓前束

图 14-16　皮质脊髓系统（Siegel et al.，2006）

1. 皮质脊髓束

(1) 发端：所有的皮质脊髓神经元均位于大脑皮质的第Ⅴ层，其中约 60% 起源于中央沟之前的皮质（约 30% 来自 4 区，30% 来自 6 区），其余 40% 则来自中央沟之后的皮质。起源于中央沟之后皮质区的皮质脊髓神经元较多终止在脊髓的背侧部，可能主要与传入信息的调制有关。人类的皮质脊髓束约有 100 万根纤维，大多数皮质脊髓纤维直径小、传导速度慢，约 90% 的纤维的直径在 $4\ \mu m$ 以下，约有一半纤维是无髓鞘纤维。起源于 Betz 细胞的粗纤维只占 3% 左右。

(2) 投射路径：皮质脊髓束经内囊下行到中脑腹侧，分散地穿过脑桥核，在延髓集合成锥体继续下行至延髓和脊髓交界处。约 3/4 的纤维交叉至对侧而在脊髓的背外侧束下行，终止于脊髓前角外侧的运动神经元核和中间区内的中间神经元，称为皮质脊髓侧束；另 1/4 纤维不交叉而在脊髓腹侧下行，最终投射至脊髓双侧前角内侧的运动神经元核和中间区内侧的中间神经元,称为皮质脊髓前束。

由于相当一部分皮质脊髓束终止于脊髓前角外侧的运动神经元,其主要功能便是控制肢体远端肌肉的活动,特别是手指的精巧活动。切断猴一侧皮质脊髓束,刺激初级运动皮质时发现,与健侧相比,切断侧的皮质刺激虽然仍能引起运动,但引起的运动种类大为减少,且多为近端肌肉的运动。因此,皮质脊髓束对传递运动皮质至肢体远端肌肉的信号十分重要。损毁主运动皮质后,原来刺激辅助运动区和前运动皮质可引起的对肢体远端肌肉的影响也消失,说明这两个次级运动区对远端肌肉的影响主要是通过它们至主运动区的投射来实现的。

2. 皮质核束

皮质核束(corticonuclear tract)又称为皮质脑干束。皮质核束与皮质脊髓束一同经内囊下行到中脑腹侧,分散地穿过脑桥核,投射于脑干的颅神经感觉核与运动核,控制面部肌肉的活动。

3. 皮质脊髓束对脊髓运动神经元的控制

(1) 直接影响。

Charles Phillips 等早期利用电刺激法研究皮质脊髓束对脊髓运动神经元的直接影响。他们在电刺激猴初级运动皮质的同时,记录脊髓运动神经元细胞内由刺激诱发的突触后电位。结果表明,皮质脊髓神经元对脊髓的 α 运动神经元有直接、强烈的兴奋性影响。在支配肢体远端肌肉的运动神经元上所产生的 EPSP 要比在支配肢体近侧肌肉的运动神经元上所产生的 EPSP 大得多。

单个脊髓运动神经元可由多个皮质脊髓神经元直接控制,这些神经元集中在 $2\sim10\,mm^3$ 的皮质区域内。此外,单个脊髓运动神经元还可与更多皮质脊髓神经元有联系,这些皮质脊髓神经元可以分布于互相分开的皮质区域中,但其下行轴突汇聚一起。

单个皮质脊髓神经元下行轴突在脊髓中可产生分支,终止于支配不同肌肉的运动神经元核中。Eberhard Fetz 等发现,单个皮质脊髓神经元常同时单突触地影响很多支配不同肌肉的运动神经元,但这种"分散"在支配手指肌肉的运动神经元中比较少见,较专一的直接突触联系可能对手指精细运动的控制有利。

(2) 间接影响。

除与脊髓运动神经元有直接联系外,皮质脊髓神经元还可以间接影响脊髓运动神经元。如通过上颈段脊髓本体神经元(spinal proprioceptive neuron)间接地影响位于颈膨大中的支配前臂肌肉的运动神经元,以及经过 I_a 抑制性中间神经元施加对运动神经元的抑制性间接影响等。

皮质运动区也可以通过位于脑干的神经核团间接地控制脊髓运动神经元。在主运动皮质、前运动皮质和辅助运动区,均有神经元投射至脑干的网状脊髓神经元及其他下行神经元,间接影响脊髓运动神经元。

(3) 在种系发生上,皮质脊髓束在哺乳动物中开始出现,到灵长类才开始与控制肢体远端肌肉的运动神经元有直接联系。因此,只有在人和灵长类动物中,该系统的损伤才会引发明显的运动缺陷。如失去对四肢远端肌肉精细的、技巧性的运动控制。此外,损伤皮质脊髓前束,会使近端肌肉失去控制,导致躯体平衡的维持、行走和攀登均发生困难。

(五) 大脑皮质运动区的传入网络

大脑皮质运动区接受多方面的传入,其中主要包括从皮质下结构的传入以及其他皮质部位的传入(图 14-17)。

1. 皮质下结构传入系统

(1) 外周传入:外周感受器→脊髓→丘脑 VPLo、VLc→初级运动皮质。

(2) 小脑传入:① 齿状核嘴端→丘脑 VPLo、VLc→初级运动皮质;② 齿状核尾端→丘脑 X 核区→前运动皮质→初级运动皮质。

(3) 苍白球传入:苍白球→丘脑 VLo、VApc 和 CM→辅助运动区→初级运动皮质。

由此可见,初级运动皮质、前运动皮质和辅助运动区通过不同的丘脑核接受信息传入,这些通路互不重叠。此外,5 区(后顶叶皮质)接受来自脑干前庭核团的传入。

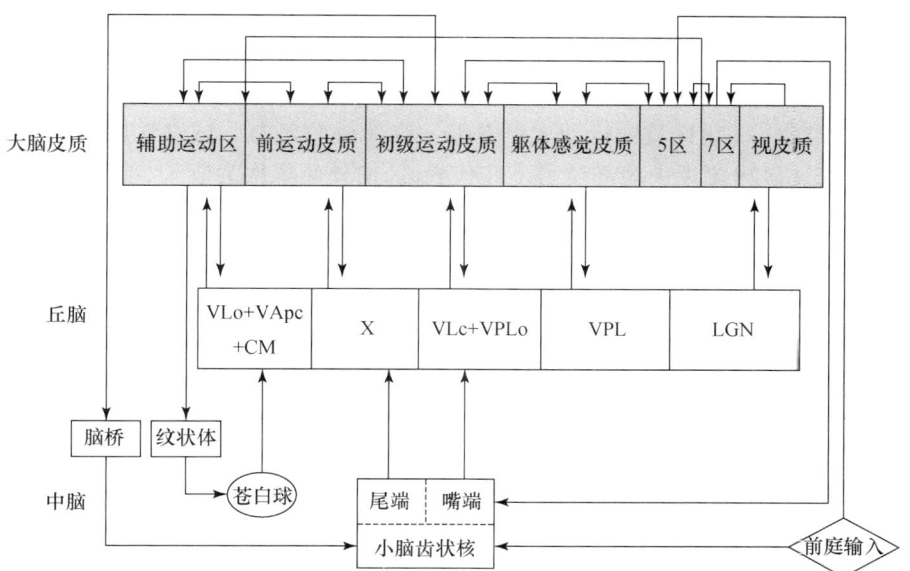

VLo,腹外侧核吻部;VApc,腹前核小细胞部;CM,内髓板核;X,丘脑 X 区;VLc,腹外侧核尾部;
VPLo,腹后外侧核吻部;LGN,外膝体

图 14-17 皮质运动区的投射网络(韩济生,1999)

2. 其他皮质部位联系网络

(1) 同侧皮质联系。

初级运动皮质与躯体感觉皮质有双向联系。初级运动皮质接受躯体感觉皮质的投射,获得皮肤和本体感觉信息。这种投射方式是按躯体定位方式进行的。初级运动皮质投射至躯体感觉皮质,提供相关运动指令信息。初级运动皮质还与辅助运动区及前运动皮质有双向联系,这两个次级运动区又受后顶叶皮质和前额叶联络皮质的影响。

后顶叶皮质 5 区接受前庭系统和躯体感觉皮质的投射,得到躯体空间感知信息,如肢体位置、头部空间位置和躯体与外界物体的相互关系等。后顶叶皮质 7 区接受视皮质和 5 区的投射,将视觉信息与躯体空间感知信息加以整合,进而投射到小脑和前运动皮质。

(2) 对侧皮质联系。

初级运动皮质还经过胼胝体与对侧初级运动皮质有纤维联系。这主要是双侧控制躯干中线肌肉和肢体近侧肌肉的皮质区之间的联系,有助于两侧肌肉群的协调。两侧运动皮质的手区和足区之间没有经过胼胝体的纤维联系。两侧的其他各运动区之间有相互联系。

(六) 大脑皮质运动区的反馈环路

运动皮质神经元的传入和传出有密切关系。运动皮质神经元接受它所控制的肌肉内感受器的传入信息,和脊髓运动神经元接受同名肌的肌梭的传入情况相似,这表明可能存在一个经过运动皮质控制肌肉收缩的长反馈环路。这个反馈环路将帮助运动中的肢体克服运动过程中发生的障碍。例如,当运动由于负载增加而滞后时,肌梭初级末梢的传入放电增加。这不仅通过脊髓引起牵张反射,而且将使运动皮质神经元的放电增加,从而经运动神经元增强肌肉收缩,以克服增加的负载。

二、初级运动皮质的运动功能

(一) 初级运动皮质的躯体定位

1. 初级运动皮质各部位肌肉代表区的功能特征

初级运动皮质是按躯体定位而组织的(图 14-18),各部位肌肉代表区主要有以下功能特征。

(1) 交叉性支配躯体运动：一侧皮质支配对侧躯体的肌肉。但头面部，除舌肌和下部面肌主要受对侧支配外，其余多数为双侧支配，如咀嚼肌、喉肌及上部面肌。因此，损伤一侧内囊会产生对侧舌肌和下侧面肌麻痹，而头面部多数肌肉基本正常。

(2) 精细的功能定位：一定区域的运动皮质支配一定部位的肌肉。与感觉皮质相似，运动区定位从上到下是倒置的，即在4区内侧近中线部位是下肢代表区，向外侧依次为躯干、前臂、手指，最外侧靠近外侧沟处为面部和舌代表区。而头面部代表区在皮质的安排仍是正立的。

(3) 运动代表区大小与运动复杂、精细程度有关：运动越复杂、越精细，皮质相应运动区的面积越大，如手指和面部的代表区比其他部位的代表区要大得多。

早期关于初级运动皮质躯体定位的结论是通过电刺激方法得到的。电刺激清醒病人中央前回区域时，病人进行不自主地简单而定型的运动，并且不能引起运动的意念。这说明，初级运动皮质比较接近运动系统执行的输出端。

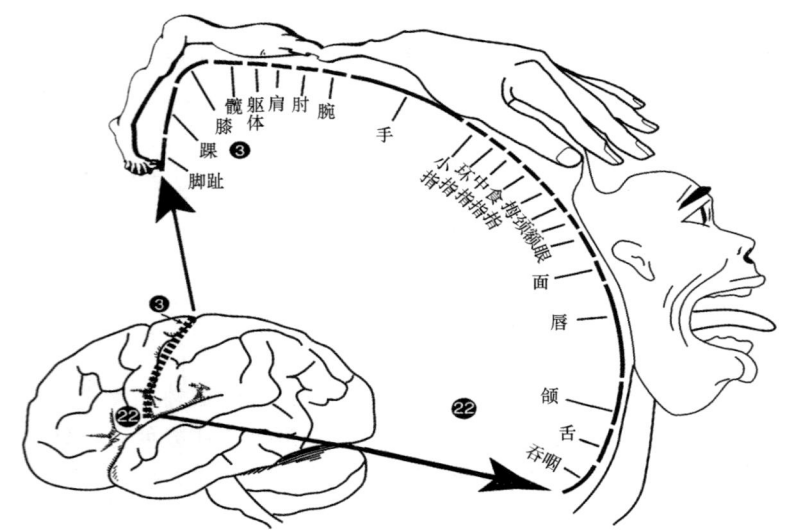

图14-18　人初级运动皮质中躯体各部位肌肉代表区分布示意(Dum et al.，1996)

2. 皮质神经元协同活动是运动控制的基础

电刺激技术存在一定缺陷，即无法在随意运动同时观察大脑皮质运动区的整体活动状况，只能将逐个刺激各皮质点产生的反应汇总后加以分析。近十多年发展起来的正电子发射断层扫描、功能性磁共振成像等脑功能成像技术弥补了电刺激技术的缺陷，使人们对初级运动皮质的认识有了一些新的发现。

(1) 拇指、食指运动和上臂肌肉收缩时在初级运动皮质各有两个激活区，分别位于4区皮质的前部和后部。

(2) 面部、手、手臂和腿运动时，虽然在初级运动皮质上的激活区中心位置和传统躯体定位组织的排列相符，但相邻身体部分运动时的激活区却有高度重叠，如拇指、食指、中指、环指和腕部的代表区相互有40%~70%的重叠，当一个手指运动时出现好几个激活区。

(3) 身体部位的代表区还不是固定不变的，它们的位置和大小常随运动学习而改变，或者因损伤而发生可塑性变化。

由此可见，运动皮质各代表区在很大程度上是相互重叠的，弥散在广泛区域内的诸多皮质神经元群的协同活动是运动控制的基础。

(二) 初级运动皮质在运动控制中的作用

早期刺激和毁损的研究表明，初级运动皮质在运动的控制中起重要作用。但这些实验结果并不能解释初级运动皮质是如何参与运动的发起和控制的，如各种运动参数。Edward Evarts创新性地使用了操作式条件反射训练的实验方法，为解答这些问题提供了新的手段。通过操作式条件反射的训练，猴子能学会根据一定的"条件"信号,"反射性"地做一定的"操作"动作。与此同时,观察所记录到的猴运动皮质单个神经元的放电活动和肌电活动,实验者便能分析皮质神经元的活动与运动的功能关系。

1. 初级运动皮质参与运动指令的发起

训练猴做重复的屈、伸腕动作,记录到在屈腕和伸腕时初级运动皮质中活动的神经细胞放电。这些运动皮质神经元一般在有肌肉出现肌电前 10～100 ms 开始活动,说明初级运动皮质参与发起运动。

2. 初级运动皮质参与运动参数的编码

(1) 初级运动皮质参与肌力参数的编码。

大多数初级运动皮质神经元的放电频率和肌力的大小有关。Eberhard Fetz 和 Paul Cheney 利用"峰电位触发平均方法"检测出一些与脊髓运动神经元可能有直接突触联系的运动皮质神经元。他们发现,这些皮质神经元可以易化肢体肌肉的肌电活动,并且其放电频率与所需产生或维持的肌力相关。

皮质神经元的放电与需要精细控制运动有密切关系。在猴被要求用拇指和食指捏一根棒并维持一定压力时,有的皮质神经元会有较高频率的放电;但当猴用五根手指用力握住一根棒时,这些神经元却不放电。可见,初级运动皮质神经元对手指的精细运动特别重要。此外,有少数初级运动皮质神经元的放电活动还与肌力的改变速率相关。

(2) 初级运动皮质参与运动方向参数的编码。

初级运动皮质神经元的放电频率和运动方向有关。Apostolos Georgopoulos 等对此提供了重要的实验依据。他们训练猴通过手臂的伸屈运动将胸前的操作杆从一中心点向位于同一平面外围的八个目标移动(各目标间隔 45°),同时记录各神经元的放电活动。结果表明,当动物手握操作杆做移动运动时,只要移动所向的目标在最佳角度两侧的一个较大弧度范围内,一个神经元会有程度不同的放电活动。这样,从单个神经元的放电活动不能准确地判定运动的方向。但通过计算一群神经元的放电强度在八个目标运动方向的每个方向上的矢量贡献,再求出每个方向上的矢量和,可以发现,神经元群体放电活动矢量总和所得到的运动方向,与实际运动的方向基本吻合。这说明运动的方向是由一群神经元的活动决定的(图 14-19)。

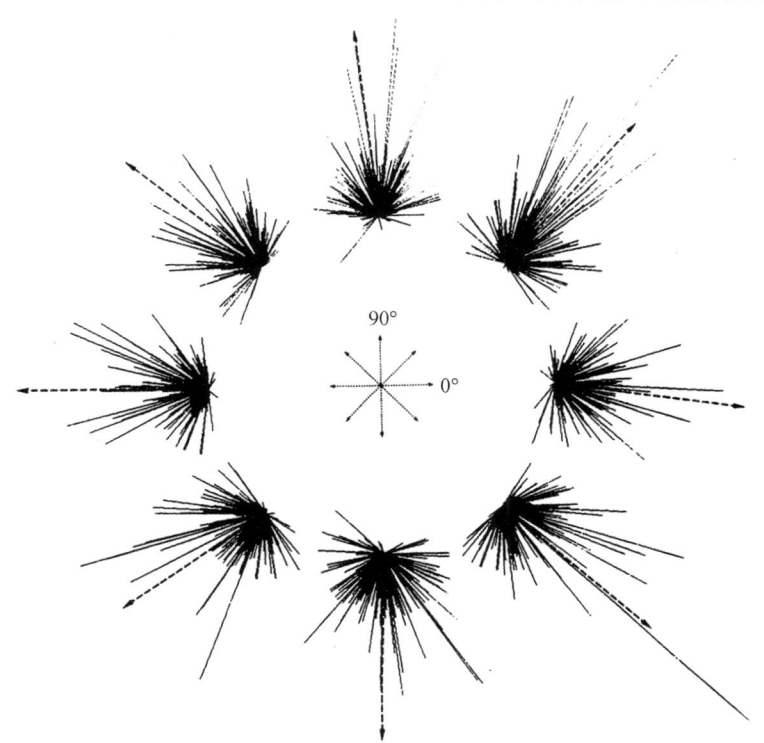

图 14-19 神经元集体放电矢量方向与实际运动方向比较(Georgopoulos,1988)

图示神经元在八个方向上的群体活动。由每个方向各神经元放电活动矢量计算所得的群体总和矢量所代表的方向(断续线箭头)基本接近于实际运动方向(点线箭头)。

其实,更早的实验已表明,很多运动参数可由运动皮质内神经元群体的活动所决定。例如,当记录数个在运动时同时放电的神经元活动时,如将每个神经元的放电值进行适当地加权处理后再相加,这数个神经元放电平均值变量往往比其中任何一个神经元的放电值更接近肌力变化的时程、速度和肢体位置变化的轨迹和位置。所记录的神经元数越多,与实际运动参数的符合度也越高。

皮质神经元群体活动对运动方向和其他参数编码的实验证据,是近年来皮质损伤修复和脑机接口(神经假肢,neural prosthesis)领域研究进展的主要神经生理学理论基础。但这一领域的进展在很大程度上仍依赖于寻找最佳的算法,以便能将所收集到的脑信号数据转换还原成简单的方向性动作。如何恒定地从脑组织中记录与行为有关的电信号,以及如何深化对大脑控制机制的认识,提高对所记录到的皮质神经元放电特征的功能上的解释能力,是今后脑机接口领域进一步发展的瓶颈,也对未来的神经生理学家提出了挑战。

三、其他运动皮质的运动功能

(一) 辅助运动区的运动功能

辅助运动区在运动编程和控制运动顺序方面有重要作用。其中前辅助运动区(pre-supplementary motor area)参与较高层次的运动控制,而新辅助运动区(new supplementary motor area)参与较为简单的运动。实验证明,令受试者完成用四个手指按照不同的组合顺序按一对键的任务时,在学习过程中只有受试者的前辅助运动区被激活,而在学会后的执行过程中则只有新辅助运动区被激活。

辅助运动区也参与对躯体双侧运动的协调和控制。在缺乏感觉线索提示的条件下,辅助运动区受损的猴会失去选择适宜的运动的能力,其双手协调动作的能力也受到影响。

辅助运动区与多种操作运动的准备有关。在人进行随意运动前 800~1000 ms,颅顶(vertex)处出现一个负向的持续电位,称为准备电位(readiness potential)。准备电位反映了运动的准备过程。准备时间的长短与即将动作的复杂性及精确程度有关。在受试者需要根据事先确定的刺激做出事先确定的反应的实验中,准备时间较短。如果受试者需根据不同的刺激做出不同的反应,则准备时间较长。选择的可能性越多,准备时间越长,即中枢需要越多的时间从各种可能性中做出正确选择。

(二) 前运动皮质的运动功能

在有轴突纤维投射至主运动皮质的各皮质区中,前运动皮质的功能被了解得相对较少。前运动皮质接受后顶叶皮质的投射,获得大量视觉和躯体感觉信息。其中很多神经元既有躯体感觉的感受野,又对视觉输入有反应,且在按视觉提示进行运动时有较强的放电现象。因此,前运动皮质可能参与选择和控制肢体的合适运动方式。

前运动皮质发出大量纤维投射至内侧下行系统的脑干部位,也有一部分纤维投射至控制躯干中轴及近侧肌肉活动的脊髓前角运动神经元。因此,前运动皮质可能主要参与控制躯体中轴肌肉及肢体近侧肌肉的活动,如控制将躯干和手臂伸向目标的运动。

前运动皮质在运动准备中也起一定作用。不少前运动皮质神经元会在猴准备做一个特定动作时放电。这种放电往往有方向特异性,只有猴准备向某一方向运动时才出现放电,即它代表特定感觉信号与特定运动的联系(一种"联系学习")。这种特殊的神经元虽然在所有运动皮质区中都被观察到,但在前运动皮质中的数量相对更多,在运动准备阶段的放电所具有的意义也各有不同。

(三) 后顶叶皮质的运动功能

任何运动的顺利执行都需要对感觉传入的信息进行整合。后顶叶皮质接受大量来自视觉皮质和躯体感觉皮质的纤维投射,汇总整合这些关于运动目标(空间位置等)和动物本身状态(肢体位置、对目标有无兴趣等)的信息后,为引导运动而产生一个参考的框架。

猴的后顶叶皮质包括 5 区和 7 区,人还包括 39 区和 40 区。5 区中有两类神经元:一类神经元当猴将前臂伸向一个感兴趣的物体时放电;另一类神经元则只在猴用手探摸感兴趣的物体时才放电。7 区内有的神经元只在猴眼移向感兴趣的物体时有放电活动,在无目的眼球移动时不放电。

左、右两侧后顶叶皮质分别倾向加工不同的信息。通常左侧与语言文字信息的加工有关,右侧则与空间位置信息的加工有关。后顶叶皮质受损的病人无法获知关于自身一侧躯体的触觉或视觉信息,这种现象称为忽略(neglect)。病人否认一侧肢体是自己的,并对这侧肢体完全不加理会。由于不能利用对侧躯体的信息(包括视觉信息),他们不能得出正确的空间坐标,动作不能正确进行。例如,在画一个钟时,他们会将所有数字都画在一边,而且并不认为这是错的。同时,对于物体空间位置的判断也发生错误。虽然感觉是正常的,但病人不能依赖触摸来辨别放在手中的形状复杂的物体或画出物体的三维图形。

(四) 背侧前额叶的运动功能

背侧前额叶是大脑联络皮质中最重要的前额叶的一部分。过去一般不将背侧前额叶作为主要的运动皮质区,灵长类的背侧前额叶得到充分发展。

背侧前额叶参与随意运动的高级执行功能,决定该做什么,不该做什么。随意运动的两个关键信号是运动指令信号和执行信号。背侧前额叶中的神经元会在运动指令信号出现后到执行被指令的运动这段时间内有明显的放电活动。这种在指令信号消失期间的神经元活动似乎起一种"工作记忆"的功能作用,在动物等候执行信号的那段时间内,保存着与先前指令信号有关的或与运动有关的信息。一旦当等待期间神经元的放电活动与指令信号所产生的特征性放电活动不符时,动物则常会在执行信号出现后做出不符合预计要求的动作。

背侧前额叶受损会导致病人失去准确做出延时反应操作的能力。如果没有延时,只要求受试者做出即刻反应,他们似乎能正确地完成操作;但当在操作中加入延时后,受试者便逐渐忘记了一旦执行信号出现时他该做的正确反应。

总之,各皮质运动区各有不同的解剖和生理特征,在随意运动的控制中起着不同的作用。事实上,许多功能特征为各运动区所共享,只是各有偏重,各皮质运动区之间在功能上的分工只是相对的。

第五节 小脑对运动的调节

小脑(cerebellum)是中枢神经系统中最大的运动调节结构,其主要作用是维持躯体平衡、调节肌肉张力和协调随意运动。小脑不直接发起运动和指挥肌肉活动,而是作为一个大脑皮质下的运动调节中枢配合大脑皮质完成运动机能。小脑还具有在技巧性运动的获得和建立过程中发挥运动学习(motor learning)作用的功能。此外,越来越多的研究表明,小脑除具有调节运动的躯体功能(somatic function)外,还具有一些调节内脏活动的非躯体功能(non-somatic function)。

一、小脑功能的结构基础

小脑由外层的灰质(皮质)、内部的白质和位于白质深部中心的三对小脑核组成。三对小脑核分别是顶核、间位核(interposed nucleus)和齿状核。在人类,间位核分化成球状核和栓状核。

小脑的传入纤维主要来自前庭、脊髓和大脑皮质等处,分别投射于小脑核和小脑皮质;也有一些传入纤维来自中缝核、蓝斑核和下丘脑。

小脑皮质的传出纤维,即浦肯野细胞的轴突,大多数投射到小脑核,构成小脑皮质的传出(称为皮质-核团投射,corticonuclear projection);小脑核神经元轴突组成的离核纤维(nucleofugal fiber)构成小脑的传出,投射到众多脑区,主要到达大脑皮质运动前区、脑干的运动核团和间脑。另外,也有一部分浦肯野细胞不经小脑核直接投射到前庭核。

所有小脑传入和传出纤维均经过三对小脑脚——小脑上脚(结合臂)、小脑中脚(脑桥臂)和小脑下脚(绳状体)进出小脑。

(一)小脑的分区

1. 横向分法

小脑表面存在的大量横向窄沟将小脑表面分成许多平行、狭长的叶片(folia)。少数沟较深,称为裂,将小脑横向分成若干个小叶(lobule)。以这些小脑裂中两条最深的裂——原裂和后外侧裂为界限,可将小脑由前至后分成三个主要的叶(lobe)——前叶、后叶和绒球小结叶(图14-20A)。

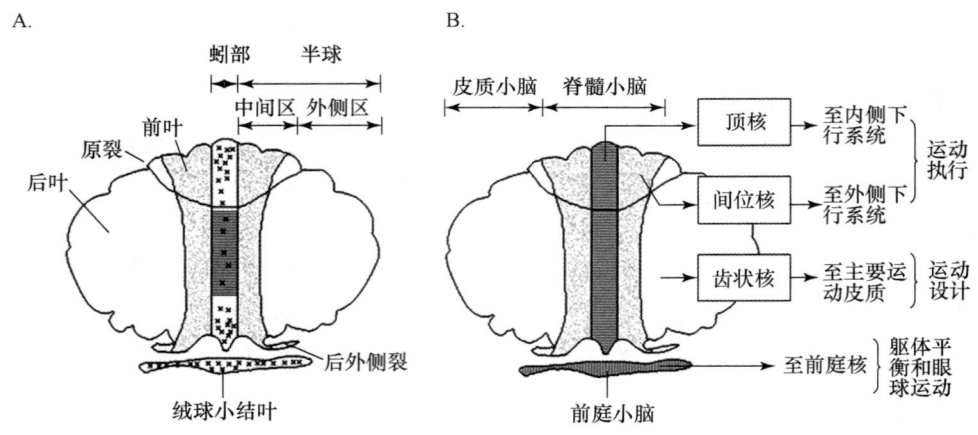

图14-20　小脑的分区及传入、传出神经联系(改自Kandel et al.,1991)

2. 纵区分法

根据小脑皮质浦肯野细胞轴突投射到小脑核,即皮质-核团投射规律,可将小脑自内侧向外侧,纵向地分为三个纵区:内侧区(medial zone)、中间区(intermediate zone)和外侧区(lateral zone)(图14-20)。内侧区(蚓部)皮质的浦肯野细胞主要投射到顶核,部分投射到前庭外侧核,顶核又与内侧下行系统相连接,控制了躯体近端(体轴)肌肉装置的活动;中间区(蚓旁部)投射到间位核,间位核连接外侧下行系统,主要调节躯体远端(肢体)肌肉的活动;外侧区(小脑半球)投射到齿状核,通过齿状核与大脑皮质运动皮质和前运动皮质相联系,参与随意运动的计划和编程;小脑体之外绒球小结叶的浦肯野细胞,不经任何一个小脑核直接投射到前庭核,故前庭核也可视为小脑的转移核团。

与前述的横向分法相比,小脑的纵区分法不仅体现了各分区的皮质-核团投射规律,而且也体现了它们的系统发生以及与其他脑区之间的神经连接关系。纵区分法更容易显示出小脑不同部位之间的功能差异,从功能的角度来说,这是一种更好的小脑分区方法。

(二)小脑皮质的组织结构

与大脑皮质相比,小脑皮质结构和神经元环路的组成相对简单。在每个小脑叶片中,神经元的排列方式基本一致,使得整个小脑皮质神经元环路的组成都是一样的(图14-21)。全部小脑皮质都是三层结构,由表及里分别为分子层、浦肯野细胞层和颗粒层,其中含有苔藓纤维、爬行纤维(climbing fiber)和多层纤维(multilayered fiber)三类传入纤维,以及浦肯野细胞、颗粒细胞、篮状细胞、星形细胞和高尔基细胞(Golgi cell)五种神经元。

在五种神经元中,浦肯野细胞是小脑皮质的主神经元(principal neuron),它的轴突构成了小脑皮质的唯一传出路径,投射到小脑核和前庭核;其余四种神经元都是小脑皮质神经元环路的中间神经元(local interneuron)。颗粒细胞是兴奋性神经元,其轴突末梢释放递质谷氨酸;其余四种神经元均为抑制性神经元,释放的递质为GABA(也有一些证据表明这些神经元还可能释放其他抑制性递质,如甘氨酸,但一般认为它们使用的递质是GABA)。

在小脑的传入纤维中,苔藓纤维和爬行纤维均以兴奋性氨基酸(谷氨酸,爬行纤维也可能使用天冬氨酸)为递质,对突触后神经元发挥兴奋作用;而多层纤维包括5-羟色胺能纤维、去甲肾上腺素能纤维和组

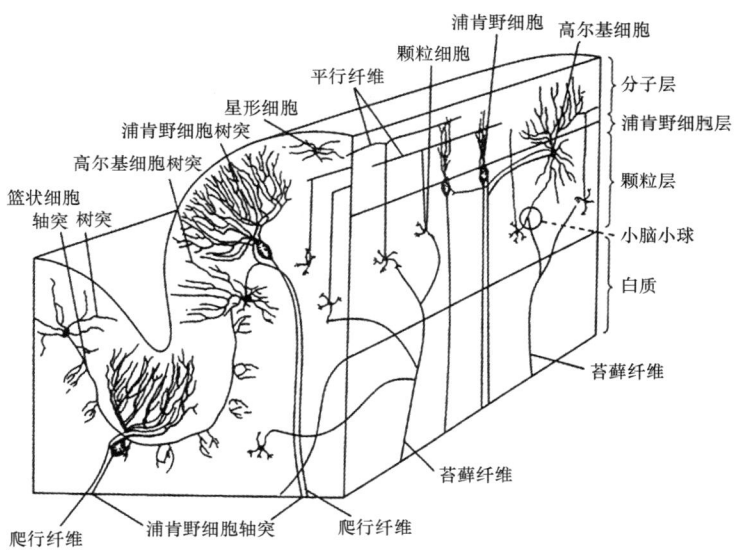

图 14-21 小脑皮质的组织结构及神经元相互关系示意(韩济生,1999)

胺能纤维,它们分别通过释放 5-羟色胺、去甲肾上腺素和组胺对小脑皮质和小脑核神经元发挥抑制性或兴奋性影响。

小脑的传入纤维和局部中间神经元以浦肯野细胞为中心构成了小脑皮质感觉运动整合功能的神经元环路(图 14-22)。由于整个小脑皮质都是由这种单一形式的神经元环路内外侧纵向重复组装而成,因而虽然输入小脑不同部位的神经信号不尽相同,但这些不同来源和不同性质的神经信号都受到类似的神经过程加工和处理。

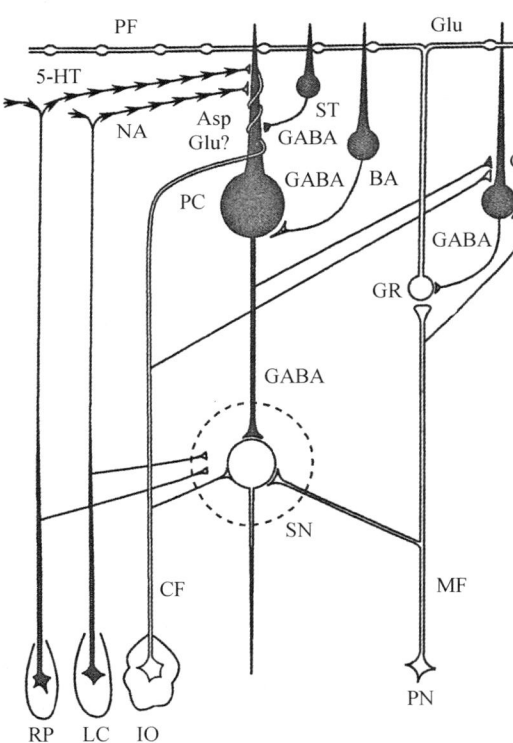

Asp,天冬氨酸;BA,篮状细胞;CF,爬行纤维;GABA,γ-氨基丁酸;Glu,谷氨酸;GO,高尔基细胞;GR,颗粒细胞;5-HT,5-羟色胺;IO,下橄榄核;LC,蓝斑细胞;MF,苔藓纤维;NA,去甲肾上腺素;PC,浦肯野细胞;PF,平行纤维;RP,中缝核;SN,黑质;ST,星形细胞;PN,发出苔藓纤维的小脑前核神经元;抑制性神经元为黑色,兴奋性神经元为白色

图 14-22 小脑皮质神经元环路示意(韩济生,1999)

(三) 小脑皮质神经元环路的传入系统

1. 传入系统的组成

大多数小脑传入纤维以苔藓纤维和爬行纤维的形式进入小脑，还有一部分以多层纤维的形式进入，支配小脑皮质和小脑核神经元，从而影响这些神经元（特别是小脑皮质主神经元浦肯野细胞）的活动，构成了小脑皮质的传入系统。

(1) 苔藓纤维：苔藓纤维是小脑主要传入系统，它起源于中枢神经系统的许多部位，如脊髓、前庭核和脑干中的一些中继核团（桥核、外侧网状核、三叉神经核等），并以苔藓样末梢终止于颗粒层，与颗粒细胞形成兴奋性突触联系。颗粒细胞是小脑皮质中唯一的兴奋性神经元，它的轴突上行到分子层后分叉并沿小脑叶片的长轴方向向两侧伸展，形成 5~10 mm 长的平行纤维。平行纤维穿行于与其伸展方向成直角的一个个浦肯野细胞的扇状树突丛中，与浦肯野细胞树突远端的末梢分支形成兴奋性突触（图 14-21，图 14-22）。一根苔藓纤维可以与 400~600 个颗粒细胞接触，每根平行纤维又可联系 250~750 个浦肯野细胞；对每个浦肯野细胞来说，可接受大约 20 万根平行纤维的输入。这里既有发散，又有汇聚，结果是一根苔藓纤维的传入可以影响相当大范围的一片浦肯野细胞活动。要引起一个浦肯野细胞的兴奋则需要相当多的平行纤维传入，需要通过时间总和和空间总和的共同作用造成一个足够大的兴奋性突出后电位（EPSP）。

(2) 爬行纤维：爬行纤维起源于延髓的下橄榄核，它上升到分子层后脱去髓鞘，并形成数根纤细的扇样分支缠绕到浦肯野细胞的胞体和树突上。每一根爬行纤维可联系 1~10 个浦肯野细胞，而每个浦肯野细胞只能接受一根爬行纤维的传入（图 14-21，图 14-22）。爬行纤维的分支沿着浦肯野细胞的树突"爬行"而上并与其形成多个突触，这种独特的多点式突触连接方式使得爬行纤维与浦肯野细胞之间的突触成为中枢神经系统中最强有力的兴奋性突触。因此，一次爬行纤维的传入即可引起浦肯野细胞一个足够大的 EPSP，使浦肯野细胞产生一次"全或无"的兴奋。

(3) 多层纤维：除苔藓纤维和爬行纤维传入之外，小脑还接受源自脑干中缝核群的 5-羟色胺能纤维和蓝斑核的去甲肾上腺素能纤维，以及来自下丘脑结节乳头核的组胺纤维的直接传入投射。这三种单胺能传入纤维通过小脑脚进入小脑，到达小脑皮质和小脑核。它们在进入小脑皮质之后不断地分支，弥漫性地终止在小脑皮质分子层、浦肯野细胞层和颗粒层三个亚层，因而被称为多层纤维。这些多层纤维轴突末梢上有曲张体结构存在，也可能与小脑皮质神经元形成突触联系，表明它们与小脑神经元之间的信号传递可能包括突触性化学传递和非突触性化学传递两种机制。

刺激中缝核和蓝斑核，或向小脑皮质微电泳注入 5-羟色胺和去甲肾上腺素，均可调制浦肯野细胞的自发放电活动，进而影响机体的运动。一般认为多层纤维可能不承担向小脑传递某种特异性相关信息的任务，它们的作用可能在于通过纤维末梢所释放的 5-羟色胺、去甲肾上腺素或组胺，对小脑皮质和小脑核神经元的膜电位起调节作用，改变这些神经元的兴奋性水平以及它们对苔藓纤维和爬行纤维传入的反应敏感性，从而增强或减弱小脑对其靶核团的兴奋性输出。

2. 浦肯野细胞的两种放电反应

根据浦肯野细胞对苔藓纤维和爬行纤维传入的不同放电反应，可以区别这两种传入纤维对浦肯野细胞活动的影响。

苔藓纤维的传入经颗粒细胞发出的平行纤维换元激活浦肯野细胞，使其产生简单峰电位（simple spike），这是一种 Na^+ 依赖性动作电位，与其他大多数中枢神经元的动作电位基本一致。

爬行纤维的传入直接作用于浦肯野细胞，使其产生复杂峰电位（complex spike）。复杂峰电位由一个大的初发去极化峰电位和一个后随的持续 25ms~1s 的去极化平台，以及叠加在去极化平台上的 2~6 个瞬间频率可高达 500Hz 的爆发性次发小波所组成。复杂峰电位是爬行纤维的兴奋性传入使细胞外的 Ca^{2+} 内流进入浦肯野细胞的树突所致，并且复杂峰电位的次发小波不能被刺激浦肯野细胞轴突末段所引起的逆行动作电位所碰撞掉（逆行动作电位和碰撞实验），说明它们也起源于浦肯野细胞的树突。

可见，浦肯野细胞同时存在 Na^+ 动作电位与 Ca^{2+} 动作电位两种不同的兴奋机制。前者产生于胞体，后者在树突上发生。已经证明，简单峰电位和复杂峰电位均可传导到浦肯野细胞轴突的末梢，触发轴突末梢释放 GABA，进而引起浦肯野细胞的靶细胞——小脑核神经元或前庭核神经元的抑制性突触后电位（IPSP）和紧张性放电活动的抑制。

3. 苔藓纤维和爬行纤维的功能特性

苔藓纤维和爬行纤维的形态和对浦肯野细胞的作用均不相同，表明它们可能向小脑传递了不同的信息，在小脑的功能活动中起着不同的作用。

在自然行为状态下，苔藓纤维的发放频率较高，使浦肯野细胞产生 20～150 Hz 的高频简单峰电位发放（复杂峰电位发放仅为 0.1～2 Hz），这样的发放频率使得浦肯野细胞可以在较大的频率范围内对输入信号的变化做出相应的放电增加或减少反应。随意运动或感觉刺激可以提高或降低浦肯野细胞的简单峰电位发放频率，表明苔藓纤维向小脑或浦肯野细胞适时地提供外周本体感觉和皮肤感觉强度和时间编码信息，包括运动的方向、速度和力量，与机体的运动过程直接相关。但是，复杂峰电位的发放频率变化却不大，表明爬行纤维传入的信息不太可能反应运动或感觉刺激的强度和时间特征，似乎不直接参与运动的适时调控过程。

关于爬行纤维的作用，目前比较流行的观点有如下几种：① 爬行纤维向小脑提供运动执行过程中实际躯体运动状态与中枢运动指令之间的误差信息（error signal）。例如，相关实验证明，爬行纤维的传入可以短时程地调节浦肯野细胞对苔藓纤维传入的反应能力，当猫的行走步伐受到干扰时，浦肯野细胞的复杂峰电位发放显著增多，从而引起简单峰电位发放频率的变化。② 由爬行纤维传入所引起的复杂峰电位可以导致平行纤维-浦肯野细胞突触传递效率的长时程（数分钟到数小时）降低，即长时程压抑。③ 下橄榄-小脑系统可能作为一个中枢时钟样装置（central clock-like device）对肌肉的舒张和收缩活动或运动起到定时作用。然而，这一学说难以解释的现象是，下橄榄神经元的活动及其对小脑浦肯野细胞的传入无论在静息还是运动时都是随机的，并非像时钟的走时那样规则。新近的研究揭示，爬行纤维也可能向小脑传递肢体运动方向和速度的信息，因而其在小脑机能活动中的作用可能是多样化的，或者还没有被完全了解。

(四) 抑制性局部中间神经元的调制作用

浦肯野细胞的活动受到篮状细胞、星形细胞和高尔基细胞三种抑制性局部中间神经元的调制。

1. 空间聚焦作用

篮状细胞和星形细胞接受平行纤维的兴奋性传入，它们的轴突向平行纤维两侧展开，分别与位于平行纤维两侧的浦肯野细胞轴突始段和树突形成抑制性突触联系。这样，当一排浦肯野细胞被一束平行纤维兴奋，形成一条与叶片长轴平行的兴奋区（on-beam）时，被平行纤维所兴奋的篮状细胞和星形细胞则抑制了这束平行纤维两侧的浦肯野细胞，从而在兴奋区两侧又形成了两条浦肯野细胞的抑制区（off-beam）。篮状细胞和星形细胞通过这种类似于传入侧支抑制（afferent collateral inhibition）效应使得浦肯野细胞对苔藓纤维—颗粒细胞—平行纤维传入引发的兴奋反应在空间上被限制起来，称为空间聚焦作用（spatial focusing）。

2. 时间聚焦作用

高尔基细胞也接受平行纤维的兴奋性传入，但它抑制的是颗粒细胞，这是一个类似于脊髓闰绍细胞作用的负反馈环路。通过这种回返性抑制（recurrent inhibition）效应，减弱或去除颗粒细胞—平行纤维对浦肯野细胞的兴奋传入，限制浦肯野细胞的进一步激活，起了时间聚焦作用（temporal focusing）。

这些抑制性的局部中间神经元对小脑皮质兴奋状态的空间和时间聚焦作用，对肌肉运动在空间和时间上的协调有重要意义。

(五) 小脑皮质与小脑核对运动信息的整合

苔藓纤维和爬行纤维在进入小脑之后，发出侧支到达小脑核，以它们的兴奋性作用激活小脑核神经元，这构成了小脑感觉运动整合活动的初级环路（primary cerebellar circuit）。一方面，初级环路的输出活动可因浦肯野细胞对小脑核神经元的强烈抑制作用而被调制;另一方面,浦肯野细胞本身也接受苔藓纤维和爬行纤维的兴奋性传入,它的活动还受到小脑皮质中抑制性局部中间神经元篮状细胞和星形细胞的调制。

最终到达小脑皮质的全部传入信息被小脑皮质神经元环路整合成浦肯野细胞的抑制性输出,由其对小脑核神经元的紧张性放电活动进行"抑制性的雕刻作用(inhibitory sculpturing)",将小脑核神经元的紧张性放电活动调制成特定形式的动作电位序列,再由小脑核神经元轴突将小脑的这种最终整合信息传出到中枢其他运动结构神经元,从而间接地调节骨骼肌的收缩活动,实现小脑的运动调节功能。

由于小脑核既接受来自小脑外的苔藓纤维和爬行纤维兴奋性传入,也接受来自小脑皮质浦肯野细胞的抑制性传入,这种不同来源、不同性质的传入在核团细胞汇聚的现象,说明在小脑核中有复杂的突触整合活动发生,不能简单地把小脑核视为小脑皮质输出信号的中转站,它们实际上与小脑皮质共同完成了小脑所承担的机能任务。

(六)小脑皮质的基本功能单位——微带

精细的解剖学和生理学研究证明,在纵区组构的基础上,可以更微细地将小脑划分成若干个纵带或矢状带(sagittal band)。例如,猫的小脑被分成六条纵带,每条纵带宽约1mm,进一步地,每条纵带又由若干条宽0.1~0.2mm、长数毫米的微带(microzone)组成,在每一条微带中大约有500个浦肯野细胞,它们接受来自特定起源部位的爬行纤维和苔藓纤维传入,它们的轴突也以相互不重叠的严格定位关系投射到特定的神经元上(决定了不同微带具有不同的功能)。由于小脑皮质没有像大脑皮质那样的联合纤维和联络纤维,小脑左、右两半球之间以及同一半球中的不同部位之间并不能彼此"交谈"或交换信息,因而,这些微带显然是各自独立地完成其特定功能活动的,是小脑皮质的基本功能单位。

二、小脑的功能

按照进化先后顺序,可将小脑分为古小脑、旧小脑和新小脑。若按照神经连接和功能特点划分,可依次将它们称为前庭小脑、脊髓小脑(spinocerebellum)和皮质小脑(cerebrocerebellum)。这三个功能部分分别主要接受前庭系统、脊髓和大脑皮质的传入,而且它们的传出也相应地主要作用于前庭核、脊髓和大脑皮质(具体分区及传入、传出神经联系见图14-20,表14-1)。

表14-1 小脑各功能区的分区及传入、传出神经联系和功能

功能区	解剖学分区	传入起源	小脑核	传出终点	功能
前庭小脑	绒球小结叶	前庭	外侧前庭核	内侧下行系统:躯干肌运动神经元	姿势、前庭反射
脊髓小脑	内侧区(蚓部)	前庭、脊髓(躯体近端、头面部)、视觉、听觉	顶核	内侧下行系统:前庭核、网状结构、运动皮质的躯干代表区	躯干和躯体近端的运动控制、运动的适时管理
	半球的中间区	脊髓(躯体远端部位)	间位核	外侧下行系统:红核大细胞部、运动皮质远端躯体代表区	躯体远端的运动控制,运动适时管理
皮质小脑	半球的外侧区	大脑皮质	齿状核	整合区:运动皮质远端肢体代表区、前运动皮质、红核小细胞部	运动的发起、计划和定时

(一)前庭小脑的功能

前庭小脑主要由小脑实体之外的绒球小结叶构成。

1. 维持躯体姿势和平衡

前庭小脑的传入纤维分为初级纤维和次级纤维两类。初级纤维起自两侧半规管和耳石器,是所有小脑传入纤维中唯一不经过中转而直接到达小脑皮质的外周神经节纤维;次级纤维则是起源于前庭神经核的间接投射。这些前庭传入纤维向小脑传递了头部位置变化和头部相对于重力作用方向的信息。前庭

小脑的浦肯野细胞通过对外侧前庭核与前庭脊髓束的抑制作用，调节脊髓中那些支配体轴和肢体近端伸肌的运动神经元的兴奋性活动，维持躯体的姿势和平衡，这是前庭小脑的一个重要功能。绒球小结叶的病变将导致明显的平衡紊乱，患者出现倾倒、共济失调步态（ataxic）和代偿性的宽基步（wide-based stance）等症状，但前庭小脑的损伤并不影响四肢运动，当病人躺下或得到扶持时，四肢仍然能够完好地执行随意运动和完成姿势反射运动。

2. 控制眼球运动

前庭小脑也接受经脑桥核接转的外侧膝状体、上丘和纹状皮质等处的视觉传入；前庭小脑到达内侧前庭核的纤维可以进一步通过内侧纵束连接眼外肌运动核。因而，前庭小脑的另一个重要功能是通过对眼外肌神经核的传出，控制眼球的运动和协调头部运动时眼球为保持视像而进行的凝视（gaze）运动。前庭小脑损伤时，患者可能出现自发性眼球震颤（spontaneous nystagmus）现象。

3. 参与运动的视觉监视

前庭小脑不仅接受与调控眼球运动或追踪视像相关的脑区的苔藓纤维的传入，还接受被视网膜刺激激活的爬行纤维的输入。因此，前庭小脑还参与运动的视觉监视。

（二）脊髓小脑的功能

脊髓小脑由蚓部和半球中间部组成。

躯体感觉信息经直接和间接的脊髓—小脑通路到达小脑。直接脊髓—小脑通路包括后侧、前侧脊髓小脑束两类传入通路。前者起源于脊髓后角的 Clarke 柱，接受肌梭、腱器官、关节和皮肤感受器的传入，向小脑提供与运动相关的肢体位置、肌肉活动状态和皮肤感觉信息；后者主要起源于含有大量中间神经元的脊髓第Ⅶ层外侧，向小脑提供脊髓中间神经元活动的信息，这些中间神经元参与了低位中枢行走节律的生成。间接的脊髓—橄榄—小脑通路，以爬行纤维的形式进入小脑，提供运动执行的误差信息。此外，脊髓小脑还接受视觉、听觉和前庭信息的传入。所有这些传入均具有躯体-小脑皮质定位特征。但这种定位是很粗糙的，这与苔藓纤维的发散和众多平行纤维对同一个浦肯野细胞的汇聚效应有关。小脑不参与意识性感觉的形成，故不需要像大脑皮质那样十分精确地感觉定位。除上述外周传入之外，脊髓小脑还接受经脑桥接转的大脑皮质感觉区和运动区的中枢内传入信息。

脊髓小脑内侧区的传出纤维向顶核投射，经前庭核和脑干网状结构下行至脊髓前角的内侧部分；经丘脑外侧腹核上行至运动皮质的躯体近端代表区。中间区的传出纤维向间置核投射，经红核大细胞部，下行至脊髓前角的外侧部分，也经过丘脑外侧腹核上行至运动皮质的躯体远端代表区。小脑-前庭-脊髓系统主要影响脊髓伸肌运动神经元的活动，而小脑-红核-脊髓系统则影响屈肌运动神经元的活动（图14-20，表14-1）。

总的来说，脊髓小脑的主要功能是利用外周感觉反馈信息控制肌肉的张力和调节进行中的运动，配合大脑皮质对随意运动进行适时管理。

1. 协调随意运动

脊髓小脑是中枢运动控制信息和外周感觉反馈信息的会聚点。在大脑皮质运动区向脊髓发出运动指令（motor command）的同时，也通过锥体束的侧支向脊髓小脑输入运动指令的副本——传出拷贝（efference copy），这一内反馈过程涉及皮质—脑桥—小脑、皮质—网状结构—小脑和皮质—橄榄—小脑等神经通路。由运动指令所发生的随意运动也激活了外周皮肤、肌肉和关节感受器，它们的传入冲动经脊髓—小脑通路到达脊髓小脑，使脊髓小脑获得了大量有关运动执行情况的外反馈信息。

小脑对上述内、外反馈信息进行整合，察觉运动执行情况与运动指令之间的误差，发出校正信号向上经丘脑外侧核到达大脑皮质运动区，修正皮质运动区的活动，使其符合当时运动的实际情况；向下经红核脊髓束和网状脊髓束等通路间接地调节外周肌肉装置的活动，纠正运动的偏差，使运动按中枢运动指令预定的目标和轨道正确地执行（图14-23）。

脊髓小脑受损的病人运动笨拙而不准确,这是由于他们不能通过脊髓小脑有效利用来自大脑皮质和外周感觉的反馈信息来协调运动导致的,病人呈现出小脑性共济失调(cerebellar ataxia)的协调障碍。如指鼻实验阳性,不能完成精巧的动作,在精细动作的终末出现震颤,称为意向性震颤(intention tremor);行走时跨步过大而躯干落后,以致容易发生倾倒,或是走路摇晃呈酩酊蹒跚状,沿直线行走则更不平稳;不能进行拮抗肌轮替快复动作,动作越迅速,协调障碍越明显。与前述的前庭小脑受损时的结果不同,脊髓小脑受损所导致的共济失调,在病人得到扶持时,其下肢运动并不能得到改善,是一种更为严重的运动功能紊乱。

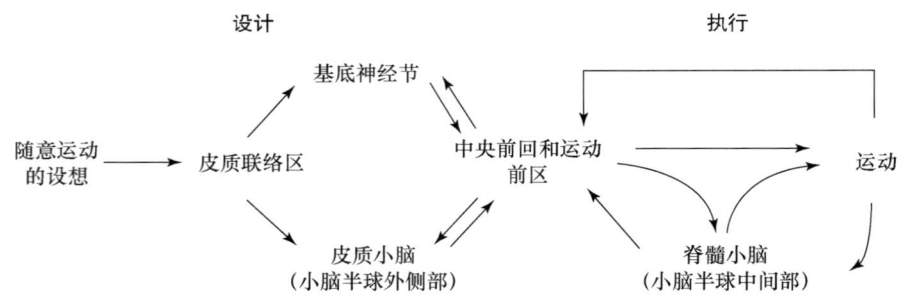

图 14-23　随意运动的产生和调节示意(Ganong,2005)

2. 调节肌紧张

脊髓小脑通过作用于前面提到的前庭-脊髓、红核-脊髓和网状结构-脊髓等下行系统调节脊髓 α 运动神经元和(或)γ 运动神经元的活动,进而影响肌紧张。小脑对肌肉张力的调节具有抑制和易化的双重作用,分别通过脑干网状结构抑制区和易化区发挥作用。抑制肌紧张的区域是小脑的前叶蚓部,其空间分布是倒置的。加强肌紧张的区域是小脑前叶两侧部和半球中间部,前叶两侧部的空间安排也是倒置的。

在进化过程中,小脑抑制肌紧张的作用逐渐减退,而易化作用逐渐增强。在人类,主要为易化作用。故当脊髓小脑受损后可出现肌张力减退、四肢乏力等状况。

(三) 皮质小脑的功能

皮质小脑(图 14-20)即小脑的外侧区。皮质小脑不接受外周感觉的传入,它的传入来自大脑皮质的广大区域,包括感觉区、运动区、运动前区和感觉联络区。从这些脑区传入皮质小脑的纤维均经脑桥核接转到达对侧齿状核并以苔藓纤维的形式发散到对侧小脑半球的皮质。皮质小脑的传出纤维从齿状核出发,经对侧丘脑腹外侧核回到大脑皮质运动区和运动前区。另外,也有部分齿状核纤维投射到红核小细胞部,但这些红核小细胞神经元并不参与形成红核脊髓束,而是发出纤维形成红核橄榄束到达下橄榄核,下橄榄神经元进一步以爬行纤维的形式进入对侧小脑,形成一个反馈环路(图 14-20,表 14-1)。

皮质小脑参与随意运动的发起和计划,并可能为运动定时。

1. 参与随意运动的计划和运动程序的编制

皮质小脑与大脑皮质感觉联络区、运动前区以及基底神经节一道参与随意运动的计划和运动程序的编制。随意运动的产生包括运动的计划和程序的编制,以及运动程序的执行两个不同阶段。皮质小脑与基底神经节一道接受并处理来自感觉联络皮质的运动意念信息,编制运动指令并将生成的运动指令交给前运动皮质和运动皮质去执行;脊髓小脑则利用外周感觉反馈信息对运动进行适时的管理(图 14-23)。实验表明,在猴做腕关节屈伸运动时,齿状核细胞的放电变化不仅发生在间位核之前,而且也发生在运动起始之前。利用制冷探针(cooling probe)冷冻猴的齿状核使之可逆性地失活后,发现运动皮质中与运动相关的神经元的放电活动和动物上肢运动的发起都延迟 100 至数百毫秒。这些实验都证明了皮质小脑具有参与随意运动的计划和运动程序的编制的功能。小脑外侧区损伤的患者会出现运动迟缓和已形成的快速而熟练的动作消失等症状。

2. 可能参与运动定时

目前有研究表明，小脑外侧部可能作为一个中枢时钟样机构为运动定时。实验发现，冷冻失活猴小脑齿状核后，动物在进行肘关节快速运动时主动肌（二头肌）的收缩时间显著延长，拮抗肌（三头肌）的收缩起始时间却大大地推迟，肌肉舒缩活动在时间安排上发生混乱。Ivry 和 Keele 的手指叩击实验表明，小脑外侧部的损毁会影响患者对时间间隔和移动物体速度的判断。但该学说存在的问题在于，小脑核（包括皮质小脑部的齿状核）神经元的放电并不表现出时钟样周期发放的特征，而且皮质小脑的运动定时作用学说与下橄榄核—小脑环路活动的运动定时作用学说之间是否有某种内在的联系也不清楚。

（四）小脑具有运动学习功能

运动学习（motor learning）是指在感觉传入信息的不断刺激下，运动神经网络发生可塑性变化，从而使得机体能够做某种新形式的运动。众所周知，小脑局部损伤所引起的运动失调具有高度代偿性恢复的可能，这一现象提示小脑神经元环路具有通过学习而重建其功能活动的能力，即所谓适应性学习功能。

20 世纪六七十年代，两位计算神经科学家 Marr 和 Albus 先后建立了小脑神经元网络的数学模型。他们根据对该网络模型计算结果，提出小脑可能在运动技巧的学习中起关键作用。他们认为，爬行纤维传入的异突触作用导致平行纤维-浦肯野细胞突触发生的可塑性功能变化，赋予小脑神经元环路运动学习的能力。

Ito 等的研究为突触可塑性变化提供了生理学证据。他们用 4 Hz 的连续电脉冲同时刺激爬行纤维和苔藓纤维，可以长时程减弱浦肯野细胞对苔藓纤维传入的反应，表现为浦肯野细胞对苔藓纤维刺激所产生的诱发简单峰电位发放减少或 EPSP 幅度减少。这种现象可以持续 1 小时或更久，即 LTD。随后的研究发现，同时刺激爬行纤维和平行纤维也可在浦肯野细胞上获得 LTD。LTD 是浦肯野细胞对苔藓纤维传入通路的长时程传入适应。对一个神经网络来说，适应就是其应对新情况的反应的长时程变化，是学习的一种表现，因而 LTD 被认为是小脑运动学习的神经基础。

目前对小脑 LTD 产生机制比较一致的看法是：① 爬行纤维和平行纤维同时被激活；② 平行纤维末梢释放谷氨酸激活浦肯野细胞上的 AMPA 型和促代谢型谷氨酸受体，前者激活引起细胞膜去极化，后者激活引起胞内信号转导链中的第二信使——IP_3 和 DAG 的生成，爬行纤维的传入引起浦肯野细胞复杂峰电位发放，在复杂峰电位发放期间有大量的 Ca^{2+} 经电压敏感性钙通道进入浦肯野细胞的树突；③ Ca^{2+} 和 IP_3 可进一步引起胞内钙库释放 Ca^{2+}，进而 Ca^{2+} 与 DAG 一起激活蛋白激酶 C，后者通过磷酸化某种目前尚不清楚的底物蛋白引起 AMPA 受体的内吞，导致浦肯野细胞膜上的 AMPA 受体数量减少，最终使其对平行纤维兴奋性传入的反应减小，发生 LTD。另外，有研究发现，逆行信使 NO 也参与小脑 LTD 的形成。

在关于 LTD 与运动学习之间关系的研究中，比较经典的是前庭-眼反射（vestibulo-ocular reflex，VOR）。VOR 是当头向一侧转动时，因前庭受到刺激会引起眼球向另一侧等速运动，使得眼睛能够注视固定目标的一种补偿性反射。Ito 等研究发现：① 减小受试者的视场，会使得正常的 VOR 增益与视场不匹配，眼球会过度运动。经过训练，VOR 增益与减小的视场会逐渐契合，最终获得清晰物像。切除小脑绒球叶或连接绒球叶的爬行纤维通路，VOR 的这种可塑性变化就不再发生，说明 VOR 的这种适应是习得性的，而且与小脑有关。② 当眼球运动过度或不足产生视觉模糊时，小脑绒球叶上参与 VOR 控制的浦肯野细胞出现大量复杂峰电位发放。Ito 等认为，VOR 的适应性是由于与视觉相关的爬行纤维传入对小脑绒球叶上浦肯野细胞的冲击导致了平行纤维-浦肯野细胞突触上 LTD 的发展，减弱了浦肯野细胞对参与错误运动执行的苔藓纤维传入反应。③ 小脑中 NO 参与了 LTD 的形成，将可以吸收 NO 的血红蛋白注射到猴和兔小脑绒球叶皮质与硬脑膜之间的空隙中，可阻断 VOR 的适应现象,却不影响眼球的运动,而洗去血红蛋白后,VOR 的适应现象又可恢复,表明 LTD 可能与 VOR 适应的习得密切相关。

目前对发生在细胞(微观)水平上的 LTD 与发生在小脑系统(宏观)水平上的运动学习之间的关系还不是十分清楚,而且对小脑运动学习和记忆的机制依然存在争论,但共同的看法是,小脑除了具有调节躯体运动的功能之外,还参与了机体的运动学习过程。建立这个概念很重要,正常的运动行为需要在外界情况发生变化时,通过学习而做出适当的调整并加以适应,而小脑参与了这个过程。

(五) 小脑调节内脏活动的非躯体功能

近十余年来的神经解剖学、神经生理学、行为学和脑功能成像研究,以及对小脑占位性病变患者的临床研究,极大地拓展了对小脑功能的认识。小脑不仅是大脑皮质下运动调节中枢,而且是与脑干和下丘脑等自主性功能调节中枢存在纤维联系,参与机体内某些内脏活动调节的重要中枢。与调节机体运动的躯体功能相对应,小脑对机体内脏活动的调节被称为它的非躯体功能。

神经解剖学研究发现,小脑与下丘脑存在着双向、直接的纤维联系——小脑-下丘脑投射(cerebello-hypothalamic projection)和下丘脑-小脑投射(hypothalamocerebellar projection),这两个投射构成了小脑与下丘脑之间的神经环路。由于下丘脑是调节内脏活动的高级中枢,并与某些行为反应和情绪活动密切相关,因而小脑与下丘脑之间的神经环路很可能为小脑参与内脏活动的调节提供了结构基础。此外,小脑还与其他一些参与自主性活动调节的脑区/核团之间存在直接或间接的单/双向纤维联系,这些脑区/核团包括大脑皮质的一些区域、网状核、孤束核、迷走神经背核、中缝核、臂旁核、杏仁核、导水管周围灰质以及边缘系统等。这些小脑传出投射的靶结构或与胃肠、心血管、呼吸、排便和排尿等内脏活动密切相关,或与睡眠觉醒、情绪、学习、记忆和认知等脑的高级整合功能相关。小脑与它们之间的纤维联系也可能或多或少地在小脑的一些非躯体性功能调节过程中发挥作用。

一些电生理学及神经影像学研究发现:小脑和下丘脑可以通过它们之间交互的直接纤维联系影响对方神经元的活动,进而影响摄食活动;电刺激小脑顶核可有效升高动脉血压,刺激终止血压回落,即顶核升压反应(fastigial pressor response),是小脑参与内脏活动调节的一个重要证据;小脑损毁造成内脏功能紊乱的病理现象也提示小脑有可能在内脏活动调节中发挥作用。

小脑调节内脏功能活动,是脑的躯体-内脏反应整合活动的组成部分,是容易理解的。因为在机体的运动过程当中,必然伴随着内脏系统的活动变化和功能的实施,以配合躯体运动功能的完成;反之,内脏系统的功能状态也会制约躯体运动功能的实施。小脑参与的内脏功能调节,以及它在躯体运动调节中发挥作用,有利于机体产生一个协调的躯体-内脏反应,以适应内、外环境的变化。

目前获得的小脑非躯体功能资料,不仅有助于我们全面认识小脑的功能,而且有助于深入了解机体的躯体-内脏反应整合机制,并对某些因小脑病变所引起的躯体-内脏并发性功能失调的发病机制做出更为合理的解释。

第六节 基底神经节对运动的调节

基底神经节(basal ganglion)又称为基底核,是从端脑衍生的一些相互联系的皮质下神经核团的总称。作为大脑的最古老区域之一,基底神经节除参与运动调节外,在学习、认知、情感等诸多方面发挥着极为重要的作用。作为运动系统的皮质下调节机构之一,基底神经节并不直接发起或执行运动,而是起着整合、优化、精确调节的作用,通过调节肌张力、调节联合运动、维持姿势,与小脑一起配合皮质完成运动功能的执行。它们从皮质接受大量投射,将信息加工处理后,经丘脑返回皮质。基底神经节的功能失调将产生一系列伴有运动障碍的神经系统疾病。

一、基底神经节的组成及细胞构筑

迄今为止,基底神经节仍没有一个精确并得到广泛认可的定义,通常泛指从端脑腹侧壁发育衍生而来的一些相互联系的皮质下神经核团。在结构上大致包括以下一些成对的灰质团块:尾状核、豆状核(LN)、丘脑底核、黑质(SN)、脚桥核(pedunculopontine nucleus,PPN)、屏状核、杏仁核复合体(amygdaloid nuclear complex,Amy)及伏隔核。

基底神经节各核团相互间的纤维联系与生理功能很复杂,可直接参与运动功能调节的主要是前面五个核团。其中豆状核又被外髓板(external medullary lamina)分隔成为内、外两部分,外部为壳核,内部为苍白球。苍白球在种系发生上出现较早,称为旧纹状体。尾状核和壳核起源相对较晚,两者具有相同的细胞构筑、化学和生理特性,被称为新纹状体,现简称为纹状体,它是基底神经节中最大的神经核团。苍白球内侧部(GPi)和黑质网状部(pars reticulate substantia nigra,SNr)属于同一功能结构,称为GPi-SNr复合体。目前在功能上,较为认可的是将基底神经节分成五个部分:纹状体、苍白球外侧部、GPi-SNr复合体、黑质致密部及丘脑底核。

(一)纹状体

纹状体包括尾状核和壳核,在人类特别发达。胚胎发育中,尾状核和壳核原是位于侧脑室底部的一团灰质块。在皮质发育过程中有锥体束纤维穿过,将此灰质块不完全地分割成背内侧和腹外侧两块。背内侧灰质随着侧脑室向前、向下发育,形成尾状核;腹外侧灰质块演变为壳核。尾状核形似彗星弯向侧脑室外侧壁,它的前面是较大的头部,背侧是较窄的体部,尾部较细,沿侧脑室侧壁延伸至侧脑室颞角,与位于钩内的杏仁核复合体相连。壳核是位于岛叶皮质内侧部的灰质结构,环绕于外囊的外侧部,内侧部经外侧髓板与苍白球分隔。尾状核头部的下方与壳核分界清楚,除了通过薄的灰质桥相互连接外,两者前端的腹侧部在伏隔核水平仍保持连接,在组织断面上可见有灰、白质相嵌的条纹,故称为纹状体。伏隔核连同尾状核、壳核的腹内侧部及嗅结节统称为腹侧纹状体。

纹状体是主要的基底神经节输出结构,从细胞学上来看,尾状核与壳核的细胞类型和构筑相同,形态学上纹状体神经元由棘神经元和无棘神经元组成,根据其轴突的分布可进一步分为投射神经元和局部的中间神经元。

1. 棘神经元

棘神经元占纹状体神经元的95%,它们中等大小,在树突、轴突结构及细胞体积上有相同的形态学特征。棘神经元直径为$12\sim20\mu m$,胞体呈圆形或椭圆形,胞核相对较大,胞质较少,环形排列在胞核周围,外观呈窄环状。从胞体发出4~5个初级树突,初级树突表面光滑,次级树突从初级树突上发出,其表面存在着密集的小棘状突起。每个神经元相互贴近,其树突野基本上都重叠,据估计棘神经元的树突从胞体放射状发出后占据直径约为$300\mu m$的球形空间。棘神经元的形态学已通过高尔基染色及细胞内标记技术得以广泛研究。

作为纹状体的主要信息整合成分和传出神经元,所有棘神经元均属GABA能神经元,以GABA和多种神经肽作为递质,如P物质(SP)、脑啡肽(ENK)、强啡肽(DYN)以及神经降压肽(NY)。此外,钙结合蛋白,如钙结合蛋白D-28K,也存在于这些神经元中。然而并非所有神经肽都存在于每一个棘神经元内,它们与GABA的共存情况与投射神经元的终止部位有关。如包含ENK且能表达多巴胺受体D_2亚型的棘神经元投射至苍白球外侧部(GPe);含有SP及DYN且能表达多巴胺受体D_1亚型的棘神经元投射至黑质网状部及苍白球内侧部。此外,纹状体的棘神经元也同时接受大量外源性和内源性的传入投射,这些传入投射末梢含有不同的递质,且不同来源的传入末梢在中型棘神经元上的终止部位不同,来自含GABA和ACh的中型及大型中间神经元的末梢主要终止于胞体和树突的起始段,形成以对称为主的突触连接。其他类型投射神经元以分散性树突为特征,局部轴突丘包含GABA、SP或ENK,主要与棘神经元的树突形成对称性突触连接。

2. 无棘神经元

作为纹状体中间神经元的无棘神经元,约占纹状体神经元4%。该类神经元的共同特点是有数个表面光滑或仅有少许树突棘的树突,这与棘神经元明显不同。

纹状体中间神经元根据其所含的递质可分为四种主要类型:大型胆碱能神经元、含小清蛋白(parvalbumin,PV)的GABA能中间神经元、含钙结合蛋白的GABA能中间神经元以及含有生长抑素的中间神经元。

(二) 苍白球

苍白球位于豆状核内侧部,借外侧髓板与外侧的壳核分隔。与尾状核和壳核的血管构筑相比,苍白球血管稀少,行程较直,不存在任何卷曲,血管数是尾状核和壳核的一半,因此新鲜标本上颜色苍白,故得名。

通过内侧髓板,苍白球可进一步分为内侧部和外侧部。外侧部体积大,细胞稀疏;内侧部体积小,细胞密集,其内的细胞总数多于外侧部。高尔基染色观察到苍白球神经元胞体呈大椭圆形或多角形,树突长而粗,树突棘较少。沿长树突的长轴有丰富的传入末梢以通过型末梢的形式包绕在周围。

(三) 黑质

黑质是中脑最大的神经核团,位于中脑腹侧部,贯穿中脑的全长,向上延伸到间脑的尾侧部,吻侧端向丘脑腹侧延伸,紧邻丘脑底核的尾侧和大脑脚的背内侧。从中脑的横切面上看,黑质呈半月形,组织学上把它分为两部分,即背侧的致密部(SNc)和腹侧的网状部。

致密部主要由多极大细胞或锥形细胞组成,这些细胞内富含黑素颗粒,使致密部在切面上呈一暗弧形条带,位于两侧大脑脚内。致密部在中脑最尾端的腹侧被脑桥核所覆盖。网状部紧靠大脑脚底,此部位较宽,由分散的不规则细胞组成。网状部细胞富含铁元素而不含黑素,在新鲜标本上呈浅红棕色。网状部本身向上延伸到间脑,位于底丘脑核的腹侧面。

在黑质中,网状部接收来自纹状体的纤维,发出GABA能神经元投射到背侧丘脑,而致密部含多巴胺能神经元,除接受来自大脑皮质4、6区(经大脑脚)的纤维外,还发出广泛的短纤维,与中脑网状结构中的被盖核、红核发生联系,并发出反馈纤维到新、旧纹状体(如黑质纹状体多巴胺能纤维)及丘脑的腹内侧核等。因此,黑质被认为是大脑皮质直接或间接通过纹状体与网状结构发生联系的中间站。此外,黑质致密部还参与中脑对边缘系统的多巴胺能投射。

(四) 丘脑底核

丘脑底核(subthalamic nucleus,STN)为丘脑腹侧四个核团之一,位于大脑脚和内囊连接的背内侧、下丘脑的外侧、未定带和背侧丘脑的腹侧,呈杏仁状。STN作为基底神经节的一个重要结构,是苍白球传出和黑质网状部传入之间的中继站。经STN中继的间接投射与苍白球向脚桥核和黑质网状部的直接投射是平等的,所以STN是基底神经节传出投射间接回路的一部分,对基底神经节的主要传出具有调控作用。研究证明,STN不仅是苍白球外侧核部传出的一个中继站,它与基底神经节的主要结构之间均有往返纤维联系,此外,STN还向丘脑腹侧、背内侧核和脑干网状结构投射。丘脑底核的传入投射纤维主要来自大脑皮质的谷氨酸能纤维、脚桥被盖核的胆碱能纤维和黑质致密部的多巴胺能纤维。

(五) 脚桥核

脚桥核全称为脚桥被盖网状核(pedunculopontine tegmental reticular nucleus),位于中脑脑桥被盖区。PPN由形态和功能异质性的多类神经元组成,包括胆碱乙酰转移酶(ChAT)、谷氨酸、GABA、钙结合蛋白D-28K以及各种神经肽等免疫反应阳性的神经元,数量最多的胆碱能神经元与其他非胆碱能神经元混杂分布。PPN以细胞的分布密度不同分为致密部和弥散部两个部分。PPN神经元上表达有M_2、M_3和M_4等乙酰胆碱受体亚型,其中以M_2受体亚型居多。

在脑内,基底神经节与PPN的联系最为紧密。PPN发出的上行纤维可分布于丘脑、下丘脑、未定带、中缝核、基底前脑、杏仁核、腹侧苍白球、纹状体、大脑皮质、上丘、导水管周围灰质及红核前区的多个区域。PPN与纹状体、黑质网状部、黑质致密部、苍白球之间的复杂的相互联系具有重要意义。黑质网状部发出 GABA 能投射纤维至 PPN,支配 PPN 的胆碱能和谷氨酸能神经元,这种黑质输出纤维抑制 PPN 的胆碱能与非胆碱能神经元。反过来,PPN 发出胆碱能与谷氨酸能神经元混合投射至 GPi、SNr、SNc 及 GPe,这些纤维直接参与运动行为的控制。PPN 传入神经纤维除黑质、STN 和 GP 外,还来自边缘系统有关结构(腹侧苍白球、杏仁中间核、下丘脑外侧部及未定带)、小脑核、内侧前脑皮质与运动皮质。但 PPN 中 GABA 能神经元缺乏上行投射,其下行纤维主要投射至延髓网状结构及脊髓。

(六) 伏隔核

伏隔核是中脑多巴胺系统的主要靶区及前额叶边缘回路的主要纹状体通路的中继站。它参与了脑内的奖赏及动机,包括药物成瘾方面的作用。伏隔核接受来自岛叶皮质或旁岛叶皮质(海马结构、眶额皮质及嗅皮质),以及内侧(前扣带、边缘前皮质及边缘下皮质)和外侧直回皮质区的投射。同时,它还接受来自边缘相关结构,如杏仁核复合体、被盖腹侧区、中线丘脑核团以及髓板间旁束核的纤维。

(七) 纹状体边缘区

纹状体边缘区(marginal division)与苍白球相邻的纹状体区域相比,在细胞构筑、纤维联系和所含递质方面均有其特殊性,并由此得名。此区含梭形神经元,富含多种递质,如 P 物质、脑腓肽、神经降压肽、生长抑素等,其神经元轴突具有大量分支,分支在此区内的背腹侧延伸,部分末梢与苍白球尾端内侧的胆碱能神经元形成突触联系,P 物质能和末梢与此区内的神经元形成突触,该区域有较广泛的直接和间接纤维联系,可能与听觉、运动调控、边缘系统和学习、记忆有关。

二、基底神经节与锥体外系统

基底神经节的纹状体参与运动行为调节,它的功能主要在于对皮质下行的信息进行加工处理,然后返回大脑皮质。基底神经节的这一运动调节功能,很容易与"锥体外系统"联系起来,甚至把锥体外系统与基底神经节理解为同一个功能概念。

锥体外系统这一概念产生于神经生物学发展的早期,由于发现主管运动功能的皮质脊髓束起源于大脑皮质 4 区,它的下行纤维在延髓构成椎体,因此该下行系统称为椎体系统。由于后来发现 4 区以外的皮质对运动也有影响,便用"锥体外(extrapyramidal)"这一概念来称呼脊髓束以外的下行纤维束,它通常泛指锥体系统以外的所有运动神经核和运动神经传导束。

19 世纪末以来,基底神经节就被认为是复杂锥体外运动系统的主要中枢,它的活动通过锥体束介导。但除了从黑质网状部平行投射至顶盖及网状结构的纤维(顶盖脊髓束和网状脊髓束)可以下行至脊髓外,基底神经节与脊髓无其他直接传出联系。可见锥体外系统与基底神经节是两个不同的概念,前者与运动有关,后者是皮质下一些核团的总称,两者不能混淆。事实上,锥体外系统这一术语已越来越少被使用。

三、基底神经节的纤维联系

在基底神经节核团中,纹状体是基底神经节接受来自大脑皮质、丘脑等的传入纤维的接受中心,同时还接受来自丘脑底核、黑质、背侧中缝核、蓝斑、苍白球、脚桥核及其他皮质下结构(如海马与杏仁体)的传入纤维。GPi-SNr 复合体则是基底神经节传出纤维的传出中心。

(一) 主要传入纤维

1. 皮质纹状体纤维(corticostriate fiber)

纹状体接受来自不同功能与解剖结构的皮质区的纤维,不同皮质区投射到纹状体的纤维排列具有一定的空间定位关系:额叶皮质发出纤维至尾状核头的前部和壳核的联合前部,顶叶皮质发出纤维至尾状核体和壳核的联合后部,枕叶皮质投射至纹状体的最后部,部分投射存在重叠。所以大体来说,纹状体可相应分为感觉运动纹状体、辅助运动纹状体及边缘纹状体。感觉运动纹状体包括壳核联合后部的背外侧区、壳核联合前部的背外侧边缘以及尾状核的外侧部分,主要接收来自运动皮质、前运动皮质、辅助运动皮质、扣带运动皮质及躯体感觉皮质的传入纤维。辅助运动纹状体主要位于尾状核头部（除了外侧部、背内侧及腹侧）、尾状核体部的中部、尾状核尾部以及壳核联合前部和壳核联合后部的腹内侧部。这部分纹状体免疫组化证实含有钙结合蛋白，它接受来自辅助皮质区，如前额叶、颞叶、顶后皮质和枕前皮质以及视区前、辅助视区的传入纤维。边缘纹状体主要占据尾状核的背内侧边缘至腹侧部分，包括隔核以及前联合壳的腹内侧。这部分纹状体接受来自扣带回或扣带旁回皮质区的传入纤维，包括海马、边缘前皮质、边缘下皮质以及皮质下杏仁核复合体。其神经纤维末梢释放兴奋性递质谷氨酸。

2. 丘脑纹状体纤维(thalamostriate fiber)

该部分纤维主要来自丘脑板内核群，尤其是中央中核发出大量纤维投射到纹状体。此通路还间接传递由网状上行激动系统传来的非特异性冲动，以调节纹状体的活动。纤维末梢释放的递质可能是有兴奋作用的谷氨酸或ACh。

3. 其他

如脑干中缝核的5-羟色胺能神经元和蓝斑肾上腺素能神经元也发出纤维投射至纹状体。突触末梢释放抑制性递质。此外，大脑皮质也发出纤维直接投射至黑质和丘脑底核。

(二) 主要传出纤维

GPi-SNr复合体是基底神经节的主要传出核团，其传出纤维主要至丘脑，尚有部分纤维至红核、上丘和中脑。传出纤维突触末梢所释放的递质为GABA。

1. 苍白球丘脑纤维

苍白球丘脑纤维包括两束纤维——豆状襻和豆状束。其递质均为抑制性递质GABA。豆状襻起自苍白球内侧部的外侧，纤维在豆状核的腹侧成束绕过内囊后肢的前内侧缘，再折向背侧到达红核前区(Forel-H区)。豆状核起自苍白球内侧部的内侧，有一部分（所占区域称为Forel-H_2区）横过内囊，在丘脑底核的背内侧与未定带之间集结成束，此束再向内侧和尾侧，在底丘脑的红核前区与豆状襻汇合。汇合后的纤维折向背内侧，到达未定带的背侧形成丘脑束。丘脑束是一个复合束，除包含苍白球丘脑纤维外，还含有红核丘脑纤维和齿状核丘脑纤维。这些纤维一起投射到丘脑腹外侧核，小部分投射到丘脑腹前核和丘脑板内核群。板内核群中的中央中核又投射回壳核，并通过束旁核返回尾状核。苍白球与中央中核的联系接通了纹状体—苍白球—中央中核—纹状体回路，此回路的活动受中央前回至中央中核的投射调节。丘脑腹外侧核和腹前核接受纤维投射，又发出兴奋性投射到大脑皮质的前运动区和辅助运动区。这样，基底神经节就可调节锥体束和皮质网状脊髓束大部分运动纤维的活动。

2. 苍白球被盖纤维

苍白球被盖纤维起自苍白球内侧部，部分纤维止于红核前区，另有部分纤维沿红核的腹外侧下降，再转回背外侧进入中脑被盖，在下丘平面终止于脚桥核。此苍白球可影响脑干网状结构，再通过网状脊髓束调节脊髓水平的运动。苍白球亦发出纤维到上丘及中脑被盖，与眼球运动调节有关。

3. 黑质网状部-丘脑纤维

黑质网状部-丘脑纤维起自SNr，主要投射至丘脑腹外侧核内侧部。

(三) 基底神经节核团内部的纤维联系

基底神经节核团之间有广泛的、互相联系的神经纤维，主要纤维联系包括以下几种。

1. 纹状体苍白球纤维(striatopallidal fiber)

纹状体有两类神经元：一类是局部回路神经元，其轴突投射不超过该核团的范围，含多种递质，如ACh存在于大的局部回路神经元中，对多巴胺起拮抗作用；另一类是投射神经元，其轴突较长，可投射至苍白球和黑质，且投射有局部定位，其中投射到苍白球外侧部的神经元含GABA和脑啡肽，投射到GPi-SNr复合体和黑质致密部的神经元含GABA和P物质。

2. 纹状体黑质纤维(strionigral fiber)

黑质是纹状体传出纤维的一个主要终止区，黑质网状部接受新纹状体和旧纹状体传来的纤维，这一纤维向内侧穿经内囊和大脑脚，止于黑质网状部。

3. 黑质纹状体纤维(nigrostriate fiber)

黑质纹状体纤维起自黑质致密部,向前和背外侧进入红核前区,跨越丘脑底核上方,然后贯穿内囊和苍白球至尾状核和壳核,有些纤维也可止于苍白球。黑质致密部的神经元可合成多巴胺,通过 D_2 型多巴胺受体引起 ACh 能局部回路神经元的抑制和 GABA/ENK/CR 投射神经元的抑制;通过 D_1 型多巴胺受体引起 GABA/SP/DYN 能投射神经元产生兴奋。除释放多巴胺外,黑质纹状体纤维末梢还可释放胆囊收缩素。

4. 底丘脑束(subthalamic fasciculus)

丘脑底核发出兴奋性谷氨酸能纤维投射至 GPi-SNr 复合体(主要是 GPi),苍白球外侧部则发出抑制性 GABA 或甘氨酸能纤维投射至丘脑底核,这些往返纤维总称为底丘脑束。通过底丘脑束,丘脑底核可调节由基底神经节到丘脑的投射。此外,丘脑底核还发出纤维到黑质,或经黑质到达中脑被盖,再下行到脊髓。

5. 苍白球黑质纤维(pallidonigral fibers)

苍白球的传出纤维可分为四个部分,即豆状襻、豆状束、苍白球被盖纤维和苍白球底核纤维。前三个部分发自内侧苍白球,最后一部分发自外侧苍白球。其中,豆状襻和豆状束进入未定带背侧的丘脑束,大部分投射到丘脑的腹外侧核和腹前核,小部分投射到板内核的前端。腹外侧核综合来自苍白球和小脑的冲动,然后投射到皮质躯体运动区。苍白球被盖纤维下行止于中脑被盖尾端的脚桥核。苍白球底核纤维起自外侧苍白球,全部投射到丘脑底核的细胞。

四、基底神经节回路与运动调节

(一)与运动功能相关的主要基底神经节回路

基底神经节的运动功能是通过大脑皮质中与运动有关的区域间接实现的。基底神经节回路与大脑皮质之间的这种联系,可概括为三条皮质基底神经节回路。这三条回路共同构成了基底的基本结构,并形成了目前用来解释其对运动功能调节的基本原理的直接和间接回路(图 14-24)。在皮质基底神经节回路中,纹状体是信息输入的门户,接受大脑运动皮质的兴奋性传入和 SNc 的抑制性传入;丘脑是信息输出的门户,将整合后的神经冲动投射至大脑运动皮质。

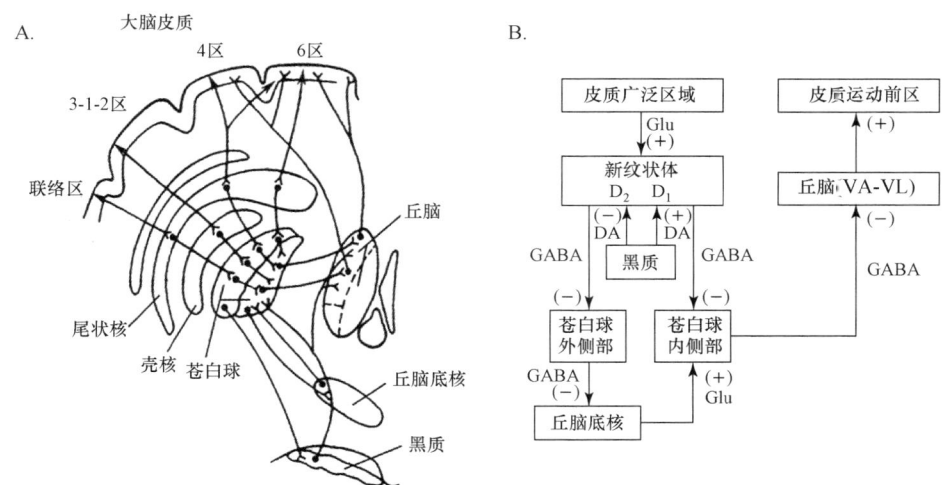

图 14-24 基底神经节与大脑皮质之间的神经回路(朱大年,2008)
A. 连接基底神经节与大脑皮质的神经回路;B. 直接回路与间接回路。

1. 大脑皮质—新纹状体—苍白球（内）—丘脑—大脑皮质回路

从大脑皮质相当广泛的区域（运动区、躯体感觉区、联合区、边缘区甚至顶叶）发出的皮质纹状体纤维，按一定的定位排列投射到同侧的新纹状体（尾状核和壳核，即纹状体的输入核），从新纹状体发出的纤维也按一定的定位排列止于苍白球内侧部，从苍白球内侧部发出的纤维止于丘脑腹前核、腹外侧核、内侧背核（mediodorsal nucleus）和中央中核（centromedianus nucleus）。从丘脑的腹前核和腹外侧核发出的纤维也按一定的定位排序投射到大脑皮质的辅助运动区和前运动区，这两区又和运动皮质有密切的往返联系。这个回路中的各核团还有其他的纤维联系，除下行纤维之外，丘脑的中央中核也有纤维往返到新纹状体（壳核）。

2. 大脑皮质—新纹状体—苍白球（外）—丘脑底核—苍白球（内）—丘脑—大脑皮质回路

在此回路中，投射到苍白球外侧部的纤维起自新纹状体，纹状体棘神经元间接经 GPe 和丘脑底核多突触地投射至 GPi-SNr 复合体，传出神经元是 GABA/ENK 能神经元，该神经元与来自 SNc 的多巴胺能神经元发出的黑质纹状体异质性传入神经纤维形成突触联系，接受 D_2 型多巴胺受体介质的抑制性冲动。它发出的纹状体苍白球抑制性传出神经纤维直接与 GPe 神经元形成突触，对后者起抑制性调节作用。通过底丘脑束，GPe 发出抑制性 GABA 或甘氨酸能纤维投射至丘脑底核，后者发出兴奋性谷氨酸能神经纤维投射至 GPi-SNr 复合体，对后者的含 D_2 多巴胺受体与脑啡肽的神经元起兴奋性调节作用。丘脑底核与苍白球外侧部的往返通路都以谷氨酸为递质。也有绕过丘脑底核从苍白球外侧部到达苍白球内侧部的通路。

3. 大脑皮质—新纹状体—黑质—丘脑—大脑皮质回路

黑质网状部是基底神经节的主要输出单位之一。从大脑皮质投射到新纹状体后，再按一定的定位排列投射到黑质网状部，然后从黑质网状部投射到丘脑的腹前核和腹外侧核，再返回大脑皮质的运动区和运动前区。尾状核与黑质间存在具有局部定位特征的往返纤维联系。直接回路则兴奋黑质网状部传出神经元。因此，直接回路活动可减少基底神经节的输出，而间接回路活动可增加基底神经节的输出。基底神经节输出投射至丘脑，对丘脑至皮质辅助运动区的反馈活动可能具有抑制性作用。直接回路与间接回路之间的活动平衡对正常运动的顺利实现起着非常重要的作用，基底神经节输出水平取决于直接回路与间接回路两者活动的相对强弱。由黑质至纹状体的多巴胺能通过影响这两条回路的活动调节基底神经节的输出。另外，在黑质致密部有纤维往返新纹状体，它组成多巴胺能神经元系统（dopamine neuronal system），但黑质除有纤维至上丘和脚桥被盖核外，没有其他向下投射的纤维。

（二）基底神经节回路对运动的调节机制

近十多年来对有关基底神经节在运动的调节机制方面有较多进展，但仍存在很多争论。下面介绍几个较为认可的假说。

1. 基底神经节参与动作的选择和启动

大脑皮质—纹状体—苍白球（内）—丘脑—大脑皮质回路是基底神经节实现其运动功能的主要结构基础。此外，基底神经节回路具有情感、联想、认知功能，同时还充当纠错的角色，其中纹状体是一个中枢选择装置，它接受来自全部大脑皮质的投射，并能整合有关的皮质传入，发挥不同的功能。在此回路中，基底神经节阻止高级运动中枢下达的不适当运动，因此可对随意运动进行一定的选择和启动。

2. 基底神经节的直接和间接回路共同调节动作的执行

基底神经节结构和功能的一个重要特点是各部分的非均等性。不同区域和不同类型的细胞接受和执行不同功能，起自纹状体的投射纤维可存在双重输出，有些神经元投射至苍白球内侧部和黑质网状部（纹状体直接输出通路），另一些则投射至苍白球外侧部（纹状体间接通路）（图 14-25）。

在直接回路和间接回路中，直接回路起始于含 D_1 多巴胺受体、P 物质及内啡肽的神经元。间接回路则起自含 D_2 多巴胺受体与脑啡肽的神经元。两条回路向基底神经节的输出结构相互拮抗，直接回路提供抑制性输入,而间接回路则提供兴奋性输入。起自基底神经节输出核团的双重投射纤维进一步按相应结构排列投射至不同丘脑核团,而不同丘脑核团神经元发出的纤维最后集中投射至相同皮质区,只是投射到皮质的不同层次。

黑质纹状体多巴胺能神经纤维投射对这两条回路的活动起着重要调节作用,多巴胺对直接回路是兴奋效应,对间接回路是抑制效应。此外,直接回路和间接回路对Gpi-SNr复合体起相反的作用:兴奋直接回路可对Gpi-SNr复合体起到抑制作用,而兴奋间接回路通过丘脑底核兴奋性神经元的转换对Gpi起兴奋作用,从而起到易化皮质的作用。这样,大脑皮质通过皮质纹状体纤维将运动信息传送到纹状体,经过直接回路和间接回路整合后的信息再通过丘脑核团传回大脑皮质,以实现基底神经节对运动功能的调节作用。因此,基底神经节的功能是由纹状体以及纹状体以外多巴胺能神经元两者共同调控的。

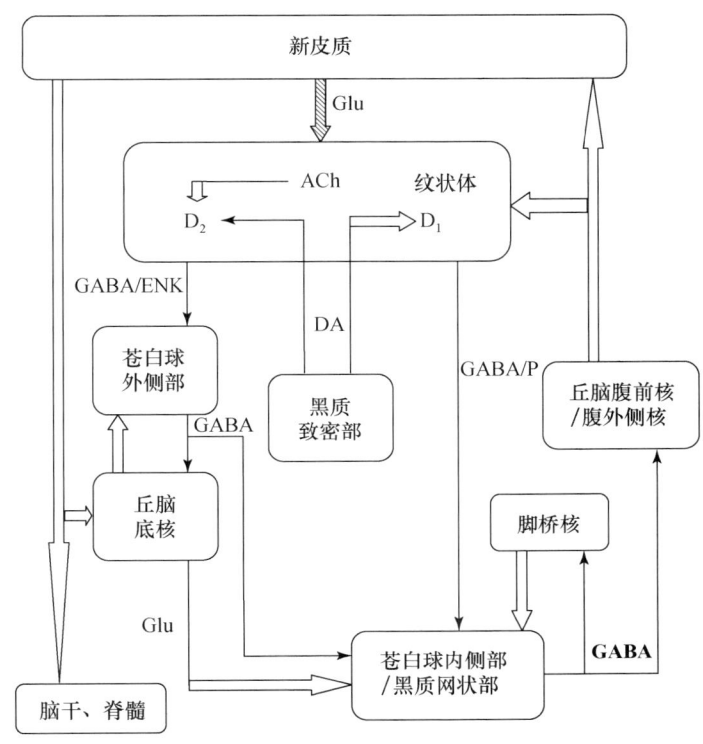

箭线为兴奋性连接,⇒为抑制性连接

ACh,乙酰胆碱;DA,多巴胺;D_1、D_2,受体;ENK,脑啡肽;GABA,γ-氨基丁酸;Glu,谷氨酸;P,P物质

图 14-25　大脑皮质—基底神经节—丘脑—大脑皮质回路(许绍芬,1999)

五、基底神经节回路紊乱与运动功能失调

基底神经节回路通过参与运动的计划和启动,掌握新运动、动作的排序,对新刺激信号做出运动反应等对躯体运动进行调解。正常情况下,直接回路和间接回路之间相互制约,保持平衡,因此,基底神经节回路功能紊乱有可能产生严重的运动行为缺陷。

1. 基底神经节核团损害部位与运动失调表现

(1) 纹状体损害:导致随意运动减慢、姿势异常和不自主运动,且不自主运动是多样的,往往与损害的部位和方式有关。单侧壳核损坏可导致对侧肢体的运动缓慢,伴有拮抗肌活动增强,但反应时间正常,因此无运动启动障碍。常见疾病如舞蹈病。

(2) 苍白球损害:导致随意运动减慢和不自主姿势,单侧苍白球损害导致运动迟缓以及主动肌和拮抗肌异常收缩,并使肌张力增高,但不影响运动的启动。双侧损害主要影响屈肌,造成典型的前驱姿势,病人不容易向前迈出。常见的疾病包括一氧化碳中毒或脑血管病导致的基底神经节损害。

(3) 丘脑底核损害：导致对侧肢体的不自主运动，类似于舞蹈动作但幅度更大，称为偏侧投掷症。目前认为它的发生可能与由丘脑底核发出至 GPi 的兴奋性冲动减少，导致后者发出的抑制性冲动减少而使大脑皮质和脑干运动核团易化有关。

(4) SNr 损害：导致不自主眼动，使用 GABA 激动剂可选择性抑制 SNr 神经元而出现不自主眼动。因此，若 GPi 和 SNr 同时受损时，会出现不自主的躯体、躯干运动以及不自主眼动。

(5) SNc 损害：多巴胺能神经元胞体主要集中在黑质致密部，多巴胺通过不同受体兴奋纹状体的 GABA/SP/DYN 能神经元，而抑制 GABA/ENK 能神经元，表现为促进直接回路而抑制间接回路，最终对运动都起易化作用。哌替啶类衍生物 1-甲基-4-苯基-1,2,3,6-四氢吡啶(MPTP)可选择性破坏 SNc 的多巴胺能神经元，导致出现以静止性震颤、运动迟缓、运动不能、肌张力增高和姿势平衡障碍为特点的帕金森病表现。

2. 基底神经节回路紊乱与运动障碍性疾病

目前，临床上基底神经节回路紊乱导致的运动障碍性疾病主要分为两大类：一是运动过多而肌张力不全的综合征，可见于舞蹈病、手足徐动症、偏侧投掷症等，病变主要位于纹状体；另一类是运动过少而肌张力过高的综合征，系黑质、苍白球病变所致，常见于帕金森病。下面着重介绍亨廷顿病(HD)和帕金森病(Parkinson's disease，PD)。

HD 是一种以舞蹈样不自主运动为主要运动障碍表现的进行性神经变性病。舞蹈样不自主运动是本病最突出的不随意运动障碍表现，此外还伴有肌张力不全和手足徐动。该病的病理损害主要集中在基底神经节和大脑皮质，以尾状核、壳核病变最明显。尾状核头部的实质结构缩小成 2～3 mm 厚的薄带状，以致侧脑室的额角外侧壁呈突起状。纹状体神经元的变形和死亡以及基底神经节中 GABA 及其合成酶——谷氨酸脱羧酶含量显著减少，同时胆碱乙酰化酶活性降低，乙酰胆碱减少。由于抑制性氨基酸 GABA 和乙酰胆碱减少，兴奋性氨基酸多巴胺相对增加而导致多动。该病发生机制可能是间接回路上纹状体神经元的兴奋性减弱，导致 GPe 发出的抑制性神经冲动增高和丘脑底核兴奋性降低，进而使得 GPi 兴奋性降低，而对丘脑核团的抑制减弱。因此，从丘脑传出到大脑运动皮质的兴奋性冲动增加，对运动皮质产生易化作用而导致运动过多和肌张力减低等症状。

帕金森病是由于黑质致密部多巴胺能神经元的变性，使其对纹状体 GABA/SP/DYN 能神经元的兴奋作用减弱，导致直接回路相对被抑制，而同时 GABA/ENK 能神经元失去多巴胺的抑制作用而使间接回路相对被激活，两者最终都可以加强 GPi-SNr 复合体的活动，导致丘脑抑制，皮质运动区活动减弱，造成运动减少和僵直，并且难以维持进行的动作，而引起运动徐缓等改变。此外，帕金森病的产生与乙酰胆碱递质功能的加强也有关系，但它与多巴胺递质系统不同，目前认为黑质上行抵达纹状体的多巴胺递质的功能在于抑制纹状体内乙酰胆碱递质系统，若其功能受损，将导致乙酰胆碱递质系统功能亢进，进而出现一系列症状。应用左旋多巴以增强多巴胺的合成，或应用 M 受体阻断剂以阻断乙酰胆碱的作用，对帕金森病有一定的治疗效果。

(付立波、覃筱燕)

练 习 题

1. 解释下列名词：运动单位、骨骼肌的牵张反射、腱反射、肌紧张、脊休克、去大脑僵直、姿势反射。
2. 运动神经元传来的冲动是如何引起骨骼肌产生收缩的？
3. 比较腱反射与肌紧张的异同点。
4. 何为 α 僵直与 γ 僵直？
5. 试述小脑机能分区、各分区的功能和各部位功能损伤时的可能表现。
6. 试述基底神经节的构成、功能和功能损伤时的表现。
7. 帕金森病和亨廷顿病的发病机制和临床症状各有哪些？治疗方法有何不同？

参 考 文 献

ANDERSON J C,COSTANTINO M M,STRAFFORD T,2004. Basal ganglia：anatomy,pathology,and imaging characteristics[J]. Curr probl diagn radiol,33：28-41.
BLOOM W,FAWCETT D W,1975. A textbook of histology[M]. 10th ed. London：W B Saunders.
BROOKS G A,FAHEY T D,WHITE T P,1996. Exercise physiology：human bioenergetics and its application[M]. 2nd ed. Mountain View：May Field Publishing Company,.
CRITCHLOW V,VON EULER C,1963. Intercostal muscle spindle activity and its motor control[J]. J physiol,168：820-847.
DUM R P,STRICK P L,1996. Spinal cord terminations of the medial wall motor areas in macaque monkeys[J]. Journal of neuroscience,16：6513-6525.
GANONG WF,2005. Review of medical physilolgy[M]. 22th ed. Stanford：McGraw-Hill.
GORDON A M,HUXLEY A F,JULIAN F J,1966. The variation in isometric tension with sarcomere length in vertebrate muscle fibres[J]. Journal of physiology,184：170-192.
GEORGOPOULOSA P,1988. Neural integration of movement：role of motor cortex in reaching[J]. The FASEB journal,2(13)：2849-2857.
HULLIGER M,1984. The mammalian muscle spindle and its central control[J]. Reviews of physiology biochemistry & pharmacology,101：1-110.
HUXLEY H E,1969. The mechanism of muscular contraction[J]. Science,164：1355-1366.
KANDEL E R,SCHWARTZ J H,JESSELL T M,1991. Principle of neural science[M]. 3rd ed. New York：Elservier.
NAMBU A,2004. A new dynamic model of the cortico basal ganglia loop[J]. Prog brain res,143：461-466.
RIEHLE A,VAADIA E,2005. Motor cortex in voluntary movements：a distributed system for distributed functions[M]. London：CRP Press：426.
SAIN-CYr J A,2005. Basal ganglia：functional perspectives and behavioral domains[J]. Adv neurol,96：1-16.
SCHIEBER M H,FUGLEVAND A J,2003. Motor areas of the cerebral cortex[M]//DONOGHUE J P,SANES J N. Rncyclopedia of cognitive science. London：Nature Publishing Group：111-121.
SIEGEL A,SAPRU H N,2006. Essential neuroscience[M]. Baltimore,New York：Lippincott William & Wilkins.
段相林,郭炳冉,辜清,2012. 人体组织学与解剖学[M]. 5版. 北京：高等教育出版社：35-271.
韩济生,1999. 神经科学原理[M]. 2版. 北京：北京医科大学出版社：750-773.
许绍芬,1999. 神经生物学[M]. 2版. 上海：上海医科大学出版社.
王庭槐,2018. 生理学[M]. 9版. 北京：人民卫生出版社.
张镜如,1996. 生理学[M]. 4版. 北京：人民卫生出版社：317-319.
朱大年,2008. 生理学[M]. 7版. 北京：人民卫生出版社.
左明雪,2015. 人体及动物生理学[M]. 4版. 北京：高等教育出版社：63-100.

第十五章 脑的高级功能

第一节 脑电、睡眠与觉醒

作为完整的、活的高级生物指挥与反应中心，脑可以表现出一些超越麻醉动物、培养中的脑片及单个神经细胞的高级功能。例如，睡眠与觉醒、学习与记忆、语言、情绪，乃至认知、注意、意识等，这都是高等生物脑才能表现出来的功能现象。由于这些功能只有在完整而清醒的高等生物脑中才能加以研究，所以当代神经生物学所依赖的发达的细胞分子水平研究技术、微观解剖与组织技术、精细的化学检测与分析技术以及麻醉下的急性实验研究技术在解决这类问题上难有用武之地。近代电生理研究技术和脑功能成像技术的发展，为深入研究脑的高级功能带来了可能性。其中，脑电记录技术具有操作简便、完全无创，对正常人体行为与生理功能没有干扰的特点，适于在接近自然生理情况下研究脑的高级功能。特别地，脑电与脑明显的功能状态（例如睡眠、觉醒等）有着密切的关系，因此，它在睡眠研究中最早得到了应用。

一、脑电的概念

1924年，Hans Berger首先从人颅骨表面记录到某种电活动。经过一系列排除和验证，他确定这些电活动来自脑组织。自此产生了脑电图（electroencephalogram，EEG）（图15-1）这种观察脑电活动的检测方法。该方法在人或动物头皮表面安置电极，记录大脑整体电活动，也称为脑电图记录术（electroencephalography）。

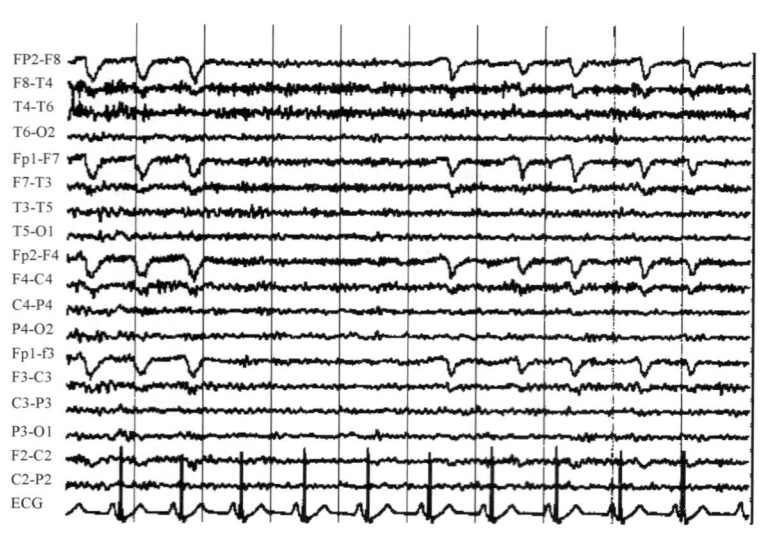

图15-1 多通道脑电图记录结果（Askamp et al., 2014）

脑电图技术的一种扩展应用称为诱发电位（evoked potential，EP）（图15-2）技术，诱发电位指将脑电信号按照某种刺激（例如视觉、听觉、躯体感觉等）的呈现时间进行锁时（time-locked）叠加平均获得一种信号,它反映了脑对该刺激所做简单加工的相关信息,可以用于感觉和运动基本功能的研究。另一种扩展应用称为事件相关电位(event-related potential,ERP)(图 15-3)技术,事件相关电位指脑对刺激进行更为复杂的(如认知等)加工时对脑电的锁时叠加平均所得的信号。它反映了脑高级活动的相关信息,通常用于认知神经科学、认知心理学以及心理生理学研究。

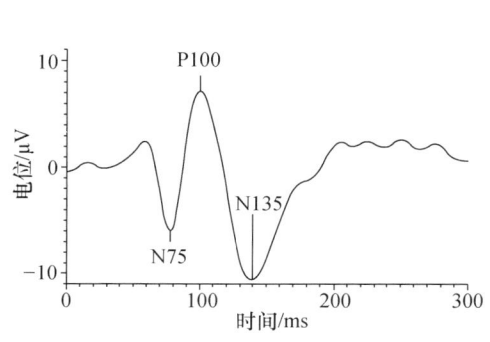

图 15-2　视觉诱发电位(Odom et al.,2004)

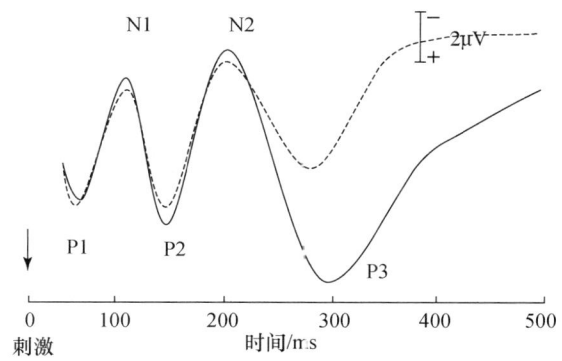

图 15-3　事件相关电位

(http://www.glittra.com/yvonne/neuropages/P1-N1-P2.html,引用日期:2021-05-01)

脑电图所记录的是脑内各种电活动的综合电位。关于其产生机制,目前最普遍的学说是由于脑内大量神经元树突排列方向具有一致性,因而它们在兴奋时产生的突触后电位在细胞外总和,形成脑电。然而,近年来越来越多的证据表明,皮质细胞膜的静息电位本身也存在一定的振荡。与突触后电位相比,这些静息振荡可能在更大程度上对脑电的特征有所贡献。

二、脑电的记录与分析

1. 脑电记录方法

脑电记录方法通常有以下三种,依参考电极的设置而定。

(1) 单极记录法:在某些非活动区,例如,耳垂等,安放参考电极,与放置在皮质各区域上方的记录电极联合记录。该方法所得电位是记录电极所在区域相对于非活动区域的电位波动数值。其优点是接近脑电的绝对数值,可较好地反映脑电地形图(topography)的特征;缺点是双侧电极的结果缺乏对称性,不利于比较不同部位的电位变化特点。

(2) 双极记录法:将同样安置在活动区域的两个电极分别作为记录电极和参考电极,比较并记录两者之间的相对电位数值。该方法所记录到的是两个记录电极之间的相对电位差。其优点是可以精确反映局部电位变化,较少受远隔部位脑电活动以及来自肌肉、心电等其他生理电活动的干扰;缺点是不能比较不同部位之间的差异与关系。

(3) 平均参考法:采用计算手段,将各记录电极所得的平均电位作为参考,近似于在脑内部中央附近安置参考电极。该方法的优点是消除了单极记录的不对称问题,且有利于比较来自不同实验室的实验结果;缺点是由于所采用的不是真实的参考电极,因此数据将受各记录电极本身数据质量的影响,进一步降低了定位的精确性。

为了保证电极定位的准确性,通常采用标准的脑电电极帽(图 15-4),以加快定位速度并提高精度。尽管如此,由于需要逐个电极注射导电膏以降低阻抗和噪声,高通道数脑电记录的准备工作仍然冗长而繁重。近年来随着记录技术的发展,一些可以快速完成准备并投入使用的电极帽开始得到普及。

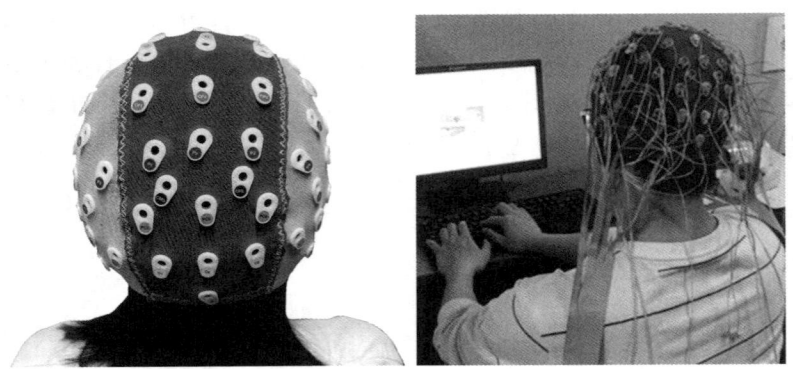

图 15-4　脑电电极帽

2. 脑电数据的分析

由于脑电具有随时间变动和绝对数值不稳定等特点,最简单的脑电分析就是频域的功率谱分析。通常将脑电频率划分为五种频段,即 δ(1～4 Hz)、θ(4～8 Hz)、α(8～13 Hz)、β(13～30 Hz)和 γ(>30 Hz)。根据研究的需要,也有人将 α 频段进一步分解为 $α_1$ 和 $α_2$,将 β 频段进一步分解为 $β_1$ 和 $β_2$。

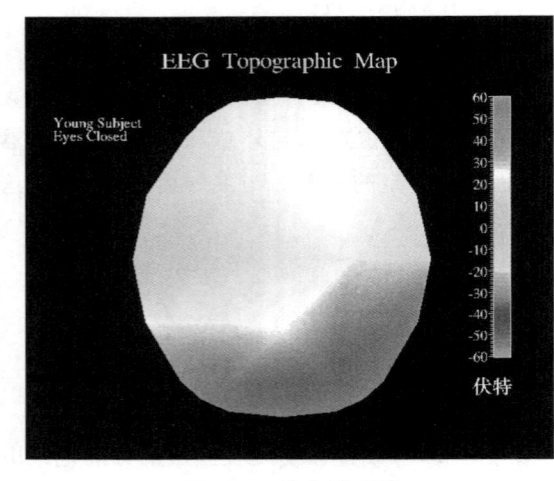

图 15-5　脑电地形图

(http://www.cerebromente.org.br/n03/tecnologia/topomap-big.gif,引用时间:2021-05-01)

在有重复事件存在的实验设计中,数据可以按照事件进行锁时叠加平均,从而产生诱发电位或事件相关电位。这种技术使得对于脑电活动的幅度和时间信息加以分析成为可能。由于脑电信号中的诱发电位成分与脑电本身的幅度相比更为微弱,因此要得到稳定的诱发电位需要大量重复事件数据的叠加平均。

同时,由于心电、肌电等其他生理电信号的幅度都比脑电和诱发电位幅度大得多,因此这些干扰的存在将严重损害诱发电位和事件相关电位分析的稳定性。解决该困难的方法是在进行正式分析之前,设法去除数据中的这些干扰。这可以通过人工观察、剔除数据,或采用诸如独立成分分析等信号分析手段加以排除。

为了建立脑电信号的空间分布概念,引入了脑电地形图的方法。该方法将与脑电有关的功率、诱发电位幅度等信息按照其在各记录电极部位的数值,采用内插值方法绘制整个头皮表面的伪彩色脑电地形图(图 15-5)。

在实际脑电数据分析中,经常把时域、空域、频域等分析联合使用,从而产生诸如时间功率谱(图 15-6)、时间地形图等分析结果。

三、睡眠的概念与分期

1. 睡眠的概念

脑电最早的应用之一就是有关睡眠状态的研究(图 15-7)。

人类和高等动物,例如,所有的哺乳类和鸟类、大部分两栖类、爬行类和鱼类的觉醒状态均具有明显的周期性变化。在某些阶段较为活跃,对环境的反应较为敏锐;另一些阶段则相对不活动。人们把这些自然地重复出现的感觉与运动机能相对停滞的状态称为睡眠。其特征为完全或部分的意识丧失,以及几

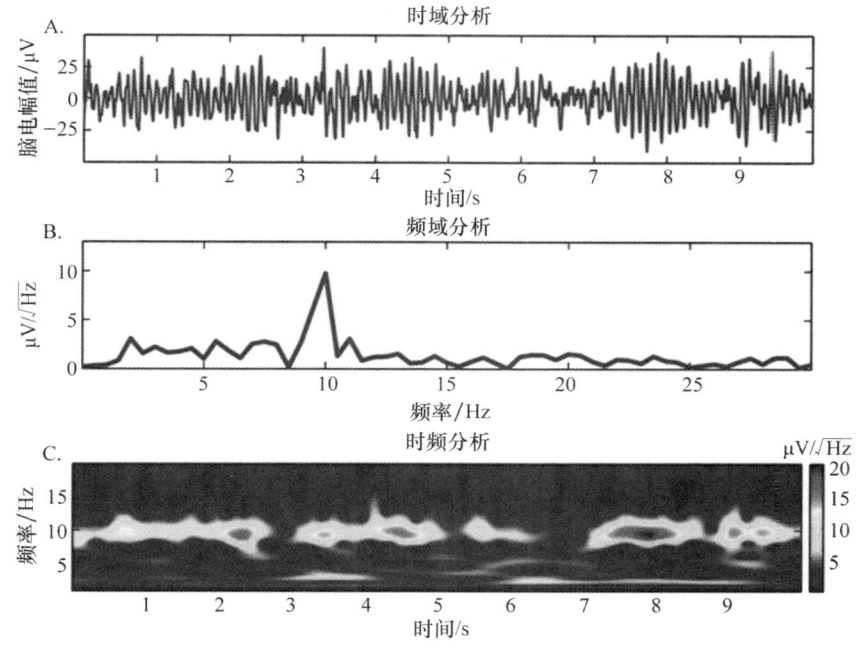

图 15-6　脑电的时间功率谱(改自 Herrmann et al.，2014)

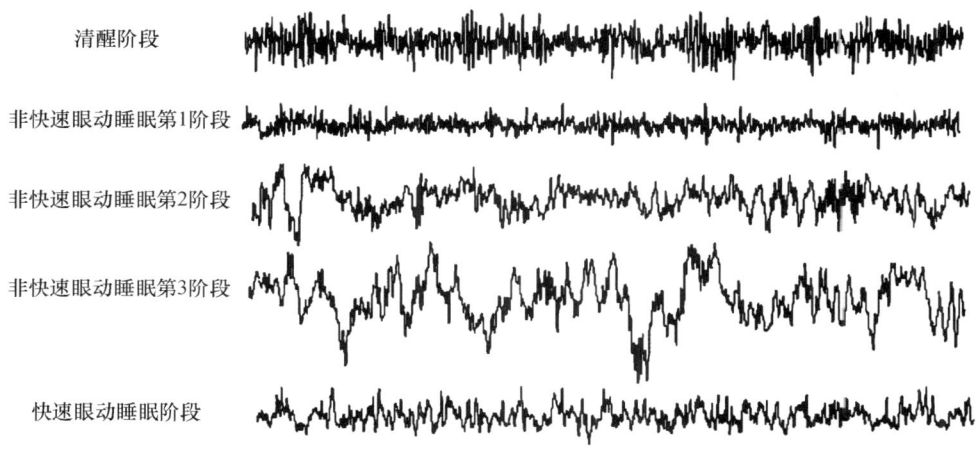

图 15-7　不同睡眠状态的脑电图(改自 Khalighi et al.，2013)

乎所有骨骼肌随意运动的消失。与安静的清醒状态不同,睡眠期间机体对刺激的反应能力大幅度减退;而与休眠或昏迷不同的是,睡眠更容易转化为清醒状态。在不同的觉醒和睡眠状态下,脑电活动有非常显著的差异。

2. 睡眠的分期

如图 15-7,睡眠可以分为五个阶段:清醒(wake)阶段、非快速眼动睡眠第 1 阶段[non-rapid eye movement(NREM) stage 1,N_1]、非快速眼动睡眠第 2 阶段(N_2)、非快速眼动睡眠第 3 阶段(N_3)以及快速眼动睡眠阶段(rapid-eye-movement,REM 或 R)。在清醒阶段,脑电以低幅 β 波为主,安静闭目时则 α 波比例逐渐增加。从 N_1 到 N_3,睡眠的程度不断加深。初入睡时,即 N_1 阶段,脑电呈现低幅快波,其频率略低于清醒时,此阶段被视为清醒和睡眠的过渡;此后出现典型的睡眠梭形波,这是进入 N_2 阶段的标志,此阶段伴随着心率和身体温度的下降,也可以理解为轻度睡眠阶段;N_3 阶段是睡眠的最深阶段,脑电活动以高幅 δ 波为主,此阶段也称为慢波睡眠阶段(slow wave sleep,SWS)或者深度睡眠阶段。REM 表现为低幅快波,伴随着周期性的快速眼球运动,以及全身肌张力进一步下降和不规则抽动等现象,在此期间被唤醒者,有较高的概率会报告正在做梦。

人类在夜晚入睡后,通常从清醒阶段顺次进入 N_1、N_2、N_3 睡眠,维持一段时间之后,睡眠逐渐变浅,从 N_3 回到 N_2,然后出现近乎清醒状态的低幅快波,同时伴随快速眼动,进入快速眼动睡眠状态。持续一段时间之后睡眠再次加深。在一夜的睡眠中,睡眠状态在不同深度的慢波睡眠和快速眼动睡眠之间交替 4~5 次,通常随着时间的推移,深度睡眠越来越少,快速眼动睡眠越来越多,直至彻底醒来。

四、睡眠与觉醒的神经机制

早期人们认为,睡眠只是大脑疲劳后进入的一种被迫关闭和休息的状态。然而,20 世纪三四十年代,人们在下丘脑发现了一系列证据,说明下丘脑前部与睡眠有关,而其后部则与觉醒有关,由此提出睡眠和觉醒均系主动过程这一观念。此后的研究表明,睡眠和觉醒都不是由孤立的中枢部位控制的现象,它们涉及复杂的中枢网络机制。

目前认为,脑干网状结构、基底前脑、下丘脑等部位均参与觉醒维持网络,涉及其中的递质系统有谷氨酸能、胆碱能、5-羟色胺能、多巴胺能、组胺能以及食欲素能神经传递等。它们的共同特点是分布广泛,可以通过少数神经元影响大范围网络状态。其中最著名的脑干网状结构具有唤起和维持觉醒的作用,称为网状上行激活系统。其腹侧上行通路经下丘脑影响前脑功能,背侧上行通路则通过丘脑非特异性投射系统影响大脑皮质的激活。

维持觉醒的动力有多种来源。感觉传入的影响和对感觉功能的易化是维持觉醒的第一类来源,脑干网状结构和脑干胆碱能系统即是这方面的例子。奖赏动机系统是维持觉醒的第二类来源,中脑多巴胺能系统即是其中的重要环节。应激刺激是维持觉醒的第三类来源,脑内去甲肾上腺素能系统就是其重要标志。对精神和情绪状态的调节是维持觉醒的第四类来源,脑内 5-羟色胺系统是其重要途径。炎症和免疫应答是维持觉醒的第五类来源,脑内组胺能系统是其标志之一。进食需求是维持觉醒的第六类来源,脑内食欲素能系统即是其代表。

由此可见,作为一种基本的生理意识状态,睡眠和觉醒必须顺应机体多种生理和心理活动需求而改换状态,因而促进睡眠和觉醒的中枢机制也高度纷繁复杂。只有厘清了它的上游功能,才能全面了解睡眠和觉醒的调节机制。

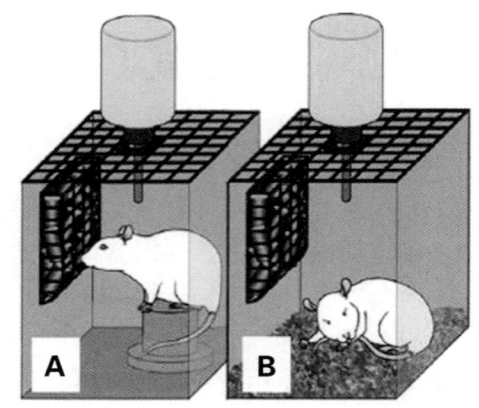

16:00 — 次日10:00　　10:00 — 16:00

图 15-8　单平台睡眠剥夺动物模型,这是一种睡眠剥夺动物模型。在此模型中,大鼠每天有 18 小时站立在水中的一个平台上(A),仅有 6 小时在普通垫料中休息(B),持续 6 天
(Venancio et al.,2015)

五、睡眠的功能意义

高等动物中,将近 1/3 的时间都被用于睡眠。在进化过程中,睡眠这一需求被稳定地保持了下来,这表明在常态下的生命活动中,睡眠一定具有重要的功能意义。目前,研究者们已建立了多种睡眠剥夺动物模型来考察睡眠剥夺对动物的各项生理指标的影响(如图 15-8),但是各种研究都未能说明睡眠最核心的功能价值。

睡眠剥夺实验还证明,机体对于睡眠有一定的强制性需求。睡眠剥夺者在恢复睡眠自由后,会尽快补足缺乏的睡眠,形成补偿性睡眠。同样地,选择性剥夺快速眼动睡眠者,在恢复自由后也会优先补足快速眼动睡眠。这表明,两类睡眠都是常态机体所必需的。

目前的研究表明,睡眠对于生长发育、合成代谢、机体能量储存、糖原合成等均具有重要作用。慢波睡眠期间,体内生长激素合成增加,与此相应的一系列生长、合成和能量储存过程都得到了加强。而在快波睡眠期间,脑组织得到了更有效的发育,同时还能有效地巩固记忆。

在日常生活中,睡眠剥夺会影响注意力、判断力和工作效率。脑功能成像研究表明,睡眠剥夺的人多种脑网络都会出现异常,包括默认模式网络、背侧注意网络、额顶网络以及凸显网络,部分脑区(如前扣带回)活性减弱,而另外一些脑区(如楔前叶)的活动反而加强。这种脑网络的异常可能与他们记忆能力的下降和操作失误的增加有重要关系(图15-9)。

睡眠也有极大的个体差异,人类不同个体对睡眠的需求可以存在非常大的差别,而只要基本睡眠需求得到满足,睡眠的量与这些个体的生理机能、智力、情感甚至健康和寿命都并无显著的相关性。因此,尽管睡眠在人体有许多重要功能,但睡眠的需求却可能因个体需要的差别而异。

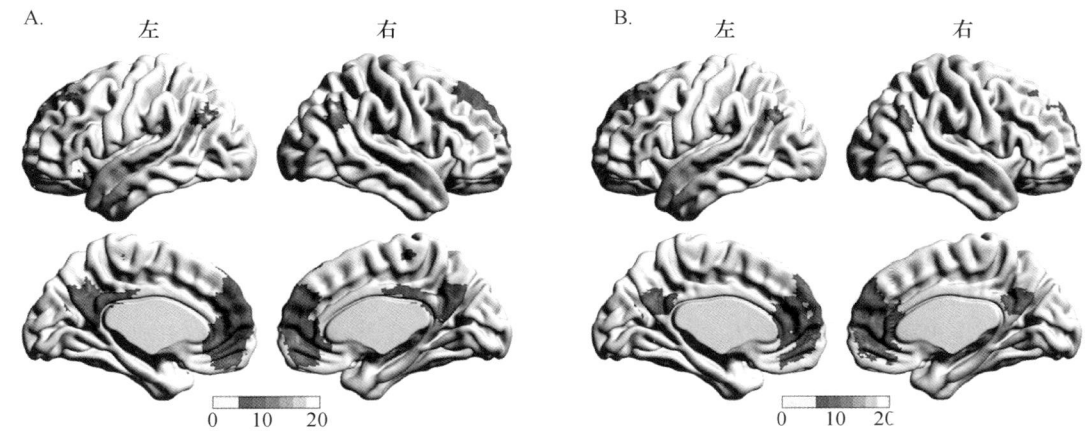

图15-9 休息后清醒(rested weakness)(A)与睡眠剥夺(sleep deprivation)(B)状态下的默认模式网络(default-mode network)(Dai et al.,2015)

六、睡眠的生物节律

睡眠现象中最令人印象深刻的性质,大约就是它非常明显的节律性。除了前述在一夜的睡眠中所表现出来的睡眠不同分期的周期性变换之外,睡眠还具有鲜明的近日节律和超日节律。

1. 睡眠的近日节律

日常生活中,睡眠并非仅仅受生理和心理需求的调节。在长期进化过程中,动物适应了自然界接近24小时的明暗交替过程,产生了内在的自动节律性,称为近日节律,也称为生物钟。这种节律性以下丘脑的视交叉上核为其运作基础,涉及一系列相关基因的功能调节。例如,哺乳动物中,转录因子CLOCK和BMAL1驱动基因Period(*per1/2*)和Cryptochrome(*cry1/2*)的表达,这两个基因的蛋白质产物反过来反馈抑制CLOCK和BMAL1,这些基因可能参与近日节律。生物钟的特点是,在自然明暗交替周期的存在下,它的行为会受到调制而保持与自然光照周期同步;但若外在光照周期消失,则内在生物钟将会自动制造一个接近24小时的内在节律性。这个机制使动物在自然光照环境受到干扰时,仍能保持一定的作息时间规律,从而保证其内环境的稳定和生物节律不至于受这种干扰的重大影响。目前,这种内在节律的分子机制尚未最终确定。

不同个体近日节律的内在周期长度是不同的。因此,在消除外在明暗周期之后,这个节律可能逐渐前移(短于24小时)或后移(长于24小时)。但只要光照周期恢复,则在较短时间内,近日节律就被捕获而形成完美的日节律(图15-10)。这一特性使动物可以在有光照和无光照的环境下迅速切换,维持生理功能的稳定。

自从航空国际旅行成为现实,人们开始面临一个新的节律问题——时差。在数小时内跨越多个时区,使人们的内在节律与外在明暗周期产生了较大的相位差。这种时差反应在内在近日节律比较强大的个体会表现得更明显,产生夜间失眠、白昼昏沉的现象。通常需要一周甚至更长的时间,外在明暗周期才

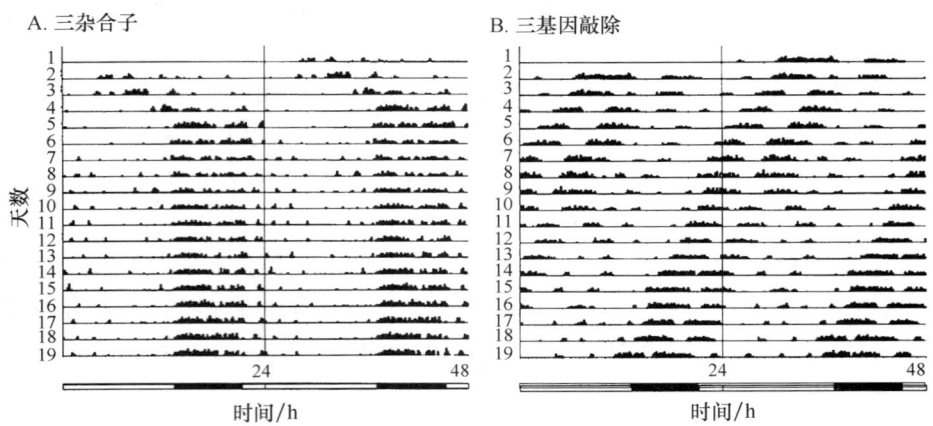

图 15-10　光照对近日节律的捕获(改自 Hattar et al.，2003)

能完全捕获内在节律。如果了解了光照和某些重要节律物质(如褪黑素)对人体节律的影响,以及个体本身近日节律的周期特性,那么就有可能施加适当的干预措施,促使个体加快对自身节律的调节,更快地适应新的昼夜周期。

2. 睡眠的超日节律

在超过 24 小时的时间尺度上,睡眠也会表现出一些周期性变化。例如,女性随着生理周期,在一个月的不同时期会表现出不同的睡眠需求。在一年当中的不同季节,睡眠的需求也会有所差别,形成所谓"春困""冬眠"等现象。这些现象,可能是生物体在适应环境条件的过程中逐渐产生的。

睡眠觉醒节律显然是人体受自然环境影响最为明显的生物现象。因此,除了上述受太阳、月亮运行影响的规律性之外,还可能存在一些超过一年的变化,它们可能源自太阳系的天体运行状态的复合影响,也可能源于个体成长过程中的内、外环境因素的影响。由于它们周期过长,通常都很难加以准确地研究。

第二节　学习与记忆

学习与记忆是神经系统的重要功能,是动物改变自身行为或产生新行为以适应生活环境的必要过程,属于高级神经活动。但低等动物也具有某些初级的学习、记忆活动。学习、记忆功能随着动物的进化而不断完善:动物越高等,动机行为越多,学习、记忆功能越复杂。

一、学习与记忆的概念和过程

(一) 学习与记忆的概念

学习(learning)是指人和动物通过神经系统不断接受外界环境变化信息而获得新的行为习惯或经验的过程。

记忆(memory)是指将获得的行为习惯或经验在脑内储存或提取的神经活动过程。

(二) 学习与记忆的基本过程

学习与记忆是完整的、分阶段的、相互联系的过程。学习是个体后天与环境接触、获得经验而产生行为变化的过程,是记忆的前提和基础;记忆是学习的结果,是对学习内容在脑内的存留和再现。因此,虽然有时对学习与记忆并不做严格区分,但二者是既有区别又不能割裂开来的连续神经生理活动,大致分为以下三个阶段。

(1) 获得(acquisition):也称为识记或登录(registration),是感知外界事物或接受外界信息(刺激)的阶段,即通过感觉系统向脑内输入信号的学习阶段。这个阶段容易受外加因素的干扰,是敏感阶段。另外,周围环境中信息量很大,只有一小部分感觉信息真正被进一步加工、储存。其中,注意力对信息的获得影响很大。

(2) 巩固(consolidation)：也称为保持，是获得的信息在脑内编码储存和保持的阶段。保持时间的长短和巩固程度的强弱，与该信息对个体的意义，以及是否反复应用有关。长久储存的信息总是特别有意义和经常再现的信息，那些不巩固的信息就会消失(遗忘)。

(3) 再现(retrieval)：即回忆，是将储存的信息提取出来使之再现于意识中的过程。

二、学习与记忆的类型

(一) 学习的类型

按照刺激与反应之间的联系，可将学习分为非联合型学习(nonassociative learning)和联合型学习(associative learning)两大类。

1. 非联合型学习

非联合型学习是一种简单的学习形式，即在刺激和反应之间不形成某种明确的联系，主要指单一刺激长期重复作用后，个体对刺激的反射性反应增大或减弱的神经过程。其包括习惯化(habituation)和敏感化(sensitization)两种不同的类型。

(1) 习惯化：机体受到温和刺激重复作用时，对该刺激的反应逐渐减弱。例如，对有规律重复出现的强噪声，人们逐渐不再对它产生反应(图 15-11A)。习惯化使动物可以避免对许多无意义信息的反应。

(2) 敏感化：也称为假条件化，指较强烈刺激作用后，对刺激反应加强的过程。例如，一个弱伤害性刺激本来仅引起弱的反应，但在强伤害性刺激作用后，对弱伤害性刺激的反应也明显加强(图 15-11B)。敏感化有利于动物学会注意某一伤害性刺激，以避开可能的疼痛或危险。

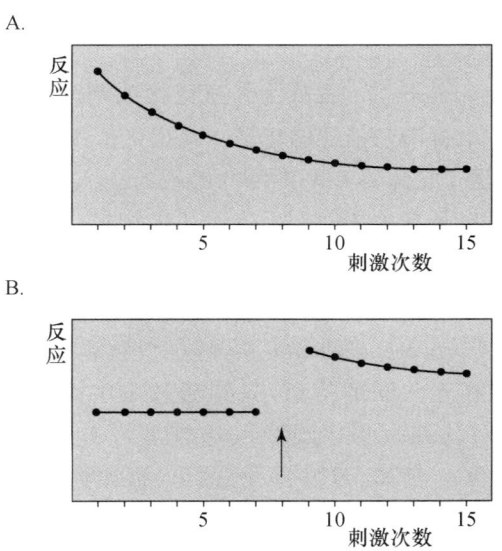

图 15-11 非联合型学习的类型(Bear et al.,1996)

A. 在习惯化中，重复出现相同的刺激，产生的反应逐渐减小；B. 在敏感化中，一个强的刺激(箭头)导致对所有后续刺激的反应放大。

2. 联合型学习

联合型学习是相对复杂的学习形式，刺激与反应之间具有明确的联系。经典条件反射(classical conditioned reflex)和操作式条件反射(operant conditioned reflex)都属于联合型学习。

(1) 经典条件反射：20 世纪初，俄国生理学家巴甫洛夫(Ivan Pavlov)首次提出条件反射的概念。他认为，条件反射代表将两个事件联系在一起的学习，学习是条件反射建立的过程，记忆则是条件反射巩固的过程。

在动物实验中,狗吃食物会分泌唾液,这是非条件反射(unconditioned reflex),食物被称为非条件刺激(unconditioned stimulation)。狗听到铃声则不会分泌唾液,即铃声是唾液分泌的无关刺激(independent stimulation)。但是,如果每次在狗吃食物时(或之前)使其听到铃声,这样多次结合以后,当铃声一出现,动物就会出现唾液分泌。此时铃声已成为食物(非条件刺激)的信号,称为条件刺激(conditioned stimulation)。由条件刺激引起的反射称为条件反射。因此,条件反射形成的基础是无关刺激与非条件刺激在时间上的多次结合,这个过程称为强化(reinforcement)。任何无关刺激与非条件刺激结合应用,都可形成条件反射。

(2) 操作式条件反射:20世纪初,美国心理学家 Thorndike 首先发现并研究操作式条件反射。操作式条件反射比较复杂,它要求受试动物学会将一个动作反应与一个有意义的结果相联系。

操作式条件反射的典型例子是将一只饥饿的大鼠放入一个斯金纳箱(Skinner box)内,箱子里有一个能发送食物的杠杆。当动物偶然踩在杠杆上时,就可得到食物,这种意外多次发生后,动物学会了有意地碰杠杆获取食物,此即趋向性条件反射(tropism conditioned reflex),或称为试错学习(trial-and-error learning)。如果反应带来的不是奖励性而是惩戒性刺激(如电击),动物则学会避免去踩杠杆,形成回避性条件反射(avoidance conditioned reflex)。

条件反射建立后,如果非条件刺激经常出现,但不与条件刺激同时出现,所建立的条件反射会逐渐减弱直至消失,称为消退(extinction)。消退并不是遗忘,而是一个新的学习过程。该学习过程中,条件刺激预示着非条件刺激不再到来。

(二) 记忆的类型

根据信息的类型、储存和读出的方式以及保留时间的长短,记忆可分为不同的类型。

1. 按信息储存和回忆的方式分类

(1) 陈述性记忆(declarative memory):也称为外显记忆或明晰性记忆(explicit memory)。它是指进入意识系统、比较具体、能够用语言清楚描述的记忆。该记忆依赖于对信息获得和回忆的意识表达,依赖于评价、比较和推理等认知过程。它编码有关自传性的或与个人有联系的事件的信息,往往只经过一个测试或一次经验就能建立。可以是有关事件和个人经历的记忆,即情景记忆(episodic memory);也可以是对语言、文字、法律条文等的记忆,即语义记忆(semantic memory)。

(2) 非陈述性记忆(nondeclarative memory):也称为内隐记忆(implicit memory)、反射性记忆(reflexive memory)或程序性记忆(procedural memory),是指没有明确意识成分参与,只涉及刺激顺序的相互关系,储存各个事件之间相互关联的信息,只有通过顺序性的操作过程才能体现出来的记忆。它的形成和读出不依赖于意识和认知过程(如评价、比较等),需要经过多次测试才能逐步形成和完善,一般很难用语言清晰表达出来。例如,习惯化、敏感化、感知觉、运动技巧和技术动作、程序和规则的学习等。

陈述性记忆和非陈述性记忆是既有区别又有联系的两种记忆形式。前者必须通过意识,多为对地点、事件和人物等信息的有意识性回忆,可用语言明确表达;后者多为关于感知、动作、技巧和习惯的机械性无意识性操作,通过一系列有序的行为来表达,用语言表达会非常烦琐、复杂甚至无法表达。二者可以相互转化。例如,开始学习开车到学会开车,即是由陈述性记忆到非陈述性记忆的转化过程。

2. 按照记忆的时程分类

按照记忆时程的长短可将记忆分为瞬时记忆(immediate memory)、短时记忆(short term memory)和长时记忆(long term memory)。瞬时记忆仅能维持一两秒,短时记忆一般指能持续数秒到数分钟的记忆,长时记忆则能保持数天至数年,甚至终生难忘(图15-12)。

(1) 瞬时记忆:又称为感觉记忆(sensory memory),是记忆的最初阶段,通常瞬时记忆指感觉信号传入大脑,在皮质感觉区保持很短时间的过程,仅持续几十到几百毫秒,一般不超过1s。这种信息如果没有

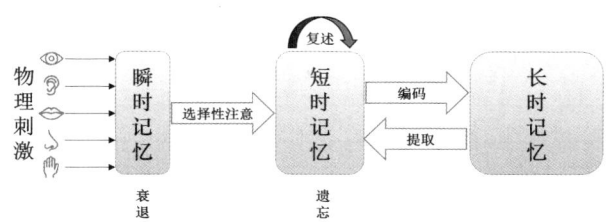

图 15-12　记忆不同阶段间的信息流（仿黄希庭 等，2015）

得到脑的加工处理（选择性注意），很快就会消失；如果脑将先后进入脑的各种信息加工整合形成连续印象，就可从瞬时记忆转入短时记忆。

（2）短时记忆：也称为第一级记忆，是指对少量信息每次能持续几秒至几分钟的记忆。具有即时应用性的特点，如对电话号码的记忆。在这一过程中，特定的信息在有关神经回路中往返传递一段时间。如果这一记忆被反复运用（复述），信息便在短时记忆中循环，从而延长信息在脑中的停留时间，转入长时记忆。如果不加以复述，信息则会被遗忘。

（3）长时记忆：是一个大而持久的储存系统，是弱或稍强的记忆痕迹所储存的信息，可持续几分钟至几年（第二级记忆），甚至可以形成永久性记忆，即所谓"刻骨铭心"的记忆（第三级记忆）。长时记忆具有很强的记忆痕迹，储存的信息能随时被应用，有的可持续终生。

（三）遗忘与遗忘症

遗忘（forgetting）指部分或完全失去回忆和再认的能力。在记忆形成过程中，只有少量信息进入较长久的记忆，大量记忆内容随着时间的推移而被遗忘，这是具有保护性意义的适应，避免脑内存放巨量冗余信息，以学习和储存新的信息，这种遗忘也称为生理性遗忘（physiology forgetting）。遗忘不是记忆痕迹的消失，因为复习已忘记的东西比学习新的材料容易。遗忘的机制可能有二：一是消退抑制；二是新信息的干扰。

某些疾病和脑组织损伤可以造成记忆的严重丧失，称为记忆障碍（impaired memory），或称为遗忘症（amnesia）。在临床上可分为顺行性遗忘症（anterograde amnesia）和逆行性遗忘症（retrograde amnesia）。前者指不能保留新近获得的信息，即信息不能从第一级记忆转为第二级记忆，如海马和颞叶皮质损伤所引起的记忆障碍，多见于慢性酒精中毒者。后者是指正常脑功能发生障碍之前的一段时期内的记忆丧失，特异性脑疾患（如脑震荡、电击）和麻醉均可导致该症。逆行性遗忘症者长期储存的记忆仍然存在，但却不能从中提取和回忆，即第二级记忆发生了扰乱，而第三级记忆不受影响。

三、学习、记忆的神经机制

（一）学习、记忆的脑定位

自20世纪40年代提出脑的高级功能局部定位学说以来，人们一直认为记忆可在脑的某一部位单独存在，试图探查出单独存在的记忆结构及其所在位置。从50年代起，神经科学家日益认识到，记忆是由大脑的多个部位共同完成的。在这些部位之间具有复杂而密集的网状神经结构和功能联系，包括大脑皮质联络区、海马及其附近结构、杏仁体、丘脑及脑干网状结构等部位。

1. 大脑皮质联络区

大脑皮质联络区（association area of cerebral cortex）指大脑皮质除各种不同感觉区和运动区之外的广泛区域。比如，陈述性记忆的形成与颞叶有关。颞叶联合区通过内囊后脚豆状核下部的丘脑腹侧辐射接受来自丘脑枕核的纤维。20世纪40年代，加拿大神经外科医生 Penfield W G（1891—1976）用刺激电极刺激手术病人的脑皮质，让处于清醒状态的病人述说感受。结果发现，电刺激颞叶皮质外侧表面，可诱发病人对往事的回忆；刺激颞上回可使病人似乎听到以往曾听到的音乐演奏，甚至重现当时乐队的影像，即病人有记忆的复现,而且这种回忆似的反应均是通过刺激颞叶诱发出来的。50 年代加拿大的 Brenda Milner 通过对癫痫病人治疗观察,进一步明确了颞叶在记忆中的重要性。其中最典型的病历是一个长期患有顽固性癫痫的年轻病人 H. M.,为了控制他的严重癫痫发作,医生 William Scoville 切除了他大脑双侧颞叶的内侧部分,包括双侧海马,结果导致他完全丧失了陈述性记忆的能力,但长时程记忆似乎不受影响(图 15-13)。

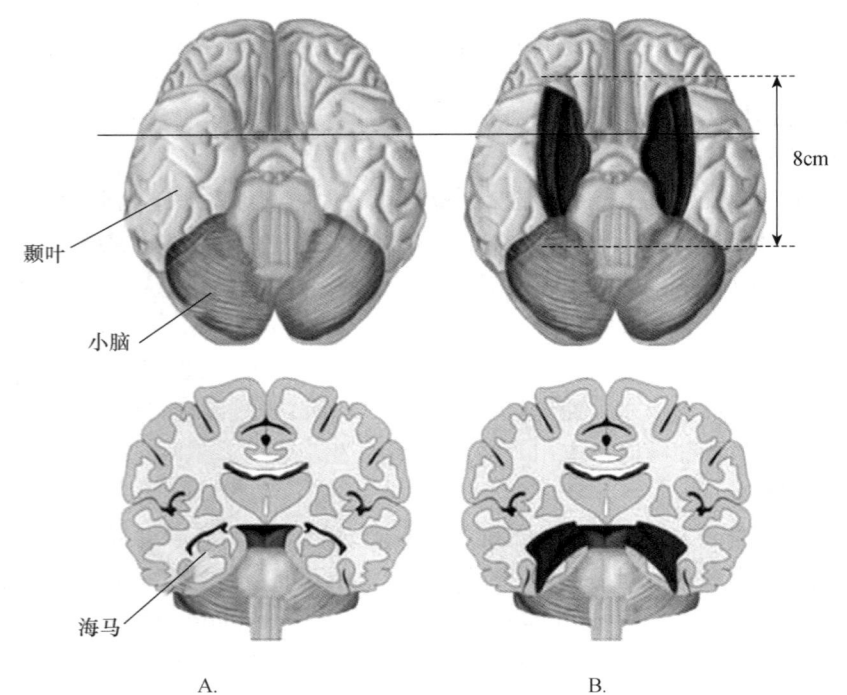

图 15-13　引起 H. M. 严重顺行性遗忘的大脑损伤(Gerardin,2012)
A. 正常人的大脑中海马和皮质的位置;B. H. M. 的两侧大脑半球的颞叶内侧被切除。

额叶联合区位于额叶前部,接受由内囊前脚发自丘脑背内侧核的纤维,并经顶叶接受视、听和体感区的传入,也接受尾状核、杏仁核和下丘脑的投射纤维。额叶也发出纤维到顶叶和颞叶扣带回皮质、基底神经节、丘脑背内侧核、杏仁核、海马、下丘脑和脑干等部位。额叶联合区与工作记忆(working memory)有关。所谓工作记忆,是指从一个瞬间到另一个瞬间的联想性记忆,即从先前的记忆储存库中即刻检索再现类似事件的能力。

顶叶联合区位于中央沟之后,与额叶皮质和丘脑后外侧核有双向纤维联系,并发出纤维到丘脑背外侧核。顶叶皮质可储存有关地点的影像记忆。

2. 海马及其邻近结构

海马是颞叶内部的结构,对于海马在学习记忆中的作用将在下文中详细介绍。海马及其邻近的齿状回、穹隆、内侧嗅区、旁海马回、嗅周皮质、下丘脑乳头体等结构可能参与各种学习记忆的功能,如工作记忆、空间记忆、联系记忆等,该部位如果发生疾患或受到损伤可引起近期记忆的丧失。海马与邻近结构形成了一个与学习记忆以及情绪情感都紧密关联的环路,称为帕佩兹环路(Papez circuit):信息首先从海马旁回和海马自穹隆传至下丘脑乳头体,经乳头体丘脑束到达丘脑前核,丘脑前核发出纤维至扣带回皮质,再由扣带回回到海马(图 15-14),这一环路由 James Wenceslaus Papez 于 1937 年提出。

3. 其他脑区

脑的其他部位如基底前脑结构、杏仁体、间脑和脑干网状结构等与记忆的形成也有关。

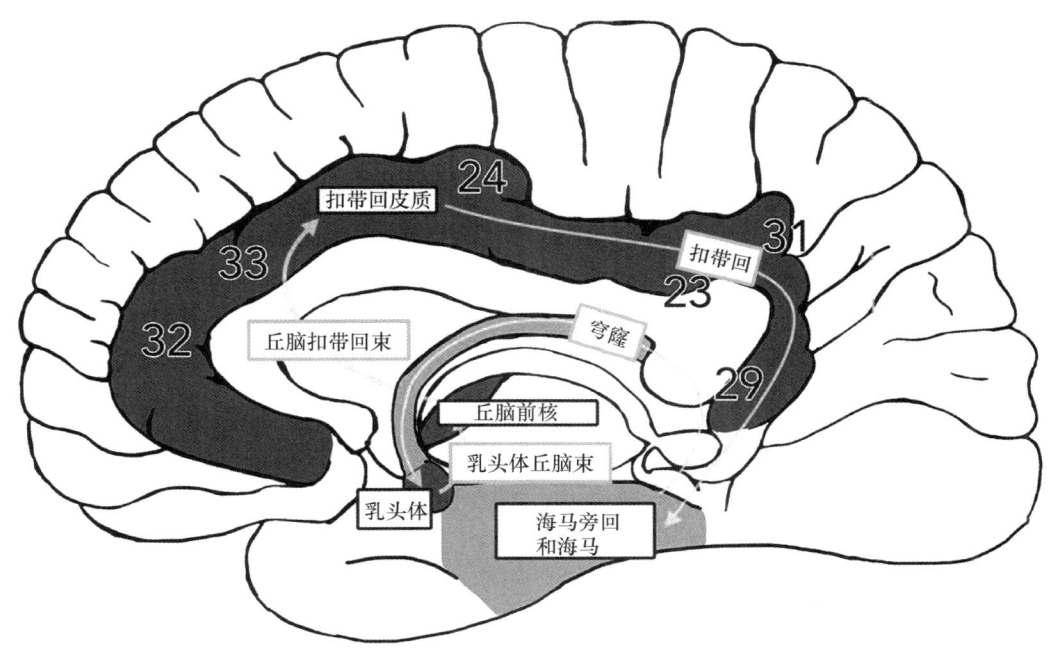

图 15-14　帕佩兹环路(Weininger et al.,2019)

基底前脑结构包括腹侧纹状体、终纹床核、伏隔核、斜角带核等。研究显示,在老年痴呆症患者中,基底前脑结构的胆碱能神经元大量变性或缺失。

杏仁体是将直观感觉体验转化为记忆的关键部位之一,在记忆汇合过程中具有重要作用。它接受并汇集多种感觉通路传来的信息,如来自枕叶的视觉信息、来自颞叶的听觉信息、来自躯体感觉区(中央后回)的触觉信息以及味觉、嗅觉的大量传入等。切除杏仁体的动物,记忆汇合能力大幅损伤。

间脑中与记忆有关的结构包括丘脑前核、丘脑背内侧核、乳头体等。美国曾有一个著名的案例,患者 N. A. 被花剑刺伤右侧鼻孔并深入左脑,左侧丘脑背内侧核被损坏。康复后,N. A. 的认知能力正常,短时记忆正常,但长期记忆遭到破坏,出现严重的顺行性遗忘和部分逆行性遗忘。因此,间脑损伤与颞叶切除出现的遗忘症状类似,提示间脑与颞叶的陈述性记忆中枢有密切关系,是形成陈述性记忆的重要结构;下丘脑与前额叶及杏仁体等具有纤维联系,参与情绪反应和学习、记忆。

(二) 与学习、记忆有关的递质

学习、记忆过程中脑内神经元间的递质及细胞内的蛋白质和核糖核酸都可能发生变化,从而直接影响突触效应或调节控制突触的可塑性变化。与学习、记忆有关的递质包括以下几种。

1. 乙酰胆碱(ACh)

中枢胆碱能递质系统与学习、记忆有关。中枢神经系统胆碱能功能下降引起阿尔茨海默病,患者痴呆及认知障碍。脑干网状结构上行激动系统以及大脑皮质内部尤其是海马环路中均含 ACh。ACh 对大脑皮质起兴奋作用,为学习与记忆提供基础性活动背景。

中枢神经系统通过胆碱乙酰化酶和胆碱的重摄取保持动态平衡,调节体内 ACh 水平。阿尔茨海默病患者内隐、外显记忆缺失时,海马和皮质胆碱活性降低,大脑皮质发生胆碱能神经元变性,基底核胆碱能神经元受损,额叶及顶叶皮质胆碱水平下降40%～50%。动物实验显示,当中枢神经系统胆碱能功能下降时,动物表现出记忆及学习障碍;注射抗胆碱药东莨菪碱可使大鼠和猴的学习、记忆减退;正常青年受试者长期服用阿托品后可引起记忆减退;老年人的健忘症可能是由于中枢胆碱能递质系统的功能减退造成的,给予胆碱药可使老年人的记忆功能改善。其作用机制可能是阻断了海马环路,影响了由第一级记忆向第二级记忆转移的过程。

2. 单胺类

单胺类（monoamines）包括去甲肾上腺素、多巴胺（DA）、5-羟色胺等。

与学习、记忆有关的突触中一般都含有丰富的去甲肾上腺素、DA 或 5-羟色胺等单胺类递质。单胺类递质对注意力、记忆力和反应能力有重要调节作用。在正常情况下，中枢内递质的释放保持在一定水平，在脑内的含量比例协调，从而维持脑功能的稳定；随着年龄增长，脑内单胺类递质的含量逐渐减少，可导致神经元的缺失、细胞死亡和退化变质，进而损伤学习、记忆能力。

中枢去甲肾上腺素能神经兴奋性升高可改善学习、记忆功能，其兴奋性降低则减弱学习、记忆功能。去甲肾上腺素主要位于低位脑干的神经元，尤其是大量分布于中脑网状结构、脑桥的蓝斑以及延髓网状结构内，与觉醒状态的维持有关；而记忆是在意识清醒的条件下进行的，因而可以认为，中枢神经系统的去甲肾上腺素具有促进学习、记忆的作用。

DA 可能通过调节精神活动、情绪、识别、思维和推理过程间接影响记忆能力。DA 主要分布于中脑的黑质致密部（SNc）和腹侧被盖区。Ventre-Dominey 等在使用多巴胺替代治疗和深部脑刺激治疗帕金森病人的研究中发现，DA 可促进记忆保持，场景记忆需要 DA 参与。阻断 DA 能神经元的突触传递能够抑制视觉空间刺激引起学习、记忆形成的过程。

5-羟色胺在学习、记忆过程中主要以兴奋作用为主，可易化学习、记忆能力；在调节机体情绪、睡眠、维持较好的心理状态和认知功能等方面也具有重要作用。

3. 氨基酸类

谷氨酸和 γ-氨基丁酸（GABA）分别作为兴奋性氨基酸和抑制性氨基酸影响学习、记忆功能。

谷氨酸可通过许多途径影响学习、记忆功能，如调节突触效能；引起神经元去极化，产生兴奋性突触后电位（EPSP）；参与突触后长时程增强（LTP）的产生；参与谷胱甘肽（GSH）的生物合成，对自由基的清除具有一定作用，从而有利于学习、记忆功能的维持。抑制性递质 GABA 对学习、记忆有负性调节作用，提高脑内 GABA 或使用 GABA 受体激动剂对记忆获得、巩固均有不良影响，而降低脑内 GABA 或使用 GABA 受体拮抗剂则有易化学习的作用。随着大鼠的衰老和记忆能力的衰退，GABA 受体的 α 亚基表达显著升高。GABA 对记忆过程的影响可能是通过影响胆碱功能实现的。另外，GABA 也参与 LTP 的调控，近年来的研究表明，内源性 GABA 作用于 $GABA_B$ 受体，可促进 LTP 的诱导；$GABA_B$ 受体激动剂巴氯芬和大麻素受体（CB1）也可增强 LTP。

4. 神经肽

神经肽一般作为递质发挥作用，包括下丘脑神经肽和垂体肽，如生长抑素、促皮质激素释放因子、促性腺激素释放激素（GnRH）、促甲状腺激素释放激素（thyrotropin releasing hormone, TRH）、升压素、催乳素（PRL）、促肾上腺皮质激素（ACTH）等，在学习和记忆中具有重要调节作用。

以生长抑素为例，在大鼠脑室内注射生长抑素和生长抑素类似物，能明显改善其主动回避行为；如果用某种物质（如巯基乙胺）消耗掉大脑中的生长抑素，则可使大鼠记忆明显减退。生长抑素神经元与胆碱能神经元在结构上相距很近，可促进乙酰胆碱的释放，从而影响学习和记忆功能。此外，对其他调质的研究表明，催产素可能是一种健忘神经肽，而升压素则可能有助于提高记忆能力。

5. 其他递质

其他递质有一氧化氮（NO）、中枢组胺等。

NO 与海马的 LTP 增强有关，适量 NO 可促进学习能力；过量 NO 的释放，则具有神经毒性。有研究认为，NO 可能在大鼠的学习、记忆以及记忆的再现中起中心调控作用。中枢组胺具有改善学习、记忆的作用，并可能通过 H_1 或 H_3 受体直接或间接作用于胆碱能神经元、NMDA 受体等，参与调节 LTP 的形成过程。

(三) 习惯化和敏感化的机制——突触修饰理论

1949年，Donald Hebb提出，记忆、情绪和思维等生理活动都是以特定方式连接在一起的细胞群的活动所致。当神经元A重复性地或持续性地兴奋神经元B时，A、B两个神经元间的突触连接会变得更加有效。Hebb提出了如下称为"学习律"的假说：当几个神经元同时兴奋时，它们之间的突触联系就会加强。这种效应可以表现为短时间的突触兴奋性增强（如在短期记忆时）；或较长时间的持续的突触结构改变（如在长期记忆时）。这是突触修饰理论的开端。这也是一个超前的天才理论。直到20世纪70年代，突触长时程增强现象才被发现；到20世纪末，神经细胞群在体记录技术才证实了细胞群落现象的存在。

20世纪60年代，Kandel等人利用软体动物海兔(Aplysia californica)的缩鳃反射（图15-15），对习惯化和敏感化这一简单的学习形式进行了详细深入的研究，揭示了这种简单的学习模式完成的分子机制，首次使学习和记忆的神经机理在分子水平上得到阐明。

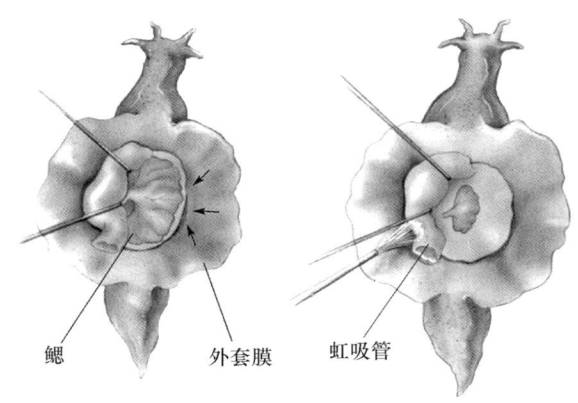

图15-15 海兔（背面）及其缩鳃反射(Bear et al., 1996)

1. 海兔的缩鳃反射

Kandel选择海兔作为研究学习、记忆的模式动物，是由于它具有以下特点：有一个由20 000个神经元组成的相对简单的神经系统；有一种非常清楚的简单防御反射行为，用一般水流喷射或用毛笔触碰它的喷水管（虹吸管），鳃会收缩，即缩鳃反射；参与缩鳃反射习惯化形成的感觉神经元只有24个，运动神经元只有六个（图15-16）。

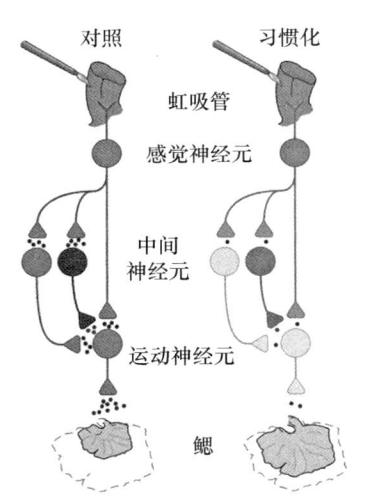

图15-16 海兔缩鳃反射习惯化的神经通路(仿Kandel et al., 2000)

缩鳃反射的神经通路是刺激喷水管皮肤，感觉神经元兴奋，释放兴奋性递质（谷氨酸），使运动神经元和中间神经元产生兴奋性突触后电位(EPSP)，经时间和空间总和使位于鳃内的运动神经元兴奋，神经末梢突触前膜上的N型钙通道开放，Ca^{2+}内流而释放递质，导致缩鳃（图15-16）。

2. 缩鳃反射的习惯化

多次重复刺激喷水管后，感觉、运动和中间神经元的EPSP逐渐减小，突触前膜上N型钙通道逐渐失活，Ca^{2+}内流减少，递质的释放量随之逐渐减少，缩鳃反射幅度逐渐变小，以致不再有行为反应，并保持一段时间，这就是缩鳃反射的习惯化（图15-16）。

因此，习惯化的机制是对已经存在的突触连接强度的调制（突触修饰），即随着无害刺激的反复呈现，突触前成分和突触后成分连接的有效性减弱。

3. 缩鳃反射的敏感化

如果在海兔头部或尾部给予伤害性刺激（如电击），则其对后续作用与虹吸管的一系列反应增强，表现为缩鳃反射明显加强（图15-17）。这种敏感化可持续数分钟至数周，随训练次数的多少而异。

头部或尾部的感觉神经元联系易化性中间神经元(facilitatory interneuron)，后者再与缩鳃反射通路中的感觉神经元末梢构成轴-轴突触。该突触前膜（易化性中间神经元末梢）释放的递质是5-羟色胺，与突触后膜上的相应受体结合后，激活了后膜上G_s蛋白，从而使后膜腺苷酸环化酶活性增强，cAMP数量

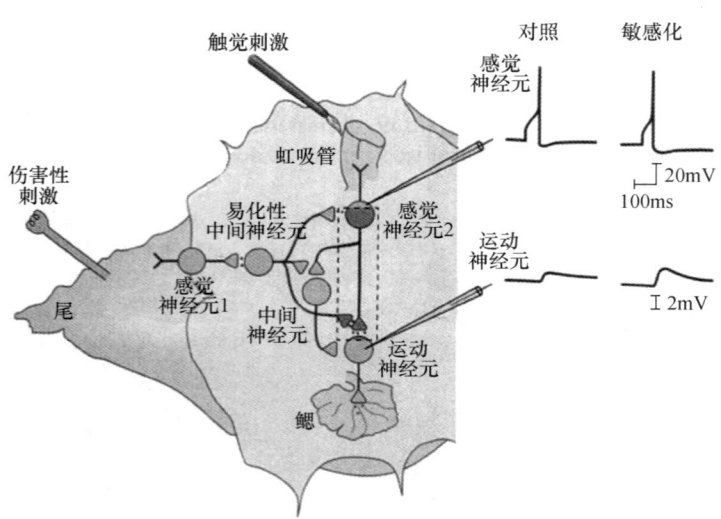

图 15-17 海兔缩鳃反射敏感化的神经通路(Kandel et al., 2000)
右侧示意虹吸管感觉神经元及鳃运动神经元的电位变化。

增加，激活 cAMP 依赖的蛋白激酶 A（cAMP-PKA），导致钾通道蛋白磷酸化，钾通道关闭，减少了感觉神经元兴奋时复极化的 K^+ 外流，延长动作电位的时程，从而导致末梢钙通道的开放时间增加，Ca^{2+} 内流增多，神经递质的释放量增加。同时，5-羟色胺还可以通过 G_O 蛋白介导，激活磷脂酶，生成二酰甘油（DG），从而激活蛋白激酶 C，蛋白激酶 C 与蛋白激酶 A 协同作用，增加感觉神经元的递质释放。最终表现为运动神经元活动加强，缩鳃反射增强（图 15-18）。

因此，敏感化的机制也是突触修饰，但是由于伤害性刺激的出现，突触传递效能增强（图 15-18）。

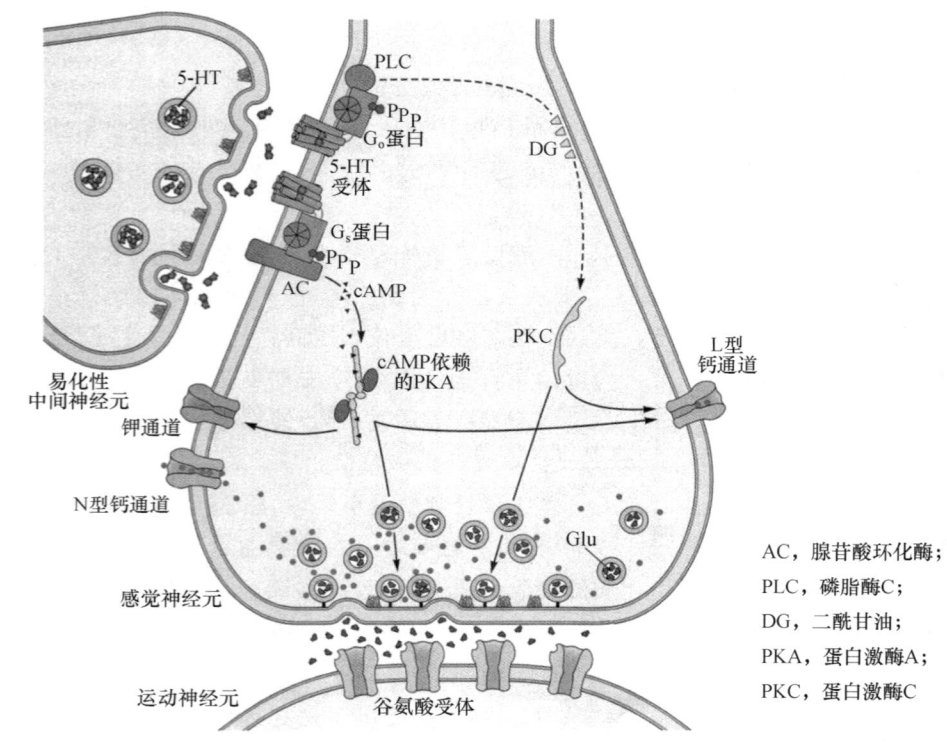

AC，腺苷酸环化酶；
PLC，磷脂酶C；
DG，二酰甘油；
PKA，蛋白激酶A；
PKC，蛋白激酶C

图 15-18 海兔缩鳃反射敏感化的突触传递及信号转导机制(仿 Kandel et al., 2000)

（四）长时程增强及其产生机制

1. 海马结构的长时程增强现象

哺乳动物的海马结构（hippocampal formation）是储存陈述性记忆的重要结构。该结构的细胞构筑主要为两薄层神经元：一层为齿状回，主要含颗粒细胞；另一层为 Ammon 氏角，主要含锥体细胞。Ammon 氏角又可再分为四个区，即 CA1、CA2、CA3 和 CA4 区，与学习、记忆的 LTP 现象关系密切的是 CA1 和 CA3 两个区。

海马的传入纤维及海马内部环路主要构成三条相互接续的兴奋性单突触通路,即经典的"海马三突触回路(trisynaptic circuit)"(图 15-19)。① 来自内嗅区的神经元的轴突组成穿通纤维(perforating fiber),携带来自大脑联合皮质的已经经过高度加工整合的信息,与海马齿状回的颗粒细胞形成突触,将信息传给海马。② 齿状回颗粒细胞的轴突组成苔藓纤维,与 CA3 区锥体细胞形成突触。③ CA3 区锥体细胞的轴突分为两支:一支形成穹隆,将信息带出海马;另一支形成 Schaffer 侧支,与 CA1 锥体细胞的树突形成突触。这些神经元都以谷氨酸为递质。这样的细胞构筑非常简单。可从脑中单独取出海马切成薄片(脑片),显微镜下观察其细胞层,清晰可辨,非常适于研究脑突触的传递过程。

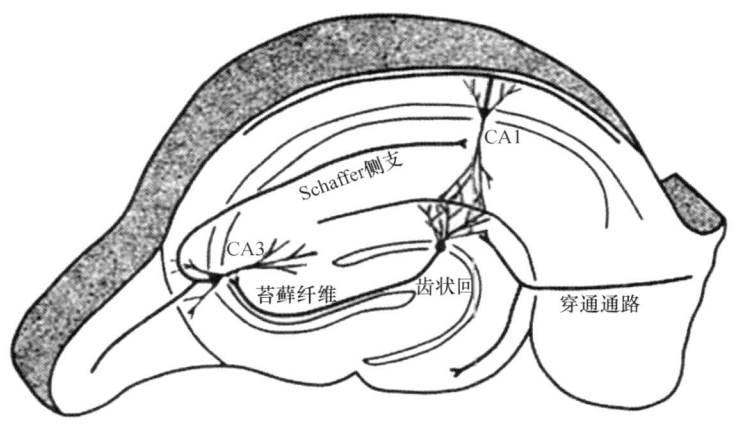

图 15-19　海马三突触回路(Bear et al., 1996)

在海马脑片上给 Schaffer 侧支单个脉冲刺激,在 CA1 区神经元上可记录到兴奋性突触后电位;如果给 Schaffer 侧支强直刺激(约 100 Hz 电脉冲持续 3～4 s)后,再用单个脉冲刺激时,引起的兴奋性突触后电位比强直刺激前大得多。这种增强现象可持续数小时至几天。这种由单突触激活诱发的长时程突触传递效能易化现象称为长时程增强(LTP)。海马的所有兴奋性传导通路都能诱发 LTP。

LTP 与学习、记忆密切相关:① 影响 LTP 的因素可以影响学习、记忆过程,如 PKC 抑制剂可阻滞 LTP 的产生,而在一种低 PKC 活性的果蝇变种中,其记忆能力也维持在较低水平;如果预先用高频电刺激兔穿通纤维诱导 LTP,产生 LTP 的兔比对照兔容易学会音调的辨别。② 影响学习的因素也影响 LTP 的产生。如低龄大鼠比高龄大鼠学习速度快,LTP 诱导速度也快。③ 学习过程中可产生 LTP,在动物条件反射的训练过程中常伴随 LTP 现象的产生。如训练动物在迷宫学习光分辨反应时,在训练后 4 h 及 24 h,刺激该动物的穿通纤维所诱发的颗粒细胞群体峰电位的振幅比未受训练的对照动物明显增大。

2. 长时程增强的特点

海马结构诱导的 LTP 具有三种重要特点:

(1) 协同性(cooperativity):LTP 产生需要数条传入纤维同时兴奋,且激活的传入纤维数量与产生的 EPSP 强度成正相关。

(2) 联合性(associativity):有关纤维和突触后神经元需要以联合的形式活动,即突触前和突触后神经元需要同时被激活。

(3) 特异性(specificity):LTP 只发生在被特异激活的通路,在其他通路上不产生(图 15-20)。

3. 长时程增强产生机制

LTP 的全过程可分为诱导期(induction phase)和维持期(maintenance phase)两个阶段。诱导期是指高频刺激诱发的突触反应逐渐增强的时期,这个过程中需要细胞内的 Ca^{2+} 浓度增加;维持期是指诱发反应达到最大后维持在最大值的时期,也称为表达期(expression phase)。诱导期与维持期的形成机制不同。

(1) 诱导期。

LTP 的诱导包括 NMDA 受体依赖型(LTP-1)和非 NMDA 受体依赖型(LTP-2)两类。在海马中,LTP-1 主要存在于来自嗅皮质的穿通纤维和齿状回颗粒细胞之间的突触,以及 CA3 区发出的 Schaffer 侧支与 CA1 区神经元之间的突触。LTP-1 的产生,首先必须激活 NMDA 受体。NMDA 受体通道是一

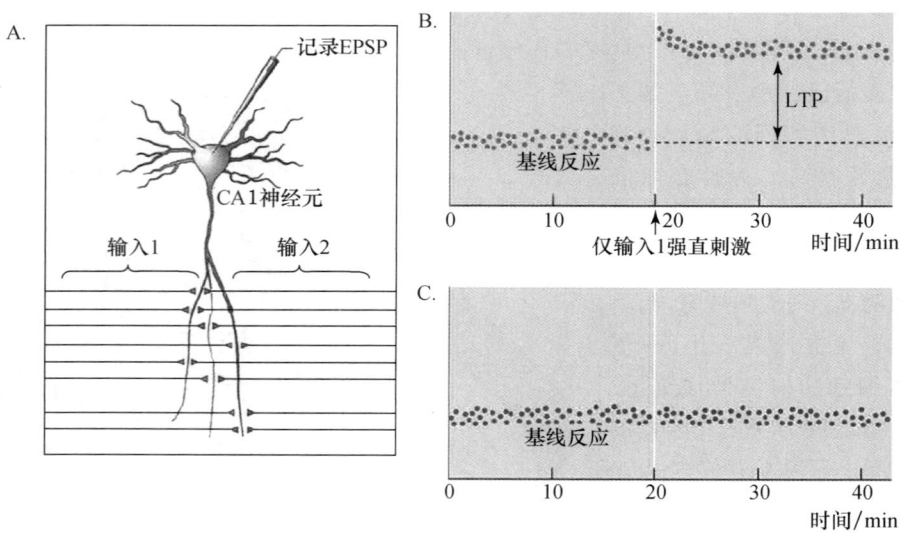

图 15-20 LTP 诱导的特异性(仿 Bear et al.,1996)

A. 测试刺激交替刺激 CA1 区神经元的树突(输入 1 和输入 2),在 CA1 区神经元的胞体都可记录到 EPSP。B. 输入 1 测试刺激引起 EPSP 的幅度。在输入 1 通路上施加强直刺激后,输入 1 通路上的测试刺激引起的 EPSP 显著增强,并持续很长时间,即 LTP。C. 输入 2 测试刺激引起 EPSP 的幅度。在输入 1 通路上施加强直刺激后,输入 2 通路上的测试刺激不能引起 LTP,表明 LTP 具有输入特异性。

种电压、配体双重门控通道,在静息膜电位下,由于 Mg^{2+} 的阻滞,该通道处于非激活状态。在正常低频突触传递时,谷氨酸与 NMDA 和非 NMDA 受体都能结合,但只能使 Na^+ 少量内流而产生静息膜电位下的突触反应(电位为 $-60 \sim -80\,mV$),此时不能使阻塞 NMDA 受体通道的 Mg^{2+} 移开(图 15-21),受体处于失活状态。

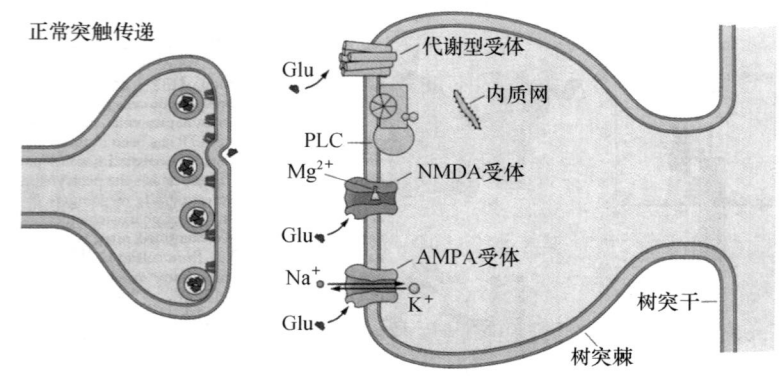

PLC,磷脂酶 C;Glu,谷氨酸

图 15-21 正常低频突触传递时,谷氨酸与突触后膜各型受体结合(Kandel et al.,2000)

当高频刺激作用于突触前纤维,大量突触前纤维同时兴奋,使谷氨酸大量释放,突触后膜去极化到一定程度,阻塞 NMDA 受体的 Mg^{2+} 被移除,NMDA 受体被激活,大量 Ca^{2+} 内流入突触后膜,并作为第二信使激活 Ca^{2+}/钙调蛋白依赖的蛋白激酶 Ⅱ(CaMK Ⅱ)、cAMP 依赖的蛋白激酶 A 等,启动下游一系列生物化学反应:Ca^{2+} 进入细胞内以 G 蛋白为中介,激活磷脂酶,并催化磷脂酰肌醇水解为 IP_3 和 DG。IP_3 激活内质网释放 Ca^{2+},从而使细胞内游离 Ca^{2+} 水平进一步升高;DG 则在游离 Ca^{2+} 存在的条件下,激活蛋白激酶 C,不仅可以加强钙依赖性谷氨酸的释放,提高突触后膜对递质的敏感性,而且可增强 Ca^{2+} 进一步内流。蛋白激酶 C 在细胞内可使底物蛋白磷酸化,其中包括对核转录因子的修饰作用。转录因子的修饰促使早期诱导基因表达,进而影响核内相关靶基因的启动和转录,导致突触后神经元产生长时程生理效应(图15-22)。

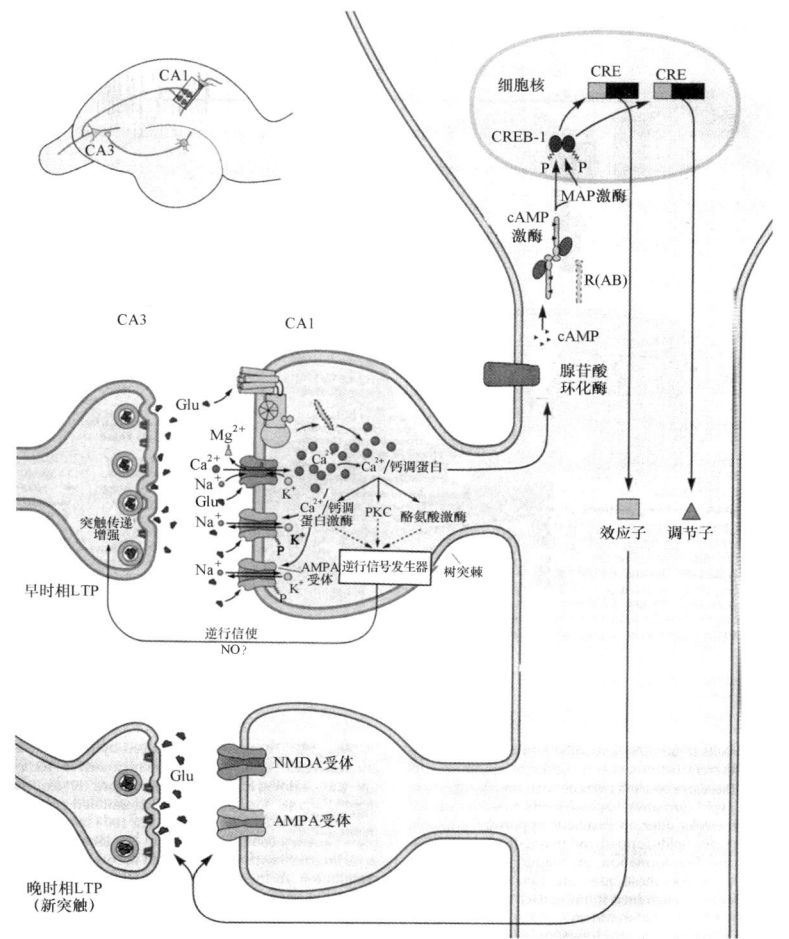

PKC,蛋白激酶C;CRE,cAMP反应元件;CREB,cAMP反应元件结合蛋白;MAP,促分裂原活化蛋白(mitogen-activated protein,MAP)

图15-22 高频刺激导致突触后膜钙通道开放,形成并维持LTP(仿Kandel et al.,2000)

LTP-2主要存在于苔藓纤维至CA3区锥体细胞的突触中。在此处的突触中,持续刺激苔藓纤维可引起NMDA受体的反应性持续下降,且受过强直刺激的突触NMDA受体反应衰减的速度比未受过强直刺激的衰减得快。该处LTP的诱导与代谢型谷氨酸受体及蛋白激酶A信号系统有关。

(2)维持期。

LTP的维持需要满足四个条件:突触前释放递质增加;突触后受体有效性增加;突触后树突棘形态改变;新的蛋白质合成。即突触前膜不断释放递质,突触后膜受体、通道、酶类变化,形成逆行信使(retrograde messenger),不断向突触前扩散而维持递质释放。因此,LTP的维持是突触前机制和突触后机制共同作用的结果。其中,早时相LTP(early phase of LTP,E-LTP)可维持3h,晚时相LTP(late phase of LTP,L-LTP)由于新蛋白质的合成和新突触的诱导,可维持3周(图15-22)。

突触后机制:如上所述,LTP诱导产生后,多种机制参与其维持过程,包括突触后神经元蛋白激酶(PKC、PKA)、钙调蛋白等被激活并处于持续活化状态,AMPA受体功能增强,Ca^{2+}浓度持续增高,蛋白质结构修饰,启动基因转录等。

突触前机制：包括突触前 Ca^{2+} 内流以及突触前自身受体（如 mGluR）调制生成的 DG 等第二信使的协同作用，使蛋白激酶 C 激活，增加递质释放；由突触后膜产生并释放至前膜的物质（逆行信使），如 NO、CO、花生四烯酸等，发挥前、后膜信息交流作用。

（五）长时程压抑及其产生机制

与长时程增强相反，长时程压抑（LTD）是指突触传递效率的长时程降低，是突触可塑性的另一个模式，也被认为是学习、记忆的神经机制之一。

LTD 最初在小脑中观察到。小脑的浦肯野细胞有两种兴奋性突触：一是与平行纤维形成的突触，二是与爬行纤维形成突触。如果对平行纤维和爬行纤维同时重复刺激，则可在平行纤维与浦肯野细胞形成的突触上观察到较长时间的传递减弱现象，即 LTD。爬行纤维、平行纤维与浦肯野细胞之间的突触都以兴奋性氨基酸为递质。浦肯野细胞上不存在 NMDA 受体，所以平行纤维与浦肯野细胞之间的快速兴奋性突触传递通过非 NMDA 受体（多数是 AMPA 受体）调节。此外，平行纤维与浦肯野细胞的突触间还存在 I 型代谢型谷氨酸受体（mGluRl）。平行纤维兴奋激活 AMPA 受体，导致 Na^+ 内流和膜去极化，而 mGluRl 兴奋后通过 G 蛋白介导，激活 PLC，生成 DG 和 IP_3，DG 以及通过电压门控钙通道进入的 Ca^{2+} 激活蛋白激酶 C。蛋白激酶 C 是诱导 LTD 的重要信使。

海马的 LTD 可以发生在 CA1 区的 Schaffer 侧支与 CA1 区锥体细胞的突触部位。低频（1 Hz）长时（10~15 min）刺激 Schaffer 侧支，可以抑制突触后细胞 EPSP 或场电位 EPSP 的反应，这种抑制可维持几小时（图 15-23）；也可以去除该突触 LTP 导致的 EPSP 增大，这是刺激与反应发生在同一突触部位的同突触 LTD。

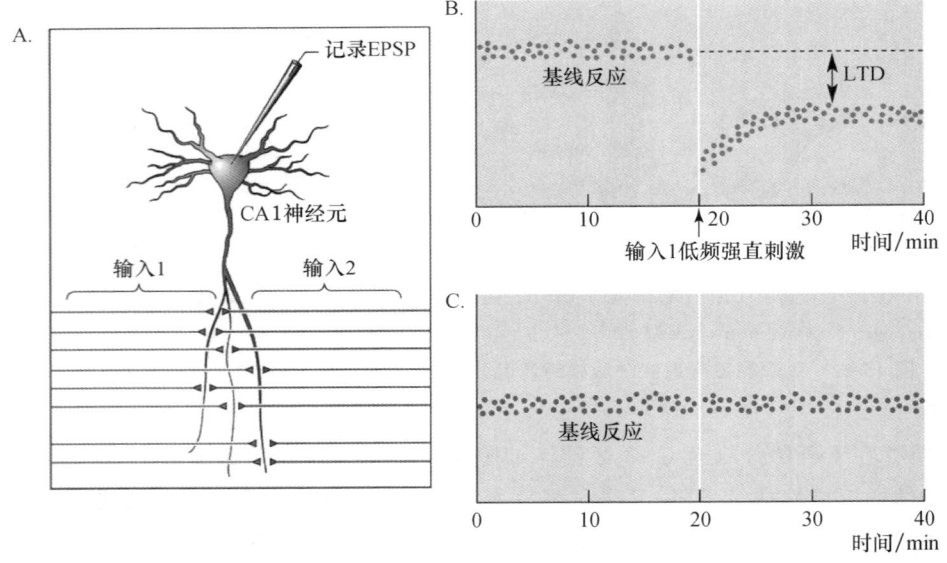

图 15-23　海马中的 LTD（仿 Bear et al.，1996）

A. 测试刺激时，交替刺激 CA1 区神经元的两个不同树突（输入 1 和输入 2），在 CA1 区神经元的胞体都可记录到 EPSP。B. 输入 1 测试刺激引起 EPSP 的幅度。给输入 1 低频强直刺激后，细胞产生了对这个输入刺激反应的长时程压抑（LTD）。C. 输入 2 测试刺激引起 EPSP 的幅度。LTD 是输入特异性的，因此给输入 1 强直刺激后，细胞对输入 2 的反应仍没有变化。

在 CA1 区产生的同突触 LTD，与 LTP 有相似的产生机制，都需要激活 NMDA 受体，或者开放 L-型电压门控钙通道，也都需要 Ca^{2+} 进入突触后细胞。区别在于进入细胞的 Ca^{2+} 数量，细胞内 Ca^{2+} 少量增加最终导致 LTD，而 Ca^{2+} 大量增加导致 LTP。因此在同一突触部位，LTP 和 LTD 是通过对同一个调节蛋白进行磷酸化或脱磷酸化来实现的（图 15-24）。

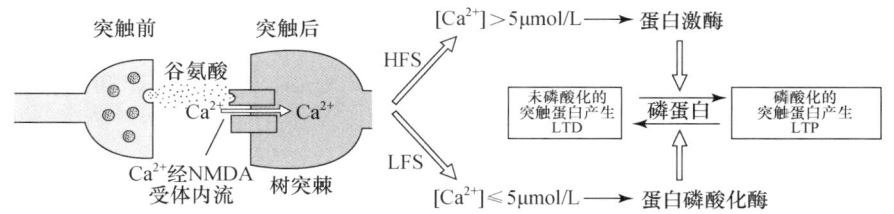

LFS,低频刺激(low-frequency stimulation);HFS,高频刺激(high-frequency stimulation)
图 15-24 不同数量 Ca^{2+} 触发海马的 LTP 和 LTD(改自 Bear et al.,1994)

可见,学习、记忆的信息可以储存于突触效能的降低(LTD)或升高(LTP)之中。这两种突触可塑性可共存,如海马 CA1 区突触传递效能的修饰可以是双向的,位置细胞对新的位置反应性增加,对旧的位置反应性降低。有研究认为,记忆在双向突触修饰中储存可能更为有效。

LTP 和 LTD 作为突触可塑性的一种良好表现形式,长期以来一直作为与学习、记忆相关的假设。但尽管 LTP 可以持续很长一段时间,但是其潜在的蛋白质转化与突触活动之间的关系,仍然不能很好地解释学习、记忆的多样性,因此尚需进一步的实验和研究。

(六) 突触学习的时间依赖性

20 世纪晚期,人们已经逐渐接受了神经可塑性及其存在的普遍性,也初步了解了突触传递增强和减弱的部分机制。但在生理情况下,神经突触何时会发生增强,又怎样才会被减弱?这和 Hebb 所提出的学习律又有怎样的关系?

20 世纪末,华裔学者蒲慕明发现了放电时间依赖的突触可塑性(spike timing-dependent plasticity,STDP)现象,为了解神经系统的学习机制做出了重要贡献。实验表明,对于任意突触而言,如果突触前细胞的兴奋略微领先于突触后细胞的兴奋,就会导致突触联系加强;反之,如果突触前细胞的兴奋略微落后于突触后细胞的兴奋,就会导致突触联系削弱。这种现象只发生在突触后细胞兴奋前后各 20 毫秒的窄小窗口之内。这一现象随后得到了大量研究的证实,成为突触可塑性与突触学习的普遍规律。

(七) 学习、记忆小结

学习、记忆涉及多种生理过程。感觉性记忆和第一级记忆与突触可塑性的改变有关,如关键大分子的可逆性构象变化(神经生理学机制);第二级记忆与脑内的物质代谢有关,特别是与脑内蛋白质的合成有关;如,蛋白质合成增加、突触功能增强、突触结构修饰、神经信息影响 mRNA 或基因表达等,另外,中枢递质如 ACh、NE、GABA、升压素、脑啡肽等的合成与分泌都与学习、记忆活动有关(神经生物化学机制);持久性记忆与脑的形态学改变及新的突触联系建立,从而在脑内形成不可逆的突触结构改变有关(神经解剖学机制)。

第三节 语 言

发声是动物社群行为中重要的信息通信方式。利用发声,动物可完成求偶、占区、防御、摄食、种间识别等多种生命活动。从广义上讲,动物进行信息传递的各种行为都可以称为"语言"。例如,有关鸟类鸣啭学习的研究,已经形成了独立的"鸟类语言学(bird language)"分支学科。有关鸟类鸣啭的听觉反馈、习鸣、效鸣、性二形性、季节性差异、成年脑内参与鸣啭的功能性神经元再生等问题,都是目前神经生物学领域的热点研究问题。但是,狭义的语言仍然限指人类特有的信息交流过程及其高级神经活动。

一直以来,人们试图从脑与语言的关系研究中理解脑内的认知加工过程,探索脑的奥秘,因为对语言符号的感知辨认、理解感受、语声表达都和人的其他高级生理活动如学习、记忆、思维、睡眠等有着密切联系。有关语言的系统研究始于 18 世纪,但与自然科学其他领域的迅速发展相比,关于语言与思维的神经机制研究尚较为模糊和不确定。

脑科学与心理学的结合促成了新的交叉学科神经心理学(neuropsychology)和神经语言学(neurolinguistics)的诞生,它们将语言和思维活动一起作为脑的高级整合功能进行研究。

一、语言中枢

对于脑与语言关系的研究开始于一个多世纪以前,法国医生布罗卡(Broca)和德国的韦尼克(Wernicke)首先发现特定脑区的损伤会导致特定的语言障碍,即失语症。1860 年,布罗卡对两例言语运动障碍患者的尸体进行解剖,发现其左侧大脑半球的额下回近外侧裂处的一个狭窄区域发生病变,后来该部位就被称为布罗卡区(Broca's area),此即最初发现的语言中枢(speech center)。1874 年,韦尼克发现左侧大脑半球颞叶皮质后部(颞上回的后方)病变与言语理解障碍有关,后来该部位被称为韦尼克区(Wernicke area)。此后,神经语言学一直是脑科学研究中的热门领域,尤其是神经功能磁共振影像技术及电生理监测技术的发展,使语言的神经机制研究取得了更多进展,发现了更多的语言中枢(图 15-25)。关于语言,神经生物学研究得出了三条基本结论:一是脑的不同部位在语言中完成不同的功能,脑的整体语言功能由多个脑区协作完成;二是不同的脑区损伤产生不同的言语障碍;三是左半球为绝大多数人的语言优势半球。

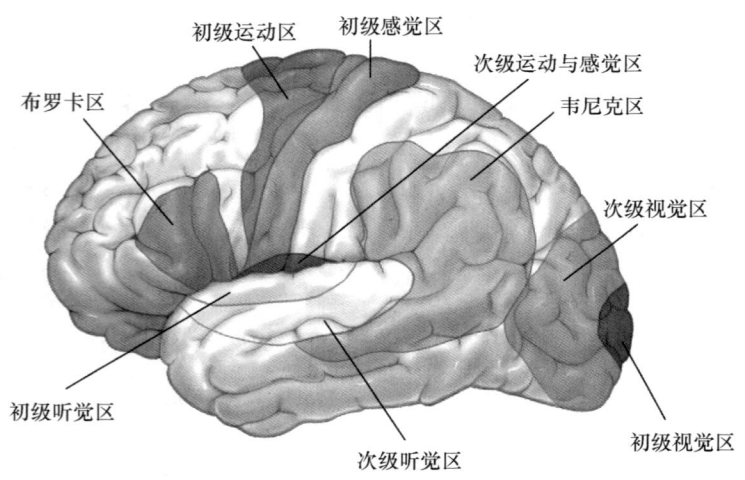

图 15-25　人左侧大脑半球背外侧面及经典语言中枢(改编自 https://www.britannica.com/science/Broca-area/images-videos,引用日期:2021-09-27)

(一) 额叶皮质

额叶主要与随意运动和高级精神活动有关,包括躯体运动功能、智能以及情感等活动。

(1) 运动性语言中枢(motor speech area):即布罗卡区,或称为说话中枢(talking center)。位于额下回三角部和盖部(Brodmann 分区的 44 区和 45 区),即额下回后 1/3。主要功能是计划和执行说话,病变或损伤该区会导致运动性失语症(motor aphasia),主要表现为口语表达障碍:病人可以看懂文字,能听懂别人的谈话,自己却不会讲话,但与发音有关的肌肉并不麻痹。此类失语又称为布罗卡失语(Broca aphasia)。

(2) 视运动性语言中枢(visual motor speech area):或称为书写中枢(writing area)。位于额中回后部(8 区)。损伤后出现失写症(agraphia),病人可以听懂别人的说话,看懂文字,自己也会说话,但不会书写。然而,其手部肌肉并未瘫痪,其他运动不受影响。

(3) 运动辅助区(supplementary motor area,SMA):或称为上语言区。位于半球纵裂的内侧壁,中央前回下肢运动区前方,后界为中央前沟,内侧界为扣带沟,外侧延伸至邻近的半球凸面,其前侧与外侧无明显界线。切除优势半球侧 SMA 后,可产生经皮质的运动性失语(transcortical motor aphasia),即术后数天内出现对侧肢体完全运动不能和言语中断,自发性言语减少,但有重复、理解和阅读能力,症状可持续数周,最终可以完全恢复。SMA 病变产生的语言障碍均不典型,恢复较快。因此 SMA 在语言过程中的作用目前仍然不清楚,SMA 是否为语言中枢还存疑。

(二)颞叶皮质

颞叶具有听觉、知觉、记忆和运动功能。

(1)听性语言中枢(auditory speech area):或称为听话中枢(hearing area)。位于颞上回后部(22区,有人认为还应包括 39 区和 40 区),即韦尼克区。损伤后出现感觉性失语症(sensory aphasia),病人可以讲话及书写,也能看懂文字,说话时声调和语调均正常,能听到但听不懂别人的谈话,可以模仿别人的讲话,但不能理解别人说的话,答话语无伦次或答非所问,听者难于理解。此类失语又称为韦尼克失语(Wernicke aphasia)。

(2)颞底语言区(basal temporal language area):位于梭状回(fusiform gyrus,枕颞内侧回),距离颞极 3~7 cm,即 37 区,是独立于韦尼克区之外的一个区域,但其下方的白质纤维束和韦尼克区下方的白质纤维束有直接联系。电刺激该区主要表现为感觉性和表达性语言缺失,可出现命名和理解障碍。但切除颞底语言区一般不会产生长期的语言缺失。

(三)顶叶皮质

顶叶皮质:顶叶主要与一般躯体感觉有关。

视性语言中枢(visual speech area):或称为阅读中枢(reading center)。位于大脑外侧裂后方,顶、颞叶交界处的角回(angular gyrus)(39 区),其中存储着以视觉为基础的大量视语忆痕,参与对文字符号的识别。该区损伤时出现失读症(alexia),病人不能阅读,看不懂文字的含义,但其视觉是良好的。有人认为,缘上回(supramarginal gyrus)(40 区)也参与该语言中枢的功能。

(四)其他部位

脑的其他部位与语言也有一定的关联。

(1)岛叶皮质:岛叶的血管性疾病可产生语言障碍,唤醒麻醉下,刺激优势半球岛叶也可产生言语中断。

(2)基底神经核区:纹状体参与语音接受和表达活动,病变时主要为音韵障碍,自发性言语受限,且音量小、语调低。

(3)丘脑:丘脑腹中间核、腹前核、丘脑枕区均与语言有关。丘脑部位损伤可产生丘脑性失语(thalamic aphasia),主要表现为音量小、语调低、表情淡漠、不主动讲话、找词困难等。

此外,胼胝体、弓状纤维和上纵束作为神经冲动的联系结构,与语言也有重要关系,受损后可产生传导性失语症(conduction aphasia)等。

脑的语言功能受广泛分布于脑组织中的庞大而复杂的神经网络控制,故其功能定位是相对的。

另外,母语和外语的语言定位也有区别。临床上就有脑损伤后失去母语的语言功能,但却能流畅地继续使用外语的案例。

二、语言的侧别优势

语言的侧别优势(laterality cerebral dominance)是指人类脑的语言功能向一侧半球集中的现象。

(一)语言的左侧优势现象

绝大多数成年人右侧大脑皮质的语言中枢受损并不发生明显的语言活动障碍,而左侧大脑皮质相应部位受损则可形成严重的失语症。这种左侧大脑皮质在语言活动功能上占优势的现象,反映了人类两侧大脑半球功能的异称性,称为语言的左侧优势。

对于绝大多数人而言,语言中枢都主要位于左侧半球,即左侧半球在语词活动功能上占优势,而右侧半球在非语词性认识功能(如空间、美术、音乐等功能)上占优势。但是,这种优势是相对的,而不是绝对的,因为左侧半球也有一定的非语词性认识功能,右侧半球也有一定的简单的语词活动功能(图 15-26)。

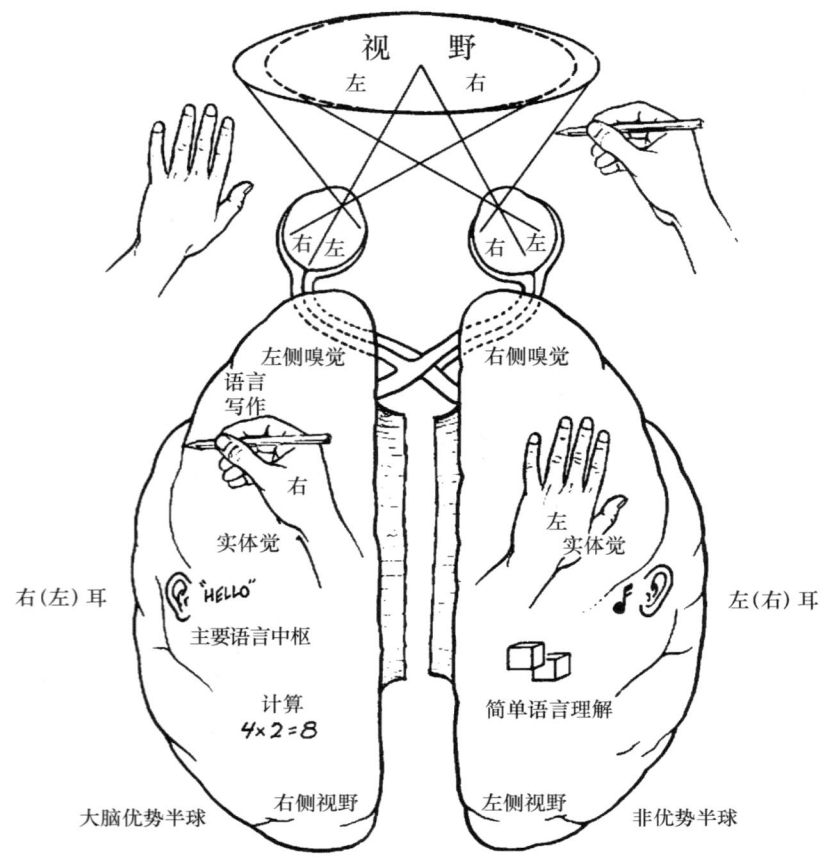

图 15-26　大脑皮质的侧别优势简示(改自 Strominger et al., 2012)

另外,不同语言的偏侧化程度可能也有区别。偏侧化最严重的是类似西方语言这样的线性拼音文字;类似汉语这样的图形表意文字,其偏侧化程度可能较轻。

(二)侧别优势的研究方法

(1) 割裂脑技术(裂脑人研究):对大脑侧别优势的研究,最先始于对裂脑人的临床观察。自然脑损伤可造成裂脑(split brain),在脑损伤病人身上观察发现,左侧脑损伤导致语言功能的丧失,但不影响右侧脑功能;同样,右侧脑损伤可使患者表现穿衣失用症(apraxia),因分不清左、右侧而倒穿衣服,不能绘制图表,视觉认识出现障碍等。临床上裂脑人的主要来源是癫痫病人,为防止发病时左、右两半球间的传播发作,减弱癫痫发病强度,常采取切断病人胼胝体的方法,术后病人便成为裂脑人。手术后患者对出现在左侧视野中的物体(视觉投射到右侧半球)不能用语词说出其名称,而对出现在右侧视野中的物体(视觉投射到左侧半球)就可以说出其名称,说明语言活动中枢在左侧半球。但是,患者右侧半球的视觉认识功能是良好的。譬如,先给患者的左侧视野看一支香烟,他不能用语词说出这一物体是"香烟";但是患者认识到这一物体是香烟,因为他可以闭着眼睛借助于触觉用手把许多香烟收集起来以表示他对这一物体的认识。在正常人,虽然语言活动中枢在左侧半球,但能对左侧视野中的物体说出其名称,因为连合纤维使左、右两侧半球的功能联系起来。

(2) 韦达测试(Wada's test)技术:将一种迅速起作用的麻醉剂巴比妥钠注入一侧脑供血的颈总动脉内,选择性麻痹脑的左半球或右半球,使该侧半球暂时停止其功能,以考察大脑两个半球功能的差异,因此也称为一侧脑麻痹法。韦达测试技术可以有效地麻醉注射侧的大脑半球,而使另一侧的功能不受影响,所以这种技术实际上是一种机能切除技术。应用此技术的结果是左半球麻醉使病人几乎完全丧失语言能力,而右半球麻醉对语言功能只有很小的影响。

(3) 一侧电休克技术:电休克技术选择性地使一侧脑休克,以此来研究大脑两半球功能的差异。和裂脑技术、韦达测试技术一样,该技术主要是对处于非正常状态下的大脑两半球的功能进行研究。

(4) 皮质直接刺激法:用弱电流刺激清醒人的大脑皮质,结果表明每一个言语区的完整性在语言这一心理过程中是必需的;由刺激引起发音的皮质区不限于几个确定的语言区;两侧大脑皮质都有与语言活动有关的区域。皮质直接刺激法可以避免割裂脑技术、韦达测试技术、一侧电休克技术研究非正常状态下脑功能的局限,而用于研究正常意识状态下人脑的功能。

(5) 现代电子技术:利用脑电活动(EEG)记录、正电子发射体层摄影(PET)、磁共振成像(magnetic resonance imaging,MRI)等观察脑活动时的左、右侧差异,避免了传统研究方法的许多局限性。

(6) 经颅磁刺激技术:利用经颅磁刺激技术(TMS),使用放置在头颅外部表面附近的线圈通以瞬间的强电流产生脉冲强磁场,并进而在脑组织内产生感应电流以刺激脑组织,可以选择性地激活或抑制特定的皮质区域,从而干扰该皮质区域的功能。该技术可用于检测皮质区域在特定生理或心理功能中的作用。

(三) 语言侧别优势的成因

大脑一侧优势与遗传有一定关系,但主要是在后天生活实践中逐步形成的。出生后第二年是发展最为迅速的时期,但在2~3岁时,左、右侧脑损伤的结果相差不多,因为那时尚未建立一侧优势;10~12岁时,如左半球损伤,尚可在右侧半球建立语言中枢;在成年人,左侧语言优势已建立,左半球的损伤就将导致不可补偿的语言障碍。另外,幼年期脑损伤的功能恢复比成年期脑损伤的功能恢复快,预后好,因为在生命早期大脑半球还未特化或特化不明显,神经系统的可塑性大。但是,绝大多数左利手者和右利手者的语言中枢都在左侧半球,因此不能说利手是语言优势的外部标志和成因。

从脑的解剖学上看,大脑两半球并不是镜映的。如成人脑的左、右外侧裂长度不等,左侧外侧裂和颞平面较长,颞叶平面的面积为左侧大于右侧,与视觉功能有关的视觉皮质-纹状区的面积为右侧大于左侧,皮质下结构为左侧大于右侧,这种形态学上的不对称性可能是大脑两半球功能侧别化的解剖学基础。

(四) 右侧半球的语言功能

由于左侧半球在语言上的优势作用,右半球常被称为"沉默寡言"的半球。但越来越多的证据表明,右半球在语言功能上并非绝对"沉默"。右侧半球在非语词性的认知功能上占优势。例如,空间辨认、触觉识别、音乐欣赏、相貌识别等。右侧大脑皮质顶叶损伤的病人,由于非语词性认识能力的障碍,患者的概念形成、语调传递能力、语调的理解受到影响;右侧大脑后部的病变常发生视觉辨认障碍。

右侧大脑半球在字词、语句和篇章加工、语言韵律、语法应用、姿势语言表达等方面都具有对左脑的重要补充作用。左侧大脑半球发生严重病变的成年患者,右侧大脑半球也可能具有潜在的代偿作用。

另外,文字的应用对于双侧大脑半球也具有影响。右半球在汉语加工过程中起作用,具有处理字义的能力。以汉语为母语的人群,左脑语言中枢受损后虽然也表现失语症,但比以字母文字为母语的人群症状要轻,这可能与汉语文字具有一定的空间构型(而对于空间的感知学习是右半球的优势)有关。

第四节 情 绪

一、情绪与情感的概念

如果要指出生命的三种重要高级功能,情绪无疑是其中之一。情绪给生命增添了色彩,让烦冗重复的日常生活有了意义。

1. 情绪的相关概念

情绪是人生的基本动力之一。可以说,没有情绪的人生是不可想象的。然而,人们对情绪的认识却远未取得共识,表现为至今缺乏一个公认的情绪定义。比较一致的观点是,情绪(emotion)是一种综合的心理和生理状态,它是生命对内、外环境变化的刺激所采取的适应性反应模式,是一种带有倾向性的体验。从这个角度上说,情绪是人和动物所共有的。它至少包括不同程度的生理唤醒、不同色彩的主观体验和不同倾向的行为反应三个部分。

与情绪相关但有所不同的还有情感(feeling)、感情(affection)、心境(mood)、激情(passion)和应激(stress)等概念。与前述较广义的情绪定义相比,狭义的情绪指个体与环境相互作用过程中生理与脑的相关变化,也指比较短时间的、外在的情绪表现。情感则更多地代表内心的主观体验和感受,具有一定的成熟性和持久性。感情则更加宽泛,除了包括情绪和情感的一般内容,还带有主观态度和动机的成分。

心境是一种持续的、背景式的情绪状态,它通常会比较长时间地存在,为其间的心理活动带上情绪色彩。与此相反的,激情指强烈的瞬间爆发的情绪,通常伴有身体和生理反应。

应激特指机体在环境变化刺激下产生的一系列生理和心理复合变化。它通常不考虑情绪的色彩,而重点在于唤醒的程度、持续时间和后果。应激帮助动员机体的潜力以应对当前出现的情况,对于保持顺畅的应对具有重要意义。但过度的应激则反而降低应对效率,导致差错的出现;持续过久的应激会损伤机体的储备能力,导致生理和心理疾病。

2. 情绪的基本类型

通常认为,情绪有一些基本类型,也称为原型(图 15-27)。这些原型不受文化、教育、习俗等因素的限制,甚至在一些高等动物也存在。这可以通过一些基本的表情来观察。Ekman 曾描述过六种基本表情:高兴、愤怒、惊讶、厌恶、悲伤、害怕。在中国的传统观念中也有喜、怒、哀、乐、爱、恶、欲等七情,或者简化为喜、怒、悲、思、恐等五志。此外有研究者认为情绪可以分为两种维度:效价和唤醒度。其中效价也称为愉悦度,可以区分正情绪和负情绪;唤醒度又称为激活度,表示此情绪对个体的激活程度。

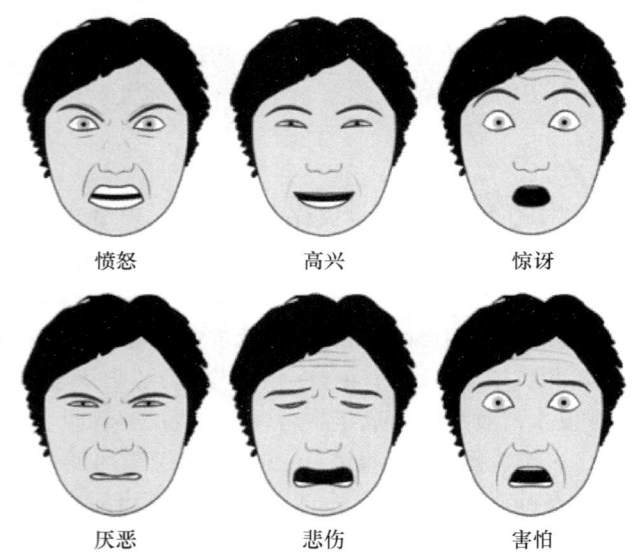

图 15-27 基本情绪的表情特征(Tayib et al., 2016)

二、情绪的相关理论

1. James-Lange 理论

长期以来,人们发展出了多种多样的情绪理论。在常识上,人们认为情绪的出现是生理和行为反应的原因,即感受到环境变化(例如,看到一只狮子)后,首先产生了情绪反应(害怕),然后才出现行为变化（发抖、逃跑）。然而，美国心理学家 William James（图 15-28）和丹麦心理学家 Carl Lange 同时推翻了这种传统认识，提出生理反应才是情绪产生的基础。这个 James-Lange 理论是关于情绪的经典理论，它认为环境变化刺激首先引起生理反应，而生理反应进一步导致情绪的产生。也就是说，人们看到狮子的第一个反应是逃跑，然后才会因感受到这些生理反应而感到害怕。一个更系统化的假说是：皮质在接受了生理改变的信息之后，产生了意识水平的情绪体验。

图 15-28　William James（https://www.loa.org/writers/29-william-james，引用日期：2021-09-27）

这一理论得到了一系列事实的支持。例如，各种情绪都对应着不同的自主神经、内分泌以及躯体的反应模式；脊髓横断的患者情绪体验也相应减低。但它也存在一些问题。比如，在生理反应消退后很久，还可能感受到情绪的持续存在；某些情感比生理改变来得更快。特别是，Cannon 关于"战斗或逃跑"反应的研究结果与此理论存在严重冲突。

2. Cannon-Bard 理论

美国心理学家 Walter Cannon（图 15-29）和他的学生 Philip Bard 对上述经典情绪理论提出了异议。他们认为，情绪体验和生理反应是同步产生的。他们提出，丘脑与下丘脑这两个结构是介导情绪的认知和外周反应的中枢。Cannon 在对猫所做的去皮质研究中发现，猫在切除皮质之后，只要保留了下丘脑，就能拥有完整的"发怒"行为，被称为"假怒"。这种行为只需要轻微的感觉刺激即可出现，而且在刺激停止之后很快消失。这种反应是无对象的，动物甚至可能撕咬自己。据此，Cannon-Bard 理论认为，情绪是皮质和下丘脑动态相互作用的产物。换句话说，当环境刺激来临时，机体进入了一种"战斗或逃跑"的准备状态，此时将同时出现情绪体验和生理反应。

图 15-29　Walter Cannon（https://capitalresearch.org/article/mad-science-part-2/，引用日期：2021-09-27）

3. Schachter 理论

美国社会心理学家 Stanley Schachter（图 15-30）强调了认知在情绪反应中的重要性。他认为人类的情绪体验是人的生理状态和这一状态的认知解释共同作用的结果。他提出，情感是机体对外周模糊感觉信号的认知解释；大脑皮质从这些外周信号中"构建"出情绪。哪怕这些信号是非特异性的，皮质也会将它们翻译成特定的情感。换句话说，皮质将依据主观预期和社会背景，针对这些外周信号创造出情感这种认知反应。

Schachter 使用实验来支持他的观点。他给受试者注射肾上腺素，但只有半数受试者了解该药物的副作用——心率、血压上升等。随后，他给受试者观看正性或负性情绪图片。结果表明，了解药物副作用的人，对同样的图片的情感反应较小。他认为，这是由于受试者了解了自己的反应可能是药物的作用，因而不再将生理的改变归因于情绪变化。他用这个实验证明，生理的唤醒尽管能影响，但并不能完全决定情绪的产生；其中的认知参与是不可缺少的。

4. Arnold 理论

20 世纪 50 年代，美国心理学家 Magda B. Arnold（图 15-31）提出了具有里程碑意义的情绪理论。该理论指出，机体对刺激的自主神经反应并非情绪产生的关键环节；情绪是对环境变化利害关系的无意识评估结果，而情感则是意识水平对这一无意识评估结果的反映，即采取某些特定行为反应的倾向。这一理论解释了那些不需要动员自主神经反应的情绪体验，并为情绪产生的过程给出了完整的描述，即无意识的内隐评估—行为倾向—外周反应—意识经验。支持该理论的实验证据是：人们可以对阈下刺激，即主观上并未察觉的刺激产生情绪反应。

图 15-30　Stanley Schachter（改自 https://psychology. unl. edu/symposium/pictures/1964StanleySchacter-AllenLEdwards-GeorgeMandler1200. jpeg，引用日期：2021-09-27）

图 15-31　Magda B. Arnold（https://www. gf. org/fellows/all-fellows/magda-b-arnold/，引用日期：2021-09-27）

Arnold 理论具有一些极为重要的意义。首先，它告诉我们感知和情感之间存在重大差别，前者仅仅客观地告诉我们有什么，提供刺激事件本身的信息；后者则对该事件进行评估，提供该事件将如何影响我们的信息，促使我们产生经验，并按照适当的方式做出反应。这一观点预见了感觉和情绪过程在神经解剖学上的分离。其次，它告诉我们，情绪可能具有与躯体感觉事件和意识认知过程都不相同的独特逻辑，为后来对情绪独特规律及其调节的研究奠定了深远的基础。同时，该理论还为人们进一步深入理解情绪的唤醒程度、色彩和倾向性的三维分离提供了可能性。

三、情绪的神经机制

1. 情绪的外周神经机制

很长时间以来，人们都以为情绪是一个纯粹的中枢过程，是感觉形成过程中的一个副产物。然而，近数十年有关痛觉的研究彻底变革了人们对情绪外周机制的看法。

疼痛是一种兼具感觉和情绪色彩的主观体验。这一事实促使人们关注其神经机制中的感觉和情绪成分的差异。加拿大心理学家 Ronald Melzack 继提出有关痛觉的闸门控制学说之后，又于 1968 年提出了疼痛的三维理论，认为痛觉包括感觉、情绪和认知维度，而且其中感觉和情绪信息从最初的传入神经通路就开始发生分离。随着神经解剖学、功能神经影像学和行为电生理学技术的进步，这一天才的预言得到了证实。研究表明，痛觉中的感觉和情绪成分从外周的感受器就开始发生了分离；皮肤的 Aδ 感受器接受疼痛的感觉信息，通过有髓 Aδ 纤维传入脊髓后角深层，再通过新脊丘束经由丘脑外侧核群的中继，最终投射到躯体感觉皮质，传导疼痛的感觉信息；相关的情绪信息则由皮肤的 C 类感受器接受，通过无髓 C 类纤维传入脊髓后角浅层，经由旧脊丘束上行，经丘脑内侧核群投射到前扣带皮质和岛叶（图 15-32）。这是人类科学史上首次完整地描述同一感觉模态中感觉和情绪信息处理途径的完整分离。

此后，人们很快注意到，原本以为只是纯粹感觉模态的轻触觉其实也含有情绪成分。与痛觉相仿，轻触觉的感觉成分和情绪成分也分别经由不同的通路上传到中枢：感觉信息通过粗的有髓 A 类纤维上传，而情绪信息通过无髓 C 类纤维上传。随后，在视觉、听觉等感觉模态中，也同样发现了情绪信息的独立上传现象。这些发现证明了 Arnold 提出的无意识评估理论的准确性，表明情绪的评估是独立于感觉辨别信息进行的，它可以与感知觉形成同时发生，甚至先于感知觉产生。

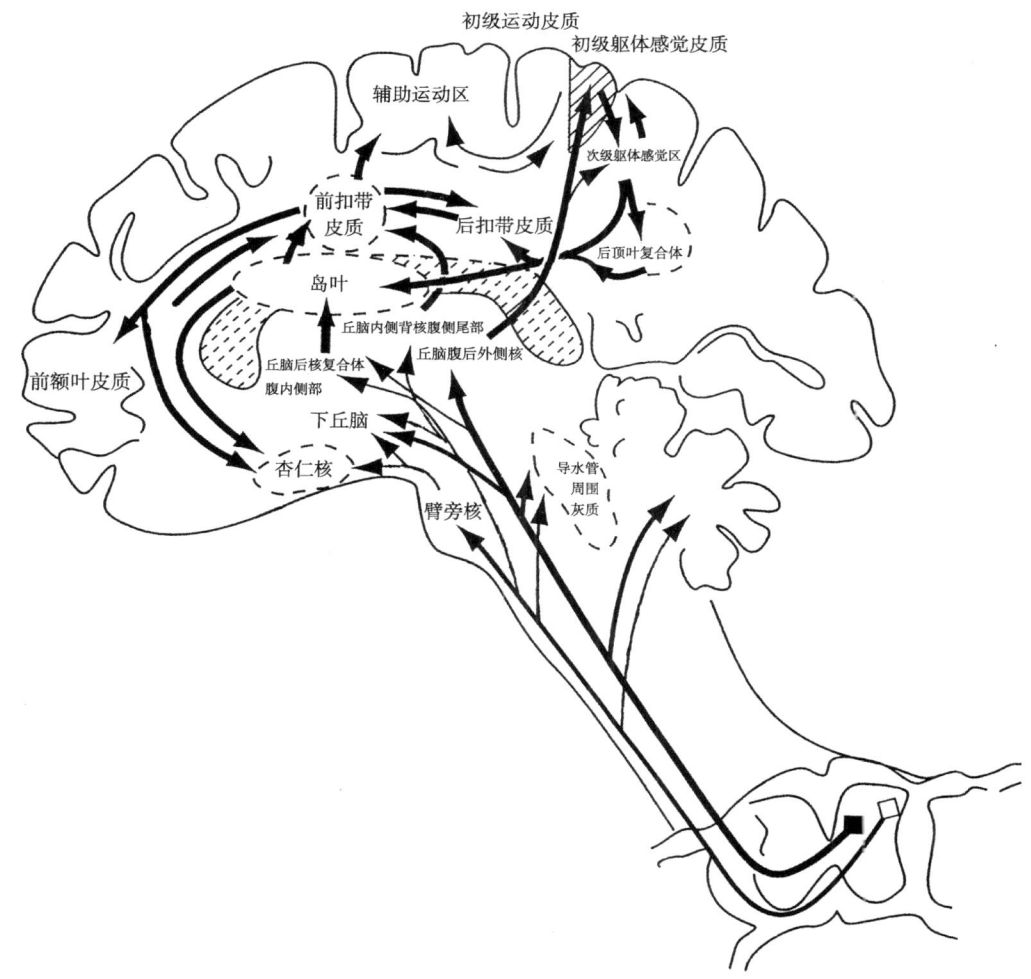

图 15-32　痛觉的感觉与情绪通路(Price,2000)

2. 情绪的中枢神经机制

经过多年的研究，人们对情绪的中枢神经机制逐渐有了一定的了解。目前的观点认为，广义的边缘系统可能是情绪的重要处理中枢。其中，眶额皮质、扣带回和岛叶可能是情绪的认知处理中枢，下丘脑和脑干自主神经核团则与情绪的外周反应有重要关系。杏仁核复合体则可能是整合并在无意识水平评估感觉传入，再将处理结果与皮质和脑干边缘系统进一步交换的核心情绪中枢。

情绪的外周反应主要由脑干各自主神经核团控制。然而，研究表明，下丘脑对脑干自主神经核团具有广泛的调控作用。刺激下丘脑不同区域几乎可以诱导出所有的各类自主神经反应。例如，刺激下丘脑外侧可诱导愤怒情绪，而破坏此处可使个体失去愤怒的能力；刺激下丘脑弓状核可舒缓痛苦，而损毁此处则导致个体高度易激怒。这表明，下丘脑可能是情绪反应的下位整合中枢，它可以根据各种环境变化的传入刺激信息整合出各种躯体和情绪反应。

1937年，James Papez 将部分前脑区域与丘脑、下丘脑等部位统称为边缘系统，认为它是机体情绪反应中心。这些前脑区域包括前扣带回、海马旁回与海马结构。在此后的数十年中，边缘系统的概念不断发生变化。目前，人们比较公认的边缘系统还包括下丘脑、隔区、伏隔核、眶额皮质和杏仁核。嗅皮质也被认为与情绪具有密切关系。

前扣带回是情绪认知的重要脑区。包括痛觉在内的多种感觉中的负性情绪特征都会激活前扣带回。社会或心理原因所导致的负面情绪，亦即心理痛，也会激活此区域。这一区域还与对遭受痛苦者的共情有关。此外，该区域还与内在或外在冲突的感受关系密切。它也是自我观念最常激活的区域。

与前扣带回相比,嗅皮质属于更为原始的情绪区域。许多气味都能引发明显的情绪反应,甚至在这些气味引起知觉的注意之前,这些情绪效应已经发生。例如,很多动物都会对天敌的气味非常敏感;某些异性的气味具有明显的性唤醒作用。此外,诸如花香引起愉悦感、恶臭引起厌恶感等,这些反应都是与生俱来的。这表明,它们可能是较深层无意识的对环境信息的评估机制。

杏仁核是目前发现的在情绪表达与情感认知之间最主要的桥梁脑区。研究表明,刺激杏仁核某些部位可产生恐惧和敌意,而损毁杏仁核的动物则表现得异常温顺。杏仁核疾病患者无法从他人面部表情中发现恐惧因素。动物识别表情中的情绪色彩也依靠杏仁核的功能。杏仁核与颞下皮质和自主神经核团都有大量神经联系,这可能是它介导情绪认知与情绪反应关联的重要因素。

杏仁核与各级感觉中枢也有密切联系。事实上,杏仁核同时接受来自丘脑的快速直接投射以及来自躯体感觉皮质的间接的、较慢的投射,这可能是它同时介导无意识情绪评估反应和意识水平的情绪认知反应的解剖学基础。杏仁核还与持续的情绪状态有关。动物的条件性恐惧反应、人类的焦虑状态等,都与杏仁核关系密切。除负性情绪之外,杏仁核与正性情绪反应也有密切关系。例如,损毁基底外侧杏仁核可破坏奖赏性刺激的条件化,但并不影响非奖赏性刺激的条件化。杏仁核也与背景条件化(例如,条件性位置偏爱的形成)有重要关系。

杏仁核发出的传出纤维,向上可达扣带皮质和前额叶,向下可达下丘脑与脑干自主神经核团。其传出纤维主要从杏仁中央核发出;来自感觉区的传入纤维则由基底外侧杏仁核接受。

四、情绪的功能与调节

1. 情绪的功能

情绪是比思想、感觉和认知进化更早、更为深层的生命功能,它对于生物体的多种高级功能,如感觉、思维、注意、记忆和执行功能等,都具有重大的调节作用。

(1) 情绪对感觉的调节。

情绪对感觉功能具有强大的调节作用。例如,在焦虑之中的个体,他们对环境中的疼痛刺激的敏感性增强;反之,在恐惧之中的个体,他们对疼痛刺激的敏感性减弱。除正常情绪外,情绪障碍对感觉功能也有明显的调节作用。例如,抑郁患者对实验性疼痛刺激的敏感性普遍降低;但他们对内在的持续痛体验却加剧。

(2) 情绪对注意的调节。

作为带有倾向性的生命调节机制,情绪对注意有重要的调节作用。大部分情况下,带有情绪信息的刺激,不论是正性还是负性的刺激,都能够更多地吸引注意力。例如,对情绪信息的搜索时间要短于非情绪信息;情绪信息能够突破"注意瞬脱"的限制而被意识察觉。另一方面,情绪的这种调节作用与意识是否参与也有密切关系。在无意识状态下,情绪往往能够迅速吸引注意;但在意识参与时,由于意识本身对不同情绪色彩的内容可能有趋近和远离的倾向,因此会扭曲情绪本来的作用。

(3) 情绪与记忆功能。

大部分情况下,带有情绪色彩的刺激更容易被记忆所保留。这是因为情绪刺激唤醒了更多的注意资源,使得经历的过程更为专注。愉快的情绪刺激的记忆增强效应更显著,因为这类情绪过程会带来更多的背景细节的保留,使整个记忆更为完整;不愉快的情绪刺激则倾向于将注意力局限在刺激本身,导致一个强烈的不完整记忆。过于强烈的情绪刺激,会高度吸引注意力,致使同时发生的其他事件的记忆受损。

(4) 情绪的其他功能效应。

除了对高级功能之外,情绪对躯体运动和内脏活动也都具有重要的影响。适度的唤醒会提高肌肉运动效应;但过度的紧张会导致肌肉僵硬,降低运动控制能力。因此,运动员训练中,心理训练具有重要的意义。能够有效地运用情绪反应,可以大大提高运动成绩,减少运动伤害。

情绪对内脏活动也有极为重要的影响。人们从常识知道,愤怒时如果进食或饮水,会导致胃部不适。这是因为愤怒的情绪干扰了胃肠道的运动和分泌。中国传统医学有五志与五脏功能相关的学说,认为适度的情绪可以活化内脏功能,但过度的情绪则导致相应内脏功能损害。其中很多观点都可以得到日常生活观察和现代科学研究的证实。

2. 情绪的调节

作为生命活动当中的深层功能,情绪状态对多种生理和心理功能都具有广泛的影响。因此,情绪调节能力具有重要意义。从生理活动到认知、感觉乃至情绪活动本身,都对情绪过程具有调节作用。情绪调节对于健康人生具有重要意义。

(1) 生理活动对情绪的调节。

人体的多个生理系统,包括神经、内分泌、免疫系统在内,都对情绪具有调节作用。从内分泌角度而言,许多激素水平都对情绪有影响,例如,肾上腺激素、性激素等。众所周知,女性在月经周期的不同阶段,情绪的稳定性是不同的。另外,人在一生中有两个时期容易出现情绪的大规模波动,即青春期和更年期。这两个时期的共同特征是性激素分泌水平均出现显著变化。

免疫系统对情绪也有显著调节作用。人们在生病时,特别是患有炎症和感染性疾病时,情绪通常不佳。现已知道,一些细菌和病毒产物本身就会改变情绪,它们通过刺激多种炎症因子的释放,导致情绪色彩的改变;疾病引起的应激状态也对情绪具有调节作用,导致易激惹状态出现。

运动是一种能够调节情绪的行为。心情不佳的人,如果进行一段适当强度的身体锻炼,心情通常会得到改善。长期锻炼的人,如果锻炼突然被迫终止,会产生很明显的情绪反应。这是因为运动可以促使中枢释放能产生愉快情绪的物质。这一现象也反证了运动具有情绪调节功能。其他如深呼吸、放松、冥想等行为方法也都能起到调节情绪的作用。

(2) 认知对情绪的调节作用。

认知对情绪的外显过程有广泛的调节。认知应对策略可以显著改变个体对刺激的情绪反应。例如,对引起痛苦的刺激而言,预期可以定向地加强或削弱其情绪反应;对一些强烈的负面刺激采用认知重评的策略,会显著减轻这些刺激的冲击性。信念对情绪也具有很强的调节。如果个体相信某种力量能够帮助他应对负面情绪,那么随后的情绪反应将会显著减弱。

(3) 感觉对情绪的调节作用。

各种感觉过程对情绪也具有重要的调节作用。例如,按摩使人舒适,并可以缓解疼痛症状。在日常生活中,拥抱、爱抚都是引起愉悦情绪、舒缓压力的有效措施。动物也经常存在相互理毛、舔吻等行为,它们也接受人类的梳理,这些通常都能有效地平息不安的情绪。这些无害的感觉传入可以激活中枢情绪调节机制,改善个体的紧张、痛苦、焦虑等情绪。反过来,一些不舒适的躯体感觉刺激也可以引起负面情绪。能够直接在认知水平以下改变情绪的还有嗅觉、听觉等刺激。气味、音乐等都是能够直接变换情绪的刺激方式。视觉刺激也同样具备在无意识水平诱导情绪生成的能力。由于人类视觉认知功能的高度发达,视觉刺激还可以通过认知途径进一步引起情绪的改变。

(4) 情绪状态的相互调节。

情绪是一个复杂的过程,各种不同情绪之间也存在相互调节。由于它们处于同一水平上,这种调节可能是最方便有效的调节机制之一。在中国传统医学实践中,经常利用情绪之间的相互作用来改变人的情绪状态。例如,因喜悦而过于兴奋的人,通常可以用恐惧来加以纠正。"范进中举"就是这方面的例子。在日常生活中,大怒之后的人如果有机会痛哭一场,就可以舒缓愤怒的张力,这也是情绪之间相互调节的实例。

(5) 情绪调节技术及其意义。

由于情绪的重要性,因而在日常生活中增强对情绪的把握能力是心理健康中的重要问题。上述利用生理、认知、感觉、情绪等途径调节情绪的方法,都是情绪调节的实用技术。由于人们的内、外环境始终处于不断的变动之中,这些变动处处都在引起人的情绪反应。能够娴熟地利用各种情绪调节方式,实现对情绪反应的把握,不仅可以使内心经常处于良性情绪的滋润之下,而且可以发挥情绪的各种正面功能,提高工作效率、生活质量和生命健康水平。

(罗非、王学斌)

练 习 题

1. 简述 EEG 与 ERP 的联系与区别,请设计一个运用 EEG/ERP 研究的实验。
2. 结合具体的例子,谈谈 EEG/ERP 在神经科学中的具体应用。
3. 简述睡眠的分期。
4. 简述睡眠与觉醒的神经机制。
5. 按照不同的分类方法,学习、记忆分为哪些类型?
6. 举例说明并解释习惯化和敏感化的形成机制。
7. 试解释海马长时程增强的神经机制。
8. 分析人类脑的语言中枢定位及其功能特点。
9. James-Lange 理论、Cannon-Bard 理论、Schachter 理论、Arnold 理论的主要区别是什么?各自有哪些实验证据支持?
10. 简述情绪的外周和中枢神经机制。
11. 从感觉、记忆、注意等多个方面谈谈情绪的影响。

参 考 文 献

ASKAMP J, PUTTEN M V, 2014. Mobile EEG in epilepsy[J]. Int j psychophysiol, 91(01): 30-35.

ASOK A, LEROY F, RAYMAN J B, et al, 2019. Molecular mechanisms of the memory trace[J]. Trends neurosci, 42: 14-22.

BANNERMAN D M, SPRENGEL R, SANDERSON D J, et al, 2014. Hippocampal synaptic plasticity, spatial memory and anxiety[J]. Nat rev neurosci, 15: 181-192.

BEAR M F, CONNORS B, PARADISO M A, 1996. Neuroscience: exploring the brain[M]. New York: Lippincott Williams & Wilkins.

BEAR M F, COOKE S F, GIESE K P, et al, 2018. In memoriam: John Lisman-commentaries on CaMK II as a memory molecule[J]. Mol brain: 11(01): 1-12.

BEAR M F, MALENKA R C, 1994. Synaptic plasticity: LTP and LTD[J]. Curr opin neurobiol, 4(3): 389-399.

BI G Q, POO M M, 1998. Synaptic modifications in cultured hippocampal neurons: dependence on spike timing, synaptic strength, and postsynaptic cell type[J]. J neurosci, 18: 10464-10472.

BLANK S C, SCOTT S K, MURPHY K, et al, 2002. Speech production: Wernicke, Broca and beyond[J]. Brain, 125: 1829-1838.

CARSTENS K E, DUDEK S M, 2019. Regulation of synaptic plasticity in hippocampal area CA2[J]. Curr opin neurobiol, 54: 194-199.

COHEN M X, 2017. Where does EEG come from and what does it mean? [J] Trends neurosci, 40: 208-218.

CORKINS, 2002. What's new with the amnesic patient H. M. ? [J] Nat rev neurosci, 3: 153-160.

CORREIA S S, BASSANI S, BROWN T C, et al, 2008. Motor protein-dependent transport of AMPA receptors into spines during long-term potentiation[J], Nat neurosci, 11: 457-466.

DAI X J, LIU C L, ZHOU R L, et al, 2015. Long-term total sleep deprivation decreases the default spontaneous activity and connectivity pattern in healthy male subjects: a resting-state fMRI study[J]. Neuropsychiatr dis treat, 11: 761-772.

ETKIN A, BÜCHEL C, GROSS J J, 2015. The neural bases of emotion regulation[J]. Nat rev neurosci, 16:

693-700.

GERARDIN E,2012. Morphometry of the human hippocampus from MRI and conventional MRI high field. Paris 11.

HAGOORT P,2014. Nodes and networks in the neural architecture for language: Broca's region and beyond [J]. Curr opin neurobiol,28: 136-141.

HALLEZ H,VANRUMSTE B,GRECH R,et al,2007. Review on solving the forward problem in EEG source analysis[J]. J neuroeng rehabil,4: 46.

HATTAR S,LUCAS RJ,MROSOVSKY N,et al,2003. Melanopsin and rod-cone photoreceptive systems account for all major accessory visual functions in mice[J]. Nature,424(6944): 76-81.

HERRMANN C S,RACH S,VOSSKUHL J,et al,2014. Time-frequency analysis of event-related potentials: a brief tutorial[J]. Brain topogr,27: 438-450.

JAGANNATH A,TAYLOR L,WAKAF Z,et al,2017. The genetics of circadian rhythms,sleep and health[J]. Hum mol genet,26(R2): R128-R138.

KANDEL E R,SCHWARTZ J H,JESSELL T M,2000. Principles of neural science[M]. 4th ed. New York: McGraw-Hill.

KHALIGHI S,SOUSA T,PIRES G,et al,2013. Automatic sleep staging: a computer assisted approach for optimal combination of features and polysomnographic channels[J]. Expert syst appl,40(17): 7046-7059.

KRUEGER J M,RECTOR D M,ROY S,Et al,2008. Sleep as a fundamental property of neuronal assemblies [J]. Nat rev neurosci,9: 910-919.

KUHL P K,2010. Brain mechanisms in early language acquisition[J]. Neuron,67: 713-727.

LISMAN J,COOPER K,SEHGAL M,Et al,2018. Memory formation depends on both synapse-specific modifications of synaptic strength and cell-specific increases in excitability[J]. Nat Neurcsci,21: 309-314.

Moot R,Retoré C,2019. Natural language semantics and computability[J]. J log lang and inf,28: 287-307.

MURRAY M M,BRUNET D,MICHEL C M,2008. Topographic ERP analyses: a step-by-step tutorial review [J]. Brain topogr,20: 249-264.

ODOM J V,BACH M,BARBER C,et al,2004. Visual evoked potentials standard[J]. Doc ophthalmol,108(2): 115-123.

PAPEZJ W,1937. A proposed mechanism of emotion[J]. Archives of neurology & psychiatry,38: 725-743.

PAUNOV A M,BLANK I A,FEDORENKO E,2019. Functionally distinct language and theory of mind networks are synchronized at rest and during language comprehension[J]. J neurophysiol: 121(4): 1244-1265.

PENFIELD W,ERICKSON T C,1941. Epilepsy and cerebral localization. Charles C. Thomas[J]. Springfield, Illinois.

PESOA L,2008. On the relationship between emotion and cognition[J]. Nat rev neurosci,9: 148-158.

PESSOA L,2017. A network model of the emotional brain[J]. Trends cogn sci,21: 357-371.

PRICE D D,2000. Psychological and neural mechanisms of the affective dimension of pain[J]. Science,288 (5472): 1769-1772.

SANNA P P,CAMMALLERI M,BERTON F,et al,2002. Phosphatidylinositol 3-kinase is required for the expression but not for the induction or the maintenance of long-term potentiation in the hippocampal CA1 region[J]. J neurosci,22: 3359-3365.

SCOVILLE W B,MILNER B,1957. Loss of recent memory after bilateral hippocampal lesions[J]. J neurol neurosurg psychiat,20(1): 11-21.

STROMINGER N L,DEMAREST R J,LAEMLE L B,2012. Noback's human nervous system[M]. 7th ed. Totowa,NJ: Humana Press.

TAYIB S,JAMALUDIN Z,2016. An algorithm to define emotions based on facial gestures as automated input in survey instrument[J]. Adv sci lett,22(10): 2889-2893.

THORNDIKE EL,1911. Animal intelligence: experimental studies[M]. Oxford: Macmillan.

VENANCIO D P,SUCHECKI D,2015. Prolonged REM sleep restriction induces metabolic syndrome-related changes: mediation by pro-inflammatory cytokines[J]. Brain behav immun,47: 109-117.

WEININGER J,ROMAN E,TIERNEY P,et al,2019. Papez's forgotten tract: 80 years of unreconciled findings concerning the thalamocingulate tract[J]. Front neuroanat,13: 14.

WULFF K,GATTI S,WETTSTEIN J G,et al,2010. Sleep and circadian rhythm disruption in psychiatric and neurodegenerative disease[J]. Nat rev neurosci,11: 589-599.

黄希庭,郑涌,2015. 心理学导论[M]. 3版. 北京：人民教育出版社.

韩济生,2009. 神经科学[M]. 3版. 北京：北京大学医学出版社.

第十六章　神经系统对内脏活动的调节

自主神经系统又称为内脏神经系统,它是神经系统的一个重要组成部分,按照解剖部位的不同,可分为中枢部和外周部两部分。外周部主要分布于内脏、心血管、平滑肌和腺体等内脏器官,所以称为内脏神经。

内脏神经和躯体神经一样,按照神经纤维的性质,可分为感觉和运动两种纤维成分。内脏运动神经调节内脏、心血管的运动和腺体的分泌,受意志影响非常小,所以又称为自主神经或植物神经。

自主运动神经的效应器,一般指平滑肌、心肌和外分泌腺。内分泌腺也受内脏运动神经支配,如,肾上腺髓质、甲状腺和松果体等。

在结构和功能上,自主运动神经与躯体运动神经有较大差别,详见本书的第九章第三节。

第一节　中枢自主神经系统的结构与功能

一、中枢自主神经系统的结构与生理功能

自主神经系统的中枢部分,从高级到低级包括:岛叶皮质、前扣带回、杏仁核和终纹床核、下丘脑、中脑导水管周围灰质、臂旁核、孤束核、延髓腹外侧区和尾端中缝核。这些脑区之间存在广泛相互连接,接受内脏和痛觉信息,并能直接或间接发出信息,调控节前交感和副交感神经元产生自主性反应。

1. 前脑

前脑中岛叶皮质是主要的内脏感觉皮质,包括内脏感觉区。前岛叶为主要味觉区,后岛叶为一般内脏感觉传入区。在功能与解剖结构上,岛叶皮质与孤束核和臂旁核有特定的相互连接,孤束核和臂旁核投射至丘脑腹后内侧核的小细胞亚群,传递来自迷走神经及其他脑神经的内脏传入信息。后背侧岛叶是接受痛觉、温度觉及来自脊髓第Ⅰ层内脏感觉信息的主要皮质,这些信息经脊髓丘脑束上传至丘脑腹内侧核再到岛叶。

前扣带回主要参与情绪和意识行为的发动、动机及执行过程。前扣带回与自主神经中枢有广泛的神经联系,参与自主神经和内分泌功能的较高级水平调节。腹内侧前额皮质与杏仁核的交互连接共同调节情绪反应。

杏仁核在情绪反应中具有关键作用,包括条件性恐惧。它与大脑皮质、基底前脑及边缘纹状体交互连接。杏仁中央核投射到下丘脑、PAG和脑干自主神经区,并整合与情绪有关的自主反应、内分泌活动及运动反应。

2. 下丘脑

下丘脑大致可分为前区、内侧区、外侧区和后区四个区。前区的最前端为视前核,稍后为视上核、视交叉上核、室旁核,再后是下丘脑前核;内侧区又称为结节区,紧靠着下丘脑前核,其中有腹内侧核、背内侧核、结节核与灰白结节,还有弓状核与结节乳头核;外侧区有分散的下丘脑外侧核,其间穿插有内侧前脑束;后区主要是下丘脑后核和乳头体核(图16-1)。

下丘脑与边缘前脑及脑干网状结构有紧密的形态和功能联系,特别是下丘脑与边缘前脑、丘脑、脑干网状结构等存在双向联系;下丘脑还可通过垂体门脉系统(血管)和下丘脑-垂体束(神经)调节腺垂体和神经垂体的活动。下丘脑被认为是较高级的内脏活动调节中枢,刺激下丘脑产生自主神经反应;下丘脑参与体温、摄食行为、水平衡、情绪活动、生物节律、性行为和生育等自主活动调节。

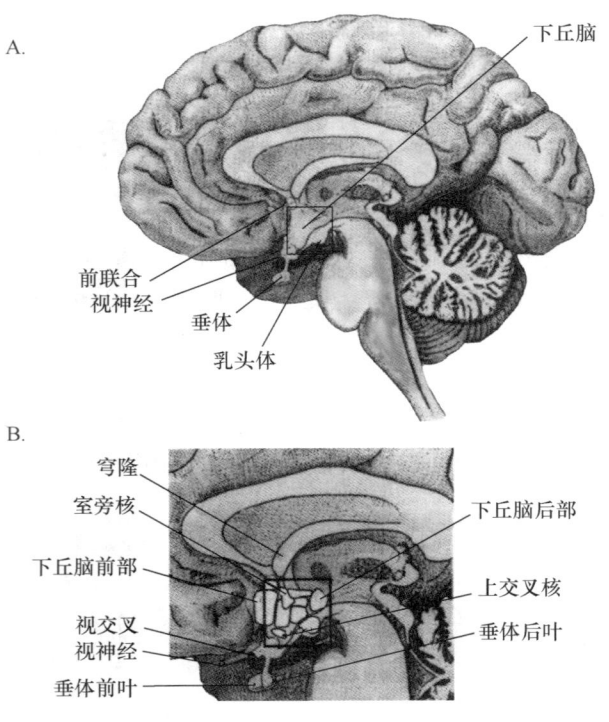

图 16-1　人脑下丘脑及垂体解剖位置（Nicholls et al.，2001）
A. 脑的矢状切面；B. 下丘脑及其相邻结构的神经核。

室旁核是下丘脑中产生和传出自主神经信息种类最多的核团。外侧下丘脑（lateral hypothalamus）能传递来自岛叶和杏仁核对自主神经核团的影响。室旁核、下丘脑外侧区、弓状核和视交叉后区有神经元支配副交感和交感节前神经元。室旁核的背侧、腹侧和后外侧部有神经元投射到脊髓，其递质主要为催产素和血管升压素（vasopressin，VP），其中许多细胞可能以此为兴奋性递质，有些神经元含有强啡肽或脑啡肽。下丘脑外侧区投射到脊髓的神经元也有部分来自腹内侧核。视交叉上核参与昼夜节律（生物钟）及神经核团控制的内分泌功能。内侧视前核、室旁核和弓状核可产生调节垂体前叶功能的调节激素。视上核和室旁核的大细胞神经元合成升压素和催产素。内侧视前核有温度敏感和渗透压敏感性神经元，弓状核和腹内侧核参与食欲和生殖功能调节。外侧下丘脑控制摄食、睡眠觉醒周期和动机行为。后外侧下丘脑神经元分泌食欲肽（hyporetin，orexin），并投射到脑干单胺能和胆碱能核团，调节睡眠和觉醒转换。

研究发现瘦素（leptin）的许多功能是通过下丘脑实现的，它在下丘脑功能调节中起重要作用。瘦素进入脑后通过特异性饱感机制，将饱感信号传递至下丘脑。摄食过多、高脂饮食、胰岛素和糖皮质激素，均能增加瘦素基因表达和分泌，禁食和交感神经兴奋可降低其表达与分泌，因此，瘦素缺乏可出现过度肥胖和食欲亢进症状。瘦素通过抑制食欲及刺激交感神经活动增加能量消耗来减轻体重。瘦素还参与调节葡萄糖代谢、下丘脑-垂体-肾上腺系统、甲状腺及生长激素轴、免疫或炎症等反应。弓状核是循环血中瘦素传入信号转换为神经反应的主要部位。

3. 脑干

中脑导水管周围灰质是一个非常重要的部位，它整合应激引起的自主、运动和抗伤害性反应，并且接受伏隔核、杏仁核、视前区和脊髓后角等多种传入信息。外侧中脑导水管周围灰质投射到延髓腹外侧区，参与非阿片依赖的镇痛调制过程和交感兴奋性反应。腹外侧中脑导水管周围灰质投射到延髓中缝核，参与阿片依赖的镇痛调制过程和交感抑制性反应。

4. 臂旁核

臂旁核接受来自脊髓臂旁束上传的伤害性感受器、温度和肌肉感受器的传入信息，以及孤束核传递的内脏传入信息。臂旁核投射到下丘脑、杏仁核和丘脑，参与味觉、唾液分泌、消化道、心血管、呼吸、渗透压和温度等活动过程的调节。背侧脑桥（dorsal pons）也包含 Barrington 核，与"脑桥排尿中枢"相对应，参与协调排尿时膀胱逼尿肌收缩和外括约肌舒张。

5. 孤束核

孤束核是一般内脏感觉和味觉传入的第一级接替站，主要参与延髓反射和传递内脏感觉信息至各自主神经中枢部位。味觉传入信息在孤束核头端换元，消化道信息在孤束核的中间内侧部分传递，心血管和呼吸系统传入信息在尾部传递。孤束核下行投射到脊髓呼吸性神经元及节前交感和副交感神经元；在延髓内投射到延髓网状结构神经元，介导压力感受性反射、化学感受性反射及心肺和胃肠反射；后缘区是化学感受区，与其他自主神经中枢区有广泛联系。

6. 延髓腹外侧区

头端延髓腹外侧区（rostral ventrolateral medulla，RVLM）神经元连接脊髓中间外侧柱的交感节前血管运动神经元，尾端延髓腹外侧区（caudal ventrolateral medulla，CVLM）神经元是几种延髓反射的组成部分。延髓腹外侧区还含有腹侧呼吸性神经元群（ventral respiratory group，VRG），其中的 pre-Bötzinger 复合体在呼吸节律产生中起关键作用。位于延髓腹侧面的中枢化学感受区含有对脑脊液中 p_{CO_2} 增加和 pH 降低做出反应的神经元。包含尾端中缝核的头端延髓腹内侧区神经元，也向交感节前神经元直接传递信息，可能参与动脉血压的调控。

7. 头端延髓中缝区

位于面神经核尾部水平的锥体束之间的锥体旁区神经元有 Fos 表达，冷刺激能增加其放电频率等。头端延髓中缝区可以看作是产热反应的发生器，并且参与能量和代谢平衡。

二、中枢自主神经系统内脏信息的整合与调控

1. 延髓脊髓水平

压力感受器、心脏感受器、化学感受器和肺部机械感受器的传入信息，可优先激活位于孤束核相关亚核的神经元，这些神经元投射到尾端延髓腹外侧区的交感抑制性神经元、头端延髓腹外侧区交感兴奋性神经元、疑核和背侧迷走神经核的心迷走运动神经元、腹侧呼吸性神经元群和背根神经节呼吸性神经元，以及下丘脑（室旁核、视上核）大细胞，参与多种延髓反射。

2. 脑桥中脑水平

臂旁核是内脏躯体信息整合部位；外侧中脑导水管周围灰质启动整合的交感兴奋性"战斗-防御"反应，而腹外侧中脑导水管周围灰质引起低反应的静止和交感抑制；中脑导水管周围灰质还参与痛觉调制过程。

3. 前脑水平

大脑皮质自主反应区、杏仁核、下丘脑和中脑导水管周围灰质形成一个功能单元，参与刺激情感的评定，以及情感自主反应、内分泌与运动反应的启动与调节。室旁核分泌促皮质激素释放因子和升压素，并投射到头端延髓腹外侧区、节前交感神经元和交感肾上腺神经元。室旁核在对刺激的整合反应中具有重要作用，低血糖症、低血容量症、细胞因子或其他内部刺激可以激活室旁核，室旁核的促皮质激素释放因子神经元参与蓝斑去甲肾上腺素能神经元的交互兴奋效应。CeNA、外侧下丘脑和中脑导水管周围灰质参与心血管、内脏、躯体运动以及抗伤害性刺激部分的防御反应。

第二节 周围自主神经系统的结构与功能

一、周围自主神经系统的结构与生理功能

周围自主神经系统包括：交感神经系统（sympathetic nervous system，SNS）和副交感神经系统（parasympathetic nervous system，PNS），它们受脑的较高级中枢，特别是下丘脑和大脑边缘叶的调控。体

内很多植物性活动,如情绪、饮水、摄食、体温调节、生物节律、生殖、防御、攻击等,需要中枢和外周神经共同协调、整合与调控。

(一) 交感神经与副交感神经的主要区别

交感神经和副交感神经在神经来源、形态结构、分布范围和功能上有着显著的区别,其主要区别可归纳如下。

(1) 交感神经和副交感神经的低级中枢所处的部位不同。前者位于脊髓胸腰部灰质的中间带外侧核;后者位于脑干一般内脏运动核和脊髓骶部的骶副交感核。

(2) 交感神经和副交感神经周围部神经节的位置也存在差异。前者位于脊柱两侧的椎旁神经节和脊柱前方的椎前神经节;后者位于所支配器官附近的器官旁神经节,或位于器官壁内(此类神经节称为器官内神经节)。由于各自所处位置不同,使得副交感神经节前纤维比交感神经长,而其节后纤维则较短。

(3) 交感神经和副交感神经的节前神经元与节后神经元存在不同比例。前者一个节前神经元的轴突可与多个节后神经元形成突触联系,后者节前神经元的轴突只能与较少的节后神经元形成突触联系。

(4) 虽然一般情况下,多数内脏器官同时接受交感神经和副交感神经的双重支配,只有少数内脏器官受单一神经支配,但交感神经和副交感神经的分布范围仍有很大不同。前者分布范围较广,除了分布至头颈部、胸、腹腔脏器外,还遍及全身血管、腺体、竖毛肌等;后者的分布则不如前者广泛,一般认为,除小部分血管接受副交感神经支配外,大部分血管、汗腺、竖毛肌、肾上腺髓质均无副交感神经支配。

(5) 如前所述,多数内脏器官同时接受交感神经和副交感神经的双重支配,但它们的作用不同,相互之间既有拮抗又有统一。一般情况下,当机体运动时,交感神经兴奋性增强,副交感神经兴奋性相对抑制,于是出现心跳加快、血压升高、支气管扩张、瞳孔开大、消化活动受抑制等现象。当机体处于安静或睡眠状态时,副交感神经兴奋加强,交感神经相对抑制。

(二) 交感神经系统

1. 交感神经系统

交感神经系统的低级中枢一般位于脊髓 $T_1 \sim L_3$ 节段的灰质侧柱的中间外侧核。节前神经元轴突多数为有髓细B类纤维,也有无髓C类纤维。交感节前纤维出脊髓前根,经白交通支入相同节段的椎旁神经节;在节内有部分节前纤维与节后神经元形成突触,另一部分则穿过神经节加入交感链或内脏神经。交感神经的周围部包括交感干和交感神经节,以及由神经节发出的分支和交感神经丛等,根据交感神经节所在位置不同,又可分为椎旁节和椎前节。

2. 交感神经节

(1) 椎旁神经节:即交感干神经节,位于脊柱两旁,借节间支连成左、右两条交感干(链)。两侧交感干沿脊柱两侧走行,上至颅底,下至尾骨,于尾骨前两干合并。

椎旁神经节交感链的节前神经元轴突可上行或下行,并在邻近或远处椎旁神经节内形成突触。交感节前神经元一般控制同侧机体的自主功能。但交感神经对肠道和盆腔脏器的支配是双侧的。控制特定器官的交感节前神经元延伸达几个节段,如支配头颈部的交感节前神经元分布在 $C_8 \sim T_5$,而支配肾上腺的位于 $T_4 \sim T_{12}$。过去认为交感节前神经元为胆碱能,而节后神经元为去甲肾上腺素能,而新的观点认为,在神经传递过程中,多种化学物质本身既可作为递质,也可作为调质,其中包括胆碱能、儿茶酚胺能、单胺能、肽能、非胆碱能、非肾上腺素能和气体等。如果突触位于椎旁神经节内,则节后神经元轴突常经灰交通支进入脊神经。31对脊神经都有灰交通支,节后神经元轴突绝大多数为无髓C类纤维,通过外周神经支配效应器,如竖毛肌、血管、汗腺、肌肉和关节。

(2) 椎前神经节:呈不规则的节状团块,位于脊柱前方,腹主动脉脏支的根部;椎前节包括腹腔神经节、肠系膜上神经节、肠系膜下神经节及主动脉肾神经节等。

3. 交感神经的交通支

每个交感干神经节与相应的脊神经之间都有交通支相连,分为白交通支和灰交通支两种(图9-15)。

4. 交感神经的分布

(1) 颈部：颈部交感干神经节发出的节后神经纤维的分布，可概括如下。① 经灰交通支连于8对颈神经，并随颈神经分支分布至头颈和上肢的血管、汗腺、竖毛肌等；② 直接至邻近的动脉，形成颈内动脉丛、颈外动脉丛、锁骨下动脉丛和椎动脉丛等，伴随动脉的分支至头颈部的腺体（泪腺、唾液腺、口腔和鼻腔黏膜内腺体、甲状腺等）、竖毛肌、血管、瞳孔开大肌；③ 发出的咽支直接进入咽壁，与迷走神经、舌咽神经的咽支共同组成咽丛；④ 3对颈交感干神经节分别发出颈上、中、下心神经，下行进入胸腔，加入心丛。

(2) 胸部：胸交感干发出下列分支。① 经灰交通支连接12对胸神经，并随其分布于胸腹壁的血管、汗腺、竖毛肌等；② 从上5对胸神经节发出许多分支，参加胸主动脉丛、食管丛、肺丛及心丛等；③ 内脏大神经由穿过第5或第6～第9胸交感干神经节的节前纤维组成，主要终止于腹腔神经节；④ 内脏小神经由穿过第10～第12胸交感干神经节的节前纤维组成，主要终止于主动脉肾神经节，从腹腔神经节、主动脉肾神经节等发出的节后纤维，分布至肝、脾、肾等实质性脏器和结肠左曲以上的消化管；⑤ 内脏最下神经自最末胸神经节发出，加入肾神经丛。

(3) 腰部：约有4对腰神经节。腰交感干发出分支有：① 灰交通支连接5对腰神经，并随腰神经分布；② 腰内脏神经由穿过腰神经节的节前纤维组成，终止于腹主动脉丛和肠系膜下丛内的椎前神经节，交换神经元后，节后纤维分布至结肠左曲以下的消化道及盆腔脏器，并有纤维伴随血管分布至下肢。

(4) 盆部：有2～3对骶神经节和一根奇神经。节后纤维的分支有：① 灰交通支，连接骶尾神经，分布于下肢及会阴部的血管、汗腺和竖毛肌；② 一些小支加入盆丛，分布至盆腔器官。

综上所述，交感神经节前、节后纤维分布均有一定规律，如来自脊髓 T_1～T_5 节段中间外侧核的节前纤维，更换神经元后，其节后纤维支配头、颈、胸腔脏器和上肢的血管、汗腺和竖毛肌；来自脊髓 T_5～T_{12} 节段中间外侧核的节前纤维，更换神经元后，其节后纤维支配肝、脾、肾等腹腔实质性器官和结肠左曲以上的消化管；来自脊髓上腰段中间外侧核的节前纤维，更换神经元后，其节后纤维支配结肠左曲以下的消化管，盆腔脏器和下肢的血管、汗腺和竖毛肌（图16-2）。

5. 交感神经与肾上腺功能

肾上腺可分为皮质和髓质两部分，二者都能对应激和代谢失常做出反应，在机体生理功能的调节中起着重要作用。肾上腺皮质主要受下丘脑-垂体-肾上腺皮质轴调节，而肾上腺髓质主要受神经元调控。在应激过程中血浆皮质激素和儿茶酚胺水平增高，这种协调反应表明边缘系统和下丘脑联合发挥作用，并完成神经体液调节。肾上腺髓质嗜铬细胞具有内分泌功能，能释放神经介质肾上腺素、去甲肾上腺素和神经肽到达血液。形态学研究显示肾上腺髓质嗜铬细胞有两类基本颗粒：散在的球形颗粒，主要含有髓质细胞分泌的单胺类递质肾上腺素；偏心致密中心颗粒，含有去甲肾上腺素。肾上腺髓质嗜铬细胞也含有其他共存分子，如阿片样物质（如，脑啡肽）与单胺类物质共存于囊泡。调节这些神经激素合成和释放的信号级联反应非常复杂，包括节前支配、甾体激素（糖皮质激素）和生长因子等。传统观点认为肾上腺髓质只接受节前胆碱能内脏神经支配，但目前已有证据表明它还接受节后交感纤维、迷走传入神经和其他感觉传入神经的支配。

（三）副交感神经系统

副交感神经系统的低级中枢，位于脑干的一般内脏运动核和脊髓 S_2～S_4 节段灰质的骶副交感核，由这些核的细胞发出的纤维即节前纤维。周围部的副交感神经节位于器官的周围或器官的壁内，称为器官旁节和器官内节。这些节内的细胞即为节后神经元。颅部副交感神经节前纤维，即在这些神经节内交换神经元，然后发出节后纤维随相应脑神经到达所支配的器官。节内还有交感神经及感觉神经纤维通过（不交换神经元），分别称为交感根及感觉根。此外，还有位于身体其他部位的副交感神经节。例如，位于心丛、肺丛、膀胱丛和子宫阴道丛内的神经节，以及位于支气管和消化管壁内的神经节等（图16-2）。

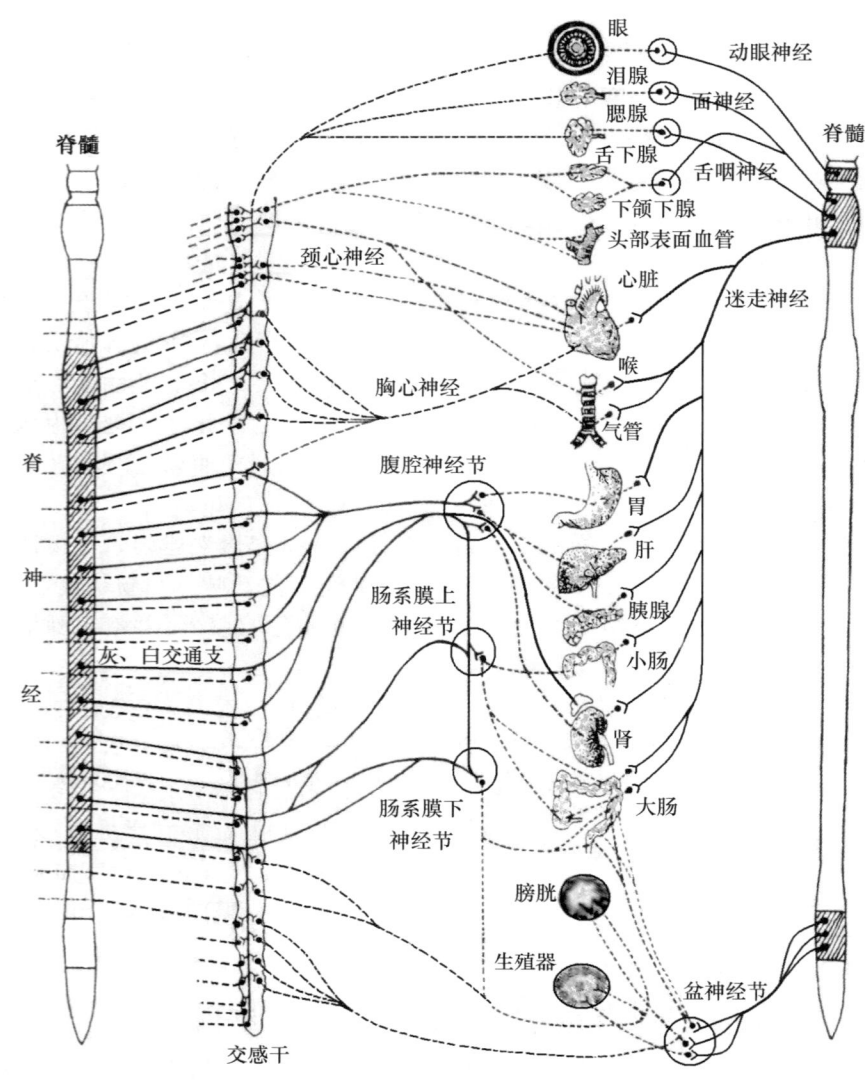

——,节前纤维;……,节后纤维

图 16-2　自主运动神经分布示意(柏树令,2008)

副交感节前纤维主要是胆碱能纤维,其末梢在神经节内释放乙酰胆碱。节后神经元释放的递质主要也是乙酰胆碱。这些节前神经元的共递质有脑啡肽;节后胆碱能神经元常含有血管活性肠肽(VIP)或神经肽 Y 或两者都有。

1. 颅部副交感神经

颅部副交感神经的节前纤维行于第Ⅲ、Ⅶ、Ⅸ、Ⅹ对脑神经内。

(1)随动眼神经走行的副交感神经节前纤维,由中脑的动眼神经副核发出,进入眶腔后到达睫状神经节内交换神经元,其节后纤维进入眼球壁,分布于瞳孔括约肌和睫状肌。

(2)随面神经走行的副交感神经节前纤维,由脑桥的上泌涎核发出,一部分节前纤维经岩大神经至翼腭窝内的翼腭神经节换神经元,节后纤维分布于泪腺、鼻腔、口腔以及腭黏膜的腺体。另一部分节前纤维经鼓索加入舌神经,至下颌下神经节换神经元,节后纤维分布于下颌下腺和舌下腺。

(3)随舌咽神经走行的副交感节前纤维,由延髓的下泌涎核发出,经鼓室神经至鼓室丛,并由此丛发出岩小神经至卵圆孔下方的耳神经节换神经元,节后纤维经耳颞神经分布于腮腺。

(4) 迷走神经是组成节前副交感系统的最尾端的脑神经。迷走神经背侧运动核位于延髓，发出节前纤维支配几乎所有胸、腹腔器官，包括胃肠道，远至左结肠脾曲（降结肠、乙状结肠和盆腔脏器等除外）。疑核发出节前纤维加入迷走神经，参与内脏平滑肌调节，而迷走神经背侧运动核可能是促分泌型神经元。舌咽神经和迷走神经也含有大量传入纤维，在迷走神经中传入纤维与传出纤维之比约为9∶1，因此，在第Ⅸ对和第Ⅹ对脑神经存在与自主神经调节有关的感觉成分。这些传入纤维是构成压力感受性反射弧的关键成分，它们能将血压信息传递至孤束核、中枢心血管区和其他调节血压和心率的延髓中枢。

2. 骶部副交感神经

节前纤维由脊髓 $S_2 \sim S_4$ 节段的骶副交感核发出，随骶神经出骶前孔，然后从骶神经分出组成盆内脏神经加入盆丛，随盆丛分支分布到盆腔脏器。在脏器附近或脏器壁内的副交感神经节交换神经元，节后纤维支配结肠左曲以下的消化管和盆腔脏器，其节后纤维相对较短，这点与交感神经系统相反。节后胆碱能末梢参与支配排泄和生殖功能的调节。值得注意的是，在啮齿类动物参与这些功能的盆腔神经节可能是混合神经节，同时含有交感和副交感神经元，但目前还不能完全揭示它们之间的相互联系。已有研究证明，啮齿类动物盆腔神经节的胆碱能节后神经元还含有血管活性肠肽和一氧化氮（NO）等递质分子。这些神经元被认为参与男性性功能整合调节，如调节性行为的发生和维持等。

（四）内脏神经丛

交感神经、副交感神经和内脏感觉神经在到达所支配的脏器的行程中，常互相交织共同构成内脏神经丛（plexus of visceral nerve）（自主神经丛或植物神经丛）。这些神经丛主要攀附于头、颈部和胸、腹腔内动脉的周围，或分布于脏器附近和器官之内。除颈内动脉丛、颈外动脉丛、锁骨下动脉丛和椎动脉丛等没有副交感神经参加外，其余的内脏神经丛均由交感神经和副交感神经组成。另外，在这些丛内也有内脏感觉纤维。由这些神经丛发出分支，分布于胸、腹及盆腔的内脏器官。主要包括心丛、肺丛、腹腔丛、腹主动脉丛、腹下丛。

（五）肠神经系统 (enteric nervous system)

支配消化道的神经有分布于消化道壁内的内在神经系统（intrinsic nervous system）和外来神经系统（extrinsic nervous system）两大部分。两者相互协调，共同调节胃肠功能。

消化道的内在神经系统又称为肠神经系统，是由分布于消化道壁内无数不同类型的神经元和神经纤维所组成的神经网络，大约包含1亿个神经元，相当于脊髓内神经元的总和。其中有感觉神经元和运动神经元，前者感受消化道内化学、机械和温度等刺激；后者则支配消化道平滑肌、腺体和血管；此外，还有大量中间神经元。各种神经元之间通过短的神经纤维形成网络联系，组成一个结构与功能十分复杂、相对独立而完整的网络整合系统，因而有"肠脑（gut brain）"之称。因此，有些学者将其单独列为一类自主神经进行研究。

内在神经系统包括两类神经丛，即位于纵行肌和环行肌之间的肌间神经丛（myenteric plexus）或称为奥尔巴赫神经丛（Auerbach plexus）及位于环行肌和黏膜层之间的黏膜下神经丛（submucosal plexus）或称为麦氏神经丛（Meisser plexus）（图16-3）。这些神经丛广泛分布于消化道壁内，它们将消化道壁内的各种感受器、效应细胞、外来神经和壁内神经元紧密地联系在一起。肠肌丛神经元调节胃肠道运动，黏膜下神经丛神经元调节体液稳态。

肠肌丛神经元包括兴奋性神经元和抑制性神经元，还包括中间神经元和初级传入神经元。传入神经元源于消化道壁内机械性感受器，这些机械性感受器构成肠神经丛反射弧的传入支；局部兴奋性和抑制性中间神经元参与这些反射，经运动神经元传出到平滑肌细胞。兴奋性运动神经元释放ACh和P物质；抑制性运动神经元释放强啡肽和VIP。虽然肠神经丛环路的正常功能依赖于自主节前神经元的支配和中枢的调节，但在离体条件下，仍能协调离体肠管的运动。

黏膜下神经丛调节离子、水等物质的跨肠上皮转运和腺体分泌，同时与肠肌丛发生联系，以确保肠神经系统两部分功能协调。

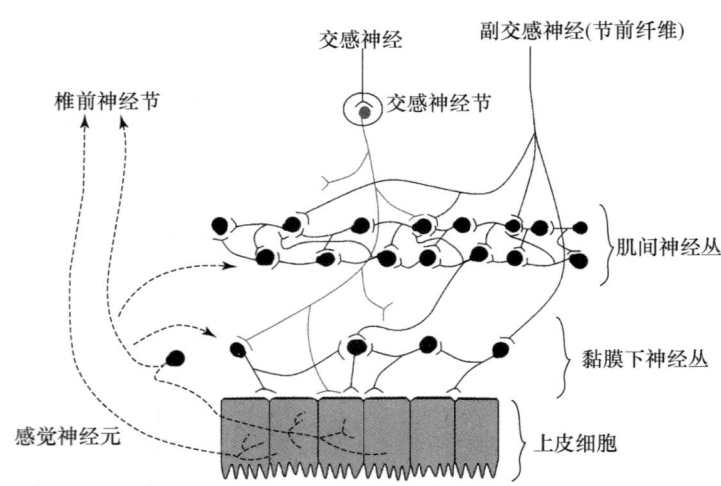

图 16-3　消化道壁内神经丛与外来神经联系示意(改自王庭槐，2018)

肠神经系统的活动受交感神经系统和副交感神经系统的调制。含去甲肾上腺素的交感节后神经元抑制肠管运动，含去甲肾上腺素和 NPY 的神经元调节血流量，含有去甲肾上腺素和生长抑素的神经元调节消化道分泌。副交感神经包括迷走神经和盆神经，其节前纤维主要与肠肌丛和黏膜下神经丛形成突触联系，节后纤维支配腺细胞、上皮细胞、血管和消化道平滑肌细胞。这里副交感节后纤维主要为胆碱能纤维，兴奋时释放乙酰胆碱，激活 M 受体使消化道平滑肌收缩，腺体分泌增加，但括约肌舒张(图 16-4)。

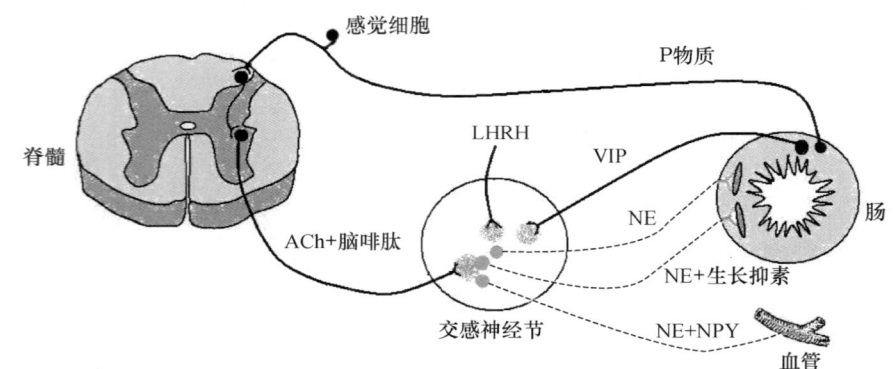

——，节前纤维；……，节后纤维。ACh，乙酰胆碱；LHRH，促黄体激素释放激素；NE，去甲肾上腺素；NPY，神经肽 Y；VIP，血管活性肠肽

图 16-4　支配肠交感神经节中的各种神经元(改自孙庆伟 等，1994)

(六) 内脏传入神经

一百多年前 Langley 提出自主神经系统存在自主神经传入纤维。自主神经的内脏运动纤维与内脏传入纤维相伴行，大部分内脏传入纤维传递内脏感受器的信息，但达不到引起感觉的水平。这些传入纤维形成反射弧的传入支，内脏-内脏反射和内脏-躯体反射都可由这些传入纤维引发。内脏反射可以在亚感觉水平发生，这对维持内环境稳定和适应外部刺激具有重要意义。

内脏传入纤维含有多种神经肽或化合物，如血管紧张素Ⅱ、精氨酸血管升压素、蛙皮素、CGRP、促胆囊素、galanin、P 物质、脑啡肽、催产素、生长抑素和 VIP。许多内脏传入神经元释放兴奋性氨基酸递质，如谷氨酸，但是尚未证实内脏传入纤维释放哪一种快速作用的递质。

内脏传入纤维介导内脏感觉，包括传导痛觉的交感神经(如内脏神经)。内脏痛可由空腔脏器的过分膨胀、梗阻性收缩或缺血引起。由于内脏痛的弥散性质，并牵涉体壁结构，其痛源定位不准确，常常引起牵涉性痛(referred pain)。交感神经的内脏痛觉传入纤维经交感干、白交通支、脊髓后角进入脊髓。痛觉传入神经末梢广泛分布于脊髓后角浅层、V层和X层。它们不仅能激活局部中间神经元参与反射,而且能激活投射神经元,包括传导疼痛信息到达脑的脊髓丘脑束神经元。其他内脏传入纤维与副交感神经伴行,一般认为,这些纤维参与反射,而非传导感觉(除味觉传入纤维外)。

二、外周自主神经节中的突触传递

自主神经节内节后神经元接受节前神经元的突触联系,并发出纤维投射到自主性效应器。许多自主神经节,如肠神经丛也含有中间神经元,这些中间神经元参与神经节内的信息整合加工。

(一) 外周自主神经节中的突触传递

自主神经节是信号传递的中继站,这里也是一个复杂的相互作用节点,而不是一个简单的通道,其功能意义非常复杂,目前尚不是十分清楚。起初认为直接传递的机制与骨骼肌神经肌肉接头非常相似。在神经肌肉接头中,单个突触前动作电位之后紧接着一个突触后细胞的动作电位(图 16-5),但用与动物正常情况下相似的频率,对自主神经节突触前轴突重复刺激,则情况差别非常大。看来神经节前轴突与神经节细胞的突触传递远比我们当初认识的要复杂许多,在交感神经节和副交感神经节内,都发现了信息整合现象。

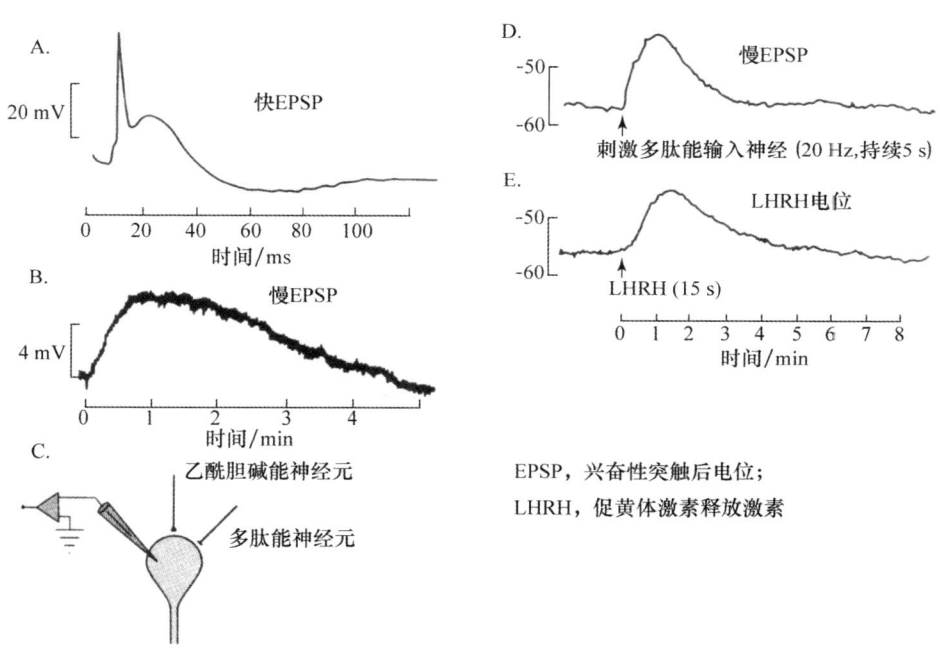

图 16-5　牛蛙交感神经细胞快突触电位和慢突触电位(Kuffler, 1980)

A. 对神经节前传入纤维作单个刺激,引起一个大的快 EPSP 及动作电位;B. 需要以串刺激(10/s,共 5 s)引起慢突触电位;C. 神经节内的细胞接受胆碱能及多肽能输入神经,能选择性地被刺激;D. 刺激多肽能输入神经(20 Hz/s,持续 5 s)引起慢兴奋性电位,同在 A 中一样,去极化持续数分钟;E. 经微管以压力施加 LHRH 于同一神经元,多肽模拟自然释放的递质的作用。

(二) 外周自主神经节中的 M 电流

Brown、Adam 等在研究由乙酰胆碱和促黄体激素释放激素产生慢去极化的机制时,鉴定了一种由"M 通道"携带的特殊的 K^+ 电流[它们受毒蕈碱型受体(M 受体)所影响]。M 通道静息时频繁开放,对静息钾电导起着重要作用,且开放概率随着去极化增加。M 受体的激活引起这种通道关闭(图 16-6)。结果,破坏静息时 Na^+ 内流与 K^+ 外流的平衡,使细胞产生去极化。

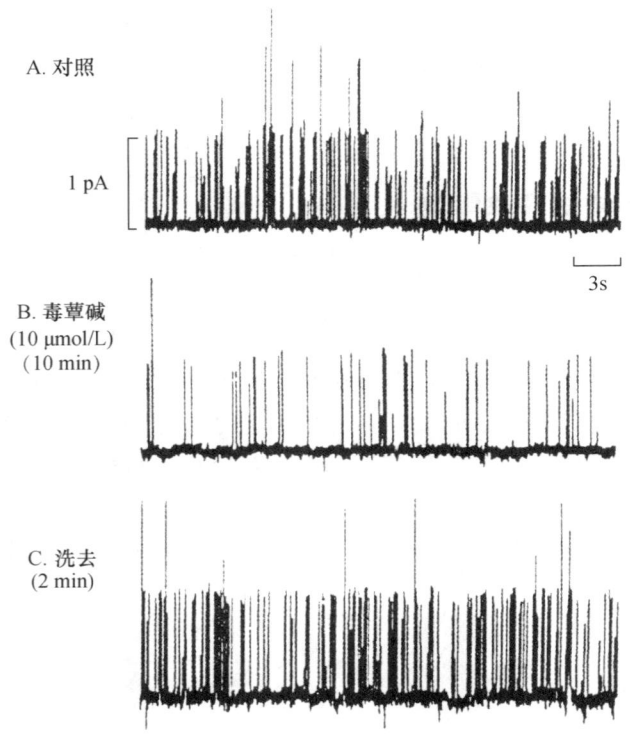

图 16-6　M 通道的特性(Brown et al.，1993)

M 通道在施加毒蕈碱时关闭。用细胞贴附式膜片钳方法,在培养的表达 M 受体及 M 通道的转化型成神经细胞瘤细胞上进行记录时,当加入毒蕈碱后,通道开放的概率急剧降低。

M 通道对自主神经系统的放电形式有重要影响,在自主神经节中发现了 M 通道之后,脊髓、海马及大脑皮质的神经元中都发现了 M 通道。McKinnon、Brown 等克隆了与 M 通道结构有关亚基的基因。虽然有实验显示,细胞内 Ca^{2+} 的增加参与导致 M 通道关闭的第二信使系统,但其完整的机制尚未阐明。

(三) 神经节后轴突的突触传递

对交感神经节后神经元来说,去甲肾上腺素是主要递质,但是支配汗腺及骨骼肌中血管的交感神经轴突却分泌 ACh。Burnstock 等在实验中发现有些交感神经纤维的终末分泌 ATP,既可作为主要递质,又可与去甲肾上腺素或乙酰胆碱递质共释放。现在已证实去甲肾上腺素不是唯一的递质,交感神经元还共释放嘌呤(ATP)及多肽(神经肽 Y)。平滑肌中的微电位是由于 ATP,而非去甲肾上腺素直接作用于离子通道受体所引起的。

虽然副交感神经节后轴突的主要递质是乙酰胆碱,它们也释放肽类。例如,由副交感轴突释放的 ACh,通过作用于 M 受体引起唾液腺分泌;但同样的轴突,在高频刺激时却释放血管活性肠肽。最初在肠道及脑中发现的血管活性肠肽,能引起血管扩张、胞内 Ca^{2+} 浓度和唾液腺分泌的增加,这些作用并不能被 M 受体的拮抗剂阿托品所阻断。

1. 自主神经效应器接头

自主神经-平滑肌接头与神经-骨骼肌接头不同,它不是经典突触。根据电生理、组织化学和电镜研究提出的自主神经效应器接头模型的基本特征为:自主神经纤维末端部分为曲张体,在传递冲动时曲张体释放递质,兴奋性和抑制性接头电位可能只在接头附近产生,效应器是肌纤维束,而不是单个肌纤维,肌纤维之间的缝隙连接可使兴奋在效应器内肌纤维之间快速传递。在血管,神经只分布于中膜平滑肌层的外侧,这种分布特征有利于支配血管的神经和体液因子(如内皮舒张因子、收缩因子),对血管平滑肌发挥双重调节。曲张体可以不断移动,它们与肌细胞膜的特殊关系可随时间而变化,包括受体簇的分散和重组（如曲张体移动可见于大脑动脉血管，该部位的交感神经分布的密度在发育、衰老、高血压或体内受到慢性刺激的情况下可成倍增加）。

(1) 轴突末梢与曲张体：在效应器组织附近轴突膨胀，每隔 $5\sim10\,\mu m$ 就有一个曲张体，与其他轴突共同形成自主神经丛。自主神经轴突集合成束，并被施万细胞包围，在到达效应器组织后，部分失去施万细胞包围，只剩少量曲张体被环绕。不同器官接头间隙的宽度不同，在输精管、虹膜、心脏窦房结，最小的神经肌肉间隙从 10~30 nm 不等。直径大的血管，神经和肌肉间隙越大。连续切片显示：在内脏血管邻近的接头处有接头前和接头后基膜的融合。很多曲张体接头前膜增厚，并有突触小泡积聚，表明该部位可释放递质，但接头后膜尚缺乏膜增厚、折叠或吞饮小泡等证据。

(2) 平滑肌效应器和缝隙连接：平滑肌效应器是肌束，而不是单个肌细胞。电偶联的位点为相邻肌细胞、细胞膜间的邻近部位。电镜显示这些位点的膜由"缝隙连接"组成。在不同器官不同部位平滑肌效应器束的缝隙连接数量和排列，与它们和自主神经分布密度的关系尚待进一步研究。

(3) 平滑肌细胞上受体的定位：人们已经用免疫组化和激光共聚焦的方法检测了与曲张体有关的膀胱、血管等，可见平滑肌细胞上 P2X 嘌呤受体的分布。小的 P2X 受体簇出现于整个中层肌的外表，较大的簇则限于平滑肌细胞外膜表面。α 受体好像只位于接头外区域，因此去甲肾上腺素从更远的曲张体释放的可能性受到人们重视。受体簇是易发生变化的，当一个曲张体向新位点移动时，受体簇是分散的，受体簇重新形成需 20~30 min。自主神经效应器接头的结构既适合于神经传递，也适用于神经调制。

2. 自主神经-平滑肌传递

Furchgott 和 Zawadzki 观察到内皮细胞在 ACh 引起的动脉平滑肌舒张中是必需的，提示内皮细胞释放某种物质，并作用于血管平滑肌细胞使平滑肌舒张，这种物质后来被鉴定为 NO。NO 在一些自主神经肌肉接头是主要的递质；NO 与经典递质去甲肾上腺素和乙酰胆碱在内脏和血管调控中的关系随之成为人们关心的问题。Burnstock 提出神经末梢可能释放一种以上的递质，在很多情况下末梢释放某种经典递质的同时，伴有另一种新递质的释放。调质是能调节神经传递过程的物质，它可以在接头前增加或减少递质释放，或在接头后改变递质作用的时程或范围（两者皆有）。

3. 曲张体、囊泡相关蛋白和钙内流

曲张体是自主神经末梢释放递质的部位，释放的递质可以反馈作用于曲张体，而改变它们进一步释放的能力，曲张体也能通过主动摄取的过程清除儿茶酚胺类递质。近来已经证明曲张体的突触囊泡具有胞吐作用所需的蛋白 synaptobrevin 和 SNAP25，它们在曲张体膜上的 syntaxin 高浓度限定区域内聚集。交感神经末梢侧支的每个曲张体，在神经冲动到达时都能够分泌递质。应用检测神经末梢钙内流的方法，揭示所有曲张体在末梢动作电位的传播中都有 Ca^{2+} 内流。

刺激内脏和血管自主神经，可以在平滑肌细胞记录到兴奋性和抑制性接头电位，这些电位是对 ATP 的反应。ATP 与交感神经释放的去甲肾上腺素、膀胱副交感神经释放的乙酰胆碱和肠神经释放的 NO 的关系为共递质。

(1) 促离子型受体位于肌膜上：虽然在自主神经系统的平滑肌效应器上有许多不同的受体类型，但目前只有嘌呤能亚型 P2X1 促离子型受体的空间分布较为明确。在平滑肌，P2X1 受体有直径为 $1\,\mu m$ 和 $0.4\,\mu m$ 两种，只有前者与曲张体结合。有人认为曲张体上没有促代谢型受体，但尚未得到证实。

(2) 受体与递质结合之后的内化（internalization）和再循环：肌细胞膜上受体的稳定性，取决于它们是促代谢型还是促离子型。β-AR 的脱敏现象与受体内化进入溶酶体有关，这种内化受体可以重新循环到膜上，β-AR 激活后的脱敏现象与磷酸化有关。这些关于 β-AR 的工作是研究自主神经效应器上所有其他促代谢型受体脱敏和内化的基础。位于平滑肌的 P2X1 促离子型受体，在结合递质后也发生内化。

(3) 平滑肌细胞内（引发收缩）钙的来源：细胞内 Ca^{2+} 浓度的增加对引发平滑肌收缩是必需的。Ca^{2+} 是引发平滑肌动作电位所必需的离子，第二信使通路参与触发胞内 Ca^{2+} 库而释放 Ca^{2+}。此外，某些递质作用于受体后，胞内 Ca^{2+} 浓度升高，如 ATP 作用于平滑肌上 P2X1 嘌呤受体，钙通道通透性增加。

第三节 自主神经系统的神经递质与受体

神经递质与受体分别在第五章和第八章中进行了较为详细的介绍,本节主要介绍与自主神经系统功能相关的神经递质与受体。

一、自主神经系统的神经递质

(一) 乙酰胆碱和去甲肾上腺素

过去一般认为所有交感神经、副交感神经的节前神经纤维和副交感神经节后神经纤维,以及极少数交感神经的节后神经纤维释放的神经递质是乙酰胆碱,大多数交感神经的节后神经纤维释放的神经递质为去甲肾上腺素。

(二) 肽能递质

目前认为肽能递质(peptide transmitter)是一类数量最大、品种最多的"非肾上腺素能、非胆碱能"(nonadrenergic noncholinergic,NANC)递质,主要包括血管活性肠肽、垂体腺苷酸环化酶激活肽(pituitary adenylate cyclase activating polypeptide,PACAP)、神经肽 Y 和肽 YY 家族。它们常常与经典递质和其他 NANC 递质共同起作用。许多支配内脏的节后副交感神经元表达血管活性肠肽和 PACAP,这些肽类可以促进神经介导的腺体分泌(如胰腺)和血管舒张。在哺乳动物中,缓激肽、P 物质常存在于刺激平滑肌收缩的肠胆碱能神经元内。

(三) 多巴胺

多巴胺是一种儿茶酚胺,在调节运动、感情、认知和激素分泌等方面具有重要生理作用,也参与了多种神经失调的发生,心脏和肾脏等神经释放递质中也可能存在多巴胺。Arvid Carlsson 等因为确定多巴胺为脑内信息传递者的角色而获得了 2000 年诺贝尔生理学或医学奖。

(四) ATP

如前所述,ATP 是中枢和外周大多数神经类型中存在的共递质。嘌呤(purine)的共传递,可见于交感神经(与去甲肾上腺素和神经肽 Y 一起)、副交感神经(与乙酰胆碱一起)、感觉-运动神经(与降钙素基因相关肽和 P 物质一起)、肠神经(与 NO 和 VIP 一起)以及存在于含有 Glu、多巴胺、去甲肾上腺素、GABA 和 5-羟色胺的中枢神经元亚群中。从神经元释放的 ATP,可能也作为共递质释放的一种接头前调质(经常通过腺苷)或作为共递质活动的接头后调质。

(五) NO

NO 是一种自由基,也是自主神经系统内的一种递质。氮能神经传递在胃肠道、泌尿生殖器及心血管系统已被证实,在阴茎勃起和消化道括约肌的调控中特别重要。NO 由一氧化氮合酶(NOS)合成,可以自由穿过细胞膜,NO 进入接头后的平滑肌细胞,可引起平滑肌松弛。NO 半衰期短,不需要特异机制使之失活。

(六) 一氧化碳(CO)

早在 20 世纪 60 年代 Coburn 等就发现人类能产生内源性 CO。目前大量研究证实 CO 是体内重要的细胞间信使,在心、脑和血管系统中起着重要的生物学效应,参与调节体内许多生理和病理过程。因此,CO 作为一种新的递质而引起人们的关注。CO 与 NO 有许多相似的功能,如二者都是小分子气体,都能在胞浆中与可溶性鸟苷酸环化酶(soluble guanylyl cyclase,sGC)结合并使之激活,继而使细胞质环磷酸鸟苷(cGMP)水平上升,在调节细胞功能和信息传递方面发挥着很重要的作用,并且其发挥作用的方式亦类似于 NO。人体内的 CO 主要是由血红素氧化酶(heme oxygenase,HO)代谢所产生。作为新型递质的内源性 CO 不储存在突触囊泡中,而是广泛分布于胞浆中,缺乏突触后膜受体。已有研究证实在脑组织的分布与 CO 的潜在作用位点,鸟苷酸环化酶的分布一致,在嗅球、海马和卡耶哈岛、神经视丘小隆起、梨状皮质等部位最丰富。而上述部位缺乏 NOS。NO 可激活鸟苷酸环化酶,在脑中 NOS 的定位与鸟苷酸环化酶并不一致,提示鸟苷酸环化酶的一部分不可能成为 NO 的靶子,却可能成为 CO 靶子。在这些区域内,CO 对调节 cGMP 水平,发挥递质功能具有重要意义。在中枢神经系统的许多生理病理过程中,CO 是公认的神经信使,包括脊索神经痛觉传递。脑内神经元产生的 CO 可能对孤束核内谷氨酸的传递起神经调节作用。在孤束核内,内源性 CO 通过选择性地作用于压力感受器而抑制交感冲动。在周围神经系统中,有实验提示,CO 在胃肠道自主神经中,可能对平滑肌层的自发性慢波有一定影响,作为非肾上腺素能、非胆碱能递质介导平滑肌舒张。

二、自主神经系统的受体

(一) 胆碱受体

ACh 作用于 M 受体和 N 受体。

1. M 受体

分布于节后副交感神经元支配的组织、突触前去甲肾上腺素能和胆碱能神经末梢、血管内皮无神经支配区和中枢神经系统。M_1 受体(M_1-R)调节皮质与海马的递质信号;毒蕈碱型 M_3 受体(M_3-R)参与外分泌腺分泌、平滑肌收缩、瞳孔扩大、摄食和体重增加;M_5 受体(M_5-R)参与中枢多巴胺功能与脑血管张力的调节;M_2 受体(M_2-R)介导毒蕈碱样激动剂诱导的心率过缓、震颤及低温;M_4 受体(M_4-R)调节运动神经多巴胺活性,并且是新纹状体的自主抑制性受体。临床上,M-R 拮抗剂阿托品,可用于对抗迷走神经活性过强(血管迷走神经性晕厥),也可用来散瞳。

2. N 受体

分布于交感神经节与副交感神经节、肾上腺髓质、神经骨骼肌接头和中枢神经系统。外周 N 受体分为神经元型 N 受体(N_1-R,位于自主神经节突触后膜)和肌肉型 N 受体(N_2-R,位于神经骨骼肌接头的终板膜上)两种亚型。中枢 N 受体也有两类:一类是 α-银环蛇毒(α-bungarotoxin,α-BGT)不敏感 N 受体,与 α-BGT 结合的亲和力低;另一类是 α-BGT 敏感 N 受体,与 α-BGT 结合的亲和力高。

N 受体参与了哺乳类动物自主神经节的神经信号传递。体内外应用 N-R 亚型特异性阻断剂研究表明,含有 $α_3 β_2$ 和 $α_3 β_4$ 亚单位的 N 受体参与了心脏神经节的信号传递;含有 $α_3$ 和 $β_4$ 亚单位的 N 受体参与了膀胱交感神经节的传递。虽然神经节表达 N 受体的多种亚单位,但 $α_3$、$β_2$、$β_4$ 亚单位可能是参与神经节传递的主要亚单位,其他亚单位可能起调节作用。

(二) 肾上腺素受体

节后交感肾上腺素能纤维释放去甲肾上腺素,作用于肾上腺素受体(AR)发挥作用,AR 分为 α-AR 和 β-AR 两种。α-AR 又可分为 $α_1$-AR 和 $α_2$-AR 两种亚型,$α_1$-AR 有 $α_{1A}$-AR、$α_{1B}$-AR 和 $α_{1D}$-AR 三种亚型,而 $α_2$-AR 有 $α_{2A}$-AR、$α_{2B}$-AR 和 $α_{2C}$-AR 三种亚型;β-AR 可分为 $β_1$-AR、$β_2$-AR 和 $β_3$-AR 三种亚型。所有的 AR 均为 GPCR。

$α_1$-AR 在介导小动脉血管收缩方面起关键作用。$α_{1A}$-AR 是血压的重要调节子,而 $α_{1B}$-AR 可能是人类血管阻力的主要调节子。$α_2$-AR 可与其内源性配体肾上腺素和去甲肾上腺素结合,也可被育亨宾所阻断。$α_{2A}$-AR 在激动剂介导的升压效应、痛觉抑制和记忆等方面起重要作用,$α_{2B}$-AR 参与 $α_2$-AR 激动剂的血管升压作用,$α_{2C}$-AR 表现与 $α_{2A}$-AR 亚型相反的功能,可引发抑郁行为,$α_{2C}$-AR 还在抑制肾上腺髓质释放肾上腺素中起关键作用。β-AR 有 $β_1$-AR、$β_2$-AR 和 $β_3$-AR 三种亚型。$β_2$-AR 在体内表达最为广泛,所有的细胞/组织都有一定水平的 $β_2$-AR 表达,$β_1$-AR 主要分布于心脏、脂肪组织和肾,而 $β_3$-AR 主要分布于脂肪组织。

自主神经系统乙酰胆碱受体和肾上腺素受体的分布及其生理功能总结于表 16-1。

表 16-1 自主神经系统乙酰胆碱受体和肾上腺素受体的分布及其生理功能(王庭槐,2018)

效应器	乙酰胆碱系统 受体	乙酰胆碱系统 效应器	肾上腺素系统 受体	肾上腺素系统 效应器
自主神经节	N_1	节前-节后兴奋传递		
眼:				
虹膜环行肌	M	收缩(缩瞳)		
虹膜辐射状肌			α_1	收缩(扩瞳)
睫状体肌	M	收缩(视近物)	β_2	舒张(视远物)
心脏:				
窦房结	M	心率减慢	β_1	心率加快
房室传导系统	M	传导减慢	β_1	传导加快
心肌	M	收缩力减弱	β_1	收缩力增强
血管:				
冠状血管	M	舒张	α_1	收缩
			β_2	舒张(为主)
皮肤黏膜血管	M	舒张	α_1	收缩
骨骼肌血管	M	舒张[1]	α_1	收缩
			β_2	舒张(为主)
脑血管	M	舒张	α_1	收缩
腹腔内脏血管	M	舒张	α_1	收缩(为主)
			β_2	舒张
唾液腺血管	M	舒张	α_1	收缩
肾脏血管			α_1	收缩
支气管:				
平滑肌	M	收缩	β_2	舒张
腺体	M	促进分泌	α_1	抑制分泌
			β_2	促进分泌
唾液腺	M	分泌大量、稀薄唾液	α_1	分泌少量、黏稠唾液
胃肠:				
胃平滑肌	M	收缩	β_2	舒张
小肠平滑肌	M	收缩	α_2	舒张[2]
			β_2	舒张
括约肌	M	舒张	α_1	收缩
腺体	M	促进分泌	α_2	抑制分泌
胆囊和胆道	M	收缩	β_2	舒张
膀胱:				
逼尿肌	M	收缩	β_2	舒张
三角区和括约肌	M	舒张	α_1	收缩
输尿管平滑肌	M	收缩(?)	α_1	收缩
子宫平滑肌	M	可变[3]	α_1	收缩(有孕)
			β_2	舒张(无孕)
皮肤:				
汗腺	M	促进温热性发汗[1]	α_1	促进精神性发汗
竖毛肌			α_1	收缩
内分泌:				
胰岛	M	促进胰岛素释放	α_2	抑制胰岛素和胰高血糖素释放
	M	抑制胰高血糖素释放	β_2	促进胰岛素和胰高血糖素释放
肾上腺髓质	N_1	促进肾上腺素和去甲肾上腺素释放		
甲状腺	M	抑制甲状腺素释放	α_1、β_2	促进甲状腺素释放
代谢:				
糖酵解			β_2	加强
脂肪分解			β_3	加强

注:(1) 为交感节后胆碱能纤维支配;
    (2) 可能是胆碱能纤维的突触前受体调制 ACh 的释放所致;
    (3) 因月经周期,循环血中雌激素、孕激素水平,妊娠以及其他因素而发生变动。

(三) 多巴胺受体

目前已知有五种多巴胺受体（D_1、D_2、D_3、D_4 和 D_5 受体）。多巴胺在脑内激活腺苷酸环化酶，引起第二信使 cAMP 的积聚，这一效应主要通过 D_1 受体与 G_{Sa} 亚单位偶联介导。在中枢神经系统之外，多巴胺受体最主要的功能可能是通过 D_2，可能还有 D_4 受体抑制垂体前叶泌乳素的分泌。肾脏表达所有的多巴胺受体亚型，它们参与水和 Na^+ 重吸收的调节以及肾素的释放。肾上腺的皮质和髓质中的 D_1 和 D_2 样受体分别参与调节醛固酮和儿茶酚胺的释放。交感神经节和神经末梢的 D_2 样受体抑制去甲肾上腺素释放，血管的 D_1 和 D_2 样受体调节血管舒张。心脏中 D_4 受体的水平相对较高，比脑内高 10 倍，其作用还有待于进一步研究。

(四) 嘌呤受体

内源性核苷、核苷酸作用于嘌呤受体（purinergic receptor，P 受体），调节机体组织器官多种功能。嘌呤能受体可分为腺苷（P_1）受体和嘌呤核苷酸（P_2）受体两类，P_1 受体属于 G 蛋白偶联受体家族，包括 A_1、A_{2A}、A_{2B} 和 A_3 四类，在中枢和周围神经系统均有分布。P_2 受体由核苷酸激活，主要存在于周围神经系统，包括 P_2X 和 P_2Y 两类。

腺苷作为中枢神经系统内的一种调质，主要通过 A_2 和 A_1 受体起作用。将腺苷微量注入孤束核，可以产生剂量相关的降低血压、心率和肾交感神经活动。头端延髓腹外侧区是压力感受性传入第一级突触部位。孤束核产生的冲动进入尾端延髓腹外侧区后，产生冲动进入头端延髓腹外侧区，RVLM 被认为是交感活动的起始区域。内源性腺苷在中枢心血管调节中也起作用，压力感受性传入（如血压升高）激活孤束核，引起头端延髓腹外侧区的抑制和交感紧张程度的降低。头端延髓腹外侧区中存在 A_1 和 A_2 受体，可能直接或者通过抑制 GABA 释放间接地调节神经元活动。

在中枢和外周，腺苷能通过突触前 A_1 受体抑制递质释放。大量关于腺苷对神经节传递作用的研究表明，腺苷能起到抑制作用。内源性腺苷可以抑制人体内去甲肾上腺素能神经传递，腺苷抑制突触前 ACh 的释放，并且阻断神经节内突触后的 Ca^{2+} 内流。交感神经支配的靶器官中存在腺苷 A_1 受体，A_1 受体的激活引起腺苷酸环化酶的抑制，这种作用与 β-肾上腺素受体激动剂相反，称为"抗肾上腺素能"作用。研究表明，腺苷对抗异丙肾上腺素诱导的心动过速，比基础状态或者阿托品诱导的心动过速更为有效。ATP 促进大鼠、灵长类动物包括人类在内的不同物种释放胰岛素。

（李宁）

练 习 题

1. 自主运动神经与躯体运动神经在结构和功能上的主要区别有哪些？
2. 为什么说下丘脑是较高级的内脏活动调节中枢？
3. 延髓在自主运动神经功能调节中的重要性是什么？
4. 交感神经与副交感神经结构和功能的主要区别有哪些？
5. 交感神经节前、节后纤维分布规律是什么？
6. 肠神经系统结构和功能特点有哪些？
7. 自主神经系统主要的递质有哪些？

参 考 文 献

BROWN D A, HIGASHIDA H, NODA M, et al, 1993. Coupling of muscarinic receptor subtypes to ion channels: experiments on neuroblastoma hybrid cells[J]. Ann n y acad sci, 707: 237-258.

BURNSTOCK G, 2006. Pathophysiology and therapeutic potential of purinergic signaling[J]. Phamacological rev, 58(1): 58-86.

BURNSTOCK G,2009. Purinergic signalling:past,present and future[J]. Braz j med biol res,42:3-8.

ELDREDGE L C,GAO X M,QUACH D H,et al,2008. Abnormal sympathetic nervous system development and physiological dysautonomia in Egr3 deficient mice[J]. Development,135:29492957.

KIMURA K,IEDA M,FUKUDA K,2012. Development,maturation,and transdifferentiation of cardiac sympathetic nerves[J]. Circ res,110:325-336.

KUFFLER S W,1980. Slow synaptic responses in autonomic ganglia and the pursuit of a peptidergic transmitter [J]. J exp biol,89:257-286.

LUTHER J A,BIRREN S J,2009. Neurotrophins and target interactions in the development and regulation of sympathetic neuron electrical and synaptic properties[J]. Auton neurosci,151:46-60.

NICHOLLS J G,MARTIN A R,FUCHS P A,et al,2001. From neuron to brain[M]. Sunderland,MA:Sinauer Associates.

RICHARD D,MONGE ROFFARELLO B,CHECHI K,et al,2012. Control and physiological determinants of sympathetically mediated brown adipose tissue thermogenesis[J]. Frontiers in endocrinology,3:36.

SHANNON M,HARLAN O KAMAL RAHMOUNI,2012. Neuroanatomical determinants of the sympathetic nerve responses evoked by leptin[J]. Clin auton res,DOI 10.1007/s10286-012-0168-4.

SMITH M M,MINSON C T,2012. Obesity and adipokines:effects on sympathetic overactivity[J]. J physiol,590:1787-1801.

XUE L,FARRUGIA G,MILLER S M,et al,2000. Carbon monoxide and nitric oxide as coneurotransmitters in the enteric nervous system:evidence from genomic deletion of biosynthetic enzymes[J]. Proc natl acad sci USA,97:1851-1855.

柏树令,2009. 系统解剖学[M]. 8版. 北京:人民卫生出版社.

韩济生,2009. 神经科学[M]. 3版. 北京:北京大学医学出版社.

孙庆伟,李东亮,1994. 人体生理学[M]. 北京:中国医药科技出版社.

王庭槐,2018. 生理学[M]. 9版. 北京:人民卫生出版社.

第十七章　神经内分泌

第一节　概　　述

　　神经系统和内分泌系统是两个在发生学、形态学和生理功能方面都存在着许多不同的系统,因此过去一直认为它们是两个互不相连的调节系统。但是,近年来许多研究工作表明,神经系统和内分泌系统是两个密切联系的系统,神经系统的活动能引起内分泌腺的分泌功能改变,而内分泌系统的分泌障碍也会引起神经系统的功能紊乱。例如,应激刺激可引起机体分泌促肾上腺皮质激素(ACTH)、生长激素(GH)和催乳素(PRL);而甲状腺激素的分泌异常可引起神经系统功能的紊乱或大脑发育受损。正因为神经系统和内分泌系统之间有着密切联系,许多学者开始致力于研究两者的相互作用,从而使神经内分泌学的研究不断取得新的进展。

一、神经内分泌学的发展

　　20世纪20年代后期,美国Scharrer夫妇在鱼的下丘脑神经元中观察到分泌颗粒。之后,Bargmann用嗜银染色法(Gomori staining)追踪到下丘脑的视上核和室旁核神经元中具有分泌颗粒,从而诞生了神经内分泌学。

　　20世纪50年代是神经内分泌学发展的一个重要里程碑。英国科学家Harris首先提出了下丘脑分泌的激素调节腺垂体功能的神经-体液学说,该学说认为下丘脑的一些神经内分泌细胞的神经末梢终止于正中隆起,这些神经内分泌细胞能将机体神经传入冲动转换为神经分泌,分泌促垂体激素或因子进入正中隆起的垂体门脉初级毛细血管丛,沿垂体门脉血流下行到腺垂体,进而调节腺垂体细胞的分泌活动。该学说将神经和内分泌两大系统有机地结合起来,为以后的研究奠定了基础。

　　根据Harris的神经-体液学说,许多实验室开始寻找和鉴定下丘脑促垂体激素或因子的研究。Guillemin领导的实验室使用了几十万头羊的下丘脑,历时近20年,终于在1968年从下丘脑提取物中分离提纯了第一个下丘脑促垂体激素,并在一年后阐明其结构由三个氨基酸组成,将其命名为促甲状腺激素释放激素(TRH)。TRH的分离提纯充分证实了Harris神经-体液学说的正确性,使神经内分泌学趋向于成熟。

　　在之后的30年中,神经内分泌学得到了迅速发展。1971年,Schally领导的实验室成功分离纯化了第二个下丘脑促垂体激素——促性腺激素释放激素(GnRH),又经过6年的努力,阐明了其化学结构为十肽。1973年,Guillemin等又分离纯化了生长抑素(somatostatin)。为此,Guillemin和Schally与发明放射免疫测定法的Yalow共同分享了1977年的诺贝尔生理学或医学奖。1981年,Vale等分离和鉴定了促肾上腺皮质激素释放激素(CRH)。1983年,Mayo分离提纯了生长激素释放激素(GHRH)。

二、神经内分泌和神经内分泌学的概念

　　神经系统中既具有神经功能(产生和传导神经冲动)又具有内分泌功能(合成和释放激素)的神经元被称为神经内分泌细胞,它们的分泌活动则称为神经内分泌(neuroendocrine),分泌的激素称为神经激素。

　　神经内分泌学(neuroendocrinology)是研究神经系统和内分泌系统之间相互作用及其相互渗透关系的科学。其核心内容是探索神经元的内分泌功能和周围器官的内分泌细胞产生的激素对神经系统功能的影响。

第二节 下丘脑与神经内分泌

下丘脑位于丘脑的前下方,构成第3脑室的下壁和侧壁下部,向下以漏斗与垂体相连。人类的下丘脑不足全脑质量的1%,但却具有重要的功能,在维持水平衡、电解质平衡、体温恒定以及调节摄食行为等生理活动中起着重要作用,同时还具有内分泌功能。下丘脑对机体内分泌功能的调节主要是通过垂体进行的,下丘脑和垂体是神经内分泌系统的核心部分,两者不论在结构上还是功能上都有密切联系,故常将它们看作一个功能单位。

一、下丘脑神经内分泌的结构基础

下丘脑由中央灰质组成,界限清楚的核团为数不多,常将一些细胞稀疏、边界不清的核团称为"区"。下丘脑神经内分泌细胞是指下丘脑中具有内分泌功能的神经元,并可将其分为小细胞神经内分泌系统和大细胞神经内分泌系统。前者主要产生调节腺垂体激素释放的激素,后者主要产生血管升压素(VP)和催产素(OT)。

(一)小细胞神经内分泌系统

小细胞神经内分泌系统主要分布在下丘脑促垂体区。迄今已发现的下丘脑促垂体区神经元分泌的调节激素主要有七种(表17-1),其中已经明确结构的五种均为多肽类激素,因此称为下丘脑调节肽(hypothalamic regulatory peptide),尚未明确结构的活性物质称为调节因子。

表 17-1 下丘脑调节肽(因子)及其主要作用

名称	主要作用
促甲状腺激素释放激素(TRH)	(+)TSH,(+)PRL
促性腺激素释放激素(GnRH)	(+)LH,(+)FSH
促肾上腺皮质激素释放激素(CRH)	(+)ACTH
生长激素释放激素(GHRH)	(+)GH
生长激素释放抑制激素(GHRIH)	(-)GH
催乳素释放因子(PRF)	(+)PRL
催乳素释放抑制因子(PIF)	(-)PRL

注:"+",促进作用;"-",抑制作用。TSH,促甲状腺激素;PRL,催乳素;LH,黄体生成素;FSH,卵泡刺激素;ACTH,促肾上腺皮质激素;GH,生长激素。

下丘脑与腺垂体之间没有直接的神经联系,两者在功能上的联系是通过垂体门脉系统完成的。供应垂体血液的垂体上动脉进入正中隆起,先形成第一级毛细血管网,然后汇集成数条垂体门微静脉进入垂体,并再次形成第二级毛细血管网。垂体门微静脉及其两端的毛细血管网共同构成垂体门脉系统,是下丘脑与腺垂体功能联系的结构基础(图17-1)。

(二)大细胞神经内分泌系统

大细胞神经内分泌系统由室旁核、视上核以及散在于两者之间的一些副核团共同组成。大细胞神经内分泌系统核团的共同特点是细胞体积大,胞浆丰富,内含神经分泌颗粒,主要合成缩宫素和血管升压素。下丘脑和神经垂体之间存在直接的神经联系,室旁核和视上核神经元的神经纤维组成下丘脑-垂体束一直投射到神经垂体(图17-1)。

二、下丘脑调节肽(因子)

下丘脑调节肽(因子)的主要作用是调节腺垂体的内分泌活动,同时还具有调控垂体内分泌细胞分化增殖的作用。现就几个主要的下丘脑调节肽的功能进行简单介绍。

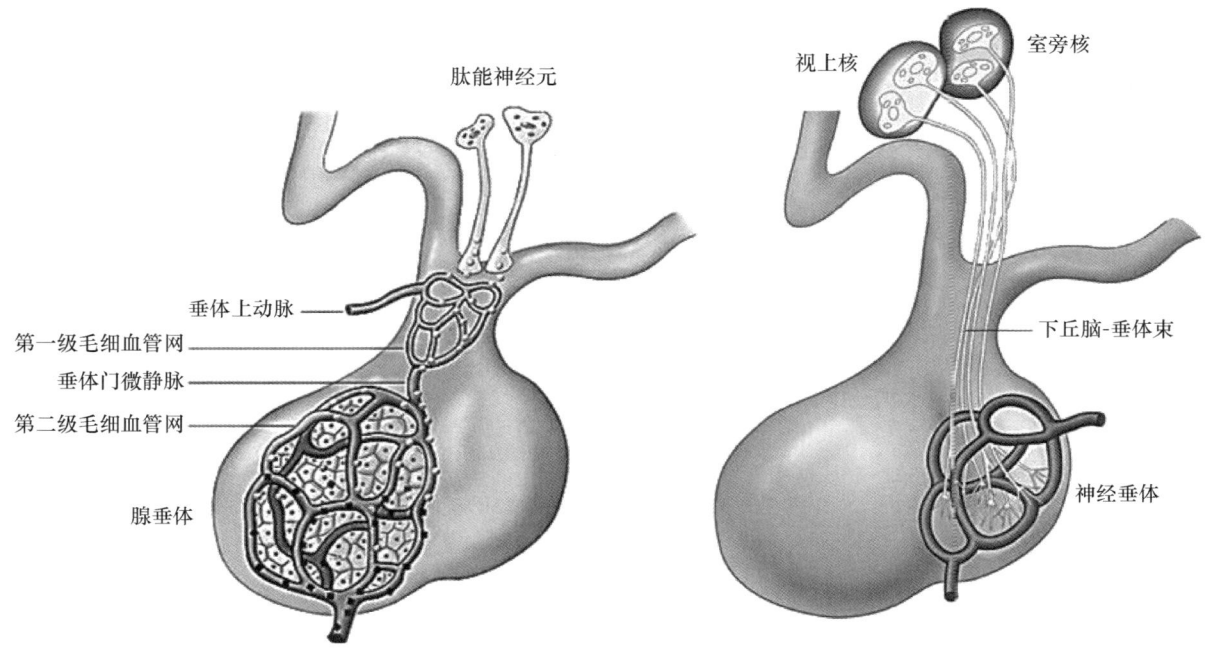

图 17-1　下丘脑-垂体之间的功能联系示意

(http://biobar.hbhcgz.cn/article/showarticle.asp?articleid=953,引用日期：2021-06-27)

1. 促甲状腺激素释放激素

促甲状腺激素释放激素(TRH)是1968年Guillemin的实验室从30万头羊的下丘脑中成功分离提纯的第一种下丘脑促垂体激素,其化学结构为三肽,即焦谷氨酰-组氨酰-脯氨酰胺,是最小的肽类激素之一。分泌TRH的神经元主要分布于下丘脑中间基底部,如损毁这个区域则引起TRH的分泌减少。TRH的主要作用是促进腺垂体促甲状腺激素(thyroid stimulating hormone, TSH)的释放,进而调节甲状腺激素的合成与分泌;TRH也可促进催乳素的释放。在下丘脑以外的中枢神经部位,如大脑和脊髓,也有TRH存在,其作用可能与传递神经信息有关。

2. 促性腺激素释放激素

1971年Schally的实验室从16万头猪的下丘脑中分离提纯了促性腺激素释放激素(GnRH),此后又经过6年的努力,阐明GnRH的化学结构为十肽。在人类,GnRH主要分布在下丘脑的弓状核、内侧视前区与室旁核等处(图17-2)。在间脑、边缘叶、松果体以及外周组织睾丸、卵巢、胎盘等部位也有GnRH分布。GnRH的主要作用是促进腺垂体合成和分泌促性腺激素,进而调节性腺活动。

GnRH对性腺的直接作用则是抑制性的。GnRH可抑制卵巢的卵泡发育和排卵,使雌激素与孕激素生成减少;也能抑制睾丸的生精作用和睾酮的分泌,药理剂量的GnRH抑制作用更为显著。

3. 促肾上腺皮质激素释放激素

Vale等1981年分离提纯了促肾上腺皮质激素释放激素(CRH),其化学结构为四十一肽。分泌CRH的神经元主要分布在下丘脑室旁核(图17-2),其轴突多投射到正中隆起。杏仁核、海马、中脑、松果体以及外周组织胃肠、胰腺、肾上腺、胎盘等部位也发现有CRH的存在。CRH与腺垂体促肾上腺皮质激素细胞膜上的CRH受体结合后,通过增加细胞内的cAMP与Ca^{2+},促进腺垂体合成和释放促肾上腺皮质激素及β-内啡肽。

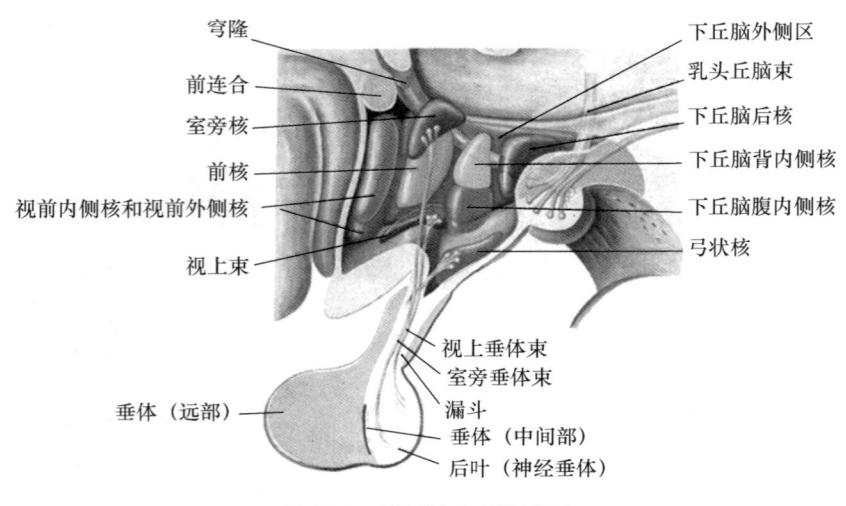

图 17-2 下丘脑的主要核团

(https://www.51wendang.com/doc/2d59d0387edf8eed2d015223/2,引用日期:2021-06-27)

4. 生长激素释放激素和生长激素释放抑制激素

(1) 生长激素释放激素。

生长激素释放激素(GHRH)是 Mayo 1983 年从一名胰腺癌伴发肢端肥大症患者的癌组织中提取并纯化出来的,其化学结构为四十四肽。产生 GHRH 的神经元主要分布在下丘脑弓状核及腹内侧核(图17-2),其轴突投射到正中隆起,终止于垂体门脉初级毛细血管。GHRH 与腺垂体生长激素分泌细胞膜上的 GHRH 受体结合后,通过增加细胞内的 cAMP 和 Ca^{2+} 促进生长激素的分泌。

(2) 生长激素释放抑制激素。

生长激素释放抑制激素(growth hormone release-inhibiting hormone,GHRIH)或称为生长抑素为十四肽,分泌生长抑素的神经元主要分布在下丘脑室周核及弓状核(图 17-2),在大脑皮质、纹状体、杏仁核、海马、脊髓以及胃肠道、胰岛、肾、甲状腺与甲状旁腺等组织也存在生长抑素。生长抑素的主要作用是抑制腺垂体生长激素的分泌,还可抑制腺垂体 TSH、ACTH、黄体生成素(LH)、卵泡刺激素(follicle stimulating hormone,FSH)、催乳素等的分泌;在神经系统中可能起递质或调质的作用;能抑制胃肠运动及消化道激素分泌;抑制胰岛素、胰高血糖素、甲状旁腺激素、降钙素等的分泌。

5. 催乳素释放因子和催乳素释放抑制因子

下丘脑通过分泌催乳素释放因子(prolactin releasing factor,PRF)和催乳素释放抑制因子(prolactin release-inhibiting factor,PIF)分别促进和抑制腺垂体催乳素的分泌,通常以抑制作用为主。

第三节 垂体的内分泌功能

垂体位于蝶鞍构成的垂体窝中,按其发生、结构和功能的不同,可分为腺垂体(adeno-hypophysis)和神经垂体(neuro-hypophysis)两部分。腺垂体由多种具有内分泌功能的腺细胞和密集的毛细血管网组成,可分为三个区域:远侧部;结节部,是包绕漏斗的部分;中间部,是紧靠神经垂体的狭窄部分,在人类已经退化,但从功能上常将其视作腺垂体的部分。其中远侧部和结节部合称为垂体前叶,占腺垂体质量的 75%。神经垂体可分为神经部和漏斗部两部分,神经部和腺垂体的中间部合称为垂体后叶(图 17-3)。

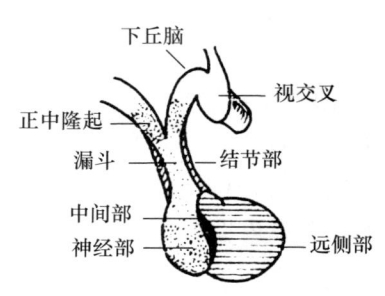

图 17-3 垂体的分部

一、腺垂体激素

腺垂体主要由腺细胞构成，是体内十分重要的内分泌腺。此外还有少量不具备内分泌功能的细胞。已经确认的腺细胞包括：呈嗜酸性染色的生长激素分泌细胞（占分泌细胞总数的50%）和催乳素分泌细胞，分别合成和分泌生长激素和催乳素，它们可直接作用于相应的靶细胞或靶组织发挥调节作用；呈嗜碱性染色的促甲状腺激素分泌细胞、促肾上腺皮质激素分泌细胞和促性腺激素分泌细胞，分别合成和分泌促甲状腺激素、促肾上腺皮质激素、卵泡刺激素和黄体生成素四种促激素，它们可作用于各自的内分泌靶腺，构成"下丘脑-垂体-靶腺"轴形式的三级水平调节。

本节主要介绍催乳素和四种腺垂体促激素，生长激素的相关介绍详见本章第五节。

（一）催乳素

人催乳素（human prolactin，hPRL）由199个氨基酸残基构成，与人生长激素的分子结构十分相似。催乳素在成人垂体中含量甚微，只有生长激素的1/100，成人血浆中催乳素的浓度男性约为5 ng/mL，女性约为8 ng/mL。

1. 催乳素的生物作用

（1）对乳腺的作用。

在人类，催乳素的主要作用是发动和维持泌乳，对乳腺的发育亦具有重要作用。青春期，女性乳腺的发育主要依赖于生长激素促进乳腺间质和脂肪组织的作用。在妊娠期，催乳素与雌激素、孕激素、生长激素、糖皮质激素、胰岛素、甲状腺激素等协同促进女性乳腺的腺泡发育。在妊娠期，催乳素以及雌激素与孕激素的分泌都增多，乳腺组织进一步发育，但因为此时血中雌激素与孕激素水平很高，抑制了催乳素的泌乳作用。分娩时催乳素的分泌达到最高峰，分娩后血浆催乳素水平降至妊娠前水平，血中雌激素和孕激素的水平也大大降低，而乳腺催乳素受体的数目则增加约20倍，催乳素即发挥始动和维持泌乳的作用。

（2）对性腺的调节作用。

催乳素对性腺的调节作用比较复杂。在人类，催乳素对卵巢的生卵功能有一定影响，在次级卵泡发育成为排卵前卵泡的过程中，在卵泡刺激素的刺激下颗粒细胞上出现催乳素受体，随着卵泡的发育成熟，卵泡内的催乳素含量逐渐增加，并与其受体结合，刺激黄体生成素受体的表达。黄体生成素与其受体结合后，可促进排卵、黄体生成及孕激素与雌激素的分泌，但大剂量的催乳素可抑制孕激素的生成，也可反馈抑制下丘脑GnRH的分泌，从而减少腺垂体FSH和LH的分泌，抑制排卵和雌激素的分泌。

（3）参与应激反应。

催乳素、促肾上腺皮质激素和生长激素是应激反应中腺垂体分泌的三大激素。

（4）免疫调节作用。

催乳素可促进淋巴细胞增殖，直接或间接促进B淋巴细胞分泌IgM和IgG，使机体的抗体增加。此外，免疫细胞（如T淋巴细胞和胸腺淋巴细胞）也可以产生催乳素，以自分泌或旁分泌的方式调节免疫功能。

2. 催乳素分泌的调节

下丘脑分泌的PRF与PIF分别促进和抑制腺垂体分泌催乳素，以抑制作用为主。

催乳素的分泌也可受一些其他激素或递质的调节，如多巴胺可直接抑制腺垂体催乳素的分泌，注射多巴胺可使正常人或高催乳素血症患者血中的催乳素明显下降。此外，TRH、5-羟色胺、内源性阿片肽等则可刺激催乳素分泌。

婴儿吸吮哺乳期妇女乳头产生的刺激可经神经由脊髓上传至下丘脑，引起PRF神经元兴奋，促使腺垂体分泌催乳素增加，促进泌乳，这是一个典型的神经-内分泌反射活动。

（二）腺垂体促激素

腺垂体促激素包括促甲状腺激素（TSH）、促肾上腺皮质激素（ACTH）、黄体生成素（LH）和卵泡刺激素（FSH）四种激素，它们能作用于各自的靶腺，分别形成下丘脑-腺垂体-甲状腺轴、下丘脑-腺垂体-肾上腺皮质轴和下丘脑-腺垂体-性腺轴,调节其靶腺的激素分泌。

二、神经垂体激素

神经垂体是下丘脑的延伸结构,不含腺细胞,因而不能合成激素。下丘脑视上核、室旁核的神经内分泌大细胞中合成的血管升压素和催产素,可沿轴突(下丘脑-垂体束)运输并储存于神经垂体。当受到适宜刺激时,血管升压素和催产素由神经垂体释放出来透过毛细血管进入血液中。

血管升压素和催产素的合成、储存和分泌方式都很相似,两者的化学结构都是九肽,区别只是氨基酸序列第3位与第8位氨基酸残基不同(图17-4),人类血管升压素的第8位氨基酸为精氨酸,故称为精氨酸血管升压素。血管升压素详见第六节,在此着重介绍催产素。

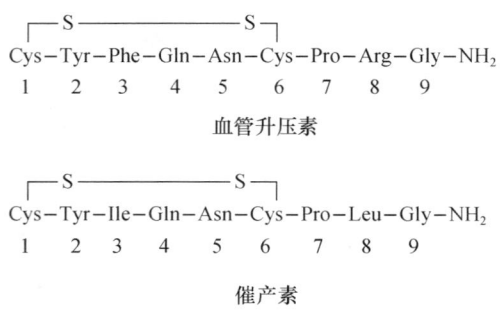

图 17-4 血管升压素和催产素的氨基酸序列

(一) 催产素的生理作用

催产素又名缩宫素,最主要的生理作用是促进子宫收缩和乳腺排乳。因催产素与血管升压素的化学结构非常相似,它们的生理作用也有一定程度的重叠。

1. 促进子宫收缩

催产素的主要作用是刺激子宫平滑肌细胞和乳腺的肌上皮细胞收缩。催产素对非孕子宫的作用较弱,而在妊娠末期子宫开始表达催产素受体,故催产素对妊娠子宫的作用较强,在分娩过程中能促进子宫收缩、减少分娩后出血。催产素促进子宫收缩的机制是使细胞外的 Ca^{2+} 进入子宫平滑肌细胞内,从而提高胞浆中的 Ca^{2+} 浓度,通过钙调蛋白的作用,激活蛋白激酶 C 而诱发肌细胞收缩。

孕激素能降低子宫肌细胞对催产素的敏感性,而雌激素则对催产素具有允许作用。在分娩过程中,胎儿对子宫颈的机械扩张刺激可反射性地引起催产素释放,形成正反馈调节,促使子宫收缩进一步增强,因而具有"催产"作用。

2. 促进乳腺排乳

分娩后,催产素是促进排乳的关键激素。哺乳期乳腺可不断分泌乳汁,并储存于腺泡中。婴儿吸吮乳头产生的传入神经冲动可传至下丘脑,引起下丘脑催产素神经元兴奋,催产素分泌增加,神经冲动继续沿下丘脑-垂体束下行至神经垂体,使催产素释放入血,引起乳腺腺泡周围的肌上皮细胞收缩,乳汁排出。射乳反射很容易建立条件反射,如母亲见到自己的婴儿、听到其哭声或抚摸婴儿等,均可引起条件反射性射乳。催产素对乳腺也具有营养作用,可维持哺乳期的乳腺不萎缩。

3. 其他作用

在卵巢、睾丸也有催产素受体存在,催产素与其受体结合后对生殖功能有一定调节作用。此外,催产素对体液渗透压调节、血管活动、消化功能、体温调节等也有一定的作用。近年来越来越多的实验研究表明催产素在痛觉调制中具有重要作用;也有研究表明催产素对社交羞涩与自闭症有作用,催产素喷鼻可以帮助社交场合羞涩的人克服社交羞涩感,但催产素对本来就很自信的人不起作用。

(二) 催产素分泌的调节

催产素分泌的调节是通过下丘脑进行的,催产素没有明显的基础分泌,只有在分娩、哺乳、性交等情况下才通过神经反射引起分泌。

第四节 松果体与神经内分泌

松果体又称为松果腺(pineal gland),约 200 mg,位于丘脑后上部并有柄与第 3 脑室顶相连,因形似松果而得名(图 17-5)。松果体是一个重要的神经内分泌器官,其分泌的激素有两大类:一类是吲哚类,如褪黑素(melatonin,MLT),其化学结构为 N-乙酰-5-甲氧基色胺,为色氨酸的衍生物;另一类为多肽类,包括促性腺激素释放激素、促甲状腺激素释放激素及缩宫素等。

一、褪黑素的分泌

松果体分泌褪黑素的途径有两条:一是分泌进入血液;一是分泌进入脑脊液。以前者为主。

褪黑素的分泌和年龄有关。人类出生三个月开始分泌褪黑素,六岁达到高峰,12 岁降到成人水平。以后随年龄增长,褪黑素分泌逐渐减少,至 45 岁时可下降到原有水平的一半。松果体褪黑素的分泌还具有明显的昼夜节律,白天分泌较低,夜间分泌增多,凌晨 2 时达高峰(图 17-6)。松果体分泌的昼夜节律有其内源性因素的影响,也受环境、光照等外界因素的干扰。光刺激(日光、灯光)可通过视网膜到松果体的神经通路,抑制交感神经的活动,从而抑制褪黑素的合成和分泌。

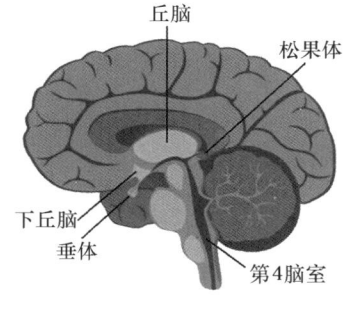

图 17-5 松果体

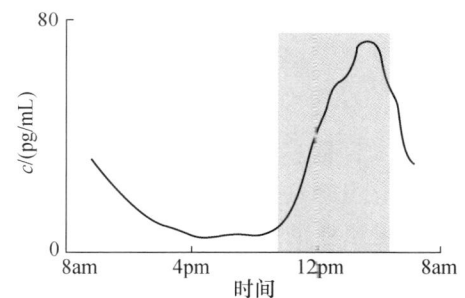

图 17-6 血浆中褪黑素分泌的昼夜节律水平(王庭槐,2013)

二、褪黑素的生物学作用

早在 1917 年就有人观察到青蛙进食牛松果体后皮肤变白,五十多年后 Lerne 等人在前人观察的启发下,成功地提取并分离出一种可使青蛙皮肤褪色的物质,命名为褪黑素。褪黑素是一种作用广泛的重要激素。

1. 褪黑素对性腺和生殖系统的影响

1896 年发现,患有松果体非实质性肿瘤的三岁男孩有性早熟现象。居住在北极的因纽特人,由于冬天处在黑暗之中缺乏光照,褪黑素分泌增加,因而妇女在冬天便停经了。实验摘除大鼠松果体后,大鼠青春期提前,性腺质量增加;而动物注射褪黑素则阻断排卵,同时睾丸和子宫萎缩,有的甚至丧失了生殖能力。这些现象均提示褪黑素对性腺和生殖系统具有抑制作用。

褪黑素可抑制下丘脑-腺垂体-性腺轴的活动,使 GnRH、黄体生成素和卵泡刺激素含量降低,从而延迟性成熟,并能降低促性腺激素诱发的排卵效应。褪黑素也可直接作用于性腺,抑制孕激素、雌激素以及雄激素的分泌。

2. 褪黑素对甲状腺和肾上腺的影响

褪黑素对甲状腺的影响既可通过抑制下丘脑-腺垂体轴的 TSH 的分泌来抑制甲状腺的功能，降低 T_3、T_4 的分泌。另外，免疫组化染色提示，甲状腺存在褪黑素受体。褪黑素也可通过直接作用于甲状腺的褪黑素受体，抑制甲状腺功能。

褪黑素对肾上腺皮质的作用类似于其对甲状腺的作用，可间接通过下丘脑-腺垂体轴，阻止 ACTH 的生成来抑制肾上腺皮质功能，或通过作用于肾上腺皮质细胞的褪黑素受体，抑制肾上腺皮质功能。褪黑素还能抑制肾上腺髓质嗜铬细胞的有丝分裂，降低多巴胺-β-羟化酶的活性，抑制去甲肾上腺素和肾上腺素的合成。

3. 褪黑素对中枢神经系统的作用

褪黑素具有明显的镇静、催眠作用，是一种生理性睡眠诱导剂和镇静剂，可调整入睡的时间节律，使睡眠的发生时间前移，提高睡眠质量，改善各种生物节律性失眠。

褪黑素还具有调节昼夜节律、镇痛、抗惊厥和抗抑郁等作用。

4. 褪黑素的抗氧化衰老作用

褪黑素具有重要的抗氧化和抗衰老的作用，是迄今所发现的最强的抗氧化物，其抗氧化衰老作用是谷胱甘肽的 5 倍，是维生素 E 的 3 倍。褪黑素高脂溶性的特点使其可通过各种生物膜进入细胞，直接清除氧自由基，从而对抗氧自由基以及过氧化脂质的氧化损伤，维护线粒体的功能。褪黑素还可克服脑、心及胃肠道缺血再灌注诱发的氧化损伤；也可抑制 β-淀粉样蛋白的形成，保护神经元免受 β-淀粉样蛋白的神经毒性损害。

此外，褪黑素还具有降低血压、增强机体免疫力等作用。

第五节 生长与衰老的神经内分泌基础

人体的生长发育是一系列因素综合作用的结果，先天遗传和后天营养是两个基本因素，激素可调节这两个因素，影响生长的速度。

随着医疗保健事业的发展，人类的寿命不断延长，老年人口数量增加。为提高老年期的生活质量，找出延缓衰老、防治老年病的方法和阐明衰老及老年病发生、发展机制已日益成为医学研究的一个重要领域。本节主要讨论生长与衰老的神经内分泌基础。

一、生长的神经内分泌基础

在人体生长的全过程中，生长激素(GH)起主导作用，但还需有其他激素的协同作用。甲状腺激素既可促进骨骼的生长，又能促进神经系统的生长发育；胰岛素是促进机体合成代谢的主要激素，可促进蛋白质的合成，因而对生长发育也具有重要作用；雄激素是青春期骨骼生长突进的主要激素，女性青春期的生长突进主要依赖肾上腺皮质分泌的雄激素，卵巢虽然能分泌小量雄激素，但作用较小。本节重点讨论腺垂体分泌的生长激素对生长发育的作用。

(一) 生长激素的分泌

生长激素是腺垂体中含量最多的激素，其化学结构与人催乳素十分相似，由 191 个氨基酸残基构成。

正常成年男性基础状态下，血清生长激素水平很低(<5 μg/L)，但在低水平的基础上有自发的、间断出现的生长激素高峰，峰值可达 20~40 μg/L。女性稍高于男性，最高可达 60 μg/L。生长激素的分泌具有昼夜节律，正常人在入睡后 45~90 min，血浆生长激素有一个明显的高峰，生长激素高峰的出现与慢波睡眠有关(图 17-7)。生长激素的分泌也和年龄有关，青春发育期的青少年生长激素分泌比成人多，50 岁以后睡眠时的生长激素高峰逐渐消失，至 60 岁时，生长激素的生成速率仅为青年时的一半左右(图 17-7)。

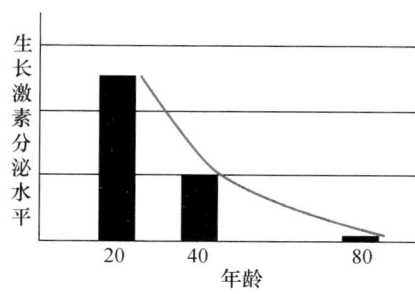 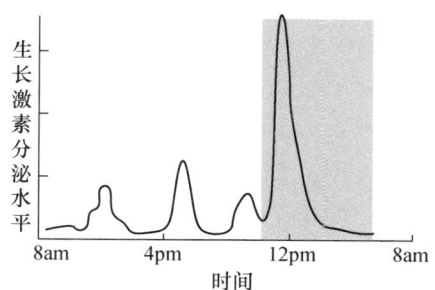

图 17-7 生长激素的分泌

(二) 生长激素的生物作用

1. 生长激素的促进生长作用

生长激素在刺激机体成比例生长中起重要作用，尤其对骨骼、肌肉和内脏器官的作用更为显著，但不影响脑组织的生长发育。生长激素的促生长作用主要与生长激素刺激蛋白质和胶原的合成及组织对循环氨基酸的摄取利用有关。临床上可见，若幼年期生长激素的分泌不足，则患儿生长停滞，身材矮小，但智力正常，称为侏儒症（dwarfism）；相反，幼年期生长激素的分泌过多，则身材高大，引起巨人症（gigantism）。青年期以后骨骺融合，身体高度不再增加，但生长并没有停止，此后的生长主要是细胞和组织的生长，生长激素仍起很重要的促进作用。成年人如果生长激素分泌过多，会使面部和内脏器官肥大，肢端的短骨、颅骨和软组织异常生长，表现为手足粗大、鼻大唇厚、下颌突出和内脏器官增大等，称为肢端肥大症（acromegaly）。

2. 生长激素对代谢的调节作用

（1）对蛋白质代谢的作用：生长激素能促进蛋白质合成，特别是促进肝外组织的蛋白质合成；促进氨基酸进入细胞，增强 DNA、RNA 的合成，减少尿氮，保持氮的正平衡。

（2）对糖代谢的作用：生长激素可抑制外周组织摄取和利用葡萄糖，减少葡萄糖的消耗，故可升高血糖水平。生长激素分泌过多可使血糖升高而引起垂体性糖尿病。

（3）对脂肪代谢的作用：生长激素可促进脂肪分解，增强脂肪酸的氧化分解、提供能量。

3. 参与免疫反应

生长激素可促进胸腺基质细胞分泌胸腺素，可刺激 B 淋巴细胞产生抗体，参与调节机体的免疫功能。

(三) 生长激素的作用机制

生长激素的促生长作用可通过生长激素与其受体结合直接促进生长发育，还可通过诱导肝、软骨等组织产生生长调节肽（somatomedin, SM）（也称为生长素介质）的介导来完成。

1. 生长激素受体

生长激素通过细胞膜上生长激素受体的介导发挥作用。成熟的生长激素受体是一种含 620 个氨基酸残基的跨膜单链糖蛋白，在体内分布广泛，除分布于肝、脂肪组织、软骨组织以外，也分布在胃、肠、心、肾、肺、胰、脑、骨骼肌、黄体、睾丸和胸腺等组织和器官中，在淋巴细胞、巨噬细胞、成纤维细胞等细胞中也有生长激素受体的分布。

生长激素与其受体结合后，生长激素受体二聚化，之后受体的胞内结构域招募邻近胞质中 JAK（janus kinase）等具有酪氨酸蛋白激酶活性的分子，继而通过 JAK-STAT 等转导信号调节靶细胞的基因转录和物质转运等，产生多种生物效应（图 17-8）。

2. 生长调节肽

生长激素促进生长的作用也可通过诱导靶细胞（如肝细胞等）产生一种具有促生长作用的肽类物质——生长调节肽来完成。生长调节肽的化学结构有 48% 的氨基酸与胰岛素相同，故又称为胰岛素样生长因子（insulin-like growth factor, IGF）。现已知有生物作用的 IGF 分为两类，即 IGF-1 和 IGF-2，

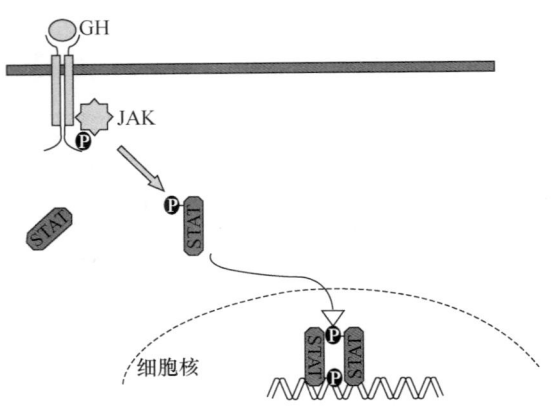

图 17-8　生长激素作用的信号转导通路机制

IGF-2 比 IGF-1 有更强的胰岛素样活性。在生理情况下,出生后长骨的生长需要生长激素和 IGF-1 的协同作用。IGF-2 主要在胚胎期产生,对胎儿的生长起重要作用。IGF 能诱导成纤维细胞、平滑肌和骨骼肌细胞、神经元前体细胞、少突神经胶质前体细胞和星形细胞以及软骨细胞、成骨细胞、血细胞、各种表皮细胞等的增殖,因而能促进组织和器官生长。局部组织产生的 IGF-1 有旁分泌作用,可能较血液循环中的 IGF-1 有更重要的作用。IGF-1 的 24 h 分泌总量与生长激素的 24 h 分泌总量呈线性关系,但 IGF-1 分泌的昼夜变化小于生长激素。

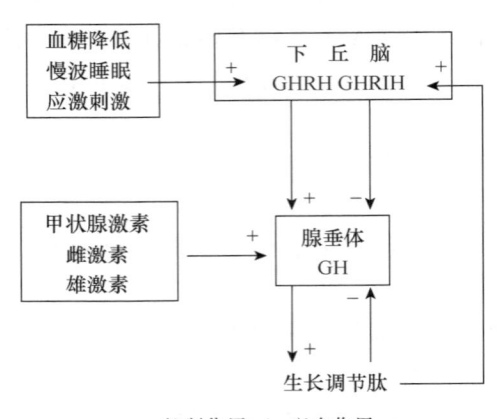

图 17-9　生长激素分泌的调节

(四) 生长激素的分泌调节

生长激素的分泌受多种因素调节(图 17-9)。

1. 生长激素释放激素和生长抑素对生长激素分泌的调节

下丘脑分泌产生的 GHRH 和 GHRIH 二者协同控制着生长激素的水平(图 17-9)。GHRH 的作用主要是刺激生长激素的合成和分泌,GHRIH 是抑制垂体生长激素分泌的主要激素,GHRIH 还可以减弱 GHRH 诱导正常生长激素细胞增殖的作用。在整体条件下 GHRH 的作用占优势,起经常性的调节作用,而 GHRIH 则主要在应激等刺激引起生长素分泌过多时才对生长激素的分泌起抑制作用。

2. 生长激素和生长调节肽的反馈调节

生长激素和生长调节肽对垂体生长激素的分泌具有反馈抑制作用。腺垂体生长激素细胞上有生长激素受体,生长激素可直接与其受体结合,抑制生长激素的分泌与合成。生长激素还可以通过垂体门脉血管逆流和通过脑脊液这两条途径到达下丘脑,通过刺激下丘脑组织分泌 GHRIH 进行负反馈调节,抑制生长激素的分泌与合成。

另外,腺垂体生长激素细胞也有 IGF-1 受体存在,所以生长激素也可通过刺激靶细胞产生 IGF-1,后者可刺激下丘脑组织分泌 GHRIH,从而抑制生长激素的分泌。

3. 代谢因素的影响

能量物质的缺乏和血液中某些氨基酸的增加都可促进生长激素的分泌,低血糖对生长激素分泌的刺激作用最强。在血糖降低时,提高下丘脑 GHRH 神经元的兴奋性,GHRH 的释放增多,使生长激素的分泌增加,可减少外周组织对葡萄糖的利用,而脑组织对葡萄糖的利用可基本不受影响。高蛋白饮食和血中氨基酸与脂肪酸增多时可引起生长激素的分泌增加,有利于机体对这些物质的代谢与利用。此外,运动和禁食时生长激素分泌增加。

4. 睡眠的影响

生长激素的分泌具有昼夜节律变化,觉醒状态下,生长激素的分泌较少,进入慢波睡眠状态后,生长激素的分泌明显增加,对促进生长和体力恢复很有利。入睡后1h左右,血中生长激素浓度达到高峰(图17-7)。转入异相睡眠后,生长激素的分泌又减少。这种现象在青春期尤为显著,50岁以后,生长激素的这种分泌峰消失。

5. 其他激素对生长激素分泌的调节

甲状腺激素、雌激素、睾酮和应激刺激均能促进生长激素分泌。在青春期,血中雌激素或睾酮浓度升高,可使生长激素的分泌明显增加而引起青春期突长。

二、衰老的神经内分泌基础

衰老发生的机制十分复杂,在时间上具有发生、发展的过程,涉及全身各系统、器官的功能与结构的改变。有些变化比较明显,如记忆力减退、生殖功能的减退、对抗应激的能力降低等,因此,神经内分泌功能与衰老的关系特别引人注目。早在19世纪末,"内分泌学之父"Brown Sequard 就开始关注神经内分泌功能与衰老的关系。但直到20世纪70年代后期,关于神经内分泌与衰老关系的研究才日益增多,大量动物实验研究发现,衰老时机体的许多生理功能改变与神经内分泌系统整合功能的改变有关,使用药物或其他方法对神经内分泌功能进行调制后将影响衰老的过程。近年来,随着研究方法的不断改进,神经内分泌改变在衰老过程中的重要作用越来越受到医学研究者的关注。

目前认为,衰老时神经内分泌功能的改变主要表现在下丘脑-垂体-性腺轴的变化上。另外,衰老时下丘脑-垂体-肾上腺轴和下丘脑-生长激素-生长调节肽轴也将发生一定的变化。

(一)衰老时下丘脑-垂体-性腺轴功能的变化

1. 老年男性下丘脑-垂体-睾丸轴功能的改变

(1)睾丸功能的改变。

老年男性睾丸功能的改变主要包括:① 睾丸间质细胞数目减少(比青年人减少约40%);② 睾丸间质细胞对黄体生成素的反应性明显降低;③ 睾丸血液供应不足;④ 合成睾酮的酶活性降低。

(2)睾酮水平的改变。

由于老年男性睾丸本身的功能发生改变,致使血浆睾酮水平降低。研究表明,大约从50岁开始,早晨血浆睾酮水平、24 h平均血浆睾酮水平、血浆游离睾酮水平几乎都随着年龄的增加直线下降。而且由于老年人性激素结合球蛋白结合能力增加,致使血中结合型睾酮比例增加,游离型睾酮比例减少。

(3)老年男性下丘脑-垂体-睾丸轴功能的改变。

由于老年男性睾丸间质细胞分泌睾酮减少,对下丘脑-垂体轴的负反馈调节作用减弱,所以老年男性血浆促性腺激素水平增高。

2. 老年女性生殖内分泌功能的变化

(1)更年期(老年前期)神经内分泌功能的改变。

女性更年期神经内分泌的改变主要表现在:① 卵巢滤泡大量减少,卵巢功能逐渐减退,雌激素分泌降低,对垂体的负反馈抑制作用降低,促使黄体生成素和卵泡刺激素的分泌增加;② 卵巢滤泡进一步减少,排卵停止,黄体退化,孕酮分泌减少,并伴有无排卵的不规律周期;③ 卵巢滤泡丧失,雌二醇分泌减少,月经停止。

(2)老年期神经内分泌功能的改变。

老年期女性黄体生成素和卵泡刺激素逐渐下降,残留的卵泡对黄体生成素和卵泡刺激素也不起反应,雌二醇的浓度较低。雌酮成为绝经后体内的主要雌激素,绝经后衰退的卵巢产生雄烯二酮,后者进而转化为雌酮。

(二)衰老时下丘脑-垂体-肾上腺轴功能的变化

衰老时机体的快速应激反应能力降低与下丘脑-垂体-肾上腺轴功能的改变有密切关系。下丘脑-垂体-肾上腺轴是机体在内外环境变化中适应能力和应激耐受能力的主要反应保护机制,是维持稳态最敏感的调节系统。应激刺激引起糖皮质激素的分泌增加(应激初始期),对下丘脑-垂体的负反馈作用增强,下丘脑 CRH 分泌减少,ACTH 及糖皮质激素进而减少(应激恢复期)。而老年人在应激刺激时下丘脑-垂体-肾上腺轴功能的变化减弱,对应激刺激的耐受能力减弱。老年人 24 h 血浆皮质醇平均水平升高,血浆游离皮质醇的升高尤为显著。

(三)衰老时下丘脑-生长激素-生长调节肽轴的变化

如前所述生长激素的分泌和年龄关系密切。青春期晚期生长激素的分泌达最高峰,以后随年龄增加而逐渐减少,至 60 岁时,生长激素的生成速率仅为青年时的一半左右。衰老时机体将出现一些与生长激素分泌不足患者相类似的结构和功能变化,诸如骨质疏松、肌肉萎缩、运动耐力下降等,因此认为生长激素分泌不足是衰老的起始指标之一。而生长激素分泌不足是下丘脑-生长激素-生长调节肽轴发生一系列改变的结果。

1. 下丘脑改变

衰老时下丘脑 GHRH 的分泌降低,而 GHRIH 的分泌则随年龄的增加而增加,导致生长激素的分泌也随年龄增长而下降。

2. 垂体改变

由于衰老时垂体对 GHRH 反应性下降以及垂体生长激素释放激素受体的表达下降,致使垂体生长激素的分泌作用减弱,外周血生长激素水平、脉冲式分泌幅度均明显降低,尤其是睡眠的生长激素分泌高峰的水平随年龄增加而降低。

3. 生长调节肽的变化

老年人生长激素水平降低以及 IGF-1 对生长激素和 GHRH 的反应性降低导致生长调节肽分泌减少。IGF-1 分泌的降低将导致组织、器官的蛋白质合成减少,骨骼、肌肉比例降低,而脂肪比例增加等衰老征象。因而 IGF-1 可作为衰老的生物标志之一。

第六节 调控饮水与摄食的神经内分泌基础

为了维持生命,机体必须不断维持水平衡和不断从外界环境中摄取营养物质。人类的水代谢和摄食行为受多种因素的影响,其中中枢神经系统是调控水代谢和摄食的主要部位,另外,某些递质或激素也参与水平衡和摄食行为的调控。人体内有专门监视体内物质储存和需要情况的系统,当体内某种物质匮乏时,机体寻找和摄取这种物质的行为就活跃起来。食物对感官和胃肠道的刺激、胃肠道的功能状态、机体的营养状态、某些心理因素和社会因素等,都会影响到食欲和摄食。本节将就主要的递质和激素对水代谢和摄食活动的调控进行介绍。

一、水代谢调控的神经内分泌基础

机体水代谢的调控主要包括对饮水和尿量的调控两个方面,下丘脑神经内分泌在其中起着至关重要的作用。

(一)饮水行为的神经内分泌基础

饮水行为是通过渴觉引起的。在人类,饮水常常是习惯性行为,并不一定由渴觉引起,但渴觉将明确诱发饮水行为。引起渴觉的主要因素是由于缺水(如大量出汗、严重呕吐或腹泻等)导致血浆晶体渗透压升高和血容量明显降低。

1. 血浆晶体渗透压升高引起渴觉的机制

血浆晶体渗透压升高可通过刺激下丘脑前部的渗透压感受器来起作用。由于缺水导致血液变得高渗时,水分通过渗透作用从渗透压感受器所在部位的神经元细胞内渗出,导致细胞缺水。之后神经元可将失水信号转变为动作电位的发放频率,激活下丘脑外侧区的细胞,产生强烈的口渴,要求饮水,通过饮水恢复机体水和渗透压平衡。

2. 血容量降低引起渴觉的机制

血容量降低引起的渴觉主要由肾素-血管紧张素系统来介导。血容量降低能刺激肾脏球旁细胞分泌肾素,导致血液中血管紧张素Ⅱ的含量增加。血管紧张素Ⅱ可通过血脑屏障直接作用于下丘脑穹隆下器和终板血管器上的血管紧张素Ⅱ受体而引起渴觉。

(二)尿量调控的神经内分泌基础

尿量调控与肾脏对尿液的浓缩和稀释功能关系密切,而尿液的浓缩和稀释的关键取决于下丘脑视上核和室旁核合成分泌的血管升压素(VP)。生理状态下血管升压素的浓度很低,故对正常血压的调节不起重要作用,但在失血等情况下,血管升压素释放将明显增加,对升高和维持血压有重要作用。血管升压素的主要作用是与肾远曲小管和集合管上皮细胞膜上的血管升压素受体结合,通过对水通道的调节而使远曲小管和集合管对水的通透性增大,水的重吸收增加,使尿量减少,表现为抗利尿作用,因此血管升压素又称为抗利尿激素(anti-diuretic hormone,ADH)。抗利尿激素对维持机体水平衡和血容量的稳定具有重要意义。

1. 抗利尿激素作用的细胞分子机制

抗利尿激素的作用是通过与其受体结合来完成的。抗利尿激素的受体有两类,即 V_1 受体和 V_2 受体,均为 G 蛋白偶联受体。V_1 受体分布在血管平滑肌,V_2 受体分布在肾远曲小管和集合管上皮细胞。当血中抗利尿激素水平升高时,抗利尿激素和肾小管上皮细胞的 V_2 受体结合后,通过激活 G 蛋白而激活腺苷酸环化酶,使细胞内的 cAMP 生成增加,cAMP 又激活蛋白激酶 A,使转运水的水通道(现已明确是一种依赖抗利尿激素的水孔蛋白-2)从细胞内囊泡转移至管腔膜(图 17-10),肾小管管腔膜对水的通透性增加,小管液中的水在管内外渗透浓度梯度的作用下,通过水通道而被重吸收,尿量减少。

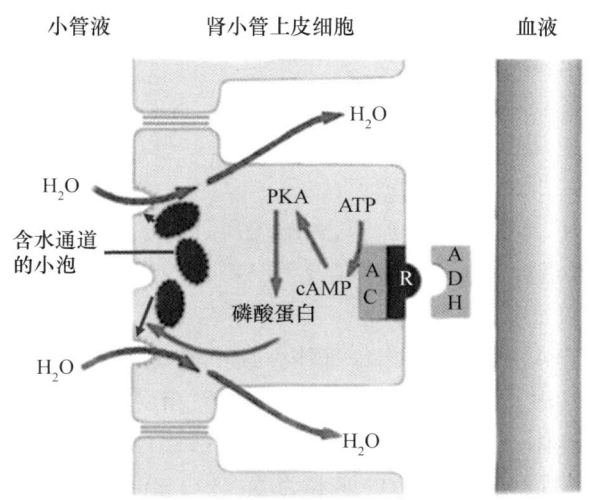

图 17-10 抗利尿激素(ADH)的作用机制

相反,当抗利尿激素浓度降低时,管腔膜上的水孔蛋白-2 则内移至细胞内囊泡上,使水的通透性下降或不通透,水的重吸收减少,尿量明显增加。

2. 调节抗利尿激素合成和释放的有效刺激因素

调节抗利尿激素合成和释放的有效刺激因素很多,其中最重要的是血浆晶体渗透压和循环血量以及动脉血压的改变。

(1) 血浆晶体渗透压的改变。

血浆晶体渗透压是生理条件下调节抗利尿激素合成、释放的最重要的刺激因素。

当机体大量出汗、严重呕吐或腹泻等造成体内水分不足时,血浆晶体渗透压升高,对下丘脑渗透压感受器的刺激增强,抗利尿激素的合成、释放增多,促进远曲小管和集合管对水的重吸收增加,尿量减少,这有利于保留体内的水分,维持血浆渗透压的稳定。相反,当体内水分增加(短时内大量饮入清水)时,血浆晶体渗透压降低,抗利尿激素的合成和释放减少,远曲小管和集合管对水的重吸收减少,尿量增加,以减少体内多余的水分。这种大量饮清水后引起尿量增多的现象称为水利尿。

下丘脑渗透压感受器对血浆晶体渗透压的改变十分敏感,只要血浆晶体渗透压有 1%～2% 的轻微改变,即会使其产生效应。

(2) 循环血量和动脉血压的改变。

当循环血量减少(大失血)时,位于胸腔大静脉和右心房壁上的容量感受器所受刺激减弱,反射性引起抗利尿激素的合成和释放增加,促使肾脏远曲小管和集合管对水的重吸收增加,尿量减少,维持机体血容量的稳定。相反,当循环血量增多(快速静脉输液)时,可刺激容量感受器,引起抗利尿激素合成和释放减少,远曲小管和集合管对水的重吸收减少,尿量增多而维持正常血容量。

动脉血压的改变也可通过压力感受器对抗利尿激素的释放进行调节。当动脉血压低于正常时,抗利尿激素释放增多;相反,动脉血压高于正常时,抗利尿激素释放将减少。

此外,其他许多因素如疼痛、弱的冷刺激、紧张等都可影响抗利尿激素分泌。

二、摄食调控的神经内分泌基础

人类的摄食行为受神经内分泌的调控,其中中枢神经系统是调控摄食的主要部位。另外,某些递质和激素也参与摄食行为的调控。调节摄食行为的递质和激素多种多样,有些递质和激素可刺激摄食,有些递质和激素则抑制摄食。本节将就主要递质和激素对摄食活动的调控进行介绍。

(一) 刺激摄食的递质和激素

目前已知的刺激摄食的递质和激素主要有增食因子、神经肽 Y、甘丙肽、阿片肽、谷氨酸、去甲肾上腺素、胃生长激素等。下面对其中几种重要的递质或激素进行简要叙述。

1. 增食因子

增食因子(feeding factor)广泛存在于下丘脑、大脑皮质、隔区、脑干和脊髓等部位的神经元囊泡中,故认为增食因子是一种递质或调质。在垂体、睾丸及胃肠和胰腺内分泌细胞中也发现有增食因子,其主要功能是刺激摄食,故又称为食欲肽、食素。

增食因子可分为增食因子 A 和增食因子 B 两种。其中增食因子 A 是一种含有 33 个氨基酸的多肽,增食因子 B 含有 28 个氨基酸,两者的氨基酸序列有 46% 相同。增食因子受体也有两种,分别称为增食因子受体-1 和增食因子受体-2。两种受体在脑中分布都比较广泛。增食因子 A 对增食因子受体-1 的亲和力比增食因子 B 对增食因子受体-1 的亲和力强 2～3 倍;而两者对增食因子受体-2 的亲和力却相近。

2. 神经肽 Y

神经肽 Y 主要由下丘脑的弓状核、室旁核、腹内侧核、背内侧核及其邻近部位的神经元合成,是胰多肽家族中的一员,广泛分布于中枢神经系统及周围神经系统中。刺激摄食是神经肽 Y 的主要生理作用之一,长期在脑室或室旁核中给予神经肽 Y,可使动物多食、血甘油三酯增高、体重增加、导致肥胖。

3. 胃生长激素

胃生长激素（gastric growth hormone）是 1999 年发现的一种含有 28 个氨基酸的脑肠肽，其结构与胃动素的结构相似。合成胃生长激素的细胞主要位于下丘脑的弓状核和胃的泌酸区。饥饿和低血糖引起胃内胃生长激素的释放增加。胃生长激素的主要作用是促进生长激素的释放，刺激下丘脑弓状核内神经肽 Y 的合成，从而具有很强的增加摄食的作用。胃生长激素还可作用于外周胃肠道上的相应受体，使迷走神经的胆碱能传出兴奋增加，从而增强胃的运动和胃酸分泌。

（二）抑制摄食的递质和激素

抑制摄食的递质和激素有瘦素、缩胆囊素、5-羟色胺、CRH、降钙素基因相关肽、胰高血糖素、胰岛素、多巴胺、催产素、生长抑素等。其中对瘦素、缩胆囊素和 5-羟色胺的了解较多。

1. 瘦素

瘦素（leptin）又称为脂肪抑制素，主要作用是减少摄食量和增加脂肪代谢，消耗体脂。

瘦素主要由白色脂肪组织合成和分泌，棕色脂肪组织、胎盘、肌肉、骨、软骨和胃黏膜等组织也可以合成、分泌少量瘦素。瘦素的分泌具有昼夜节律，夜间分泌水平高。体内的脂肪储量是影响瘦素分泌的主要因素。瘦素的分泌量可反映体内储存脂肪量的多少，禁食时，血清瘦素浓度降低；相反，进食时则血清瘦素浓度增加。

瘦素是重要的抑制摄食的外周信号，瘦素由脂肪细胞释放后，通过血脑屏障，发出脂肪储存饱和的信号，随之触发摄食减少和能量消耗增加的生理过程。正常情况下，瘦素对能量代谢的多重环节具有重要调节作用，瘦素分泌异常或瘦素受体异常均可引起严重的代谢紊乱，导致能量的来源、存储、转化和利用出现障碍。研究发现多数肥胖者常伴有血清瘦素水平升高和瘦素抵抗现象。

瘦素调节摄食有两条途径：一是通过作用于下丘脑来完成；二是直接作用于脂肪组织，增加脂肪代谢而调节摄食量。实验证明，当血液中瘦素浓度在正常水平时，主要通过对下丘脑的作用来抑制摄食量；当血液中的瘦素浓度高于正常水平时，瘦素则通过作用于下丘脑和直接作用于脂肪组织两条途径来减少摄食量和增加脂肪代谢消耗体脂。

瘦素的作用主要是通过与其受体的结合来完成的。瘦素受体主要集中分布于下丘脑弓状核的神经元中。弓状核神经元是瘦素作用的第一级神经元。下丘脑弓状核与室旁核、穹隆周区和下丘脑外侧区之间有直接的神经纤维联系，弓状核神经元的神经末梢可以释放调节进食的神经肽，作用于室旁核、穹隆周区和下丘脑外侧区中的神经元。因此，室旁核、穹隆周区和下丘脑外侧区中的神经元成为瘦素作用的第二级神经元。第二级神经元再通过它们的神经联系，最终形成调节低位脑干中孤束核的信号，影响机体的饱感，减少进食。

2. 缩胆囊素

缩胆囊素（cholecystokinin，CCK）是抑制摄食作用最强的肽类激素，在胃肠道和脑组织中广泛分布。缩胆囊素受体有两种，即外周缩胆囊素受体和中枢缩胆囊素受体。缩胆囊素既可通过外周又可通过中枢起作用，以中枢缩胆囊素受体更为重要。

3. 5-羟色胺

5-羟色胺也具有抑制摄食的作用，给外周或下丘脑注入 5-羟色胺可使动物进食量和就餐数减少。目前认为 5-羟色胺是短期性作用饱信号整合网络的一部分，而瘦素是长期能量保存的一个激素信使。因 5-羟色胺和瘦素均可调节神经肽 Y 的活动，故认为神经肽 Y 可能是两者影响食欲的一个共同输出通路。

综上所述，摄食行为受多种递质和激素的影响，这些递质和激素之间相互作用，构成复杂的神经内分泌调节网络。其中神经肽 Y 是一个最重要的刺激摄食行为的递质，它对其他多种增食因子和抑食因子具有调节作用，而神经肽 Y 的合成也受其他传入信号的调节。另外机体储能的减少、饥饿、妊娠、哺乳期等多种因素均可刺激神经肽 Y 的合成和释放。

（徐世莲）

练 习 题

1. 何谓神经内分泌和神经内分泌学？
2. 试述垂体的分部、下丘脑与垂体的功能联系。
3. 褪黑素的生物学作用有哪些？
4. 试述生长激素的作用及其分泌的调节。
5. 试述衰老时神经内分泌功能的改变。
6. 抗利尿激素的分泌受哪些主要因素的调节？

参 考 文 献

李国彰,2007.神经生理学[M].北京：人民卫生出版社.
王庭槐,2018.生理学[M].9版.北京：人民卫生出版社.
姚泰,2005.生理学[M].北京：人民卫生出版社.

第四篇

神经系统常见疾病的生物学基础

第十八章　痛觉信息的传递与调节

第一节　痛觉的感觉特性

　　疼痛是一种不舒服的感觉和令人厌恶的生理-心理活动,它与其他感觉,如触觉、冷觉、温觉、本体感觉等有明显的差别。这类伤害性刺激通常会导致组织或细胞的损伤,并伴随细神经纤维产生痛觉相关的电活动信号。当针刺机体皮肤,或者接触到发烫的热源时,机体就会产生快速回缩的反射活动,从而远离损害源,规避机体受到更严重或大面积的损伤,这对生物的安全生存具有重要意义。人群中有极少数个体由于基因的缺失,出生时就缺少痛觉感受能力,这些没有痛觉的人通常处于危险而全然不知,如手触摸烧红了的铁块,或伸进滚烫的水中都毫无回避反应,甚至切开皮肤、骨折等所导致的常人难以接受的疼痛,他们都毫无疼痛感觉。没有痛觉的个体在没人照顾的条件下很难存活,可见痛觉对生物体的自身保护是多么的重要。

一、痛觉活动的特异性

　　疼痛是一种痛苦和难受的心理活动,但却很难用语言来给出一个准确的定义。外界的伤害性刺激除了产生回避动作外,还会伴随着一些可测量的广泛的生理改变,诸如血压、心率、血管紧张度、呼吸节律及汗腺活动的改变等,这些改变规避和限制了机体的损伤程度。大部分疼痛的器官是通过减少活动来避免深度损害,如冠状动脉障碍而发生心绞痛时,心脏供血减少,疼痛使心脏减少活动而得到休息,防止带病心脏因为过劳而引起更严重的损害。诚然,内脏疼痛诱发减弱活动是自我保护反应,但这种被动的自我保护反应如果维持很长时间,就会对器官构成更为严重的损害。

　　1. 痛觉的感受器特性

　　感受器的分化和特异性程度决定了感受器的灵敏性和适宜刺激的类型,感受器的分化程度越高,对某些适宜刺激的敏感度也越高,如视杆细胞的光敏色素接受一个光量子照射便可引起兴奋。研究证明,传感伤害性刺激的末梢感受器是由神经不断分叉而成的游离神经末梢,缺少特异性的结构,这就决定了它的激活阈值在所有感受器中是最高的。激活伤害性感受器的刺激通常会导致组织损伤。图 18-1 简要地展示人体皮肤的不同感受器分布,显示伤害性感受器与其他不同功能感受器的结构分化差异。痛觉感受器的特征除了没有特异性结构,没有分化的游离神经末梢外,还有一个特征就是分布的广泛性,不像听觉、视觉、味觉、嗅觉等高度分化的感受器在身体各有独特的分布区,就连触觉、压觉和温度觉的分布也有相对的区域特异性,感受痛觉的伤害性感受器几乎分布在机体的所有器官和组织,从皮肤、结缔组织、肌肉、内脏到骨骼,凡是有血管分布的部位,几乎都有痛觉感受器的存在。

　　2. 传导痛觉的神经纤维

　　来自单神经纤维记录研究表明,伤害性刺激诱发的神经冲动靠两类外周神经纤维来传递,即系统发育较古老的无髓鞘的 C 类纤维和系统发育较新的 Aδ 纤维。体表的机械性损伤,如切割、针刺、打击等锐性痛感刺激可激活 Aδ 纤维及少部分 C 类纤维的末梢感受器。锐性痛感是由有薄髓鞘的 Aδ 纤维传递的。它的特点是速度快,定位清晰,这类锐性痛在伤害性刺激停止后,传入放电便殖之消失,这种痛觉称为快痛。锐性痛所导致的冲动是生物体快速逃离伤害源的非常重要的警报信号。除了少部分分布于皮肤表面的 C 类纤维末梢与 Aδ 纤维可被机械刺激所激活外,大部分 C 类纤维伤害性感受器可被伤害性

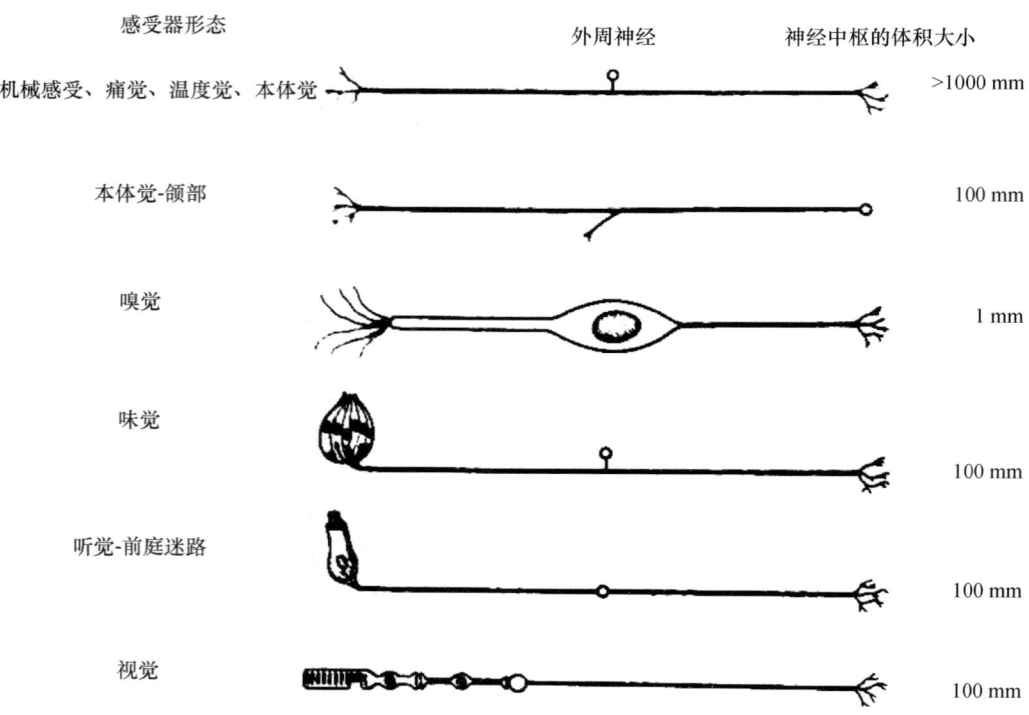

图 18-1 具有不同功能感受器的形态结构特异性(Martin, 2012)

热、冷和化学物刺激激活,如来自深部组织的酸痛、烧灼痛等持续疼痛或钝性痛感。钝性痛感的产生是缓激肽、P 物质、前列腺素等物质的释放并作用于 C 类纤维末梢的结果。产生于深部组织的疼痛感定位不明确,属于炎症性疼痛反应,其特点是疼痛持续时间较长,这类痛觉通常称为慢痛。除了皮肤外,慢痛主要发生于肌肉、关节和内脏器官等深部组织。慢痛的疼痛特征具有抽动、酸麻、烧灼样的痛觉,对伤害性刺激源的分辨差,从刺激到感觉形成的潜伏期长,定位模糊。C 类纤维的这类伤害性感受器对机械、化学及温度改变等多种伤害性刺激都有反应,故这类感受器也称为多觉性痛觉感受器(polymodal nociceptor)。C 类纤维的传导速度远比 Aδ 纤维慢,受到某种伤害性刺激后可产生紧张性低频传入放电。特别是在炎症性慢痛时,C 类纤维感受器会产生自发的紧张性持续传入放电。

3. 伤害性感受器激活的生理过程

慢痛比快痛经历更为复杂的生理、生化过程,作用于组织的机械性挤压、切割、冷热刺激等会在损伤处诱发一系列的复杂生物反应过程。图 18-2 简要说明了这一过程的诸多生理生化改变。反应的起始是受伤细胞内容物释放到周围的细胞间质液中,增加了细胞间质液的酸度,过酸的环境激活存在于细胞间质的激肽释放酶,激肽释放酶催化间质的一种非活化大蛋白,使之断裂成为含有八个氨基酸的小肽,这些小肽称为缓激肽。缓激肽除了结合到神经末梢产生伤害性信息冲动外,还作用于肥大细胞,引起组胺的释放,组胺使毛细管内皮细胞间隙增宽并使血浆外渗,引起受伤组织区域肿胀。缓激肽还结合到毛细血管壁,促使前列腺素释放,前列腺素作用于神经末梢,产生更多的传入冲动,进而加剧疼痛。缓激肽目前被认为是最强的致痛分子。

在损伤部位,缓激肽启动一系列反应:首先,缓激肽使毛细血管壁细胞之间的连接松开,导致血浆和白细胞流进损伤区,血浆的渗出导致局部肿胀等炎症性病理表现。其次,它结合到伤害性神经末梢的感受器,产生动作电位,导致疼痛的感觉。再次,缓激肽具有重要的生物活性,它一方面促使神经末梢释放小分子 P 物质;另一方面可结合到细胞膜,启动前列腺素的释放。P 物质作用到结缔组织中的肥大细胞,促使肥大细胞释放组胺,进一步扩大毛细血管壁的细胞间隙,使更多的激肽释放酶和缓激肽的前体进入损伤区,进一步加剧疼痛的过程;P 物质还能关闭神经元的钾通道,促使神经元膜内的 K^+ 浓度升高而诱

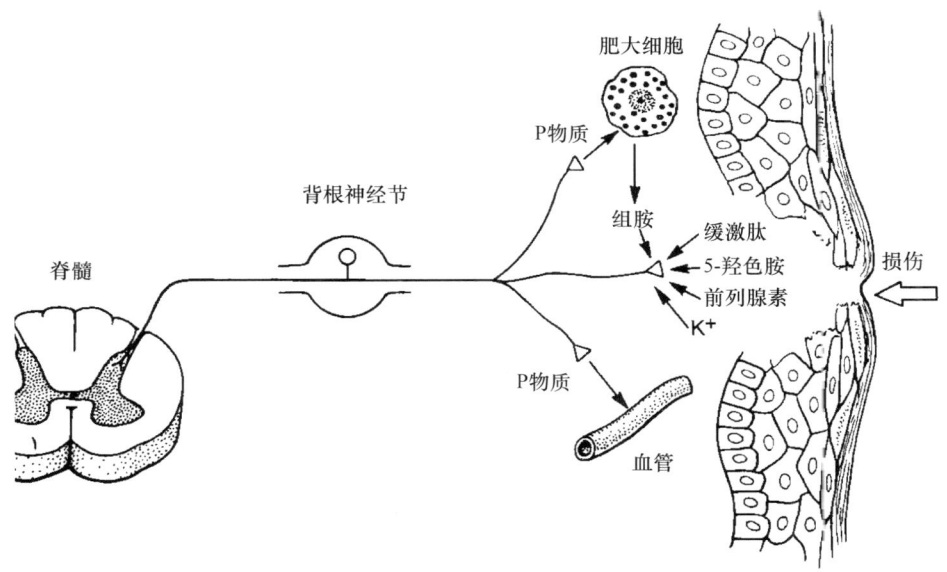

图 18-2 伤害性信息冲动产生过程和伴随的炎症性疼痛反应机制(Lembeck et al., 1982)

化学介质可敏化神经末梢痛感受器。组织损伤释放的缓激肽和前列腺素激活敏感化的痛觉感受器。被激活的痛觉感受器释放 P 物质和其他肽类,P 物质作用邻近的肥大细胞,促使释放组胺并直接兴奋痛觉感受器。P 物质同样可引起外周血管舒张,进而诱发水肿和更多的缓激肽释放。

发去极化兴奋。前列腺素结合到神经末梢又进一步产生动作电位的传入,加剧疼痛的过程(Farish,1993)。

4. 致痛因素的多样性

(1) 外源性致痛物质。

外源性物质,如强酸、强碱、有机溶剂、军用毒气等,在与皮肤、黏膜接触后,只要能渗入皮肤或黏膜,都可引起疼痛,甚至一些低渗、高渗液体注入体内也可诱发皮肤或深部组织的疼痛。一些植物或动物产生的天然物质,如蛇毒、水母触手毒素、某些豆荚毛刺所带的有毒物质等,都可诱发不同程度的疼痛。

(2) 内源性致痛物质及深部组织反应的特异性。

除了这些外源性致痛物质之外,在一定的病理状态下,来自体内的内源性致痛物质,如:来自机体的活细胞或体液、存在于细胞内的某些物质一旦释放进入胞外液,如在血小板降解时释放 5-羟色胺,可激活皮肤的痛感受器,引起疼痛;肥大细胞释放的高浓度组胺可引起疼痛;胰液中有胰激肽释放酶和胰蛋白酶,当消化道溃疡、肠穿孔或胰腺炎引起的胰液漏至腹膜,会导致严重的疼痛。伴随着肌肉坏死产生的疼痛可能是由于 K^+、ATP 或大分子物质从胞内释放进入胞外液,接触腹膜的传入神经末梢而诱发的。

痛是组织受到物理或化学伤害性刺激而诱发的一种生理现象,不同的组织对伤害性刺激的敏感性有很大的差异。体表皮肤与黏膜这类有丰富神经支配的组织对各种不同类型的伤害性刺激,如机械、冷热及化学刺激都非常敏感,其特点是从刺激到机体回避反应的潜伏期短。深部躯体组织虽然对压力及化学刺激很敏感,但只有把针刺入皮下碰触到痛感器时才有痛觉产生。深部的筋膜和肌腱对针刺、压迫、化学刺激敏感;肌肉只对捻压和化学刺激敏感。虽然骨膜对物理及化学刺激都非常敏感,但骨密质却是痛觉迟钝的,只是癌性骨质才对痛刺激非常敏感。牙釉质没有痛觉,但牙髓对机械、温度变化、蔗糖的甜味刺激都非常敏感。关节对针刺、刀切、热灼都不敏感,但滑膜内化学炎症物质可诱发强烈的疼痛。肌肉和内脏则常常由于血管旁的神经受到刺激诱发疼痛。神经组织,通常是刺激外周传入神经末梢可产生疼痛,而中枢脑组织本身缺少痛觉感受器,对电刺激、灼热和切割都不敏感,开颅病人甚至在清醒的条件下大块皮质脑组织被剥离时也感觉不到疼痛,但当大的血管或血窦受到针刺、电刺激或牵拉时都诱发痛感。胸腔、肺脏、肺胸膜及心包膜对痛刺激都是不敏感的,但心脏对化学刺激(如心绞痛)和冠脉痉挛都很敏感。通常食道对物理刺激、一些化合物刺激、温度改变都不敏感,但当食道出现炎症时,这类刺激就会产生疼痛;腹膜虽然对伤害性刺激不敏感,但膜上的动脉却对疼痛刺激非常敏感。其他内脏,如肝脏、脾脏、肾脏对切割、压挤、灼伤都不敏感;消化道由于感觉神经支配稀疏,对切割、热烫或者钳压都不诱发痛感,但气球似的扩张刺激可引起明显的疼痛;在病人清醒状态下,对其裸露的结肠用刀切割、热灼,病人都没有痛觉,只是一旦产生炎症,胃脏和结肠在碰触、扩张时都会引起严重疼痛。可见机体的不同部位对致痛因子各有其独特的敏感性。体壁对物理性刺激有特殊的敏感性,使机体快速离开刺激源,而机体的深部组织及内脏对化学刺激,特别是对炎症性物质有特殊的敏感性。

二、痛觉信息的中枢传导途径

1. 伤害性信息在脊髓后角的投射

伤害性信息的传入对机体有特殊的重要性,故伤害性感受器(神经末梢)的终止范围非常广泛。由感受器产生的冲动沿着神经向中枢传递,从后根进入脊髓的后角。Rexed 的研究证明,脊髓是呈分层排列的,后角主要占据Ⅰ~Ⅴ层。脊髓是伤害性感受器的传入冲动进入中枢神经系统的第一站。来自外周伤害性感受器传入冲动投射到脊髓的 Rexed Ⅰ~Ⅵ层和Ⅹ层,同位素和辣根过氧化物酶(HRP)标记技术以及神经电生理学的机能检测发现,Aδ 纤维主要终止于Ⅰ、Ⅴ、Ⅹ层,C 类纤维终止于Ⅱ层,来自肌肉和内脏的感觉传入也都投射到类似的层次。脊髓后角不同层次的神经元的功能不同,但能够把伤害性冲动投射到更高一级中枢的神经元主要分布在Ⅰ~Ⅱ层和深部的Ⅳ~Ⅵ层,这些神经元称为投射神经元。除了上述投射神经元外,这些层次的其他神经元构成中间神经元,形成兴奋性或抑制性的神经环路,参与调控投射神经元的兴奋性。

为了追踪伤害性信息的主要传入部位,实验室主要研究对伤害性刺激反应并向高级中枢传递伤害性信息的神经元,即投射神经元。在脊髓后角可以找到两类投射神经元,图 18-3 绘制出外周传递伤害性刺激诱发的冲动传入脊髓后角不同层次的分布概况,一类神经元仅仅对伤害性刺激有反应,称为特异性伤害感受神经元,由来自皮肤、肌肉和内脏的 Aδ 纤维和 C 类纤维的传入集中分布在后角的浅层(Rexed Ⅰ~Ⅱ层)。用微电极记录单神经元活动时发现,这类神经元只对伤害性刺激有反应,在没有伤害性刺激时,通常处于静默状态。另一类神经元对伤害性刺激和非伤害性信息都反应,称为非特异性伤害感受神经元或广动力范围(WDR)神经元,分布在后角的深部,主要是在 Rexed Ⅴ层,其他层次如Ⅳ、Ⅵ等层也都有少量分布。非特异性伤害感受神经元对刺激具有特殊的反应放电,可用单电脉冲刺激试验证明。用单电脉冲刺激神经干,当强度控制在仅激活 A 类纤维时,神经元有一个短潜伏期、短时程的簇状放电;当提高刺激强度可同时激活 C 类纤维时,神经元除了有弱刺激的短促放电外,随后会出现长潜伏期的迟放电,构成了早放电—宁静期—迟放电的特异性活动形式。轻触皮肤可诱发出类似弱电刺激神经的早放电形式,对皮肤进行伤害性刺激或捻压肌肉可引起长时程的紧张性放电,这是对非特异性伤害感受神经元长时程刺激叠加的结果。神经学界对 WDR 神经元的活动特性进行了深入研究,发现了一些非常有趣的生理特性,如果用 1 Hz 的频率连续刺激神经,可引起放电时程和放电频率不断增加,甚至停止刺激后还有较长时间的后放电,这种积累效应称为 Wind-up 效应。最近的一些研究发现,在慢痛的发生和维持中,WDR 神经元所起的作用比脊髓表层的特异性伤害感受神经元更重要。由于对传入信息的空间和时间的会聚特性,WDR 神经元也成为研究不同功能成分信息传入的对象,特别是在对 A 类纤维和 C 类纤维传入信息相互作用的研究中占据重要地位;在针刺作用机制的研究和牵涉性疼痛机制的研究中,WDR 神经元也是最被关心的对象。

2. 伤害性信息的脊髓上投射

尽管研究花费了大量精力,但我们对脊髓以上中枢神经系统传导疼痛的精确通路的了解仍然十分贫乏。有关疼痛的中枢通路的知识主要是从临床观察中获得的。在治疗顽固性疼痛患者(如一些镇痛药无效的患者或药物不能缓解晚期癌症疼痛的患者)的过程中,通过伤毁与疼痛相关神经核团和

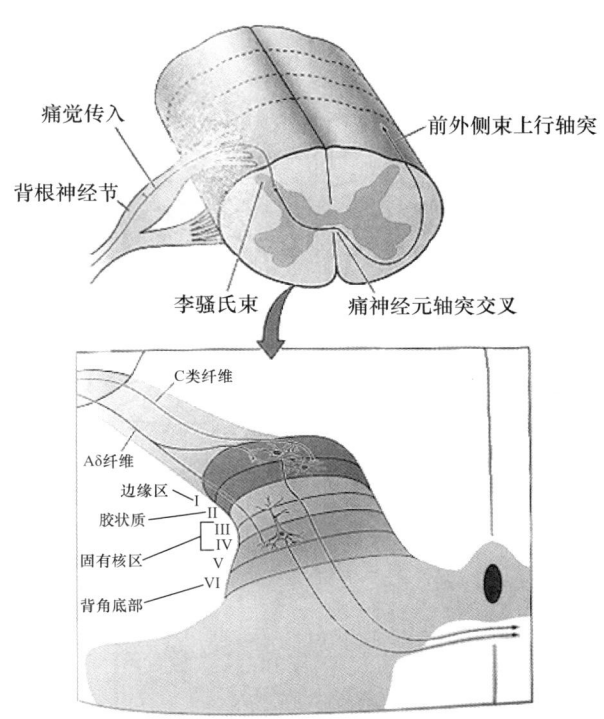

图 18-3　传递痛觉及温度觉的纤维在脊髓后角的投射和脊髓的前外侧束系统(Purves et al., 2008)

来自背根神经节的初级传入 C 类纤维终结于脊髓后角 Rexed Ⅰ、Ⅱ 层，Aδ 纤维进入 Rexed Ⅰ～Ⅴ 层。而发源于 Rexed Ⅰ～Ⅴ 的二级神经元的轴突在中线交叉形成脊髓-丘脑前外侧束上行到脊髓以上高级中枢。

阻断疼痛传导神经束来缓解疼痛的病例中探索出一些与疼痛有关的神经通路。经过大量临床研究和动物实验，特别是对灵长类动物的研究发现，伤害性刺激从感受器传送到脊髓后角灰质后，由不同层次的后角神经元继续向上传送，根据起源的不同分为两条主要通路。图 18-4 概括性地总结了伤害性信息投射的途径。

（1）起源于脊髓后角 Rexed Ⅰ 层和 Rexed Ⅴ～Ⅶ 层的通路：投射神经元的轴突在脊髓中央管前跨越到对侧的腹侧，形成脊髓丘脑束（STT），来自后角浅层（Rexed Ⅰ 层）的投射神经元的轴突汇集成外侧 STT，并在上行尚未达到丘脑之前的不同水平发出侧支形成脊髓网状束（主要来自 Rexed Ⅶ～Ⅷ 层的投射神经元）、脊髓-中脑束（主要来自 Ⅰ 层和 Ⅴ 层）、脊髓颈核束（来自 Ⅲ、Ⅳ 层的投射神经元），通过外侧 STT 广泛地投射到延脑的腹外侧区、背外侧脑桥区、臂旁区和导水管灰质，这一束最终投射到丘脑的腹内侧核的后部（VMpo）、腹后下核（VPI）和内侧背核腹后区（MDvc）。这些核团属于内侧核团，在种系发生上较古老，通过由丘脑的这些核团的神经元发出轴突分别投射到皮质的脑岛背前区、3a 区、SⅡ 区、24c 区，来自 NS 细胞投射到丘脑的核团细胞都具有点对点的投射关系。

（2）来自后角深层（主要为 Rexed Ⅴ 层）的神经元的轴突则主要到达前 STT 上行，从功能上，这个前 STT 束主要来自 WDR 神经元，神经元发出的上行轴突在对侧形成前 STT，用微电极记录 WDR 神经元的活动发现，WDR 神经元对多种伤害性刺激，如对皮肤的热、冷、针刺刺激，对肌肉、关节、内脏的伤害性刺激及机械性的轻触觉都有反应。脊髓后角深部 Ⅴ 层神经元的上行轴突在不同的中枢水平也与 Ⅰ 层 NS 神经元的上行通路类似，也发出侧支进入脑干各个背侧网状亚核，最终末梢止于丘脑的 VPI、VPL 和 CL，属于中央外侧核团群，在种系发生上较新。由这些核团发出的轴突主要投射到皮质的感觉 SⅠ（初级体感皮质）和 SⅡ 区（次级体感皮质）（Price，1988）。

伤害性信息由后根传入，在脊髓后角进行了重要的整合。中间神经元参与的树-轴型或树-树型构成反馈兴奋或抑制突触环路，对感觉信息进行调节；同时来自高级神经中枢的下行性轴突也到达脊髓，参与对传入信息的调节。然后投射神经元将兴奋传入丘脑。

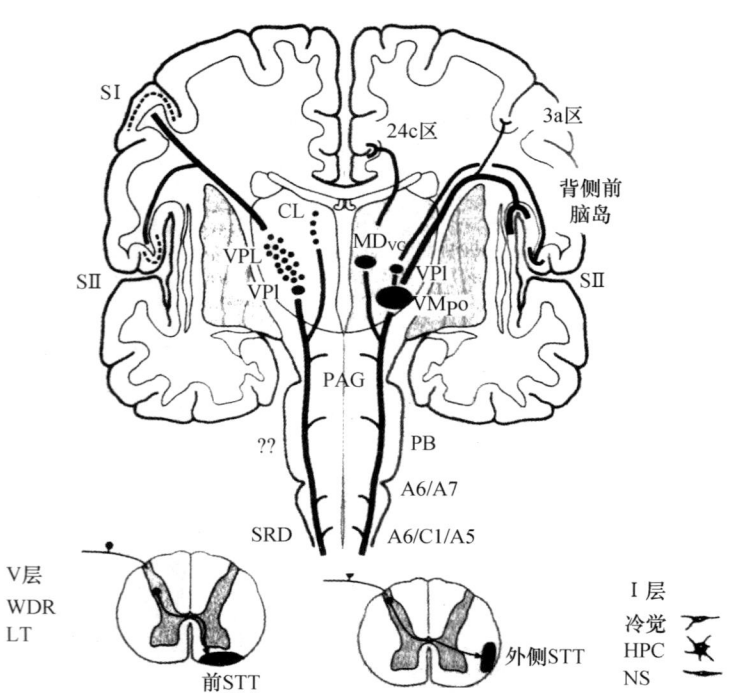

图 18-4 脊髓后角浅层和深层的痛觉投射神经元上行的途径(Price,1988)

图的右侧说明自 I 层的冷觉多型损害性信息神经元(HPC)和痛觉特异性神经元(NS)的轴突从中央管处跨越对侧形成前 STT 和外侧 STT,其部分末梢分布到延脑的腹外侧(A1/A5)和脑桥的背外侧(A6/A7)去甲肾上腺能核团、中脑导水管周围灰质(PAG),最后投射到丘脑 VMpo、VPI 和 MDvc 等核团,有这些核团的神经元的轴突投射到皮质的 3a、24c 区和脑岛的背前区。图的左侧说明脊髓后角深层(V 层)的投射神经元主要是由低阈值(LT)和 WDR 神经元的轴突跨越对侧形成前 STT,在上行中也发出侧支投射到网状结构的核团,最终投射在丘脑的外侧核团 VPI、VPL 和 CL。这些核团的轴突再投射到皮质的 S I、S II 区。

痛觉虽然有固定的传导途径,但临床上经常可以发现当疼痛难忍又没有其他缓解措施时,通过外科手术在不同中枢水平阻断痛觉的通路,可获得疼痛的缓解,但后来疼痛常常会复发,提示疼痛的传导通路不同于其他感觉通路,并非永久固定,这种生理学特性似乎说明疼痛感觉的传递对于生物体生存有特殊的重要性,可通过某些其他代偿性的通路机制把涉及生物体安全的信号传递到高级神经中枢。

3. 关于痛觉的整合特性的几个学说及痛觉的下行性抑制

当痛觉传入神经末梢受到伤害性刺激而产生神经冲动时,这些冲动进入神经系统并借助脑的生理-化学活动而形成痛觉体验。与其他感觉系统的功能活动相比,痛觉体验是一类更为复杂的生理-心理过程。到目前至少有三个有关痛觉的不同的理论解释。

(1) 特异性学说(specific theory):这是最早形成的一个学说,1895 年 von Frey 等提出,在机体组织中非特异性的 A 类纤维及 C 类纤维游离神经末梢的感受器受到伤害性刺激时,产生的冲动进入脊髓并通过的脊髓丘脑前外侧束投射丘脑的疼痛中枢。这一学说意味着,痛觉感受器仅仅对伤害性刺激有反应,而且这些痛觉感受器有固定的、直接投射到丘脑的专有通路。但是有一些证据不支持特异性学说。例如,游离神经末梢或 C 类纤维不仅可被伤害性刺激激活,而且也可被非伤害性的触觉或热刺激激活;很少有特异的感觉神经纤维只对伤害性刺激有反应;临床上发现采用脊髓前侧柱切断术或切断其他更高中枢的痛觉通路,虽然疼痛可获得缓解,但随后疼痛还是卷土重来。说明痛觉通路并非永远固定不变的。

(2) 模式学说(pattern theory):该学说认为疼痛是强刺激非特异性感受器形成的时-空神经冲动模式活动。这一学说忽略了充分的生理学证据,即特异性的不同生理学感受器神经纤维只对不同的刺激强度有不同的反应特性。为了弥补上述两个解释有关疼痛发生学说的差异与不完善,1965 年 Melzack 和 Wall 提出了一个新的学说,即闸门控制学说。

（3）闸门控制学说(Wall et al.,1989)：刺激体壁诱发的神经冲动可投射到脊髓的三个系统,即脊髓的胶状质细胞(一种抑制性中间神经元)、背柱纤维和后角的第一级传递神经元(T 神经元)。来自外周神经的冲动传递到 T 神经元的特性是上述三个系统相互作用决定的。对外周大纤维(L)的单脉冲刺激不但诱发 T 神经元产生一组快放电,同时也激活胶状质细胞,被激活的胶状质细胞通过突触前抑制阻断了大纤维对 T 神经元的兴奋作用,所以伴随着一个快速的放电后是一个长的静默期;而细纤维的冲动传入则激起 T 神经元的长时程放电,连续的细纤维刺激可增强 T 神经元的放电,构成所谓 Wind-up 效应,这是由于细纤维的冲动传入使胶状质细胞活动被抑制。大纤维传入增强、细纤维传入减弱胶状质细胞的活动。胶状质细胞具有非选择性抑制粗、细纤维传入末梢的突触前抑制的特性,所以,T 神经元最终传递到上级中枢的放电特性决定于外周不同传入成分组成和胶状质细胞整合的结果。闸门控制学说于 1965 年提出后,经过不断地完善和补充,如阐明了胶状质细胞的突触前抑制及下行性抑制系统对这一过程的调制,形成了阐明闸门控制学说的示意图(图 18-5),图中显示较为完善的痛觉调节系统。

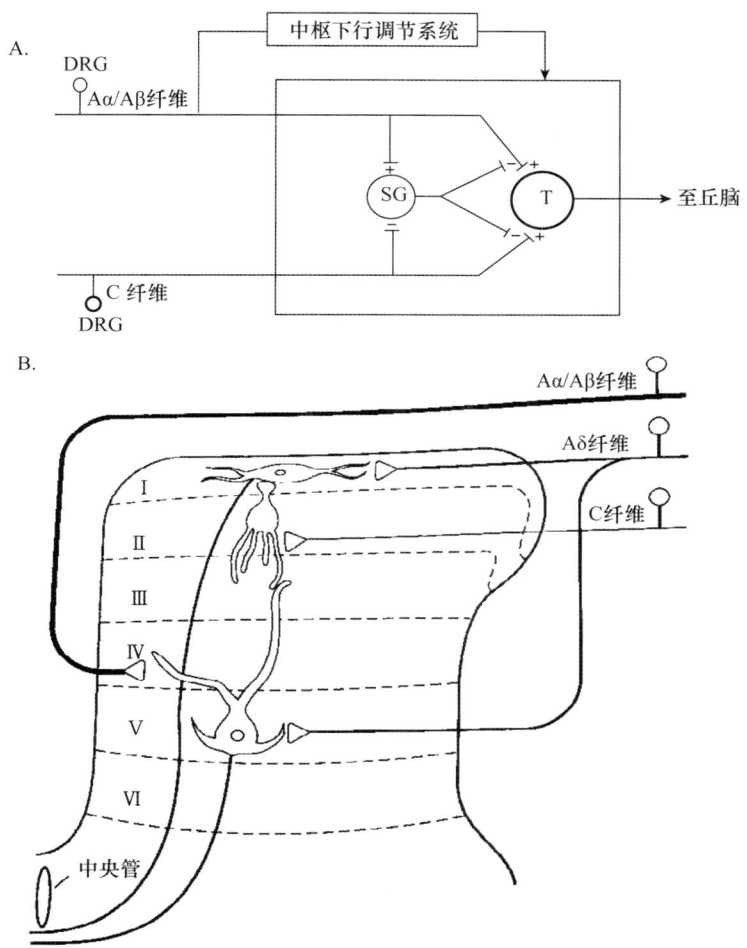

图 18-5 经过修改的闸门控制学说示意(A)和脊髓后角的疼痛传导神经元的闸门理论应用示意(B)(Wall et al.,1989;Fields,1987)

这一学说在日常生活和临床应用中都获得了良好评价。临床广泛应用透皮电刺激(transcutaneous electric nerve stimulation,TENS)技术选择性地激活大纤维传入对细纤维传入的抑制机制,调制了 T 神经元的传入状态,最终获得缓解疼痛的结果,就是基于闸门控制学说这一理论基础。痛觉是一种有别于其他感觉的传递形式,在末梢受体的多样性、传递途径及生理-心理特性等方面都与其他特异性感觉有很大差异。痛觉的这种特性可能与它在维持生命活动中的特殊重要性有关。

在闸门控制学说示意图中,有一支来自高位中枢的痛觉下行调节神经环路对脊髓 T 神经元活动施加调节,这是一个抑制性的重要调控因素。正如在脊髓上痛觉投射通路中描述的,有关伤害性信息在脊髓经过投射神经元形成上行性的 STT 投射通路,除了经过丘脑到皮质的投射主干以保证伤害性信息的精确传递外,从 STT 投射通路主干还分出大量侧支,投射到从延脑、脑桥、中脑等脑干的网状结构到皮质下结构的广泛区域。由这些侧支形成非特异性通路,使得中枢神经系统各个水平都存在辐射和会聚的广泛投射,这就形成了痛觉传入诱发全身性反应的形态学根据,同时也是形成离心性反馈投射调节的生理学基础。神经系统的任何中枢都不是独立的结构,而是由许多神经元构成的多突触联系的分回路系统,这种系统包括传入纤维、中间神经元和传出神经元三个部分。在脊髓水平,伤害性信息的传入也与其他感觉系统一样受到精细的下行性调制。

一些研究关注皮质,脑干广泛的脑区、中脑中央灰质(PAG)、延脑头端腹内侧群(RVM)的去甲肾上腺素能的蓝斑核团,5-羟色胺能的中缝大核和部分脑桥外侧网状结构(LFN)组成的神经元群。这些神经元的轴突经过脊髓背外侧索下行,对脊髓后角的伤害性反应神经元的兴奋性进行抑制性调制。PAG 及上述核团本身也接受脊髓投射神经元的传入,同时来自皮质、岛叶下丘脑、网状结构的其他核团也都有纤维终止于 PAG,激活下行性调制神经元。PAG 的传出主要形成 PAG-RVM 后角和 PAG-LFN 后角的下行性抑制通路,抑制脊髓的伤害感受神经元活动。实验证实,脑干诸多单胺类神经元在构成下行性抑制中起着重要作用,刺激 PAG 的外侧区或延脑的中缝大核都可以抑制脊髓神经元的伤害性反应;如果切断下行性传导束,如中缝大核的背外侧束,刺激的抑制效应消失。图 18-6 显示下行性抑制的单胺能神经元在脊髓后角对投射神经元、初级传入神经元及脑啡肽中间神经元的作用环。痛觉的下行性抑制系统含有各类递质,主要是单胺类和神经肽类物质,如 5-羟色胺和去甲肾上腺素。5-羟色胺主要来自 RVM。在电刺激 RVM 抑制 STT 投射神经元的伤害性反应和疼痛行为反应实验中,使用 5-羟色胺拮抗剂或选择性地破坏 5-羟色胺能神经元,电刺激的抑制效应会消失或减弱;通过微电泳法把 5-羟色胺直接释放到脊髓 STT 神经元的表面,也可抑制 STT 神经元的活动;其他能够增强 5-羟色胺效应,如在 STT 神经元处施

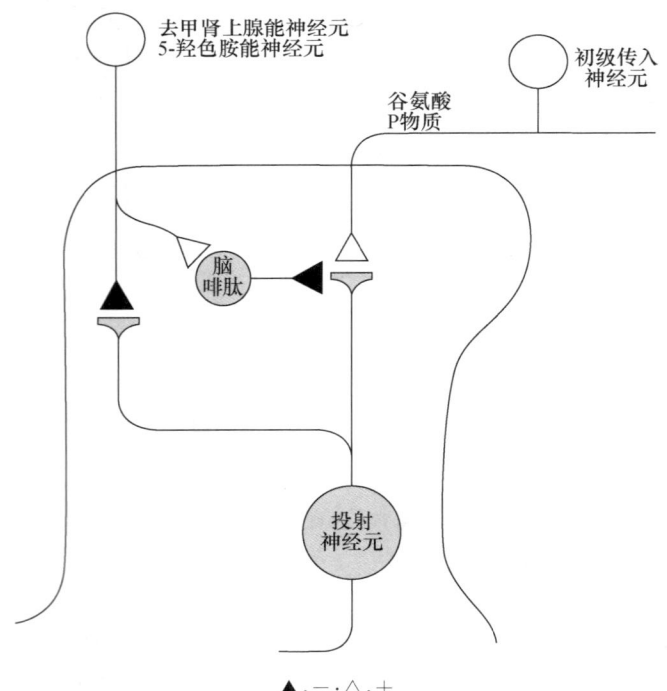

▲,—;△,+

图 18-6　初级传入神经元和下行性神经元在脊髓后角区相互作用的中间神经环路(Jessell et al.,1991)

脑干单胺能神经元通过释放单胺类介质除了兴奋脊髓的脑腓肽神经元对初级传入末梢形成突触前和突触后的抑制作用外,同时也直接抑制投射神经元的活动。

用单胺氧化酶抑制剂、5-羟色胺激动剂或 5-羟色胺前体,都可以增强 RVM 刺激抑制 STT 神经元的效应。去甲肾上腺素主要来自下脑干的外侧核团,如 A5、蓝斑下核等。去甲肾上腺素通过与 α_2-肾上腺素能受体结合,选择性地抑制后角神经元的伤害性反应。排空去甲肾上腺素可减弱下行性抑制系统的作用。下脑干的去甲肾上腺素与 5-羟色胺能神经元在功能上互有依赖关系,5-羟色胺的镇痛效应有赖去甲肾上腺素系统的完整性。

单胺类物质(如 5-羟色胺和去甲肾上腺素)对脊髓的投射神经元的抑制性作用机制,除了由下行性脑干神经元释放的 5-羟色胺和去甲肾上腺素直接抑制 STT 神经元的活动之外,还可以通过激活后角的脑啡肽能中间神经元实现。被激活的脑啡肽能神经元通过突触前和突触后抑制作用调节伤害性冲动的传入(Jessell,1991)。电刺激这一下行性抑制系统对疼痛的缓解作用在临床上受到广泛重视。对一些顽固性的疼痛,临床上没有合适的药物治疗,采用电刺激深部这些构成下行性抑制环路的脑核团可以获得很好的效果。进一步分析刺激下行性抑制系统对脊髓痛觉的调制适应哪些类型的病理性疼痛是当前痛觉研究的重点。

第二节 病理性疼痛

正常的痛觉是由于高阈值的伤害性感受器被伤害性刺激激活的结果。伤害性刺激诱发痛觉是机体的一种正常活动,末梢感受器是它产生电活动的必然结构。然而在临床上,经常见到的是机械性创伤,脊髓损伤是一个典型的病例。脊髓损伤的悲惨后果除了不得不终身以轮椅为伴外,还要受尽难以忍受的病理性疼痛,特别是自发疼痛和烧灼痛。另一个非常典型的病理性疼痛的例子是所谓的"幻肢痛","幻肢痛"通常是在截肢病人身上见到的现象。截肢除了截离肢体外,也不可避免地把整个神经干也截断了。从生理学角度分析,没有了末梢感受器的神经应该不能产生任何感觉,但事实上,在手术结束一定日期之后,病人抱怨已经切除的肢体似乎还存在并产生自发性的感觉异常,如阵发性的电击样痛、烧灼痛和贯穿性的强烈疼痛。这种神经创伤性疼痛的特点是自发性、长期性、痛敏和痛觉超敏,所以也称为慢痛。这些痛觉异常是临床上常见的现象。动物实验也证明,如果仅仅切断坐骨神经而不伤害其他组织,在术后的一定时间,动物开始啃咬手术侧的后肢脚趾或整个下肢,称为自残(autotomy)。这说明动物处在一种疼痛难忍的状态。现在的问题是,神经像电路中的电线被切断,末梢感受器无法将伤害性刺激传入中枢,那么,引起痛感的传入冲动是如何产生的?这一直是神经生理学家研究的重要课题。

一、损伤神经元的异位电活动是痛觉异常的生理基础

1. 轴突异位传入放电

在没有合适刺激的情况下,某些神经纤维可能"一生"也不会产生放电活动,也就是说,正常生理状态下的感觉神经纤维和末梢一般是不会产生自发活动的。一个非常明显的例子是健康的牙齿一辈子也不会产生疼痛,除非牙齿损伤暴露了牙髓才会产生牙痛现象。然而,一旦神经受到损伤,如神经轴突受到伤害,类似晚期糖尿病诱发的髓鞘膜脱落、缺氧或手术创伤等引起的神经轴突损伤,相关神经元的生理功能就会产生明显改变,表现为兴奋性过高,体内微小的物理或化学变化的刺激都可触发损伤神经区或神经胞体产生大量传入放电,这种来自损伤的轴突及胞体,而不是末梢感受器的放电,称为异位放电。损伤的轴突区及胞体称为异位活动的起搏点,放电的最大特点是它的"自发性",因此它并不能反映外周的刺激性质和强度。异位放电不停顿的、不带编码性质的无序传入活动长期轰击脊髓神经元,从而引起脊髓水平的兴奋性和感觉功能的异常(Amir et al. ,1997)。

重复的异位放电也是损伤纤维的放电特征,正常的神经轴突在受到单脉冲电刺激时,通常只诱发出一个单脉冲放电。然而,神经轴突损伤改变神经轴突处的兴奋性,表现为对单刺激产生额外多个反复放电,这种带有多脉冲的后放电性质是神经元兴奋性增高的表现,有髓纤维的这种重复后放电可能与感觉异常有密切联系,来自 C 类纤维的后放电可能导致痛觉异常。

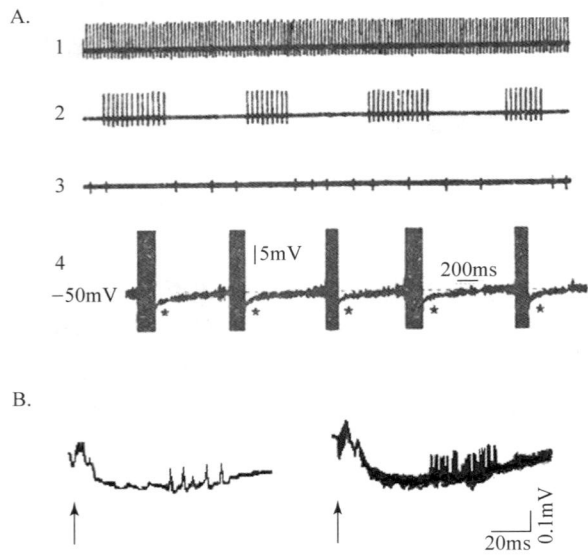

图 18-7 来自损伤神经元的异位自发电活动及诱发的多点位放电(Amir et al.,1997;Xie et al.,1990)
A. 1 和 2 分别来自 A 类纤维,3 来自 C 类纤维,4 是 DRG C 类纤维神经元胞内记录的自发高频放电;B. 来自 C 类纤维对单电脉冲刺激的多动作电位反应,左侧为对单次刺激的反应,右侧是五次单脉冲刺激放电的叠加,箭头示电刺激。

2. 背根神经节(DRG)神经元的传入放电

神经生理学研究发现,在正常状态下 DRG 胞体合成蛋白和其他神经活性物质并通过轴突运输至末梢,不直接参与冲动传递,更不直接产生自发电活动。胞体合成的蛋白及其他活性物被运送到末梢都要经受一个精心调节的代谢过程。然而,从不同类型的外周神经损伤模型中发现,除了轴突损伤区产生异位放电外,相关的 DRG 胞体也产生大量自发放电。神经损伤诱发 DRG 神经元产生急剧的功能改变,DRG 神经元的重复性放电可能是 DRG 神经元修复自身和功能代偿的应激表现。在神经结扎伤害(CCI)模型中,大鼠在术后的第二、第三天 DRG 便可出现大量 Aβ 神经元自发电活动,比轴突损伤区产生异位放电还早,神经损伤引起的 DRG 神经元自发电活动在慢痛中可能具有更重要、更持久的作用,用阻断剂阻断神经的损伤残端可能轻度减少异位放电,而只有在 DRG 处的阻断才能完全消除电活动。说明 DRG 在轴突损伤后的痛敏及感觉异常中可能产生更重要的作用。

3. 通过神经元的交互混传诱发的放电

在神经损伤区及 DRG 内还存在所谓的交互应答现象(cross talk),从神经电生理学的角度来说,交互应答可以定义为电活动发生混传现象。正常的神经轴突由于有良好髓鞘的绝缘作用,神经纤维之间的电活动并不相互影响,这就保证纤维的传入能准确地投射到高级中枢,然而,当轴突受到损伤而脱髓鞘并形成神经瘤时,纤维之间的绝缘作用减弱,当某一纤维被激活时,去极化的电位便扩散到相邻的静息纤维并诱发它们放电。这种神经轴突之间的电活动的交互应答现象也存在于 DRG 内的胞体间。除电位性的扩散诱发交互应答现象外,化学因素也有激活作用,通过交互应答机制,参与传入放电的神经元和放电频率便会在神经损伤区和 DRG 之间被放大,构成痛敏和其他感觉异常的外周机制。对于一些患幻肢痛的病人,尽管对神经瘤应用局部麻醉剂,但仍不能缓解幻肢痛,可能与 DRG 细胞之间存在这种异常电活动的传入有关。

4. 多传入后放电

A 类纤维损伤诱发不带编码意义的异位电活动的发放形式与正常神经末梢受刺激产生的传入活动具有明显差别,一些 A 类纤维具有高频、反复的放电特性,类似正常的触觉感受器的放电,但缺乏快或慢的适应特性;同样,受到伤害性刺激时,正常 C 类纤维的传入放电通常只具有紧张性的低频特性,很少有高频放电。但是,当神经损伤后,其中一些C类纤维出现高频簇状放电,这类放电具有后放电性质,并与交互应答机制有关。很显然,这种不能传递外周感受器特异编码性质的A/C类纤维后放电是构成感觉异常和慢性痛发生的主要生理机制。行为测定和纤维记录结果证明,神经损伤的痛敏和感觉异常与神经纤维记录到的异常电活动的时程是一致的。对清醒病人应用金属微电极透过皮肤记录到异位放电与神经病性疼痛和感觉异常时程非常一致,当神经纤维从损伤恢复过来后,在异位电活动消失的同时,痛敏和其他感觉异常也随之消失。如果把某些离子通道(如N型钙通道)阻断剂局部应用到神经损伤区,消除异位电活动,中枢过度兴奋和其他感觉异常也同步消失。说明损伤神经的异位传入活动是构成痛敏和其他感觉异常的主要外周因素。

初级感觉神经元的异位传入电活动最终诱发中枢神经系统感觉活动的异常。在正常生理条件下,脊髓水平的Aβ纤维的传入通过闸门控制机制抑制C类纤维对痛觉投射神经元的兴奋作用,但神经损伤后,轻触觉刺激激活的Aβ纤维的传入冲动则诱发痛觉超敏,说明损伤神经的非编码传入干扰了正常的中枢神经系统整合活动。从而也改变了中枢神经系统的感觉功能特性。

5. 异位电活动是离子通道堆积和糖基化增加的结果

(1) 神经损伤诱发多种离子通道蛋白的表达增加。

正常神经轴突除了在郎飞结处有密集的钠通道和旁结区有少量的钾通道外,髓鞘包绕下的轴突缺少离子通道。郎飞结区密集的离子通道只能完成神经冲动的跳跃传导,不能自己产生动作电位。与神经末梢产生传入冲动有关的离子通道和受体,如电压敏感钠通道、钾通道和钙通道等及各种受体蛋白质分子都是在胞体内合成并通过轴浆运输到特定的末梢细胞膜上的,这一过程受到精密的控制并处于代谢的动态平衡中。然而,神经轴突损伤后,合成的离子通道蛋白和受体蛋白的运输、分布和代谢途径受到破坏,这些功能蛋白便被异位地堆积在损伤区和胞体膜上,使这些部位的离子通道和受体密度提高,形成类似原来的末梢感受器,增加了这些区域的电导性,成为产生电活动的起搏点。离子通道和受体蛋白的异位堆积导致电活动的发生已经通过大量的研究证实。将一些离子通道阻断剂,如钾通道阻断剂四乙胺(TEA)、钙通道阻断剂verapamil、Ω-芋螺毒素或钠通道阻断剂河豚毒素(TTX)施用到损伤区的局部或相关的DRG,都可以增加或消除异位电活动,用α_2-肾上腺素受体阻断剂Yohimbine可特异性地阻断C类纤维的异位放电。说明神经损伤不只是诱发某一种离子通道基因的表达,而是非特异性地引起多种离子通道基因的表达,可能是初级感觉神经元损伤后功能和结构自我修复过程的一种复杂活动模式。异位电活动是自我修复过程伴随的病理-生理过程。

(2) 损伤神经元膜上糖基化增加是诱发异位电活动的可能机制。

神经损伤后,尽管各型电压敏感性通道在膜上的分布发生了变化,使膜的兴奋性增加并使其易于产生自发性异位放电。但是,我们知道动作电位产生的前提条件是:静息膜电位去极化到阈电位水平才能触发钠通道打开而产生动作电位,神经损伤后,膜上离子通道或受体蛋白异位堆积导致膜蛋白密度的增加,虽然可以增加膜的电导特性,但从理论上并不能使膜去极化而打开钠通道等离子通道。那么,是什么因素导致损伤神经元的膜去极化而触发动作电位的呢?

生物化学研究早已证明,插入膜上的离子通道和受体蛋白的膜外侧端存在不同程度的糖基化,在大鼠神经系统中以唾液酸残基为主要组成的多糖占总重的15%~30%。唾液酸又称为神经氨酸,带负电荷,以N或O联结的形式结合在许多通道、受体、载体等膜蛋白上,形成糖蛋白。这些唾液酸残基组成的多糖呈念珠状长链结合在跨膜蛋白的外表面,向胞外环境延伸10~30 nm。正常情形下,神经元膜外侧即有以唾液酸残基为主的多糖所形成的一层负性电子云层。这些负电荷靠近钠通道的电压感受器,使实际跨膜电位要小于理论上测定的静息膜电位。神经损伤后,随着膜蛋白的异位堆积和数量上的净增加,膜外侧的糖基化加重,唾液酸残基增加,膜外的负电荷也随之增加。这个加厚的负性电子云层抵消了膜内的负电位,使跨膜电位减小,静息膜电位移向去极化方向,细胞的兴奋性增加。在典型的神经损伤CCI

模型背根神经节中,用胞内电生理方法在体测试神经元的阈下膜电位振荡,发现受损伤的背根神经节神经元,其阈下膜电位振荡的发生率较正常对照明显增加。神经元在阈下膜电位振荡的基础上产生动作电位。应用带强阳离子的无机或有机化学物质或用唾液酸酶特异性地去除糖基化的唾液酸残基均可取消阈下膜电位振荡,抑制异位放电。

总之,神经损伤诱发的痛敏和痛觉超敏等病理-生理现象,是由于损伤的外周初级神经元自身产生一系列生理改变的结果。首先出现了膜蛋白的异位堆积,然后这些跨膜蛋白的膜外侧带有负电荷的唾液酸残基组成的多糖,形成强的负性电子云层,使神经元静息膜电位移向去极化方向,是细胞的敏感性加强,产生阈下膜电位振荡和异位放电的主要原因。异位电活动的出现和传入可能是构成病理性疼痛的根源。

二、初级传入神经元传入活动不平衡引起的炎症性疼痛

除了由于神经结构的急性物理性损伤诱发的病理性疼痛外,在临床也大量出现由于机体代谢紊乱、病毒感染、神经毒物等因素选择性损伤诱发的严重的慢性痛,这类疼痛大都是神经炎症性的。这些疾病通常诱发的是一个缓慢的发展过程,如晚期的糖尿病性外周神经痛、严重带状疱疹性痛、三叉神经痛、格林巴利综合征等。临床上发现,这些疼痛发生都伴随着初级 A 类纤维的脱髓鞘。伴随着 A 类纤维发生脱髓鞘的病理改变,会出现激烈的外周炎症性疼痛,特别是痛觉超敏的感觉异常。事实上,大多数慢性神经病痛的动物模型,如神经慢性结扎模型(CCI 模型)或脱脂酸卵磷脂选择性 A 类纤维损伤模型,出现病理性疼痛的同时也伴随出现选择性 A 类纤维的传导阻断。但是上述这些疾病和动物模型的 A 类纤维损伤都是一个缓慢发展的过程,在急性动物实验中没有直接证据来证明 A 类纤维的脱髓鞘与造成这些炎症性疼痛有直接联系。所以不论从临床或实验动物模型上,都不能确定 A 类纤维的脱髓鞘是神经炎症痛的原因还是炎症痛的结果。近几年,有一个设计精巧的动物实验研究发现,如果把微量眼镜蛇毒(含有大量磷脂酶)注入神经束膜内,在较短时间(10～20 min)内就可在神经干注射区内选择性地使 A 类纤维脱髓鞘,只是使 A 类纤维失去传导功能,而不会影响 C 类纤维的传导功能。在没有 A 类纤维的传入后,发现 C 类纤维末梢的兴奋性突然升高,原来只能激活 A 类纤维的刺激却可引起 C 类纤维的持续放电,同时伴随着神经支配区温度升高和血管的渗出等炎症特性,出现神经支配区的炎症活动。动物表现出典型的痛觉超敏、痛敏和自发性疼痛等神经性疼痛异常的行为活动。如果给脱髓鞘区的向心侧的非脱髓鞘区神经干连续的弱电刺激,只激活 A 类纤维活动,这种代偿性的 A 类纤维活动传入则可消除 C 类纤维末梢的过度兴奋以及皮肤区域血管的炎症性反应和行为活动的异常。进一步的研究证明,当 A 类纤维脱髓鞘而阻断外周 A 类纤维的传入电活动传导后,会导致脊髓的抑制性中间神经元失活,位于脊髓的初级传入 C 类纤维中枢末梢失去紧张性的抑制,C 类纤维中枢末梢的脱抑制使兴奋性增高而产生逆行性放电,这种逆行性电活动是激发外周 C 类纤维末梢兴奋性增加和炎症性反应的原因。从神经生理学的机制分析,C 类纤维的逆行性放电是属于后根反射活动,图 18-8 简要说明了在正常生理条件下,A 类纤维的传入活动在调控 C 类纤维末梢的兴奋性方面具有重要意义。一旦 A 类纤维冲动的输入发生障碍,就可诱发一系列的炎症性病变,包括痛觉的异常(Zhu,2002)。临床上的诸多神经炎症性病痛,都可能与初级传入纤维的失衡有关。通过解释不同类型神经出入冲动在中枢疼痛过程中的相互调节作用,证明闸门控制学说在解释痛觉的中枢过程中粗纤维对传递痛觉信息的 A/C 类纤维调制过程的合理性。但初级粗纤维的传入是否能调节初级 C 类纤维末梢的兴奋性,是闸门控制学说的外周机制中一个重要而有趣的课题。C 类纤维后根反射的发生与 A 类纤维传入的缺失有密切的关系,对于诸多实验性的疼痛动物模型和临床出现的 A 类纤维脱髓鞘相关疼痛是一个很好的理论解释。

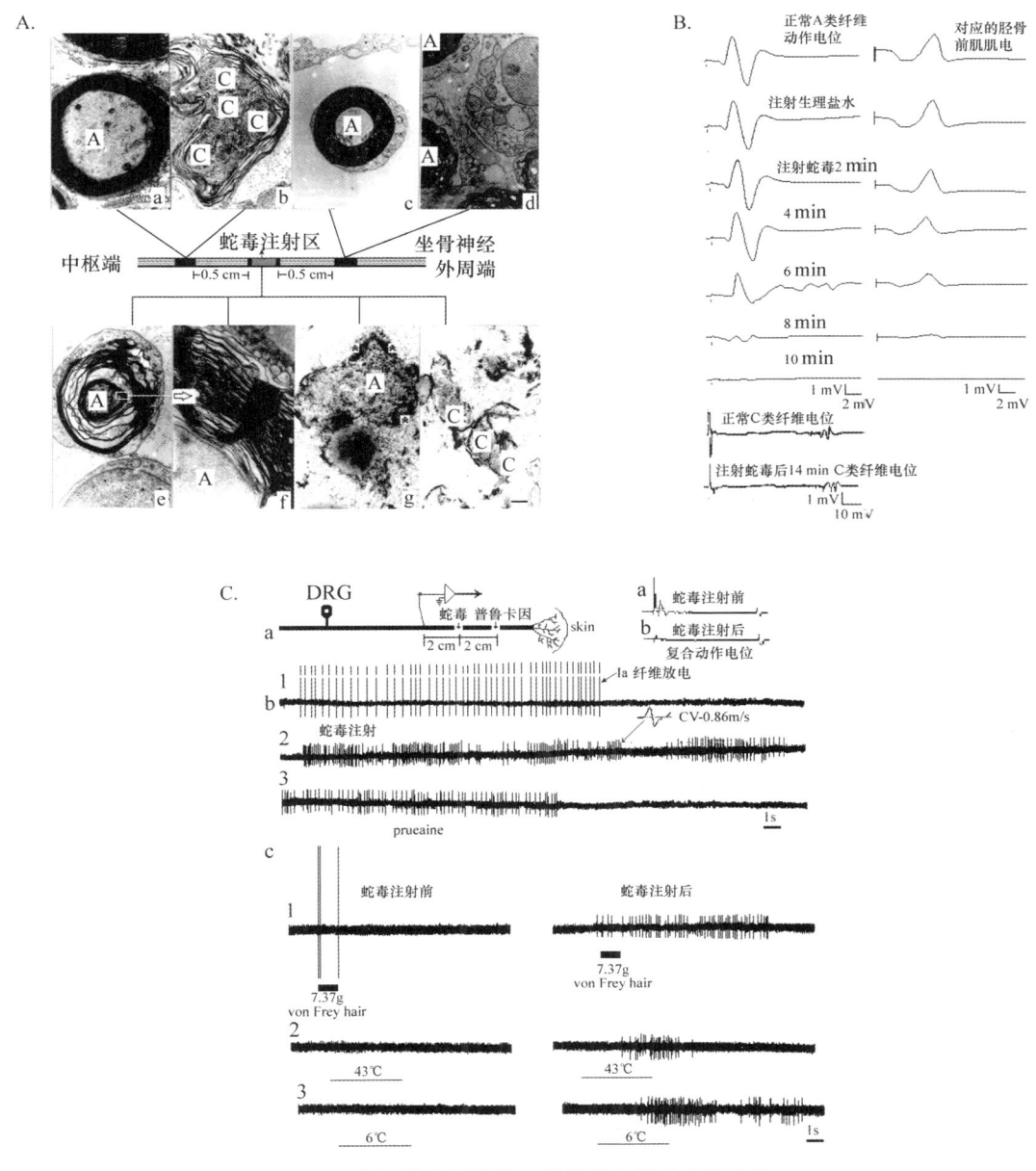

图 18-8 脱髓鞘阻断 A 类纤维传导诱发 C 类纤维末梢的超敏作用(Zhu et al.,2012)

A. 电子显微镜影像,a、b、c、d 分别表示非蛇毒注射区的正常髓鞘和 C 类纤维,e、f、g、h 分别表示蛇毒注射区的髓鞘降解,但 C 类纤维正常;B. 表示坐骨神经注射蛇毒分别导致神经 A 类纤维复合动作电位和胫骨前肌肌电在注射后的动态性降低和消失,C 类纤维动作电位不变;C. A 类纤维传入被阻断,诱发 C 类纤维产生自发的传入放电及 C 类纤维末梢发生超敏反应。a 表示神经干注射药物和电位记录的安排;b 表示神经干注射蛇毒在阻断 A 类纤维传导(1)的同时,导致 C 类纤维产生自发放电(2,3);c 表示阻断 A 类纤维传导前后 C 类纤维末梢的兴奋性改变。

(谢益宽)

练 习 题

1. 分析伤害性刺激不但诱发疼痛的感受,而且可以引起广泛的内脏和心理活动改变的神经通路根据。
2. 诱发病理性疼痛(慢痛)与正常疼痛的神经电生理机制有哪些重要区别?
3. 从生理反应特性和电活动投射特性分析痛觉与其他感觉(如本体觉、视觉等)的重要区别。

4. 后根反射与其他反射互动有什么区别,它在神经功能活动异常中有何重要作用?

参 考 文 献

AMIR R,DEVOR M,1997. Spike evoked suppression and burst patterning in dorsal root ganglion neurons[J]. J of physiology,501:183-196.

BENNETT G J,XIE Y K,1988. A peripheral mononeuropathy in rat that produces disorders of pain sensation like those seen in man[J]. Pain,33(1):87-107.

BESSON P,PERL E R,1969. Response of cutaneous sensory units with unmyelinated fibers to noxious stimuli [J]. Journal neurophysiology,32:1025-1043.

DEVOR M,1999. Pathophysiology of damaged nerves in relation to chronic pain[J]. Textbook of pain, 129-164.

FARISHD J,1993. Human biology[M]. Boston,London:Jones and Bartlett Publishes.

FIELDS H L,1987. Pain[M]. New York:McGraw-Hill.

JESSELL T M,KELLY D D,1991. Pain and analgesia[M]. //KANDEL E R,SCHWARTZ J H,JESSELL T M. Principles of neural scienec. 3rd ed. Norwalk,CT:Appleton & Lange.

LEMBECK F,AMSE R,1982. Substance of P in peripheral sensory processes[J]. Ciba foundation symp,91: 35-54.

MARTIN J H,2012. Neuroanatomy:text and atlas[M]. New York:McGraw-Hill.

PURVES D,AUGUSTINE G J,FITZPATRICK D,et al,2008. Neuroscience[M]. Sunderland,MA:Sinauer Associates.

PRICE D D,1988. Psychological and neural mechanisms of Pain[M]. New York:Raven.

WALL P D,MELZACK R,1989. Textbook of pain[M]. New York:Churchill Livingstone.

XIE Y K,XIAO W H,1990. Electrophysiology evidence for hyperalgesia in the peripheral neuropathy[J]. Sci in China(Ser. B),33:663-672.

ZHU Y L,XIE Z L,WU Y W,et al,2012. Early demyelination of primary A-fiber induces a rapid-onset of neurophathic pain in rat[J]. Neuroscience,200:186-198.

第十九章　睡眠功能异常

第一节　睡眠障碍

睡眠(sleep)是人类和哺乳动物必不可少的生理活动。良好的睡眠能使机体消除疲劳,恢复精力和体力。在人类,睡眠约占生命总时间的1/3,与人的健康、心理及工作能力密切相关。健康的人,由于睡眠剥夺(sleep deprivation)会出现记忆力下降、体力下降、情绪紊乱,甚至出现幻觉。正常大鼠一般可以存活2~3年,而剥夺快速眼动睡眠(rapid eye movement sleep,REM)的大鼠只能存活5周。睡眠完全剥夺的大鼠只能存活3周,并且生存状态很差。

睡眠障碍(sleep disorder)是指睡眠量异常、睡眠中出现异常行为表现或者正常的睡眠觉醒节律出现紊乱,即表现为持续一段时间对睡眠质与量不满意的状态。由于有许多因素影响睡眠觉醒节律,因此引起睡眠障碍的因素有很多。2014年第三版《睡眠障碍国际分类》(*International Classification of Sleep Disorders*, Third Edition, ICSD-Ⅲ)中,将睡眠障碍分为以下七大类:① 失眠(insomnia);② 睡眠呼吸障碍(sleep related breathing disorder),如睡眠呼吸暂停(sleep apnea);③ 中枢性睡眠过度(central disorders of hypersomnolence),如发作性睡病(narcolepsy);④ 昼夜节律性睡眠障碍(circadian rhythm sleep-wake disorders),如时区综合征(time zone syndrome/jet lag);⑤ 异睡症(parasomnias),如发生在非快速眼动睡眠(non-rapid eye movement sleep,NREM)中的睡行症(sleep walking)和睡惊症(sleep terrors)等;⑥ 睡眠相关运动障碍(sleep related movement disorders),如不宁腿综合征(restless legs syndrome);⑦ 其他睡眠障碍(other sleep disorders),如环境因素(噪声、温度等)引起的睡眠障碍。以上七大类睡眠障碍中,最常见的是失眠症、睡眠呼吸暂停、发作性睡病、不宁腿综合征和异睡症。睡眠障碍不仅单独发生,也常与其他疾病相伴发生。如抑郁症患者经常会出现清晨早醒,且难以再次入睡。其他一些精神疾病患者,以及一些神经性疾病患者(例如,阿尔茨海默病和自闭症患者)也会出现不同程度的睡眠障碍症状。因此,对睡眠障碍的治疗和研究不容忽视。

第二节　失　　眠

一、概述

失眠是睡眠障碍中最常见的表现,但不是一个明确的临床诊断术语。失眠是指入睡困难,睡眠维持困难,或者恢复性睡眠(restorative sleep)的缺失,同时伴随着白天活动功能下降的临床现象。作为一种疾病,失眠是一种持续的睡眠质量不满意状况,其他症状均继发于失眠,包括难以入睡、睡眠不深、易醒、多梦、早醒、醒后不易再睡、醒时不适感、疲乏或白天困倦。失眠可引起病人焦虑、抑郁或恐惧心理,并可导致精神活动效率下降,妨碍社会功能。

失眠的分类方法比较多,国际上有两个针对失眠的分类标准,即《睡眠障碍国际分类》(ICSD-Ⅲ)以及美国的《精神障碍诊断与统计手册》(*Diagnostic and Statistical Manual of Mental Disorders*,DSM-Ⅴ)。在国内诊断失眠则依照《中国精神障碍分类与诊断标准》(*Chinese Classification of Mental Disorders*,CCMD-3)。按照最新版ICSD-Ⅲ,失眠分为慢性失眠(chronic insomnia disorder)、急性失眠(short-term insomnia disorder)、其他类失眠(other insomnia disorder)、孤立性症状和正常变异(isolated symptoms and normal variants)、过度卧床(excessive time in bed)和觉少(short sleeper)。

二、失眠的诱因

影响睡眠的因素有很多,因此引起失眠的因素非常复杂。例如:① 性别。女性比男性更容易发生失眠。女性的失眠患病率(prevalence rate)明显高于男性。② 年龄。随着年龄的增长,失眠的患病率也会升高。在 40 岁之前患病率小于 40%,随着年龄增长会显著升高。③ 其他社会因素。如婚姻状态、收入、工作状态及受教育程度等都会影响失眠发生率。研究表明,分居、离婚或丧偶者的患病率较高,并且对女性的影响更明显。另外,低收入和低教育水平人群的失眠患病率也很高。④ 生理和疾病因素。疲劳、精神紧张、饥饿、过饱以及呼吸道阻塞疾病(哮喘、慢性支气管炎)、肺部疾病、风湿病、高血压、心脏病容易引起失眠。⑤ 药物因素。饮酒、药物副作用、药物依赖及戒断症状,通过其兴奋作用或对睡眠觉醒节律的干扰,都有可能引起睡眠障碍。⑥ 心理因素。短期一过性失眠主要是由于机体不能及时调整兴奋、喜悦、焦虑、不安等情绪。若精神持续紧张则会导致心理和生理性失眠,如长期过度紧张工作、对于睡眠的恐惧以及睡前焦虑、不安等。⑦ 精神疾病因素。神经衰弱、癔症、焦虑症、恐惧症、强迫症、抑郁症、精神分裂症以及某些人格障碍等疾病,均可引起失眠。失眠也会造成神经衰弱、焦虑等精神疾病。⑧ 长期不良生活习惯也会造成失眠。

各种影响因素与失眠的关系见图 19-1。

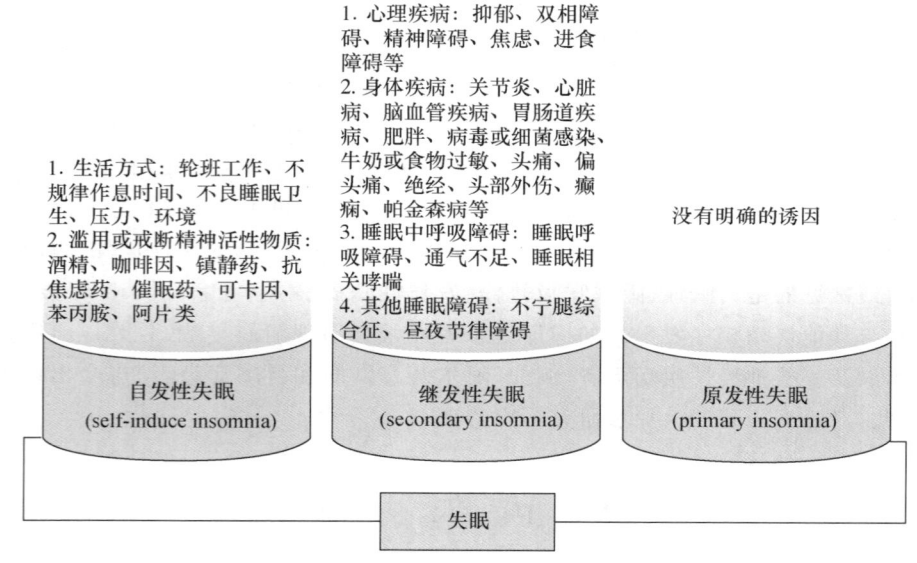

图 19-1　失眠相关因素(Ohayon,2002)

三、失眠的神经生理学特征

1. 脑电图(EEG)

正常的生理性睡眠的 EEG 特征主要表现为:从觉醒到入睡伴随着高频波的减少和低频波的增加。与继发性失眠患者和正常个体相比,原发性失眠患者在从觉醒至入睡期,以及 REM 睡眠时期的 β 波(频率为 14~35 Hz)增强;在 NREM 睡眠期,其 β 波和 γ 波(频率为 35~45 Hz)均有所增强;失眠患者在觉醒期和入睡期的 α 波(频率 8~13 Hz)减弱,且在入睡期尤为明显;失眠患者在 REM 睡眠和 NREM 睡眠中会出现 θ 波(频率 4~7 Hz)的缺失,而在入睡期的 δ 波(频率 0.5~4 Hz)更弱。上述脑电变化都说明,失眠患者的中枢神经系统处于过度觉醒状态。

2. 神经影像学（neuroimaging）

有研究表明，用正电子发射体层摄影检测失眠患者和正常个体在觉醒和入睡期的大脑，发现失眠患者整个大脑代谢明显加强。同时，还发现从觉醒进入 NREM 睡眠时，失眠患者的上行网状激活系统（ascending reticular activating system，ARAS）、下丘脑、杏仁核、海马（情绪调节系统）以及前额叶皮质（认知系统）的代谢未出现应有的减弱。因此，从神经影像学可看出，失眠患者的大脑神经网络处于代谢亢奋状态。

四、失眠的病理机制

失眠的病理机制复杂而多元，从而造成临床诊治上的困难。因此，对失眠病理机制的了解和阐释是睡眠医学领域一个相当重要的课题。近年来的研究主要集中于过度激发（hyperarousal）、昼夜节律紊乱（circadian rhythm abnormalities）和内稳态失衡（homeostatic dysregulation）的探讨。

1. 过度激发

不当的睡眠认知、不当的睡眠习惯与失眠的后果交互影响，通过过度激发，进而影响睡眠（图 19-2）。研究表明，无论是从分子水平还是从整体水平，过度激发是引起原发性失眠的重要因素（图 19-3）。过度激发分为躯体的过度激发（somatic hyperarousal）和认知的过度激发（cognitive hyperarousal）。躯体的过度激发伴随着心率加快、体温升高、皮质醇分泌增多、整个机体代谢率升高以及相应的慢性交感神经的过度兴奋。认知的过度激发，则主要反映在患者的片段性负面认知和睡眠主诉中。神经内分泌学、神经免疫学、电生理学以及神经影像学研究都证明，无论在夜间还是白天，原发性失眠患者的觉醒次数均增多。从睡眠觉醒调节的神经生物学角度来看，原发性失眠应该是源自以下因素的最后共同通路：基因易损性所致的大脑睡眠觉醒活动失调、社会心理压力、睡眠功能异常以及其他焦虑、烦躁等心境因素。

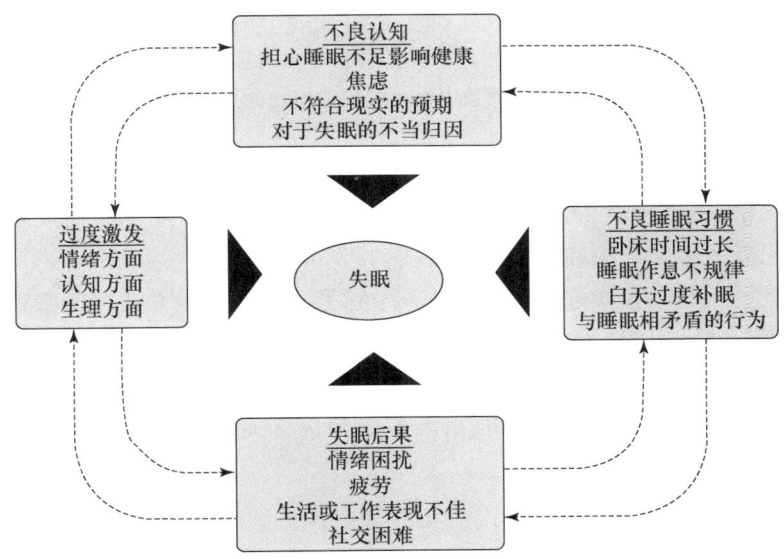

图 19-2　Morin 的认知取向的失眠病因模式（Morin，1993）

2. 昼夜节律紊乱

昼夜节律是指在睡眠觉醒行为和明暗周期的变化过程中，伴随一系列与之相对应的生理生化过程，包括体温、激素分泌和脑代谢等，都存在着 24h 生物节律性。昼夜节律调节中心是位于下丘脑前部的视交叉上核（SCN），昼夜节律障碍可能与该中心及其联络机制或同步化机制异常相关。昼夜节律障碍与各种认知因素及一系列不良作息规律有关，且失眠和昼夜节律障碍可相互影响（图 19-4）。

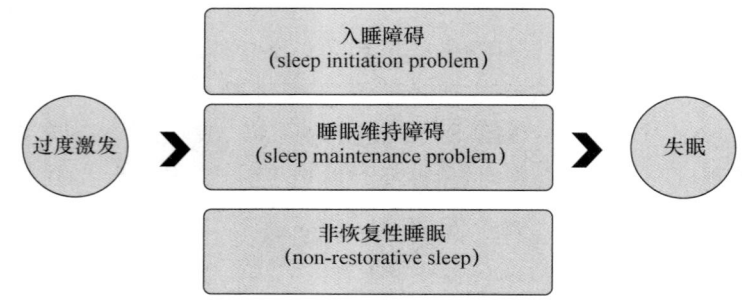

图 19-3 过度激发引起失眠(Pigeon et al., 2006)

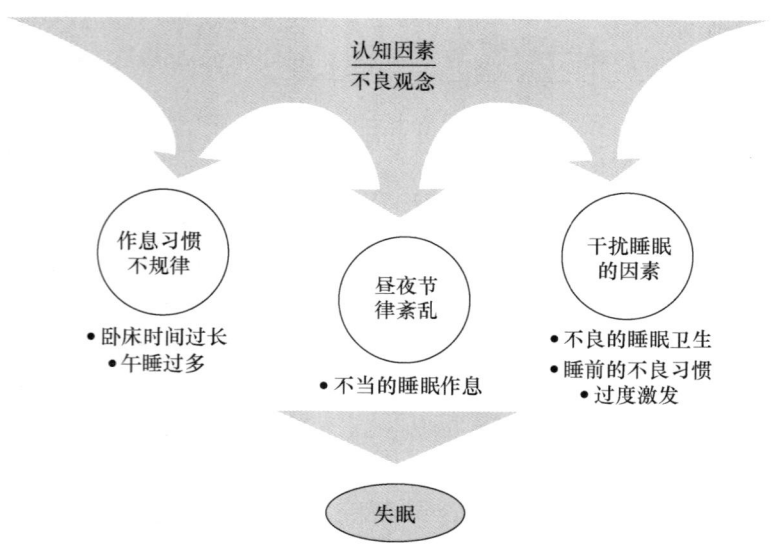

图 19-4 Edinger 的认知取向的失眠病因模式(Edinger et al., 2005)

3. 原发性失眠当中的睡眠失衡

通过对慢波睡眠(SWS)密度、白天嗜睡水平、睡眠剥夺后的睡意以及对睡眠限制疗法的反应等研究可发现,原发性失眠患者的睡眠结构确实发生了改变。

以上三种病理机制相互影响,如过度激发和昼夜节律紊乱可能影响并改变睡眠稳态。虽然现阶段在睡眠觉醒、睡眠的昼夜节律、NREM 睡眠、REM 睡眠波动的神经生物学研究方面取得了很大的进步,但是对于一些异常因素所引发的失眠和睡眠障碍的病理学机制尚不清楚。其原因在于尚未找到合适的失眠动物模型用于神经科学研究,同时,对于如何针对科学研究来定义并分类失眠尚无统一标准。这些更需要科学工作者做进一步的探索和研究。

五、失眠的临床治疗

一般的一过性失眠可以自愈,在此不予赘述。慢性失眠的治疗分为两大类:一类是非药物治疗(nonpharmacologic treatment),另一类是药物治疗(pharmacologic treatment)。

美国睡眠医学会(the American Academy of Sleep Medicine)认为,非药物治疗对慢性失眠是有效的和可信的一线治疗方案,可以与药物治疗相配合。非药物治疗方案有如下几种:① 松弛疗法(relaxation)。该疗法的目的是放松紧张情绪。可通过肌肉放松、生物反馈(biofeedback)、冥想、呼吸训练等达到放松的目的。适用于各种原因引起的入睡困难或夜间觉醒后难以再入睡的失眠。② 刺激控制疗法(stimulus control)。该疗法要求患者不要过早上床,只有在困意来临时上床,目的是使卧室或床这类睡眠因素与迅速进入睡眠状态建立起条件反射。该方法适用于严重入睡困难的慢性失眠患者。③ 睡眠限制疗法(sleep restriction)。该疗法适用于夜间经常觉醒或睡眠断续的严重慢性失眠患者。通过轻微的睡眠剥夺(如在每天早上规定时间起床,而逐渐将夜间上床时间提前)来促使睡眠时间逐渐恢复到正常睡眠时间。④ 矛盾意向法(paradoxical intention)。这是一种心理治疗技术。患者往往对睡眠存在恐惧和焦虑,通过训练使患者由原来总想尽快入睡,改为有意长时间保持觉醒状态。如果患者放弃了入睡的努力,代之以保持觉醒,改变了对睡觉不切实际的期望,减少了对能否入眠的焦虑,则入睡易于发生。⑤ 认知行为疗法(cognitive behavioral therapy,CBT)。认知行为疗法定义并强调了对于睡眠和不良习惯的不合理信念和态度(如不切实际的睡眠期望、对造成失眠原因的错误看法、过分夸大失眠的后果等)。通常这些不合理信念会引起并加重失眠。认知行为疗法是治疗失眠的最佳方法,通过认知重构技术,使失眠患者重新形成更具适应性的态度,矫正不合理的睡眠认知。该方法一旦起效,其效果具有持续性。然而,认知行为疗法同样存在局限性。它的实施需要医护人员付出更多时间来训练患者,同时要求患者在很大程度上改变其行为和生活方式,重新形成更具适应性的态度。以上所有非药物治疗方法都符合美国心理学会(American Psychological Association)对于失眠经验性治疗心理疗法的标准。⑥ 针刺治疗失眠。针刺治疗是中国传统疗法,本身具有安全性优势。研究表明,在来自中国和英国的不同病例中使用了针刺疗法后,93%的患者都获得了明确的治疗效果。但是由于样本量的缺乏和各种影响因素无法排除,其有效性还有待于进一步研究。

治疗失眠的药物有以下几类:苯二氮䓬类,新型催眠药,巴比妥类(barbiturate),抗抑郁药(antidepressant),抗组胺药(antihistamine),以及最近研究较多的褪黑素受体激动剂(如 ramelteon)。

1. 苯二氮䓬类

苯二氮䓬类简称为 BDZs 类,此类药物是迄今为止世界上使用最广泛的安眠药。放射配体结合实验证明,脑内有地西泮的高亲和力特异性结合位点 $GABA_A$-BDZ 受体复合物。其分布以皮质为最密,其次为边缘系统和中脑,再次为脑干和脊髓。根据 $GABA_A$ 受体亚型亚单位的不同,可将 $GABA_A$-BDZ 受体复合物分为 ω-1 与 ω-2 两类。ω-1 受体被激活后出现催眠与抗焦虑作用,而 ω-2 受体被激活后出现肌松、认知记忆受损等作用。苯二氮䓬类药物对于这两类受体没有选择性。当苯二氮䓬类药物与 GABA 结合于同一个 $GABA_A$ 受体-氯通道复合物时(图 19-5),通过促进 GABA 与 $GABA_A$ 受体结合而易化 GABA 功能。该复合受体与氯通道偶联。当 $GABA_A$ 受体兴奋时,氯通道开放,Cl^- 内流,使膜电位超极化,产生突触后抑制,从而降低神经系统兴奋性。苯二氮䓬类与该受体复合物结合后,增加 GABA 与受体的亲和力,进而增加氯通道开放频率,达到镇静催眠的效果。临床上常用药物包括:地西泮(diazepam)、氯氮䓬(chlordiazepoxide)、劳拉西泮(lorazepam)等。

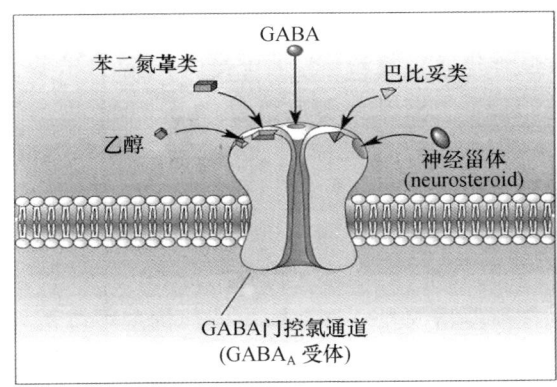

图 19-5　$GABA_A$ 受体-氯通道复合物(也称为 $GABA_A$-BDZ 复合物)

苯二氮䓬类药物是治疗失眠最常用的药物,尤其是对短期失眠有效。该类药物可缩短入睡潜伏期,减少觉醒次数,延长睡眠总时间,但缩短 REM 睡眠和 SWS 睡眠。常见的不良反应有嗜睡、头昏、乏力等,大剂量可有共济失调、震颤。罕见的有皮疹、白细胞减少。个别患者发生兴奋、多语、睡眠障碍,甚至幻觉。停药后,上述症状很快消失。长期连续用药可产生依赖性和成瘾性。停药可能发生戒断症状,表现为激动或忧郁。与其他催眠药物相比,本类药物相对安全。停药后 REM 睡眠"反跳"现象轻,嗜睡及运动失调等不良反应较轻。但老年人或服药期间过度饮酒,或联合中枢抑制药共同服用,可引起中枢神经系统过度抑制甚至死亡。

20 世纪 60 年代以后,作为常规首选催眠药,苯二氮䓬类药物发展较快。但是由于苯二氮䓬类对 ω-1 与 ω-2 两类亚受体没有选择性,故时有不良反应发生。这也促使药物研究更注重于开发具有高选择性,且不良反应更少的镇静催眠药。由此,便出现了一系列非苯二氮䓬类新型催眠药。

2. 新型催眠药

新型催眠药是从 20 世纪 90 年代发展起来的对中枢苯二氮䓬受体选择性更高的一类药物。新型催眠药的作用位点是 $GABA_A$-BDZ 受体的不同亚型。该类药物只选择性作用于中枢神经系统(CNS)的 ω-1 受体,使关闭的氯通道开放,$GABA_A$ 受体活化,从而使大量 Cl^- 内流,细胞膜超极化,从而产生中枢镇静,起到镇静催眠的作用。它对 ω-2 受体没有影响(即没有认知和记忆功能方面的不良反应)。临床上常用的新型非苯二氮䓬类药物主要有唑吡坦(zolpidem)、扎来普隆(zaleplon)、佐匹克隆(zopiclone)等。下面以唑吡坦为例进行简要介绍。

唑吡坦是一种在结构上与苯二氮䓬类药物不相关的,具有咪唑并吡啶骨架结构的非苯二氮䓬类催眠药,具有起效快,不产生成瘾性和戒断症状,对循环和呼吸系统的不良反应少等特点。它不会引起认知和精神运动障碍,并且无反跳现象。主要用于催眠,可快速入睡,延长睡眠时间。但此药物不适于长期服用。美国食品药品监督管理局(FDA)明确提出,唑吡坦半衰期较短,其作为睡眠维持药物的应用仍需要进一步研究。唑吡坦在推荐催眠剂量下,对睡眠结构几无影响,但大剂量会缩短入睡潜伏期,增加 NREM 睡眠。如果大剂量唑吡坦与其他中枢抑制药(如乙醇)共同使用,有可能产生呼吸抑制。唑吡坦具有明显镇静催眠作用,主要用于原发性失眠症。

3. 褪黑素受体激动剂

褪黑素受体激动剂是治疗失眠的一种较新的药物,广泛用于治疗入睡困难型失眠,如雷美替胺(ramelteon)(由日本武田制药公司开发,2005 年获 FDA 批准上市)。内源性褪黑素(melatonin)由松果体在夜间分泌,可调节睡眠觉醒周期。褪黑素的催眠作用机制仍不十分清楚。其受体 MT_1 和 MT_2 位于视交叉上核和下丘脑前部,机体生物钟即位于此。雷美替胺结构与褪黑素不同,但可与 MT_1 和 MT_2 受体结合,促进睡眠,缩短睡眠潜伏期,对入睡困难患者有很好疗效。雷美替胺对 GABA 受体无亲和力,因此对中枢神经系统无抑制作用,不易出现成瘾性、依赖性、戒断症状和反跳现象。因此,可用于失眠的短期和长期治疗。

4. 食欲肽(orexin)受体拮抗剂

食欲肽是下丘脑外侧食欲肽神经元合成和分泌的神经肽,包括食欲肽 A 和食欲肽 B。食欲肽神经元发出兴奋性投射至除小脑之外的整个中枢神经系统,尤其以高密度投射到下丘脑和脑干的单胺能神经元以及胆碱能神经元,激活两种 G 蛋白偶联细胞膜受体 OX_1R 和 OX_2R,参与睡眠觉醒调节。食欲肽系统受损可引起人或动物出现发作性睡病。

食欲肽即下丘脑泌素(hypocretin),是 1998 年发现的一种由下丘脑外侧食欲肽神经元特异性合成和分泌的具有促进摄食作用的神经肽,在维持觉醒及调节睡眠、觉醒周期中发挥着重要作用。此外,食欲肽还参与调节情绪、能量平衡、奖赏和药物成瘾。食欲肽受体拮抗剂可以诱导大鼠、犬和人出现嗜睡;人的食欲肽神经元受损后引起发作性睡病。由于食欲肽与睡眠觉醒调节关系密切,推动了各大制药企业研发以食欲肽受体为靶点的治疗失眠和发作性睡病等睡眠障碍的药物。

默克(Merck)公司研发了一系列基于不同结构的食欲肽受体拮抗剂。其中,双重 OX_1R/OX_2R 拮抗剂 suvorexant(MK-4305)已在 2014 年 8 月获得美国 FDA 批准上市,商品名为 Belsomra,成为第一个通过食欲肽受体治疗失眠的药物。Suvorexant 可以剂量依赖性地增加大鼠 NREM 和 REM 睡眠,减少觉醒时间。与其他催眠药相比，suvorexant 减少了嗜睡和认知功能损伤等不良反应。食欲肽受体拮抗剂的上市成功开辟了治疗失眠的新途径。

5. 其他药物

除上述常用药物之外，巴比妥类药物也曾经广泛用于治疗失眠。在 $GABA_A$ 受体-氯通道复合物上也有巴比妥类结合位点，通过延长氯通道开放时间来增加 Cl^- 内流，同时抑制 AMPA 受体，抑制电压门控钙通道。此类药物不良反应较多，容易出现"宿醉"现象，翌日出现头晕、乏力、困倦、恶心等。突然停药后发生惊厥或癫痫发作等戒断症状。鉴于以上诸多不良反应，巴比妥类药物在临床上已不常使用。某些抗组胺药也具有镇静催眠作用。在美国最常见的 OTC 抗组胺药是苯海拉明（diphenhydramine）和多西拉敏（doxylamine）。研究表明，苯海拉明在长期治疗中会出现不良反应，因此不适于长期治疗。此外，某些抗抑郁药，如曲唑酮（trazodone），也曾用于合并抑郁症的失眠患者的治疗。2005 年 6 月，在美国国立卫生研究院（NIH）举办的关于"成人慢性失眠的表现与治疗"的会议上提出，目前还没有足够的证据支持常用抗抑郁药、低剂量的非典型神经松弛剂和其他一些 OTC 药物能治疗失眠。

第三节 睡眠相关运动障碍

一、概述

睡眠相关运动障碍中最常见的为不宁腿综合征（restless legs syndrome，RLS），又称为 Willis-Ekbom 病或多动腿综合征，这是一种感觉运动机能紊乱的疾病。其临床表现通常为夜间睡眠时，双下肢出现极度不适感，迫使患者不停地移动下肢或下地行走，导致患者严重睡眠障碍。主要症状为不自主地移动双腿，通常伴有腿部的蚁走感或麻木感。对于多数患者，其症状在休息或不活动时开始或加重，通过活动可部分或完全缓解。症状往往在傍晚或夜间发生或加重，从而扰乱睡眠。依症状轻重不同，表现为应急情况下的临时发作，或者整晚严重发作，几乎完全阻碍睡眠。据报道，10%～15% 的成年人患有不宁腿综合征，并伴有周期性肢体运动障碍（periodic limb movement disorder，PLMD）。但是只有 8% 的患者得到了正确诊断和及时治疗。该病患病率随着年龄的增长而提高，在 80 岁以上的老年人群中患病率可达 19%。不宁腿综合征可分为早发型不宁腿综合征（early onset RLS）和迟发型不宁腿综合征（later onset RLS）。其中，早发型不宁腿综合征的家族遗传性较强，而迟发型不宁腿综合征则通常继发于其他疾病。

二、不宁腿综合征的发病原因和机制

不宁腿综合征的发病原因有很多种，主要因素参见图 19-6。

不宁腿综合征可能是原发性的，也可能继发于缺铁症、妊娠或肾脏终末期疾病。主要影响因素包括：① 遗传因素。原发性不宁腿综合征具有遗传性，是基因缺陷引起的。到目前为止已经发现染色体上的 12q、14q、9q 和 2q 等一系列敏感性基因位点与发病有关，但仍未鉴定出具体特异性基因。② 多巴胺代谢失调。不宁腿综合征常伴随中枢神经系统突触前和突触后多巴胺能系统的功能障碍。神经解剖学研究发现，不宁腿综合征患者的间脑 A11 区和第 3 脑室旁 A14 区的多巴胺能神经元受损。这些神经元的轴突沿脊髓同侧下行，并且发出侧突与脊髓各级感觉运动神经元相联系。此外，从影像学资料来看，在新纹状体、壳核和尾状核的多巴胺 D_2 受体明显减少。这些研究结果都可解释临床使用多巴胺受体激动剂治疗不宁腿综合征的原因。③ 铁代谢异常。铁缺乏是继发性不宁腿综合征的重要原因。血浆铁蛋白水平下降和脑内铁减少与不宁腿综合征发病有明显相关性。同时，核磁共振影像学研究证明，在不宁腿综合征患者的大脑中铁离子水平降低。血清铁蛋白含量低于 50 ng/mL 时，可能出现不宁腿综合征。而血清铁向大脑中枢转移出现障碍，也可导致不宁腿综合征的发生。④ 周围神经病变，感觉传入通路的障碍在不宁腿综合征的发病中起重要作用。尿毒症、糖尿病、维生素缺乏及各种癌症等的并发症，均可引起周围

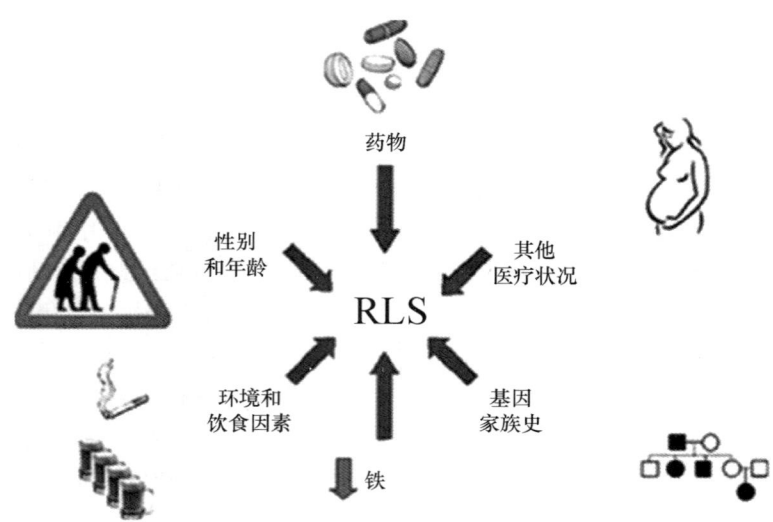

图 19-6　影响不宁腿综合征发生、发展的主要因素(Mata et al.,2006)

神经病变,使神经传导速度减慢,导致神经纤维变性。⑤ 脊髓上位神经中枢抑制机制,局灶性脊髓传递通路异常及脊髓异常病变,可能使脊髓上位神经元对脊髓发射抑制冲动的作用缺失,导致脊髓屈肌反射敏感性增高,引起不宁腿综合征或周期性肢体运动障碍。这也是不宁腿综合征与周期性肢体运动障碍常常伴发的原因。另外,脊髓上位抑制性冲动减少,使中枢神经系统抑制冲动减少,下位神经元敏感性增高,有可能引发不宁腿综合征。不宁腿综合征的发病机制有待于进一步研究。

三、不宁腿综合征的治疗

不宁腿综合征的治疗(图 19-7)分为非药物治疗和药物治疗(多巴胺能药物、非多巴胺能药物等)。其中非药物治疗包括：① 减少或禁止咖啡因、尼古丁和酒精的摄入。② 停止使用可加重不宁腿综合征的药物,如抗抑郁药(尤其是 5-羟色胺重摄取抑制剂类,SSRI)、镇静药、多巴胺阻断药、抗组胺类药物。

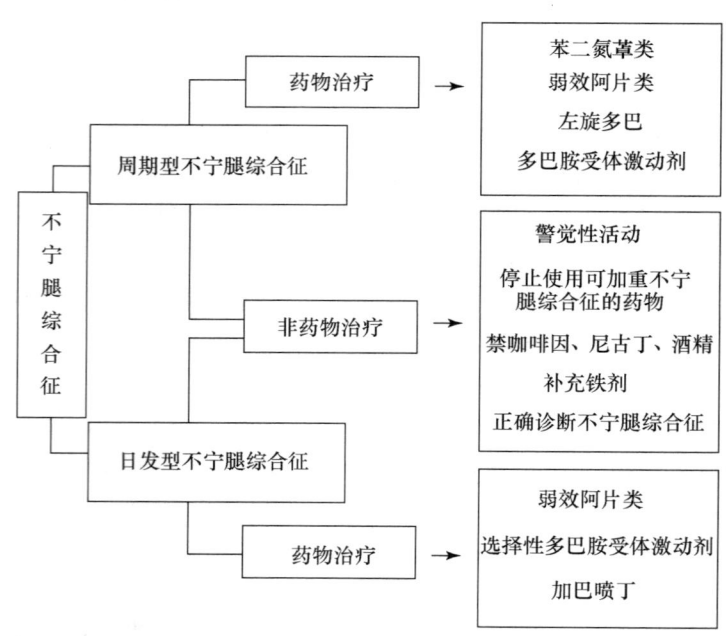

图 19-7　日发型不宁腿综合征与周期型不宁腿综合征的治疗方案(Hening et al.,1999)

常见的治疗药物包括：多巴胺能药物、阿片受体激动剂（opiate）、苯二氮䓬类、抗惊厥药（anticonvulsant）和铁剂（iron supplement）。

1. 多巴胺能药物

从影像学资料来看，不宁腿综合征患者新纹状体、壳核和尾状核的多巴胺 D_2 受体有所减少。因此临床上给予拟多巴胺前体药物或多巴胺受体激动剂来治疗。常用药物包括左旋多巴（levodopa，L-dopa）、普拉克索（pramipexole）和罗匹尼罗（ropinirole）。

（1）拟多巴胺前体药物：左旋多巴和多巴脱羧酶抑制剂（dopa-decarboxylase inhibitor，DDI）可用于治疗周期型不宁腿综合征（intermittent RLS）的症状。左旋多巴的主要不良反应是长期使用会造成症状加重，并蔓延至躯干和上肢。停药后可能出现症状反跳。

（2）多巴胺受体激动剂：可用于治疗日发型不宁腿综合征（daily RLS）。其导致症状加重的效应比左旋多巴弱，且可以通过分次服药来缓解。其中麦角碱衍生物类包括培高利特（pergolide）、卡麦角林（cabergoline）和溴隐亭（bromocriptine）。非麦角碱衍生物类包括普拉克索和罗匹尼罗，已经成为中重度不宁腿综合征的首选用药，可显著缓解不宁腿综合征的症状，并减少周期性肢体运动障碍。长期使用不良反应少，能改善患者睡眠。

2. 阿片受体激动剂

阿片受体激动剂通过作用于痛觉传导系统来改善不宁腿综合征。常用药物包括弱效阿片类（low potency opioid），如可待因，以及阿片受体激动剂，如曲马多（tramadol）。此类药物对周期型不宁腿综合征及日发型不宁腿综合征有较好效果。但每天使用，会产生便秘、恶心、耐受和成瘾等不良反应。

3. 铁剂

可以口服或静脉注射铁剂来补充血清铁蛋白，从而减轻不宁腿综合征的症状。

4. 苯二氮䓬类

该类药物适于周期型不宁腿综合征患者。其镇静作用可以治疗不宁腿综合征引起的入睡困难，从而改善睡眠质量。常用药物为氯硝西泮（clonazepam）。

5. 抗惊厥药

常用药物为加巴喷丁（gabapentin），平均剂量为 1300～1800 mg/d 时对不宁腿综合征伴疼痛的患者最为有效。

第四节　睡眠呼吸暂停综合征

一、概述

睡眠呼吸暂停综合征（sleep apnea syndrome，SAS）是由于某些原因而致上呼吸道阻塞（图 19-8），睡眠时有呼吸暂停，伴有缺氧、鼾声、白天嗜睡等症状的一种较复杂的疾病。好发于肥胖者、老年人。上呼吸道任何一个部位的阻塞性病变都可致睡眠呼吸暂停综合征。大部分睡眠呼吸暂停综合征患者的阻塞部位在鼻咽和口咽。临床特征是由响亮鼾声、短暂气喘及持续 10 s 以上的呼吸暂停交替组成，呼吸暂停表现为口鼻气流停止，但胸腹式呼吸仍存在。呼吸暂停产生窒息感及伴随身体运动可突然惊醒，出现几次呼吸后再次入睡。睡眠时频繁翻身或肢体运动，可踢伤同床者；有时突然坐起，口中念念有词，突然又落枕而睡。患者晨起头痛，白天感觉疲劳、困倦、没精神、迟钝，以及记忆力、注意力、判断力和警觉力下降。可出现抑郁、焦虑、易激惹、口干、性欲减退等。全身器官损害表现为高血压、冠心病、肺心病和呼吸衰竭、缺血性或出血性脑血管病、精神异常和糖尿病。睡眠呼吸暂停综合征分为两类：阻塞型睡眠呼吸暂停综合征（obstructive sleep apnea syndrome，OSAS）和中枢型睡眠呼吸暂停综合征（central sleep apnea syndrome，CSAS）。其中阻塞型睡眠呼吸暂停综合征较为常见，据报道，成人中约 2% 的女性和

4%的男性有阻塞型睡眠呼吸暂停的症状。其诊断标准是：呼吸暂停低通气指数（apnea-hypopnoea index，AHI）>5次/小时，并且白天嗜睡。中枢型呼吸暂停综合征是由于中枢神经系统对呼吸肌驱动作用的减弱，常见于合并心力衰竭和大脑神经系统疾病的患者。

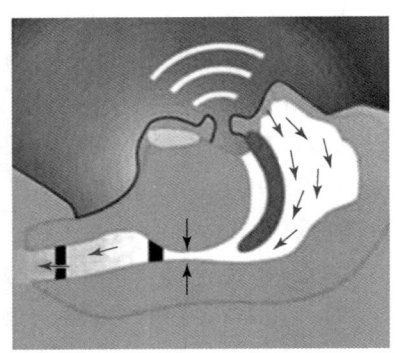

图 19-8　上呼吸道阻塞致睡眠呼吸暂停综合征

二、阻塞型睡眠呼吸暂停的诱发因素

阻塞型睡眠呼吸暂停的诱发因素较多，主要包括：① 肥胖（obesity）。这是阻塞型睡眠呼吸暂停发病的主要诱因。肥胖可导致气道狭窄，颈部组织增多。研究表明，体重增加10%会导致AHI增加32%，体重减少10%可使AHI减少26%。因此，控制体重是治疗阻塞型睡眠呼吸暂停的重要手段。② 性别。男性与女性的患病率之比为1.25/1。其原因可能是男性上身脂肪分布比女性更多，颈部脂肪分布也更多。此外，男性患者发病时，症状多为打鼾、呼吸暂停和嗜睡，而女性发病时，症状多为抑郁、晨起头痛。因此，在诊断时，女性更容易被误诊为抑郁和慢性阻塞性肺病。③ 年龄。老年患者更容易患阻塞型睡眠呼吸暂停。据报道，在50～70岁的人群中有6%患有阻塞型睡眠呼吸暂停。在40～98岁的人群中，有11%的女性和25%的男性的AHI指数高于15次/小时。首先，由于老年人的咽部解剖学结构发生改变，导致发病率上升。其次，老年人常伴有心血管疾病和神经精神疾病，这些疾病常常导致阻塞型睡眠呼吸暂停的发病率和死亡率上升。④ 解剖学因素。上呼吸道畸形、扁桃体腺增殖及颅面部异常（如下颌后缩、小颌症）、男性脖颈部周长大于43.2 cm、女性大于40.6 cm等。⑤ 其他。嗜酒、遗传因素。

三、睡眠呼吸暂停综合征的治疗

本病的治疗方案大多数为物理上的通气矫正。主要有以下三种。

（1）连续气道正压通气（continuous positive airway pressure，CPAP）治疗：通过鼻罩向气道内通入正压气体阻止气道阻塞。可用于阻塞型睡眠呼吸暂停和中枢型睡眠呼吸暂停的治疗。连续气道正压通气可以减少睡眠过程中呼吸暂停的次数并维持血氧饱和度，从而改善睡眠，减少白天嗜睡程度。也可以减少伴有心血管疾病患者的死亡率，改善伴有神经精神疾病患者的认知障碍等。不良反应有口鼻干燥、喷嚏、鼻充血、夜晚惊醒和幽闭恐惧症（claustrophobia）等。

（2）口腔矫正器（oral appliance）治疗：通过移动下颌骨来扩张上呼吸道。口腔矫正器比连续气道正压通气更易被患者接受，可改善睡眠呼吸障碍，但其效果不如连续气道正压通气治疗。其不良反应有黏膜干燥、流涎过多、牙痛等轻微症状。不耐受连续气道正压通气的患者可改为使用口腔矫正器。

（3）手术：手术包括两方面。一方面可扩张上呼吸道，如悬雍垂-腭-咽成形术（uvulopalatopharyngoplasty，UPPP）。另一方面可考虑肥胖治疗手术来减轻体重，达到缓解症状的目的。

第五节 发作性睡病

一、概述

发作性睡病是一种慢性消耗性睡眠障碍,是指不可抗拒的突然发生的睡眠,并伴有猝倒症(cataplexy)、睡眠瘫痪和入睡幻觉。睡眠发作时不能克制,在任何场合如吃饭、谈话、工作、行走时均可突然发生,单调的工作、安静的环境以及餐后更易发作。其睡眠与正常睡眠相似,脑电图亦呈正常的睡眠波形。一般睡眠程度不深,易唤醒,但醒后又入睡。一天可发作数次至数十次不等,持续时间一般为十余分钟。猝倒症是本症最常见的伴发症,占50%~70%,发作时意识清晰,躯干及肌体肌张力突然下降而猝倒,一般持续1~2 min。睡眠瘫痪见于20%~30%的发作性睡病患者,表现为意识清楚而不能动弹,全身弛缓性瘫痪。病人发作时被他人触动身体即可中止发作,有些病人需用力摇动后方可恢复。入睡幻觉约占该病的25%,以视听幻觉为多见,内容大多为日常经历。病人对周围有所知觉,但又似在梦境。而摔倒是因为对肌肉控制能力的短暂性丧失,时间可以从几秒到长达几分钟。这段时间,患者的意识完全清醒却连一根手指头都动不了。发作性睡病通常出现在患者情绪突然转变的时候,比如笑、生气、惊讶或害怕。这种疾病的特点是患者会在很短的时间进入看上去像深度睡眠的阶段。一般人需要一个半小时左右从轻度睡眠进入深度睡眠,而患有此病的人可能只需要一分钟甚至更短。患者的夜间睡眠大多间断而且容易醒来,所以大脑才会在白天自动进入睡眠状态,出现白天睡眠过多(excessive daytime sleepiness, EDS)。此外,发作性睡病还伴随有睡眠维持困难、周期性小腿运动、快速眼动睡眠行为障碍(rapid eye movement sleep behavior disorder,RBD)、睡眠异态和其他由于缺乏食欲肽而引起的代谢平衡异常(如肥胖、糖尿病、低血压等)。正常情况下,REM睡眠出现在SWS之后,而发作性睡病患者则可从觉醒状态直接进入REM睡眠状态,从而表现出肌肉麻痹、幻觉等伴随REM睡眠出现的一些症状。诊断时除以上症状外,还要结合多导睡眠仪中睡眠开始阶段出现的REM睡眠时相,以及人类白细胞抗原某些亚型和等位基因来确定,如 *HLA DQA1 * 0102-DQB1 * 0602*。

二、发作性睡病的影响因素和病理学机制

发作性睡病的病因尚不清楚,其影响因素可能包括:① 遗传学因素。发作性睡病具有家族遗传倾向,直系亲属患病概率比普通人群高10~40倍。大部分患者携带人类白细胞抗原亚型HLA-DR2和DQ1的基因。② 外部因素。如头部创伤、睡眠觉醒习惯的突然改变及各种感染都有可能诱发发作性睡病。

本病的病理生理学机制可能包括以下几点。

1. 肌张力减弱发生猝倒的机制

(1) 主动过程:由于蓝斑核附近的神经元通过被盖网状束刺激延髓的巨细胞网状核(medulla oblongata gigantocellular reticular nucleus)后,后者通过腹外侧网状脊髓束(lateral ventral reticulospinal tract)使脊髓运动神经元发生超极化,使运动神经元受到抑制,从而抑制脊髓H反射(Hoffman reflex)和深部腱反射。导致运动神经元超极化的递质为甘氨酸。因此,若脑桥延髓系统对神经元释放甘氨酸,将会导致运动神经元抑制而发生猝倒。

(2) 易化作用(facilitation):含5-羟色胺和去甲肾上腺素的神经元对运动神经发生突触联系,产生易化作用。在清醒期或NREM睡眠时期,该易化作用为紧张性活动。发病时,蓝斑核几乎完全停止活动,去甲肾上腺素释放减少,产生去易化作用(disfacilitation),从而肌张力消失,发生猝倒。

2. 食欲肽

患者脑脊液中,食欲肽水平明显降低,甚至可降低90%。死后尸检可见患者脑组织广泛缺乏食欲肽(图19-9),由此提示,发作性睡病与脑内及脑脊液中食欲肽的减少关系密切。OX_2R(hypocretin 2受体)

基因变异的狗和食欲肽蛋白原（prehypocretin）基因敲除的小鼠均可表现出突发的短暂静止，类似于猝倒发作，因此被广泛用作研究发作性睡病的模型。

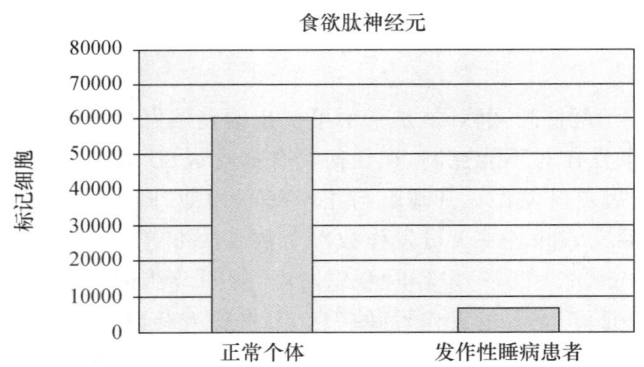

图19-9　正常个体与发作性睡病患者脑中食欲肽细胞数目比较（Thannickal et al.，2000）

包含食欲肽的神经元可投射至脑干运动抑制区域以及蓝斑核（去甲肾上腺素能）、中缝背核（raphe nuclei，5-羟色胺能）、背外侧被盖核（laterodorsal tegmental nuclei，乙酰胆碱能）及腹侧被盖核（ventral tegmental nuclei，多巴胺能），同时可投射至前脑区域，如下丘脑前部（posterior hypothalamus，组胺能），见图19-10。食欲肽系统功能失调导致蓝斑核的兴奋消失，则运动神经元受抑制。同时，食欲肽系统的功能失调所导致的中缝背核5-羟色胺能神经元、下丘脑多巴胺能神经元、下丘脑后部组胺能神经元、基底前脑和脑干胆碱能神经元等区域的活动减弱，均会引起觉醒的消失和活动减少。

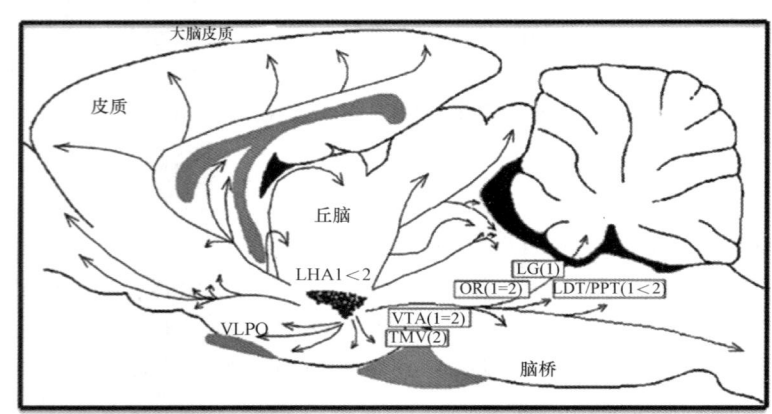

图19-10　包含食欲肽的神经元投射至单胺能和胆碱能区域，这些区域富含食欲肽受体。因此，当食欲肽缺乏时，导致单胺能和胆碱能平衡被打破，从而产生发作性睡病的症状（Nishino，2007）

3. 自身免疫

食欲肽减少的原因尚不明确，可能与自身免疫相关。在自身免疫失调的情况下，部分分泌食欲肽的下丘脑神经元受损，导致食欲肽释放减少。在自身免疫调节机制当中，$HLA-DR_2$和$HLA-DQ_1$的等位基因与发作性睡病有密切关系。多于85%的患者 *HLA-DQB1 * 0602* 显阳性。但等位基因频率、表型模拟率和外显率尚不清楚。这些通常受众多因素的影响，如性别、年龄、机体的病理状况（如外周神经疾病、帕金森综合征、肾脏疾病和妊娠）、缺铁、吸烟和饮酒等。

三、发作性睡病的治疗

发作性睡病目前尚无有效治疗方法。主要是对症治疗，可分为非药物治疗和药物治疗。其中非药物治疗主要包括行为调整，如白天小憩、经常锻炼、保持规律的睡眠习惯，以及一些认知行为疗法。

药物治疗主要是对症治疗,包括中枢神经兴奋药[如莫达非尼(modafinil)],抗抑郁药(如三环类、5-羟色胺重摄取抑制剂 SSRI 等)以及新型食欲肽受体激动剂。

(1) 中枢神经兴奋药:常用于治疗白天过度嗜睡。首选药物为莫达非尼,其药效长,且很少形成药物依赖和滥用。其机制可能是通过抑制多巴胺重摄取和降解,增加儿茶酚胺的释放以增加觉醒。

(2) 抗抑郁药:常用于治疗猝倒。三环类抗抑郁药(TCA),如丙咪嗪、地昔帕明,通过抑制单胺递质的重摄取来抑制 REM 睡眠的发生而起作用。由于 TCA 还可阻断乙酰胆碱 M 受体和肾上腺素受体,因此不良反应主要为阿托品样作用、直立性低血压等。5-羟色胺重摄取抑制剂,如氟西汀、西酞普兰,选择性较高,不良反应较少。去甲肾上腺素和 5-羟色胺双重重摄取抑制剂(SNRI)文拉法辛(venlafaxine)是用于治疗猝倒的一线药物,主要不良反应为呕吐。

(3) 其他药物:GABA 可显著升高 SWS 相对于 REM 睡眠的比例,因此,在 2002 年被 FDA 批准用于治疗发作性睡病。此外,食欲肽受体激动剂可通过补充脑内食欲肽的不足来发挥其疗效。

第六节 异 睡 症

一、概述

异睡症又称为睡眠异态,分为 NREM 睡眠相关异睡症(non-rapid eye movement-related parasomnia)(又称为觉醒障碍,disorders of arousal)、REM 睡眠相关异睡症(rapid eye movement-related parasomnia)以及其他异睡症。其中 NREM 睡眠相关异睡症包括觉醒障碍(disorders of arousal)、觉醒混淆(confusional arousal)、睡行症、睡惊症、睡眠相关进食障碍(sleeprelated eating disorder)。REM 睡眠相关异睡症包括:快速眼动睡眠行为障碍(RBD)、复发性睡眠麻痹综合征(recurrent isolated sleep paralysis)和梦魇症(nightmare disorder)。其他的异睡症还有:遗尿(sleep enuresis)、睡眠幻觉(sleep-related hallucination)和梦呓(sleep talking)等。以下就 RBD 举例说明。

RBD 为睡眠过程中反复出现的肌张力不消失的现象,以及与所梦内容有关的无法控制的复杂运动行为。RBD 的概念是 1986 年由 Schenck 等首先提出的。RBD 分为原发性 RBD 和继发性 RBD。

二、RBD 的发病原因和机制

RBD 的发病原因并不明确,可能有以下几种:① 原发性 RBD。可能与睡眠状态分裂或者由于衰老而使得延髓中枢对 α 运动神经元的抑制性投射功能的减退有关。有些研究推测 RBD 是一些神经疾病的前驱症状,在原发性 RBD 患者中发现背侧脑桥中脑和室周围区域出现空洞,以及蓝斑核和黑质损失。② 继发性 RBD。常继发于痴呆、帕金森病、橄榄体脑桥小脑萎缩(olivopontocerebellar atrophy)、夏-德综合征(Shy-Drager syndrome)、多发性硬化和头部创伤引起的血肿等退行性疾病以及一些精神疾病;还可继发于某些药物的使用,如安非他明、可卡因、氟西汀、丙咪嗪和可乐定等。其发病机制尚未明确,可能与睡眠觉醒机制和运动系统的功能紊乱有关。但是对于造成 REM 睡眠中肌张力松弛消失和运动神经元过度兴奋的机制尚不清楚。脚桥被盖核(pedunculopontine tegmental nucleus,PFT)作为主要的神经核团参与了运动神经元和睡眠觉醒机制的相互作用。该神经核团主要为胆碱能神经元,上行投射至丘脑、黑质、下丘脑、膝状体、基底前脑和额叶皮质,并通过网状系统与脊髓运动神经元、脑桥、延髓网状结构相连接。当 REM 睡眠过程中单胺能神经元(如蓝斑核、中缝背核)活动减弱时,可能使得 PPT 去抑制,导致 REM 睡眠中相关特征消失,从而发生各种异常睡眠活动。

三、RBD 的治疗

继发性 RBD 的治疗要针对原发病因,如因药物所致者需停药。而针对长期的原发性 RBD 则需用药物治疗,常用药物为氯硝西泮,对 95% 的患者有效。睡前服用,可明显抑制睡眠过程中的运动。其机制可能是通过作用于运动系统和5-羟色胺系统来改善症状。在氯硝西泮无效时,可使用地西泮、阿普唑仑、三环类抗抑郁药和卡马西平等药物代替。三环类药物作用于5-羟色胺系统,抑制REM睡眠的时相性和紧张性现象。卡马西平则是作用于边缘系统来改善REM睡眠时期的记忆活动。

现代医学对睡眠障碍的研究已经有了很大的进步,但是仍然存在许多亟待解决的问题,比如待建立的各种睡眠障碍模型、不同睡眠障碍的诊断标准、睡眠障碍发生的基本病理机制以及针对不同患者的个性化治疗方案等。随着神经内分泌学、神经免疫学、电生理学、神经影像学、基因组学等领域的进一步深入研究,虽然在改善病情和控制症状方面已经取得了一些进步,但针对病因治疗的科学依据仍存在许多不足。这也提示我们,睡眠障碍不是单纯的生理性病症,而是与心理、认知、社会等因素有关的综合征,因此,今后的研究还要针对病理模型和病理机制,或可为睡眠障碍疾病找到最佳的治疗方案。

(张永鹤、王子君)

练 习 题

1. 简述失眠的病理机制和药物治疗。
2. 简述不宁腿综合征的病理机制。
3. 简述发作性睡病的病理机制。

参 考 文 献

ALLEN R P,BECKER P,BOGAN R,et al,2003. Restless legs syndrome: the efficacy of ropinirole in the treatment of RLS patients suffering from pariodic movement of Sleep[J]. Sleep,26(suppl): A34.

ALLEN R P,EARLEY C J,1996. Augmentation of the restless legs syndrome with carbidopa/levodopa[J]. Sleep,19: 205-213.

American Academy of Sleep Medicine,2005. The international classification of sleep disorders,revised[J]. Chicago,IL: American academy of sleep medicine,297.

EDINGER J D,MEANS W K,2005. Cognitive-behavioral therapy for primary insomnia[J]. Clinical psychology review,29: 539-558.

HENING W,ALLEN R P,EARLEY C J,et al,1999. The treatment of restless legs syndrome and periodic limb movement disorder: an American academy of sleep medicine review[J]. Sleep,22: 970-999.

MATA I F,BOOKIN C L,ADLER C H,et al,2006. Genetics of restless legs syndrome[J]. Parkinsonism and Related Disorders,12(1): 1-7.

MORIN C M,1993. Insomnia psychological assessment and management[M]. New York: Guilford Press.

NISHINO S,2007. Clinical and neurobiological aspects of narcolepsy[J]. Sleep medicine,8(4): 373-399.

OHAYON M M,2002. Epidemiology of insomnia: what we know and what we still need to learn[J]. Sleep medicine reviews,6(2): 97-111.

PIGEON W R,PERLIS M L,2006. Sleep homeostasis in primary insomnia[J]. Sleep medicine reviews,10(4): 247-254.

RIEMANN D,SPIEGELHALDER K,FEIGE B,et al,2010. The hyperarousal model of insomnia,a review of the concept and its evidence[J]. Sleep medicine reviews,14(1): 19-31.

THANNICKAL T C,MOORE R Y,NIENHUIS R,et al,2000. Reduced number of hypocretin neurons in human narcolepsy[J]. Neuron,27(3): 469-474.

SOUDERS M C,ZAVODNY S,ERIKSEN W,et al,2017. Sleep in children with autism spectrum disorder[J]. Current psychiatry reports,19(6):1-17.

MALHOTRA R K,2018. Neurodegenerative disorders and sleep[J]. Sleep medicine clinics,13(1):63-70.

REDDY A,PUVVADA S C,KOMMISETTI S,et al,2015. Suvorexant: something new for sleep? [J]. Acta neuropsychiatrica,27(1):53-55.

第二十章　神经系统疾病的遗传学和表观遗传学

遗传学是研究生物的遗传与变异,研究基因的结构、功能及其变异、传递和表达规律的科学。随着基因测序技术的发展,多种神经系统疾病的发生、发展与遗传变异高度关联。如在重大神经系统疾病中,精神分裂症、帕金森病、阿尔茨海默病、抑郁症、自闭症和肌萎缩侧索硬化症等疾病都受到编码基因突变和非编码基因突变的影响。这类疾病症状严重,不仅会给患者及其家庭带来巨大的痛苦和经济负担,也会给社会带来沉重负担。如阿尔茨海默病,预计到2050年,我国阿尔茨海默病患者将超过两千万,届时直接经济负担将达到7453.21亿元。再如帕金森病,在60岁以上人群中的发病率为1%~2%,且该发病率会随着人口老龄化的加重而逐年增加。然而,针对这些疾病,至今尚无有效治疗方法,疾病发生机制亦不明确。因此,加大对神经系统疾病发病机制的研究尤显重要。家族遗传性神经系统疾病是研究这些疾病发病机制和开发药物的天然模型。了解遗传变异在这些疾病发生、发展中的作用和机理,具有重要的理论价值。

目前,人类遗传学的研究方法主要有系谱分析、数理统计、细胞遗传学方法、体细胞遗传学方法、生物化学方法、免疫学方法、双生儿法,其中,双生儿法是人类遗传学研究中的经典研究方法。除此之外,随着基因测序技术的更新换代,人类基因组计划的完成,以及全基因组关联分析(genome-wide association study,GWAS)的应用,复杂疾病发病机制的研究变得更为简单。通过人类遗传学方法和GWAS方法研究发现,遗传因素在神经系统疾病中扮演非常重要的角色。多种神经系统疾病具有很强的家族遗传性,并且有多个基因发生突变,这些研究丰富了这一类疾病发病机制的研究。

根据遗传变异的位置和来源,遗传因素分为孟德尔遗传学(经典遗传学)和表观遗传学两类。其中,表观遗传学是指基于非基因序列改变所致基因表达水平变化,如DNA甲基化、组蛋白修饰、微RNA(microRNA,miRNA)、母体效应等。本章将分别从经典遗传学和表观遗传学两方面阐述遗传因素在重大神经系统疾病中的作用。

第一节　遗传因素在阿尔茨海默病中的作用

一、简介

阿尔茨海默病(Alzheimer's diseases,AD)是一种常见的神经退行性疾病,也称为"老年痴呆症"。该疾病由德国精神科医生阿尔茨海默于1906年首次发现,是以渐进性认知功能减退,学习、记忆能力下降,直至生活自理能力丧失为特征的神经疾病(Cuccaro et al.,2017)。尤其是我国面临未富先老的国情(老年人口占17.9%),痴呆患病率增长速度远高于全球平均水平,2016年我国痴呆患病率增加5.6%,而全球平均患病率仅增加了1.7%。贾建平等研究显示,2015年我国痴呆患者的年总花费为1677.4亿美元,给患者及家庭带来沉重的经济负担。我国60岁以上人群痴呆患病率达到5.3%,85岁以上人群的患病率约为20%。AD是第一大痴呆类疾病,流行病学研究显示,AD患病率随年龄增加而升高。临床上AD分为家族遗传性AD和散发性AD两大类。且临床上多于80%的患者属于病因不清、发病机制不明的散发性AD,可能与老龄因素、遗传因素和环境因素有关。研究表明,老龄因素、遗传因素和环境因素都可以通过表观遗传学修饰影响AD发病。

二、AD 的经典遗传学因素

研究显示,70%的患 AD 风险来源于基因变异(图 20-1)。AD 的发病具有家族聚集性,呈常染色体显性遗传及多基因遗传。

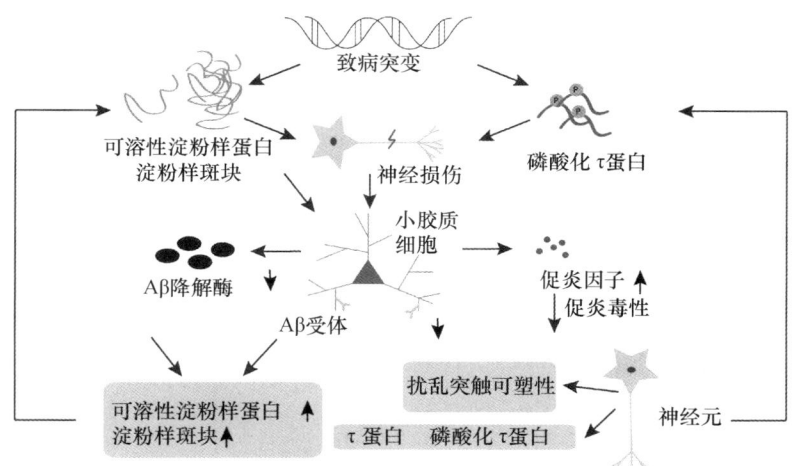

图 20-1 基因突变导致 AD 发生、发展的分子机制(改自 Su et al., 2016)

(一) 染色体异常

研究证实,早发型 AD 与位于 21 号染色体的淀粉样前体蛋白(amyloid precursor protein, APP)基因、14 号染色体的早老素 1(presenilin 1, PSEN1)、1 号染色体的早老素 2 基因(PSEN2)这三个显性遗传基因的突变有关(Yang et al., 2017)。而散发性 AD 的致病基因主要位于 19 号染色体的载脂蛋白 E 基因(APOE)上。近年来,有一些研究发现 12 号染色体上某些功能基因(巨球蛋白基因 A2、低密度脂蛋白受体相关蛋白基因等)和 10 号染色体上微卫星重复序列多态性可能与 AD 发病相关。其中,由 21 号染色体三体性引起的唐氏综合征是早发型 AD 的最常见风险因素,其加剧 AD 发病风险的机制除 APP 基因的影响外,该染色体上其他基因加剧 Aβ 沉积作用或许也起到一定的助推作用。除此之外,其他染色体异常与 AD 发病的相关性尚不明确。

(二) 基因拷贝数变异

DNA 片段的重复或缺失,即拷贝数变异(CNV),在遗传力缺失中发挥作用。CNV 可引起正常和致病的遗传变异,调节基因表达,改变基因结构,导致显著的表型变异。根据拷贝变异分析,迄今为止,在常染色体显性遗传早发型 AD 家族中,APP 基因重复是唯一的致病性 CNV(Cuccaro et al., 2017)。最近的研究表明,APP 序列重复在家族性早发型 AD 中的作用有限,而在晚发型 AD 中极为罕见。此外,一些 AD 风险基因也通过拷贝数变异导致 AD 发病。LCR1 是 CR1 基因(补体受体 1, CHR, chr. 1q32)中常见的 LCR 相关 CNV。研究发现,三个 LCR1 拷贝的携带者与两个 LCR1 拷贝的个体相比,患 AD 的风险更高(Brouwers et al., 2012)。

(三) 单核苷酸多态性

目前发现的与 AD 发病相关的基因主要有四种,分别是 21 号染色体上的淀粉样前体蛋白基因、14 号染色体上的早老素 1 基因、1 号染色体上的早老素 2 基因和 19 号染色体上的载脂蛋白基因。50%~80%的家族性 AD 与 PSEN1、PSEN2 基因突变有关(Lesage et al., 2009)。携带五个家族性基因突变的 APP/PS1 AD 转基因模型小鼠(transgenic mice with five familial Alzheimer's disease, 5×FAD)是最近较新的 AD 模型小鼠,该小鼠具有 AD 相关的五个突变位点,其中与 APP 相关的突变为 K670N/M671L(Swedish)、I716V(Florida)和 V717I(London),与 PS1 相关的突变为 MI46L 和 L286V(Ghani et al.,

2012)。这些突变可以增加 Aβ 的生成和促进 AD 的发病,是在 APP/PS1 转基因模型小鼠的基础上更加接近临床 AD 病理特征的新的 AD 模型。

1. APP

Aβ 来自淀粉样前体蛋白,基因 *APP* 位于人类 21 号染色体长臂中段。家族性 AD 中 *APP* 突变可能影响细胞信号转导通路,例如,使 G 蛋白长时间活化,通过细胞内信号通路促使内质网释放 Ca^{2+},细胞内钙过载引起神经元毒性。同时,*APP* 的单独复制也会引起早发型 AD,启动子序列变异导致的 *APP* 表达也可能是增加晚发型 AD 发作的高风险因素,*APP* 的表达量与 AD 的发病年龄成反比。

2. PSEN

越来越多的证据表明,PSEN 参与 Notch、Wnt 等信号转导途径的调节,促进 Aβ 的沉积,损伤线粒体,引起氧化应激和钙稳态失调,使神经细胞更易凋亡,从而在 AD 发病中起重要作用(Jia et al.,2019)。AD 病理性淀粉样蛋白沉积主要由 $Aβ_{42}$ 构成,$Aβ_{42}$ 由 γ-分泌酶切割 APP 生成,所有临床上的 PS1 和 PS2 突变都改变了 γ-分泌酶的切割,在不同程度上加剧 $Aβ_{42}$ 纤维和斑块的形成。PS1 作为 γ-分泌酶的组成部分之一,对酶活性起关键作用。同时,PS1 突变或缺失会引起钙信号异常,主要是胞内钙库过载和削弱容量钙内流。有研究表明,PS1 可诱使 IP_3Rs 通道过度开放,当 IP_3Rs 通道开放时,从钙库外流到细胞质的 Ca^{2+} 增加。

3. APOE

APOE 有三个等位基因,分别为 *APOE2*、*APOE3* 和 *APOE4*,能产生 ε2、ε3、ε4 三个等位基因突变体。ε4 与散发性和晚发型家族 AD 的发生关系密切,当神经元受损时,APOE 的合成量增加。随着 ε4 含量的增加,患者有发病提早和生存期缩短的趋势,其中 *APOE4* 纯合突变将导致发病风险增加约 16 倍。APOE 蛋白在神经生物学中具有重要且多样化作用,不同亚型在神经突触构建中具有不同的作用:APOE3 刺激神经突触的生长,而 APOE4 则抑制突触生长;APOE 还参与神经元退化后脂质的产生,并引导脂质分布到需要增殖、膜修复或新神经轴突的髓鞘再生的细胞中。APOE4 还调控谷氨酸盐受体的功能。通过调节神经元内 APOE 受体的循环,可以调节突触的可塑性,其中 APOE3 激活上述作用,而 APOE4 抑制该作用;APOE4 还作用于神经元线粒体,进而导致线粒体功能障碍和神经毒性。散发性和晚发型家族 AD 患者的神经元受损时,APOE 的合成量增加,出现患者发病提前和生存期缩短的可能。

4. AD 候选致病突变

AD 作为一种复杂疾病,其发病通常由多种基因引起。GWAS 研究已经确定多个基因变异位点与 AD 的发病风险相关。然而,由于连锁不平衡,很难确定直接导致疾病的致病突变。常利用 FUMA 对数据进行后处理以全面定义导致阿尔茨海默病的基因,包括蛋白质改变的后果、基因表达的影响、开放染色质状态以及三维(3D)染色质相互作用;功能性标注的单核苷酸多态性被映射到基于基因组上的物理位置映射的优先基因,表达定量特征位点映射和三维染色质相互作用(染色质相互作用映射)。基于以上操作可获得 AD 病理相关的潜在风险基因(表 20-1)。

表 20-1 AD 候选基因突变

SNV	基因	功能
rs463946;rs364091	*APP*	影响细胞信号转导通路,使细胞膜上的 G 蛋白长时间处于活化状态,继而活化磷脂酶 C,产生 IP_3,激活内质网钙库中的 IP_3 受体,释放 Ca^{2+} 使胞质钙过载
T122P,N141I;M239;M239V	*PSEN*	参与信息传导途径的调节,引起氧化应激和钙稳态失调,促进神经细胞凋亡,在 AD 发病中起重要作用
rs429358;rs769449	*APOE*	APOE 具有三个等位基因,APOE 蛋白的不同亚型在神经突触构建中具有不同的作用,包括调节神经突触的生长,参与神经元退化后脂质的产生和转运,调控谷氨酸盐受体的功能,作用于神经元线粒体,导致线粒体功能障碍和神经毒性
rs79452530	*IGHV1-68*	*IGHV1-68* 是免疫球蛋白重链(IgH)基因座 45 内的一个假基因

(续表)

SNV	基因	功能
rs10402271；rs662196	MS4A2	MS4A2编码高亲和力免疫球蛋白ε受体亚单位β，是一种膜跨越4A基因家族的膜组成成分之一
rs4663105；rs11682128；rs6733839；rs10194375；rs56368748；rs744373	BIN1	BIN是Myc盒依赖的相互作用蛋白1编码蛋白，参与编码核质衔接蛋白的几种亚型。中枢神经系统表达的亚型可能参与突触小泡的内吞作用，并可能与激活蛋白、突触蛋白、内皮素和网状蛋白相互作用。它可能通过调节τ蛋白病理过程促进AD发病。其中rs744373位点的等位基因C可能是aMCI的主要风险因素
rs6859；rs377702；rs157580；rs439401；rs8106922；rs2075650；rs11667640；rs440277；rs405509	PVRL2	PVRL2编码一种Ⅰ型单通道糖蛋白，是质膜的组成成分之一。它还充当单纯疱疹病毒和伪狂犬病病毒突变体的入口点，并参与这些病毒的细胞间传播。该基因的变异与多发性硬化的严重程度有关。该基因的突变会导致胶质纤维增生形成钙化斑块，与AD的临床症状非常相似
rs11606287	SPI1	SPI1广泛表达于骨髓，编码ETS域转录因子。它在骨髓和3淋巴细胞发育过程中可以激活基因的表达。靶基因的选择性剪接也受其蛋白质的调节。SPI1由脑内的免疫细胞小胶质细胞表达。研究表明，由SPI1基因编码的转录因子PU.1是AD基因网络的中心枢纽，与AD病理学有关
rs12610605	GEMIN7	GEMIN7编码运动神经元（SMN）复合体的核心存活成分，在核内剪接前体mRNAs中起着关键作用
rs138412600	GPAA1	GPAA1编码糖基磷脂酰肌醇（GPI）锚附着1蛋白，是GPI转氨酶蛋白复合物的一个亚单位。GPI转氨酶支持GPI锚定蛋白的GPI翻译修饰。据报道，在钙/钙调蛋白激酶β突变小鼠模型进行空间训练后，海马中GPAA1的表达上调。该模型的研究表明钙/钙调蛋白激酶β在海马记忆形成中发挥作用
rs199533	NSF	NSF编码的蛋白质（N-乙基马来酰亚胺敏感因子）可能在功能上与AD有关，因为它是一种参与细胞膜融合事件的腺苷三磷酸酶，包括囊泡介导的蛋白质转运、递质的胞吐作用和高尔基体有丝分裂时的重组。已有研究表明，可溶性N-乙基马来酰亚胺敏感性因子结合蛋白受体复合物中的蛋白质对突触前末梢神经元Aβ释放是必需的
rs2303697	ISYNAC1	ISYNA1编码肌醇-3-磷酸合成酶1，一种催化葡萄糖-6-磷酸转化为肌醇（MI）1-磷酸的速率调节酶，是质膜磷脂的组成部分，作为细胞信号分子发挥作用。葡萄糖是大脑的主要能量来源，降低脑葡萄糖代谢是AD的一个显著特征。通过磁共振波谱检测，AD患者的脑MI水平与总的和磷酸化的τ蛋白呈正相关
rs188349361	IGHV3-7	IGHV3-7编码免疫球蛋白重链可变区之一。有证据表明，IgG抗体与纤维和寡聚化Aβ聚集物发生交叉反应

注：所有SNP位点信息参考自OMIM（https://omim.org，引用时间：2021-08-12）。

三、表观遗传学与疾病发病风险

（一）组蛋白修饰

染色体是由DNA和组蛋白组成的复合体，其基本构成单位为核小体。组蛋白修饰是指组蛋白远端氨基酸残基的共价修饰，主要包括赖氨酸残基的乙酰化、赖氨酸或精氨酸残基的甲基化、泛素化和类泛素化、丝氨酸或苏氨酸的磷酸化等。其中组蛋白的甲基化修饰方式是最稳定的，所以最适合作为稳定的表观遗传信息。而乙酰化修饰具有较高的动态,这些修饰更灵活地影响染色质的结构与功能,通过多种修饰方式的组合发挥其调控功能。所以有人称这些能被专一识别的修饰信息为组蛋白密码。这些组蛋白密码组合变化非常多,因此组蛋白共价修饰可能是更为精细的基因表达方式,各种修饰间也存在着相互的关联。

Ding 等发现 HDAC6 基因的 mRNA 以及蛋白水平在 AD 患者的皮质和海马中较正常对照分别增加了52%和91%,HDAC6 表达水平的下调伴随 τ 蛋白 Thr_{231} 的磷酸化降低会使得 τ 蛋白聚集降低。PM20D1 作为一个甲基化和表达定量特征位点,与 AD 风险相关的单倍型相耦合,显示出增强子样特征,并与 PM20D1 启动子Ⅵ相联系,与 AD 相关的神经毒性损伤后,PM20D1 增加(Sanchez-Mut et al.,2018)。

(二) DNA 甲基化

DNA 甲基化(DNA methylation)为 DNA 化学修饰的一种形式,能够在不改变 DNA 序列的前提下,改变遗传表现。所谓 DNA 甲基化是指在 DNA 甲基化酶的作用下,在基因组 CpG 的胞嘧啶 5′C 上共价结合一个甲基。大量研究表明,DNA 甲基化能引起染色质结构、DNA 构象、DNA 稳定性及 DNA 与蛋白质相互作用方式的改变,从而控制基因表达。

大量研究显示,DNA 甲基化与 AD 发病或存在联系。对 AD 患者总体 DNA 甲基化水平的变化方向尚存在争议。Mastroeni 等发现 AD 患者大脑皮质Ⅱ区和Ⅲ区 5-甲基胞嘧啶(5-methylcytosine,5-mC)的含量均降低,DNA 总体甲基化水平下降。在 AD 患者海马区,Chouliaras 等的研究表明 5-甲基胞嘧啶以及 5-羟甲基胞嘧啶(5-hmC)显著减少,同时 5-甲基胞嘧啶以及 5-羟甲基胞嘧啶随着海马区淀粉样蛋白沉积的增加呈现下降趋势。然而,Rao 等的研究指出 AD 患者额叶皮质呈现 DNA 总体甲基化升高的趋势。Di Francesco 等对外周血单个核细胞进行甲基化分析发现,AD 患者总体甲基化水平高于正常对照。

很多研究揭示了 AD 与基因水平甲基化的相关性。Aβ 蛋白在脑内的降解主要由脑啡肽(NEP)和胰岛素降解酶(insulin-degrading enzyme,insulysin,IDE)介导。Chen 等发现 Aβ 蛋白可导致 NEP 启动子区域甲基化程度升高,进而抑制 NEP 基因的表达水平,使得 Aβ 蛋白的清除减少,从而导致 Aβ 蛋白的堆积增多,这一恶性循环在 AD 发病机制中发挥重要作用。糖原合成酶激酶 3p(glycogen synthase kinase 3p,GSK3l3)是脑内磷酸化 τ 蛋白的主要激酶,其 mRNA 水平和蛋白活性在 AD 患者脑组织中均显著增高。Nicolia 等利用神经元母细胞 SK-N-BE 细胞株和 TgCRND8 转基因老鼠证明,通过维生素 B 缺乏饮食进而使得 GSK3fl 启动子区域呈现去甲基化状态,最终导致 GSK3fl 过度表达,进而导致 τ 蛋白的过度磷酸化。在对另外一些 AD 致病基因的研究中,APP 基因启动子区域的甲基化与 AD 发病无显著相关。

(三) 非编码 RNA

miRNA 是一类小的内源性非编码 RNA(non-coding RNA,ncRNA)分子,由 20~22 个核苷酸组成。miRNA 通过与靶向 mRNA 碱基配对的方式在转录后水平对蛋白质产生进行调节(图 20-2)。

应用 miRNA 芯片分析技术,研究人员发现 AD 患者脑组织中存在显著的 miR-107 下降及 BACEl 表达的增加,miR-29a、miR-29b-1 表达显著降低,且 miR-29a 和 miR-29b-1 在 BACEl 的 3′UTR 区域存在结合位点,推测 miR-29a、miR-29b-1 水平的下调可能与 AD 发病之间存在关联。Dickson 等在人神经母细胞株 M17D 与 SH-SY5Y 研究中发现,miR-34 可以通过与 τ 蛋白编码基因的 3′-UTR 区域结合降低 τ 蛋白的磷酸化。Absalon 等则发现 AD 患者脑组织内 miR-26b 含量升高,且可以通过诱导 cdk5 从细胞核到细胞质内的往复运动促进 τ 蛋白的磷酸化,可能与 AD 发病相关。Banzhaf-Strathmann 等通过对 10 例 AD 患者和 10 例正常对照的额叶皮质进行 RT-PCR 发现,AD 患者组织内 miR-125b 的表达是正常对照的 1.25 倍,进一步研究则发现 miR-125b 可以促进 τ 蛋白的磷酸化,从而可能参与 AD 发病机制。

多项研究显示,长非编码 RNA(long noncoding RNA,lncRNA)可能在表观遗传水平和翻译水平上作用于 AD 的致病机制。近期研究发现,与健康人群相比,AD 患者大脑中有 315 种 lncRNA 明显失调,

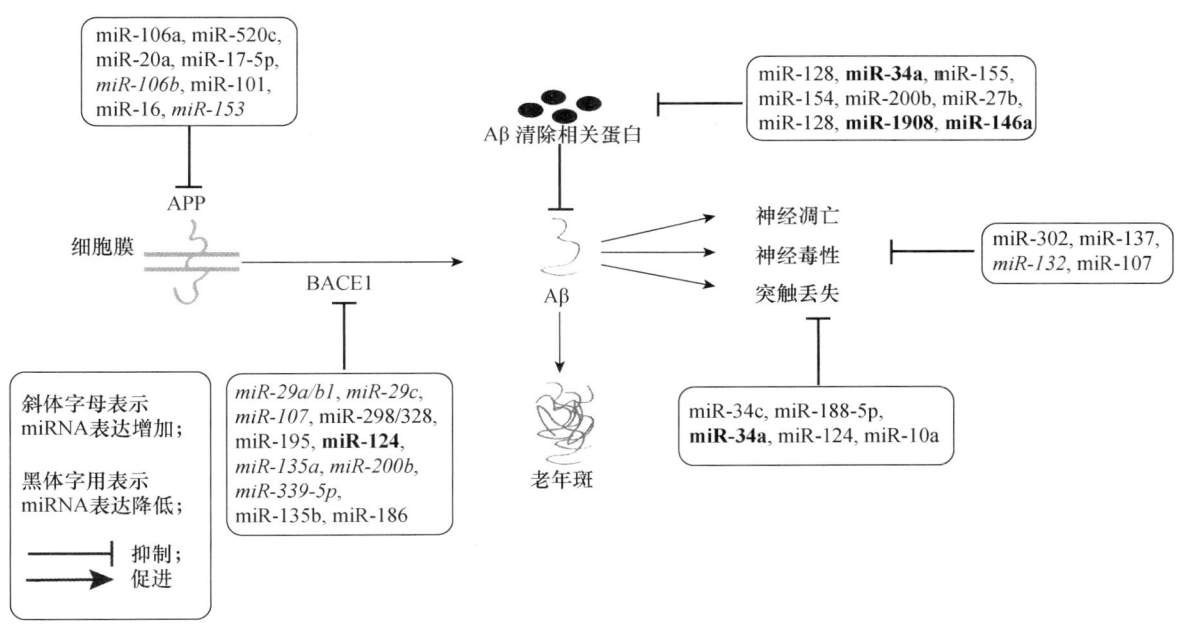

图 20-2　miRNA 通过靶向 mRNA 参与 AD 发病的 Aβ 假说(改自 Wang et al.,2019)

其中 238 种 lncRNA 上调,77 种 lncRNA 下调(Yang et al.,2017)。lncRNA 可以通过序列识别和组蛋白招募等形式调控 mRNA 表达。竞争性内源性 RNA(ceRNA)是最近提出的一种机制,其中 lncRNA 与 mRNA 竞争共同的小 RNA 结合位点。然而,lncRNA 和 ceRNA 在病理发生中的作用有限(Wang et al.,2017)。

(四) 小结

在众多可能的 AD 致病因素中,遗传因素是较为明确的,对 AD 的预防和基础研究具有重要的指导意义。而表观遗传学研究在神经科学研究中尚属新生领域,目前 DNA 甲基化研究、组蛋白修饰以及 miRNA 研究均存在一定的争议。不同的研究方法、组织取材的精细程度、取材的不同时间都可能影响最终结果。更重要的是,我们无法断定这些表观遗传的改变是发生在 AD 患者发病之前还是之后,即无法确定表观遗传在 AD 发病中是原因还是结果。

第二节　遗传学因素在帕金森病中的作用

一、简介

随着人口老年化的加剧,神经退行性疾病已成为影响人类健康和生活质量的重要疾病类别。其中,帕金森病(PD)是仅次于 AD 的第二大神经退行性疾病。根据 PD 的发病年龄,PD 可分为青少年型(发病年龄小于 20 岁)、早发型(发病年龄为 20~50 岁)和晚发型(发病年龄大于 50 岁)。据统计,60 岁以上人群 PD 患病率为 1%,而 70~80 岁人群发病率则提高至 4% 左右,提示老化是该病的危险因素之一。PD 的临床表现主要为静止性震颤、肌强直、运动迟缓等,后期伴随抑郁、睡眠和认知障碍,病理表现则为黑质区多巴胺能神经元丢失路易小体沉积(图 20-3)(Aron,2010)。目前该病主要通过药物缓解或者深脑电刺激缓解病人症状,尚无根治手段。引起 PD 的原因主要有环境因素、药物、自身免疫因素和遗传因素等。通过病例对照和 GWAS 研究,遗传因素在 PD 发生、发展中的作用和分子机制取得了重大进展,尤其是一些致病突变的发现,为家族性 PD 的诊断提供了有力依据。

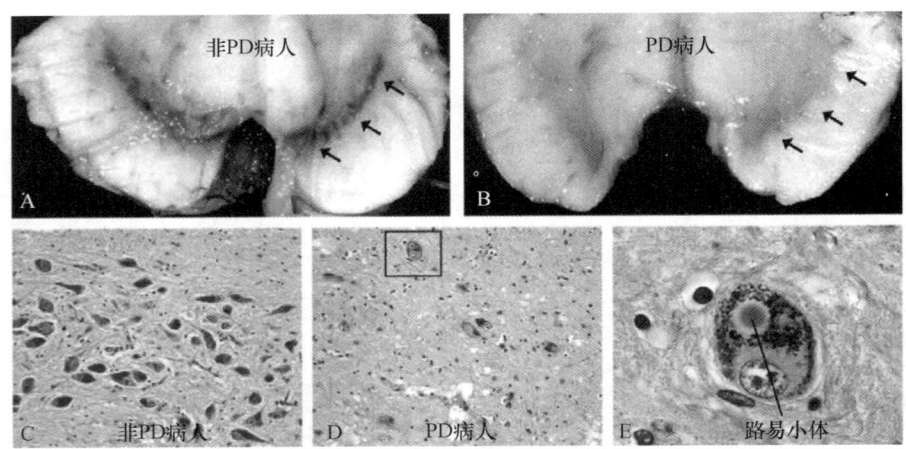

图 20-3　PD 病人脑组织病理切片染色结果(Aron,2010)

A. 非 PD 病人脑组织标本黑质区多巴胺能神经元染色结果;B. PD 病人脑组织标本黑质区多巴胺能神经元染色结果;C. 非 PD 病人脑组织多巴胺能神经元中不出现路易小体沉积;D,E. PD 病人脑组织多巴胺能神经元内出现路易小体(细胞质中着深色位置,E 图为 D 图放大结果)。

二、PD 的经典遗传学因素

家族遗传性 PD 约占 PD 患者总人数的 5%,主要突变基因有 SNCA(α-突触核蛋白基因)、PRKN、DJ1、PINK1 和 LRRK2 等(Lesage et al.,2009)。首个被发现与 PD 发病相关的基因是 SNCA,其多个位点突变与 PD 发生有关。其中,p.A53T 突变则是最为常见的突变。最初是在意大利 Contursi 大家族和一些具有相同单倍型的希腊 PD 家族中发现的,随后亦发现于美国、澳大利亚、德国、希腊和意大利等国家数个家族性 PD 患者群体中。尽管该突变被发现与 PD 有关,但是其频率较低,且携带该基因的 PD 患者与其他 PD 患者相比,在发病年龄、临床症状和左旋多巴治疗响应度等方面并无显著差异。下面分别将青少年型、早发型和晚发型 PD 的相关基因突变进行归类(表 20-2)。

表 20-2　帕金森病相关致病基因突变位点及基因功能

SNV	基因	PD 类型	功能
rs33939927 rs34995376	LRRK2	晚发型	该基因编码一种富含亮氨酸重复序列的丝氨酸/苏氨酸蛋白激酶,以钙依赖的方式促进自噬-溶酶体途径
rs28938172 rs74315354	DJ1	早发型	该基因编码一种 DNA/蛋白质去糖酶,通过调控蛋白质或核酸上氨基基团的糖化修饰,从而调控细胞的代谢、氧化应激等生物学过程
rs74315359 rs28940285 rs74315355 rs756677845 rs74315356	PINK1		该基因编码一种丝氨酸/苏氨酸蛋白激酶,主要定位于线粒体,参与损伤线粒体的自噬清除
rs137853054 rs137853055	PRKN	早发型	该基因编码一种 E3 泛素连接酶,参与蛋白质泛素化降解途径
rs104893877 rs104893875	SNCA	早发型	该基因编码一种突触核蛋白,参与调控突触囊泡转运及递质释放等突触活性
rs869312809 rs869320761 rs369100678	VPS13C	早发型	该基因编码一种空泡蛋白分选相关蛋白,在维持线粒体正常功能和线粒体膜电位中发挥重要作用,还参与线粒体自噬途径

(续表)

SNV	基因	PD类型	功能
rs188286943	VPS35	晚发型	该基因编码一种空泡蛋白分选相关蛋白,参与retromer转运复合体,调控溶酶体降解途径
rs1057519291 rs1057519293 rs1057519289	ATP13A2	青少年型	该基因编码一种转运阳离子的ATP酶,参与维持胞内阳离子稳态和神经元完整性,以及维持溶酶体和线粒体功能
rs398122405	DNAJC6	青少年型	该基因编码一种酪氨酸蛋白磷酸酶,参与网格蛋白介导的细胞内吞作用
rs71799110 rs121918304 rs121918305	FBXO7	青少年型	该基因编码一种F-box蛋白,参与调控蛋白质的蛋白酶体降解途径和线粒体自噬
rs63751273 rs63750376 rs63750424 rs63750570 rs63750756	MAPT	青少年型	该基因是τ蛋白的编码基因,τ蛋白是一种微管相关蛋白,促进微管的组装和稳定
rs398122403 rs1060499619	SYNJ1	青少年型	该基因编码一种磷酸酶,通过调控多种蛋白(如PIP_2)的去磷酸化,从而参与网格蛋白介导的内吞作用和微丝的再组装

注:所有SNP位点信息参考自OMIM(https://omim.org,引用时间:2021-06-15)。

三、PD的表观遗传学因素

虽然目前已发现多个基因位点突变导致PD发生,但是这些致病突变在人群中的比例非常低,且仅占PD患者人群的1%~5%。除了基因结构改变之外,表观遗传学因素在PD发生、发展中的作用随着高通量测序技术的发展,也逐渐被重视,如DNA甲基化修饰和组蛋白乙酰化修饰等。

(一) DNA甲基化修饰

在PD相关基因中,受DNA甲基化修饰影响最显著的是SNCA。人的SNCA基因表达水平依赖于其1号内含子区域的甲基化水平,抑制该区域的甲基化将导致SNCA表达上调(Jowaed et al.,2010)。研究发现PD病人的黑质区和大脑皮质的甲基化水平均有所降低。与此一致的是,另有研究发现PD病人脑组织中DNA甲基化修饰的关键酶DNA甲基转移酶1(DNMT1)也显著降低。细胞水平的研究表明,抑制DNMT1的活性或表达可导致SNCA表达上调。除了SNCA,MAPT的表达也受DNA甲基化修饰调控。MAPT H1/H1等位基因相对于MAPT H2/H2等位基因,其DNA甲基化水平升高1.5倍。然而,MAPT H2是一个保护性等位基因,该现象提示除了DNA甲基化修饰,还存在其他调控机制影响这些MAPT的表达和功能。

(二) 组蛋白乙酰化修饰

组蛋白乙酰化修饰使得DNA结构松散,易于转录;组蛋白去乙酰化修饰则使得DNA结构紧密,不利于基因转录表达。最新研究发现SNCA、PARK7、PRKN和MART的基因座上存在较丰富的H3K27乙酰化修饰(Toker et al.,2021)。但是,组蛋白乙酰化修饰与PD之间的相互调控关系仍有待进一步研究。

(三) 非编码RNA

非编码RNA主要包括长链非编码RNA(lncRNA)和miRNA,它们是本身不表达任何蛋白,却能调控其他蛋白表达的RNA。其中lncRNA的研究起步较晚,目前PD相关研究较少。现已发现lncRNA RP11-115D9.1靶向SNCA的mRNA,敲除该lncRNA将导致SNCA表达显著上调(Mizuta et al.,2013)。PD相关miRNA的研究已有不少进展,其中miR-133b是研究较为清楚的一个。miR-133b在中脑的多巴胺能神经元中高表达,但是在PD脑组织中却表达下降。小鼠PD模型进一步证实在PD脑组织中miR-133b的表达下调。miR-133b通过负反馈抑制多巴胺能神经元基因表达(Kim et al.,2007)。miR-7和miR-153则是特异性靶向*SNCA*的两个miRNA,其中miR-7可以保护神经元抵抗氧化应激(Doxakis,2010)。miR-205是在散发性PD中被发现下调的一个miRNA,该miRNA下调将导致另一个PD风险基因*LRRK2*表达上调(Cho et al.,2013)。此外,也发现一些其他miRNA调控另外一些PD风险基因表达,如Minones-Moyano E等发现miR-34b和miR-34c调控*PARK2*和*DJ1*表达(图20-4),这些结果都表明miRNA可能影响PD的发生或者进展。

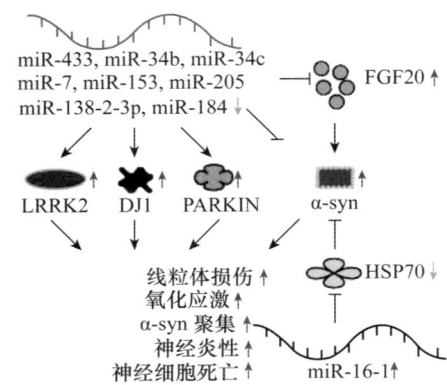

图20-4 帕金森病相关风险miRNA及其作用靶点:miRNA通过调控 *SNCA*、*PARKIN*、*DJ1*和*LRRK2*等PD风险基因表达,调控PD进程

(四)小结

综上所述,遗传因素在家族性PD中发挥重要作用,致病基因,尤其是*SNCA*、*LRRK2*、*DJ*等关键基因突变是导致家族性PD的重要原因。DNA甲基化修饰、组蛋白乙酰化修饰、非编码RNA等则可通过直接或间接调控PD相关风险基因的表达,参与PD的发生过程。但是,鉴于目前表观遗传学研究还不够深入,这些表观遗传学调控机制在PD发生、发展中的作用有待进一步研究。

第三节 多发性硬化疾病的遗传和表观遗传因素

一、简介

多发性硬化(MS)是一种自身免疫性、慢性、炎症性的中枢神经系统(CNS)脱髓鞘疾病。主要病理特征为中枢神经系统脱髓鞘斑块形成伴反应性胶质增生、炎性反应及轴突损伤。MS的病因是多因素的,主要有遗传、自身免疫性和环境因素,患者的病程各不相同。根据疾病的临床演变,MS分为复发缓解型(relapsing-remitting MS,RRMS)、原发进展型(primary progressive MS,PPMS)和继发进展型(secondary progressive MS,SPMS)。患者发病的年龄一般在20岁~40岁之间(男性比女性稍晚),但这种疾病在人一生中的任何时候都可能出现。女性比男性发病率高。患者首发症状主要是视神经病变,同时部分患者会伴随活动性障碍甚至残疾,对患者的日常生活造成严重影响。

MS是一种多基因疾病,具有家族聚集性。迄今为止,已发现超过110个基因变异与MS患病风险密切相关。这些变异中很大一部分是参与免疫反应调节的基因。目前研究发现与MS患病最相关的基因为人类白细胞抗原(HLA)基因复合体等位基因*HLA-DR*。HLA定位于第6号染色体短臂6p21.31,是人类的主要组织相容性复合体(MHC)的表达产物,该系统是目前所知的人体最复杂的多态系统。研究发现*HLA-DRB1*15:01*(aka DR2 or DR2b or DR15)是与MS易感性最密切相关的*HLA*等位基因。同时,越来越多的研究表明,MS的发生受表观遗传调节机制的调控。

二、基因突变与 MS 的发病风险

（一）染色体影响

MS 的患病率具有性别差异，现有研究已通过使用实验性自身免疫性脑脊髓炎，确定性染色体的差异是否会导致多发性硬化的性别差异；同时也有研究证明 X 染色体中的 *HERV-W* 多态性与多发性硬化风险相关。此外也有实验证明 Y 染色体作为调节因子，可塑造免疫细胞转录和自身免疫性疾病的易感性。

（二）基因变异

*HLA-DRB1 * 15:01* 已被确认是与 MS 患病风险有最强关联的基因（Menegatti et al.，2021）。此外，在不同的种群中发现在 MHC 位点内存在与 MS 相关的其他等位基因，比如，*HLA-DRB1 * 03:01*、*HLADQB1 * 02:01* 和 *HLA-DRB1 * 13:03* 被确认为在北欧人群中与 MS 患病率相关，而 *HLA-DRB1 * 15:01*、*HLA-DRB1 * 15:03* 和 *HLA-DRB1 * 04:05* 被确认为在南美人中与 MS 患病率相关（Kaushansky et al.，2015）。除了 *HLA* 基因外，也有研究证实 *IL2Rα*、*IL7Rα*、*TNFRSF1A*、*CD58* 基因等与 MS 患病率相关（International Multiple Sclerosis Genetics Consortium，2007）。

（三）单核苷酸多态性

多项研究证实 *HLA* 基因多态性与 MS 患病率有极大相关性。也有研究证实 *IL-32* 基因启动子 C/T 多态性与 MS 易感性相关。近年也有学者证实在伊朗人群中 *RPS6KB1*（rs180515）和 *CD86*（rs9282641）与 MS 易感性相关。*IL7R* 是在 MS 易感基因中研究最多的基因多态性之一，在 MS 病情发展中起重要的作用，目前研究最多的 *IL7R* 基因多态性是"rs6897932"（International Multiple Sclerosis Genetics Consortium，2007）。

综上，本节将目前发现的与 MS 相关的基因多态性统计见表 20-3。

表 20-3　与多发性硬化相关的基因多态性

基因	SNP	功能
HLA-DRB1 * 15	rs3135388, rs9271366	免疫反应，抗原提呈
IL7R	rs6897932	在免疫细胞尤其是淋巴细胞中起重要作用
IL2RA	rs2104286	维持免疫平衡，抑制自身免疫反应
TNFRSF1A	rs1800693	激活 NF-κB 转录因子，调节炎症反应与凋亡
CD58	rs2300747	为 ASCL2 转录因子提供功能结合位点
IRF8	17445836	调节 IFN-α 和 IFN-β 相关调节基因的表达
TYK2	rs34536443	在炎症反应中起重要作用
CD6	rs1782933	在 T 细胞激活中起重要作用
EVI5	rs11810217	调节 GTPase 活性
CYP27B1	rs12368653	在正常骨骼生长、钙代谢和组织分化中起着重要作用
PRKCA	GGTG ins/del	钙激活的磷酸甘油二酯依赖的蛋白激酶，参与调控细胞增殖、凋亡和分化
CBLB	rs12487066	负向调节 T 细胞活性

注：所有 SNP 位点信息参考自 OMIM（https://omin.org，引用时间：2021-08-12）。

三、MS 的表观遗传因素

近年来，表观遗传调控在 MS 发病过程中的作用和分子机制研究取得较大进展，尤其是 DNA 和组蛋白的甲基化修饰，通过调控抗原提呈和髓鞘再生等过程，参与 MS 的发生、发展（图 20-5）。

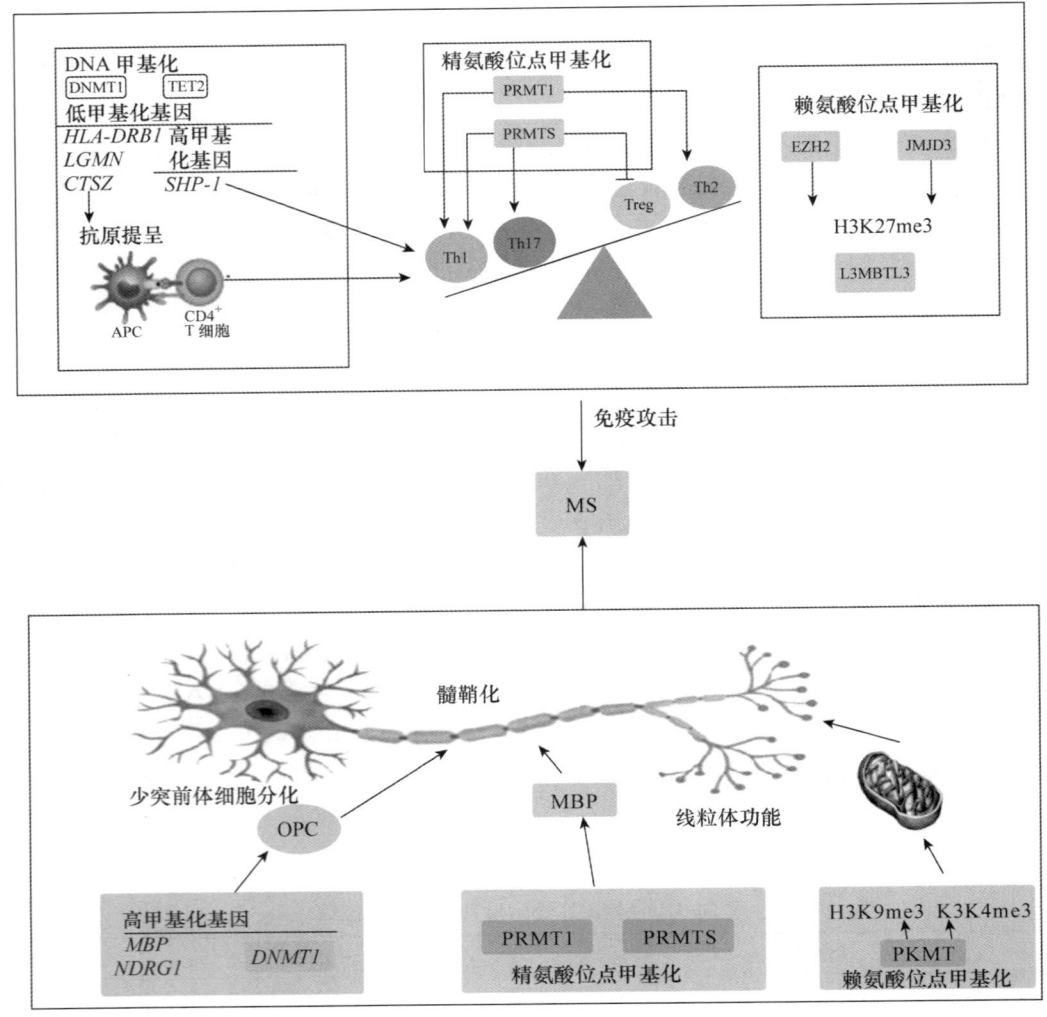

图 20-5　环境、表观基因组和基因组相互作用对疾病发展的影响(改自 Webb et al.,2017)

(一) DNA 甲基化与 MS

DNA 甲基化是在 MS 相关研究中研究得最多的表观遗传调控,在不同的细胞源以及 MS 患者的血浆样本中都有研究。Graves 等人使用甲基化测序方法分别对健康人和 MS 患者的外周血 CD4$^+$ T 细胞的基因组进行甲基化检测,涵盖全基因组的 485 000 个 CpG 位点。结果显示,在 MS 患者和健康人之间,74 个甲基化 CpG 位点存在显著差异。在这 74 个不同甲基化的 CpG 位点中,19 个位点在 MHC 区,10 个位点在人类白细胞抗原(HLA)-DRB1 区(Graves et al.,2014)。55 个 CpG 位点位于非 MHC 区域。此外,其余 30 个位点是之前就被证实与 MS 相关的基因,如 IL-32 以及 T 细胞抗原受体。但是 Bos 等人对健康人和 MS 患者的全血 DNA 进行甲基化分析,发现 CD4$^+$ T 细胞与 CD8$^+$ T 细胞存在显著差异的甲基化位点是不同的,这意味着在 MS 中存在组织/细胞特异性甲基化模式(Bos et al.,2015)。

(二) 组蛋白修饰与 MS

组蛋白的乙酰化和甲基化也参与 MS 的发生、发展,但是不同的组蛋白去乙酰化酶和去甲基化酶在 MS 发病中的作用不一样。慢性 MS 患者额叶的白质区组蛋白 H$_3$ 乙酰化水平升高,其中位于 TCF7L2 和 TUBA 两个基因区域的组蛋白 H$_3$ 乙酰化水平升高尤为显著(Pedre et al.,2011)。该现象与 MS 病人外周血单核细胞组蛋白去乙酰化酶 SIRT1 表达下调相一致(Martin et al.,2015)。激活 SIRT1 则可以改善 MS 的临床症状,促进髓鞘再生。转录因子 Nkx2.2 和 Hes5 可招募 HDAC1 到 MBP 基因的近端启动子区域。这些基因表达的变化会影响少突胶质细胞的成熟,而在 MS 中,少突胶质细胞的成熟经常出现异常,并导致髓鞘再生受损。此外,PRMT5 介导的组蛋白精氨酸甲基化修饰参与髓鞘再生,抑制其功能将导致少突前体细胞增殖和分化受阻。总之,组蛋白乙酰化和甲基化修饰通过调控一些参与少突前体细胞增殖和分化基因的表达,抑制髓鞘生成,参与 MS 的发生、发展。

(三) miRNA 表达变化与 MS

诸多研究已证实在 MS 患者全血/外周血来源的淋巴细胞或血清样本中,许多 miRNA 的表达谱发生改变。2009 年,Otaegui 等人首次对 MS 患者的 miRNA 表达谱进行检测。该研究收集了处于复发期和缓解期的 MS 患者的外周血单核细胞(PBMC),对其 364 个 miRNA 的表达图谱进行分析,结果显示,在 MS 患者复发期,PBMC 中 miR-18b 和 miR599 表达上调(Otaegui et al.,2009)。同年 Junker 等人发现,与健康人的脑组织相比,MS 患者脑组织中有 20 个 miRNA 的表达上调同时有八个 miRNA 的表达下调(Junker et al.,2009)。此外,治疗前后,MS 患者外周血细胞及血浆中的 miRNA 表达量也会出现显著改变(Gandhi,2015)。这些结果提示一些 miRNA 可作为 MS 诊断及预后的标记,但这离真正的临床应用还很远。

四、小结

总之,对于 MS 的诊断和治疗方法而言,表观遗传标记(包括 DNA 甲基化模式和 miRNA 表达谱)被认为是一种很有前景的方法。最近,大量研究强调了表观遗传学在 MS 的发生、发展中的重要性。大量研究已证实表观遗传机制在协调免疫细胞发育、可塑性、衰老、稳态和应激反应方面发挥着重要作用,但目前研究主要集中于鉴别 MS 患者和健康对照之间表观遗传谱的差异。今后的实验设计应该更注重表观遗传学机制和 MS 临床表现或神经影像结果之间的相关性。

第四节 遗传因素在抑郁症中的作用

一、简介

重度抑郁症(major depression disorder,MDD)又称为抑郁障碍,是全世界最普遍的精神障碍疾病之一,以显著而持久的心境低落为主要临床症状,是心境障碍的主要类型。临床可见心境低落与其处境不相称,情绪的消沉可以从闷闷不乐到悲痛欲绝,甚至悲观厌世,有自杀企图或行为;部分病例有明显的焦虑和运动性激进;严重者可出现幻觉、妄想等精神病性症状。每次发作持续 2 周以上,有的持续时间长达数年,而且大多数病例有反复发作的倾向,每次发作大多数可以经过治疗得到缓解,部分可由残留症状转为慢性。抗抑郁药的使用率也从 1999—2002 年的 7.7% 增加到 2011—2014 年的 12.7%,男女患病比例都约为 16.5%。MDD 与遗传和环境等多种因素有关,现在影响全世界 3.5 亿人。其中环境因素被认为有助于包括 MDD 在内的精神障碍的发展,环境压力和抑郁症高度相关。目前相关研究工作着重于识别可能有助于抑郁症诊断的特定生物标记物。然而,这样的努力并不成功,部分原因是抑郁症的神经生物学基础和病理生理学仍然知之甚少。遗传因素及其与环境的关联在 MDD 中起着重要作用,因此,探索遗传背景可能会揭示 MDD 发生机制的重要信息。

MDD 被认为是由遗传变异和环境因素之间的相互作用引起的。关于影响 MDD 发展的环境因素,普遍认为暴露于环境应激源,尤其是早期生活中的创伤性事件,是迄今为止描述的最强的风险因素之一。最近,有人提出,不利的环境刺激可以稳定地改变健康受试者的基因表达,并通过表观遗传机制鼓励抑郁症的发展。此外,报告显示,表观遗传过程可能参与 MDD 疾病的发展。

二、表观遗传因素

1. DNA 甲基化与 MDD

研究发现,与神经营养和离子通道等功能相关基因的 DNA 甲基化水平在 MDD 的发病过程中呈现异常,如 *BDNF*、*SLC6A4*、*NR3C1*、*5-HTR*(*1A*,*2A*,*3A*)、*FKBP5*、*MAO-A* 和 *GXTR*。其中,*BDNF*

和 *SLC6A4* 基因的甲基化水平在 MDD 的发病过程中逐渐升高,导致 *BDNF* 和 *SLC6A4* 表达下调,进一步促进 MDD 的发展。*NR3C1*、*5-HTR*（*1A*、*2A*、*3A*）、*FKBP5*、*MAO-A* 和 *OXTR* 等基因的甲基化水平变化在不同研究中存在一些相互矛盾的地方。这些结果表明 DNA 甲基化在 MDD 的发展过程中具有重要作用,但仍存在许多尚不明确的现象,有待深入研究。

2. 组蛋白修饰与 MDD

目前,组蛋白的乙酰化修饰和甲基化修饰在 MDD 发生、发展中的作用尚缺乏有力的直接证据,但是一些调控酶的表达或功能异常与 MDD 的易感性存在显著相关。如组蛋白去乙酰化酶 SIRT1 的下调或者活性降低,将导致突触可塑性降低,小鼠表现出抑郁样行为(Uchida et al., 2018)。如伏隔核中调控组蛋白甲基化修饰的 G9a/GLP 复合体表达下调,可以增加小鼠对应激导致抑郁症的易感性。此外,全基因组研究显示,在社会挫败和社会孤立两种抑郁症模型中,许多基因的启动子 H3K9/K27 甲基化水平升高,其中大部分可通过慢性抗抑郁药物治疗逆转(Sun et al., 2013)。这些结果提示抑郁症发展过程中,组蛋白的乙酰化和甲基化修饰都会发生改变,但由于目前研究不够深入,未能系统阐明组蛋白修饰与 MDD 发生、发展的关系。

3. miRNA 表达与 MDD

近年来,miRNA 在神经退行性疾病发展中的作用得到了广泛关注,然而,这种 miRNA 在情感性疾病,尤其是 MDD 中的意义尚不清楚。最近的研究表明,miRNA 在 MDD 的病理生理学中起着关键作用,特别是在神经发生、突触可塑性和关键基因的调控方面,这些基因是 MDD 信号通路的关键组成部分。miRNA 对 MDD 生理病理的关键基因 *BDNF* 的调节也在 MDD 患者的血清中得到了证实。研究发现,miR-182 和 miR-132 可能是导致 MDD 患者 *BDNF* 表达下调的关键 miRNA。在该研究中,miR-182 和 miR-132 水平上调,而 *BDNF* 的表达则显著下调(Li et al., 2013)。抑郁自评量表得分与血清 BDNF 水平呈负相关,与 miR-132 水平呈正相关。此外还发现在 MDD 病人中,来源于外泌体中的 miR-139-5p 被显著上调,将此 miRNA 注入小鼠体内可导致小鼠出现抑郁样行为。以上这些研究提示 miRNA,尤其是外泌体中的 miRNA 可作为抑郁症诊断的潜在标志物,这也是研究抑郁症发病机制的一个方向。

三、小结

研究表明,包括 MDD 在内的精神障碍是复杂的多因素疾病,包括神经回路结构和功能的慢性改变。环境影响,如早期生活压力,在精神疾病的发展中起着重要作用,诱导与 MDD 生理病理相关的重要基因的表达变化。这些变化将通过表观遗传修饰介导,通过三种主要机制促进或抑制基因表达：DNA 甲基化、组蛋白修饰和 miRNA。此外,对这一新领域的研究表明,不良生活事件的长期影响与抑郁症相关的基因表达变化之间可能存在联系。尽管抑郁症的表观遗传学研究仍在发展中,许多研究假设表观遗传学修饰可作为抑郁症诊断的潜在生物标记物。

第五节　遗传因素在精神分裂症中的作用

一、简介

精神分裂症是一组病因未明的重性精神病,多在青壮年缓慢或亚急性起病,临床上往往表现为症状各异的综合征,涉及感知觉、思维、情感和行为等多方面的障碍以及精神活动的不协调。精神分裂症与环境和遗传等因素密切相关。本节就遗传学和表观遗传学与精神分裂症的关系作一介绍。

二、精神分裂症的经典遗传学因素

目前对于精神分裂症分子机制的研究不是很深入。用一个或几个常见基因解释其遗传性,并通过基因组检测精神分裂症也缺乏信服力。由于大脑内神经元的数目巨大和连接方式的多样性以及缺乏特殊的显微病理生理学研究,制约了精神分裂症分子水平的研究。

1. 基因多态性

首先,根据20世纪60年代遗传流行病学的发现,精神分裂症受多基因调控。全基因组关联性研究已确定了超过100个相关基因位点,表明单核苷酸多态性(SNP)与人群患病风险有关。基因组研究还确定了11个较罕见的拷贝数变异(CNV)与精神分裂症高风险相关。鉴于精神分裂症患者繁殖能力降低的事实,一种新兴的观点是,自然选择效应使得与疾病个体高风险相关的等位基因在人群中罕见,而与个体低风险相关的等位基因则普遍存在,这是遗传漂变与平衡选择的共同结果。

2. 基因多效性

精神障碍的遗传风险具有高度多效性,即一个基因可影响多个看似无关的表型性状。研究表明,精神分裂症与双相障碍、双相障碍与抑郁症、精神分裂症与抑郁症、ADHD与精神分裂症、ADHD与抑郁症、精神分裂症与自闭症谱系障碍之间,均存在重叠的风险基因型。某些罕见SNP及基因组插入和缺失(INDEL)变异均与多种遗传结局相关,这与临床中各种精神障碍边界模糊的现象是一致的。

此外,罕见突变、CNV、SNP、INDEL在编码突触蛋白,包括突触后致密物蛋白(PSD)及若干电压门控钙通道蛋白中发挥了重要的作用。大规模全基因组关联研究也发现,常见的基因变异型可参与编码谷氨酸受体与多巴胺D_2受体蛋白。这些研究强调的基因包括:编码离子通道型谷氨酸受体 N-甲基-D-天冬氨酸 2A(GRIN2A)、离子通道型谷氨酸受体 AMPA 1(GRIA1)、丝氨酸消旋酶(SRR)、L 型电压门控钙通道(VDCC)α1C 亚基、ARC 复合物以及位于谷氨酸能突触后膜中或与之相关的许多蛋白质的基因。NMDA 型谷氨酸受体通过由 SRR 合成的共激动剂 D-丝氨酸进行微调。GRIN2A 亚基与其他类型的亚基聚合,形成 NMDA 受体,而 GRIA1 亚基也形成 AMPA 受体的异二聚体(图 20-6)。VDCC(例如,由 *CACNA1C* 基因)也可能参与通过细胞内钙信号传导调节神经兴奋性和突触传递。与突触后支架相关的蛋白质包括 PSD-95,Stargazin,几种激酶,Rho / Cdc42 / Rac 小 G 蛋白和 ARC 复合物(Owen et al.,2016),响应于谷氨酸受体的激活,这些蛋白传递细胞内信号,该信号传导是对突触可塑性至关重要的细胞骨架调节和受体运输的基础。

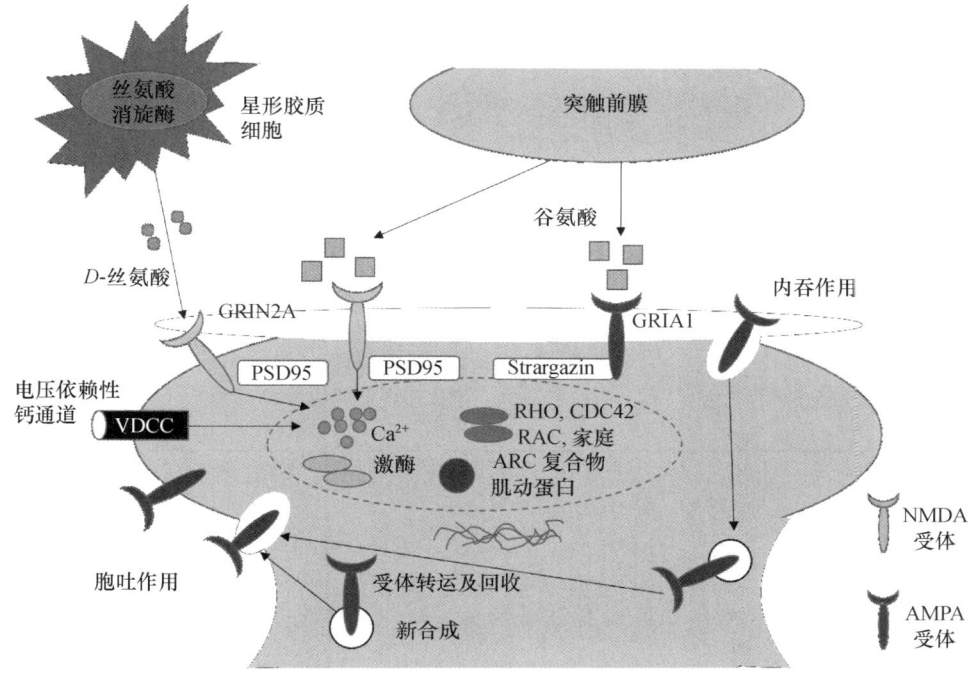

图 20-6 具有代表性的精神分裂症分子机制——谷氨酸能突触(改自 Owen et al.,2016)

3. 6号染色体

最引人注目的是,研究发现精神分裂症与主要组织相容性复合体(MHC)密切相关,人类 MHC 基因位于 6 号染色体,该位点以与免疫功能密切相关著称,但也包含大量不参与免疫功能的基因。初步数据表明,MHC 区域外富集的与精神分裂症相关的位点,也可能参与获得性免疫,为精神分裂症与炎症的关联现象提供了理论基础。大多数精神分裂症相关遗传学发现尚未应用于临床。基因拷贝数变异(CNV)测试目前已成为自闭症及智力残疾的一线诊断方法,10%～20%患者存在相关基因的缺失或重复。精神分裂症的 CNV 发生率约为 5%,因此染色体微阵列分析(chromosomal microarray analysis,CMA)有望应用于诊断。表 20-4 对精神分裂症的候选基因 SNV 突变进行了归类。

表 20-4 精神分裂症的候选基因 SNV 突变

SNV	基因	突变位点	功能
rs1344706	ZNF804A	12:g.184913701A>T	编码一种功能未知的蛋白质。一种推测是,它是一种转录因子,因为它具有 DNA 结合位点,锌指结构域,可能参与轴突生长和树突分支相关的受调控基因表达。该基因与面部情感识别和静息状态相关,携带 ZNF804A rs1344706 风险等位基因的健康个体在工作记忆期间没有表现出区域活动的变化,但受试者在功能连接性方面表现出基因剂量依赖性的变化
rs1625579	MIR137H	11:g.98037378G>T	可能在突触可塑性中发挥重要作用;SZ 风险变异体 miR-137 水平的升高下调了复合素-1(Cplx1)、NSF 和突触素-1(Syt1)的表达,从而导致囊泡释放受损。此外,miR-137 在体内参与了苔藓纤维的诱导长时程增强(LTP)受损和海马依赖性学习、记忆缺陷;miR-137 风险变异与额纹状体脑白质完整性降低有关,可能与 SZ(Kuswanto)较差的注意力、处理速度和更大的阴性症状有关
rs10994336	ANK3	10:g.62179812C>T	风险基因型的健康个体在内囊前部表现出较低的 FA 和纵向扩散率
rs1006737	CACNA1C	12:g.2236129G>A	与情绪处理期间海马活动的增加和执行认知期间前额叶活动的增加有关
rs6904071	MHC	12:g.27079477G>A	与海马体积和情节记忆相关,但与白质体积无关;有研究表明 MHC 位点与 SZ 的关联部分是由于补体成分 4(C4)基因的等位基因,该等位基因参与了 C4a 和 C4b 基因在脑中的差异表达。这些等位基因与 SZ 有关,因为它们倾向于表达更高水平的 C4a。在小鼠中,这种蛋白已被证明参与了出生后发育过程中的突触消除。在人类中,C4 蛋白存在于神经元的突触、树突、轴突和胞体中
rs10503253	CSMD1	11:g.4323322C>A	参与补体控制;与空间工作记忆相关
rs4680	COMT	11:g.19963748G>A	与工作记忆和海马灰质体积相关;此外,AKT1 被证明在工作记忆期间与 COMT 的 rs4680 相互作用,从而使携带两种基因的风险等位基因的个体具有更多(低效)侧前额叶激活

注:所有 SNP 位点信息参考自 OMIM(https://omim.org,访问日期:2021-08-12)。

三、表观遗传学与精神分裂症

2001 年 Petronis 最先提出表观遗传修饰可能参与了精神分裂症等人类复杂疾病的病理过程。

1. DNA 甲基化与精神分裂症

多巴胺递质假说是目前比较确认的精神分裂症发病的病理生理机制之一,多巴胺递质涉及注意、记忆、执行等大脑功能,特别是儿茶酚-O-甲基转移酶(COMT)以及边缘系统内部的多巴胺受体的信号传导机制,是研究精神分裂症的基础。COMT 有膜结合 COMT(MB-COMT)和可溶性 COMT(S-COMT)两种亚型,各亚型都有自己的启动子。COMT 已被确定为精神分裂症的候选基因,MB-COMT 编码的 COMT 参与多巴胺代谢,多巴胺被认为是精神分裂症阳性症状(包括幻觉和妄想)分子途径的支撑点(Tunbridge et al.,2006)。COMT 在精神分裂症中的甲基化状态目前仍有争议。此外,精神分裂症患者 GABA 能神经元功能也发生紊乱。研究发现 Mll1 介导的 DNA 去甲基化作用,通过降低 GABA 能神经元相关基因的甲基化水平,促进 GABA 的表达,增加精神分裂症的患病风险。

2. 组蛋白修饰与精神分裂症

组蛋白乙酰化和去乙酰化对于转录调节具有重要作用。研究发现组蛋白 H_3K_9 和 H_3K_{27} 的甲基化水平,以及 H_3K_9 和 H_3K_{14} 的乙酰化水平在精神分裂症病人脑组织及外周血标本中均显著增加。甲基化水平的增加可能与甲基转移酶 G9α 和 SETDB1 的表达增加有关。其中,这些发生在精神分裂症相关基因启动子区域的组蛋白甲基化修饰和乙酰化修饰,可能是增加精神分裂症易感性的重要因素。如在精神分裂症患者 *GAD1* 和 5-HTR2C 启动子区域组蛋白 H_3K_9 和 H_3K_{14} 的乙酰化水平降低;以及 *GAD1* 基因启动子区域的组蛋白 H_3K_4 和 H_3K_{27} 三甲基化修饰增加。这些精神分裂症相关基因启动子区域的组蛋白修饰,通过影响其转录表达,最终导致相关神经元功能异常,增加精神分裂症患病风险。

3. 非编码 RNA 与精神分裂症

在精神分裂症患者脑组织中已发现,死后患者脑组织灰质表达谱系中大量 miRNA 表达紊乱。其中,miR-137 作为脑组织浓缩的小分子 RNA,在调节胚胎神经干细胞神经元增殖和分化、突触成熟中起到了决定性作用,其调节异常可以导致神经系统的基因表达调控网络改变,进而诱导产生精神疾病。对精神分裂症患者进行尸检发现,与正常对照组相比,在额叶前部皮质的背外侧的 miR-137 表达水平明显降低。最近,*MiR-137* 已被认为是精神分裂症的易感基因,*MiR-137* 位于染色体 1p21.3 位置上,在 *MiR-137* 基因的 2.5kb 启动子上游区域有大量 CpG 岛,这表明了 *MiR-137* 启动子甲基化水平可以影响其表达(Guella et al.,2013)。此外,通过全基因组整合分析精神分裂症患者血液外泌体中小分子 RNA 的表达水平,发现了一组小分子 RNA,如 miR-206,miR-133a-3p,miR-145-5p,miR-144-5p 等在精神分裂症患者中显著变化,可作为诊断精神分裂症的生物标记物,具有较高的特异性和敏感性(Du et al.,2019)。同时通过对小分子 RNA 潜在靶基因进行生物信息学分析,并进一步验证揭示了血液外泌体中小分子 RNA 失调参与了精神分裂症的发病进程。该研究为基于外泌体的精神分裂症诊断与治疗提供了新的靶点和思路。

四、小结

精神分裂症是一种病因未明的重性精神疾病,主要发病因素包括环境因素和遗传因素。有关精神分裂症的研究起步较晚,尽管推测了许多与其发病可能的遗传因素,但是都缺乏进一步的实验证据,因此后续还需要对相关发现进行验证。此外,不同表观遗传修饰协同调控同一个基因的表达,而同一种表观调控修饰在不同的基因上调控作用可能不同,这无疑给找出精神分裂症的表观遗传病因增加了许多难度。

第六节 遗传因素在自闭症中的作用

一、前言

自闭症(autism spectrum disorders,ASD)又称为孤独症,这是一种由于神经系统失调而导致的发育障碍,主要表现为患者早期无法进行正常的语言表达和社交活动,并且常做一些刻板、重复性的动作和行为。目前全世界范围内的人群发病率约为1%,男性患者的比例大于女性,但女性患者发病时症状较为严重。统计结果显示自闭症患者中7%～20%携带拷贝数变异,5%～7%携带单基因突变,另有不到5%伴有代谢病。而70%以上患者找不到明确病因(图20-7)(Schaaf et al.,2011)。双生子研究显示,同卵双胞胎ASD患者的另一方发病风险约为90%,而异卵双胞胎ASD患者的另一方发病风险不到10%,提示遗传因素与ASD的发病存在高度相关性(Wisniowiecka-Kowalnik et al.,2019)。随着高通量测序技术的发展和表观遗传学调控机制研究的进展,遗传因素在ASD发病中作用取得重大进展。

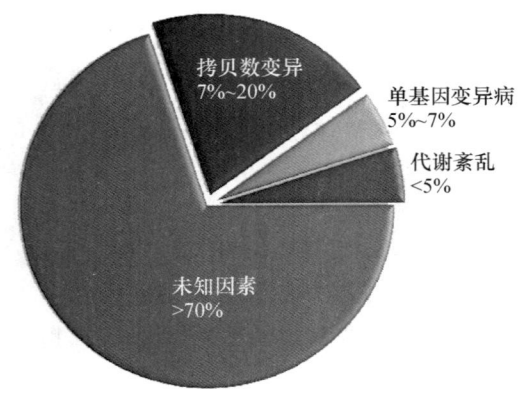

图20-7　自闭症病因及占自闭症患者比例(改自Schaaf et al.,2011)

二、ASD相关基因突变

1. 染色体异常

染色体异常可以通过高分辨率G带和染色体原位荧光杂交技术获得。Jacquemont等通过对29例自闭症患者进行研究发现,在8例患者中存在八种临床相关的染色体重新排列:6例染色体缺失,2例重复,相关基因达1.4～1.6 Mb(Jacquemont et al.,2006)。5%自闭症患儿存在染色体异常,包括平衡移位、倒置、环状、裂隙和终末段的缺失和重复,所有染色体均可包含在内,染色体核型异常所致自闭症占2%。

2. 拷贝数变异

临床研究表明大约10%的自闭症患者可用遗传综合征和已知染色体异常来解释其病因。这些异常包括染色体片段重复、末端缺失和中间缺失、平衡移位和非平衡移位、倒位,即拷贝数变异(CNV),是染色体结构变异的组成部分,是由于基因组发生了重排。CNV一般指长度1 kb以上的大片段微缺失、微重复,来源于家族遗传和新发突变,目前对CNV的研究方法主要有染色体微阵列分析、比较基因组杂交(comparative genomic hybridization,CGH)、SNP基因分型等新一代测序技术。2007年Sebat等首次报道自闭症与新发CNV的相关性,随后越来越多的新发CNV被发现。Leppa等发现49个关于自闭症的CNV位点,其中24个从遗传获得,19个是新发突变,六个来源不限(Leppa et al.,2016)。目前发现常见的CNV位点包含:1q21.1、1p36、3q29、7q11.23、15q11-13、15q13.3、16p11.2和22q11.2(Sanders et al.,2015)。

3. 单基因突变

20世纪七八十年代通过对双生子的研究发现,基因占自闭症致病因素的60%～90%。通过对白色人种中自闭症患者进行GWAS分析发现,5p14.1的CDH9和CDH10之间有自闭症首个潜在的、常见的危险位点,随后研究发现1q21-1q21.2、6p24.3、11q23、8p21.2-8p21、15q21.2-q22.2、15q13.1-q14、15q11-q13与自闭症重复刻板样行为有关(Tao et al.,2016)。另外,7q31-32易感基因座1(AUS1)上 *cadps2* 基因缺失可能增加自闭症易感性,其作用已在小鼠试验中证实。还有国外学者报道,*SLC25A12*基因多态性与儿童自闭症有很强的关联性。O'Roak等通过对20例散发的自闭症患儿及其父母进行外显子测序，发现 21 种新发突变，其中 11 种突变导致蛋白结构的改变(O'Roak et al.，2011)。目前已发现与自闭症有关的变异基因有：*CHD8*、*NTNG1*、*KATNAL2*、*ANK3*、*UBE3B*、*CLTCL1*、*NCKAP5L*、*ZNF18*、*RODG1*、*CIC*、*NTSR2*、*GLUD2*、*SEZ6*、*CEP290*、*PEX7*、*CSMD1*、*FAT1*、*STXBP5*、*KCND2*、*FAN1*、*KMT2E*、*RIMS1*、*NRXN1* 等(Tao et al.，2016)。这些变异通过影响神经元的发育、信号传导和突触的发育而致病。虽然越来越多的基因和相关遗传途径被发现与自闭症有关，但因表型与遗传的异质性，这些分析结果尚需实验证据加以证实。表 20-5 列出自闭症相关基因突变位点及相关症状。

表 20-5　自闭症相关基因突变位点及相关症状

SNV	基因	功能
rs61752387	*MECP2*	*MECP2* 突变损害了神经元的正常发育，*MECP2* 的功能缺失突变会导致自闭症谱系障碍
rs3020047	*SHANK2*	*SHANK2* 基因的破坏在突触后支架中起作用，可能会影响突触功能并易患自闭症或智力低下。*SHANK2* 缺失导致突触早期，脑区特异性的离子通道型谷氨酸受体上调，并增加 *ProSAP2/SHANK3*(606230)的水平。此外，*ProSAP1/SHANK2-null* 突变体表现出较少的树突棘并表现出基础突触传递减少，小型兴奋性突触后电流频率降低，在生理水平上增强 NMDA 受体介导的兴奋性电流。突变体极度活跃，表现出严重的自闭症样的行为改变，包括重复的修饰以及声音和社会行为的异常
rs3194	*CNTNAP2*	*CNTNAP2* 纯合子突变引起儿童皮质发育不良，局灶性癫痫，相对大头畸形和减少深肌腱反射。颞叶标本显示神经元迁移和结构异常，广泛的星形胶质细胞增生，CASPR2 表达减少，*CNTNAP2* 多态性与无义词重复有显著的数量关联，包含这些多态性的区域与自闭症儿童语言延迟相关的区域一致
rs61752839	*CHD8*	*CHD8* 表达的降低与 RE-1 沉默转录因子的异常激活有关，后者抑制了许多神经元基因的转录。在 ASD 患者的大脑中也观察到 REST 激活，并且发现 *CHD8* 与小鼠大脑中的 REST 在物理上相互作用
rs994636	*EIF4E*	敲除 *EIF4E*，或 *EIF4E* 过表达导致神经配体的翻译增加，这是与 ASD 有因果关系的突触后蛋白。*EIF4E* 的翻译控制调节神经配体的合成，维持兴奋-抑制平衡，其失调导致 ASD 样表型

注：所有 SNP 位点信息参考自 OMIM(https://omim.org，引用时间：2021-08-12)。

三、ASD 的表观遗传学因素

自闭症可能是遗传因素和环境共同作用的结果，而表观遗传则可能是基因与环境相互作用的中介。因此对表观遗传学的研究有利于为自闭症的致病机理提供新证据。

1. 组蛋白甲基化

自闭症患者基因筛查发现组蛋白去甲基化酶 *KDM5A*、*KDM5B*、*KDM5C* 基因存在功能失活突变。在果蝇上的验证研究发现缺失 *KDM5* 基因的果蝇的肠道内环境失衡，并且果蝇行为异常。通过使用抗生素或饲喂益生菌乳酸菌菌株，部分地挽救了 *KDM5* 缺陷果蝇的自闭样行为、寿命，影响了细胞表型。最后，作者从分子机制方面，阐述了 *KDM5* 基因对免疫信号通路和菌群环境的影响，进而对自闭症的产生进行调节的机制(图 20-8)。

2. 组蛋白乙酰化

在对蛋白质乙酰化的研究中，Sun 等对 257 例自闭症患者死后的标本和对照脑进行了研究，对它们进行了 H3K27ac 乙酰化标记的染色质免疫沉淀测序(该标记与基因活化有关)，发现有 68% 的患者在前额叶和颞叶皮质有 >5000 的顺式调节元件的共同乙酰体特征(Sun et al.，2016)。在将组蛋白乙酰化和基因型相关联后，研究人员在人脑中发现了超过 2000 个的组蛋白乙酰化数量性状位点(HaQTL)。其中有四个位点的变异可能导致精神疾病。这些发现有利于研究人脑内共同的乙酰化途径，为自闭症的药物靶向治疗提供新思路。

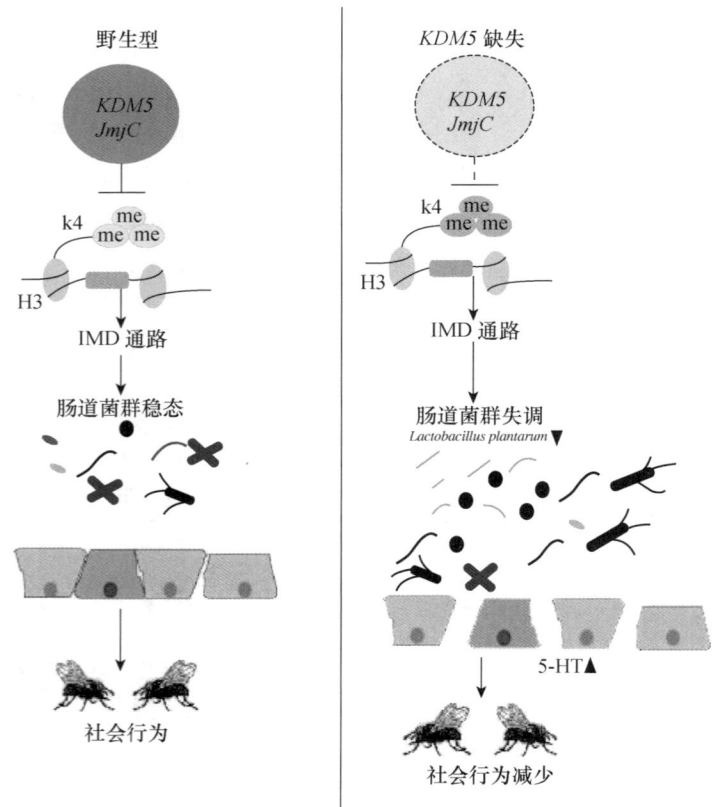

图 20-8　自闭症果蝇体内的调节机制（改自 Chen et al.，2019）

3. DNA 甲基化与 ASD

已有多项研究显示，DNA 甲基化修饰异常与 ASD 的发病之间存在相关性。如 Ladda-Acosta 等对死亡的 19 例自闭症患者和 21 例非相关对照者的大脑组织中的背外侧前额叶皮质、颞叶皮质和小脑（尤其是自闭症病人小脑）进行了研究，测量了超过 485 000 个 CpG 位点，并使用 bump-human 甲基化方法和基于排列的多重测试校正方法确定了四个全基因组（*prrt1*、*Tspan32*、*Znf57* 及 *Sdhap3*）显著差异甲基化区域。研究发现，自闭症患者基因组 DNA 甲基化异常区域的基因，主要是与神经发育、基因转录、细胞凋亡等相关的基因。且基因的甲基化水平与自闭症症状的严重程度相关，但不同基因与自闭症的关系差别较大，有可能为正相关，也有可能为负相关（Tremblay et al.，2019）。如 Ladda-Acosta 等发现的四个具有显著差异甲基化区域的基因组中，有两个表现为低甲基化，而另两个表现为高甲基化（图 20-9）。

4. 非编码 RNA

非编码 RNA 与自闭症的关系中，miRNA 的研究较多。Tonacci 等总结了在自闭症儿童体内异常表达的 miRNA，发现出现频次较高的为 miR-146 和 miR-155（Tonacci et al.，2019）。其中 miR-155 可被炎症诱导高表达，抑制 miR-155 在阿尔茨海默病中具有改善认知的作用。Lam Son Nguyen 等基于在自闭症儿童早期出现 miR-146 高表达，制备了稳定高表达 miR-146a 的人神经干细胞。通过一系列细胞和分子生物学实验，证实 miR-146a 高表达将导致神经干细胞的分化异常（Nguyen et al.，2018）。

四、小结

当前，研究者们对自闭症在表观遗传学方面的研究还在初级阶段，对许多的致病机理尚未完全掌握，各种表观遗传因素导致的信号通路改变和破坏的机制有待进一步探索。

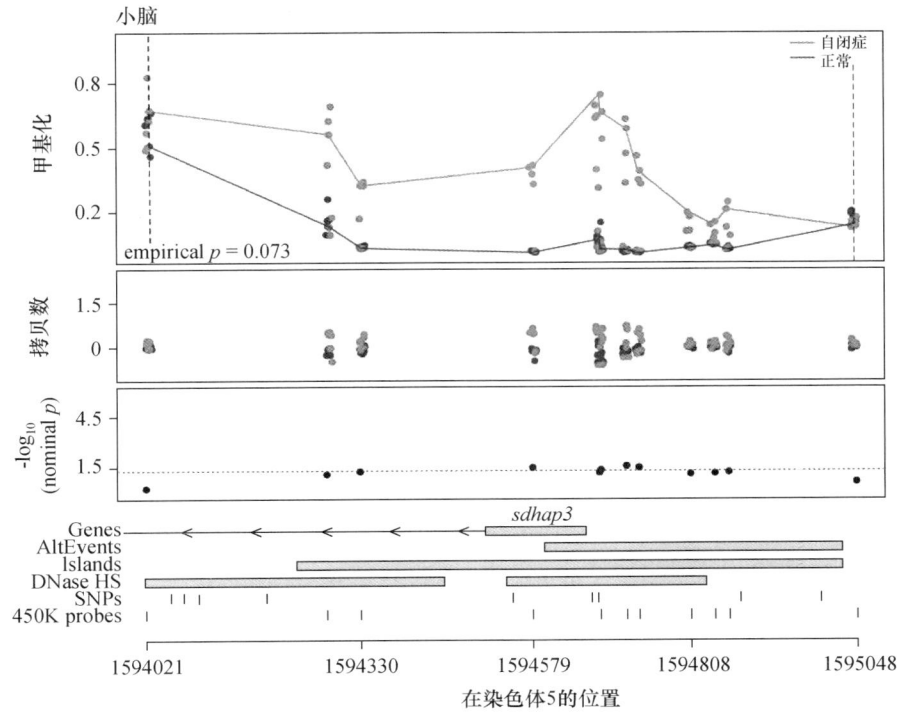

图 20-9 自闭症病人小脑 *Sdhap3* 基因位点甲基化水平变化结果（引自 Ladd-Acosta et al., 2014）

随着检测手段的不断优化和检测设备的不断更新，将有利于我们利用高通量技术分析 DNA 甲基化和组蛋白修饰。更多甲基化位点的发现，将有利于我们全面了解表观遗传对基因表达影响引起的自闭症发病机理，也有利于我们提出更好的治疗手段和开发新的药物。刘星吟等对 *KDM5* 缺陷果蝇的研究使我们认识到，设法改变肠道菌群的结构和组成，将有利于自闭症的改善。而低剂量的罗米地辛只需短期治疗，即可使 *Shank3* 缺陷小鼠的异常组蛋白乙酰化正常化，长时间持续缓解小鼠的社交障碍，但其临床效果有待进一步检验。总之，随着科学技术的不断进步，自闭症在表观遗传上的致病机理或许能全部揭晓。

（程勇）

练 习 题

1. 简述与阿尔茨海默病发病高度相关的三种基因及其致病机制。
2. 从表观遗传学角度简述阿尔茨海默病发病的可能机制。
3. 与帕金森病相关的关键基因有哪几个，各自功能是什么？
4. 哪些遗传因素与帕金森病发病风险高度相关？
5. 多发性硬化症的发病机制有哪些？
6. 讨论多发性硬化症是否会遗传。
7. 请简要阐述组蛋白乙酰化在抑郁症中的作用的研究。
8. 研究抑郁症的表观遗传学机制将为阐明抑郁症的发病机制和寻求新的治疗靶点提供新方向和新思路。请简要阐述你对这种新机制和新思路的理解。
9. 精神分裂症的经典遗传学因素有哪些？
10. 精神分裂症的表观遗传修饰有哪些方面？
11. 影响自闭症发病的因素有哪些？

12. 基因突变与表观遗传学调控,哪个在自闭症中发挥的作用更大,为什么?

参 考 文 献

ARON L,2010. Modeling Parkinson's disease in mice: genetic analysis of dopaninergic neuron survial[M]. Saarbrücken: Verlag Dr Müller.

BOS S D,PAGE C M,ANDREASSEN B K,et al,2015. Genome-wide DNA methylation profiles indicate CD8$^+$ T cell hypermethylation in multiple sclerosis[J]. PloS one,10(3): e0117403.

BROUWERS N,VAN CAUWENBERGHE C,ENGELBORGHS S,et al,2012. Alzheimer risk associated with a copy number variation in the complement receptor 1 increasing C3b/C4b binding sites[J]. Molecular psychiatry,17(2): 223-233.

CHASE K A,GAVIN D P,GUIDOTTI A,et al,2013. Histone methylation at H3K9: evidence for a restrictive epigenome in schizophrenia[J]. Schizophrenia research,149(1-3): 15-20.

CHASE K A,ROSEN C,RUBIN L H,et al,2015. Evidence of a sex-dependent restrictive epigenome in schizophrenia[J]. Journal of psychiatric research,65: 87-94.

CHEN D,MENG L,PEI F,et al,2017. A review of DNA methylation in depression[J]. Journal of clinical neuroscience,43: 39-46.

CHEN K,LUAN X,LIU Q,et al,2019. Drosophila histone demethylase KDM5 regulates social behavior through immune control and gut microbiota maintenance[J]. Cell host & microbe,25(4): 537-552.

CHO H J,LIU G,JIN S M,et al,2013. MicroRNA-205 regulates the expression of Parkinson's disease-related leucine-rich repeat kinase 2 protein[J]. Human molecular genetics,22(3): 608-620.

COUPLAND K G,MELLICK G D,SILBURN P A,et al,2014. DNA methylation of the MAPT gene in Parkinson's disease cohorts and modulation by vitamin E in vitro[J]. Movement disorders,29(13): 1606-1614.

COVINGTON Ⅲ H E,MAZE I,SUN H S,et al,2011. A role for repressive histone methylation in cocaine-induced vulnerability to stress[J]. Neuron,71(4): 656-670.

CUCCARO D,DE MARCO E V,CITTADELLA R,et al,2017. Copy number variants in Alzheimer's disease[J]. Journal of Alzheimer's disease,55(1): 37-52.

DESPLATS P,SPENCER B,COFFEE E,et al,2011. α-Synuclein sequesters Dnmt1 from the nucleus: a novel mechanism for epigenetic alterations in Lewy body diseases[J]. Journal of biological chemistry,286(11): 9031-9037.

DOXAKIS E,2010. Post-transcriptional regulation of α-synuclein expression by mir-7 and mir-153[J]. Journal of biological chemistry,285(17): 12726-12734.

DU Y,YU Y,HU Y,et al,2019. Genome-wide,integrative analysis implicates exosome-derived microRNA dysregulation in schizophrenia[J]. Schizophrenia bulletin,45(6): 1257-1266.

GANDHI R,2015. miRNA in multiple sclerosis: search for novel biomarkers[J]. Multiple sclerosis journal,21(9): 1095-1103.

GHANI M,PINTO D,LEE J H,et al,2012. Genome-wide survey of large rare copy number variants in Alzheimer's disease among Caribbean hispanics[J]. G3: Genes| genomes| genetics,2(1): 71-78.

GRAVES M C,BENTON M,LEA R A,et al,2014. Methylation differences at the HLA-DRB1 locus in CD4$^+$ T-Cells are associated with multiple sclerosis[J]. Multiple sclerosis journal,20(8): 1033-1041.

GUELLA I,SEQUEIRA A,ROLLINS B,et al,2013. Analysis of miR-137 expression and rs1625579 in dorsolateral prefrontal cortex[J]. Journal of psychiatric research,47(9): 1215-1221.

HUANG H S,MATEVOSSIAN A,WHITTLE C,et al,2007. Prefrontal dysfunction in schizophrenia involves mixed-lineage leukemia 1-regulated histone methylation at GABAergic gene promoters[J]. Journal of neuroscience, 27(42): 11254-11262.

International Multiple Sclerosis Genetics Consortium, 2007. Risk alleles for multiple sclerosis identified by a genomewide study[J]. New England journal of medicine, 357(9): 851-862.

JACQUEMONT M L, SANLAVILLE D, REDON R, et al, 2006. Array-based comparative genomic hybridisation identifies high frequency of cryptic chromosomal rearrangements in patients with syndromic autism spectrum disorders[J]. Journal of medical genetics, 43(11): 843-849.

JIA L, PIÑA-CRESPO J, LI Y, 2019. Restoring Wnt/β-catenin signaling is a promising therapeutic strategy for Alzheimer's disease[J]. Molecular brain, 12(1): 1-11.

JOWAED A, SCHMITT I, KAUT O, et al, 2010. Methylation regulates alpha-synuclein expression and is decreased in Parkinson's disease patients' brains[J]. Journal of neuroscience, 30(18): 6355-6359.

JUNKER A, KRUMBHOLZ M, EISELE S, et al, 2009. MicroRNA profiling of multiple sclerosis lesions identifies modulators of the regulatory protein CD47[J]. Brain, 132(12): 3342-3352.

KAUSHANSKY N, EISENSTEIN M, BOURA-HALFON S, et al, 2015. Role of a novel human leukocyte antigen-DQA1 * 01:02; DRB1 * 15:01 mixed isotype heterodimer in the pathogenesis of "humanized" multiple sclerosis-like disease[J]. Journal of biological chemistry, 290(24): 15260-15278.

KIM J, INOUE K, ISHII J, et al, 2007. A MicroRNA feedback circuit in midbrain dopamine neurons[J]. Science, 317(5842): 1220-1224.

KOCH M W, METZ L M, KOVALCHUK O, 2013. Epigenetic changes in patients with multiple sclerosis[J]. Nature reviews neurology, 9(1): 35-43.

LADD-ACOSTA C, HANSEN K D, BRIEM E, et al, 2014. Common DNA methylation alterations in multiple brain regions in autism[J]. Molecular psychiatry, 19(8): 862-871.

LEPPA V M, KRAVITZ S N, MARTIN C L, et al, 2016. Rare inherited and de novo CNVs reveal complex contributions to ASD risk in multiplex families[J]. The American journal of human genetics, 99(3): 540-554.

LESAGE S, BRICE A, 2009. Parkinson's disease: from monogenic forms to genetic susceptibility factors[J]. Human molecular genetics, 18(R1): R48-R59.

LI Y J, XU M, GAO Z H, et al, 2013. Alterations of serum levels of BDNF-related miRNAs in patients with depression[J]. PloS one, 8(5): e63648.

MARTIN A, TEGLA C A, CUDRICI C D, et al, 2015. Role of SIRT1 in autoimmune demyelination and neurodegeneration[J]. Immunologic research, 61(3): 187-197.

MENEGATTI J, SCHUB D, SCHÄFER M, et al, 2021. HLA-DRB1 * 15:01 is a co-receptor for Epstein-Barr virus, linking genetic and environmental risk factors for multiple sclerosis[J]. European journal of immunology, 51(9): 2348-2350.

MIZUTA I, TAKAFUJI K, ANDO Y, et al, 2013. YY1 binds to α-synuclein 3′-flanking region SNP and stimulates antisense noncoding RNA expression[J]. Journal of human genetics, 58(11): 711-719.

NGUYEN L S, FREGEAC J, BOLE-FEYSOT C, et al, 2018. Role of miR-146a in neural stem cell differentiation and neural lineage determination: relevance for neurodevelopmental disorders[J]. Molecular autism, 9(1): 1-12.

NIMMAGADDA V K C, MAKAR T K, CHANDRASEKARAN K, et al, 2017. SIRT1 and NAD+ precursors: Therapeutic targets in multiple sclerosis a review[J]. Journal of neuroimmunology, 304: 29-34.

O'ROAK B J, DERIZIOTIS P, LEE C, et al, 2011. Exome sequencing in sporadic autism spectrum disorders identifies severe de novo mutations[J]. Nature genetics, 43(6): 585-589.

OTAEGUI D, BARANZINI S E, ARMAÑANZAS R, et al, 2009. Differential micro RNA expression in PBMC from multiple sclerosis patients[J]. PloS one, 4(7): e6309.

OWEN M J, SAWA A, MORTENSEN P B, 2016. Schizophrenia[J]. Lancet, 2016, 388(10039): 86-97.

PEDRE X,MASTRONARDI F,BRUCK W,et al,2011. Changed histone acetylation patterns in normal-appearing white matter and early multiple sclerosis lesions[J]. Journal of neuroscience,31(9):3435-3445.

SANCHEZ-MUT J V,HEYN H,SILVA B A,et al,2018. PM20D1 is a quantitative trait locus associated with Alzheimer's disease[J]. Nature medicine,24(5):598-603.

SANDERS S J,HE X,WILLSEY A J,et al,2015. Insights into autism spectrum disorder genomic architecture and biology from 71 risk loci[J]. Neuron,87(6):1215-1233.

SCAGLIONE A,PATZIG J,LIANG J,et al,2018. PRMT5-mediated regulation of developmental myelination [J]. Nature communications,9(1):1-14.

SCHAAF C P,ZOGHBI H Y,2011. Solving the autism puzzle a few pieces at a time[J]. Neuron,70(5):806-808.

SU F, BAI F, ZHANG Z, 2016. Inflammatory cytokines and Alzheimer's disease: a review from the perspective of genetic polymorphisms[J]. Neuroscience bulletin, 32(5):469-480.

SUN H S,KENNEDY P J,NESTLER E J,2013. Epigenetics of the depressed brain: role of histone acetylation and methylation[J]. Neuropsychopharmacology,38(1):124-137.

SUN W,POSCHMANN J,DEL ROSARIO R C H,et al,2016. Histone acetylome-wide association study of autism spectrum disorder[J]. Cell,167(5):1385-1397. e11.

TAO Y,GAO H,ACKERMAN B,et al,2016. Evidence for contribution of common genetic variants within chromosome 8p21. 2-8p21. 1 to restricted and repetitive behaviors in autism spectrum disorders[J]. BMC genomics,17(1):1-15.

THOMAS E A,2017. Histone posttranslational modifications in schizophrenia[J]. Neuroepigenomics in aging and disease,237-254.

TOKER L,TRAN G T,SUNDARESAN J,et al,2021. Genome-wide histone acetylation analysis reveals altered transcriptional regulation in the Parkinson's disease brain[J]. Molecular neurodegeneration,16(1):1-20.

TONACCI A,BAGNATO G,PANDOLFO G,et al,2019. MicroRNA cross-involvement in autism spectrum disorders and atopic dermatitis: a literature review[J]. Journal of clinical medicine,8(1):88.

TREMBLAY M W,JIANG Y,2019. DNA methylation and susceptibility to autism spectrum disorder[J]. Annual review of medicine,70:151-166.

TUNBRIDGE E M,HARRISON P J,WEINBERGER D R,2006. Catechol-o-methyltransferase, cognition, and psychosis: Val158Met and beyond[J]. Biological psychiatry,60(2):141-151.

UCHIDA S,YAMAGATA H,SEKI T,et al,2018. Epigenetic mechanisms of major depression: targeting neuronal plasticity[J]. Psychiatry and clinical neurosciences,72(4):212-227.

WANG L K,CHEN X F,HE D D,et al,2017. Dissection of functional lncRNAs in Alzheimer's disease by construction and analysis of lncRNA-mRNA networks based on competitive endogenous RNAs[J]. Biochemical and biophysical research communications,485(3):569-576.

WANG M, QIN L, TANG B, 2019. MicroRNAs in Alzheimer's disease[J]. Frontiers in genetics, 10:153.

WEBB L M,GUERAU-DE-ARELLANO M,2017. Emerging role for methylation in multiple sclerosis: beyond DNA[J]. Trends in molecular medicine,23(6):546-562.

WEI Z X,XIE G J,MAO X,et al,2020. Exosomes from patients with major depression cause depressive-like behaviors in mice with involvement of miR-139-5p-regulated neurogenesis[J]. Neuropsychopharmacology, 45(6):1050-1058.

WIŚNIOWIECKA-KOWALNIK B,NOWAKOWSKA B A,2019. Genetics and epigenetics of autism spectrum disorder—current evidence in the field[J]. Journal of applied genetics,60(1):37-47.

YANG B,XIA Z,ZHONG B,et al,2017. Distinct hippocampal expression profiles of long non-coding RNAs in an Alzheimer's disease model[J]. Molecular neurobiology,54(7):4833-4846.

第二十一章　认知障碍与阿尔茨海默病

老年性痴呆是老年期常见的一组慢性进行性精神衰退性疾病，最常见的是阿尔茨海默病和血管性痴呆（vascular dementia，VD），此外还有额颞痴呆（包括Pick病）、路易体痴呆、脑外伤、帕金森病、亨廷顿病、艾滋病、Creutzfeldt-Jacob病以及物质和躯体病所致痴呆等。痴呆是老年人常见的因脑功能和精神障碍而产生的获得性、全面性、持续性的智能损害综合征。

随着人口的老龄化，老年性痴呆的发病率越来越高。据统计，全球约有4000万人患有不同程度的阿尔茨海默病，在美国约有550万人被诊断为阿尔茨海默病。科学家指出，如果未找到有效的治疗方法，2025年全球预计将有2200万名阿尔茨海默病患者，到2050年患病人数将达4500万人。国外调查结果显示，老年性痴呆患病率在65岁以上人群中为8%~14%，85岁以上达40%以上。我国65岁以上人群中阿尔茨海默病患病率为3%~7%，目前有600万~800万名阿尔茨海默病患者。

第一节　阿尔茨海默病的病理学特征

阿尔茨海默病典型的神经病理学特征是细胞外老年斑（senior patch，SP或amyloid plaque），以及细胞内τ蛋白过度磷酸化形成的神经原纤维缠结（neurofibrous tackle，NFT），这也是其组织病理学诊断的依据，如图21-1。β-淀粉样蛋白（Aβ）是老年斑的主要成分，细胞外纤维化的Aβ聚集，最终形成了老年斑。阿尔茨海默病患者颞、顶、额叶广泛性脑萎缩，大多为对称性；脑沟变深，脑回变窄，侧脑室扩大，脑室角变钝，海马与颞角壁间隙增宽，早期即发生内嗅区明显萎缩等，如图21-2。阿尔茨海默病患者脑组织从大脑记忆区扩散到情感控制和感觉控制区均被破坏，大脑灰质每年丢失5.3%，记忆区每年丢失高达10%，正常老年人每年丢失只有0.9%，大脑组织破坏区的边缘不断向外推进，从而导致更多的脑组织受损。

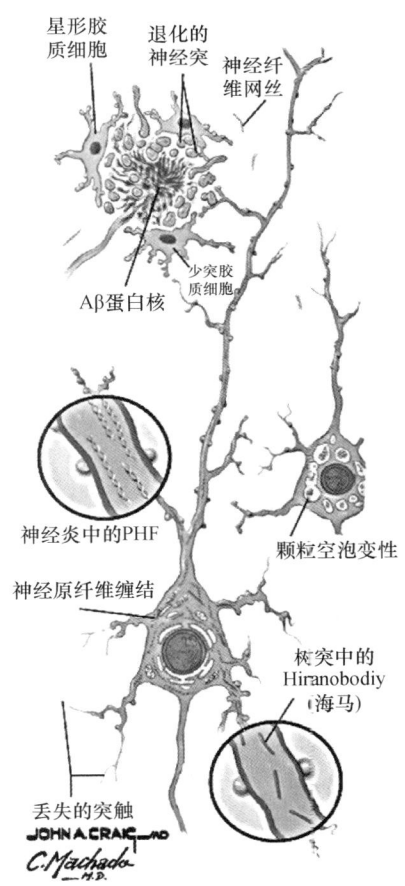

图21-1　阿尔茨海默病患者的老年斑和神经纤维缠结的模式图
（Raffa et al.，2013）

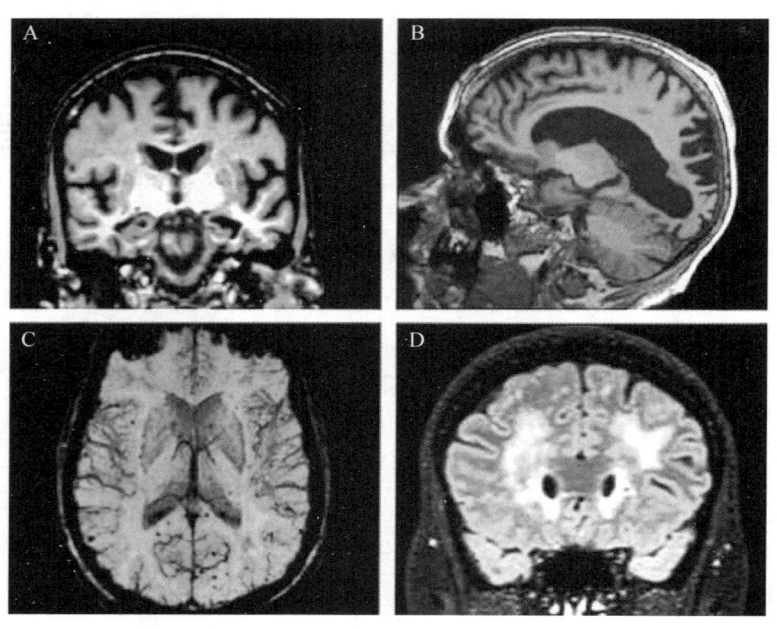

图 21-2　MRI 图像显示（Lane et al.，2018）

A. 典型阿尔茨海默病患者的特征性海马萎缩；B. 后皮质萎缩病例中枕侧-枕叶萎缩；C. SWI 上明显的微出血；D. 广泛的脑室周和皮质下高强度白质。

第二节　阿尔茨海默病的发病机制

目前关于阿尔茨海默病的发病机制存在多种学说，主要有胆碱能损伤学说、Aβ 毒性学说、基因突变学说、自由基损伤学说、钙紊乱学说等，如图 21-3。

（一）胆碱能学说

20 世纪 70 年代初，Deutsch 等发现胆碱能系统与学习、记忆密切相关。胆碱能神经递质是脑内重要的化学物质，它沿着中隔、海马、基底前脑系统投射到皮质，如图 21-4。乙酰胆碱是脑组织中重要的神经递质，其含量减少会造成脑组织功能紊乱。研究发现，阿尔茨海默病患者海马和新皮质及脑脊液中乙酰胆碱的合成、释放、摄取等功能下降，胆碱乙酰转移酶（ChAT）显著减少，乙酰胆碱酯酶（AChE）活性下降，进而引起以记忆和识别功能障碍为主要症状的一系列临床表现。也有学者认为病因是迈纳特基底核对皮质的胆碱能神经支配减少。

（二）Aβ 毒性学说

Hardy 等人于 1992 年提出了 Aβ 瀑布假说。Aβ 是老年斑的主要成分，是含有 39～43 个氨基酸的疏水肽，来源于前体蛋白（amyloid precursor protein，APP）的水解。前体蛋白是跨膜糖蛋白，包含细胞外的分子量达 27 000 的 N 端和细胞内的分子量达 17 000 的 C 端，广泛分布于体内各组织，尤以脑、肾、心肌及脾脏中含量较高。Aβ 的三维结构呈 β 型折叠，具有强自聚性，易形成极难溶解的沉淀。该假说认为 Aβ 的生成与清除失衡是导致神经元变性和阿尔茨海默病的主要原因。

目前发现，突触内的 Aβ 异常可引起长时程增强（LTP）效应抑制，突触内的谷氨酸受体和谷氨酸突触去除。LTP 是突触可塑性的一种形式，反映了突触水平上的信息储存过程，与学习、记忆密切相关。一般认为，LTP 的形成和维持是突触前和突触后机制的联合作用，并且以突触后机制为主。关于 LTP 形成的突触后机制与 NMDA 受体的特征以及该受体激活后的细胞内级联反应密切相关。脑内 50% 以上的突触是以谷氨酸为神经递质的兴奋性突触，即谷氨酸突触，传入末梢释放谷氨酸可与突触后膜上的两种受体结合，即 NMDA 受体和非 NMDA 受体，非 NMDA 受体包括 AMPA 受体和海人藻酸受体。在

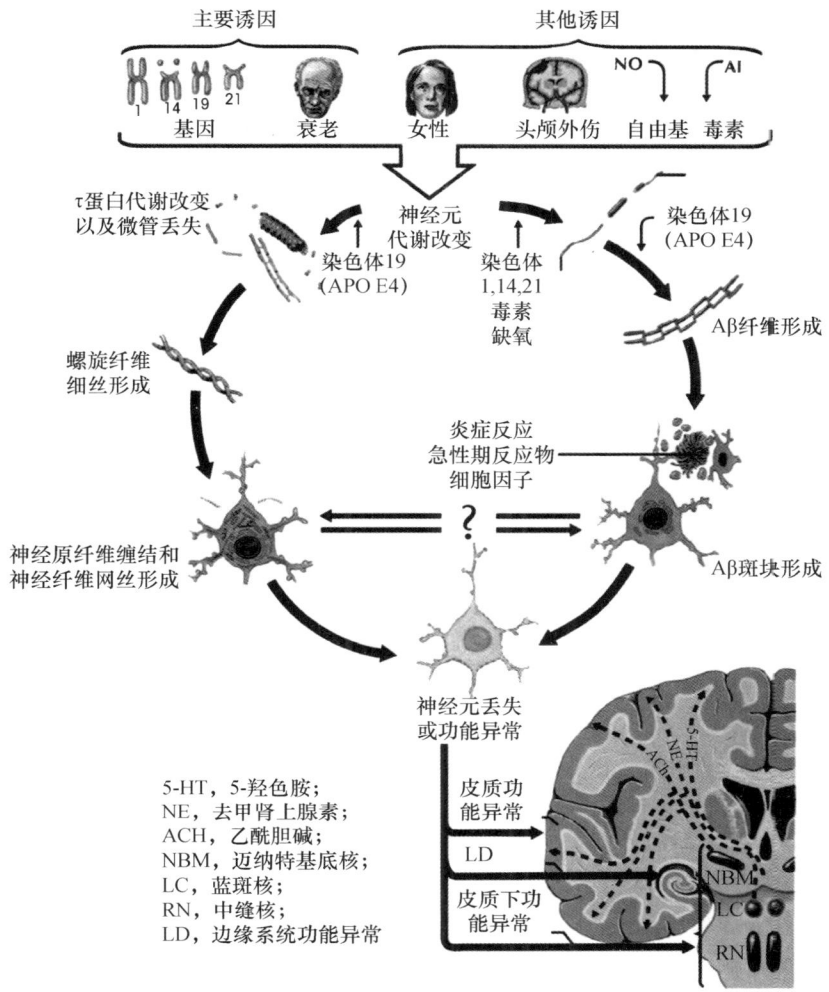

图 21-3 阿尔茨海默病的发病机制 (Raffa et al., 2013)

正常的兴奋性突触传递过程中,突触前囊泡释放谷氨酸,作用于突触后膜的 AMPA 受体和 NMDA 受体。谷氨酸突触的突触后膜富含 AMPA 受体和 NMDA 受体,AMPA 受体在正常情况下主要负责快速电传导,而 NMDA 受体对 Ca^{2+} 具有较高的通透性,是突触中诱导 LTP 和长时程压抑(LTD)所必需的。因此,当机体内过多的 Aβ 沉积不能及时被清除时,Aβ 可直接抑制 LTP 效应,也可去除突触内的谷氨酸受体和谷氨酸突触,间接抑制 LTP 效应,从而导致学习、记忆功能障碍,如图 21-5。

(三) 基因突变学说

1. τ 蛋白基因

τ 蛋白主要分布于神经元轴突,是脑特异性微管相关蛋白,在正常脑组织中 τ 蛋白可促进微管蛋白聚合形成微管,降低微管蛋白分子的解离,稳定微管的结构。微管系统是神经细胞骨架成分,可参与多种细胞功能。神经元纤维缠结由双股螺旋细丝(PHF)组成,是阿尔茨海默病的主要病理学特征之一。PHF 的主要成分是异常磷酸化的 τ 蛋白。τ 蛋白的异常磷酸化是阿尔茨海默病发病的重要机制之一。

τ 蛋白基因定位于 17 号染色体长臂,即 17q21,为含磷酸基蛋白。正常成熟脑中 τ 蛋白分子含 2~3 个磷酸基团,而阿尔茨海默病患者脑中 τ 蛋白则异常过度磷酸化,每分子内含有 5~9 个磷酸基,τ 蛋白也可发生异常修饰,如过度糖基化和泛素化等。过度磷酸化的 τ 蛋白一部分是可溶的,另一部分沉积在 PHF 中为不可溶,沉积于脑中导致神经元变性。在病理条件下,激酶和磷酸酶活性的失衡可导致 τ 蛋白的过磷酸化,从而使 τ 蛋白从微管上脱离,使微管系统崩解,影响轴突运输,并最终导致神经元变性。

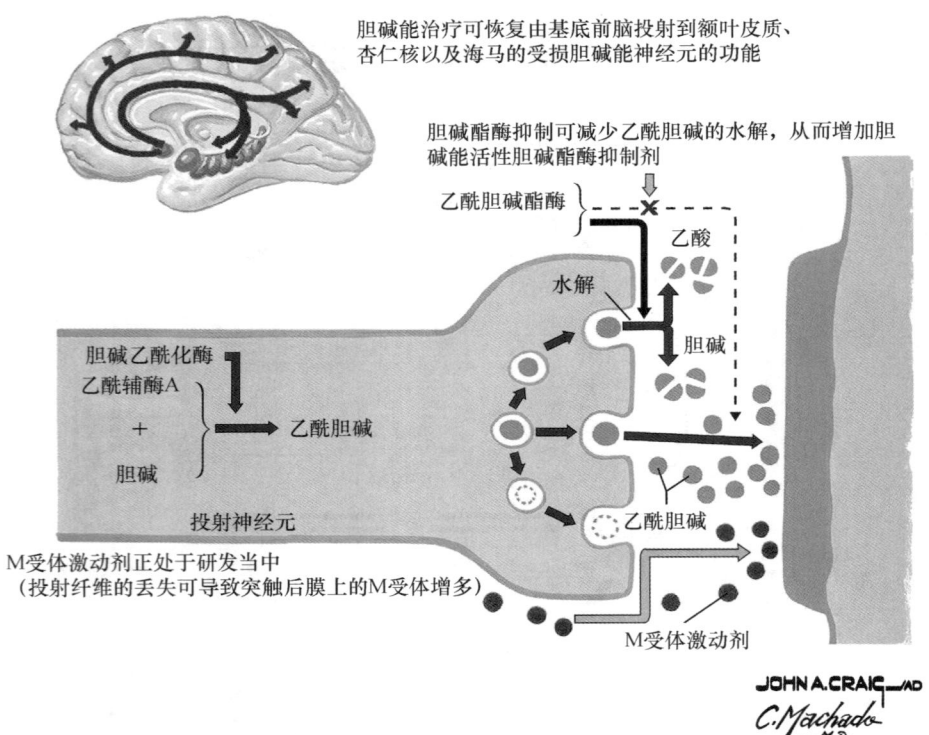

图 21-4　胆碱能神经元在脑中的投射及相关药物 (Raffa et al., 2013)

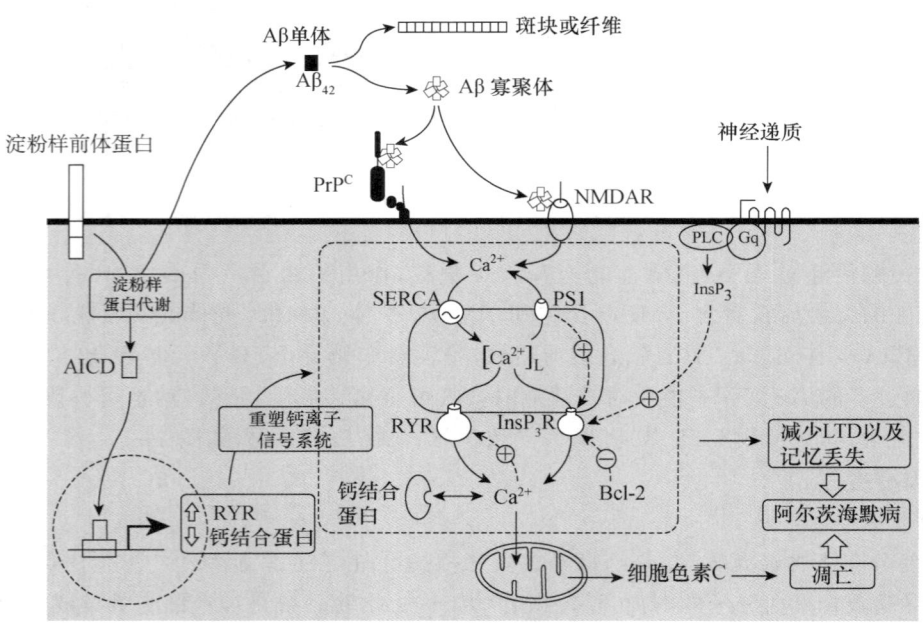

图 21-5　Aβ 可诱导细胞凋亡和抑制 LTP (Berridge, 2011)

2. *APP* 基因

Aβ 的前体蛋白基因 *APP* 位于人类 21 号染色体长臂, 由 19 个外显子组成。APP 蛋白经过 β-分泌酶和 γ-分泌酶裂解产生由 40~42 个氨基酸组成的 β-淀粉样蛋白, 即 Aβ。APP 广泛存在于全身许多组织细胞膜上, 并具有膜受体蛋白样结构的跨膜糖蛋白。Aβ 是细胞 APP 的正常产物, 神经系统所有细胞均表达 Aβ 和 APP。正常情况下 Aβ 的产生与降解保持动态平衡, 低浓度 $Aβ_{1~40}$ 有神经营养和促进神突起生长作用,高浓度 $A\beta_{1\sim40}$ 对神经元有毒性作用。APP 基因在转录、翻译、表达 APP 分子的过程中,以及形成 APP 前体蛋白及其水解产物 Aβ 的各个环节中,任何一个环节的异常都可能导致 Aβ 蛋白的形成和沉积,另外,Aβ 的降解减少也可导致其过度沉积。Aβ 蛋白是阿尔茨海默病患者脑内老年斑的主要成分,也参与神经原纤维缠结的形成。研究发现,约 1/4 的家族性阿尔茨海默病患者中发现 APP 基因突变。因此,APP 基因异常是阿尔茨海默病的重要发病机制之一。

Aβ 和 τ 蛋白的相互协同可加剧阿尔茨海默病患者认知功能的损伤。Aβ 沉积形成的 SP 产生于新皮质,向内侧大脑深处蔓延;而 τ 蛋白组成的 NFT 在边缘系统产生,向外侧新皮质扩散,两者异常均可破坏大脑神经回路的功能完整性。动物实验发现,τ 蛋白可沉默大脑皮质神经元,此沉默效应能够覆盖 Aβ 引起的兴奋效应。因此,τ 蛋白异常对阿尔茨海默病患者认知功能的损伤可能占有主导地位。在阿尔茨海默病患者,特别是在疾病进程早期(前驱型),患者通常会表现出癫痫样症状,这与支质内较高的 Aβ 水平(此时 τ 蛋白水平较低)密切相关。而 τ 蛋白对神经元功能的抑制作用不仅在它形成 NFT 之后才表现出来,而且过量的可溶性 τ 蛋白同样表现出相似的抑制作用。

图 21-6 为阿尔茨海默病患者大脑皮质中 Aβ 斑块(神经元间隙絮状物)和神经纤维化 τ 蛋白病变(浓染神经元)的光学显微镜图片(图 21-6A)和成对螺旋丝的电子显微镜图片(图 21-6B)。其中螺旋丝间距为 80 nm。配对的螺旋丝构成大多数 τ 蛋白丝。在图 21-6C 显示的六肽 VQIVYK(氨基酸残基 306~311)立体拉链晶体结构,来自 τ 蛋白细丝的核心,这是聚合所必需的。图中为两组 β-折叠(右侧和左侧),τ 蛋白丝由数千个 β-折叠股组成,其中每个 β-折叠有五个 β-折叠股。肽主干显示为箭头。黑色箭头标记 τ 丝轴。

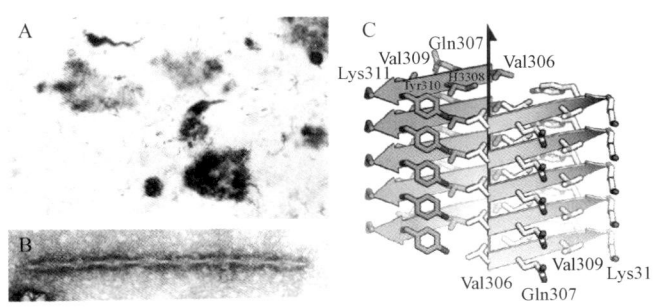

图 21-6　Aβ 斑块和 τ 蛋白的聚集(Goedert,2015)

3. 早老素基因(presenilin,PS)

阿尔茨海默病病因学研究表明,阿尔茨海默病发病与突变型早老素基因有关。PS 基因有 PS-1 和 PS-2 两种,PS-1 定位于 14 号染色体上,即 14q24.3,编码 PS-1 蛋白,有 40 多个位点可发生突变;PS-2 定位于 1 号染色体上,即 1q31~q42,编码 PS-2 蛋白,表达产物均为具有 6~9 个结构域的跨膜蛋白。已发现 PS-1 有 37 个不同错义突变和一个框内剪接点突变,而 PS-2 仅有两个错义突变。PS-1 基因缺陷可通过抑制 APP 的 γ-分泌酶发生裂解而减少 Aβ 的形成;PS-2 可抑制 T 细胞受体和 Fas 介导的神经细胞凋亡,从而抑制阿尔茨海默病的发生,PS-2 基因突变可导致 Aβ 的产生增多。研究发现,脑内 $A\beta_{1-42(43)}$ 显著沉积的患者均有 PS-1 或 PS-2 基因突变,也就是说,PS 基因可能通过影响脑内 Aβ 含量进而引发阿尔茨海默病的发生。

4. 载脂蛋白 E 基因(apoliporotein E,APOE)

APOE 基因位于第 19 号染色体长臂 13 区 2 带(19q13.2)上,基因全长为 3.7 kb,含有四个外显子和三个内含子,是一种富含精氨酸的碱性蛋白。APOE 基因存在广泛的多态性,其多态性的分子基础是 112 位和 158 位半胱氨酸和精氨酸的相互取代:ε3 112 位上是半胱氨酸,158 位上是精氨酸;ε2 112 位和 158 位上均是半胱氨酸,ε4 112 位和 158 位上则是精氨酸。APOE 的主要作用是在血液中运送胆固醇,在三种常见的基因表现中,APOE ε4 是迟发型阿尔茨海默病(65 岁以上发病)患者一个重要的遗传因素。

每个人都会从父亲或母亲遗传APOE的一种基因型,遗传了一个APOE ε4基因者发生AD的概率较高,而遗传了两个APOE ε4基因者发生阿尔茨海默病的概率则更高。有调查显示,近2/3的阿尔茨海默病患者至少有一个APOE等位基因。

研究表明,阿尔茨海默病患者脑中NFT和老年斑中均有APOE的存在,NFT的主要成分是PHF。τ蛋白在正常细胞内参与微管的组装,并保持其稳定性,当τ蛋白异常磷酸化后就降低了微管的组装能力,从而导致神经细胞的破坏。研究发现,APOE与τ蛋白的异常磷酸化有关,PHF的形成可能是APOE不能有效地维持τ蛋白与微管蛋白连接的稳定性和(或)未能抑制τ蛋白的自身聚集有关。另外,APOE能够参与调节Aβ的生成,并且能影响星形胶质细胞和神经元对Aβ的清除和形成,APOE可与Aβ结合促使后者形成单丝纤维而加速Aβ的沉淀。可见,APOE与阿尔茨海默病的三种主要病理改变均有密不可分的关系。

图21-7显示了在大脑中蓄积的Aβ可通过τ蛋白加速阿尔茨海默病的病理进程。一些遗传突变,如导致家族性早发阿尔茨海默病发生的APP和早老素蛋白基因突变,以及导致迟发阿尔茨海默病发生的主要遗传因素APOE基因β4等位基因均可促进Aβ在大脑的蓄积。Aβ可通过影响蛋白激酶和磷酸酶而改变τ蛋白的磷酸化状态,诱导τ蛋白错误折叠产生异常聚集,形成神经原纤维缠结。异常聚集的τ蛋白介导了突触功能障碍和神经元的死亡,这是阿尔茨海默病的记忆和认知障碍的病理基础。

(四)细胞凋亡学说

细胞凋亡是细胞的一种死亡形式,是指有核细胞在一定条件下通过启动内部死亡机制,按特定的基因程序自行结束生命的过程。神经细胞是一种长期存活、不可复原和已停止分化的细胞,一旦出现数量的减少,将不能再生,从而影响正常的脑功能。正常情况下细胞凋亡是机体的一种自我保护机制,通过基因表达蛋白来调控。细胞周期可保证细胞有序地进行分裂,但在机体处于持久的低水平的氧化应激、脑

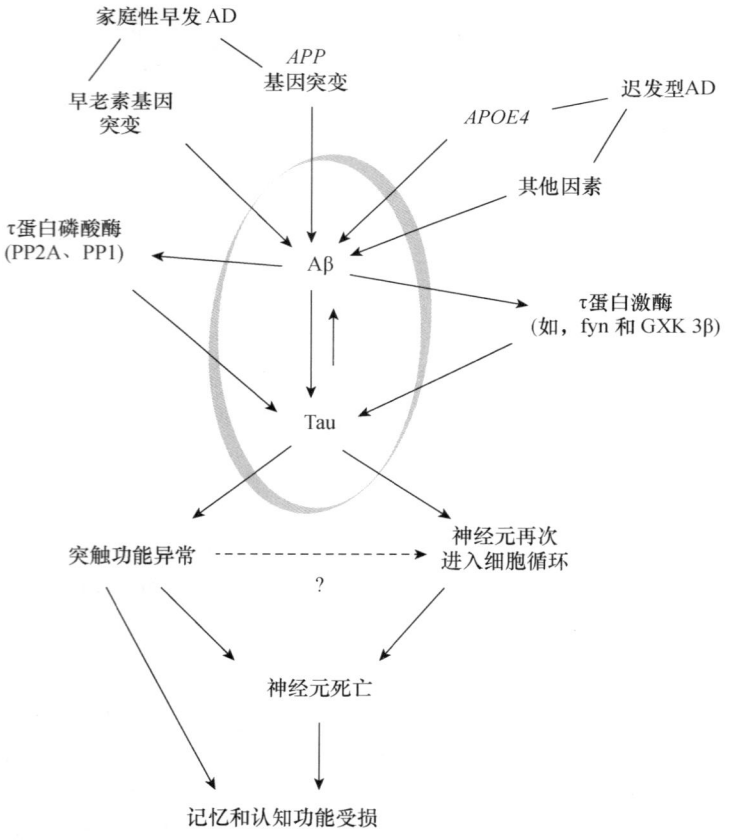

图21-7　Aβ和τ蛋白引发阿尔茨海默病的信号传导过程(Bloom,2014)

损伤等情况下时,可使神经元比较容易进入细胞周期,使神经元细胞能够进行 DNA 复制,并且能够进入 G_2 期,但是细胞不能进行正常的分裂,而是启动凋亡程序,引发细胞凋亡。但在病理条件下,神经元细胞周期出现异常、凋亡相关基因表达失调、Aβ 的毒性作用、钙稳态失调、氧化损伤,以及低能量代谢等原因均可引发细胞凋亡,导致神经元数量明显减少,进而导致脑功能障碍。

(五)钙紊乱学说

钙涉及神经生理的许多方面,包括活性、生长、分化、突触可塑性、学习和记忆,以及病理生理如坏死、凋亡和退行性变性。老化和神经变性疾病的钙假说是在 20 世纪 80 年代中期被提出来的,学者们推测细胞内钙稳态失衡是老化和神经变性疾病包括阿尔茨海默病的主要原因,随着科学研究的进行,越来越多的证据表明,钙失调在阿尔茨海默病病理变化中起着重要作用。钙通过两个主要途径影响阿尔茨海默病的发生与进展,即神经元内钙紊乱可以影响 Aβ 以及 τ 蛋白的生成。反过来,这些病理性蛋白的聚集可以加重钙调节紊乱,引起突触功能障碍以及神经变性,进而导致认知功能下降。APP 是脑内 Aβ 的重要来源,而 Aβ 的过度沉积能够导致阿尔茨海默病的发生。研究发现,Ca^{2+} 可以影响 APP 的剪切,如将神经元暴露于 Ca^{2+} 转运蛋白的环境中,可以增加 Aβ 的生成。脑细胞内 Ca^{2+} 浓度的持续增加激活 τ 蛋白激酶(τ protein kinase,TPK),使 τ 蛋白高度磷酸化,高度异常磷酸化的 τ 蛋白自聚合成 PHF,PHF 螺旋形成 NFT。钙蛋白酶在神经系统中广泛分布,处于阿尔茨海默病时,细胞内钙超载,激活钙蛋白酶,促进细胞骨架的裂解和神经纤维缠结的形成。

(六)线粒体损伤学说

线粒体是细胞能量产生的主要场所,在氧化应激中起重要作用,线粒体功能障碍可导致细胞死亡。线粒体损伤可导致细胞的能量需求障碍,如 ATP 生成障碍和氧自由基增多都可以诱导线粒体依赖的细胞死亡。$Aβ_{1\sim42}$ 在粗面内质网和间隔室内形成,因此,Aβ 在线粒体附近浓度较高。Aβ 通过抑制线粒体功能,增加膜的渗透性,使细胞色素 C 和 Smac 释放,它们被释放后又可促进 Aβ 寡聚化,导致细胞损伤。Aβ 乙醇脱氢酶(Aβ binding alcohol dehydrogenase,ABAD)位于线粒体基质中,是 Aβ 引起线粒体毒性损伤的直接作用因子。

研究还发现,在培养的细胞中,τ 蛋白过表达也可引起 $Aβ_{1\sim42}$ 生成增多,造成线粒体损伤。

(七)氧化应激学说

越来越多的研究发现,氧化应激在阿尔茨海默病的发生、发展中起关键作用,如超氧化物歧化酶、丙二醛、谷胱甘肽过氧化物酶和机体总抗氧化能力等。另外,由于具有清除自由基作用的维生素、褪黑素、银杏叶提取物可减慢阿尔茨海默病的病变过程,因此氧化应激学说受到了越来越多的关注。已有的研究也证实阿尔茨海默病患者的确伴有自由基的大量产生。在机体器官中,由于脑对氧的利用率较高,含有较多的多不饱和脂肪酸和氧化还原反应需要的多种金属离子,而且脑内的抗氧化成分相对较少,故尤其易受到氧化应激的攻击。Smith 等人的实验表明,氧化损伤发生在阿尔茨海默病的早期,在 NFT 和老年斑出现之前就已发生。应用药理试剂如 NO 前体或抑制剂阻断氧化应激的刺激,可以恢复脑细胞内源性抗氧化系统和血管活性物质的功能,延缓衰老以及与老化相关的疾病,如阿尔茨海默病。

第三节 阿尔茨海默病的临床表现、诊断和治疗

一、阿尔茨海默病的临床表现与诊断

阿尔茨海默病是以进行性认知功能障碍和记忆损害为特征的原发性中枢神经系统退行性疾病,主要发生于老年前期和老年期。本病起病隐匿,呈进行性加重,一般起病 2～3 年后症状明显,病程 5～10 年。临床主要表现为痴呆综合征,如记忆减退、认知和语言功能障碍等,记忆力障碍是阿尔茨海默病的最早表现,伴有情感和性格的改变。

目前阿尔茨海默病的诊断主要根据详细的病史、临床表现,结合神经心理量表检查及相关的辅助检查,确诊依赖于病理学检查。

按 Corey-Bloom 等提出的痴呆诊断途径,对阿尔茨海默病的诊断,首先需确定是否有痴呆,再对致痴呆疾病是否符合阿尔茨海默病进行诊断。国际上有多种检测痴呆的量表,包括有简易智能状态检查量表(mini-mental state examination,MMSE)、Mattis 痴呆评定量表(dementia rating scale,DRS)、阿尔茨海默病评估量表(AD assessment scale,ADAS)、长谷川痴呆量表(Hasegawa dementia scale,HDS)、布莱斯德痴呆评定量表(Blessed dementia rating scale,BDS)、韦氏成人智力量表(Wechsler adult intelligence scale,WAIS)和韦氏记忆量表(Wechsler memory scale,WMS)等。其中 MMSE 是由 Folstein 等设计的检测痴呆最著名的量表,该量表可以使每个研究小组或医生在 10 min 内完成测试,使用方便、简单,在临床中广泛应用。

画钟试验:该试验要求患者在一个圆圈内画出一座钟,痴呆患者常不能正确完成。用本试验对痴呆患者检测的灵敏度和特异性高达 90%。

生化指标的检查包括:脑脊液中 τ 蛋白含量;脑脊液中淀粉样蛋白衍生物(ADDL)如 $A\beta_{1\sim42}$ 的含量等。

电生理学的检查有:脑电图和脑诱发电位的检查。

神经影像学的检查有电子计算机断层扫描(computerized tomographic scanning,CT)和磁共振成像(MRI)、单光子发射计算机体层摄影(SPECT)、正电子发射体层摄影(PET)、质子磁共振波谱(H-magnetic resonance spectroscopy,H-MRS)等。

二、阿尔茨海默病的治疗

据世界卫生组织发布的信息,阿尔茨海默病是导致人类死亡的第五大疾病,到目前为止还没有根治方法。治疗的目的是延缓病情的进展,维持残存的脑功能,减少并发症。

(一) 胆碱酯酶抑制剂

胆碱酯酶抑制剂可增加突触间隙乙酰胆碱含量,是现今治疗轻中度阿尔茨海默病的一线药物。主要包括多奈哌齐(donepezil)、利凡斯的明(卡巴拉汀)(rivastigmine)、加兰他敏(galanthamine)和石杉碱甲(huperzine A),其中多奈哌齐、利凡斯的明和加兰他敏在改善认知功能、总体印象和日常生活能力方面疗效确切。

(1) 多奈哌齐:1996 年 12 月 FDA 批准的第二代用于治疗阿尔茨海默病的药物。该药具有高度选择性,能明显抑制脑组织中的乙酰胆碱酯酶。

(2) 利凡斯的明:一种氨基酸类脑选择性胆碱酯酶抑制剂,可延缓胆碱能神经元对释放的乙酰胆碱的降解,促进胆碱能神经传导,从而改善阿尔茨海默病患者的认知、记忆症状。

(3) 加兰他敏:一种可逆性乙酰胆碱酯酶抑制剂,对乙酰胆碱酯酶有高度选择性,治疗中度阿尔茨海默病临床有效率约为 60%。

(4) 石杉碱甲(双益平酯):中国科学院上海药物研究所从石杉科千层塔中提取的一种生物碱,是我国自行研制的治疗阿尔茨海默病的药物。

(二) NMDA 受体拮抗药

谷氨酸能神经递质功能障碍(尤其是 NMDA 受体功能损害时)会表现出神经退行性痴呆的临床症状和疾病进展。美金刚是一种电压依赖性、中等程度亲和力的非竞争性 NMDA 受体阻断药,一方面可以阻断兴奋性神经递质谷氨酸浓度病理性升高导致的神经元损伤,另一方面不会影响谷氨酸参与的正常的学习、记忆等生理功能。美金刚通过阻滞 NMDA 受体,从而间接抑制 β-淀粉样蛋白的生成和 τ 蛋白磷酸化,促进脑源性神经营养因子的产生,进而保护神经元,改善学习、记忆功能。盐酸美金刚(memantine)

也是一类阿尔茨海默病治疗一线药物,是 FDA 批准的首个中重度阿尔茨海默病治疗药物,可与胆碱酯酶抑制剂同时使用。

(三) 中药及其他常用辅助治疗药物

中药含有多种有效成分,具有发挥多种作用靶点的药理特点,符合阿尔茨海默病多因素、多种病理机制的变性病发病特点。银杏叶提取物对阿尔茨海默病、多发梗死性痴呆和轻度认知障碍治疗有效,可改善患者认知障碍和日常生活能力及痴呆相关症状。

(四) 脑代谢激活药

阿尔茨海默病患者存在糖、蛋白质、脂肪及核酸等的代谢障碍,脑代谢激活药可对由此引起的某些症状,如记忆力减退、环境适应能力降低等有不同程度的改善。吡拉西坦(piracetam)属 GABA 环化衍生物,可促进脑内 ADP 转化为 ATP,促进脑内蛋白质和核酸合成,改善脑内代谢及能量供应状况。影响胆碱能神经元兴奋传递,促进乙酰胆碱合成。此外,还可增加多巴胺的释放,增强记忆能力。

(五) 钙拮抗剂

阿尔茨海默病患者的神经元钙代谢失调,即细胞内钙超负荷并导致神经细胞死亡。钙通道阻滞剂通过阻断 Ca^{2+} 内流,消除细胞内钙超负荷,并减少自由基产生,同时扩张脑血管,改善脑供血,达到阻止或逆转老化进程的目的。尼莫地平、氟桂利嗪和桂利嗪等对阿尔茨海默病的某些症状如记忆力减退、适应环境能力降低等有不同程度的改善作用。

(六) 胆碱受体激动药

(1) 米拉美林(milameline):目前最常用的 M_1 受体激动剂之一,对阿尔茨海默病患者的认知功能和动作行为具有明显的改善作用。

(2) 占诺美林(xanomeline):毒蕈碱 M_1 受体选择性激动剂,易透过血脑屏障,且在皮质和纹状体的摄取率较高,是目前发现的选择性最高的 M_1 受体激动剂之一,可明显改善认知功能和动作行为。

(七) 抗氧化药物

(1) 司来吉兰(selegiline):具有抗氧化效应,对自由基引起的神经变性有预防作用,能阻碍阿尔茨海默病恶化;司来吉兰还可抑制单胺氧化酶 B,增加儿茶酚胺传导,改善认知功能。

(2) 丹参酚酸(salvianolic acid)类化合物:SalA 和 SalB 为中药丹参提取的水溶性化合物,具有抗脑缺血、抗氧化、保护细胞膜、抑制 NO 合成酶活性等作用。SalA 抗氧化作用比维生素 E 强 100 倍以上,是迄今为止发现的抗氧化作用最强的天然产物之一。

(八) 抗 τ 蛋白药物

由于目前靶向 Aβ 的候选药物接连失败,而 τ 蛋白成像技术不断发展,因此抗 τ 蛋白的药物仍在持续开发当中。近年来,有多个抗 τ 蛋白疗法进入临床研究,其中包括疫苗、抗体和小分子药物。

(1) 疫苗:通过激活免疫系统帮助患者清除过多的 τ 蛋白。AADvac1 可激发自身产生抗体来作用于病变 τ 蛋白,进而治疗阿尔茨海默病患者。τ 蛋白的聚集一般在确诊前就有多年的累积,疫苗的优势在于能形成长效的预防和保护作用。

(2) 抗体:能精确调控并靶向不同形式的 τ 蛋白,继而调节免疫反应。ABBV-8E12 是一种全人源化单克隆抗体,它能够识别胞外的病变蛋白。与其他抗体的不同之处在于它不需要被神经元摄取,通过特异性结合非正常折叠的 τ 蛋白而将其清除,起到神经保护作用。

(3) 小分子抑制剂:MK-8719 可抑制 O-GlcNAc 酶活性,进而抑制 O-GlcNAc 被从 τ 蛋白上剪切下来,从而间接抑制 τ 蛋白的过度磷酸化。

综上所述,阿尔茨海默病的病程是渐进性和非可逆性的,发病机制十分复杂,目前尚无针对其病因的特效药,主要针对其致病机理进行治疗,如胆碱能药物、抗 Aβ 形成药物以及抗氧化药物,在治疗阿尔茨海默病中取得了一定进展,另外,还有很多药物尚处于基础研究及临床试验阶段,疫苗、基因治疗还在进一步研究中。

三、新药研发现状

在 2018 年有 31 种药物处于临床三期评价(图 21-8),预计其中 25 种有潜力的药物在未来 5 年中将获批投放市场。这些药物中有 12 种是缓解症状的药物,用于减轻患者包括躁狂、攻击性、失眠等在内的症状;有 19 种是改变疾病发生、发展的药物,试图调节造成阿尔茨海默病的原因。以靶标来看,这 31 种药物中有 14 种是靶向神经传递的药物。在 2018 年处于临床二期的药物有 68 种(图 21-8),预计其中 8 种药物有潜力在未来 5 年中获批投放市场。这些药物中有 13 种是缓解症状的药物,55 种是改变疾病发生、发展的药物。以靶标来看,有 11 种靶向 τ 蛋白,12 种靶向淀粉样蛋白。

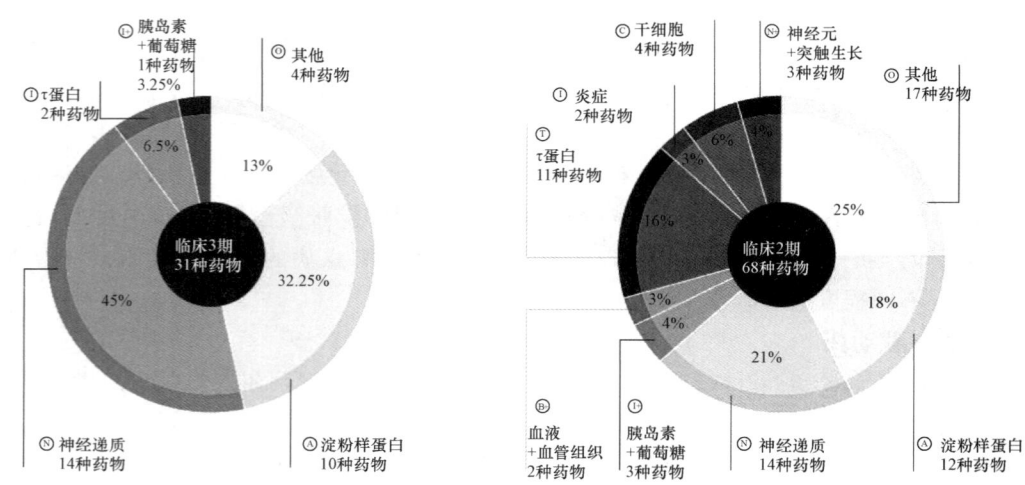

图 21-8　2018 年阿尔茨海默病药物研发管线作用机制分类

(https://www.usagainstalzheimers.org/sites/default/files/2018_Alzheimers_Drug_Pipeline_The_Current_State_Of_Alzheimers_Drug_Development.pdf,引用日期:2021-05-01)

(蒲小平、孙懿)

练 习 题

1. 简述导致阿尔茨海默病发生的病因有哪些?
2. 简述阿尔茨海默病发病机制的 Aβ 毒性学说和 τ 蛋白学说?
3. 简述阿尔茨海默病发病的胆碱能学说,以及临床用于治疗阿尔茨海默病的第二代胆碱酯酶抑制剂是什么?

参 考 文 献

BERRIDGE M J,2011. Calcium signalling and Alzheimer's disease[J]. Neurochemical research,36(7):1149-1156.

BLOOM G S,2014. Amyloid-β and tau:the trigger and bullet in Alzheimer disease pathogenesis[J]. JAMA neurology,71(4):505-508.

BUSCHE M A,WEGMANN S,DUJARDIN S,et al,2019. Tau impairs neural circuits,dominating amyloid-β effects,in Alzheimer models in vivo[J]. Nature neuroscience,22(1):57-64.

CARRILLO M C,BLACKWELL A,HAMPEL H,et al,2009. Early risk assessment for Alzheimer's disease[J]. Alzheimer's & dementia,5(2):182-196.

GOEDERT M,2015. Alzheimer's and Parkinson's diseases:The prion concept in relation to assembled Aβ, tau, and α-synuclein[J]. Science, 349(6248): 1255555.

LANE C A, HARDY J, SCHOTT J M, 2018. Alzheimer's disease[J]. Eur j neurol, 25: 59-70.

PRATICO D, 2008. Oxidative stress hypothesis in Alzheimer's disease: a reappraisal[J]. Trends in pharmacological sciences, 29: 609-615.

RAFFA R B, RAWLS S M, BEYZAROV E P, 2013. Netter's illustrated pharmacology updated edition e-book[M]. Elsevier health sciences.

VINE H L, WALKER L C, 2010. Molecular polymorphism of Aβ in Alzheimer's disease[J]. Neurobiology of aging, 31: 542-548.

YU T J, CHANG R C C, TAN L, 2009. Calcium dysregulation in Alzheimer's disease: From mechanisms to therapeutic opportunities[J]. Progress in neurobiology, 89: 240-255.

ZETTERBERG H, BLEENNOW K, ERIC H, 2010. Amyloid β and APP as biomarkers for Alzheimer's disease[J]. Experimetal gerontology, 45: 23-29.

中国痴呆与认知障碍指南写作组,中国医师协会神经内科医师分会,认知障碍疾病专业委员会,2018. 中国痴呆与认知障碍诊治指南(二):阿尔茨海默病诊治指南[J]. 中华医学杂志,98:971-977.

第二十二章　运动障碍与帕金森病

社会在发展,科技在进步,人类的健康水平在不断提高,人口老龄化时代来临,一些老年性疾病也越来越受到科学界的关注。神经系统退行性疾病是人类疾病死亡的一个重要原因,其中帕金森病是较常见的神经系统退行性疾病之一。

帕金森病是第二大常见的神经退行性疾病(仅次于阿尔茨海默病),65岁以上老人发病率为160/10万人。男性为2%,女性为1.3%。非洲比欧洲和美洲的发病率低,亚洲的发病率与欧洲和美洲相似。帕金森病的发病率随年龄增长而升高,全球约有600万人患有帕金森病,近来的流行病学调查显示,帕金森病的发病率随着人口老龄化在逐年上升,预计在未来的20年,帕金森病患者的数量将增长1倍。

第一节　帕金森病的发病机制

目前,帕金森病的发病机制尚未完全阐明,研究表明,帕金森病与遗传因素、环境因素、兴奋性毒性、自由基、线粒体功能障碍、氧化应激过度、细胞凋亡、泛素-蛋白酶体系统(ubiquitin-proteasome system,UPS)功能障碍等多种因素有关(图22-1)。

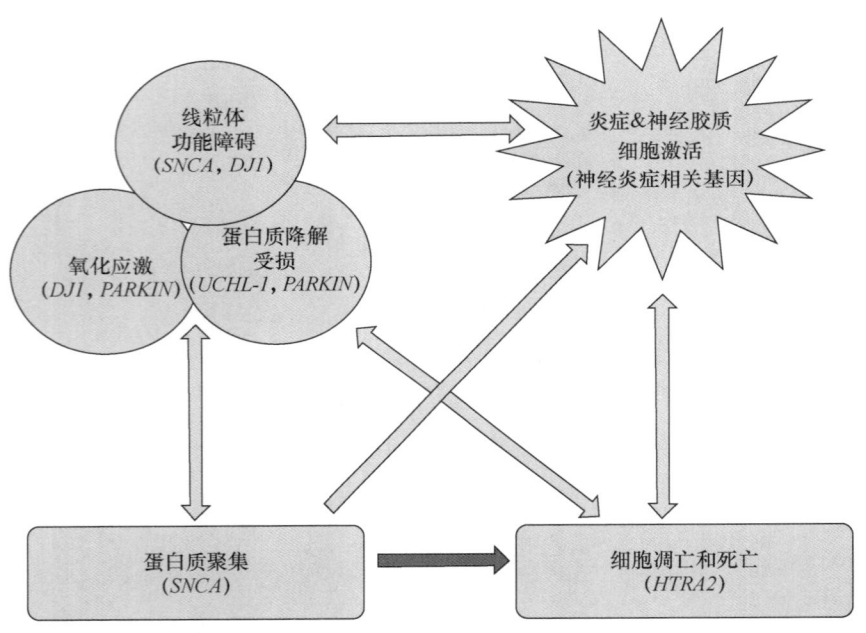

图22-1　帕金森病的发病机制与致病基因(Miller et al.,2015)

一、酪氨酸羟化酶与帕金森病

目前帕金森病的病因和发病机制还不是十分清楚,但黑质纹状体多巴胺递质水平低下这一主要的神经化学异常是帕金森病发生的重要机制之一。由于酪氨酸羟化酶(TH)是儿茶酚胺类活性物质生物合成的限速酶,在多巴胺生物合成的调节中发挥重要作用,所以该酶在生物体内,尤其是在黑质纹状体系统中质(活性)和量(表达)的变化会直接影响到L-多巴胺的生物合成。研究发现,老年大鼠黑质致密部TH

所含的羰基较成年大鼠明显增高,提示老年大鼠黑质 TH 受 ROS 氧化损伤的程度强于成年大鼠。并且,老年大鼠 TH 活性也降低,提示氧化损伤可能是使 TH 失活的主要原因。

二、细胞凋亡与帕金森病

在帕金森病和许多老年性退行性神经疾患中发现神经元和脑细胞以凋亡的形式死亡。研究表明,帕金森病患者黑质中的多巴胺能神经元的凋亡数量明显增加,因此,凋亡可能是引起帕金森病患者黑质中多巴胺能神经元死亡和丢失的直接原因之一。近年来的研究表明,多巴胺代谢过程中可产生 H_2O_2,进而生成羟自由基和有毒的半醌,引起多巴胺能神经元凋亡。业已证实,DA/Fe^{2+} 通过氧化应激导致多巴胺能神经元细胞凋亡。应用抗氧化剂 17β-雌二醇可阻止其细胞凋亡,进一步间接地证明了多巴胺能神经元凋亡与氧化应激有关。

三、基因机制

目前已发现与帕金森病明确相关的致病基因共有五个,它们分别是 *SNCA*(α 突触核蛋白的基因)、*LRRK2*、*PARKIN*、*DJ1* 和 *PINK1* 基因,*SNCA*、*LRRK2* 基因的突变常见于常染色体显性遗传帕金森病患者,主要参与细胞内蛋白质包涵体的形成;而 *PARKIN*、*DJ1* 和 *PINK1* 等基因的突变常见于常染色体隐性遗传和散发性帕金森病患者,主要参与调控线粒体以及氧化应激相关信号通路。

其中,*DJ1* 是帕金森病较常见的致病基因,其在帕金森病人群中的突变频率大约为 1%。*DJ1* 基因定位于 1p36,有八个外显子,长 24 kb。外显子 1A 和 1B 不编码,它们在 DJ1 mRNA 中被可变剪切。外显子 2~7 包含开放性阅读框,编码一个含 189 个氨基酸的蛋白,*DJ1* 基因在进化中高度保守。DJ1 蛋白在体内广泛分布,包括在黑质基底神经节不同类型细胞的胞核、胞质中均有表达。DJ1 是一种多功能蛋白,在转录调节和抗氧化应激方面具有重要作用,DJ1 功能缺陷将会导致帕金森病和癌症的发生。在帕金森病患者中,DJ1 被氧化,这种氧化随着年龄的增长而逐渐增多。氧化应激后,DJ1 转移到线粒体,主要定位在线粒体的基质和膜间腔。DJ1 定位于线粒体后,可保持线粒体复合物 I 的活性。在体外实验中,应用小鼠 NIH3T3 细胞转染外源性带有标签的野生型或各种突变型 *DJ1* 基因进行细胞实验,发现 DJ1 对 H_2O_2 诱导的细胞死亡具有保护作用,而突变型 DJ1 可导致氧化应激诱导的细胞死亡,即野生型 DJ1 可保护神经元细胞抵抗氧化应激。在体内实验中,转染了野生型 DJ1 的小鼠对 MPTP 引起的黑质纹状体的损伤有抵抗作用,使更多的多巴胺能神经元存活。DJ1 发挥抗氧化作用可能通过自身氧化消除活性氧,该蛋白也可作为氧化应激敏感的分子伴侣保护细胞抵抗由氧化应激引起的损伤作用,尤其是对线粒体的损伤。

如前所述,帕金森病的基本病理特征为中脑黑质致密部多巴胺能神经元缓慢、进行性变性丢失以及纹状体多巴胺水平降低。同时,残留的神经元胞浆中 α 突触核蛋白(αSyn)聚集体——路易小体(Lewy body)广泛存在(图 22-2),90% 以上的散发性帕金森患者具有路易小体特征,路易小体的主要成分是 αSyn。*SNCA* 基因位于第 4 号染色体长臂 4q21.3-23,其编码的 αSyn 由 140 个氨基酸组成;其 N 末端含有 5~7 个不完全的重复序列,是蛋白质的碱性区域;中央疏水区域(第 61~第 95 位残基)含有非 β 淀粉样成分(the non-amyloid-β component,NAC)结构域,其中第 66~第 74 位残基为 αSyn 所必需;羧基端为酸性区域。*SNCA* 基因编码一种突触前蛋白,即 αSyn 蛋白,在大脑中广泛表达,主要位于中枢神经系统的突触前末梢中。αSyn 在溶液中以无规则卷曲的形式存在,是神经元胞质中高度可溶性蛋白。正常情况下,αSyn 的功能还不是十分清楚,可能与突触可塑性、突触小泡中多巴胺神经递质的活性调节等有关。αSyn 的基因突变、过表达以及蛋白异常聚集等均可导致神经系统疾病的发生。正常的 αSyn 代谢障碍可能导致大量 αSyn 聚集形成路易小体,这可能是散发性帕金森病的主要原因之一。αSyn 在路易小体中以 α-β 片层结构的纤维形式存在,并与其他蛋白如 synphilin-1、PARKIN 结合形成不溶性聚集物。另外,由于 αSyn 蛋白有天然非折叠的分子构象,故其具有同种蛋白分子间相互作用的倾向,高浓度 αSyn 可自我聚集,形成纤维样结构。SNCA 基因突变可促进 αSyn 初原纤维的形成,而 αSyn 初原纤维对神经元有毒性作用。

可溶性和无害的 αSyn 向聚合神经毒性形式的结构过渡,其详细机制在很大程度上仍不为人所知。αSyn 的无序性质阻碍了使用基于结构的蛋白质工程方法来阐明这种转变的分子决定因素。最近一种致病性 αSyn 纤维蛋白的 3D 结构为其结构研究提供了一个范例。该结构支持非 β 淀粉样成分(第 61～第 95 位)结构域是纤维形成的关键因素,因为它构成了纤维的核心。

毒性 αSyn 合成在帕金森病发病机制中起着关键作用,它扰乱了重要的细胞功能,因此,靶向 αSyn 是一种合理的疾病治疗策略。目前的研究方法包括采用 RNA 干扰(RNAi)减少 αSyn 合成,抑制 αSyn 聚合,促进 αSyn 聚合体细胞内降解(通过增强自噬和增强胞体降解),并通过主动和被动免疫促进 αSyn 的细胞外降解,从而达到降低 αSyn 水平的目的。

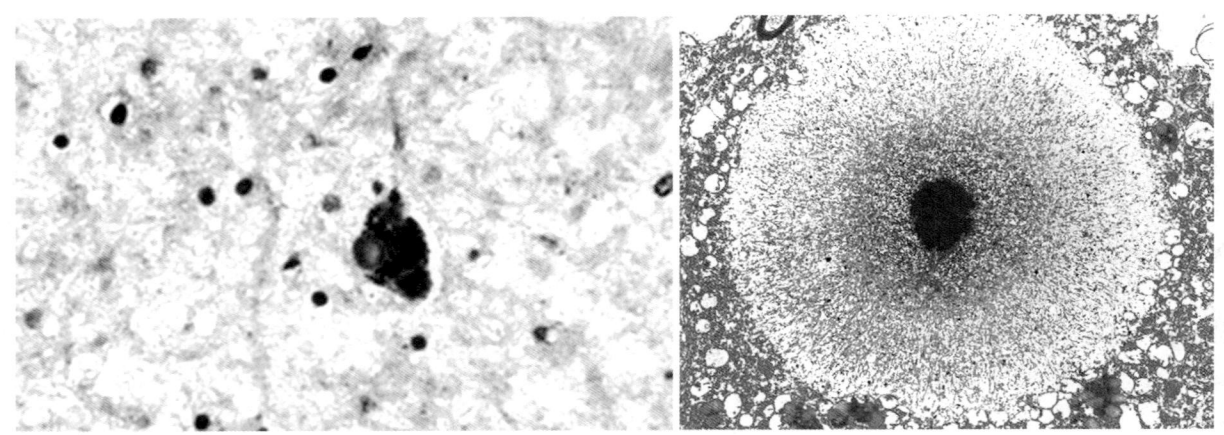

图 22-2　退行性病变神经元中的路易小体(突触核蛋白染色)(左)及路易小体的透射电子显微照片(右)(左：Sveinbjorns-dottir,2016;右：Makin,2016)

四、泛素-蛋白酶体系统功能缺陷与帕金森病

泛素-蛋白酶体系统(UPS)功能缺陷在帕金森病发病中的作用近年来受到极大的关注,它被普遍认为是散发性帕金森病和家族性帕金森病的共同分子通路。泛素-蛋白酶体系统是由多个调节及催化亚基构成的 26S/20S 蛋白酶复合体,是真核生物细胞内重要的蛋白质溶酶体降解系统(图 22-3)。它主要负责细胞内突变、受损和异常折叠蛋白的降解,调节短寿蛋白的水平,介导细胞内基因转录、神经传递等相关因子的活性。UPS 由泛素系统和蛋白酶体系统组成。泛素系统包括泛素和泛素相关酶,泛素是一个高度保守的 76 个氨基酸的多肽,它以泛素单体或者多聚泛素链的形式存在;泛素相关酶主要有四类,即泛素活化酶 E1、泛素偶联酶 E2、泛素连接酶 E3 和去泛素化酶。蛋白酶体系统包括 26S 蛋白酶体和 20S 蛋白酶体。体内的蛋白首先经过泛素化识别过程,然后被运送到蛋白酶体进行降解。蛋白的泛素化过程是：E1 水解 ATP,活化泛素,通过 E2 将活化的泛素从 E1 转移到一个 E3 上,然后 E3 为其特异性识别和结合的蛋白底物连续添加活化的泛素,形成一个多聚泛素链的标记,至此,完成蛋白的泛素化标记。然后,带有多聚泛素链标记的蛋白即可被提呈给 26S 蛋白酶体,通过展开、转位进入 20S 核心,被水解成小片段。26S/20S 蛋白酶复合体催化反应的终产物是小肽段,进一步由其他的蛋白酶处理产生相应的氨基酸。在多聚泛素化蛋白进入蛋白酶体核心之前,通过去泛素酶的作用,多聚泛素链与底物蛋白脱离并且被水解成游离的泛素单体,泛素单体随后进入再循环,标记下一个需要降解的蛋白,如此循环往复,清除体内异常的蛋白。

正常情况下,UPS 对蛋白的泛素化标记和蛋白酶体降解过程是比较缓慢的,体内错误蛋白的生成和降解处于动态平衡,错误蛋白的生成增多或 UPS 的任何环节出现功能异常,均可导致异常蛋白在细胞内的堆积,在神经元内形成路易小体,损害神经元的完整性。阻断蛋白酶体通路后可能导致某些有

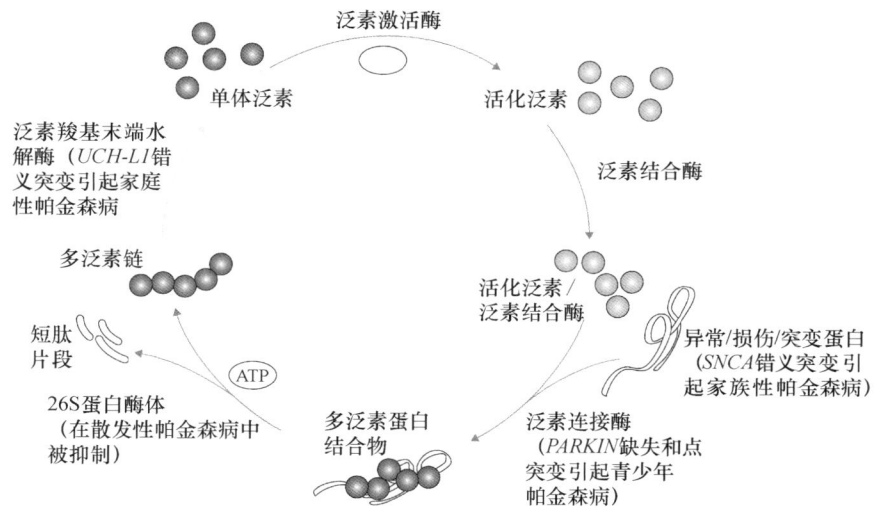

图 22-3　泛素-蛋白酶体系统对异常蛋白的降解 (Samii et al.,2004)

害的蛋白底物降解障碍,如与凋亡相关的调节分子降解障碍,则可诱导多巴胺能细胞凋亡。路易小体的主要成分 αSyn 主要由 UPS 降解,正常情况下其表达与降解处于动态平衡,而 UPS 功能缺陷时可导致错误折叠、αSyn 单体及寡聚体降解受阻、形成胞浆内路易小体、多巴胺能神经元变性死亡等。PARKIN 蛋白是一种 E3 泛素蛋白酶,它的纯合突变造成功能缺失,可使降解受阻、细胞内蛋白积聚;UCH-L1 是泛素化蛋白的裂解酶,UCH-L1 突变可使 UPS 降解力下降;氧化应激可导致细胞内异常蛋白增加,超出 UPS 降解能力;线粒体功能障碍可使 UPS 降解所需的能量供应不足等。这些均可到导致 UPS 功能障碍,进而引起体内异常蛋白的堆积,导致帕金森病的发生、发展(图 22-3)。研究还发现,采用蛋白酶体抑制剂 lactacystin 可复制出帕金森病的许多关键特征,包括进展性帕金森病症状、选择性黑质纹状体通路的神经元退变和 αSyn、泛素阳性路易小体样包涵体形成,进一步说明 UPS 功能缺陷与帕金森病的发生有着密切的关系。

五、兴奋性毒性及钙的细胞毒作用

兴奋性氨基酸(EAA)及其受体所介导的兴奋性毒性作用在帕金森病的发病机制中可能发挥重要作用。EAA 主要有谷氨酸和 L-天冬氨酸,在脑内含量最多,毒性最强,如释放过多或灭活机制受损将对神经细胞产生毒性作用。兴奋性毒性即谷氨酸介导的兴奋性突触神经传递和促离子型谷氨酸受体的过度激活或延长激活使得神经元胞浆内 Ca^{2+} 浓度大幅度升高,继而介导神经元死亡。在黑质纹状体的多巴胺能神经元中广泛存在 EAA 受体,其中 NMDA 与多巴胺能神经元变性之间的关系较为密切,细胞内钙超载时,通过多种机制参与兴奋毒性神经元损害。生理情况下,纹状体神经元的活动是由黑质多巴胺能神经元的抑制及大脑皮质谷氨酸能神经元的兴奋相制约完成的,由于帕金森病患者黑质纹状体多巴胺能神经元缺失,造成谷氨酸能神经元的兴奋性活动增强。NMDA 受体活化后,引起了广泛的 Ca^{2+} 内流并在线粒体内快速堆积,导致线粒体功能丧失。NMDA 受体的兴奋还可增加一氧化氮合成酶的活性,使一氧化氮合成增加,产生神经细胞的毒性作用。EAA 产生的兴奋性毒性与细胞内钙超载均可通过各种机制参与帕金森病的发生、发展。

六、氧化应激学说

氧化应激是指由内源性活性氧所致的细胞毒性损伤。许多神经退行性疾病都涉及氧化应激损伤,如帕金森病、阿尔茨海默病和脑卒中等病灶周围都要产生大量活性氧自由基。细胞内氧化系统与抗氧化系统失衡,导致活性氧簇(ROS)在细胞中累积是氧化应激的主要特征之一。过多的ROS会产生细胞膜脂质过氧化、脂-蛋白相互作用的改变、酶失活、DNA断裂等损伤,导致细胞坏死或凋亡,进而抑制谷氨酸的摄取和释放、细胞内钙超载、激活神经炎性反应和凋亡通路等。身体的一些组织尤其是脑组织对氧化应激尤为敏感,因为:第一,脑组织虽然只占体重的2%,却消耗总氧量的20%并高频率地实现大量ATP循环。据估计,细胞消耗的氧大约5%被还原成ROS,因此,脑组织与其他耗氧较少的组织相比可能产生相对多的ROS。第二,脑组织富含多不饱和脂肪酸,后者对ROS损伤尤为敏感。第三,兴奋性递质(如谷氨酸)释放,在突触后神经元诱导级联反应,导致ROS形成,这能导致神经系统局部损伤。第四,神经元是非再生细胞,ROS对脑组织产生的任何损伤将随着时间而蓄积。另有研究表明,在帕金森病患者体内存在抗氧化系统的缺陷,如黑质还原型谷胱甘肽水平显著降低,而且,在多巴胺自身氧化、半醌形成及聚合过程中可产生自由基,线粒体电子传递链功能异常、泛素-蛋白酶体系统功能缺陷等也可使体内自由基产生增加。因此,氧化应激是帕金森病发病的重要机制之一。

七、神经炎症

近年来,大量脑尸检、脑成像和体液生物标志物研究表明,炎症反应参与了帕金森病的发病。虽然神经炎症可能不是最初的疾病触发因素,但它是致病的重要因素。帕金森病患者脑组织中的儿茶酚胺能神经元和培养的多巴胺能神经元,如果暴露于活化的小胶质细胞或左旋多巴中时,会特别倾向于表达MHC Ⅰ型蛋白,呈现抗原后,将使它们暴露于细胞毒性T细胞介导的死亡。全基因组关联分析表明,与帕金森病发病风险相关的基因通常编码免疫细胞中表达的、参与免疫调节的蛋白质,如*LRRK2*基因参与免疫细胞自噬过程。此外,αSyn聚集诱导帕金森病的先天免疫和适应性免疫,神经炎症也可促进αSyn错误折叠。

与此同时,研究人员发现,如果认为激活的免疫细胞只会导致大脑中帕金森病的发生或恶化,那将是一种误导。有研究表明,小胶质细胞可以吞噬和降解细胞外αSyn聚集体,而目前正在开发的针对αSyn的免疫治疗,也依赖于激活的免疫细胞,来清除抗体结合的αSyn。

综上,虽然帕金森病的潜在发病机制尚未完全阐明,但可以确定帕金森病的发生涉及多种不同细胞过程。因此,单一药物可能对导致细胞功能障碍和死亡的异常途径无效。根据已确定涉及的几个关键发病机制,帕金森病的神经保护的可能机制包括(图22-4):① 针对炎症和胶质细胞活化的保护;② 针对兴奋性氨基酸毒性的保护;③ 针对Ca^{2+}细胞毒性的保护;④ 针对线粒体功能障碍和氧化应激及细胞凋亡的保护;⑤ 提高神经营养因子表达水平;⑥ 针对αSyn错误折叠、积聚和聚集对神经元有毒性作用的保护等。

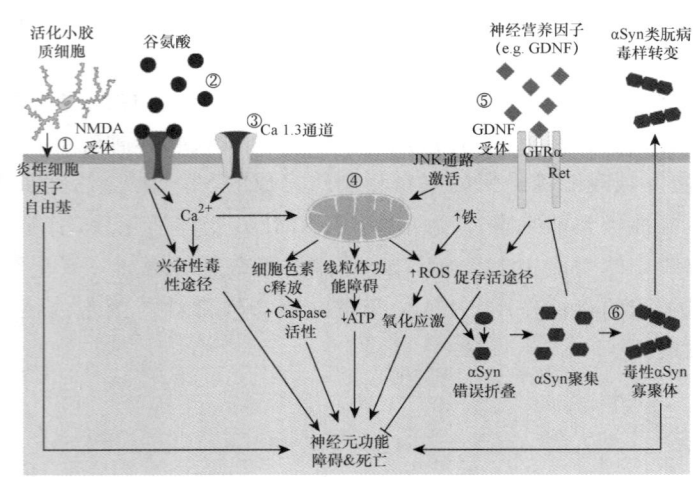

图22-4 帕金森病神经保护治疗的可能机制(Aldakheel et al., 2014)

第二节 帕金森病的临床表现与诊断

一、帕金森病的临床表现

帕金森病的主要临床特征包括静止性震颤、肌强直、运动迟缓和姿势步态异常运动等(图22-5)。最常见的首发症状是一侧上肢的静止性震颤(60%~70%),其次可表现为一侧肢体的震颤,起步困难,动作缓慢等。非运动症状有认知功能损害、神经精神症状、自主神经功能失调、睡眠障碍和感觉障碍等。神经精神症状包括情感障碍、认知功能下降和痴呆、精神症状(如视幻觉);感觉障碍包括嗅觉障碍和疼痛;自主神经功能障碍包括便秘、出汗障碍、膀胱功能失调、性功能障碍和吞咽功能失调等。

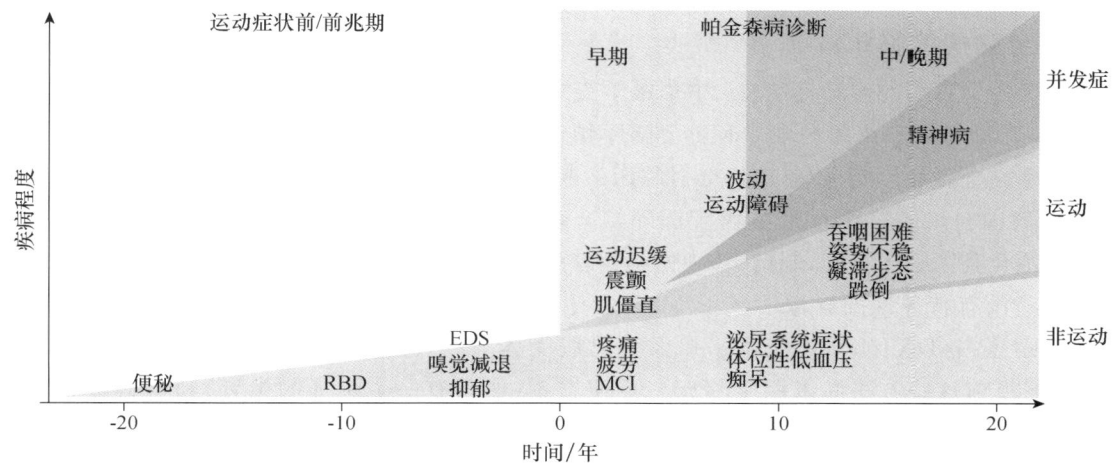

EDS,白天过度嗜睡(excessive daytime sleepiness);MCI,轻度认知障碍(mild cognitive impairment);RBD,快速眼动睡眠行为障碍(REM sleep behaviour disorder)

图 22-5　帕金森病的病理进程及临床症状(Kalia et al.,2015)

静止性震颤最早由帕金森(Parkinson)描述,是帕金森病最易认识的体征,75%的病人以此症状为首发,常一侧肢体远端先开始,有时可仅一个手指持续震颤数年后才出现其他症状,一般为节律性、交替性、特征性的搓丸样震颤,频率一般3~8次/s,肌电图(electromyogram,EMG)上可有明显表现。

手足震颤的表现特征是肢体一侧更明显的手足震颤,在自然状态下就会表现出震颤,当要做其他事情时就会停止,比如此时拿筷子,手的震颤就停止。走路的时候或情绪紧张时,震颤会变得严重。下颌震颤也是常见症状。

肌强直是锥体外系病变引起的肌张力升高,系肌张力不自主地增加所致,这种肌张力增加可影响至全部肌肉群。早期非典型肌强直主要表现为肢体僵硬、手脚动作笨拙等。当医生进行检查时,患者关节的屈和伸均可感到持续存在阻力,如症状明显,可表现为呈"齿轮样"关节,或呈"铅管样"关节。肌强直可发生于四肢、颈部以及面部等。颈部肌强直最为常见。

运动迟缓最初的表现是日常活动减慢、运动减慢和完成动作的时间延长等变化。主要是使用餐具、系纽扣或鞋带等精细动作的减慢,字越写越小,声音变小且单调,缺乏面部表情,称为"面具脸",睡觉翻身困难等。

姿势步态异常一般有拖曳步态、小步等,是帕金森病最突出的表现。包括头前倾、躯干前倾弯曲、肘关节屈曲,下肢拖曳、蹭地等。行走时因姿势反射障碍,缺乏上肢协同运动,摆臂减少,容易摔倒。随病情进展出现步幅变小、步伐变慢,起步困难,但起步后以极小的步幅向前冲,越走越快,不能及时停步或转弯,称为"慌张步态",轻轻一推帕金森病患者就会向一侧转圈。

认知功能下降和痴呆是随疾病的病理生理进展而逐渐产生的。早期表现为执行功能下降、记忆力下降、视觉空间障碍、定时转换能力下降和思维缓慢。晚期表现为痴呆、失语、失用等。据统计约有80%的帕金森病患者存在认知功能障碍,情感障碍主要包括抑郁、焦虑和淡漠。抑郁的发生率在40%~45%,程度为轻到中度。

帕金森病的发病进程一般分为五个阶段:第一阶段,单侧躯体卷曲,面无表情,手臂受累表现为半卷曲状态及震颤,病人整体表现向健侧倾斜;第二阶段,病人双侧躯体卷曲并伴有早期的姿势改变,出现缓慢的曳行步态,而且远足减少;第三阶段,病人表现明显的步态障碍,中度劳动能力丧失,姿势不稳,并有跌倒倾向;第四阶段,病人表现为严重的劳动能力丧失,只能在他人协助下进行有限的活动;第五阶段,病人发展为完全伤残,只能卧床或坐轮椅,即使在别人的协助下也不能站立或行走。

二、帕金森病的临床诊断

目前关于帕金森病的诊断标准有:中华医学会神经病学分会《中国帕金森病的诊断标准》、Calne 诊断标准、Gelb 诊断标准和英国帕金森病协会脑库帕金森病诊断标准。国际上应用最广泛的是英国帕金森病协会脑库帕金森病诊断标准,该协会对临床诊断和病理检查进行了对比研究,诊断精确度最高可以达到 90%。我国在该标准基础上,参考了国际帕金森病运动障碍学会 2015 年推出的《帕金森病临床诊断新标准》,结合我国临床实际,制定了《中国帕金森病的诊断标准(2016 版)》,在国内应用较为广泛。

帕金森病没有特异性的影像学(CT、MRI)和生物学指标改变,有报道的是采用 SPECT 和 PET 进行多巴胺转运蛋白(DAT)、多巴胺水平以及多巴胺受体(D2R)功能显像可以提高临床诊断的正确率(表 22-1),但目前这些方法尚未用于临床。早期患者(如只有一个主征的患者)和不典型患者的诊断准确性较差,临床诊断与死后病理诊断的符合率大约只有 85%。

表 22-1 帕金森病的影像学表现及标志物(Noyce et al.,2016)

检测方法	示踪剂/序列示例	指标	分析	可及性	成本	适用性
SPECT	^{123}I-β-CIT ^{123}I-FP-CIT	纹状体结合丧失	可视化检测/定量	++	+++	+++
TCS	2~3.5 Hz 传感器	黑质区高回声	可视化检测/定量	++++	+	+++
PET	^{18}F-dopa ^{18}F-FDG	纹状体结合丧失 可能有助于鉴别非典型帕金森病	可视化检测/定量	++	++++	+
MRI	传统(T1&T2),T2/T2*(梯度回波),DTI,自旋回波,fMRI	大量报告,未确定	可视化检测/定量	+++	++	++
MIBG	^{123}I-间碘苄胍	低心-纵隔比值	可视化检测/定量	++	++	++

注:表中半定量地估计筛选的可及性、成本和适用性,+,最低;++++,最高。
DTI,磁共振弥散张量成像(diffusion tensor imaging);FDG,氟代脱氧葡萄糖(fludeoxyglucose);fMRI,功能性磁共振成像(functional MRI);Hz,赫兹(hertz);MIBG,甲碘苄基胍(metaiodobenzylguanidine);PET,正电子发射体层摄影;SPECT,单光子发射计算机体层显像;TCS,经颅超声(transcranial sonography)。

第三节 帕金森病的治疗

帕金森病的运动症状和非运动症状都会影响患者的工作和日常生活能力,因此,用药原则应该以达到有效改善症状、提高工作能力和生活质量为目标,提倡早期诊断、早期治疗,不仅可以更好地改善症状,而且可能会达到延缓疾病进展的效果。《中国帕金森病治疗指南(第四版)》中指出,我们应该对帕金森病的运动症状和非运动症状采取全面综合的治疗。帕金森病治疗方法和手段包括药物治疗(图 22-6)、手术治疗、肉毒毒素治疗、运动与康复治疗、心理干预与照料护理等。药物治疗作为首选,且是整个治疗过程中的主要治疗手段(图 22-6),手术治疗则是药物治疗不佳时的一种有效补充手段,肉毒毒素治疗是治疗局部痉挛和肌张力障碍的有效方法,运动与康复治疗、心理干预与照料护理则适用于帕金森病治疗全程。因此,在临床条件允许的情况下,组合神经内科、功能神经外科、神经心理、康复乃至社区全科医生等多学科团队,可以更有效地治疗和管理帕金森病患者,更好地给患者的症状改善和生活质量提高带来更大的益处。应坚持"剂量滴定"以避免产生药物急性不良反应,力求实现"尽可能以小剂量达到满意临床效果"的用药原则,可避免或降低运动并发症尤其是异动症的发生率。治疗应遵循循证医学证据,也应强调个体化特点,不同患者的用药选择需要综合考虑患者的疾病特点(是以震颤为主,还是以强直少动为主)和疾病严重度、发病年龄、就业状况、有无认知障碍、有无共病、药物可能的不良反应、患者的意愿、经济承受能力等因素。尽可能避免、推迟或减少药物的不良反应和运动并发症。

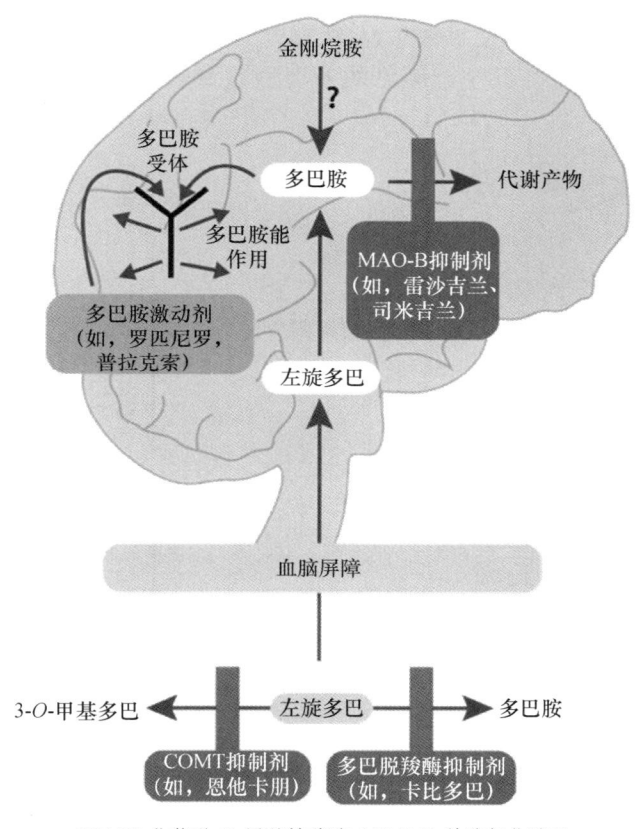

COMT,儿茶酚-O-甲基转移酶;MAO-B,单胺氧化酶 B

图 22-6　帕金森病药物治疗的现状和药物在中枢神经系统潜在的作用部位

(仿自 http://www.parkinsonsdiseasecme.com/cme-modules/redefining-treatment-success/pd-treatment-strategy.html. 引用日期:2021-06-28)

一、抗胆碱能药物——苯海索(benzhexol)

苯海索具有抑制乙酰胆碱的作用,相应提高另一种神经递质多巴胺的效应而缓解症状。主要适用于伴有震颤的患者,而对无震颤的患者不推荐应用。长期应用该类药物可能会导致认知功能下降,所以要定期复查认知功能,一旦发现患者的认知功能下降则应立即停用。

其他抗胆碱能药物还有开马君、比哌立登、苯扎托品等。

二、金刚烷胺（amantadine）

金刚烷胺可以促进纹状体内多巴胺能神经末梢释放多巴胺，并加强中枢神经系统的多巴胺与儿茶酚胺的作用，增加神经元的多巴胺含量。对少动、强直、震颤均有改善作用，并且对改善异动症有帮助。

三、左旋多巴类药物——左旋多巴（L-DOPA）

左旋多巴属多巴胺前体，经 L-氨基酸脱羧酶脱羧成多巴胺（图 22-7）。多巴胺本身不能通过血脑屏障，左旋多巴可以跨越血脑屏障，在脑组织中经脱羧酶作用而生成多巴胺作用于脑组织。帕金森病患者脑内左旋多巴严重不足，提供外源性左旋多巴可使脑内多巴胺水平增加，左旋多巴是目前最有效的帕金森病治疗药物。

临床使用复方左旋多巴（苄丝肼、卡比多巴）。苄丝肼和卡比多巴均为外周多巴脱羧酶抑制剂，可以抑制外周左旋多巴转化为多巴胺，使循环中左旋多巴含量增加 5~10 倍，因而进入中枢神经系统的左旋多巴的量也增加。这样既可降低左旋多巴的外周性心血管系统的不良反应，又可减少左旋多巴的用量。

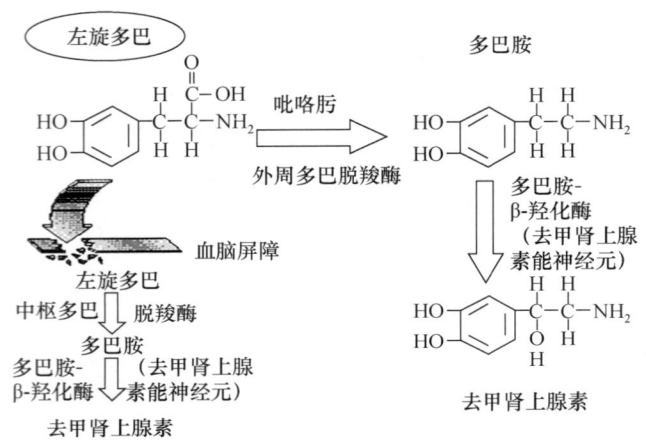

图 22-7　左旋多巴在体内的代谢过程（Dipiro et al.，1999）

四、多巴胺受体激动剂

多巴胺受体激动剂有两种类型：麦角类和非麦角类。麦角类多巴胺受体激动剂因其可导致心脏瓣膜病变和肺胸膜纤维化，目前已不主张使用，临床大多以非麦角类多巴胺受体激动剂为首选药物。该类药物尤其适用于早发型帕金森病患者的病程初期。因为，这类长半衰期制剂能避免对纹状体突触后膜的多巴胺受体产生"脉冲"样刺激，从而预防或减少运动并发症的发生。

1. 麦角类多巴胺受体激动剂

溴隐亭（bromocriptine）为麦角类多巴胺受体激动剂。它可以选择性地激动 D_2 受体，可单独使用或者作为左旋多巴的辅助用药。与复方左旋多巴联合使用时，对黑质纹状体多巴胺系统的突触前、后神经元均有作用，也能兴奋突触自身受体，使受体维持正常功能，从而减轻症状波动。

2. 非麦角类多巴胺受体激动剂

（1）普拉克索（pramipexole）：普拉克索是人工合成的氨苯噻唑衍生物，对 D_2 类受体家族均具直接作用，对 D_3 受体的亲和力是 D_2 受体的 7 倍。单一使用普拉克索治疗早期帕金森病有效；与左旋多巴合用，可减少左旋多巴的用量，延缓长期应用左旋多巴导致的运动并发症的发生。

(2) 罗匹尼罗(ropinirole)：罗匹尼罗为强效、选择性 D_2 受体激动剂，单一使用普拉克索和罗匹尼罗治疗早期帕金森病有效，可以推迟左旋多巴的使用，与左旋多巴合用可减少左旋多巴的用量，延缓长期应用左旋多巴导致的运动并发症的发生。

(3) 罗替戈汀(rotigotine)：罗替戈汀可以通过皮肤渗透给药，使用方便，能提供更加持续的多巴胺能刺激，是一种目前应用较多的多巴胺受体激动剂，直接兴奋黑质-纹状体神经元的 D_2 受体和中脑-皮质、中脑-边缘系统的 D_3 受体，该药物已被作为一种缓释型多巴胺受体激动剂单用或与左旋多巴合用，其改善震颤症状效果为最佳。

(4) 吡贝地尔(piribedil)：吡贝地尔既是多巴胺(D_2/D_3)激动剂，又是突触前 α2A/2C 受体拮抗剂，主要激动中枢多巴胺能神经通路，可以有效改善帕金森病患者的运动功能失调，还可延迟姿态不稳出现的时间。

五、单胺氧化酶 B 抑制剂

单胺氧化酶是催化单胺类物质氧化脱氨反应的酶，可以使多巴胺等单胺类神经递质失活(图 22-8)。其抑制剂能够通过抑制单胺氧化酶对单胺类物质的氧化活性，减少多巴胺失活。临床使用的单胺氧化酶 B 抑制剂主要有司来吉兰(selegiline)和雷沙吉兰(rasagiline)，用于单药治疗特发性帕金森病和作为左旋多巴的辅助用药治疗已具有"剂末波动现象"的帕金森病患者。

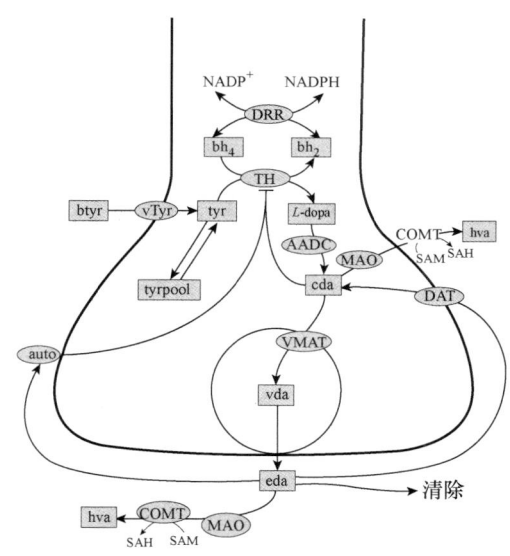

vTyr，酪氨酸转运蛋白；DRR，二氢生物蝶呤还原酶(dihydrobiopterin reductase)；TH，酪氨酸羟化酶；AADC，芳香族氨基酸脱羧酶(aromatic amino acid decarboxylase)；VMAT，囊泡单胺转运蛋白；DAT，多巴胺重摄取转运蛋白(DA reuptake transporter)；auto，多巴胺自动受体(DA autoreceptor)；MAO，单胺氧化酶；COMT，儿茶酚-O-甲基转移酶；bh_2，二氢生物蝶呤(dihydrobiopterin)；bh_4，四氢生物蝶呤(tetrahydrobiopterin)；btyr，b-酪氨酸；cda，细胞质多巴胺(cytosolic dopamine)；vda，小泡多巴胺(vesicular dopamine)；eda，胞外多巴胺(extracellular dopamine)；tyrpool，酪氨酸池；hva，高香草酸(homovanillic acid)；SAH，S-腺苷同型半胱氨酸；SAM，S-腺苷甲硫氨酸

图 22-8　多巴胺在体内代谢简图(Reed et al.，2012)

六、儿茶酚-O-甲基转移酶(COMT)抑制剂

临床上的代表药物有恩他卡朋(entacapone)、硝替卡朋(nitecapone)，可抑制 COMT 的活性，减少左旋多巴的降解。在疾病早期首选复方左旋多巴＋COMT 抑制剂，如恩他卡朋双多巴片(恩他卡朋＋左旋多巴＋卡比多巴复合制剂)治疗，不仅可以改善患者症状，而且有可能预防或延迟运动并发症的发生。

七、抗氧化剂

辅酶 Q_{10} 是线粒体电子传递链复合体 Ⅰ 和 Ⅱ 的电子受体，能增加复合体 Ⅰ 的活性，减轻神经元的氧化应激，防止胞膜脂质的过氧化，保护 mRNA 免受氧自由基的破坏。临床试验发现，辅酶 Q_{10} 能延缓帕金森病患者运动功能的恶化。

八、其他治疗

目前手术治疗方法主要包括神经核毁损术和丘脑底核慢性电刺激术（DBS），DBS 因其相对无创、安全和可调控性而作为主要选择。手术靶点包括苍白球内侧部（GPi）、丘脑腹中间核（VIM）和丘脑底核（STN），其中在 STN 行 DBS 对改善震颤、强直、运动迟缓和异动症的疗效最为显著。

移植术治疗还处在研究阶段，这种方法是利用脑立体定向技术向脑内移植能够产生多巴胺的神经细胞，如人或动物的胎脑多巴胺能神经元。

此外，帕金森病的神经干细胞治疗可能更具发展前景，由于受到移植细胞的存活、保存以及术后长期免疫反应等问题的影响，目前还未能应用到临床。近年治疗帕金森病的全球首个多能干细胞疗法 ISC-hpNSC（human parthenogenetic derived neural stem cell line，人类孤雌生殖神经干细胞）受到了极大的关注，该疗法已获得美国专利，ISC-hpNSC 的 Ⅰ 期临床试验结果公布，第一批接受治疗的所有患者在安全性上都达到了试验的主要终点（帕金森干细胞疗法获得积极临床结果）。临床试验表明 ISC-hpNSC 移植是安全的，耐受性良好，并且具有利于患者的潜力，为治疗帕金森病提供新的方法。

（蒲小平、赵欣）

练 习 题

1. 简述酪氨酸羟化酶与帕金森病的关系，在黑质纹状体系统中酪氨酸羟化酶质（活性）和量（表达）的变化会直接影响到哪种递质的生物合成？
2. 简述 αSyn 在帕金森病发病机制中的作用。
3. 目前帕金森病治疗药物包括哪几类？其作用机制分别是什么？

参 考 文 献

ALDAKHEEL A, KALIA L V, LANG A E, 2014. Pathogenesis-targeted, disease-modifying therapies in Parkinson disease[J]. Neurotherapeutics, 11(1)：6-23.

ASCHERIO A, SCHWARZSCHILD M A, 2016. The epidemiology of Parkinson's disease：risk factors and prevention[J]. The lancet neurology, 15(12)：1257-1272.

CARIJA A, PINHEIRO F, PUJOLS J, et al, 2019. Biasing the native α-synuclein conformational ensemble towards compact states abolishes aggregation and neurotoxicity[J]. Redox biology, 22：101135.

DIPIRO, JOSEPH T, 1999. Pharmacotherapy：a pathophysiologic approach(M). 4th ed. Connecticut：Appleton and Lang.

GARITAONANDIA I, GONZALEZ R, SHERMAN G, et al, 2018. Novel approach to stem cell therapy in Parkinson's disease[J]. Stem cells and development, 27(14)：951-957.

KALIA L V, LANG A E, 2015. Parkinson's disease[J]. Lancet, 386(9996)：896-912.

MAKIN S, 2016. Pathology：the prion principle[J]. Nature, 538：S13-S16.

MILLER D B, O'CALLAGHAN J P, 2015. Biomarkers of Parkinson's disease：present and future[J]. Metabolism,

64(3): S40-S46.

NOYCE A J, LEES A J, SCHRAG A E, 2016. The prediagnostic phase of Parkinson's disease[J]. Journal of neurology, neurosurgery & psychiatry, 87(8): 871-878.

POEWEW, et al, 2017. Parkinson disease[J]. Nat rev dis primers, 3: 17013.

REED M C, NIJHOUT H F, BEST J A, 2012. Mathematical insights into the effects of levodopa[J]. Front integr neurosci, 6: 21.

SAMII A, NUTT J G, RANSOM B R, 2004. Parkinson's disease[J]. Lancet, 363(9423): 1783-1793.

SAVITT D, JANKOVIC J, 2019. Targeting α-synuclein in Parkinson's disease: progress towards the development of disease-modifying therapeutics[J]. Drugs, 79(8): 797-810.

SVEINBJORNSDOTTIR S, 2016. The clinical symptoms of Parkinson's disease[J]. J neurochem, 139 Suppl 1: 318-324.

中华医学会神经病学分会帕金森病及运动障碍学组，中国医师协会神经内科医师分会帕金森病及运动障碍学组，2020. 中国帕金森病治疗指南（第四版）[J]. 中华神经科杂志，53(12)：973-986.

中华医学会神经病学分会帕金森病及运动障碍学组，中国医师协会神经内科医师分会帕金森病及运动障碍专业委员会，2016. 中国帕金森病的诊断标准（2016版）[J]. 中华神经科杂志，49(4)：268-271.

第二十三章 抑郁症与精神分裂症

第一节 抑郁症

一、前言

抑郁症(depression)属于情感性精神障碍(affective disorder)。一般来讲,情感性精神障碍包括躁狂症、抑郁症以及双相(躁狂-抑郁)情感障碍。抑郁症可表现为单次发作和反复发作两种类型,其临床特征为情绪低落、精神萎靡、对日常生活和工作丧失兴趣、存在自罪感、注意困难、食欲减退,甚至出现自杀观念或行为。抑郁症严重危害人们的身心健康,影响家庭生活,导致工作能力下降甚至丧失。据世界卫生组织报告,抑郁症已成为全球第四大疾患。目前,我国抑郁症的发病率为3‰~5‰,其发病的危险因素主要有性别、年龄、种族、婚姻、社会经济状况、文化程度、遗传、生活事件和应激等。抑郁症的发病机理尚不明确,对其病因机制的研究主要集中在遗传学、神经生化、神经内分泌、神经系统的生长发育、脑电生理、脑结构及功能影像学等方面。药物治疗、心理治疗、电痉挛疗法(electroconvulsive therapy,ECT)可缓解抑郁症的临床症状,达到治疗目的。

二、临床症状与诊断

《中国精神障碍分类与诊断标准(第三版)》(CCMD-3)列出了抑郁症的9项症状,包括:① 兴趣丧失、无愉快感;② 精力减退或疲乏感;③ 精神运动性迟滞或激越;④ 自我评价过低、自责,或有内疚感;⑤ 联想困难或自觉思考能力下降;⑥ 反复出现想死的念头或有自杀、自伤行为;⑦ 睡眠障碍,如失眠、早醒,或睡眠过多;⑧ 食欲降低或体重明显减轻;⑨ 性欲减退。如果一个心境低落的患者具有4项以上的症状,社会功能受损,持续2周以上,排除器质性障碍和物质依赖所致抑郁,即可考虑诊断为抑郁症。

临床常根据症状的轻重程度、发病缓急将抑郁症分为以下几种类型:① 轻型抑郁。具有上述9项症状的一部分或全部,但病情相对较轻,门诊中这种患者较多见。② 重症抑郁。具有上述全部症状,病情严重,可出现幻觉和妄想,多称为妄想性抑郁或精神病性抑郁,需住院治疗和护理。③ 急性抑郁。起病急,病情严重,需及时诊断和治疗。④ 慢性抑郁。症状持续,无明显间歇期,病程长达两年以上者,多见于反复发病和年龄较大的患者。

三、发病机制

(一) 中枢神经递质与抑郁症

1. 单胺递质理论

单胺递质理论的提出源于用利血平治疗高血压导致患者出现抑郁甚至自杀,随后的动物实验发现,利血平有耗竭脑内单胺神经递质的作用。在抑郁症与单胺递质的关系中研究最多的是5-羟色胺(5-HT)和去甲肾上腺素(NE),两者可通过中脑缝际核和蓝斑之间通路相互影响。两类经典的抗抑郁药——单胺氧化酶抑制剂(MAOI)和三环类抗抑郁药(TCA)——可分别通过降低单胺的代谢和阻断单胺再摄取而提高其在突触间隙的浓度。

(1) 5-羟色胺缺乏假说：抑郁症患者 5-羟色胺神经递质功能失常一般可以分为代谢失常和受体功能异常两种情况。研究发现抑郁症患者的脑组织和脑脊液（CSF）中 5-羟色胺代谢物 5-羟吲哚酸（5-HIAA）的浓度偏低，而脑脊液中 5-HIAA 浓度与抑郁严重程度呈负相关，用 TCA 和 MAOI 等治疗后，发现选择性 5-羟色胺耗竭剂（对氯苯丙氨酸）可逆转上述两类药物的抗抑郁效应。而对 5-羟色胺受体的研究发现，长期使用抗抑郁药治疗会降低 5-HT_{1A} 受体的敏感性，上调突触后 5-HT_{1A} 受体数量，即使主要作用于去甲肾上腺素神经元的抗抑郁药（如地昔帕明）也会对 5-HT_{1A} 受体产生很大影响。抑郁症患者脑内的突触后 5-HT_2 受体数量也有所增加，可以推测是抑郁症患者突触前递质活动的功能性缺乏代偿地引起突触后 5-HT_2 受体数量增加或功能上调。大多数抗抑郁药包括 MAOI、TCA、SSRI（选择性 5-HT 重摄取抑制剂）均会下调突触后 5-HT_2 受体，减少低亲和力的 5-HT_2 受体数量。利用放射性配体结合法研究发现，大鼠脑中 5-羟色胺能神经元突触前膜有特异性高亲和力 ^3H-丙咪嗪结合位点。临床研究发现，自杀者的 ^3H-丙咪嗪结合点密度减少，抑郁症患者血小板结合点和 5-羟色胺摄取也比正常对照组低。多数学者因此认为，^3H-丙咪嗪结合位点减少，说明抑郁症患者 5-羟色胺能神经元减少。综合以上各种研究，几乎可以肯定抑郁症的发生与 5-羟色胺功能降低密切相关。

(2) 去甲肾上腺素学说：在去甲肾上腺素能系统中，对 $α_2$-肾上腺素受体研究较多。突触前和突触后 $α_2$ 受体对腺苷酸环化酶系统均有抑制作用，可抑制脑内去甲肾上腺素的释放。研究发现，抑郁症患者血小板上 $α_2$ 受体结合位点增多，自杀患者脑内 $α_2$ 受体密度也增加，因而去甲肾上腺素的释放减少，而抗抑郁药治疗后，血小板上的受体密度和敏感度均下降。此外，$β_1$-和 $β_2$-肾上腺素受体亚型存在于突触后，能激活细胞内腺苷酸环化酶系统，从而促进去甲肾上腺素的释放。

2. 其他理论

(1) 胆碱能假说：有研究发现拟胆碱药毒扁豆碱和槟榔碱均能诱发抑郁症，而毒蕈碱型受体拮抗剂能够逆转这种效应。另有实验发现，乙酰胆碱能够促进血浆皮质醇分泌，进而产生抑郁样症状，而 TCA 有显著的抗胆碱作用，使症状得到改善。这些研究提示中枢胆碱能活动过度可能是抑郁症的发病机制之一。

(2) γ-氨基丁酸（GABA）假说：GABA 是中枢神经系统最丰富的抑制性递质，具有调控癫痫阈值、抑制去甲肾上腺素能和多巴胺能递质系统等功能。临床和药理学研究提示抑郁症患者存在 GABA 代谢的改变，抗抑郁药能够减弱 GABA 能递质的传递，调控受体对儿茶酚胺的反应性，从而发挥疗效。

（二）受体后信号转导与抑郁症

罗列普拉（rolipram）属于磷酸二酯酶（PDE）选择性抑制剂，可以抑制 PDE 对环腺苷酸（cAMP）的降解，使细胞内 cAMP 的浓度明显增加，产生明确的抗抑郁活性。此外，Flebuterol、SR46349、SR57227、SR58611 均可以对细胞内第二信使系统产生明显影响，表现出较好的抗抑郁药理作用。

服用 TCA 和 MAOI 后 1~2 h 即可提高脑内单胺递质的水平。然而，在临床上抗抑郁药发挥作用至少要持续用药 2~3 周，并且停药后，在血浆有效药物浓度较低的状态下，抗抑郁作用仍可顺延。临床上抗抑郁药药理作用延迟现象很难仅凭突触间隙内有效单胺递质水平增加来解释。研究资料表明，抗抑郁药作用于神经细胞不仅能在较短时间内提高突触间隙中 5-羟色胺和（或）去甲肾上腺素的水平，也可通过跨膜信号转导改变相关基因的表达水平，从而达到长时程抗抑郁效应。

抑郁症患者胞内第二信使 cAMP 处于失衡状态。TCA 治疗可以提高抑郁症患者血浆 cAMP 水平。阿米替林（amitriptyline）、氯丙咪嗪（clomipramine）、米安色林（mianserin）、马普替林（maprotiline）、舍曲林（sertraline）对 5-羟色胺刺激大鼠额叶皮质星形细胞生成 cAMP 的效应具有加强作用。慢性抗抑郁药和电休克处理，可以提高大鼠海马 cAMP 反应元件结合蛋白（CREB）、脑源性神经营养因子（BDNF）及其受体 TrkB 的 mRNA 和（或）蛋白质的表达水平。此外，CREB 磷酸化水平及其内在活性均可能与抗抑郁药的药理作用有关。

除 cAMP 跨膜信号转导途径之外，还存在肌醇脂质信号通路、酪氨酸蛋白激酶（TPK）途径、离子通道和离子泵途径。各种信号通路之间并非彼此孤立，而是一个相互影响、相互作用的信息网络，受体后信号转导系统间的信息交流使得细胞对胞外的各种刺激做出更精确的反应。虽然有关抗抑郁药影响其他信号转导系统的研究资料还不十分丰富,但可以预见,对这一方面的深入研究可以加深对抗抑郁药分子作用机制的理解,为寻找抗抑郁药新的治疗靶点提供思路。

(三) 神经内分泌与抑郁症

1. 下丘脑-垂体-肾上腺轴(HPA 轴)

HPA 轴是一个复杂的、高度整合的内分泌系统,其中促肾上腺皮质激素释放激素(CRH)、促肾上腺皮质激素(ACTH)、皮质醇共同维持机体内环境稳态,参与机体对外界环境刺激的反应。研究表明,至少有一半抑郁症患者血浆的皮质醇含量在下午和夜间均很高,而正常人到下午和夜间皮质醇分泌均维持在低水平状态。长期高水平的皮质醇可通过抑制突触传递和减少树突分支导致海马锥体细胞凋亡,引起患者认知功能障碍、情绪低落,这是抑郁症患者认知功能损害的重要机制之一。此外,在动物实验中,早期的不良体验可产生长久的 HPA 轴调节的改变,提示童年的创伤可导致抑郁症易感性增加,最近的研究证实了在童年受过虐待的成人 HPA 轴对应激的反应增高。

2. 下丘脑-垂体-甲状腺轴(HPT 轴)

抑郁症患者存在相对的甲状腺功能减退。促甲状腺激素释放激素(TRH)广泛分布于下丘脑以外的其他脑区,其功能类似于中枢神经系统的递质。20 世纪 80 年代初,研究者首次报道了抑郁症患者脑脊液(CSF)中 TRH 升高。随后,Banki 及其同事在 1988 年的研究也证实了这点。一般认为,脑脊液中 TRH 浓度升高是对甲状腺分泌不足的一种代偿反应,抑郁症患者垂体腺增生可能也是 TRH 高分泌的结果。1/3 的重型抑郁患者,皮质醇分泌增多,抑制了促甲状腺激素对 TRH 的反应,从而使甲状腺功能减退,甲状腺激素释放迟缓。因此,在 TCA 治疗的基础上加用甲状腺激素(通常为 T_3),能提高前者的疗效。新近的研究还提出了一种可能,即抑郁症的发生是某种未知的自身免疫功能障碍影响甲状腺功能之故,特别是在双相 I 型障碍患者中,甚至可检测到抗甲状腺激素抗体,然而这些抗体与抑郁症的病理生理学确切关系至今尚无定论。

3. 下丘脑-垂体-性腺轴(HPG 轴)

抑郁症的流行病学调查资料表明,女性发病率高于男性。强迫游泳实验和慢性温和刺激实验发现,雌性大鼠对外界应激的反应与雄性大鼠的差异具有显著性,推测抑郁症与性激素有一定联系。雌激素可增强单胺类活性和突触后 5-羟色胺能效应,增加 5-羟色胺能受体数量及递质的转运和吸收。治疗更年期女性抑郁症时,雌激素替代疗法具有明显改善抑郁症状的功效。对于血浆雄激素水平降低的男性抑郁症患者,可补充睾酮达到治疗效果。还有研究发现,血清脱氢表雄酮(DHEA)水平降低可能与抑郁症有关,抗抑郁药治疗后可扭转 DHEA 的降低,改善患者症状。

(四) 神经生长发育与抑郁症

1. 脑结构异常

通过计算机断层扫描图像及核磁共振成像检测均发现重型抑郁患者存在脑结构异常,表现为:① 侧脑室扩大;② 颞叶和额叶体积缩小;③ 海马体积缩小;④ 基底神经节体积缩小;⑤ 前额叶皮质、前扣带回皮质、杏仁核、丘脑、尾状核脑血流和脑代谢异常;⑥ 胼胝体厚度降低。

侧脑室扩大说明有脑实质的萎缩,提示弥漫性脑结构异常可能会扰乱对情绪的神经调节,使这些结构间失去联系,导致抑郁的发生。由于颞叶与记忆、情绪控制密切相关,其体积缩小表明这种变化与抑郁症之间有一定关系。胼胝体厚度降低,提示当两半球间联系不足时,可能出现异常的认知模式,促进抑郁症的发生。

2. 神经营养因子

抑郁症"神经营养假说"认为:抑郁障碍与脑部的神经营养因子的表达降低及功能下调有关。目前发现的神经营养因子有 20 余种,而与抑郁症有关的研究主要集中在脑源性神经营养因子(BDNF)。

BDNF(图 23-1)是在脑内合成的一种具有促神经生长活性的蛋白质,最初由德国神经化学家 Barde 等从猪脑中分离纯化而得。它广泛分布于中枢神经系统内,具有促进神经元生长、分化、存活,改善神经元的病理状态,促进受损神经元再生及分化等生物学效应。临床研究表明,首发抑郁症患者的 BDNF 血清水平明显低于正常对照者。抗抑郁药、心境稳定剂和电抽搐等治疗能提高血清 BDNF 水平。动物研究表明,应激减少了海马 BDNF 的表达,而抗抑郁药有效地逆转了这一现象。此外,研究发现,$5\text{-}HT_2$ 受体和 α_1-肾上腺素受体的激活也能增强海马 BDNF 的表达,这一过程可通过 CREB 蛋白激活来介导,也可直接作用于膜结合受体。

此外,其他神经营养因子家族也对抗抑郁药发挥效应起了很好的作用。在抑郁症患者中发现胰岛素样生长因子(insulin-like growth factor,ICF)家族及其受体的调节失控,抗抑郁药能使海马中 IGF-Ⅰ升高。脑内注射微量 IGF-Ⅰ也能产生与抗抑郁药类似的行为效应。血管内皮生长因子(vascular endothelial growth factor,VEGF)是内皮增殖和新生血管形成的主要调节因子,能够激发海马的神经生长,长效抗抑郁药可升高 VEGF 在海马区的表达。

研究显示,童年时期的生活事件和成年应激事件都会使大脑产生神经退行性病变,最终导致调节情绪的神经网络的信息处理系统故障。有效的抗抑郁药通过激活神经营养因子提高神经可塑性,逐渐修复神经网络的功能。

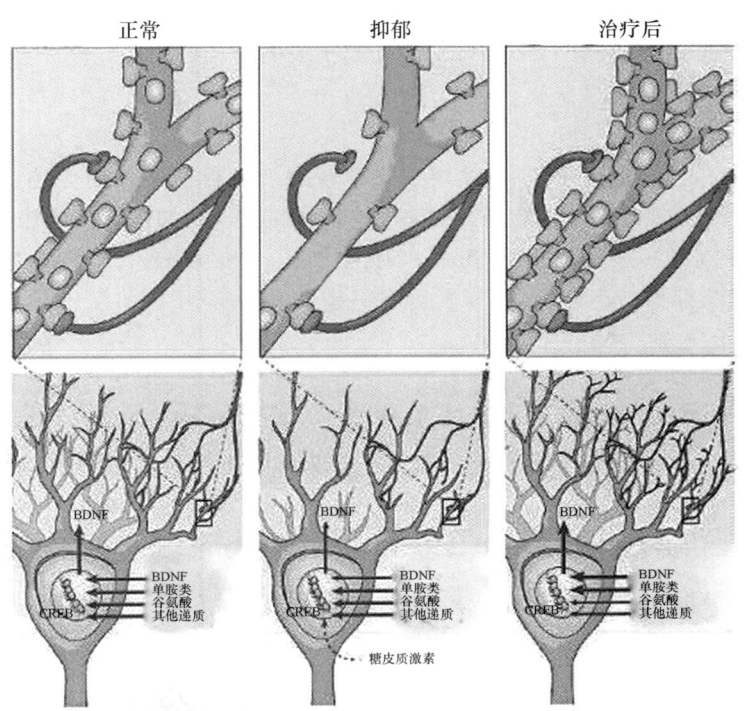

图 23-1 脑源性神经营养因子与抑郁症的关系(Berton et al.,2006)

3. 神经肽

神经肽 Y(NPY)是中枢神经系统中含量最丰富的肽类,常通过四种受体(Y_1、Y_2、Y_4、Y_5)调节机体的生理功能。NPY 家族中含量最多的受体是 Y_1 和 Y_2,广泛分布于与情绪障碍、应激反应和记忆过程密切相关的皮质、海马、杏仁核等部位。早期研究表明,NPY 及其 Y_1、Y_2 受体调节啮齿类动物的抑郁样障碍和应激反应,在应激对机体造成不良反应的过程中发挥了"缓冲"作用。Y_1 受体激活有抗焦虑作用,而 Y_2 受体激活则产生相反的效应。Y_2 受体基因敲除动物的 CRH 表达减少,在开场实验、高架十字迷宫实验和明暗穿梭箱实验中,焦虑相关行为减少,在强迫游泳实验中不动时间缩短。这些研究提供了利用 Y_1 受体激动剂和 Y_2 受体拮抗剂进行长期临床治疗抑郁症的可能性。Y_4、Y_5 受体在啮齿类动物情感相关生理病理过程中也发挥重要作用,目前尚在探索之中。

4. 神经发生

海马是与学习和记忆有关的区域,在调节情绪,尤其是控制抑郁方面非常重要。临床核磁共振成像技术和尸检研究显示,长期压力和抑郁导致脑神经细胞减少,海马萎缩。糖皮质激素、压力相关激素都会诱发大脑萎缩,同时降低神经发生;反之,抗抑郁药(如氟西汀)会促进神经发生。X射线照射成年大鼠海马区导致齿状回细胞增殖减慢;在新奇抑制摄食实验中,抗抑郁药的行为效应在海马区被照射后消失,说明海马区的结构与功能完整与否决定了神经发生的过程,进而影响抑郁症的发生和抗抑郁药的作用。

抗抑郁药对于神经生长的作用可能受到BDNF的调节。一方面,抗抑郁药提高抑郁症患者脑内BDNF的水平,具体表现在上调抑郁大鼠前额叶皮质(PFC)、海马、齿状回的BDNF基因表达水平;另一方面,给予BDNF能够提高海马的神经生长,具体表现在调控神经元轴突生长以及新神经连接的形成,增强中枢可塑性。

尽管海马的完整性以及神经生长的过程对于抑郁症的发生存在影响,但其因果关系尚不能确定。值得一提的是,神经生长的刺激物确实能够增强抗抑郁药的疗效,这使我们更好地理解了抗抑郁药对中枢神经系统的长期病理生理学效应,并为新药设计和治疗方法的创新提供了指导。若能确定抗抑郁药对神经生长作用的细胞和分子机制,将会对抑郁症的研究起很大的推动作用。

(五)遗传因素与抑郁症

1. 家系研究

家系研究可理解为一种病例对照研究,主要用来比较患者和健康个体的生物学亲属(通常为一级亲属)之间患病率的差异,可排除性别、年龄等因素的影响。研究表明,抑郁症患者中有家族史者占30%~41.8%。先证者一级亲属与一般人群相比,患病相对危险度(relative risk, RR)为2~3。早发(指发病年龄<30岁)和反复发作的抑郁症患者,其家族聚集更明显,RR可高达4~5。

2. 双生子与寄养子研究

双生子和寄养子研究是经典遗传学研究中用于区分遗传效应和环境效应的两种主要方法,前者用于比较同卵双生子和异卵双生子之间的患病差异;后者是将患病父母的子女在无亲缘关系的家庭环境中抚养,观察其发病情况,或观察患病养子的亲生父母和寄养父母的患病情况。结果显示,同卵双生子的同病率为56.7%,而异卵双生子为12.9%;患有抑郁症的寄养子,其亲生父母患病率为31%,而养父母只有12%。多数研究结果均支持抑郁症发病中遗传因素远甚于环境因素,遗传率高达40%~70%,但遗传学机制十分复杂。

3. 分子遗传学研究

随着分子遗传学技术的飞速发展与应用,所采用的遗传标志已经历了限制性片段长度多态性(restriction fragment length polymorphism, RFLP)、可变数串联重复(variable number of tandom repeat, VNTR)、微卫星(microsatellite)、单核苷酸多态(single nucleotide polymorphism, SNP)及单体型板块(haplo-type block)等五个发展阶段。通过连锁、关联研究发现,抑郁症候选基因包括酪氨酸羟化酶基因(*TH*)、多巴胺受体基因(*D2*、*D3*、*D4*)、DA转运蛋白基因(*DAT1*)、多巴胺-β-羟化酶基因(*DBH*)、5-羟色胺受体基因、*MAO*基因及*Xp*基因等。

(六)其他因素

临床研究表明,睡眠周期改变、体温调节失衡、内分泌系统异常、季节性的光照周期改变、氧化应激也是抑郁症诱发的因素。

四、治疗

(一)药物治疗

现有临床抗抑郁药以经典"单胺策略"药物为主,主要包括5-羟色胺和(或)去甲肾上腺素重摄取抑制剂、去甲肾上腺素能和特异性5-羟色胺能抗抑郁药等。这些药物可有效治疗抑郁症、焦虑症，但大多都存在起效时间延迟（2～6周），有效率不高（50%～70%），损害认知、导致性功能障碍和自杀倾向等较严重缺陷。近年来，基于"优化的多靶标单胺策略"药物，如维拉佐酮和沃替西汀（vortioxetine）；基于"中枢兴奋性调控的非单胺策略"的药物，如S-氯胺酮（S-ketamine，S-Ket）等创新药物为抑郁症的药物治疗带来了新的希望。

1. 选择性5-羟色胺重摄取抑制剂（SSRI）

SSRI是目前全球应用广泛的一线抗抑郁药，对5-羟色胺的重摄取有高选择性抑制效应，作用位点单一，不具有TCA的抗胆碱、抗组胺以及阻断α-肾上腺素受体的副作用。常用的有舍曲林、氟西汀、帕罗西汀、西酞普兰和氟伏沙明。

舍曲林对5-羟色胺重摄取作用最强，增加多巴胺的释放，较少引起帕金森病、泌乳素增多、疲乏等不良症状。本品与其他药物相互作用少，可作为老年抑郁症患者的首选药。

氟西汀为二环类化合物，不良反应少，适用于长期抗复发治疗和老年抑郁症治疗。

氟伏沙明是单环选择性5-羟色胺重摄取抑制剂，阻断5-羟色胺重摄取作用最弱，然而该药是同类药物中引起性功能障碍最少的，也是抑郁性自杀者的首选药物。该药可激动多巴胺能神经元突触前膜上的5-HT_2受体，抑制多巴胺释放，故对妄想型抑郁也有效。

2. 选择性5-羟色胺及去甲肾上腺素重摄取抑制剂（SNRI）

这类抑制剂主要通过抑制突触前膜对5-羟色胺及去甲肾上腺素的重摄取的双重作用，增强5-羟色胺及去甲肾上腺素功能，发挥抗抑郁疗效。常用的药物有文拉法辛、度洛西汀等。SSRI起效时间为3～4周，而文拉法辛2周即可起效，不仅如此，文拉法辛还被美国FDA批准用于治疗广泛焦虑障碍，其快速有效的抗焦虑作用可缓解抑郁症的早期症状，增加患者的依从性。度洛西汀与文拉法辛作用机制相似，两者都具有抗焦虑、抗抑郁作用，疗效确切，起效时间快，对躯体化症状改善明显，不良反应轻微等优点。

3. 去甲肾上腺素和多巴胺重摄取抑制剂

安非他酮是这类药物的代表，是一类氨基酮类化合物。其主要机制是通过安非他酮本身及其主要代谢产物抑制多巴胺和去甲肾上腺素的突触前重摄取，从而发挥抗抑郁作用。该药物对伴发疲劳、双相抑郁、季节性抑郁有很好的效果，因其引起认知障碍、抗胆碱、镇静、直立性低血压等不良反应相对较少，在临床上可作为三环类抗抑郁药的替代品。值得注意的是，安非他酮可能诱发癫痫发作，为剂量限制性的不良反应，对于神经性贪食或神经性厌食的患者，其诱发癫痫的可能性更大，因此本品禁用于这类患者；此外，在两周内使用过单胺氧化酶抑制剂，以及突然停用酒精、苯二氮䓬类或其他镇静药物的患者也禁用本品。虽然如此，安非他酮发生性功能障碍的风险较低，且停药后不引起显著的戒断症状，因此临床上也有较为广泛的应用。

4. 维拉佐酮

维拉佐酮是首个吲哚烷基胺类新型抗抑郁药，2011年FDA批准上市，具有5-HT_{1A}受体部分激动剂和5-羟色胺重摄取抑制剂双重活性，适用于重度抑郁症（MDD）成年患者的治疗。该药物的特点是较SSRI起效快，但须与餐同服，否则药时曲线下面积（AUC）可能下降50%；平均消除半衰期为25 h，每天服用一次即可；性功能不良反应风险理论上相对较低。该药物常见的不良反应为腹泻、恶心、呕吐和失眠；肾功能损害者和轻中度肝功能损害者无须调整剂量。需要特别注意的是，维拉佐酮不能与单胺氧化酶抑制剂（MAOI）同时使用，在使用维拉佐酮之前或之后至少14天内禁用MAOI类药物。目前中国境内尚未批准该药。

5. 沃替西汀

沃替西汀（也称为伏硫西汀）为多靶点药物，作用机制较为复杂，可升高5-羟色胺、去甲肾上腺素、多巴胺、谷氨酸、乙酰胆碱及组胺的释放，减少GABA的释放。上述效应通过三个机制实现：阻断5-羟色胺重摄取，类似于SSRI类药物；与G蛋白相关受体结合，完全激动5-HT_{1A}受体，部分激动5-HT_{1B}受体，拮抗5-HT_{1D}受体及5-HT_7受体；与离子通道相关受体结合，拮抗5-HT_3受体。这些受体效应不仅可带来抗抑郁及认知改善效应，还有助于减少与5-羟色胺重摄取抑制剂相关的恶心、呕吐、失眠、性功能障碍等副作用。其主要特点是改善抑郁相关认知症状，半衰期长，每天服药一次即可，吸收不受食物的影响。

该药品2013年获FDA批准上市,目前已在中国境内上市。

6. S-氯胺酮(艾司氯胺酮)

S-氯胺酮是甲基-NMDA受体的非选择性、非竞争性拮抗剂,促进谷氨酸的爆发释放,激活其下级神经元AMPA受体和mTOR信号通路,最终促进突触蛋白合成与BDNF释放。本品同时也是多巴胺重摄取抑制剂,与氯胺酮不同的是,本品不作用于σ受体。S-氯胺酮的特点是快速起效、药效维持时间长。S-氯胺酮的鼻喷剂于2019年获FDA批准上市,该剂型给药后20~40 min血浆浓度达到峰值,生物利用度为48%,血浆蛋白结合率为43%~45%,主要通过CYP2B和CYP3A4代谢,其次通过CYP2C9和CYP2C19代谢,消除半衰期为7~12 h,主要以代谢产物(78%)的形式通过肾脏排泄。值得注意的是,临床使用S-氯胺酮的鼻喷剂之前2 h不得进食,使用前30 min内不得饮酒;使用后需要患者留观2 h,因为有时给药后短时间内会发生镇静、视觉障碍、言语障碍、麻木、眩晕感等不良反应。

7. 阿戈美拉汀

阿戈美拉汀是一种褪黑素受体激动剂和5-HT_{2C}受体拮抗剂,一方面,通过对褪黑素受体激动作用,抑制细胞内cAMP的形成,呈剂量依赖性地抑制视交叉部位神经元的放电率,从而调节紊乱的生物节律;另一方面,视交叉内还广泛分布着5-HT_{2C}受体,该受体通过G_q蛋白偶联活化胞内磷脂酶C,调节神经元对光线传入的反应,并且调节多巴胺和去甲肾上腺素的神经传递,特异性地增加前额叶皮质去甲肾上腺素和多巴胺的释放,从而发挥抗抑郁作用。该药物的特点是快速、安全、耐受性高,用于治疗重度抑郁症。由于其具有恢复正常昼夜节律的特点,因此抑郁伴有失眠的患者更加推荐使用。阿戈美拉汀在肝脏主要通过CYP1A2代谢,且有一定的肝毒性,因此应避免与CYP1A2强抑制剂(如氟伏沙明)合用,也禁用于乙肝病毒携带者/患者、丙肝病毒携带者/患者,肝功能损害患者(即肝硬化或活动性肝病患者)。该药物常见的其他不良反应为头晕、恶心、失眠、感觉异常、镇静、视力模糊等。然而,与一线抗抑郁药物相比,该药物对性功能的影响很小。

(二) 非药物治疗

(1) 心理治疗:对抑郁症患者最好的治疗方案应当是药物治疗和心理治疗的结合。认知行为治疗(cognitive behavioral therapy, CBT)和人际关系治疗(interpersonal therapy, IPT)已被证明对抑郁症有良好的治疗效果。这两种方法通常是短期的,持续10~12周,主要目的是帮助抑郁症患者克服自卑情绪和悲观态度,其神经生物学机制可能与建立认知性的新皮质环路以控制异常神经精神环路的活动有关。

(2) 电痉挛疗法:对于那些不能耐受药物治疗、对药物治疗无效或者重度抑郁症发作(强烈自杀观念和行为)的患者,电痉挛是非常迅速有效的方法。该疗法是将两根电极置于头皮,形成局部的电刺激,从而引起脑的癫痫样发作性放电。电痉挛疗法的一个突出优点是起效快,有时在第一个疗程就能见效,这对于随时有自杀危险的患者非常重要。但ECT不可忽视的副作用是在治疗期间患者失去部分记忆,治疗停止后可以恢复。

五、动物模型

(一) 行为绝望(behavior despair)模型

1. 获得性无助(learned helplessness, LH)模型

此模型由Seligman及其同事在1976年首先提出。"获得性无助"是一种当大鼠接受无法控制或预知的厌恶性刺激(如电击)后,将其放在穿梭箱(shuttle box)内,动物缺乏逃避行为,并伴有诸如食欲减退、体重减轻、学习能力下降等其他改变。研究显示,获得性无助与下丘脑5-羟色胺受体密度下降、去甲肾上腺素减少、BDNF及其mRNA减少、β-Ca^{2+}/钙调素依赖蛋白激酶Ⅱ(β-Ca^{2+}/calmodulin-dependent protein kinase Ⅱ, β-CaMK Ⅱ)下调等因素有关。此模型对抗抑郁药物高度敏感,可用于研究抗抑郁药的神经生物学机制。

2. 大小鼠强迫游泳实验(forced swimming test)

该模型最早由 Porsoh 等人于 1977 年提出,分为大鼠和小鼠两种强迫游泳实验方法,在目前筛选新化合物所进行的抗抑郁活性实验中应用最为广泛。该实验是将大、小鼠强行置于局限的空间游泳,起先它们会拼命泳动,试图逃跑,而后处于一种漂浮的不动状态,仅露出鼻孔维持呼吸,四肢偶尔划动,保持身体漂浮,放弃在水中挣扎,这种状态称为不动状态,属于"行为绝望"(behavioral despair)。应用 TCA 和非典型抗抑郁药可有效减少不动时间。

3. 小鼠悬尾实验(tail suspension test)

小鼠悬尾实验是另一种评价行为绝望的实验方法,于 1985 年首先由 Stern 提出。悬尾小鼠为克服不正常体位而挣扎活动,但活动一定时间后,出现间断性不动,显示"绝望"状态。抗抑郁药、中枢兴奋药、胆碱能受体阻断药可明显缩短小鼠悬尾状态的不动时间。

(二) 慢性不可预见性应激(chronic unpredictable mild stress,CUMS)模型

由于人类抑郁症的发病原因是中慢性、低水平的应激源,即慢性温和不可预知应激,因此 CUMS 抑郁模型的建立主要包括以下几种应激因子:昼夜节律的调整和光照性质的改变、食物和饮水的调整、环境的改变(如鼠笼倾斜、潮湿垫料、高温、噪声、束缚)、电击足底、游泳等。几种不同的应激因子在实验全程中随机应用,动物便不能预知刺激的发生。应激因子的多变性和不可预测性是模型建立成功的关键。利用该模型还可以研究妊娠期刺激对子代行为的影响:通过昼夜颠倒等应激方式使妊娠期动物处于慢性应激状态,刺激持续到动物分娩,并利用旷场实验、强迫游泳实验、糖水偏好实验等评估子代动物的抑郁状态。CUMS 模型主要模拟了人类抑郁的核心症状——快感缺乏,同时模拟了其他重度抑郁症的症状表现,如运动、社交、性能力下降,探索、攻击能力缺陷。CUMS 模型有效性高,维持时间长(数月),目前使用广泛。其不足之处在于模拟应激过程的工作量较大、持续时间较长。

(三) 利血平诱导体温下降(reserpine-induced hypothermia)模型

利血平是一种囊泡重摄取抑制剂,可耗竭脑内单胺类递质,诱导小鼠上眼睑下垂、体温下降及强直症。抗抑郁药可对抗利血平诱导的体温下降。本模型可分析不同抗抑郁药的作用机理,例如,去甲肾上腺素或 5-羟色胺受体激动剂、多巴胺受体激动剂和 β-肾上腺素受体激动剂可分别对抗小鼠上眼睑下垂、强直症和体温下降。

(四) 孤养或分养模型

1. 孤养小鸡模型

由于小鸡习惯群居,单独喂养时,它会产生孤独感并时常哀叫。这种叫声可以认为是抑郁症的一个主要症状,可通过给予抗抑郁药物来改善。该模型常用于抗抑郁药的初筛。

2. 灵长类动物母仔分离模型

研究表明,部分灵长类或非灵长类动物在母仔分离后会出现激越、睡眠障碍以及哀鸣等特征性表现,在随后的 1~2 天中出现活动减少、背部躬曲和面部表情悲伤绝望等主动或被动的身体反应,这是由于幼仔大脑内的脑神经肽含量显著降低而引起情感变化,进而产生类似抑郁的症状。目前,该模型只用于部分抗抑郁药的初筛。

(五) 嗅球切除模型(olfactory bulbectomy model)

嗅球与边缘系统功能有关,影响机体行为、情绪和内分泌功能。切除大鼠双侧嗅球会引起边缘-下丘脑轴调节功能异常、对应激的敏感性增加、免疫系统和睡眠模式异常、激越、体重降低以及享乐行为减少等多种行为改变,与临床内源性抑郁患者的特征相似,而长期应用抗抑郁药可纠正上述症状。这种通过神经变性建立的抑郁模型广泛用于探讨抑郁症的病理生理学机制。

(六) 操作反应模型

抑郁症的核心症状是奖赏系统变化导致的愉快感缺失。许多学者通过"强化"维持的操作反应程序

来评价新化合物的抗抑郁效能。20世纪80年代初,两位美国学者建立了一种自动程序化动物模型,该模型的特点是训练限制进食或饮水的动物压一次操作杆后,得到一次强化(食物、水或甜味溶剂),也可以训练动物压杆两次、三次或四次才能得到相同的奖赏。该模型广泛用于动机研究。

操作反应中的低频率差式化程序(differential reinforcement of low rate,DRL)可以测定冲动抑制行为,由于自杀在重度抑郁症中可理解为冲动行为,因此本模型可用于评价新药抗抑郁活性。在这个模型中,大鼠需要抑制自己的压杆反应,保持等待行为,直到距离前一次强化的时间间隔过去才能进行下一次压杆操作。这个时间间隔通常是72s(DRL-72s)。如果大鼠在72s内压杆,不但得不到强化,反而需要重新计时。因此这个程序要求动物有足够的"耐心"和稳定的"情绪",才能获得较低的压杆频率和较高的强化。这个强化程序对于诸如 TCA、MAOI、SSRI、多巴胺能及去甲肾上腺素能重摄取抑制剂等一系列抗抑郁药均敏感,然而抗焦虑剂、安定剂则不能增加大鼠强化次数,表明抗抑郁药对此模型具有特异性。

(七)先天抑郁模型

深厚的遗传基础和多重环境因素相互作用导致抑郁。一些特定品系的啮齿类动物表现出明显的抑郁样特征,其中最著名的是 Overstreet 及其同事培养的 Flinder 大鼠。这种品系的大鼠对应激反应异常,快速眼动睡眠模式、心律和自主活动改变,可被 TCA 和 SSRI 逆转。

另外,FH/Wjd 大鼠是先天嗜酒的啮齿类动物,基础皮质酮水平偏高,胰岛素样生长因子 I(IGF-I)水平偏低,与其生长缓慢的特征相吻合。其乙醇摄入量可作为抗抑郁实验的一项指标,用于抗抑郁药物的筛选。

(八)基因遗传动物模型

传统抑郁症动物模型研究主要通过社会应激、环境应激或药物诱导等因素,引发动物出现抑郁样表现。通过这种方法,我们观察到的病理生理变化反映了诱导这种状态的处理因素,而并非反映了与动物抑郁状态所对应的生物学变化。内源性遗传学模型由于更加独立于外界因素,将胜于传统抑郁症动物模型,它能够通过插入和(或)断裂特定基因,从而研究该基因是否参与和如何介入特定病理生理过程,并且能鉴别新的治疗靶标。抑郁症发生机制中存在单胺假说、HPA轴假说和神经营养假说等不同理论,现在已选育出一些小鼠突变种系,用来鉴别上述假说中某些基因的作用。与此同时,新近发现P物质、神经肽Y、离子通道、细胞凋亡蛋白等其他神经调节物质也与抑郁症相关,同样可以采用基因突变方法进行研究。

复杂基因背景和复杂环境因素相互作用形成抑郁症,其相关基因数量至今尚不明确。Ellenbroeka 认为主要有三种因素决定个体是否出现抑郁症,即遗传背景、生命早期应激和在抑郁发作前的急慢性应激,这些因素的影响力已经表现在基因表达水平上。因此,一个理想的基因遗传模型应该是在个体发育过程中通过条件性处理不同基因,从而有针对性地反映这些因素的功能。目前常使用的是特定区段诱导的单一突变体,而这正是继续深入研究复杂基因功能的基础。

第二节 精神分裂症

一、前言

精神分裂症是一组由不明原因引起的重型精神病,以个性改变,思维、情感、行为不协调,联想散漫,脱离现实,丧失社会适应能力为特征。最新调查显示,在世界范围内,精神分裂症的年发病率是0.15‰,时点发病率是4.5‰,终生发病风险为0.7%。精神分裂症患者多在青壮年(20~40岁)起病,发病的危险因素主要有性别、年龄、种族、婚姻状况、社会经济地位、遗传、应激等。除少数能自我缓解外,多数患者病情迁延、缓慢进展,部分患者发展为人格缺损和社会性残疾。精神分裂症的发病机理尚不明确,对病因机制的研究主要集中在遗传学、神经生化、神经发育、心理社会因素等方面,目前主要通过药物治疗缓解临床症状。

二、临床特征与诊断

根据《美国精神障碍诊断与统计手册》(DSM-Ⅴ),精神分裂症的诊断标准包括以下五个方面:A 症状标准;B 社交或职业功能失调评估;C 病期;D 分裂情感障碍或双相障碍伴精神病特征的排除;E 物质滥用引发精神障碍的排除;F 孤独症的排除。详细诊断标准见表 23-1。

表 23-1　精神分裂症的诊断标准(节选自赵靖平 等,2015)

诊断标准的五个方面	细则
A 症状标准	存在两项(或更多)下列症状,每一项症状均在一个月中相当显著的一段时间里存在(如成功治疗,则时间可以更短),至少其中一项必须是①、②或③:① 妄想;② 幻觉;③ 言语紊乱(例如,频繁离题或不连贯);④ 明显紊乱的或紧张症的行为;⑤ 阴性症状(即情绪表达减少或动力缺乏)
B 社交或职业功能失调评估	自障碍发生以来的明显时间段内,一个或更多的重要方面的功能水平,如工作、人际关系或自我照顾,明显低于障碍发生前具有的水平(当障碍发生于儿童或青少年时,则人际关系、学业或职业功能未能达到预期的发展水平)
C 病期	这种障碍的体征至少持续六个月。此六个月应包括至少一个月(如成功治疗,则时间可以更短)符合诊断标准 A 的症状(即活动期症状),可包括前驱期或残留期症状。在前驱期或残留期中,该障碍的体征可表现为仅有阴性症状或有轻微的诊断标准 A 所列的 2 项或更多的症状(例如,奇特的信念、不寻常的知觉体验)
D 分裂情感障碍或双相障碍伴精神病特征的排除	排除标准:① 没有与活动期同时出现的重性抑郁或躁狂发作;② 如果心境发作出现在症状活动期,则他们只是存在此疾病的活动期或残留期整个病程的小部分时间内
E 物质滥用引发精神障碍的排除	排除标准:这种障碍不能归因于某种物质(例如,滥用的毒品、药物)的生理效应或其他躯体疾病
F 孤独症的排除	排除标准:如果有孤独症(自闭症)谱系障碍或儿童期发生的交流障碍的病史,除了精神分裂症的其他症状外,还需有显著的妄想或幻觉,且至少存在一个月(如成功治疗,则时间可以更短),才能做出精神分裂症的额外诊断

精神分裂症的症状可以分为三种类型:阳性症状(positive symptom)、阴性症状(negative symptom)和认知症状(cognitive symptom)。阳性症状包括激越、偏执、幻觉妄想等高活动行为,病理过程可逆,对神经阻滞剂(neuroleptic)的治疗反应较好,患者无智力障碍,推测以 D_2 受体增多为发病机制。阴性症状包括情感淡漠、回避社交等低活动行为,病理过程相对不可逆,对神经阻滞剂反应不良,患者有时存在智力障碍,推测与脑细胞缺失和结构性变化有关。认知症状包括概念分裂、抽象思维障碍和定向障碍等。

由于以往 DSM-Ⅳ 对精神分裂症的诊断分型(偏执型、青春型、紧张型、未分化型和残留型)在临床实践中执行较差、稳定性不足、信度低、效度差,且这些亚型在长期治疗中未能表现出有助于区分患者治疗反应差别的作用,因此,DSM-Ⅴ 将 DSM-Ⅳ 中的临床分型取消,取而代之的是根据精神分裂症临床症状的演变,划分不同的发作时期,分为:① 初次发作,目前在急性发作期;② 初次发作,目前为部分缓解;③ 初次发作,目前为完全缓解;④ 多次发作,目前在急性发作期;⑤ 多次发作,目前为部分缓解;⑥ 多次发作,目前为完全缓解(赵靖平 等,2015)。

三、发病机制

(一) 遗传因素与精神分裂症

精神分裂症与遗传因素密切相关,血缘关系越近,发病风险越高,遗传率为 80%,呈现多基因遗传模式。家系研究表明,精神分裂症患者一级亲属患本病的危险率为 4%~14%,约为一般人群的 10 倍;双亲均患病,子代患病危险率为40%;二级亲属中,患病危险率约为一般人群的3倍。双生子与寄养子研究显示,同卵双生的同病率为40%~50%,异卵双生的同病率为10%~15%;精神分裂症母亲所生子女即使从小寄养在正常家庭中,在其他条件相同的情况下,与正常母亲所生的孩子相比,前者成年后患病率仍然高于后者。

全基因组遗传连锁分析表明,精神分裂症是由多个微效或中效基因与环境共同作用的结果,已报道与精神分裂症发病相关的遗传区域包括:6p24-p22、6q13-q26、10p15-p11、13q32、22q12-q13、1q32-q41、5q31、6q25.2、8p21、8p23.3、10q22和10q25.3-q26.3等,其中,6号染色体与精神分裂症关系密切。其他备受关注的易感基因包括多巴胺受体基因 *DRD2*、*NRG1*、*DISC1*、*DTNPB1*、锌指蛋白804基因(*ZNF804A*)等。此外,DNA甲基化、组蛋白修饰和miRNA等的异常也可能与精神分裂症的发病有关。

(二)神经发育与精神分裂症

精神分裂症患者尸检研究中,脑形态异常的检出率为40%~50%,脑结构变化主要集中在颞叶、额叶和基底神经节部分,这些部位之间相互关联,一个部位的病理变化会影响到另外两个部位的功能。最新的研究倾向于认为,产前婴儿大脑发育异常能引起大脑非进展性的细微改变,主要表现在以下四个方面:第一,对边缘系统不同部位、额叶前部以及颞叶皮质的细微变化的研究发现,在妊娠的第13~第25周或者第26~第38周神经元的移动和分化紊乱导致这些部位细胞排列、密度、大小异常。第二,正常人皮质两半球并不对称,尤其在颞顶区域更加显著,而精神分裂症患者皮质及边缘部位没有这种不对称性。第三,精神分裂症患者的CT及MRI前瞻性研究结果显示,患者呈现非进展性脑室增大。第四,正常人星形胶质细胞增生的功能是在妊娠最后三个月内形成的,而精神分裂症患者的边缘结构、丘脑以及扣带回均缺乏神经胶质增生。随着对精神分裂症患者病理生理学变化机制研究的深入,有关神经系统发育异常的学说越来越受到学者的青睐。

(三)神经递质与精神分裂症

1. 多巴胺假说

多巴胺假说,即多巴胺功能亢进假说认为,精神分裂症是脑内多巴胺系统活动过度所致,多巴胺的功能亢进主要表现为多巴胺的代谢增加和多巴胺受体数目增多或敏感性增高。多巴胺代谢研究发现,急性、复发期患者脑脊液中多巴胺代谢产物高香草酸(HVA)的浓度较发病和复发前明显升高,这是由于脑内多巴胺羟化酶的活性降低,导致多巴胺堆积以及HVA增多;而慢性、缓解期患者脑脊液中HVA含量明显降低。研究资料表明,无任何精神病遗传背景的人长期使用苯丙胺(多巴胺促释剂)和可卡因(多巴胺重摄取抑制剂),突触间隙多巴胺的浓度升高,产生幻觉和妄想症状,而多巴胺耗竭剂或多巴胺受体拮抗剂能控制苯丙胺和可卡因诱发的行为异常。此外,第一代抗精神病药物的临床效价与多巴胺D_2受体阻断作用的强度有关,说明多巴胺的代谢水平与精神分裂症关系密切。

多巴胺能受体主要分为D_1类受体家族和D_2类受体家族,其中D_1类受体家族包括D_1和D_5受体亚型;D_2家族包括D_2、D_3、D_4受体亚型。D_1类受体家族由兴奋性G蛋白(G_s)介导,活化腺苷酸环化酶,增加cAMP含量;D_2受体家族由抑制性G蛋白(G_i)介导,抑制腺苷酸环化酶活性,降低cAMP含量。一般认为D_2受体亚型与精神功能状况关系更为密切。几乎所有临床有效的抗精神病药物(氯氮平除外)对D_2受体的亲和力均较高。某些典型抗精神病药物(特别是硫杂蒽类和吩噻嗪类)既与D_1受体有较高的亲和力,又能抑制D_2受体和其他D_2类受体家族成员(D_3和D_4受体亚型)与拮抗剂或激动剂结合;丁苯酰类(如氟哌啶醇、哌迷清)以及苯甲酰胺类都是专一性较高的D_2和D_3受体拮抗剂。D_3受体在某些边缘脑区如隔核、嗅结节分布较多,这些部位也是抗精神病药物作用的主要部位。新的受体亚型的发现及其生理功能的研究,对进一步阐明精神分裂症的发病机制非常重要。

2. 5-羟色胺假说

在现有的5-羟色胺受体亚型中,$5-HT_{2A}$与精神分裂症密切相关。尸检研究表明,精神分裂症患者前额皮质$5-HT_{2A}$受体密度减少。由于该受体抑制中脑皮质通路多巴胺的合成和释放,因此其密度减少会导致多巴胺功能亢进,出现精神分裂阳性症状;$5-HT_{2A}$受体拮抗剂利坦舍激活中脑皮质多巴胺通路,改善阴性症状和认知功能。非典型抗精神病药物可同时拮抗 D_2 受体和 $5-HT_{2A}$ 受体，对阳性、阴性、认知症状均有效。另外，$5-HT_3$ 受体拮抗剂能抑制伏隔核多巴胺功能亢进，也具有抗精神分裂症阳性症状的作用。

3. 去甲肾上腺素/多巴胺功能失衡假说

多巴胺在多巴胺羟化酶的作用下向去甲肾上腺素转变，此过程不可逆，因此，去甲肾上腺素的降低在一定程度上表明多巴胺的增加。国内研究发现，低去甲肾上腺素/多巴胺比值组患者的简明精神病评定量表(brief psychiatric rating scale,BPRS)评分明显高于高去甲肾上腺素/多巴胺比值组患者，提示精神分裂症患者去甲肾上腺素能神经元相对缺损，多巴胺能神经元功能相对亢进。经有效的药物或物理治疗后，患者脑脊液或血浆中去甲肾上腺素、MHPG（去甲肾上腺素代谢产物）增加，多巴胺、HVA 降低。这些结果表明中枢去甲肾上腺素与多巴胺之间的平衡失调可能是精神分裂症的发病机制之一。

4. 多系统整合假说

有学者认为谷氨酸、GABA 与单胺递质之间的功能紊乱与精神分裂症密切相关。NMDA 是谷氨酸受体系统的一个亚型，尸检研究表明，精神分裂症患者纹状体丘脑的 NMDA 受体密度和数量均明显低于正常人。当纹状体丘脑 NMDA 通路功能低下时，经丘脑的感觉冲动发放增多，前额皮质的 5-羟色胺活动增强，通过激动 $5-HT_{2A}$ 受体而抑制多巴胺的释放，引起阴性症状和认知障碍。当前额皮质功能减弱时，皮质边缘 NMDA-GABA 通路功能低下，边缘系统多巴胺功能增强，引起阳性症状。当 NMDA 受体功能持续低下时，引起脑结构损害，出现不可逆阴性症状和认知障碍。健康人使用苯环利定(phencyclidine,PCP,NMDA 受体阻断剂)出现精神分裂症状，而药理学研究表明，非典型抗精神病药物能够阻断 $5-HT_2$ 受体，加强谷氨酸向边缘系统的传导，改善皮质功能，从而缓解临床症状。

（四）其他因素

病前个性特征：国外学者发现精神分裂症患者病前有 50%～60% 具有分裂样人格，伴有孤僻、胆怯、顺从、敏感、遇事犹豫、对环境适应性差等特点。值得注意的是，由于人格具有可塑性，因此人格特性并非患病的必然条件，后天的培养和心理社会因素也起主要作用。

心理社会因素：精神病学家和社会学家在美国芝加哥、纽约和中国台湾地区的调研显示，精神分裂症的患病率与社会经济和教育程度成反比，以无职业或技术性很低职业的人群患病率最高，推测心理应激和不良的社会环境是本病发病的诱因之一。

环境因素：精神分裂症是否可在各种躯体和精神创伤的影响下急性发病，一直是病因学研究的重要课题，这些影响因素包括：病毒感染、孕期的病毒感染、孕期及围产期并发症。目前以上研究因具有地区局限性，没有得到学者的公认。

总之，精神分裂症是非常复杂的疾病，涉及因素广泛，各种学说尚无定论，以上因素是本病的原因还是结果，有待进一步研究。

四、药物治疗

（一）第一代抗精神病药（典型抗精神病药）

第一代抗精神病药（以下简称"第一代药物"）是指主要作用于中枢多巴胺 D_2 受体的抗精神病药物，对精神分裂症的阳性症状（如幻觉、妄想、思维障碍、行为紊乱、兴奋、激越、紧张症候群等）较为有效，对阴性症状及伴发的抑郁症状疗效不确切。自 20 世纪 50 年代以来这些药物广泛应用于临床。它们包括：① 吩噻嗪类，如氯丙嗪、硫利达嗪、奋乃静、氟奋乃静及其长效剂、三氟拉嗪等；② 硫杂蒽类，如氯哌噻吨及其长效剂、三氟噻吨及其长效剂、泰尔登等；③ 丁酰苯类，如氟哌啶醇及其长效剂、五氟利多等；④ 苯甲酰胺类，如舒必利等。吩噻嗪类又分为高效价药物（如奋乃静、氟哌啶醇、三氟拉嗪）、低效价药物（如氯丙嗪、硫利达嗪）（效价分类适用于第一代药物）。以氯丙嗪为代表的低效价药物，镇静作用强，抗胆碱能作用明显，主要用于各型精神分裂症、躁狂症以及具有精神运动兴奋症状群的其他疾病。对消除急性幻觉妄想、思维联想障碍、行为异常等疗效显著。优点是锥体外系不良反应小，缺点是心血管和肝功能副作用大。以氟哌啶醇为代表的高效价抗精神病药物,抗幻觉妄想作用突出,镇静作用较氯丙嗪类为弱,主要用于幻觉、妄想比较明显的患者。优点是心血管及肝功能副作用小,缺点是锥体外系不良反应大。位于中脑纹状体神经通路中的 D_1 和 D_2 受体亚型共同协调机体有关运动功能,它们之间平衡失调是抗精神病药物产生锥体外系副反应的原因。第一代药物在足够的治疗剂量下,一般可占据脑内 70%～90% 的 D_2 受体亚型。过度占领 D_2 后,脑内多巴胺转而作用于 D_1 受体亚型,便会产生急性或迟发性锥体外系运动障碍。相比之下,第二代抗精神病药(如氯氮平)只占据 38%～63% 的 D_2 受体亚型,且兼具 D_1 受体亚型的阻断作用,可防止 D_1 过度激活,因此它们引起的锥体外系副作用较少。

1. 氯丙嗪

氯丙嗪属于低效价药物,治疗剂量偏高,具有多受体作用(多巴胺 D_2 受体,多巴胺 D_1 受体,5-羟色胺受体,M 受体,α 受体均有作用)。对兴奋躁动、幻觉妄想、思维障碍及行为紊乱等阳性症状有较好的疗效,用于精神分裂症、躁狂症或其他精神病性障碍;此外,还具有止呕作用,可用于各种原因所致的呕吐或顽固性呃逆。口服易吸收,2～4 h 达血浆峰浓度,1 周左右达稳态水平。口服药物的生物利用度为 10%～33%,98% 与血浆蛋白结合,易透过血脑屏障和胎盘屏障,主要经肝脏代谢,半衰期为 8～35 h,排泄以肾脏为主,少量经粪便排泄和乳汁分泌。氯丙嗪急性期有效治疗剂量为 20～600 mg/d。常用有效量为 400 mg/d,宜从小剂量开始,缓慢加量(每隔 2～3 日剂量递增)。主要的不良反应有口干、上腹部不适、食欲缺乏、乏力、嗜睡、直立性低血压、锥体外系反应、迟发性运动障碍、泌乳素增加等。

2. 氟哌啶醇

氟哌啶醇属于高效价药物,是目前对 D_2 受体选择性最强的阻断剂。对兴奋、激越、躁狂等阳性症状及行为障碍效果较好,对阴性症状及伴发的抑郁症状疗效不确定。用于急、慢性各型精神分裂症,躁狂症,抽动秽语综合征的治疗。因本品心血管系不良反应较少,也可用于脑器质性精神障碍和老年性精神障碍。口服易吸收,口服后 3～6 h 达血浆峰浓度,生物利用度为 40%～70%,血浆蛋白结合率为 92%。主要经肝脏代谢,其代谢产物(还原氟哌啶醇)也有抗多巴胺作用,但作用强度明显小于原药。氟哌啶醇的血浆半衰期为 15～25 h。有效治疗剂量为 6～20 mg/d,维持治疗量以 2～6 mg/d 为宜。主要的不良反应为锥体外系反应,急性肌张力障碍在儿童和青少年中更易发生,出现明显的扭转痉挛、吞咽困难、静坐不能及类帕金森病;长期大量使用可出现迟发性运动障碍。此外,还有口干、视物模糊、乏力、便秘、出汗、泌乳素浓度增加等,偶发心脏传导阻滞。

值得注意的是,该药物的不良药物相互作用较多,例如,① 与乙醇或其他中枢神经抑制药物合用,中枢抑制作用增强;② 与苯丙胺合用,可降低后者的作用;③ 与巴比妥或其他抗惊厥药物合用时,可改变癫痫的发作形式;④ 与抗高血压药物合用时,可产生严重低血压;⑤ 与抗胆碱药物合用时,有可能使眼压增高;⑥ 与肾上腺素合用,由于阻断了 α 受体,使 β 受体的活动占优势,可导致血压下降;⑦ 与锂盐合用时,需注意观察神经毒性与脑损伤;⑧ 与甲基多巴合用,可产生意识障碍、思维迟缓、定向障碍;⑨ 与卡马西平合用可使该药物的血药浓度降低,效应减弱;⑩ 饮茶或咖啡可减低该药物的吸收,降低疗效。

(二) 第二代抗精神病药(非典型抗精神病药)

与吩噻嗪类等药物相比,第二代抗精神病药(以下简称为"第二代药物")具有较高的 5-羟色胺受体阻断作用,对中脑边缘系统的作用比对纹状体系统的作用更具有选择性。非典型抗精神病药物主要有以下几类:① 5-羟色胺和多巴胺受体拮抗剂(serotonin dopamine antagonist,SDA),如利培酮、齐拉西酮、舍吲哚;② 多受体作用药物(multi-acting receptor targeted agent,MARTA),如氯氮平、奥氮平、喹硫平、左替平;③ 选择性 D_2/D_3 受体拮抗剂,如氨硫必利、瑞莫必利等。这类药物的特点是对精神分裂症多维症状具有广谱疗效,且较少发生第一代药物常见的锥体外系反应和催乳素水平升高等不良反应,提高了患者的依从性,在临床上应用更为广泛。

1. 氯氮平

氯氮平属于多受体作用的药物,对 $5-HT_{2A}$、$5-HT_{2B}$、α 受体和胆碱受体具有亲和性,与多巴胺 D_2 受体的亲和性相对较低。氯氮平对 $5-HT_{2A}$ 具有激动作用,因此可抗焦虑和抗抑郁。治疗的适应证包括:

① 难治性精神分裂症患者；② 出现严重迟发性运动障碍的精神分裂症患者；③ 易发生锥体外系不良反应的精神分裂症患者；④ 分裂情感障碍、难治性躁狂和严重精神病性抑郁症患者；⑤ 使用小剂量治疗继发于抗帕金森病药物的精神症状；⑥ 有严重自杀倾向的精神分裂症患者；⑦ 其他难治性精神疾病患者，如广泛性发育障碍、孤独症或强迫性障碍的难治性患者。

口服氯氮平约 2 h 后达血浆峰浓度，生物利用度为 27%～47%，消除半衰期大约为 12 h，血浆蛋白结合率 94%。氯氮平的血浆浓度个体差异很大，血药浓度的差异与性别、吸烟、年龄等有关，可酌情进行血药浓度监测。研究表明，氯氮平的有效血药浓度大约为 350 ng/mL，主要在肝脏经去甲基和氧化代谢，CYP1A2、2D6、3A4、2C19 等抑制剂或诱导剂可影响氯氮平的血药浓度。80% 的药物以代谢产物形式从尿液或粪便中排出，不足 5% 的药物在尿中以原形存在。常见不良反应有过度镇静、流涎、中枢或外周抗胆碱能作用、心率过速、体重增加、降低癫痫发作阈等。

2. 利培酮

利培酮是对 5-HT_{2A} 和多巴胺 D_2 受体的强拮抗剂，对多巴胺 D_2 受体的拮抗作用与第一代药物氟哌啶醇相似，此外还表现出对 $α_1$ 和 $α_2$ 受体的高亲和性，但是对 β 受体和 M 受体的亲和性较低，因此对阳性症状的疗效与第一代药物相似，且低剂量时锥体外系不良反应较少，对阴性症状有较好的疗效，镇静作用小，没有明显的抗胆碱能不良反应。目前有口崩片、口服液等多种口服剂型和长效针剂。

口服用药生物利用度为 70%～82%，在肝脏内主要经 CYP2D6 代谢为 9-羟利培酮，9-羟利培酮与原药有同样的药理作用。原药的达峰时间约为 1 h，9-羟利培酮的达峰时间约为 3 h，食物不影响药物的吸收。利培酮的血浆蛋白结合率为 88%，原药的消除半衰期为 3 h，9-羟利培酮为 24 h，主要由尿及粪便排出。

利培酮主要用于：① 首发和多次发作的精神分裂症、分裂情感障碍的精神症状；② 精神分裂症和分裂情感障碍的维持治疗，预防复发；③ 器质性精神障碍；④ 难治性精神分裂症；⑤ 其他精神疾病，如双相障碍躁狂发作以及与心境稳定剂合并治疗双相障碍。

(三) 第三代抗精神病药

近年来大量研究表明，多巴胺 D_2 受体功能亢进及前额叶皮质 D_1/NMDA 受体功能降低是精神分裂症的中心病理学特征，同时伴随着 5-羟色胺和 GABA 能神经元的功能异常。在这样的理论指导下，第三代抗精神病药应运而生，其主要作用机制以部分激动和别构调节为主。部分激动的药理效应依赖于体内的内源性神经递质水平。在神经递质水平增高时，部分激动表现为拮抗效应；当内源性神经递质缺乏时，部分激动又表现为激动效应。别构调节的效应完全依赖于内源性配基的水平，具有时间和空间选择性。如代表药物阿立哌唑，是 D_2/5-HT_{1A} 受体部分激动剂和 5-HT_{2A} 受体拮抗剂 (5-HT-DA 系统稳定剂)；依匹哌唑是多巴胺/5-羟色胺系统的调节剂，对 D_2、5-HT_{1A}、5-HT_{2A} 受体有高度亲和力；卡利哌嗪是 D_2/D_3 受体拮抗剂。

阿立哌唑

阿立哌唑适用于精神分裂症和分裂情感障碍，可改善精神分裂症的阳性、阴性症状以及认知和情感功能。阿立哌唑口服吸收良好，起始剂量为 10～15 mg，每日一次。治疗有效剂量为 10～30 mg/d。血浆浓度在 3～5 h 内达到峰值，绝对生物利用度为 87%，吸收不受食物的影响。吸收后在体内分布广泛，99% 的阿立哌唑及其代谢产物与血浆蛋白结合，阿立哌唑经 CYP2D6 和 CYP3A4 酶代谢，与这两种酶的抑制剂或诱导剂合用会影响阿立哌唑的血药浓度；本品在 CYP2D6 的充分代谢者中的消除半衰期为 75 h，因此最初用药 2 周内不应增加剂量，待药物基本达稳后 (约 2 周)，可以酌情调整剂量。本品主要经尿液和粪便排出，常见不良反应有直立性低血压 (与其对 α 受体的拮抗作用有关)、头痛、困倦、兴奋、焦虑、静坐不能、消化不良、恶心等。

多巴胺 D_2 受体和 5-HT_{2A} 受体是现有抗精神病药最主要的两个作用靶点。除此以外，处于临床研究的抗精神病药物有 5-HT_6 受体拮抗剂、磷酸二酯酶 (PDE) 抑制剂、代谢型谷氨酸受体 (mGluR) 抑制剂、甘氨酸转运蛋白 ($GlyT_1$) 抑制剂、nAChR 激动剂和神经激肽-3 (NK_3) 拮抗剂。此外,针对其他靶点的抗精神分裂症药物也在密集的研究之中。在研的抗精神分裂症药物前20位的作用靶点如图23-2所示。

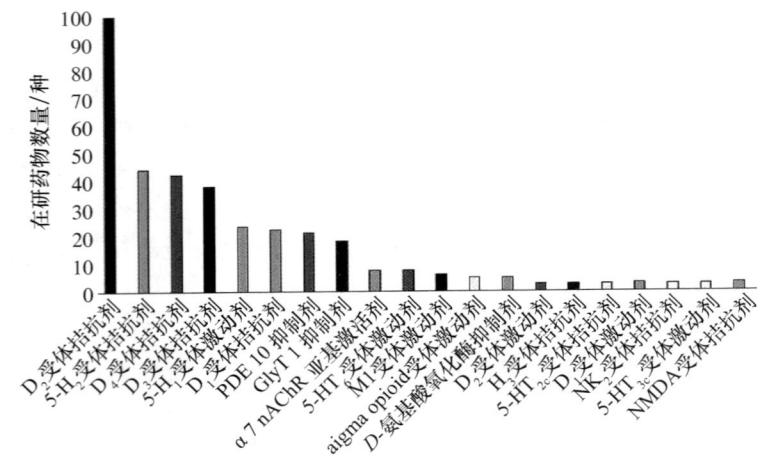

图23-2　在研的抗精神分裂症药物中,前20位药物的作用靶点(肖立 等,2016)

五、动物模型

(一) 潜伏抑制模型

潜伏抑制(latent inhibition)是指对于一些反复出现、未经过强化训练的无关刺激,正常人能够将其忽略而出现对条件性适应的延迟,这是机体能够忽略预期不产生重要后果的刺激的能力。用某些药物(如苯丙胺、尼古丁)处理动物,动物的潜伏抑制现象出现障碍,据此建立起无法忽略无关刺激的动物模型。模型的成功是以对正常动物所观察的指标出现延迟现象为准。第一代药物能够恢复苯丙胺处理大鼠受损害的潜伏抑制,由于这种改善具有选择性和特异性(第二代药物不存在这种作用),因此可以用来筛选抗精神病药,并判断药物类型。

(二) 惊跳反应预刺激抑制模型

惊跳反应预刺激抑制(prepulse inhibition,PPI)模型也称为精神分裂症的直觉障碍模型。对于正常个体,预先给予一个弱刺激可以减弱由突然强烈刺激引起的惊跳反应。对于精神分裂症患者,由于其信息处理能力障碍,这种预刺激的抑制作用减弱。这一现象可以在动物上模拟:阿扑吗啡、苯丙胺、苯环利定均可减弱/阻断大鼠PPI,而第一代和第二代药物都能逆转阿扑吗啡等导致的大鼠PPI减弱的效应。

(三) 神经发育动物模型

1. 新生动物脑部损毁模型

新生大鼠海马腹侧(ventral hippocampus,VH)被损毁后,由海马所参与的许多皮质和皮质下区神经环路的发育中断,到了成年时出现一系列与多巴胺有关的行为改变,可用来作为精神分裂症认知障碍的模型。建模方法是:大鼠出生后第七天用鹅膏蕈氨酸(ibotenic acid)损毁海马腹侧。出生35天(大鼠少年期)和56天(大鼠成年早期),海马损毁后的大鼠在注射盐水后的活动性显著高于正常对照组,表现为对应激和刺激因素具有高反应性,刻板动作增加,对谷氨酸受体拮抗剂有高度敏感性,惊跳反应预刺激抑制和潜伏抑制受损,社会功能低下,工作记忆下降,以上症状均与精神分裂症的症状十分相似。海马腹侧损毁大鼠所表现出的这种高活动性可以被第一代或第二代药物所抑制。

研究认为,新生动物海马的损毁导致前额叶皮质发育以及颞叶边缘系统和前额叶皮质联络功能异常,这对出现异常行为起关键作用。抗精神病药能改善这种异常行为,如作用于谷氨酸系统的药物LY293558(AMPA受体拮抗剂)有效减轻海马损毁组的活动增多,而不影响正常对照组的活动。此模型可以筛选具有新药理机制的药物。

2. 胎儿期病毒感染及营养不良模型

让怀孕 9 天的小鼠感染人型流感病毒后,子代大脑皮质变薄,Reelin 免疫反应性降低,这与精神分裂症患者脑区 Reelin 表达降低的神经生物学研究结果一致。

剥夺孕鼠的蛋白质,造成营养不良,子鼠大脑神经元发生、迁移、分化发生障碍,破坏了神经环路的形成和递质的传递,导致认知和学习、记忆能力下降等一系列不可逆的改变。此模型的不足之处在于这种大脑形态改变引起的动物行为改变缺乏一致性,可能原因是此动物模型仅仅控制了单一因素,而事实上大脑营养不良导致发育障碍有很大的可变性。

3. 神经元发育异常模型

动物妊娠期间给予 X 射线照射,或者将子宫暴露于干扰有丝分裂的毒素,从而破坏分裂中的神经元;也可以给予一氧化氮合酶抑制剂干扰神经元的成熟和突触形成。处理后动物海马、前额叶和内嗅区皮质形态学发生变化,进而出现活动增多、刻板行为(stereotyped behavior)、认知受损、潜伏抑制、惊跳反应预刺激抑制紊乱等一系列行为学变化。

(四) 递质传递异常动物模型

1. 多巴胺模型

(1) 苯丙胺模型:苯丙胺属于多巴胺促释剂,提高中枢多巴胺的浓度,能够引起动物电生理学、神经化学、行为学等指标的改变,因此该模型常用来评价抗精神病药。在一定剂量下,苯丙胺多次间断给药能够引起大、小鼠的行为敏化(behavioral sensitization),当剂量增大时引起刻板行为。前者是中脑边缘系统的多巴胺受体激活的表现,用来作为药效学评价的指标;后者是中脑纹状体系统多巴胺受体激活的表现,作为锥体外系不良反应的评价指标。

(2) 阿扑吗啡(apomorphine,APO)模型:阿扑吗啡是一种 D_1/D_2 受体混合激动剂,引起动物高活动性(hyperlocomotion),多次给药后可引起行为敏化和刻板行为,应用抗精神病药可以对抗。

(3) 僵住症模型:典型抗精神病药的活性在于阻断边缘前脑的 D_2 受体,而同时阻断新纹状体部位的 D_2 受体则产生锥体外系不良反应,表现为肢体僵直和运动不能等,在大、小鼠则表现为僵住症。应用 D_1 受体拮抗剂 SCH23390 和 D_2 受体拮抗剂氟哌啶醇都可引起大、小鼠的僵住症。僵住症模型可以模拟人的锥体外系反应。该模型的意义是根据僵住症反应发生的程度来预测药物对人产生锥体外系不良反应的可能性。

2. NMDA 功能不全模型

大量临床、药理及遗传学研究表明,NMDA 受体(NMDAR)功能不全是精神分裂症的病理生理机制之一。NMDA 受体是离子型谷氨酸受体,是由两个必需的 NR1 亚基和两个 NR2 和/或 NR3 亚基组成的,它们在谷氨酸神经传递、局部节律活动和突触可塑性中发挥重要作用。NMDA 功能不全模型可通过药理学和遗传学两种方式诱导。药理学方面,非选择性谷氨酸 NMDA 受体阻断剂(苯环利定、氯胺酮、地佐环平)能够较好地模拟精神分裂症的阳性、阴性和认知症状,适合筛选新的抗精神分裂症活性物质;遗传学方面,NR1 亚基或其他 NMDA 受体亚基表达的降低可以实现 NMDA 功能不全。Mohn 及其同事在 *NR1* 基因座的内含子上插入一个抗新霉素的基因,可以降低小鼠大脑皮质匀浆中 90% 的 NR1 亚基的表达。完全缺乏 NR1 亚基基因的小鼠在出生后迅速死亡。NR1 低表达量(NR1−/−)的小鼠出现自主活动增加、代谢活动降低、社会交互降低、前脉冲抑制(PPI)反应降低等异常现象。在 NR1 亚基甘氨酸结合位点的点突变动物模型(Grin1)中,受体甘氨酸亲和力能比野生型降低 5~86 倍。$Grin1^{D481N/K483Q}$ 杂合体小鼠表现出 NMDA 受体功能降低,自主活动增加,习惯化功能受损,Morris 可见平台水迷宫测试中表现不佳等异常现象。

此外,NR2A 亚基的基因敲除小鼠表现出以下行为:新环境中自主活动增加,水迷宫测试中空间记忆受损,眨眼条件反射和恐惧条件反射实验中联想学习能力受损。

NMDA 受体功能受损遗传模型的研究表明,NMDA 受体,尤其是 NR1 亚基在精神分裂症病理生理学机制中具有重要作用。

(王燕婷、梁建辉)

练 习 题

1. 抑郁症的主要临床症状有哪些？
2. 抑郁症的可能发病机制有哪几方面？
3. 抑郁症的治疗方法有哪几大类？试述几种常用的抗抑郁药。
4. 总结抑郁症动物模型。
5. 精神分裂症有哪些传统的临床亚型，各亚型的临床特点是什么？
6. 精神分裂症主要的发病机制是什么？
7. 概述精神分裂症的治疗方法。
8. 精神分裂症动物模型分为几类？简要阐述之。

参 考 文 献

BERTON O,NESTLER E J,2006. New approaches to antidepressant drug discovery：beyond monoamines[J]. Nature reviews neuroscience,7(2)：137-151.

BICKEL S,JAVITT D C,2009. Neurophysiological and neurochemical animal models of schizophrenia：focus on glutamate[J]. Behavioural brain research,204(2)：352-362.

BUBENÍKOVÁ-VALEŠOVÁ V,HORÁČEK J,VRAJOVÁ M,et al,2008. Models of schizophrenia in humans and animals based on inhibition of NMDA receptors[J]. Neuroscience & biobehavioral reviews,32(5)：1014-1023.

KRIPKE D F,ELLIOTT J A,WELSH D K,et al,2015. Photoperiodic and circadian bifurcation theories of depression and mania[J]. Food res,4：107.

MCARTHUR R,BORSINI F,2006. Animal models of depression in drug discovery：a historical perspective [J]. Pharmacology Biochemistry and Behavior,84(3)：436-452.

OTSUKA T,KAWAI M,TOGO Y,et al,2014. Photoperiodic responses of depression-like behavior, the brain serotonergic system, and peripheral metabolism in laboratory mice [J]. Psychoneuroendocrino,40：37-47.

VANDERLIND W M,BEEVERS C G,SHERMAN S M,et al,2014. Sleep and sadness：exploring the relation among sleep, cognitive control, and depressive symptoms in young adults[J]. Sleep med,15(1)：144-149.

费德姆,希姆林,2004. 精神病学[M]. 李占江,等,译. 北京：中信出版社.

韩柏,2003. 精神分裂症的现代研究[M]. 北京：中国科学技术出版社.

黄良峰,陈洋洋,赵炳功,等,2018. 抑郁症的成因及其新药治疗研究进展[J]. 现代生物医学进展,18(01)：180-185.

郝伟,2004. 精神病学[M]. 北京：人民卫生出版社.

季建林,2003. 精神医学[M]. 上海：复旦大学出版社.

江开达,2009. 精神病学[M]. 北京：人民卫生出版社.

姜左宁,2004. 现代精神病学[M]. 北京：科学出版社.

普露桐,朱师禹,彭格,等,2019. 新型抗抑郁药物研究进展[J]. 四川生理科学杂志,41(02)：145-148.

齐安思,陆峥,2019. 多巴胺与精神分裂症药物治疗机制研究进展[J]. 中华精神科杂志,52(4)：289-292.

王文聪,赵雅蔚,何侃,2019. 抑郁动物模型研究进展[J]. 中国比较医学杂志,29(07)：125-130.

肖立,李炜,邵黎明,2016. 抗精神分裂症药物研究进展[J]. 中国药物化学杂志,26(06)：509-517.

赵靖平,施慎逊,2015. 中国精神分裂症防治指南[M]. 北京：中华医学电子音像出版社.

第二十四章　脑内奖赏通路与药物成瘾

趋利避害是个体生存和物种延续所必需的重要本能,奖赏则是引导这一本能的主要动力。与生存相关的天然奖赏(如食物、水等)能够激活奖赏通路(也称为奖赏环路),而所有的成瘾性物质同样能够兴奋此通路,释放多巴胺,产生奖赏作用。长期使用成瘾性物质,机体会产生适应性变化,包括特定脑区内神经递质释放、受体敏感性及表达、细胞内信号转导通路和基因表达类型及数量都发生诸多改变,并因此改变了神经元及其所在通路的功能,最终导致成瘾行为。

本章首先从行为医学角度简单介绍强化和奖赏的概念、奖赏脑区的发现以及奖赏的神经生物学基础,并且从神经影像学研究角度阐述脑内的奖赏处理;继而在药物成瘾部分简介成瘾物质的分类、药理特点、成瘾的易感因素、药物成瘾的动物模型,在药物成瘾的神经和分子通路中,以阿片类物质为例说明药物成瘾在细胞和分子水平上的神经生物学机制,并对目前的成瘾理论做了分述。

第一节　脑内奖赏通路

一、概述

个体生存和繁衍需要寻找和获得所需要的资源(如食物和居所)以及交配的机会,尽管这需要付出努力和承受风险。在自然界中,这种与生存相关的目标就起到了奖赏的作用,即在预期完成这些目标就会产生如期结果(如使个体状态变得更好)的情况下去追求得到它们。简而言之,奖赏就是产生学习和适应性行为的原因。有奖赏目标的行为往往更容易持续下去而取得结果,并且随时间而增强。

从行为学的角度来看,正性强化(positive reinforcement)、负性强化(negative reinforcement)及惩罚(punishment)是影响动物行为的主要动力。正性和负性强化是一个过程,其结果调节了该行为发生的可能性。正性强化是给予个体所需的刺激来强化其行为。当一个个体体验到奖赏时,就更有可能在将来投入产生这一奖赏的行为中。寻找奖赏作为目标的能力对于所有生物的生存和繁衍都至关重要。食物、水和性等刺激不必经由学习就能得到强化的称为初级奖赏(primary reward);其他刺激(如金钱)通过与初级奖赏建立习得的联系获得了奖赏价值,称为次级奖赏(secondary reward)。事实上,几乎任何感觉刺激都能通过适当的条件化学习获得奖赏价值。而当个体出现某种行为后,可以缓解或消除某种厌恶的刺激,结果使个体再次或者反复出现这种行为的可能性增加,这样的一个过程就是负性强化。惩罚则是指当受试者出现某种行为后,附加一种厌恶刺激,从而减少这种行为发生的可能性。

二、奖赏脑区的发现

1954年,Olds和Milner在采用电刺激对自由活动大鼠的脑干进行研究时,将原本想插入网状结构的电极末端误推入隔区,意外发现电刺激可以控制大鼠的行为。实验中大鼠在一个约3ft^2(约0.28 m^2)的盒子里面随意走动,每次大鼠走到盒子的某一角落,就会被刺激一次。第一次刺激之后大鼠走开了,但是又立即回来再次接受刺激。很快地,大鼠所有的时间都待在角落里,明显是在寻求这种电刺激。但对此现象可能还有其他解释:如强迫性的自发运动,或者是受到了观察者期望效应的影响。为了排除这些原因,研究者对实验做了一个巧妙的变化,他们设计了一个新的盒子,里面有一根压杆,踩上去就会发出一次短的电刺激。开始时,大鼠在盒子里随处活动,偶然会踩到压杆,但是不久后就一直反复地压杆。这一行为后来被称为自我电刺激(electrical self-stimulation)(图24-1)。在后来的研究中发现,大鼠为了获

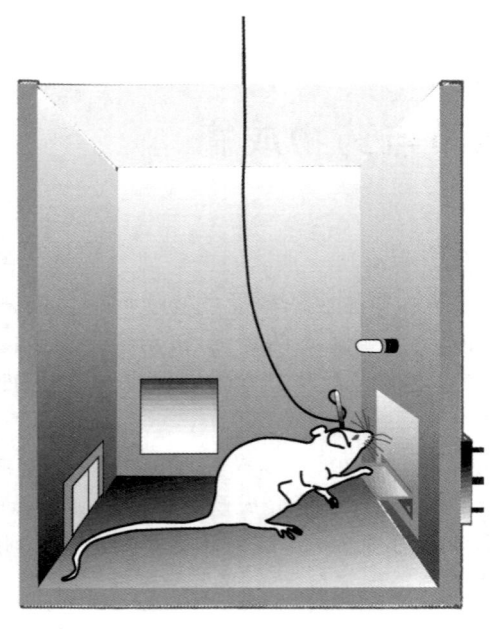

图 24-1　自我电刺激实验（模式图）

得自我电刺激，甚至会穿越电击网或者忽略电击的警报信号，并且如果只能在自我刺激期间获得食物，它们宁愿挨饿，直到最后精疲力竭而死。

强化脑刺激就此被发现，但同时也提出了许多问题：必须刺激哪一结构才能得到这种强化？大鼠为什么会反复刺激自己？这种作用是令其愉快的吗？大鼠是感受到了某种类似于从食物中得到的满足感吗？人们期望通过理解这种人为强化的神经机制，来阐明正常强化行为（如进食、饮水和性行为）以及异常强化行为（如成瘾）的生理学机制。

Olds 和 Milner 自我电刺激实验中的大鼠为什么会反复压杆？一种解释就是大鼠从刺激中得到了正性的感受，想要得到更多。据此，引起强化刺激的脑区被称为"愉快中枢"（pleasure center）。在 Olds 和 Milner 的意外发现之后数十年间，科学家在大鼠脑内的边缘结构和其他脑区发现了多个自身刺激部位，包括隔区、外侧下丘脑、前脑内侧束（medial forebrain bundle）、腹侧被盖区（VTA）和背侧脑桥等。刺激从中脑投射到基底前脑的前脑内侧束所产生的强化最为强烈，一直以来该结构也受到最多的关注。

脑刺激究竟产生了什么感觉？理想的确定方法就是以人类作为受试，电刺激特定脑区，然后询问其感受。20 世纪 60 年代在两例患者身上进行的研究中发现，电刺激特定的脑区（如隔区）产生了快感，有受试者称有类似性快感。由于伦理学的限制，只能对人类进行有限的研究。但现有的结果表明，动物实验的结果同样适用于人类。

三、奖赏的神经生物学基础

脑内电刺激奖赏具有如此强大的驱动作用，这促使人们去寻找其产生的神经基础，特别是采用药理学干预（如局部给予拮抗剂）和损毁的方法。研究发现，干预脑内多巴胺能系统（dopaminergic system）、内源性阿片肽系统（endogenous opioid system）和内源性大麻素系统（endocannabinoid system）都能够调节多种奖赏过程和奖赏行为，提示它们在奖赏中发挥了重要作用。下面将分别对这三种系统进行介绍。

（一）多巴胺能系统

哺乳动物中枢神经系统中的多巴胺主要来自黑质和 VTA。合成多巴胺的脑区和它的一些下游投射脑区组成了奖赏通路。大脑中奖赏通路的主要脑区包括 VTA、伏隔核（NAc）、额叶的多个脑区、杏仁核、海马等（图 24-2）。这些脑区相互连接形成复杂网络。例如，伏隔核接收来自前额叶皮质、杏仁核、海马的兴奋性谷氨酸能输入；而前额叶皮质、杏仁核、海马之间又构成由兴奋性谷氨酸能突触介导的相互联系。此外，其他调质（例如 5-羟色胺等）也在该通路中发挥功能。

从 VTA 到伏隔核的多巴胺投射是奖赏通路的主要组成成分。该通路提供关于某种行为或者刺激奖赏价值的信息，为大脑评价不同的奖赏提供了"通用货币"，以修正个体今后的行为。生存相关的天然奖赏（如食物和交配机会）都能增加伏隔核的多巴胺释放。成瘾性药物同样能直接或间接地引起伏隔核内突触间隙多巴胺水平的增加，并且作用更强。VTA 和伏隔核作为奖赏最主要的解剖基础，现分述如下：

（1）VTA：主要包括三种神经元——多巴胺能、GABA 能和谷氨酸能神经元。多巴胺能神经元是效应神经元，GABA 能神经元是中间神经元。GABA 能神经元通过局部连接抑制多巴胺能神经元，多巴胺的释放一定程度上受去抑制的机制调节。对于预期奖赏的相关线索，VTA 多巴胺能神经元的放电模式从不规则的单峰放电变为高频簇状放电。高频簇状放电能够引起这些神经元靶区多巴胺释放在空间和时间上的显著累加。

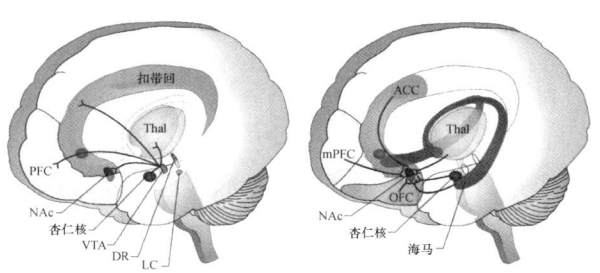

图 24-2　大脑中的奖赏通路示意(Robison et al.,2011)
左图为奖赏通路中来自 VTA 的多巴胺能投射,右图为投射至伏隔核的主要奖赏通路脑区。

（2）伏隔核：主要由中型多棘神经元(medium spiny neuron)组成,包括两个功能截然不同的亚区：壳部(shell)和核部(core)。壳部与下丘脑、VTA 紧密联系,相应地在调节摄食行为中十分重要。VTA 到壳部的多巴胺神经支配在调节诱因显著性中非常重要,并且促使动机性事件与同时存在的环境感知之间建立起习得联系。核部则主要与前扣带回和眶额叶皮质相互联系,调节预测动机相关事件的刺激所引起的习得行为的表达。

多巴胺释放到底编码了什么信息呢？早期的观点认为多巴胺起到快感信号(hedonic signal)的作用,参与体验快乐的感觉,但是药理学方法和遗传学研究的结果对此提出了质疑,因为耗竭了多巴胺的动物依然偏爱奖赏,比如蔗糖。而且,此理论也无法解释尼古丁的作用,因为尼古丁可引起多巴胺释放,但是几乎没有欣快感。

也有观点认为多巴胺可能是促进了奖赏相关的学习,将目标的快感特征与渴求、行为联系起来,以此决定随后与奖赏相关的行为。

（二）内源性阿片肽系统

1971 年 Liebeskind 实验室率先报道了阿片肽的研究,此后,相继有三大内源性阿片肽家族,即脑啡肽(1975)、β-内啡肽(1976 年)和强啡肽(1979)被发现,其后,分别于 1995 年分离出孤啡肽(OFQ),1997 年发现了内吗啡肽(EM)。根据这些内源性多肽和合成化合物的药理分析特点,可将阿片受体分为 μ 受体、δ 受体和 κ 受体。1992—1993 年间,这三个受体相继被克隆成功。阿片受体属于具有七次跨膜结构的 G 蛋白偶联受体家族。1994 年,阿片受体家族添了一个新成员,因为暂时未能寻找到其内源性配体,故又称为孤儿受体,直到含有 17 个氨基酸的孤啡肽被找到。脑啡肽(5 肽)对于 δ 受体、强啡肽(17 肽)对于 κ 受体分别具有强选择性,β-内啡肽(31 肽)对于 μ 受体和 δ 受体均有较强的亲和力,内吗啡肽则对 μ 受体具有高度选择性。

内源性阿片肽系统参与脑内的多种奖赏过程和奖赏行为,包括脑部电刺激奖赏、食物奖赏、成瘾性药物奖赏、性行为和社会行为等。激活 μ 受体和 δ 受体是奖赏性的,激活 κ 受体则产生负性情绪状态,是厌恶性的,两种相反的动机效应分别通过增加或者减少伏隔核内的多巴胺释放来实现。μ 受体和 δ 受体促进多巴胺释放是通过作用于 VTA 区的 GABA 能神经元,从而抑制多巴胺神经传递来实现的。

（三）内源性大麻素系统

内源性大麻素系统是一种在中枢神经系统中广泛分布的神经调节系统,包括基于酯类的神经递质与相应受体。1992 年研究者克隆并确认了脑内的大麻素受体 CB_1。随后在周围组织中确认了 CB_2 受体,并且发现 CB_1 和 CB_2 都与抑制性 G_i/G_o 蛋白偶联。大麻受体的天然配体为 N-花生四烯乙醇胺(anandamide)和 2-花生四烯酸甘油(2-AG),它们具有不同的结构、不同的生物合成和降解途径,都能作用于 CB_1 和 CB_2 受体,但亲和力不同。例如,2-AG 主要作用于 CB_2,与 CB_1 的亲和力弱,而小剂量的 N-花生四烯乙醇胺主要作用于 CB_1 受体。CB_1 受体密度最大的脑区参与记忆(如海马)、协调(如小脑)和情绪(如前额叶皮质)等功能。

CB_1 受体主要位于突触前膜，生理状态下，内源性大麻素产生于 CB_1 附近部位，在膜去极化时从突触后神经元释放，逆行迁移至突触前膜，激活突触前的 CB_1 受体，抑制突触前神经递质，如谷氨酸、GABA 等的释放。内源性大麻素的这种逆行递质功能在 VTA 和伏隔核都已得到了证明。

很多证据表明内源性大麻素系统在奖赏中发挥重要作用。首先，CB_1 受体分布在参与奖赏过程的脑区，其在纹状体内密度很高；其次，无论是植物源性的、合成的还是内源性的 CB_1 受体激动剂，激活 CB_1 受体都能增强多巴胺能传递，产生奖赏性效应以及增强食物和成瘾性药物的奖赏作用；再次，采用药理学或者遗传学方法阻断 CB_1 受体，阻止了多种成瘾性药物所引起的多巴胺传递的活化，减少了食物和这些药物的奖赏效应；最后，奖赏过程的活化改变了脑内两种大麻素的水平。

根据奖赏刺激类型的不同，内源性大麻素系统发挥的作用也不同，比如，在阿片和酒精奖赏中作用显著，而在脑部电刺激中的作用则模糊不清，研究结果也不一致。

四、脑内的奖赏处理

奖赏通路内的各个脑区怎样协作来评价外部刺激，并将这些信息转化为行为，即奖赏处理（reward processing），此方面的研究一直备受关注。在对恒河猴的研究中发现，中脑和纹状体的多巴胺能神经元编码奖赏预期，而腹内侧前额叶皮质和眶额叶皮质仅在给予奖赏时激活，这说明对奖赏的预期与享用或者提供奖赏所激活的神经解剖学和神经化学机制是完全分离的。随着脑影像学技术和方法学的发展，利用正电子发射体层摄影（PET）和功能性磁共振成像（fMRI）技术来研究人类脑内的奖赏处理（reward processing）取得了巨大进展。BOLD（blood oxygenation level-dependent fMRI）信号成像，PET 的功能代谢成像与基于配体受体结合的成像，使得人们可以进行很多新的探索，如奖赏相关信息怎样被用在决策中，以及探索动物研究很难或者不可能进行的复杂任务。

PET 以及 fMRI 都能显示在不同形式的奖赏处理过程中激活的脑区，基于配体受体结合的 PET 在显示特定脑区的多巴胺释放中具有独特的优势，而事件相关 fMRI（event-related fMRI）则能使研究者追踪到在奖赏处理的不同阶段内特定脑区活动的改变。各种奖赏刺激都会调节 BOLD 信号反应。尽管激活的脑区会随行为任务的改变而变化，但奖赏刺激会增加一系列共有神经结构内的活性，包括眶额叶皮质（OFC）、杏仁核和腹侧纹状体/伏隔核。许多研究也观察到了前额叶皮质（PFC）和前扣带回的激活。

（1）OFC：主要与奖赏估值有关，就解剖连接而言，OFC 在奖赏处理方面处于独特的位置。它接收从初级味觉和嗅觉皮质的直接传入，也接受来自高级的视觉和躯体感觉区的传入。因此，OFC 是储存感觉刺激奖赏价值的理想脑区。fMRI 显示 OFC 在既需要趋向行为也需要反应抑制的条件下发生反应。OFC 参与感觉刺激和奖赏估值之间的重要映射，而且，这种映射对于产生适当的奖赏导向行为反应必不可少。

（2）杏仁核：参与强化刺激强度。杏仁核位于颞叶内侧皮质下，是由三个核群——基底外侧核群、皮质内侧核群和中央核组成的复合体，与负性情绪和恐惧有关，即杏仁核与厌恶性事件更为相关。它为调节动机的程度提供背景信息。

（3）腹侧纹状体/（伏隔核）：与奖赏预期和奖赏结果有关。奖赏预期可表现出多方面的不同，包括幅度、概率、不确定性、延迟以及付出的努力，从而影响伏隔核的激活。奖赏结果则可能是得到或者失去不确定的奖赏。奖赏预期能够增加伏隔核的激活，而非奖赏结果则能够减少伏隔核的激活，因此，伏隔核是随奖赏预期误差（或者是预期和获得的奖赏之间的差异）来激活的。

常见的对不同刺激发生反应的激活模式有如下假设：大脑可能沿着一条单一的最后共同通路以某种形式的共同神经传递来处理奖赏。从功能上来说，这可能揭示了奖赏信息是如何在脑内处理的：共同的网络能够实现对极大差异的奖赏进行直接比较，目的是在可能的行动过程中做出选择。

奖赏通路由多个皮质和皮质下脑区组成一个复杂的网络，调节诱因导向的学习（incentive-based learning），产生适应性行为。为了对外界环境刺激做出适当的行为反应，需要把关于动机和奖赏的信息与为了获得目标而制定的策略和行动计划结合起来。例如，为了赢得纸牌游戏，只有渴望是不够的，还必须在游戏开始之前了解游戏的规则,记住打过的牌等。另外,在渴望打牌和抑制过早打出某些牌的冲动之间存在着复杂的相互作用。因此,为了实现某一目标而制订的行动计划就需要把奖赏处理、认知计划和运动控制结合起来。奖赏不是单独发挥作用的,其通路与调节认知功能的通路结合起来共同影响行动计划。

第二节 药物成瘾

一、概述

药物成瘾(drug addiction)也称为药物依赖(drug dependence),是一种慢性复发性疾病,具有以下三个主要特征:① 强迫性觅药和用药;② 限制用药失控;③ 一旦停止用药,就会出现负性情绪状态(如烦躁、焦虑、易怒)。临床上偶尔有限度地使用有滥用风险的药物与反复用药并且出现慢性药物成瘾是截然不同的。

能够产生依赖的物质很多,有的是天然的,有的是半合成的,也有的完全是合成的。它们有着不同的药理特性和毒性特点。

根据成瘾物质的药理特性,可将其进行如下分类:
- 中枢神经系统抑制剂:能抑制中枢神经系统,如巴比妥类、苯二氮䓬类、酒精等。
- 中枢神经系统兴奋剂:能兴奋中枢神经系统,如咖啡因、苯丙胺类和可卡因等。
- 阿片类:包括天然来源的阿片,从中提取的有效成分如吗啡、可待因以及将有效成分加工获得的产品,如海洛因,也包括具有类似阿片作用的人工合成品如哌替啶、美沙酮等。
- 大麻:最古老的致幻剂,主要活性成分为四氢大麻酚(Δ^9-THC)。
- 致幻剂:能改变意识状态或知觉感受,如麦角酸二乙酰胺(LSD)和摇头丸等。
- 挥发性溶剂:如丙酮、苯环己哌啶(PCP)等。
- 烟草(尼古丁)。

成瘾性物质的化学结构有极大差异,因此,每种药物最初结合的靶点可能不同,并且引起不同的急性行为和生理学效应。下面分别对几种代表性药物的药理特点进行介绍。

(1) 精神兴奋类:以直接或者间接的拟交感神经药(如可卡因和苯丙胺)为代表,此类药物能够兴奋中枢神经系统,激活行为,一般伴有唤醒、警觉和运动行为的增加。此外,都能增加收缩压和舒张压,加快心率和呼吸,造成疲倦和食欲减退。就神经化学作用来说,可卡因和苯丙胺都能阻断5-羟色胺、多巴胺和去甲肾上腺素的重摄取,增加中枢神经系统中神经元突触间隙内可用的单胺类神经递质含量。它们阻断几种神经递质的效能分别如下。① 可卡因:5-羟色胺>多巴胺>去甲肾上腺素;② 苯丙胺:去甲肾上腺素≥多巴胺>5-羟色胺,此外,苯丙胺还能增强三种神经递质的突触前释放。然而,它们的主要精神药理学作用取决于多巴胺系统。

(2) 阿片类:阿片能够镇痛,减少焦虑和行为抑制,减弱对刺激的敏感性,并产生欣快和镇静效应(如困倦和肌肉放松)。阿片通过与μ受体、δ受体和κ受体相互作用而在靶神经元上发挥效用。

(3) 酒精:具有镇静、催眠效应,也能引起个性上的改变,如好交际、健谈,还能减少紧张,产生欣快感。酒精可以通过与多个神经递质系统(包括GABA、阿片肽、谷氨酸、乙酰胆碱和5-羟色胺)相互作用来发挥效应。

(4) 大麻:大麻的效应包括产生欣快感,情绪波动,梦幻状态。Δ^9-THC 主要与大麻受体CB_1结合。CB_1受体在VTA、伏隔核和杏仁核等脑区经由中间神经元来调节大麻的许多中枢特征。

(5) 尼古丁:能够引起觉醒和增加能量,增强认知行为和学习,减少食欲。尽管其与谷氨酸、GABA和阿片肽等神经递质系统也有相互作用,其强化特征主要通过直接结合VTA、伏隔核和杏仁核内的N受体来调节。

随着易感性个体反复使用成瘾性药物，脑内的分子改变促使持续用药越来越难以控制，成瘾一旦出现，就会是一个慢性的过程，戒断期后会恢复主动用药。除了产生强迫性用药（compulsive use），成瘾性药物还能引起耐受（tolerance）、依赖（dependence）和戒断症状（withdrawal syndrome）。耐受是指尽管给予恒定剂量，但药物的作用减弱了，或者需要增加用药剂量以维持稳定的作用。耐受造成剂量增加，加剧了引起成瘾的分子变化。还有一些药物（如精神兴奋类药物）则可能产生敏化（sensitization），即反复地、间断性地暴露于这类药物之后，再次给药就会进行性和持久性地增加运动激活效应。对一些药物的耐受可以与对其他药物的敏化同时存在，这可能反映了受影响通路的不同特征。

依赖是细胞、通路或机体对过度药物刺激做出反应的一种适应性状态，一旦停止用药，这种适应性状态就会导致认知、情绪或者身体戒断症状的产生，即可分为精神依赖（psychological dependence）和躯体依赖（physical dependence），前者是指多次反复使用毒品，使人产生愉快满足的感觉，这种心理上的欣快感觉导致吸毒者形成对所吸食毒品的强烈渴求（craving）和连续不断吸食毒品的强烈欲望，继而引发强迫性用药行为，以获得不断满足的心理活动；后者是指反复用药所造成的一种适应状态，其特点是用药者一旦停药，将产生一系列令人难以忍受的症状，即戒断症状。戒断可分为急性期（acute phase）和稽延期（protracted phase），在此期间，如果成瘾者再次暴露于药物相关的环境线索（如与过往用药相关的人、地点或者用具），以及处于应激状况下，都可导致对药物的渴求和复吸（relapse）。

药物成瘾的开始更多地与社会和环境因素有关，而从最初使用药物转变到成瘾则受到遗传背景、环境因素、性格和个性、发育因素等多方面的影响。这些复杂的因素决定了为什么一些人比其他人更容易成瘾，即易感性（vulnerability）。从控制药物代谢的等位基因到控制药物敏感性和环境影响的遗传因素，这些复杂的遗传差异都可能影响成瘾。遗传因素对成瘾的作用可能源于影响药物成瘾的开始和进展轨迹的不同阶段，包括依赖或者戒断的严重程度以及复发的风险。环境通过遗传因素对从初始用药转变成规律性用药，再转变成药物成瘾，以及复吸的可能性等发挥效应。性格和个性则包括行为激活、负性情感、新奇寻求和感觉寻求以及难养型气质。而青少年暴露于酒精、烟草或者滥用药物更容易产生依赖。

二、药物成瘾的动物模型

对药物成瘾者的临床研究已经解释了药物滥用疾病的范围、人口特征和周期，而多种日益成熟的动物模型则为理解成瘾的神经生物学和滥用药物的神经药理学作用提供了宝贵的方法。需要注意的是关于成瘾机制的研究进展大部分是源于成瘾动物模型的研究，但还没有一种动物模型能够完全模拟人类成瘾的状况。这些方法包括颅内自我电刺激（intracranial self-stimulation，ICSS）、条件性位置偏爱（conditioned place preference，CPP）和自身给药（self-administration，SA）模型等。下面将分别介绍这几种模型。

（1）颅内自我电刺激：如前所述，在颅内自我电刺激模型中，动物的特定脑区埋入电极，将会对接受到的短的电刺激做出反应。维持颅内自我电刺激行为的最小刺激强度称为奖赏阈，在持续或者反复测试期间，大鼠的奖赏阈很少发生变化。因此，颅内自我电刺激阈值提供了一种在体测定脑奖赏系统活性的灵敏方法，奖赏阈值降低可以解释为脑奖赏功能的增强，奖赏阈值升高则可认为奖赏功能减弱。成瘾性药物降低了奖赏脑区 ICSS 的阈值，即因为它们的强化特征，个体寻求的脑刺激量减少了。而且，药物的成瘾性越强，其降低颅内自我电刺激阈值的能力越大，这提示该模型可以用来评价药物的滥用潜力。颅内自我电刺激也作为仅有的一个用来评价慢性药物暴露之后动物基础快感改变或者失调的实验工具，因为已经发现成瘾性药物戒断造成了颅内自我电刺激阈值的相对升高。

（2）条件性位置偏爱：这是一个采用经典的巴甫洛夫条件化过程来评价药物强化效应的非操作性方法。动物被暴露于通常包括两个最初中性的环境设备中，这两个环境的刺激特征包括颜色、质地、气味和照明。动物采用小鼠或者大鼠，在实验周期中在各自固定的时间分别给动物注射受试药物和溶剂，然后将动物各自固定放入一箱内停留同样的时间，多次条件化过程之后，允许动物（非用药状态）自由地出入装置，比较动物在互通的两箱中分别停留的时间，借以评价其对两者的偏爱。按照经典条件化理论，如果一种药物具有强化特征,那么动物应该更喜欢以前伴药的环境。与此假设一致的是,多种成瘾性药物包括阿片、尼古丁和可卡因,都能诱导条件性位置偏爱。条件性位置偏爱是一种经济简单的评价奖赏特征的方法,并且相当快速,因为动物不需要手术,而且训练极少。条件性位置偏爱的优势还在于有时候只需要单次伴药就能建立这一模型,对相对较低剂量的药物敏感,并且可以在非用药状态对动物进行测试。然而,条件性位置偏爱模型也有很多限制,包括给药方法(腹腔或者皮下注射)、测试时新奇性可能带来的干扰、很难产生剂量-效应曲线等,并且测试通常只在啮齿类动物中进行(图24-3)。

图24-3　条件性位置偏爱实验(模式图)

(3) 自身给药:在这个模型中,动物被训练执行一项操作行为(例如,压杆或者触鼻)以获得一次药物强化。与人类相似的是,动物将乐于自身给予大多数成瘾性药物,包括阿片类药物、大麻、酒精、尼古丁、甲基苯丙胺和可卡因等。尽管可以采用多个物种和多种给药途径,大多数研究使用的还是啮齿类动物或者非人灵长类动物,口服、通过慢性留置导管进行颅内或者静脉自身给药。此模型很好地模拟了临床成瘾性药物的滥用,可以预测药物的滥用潜力,也为检测成瘾性药物的急性强化作用,以及探究在成瘾周期中造成个体成瘾甚至是长时期戒断之后易复吸的神经药理学和神经解剖学原理提供了重要的途径(图24-4)。

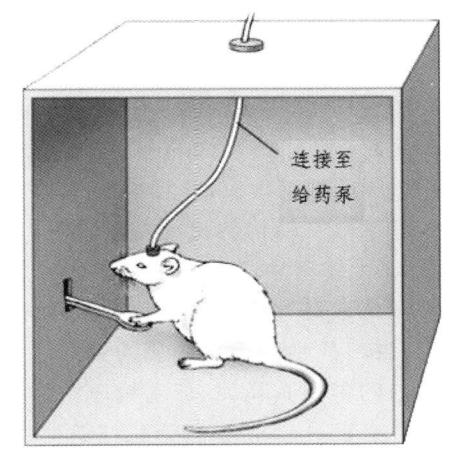

图24-4　自身给药实验(模式图)

三、药物成瘾的神经和分子通路

反复暴露于成瘾性药物逐渐引起个体的行为学异常,并且在停药之后的数月或者数年仍持续存在。因此,药物成瘾可被看作是一种药物诱导的神经可塑性的改变。目前的研究表明,成瘾性药物所产生的奖赏和成瘾性作用有其共同的神经和分子通路。

多巴胺几乎参与成瘾的所有阶段,包括诱导、维持到戒断之后的复吸。成瘾性药物能够长时间、高强度地增加前述的奖赏通路中VTA区多巴胺能神经元的放电,进而在靶区内增加多巴胺的释放。而慢性持续的成瘾性药物暴露则损伤多巴胺系统,这可视为对于药物反复激活这个系统的稳态反应。慢性用药之后,多巴胺功能的基础水平降低,正常的奖赏刺激不再能有效地引起多巴胺传递的增加。同时,慢性的药物暴露敏化了多巴胺系统,如果给予药物刺激或者药物相关线索,将会更为剧烈地增加多巴胺的传递。这种敏化可在药物摄取中断之后持续很长时间,并且可能与药物渴求与复吸相关。

尽管急性给予成瘾性药物所产生的奖赏效应依赖于伏隔核内多巴胺释放的增加,觅药的重建需要的则是PFC和杏仁核内,而非伏隔核核部多巴胺的释放。PFC内多巴胺的释放先于PFC到核部投射的激活。影像学研究证明一旦个体成瘾,多巴胺在伏隔核的释放对于渴求就不再起关键作用。

随着依赖和戒断的发展,脑内的抗奖赏系统,如促肾上腺皮质激素释放因子(corticotropin releasing factor,CRF)、去甲肾上腺素和强啡肽也被动员起来。这些应激激素系统、受体和(或)神经递质活性的持久性改变,可能代表了机体对药物做出的旨在恢复稳态功能的神经适应性补偿反应。因此,这些改变可能显著地促进了急性药物戒断特有的负性情绪状态,增强了对应激刺激的敏感性,造成成瘾者戒断期间更容易复吸。

此外,慢性使用成瘾性药物还能引起脑内 VTA—伏隔核通路中内源性阿片肽系统和内源性大麻素系统的变化,这在成瘾过程的多个方面有重要作用。

额叶皮质功能低下是对慢性使用成瘾性药物的又一共同反应,即脑影像研究发现,多个额叶皮质区基础活性降低。这些区域控制执行功能,包括工作记忆、注意和行为抑制,并且在控制个体对环境刺激的反应中起重要作用。慢性暴露于任何一种成瘾性药物都能引起 PFC 及其谷氨酸能输出的复杂改变,通过减少天然奖赏的价值,减弱认知控制以及增强对药物相关刺激的谷氨酸能驱动,促进了严重的冲动性和强迫性。一方面,慢性药物处理状态与皮质锥体神经元基础活性的减少以及这些神经元对天然奖赏激活的敏感性降低有关。这可能是人脑中发现的额叶功能降低的基础。另一方面,这些神经元对成瘾性药物和药物相关刺激有着超敏性的激活。这些药物所诱导的投向伏隔核的谷氨酸能传递的变化与投向伏隔核的多巴胺传递的变化是并存的。

慢性暴露于成瘾性药物能引起 VTA—伏隔核和其他脑奖赏区域内细胞和分子水平大量的共同的适应性变化。比如,各种成瘾性药物都能在 VTA 多巴胺能神经元内诱导长时程突触功能增强,这是通过增加 AMPA 受体反应来调节的;增加 VTA 内多巴胺合成的限速酶——酪氨酸羟化酶(TH)的表达水平,同时减少伏隔核区 TH 的浓度或者活性;诱导伏隔核内转录因子 ΔFosB 的表达等。而且,慢性使用许多成瘾性药物之后都能减少成体海马齿状回内的神经发生。

下面以阿片类物质为例具体说明其在细胞和分子水平上的神经生物学机制。

(一)细胞水平—电生理研究

阿片类物质引起了海马 CA1 和 CA3 区神经元的兴奋,这些效应是通过细胞水平上 μ 受体和 δ 受体活性的去抑制,进而抑制了中间神经元的突触前轴突终末的神经递质释放所诱发的。随后的研究显示,阿片肽超极化了海马内的中间神经元,并且活化了电压门控钾通道。主要激动 κ 受体的强啡肽在海马内也有很强的抑制效应,并且这种抑制被认为是通过谷氨酸释放的突触前抑制来调节的。

基于海马结构的研究基础,随后的研究集中于脑奖赏通路。在伏隔核的脑片上进行电生理记录发现,μ 受体激动剂减少了突触前释放的谷氨酸,增强了突触后 NMDA 受体对谷氨酸的反应。μ 受体激动剂也通过开放内向整流钾通道来超极化中央杏仁核内的一个亚群神经元(可能是 GABA 能的)。在杏仁核,孤啡肽产生明显的突触后抑制效应,并且抑制了 GABA 和谷氨酸释放。孤啡肽也减少了伏隔核内的多巴胺释放,产生抗应激样作用,并且也能在离体的 VTA 神经元产生抑制效应。

研究表明,伏隔核与杏仁核的神经可塑性变化也与吗啡依赖的产生有关。慢性吗啡暴露造成伏隔核内 NMDA 受体 NR2A 亚基表达增加,并改变了阿片受体激活的信号通路调节的钾通道特性。

阿片类物质激活 VTA 区的多巴胺能神经元也被认为显著促进了强化效应。电生理记录 VTA 脑片显示阿片不直接影响含多巴胺的神经元,而是超极化(即抑制)了 GABA 能中间神经元,增加其放电。随后的研究显示,阿片戒断期间多巴胺能神经元放电减少,同时微透析测定的细胞外多巴胺含量降低。此外,慢性吗啡暴露引起 VTA 区多巴胺能神经元缩小。阿片戒断期间的神经化学改变伴有 GABA 引起的突触前抑制的增加和代谢型谷氨酸受体敏感性的增加,这都能引起 VTA 区谷氨酸释放的下降,造成多巴胺能神经元放电的减少。因此,慢性给予阿片可能通过阿片受体对与 VTA 和杏仁核周边区相互联系的神经元产生多种效应,这体现了与药物依赖相关的神经适应性。阿片通过 GABA 或者谷氨酸系统激活奖赏通路,同样使这些系统随着慢性阿片暴露表现出与依赖相关的神经可塑性。

(二)分子水平

1. 受体机制

阿片类物质通过与 μ 受体、δ 受体和 κ 受体相互作用在靶神经元上发挥作用。在受体水平上,受体脱敏和内化这两种机制可能促进了急性耐受。阿片受体与数种第二信使系统相偶联,包括抑制腺苷酸环化酶、促分裂原活化的蛋白激酶（MAPK）和磷脂酶C受体。μ受体和δ受体能实现快速内化,而κ受体则不能。快速内化后可能在内体中受体与配体分离,随后通过胞吐上膜,在功能恢复中发挥作用。产生快速急性耐受的配体（如吗啡）不引起受体内化,而不产生快速耐受的配体（如二氢埃托菲）诱发急性内化,这一现象解释了受体内化与急性耐受的联系,即快速内化产生更少的耐受和依赖。

激活阿片受体引起G_i和相关G蛋白的激活,从而抑制了腺苷酸环化酶和cAMP-蛋白磷酸化级联通路（图24-5）。G_i的激活也导致特定钾通道的活化和电压门控钙通道的抑制,但两种作用在不同的神经元内发生的程度不同。更多的K^+流出细胞和更少的Ca^{2+}流入细胞都起到抑制性作用,调节阿片对其靶神经元电特性的一些相对快速的抑制作用。与之相似,细胞Ca^{2+}的减少改变了Ca^{2+}依赖的蛋白磷酸化级联通路。在不同类型的细胞中,可能是不同的蛋白磷酸化级联通路活性发生了改变,调节离子通道,从而进一步促进了药物的急性作用。

慢性暴露于阿片增加了腺苷酸环化酶,导致胞内信号通路（如蛋白磷酸化机制）的紊乱。这些紊乱最终引起神经元的长时程变化,造成包括引起药物长时程效应的靶神经元内许多其他神经过程的改变,形成耐受、依赖、戒断、敏化,最终导致成瘾。

早期研究发现了蓝斑神经元内阿片引起cAMP通路调节神经元适应性的分子模型。在cAMP信号通路中,转录因子cAMP反应元件结合蛋白（CREB）被阿片急性抑制,在阿片戒断期间增加,而CREB引起蓝斑内的腺苷酸环化酶和蛋白激酶A上调。急性给予阿片类物质最终引起两种离子通道活动的变化,抑制了神经元的放电:通过直接与G_i蛋白偶联激活了钾通道,通过抑制腺苷酸环化酶和cAMP依赖蛋白激酶A抑制了钠通道。相反,慢性给予阿片类物质增加了蓝斑神经元内表达的腺苷酸环化酶和蛋白激酶A。cAMP通路的上调促进了蓝斑神经元内在电兴奋性的增加,这是这些神经元表现出耐受和依赖的基础。

阿片调节蓝斑神经元的第二信使系统和转录因子的研究发现使研究者开始关注奖赏通路中的脑区尤其是伏隔核内相似的分子机制（图24-5）,并且进一步扩展到关注慢性药物处理动物戒断之后其他转录因子的长期激活。慢性吗啡处理或是自身给予海洛因的大鼠,其TH在VTA区内活性增加,而在伏隔核内活性降低。海洛因暴露也增加了伏隔核内蛋白激酶A的活性。慢性吗啡暴露期间,伏隔核内CREB减少,而阿片戒断期间观察到了CREB转录的上调。另一个在慢性给予阿片和其他滥用药物中激活的转录因子是ΔFosB。ΔFosB和Jun家族蛋白组成的AP-1二聚体复合物在慢性给予阿片类药物后持续高水平表达。过表达ΔFosB则增加了吗啡奖赏效应的敏感性,而显性失活ΔFosB减少了对吗啡的敏感性。因为滥用药物对ΔFosB的效应在末次药物暴露之后可以稳定数周甚至数月,有研究认为ΔFosB可能有助于引起和维持成瘾状态的持久分子开关。

2. 阿片受体敲除

利用阿片受体基因缺失小鼠,发现并确认了之前药理学研究中发现的阿片类物质产生的效应,以及阿片类物质的强化和依赖诱导效应。μ受体敲除小鼠的阿片强化效应缺失,并且不产生吗啡依赖的躯体症状。事实上,目前所检测的吗啡效应,包括镇痛、高自发运动、呼吸抑制和胃肠转运的抑制,在μ受体敲除小鼠身上都消失了。κ受体敲除小鼠不表现出κ激动剂U50488引起的厌恶刺激效应,并且慢性给予吗啡处理之后纳洛酮催促的戒断反应减少了。δ受体敲除增加了小鼠焦虑样行为,并且阻断了对吗啡镇痛效应的耐受。缺少β-内啡肽和（或）脑啡肽的小鼠对食物的反应减弱,提示内源性阿片肽在进食的快感中发挥作用。

四、成瘾理论

强迫性用药是成瘾的标志。持续地使用成瘾性药物在奖赏通路的分子、细胞和神经系统水平上引起了适应性变化,这些变化被认为在从偶尔用药向成瘾转变中发挥了关键性的作用。然而,这些药物引起

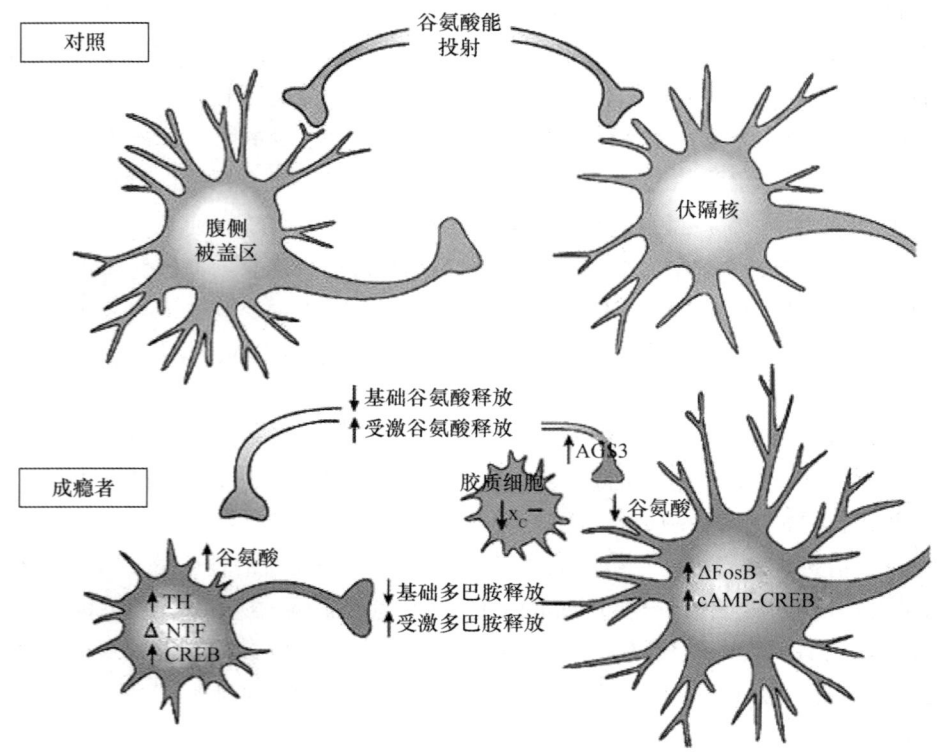

图 24-5 阿片类物质的神经适应性分子机制(Koob et al.,2006)

的变化使心理生理功能发生了怎样的改变,又如何导致了成瘾,尚未明确。目前有多种理论对这种转变进行了解释,包括正性-负性强化、稳态、诱因敏化(incentive-sensitization)、异常学习(aberrant learning)、认知和冲动控制障碍等。下面分别介绍几种理论的内容。

(一)正性-负性强化理论

这是成瘾最为直观的一种解释:个体最初开始用药是因为其能产生愉悦的效应(也就是奖赏),并且由于这种经常发生的刺激对奖赏的驱动功能而产生了依赖,为避免药物戒断带来的厌恶性结果而持续用药(也就是负性强化)。尽管正性-负性强化理论使人们对强迫性用药的开始和维持有了一些认识,可以解释药物成瘾持续性的特点,但不能够完全解释成瘾周期的所有特点,比如成瘾者在长时间戒断之后,明显的戒断症状已经消失很久了,仍会再次觅药和用药(也就是复吸)。

(二)稳态理论

在药物成瘾中,稳态是通过改变奖赏和反奖赏通路,试图维持奖赏功能正常稳定的过程。即成瘾包括调节两个神经通路长期而且持续的可塑性:天然奖赏驱动的脑奖赏系统的功能减弱和厌恶状态驱动的反奖赏系统的激活。多巴胺能活性的减少和额叶功能低下属于前者;而 CRF-HPA 轴的激活,随后 CRF 周边杏仁核系统的活化以及神经肽 Y、强啡肽和去甲肾上腺素的释放属于后者。药物成瘾者短期内试图通过摄入更多的药物来调节这些药物诱导的神经可塑性,却造成了系统长期的进一步的失调,导致情况恶化。稳态失调的奖赏通路不仅产生急性和稽延戒断的动机症状,也提供了一个环境,使得药物点燃(reinstatement)、药物线索和急性应激更容易引起觅药行为。

(三)诱因敏化理论

1993 年 Robinson 和 Berridge 提出了这一理论,其中心论点是当易感个体在特定条件下反复暴露于潜在的成瘾性药物时,正常情况下调节刺激诱因显著性(incentive salience)特征的脑细胞和通路就会被持久改变,其本质是通过某种方式致使这些通路过度敏感,即敏化,造成药物和药物相关环境线索的诱因显著性特征达到病态水平,这能够通过潜意识的想要(wanting)或者觉察到的渴求过程表现在行为中。诱因敏化的持续使得药物的病理性诱因动机能够在停药之后持续数年。成瘾者将兴趣中心放在药物上是由诱因显著性机制和联想学习(associative learning)机制之间的相互作用产生的,而正常情况下是将动机放到特定并且适当的目标上去的。学习指定了渴求的目标,但是学习本身对于病理性动机来说并不足够摄取药物。因此,病理性动机源于调节巴甫洛夫条件化诱因动机过程的脑道路的敏化(即动机敏化)。然而,需要强调的是联想学习过程能够在特定的地点或者时间调节行为中的神经敏化的表达,也能指导动机归属的方向。这也就是为什么行为敏化通常仅在以前体验过药物的情境中表达的原因。

此外,解释成瘾性行为持续性本质的理论还包括以异常的刺激-学习的方式形成了牢固的用药习惯,前额叶功能的改变导致行为控制和决策能力(decision making)的减弱等。每一种理论都为成瘾研究提供了独特的视角和可检测的假设,并且不同视角之间具有相当大的重叠。然而,每个理论都不能完全解释成瘾所有方面的原因。

五、结语

作为一种慢性疾病,药物成瘾带来许多个人的、社会的和医学上的难题,这通常在脱毒之后持续数月或者数年。考虑到这种疾病巨大的社会和经济影响,大量研究试图阐明促使从急性药物使用过渡到药物依赖、使用失控和强迫性用药行为的行为学和神经药理学因素的作用。从神经生物学角度来看,动物模型为确定药物的急性强化作用、药物依赖过渡期间的神经适应性改变以及复吸中相对持久的机制提供了重要途径。总的来说,研究提示中脑边缘奖赏通路(包括VTA、伏隔核、杏仁核与PFC)在成瘾中发挥关键作用,但不同种类的成瘾性药物和不同阶段的成瘾行为中递质和(或)神经系统的变化存在差异。更好地理解药物成瘾的神经生物学机制可为更有效地治疗药物依赖提供依据。

(章文、王贵彬、时杰、陆林)

练 习 题

1. 参与奖赏调节的递质系统主要有哪几个?其发挥作用的证据主要是什么?
2. 简述药物成瘾的过程。
3. 药物成瘾的动物模型主要有哪几种?各自的优势是什么?
4. 目前对于药物成瘾的原因及过程的主要理论有哪几种?各自的主要观点是什么?
5. 阿片类物质成瘾在分子和细胞水平上的神经生物学过程是怎样的?

参 考 文 献

BEAR M F,CONNORS B W,PARADISO M A,2006. Neuroscience:Exploring the Brain[M]. 3rd ed. Philadelphia:Lippincott Williams and Wilkins.

HABER S N,KNUTSON B,2010. The reward circuit:linking primate anatomy and human imaging[J]. Neuropsychopharmacology,35:4-26.

KOOB G F,MOAL M L,2006. Neurobiology of addiction[M]. New York:Academic Press.

KREEK M J,NIELSEN D A,BUTELMAN E R,et al,2005. Genetic influences on impulsivity,risk taking,stress responsivity and vulnerability to drug abuse and addiction[J]. Nat neurosci,8:1450-1457.

MCCLURE S M,YORK M K,MONTAGUE P R,2004. The neural substrates of reward processing in humans:the modern role of FMRI[J]. Neuroscientist,10:260-268.

MILNER P M,1989. The discovery of self-stimulation and other stories[J]. Neurosci biobehav rev,13:61-67.

NESTLER E J,2005. Is there a common molecular pathway for addiction? [J] Nat neurosci,8:1445-1449.

OLDS J,MILNER P,1954. Positive reinforcement produced by electrical stimulation of septal area and other regions of rat brain[J]. J comp physiol psychol,47:419-427.

ROBISON A J,NESTLER E J,2011. Transcriptional and epigenetic mechanisms of addiction[J]. Nat rev neurosci,12:623-637.

SOLINAS M,GOLDBERG S R,PIOMELLI D,2008. The endocannabinoid system in brain reward processes [J]. Br j pharmacol,154:369-383.

VAN REE J M,NIESINK R J,VAN WOLFSWINKEL L,et al,2000. Endogenous opioids and reward[J]. Eur j pharmacol,405:89-101.

鞠躬,2004. 神经生物学[M]. 北京:人民卫生出版社.

第二十五章 药物成瘾记忆与 DNA 表观遗传修饰

第一节 DNA 的表观遗传修饰

一、概述

DNA 的表观遗传修饰是指在 DNA 序列不发生改变的情况下,由内、外环境刺激而产生的对 DNA 分子的修饰,包括 DNA 甲基化以及 DNA 去甲基化过程。DNA 的表观遗传修饰能够通过调控靶基因的转录水平来调节神经元的结构和功能,进而影响学习、记忆与认知功能。

二、DNA 甲基化与 DNA 甲基转移酶

DNA 甲基化是指在 DNA 甲基转移酶(DNA methyltransferase,DNMT)的催化下,DNA 中的碱基,主要是胞嘧啶的第 5 位碳原子,接受 S-腺苷甲硫氨酸(SAM)提供的甲基,被共价修饰为 5-甲基胞嘧啶(5-mC)等。哺乳动物基因组 DNA 中 5-mC 占胞嘧啶总量的 2%~7%,绝大多数 5-mC 位于 CpG 二联核苷酸上,而 CpG 二联核苷酸常以成簇串联的形式排列,基因 5′端附近富含 CpG 二联核苷酸的区域称为 CpG 岛(CpG island)。在哺乳动物基因编码中约 40% 含有 CpG 岛。CpG 岛中的 5-mC 阻碍转录因子复合体与 DNA 的结合,因此 DNA 甲基化通常会抑制转录,使基因沉默,蛋白表达水平下降。DNA 甲基化在发育过程中发挥关键作用,主要表现在调控不同组织的特定基因表达、X 染色体失活、细胞分化、双亲等位基因的印迹以及重复元件沉默等。

DNMT 有多种亚型,其中 DNMT2 主要催化 tRNA 发生甲基化。DNMT1、DNMT3A 和 DNMT3B 催化 DNA 发生甲基化。DNMT3A/3B 催化从头合成(*de novo*)的甲基化,即在完全非甲基化的碱基位点上引入甲基。而 DNMT1 主要负责甲基化的保持(maintenance),通常与 DNA 复制相关,即当甲基化的 DNA 复制生成两条 DNA 后,只有亲代链是甲基化的,新合成的子代链是非甲基化的,DNMT1 可以识别亲代链上甲基化的 CpG 位点,催化子代链相应位置的胞嘧啶发生甲基化,使 DNA 甲基化得以维持。因此,长期以来人们认为 DNA 甲基化相比其他分子事件具有更好的稳定性,并且能参与学习、记忆相关基因的长时程调控(Miller et al.,2007)。

三、主动的 DNA 去甲基化及 TET 酶家族

DNA 甲基化曾被认为是一种不能发生快速改变的、可遗传的稳定遗传标志。但近年来越来越多的证据表明,DNA 会发生主动去甲基化(demethylation)。已有研究表明,神经系统中主要的 DNA 主动去甲基化过程,是由 10-11 易位酶(ten-eleven translocation enzyme,TET)催化 5-mC 氧化生成 5-羟甲基胞嘧啶(5-hmC),并进一步氧化生成 5-甲酰胞嘧啶(5-fmC)和 5-羧基胞嘧啶(5-caC)(Tahiliani et al.,2009)。胸腺嘧啶 DNA 糖基化酶(thymine DNA glycosylase,TDG)将 5-fmC 和 5-caC 剪切出脱碱基位点,最后通过 DNA 的修复途径产生未经过修饰的胞嘧啶,实现去甲基化(图 25-1)。5-hmC 在大脑中大量存在,虽然有研究者认为 5-hmC 可能只是去甲基化过程的中间产物,但是也有研究者认为 5-hmC 也可以作为表观遗传学的稳定标志物,在基因表达调控中发挥重要作用。与甲基化作用相反,DNA 去甲基化往往与沉默基因的重新激活有关。

哺乳动物中已经发现 TET 酶的三种亚型（TET1、TET2 和 TET3）。大脑内存在大量 TET 及其催化产物 5-hmC，且在记忆和突触可塑性相关的基因上，5-mC 水平发生着快速且可逆的改变，说明 TET 在神经活动特别是记忆加工中可能发挥关键作用（Kaas et al.,2013）。与 TET1 和 TET2 相比，TET3 在记忆加工的关键脑区——皮质和海马中有更多的表达，揭示了 TET 在大脑中的作用和学习、记忆具有功能相关性，且不同亚型 TET 在记忆加工中发挥的作用可能不同。

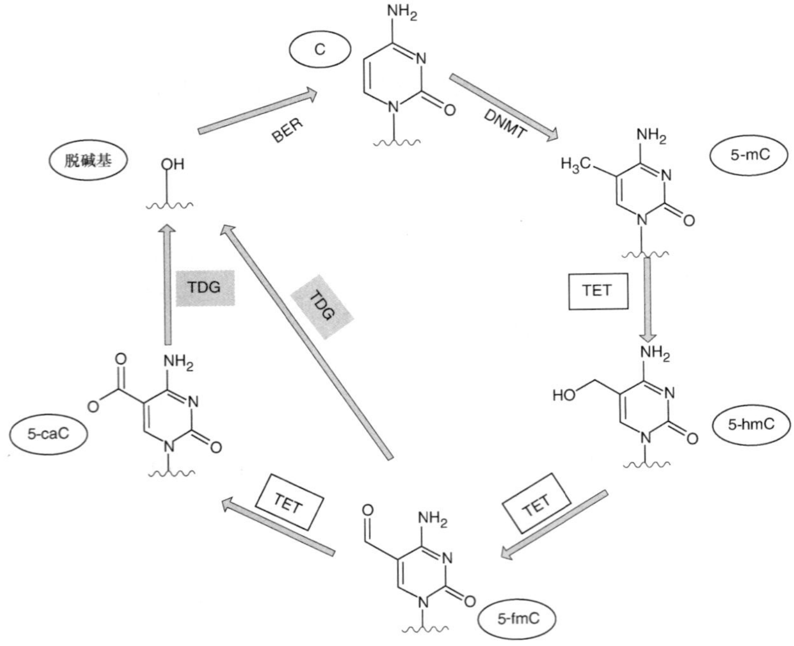

图 25-1　DNA（胞嘧啶）表观遗传修饰通路

DNMT 引入的 5-mC 可以被 TET 反复多次氧化为 5-hmC、5-fmC 和 5-caC。在随后的主动修复过程中，5-fmC 或 5-caC 被 TDG 切除，产生一个脱碱基位点，经碱基切除修复（base-excision repair，BER）过程，可再次生成未经修饰的胞嘧啶。

第二节　药物成瘾记忆的 DNA 表观遗传修饰

一、概述

药物成瘾者即使经过长期戒断，复吸率依然很高，成瘾相关记忆的持久存在是内在原因。成瘾性药物[无条件刺激（unconditional stimulate，US）]引起的欣快感与用药相关的环境线索[条件刺激（conditional stimulate，CS）]反复匹配，形成药物成瘾相关记忆。之后当成瘾者再次暴露于 CS，会唤起相关记忆，产生渴求并导致复吸。

成瘾记忆的形成与加工依赖于脑内奖赏-记忆神经环路突触可塑性的改变，而可塑性的稳定改变需要基因表达的长时程调控。DNA 甲基化能长时程调节经验依赖的基因表达，从而引起神经功能以及行为的改变（Halder et al.,2016）。长期以来 DNA 甲基化都被认为可以永久沉默基因。但近年来的研究发现，哺乳动物体内存在 TET 家族催化的主动去甲基化过程，因此 DNA 表观遗传修饰，包括 DNA 甲基化和去甲基化，可能共同调控关键基因的表达（Tahiliani et al.,2009），在调控药物成瘾记忆中发挥关键作用。目前，涉及药物成瘾的 DNA 表观遗传修饰研究还主要集中在成瘾药物对模式动物的影响，并侧重于兴奋剂（如可卡因）在伏隔核（NAc）中的作用，DNA 表观遗传修饰在成瘾记忆中的作用研究较少。

二、DNA 表观遗传修饰在成瘾记忆中的作用

药物成瘾记忆持久存在的分子调控机制尚不清楚，DNA 表观遗传修饰可能通过建立稳定的转录模式在其中发挥关键作用。已有少量研究提示，DNA 表观遗传修饰参与成瘾记忆加工的各个阶段。

成瘾药物诱导 DNMT 和 TET 的表达发生动态改变，且具有亚型特异性。急性或慢性可卡因暴露后伏隔核中 DNMT3A 的表达都会增加，慢性可卡因暴露还会改变 DNMT1 的表达。给予甲基供体 S-腺苷甲硫氨酸，可以改变可卡因诱导的伏隔核内部分基因的 DNA 甲基化水平。不管是小鼠还是成瘾患者，慢性可卡因暴露都会导致伏隔核中 TET1 的 mRNA 和蛋白水平下降，TET2 和 TET3 的表达则不受影响(Feng et al., 2015)。

DNA 表观遗传修饰还具有药物特异性和脑区特异性。比如可卡因(而非吗啡)诱发的条件位置偏爱 (CPP)导致前额叶皮质(PFC)中整体的 DNA 甲基化水平和 DNMT3B 的表达水平均降低，但是在伏隔核没有检测到相同的改变。此外，反复多次给予甲基供体 S-腺苷甲硫氨酸，能逆转 DNA 甲基化水平的降低，并抑制可卡因和食物诱发的 CPP，但不影响吗啡 CPP(Laplant et al., 2010)。与此相似，甲硫氨酸同样可以抑制可卡因自身给药(Wright et al., 2015)。

干预特定脑区中的 DNMT 和 TET 都可以影响成瘾记忆的加工。已有研究表明，海马 CA1 区与前边缘皮质中的 DNMT 分别参与成瘾奖赏记忆的获得/巩固以及提取(Zhang et al., 2020)，蛋白磷酸酶 PP1 是 DNA 甲基化的主要靶基因之一。岛叶非颗粒区(agranular insular, AI)以及基底外侧杏仁核 (BLA)中的 DNA 甲基化则在成瘾戒断相关记忆的再巩固中发挥重要作用。基底外侧杏仁核中的 DNA 甲基化同样参与调控成瘾奖赏记忆的再巩固。这说明不同脑区的 DNA 甲基化调控成瘾记忆的不同过程(图 25-2)。DNA 去甲基化在成瘾记忆中的作用似乎与 DNA 甲基化的作用相反。敲减伏隔核中的 TET1 促进了可卡因成瘾记忆的获得，与之相反，在伏隔核过表达 TET1 则减弱获得，提示伏隔核的 TET1 负调控成瘾记忆的获得(Feng et al., 2015)。由于 DNA 甲基化和去甲基化分别通过添加或移除甲基从而沉默或激活基因表达，所以在成瘾记忆中发挥相反的调控作用可能是通过作用于相同的关键基因来实现的。DNA 表观遗传修饰在突触可塑性以及学习、记忆中的作用机制研究，能够帮助我们了解其如何参与调控成瘾记忆。

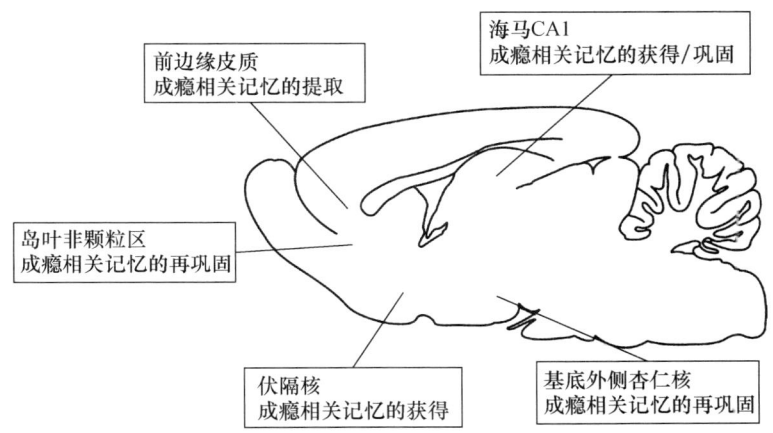

图 25-2　不同脑区中的 DNA 甲基化调控药物成瘾相关记忆的不同加工阶段

三、DNA 表观遗传修饰调控成瘾记忆的机制

DNA 表观遗传修饰可能通过调节伏隔核、海马和皮质等奖赏和记忆加工脑区内的神经元活动及其突触可塑性来调控成瘾记忆的形成和保持。DNMT 的表达上调，可以调控多种成瘾记忆相关基因的甲基化。有研究表明，可卡因暴露可以诱导蛋白质磷酸酶 1 的催化亚基 PP1c(protein phosphatase-1 catalytic subunit)启动子区 DNA 甲基化程度增加,相反,fosB 启动子处的甲基化降低,fosB 的转录上调,多巴胺转运蛋白基因 DAT、神经激肽-3 受体基因 TACR3 受到影响。敲除 DNMT1 和 DNMT3A 会导致神经元内的 DNA 甲基化水平显著下降,突触可塑性基因(MHC 和 STAT1)表达下调,海马 CA1 区的突触可塑性和学习、记忆功能受损。过表达 DNMT3A 可以增加伏隔核神经元树突棘的密度。与此类似,敲减或过表达 TET 可通过调控海马神经元突触膜表面 GluR1 的表达水平分别增加或降低谷氨酸突触传递(Yu et al.,2015)。有趣的是,DNMT 阻断剂 RG108 可以使大鼠海马神经元中 DNA 甲基化水平降低,且谷氨酸受体基因的表达升高,敲减 TET1 能阻断 RG108 的效应(Meadows et al.,2015),有两个可能的原因:一是 DNMT 的靶基因中有 TET1;二是 DNMT 和 TET 可能共同作用于相同的靶基因,这些基因上甲基修饰的稳态介导了突触的功能改变。综上,DNA 甲基化和去甲基化均能通过影响突触可塑性相关基因的表达,最终改变神经元结构和功能的可塑性。

DNMT 和 TET 对其靶基因的调控具有基因特异性和长期性两大特征。DNMT 时间依赖地甲基化某些重要基因在可卡因成瘾记忆的保持过程中发挥重要作用。单次学习就能引起前额叶皮质中钙调磷酸酶基因(CaN)的甲基化水平持续增高一个月。可卡因慢性暴露虽然能抑制 TET1 的表达,但是脑内整体 5-mC 和 5-hmC 的水平并没有显著改变,5-hmC 只在可卡因相关基因的转录区域富集,其中的一些位点(Adcy1、Hrk、Ntrk2)上的 5-hmC 改变也可以持续至少一个月(Feng et al.,2015)。DNA 甲基化与去甲基化的发生时间可能不完全重合,比如,DNMT1 和 TET 的表达在食物-线索联结学习后 1 小时上升,而 24 小时后下降,DNMT3 的表达水平在 5 小时后上升,24 小时后回落到基线水平。这些证据共同表明:在成瘾记忆的形成与维持过程中,有的基因上的位点发生 DNA 甲基化,另一些基因上的位点发生去甲基化,其中少数关键靶基因或关键位点的 5-mC 或 5-hmC 修饰可以长期维持,DNMT 和 TET 有部分共同的靶基因,也有各自特异修饰的靶基因。这些机制很有可能是成瘾记忆长期存在的神经基础。

四、展望:DNA 表观遗传修饰抑制或消除成瘾记忆

调控 DNA 甲基化特别是 DNA 去甲基化干预成瘾记忆的研究才刚开展,已发现干预特定脑区中的 DNMT 和 TET 可以抑制或者消除成瘾记忆。比如抑制海马 CA1 区中的 DNMT 表达或者在伏隔核过表达 TET1 都可以抑制成瘾记忆的形成(Feng et al.,2015;Zhang et al.,2020),抑制岛叶非颗粒区或者 BLA 中的 DNMT 则可以破坏再巩固,从而使成瘾记忆无法长期维持。进一步寻找 DNMT 和 TET 修饰的精确的靶基因及其靶位点,针对特异亚型的 DNMT 和 TET 开发抑制剂,甚至应用 CRISPR/Cas 等新系统来实现特定甲基化位点的编辑,都将为更有效地治疗药物成瘾提供依据。而检测成瘾患者外周血液等组织的 DNA 表观遗传水平与成瘾记忆加工之间的相关性,检验外周给药(皮下或静脉给药)对成瘾记忆的干预效果,也将有助于未来可能的临床转化应用。

(张建军)

练 习 题

1. DNA 表观遗传修饰主要包括哪些修饰?对基因表达有何调控作用?
2. 简述 DNA 表观遗传修饰在成瘾记忆中的作用。
3. DNA 甲基化与去甲基化调控成瘾记忆的分子机制是怎样的?

参 考 文 献

FENG J,SHAO N,SZULWACH K E,et al,2015. Role of Tet1 and 5-hydroxymethylcytosine in cocaine action[J]. Nature neuroscience,18(4):536-544.

HALDER R, HENNION M, VIDAL R O, et al, 2016. DNA methylation changes in plasticity genes accompany the formation and maintenance of memory[J]. Nature neuroscience, 19(1): 102-110.

KAAS G A, ZHONG C, EASON D E, et al, 2013. TET1 controls CNS 5-methylcytosine hydroxylation, active DNA demethylation, gene transcription, and memory formation[J]. Neuron, 79(6): 1086-1093.

LAPLANT Q, VIALOU V, COVINGTON H E, et al, 2010. Dnmt3a regulates emotional behavior and spine plasticity in the nucleus accumbens[J]. Nature neuroscience, 13(9): 1137-1143.

MEADOWS J P, GUZMAN-KARLSSON M C, PHILLIPS S, et al, 2015. DNA methylation regulates neuronal glutamatergic synaptic scaling[J]. Science signaling, 8(382): ra61-ra61.

MILLER C A, SWEATT J D, 2007. Covalent modification of DNA regulates memory formation[J]. Neuron, 53(6): 857-869.

TAHILIANI M, KOH K P, SHEN Y, et al, 2009. Conversion of 5-methylcytosine to 5-hydroxymethylcytosine in mammalian DNA by MLL partner TET1[J]. Science, 324(5929): 930-935.

WRIGHT K N, HOLLIS F, DUCLOT F, et al, 2015. Methyl supplementation attenuates cocaine-seeking behaviors and cocaine-induced c-Fos activation in a DNA methylation-dependent manner[J]. Journal of neuroscience, 35(23): 8948-8958.

YU H, SU Y, SHIN J, et al, 2015. Tet3 regulates synaptic transmission and homeostatic plasticity via DNA oxidation and repair[J]. Nature neuroscience, 18(6): 836-843.

ZHANG J J, JIANG F Z, ZHENG W, et al, 2020. DNMT3a in the hippocampal CA1 is crucial in the acquisition of morphine self-administration in rats[J]. Addiction biology, 25(2): e12730.

专业词汇

A

accessory nucleus 副神经核
acetylcholine (ACh) 乙酰胆碱
acetylcholine receptor 乙酰胆碱受体
acetylcholinesterase 乙酰胆碱酯酶
acid sensing ion channel (ASIC) 酸敏感离子通道
action potential 动作电位
activated microglia 激活的小胶质细胞
adaptation 适应
adenosine-triphosphate (ATP) 三磷酸腺苷
adenylate cyclase (AC) 腺苷酸环化酶
adequate stimulus 适宜刺激
adrenaline 肾上腺素
adrenergic neuron 肾上腺素能神经元
adrenergic receptor 肾上腺素能受体
adrenocorticotropic hormone (ACTH) 促肾上腺皮质激素
adrenomedullin 肾上腺髓质素
affection 感情
affective disorder 情感性精神障碍
afferent collateral inhibition 传入侧支抑制
afferent nerve 传入神经
agonist 激动剂
allodynia 痛觉超敏
Alzheimer's diseases (AD) 阿尔茨海默病
Alzheimer assessment scale 阿尔茨海默病评估量表
amacrine cell 无长突细胞
γ-aminobutyric acid (GABA) γ-氨基丁酸
α-amino-3-hydroxy-5-methyl-4-isoxazolepropionic acid (AMPA) α-氨基-3-羟基-5-甲基-4-异噁唑丙酸
amnesia 遗忘症
ampulla 壶腹
amygdaloid body 杏仁体
amygdaloid nuclear complex 杏仁复合体
amylin 胰淀粉样多肽
amyloid β-protein β-淀粉样蛋白
amyloid precursor protein (APP) 淀粉样前体蛋白
antagonist 拮抗剂
anterior cerebral artery 大脑前动脉
anterior cingulate cortex 前扣带回皮质
anterior commissure 前连合
anterior corticospinal tract 皮质脊髓前束
anterior gray commissure 灰质前连合
anterior insula 前岛
anterior lobe 前叶
anterior median fissure 前正中裂
anterior spinocerebellar tract 脊髓小脑前束
anterior spinothalamic tract 脊髓丘脑前束
anterograde amnesia 顺行性遗忘症
antidiuretic hormone (ADH) 抗利尿激素
apolipoprotein E 载脂蛋白E
arachidonic acid 花生四烯酸
archicerebellum 古小脑
arcuate nucleus 弓状核
area postrema 最后区
β-arrestin β-制动蛋白
association cortex 联合皮质
associative learning 联合型学习
astrocyte, astroglia 星形胶质细胞
astrogliosis 胶质化
asymmetric division 非对称性分裂
ataxia 共济失调
auditory canal 外耳道
autism spectrum disorders (ASD) 自闭症,又称为孤独症
autonomic nervous system 自主神经系统
axonal growth cone 生长锥
axon 轴突

B

basal cell 基底细胞
basal forebrain 基底前脑
basal ganglion 基底神经节
basal nucleus Meynert 迈纳特基底核
basal pontine syndrome 脑桥基底部综合征
basilar artery 基底动脉
basket cell 篮状细胞
behavior despair 行为绝望模型
behavioral sensitization 行为敏化
binaural sound localization 双耳声音定位
binocular cells 双眼细胞
Blessed dementia scale Blessed痴呆量表
blind spot 盲点
blood brain barrier (BBB) 血脑屏障
blood cerebrospinal fluid barrier 血-脑脊液屏障
bony labyrinth 骨迷路
bradykinin 缓激肽
brain stem 脑干
brain-derived neurotrophic factor (BDNF) 脑源性神经营养因子
brain 脑
burning pain 灼痛

C

Ca^{2+}/calmodulin-dependent protein kinase (CaMK) Ca^{2+}-钙调蛋白依赖性蛋白激酶
Ca^{2+}-gated Cl$^-$ channel 钙门控氯通道
calcitonin (CT) 降钙素
calcitonin gene related peptide (CGRP) 降钙素基因相关肽
calcitonin receptor like receptor (CRLR 或 CLR) 降钙素受体样受体
calcitonin receptor stimulating peptide 降钙素受体刺激肽
cAMP responsive element binding protein (CREB) cAMP反应元件结合蛋白
carbon monoxide (CO) 一氧化碳
cataplexy 猝倒症
catechol-O-methyl-transferase (COMT) 儿茶酚-O-甲基转移酶
cauda equina 马尾
caudate nucleus 尾状核
central nervous system 中枢神经系统
central sulcus 中央沟
cerebellar ataxia 小脑性共济失调
cerebellar hemisphere 小脑半球
cerebellar peduncle 小脑脚
cerebellum 小脑
cerebral fissure 大脑裂
cerebral gyrus 大脑回
cerebral peduncle 大脑脚
cerebral sulci 大脑沟
cerebrolysin 脑活素
cerebrospinal fluid (CSF) 脑脊液
cerebrum 大脑
cervical enlargement 颈膨大
cholecystokinin (CCK) 胆囊收缩素
cholinergic neuron 胆碱能神经元
chopper type 梳齿形反应型
chromosomal microarray analysis (CMA) 染色体微阵列分析
chronic unpredictable mild stress (CUMS) 慢性不可预见性应激模型
cingulate gyrus 扣带回
circadian rhythm abnormalities 昼夜节律紊乱
circadian rhythm sleep disorders 昼夜节律睡眠障碍
circle of Willis 大脑动脉环,威利斯环
circumvallate papilla 轮廓状乳头
classical conditioned reflex 经典条件反射
clathrin 网格蛋白
claustrum 屏状核
climbing fibers 攀缘纤维
cochlear amplifier 耳蜗放大器
cochlear microphonic potential 耳蜗微音器电位
cochlear nucleus 蜗神经核
cochlea 耳蜗
coding 编码
cognitive behavioral therapy (CBT) 认知行为治疗
cold receptor 冷感受器
color amblyopia 色弱
color blindness 色盲
color vision 色觉
comparative genomic hybridization (CGH) 比较基因组杂交
complex cell 复杂细胞
computerized tomographic scanning 电子计算机断层扫描
conditioned place preference (CPP) 条件性位置偏爱
conditioned stimulation 条件刺激
cone cell 视锥细胞
conus medullaris 脊髓圆锥
convergence theory 会聚学说
converge 聚合
corpus callosum 胼胝体
corpus striatum 纹状体
cortex 皮质,皮层
cortical module 皮质模块
corticospinal tract 皮质脊髓束
corticotrophin releasing factor (CRF) 促皮质激素释放因子
cranial nerve 脑神经
crista ampullaris 壶腹嵴
crossed extensor reflex 对侧伸肌反射
cuneate nucleus 楔束核
cupula 壶腹帽
cyclic adenosine monophosphate (cAMP) 环腺苷酸
cyclic-nucleotide-gate channel (CNG) 环核苷酸门控通道
cyclooxygenase (COX) 环氧化酶
cytoskeleton 细胞骨架
Cys-loop 半胱氨酸环

D

dark current 暗电流
declarative memory 陈述性记忆
decussation of medial lemniscus 内侧丘系交叉
dendrite 树突
dentate electroconvulsive therapy (ECT) 电痉挛疗法
dentate gyrus 齿状回
depression 抑郁症
2-deoxy-D-Glucose (2-DG) 2-脱氧-D-葡萄糖
diacylglycerol (DAG) 二酰甘油
diencephalon 间脑

diverge 辐射
DNA methylation DNA 甲基化
DNA demethylation DNA 去甲基化
DNA methyltransferase (DNMT) DNA 甲基转移酶
doctrine of specific nerve energies 特殊能量定律
dopamine (DA) 多巴胺
dopamine transporter 多巴胺转运蛋白
dopaminergic neuron 多巴胺能神经元
dorsal cochlear nucleus (DCN) 耳蜗背核
dorsal nucleus of vagus nerve 迷走神经背核
dorsal pontine syndrome 脑桥背侧损伤综合征
dorsal root ganglion (DRG) 背根神经节
dorsolateral fasciculus 背外侧束
drug addiction 药物成瘾
dull pain 钝痛
dynorphin 强啡肽

E

efferent nerve 传出神经
electrical self-stimulation 自我电刺激
electroencephalogram (EEG) 脑电图
electromyogram 肌电图
emotion 情绪
end-foot 终足
endocochlear potential (EP) 耳蜗内电位
endogenous opioid peptides 内源性阿片肽
endoplasmic reticulum 内质网
β-endorphin β-内啡肽
endomorphin 内吗啡肽
enkephalin 脑啡肽
entorhinal area 内嗅区,又称为内嗅皮质(entorhinal cortex)
ependymal cell 室管膜细胞
epithalamus 上丘脑
event-related potential (ERP) 事件相关电位
evoked potential (EP) 诱发电位
excitability 兴奋性
excitatory amino acid 兴奋性氨基酸
excitatory postsynaptic potential (EPSP) 兴奋性突触后电位
external granular layer 外颗粒层
external plexiform layer (EPL) 外丛状层
external pyramidal layer 外锥体细胞层
extinction 消退
extrapyramidal system 锥体外系统
extrastriate cortex 纹状外皮质

F

facilitation theory 易化学说
fasciculus cuneatus 楔束
fasciculus gracilis 薄束
fast pain 快痛
fastigial nucleus 顶核
feeling 情感
fibrous astrocyte 纤维性星形胶质细胞
filum terminale 终丝
first pain 第一痛
flexor reflex 屈肌反射
flocculonodular lobe 绒球小结叶
fluid mosaic model 液态镶嵌模型
foliate papilla 叶状乳头
follicle stimulating hormone (FSH) 卵泡刺激素
forced swimming test 强迫游泳实验
fornix 穹隆
frontal lobe 额叶
fungiform papilla 真菌状乳头
fusiform cell 梭形细胞

G

GABAergic neuron γ-氨基丁酸能神经元
GABA receptor GABA 受体
GABA transporters (GAT) GABA 转运体
GABA-transaminase (GABA-T) GABA 转氨酶
galanin like peptide (GALP) 甘丙肽类似肽
galanin message-associated peptide 甘丙肽信使相关蛋白
galanin receptor (GAL R) 甘丙肽受体
galanin 甘丙肽
gate control theory 闸门控制学说
general somatic motor nucleus (GSM) 一般躯体运动核
general somatic sensory nucleus (GSS) 一般躯体感觉核
general visceral motor nucleus (GVM) 一般内脏运动核
general visceral sensory nucleus (GVS) 一般内脏感觉核
generator potential 发生器电位
Genome-wide association study (GWAS) 全基因组关联分析
gestation 味觉
gigantocellular reticular nucleus 巨细胞网状核
glial cell line derived neurotrophic factor (GDNF) 胶质细胞源性神经营养因子
glial cell,glia 胶质细胞
globus pallidus 苍白球
glomerular layer (GL) 突触球层
glutamatergic neuron 谷氨酸能神经元
glutamate (Glu) 谷氨酸
glutamine (Gln) 谷氨酰胺
glycine (Gly) 甘氨酸
glycine receptor (GlyR) 甘氨酸受体
glycine transporter (GlyT) 甘氨酸转运蛋白
Golgi complex 高尔基复合体,亦称为高尔基体
Golgi stain 高尔基染色法
gonadotropin releasing hormone (GnRH) 促性腺激素释放激素
granule cell layer (GCL) 颗粒细胞层
granule cell 颗粒细胞
gray matter 灰质
growth hormone (GH) 生长激素

growth hormone release-inhibiting hormone (GHRIH) 生长激素释放抑制激素
growth hormone releasing hormone (GHRH) 生长激素释放激素
guanine nucleotide-releasing factor 鸟嘌呤核苷释放因子
guanylate cyclase (GC) 鸟苷酸环化酶
gustatory organ 味器
G-protein coupled receptor kinase (GRK) G蛋白偶联受体激酶
G-protein coupled receptor (GPCR) G蛋白偶联受体

H

habenular nucleus 缰核
habituation 习惯化
hair follicle receptor 毛囊感受器
hearing threshold 听阈
hearing 听觉
heart 心脏
heme oxygenase (HO) 血红素氧化酶
heterodimer 异源二聚化
hippocampal formation 海马结构
hippocampus 海马
histone acetylation 组蛋白乙酰化
histone acetyltransferase (HAT) 组蛋白乙酰转移酶
histone deacetylase (HDAC) 组蛋白去乙酰化酶
homeostatic dysregulation 内稳态失衡
homodimer 同源二聚化
horizontal cell 水平细胞
Huntington's disease (HD) 亨廷顿病
12-hydroperoxyeicosatetraenoic acid 12-HPETE
5-hydroxytryptamine (5-HT) 5-羟色胺
hyperalgesia 痛觉过敏,亦称为痛敏
hypercolumn 超柱
hypothalamic pituitary gonadal axis (HPG) 下丘脑-垂体-性腺轴
hypothalamic regulatory peptides 下丘脑调节肽
hypothalamus 下丘脑
H-magnetic resonance spectroscopy 质子磁共振波谱

I

incentive-sensitization 诱因敏化
independent stimulation 无关刺激
inducible nitric oxide synthase (iNOS) 诱导性一氧化氮合酶
inferior colliculus 下丘
inferior temporal (IT) 下颞叶
inflammatory soup 炎症汤

infundibulum 漏斗
inhibitory postsynaptic potential (IPSP) 抑制性突触后电位
inner hair cell 内毛细胞
inositol triphosphate (IP_3) 三磷酸肌醇
insula 岛叶,脑岛
insulin-like growth factor (ICF) 胰岛素样生长因子
interblob 斑块间区
intermediate filament 中间丝
internal capsule 内囊
internal carotid artery 颈内动脉
internal granular layer 内颗粒层
internal plexiform layer (IPL) 内丛状层
internal pyramidal layer 内锥体细胞层
internalization 内吞,内化
interpersonal therapy (IPT) 人际关系治疗
inverse stretch reflex 反牵张反射
ion channel 离子通道
ionotropic glutamate receptor (iGluR) 离子型谷氨酸受体
I-κ-B kinase 2 IKK2

K

kainic acid (KA) 海人藻酸
α-ketoglutarate α-酮戊二酸
kinesin 驱动蛋白
kinocilium 动纤毛
koniocellular layer 粒状细胞层

L

labeled line 专用线路
labyrinth 迷路
latent inhibition 潜伏抑制
lateral corticospinal tract 外反质脊髓侧束
lateral geniculate body 外侧膝状体
lateral horn 侧角
lateral lemniscus 外侧丘系
lateral medullary syndrome 延髓外侧损伤综合征（Wallenberg综合征）
lateral spinothalamic tract 脊髓丘脑侧束
lateral superior olivary (LSO) 外侧上橄榄核
laterality cerebral dominance 侧别优势
lentiform nucleus 豆状核
leptin 瘦素
leu-enkephalin 亮啡肽
Lewy body 路易小体
ligand-gated ion channels 配体门控离子通道
ligand 配基或配体
limbic lobe 边缘叶

limbic system 边缘系统
lipoxygenase (LOX) 脂氧酶
Lissauer's tract 李骚氏束
locus ceruleus 蓝斑核
long-term depression (LTD) 长时程压抑
long-term potentiation (LTP) 长时程增强
lumbosacral enlargement 腰骶膨大
lung 肺
luteinizing hormone (LH) 黄体生成素
L-dopa 左旋多巴

M

macroglia 大胶质细胞
macula 囊斑
magnetic resonance imaging 磁共振成像
magnocellular layer 大细胞层
major depression disorder (MDD) 重度抑郁症
mammillary body 乳头体
mechanical nociceptor 机械伤害性感受器
mechanothermal nociceptor 机械温度伤害性感受器
medial geniculate body 内侧膝状体
medial lemniscus 内侧丘系
medial medullary syndrome 延髓内侧损伤综合征（Dejerine 综合征）
medial superior temporal (MST) 内上颞区
median eminence 正中隆起
medulla oblongata 延髓
Meissner's corpuscle 迈斯纳触觉小体
melanophore stimulating hormone (MSH) 促黑激素
melanophore-stimulating hormone release-inhibiting hormone 促黑素细胞激素释放抑制激素
melanophore-stimulating hormone releasing hormone 促黑素细胞激素释放素
melatonin 褪黑素
membranous disk 膜盘
membranous labyrinth 膜迷路
mesencephalon 中脑
metabotropic glutamate receptor (mGluR) 代谢型谷氨酸受体
met-enkephalin 甲啡肽
microglia 小胶质细胞
microRNA (miRNA) 微RNA
microRNA silencing 微RNA沉默
middle cerebral artery 大脑中动脉
middle temporal lobe (MT) 中央颞叶
mini mental state examination 简易智能状态检查量表
mitochondria 线粒体
mitogen-activated protein kinase (MAPK) 促分裂原活化的蛋白激酶
mitral cell layer 僧帽细胞层
molecular receptive range (MRR) 气味感受域
monoamine oxidase (MAO) 单胺氧化酶
mood 心境
mossy fiber 苔藓纤维
motor cortex 运动皮质
motor nucleus of trigeminal nerve 三叉神经运动核
motor protein 动力蛋白
multiple sclerosis (MS) 多发性硬化
muscarinic acetylcholine receptor (mAChR) 毒蕈碱型乙酰胆碱受体，M受体
muscle tonus 肌紧张
myelinated nerve fiber 有髓纤维
myelin 髓鞘

N

naloxone 纳洛酮
naltrexone 纳曲酮
narcolepsy 发作性睡病
neostriatum 新纹状体
nerve cell 神经细胞
nerve growth factor (NGF) 神经生长因子
nerve impulse 神经冲动
neural crest 神经嵴
neural tube 神经管
neuroendocrine 神经内分泌
neuroendocrinology 神经内分泌学
neurogenesis 神经发生
neuroglial cell 神经胶质细胞
neurohormone 神经激素
neurokinin 神经激肽
neuromodulator 神经调质
neuromuscular junction 神经肌肉接头
neuronal plasticity 神经元可塑性
neuronal reuptake 神经细胞的重摄取
neuron 神经元，神经细胞
neuropeptide 神经肽
neuropeptide Y 神经肽Y
neurotensin 神经降压素
neurotransmitter 神经递质
neurotransmitter co-existence 神经递质共存
neurotransmitter co-storage 神经递质共储存
neurotransmitter transporter 神经递质转运子
neurotrophic factor (NTF) 神经营养因子
nicotinicacetyleholine receptors 烟碱型胆碱受体，N受体

Nissl stain 尼氏染色
nitric oxide (NO) 一氧化氮
nitric oxide synthase (NOS) 一氧化氮合酶
nociception 伤害性感受
nociceptor 伤害性感受器
nociceptor activator 伤害性感受器激活剂
nociceptor sensitizer 伤害性感受器敏化剂
nonassociative learning 非联合型学习
nondeclarative memory 非陈述性记忆
non-rapid eye movement sleep (NREM) 非快速眼动睡眠
noradrenaline (NA), norepinephrine (NE) 去甲肾上腺素
nucleus accumbens (NAC) 伏核,伏隔核
nucleus ambiguus 疑核
nucleus dentatus 齿状核
nucleus globosus 球状核
nucleus of facial nerve 面神经核
nucleus of oculomotor nerve 动眼神经核
nucleus of trochlear nerve 滑车神经核
nucleus raphes dorsalis 中缝背核
nucleus raphes magnus 中缝大核
nucleus reticularis lateralis 外侧网状核
nucleus reticularisparagigantocellularis lateralis (RPGL) 外侧网状旁巨细胞核
nucleus of the solitary tract 孤束核
nystagmus 眼震颤
N-methyl-D-aspartic acid receptor (NMDAR) NMDA受体

O

occipital lobe 枕叶
ocular dominance column 眼优势柱
ocular dominance 眼优势
OFF-center cell 撤光-中心细胞
olfactory nerve layer (ONL) 嗅神经层
olfactory receptor 嗅觉感受器
olfactory sense 嗅觉
olfactory sensory neuron 嗅感觉神经元
oligodendrocyte, oligodendroglia 少突胶质细胞
on type 给声型
ON-center cell 给光-中心细胞
operant conditioned reflex 操作式条件反射
opioid receptor internalization 阿片受体内化
opioid receptor trafficking 阿片受体的转运
δ-opioid receptor δ阿片受体,δ受体
κ-opioid receptor κ阿片受体,κ受体
μ-opioid receptor μ阿片受体,μ受体
opioid receptor-like receptor (ORL1-R) 孤儿阿片肽受体
opioid, opium, opiate 阿片,鸦片,阿片样物质
opponent color theory 对立色学说
opsin 视蛋白
optic chiasma 视交叉
orientation columns 朝向柱
orphanin FQ/nociceptin 孤啡肽/痛敏素
ossicles 听小骨
otoacoustic emissions 耳声发射
otolith organ 耳石器
outer hair cell 外毛细胞
oxytocin (OT) 催产素

P

pacinian corpuscle 环层小体
pain 疼痛
paleocerebellum 旧小脑
parabrachial nuclei 臂旁核
paracentral lobule 中央旁小叶
parasomnia 异睡症
parasympathetic nerve 副交感神经
parietal lobe 顶叶
parietal pain 壁层痛
Parkinson's disease (PD) 帕金森病
parvocellular layers 小细胞层
passion 激情
patch clamp 膜片钳
pause type 暂停型
peduncular syndrome 大脑脚底综合征(Weber综合征)
peptidergic neuron 肽能神经元
perception 知觉
periaqueductal gray (PAG) 中脑导水管周围灰质
periglomerular cell 球周细胞
periodic limb movement disorder 周期性肢体运动障碍
peripheral nervous system 周围神经系统
phagocytic microglia 吞噬性小胶质细胞
phase locking 锁相
phosphatase 磷酸酶
phosphatidase C (PLC) 磷脂酶C
phosphodiesterase (PDE) 磷酸二酯酶
phosphoinositide-3 kinase (PI3K) 磷脂酰肌醇3激酶
phospholipase A_2 (PLA_2) 磷脂酶A_2
phospholipase C-β PLCβ
phosphatidylinositol 4,5-bisphosphate (PIP_2) 磷脂酰肌醇4,5-二磷酸
photopigment 视色素
photoreceptor 光感受器细胞
pinna 耳郭

pill-rolling tremor 搓丸样震颤
pituitary adenylate cyclase activating polypeptide (PACAP) 垂体腺苷酸环化酶激活肽
polymodal nociceptor 多觉型伤害性感受器
polymodal 多模态
pons 脑桥
pontine nucleus of trigeminal nerve 三叉神经脑桥核
positron emission tomography 正电子发射体层摄影
postcentral gyrus 中央后回
posterior cerebral artery 大脑后动脉
posterior commissure 后连合
posterior gray commissure 灰质后连合
posterior median sulcus 后正中沟
precentral gyrus 中央前回
pre-proopiomelanocortin (POMC) 前阿黑皮素原
prepulse inhibition 预刺激抑制
presenilin 早老素基因
pressure sense 压觉
primary memory 第一级记忆
primary progressive multiple sclerosis (PPMS) 原发进展型硬化症
primary visual cortex 初级视皮质
prolactin (PRL) 催乳素
prolactin release-inhibiting hormone 催乳素释放抑制激素
prolactin releasing hormone (PRH) 催乳素释放激素
prosopagnosia 面容失认症
prostaglandin (PG) 前列腺素
prostaglandin E synthase (PGES/PGES$_2$) 前列腺素E合酶
protein kinases C (PKC) 蛋白激酶C
proton transporter 质子转运蛋白
protoplasmic astrocyte 原浆性星形胶质细胞
Purkinje cell 浦肯野细胞
putamen 壳核
pyramidal cell 锥体细胞
pyramidal tract 锥体束
pyramid 锥体

Q

quantum release 量子释放
quasi visceral pain 准内脏痛

R

radial astrocyte 辐射状星形胶质细胞
rapid eye movement sleep (REM) 快速眼动睡眠
rapid eye movement sleep behavior disorder 睡眠行为障碍
reactive oxygen species 活性氧簇
receptor 受体
receptor activity modifying protein (RAMP) 受体活性修饰蛋白
receptor component protein (RCP) 受体组成蛋白
receptor desensitization 受体失敏(脱敏)
receptor internalization 受体内化
receptor potential 感受器电位
recurrent inhibition 回返性抑制
recurrent isolated sleep paralysis 复发性睡眠麻痹综合征
red nucleus 红核
redial glia 放射胶质细胞
referred pain 牵涉痛
regional cerebral blood flow (rCBF) 区域脑血流图
reinforcement 强化
Renshaw's cell 闰绍细胞
resting potential (E_m) 静息电位
reticular formation 网状结构
reticular lamina 网状板
retina 视网膜
retinene 视黄醛
retrograde amnesia 逆行性遗忘症
reverse potential 反转电位
reward 奖赏
reward processing 奖赏处理
rhodopsin 视紫红质
ribbon synapses 带状突触
ribosome 核糖体
rod cell 视杆细胞
rostral migratory stream 喙侧迁移路径
rostroventral medulla 延脑头端腹内侧核群
Ruffini's corpuscle 鲁菲尼小体

S

saccule 球囊
satellite cell 卫星细胞
scale media 中阶
scale tympani 鼓阶
scale vestibuli 前庭阶
Schwann cell 施万细胞
second messenger 第二信使
second pain 第二痛
secondary memory 第二级记忆
secondary progressive multiple sclerosis (SPMS) 继发进展型硬化症
self-administration 自身给药
semicircular duct 半规管
sensation 感觉
sensitization 敏化
sensory memory 感觉性记忆
sensory neuron 感觉神经元
sensory receptor 感受器
septal area 隔区
serotonin 血清素，即5-羟色胺
sharp pain 锐痛
short axon cell 短轴突细胞

short interfering RNA（siRNA） 干扰小 RNA
silent synapses 静息突触
simple cell 简单细胞
single photon emission computed tomography 单光子发射计算机体层显像术
sinuses of dura mater 硬脑膜窦
sleep apnea syndrome 睡眠呼吸暂停综合征
sleep related breathing disorder 睡眠相关呼吸障碍
sleep related movement disorder 睡眠相关运动障碍
sleep related rhythmic movement disorder 睡眠相关节律性运动障碍
slow pain 慢痛
slow wave sleep 慢波睡眠
somatic nerve 躯体神经
somatostatin 生长抑素
special somatic sensory nucleus 特殊躯体感觉核
special visceral motor nucleus 特殊内脏运动核
special visceral sensory nucleus 特殊内脏感觉核
speculum 盖区
speech center 语言中枢
spike potential 峰电位
spinal anterior horn 脊髓前角，脊髓腹角
spinal cord 脊髓
spinal dorsal horn 脊髓后角，脊髓背角
spinal nerve 脊神经
spinal nucleus of trigeminal nerve 三叉神经脊束核
spinal segmentation 脊髓节段
spinocervicalis tract（SCT） 脊髓颈核束
spinohypothalamic tract（SHT） 脊髓下丘脑束
spinomesencephalic tract（SMT） 脊髓中脑束
spinoreticular tract（SRT） 脊髓网状束
spinothalamic tract（STT） 脊髓丘脑束
spiral ganglion 螺旋神经节
spiral organ of Corti 螺旋器
split brain 裂脑
spontaneous inhibitory postsynaptic current（sIPSC） 自发性抑制性突触后电流
spontaneous nystagmus 自发性眼球震颤
spontaneous pain 自发痛
stabbing pain 刺痛
static sense 平衡感觉
stereocilium 静纤毛
stereotypic behavior 刻板行为
stress 应激
stretch reflex 牵张反射
striate cortex 纹状皮层
subiculum 下托

substance P　P物质
substantiagelatinosa 胶状质
substantia nigra 黑质
substantia nigra pars compacta 黑质致密部
substantia nigra pars reticulata 黑质网状部
subventricular zone 脑室膜下层
superior colliculus 上丘
supplementary motor area 辅助运动区
support cell 支持细胞
suspension test 悬尾实验
sympathetic nerve 交感神经
synapse 突触
α-synuclein（αSyn） α突触核蛋白

T

taste bud 味蕾
τ protein kinase τ蛋白激酶
tectorial membrane 盖膜
tectospinal tract 顶盖脊髓束
telencephalon 端脑
temporal lobe 颞叶
tendon reflex 腱反射
tertiary memory 第三级记忆
thalamus 丘脑
threshold intensity 阈强度
threshold of two-point discrimination 两点辨别阈
thyroid-stimulating hormone（TSH） 促甲状腺激素
thyrotropin releasing hormone（TRH） 促甲状腺激素释放激素
tolerance 耐受
tonotopy 音调拓扑
touch sense 触觉
touch spot 触点
touch threshold 触觉阈
trafficking 转运
transducin 转导蛋白
transient receptor potential（TRP） 瞬时受体电位
transverse temporal gyrus 颞横回
traveling wave 行波
trial-and-error learning 试错学习
trichromatic theory 三原色学说
trigeminal lemniscus 三叉丘系
true visceral pain 真脏器痛
tuber cinereum 灰结节
tufted cell 丛状细胞
tympanic membrane 鼓膜
tyrosine hydroxylase（TH） 酪氨酸羟化酶

tyrosine kinase receptor A 酪氨酸蛋白激酶 A

U

ubiquitin 泛素
ubiquitin-proteasome system 泛素-蛋白酶体系统
umami 鲜味
unconditioned stimulation 非条件刺激
utricle 椭圆囊

V

vagus nerve 迷走神经
vascular dementia 血管性痴呆
vascular endothelial growth factor (VEGF) 血管内皮生长因子
vasoactive intestinal peptide (VIP) 血管活性肠肽
vasopressin(VP) 血管升压素
ventral tegmental area (VTA) 腹侧被盖区
ventrolateralmudulla 延髓腹外侧区
vertebral artery 椎动脉
vesicular monoamine transporter (VMAT) 囊泡单胺转运蛋白
vesicular GABA transporter (VGAT) 囊泡 GABA 转运蛋白
vesicular glutamate transporter (VGLUT) 囊泡谷氨酸转运蛋白
vestibular apparatus 前庭器官
vestibular autonomic reaction 前庭自主神经反应
vestibular labyrinth 前庭迷路
vestibular nucleus 前庭神经核
vestibular-ocular reflex (VOR) 前庭-眼反射
vestibulocerebellum 前庭小脑
visceral nerve 内脏神经
visceral nervous system 内脏神经系统
visceral pain 内脏痛
visceral plexuses 内脏神经丛
visceral sense 内脏感觉
vision 视觉
volley 排放
voltage-gated calcium channel (VGCC) 电压门控钙通道
voltage-gated potassium channel 电压门控钾通道
voltage-gated sodium channel (VGSC) 电压门控钠通道
voltage-sensitive calcium channel (VSCC) 电压敏感性钙通道
volume transmission 容积传递

W

Wada's test 韦达测试
warm receptor 热感受器
Wechsler adult intelligence scale 韦氏成人智力量表
Wechsler memory scale 韦氏记忆量表
white matter 白质
wide-dynamic range (WDR) neuron 广动力范围神经元
working memory 工作记忆